高压电气设备试验方法

(第二版)

四川省电力试验研究院 李建明 朱康 主编

内 容 提 要

本书是原《高压电气设备试验方法》的第二版。本书较全面地阐述了高压电气设备的试验方法。书中所介绍的绝大部分试验项目都结合目前的预防性试验要求和标准选材的，除较详细地叙述其原理、接线和各种试验及操作方法外，还论述了影响试验的因素和实测结果的分析与判断。

全书分为共三十四章。变电设备部分介绍了变压器、互感器、GIS断路器、绝缘子、套管、电力电缆、电容器、避雷器、输电线路、接地装置、消弧线圈的参数测量及试验方法，系统有关参数的测量，电气设备局部放电试验及在线监测。电机部分介绍发电机绝缘、特性、参数、温升试验，进相运行方法，励磁机（包括静止半导体磁）的特性及炭刷冒火的消除，电动机的特性，温升及匝间绝缘等试验调整方法。

本书注意吸收了我国近年来高压电气试验方面富有成效的新方法，大部分插图是依据现场试验接线和结果绘制的，因此具有实用参考价值。

本书可供发、供电部门和电气设备生产单位从事高压电气设备试验技术人员，以及各电力试验研究院（所）技术人员使用，也可供高校、中专有关专业师生参考。

图书在版编目（CIP）数据

高压电气设备试验方法/李建明，朱康主编. -2版.
北京：中国电力出版社，2001.8（2022.5重印）
ISBN 978-7-5083-0551-6

Ⅰ.高… Ⅱ.①李…②朱… Ⅲ.高压电器-试验
Ⅳ.TM510.6

中国版本图书馆CIP数据核字（2001）第10841号

责任编辑：张 涛 zhang-tao@sgcc.com.cn
中国电力出版社出版、发行
（北京市东城区北京站西街19号 100005 http://www.cepp.sgcc.com.cn）
三河市万龙印装有限公司印刷
各地新华书店经售
*
1984年6月第一版
2001年8月第二版 2022年5月北京第二十三次印刷
787毫米×1092毫米 16开本 40.5印张 917千字
印数97651—98650册 定价**120.00**元

版权专有 侵权必究

本书如有印装质量问题，我社营销中心负责退换

前　　言

本书是在原西南电业管理局试验研究所（现更名为四川电力试验研究院）编写的《高压电气设备试验方法》的基础上修编而成的。近年来随着计算机技术的高速发展，使许多测试仪器以及测试技术都有较大的变化，原书中的测试方法已不能完全满足目前工作的需要。为了推动测试技术的发展，配合各单位电气设备预防性试验工作的开展，保证电力系统安全稳定运行，编者根据近年来大量的工作实践，结合新的规程和标准，在原书的基础上重新编写了该书。在内容范围和理论深度上都作了修改和补充。

全书共分为三十四章，增加了气体绝缘 GIS 试验、局部放电试验和电气设备在线监测三个章节，合并并删减了旋转电机部分章节，其中第一章由章子君、李建明编写，第二章由李建明、周德贵编写，第三章由程地莲、李建明编写，第四章由李绍求、朱康编写，第五章由李建明、程地莲编写，第六章由苏富生、章子君编写，第七章由周德贵、朱康编写，第八章由程地莲、胡灿编写，第九章由李绍求、胡灿编写，第十章由李建明编写，第十一章由李绍求、李建明编写，第十二章由周德贵、李建明编写，第十三章由张葆昌、李建明编写，第十四章由李宏仁、李晶、钟冲编写，第十五章由文学、张力编写，第十六章由曾宏、程地莲编写，第十七章由李绍求、朱康编写，第十八章由程地莲、朱康编写，第十九章由梁松编写，第二十章由曾国富、肖红编写，第二十一章由孙万忠、周德贵编写，第二十二章由周德贵、李建明编写，第二十三章由肖红、孙万忠编写，第二十四章由孙万忠、曾国富编写，第二十五、二十六章由李建明编写，第二十七章由张葆昌、江建明编写，第二十八章由张葆昌、周德贵、江建明编写，第二十九章由周德贵编写，第三十章由程地莲、江建明编写，第三十一章由陈仪仲编写，第三十二章由马宗录编写，第三十三章由周德贵、江建明编写，第三十四章由李绍求编写。

李建明、朱康任全书的主编及统稿工作，曾宏、谭言楷、刘德春、周晓玲参加了附录的修改及校验工作。

第一章～第二十六章由西安交通大学严璋教授审阅，第二十七～第三十四章由湖北电力试验研究所阮仕荣教授级高工审阅，对本书的初稿提出许多宝贵意见，在此一并致谢。

高压试验技术日新月异，由于编者水平有限，书中存在的错误及不到之处，望广大读者指正。

编者

2004 年

目录

第一章

电介质基本物理知识

电介质（或称绝缘介质）在电场作用下的物理现象主要有极化、电导、损耗和击穿。

在工程上所用的电介质分为气体、液体和固体三类。目前，对这些电介质物理过程的阐述，以气体介质居多，液体和固体介质仅有一些基本理论，还有不少问题难以给出量的分析，这样就在很大程度上要依靠实验结果和工作经验来进行解释和判断。

第一节　电介质的极化

一、极化的含义

电介质的分子结构可分为中性、弱极性和极性的，但从宏观来看都是不呈现极性的。当把电介质放在电场中，电介质就要极化，其极化形式大体可分为两种类型：第一种类型的极化为立即瞬态过程，是完全弹性方式，无能量损耗，也即无热损耗产生；第二种类型的极化为非瞬态过程，极化的建立及消失都以热能的形式在介质中消耗而缓慢进行，这种方式称为松弛极化。

电子和离子极化属于第一种，为完全弹性方式，其余的属于松弛极化型。

（一）电子极化

电子极化存在于一切气体、液体和固体介质中，形成极化所需的时间极短，约为 10^{-15}s。它与频率无关，受温度影响小，具有弹性，这种极化无能量损失。

（二）原子或离子的位移极化

当无电场作用时，中性分子的正、负电荷作用中心重合，将它放在电场中时，其正、负电荷作用中心就分离，形成带有正、负极性的偶极子，见图 1-1（a）。该图是一个氢原子的电子极化示意图，图中 d 表示原子在极化前后，其正、负两电荷作用中心的距离。

离子式结构的电介质（如玻璃、云母等），在电场作用下，其正负离子被拉开，从而使正、负电荷作用中心分离，使分子呈现极性，形成偶极子，见图 1-1（b）图中 d_1 表示

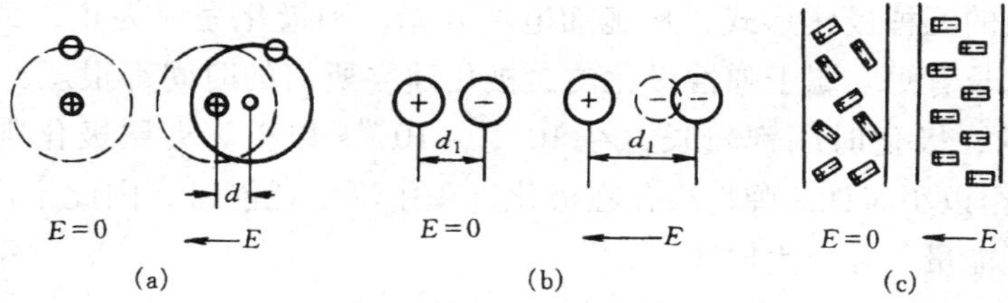

图 1-1　极化基本形式示意图
（a）电子位移极化；（b）离子位移极化；（c）偶极松弛极化

正、负电荷之间的距离。

原子中的电子和原子核之间，或正离子和负离子之间，彼此都是紧密联系的。因此在电场作用下，电子或离子所产生的位移是有限的，且随电场强度增强而增大，电场一消失，它们立即就像弹簧一样很快复原，所以通称弹性极化，其特点是无能量损耗，极化时间约为 10^{-13}s。

（三）偶极子转向极化

电介质含有固有的极性分子，它们本来就是带有极性的偶极子，它的正负电荷作用中心不重合。当无电场作用时，它们的分布是混乱的，宏观地看，电介质不呈现极性。在电场作用下，这些偶极子顺电场方向扭转（分子间联系较紧密的），或顺电场排列（分子间联系较松散的）。整个电介质也形成了带正电和带负电的两极。这类极化受分子热运动的影响也很大。有关偶极松弛极化的形式，如图 1-1（c）所示。这种极性电介质有胶木、橡胶、纤维素等，极化为非弹性的，极化时间约为 $10^{-10} \sim 10^{-2}$s。

（四）空间电荷极化

介质内的正负自由离子在电场作用下，改变其分布状况，在电极附近形成空间电荷，称为空间电荷极化，其极化过程缓慢。

（五）夹层介质界面极化

由两层或多层不同材料组成的不均匀电介质，叫做夹层电介质。由于各层的介电常数和电导率不同，在电场作用之下，各层中的电位，最初按介电常数分布（即按电容分布），以后逐渐过渡到按电导率分布（即按电阻分布）。此时，在各层电介质的交界面上的电荷必然移动，以适应电位的重新分布，最后在交界面上积累起电荷。这种电荷移动和积累，就是一个极化过程，如图 1-2 所示。图中，由电介质 A 和 B 组成双层电介质，设 A 层中的介电常数大于 B 层中的介电常数，即 $\varepsilon_A > \varepsilon_B$；A 层中的电导率小于 B 层中的电导率，即 $\gamma_A < \gamma_B$。当加上电压的瞬时，两层中的电压分布见曲线 1，稳定时如曲线 2。为了最终保持两层中的电导电流相等，必须使交界面上积累正电荷，以加强 A 层中的电场强度而削弱 B 层中的电场强度，从而缓慢地形成极化。

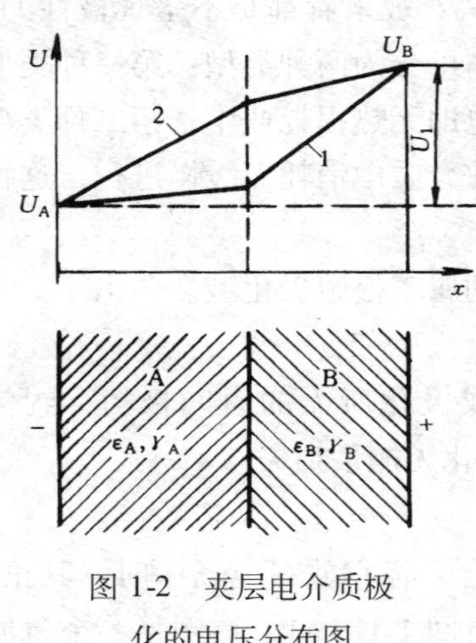

图 1-2　夹层电介质极化的电压分布图

U—夹层介质上所加的总电压；
U_A—A 层上分布的电压；
U_B—B 层上分布的电压

上述电介质的五种极化形式，从施加电场开始，到极化完成为止，都需要一定的时间，这个时间有长有短。属于弹性极化的，极化建立所需的时间都很短，不超过 10^{-12}s。属于松弛极化的，极化时间都较长，在 $10^{-10} \sim 10^{-2}$s 以上。夹层极化则时间更长，在 10^{-1}s 以上，甚至以小时计。弹性极化在极化过程中不消耗能量，因此不产生损耗。而松弛极化则要消耗能量，并产生损耗。

二、电介质极化在工程实践中的意义

（一）增大电容器的电容量

当电极间为真空时，在电场作用下，极板上的电荷量为 Q_0，如图 1-3（a）所示，极板间的电容由下式表示

$$C_0 = \frac{Q_0}{U} = \frac{\varepsilon_0 S}{d} \tag{1-1}$$

式中　C_0——真空中的电容；

Q_0——真空中的极板上电荷量；

ε_0——真空中介电常数，$\varepsilon_0 = 8.86 \times 10^{-14}$ F/cm；

S——极板面积（cm^2）；

d——极板距离（cm）。

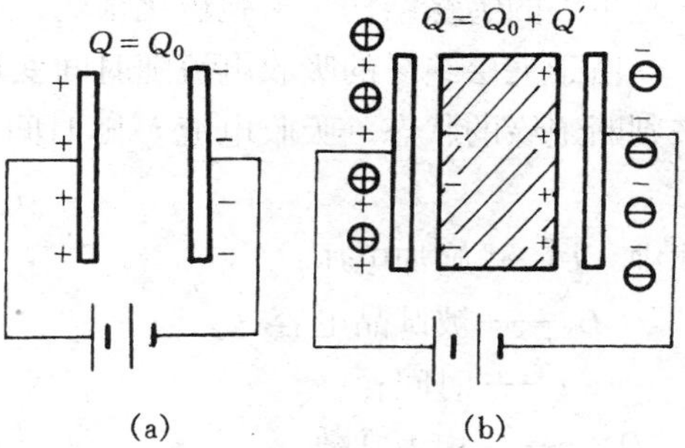

图 1-3　介质在电场中的电荷分布

（a）极板间为真空时；（b）板间加上介质时

当电极间放入电介质后，在靠近电极的电介质表面形成束缚电荷 Q'，它将从电源吸引一部分额外电荷来“中和”，使极板上储存的电荷增加，因此极板间的电容为

$$C = \frac{Q_0 + Q'}{U} = \frac{\varepsilon S}{d} \tag{1-2}$$

用式（1-2）除以式（1-1），有 $\frac{C}{C_0} = \frac{\varepsilon}{\varepsilon_0} = \varepsilon_r$，$\varepsilon_r$ 称为介质相对介电常数，通常用来表征介质的介电特性。

因此，在保持电极间电压不变的情况下，相对介电常数还代表将介质引入极板间后使电极上储存的电荷量增加的倍数，也即极板间电容量比真空时增加的倍数。

所以，在一定的几何尺寸下，为了获得更大的电容量，就要选用相对介电常数（ε_r）大的电介质。例如，在电力电容器的制造中，以合成液体（ε_r 约为 3～5）代替由石油制成的电容器油（$\varepsilon_r = 2.2$），这样就可增大电容量或减小电容器的体积和质量。

（二）绝缘的吸收现象

当在电介质上加直流电压时，初始瞬间电流很大，以后在一定时间内逐渐衰减，最后稳定下来。电流变化的这三个阶段表现了不同的物理现象。初始瞬间电流是由电介质的弹性极化所决定，弹性极化建立的时间很快，电荷移动迅速，所呈现的电流就很大，持续的时间也很短，这一电流称为电容电流（i_C）。接着随时间缓慢衰减的电流，是由电介质的夹层极化和松弛极化所引起的，它们建立的时间愈长，则这一电流衰减也愈慢，直至松弛极化完成，这一过程称为吸收现象，这个电流称为吸收电流（i_a）。最后不随时间变化的稳定电流，是由电介质的电导所决定的，称为电导电流（I_g），它是电介质直流试验时的泄漏电流的同义语。图 1-4 示出了电介质的吸收电流曲线。吸收现象在夹层极化中表现得特别明显。如发电机和油纸电缆都是多层绝缘，属于夹层极化，吸收电流衰减的时间均很长。中小型变压器的吸收现象要弱些。绝缘

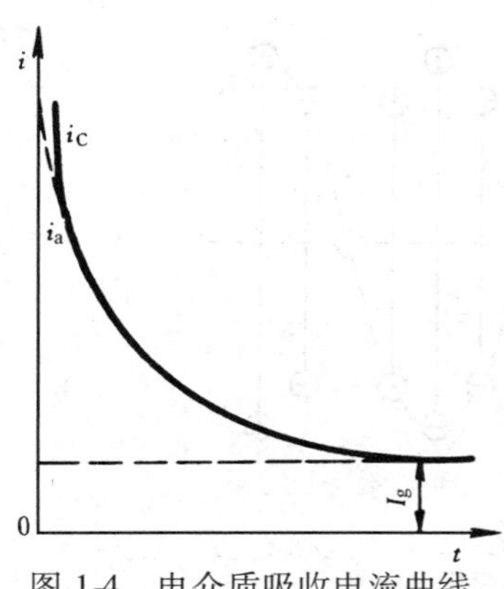

图 1-4　电介质吸收电流曲线

子是单一的绝缘结构，松弛极化很弱，所以基本上不呈现吸收现象。

由于夹层绝缘的吸收电流随时间变化非常明显，所以在实际测试工作中利用这一特性来判断绝缘的状态。吸收电流 i_a 随时间变化的规律，一般用下式表示

$$i_a = UC_X Dt^{-n} \tag{1-3}$$

式中 U——施加电压；

C_X——被试品电容；

t——时间；

D、n——均为常数。

式（1-3）在 t 等于零及 t 趋近于零时都不适用，但在工程上应用还是可以的。式(1-3)表明，吸收电流 i_a 是随时间按幂函数衰减的，如将此式两端取对数，则得

$$\lg i_a = \lg UC_X D - n\lg t \tag{1-4}$$

即吸收电流的对数与时间的对数成一下降直线关系，n 为该直线的斜率，如图 1-5 所示。

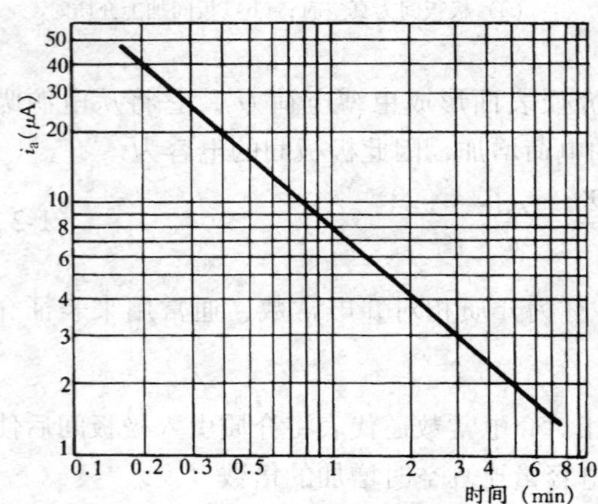

图 1-5　吸收电流 i_a 与时间的关系曲线

由于吸收电流随时间变化，所以在测试绝缘电阻和泄漏电流时都要规定时间。例如在现行电气设备交接和预防性试验的有关标准中，利用 60s 及 15s 时的绝缘电阻比值（即 R_{60}/R_{15}），1min 或 10min 的泄漏电流等，作为判断绝缘受潮程度或脏污状况的一个指标。绝缘受潮或脏污后，泄漏电流增加，吸收现象就不明显了。

（三）电介质的电容电流和介质损耗

前面所述的是电介质在直流电场中的情况。如把电介质放在交变电场中，电介质也要极化，而且随着电场方向的改变，极化也跟着不断改变它的方向。

对于 50Hz 的工频交变电场来说，弹性极化完全能够跟上交变电场的变化。如图 1-6（a）所示，当电场从零按正弦规律变到最大值时（图中曲线 u），极化（即电矩 F）也从

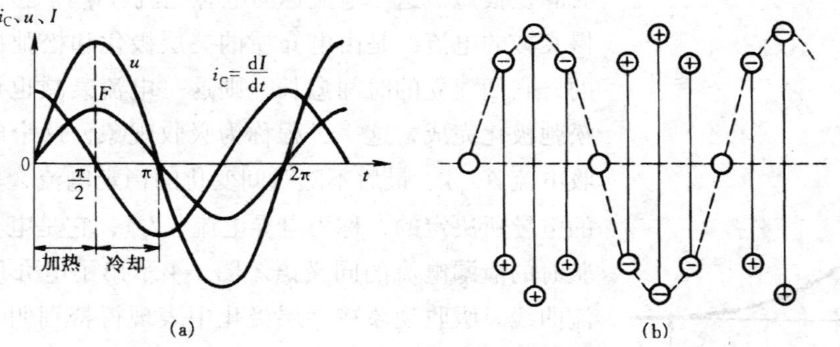

图 1-6　电介质在交变电场中的极化

（a）电矩 F 的极化变化规律；（b）偶极子随电场的变化示意图

零按正弦规律变到最大，经过半周期后又同样沿负的方向变化。图 1-6（b）为极化形成的偶极子随电场变化的示意图。既然电矩是按正弦规律变化，则电流 i_C $\left(因\ i_C=\frac{dI}{dt}\right)$一定按余弦规律变化，如图 1-6（a）中的$\frac{dI}{dt}$曲线。由图 1-6（a）可见，在 $0\sim\frac{\pi}{2}$期间，电矩 I 是增加的，$\frac{dI}{dt}$为正，即电流 i_C 为正；在$\frac{\pi}{2}$时 i_C 为零；在$\frac{\pi}{2}\sim\pi$ 期间 i_C 为负。因此，电流 i_C 超前外施电压 u 为 90°，这就是电介质中的电容电流。

从图 1-6 中还可以看出，在 $0\sim\frac{\pi}{2}$期间，电荷移动的方向与电场的方向相同，即电场对移动中的电荷做功，或者说电荷获得动能，相当于“加热”。当$\frac{\pi}{2}\sim\pi$ 期间，电场的方向未变，但电荷移动的方向与电场相反，这时电荷反抗电场做功，丧失自己的动能而“冷却”。在 $0\sim\pi$ 半周中，“加热”和“冷却”正好相等，因此电介质中没有损耗。这就是说，在交变电场中，弹性极化只引起纯电容电流，而不产生损耗。

松弛极化则要产生损耗，这将在电介质损耗一节中讨论。

第二节　电介质的电导与性能

一、电介质的电导

从电导机理来看，电介质的电导可分为离子电导和电子电导。离子电导是以离子为载流体，而电子电导是以自由电子为载流体。理想的电介质是不含带电质点的，更没有自由电子。但实际工程上所用的电介质或多或少总含有一些带电质点（主要是杂质离子），这些离子与电介质分子联系非常弱，甚至成自由状态；有些电介质在电场或外界因素影响下（如紫外线辐射），本身就会离解成正负离子。它们在电场作用下，沿电场方向移动，形成了电导电流，这就是离子电导。电介质中的自由电子，则主要是在高电场作用下，离子与电介质分子碰撞、游离激发出来的，这些电子在电场作用下移动，形成电子电导电流。当电介质中出现电子电导电流时，就表明电介质已经被击穿，因而不能再作绝缘体使用。因此，一般说电介质的电导都是指离子性电导。

二、电介质的性能

（一）电介质的电导率和电阻率

电介质的性能常用电导率 γ 或电阻率 ρ 来表示，电导率为电阻率的倒数，即 $\gamma=\frac{1}{\rho}$。固体电介质除了通过电介质内部的电导电流 I_v 外，还有沿介质表面流过的电导电流 I_g。由电介质内部电导电流所决定的电阻，称为体积电阻 R_v，其电阻率为 ρ_v。由表面电导电流 I_g 决定的电阻，称为表面电阻 R_g，其电阻率为 ρ_g。气体和液体电介质只有体积电阻。

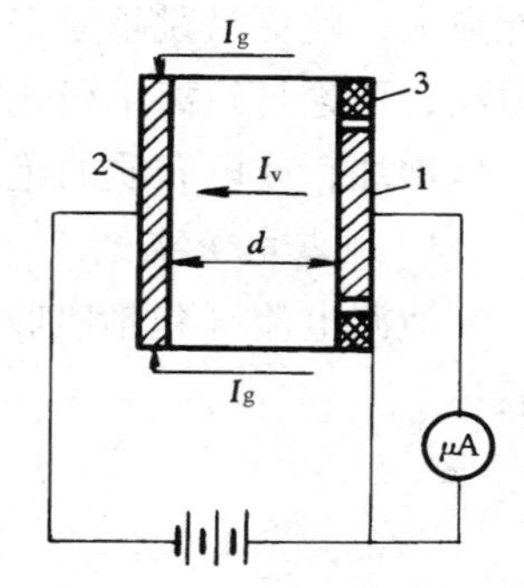

图 1-7　体积电阻的测量图
1—正极；2—负极；
3—屏蔽电极

体积电阻率，就是在边长 1cm 的正方体的电介质中，所测得其两相对面之间的电阻。如图 1-7 所示，设在正极 1 和负极 2

间的电介质的厚度为 d（cm），电极截面为 S（cm^2）。3 为屏蔽电极，利用它可排除表面电流，以准确测得电介质内部的电导电流 I_v。如测得电介质的体积电阻为 R_v（Ω），则体积电阻率 ρ_v（Ω · cm）为

$$\rho_v = R_v \frac{S}{d} \tag{1-5}$$

体积电导率就是体积电阻率的倒数

$$\gamma_v = \frac{1}{\rho_v} = \frac{1}{R_v} \cdot \frac{d}{S} = G_v \frac{d}{S} \tag{1-6}$$

式中 G_v——体积电导。

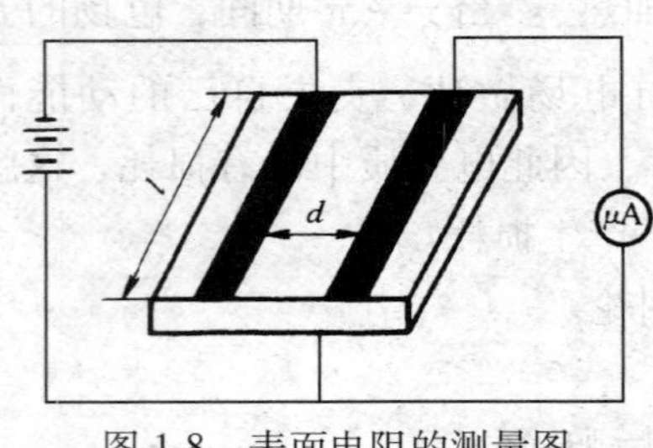

图 1-8 表面电阻的测量图

表面电阻率就是在每边长为 l 的正方形表面积上，其两相对边之间量得的电阻。如图 1-8 所示，设电介质表面两电极间距离为 d（cm），电极的长度为 l（cm），测得的表面电阻为 R_s（Ω），则表面电阻率 ρ_s（Ω）为

$$\rho_s = R_s \frac{l}{d} \tag{1-7}$$

表面电导率 γ_s（S）为表面电阻率的倒数，即

$$\gamma_s = \frac{1}{\rho_s} = \frac{1}{R_s} \cdot \frac{d}{l} = G_s \frac{d}{l} \tag{1-8}$$

式中 G_s——表面电导。

（二）电介质的电导与温度的关系

电介质的电导与温度有关，它和松弛极化中的热粒子极化类似，都是由附着在电介质分子上的带电质点，在电场作用下沿电场方向位移形成的。不同的是热离子极化中带电质点与电介质分子联系较紧，当受电场作用时，它们只在有限范围内有规则地移动一点，仍然是束缚电荷的性质。而离子电导中的带电质点与电介质分子联系较弱，在电场作用下，则顺电场方向移动成为电流。上述两种情况，在没有外加电场时，带电质点在电介质分子周围某平衡位置附近并随分子作不规则的混乱的热运动，温度愈高，带电质点热运动的动能愈大，就更易跳越原来的平衡位置，在电场作用下就更易顺电场方向移动。因此，温度愈高，不论是热离子极化随时间衰减的吸收电流，还是离子电导的恒定电导电流，都要相应地增加，或电介质的绝缘电阻相应地减小。

1. 泄漏电流或绝缘电阻与温度的关系式

泄漏电流（包括吸收电流和电导电流）$i_{\sigma t}$ 或绝缘电阻 R_{It} 与温度 t 的关系，可用下式表达

$$i_{\sigma t} = i_0 10^{Mt} \tag{1-9}$$

$$R_{It} = R_0 10^{-Mt} \tag{1-10}$$

式中 $i_{\sigma t}$、R_{It}——温度为 t℃时的泄漏电流和绝缘电阻；

i_0、R_0——温度为 0℃时的泄漏电流和绝缘电阻；

M——系数。

将式（1-9）两端取对数，得

$$\lg i_{\sigma t}=\lg i_0+Mt=A+Mt \tag{1-11}$$

式中　A——常数。

即 $\lg i_{\sigma t}$ 与 t 成直线关系，M 为直线的斜率。图 1-9 为一台油浸变压器的泄漏电流和绝缘电阻与温度的关系曲线。因取直流泄漏电流或绝缘电阻为对数，取温度为等分刻度，在这样的半对数坐标中，泄漏电流为上升直线 1，绝缘电阻为下降直线 2。

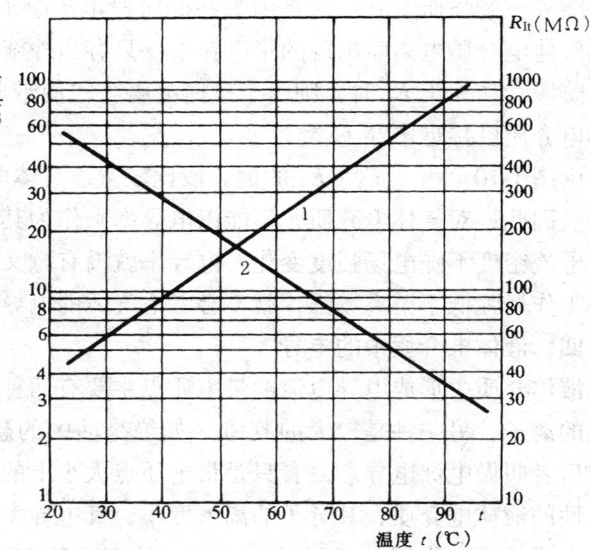

图 1-9　泄漏电流和绝缘电阻与温度的关系曲线

2. 温度差的换算系数

由于泄漏电流和绝缘电阻与温度有关，因此在不同温度下测得的泄漏电流或绝缘电阻，必须换算到同一温度下进行比较，这是试验中经常遇到的。按电气设备交接和预防性试验有关标准的规定，油浸变压器绝缘电阻的温度换算系数如表 1-1 所示。例如，将温度为 70℃时测得的绝缘电阻 80MΩ，换算到较低温度 30℃时，可由表 1-1 查得与其温度差 70－30＝40（℃）值对应的系数 5.1，则 30℃的绝缘电阻值为 80×5.1＝408（MΩ）。

表 1-1　　**温度差与温度系数换算表**

温度差（℃）	5	10	15	20	25	30	35	40	45	50	55	60
换算系数	1.2	1.5	1.8	2.3	2.8	3.4	4.1	5.1	6.2	7.5	9.2	11.2

温度的换算也可按下式推导

$$R_2=R_1\times1.5^{(t_1-t_2)/10} \tag{1-12}$$

式中　R_1、R_2——分别为温度为 t_1、t_2 时的绝缘电阻值。

三、气体电介质中的电导

正常情况下，气体为极好的电介质，电导非常小。如给气体加以不同的电压，则其电流密度与外施电场强度的关系如图 1-10 所示，即在外施场强低于 E_2 时，气体电介质中的电流仍极小极小。在极小场强时（阶段Ⅰ），气体中的电流密度 j 大致与外施场强成正比，基本上符合欧姆定律，如

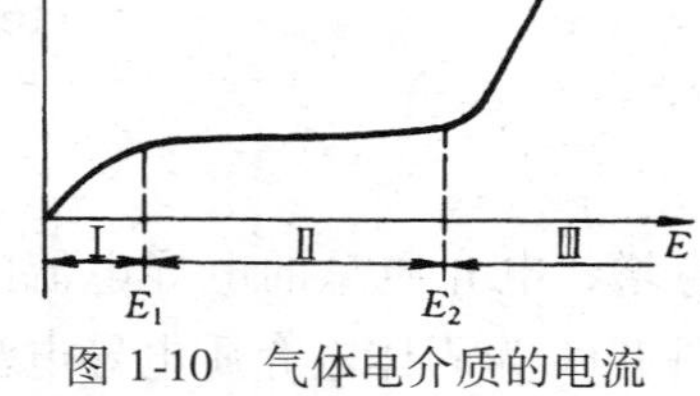

图 1-10　气体电介质的电流密度与电场强度的关系曲线

$$j=\gamma E \tag{1-13}$$

式中　γ——电导率；

E——电场强度。

但场强稍为增大（阶段Ⅱ）时，电流达到饱和状态，

不再随外施场强而上升。这是因为在此阶段电流全取决于外界游离因子（如辐射等）引起的气体电介质电离而出现的带电粒子。只有当外施场强显著提高，电介质进入电子碰撞游离阶段，如大于 E_2 时，则由于碰撞电离，才使带电粒子急剧增多，这就是阶段Ⅲ，即气体电介质已接近击穿了。

由图 1-10 可见，$E_1 \sim E_2$ 的饱和段比较宽，气体电介质在工程应用上总是处于饱和条件下。因此，对气体电介质，不能以电导率来作为其电气绝缘特性。因为在饱和电流条件下，电流密度不随电场强度变化，电导率就没有意义。又由于气体的电导很小，故只要气体的工作场强低于游离场强，就不必考虑气体的电导。

四、液体电介质中的电导

液体介质中形成电导电流的带电质点主要有两种，一种是电介质分子或杂质分子离解而成的离子；另一种是较大的胶体（如绝缘油中的悬浮物）带电质点。前者叫做离子电导，后者叫做电泳电导。二者只是带电质点大小上的差别，其导电性质是一样的。中性和弱极性的液体电介质，其分子的离解度小，其电导率就小。介电常数大的极性和强极性液体电介质的离解作用是很强的，液体中的离子数多，电导率就大。因此，极性和强极性（如水、醇类等）的液体，在一般情况下，不能用作绝缘材料。工程上常用的液体电介质，如变压器油、漆和树脂以及它们的溶剂（如四氯化碳、苯等），都属于中性和弱极性。这些电介质在很纯净的情况下，其导电率是很小的。但工程上通常用的液体电介质难免含有杂质，这样就会增大其电导率。

五、固体电介质的电导

固体电介质的电导分为离子电导和电子电导两部分。离子电导在很大程度上决定电介质中所含的杂质离子，特别对于中性及弱极性电介质，杂质离子起主要作用。离子电导的电流密度 j_{io}，在电场强度较低时，它与电场强度成正比，符合欧姆定律，即

$$j_{io} = \gamma_{io} E \tag{1-14}$$

式中　γ_{io}——离子电导率。

当电场强度较高时，离子电导电流密度与电场强度成指数关系，即

$$j_{io} = \gamma_{io} e^{CE} \tag{1-15}$$

式中　C——常数；

　　　E——电场强度。

只有当电场更高时，由于碰撞游离和阴极发射，才大量产生自由电子，电子电导急增。电子电导电流密度与电场强度也是成指数关系，即

$$j_e = \gamma_e e^{AE} \tag{1-16}$$

式中　γ_e——电子电导率；

　　　A——常数。

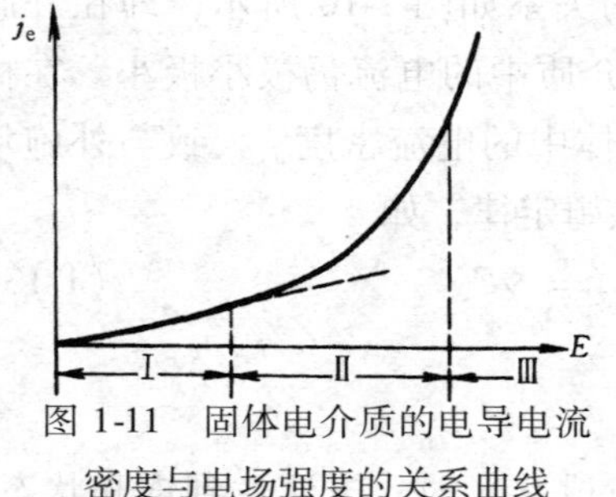

图 1-11　固体电介质的电导电流密度与电场强度的关系曲线

由于电子电导电流急增，电介质总的电导电流的增长比指数曲线更陡。图 1-11 为固体电介质电导电流密度与电场强度的关系曲线。曲线分三部分：I 部分

为欧姆定律阶段；Ⅱ部分为电场强度高时，电子电流密度成指数曲线上升；Ⅲ部分为电子电流急增阶段，曲线更陡，开始出现电子电导电流急增的电压，约在固体电介质击穿电压的80%左右，这就预示绝缘接近击穿的程度，因而固体绝缘电气设备在运行情况下，固体电介质的电导是以离子电导为主的。

固体电介质的表面电导，主要决定于它表面吸附导电杂质（如水分和污染物）的能力及其分布状态。只要电介质表面出现很薄的吸附杂质膜，表面电导就比体积电导大得多。极性电介质的表面与水分子之间的附着力远大于水分子的内聚力（因为水也是极性的），就很容易吸附水分，而且吸附的水分湿润整个表面，形成连续水膜，这叫做亲水性的电介质。这种电介质表面电导就大，如云母、玻璃、纤维材料等。不含极性分子的电介质表面与水分子之间的附着力小于水分子的内聚力，不容易吸附水分，只在表面形成分散孤立的水珠，不构成连续的水膜，这叫做憎水性电介质。其表面电导就小，如石蜡、聚苯乙烯等。还有一些材料能部分溶于水或胀大（如赛璐珞），其表面电导也很大。表面粗糙或多孔的电介质也更容易吸附水分和污染物。在实际测试工作中，有时表面电导远大于体积电导，所以在测量绝缘泄漏电流或绝缘电阻时，要注意屏蔽和具体分析测试结果。

第三节 电介质的损耗及等值电路

在交流或直流电场中，电介质都要消耗电能，通称电介质的损耗。现将电介质损耗的原因及其等值电路分析叙述如下。

一、电介质的损耗

（一）电导损耗

电介质在电场作用下有电导电流流过，这个电流使电介质发热产生损耗，一般情况下，电介质的电导损耗是很小的。

（二）游离损耗

电介质中局部电场集中（如固体电介质中的气泡、油隙，气体电介质中电极的尖端等）处，当电场强度高于某一值时，就产生游离放电，又称局部放电。局部放电伴随着很大的能量损耗，这些损耗是因游离和电子注轰击而产生的。游离损耗只在外加电压超过一定值时才会出现，且随电压升高而急剧增加，这在交流和直流电场中都是存在的，但严重程度不同。

（三）极化损耗

在本章第一节中，曾提到松弛极化要产生损耗，其松弛极化损耗示意图如图1-12所示。由于松弛极化建立得比较缓慢，跟不上50Hz交变电场的变化，当电压从零按正弦规律变到最大值时（图1-12中u曲线），极化还来不及完全发展到最大，在电压经过最大值后，极化还在继续增长，并在电压已经越过最大值下降的

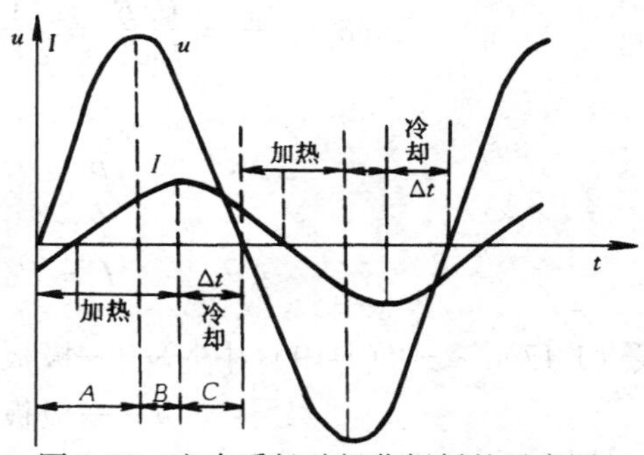

图1-12 电介质松弛极化损耗的示意图

时候达到最大值，以后极化又开始减小，比电压滞后一段时间极化减小到零，并再往负方向发展（如图 1-12 电矩 I 曲线）。这样，极化的发展，总要滞后电压一个角度，从图上看，在电压的第一个 1/4 周期中（图中 A 段），极化中电荷移动的方向与电场的方向相同，即电场对移动中的电荷做功，相当于“加热”。从电压的最大值到极化的最大值这一段时间内（图中 B 段），情况和前面一样，仍相当于“加热”。从极化的最大值到电压为零这一阶段（图中 C 段），电场的方向未变，而电荷移动的方向却变成与电场方向相反，这时电荷反抗电场做功，丧失自己的动能而“冷却”。在一个周期内，“冷却”只发生在较短时间 Δt 内，在其余较长时间内都是“加热”。显然，“加热”大于“冷却”，一部分电场能不可逆地变成热能，产生了电介质的损耗，这就是因松弛极化产生的极化损耗，这种损耗只有在交变电场下才会出现。对于偶极子的电介质，在交变电场中，偶极子要随电场的变化而来回扭动，在电介质内部发生摩擦损耗，这也是极化损耗的一种形式。

一般所谓的介质损耗，是指在一定电压作用下所产生的各种形式的损耗。至于哪一种由电导所引起的，哪一种由极化所引起的，在工程实际测试中，目前不能明确区分。为表征某种绝缘材料或结构的介质损耗，一般不用 W 或 J 等单位来表示，而是用电介质中流过的电流的有功分量和无功分量的比值来表示，即 $\mathrm{tg}\delta$。这是一个无因次的量，它的好处是只与绝缘材料的性质有关，而与它的结构、形状、几何尺寸等无关，这样更便于比较判断。

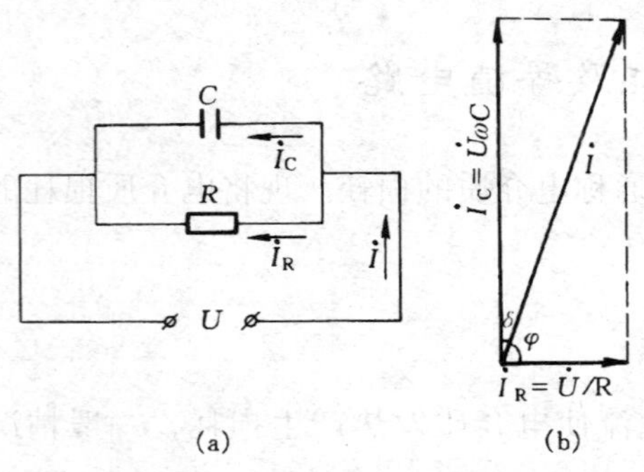

图 1-13 电介质损耗的并联等值电路
（a）等值电路；（b）相量图

二、电介质损耗的等值电路

如果电介质中没有损耗（即没有电导，没有游离，也没有松弛极化），则在交变电场作用下，完全是由弹性极化所引起的纯电容电流 i_C，且 i_C 超前电压 90°。在有损耗的电介质中流过的电流，由于含有有功损耗分量，所以它超前电压一个角度 φ，φ 小于 90°，如图 1-13 所示电介质损耗的并联等值电路。图中，δ 是 φ 的余角，称为介质损耗角。δ 的大小决定于电介质中有功电流与无功电流之比，如将电介质看成由一个电阻 R 与一个理想的无损耗电容 C 并联而成的等值电路，则由图 1-13（b）可得

$$\mathrm{tg}\delta = \frac{I_R}{I_C} = \frac{U/R}{U\omega C} = \frac{1}{\omega CR} = \frac{1}{2\pi f\left(\varepsilon\dfrac{S}{d}\right)\cdot\left(\rho\dfrac{d}{S}\right)} = \frac{1}{2\pi f\varepsilon\rho} \tag{1-17}$$

$$P = U\cdot\frac{U}{R} = U^2\omega C\mathrm{tg}\delta \tag{1-18}$$

$$I = U\omega C\cdot\frac{1}{\cos\delta} \approx U\omega C \tag{1-19}$$

式（1-17）~式（1-19）中 S——极板面积；
d——极板间距离；
P——介质损耗的功率；

I——介质中的总电流；

ω——角频率；

ρ——绝缘介质的电阻率。

由式（1-17）可知，电介质的介质损耗除与施加电源的频率有关外，它与介质的介电常数及电阻率有关，而与电极的尺寸（S、d）无关。因此，测量介质损耗正切值 $\mathrm{tg}\delta$ 是一种衡量绝缘介质优劣的较好方法。

此外，也可用电阻 r 与一个理想的无损耗电容 C' 串联而成的等值电路来分析（见图 1-14），可得

$$\mathrm{tg}\delta = \frac{Ir}{I/\omega C'} = \omega C' r \tag{1-20}$$

$$I = U\omega C'\cos\delta \approx \omega C' U \tag{1-21}$$

$$P = I^2 r = U^2\omega C'\mathrm{tg}\delta\cos^2\delta \approx U^2\omega C'\mathrm{tg}\delta \tag{1-22}$$

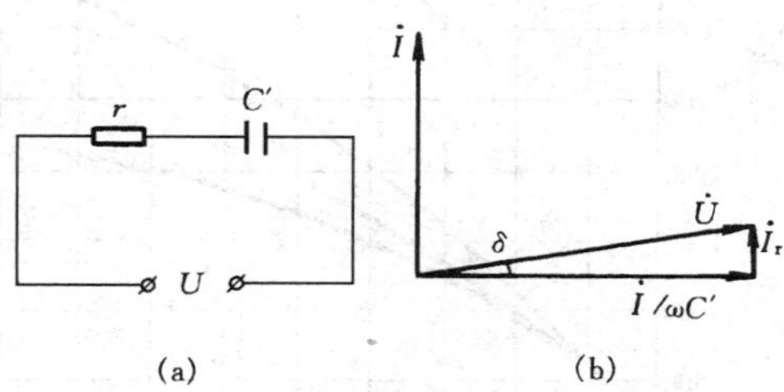

图 1-14　电介质损耗的串联等值电路

（a）等值电路；（b）相量图

将上述的两种等值电路进行比较，得

$$\frac{C'}{C} = \frac{1}{\cos^2\delta} = 1 + \mathrm{tg}^2\delta \tag{1-23}$$

只有当 $\mathrm{tg}\delta$ 较小时，才能使 $C' = C$，也即

$$\frac{r}{R} = \frac{\mathrm{tg}^2\delta}{1 + \mathrm{tg}^2\delta} \approx \mathrm{tg}^2\delta \tag{1-24}$$

由此可见，$r \ll R$。

由上面两种等值电路的分析计算可知，介质损耗功率 P 与外加电压的平方和电源频率成正比。如外加电压和频率不变，则介质损耗与 $\mathrm{tg}\delta$ 也成正比。对于固定形状和结构的被试品来说，如果其电容 C 与介电常数 ε 成正比，则介质损耗 $P \propto \varepsilon\mathrm{tg}\delta$。但对同类型电介质构造的被试品来说，其 ε 是定值，故对同类被试品绝缘的优劣，可直接以 $\mathrm{tg}\delta$ 的大小来判断。

第四节　电介质的击穿

当施加于电介质上的电压超过某临界值时，则使通过电介质的电流剧增，电介质发生破坏或分解，直至电介质丧失固有的绝缘性能，这种现象叫做电介质击穿。电介质发生击穿时的临界电压值，称为击穿电压 U_b，击穿时的电场强度称为击穿场强 E_b。在均匀电场中 E_b 和 U_b 的关系为

$$E_b = \frac{U_b}{\delta} \tag{1-25}$$

式中　δ——击穿处电介质的厚度。

一、气体电介质的击穿

由本章第二节可知，在气体的电导一节中曾提到（见图 1-10），加在电介质上的电压

超过气体的饱和电流阶段之后，即进入电子碰撞游离阶段，带电质点（主要是电子）在电场中获得巨大能量，从而将气体分子碰裂游离成正离子和电子。新形成的电子又在电场中积累能量去碰撞其他分子，使其游离，如此连锁反应，便形成了电子崩。电子崩向阳极发展，最后形成一个具有高电导的通道，导致气体击穿。

气体电介质击穿电压与气压、温度、电极形状及气隙距离等有关，因此在实际工作中要考虑这些影响因素并进行校正。

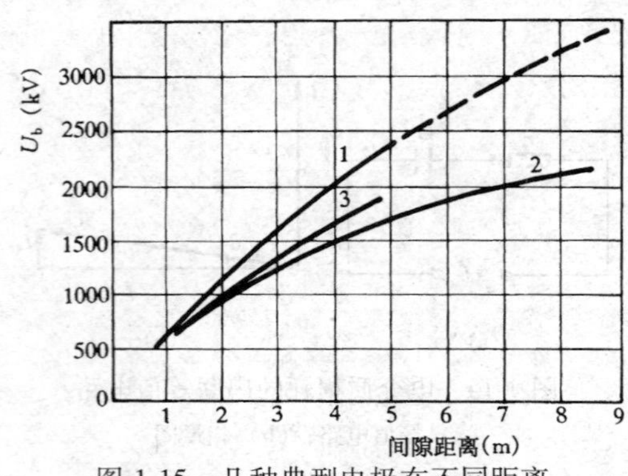

图 1-15　几种典型电极在不同距离的空气间隙击穿电压

1—环对环，棒对棒；2—环对垂直平面，球对平面；3—导线对杆塔

几种典型电极在不同距离的空气间隙击穿电压见图 1-15。

从图 1-15 中可以看到，在短间隔距离内，图列的各种间隙的击穿电压相差较小，在 2m 以上时差别就逐渐增大，所以对于长间隙的试验研究就更为重要。因此，在设计高压工程时（特别是超、特高电压输配电工程），除了考虑自然条件的影响外，对实际存在的各种复杂的电极型式要进行模拟试验，才能得到正确的数据。

在不均匀电场中，如棒→板电极，由于受到空间电荷的影响，当尖端为正极性时，电位的最大梯度移向负极，故而形成负极性尖端放电电压高，正极性放电电压低。

当气体成分和电极材料一定时，击穿电压 U_b 是气体压力 P 与极间距离 d 乘积的函数，即巴申定律

$$U_b = f(Pd) \tag{1-26}$$

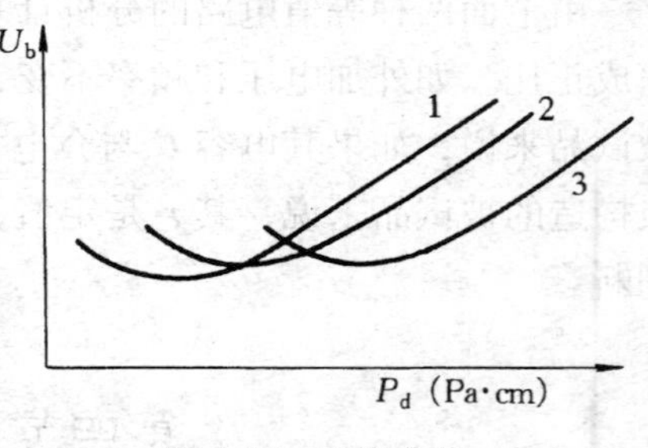

图 1-16　巴申曲线

1—空气；2—氢气；3—氮气

巴申曲线如图 1-16 所示，图中曲线都有一个最低电压值，当电极距离 d 一定时，如改变压力，由于带电粒子的平均自由行程与气体压力 P 成反比，则压力低时，自由行程大，电子与气体分子碰撞机会减少，只有增加电子的能量才能产生足够的碰撞游离（否则只碰撞而不游离）以使气体击穿，因此击穿电压提高。当压力大时，自由行程小，电子在电场方向（电子前进方向）积聚能量不够，即使有碰撞也不游离，因而击穿电压也提高。当压力 P 不变，而 d 太小时，由于极间碰撞次数太少，不易游离，亦需提高电压，因而在 P、d 变化过程中会出现最小值。

巴申定律指出提高气体击穿电压的方法是提高气压或提高真空度，这两者在工程上都有实用意义。这就是当变压器在真空滤油，直接测量绝缘电阻时，绝缘强度可能很低的原因，要测试绝缘电阻就必须破坏真空。

二、液体电介质的击穿

在纯净的液体电介质中，其击穿也是由于游离所引起，但工程上用的液体电介质或多

或少总会有杂质，如工程用的变压器油，其击穿则完全是由杂质所造成的。在电场作用下，变压器中的杂质，如水泡、纤维等聚集到两电极之间，由于它们的介电常数比油大得多（纤维素为 $\varepsilon=7$，水为 $\varepsilon=80$，油为 $\varepsilon=2.3$），将被吸向电场较集中的区域，可能顺着电力线排列起来，即顺电场方向构成“小桥”。小桥的电导和介电常数都比油大，因而使“小桥”及其周围的电场更为集中，降低了油的击穿电压。若杂质较多，还可构成一贯穿整个电极间隙的小桥。有时，由于较大的电导电流使小桥发热，形成油或水分局部气化，生成的气泡也沿着电力线排列形成击穿。变压器油中最常见的杂质有水分、纤维、灰尘、油泥和溶解的气体等。水分对变压器油击穿强度的影响更大，由图1-17可以看出，含有0.03%水分的变压器油的击穿强度仅为干燥时的一半。纤维容易吸收水会，纤维含量多，水分也就多，而且纤维更易顺电场方向构成桥路。油中溶解的气体一遇温度变化或搅动就容易释出形成气泡，这些气泡在较低电压下就可能游离，游离气泡的温度升高就会蒸发，因而气泡沿电场方向也易构成小桥，导致变压器油击穿。

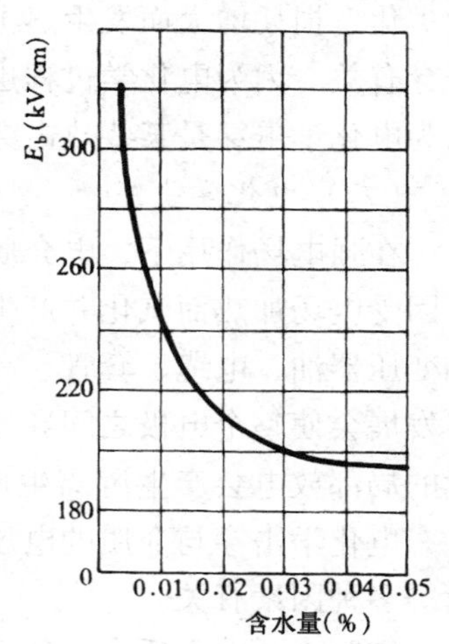

图 1-17　变压器的击穿场强和其含水量的关系

因此，变压器油中应尽可能除去杂质，一般采取真空加热过滤的方法，使其达到安全运行的标准要求。为了阻挡杂质在电极间构成桥路，特别是在不均匀电场中，应在靠近强电场电极附近加装屏障，这样可以大大提高电介质的击穿电压。例如高压变压器绕组外的绝缘围屏就起这个作用。

三、固体电介质的击穿

固体电介质的击穿大致可分电击穿、热击穿、电化学击穿三种形式，不同击穿形式与电压作用时间和场强的关系见图1-18。

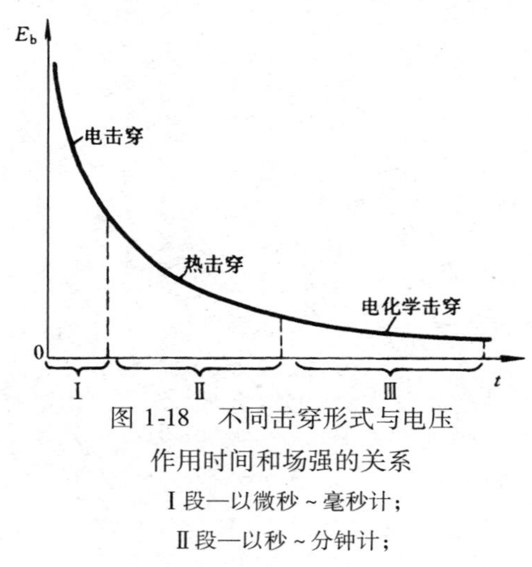

图 1-18　不同击穿形式与电压作用时间和场强的关系
I段—以微秒～毫秒计；
II段—以秒～分钟计；
III段—以小时～年计

（一）电击穿

在强电场的作用下，当电介质的带电质点剧烈运动，发生碰撞游离的连锁反应时，就产生电子崩。当电场强度足够高时，就会发生电击穿，此种电击穿是属于电子游离性质的击穿。一般情况下，电击穿的击穿电压是随着电介质的厚度成线性地增加，而与加压时的温度无关。电击穿作用时间很短，一般以微秒计，其击穿电压较高，而击穿场强与电场均匀程度关系很大。

（二）热击穿

在强电场作用下，由于电介质内部介质损耗而产生的热量，如果来不及散发出去，将使电介质内部温度升高，而电介质的绝缘电阻或介质损耗具有负的温度系数。当温度上升时，其电阻变小，又会使电流进一步增大，损耗发热也增大，导致温度不断上升，进一步引起介质分解、炭化等。因此，导致分子结构破坏而击穿，称为热击穿。热击穿电压是随温度增加而下降的。电介质厚度增加，散热条件变坏，击穿强度也随之下降。高压电器设备（如电缆、套管、发电机等）由于结构原因，在运行中经常出现温度过高，引起绝缘劣化、损耗增大而发生热击穿故障。热击穿除与温度和时间有关外，还与频率和电化学击穿有关。因为电化学过程也引起绝缘劣化和介损增加，从而导致发热增加。因此，可以认为电化学击穿是某些热击穿的前奏。

（三）电化学击穿

在强电场作用下，电介质内部包含的气泡首先发生碰撞游离而放电，杂质（如水分）也因受电场加热而汽化并产生气泡，于是使气泡放电进一步发展，导致整个电介质击穿。如变压器油、电缆、套管、高压电机定子线棒等，也往往因含气泡发生局部放电，如果逐步发展会使整个电极之间导通击穿。而在有机介质内部（如油浸纸、橡胶等），气泡内持续的局部放电会产生游离生成物，如臭氧及碳水等化合物，从而引起介质逐渐变质和劣化。电化学击穿与介质的电压作用时间、温度、电场均匀程度、累积效应、受潮、机械负荷等多种因素有关。

实际上，电介质击穿往往是上述三种击穿形式同时存在的。一般地说，tgδ 大、耐热性差的电介质，处于工作温度高、散热又不好的条件下，热击穿的概率就大些。至于单纯的电击穿，只有在非常纯洁和均匀的电介质中才有可能，或者电压非常高而作用的时间又非常短，如在雷电和操作波冲击电压下的击穿，基本属于电击穿。固体电介质的电击穿强度要比热击穿高，而放电击穿强度则决定于电介质中的气泡和杂质，因此固体电介质由电化学引起击穿时，击穿强度不但低，而且分散性较大。

第二章

测量绝缘电阻

测量电气设备的绝缘电阻，是检查其绝缘状态最简便的辅助方法，在现场普遍用兆欧表测量绝缘电阻。由于测绝缘电阻有助于发现电气设备中影响绝缘的异物、绝缘受潮和脏污、绝缘油严重劣化、绝缘击穿和严重热老化等缺陷，因此测量绝缘电阻是电气检修、运行和试验人员都应掌握的基本方法。

第一节 绝缘电阻、吸收比和极化指数

一、绝缘电阻

绝缘电阻是指在绝缘体的临界电压以下，施加的直流电压 U_- 时，测量其所含的离子沿电场方向移动形成的电导电流 I_g，应用欧姆定律所确定的比值。即

$$R_i = \frac{U_-}{I_g} \tag{2-1}$$

式中 R_i——绝缘电阻（Ω）；

U_-——直流电压（V）；

I_g——电导电流（A）。

如果施加的直流电压超过临界值，就会导致产生电子电导电流（见第一章第二节），使绝缘电阻急剧下降。这样，在过高电压作用下绝缘就遭到了损伤，甚至可能击穿。所以一般兆欧表的额定电压不太高，使用时应根据不同电压等级的绝缘选用。

对于单一的绝缘体（如瓷质或玻璃绝缘子、塑料、酚醛绝缘板材料及棒材等），在直流电压作用下，其电导电流瞬间即可达稳定值，所以测量这类绝缘体的绝缘电阻时，也很快就达到了稳定值。

在高压工程上用的设备内绝缘，大部分是夹层绝缘（如变压器、电缆、电机等）。夹层绝缘在直流电压作用下，会产生多种极化，并从极化开始到完成，需要相当长时间。通常用夹层绝缘的绝缘电阻随时间变化的关系，来作为判断绝缘状态的依据。下面就结合实际测量对夹层绝缘作进一步分析。

当在夹层绝缘体上施加直流电压后，其中便有三种电流产生，即电导电流、电容电流和吸收电流。这三种电流的机理及随时间的变化规律，见本书第一章的有关部分。

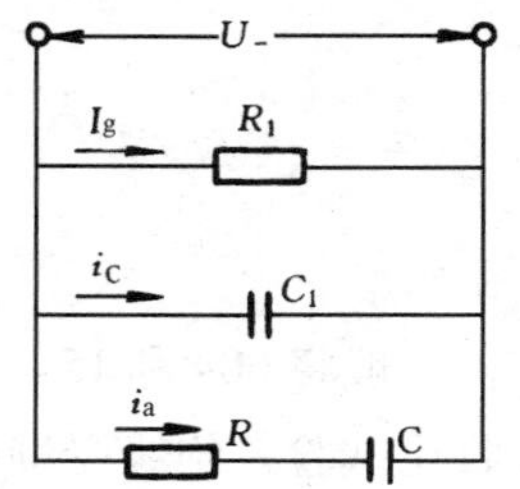

图 2-1 夹层绝缘体的等值电路

在直流电压作用下，夹层绝缘体的等值电路如图 2-1 所示。R_1 支路中的电流代表电导电流 I_g，C_1 支路中的电流代表电容电流 i_C，R、C 支路中的电流代表吸收电流 i_a。这三种电流值的变

化能反应出绝缘电阻值的大小，即随着加压时间的增长，这三种电流的总和下降，而绝缘电阻值相应地增大。对于具有夹层绝缘的大容量设备，这种吸收现象就更明显。因为总电流随时间衰减，经过一定时间后，才趋于电导电流的数值，所以通常要求在加压 1min（或 10min）后，读取兆欧表指示的值，才能代表比较真实的绝缘电阻值。

二、吸收比和极化指数

不同的绝缘设备，在相同电压下，其总电流随时间下降的曲线不同。即使对同一设备，当绝缘受潮或有缺陷时，其总电流曲线也要发生变化。当绝缘受潮或有缺陷时，电流的吸收现象不明显，总电流随时间下降较缓慢。如图 2-2 所示，在相同时间内电流的比值就不一样，由图 2-2（a）中的$\frac{i_{15}}{i_{60}}$大于图 2-2（b）的$\frac{i_{15}}{i_{60}}$即可说明。因此，对同一绝缘设备，根据$\frac{i_{15}}{i_{60}}$的变化就可以初步判断绝缘的状况。通常以绝缘电阻的比值表示，即

$$K_1 = \frac{R_{60}}{R_{15}} = \frac{\frac{U_-}{i_{60}}}{\frac{U_-}{i_{15}}} = \frac{i_{15}}{i_{60}} \tag{2-2}$$

式中 i_{15}、R_{15}——加压 15s 时的电流和相应的绝缘电阻；

i_{60}、R_{60}——加压 60s 时的电流和相应的绝缘电阻；

K_1——吸收比。

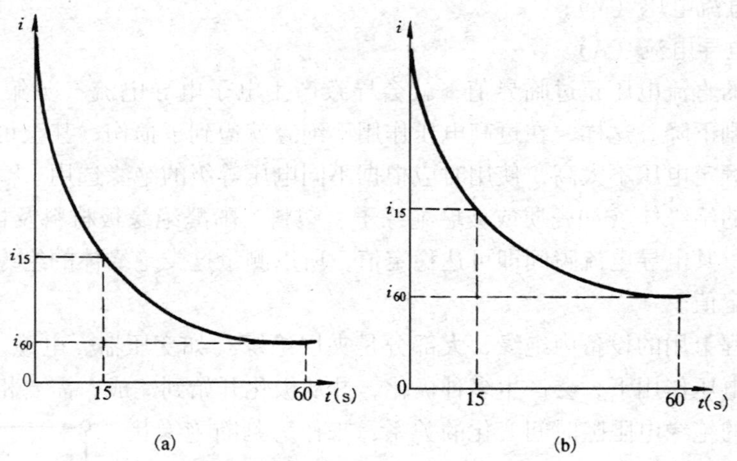

图 2-2 总电流 i 随时间的变化曲线
（a）绝缘良好；（b）绝缘受潮

一般将 60s 和 15s 时绝缘电阻的比值 R_{60}/R_{15}，称为吸收比。测量这一比值的试验叫做吸收比试验。绝缘受潮时 K_1 下降，K_1 的最小值为 1。变压器绝缘要求 K_1 值大于 1.3。吸收比试验与温度及湿度有关，必要时可按式(1-12)进行温度换算。

对于吸收过程较长的大容量设备，如变压器、发电机、电缆等，有时用 R_{60}/R_{15} 吸收

比值尚不足以反映绝缘介质的电流吸收全过程。为了更好地判断绝缘是否受潮，可采用较长时间的绝缘电阻比值进行衡量，称为绝缘的极化指数，表示为

$$K_2 = \frac{R_{10\min}}{R_{1\min}} \tag{2-3}$$

式中 K_2——极化指数；

$R_{10\min}$——加压 10min 时测的绝缘电阻；

$R_{1\min}$——加压 1min 时测的绝缘电阻。

极化指数测量加压时间较长，测定的电介质吸收比率与温度无关，变压器极化指数 K_2 一般应大于 1.5，绝缘较好时其值可达到 3 ~4。

第二节 兆欧表的工作原理

一、常用兆欧表的工作原理

常用的兆欧表有手摇式、电动式和数字式几种。手摇式兆欧表的原理如图 2-3 所示。图中 R_A、R_V 分别为与流比计电流线圈 L_A 和电压线圈 L_V 相串联的固定电阻。

图 2-3 中，驱动发电机的转轴，发出的电压经整流后加至两个并联电路（电流回路和电压回路）上。由于磁电系流比计处于不均匀磁场中，因此两个线圈所受的力与线圈在磁场中所处的位置有关。两个线圈绕制的方向不同，使流经两线圈中的电流在同一磁场中会产生不同方向的转动力矩。由于力矩差的作用，使可动部分旋转，两个线圈所受的力也随着改变，一直旋转到转动力矩与反力矩平衡时为止。指针的偏转角 α 与并联电路中电流的比值有关，即

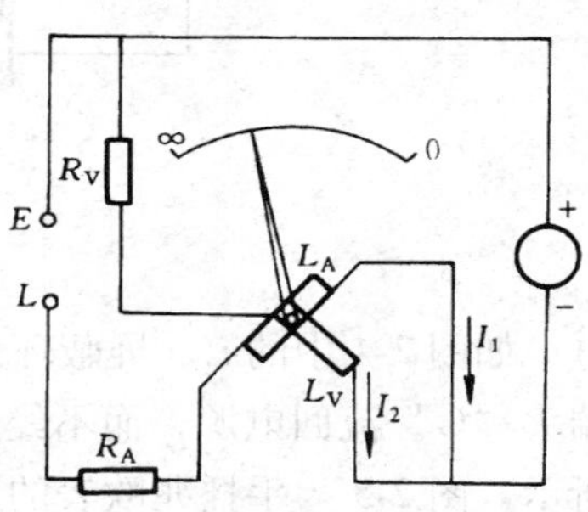

图 2-3 手摇式兆欧表的原理

$$\alpha = f\left(\frac{I_1}{I_2}\right) \tag{2-4}$$

式中 I_1——流过电流线圈 L_A 的电流；

I_2——流过电压线圈 L_V 的电流。

因为并联支路电流的分配与其电阻值成反比，所以，偏转角的大小就反应了被测绝缘电阻值的大小。

当“L”（火线）、“E”（地线）两端头间开路时，流比计电流线圈 L_A 中没有电流，即 $I_1=0$，只有电压线圈 L_1 中有电流 I_2 流过，仅产生单方向转动的力矩，使指针沿逆时针方向偏转到最大位置，指向“∞”，也即“L”、“E”两端开路就相当于被试品的绝缘电阻 R_i 为无穷大。

当两端头间短路时，并联电路两支路中都有电流，但流过电流线圈 L_A 中的电流 I_1 最大，其转动力矩大大超过 I_2 产生的反力矩，使指针沿顺时针转到最大位置，指向“0”，即被测绝缘电阻 R_i 为零。

当外接被测绝缘电阻 R_i 在“0”与“∞”之间的任一数值时，指针停留的位置由通过这两个线圈中的电流 I_1 和 I_2 的比值来决定。兆欧表在额定电压下，I_2 为一定值，但被测绝缘电阻 R_i 与电流线圈 L_A 相串联，所以 I_1 的大小随 R_i 的数值而改变，于是 R_i 的大小就决定了指针偏转角的位置，因而在校准的电阻刻度盘上便可读取兆欧表测出的被试品的绝缘电阻。

在端头“L”的外圈设有一个金属圆环，称为屏蔽环（或称保护环），有些兆欧表专设有屏蔽端头。它们均直接与电源的负极相连，起着屏蔽表面漏电的作用。因为在“L”和“E”之间会有高达几百伏至几千伏的直流电压，在这种高压下，“L”和“E”之间的表面泄漏是不可忽略的，如图 2-4 中的漏电流 i_1。而且在测量被试品时，还会有表面的漏电，如图 2-4 中的 i_2。屏蔽环（或屏蔽端头）的作用，是使漏电流（i_1 和 i_2）直接从屏蔽端头“G”流回电源，而不经过测量机构，防止给测量结果造成误差，如图 2-4（b）中所示。图 2-5 为手摇兆欧表的原理接线。

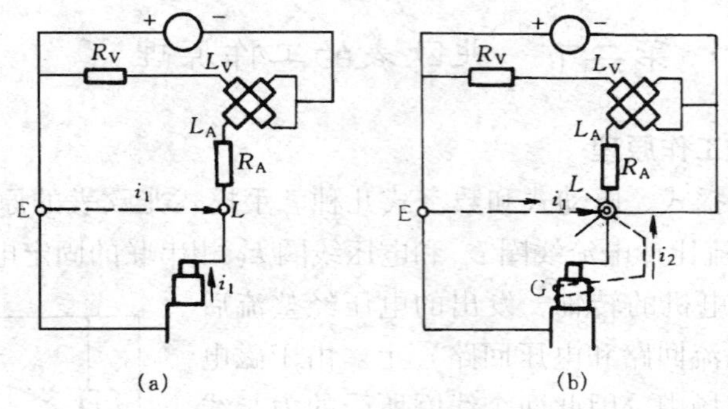

图 2-4　兆欧表的屏蔽
（a）无屏蔽；（b）有屏蔽

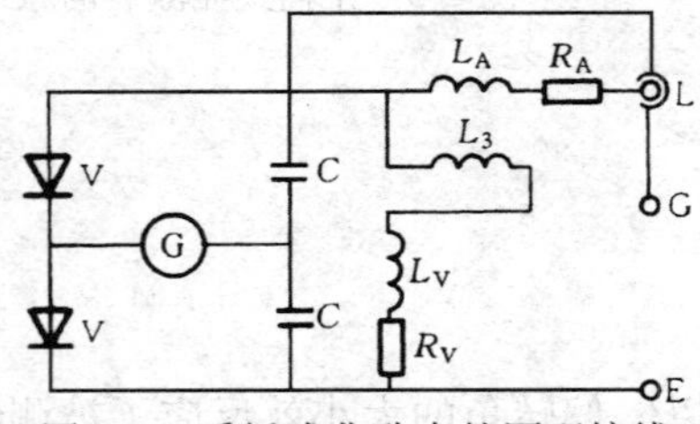

图 2-5　手摇式兆欧表的原理接线

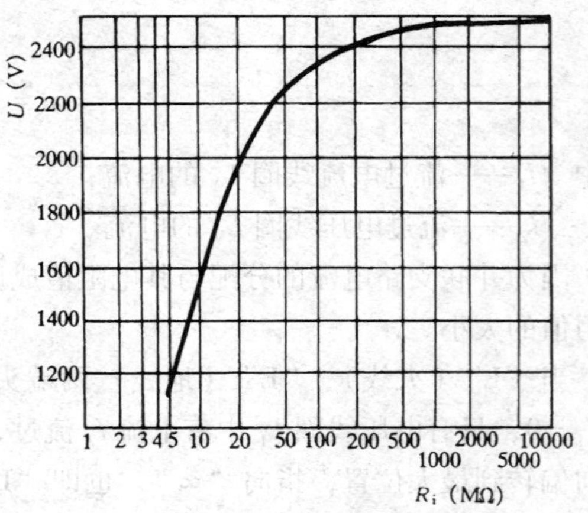

图 2-6　手摇式兆欧表的负载特性

兆欧表的负载特性，即所测绝缘电阻值和端电压的关系曲线，如图 2-6 所示。目前国内生产的不同类型的兆欧表的负载特性不同。从某种兆欧表的负载特性（图 2-6）看出，当被测绝缘电阻小于 100MΩ 时，端电压剧烈下降。例如流比计型的测量机构，其偏转角的大小与电流比（I_1/I_2）有关，而被试品的吸收比和绝缘电阻值直接影响兆欧表的端电压，因此当兆欧表的容量较小，而被试品的吸收电流大、绝缘电阻值又低时，就会引起兆欧表的端电压急剧下降。此时，测得的吸收比和绝缘电阻不能反映真实的绝缘状况，所以用小容量的兆欧表测量大容量设备的吸收比、极化指数和绝缘电阻时，其准确度较低。由此可见，不同类型的兆欧表，其负载特性不同。因此对于同一被试品，用不同型号的兆欧表，测出的结果就有一定差异。所以在测量极化指数和绝缘电阻时，应选择最大输出电流[1]在2mA以上的数字兆欧表，并且在测量绝缘电阻范围内负载特性平稳的兆欧表，才能得到正确的结果。

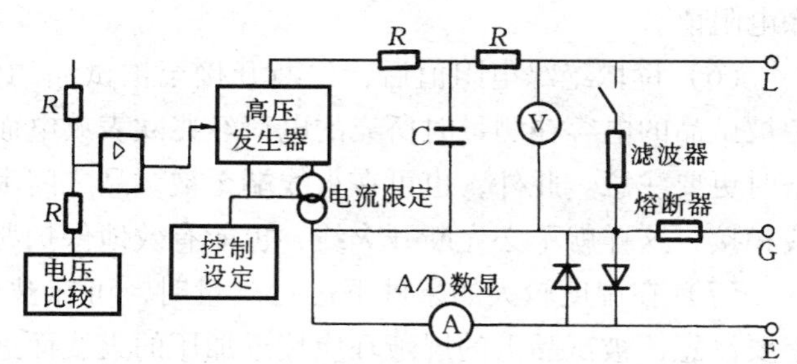

图 2-7 数字式兆欧表原理图

数字式兆欧表的原理图如图 2-7 所示，其负载特性如图 2-8 所示。数字兆欧表是将直流电源变频产生直流高压，通过程序控制使各种绝缘测试可由菜单选择自动进行或设定方式进行。其测试电压从500V到5000V可设定选择；试验电流为2、5mA等；测量范围比手动兆欧表大，最大量程可读到 5×10^{6}MΩ，显示直观准确。较好的数字兆欧表有由一个三位数字显示和一条模拟弧形刻度显示指针构成的双显指示系统。由于目前变压器等大容量设备需作极化指数试验，用手摇式兆欧表测量就比较困难，因此，数字式兆欧表正在逐步取代手摇式兆欧表。

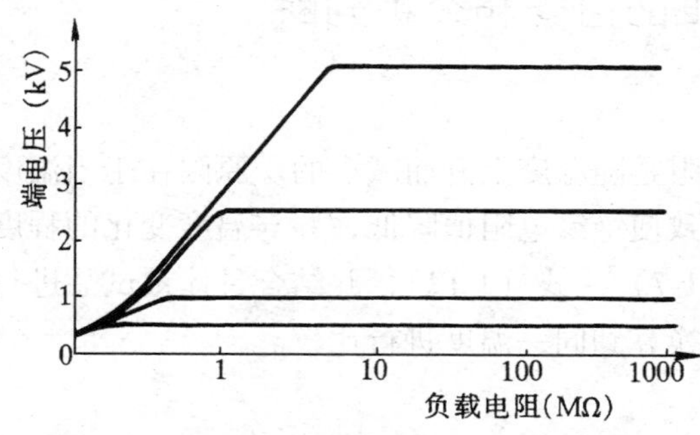

图 2-8 数字式兆欧表负载特性（5mA）

二、测量方法及注意事项

（1）断开被试品的电源，拆除或断开对外的一切连线，并将其接地放电。对电容量较大的被试品（如发电机、电缆、大中型变压器和电容器等）更应充分放电。此项操作应利用绝缘工具（如绝缘棒、绝缘钳等）进行，不得用手直接接触放电导线。

（2）用干燥清洁柔软的布擦去被试品表面的污垢，必要时可先用汽油或其他适当的去垢剂洗净套管表面的积污。

（3）将兆欧表放置平稳，驱动兆欧表达额定转速，此时兆欧表的指针应指“∞”，再用导线短接兆欧表的“火线”与“地线”端头，其指针应指零（瞬间低速旋转以免损坏兆欧表）。然后将被试品的接地端接于兆欧表的接地端头“E”上，测量端接于兆欧表的火线端头“L”上。如遇被试品表面的泄漏电流较大时，或对重要的被试品，如发电机、变压器等，为避免表面泄漏的影响，必须加以屏蔽。屏蔽线应接在兆欧表的屏蔽端头“G”上。接好线后，火线暂时不接被试品，驱动兆欧表至额定转速，其指针应指“∞”，然后使兆欧表停止转动，将火线接至被试品。

[1] 最大输出电流是指兆欧表在2500V或5000V额定输出电压时的输出电流，而不是短路电流。

（4）驱动兆欧表达额定转速，待指针稳定后，读取绝缘电阻的数值。

（5）测量吸收比或极化指数时，先驱动兆欧表达额定转速，待指针指“∞”时，用绝缘工具将火线立即接至被试品上，同时记录时间，分别读取15s和60s或10min时的绝缘电阻值。

（6）读取绝缘电阻值后，先断开接至被试品的火线，然后再将兆欧表停止运转，以免被试品的电容在测量时所充的电荷经兆欧表放电而损坏兆欧表，这一点在测试大容量设备时更要注意。此外，也可在火线端至被试品之间串入一只二极管，其正端与兆欧表的火线相接，这样就不必先断开火线，也能有效地保护兆欧表。

（7）在湿度较大的条件下进行测量时，可在被试品表面加等电位屏蔽。此时在接线上要注意，被试品上的屏蔽环应接近加压的火线而远离接地部分，减少屏蔽对地的表面泄漏，以免造成兆欧表过载。屏蔽环可用保险丝或软铜线紧缠几圈而成。

（8）若测得的绝缘电阻值过低或三相不平衡时，应进行解体试验，查明绝缘不良部分。

第三节　影响绝缘电阻的因素和分析判断

1. 温度的影响

温度对绝缘电阻的影响很大，一般绝缘电阻是随温度上升而减小的。原因在于当温度升高时，绝缘介质中的极化加剧，电导增加，致使绝缘电阻值降低，并与温度变化的程度与绝缘材料的性质和结构等有关，可根据式（1-7）～式（1-12），并结合具体被试品进行换算。因此，测量时必须记录温度，以便将其换算到同一温度进行比较。

2. 湿度的影响

湿度对表面泄漏电流的影响较大，绝缘表面吸附潮气，瓷套表面形成水膜，常使绝缘电阻显著降低。此外，由于某些绝缘材料有毛细管作用，当空气中的相对湿度较大时，会吸收较多的水分，增加了电导，也使绝缘电阻值降低。

3. 放电时间的影响

每测完一次绝缘电阻后，应将被试品充分放电，放电时间应大于充电时间，以利将剩余电荷放尽。否则，在重复测量时，由于剩余电荷的影响，其充电电流和吸收电流将比第一次测量时小，因而造成吸收比减小，绝缘电阻值增大的虚假现象。

4. 分析判断

（1）所测的绝缘电阻应等于或大于一般容许的数值（见有关规定）。

（2）将所测的绝缘电阻，换算至同一温度，并与出厂、交接、历年、大修前后和耐压前后的数值进行比较；与同型设备、同一设备相间比较。比较结果均不应有明显的降低或较大的差异。否则应引起注意，对重要的设备必须查明原因。

（3）对电容量比较大的高压电气设备，如电缆、变压器、发电机、电容器等的绝缘状况，主要以吸收比值和极化指数的大小为判断的依据。如果吸收比和极化指数有明显下降者，说明绝缘受潮，或油质严重劣化。

第三章

直流泄漏及直流耐压试验

测量绝缘体的直流泄漏电流与测量绝缘电阻的原理基本相同。不同之处是：直流泄漏试验的电压一般比兆欧表电压高，并可任意调节，兆欧表则不然，因而它比兆欧表发现缺陷的有效性高，能灵敏地反映瓷质绝缘的裂纹、夹层绝缘的内部受潮及局部松散断裂、绝缘油劣化、绝缘的沿面炭化等。

直流耐压试验与泄漏电流的测量虽然方法一致，但其作用不同，前者是考验绝缘的耐电强度，其试验电压较高；后者是用于检查绝缘状况，试验电压相对较低。因此，直流耐压对于发现某些局部缺陷更有特殊意义，目前在高压电机、电缆、电容器的预防性试验中被广泛采用。它和交流耐压试验相比主要有以下一些特点。

1. 试验设备轻小

直流耐压试验设备比较轻便，便于在现场进行预防性试验，例如，对于电缆线路，如果做交流耐压试验，每公里的电容电流将达数安培，需要较大容量的试验设备。而做直流耐压试验时，稳定后只需供给绝缘泄漏电流（最高只达毫安级）。

2. 能同时测量泄漏电流

直流耐压试验可以在逐步升压的同时，通过测量泄漏电流，更有效地反映绝缘内部的集中性缺陷。图 3-1 表示发电机绝缘在做直流耐压试验过程中泄漏电流变化的一些典型曲线。对于良好的绝缘，泄漏电流随电压而直线上升，而且电流值较小，如曲线 1 所示；如果绝缘受潮，那么电流数值加大，如曲线 2 所示；曲线 3 表示绝缘中有集中性缺陷存在。当泄漏电流超过一定标准，应尽可能找出原因加以消除。如果 0.5 倍 U_t 附近泄漏电流已经迅速上升，如曲线 4 所示，那么这台发电机在运行时（不计及过电压）有击穿的危险。

在电力电缆进行直流耐压试验时，通常也利用泄漏电流的读数来寻找缺陷，例如当测到三相泄漏电流相差过大或者泄漏电流增长较快时，就可以根据具体情况酌量提高试验电压或者是延长耐压的持续时间来发现缺陷。

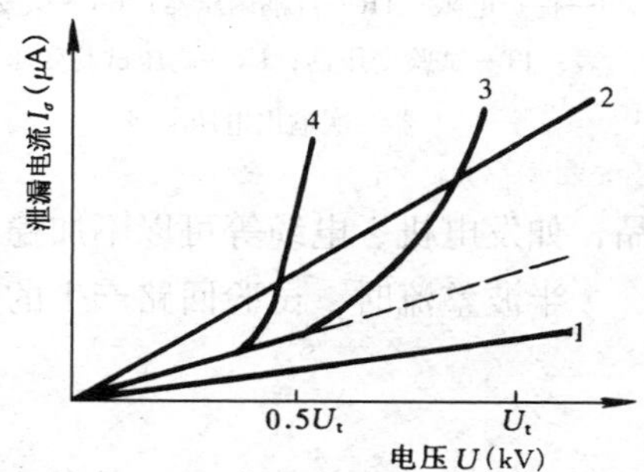

图 3-1　发电机的典型泄漏电流曲线

1—绝缘良好；2—绝缘受潮；3—绝缘中有集中性缺陷；4—绝缘中有危险的集中性缺陷

3. 对绝缘损伤较小

直流高压对被试品绝缘的损伤较小，当直流作用电压较高以至于在气隙中发生局部放电后，放电产生的电荷所感应的反电场将使在气隙里的场强减弱，从而抑制了气隙内的局部放电过程。如果是交流耐压试验，由于电压不断改变方向，因而如气隙发生放电后，每个半波里都要发生局部放电，这种放电往往会促使有机绝缘材料的分解、老化变质，降低其绝缘性能，使局部缺陷逐渐扩大。因此，直流耐压试验在一定程度上还带有非破坏性试验的性质。

与交流耐压试验相比，直流耐压试验的缺点是：由于交、直流下绝缘内部的电压分布不同，直流耐压试验对绝缘的考验不如交流下接近实际。因此，对于交联聚乙烯电缆，也不主张用直流耐压试验。

直流耐压试验电压值的选择也是一个重要的问题，它是参考绝缘的工频交流耐压试验电压和交、直流下击穿强度之比，并主要根据运行经验来制定的。例如对发电机定子绕组，现取2～2.5倍额定电压；对于3、6、10kV的电缆，取5～6倍额定电压，20、35kV的电缆取4～5倍额定电压，35kV以上的电缆取3倍额定电压。直流耐压试验的时间可以比交流耐压试验长一些，所以发电机试验时是以每级0.5倍额定电压分阶段地升高，每阶段停留1min，以观察并读取泄漏电流值。电缆试验时，在试验电压下持续5min，以观察并读取泄漏电流值。

第一节　试　验　方　法

一、半波整流试验接线

试验回路一般是由自耦调压器、试验变压器、高压二极管和测量表计组成半波整流试验接线，根据微安表在试验回路中所处的位置不同，可分为两种基本接线方式，现分述如下。

（一）微安表接在高压侧

微安表接在高压侧的试验原理接线，如图3-2所示。

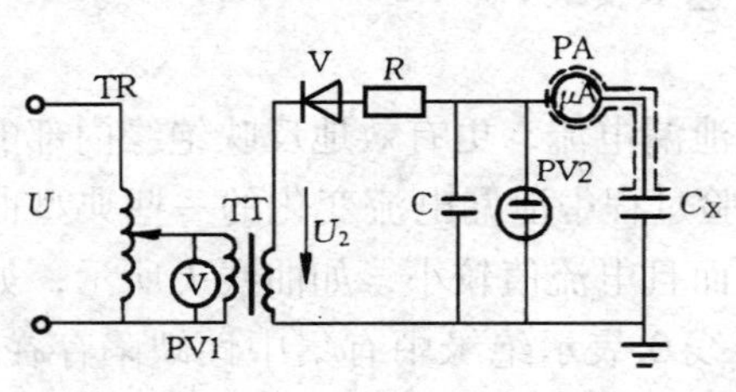

图3-2　微安表接在高压侧的试验原理接线

PV1—低压电压表；PV2—高压静电电压表；R—保护电阻；TR—自耦调压器；PA—微安表；TT—试验变压器；U_2—高压试验变压器二次输出电压

由图3-2可见，试验变压器TT的高压端接至高压二极管V（硅堆）的负极，由于空气中负极性电压下击穿场强较高，为防止外绝缘闪络，因此直流试验常用负极性输出。由于二极管的单向导电性，在其正极就有负极性的直流高压输出。选择硅堆的反峰电压时应有20%的裕度；如用多个硅堆串联时，应并联均压电阻，电阻值可选约1000MΩ。为减小直流电压的脉动，在被试品C_X上并联滤波电容器C，电容值一般不小于0.1μF。对于电容量较大的被试品，如发电机、电缆等可以不加稳压电容。

半波整流时，试验回路产生的直流电压为

$$U_d = \sqrt{2}U_2 - \frac{I_d}{2cf} \tag{3-1}$$

式中　U_d——直流电压（平均值，V）；

C——滤波电容（F）；

f——电源频率（Hz）；

I_d——整流回路输出直流电流（A）。

当回路不接负载时，直流输出电压即为变压器二次输出电压的峰值。因此，现场试验选择试验变压器的电压时，应考虑到负载压降，并给高压试验变压器输出电压留一定裕度。

这种接线的特点是微安表处于高压端，不受高压对地杂散电流的影响，测量的泄漏电流较准确。但微安表及从微安表至被试品的引线应加屏蔽。由于微安表处于高压，故给读数及切换量程带来不便。

（二）微安表接在低压侧

微安表接在低压侧的接线图如图3-3所示。这种接线微安表处于低电位，具有读数安全、切换量程方便的优点。

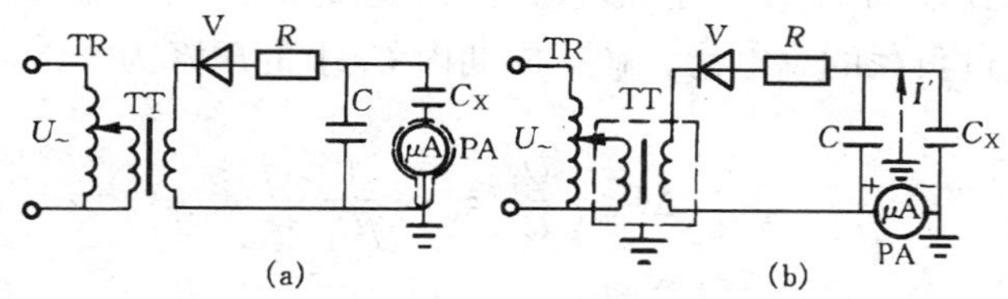

图3-3　微安表接在低压侧时，泄漏电流试验原理接线

（a）被试品对地绝缘；（b）被试品直接接地

当被试品的接地端能与地分开时，宜采用图3-3（a）的接线。若不能分开，则采用图3-3（b）的接线，由于这种接线的高压引线对地的杂散电流I'将流经微安表，从而使测量结果偏大，其误差随周围环境、气候和试验变压器的绝缘状况而异。所以，一般情况下，应尽可能采用图3-3（a）的接线。

二、直流高压电源的获得

（一）倍压整流直流电源

前述的简单整流电路中，最大直流输出只能接近试验变压器的峰值电压U_{max}，欲获得更高的直流电压，常用倍压整流来实现。

图3-4是一种全波倍压整流线路，输出电压接近试验变压器高压侧峰值电压的两倍，适合于一端接地的被试品。这种线路要求高压试验变压器TT高压绕组的两个引出端对地绝缘，一个端头对地能承受试验变压器的最大峰值电压U_{max}（端头2），另一个端头对地承受$2U_{max}$（端头1）。

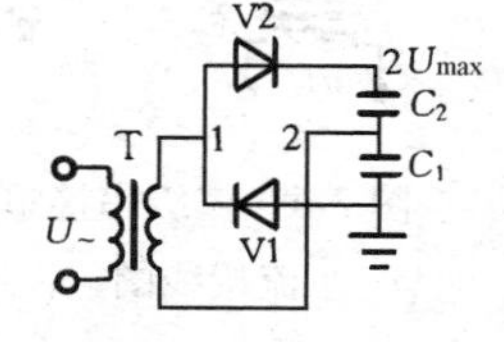

图3-4　倍压接线之一

图3-5为另一种更为常用的倍压整流线路，这种线路不仅可输出对地为$2U_{max}$的直流电压，而且可采用一端接地的变压器，其工作原理如下。

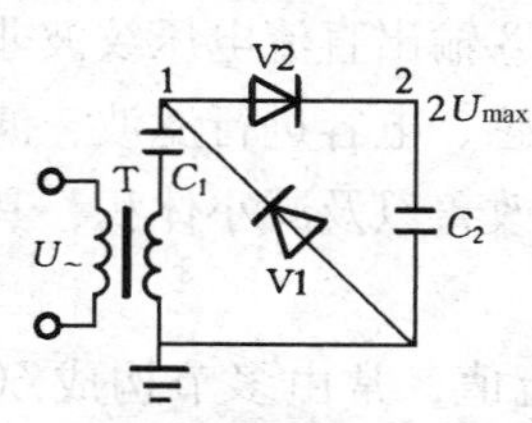

图3-5　倍压接线之二

当图3-5的电源电压为负半波时（试验变压器绕组接地端为正），电源变压器经二极管V1对C_1充电到U_{max}；正半波时（变压器绕组接地端为负），变压器电压与电容器C_1上的电压叠加，经二极管V2对电容器C_2充电，如果$C_1 \gg C_2$，则C_2很快充到$2U_{max}$。一般$C_1=C_2$，C_2要经若干周之后才能充到$2U_{max}$。因为C_1和变压器串联对C_2充电，电荷从C_1流向C_2，使C_1上的电压

降低，所以点 1 对地的电位达不到 $2U_{max}$，C_2 也充不到 $2U_{max}$。但在下一个半周时电流又经 V1 对 C_1 补充电至 U_{max}，以补充它放出的电荷，因而在若干周后，总可以将 C_2 充电到 $2U_{max}$。如不计泄漏，C_2 将保持 $2U_{max}$ 不变，C_1 始终为 U_{max}，点 1 对地的电位在 0～$2U_{max}$ 之间脉动。

当接入负载时，由于 C_2 对负载放电而失去电荷 Q_2，使 C_2 上的电压下降 $\frac{Q_2}{C_2}$。又由于 C_1 要放出电荷 Q_1 以补充 C_2 失去的电荷 Q_2，所以 C_1 上的电压达不到 U_{max}，而等于 $U_{max}-\frac{Q_1}{C_1}$。C_2 上的电压也达不到 $2U_{max}$，只能达到 $2U_{max}-\frac{Q_1}{C_1}$。若被试品绝缘很好，其他泄漏电流可忽略不计，经若干周后，C_2 上的电压便可达到试验变压器峰值电压的两倍，即 $2U_{max}$。Q_1 也就是流过负载的总电荷，在一周期内 C_1 上的压降为

$$\Delta U = \frac{Q_1}{C_1} = I_{av}\frac{1}{fC_1} \tag{3-2}$$

式中 I_{av}——流过负载的平均电流（A）；

f——电源频率（Hz）；

Q_1——流入负载的电荷（C）。

（二）多级串接直流电源

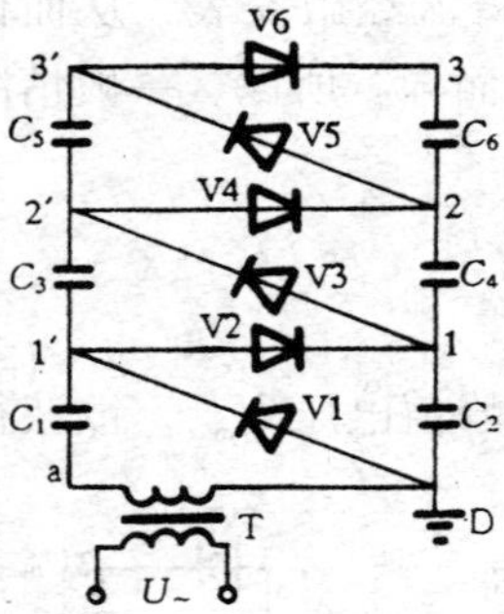

当需要较高的直流电压，而倍压线路又不能满足要求时，可用多级串接线路，如图 3-6 所示。这是一台三级串接整流线路，其工作原理为：当电源为负半波时（即电源的接地端为正），V1、V3、V5 导通；正半波时，V2、V4、V6 导通。当试验变压器电压为 U_{max} 时，空载时直流高压端输出电压可达 $6U_{max}$。图中右侧每台电容器上的电压为 $2U_{max}$，1、2、3 各点电压分别为 $2U_{max}$、$4U_{max}$、$6U_{max}$。图中左侧电容器 C_1 上的电压是 U_{max}，其余两台为 $2U_{max}$，1′、2′、3′各点对地电压系脉动性的，分别在 0～$2U_{max}$（点 1′）、$2U_{max}$～$4U_{max}$（点 2′）和 $4U_{max}$～$6U_{max}$（点 3′）作周期性的变化。

图 3-6 三级串接整流接线图

（三）中频串接直流发生器

由于串接整流接线太多，因而现场一般采用成套的中频电源直流发生器。成套直流发生器采用脉冲宽度调制（PWM）方式调节直流高压，这是目前较新的直流电压调节方式。它有下列优点：①节能；②电压调节线性度好，调节方便、稳定；③输出直流电压纹波非常小。由于采用了高频率开关脉冲宽度调制，可选用较小数值的电感、电容进行滤波，滤波回路时间常数减小，这有利于自动调节回路的品质和输出波形的改善以及减小体积，其工作原理框图如图 3-7 所示。

成套直流高压发生器能直接显示直流高压的电压值及泄漏电流值，常由多节构成 60～600kV 等多种电压等级，适合于现场进行各种高压设备的直流试验。

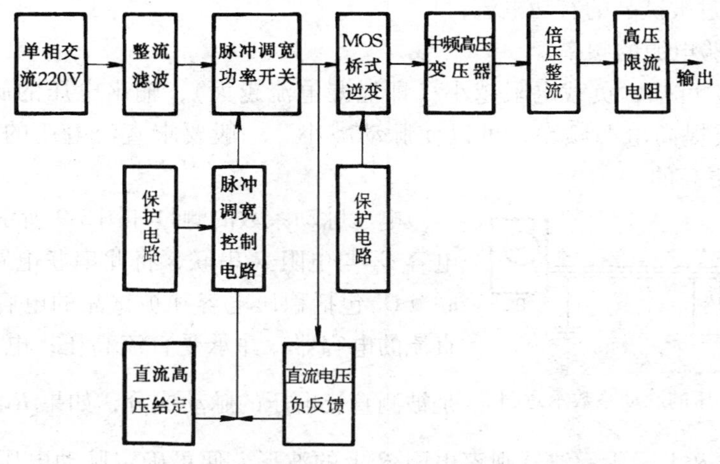

图 3-7　中频串接直流发生器工作原理框图

三、直流电压和泄漏电流的测量

（一）直流电压的波形和脉动电压的测量

采用图 3-2 所示半波整流加稳压电容器的接线时，被试品上的电压波形如图 3-8 所示。

如果被试品及承受直流高压的各部分都不产生泄漏，则被试品将被充电到电源电压的峰值。事实上，泄漏电流总是存在的。因此，存在着充放电的过程，在 t_1 这段时间内，变压器通过高压二极管向电容 C（包括被试品电容和稳压电容）充电；在 t_2 这段时间内，电容 C 经负载电阻 R 放电，使电容器 C 上的电压达不到试验变压器电压的峰值，也不能保持恒定，而只能达到充电与放电相平衡的稳定状态，此时的直流电压在平均值 U_{av} 的上下波动。

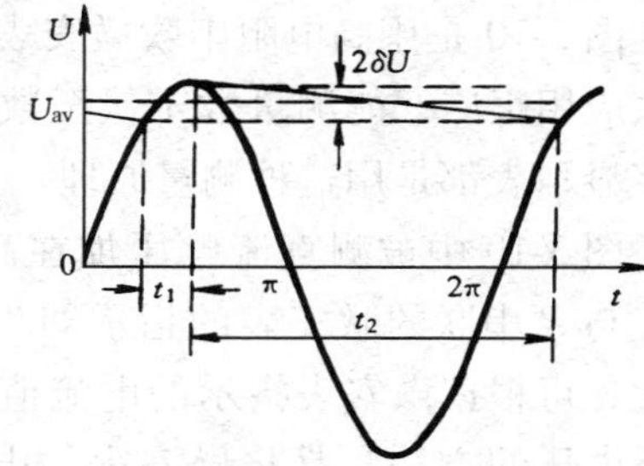

图 3-8　半波整流加稳压电容器时的输出电压波形

U_{av-}—脉动直流电压的平均值；δU_-—脉动直流电压的最大值与最小值之差的一半

为了表示直流电压波动的大小，引入了电压脉动系数 K_δ，即

$$K_\delta = \frac{\delta U_-}{U_{av-}} = \frac{U_{max} - U_{min}}{2U_{av-}} \tag{3-3}$$

式中　δU_-——脉动直流电压的最大与最小值之差的一半（V）；

U_{av-}——脉动直流电压的平均值（V）；

U_{max}——脉动直流电压的最大值（V）；

U_{min}——脉动直流电压的最小值（V）。

泄漏电流通常是很小的，所以放电时间常数 RC 很大，远大于电源电压的周期 T。对于图 3-5 的倍压线路，输出电压的脉动系数可近似的由下式算出

$$K_\delta = \frac{I_R}{2fC_2U_{av-}} \tag{3-4}$$

式中　I_R——流过被试品的有功电流；

　　f——试验电源的频率。

由式（3-4）可知，负载电阻越小（即泄漏电流越大），输出电压的脉动系数越大，而增大电容 C 或提高电源频率，可以使脉动减小。一般要求直流电压的脉动率不大于2%，也有要求更高的。

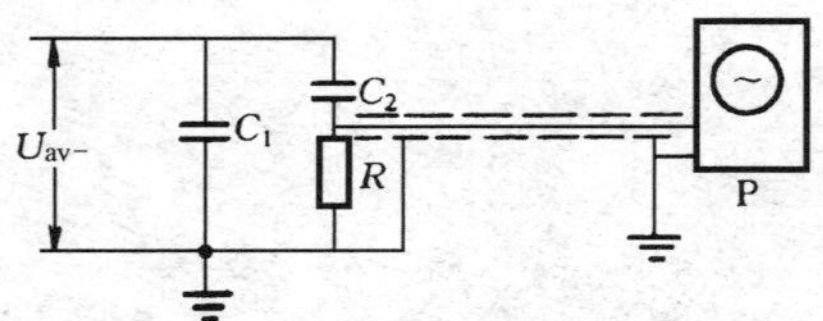

图 3-9　测量电压的脉动系数示意图

电压脉动系数的测量如图 3-9 所示。图中，高压电容 C_2 与电阻 R 串联，将此串联电路与电容 C_1 并联（C_1 包括稳压电容和被试品的电容），C_2 是隔离直流的电容器，并承受直流高压；电阻 R 上的电压是被测直流电压的脉动成分，如果 $R \gg \frac{1}{\omega C_2}$，则脉动成分全部降落在 R 上，用示波器观察电阻 R 上的波形，便可确定脉动电压的大小。如果脉动电压的数值过大，可在 R 上抽取一部分压降送入示波器测量。

（二）直流高压的测量

测量直流高压必须用不低于 1.5 级的表计和 2.5 级的分压器。

1. 用高电阻串联微安表测量

图 3-10 是用高电阻串联微安表测量直流高压的示意图，这种测量方法应用很广，能测量数千伏至数万伏的电压。市售的各种高压直流数字显示表都是用这种测量原理。

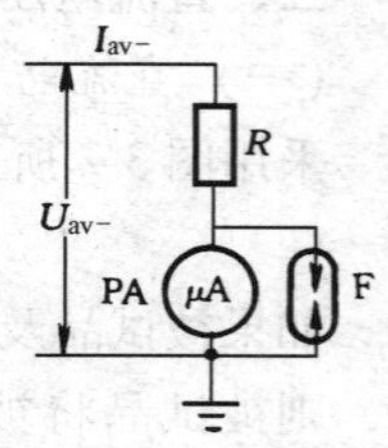

图 3-10　微安表串联高值电阻测量直流高压的示意图
F—保护微安表的放电管；R—高值电阻

图 3-10 中被测直流电压加在高值电阻 R 上，则 R 中便有电流产生，与 R 串联的微安表的指示即为在该电压下流过 R 的平均值电流。因此，可根据微安表指示的电流值来表示被测直流电压的数值。这种测量电压的方法，是将微安表的电流刻度直接换成相应的电压刻度；或事先校验出直流电压与微安数的关系曲线，使用时根据微安表的数值在这条曲线上查出相应的电压值，也可以用另一电阻构成低压臂，用低压直流电压表来测量。被测直流电压的平均值为

$$U_{av-} = RI_{av-} \tag{3-5}$$

式中　R——高值电阻（MΩ）；

　　I_{av-}——微安表读数（μA）。

高值电阻 R 的数值可根据被测电压 U_{av-} 的大小和电流 I_{av-} 决定。电流 I_{av-} 取 100～500μA。

当被测电压较高时，电流宜适当选大些，以减小杂散电流带来的误差。一般 R 取 2～10MΩ/kV，微安表选 0～100μA（或 0～500μA）。

电阻 R 可用金属膜电阻、碳膜电阻（或与阀型避雷器的火花间隙并联的非线性电阻）串联组成，其数值要求稳定，误差不大于 3%。每单个电阻的容量不小于 1W。常将该电阻装在绝缘筒内，并充油密封，以提高稳定性和减少电阻本体及电阻支持架表面的泄漏电

流。为了防止电晕，电阻上端需装防晕罩，连接微安表的导线应用屏蔽线。

2. 用电阻分压器与低压电压表测量

图3-11是电阻分压器与低压电压表组成的测量系统的原理接线图。图上的电压表可以是低压静电电压表，也可以是数字式电压表。由低压电压表PV的指示值 U_2 得到被测电压

$$U_1 = \frac{R_1 + R_2}{R_2} U_2 \tag{3-6}$$

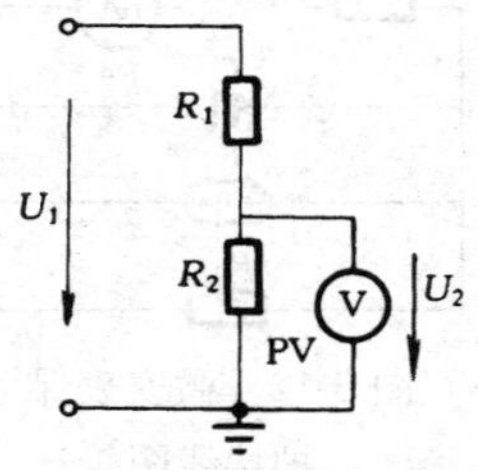

图3-11 电阻分压器与低压电压表测量系统的原理接线图

式中，R_1 和 R_2 分别为电阻分压器的高压臂电阻和低压臂电阻，此低压臂电阻 R_2 中包含低压电压表的输入电阻。如果低压电压表是静电电压表或者是高输入电阻的数字式电压表，则其输入电阻的影响可以忽略。

3. 用高压静电电压表测量

采用适当量程的高压静电电压表，直接测量输出电压的有效值，对于脉动系数不大于2%的直流电压，可近似地认为有效值 U 等于平均值 U_{av-}，即

$$U = U_- + \sqrt{U_1^2 + U_2^2 + U_3^2 + \cdots} \tag{3-7}$$

式中 U_1、U_2、U_3——脉动部分各次谐波的有效值；

U_-——脉动直流中的纯直流分量。

略去高次谐波时，$\delta U_- = \sqrt{2} U_1$，$U_- = U_{av-}$，$U = U_- + \frac{\delta U_-}{\sqrt{2}}$。

当脉动系数 $K_\delta = \frac{\delta U_-}{U_{av-}} = 0.02$ 时，有

$$U = U_{av-} + \frac{0.02}{\sqrt{2}} U_{av-} = U_{av-} + 0.0141 U_{av-}$$
$$= 1.0141 U_{av-} \approx U_{av-}$$

4. 在试验变压器低压侧测量

当试验电源为正弦波时，可根据试验变压器的变比，将低压侧电压的有效值折算到高压侧的有效值，然后将其有效值乘以$\sqrt{2}$，即为被测的直流高压值。

这种计算方法只有当被试品的泄漏电流很小，在保护电阻上产生的压降可以忽略不计时，才可以认为被试品上所加的电压 U_X 就是试验变压器高压侧输出电压的峰值 U_{max}，即

$$U_X = U_{max} = \sqrt{2} K U \tag{3-8}$$

式中 U_{max}——被试品上所加的直流电压（V）；

U——试验变压器低压侧的有效值电压（V）；

K——试验变压器的变比。

当直流电压的脉动值很小时，可以认为 $U_{max} \approx U_{av-}$。

（三）泄漏电流的测量

用直流微安表测量被试品的泄漏电流时，要使测量安全可靠，除需要对微安表进行保

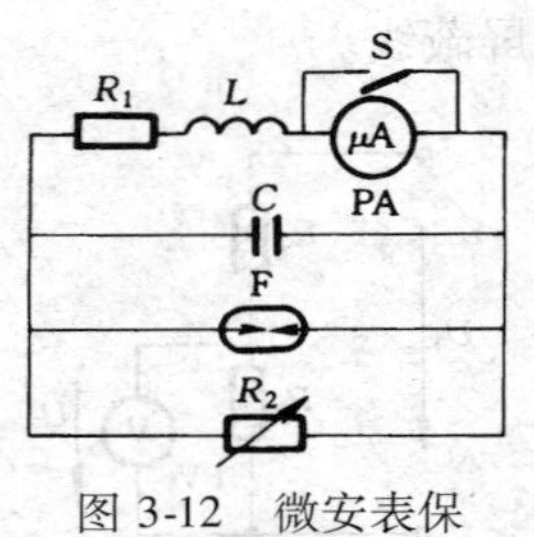

图 3-12 微安表保护接线图

护外，还应消除杂散电流的影响。

1. 微安表的保护

如前所述，严格说来试验电压总是脉动的。脉动成分加在被试品上，就有交流分量通过微安表，因而使微安表指针摆动，难于读数，甚至使微安表过热烧坏（因它只反映直流数值，实际上交流数值也流经线圈）。试验过程中，被试品放电或击穿都有不能容许的脉冲电流流经微安表，因此需对微安表加以保护。常用的保护电路如图3-12所示，图中电容 C 用以旁路交流分量，特别是高频冲击电流；S 是短路微安表的开关，读数时断开；放电管F用以保证在回路中出现不容许的大电流时，迅速放电而保护微安表，当大电流流经与微安表串联的增压电阻 R_1 时，其压降足以使放电管动作，电阻 R_1 的数值可按式(3-9)计算

$$R_1 = \frac{U_F}{I_{\mu A}} \tag{3-9}$$

式中 U_F——放电管实际的放电电压（V）；

$I_{\mu A}$——微安表的满刻度电流值（μA）。

限流电感线圈 L 的作用是当被试品击穿时，限制冲击电流并加速放电管的动作，通常取 L 值为几十毫亨至1H。

图3-12中的滤波电容 C 可用油浸纸电容（CZY），其电容量为0.5～5μF。R_2 用以扩大量程，可用碳膜或金属膜电阻。微安表在高压侧时，短路开关也可用尼龙拉线开关。

2. 消除杂散电流对测量的影响

在试验中除被试品的体积泄漏电流之外，还有其他电流流过微安表而造成测量误差，这些电流统称为杂散电流。消除杂散电流是提高试验准确度的关键。

根据被试品的情况，应尽量选择能反映被试品本身泄漏电流的试验接线。最好采用图3-2的接线，这种接线由于对处于高压的微安表及引线加了屏蔽，基本上能消除杂散电流的影响。当采用图3-3（b）的接线时，试验回路中其他设备的接地线应接至试验变压器的低压端，使这些设备的泄漏电流不经过微安表，从而提高了测量的准确度。

四、注意事项

（1）高压回路限流电阻的选择原则。应将短路电流限制在二极管短时容许电流的范围内，又不致造成过大的压降，并能保证过流继电器可靠动作。当被试品击穿时，过流继电器应在0.02s内切断电源。一般可按每100kV选0.5～1MΩ电阻。

（2）二极管工作电压的选择。在上述半波整流线路中，最高试验电压不得超过其额定值的一半。

（3）微安表接于高压侧时，绝缘支柱应牢固可靠、防止摇摆倾倒。

（4）试验设备的布置要紧凑、连接线要短，宜用屏蔽导线，既要安全又便于操作；对地要有足够的距离，接地线应牢固可靠。

（5）应将被试品表面擦拭干净，并加屏蔽，以消除被试品表面脏污带来的测量误差。

（6）能分相试的被试品应分相试验，非试验相应短路接地。

（7）试验电容量小的被试品应加稳压电容。

（8）试验结束后，应对被试品进行充分放电。

对电力电缆、电容器、发电机、变压器等大电容被试品，必须先经适当的放电电阻对试品进行放电，如果直接对地放电，可能产生频率极高的振荡过电压，对试品的绝缘有危害。放电电阻视试验电压高低和试品的电容而定，必须有足够的电阻值和热容量。通常采用水电阻器，电阻值大致上可选用每千伏 200～500Ω。放电电阻器两极间的有效长度可参照高压保护电阻器的长度 l 选用，一般要求 l/1000kV 不小于 300mm。放电棒的绝缘部分（自握手护环到放电电阻器下端接地线连接端）的长度 l' 应符合安全规程的规定，并不小于放电电阻器的有效长度。

五、异常情况的分析

1. 从微安表反应出来的现象

（1）指针来回摆动。可能有交流分量通过微安表，宜读取平均值；若无法读数，则应检查微安表保护回路，或加大滤波电容 C（见图 3-12），必要时可改变滤波方式。

（2）指针周期性的摆动。可能是被试品绝缘不良，从而产生周期性放电，这时应查明原因，并加以消除。

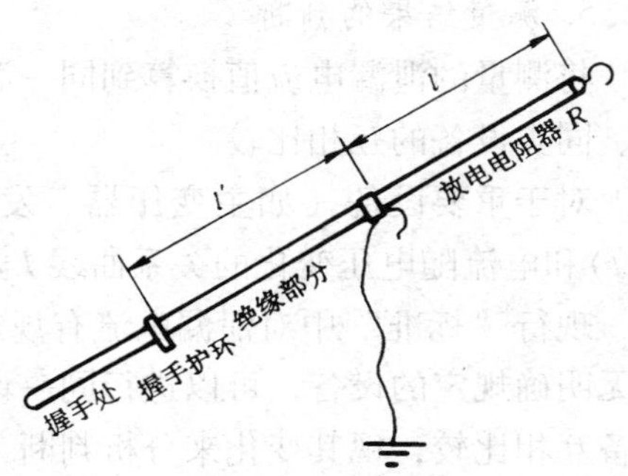

图 3-13　放电棒的尺寸

（3）指针突然摆动。如向减小方向，可能是电源回路引起；如向增大方向，可能是试验回路或试品出现闪络，或内部断续性放电引起。

（4）指针所指数值随时间变化。若逐渐下降，可能是充电电流减小或被试品表面绝缘电阻上升引起；若逐渐上升，可能是被试品绝缘老化引起。

2. 从泄漏电流数值上反应出来的情况

（1）泄漏电流过大。应先检查试验回路各设备状况和屏蔽是否良好，在排除外因之后，才能对被试品作出正确的结论。

（2）泄漏电流过小。应检查接线是否正确，微安表保护部分有无分流与断线。

第二节　影响因素和试验结果的分析

1. 高压连接导线对地泄漏电流的影响

由于与被试品连接的导线通常暴露在空气中（不加屏蔽时），被试品的加压端也暴露在外，所以周围空气有可能发生游离，产生对地的泄漏电流，尤其在海拔高、空气稀薄的地方更容易发生游离，这种对地泄漏电流将影响测量的准确度。用增加导线直径、减少尖端或加防晕罩、缩短导线、增加对地距离等措施，可减少对测量结果的影响。

2. 空气湿度对表面泄漏电流的影响

当空气湿度大时，表面泄漏电流远大于体积泄漏电流，被试品表面脏污易于吸潮，使表面泄漏电流增加，所以必须擦净表面，并应用屏蔽电极。

3. 温度的影响

温度对高压直流试验结果的影响是极为显著的，因此，对所测得的电流值均需换算至相同温度，才能进行分析比较。

最好在被试品温度为30～80℃时做试验，因为在这样的温度范围内泄漏电流变化较明显，而低温时变化较小。如电机刚停运后，在热状态下试验，还可在冷却过程中对几种不同温度下测量的数值进行比较。

4. 残余电荷的影响

被试品绝缘中的残余电荷是否放尽，直接影响泄漏电流的数值，因此，试前对被试品必须进行充分放电。

5. 测量结果的判断

将测量的泄漏电流值换算到同一温度下与历次试验进行比较，以及同一设备的相间比较、同类设备的互相比较。

对于重要设备（如主变压器、发电机等），可作出电流随时间变化的关系曲线 $I=f(t)$ 和电流随电压变化的关系曲线 $I=f(U)$ 进行分析。

现行“标准”中对泄漏电流有规定的设备，应按是否符合规定值来判断。对“标准”中无明确规定的设备，可以进行同一设备各相互相比较、与历年试验结果比较、同型号的设备互相比较，视其变化来分析判断。

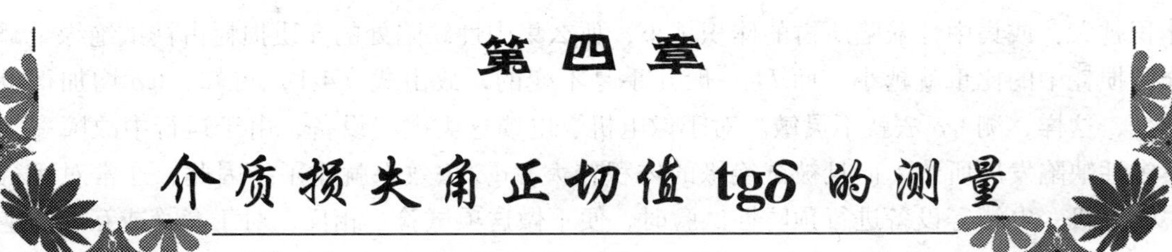

第四章 介质损失角正切值 tgδ 的测量

第一节　tgδ 测量方法的意义及原理

这是一种使用较多而且对判断绝缘较为有效的方法。

图 4-1 为在交流电压作用下绝缘的等值电路和相量图。由图可见，流过介质的电流由两部分组成，即通过 C_x 的电容电流分量 I_{C_X}，通过 R_x 的有功电流分量 I_{R_X}。通常 $I_{C_X} \gg I_{R_X}$，介质损失角 δ 甚小。介质中的功率损耗

$$P = UI_{R_X} = UI_{C_X}\mathrm{tg}\delta = U^2\omega C_x\mathrm{tg}\delta \qquad (4\text{-}1)$$

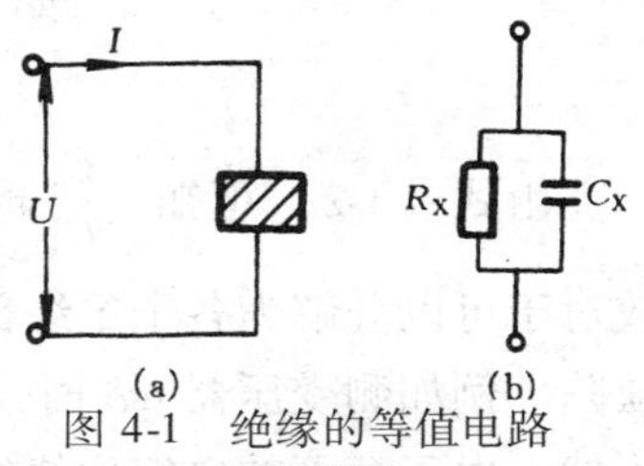

图 4-1　绝缘的等值电路和相量图
(a) 示意图；(b) 等值电路

tgδ 为介质损耗角的正切（或称介质损耗因数），一般均比较小。习惯上也有称 tgδ 为介质损耗角的。

通过测量 tgδ，可以反映出绝缘的一系列缺陷，如绝缘受潮，油或浸渍物脏污或劣化变质，绝缘中有气隙发生放电等。这时，流过绝缘的电流中有功电流分量 I_{R_X} 增大了，tgδ 也加大。需要指出的是：绝缘中存在气隙这种缺陷，最好通过作 tgδ 与外加电压的关系曲线 tgδ = f (U) 来发现。例如对于发电机线棒，如果绝缘老化、气隙较多，则 tgδ = f (U) 将呈现明显的转折，如图 4-2 所示。U_c 代表气隙开始放电时的外加电压，从 tgδ 增加的陡度可反映出老化的程度。但对于变电设备来说，由于电桥电压（2500 ~ 10000V）常远低于设备的工作电压，因此 tgδ 测量虽可反映出绝缘受潮、油或浸渍物脏污、劣化变质等缺陷，但难以反映出绝缘内部的工作电压下局部放电性缺陷。

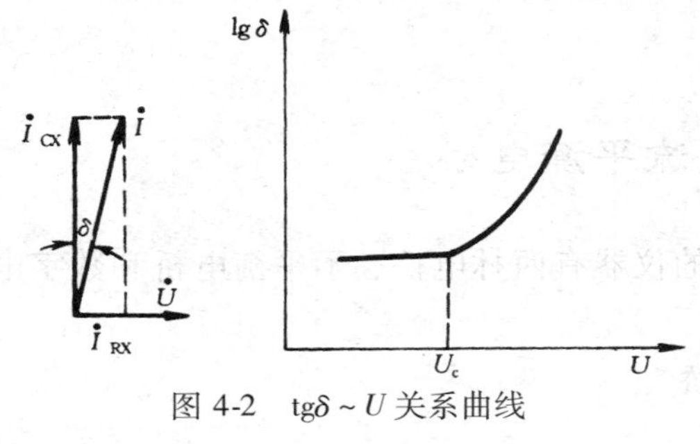

图 4-2　tgδ ~ U 关系曲线

由于 tgδ 是一项表示绝缘内功率损耗大小的参数，对于均匀介质，它实际上反映着单位体积介质内的介质损耗，与绝缘的体积大小没有关系。这一点可以理解如下：在一定的绝缘的工作场强下，可以近似地认为绝缘厚度正比于 U。当绝缘厚度一定，绝缘面积越大，其电容量越大，I_{C_X} 也越大，故 I_{C_X} 正比于绝缘面积。因此近似地认为绝缘体积正比于 UI_{C_X}。由式（4-1）进一步可知，tgδ 反映单位体积中的介质损耗。

如果绝缘内的缺陷不是分布性而是集中性的，则 tgδ 有时反映就不灵敏。被试绝缘的

体积越大，或集中性缺陷所占的体积越小，那么集中性缺陷处的介质损耗占被试绝缘全部介质损耗中的比重就越小，而 I_{C_X} 一般几乎是不变的，故由式（4-1）可知，tgδ 增加得也越少，这样，测 tgδ 法就不灵敏。对于像电机、电缆这类电气设备，由于运行中故障多为集中性缺陷发展所致，而且被试绝缘的体积较大，tgδ 法效果就差了。因此，通常对运行中的电机、电缆等设备进行预防性试验时，便不做这项试验。相反，对于套管或互感器绝缘，tgδ 试验就是一项必不可少而且是比较有效的试验。因为套管的体积小，tgδ 法不仅可以反映套管绝缘的全面情况，而且有时可以检查出其中的集中性缺陷。

当被试品绝缘由不同的介质组成，例如由两种不同的绝缘部分并联组成时，则根据被试品总的介质损耗为其两个组成部分介质损耗之和，而且被试品所受电压即为各组成部分所受的电压，由式（4-1）可得 $U^2\omega_2 C_X \mathrm{tg}\delta = U^2\omega_2 C_1 \mathrm{tg}\delta_1 + U^2\omega_2 C_2 \mathrm{tg}\delta_2$，因此

$$\mathrm{tg}\delta = \frac{C_1\mathrm{tg}\delta_1 + C_2\mathrm{tg}\delta_2}{C_X} = \frac{C_1\mathrm{tg}\delta_1 + C_2\mathrm{tg}\delta_2}{C_1 + C_2} \tag{4-2}$$

由式（4-2）可知，$\frac{C_2}{C_X}$越小，则 C_2 的缺陷（tgδ_2 增大）在测整体的 tgδ 时越难发现，故对于可以分解为各个绝缘部分的被试品，常用分解进行 tgδ 测量的办法来更有效地发现缺陷。例如测变压器 tgδ 时，对套管的 tgδ 单独进行测量，可以有效地发现套管的缺陷，不然，由于套管的电容比绕组的电容小得多，在测量变压器绕组连同套管的 tgδ 时，就不易反映套管内的绝缘缺陷。

在通过 tgδ 值判断绝缘状况时，同样必须着重于与该设备历年的 tgδ 值相比较以及和处于同样运行条件下的同类型设备相比较。即使 tgδ 值未超过标准，但和过去比以及和同样运行条件的其他设备比，tgδ 突然明显增大时，就必须进行处理，不然常常会在运行中发生事故。

第二节 高压交流平衡电桥

目前在预防性试验中测量介损使用较普遍的仪器有西林电桥、不平衡电桥和数字电桥。

一、QS1 型电桥

（一）基本原理

QS1 型电桥的基本原理和其他西林电桥相同，其原理接线如图 4-3 所示。图中 C_X、R_X 为被试品的电容和电阻；R_3 为无感可调电阻；C_N 为高压标准电容器；C_4 为可调电容器；R_4 为无感固定电阻；P 为交流检流计。

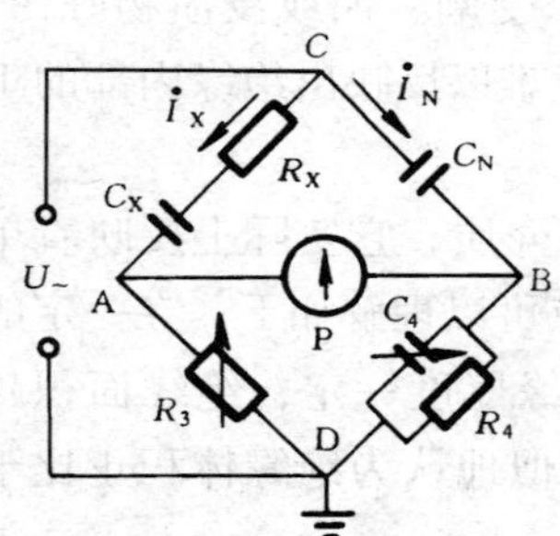

图 4-3　西林电桥原理接线图

当电桥平衡时，检流计 P 内无电流通过，说明 A、B 两点间无电位差。因此，电压 $\dot{U}_{CA}$ 与 $\dot{U}_{CB}$ 以及 $\dot{U}_{AD}$ 与 $\dot{U}_{BD}$ 必然大

小相等，相位相同。即

$$\frac{\dot{U}_{CA}}{\dot{U}_{AD}} = \frac{\dot{U}_{CB}}{\dot{U}_{BD}} \tag{4-3}$$

所以，在桥臂 CA 和 AD 中流过相同的电流 $\dot{I}_X$，在桥臂 CB 和 BD 中流过相同的电流 $\dot{I}_N$。各桥臂电压之比应等于相应桥臂阻抗之比，即

$$\frac{Z_X}{Z_3} = \frac{Z_N}{Z_4} \text{ 或 } Z_XZ_4 = Z_NZ_3 \tag{4-4}$$

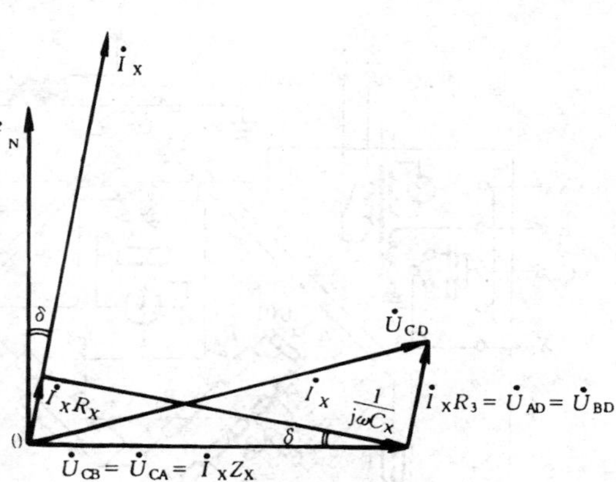

图 4-4　电桥平衡时的相量图

又由图 4-3 可见，被试品阻抗为

$$Z_X = R_X + \frac{1}{j\omega C_X} \qquad Z_N = \frac{1}{j\omega C_N}$$

$$Z_3 = R_3 \qquad Z_4 = \frac{1}{1/R_4 + j\omega C_4}$$

代入式（4-4），并使等式两边虚部、实部分别相等则可得到

$$C_X = \frac{R_4}{R_3}C_N \tag{4-5}$$

$$\text{tg}\delta = \omega C_4R_4 \tag{4-6}$$

在 50Hz 时，$\omega = 2\pi f = 100\pi$，如取 $R_4 = \frac{1000}{\pi}$，则 $\text{tg}\delta = 0.1C_4$；$R_4 = \frac{10000}{\pi}$，则 $\text{tg}\delta = C_4$（C_4 以 μF 计）。此时电桥中 C_4 的微法数值经刻度转换就是被试品的 tgδ 值，直接从电桥面板上的 C_4 数值读得。

如 Z_X 用并联回路代表，则 $Z_X = \frac{1}{1/R_X + j\omega C_X}$，代入式（4-3）后同样可得到 $\text{tg}\delta = \omega C_4R_4$。因为等值回路不应改变 tgδ 本身。并联时的等值电容 $C'_X = \frac{1}{1+\text{tg}^2\delta} \cdot \frac{R_4}{R_3} \times C_N$，因 $\text{tg}^2\delta$ 与 1 相比甚小，故可略去而得 $C'_X \approx \frac{R_4}{R_3}C_N$。

QS1 型电桥的平衡是通过调节 R_3 和 C_4，从而分别改变桥臂电压的大小和相位来实现的。由于Z_X 和 Z_N 的值远大于 R_3 和 Z_4，故可得到 $\dot{I}_X \approx \frac{\dot{U}_{CD}}{Z_X}$和 $\dot{I}_N \approx \frac{\dot{U}_{CD}}{Z_N}$。当 $\dot{I}_X$流过 R_3 时，产生压降 $\dot{I}_XR_3 = \dot{U}_{AD}$，调节 R_3 就可连续改变 $\dot{U}_{AD}$的数值，使之与 $\dot{U}_{BD}$大小相等。当 $\dot{I}_N$流过 Z_4 时，如果 $C_4 = 0$，则产生的压降 $\dot{I}_NR_4 = \dot{U}_{BD}$，其方向与 $\dot{I}_N$一致；在调节 C_4 时，因为 δ 角很小，所以 C_4 的数值不大，对 Z_4 的幅值影响很小，也就是对 $\dot{U}_{BD}$的幅值影响很小。只是随着 C_4 的增大，Z_4 的阻抗角改变，从而使 $\dot{U}_{BD}$逐渐顺时针偏转至与电压 $\dot{U}_{AD}$ 相重合。实际上在电桥平衡过程中，流过检流计 P 的电流不为零（检流计支路的阻抗不是无穷大），所以 R_3 和 Z_4 是互相影响的，需要反复调节 R_3、C_4，才能最后达到

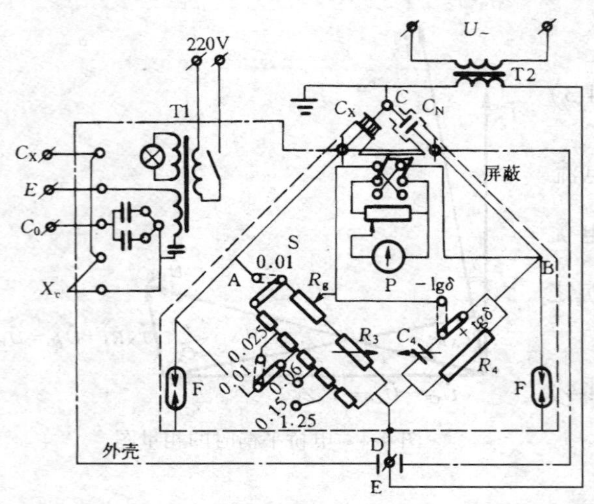

图 4-5　QS1 型电桥全部原理接线图

平衡。

（二）QS1 电桥主要部件的作用

QS1 电桥包括桥体及标准电容器两部分，与其他西林电桥相比，它虽然精度较低，但具有携带方便、操作简单、适合现场使用的特点。由于电桥本体及标准电容器 C_N 均具有专门加强的绝缘，所以能适应 10kV 电压下反接线测量的需要，故可方便地用于现场外壳固定接地的试品。现由图 4-5 分别介绍该电桥各主要部件的作用。

1. 调整平衡部分

综上所述，电桥的平衡是通过调整 C_4 和 R_3 来实现的。其中，C_4 是可调十进电容箱，由 25 只无损电容器组成（$5\times0.1\mu F+10\times0.01\mu F+10\times0.001\mu F$）。而 R_4 是电阻值为 $3184\Omega\left(\frac{10000}{\pi}\right)$ 的无感电阻。因此，由式（4-6）可得

$$\mathrm{tg}\delta=\omega C_4R_4=2\pi\times50\times C_4\times\frac{10000}{\pi}=10^6C_4$$

上式中 C_4 单位是 F，如 C_4 以 μF 计，则 $\mathrm{tg}\delta=C_4$，这样，C_4 的微法数就可直接表示 tgδ 的值。为便于读数，C_4 的刻度盘未按电容值刻度，而是直接刻出 tgδ 的百分数。

R_3 是十进电阻箱（$10\times1000\Omega+10\times100\Omega+10\times10\Omega+10\times1\Omega$），它与滑线电阻 R_g（$R_g=1.2\Omega$）串联，从而实现在 0～11111.2Ω 范围内连续可调的目的。由于 R_3 的最大允许工作电流为 0.01A，故在 10kV 试验电压下，当被试品容量大于 3184pF 时，应接入分流电阻。分流电阻接入电桥的原理接线如图 4-5 中桥臂 AD 所示。总的分流电阻 R_N 为 100Ω（包括 $R_g=1.2\Omega$ 在内），接入 R_N 后与 R_3 形成环形封闭回路，从 R_g 的滑动触点引出到检流计，如图 4-6 所示。采用这种线路可消除分流器转换开关接触电阻的影响。这时通过被试品的电流 I_X 在 F 点分成 I_3 和 I_n 两部分。显然有

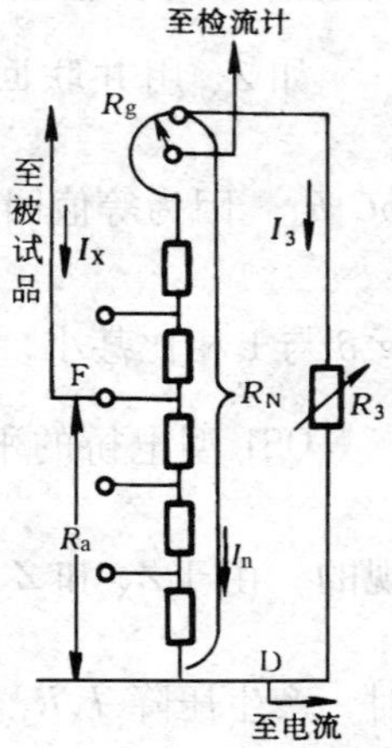

$$\frac{I_n}{I_3}=\frac{R_N-R_n+R_3}{R_n}\tag{4-7}$$

图 4-6　R_3 桥臂分流电阻原理线路图

式中　R_N——总的分流电阻，100Ω；

　　　R_n——接入图 4-6FD 两点间的分流电阻。

由此可得到

$$I_3=I_X\frac{R_n}{R_N+R_3}\tag{4-8}$$

因 $R_3\gg R_n$，故在转换开关 H 的压降就很小，可保证测量的准确性。

当电桥平衡时（图4-3），应有

$$\dot{I}_3(R_3+R_g)=\dot{I}_N\frac{R_4}{1+j\omega C_4R_4}$$

所以
$$\dot{I}_X\frac{R_n}{R_N+R_3}(R_3+R_g)=\dot{I}_N\frac{R_4}{1+j\omega C_4R_4}$$

化简
$$\dot{I}_XR'_3=\dot{I}_N\frac{R_4}{1+j\omega C_4R_4}$$

其中
$$R'_3=\frac{R_n(R_3+R_g)}{R_N+R_3}$$

代入式（4-5）得

$$C_X=C_N\frac{R_4}{R'_3}=C_N\frac{R_4(R_N+R_3)}{R_n(R_3+R_g)}$$

因 $R_N=100\Omega$，故得

$$C_X=C_N\frac{R_4(100+R_3)}{R_n(R_3+R_g)} \tag{4-9}$$

表4-1给出了各种 R_n 值下的容许电流和被试品电容的数值。

表4-1　**QS1电桥在不同分流位置时的最大容许电流**

分流器电阻 R_N（Ω）	$100R_g$	60	25	10	4
最大允许电流（A）	0.01	0.025	0.06	0.15	1.25
试品最大电容（pF）	3000	8000	19400	48000	400000

2. 转换开关在“$-\text{tg}\delta$”位置时的测量

在电桥处于较强的外电场干扰下进行测量，或标准电容器的tgδ大于被试品的tgδ时，电桥转换开关置于“$+\text{tg}\delta$”将不能平衡。这时可切换于“$-\text{tg}\delta$”位置测量。切换后电容 C_4 改为与 R_3 并联，如图4-7所示。

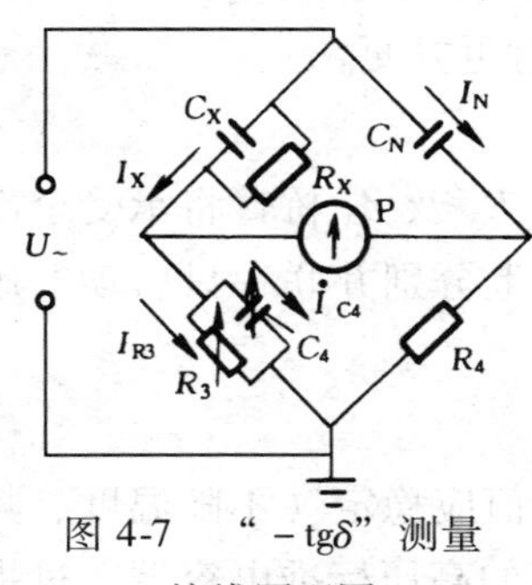

图4-7　“$-\text{tg}\delta$”测量接线原理图

电桥平衡时，各臂阻抗为

$$Z_X=\frac{R_X}{1+j\omega C_XR_X}\qquad Z_N=\frac{1}{j\omega C_N}$$

$$Z_3=\frac{R_3}{1+j\omega C_4R_3}\qquad Z_4=R_4$$

代入式（4-4）得

$$j\omega C_NR_4R_X+\omega^2C_NC_4R_3R_4R_X=j\omega C_XR_XR_3+R_3$$

虚部和实部应分别相等，得

$$C_X=C_N\frac{R_4}{R_3}\qquad R_x=\frac{1}{\omega^2C_NC_4R_4}$$

$$\text{tg}\delta=\frac{1}{\omega C_XR_X}=-\omega R_3C_4 \tag{4-10}$$

但这并不是被试品真实的“负”损耗，而是说明被试品的tgδ比标准电容器的更小，或是外界干扰较大。对于被试品tgδ小于标准电容器tgδ的情况，可解释如下。电桥的平衡条

件式（4-4）也可写成

$$Z_X \angle \varphi_X \cdot Z_4 \angle \varphi_4 = Z_N \angle \varphi_N \cdot Z_3 \angle \varphi_3$$

因此角 $\varphi_X + \varphi_4 = \varphi_N + \varphi_3$，即 $\varphi_4 - \varphi_3 = \varphi_N - \varphi_X$。当 $\varphi_N > \varphi_X$ 时，$\varphi_4 - \varphi_3 > \sigma_3$ 如 $\varphi_N < \varphi_X$，则 $\varphi_4 - \varphi_3 < 0$，即 $\varphi_3 > \varphi_4$。所以，要将 C_4 并联在 R_3 上，才能使 Z_3 的阻抗角 φ_3 大于 Z_4 的阻抗角 φ_4，电桥才能平衡。如这时仍然以标准电容器为基准，则 $\delta = \varphi_N - \varphi_X = \varphi_4 - \varphi_3 < 0$，故 tg$\delta$ 为负。

在用“－tgδ”测量时，其数值应按下式计算（仅适用于分流器在 0.01 档时）

$$-\mathrm{tg}\delta = \omega(R_3 + R_g)C_4 = \omega(R_3 + R_g)\mathrm{tg}\delta \times 10^{-6} \tag{4-11}$$

如测得 $R_3 = 636\Omega$，$R_g = 0.8\Omega$，tg$\delta = 12\%$，代入式（4-11），可得

$$-\mathrm{tg}\delta = 2\pi \times 50 \times (636 + 0.8) \times 12\% \times 10^{-6} = 2.4\%$$

3. 平衡指示器

桥体内装有振动式交流检流计 P 作为平衡指示器。当振动式检流计线圈中通过电流时，将产生交变磁场，这一磁场使得贴在吊丝上的小磁钢振动，并通过光学系统将这一振动反射到面板的毛玻璃上，即可观察电流的大小。面板上的“频率调节”旋钮与检流计内另一永久磁钢相连，转动这一旋钮可改变小磁钢及吊丝的固有振动频率，使之与所测电流频率谐振，检流计达到最灵敏。检流计光带的零点位置可由面板上的“调零”旋钮来调节。检流计的灵敏度是通过改变与检流计线圈并联的分流电阻来调节的。分流电阻共有 11 个位置，其值的改变是通过面板上的灵敏度转换开关进行，可从零增至 10000Ω。电桥应平衡在检流计与电源精确谐振、灵敏度增至 10 的位置。

平衡指示器如用指针式高灵敏度电流放大器来进行指示，则效果更好。放大 10 的灵敏度一般 不小于 2μA/μV，此时指针式指零仪读数清晰，测量时更方便。

4. 过电压保护装置

电桥在使用中如发生被试品击穿或标准电容器击穿的情况，R_3 及 Z_4 桥臂将承受全部试验电压，可能损坏电桥，危及人身安全。因此，在 R_3、Z_4 臂上分别并联一只启动电压为 300V 的放电管作为过电压保护装置。

5. 标准电容器 C_N

标准电容器是电桥的重要元件，故要求它的 tgδ 值小，电容值应稳定（不随温度、频率、测试电压而变化，不受外电场的影响）。与 QS1 型电桥配套的高压标准电容器，过去是采用空气介质，现改进为真空的，其体积、质量均已减小，且较稳定。这种电容器的参数是：工作电压为 10kV，耐压试验电压为 15kV，电容量为 50 ± 1pF，tg$\delta \leqslant 0.1\%$。

为了在更高电压下测量 tgδ，以便进一步发现缺陷和降低干扰的影响，可配备 50kV 或 100kV 的标准电容器与各桥臂配合使用。

（三）QS1 型电桥的使用

1. 技术特性

QS1 型电桥的额定工作电压为 10kV，tgδ 测量范围是 0.5%～60%，试品电容 C_X 是 30pF～0.4μF（当 C_N 为 50pF 时）。该电桥的测量误差是：tgδ = 0.5%～3% 时，绝对误差

不大于 ±0.3%；$\mathrm{tg}\delta$ = 3% ~ 60% 时，相对误差不大于 ±10%。被试品电容量 C_X 的测量误差不大于 ±5%。如果工作电压高于 10kV，通常只能采用正接线法并配用相应电压的标准电容器。电桥也可降低电压使用，但灵敏度下降，这时为了保持灵敏度，可相应增加 C_N 的电容量（例如并联或更换标准电容器）。

2. 接线方式

（1）正接线法。所谓正接线就是正常接线，如图 4-3 所示。在正接线时，桥体处于低压，操作安全方便。因不受被试品对地寄生电容的影响，测量准确。但这时要求被试品两极均能对地绝缘（如电容式套管、耦合电容器等），由于现场设备外壳几乎都是固定接地的，故正接线的采用受到了一定限制。

（2）反接线法。反接线适用于被试品一极接地的情况，故在现场应用较广，如图 4-5 所示。这时的高、低电压端恰与正接线相反，D 点接往高压而 C 点接地，因而称为反接线。在反接线时，电桥体内各桥臂及部件处于高电位，所以在面板上的各种操作都是通过绝缘柱传动的。此时，被试品高压电极连同引线的对地寄生电容将与被试品电容 C_X 并联而造成测量误差，尤其是 C_X 值较小时更为显著。

（3）对角接线。当被试品一极接地而电桥又没有足够绝缘强度进行反接线测量时，可采用对角接线，如图 4-8 所示。在对角接线时，由于试验变压器高压绕组引出线回路与设备对地（包括对低压绕组）的全部寄生电容均与 C_X 并联，给测量结果带来很大误差。因此要进行两次测量，一次不接被试品，另一次接被试品，然后按式（4-13）计算，以减去寄生电容的影响

$$\mathrm{tg}\delta = \frac{C_2\mathrm{tg}\delta_2 - C_1\mathrm{tg}\delta_1}{C_2 - C_1} \tag{4-12}$$

$$C_X = C_2 - C_1 \tag{4-13}$$

式中 $\mathrm{tg}\delta_1$——未接入被试品时的测得值；

$\mathrm{tg}\delta_2$——接入被试品后的测得值；

C_1——未接入被试品时测得的电容；

C_2——接入被试品后测得的电容。

这种接线只有在被试品电容远大于寄生电容时才宜采用。

用 QS1 型电桥作对角线测量时，还需将电桥后背板引线插头座拆开，将 D 点（即图 4-5 中 E 点）的输出线屏蔽与接地线断开，以免 E 点与地接通将 R_3 短路。

此外，在电桥内装有一套低压电源和标准电容器，供低压测量用，通常用来测量压（100V）大容量电容器的特性。当标准电容 C_N = 0.001μF 时，试品电容 C_X 的范围是 300pF ~ 10μF；当 C_N = 0.01μF 时，C_X 的范围是 3000pF ~ 100μF。$\mathrm{tg}\delta$ 的测量精度与高压测量法相同，C_X 的误差应不大于 ±5%。

3. 操作及注意事项

测量 $\mathrm{tg}\delta$ 是一项高电压试验，电桥桥体外壳应用足够截面的导线可靠接地，对桥体或标准电容器的绝缘应保持良好状态。反接线测量时，桥体内部及三根引出连线、标准电容

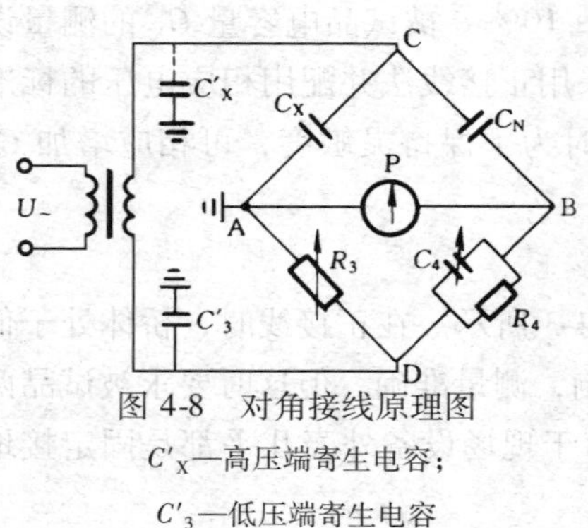

图 4-8　对角接线原理图

C'_X—高压端寄生电容；

C'_3—低压端寄生电容

器外壳均带高压，应注意安全距离。导线对接地物距离应不小于 100～150mm，从 C_N 高压端引出的接地线与外壳距离也应不小于 100～150mm。

为保证测量准确度，测量所需设备应布置合理，一般布置见图 4-9。

图 4-9 中标准电容器 C_N 和试验变压器 TT 离 QS1 型电桥的距离 l_1 及 l_2 都不应小于 0.5m。

测 tgδ 的操作要点是：①接线并经检查无误后，将各旋钮置于零位，确定分流器；②接通光源，加试验电压，并将"+tgδ"转至"接通 1"的位置；③增加检流计灵敏度，旋转调谐钮，找到谐振点，再调 R_3 使光带缩小；④提高灵敏度，再顺序反复调节 R_3、C_4，使灵敏度达最大时光带最小；⑤调 R_g，使电桥平衡。

记录数据后，应经两次检验：①将检流计灵敏度旋钮转至零，"+tgδ"转至"接通 H"再测，数值应不变；②将灵敏度旋钮调至零并降电压后，将极性转换开关切换至"－tgδ"位置再测，数值也应不变。测量中要避免 R_3、C_4 的过大改变，以免损坏检流计，同时应注意刻度盘上的光带宽度随 R_3、C_4 改变的均匀性。如转换开关在某一位置时光带不变，则说明相应的电阻短路或电容开路。如在某一位置之后光带突然变得很大，就说明电阻开路或电容器击穿。

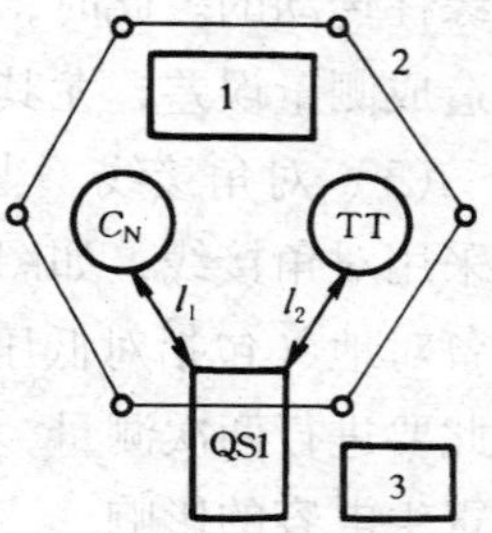

图 4-9　测量 tgδ 时的设备布置图

1—被试品；2—可移式围栏；3—调压器

二、QS3 型电桥

QS3 型电桥是一种精密平衡电桥，其原理接线见图 4-10，它的基本原理与 QS1 型相同，QS3 型的桥体绝缘是按低压设计的，所以只能按正接线使用，通常在实验室内用作较精密的测量，如校验 QS1 型电桥，测量绝缘油或其他固体、液体绝缘材料的 tgδ。

由图可见，为了提高精度，QS3 型电桥比 QS1 型电桥增加了防护电压装置"e"和调对称用的电容器 C_a 现将它们的作用概述如下。

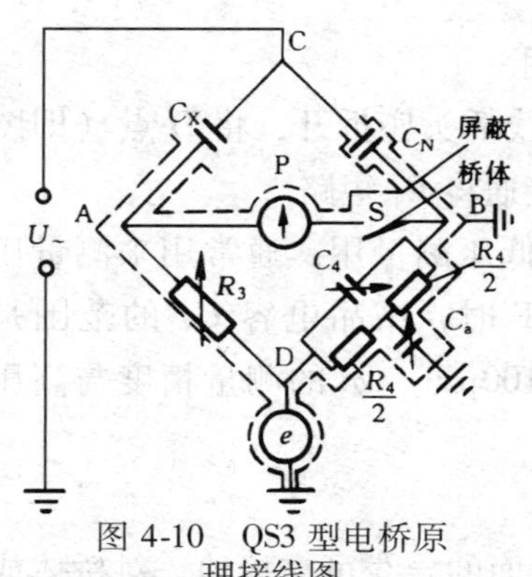

图 4-10　QS3 型电桥原理接线图

e—防护电压装置；C_a—调对称电容；S—转换开关

1. 防护电压装置"e"

如图 4-11 所示，检流计 P 两端对地的寄生电容 C'_3、C'_4 和泄漏电阻 R'_3、R'_4 将影响测量结果。由于 R'_3 和 R'_4 分别与 R_3 和 R_4 并联，故影响了 C_a 的实测值。这是因为有 $\Sigma R_3 = R_3R'_3/(R_3 + R'_3)$ 和 $\Sigma R_4 = R_4R'_4/(R_4 + R'_4)$，而 $C_X = C_N\Sigma R_4/\Sigma R_3$。由于 C'_3 和 C'_4 的存在，致使 tgδ 引入了附加值 $\Delta \mathrm{tg}\delta_4 = R_4\omega C'_4$ 和 $\Delta \mathrm{tg}\delta_3 = R_3\omega C'_3$，$\Delta \mathrm{tg}\delta_4$ 使 tgδ 偏小，$\Delta \mathrm{tg}\delta_3$ 使 tgδ 偏大。

为了克服 R'_3、R'_4、C'_3、C'_4 给测试带来的影响，在电桥 Z_3、Z_4 臂的连接点 D 与屏蔽之间，装设了防护电压装置“e”（见图4-10）。它是一个与试验回路同频且可调整电压大小（0～2.5V）及相位（0°～180°）的隔离电源。调整“e”使之与 R_3 和 Z_4 的电压降大小相等、方向相反。这样，由于A、B两点的电位与屏蔽（即地）相等，就可使 C'_3、C'_4、R'_3、R'_4 的两端同电位而无电流通过，不再影响测量结果。

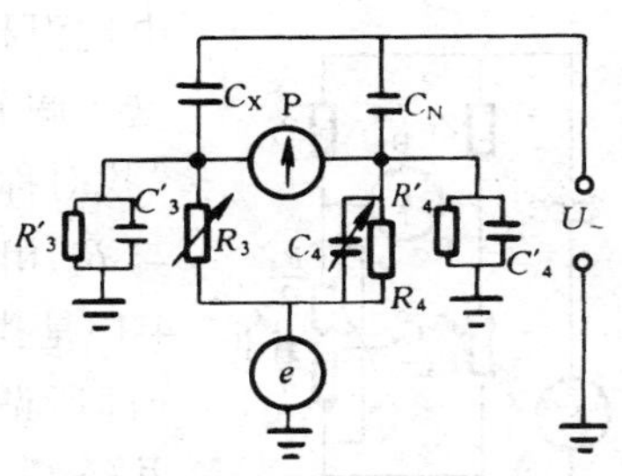

图4-11 检流计两侧桥臂对地的寄生电容和泄漏电阻对测量的影响

“e”的使用方法是：当电桥调平衡后，将检流计开关S扳至“屏蔽”位置，并调整“e”电压的大小及相位使检流计指示减至最小；然后再将S扳向“桥体”位置，调节桥臂使电桥平衡。电桥平衡后，还要再将S扳回“屏蔽”调“e”，再将S扳向“桥体”调桥臂，如此反复调节，直至开关S处于“屏蔽”和“桥体”两位置时光带均最小为止。这样，既达到电桥平衡，又可使A、B两点与“屏蔽”间保持无电位差的完全平衡状态。不难看出，此时有以下关系

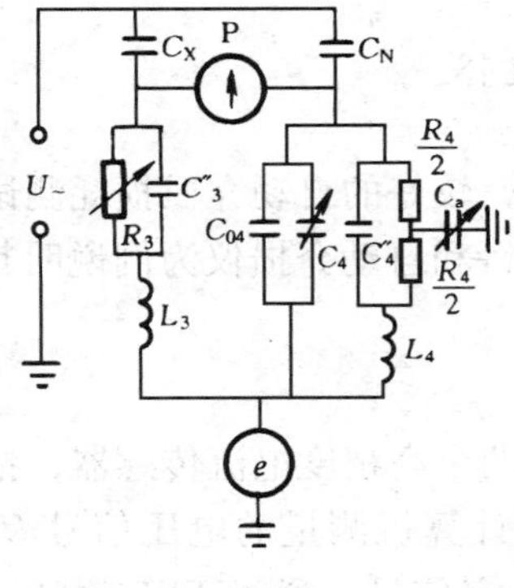

图4-12 桥臂 Z_3、Z_4 上的分布电容、残余电感等电路示意图

$$\frac{Z_X}{Z_3}=\frac{Z_N}{Z_4}=\frac{\dot{U}}{\dot{E}} \tag{4-14}$$

式中 $\dot{U}$——外施电压；

$\dot{E}$——防护电势。

2. 调节桥臂 R_3、R_4 和对称电容器 C_a

如图4-12所示，在 R_3 上存在着分布电容 C''_3 和残余电感 L_3，在 Z_4 的 R_4 上也存在着残余电感 L_4 和分布电容 C''_4，而且 C_4 本身也有一零位电容 C_{04}。为了使这些残余电感和分布电容在一定条件下互相抵消，在 R_4 的中点和电桥屏蔽之间设置有对称电容器 C_a（1000pF可调空气电容器）。

由图4-12可知，两桥臂的实际阻抗将变为 Z_3 和 Z_4，经计算其大小和相角为

$$\left.\begin{aligned}
Z_3 &= \sqrt{R_3^2+\omega^2(L_3-R_3^2C''_3)^2}\\
\varphi'_3 &= \text{tg}^{-1}\frac{\omega(L_3-R_3^2C''_3)}{R_3}\\
Z_4 &= \sqrt{R_4^2+\omega^2\left[L_4+\frac{R_4^2}{2}C_a-R_4^2(C_{04}+C''_4)\right]^2}\\
\varphi'_4 &= \text{tg}^{-1}\frac{\omega\left[L_4+\frac{R_4^2}{2}C_a-R_4^2(C_{04}+C''_4)\right]}{R_4}
\end{aligned}\right\} \tag{4-15}$$

由此可见，如果保持 R_3、R_4 不变，调节 C_a 就可使 φ'_3 和 φ'_4 相等，也即使两臂残余

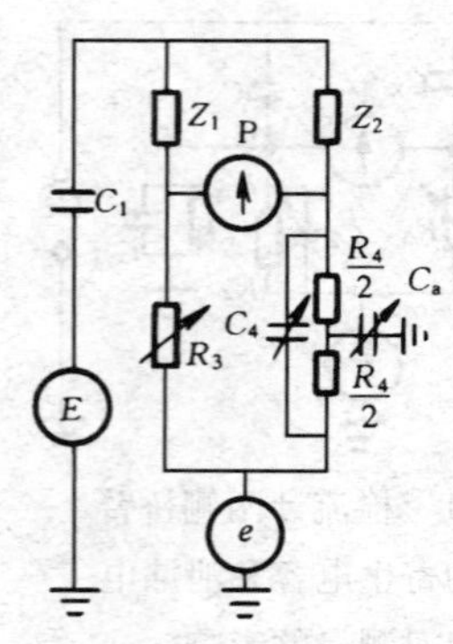

图 4-13　找对称原理图

电抗引起的 tgδ 增量相等，因而互相抵消，提高了测量的准确度。这一调节称为“零平衡”，因为这时 C_4 的数值为零，通常又称为“找对称”。实际上，由于测量时 R_3 是变化的，故与找对称时 R_3 与 R_4 相等的条件不同，所以残余电抗的影响只能部分消除。图 4-13是找对称的原理图。其中 Z_1、Z_2 是用两只 1000Ω 的无感电阻（即所谓对称边），来代替 C_X 和 C_N 的阻抗；E 是 6V 交流电源，并经 C_1 加入桥路；R_3 置于 3183Ω，与 R_4 相等；C_4 放于零位。调节 C_a 可使电桥平衡（如仅调 C_a 不能平衡，可略调 R_3）。找对称的操作要注意两点：一是将检流计轮流接入“桥体”和“屏蔽”位置，使检流计的光带在两种位置时均为最窄；二是应在“对称 1”和“对称 2”位置各测一次，取平均值。这样得到的 C_a 值与在实测被试品时的 C_a 值应保持不动。

第三节　数字式自动介损测量仪

数字式自动介损测量仪使用方便，测量数据人为影响较小，较好的自动介质损耗测试仪测量精度及可靠性都比 QS1 型等电桥高。现以 Tettex2818 电桥和自动介损仪为例说明其原理。

一、测量原理

数字式介损测量仪的基本测量原理为矢量电压法，即利用两个高精度电流传感器，把流过标准电容器 C_N 和试品 C_X 的电流信号 i_N 和 i_X 转换为适合计算机测量的电压信号 U_N 和 U_X，然后经过模数转换，A/D 采样将电流模拟信号变为数字信号，通过 FFT 数学运算，确定信号主频并进行数字滤波，分别求出这两个电压信号的实部和虚部分量，从而得到被测电流信号 i_X 和 i_N 的基波分量及其矢量夹角 δ。由于 C_N 为无损标准电容器，且其电容量 C_N 已知，故可方便地求出试品的电容量 C_X 和介质损耗角 tgδ 等参数。

测试仪的工作原理框图如图 4-14 所示，由于测量接地试品时采用侧接试验方式，测量部分全部处于低电位，故使用安全可靠，且易于实现全自动测量功能。

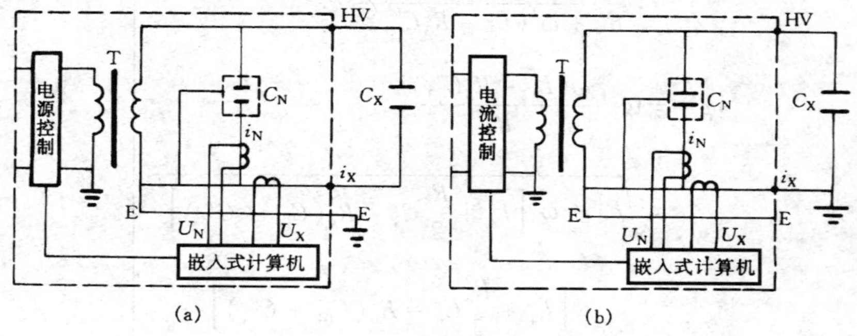

图 4-14　测试仪工作原理框图

（a）测量不接地试品；（b）测量接地试品

二、功能特点及技术指标

1. 功能特点

数字式介损型测量仪为一体化设计结构，内置高压试验电源和 BR26 型标准电容器，能够自动测量电气设备的电容量及介质损耗等参数，并具备先进的干扰自动抑制功能，即使在强烈电磁干扰环境下也能进行精确测量。电通过软件设置，能自动施加 10、5kV 或 2kV 测试电压，并具有完善的安全防护措施；

能由外接调压器供电，可实现试验电压在 1～10kV 范围内的任意调节。

当现场干扰特别严重时，可配置 45～60Hz 异频调压电源，使其能在强电场干扰下准确测量。

2. 技术指标

（1）工作电源：1kVA、80～240V（45～65Hz）。

（2）试验电源：1～10kV（最大输出电流为 100mA）。

（3）测量范围：

1）试验电压：1～10kV，最高分辨率 0.01kV；

2）试品电容：10pF～0.3μF，最高为 0.01pF；

3）介质损耗：0～200%，最高分辨率为 0.001%。

（4）测量精度：

1）介质损耗：±（读数的 1% +0.0005）；

2）试品电容：±（读数的 1% +2pF）；

三、测试接线

数字式自动介损测量仪为一体化设计结构，使用时把试验电源输出端用专用高压双屏蔽电缆（带插头及接线挂钩）与试品的高电位端相连、把测量输入端（分为“不接地试品”和“接地试品”两个输入端）用专用低压屏蔽电缆与试品的低电位端相连，即可实现对不接地试品或接地试品（以及具有保护的接地试品）的电容量及介质损耗值进行测量。

在测量接地试品时，接线原理见图 4-14（b），它与常用的 QS1 型电桥反接测量方式有所不同，现以单相双绕组变压器（如图 4-15 所示）为例，说明具体的接线方式。

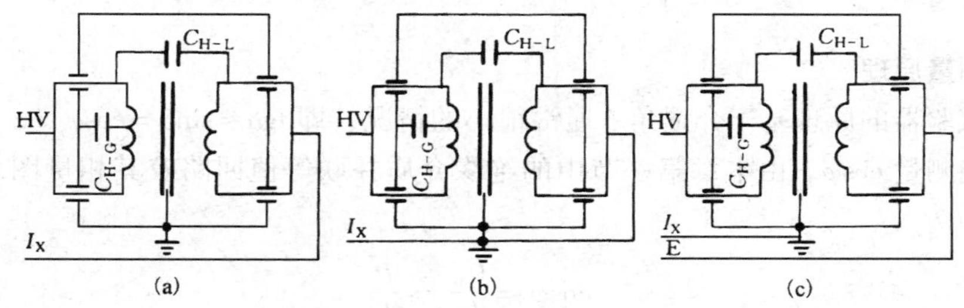

图 4-15 测试接线示意图

（a）测量电容 C_{H-L}；（b）测量电容 $C_{H-L}+C_{H-G}$；（c）测量电容 C_{H-G}

测量高压绕组对低压绕组的电容 C_{H-L} 时，按照图 4-15（a）所示方式连接试验回路，

低压测量信号 I_X 应与测试仪的“不接地试品”输入端相连，即相当于使用 QS1 型电桥的正接测试方式。

测量高压绕组对低压绕组及地的电容 $C_{H-L}+C_{H-G}$时，应按照图 4-15（b）所示方式连接试验回路，低压测量信号 I_X 应与测试仪的“接地试品”输入端相连，即相当于使用 QS1 型电桥的反接测试方式。

当仅测量高压绕组对地之间的电容 C_{H-G}时，按照图 4-15（c）所示方式连接试验回路，低压测量信号 I_X 应与测试仪的“接地试品”输入端相连，并把低压绕组短路后与测量电缆所提供的屏蔽 E 端相连，即相当于使用 QS1 型电桥的反接测试方式。

测量电容量较小的接地试品时，宜按照如下方法对电容量及介质损耗测试结果进行修正，否则难以保证技术指标中规定的测试精度。因为在测量接地试品时，测试系统的接地点就是试品的接地点，测量回路的高压引线（包括双屏蔽电缆）对地的分布电容将并接在试品两端，使测量结果中含有附加误差。如果接地试品的电容量较大，一般超过 300pF 时，附加误差可以忽略不计，否则就应对测量结果进行修正。修正的具体方法是进行两次测量，第一次先断开试品高压接线端测量回路引线误差因数，读出杂散电容量 C_1 和介质损耗杂散因数 D_1，第二次把高压引线连接试品测量，也读出杂散电容量 C_2 和介质损耗杂散因数 D_2，则试品真实的电容量和介质损耗因数可用下式计算

$$C_X = C_2 - C_1 \tag{4-16}$$

$$\text{tg}\delta = (C_2D_2 - C_1D_1)/(C_2 - C_1) \tag{4-17}$$

如果测试仪所连接的高压引线（包括高压双屏蔽电缆）的长度固定，且试品电容量超过 100pF，则断开试品高压接线端的测量工作（即获得 C_1 和 D_1 值）通常可省略，即不一定每次试验都要进行测量，可利用原先试验得到的 C_1 和 D_1 值对测试结果进行修正，通常能够保证足够的测试精度。

第四节　M 型介质试验器

M 型介质试验器（或称 2500V 介质试验器）是一种不平衡的电桥，它具有携带方便、操作简便的特点。准确度虽低于高压交流平衡电桥，但仍能满足现场要求，故也得到较广泛的采用。

一、测量原理

M 型试验器的原理基于介损角 δ 通常很小的情况，即 $\text{tg}\delta \approx \sin\delta = \cos\varphi$（$\varphi = 90° - \delta$），因而可直接测量 $\cos\varphi$。由本章第一节中的绝缘介质并联等值回路及其相量图（图4-1）可知

$$\cos\varphi = \frac{U_R}{I_X} = \frac{P}{S} \tag{4-18}$$

$$\text{tg}\delta = \frac{I_R}{I_C} = \frac{P}{Q} \tag{4-19}$$

当 δ 很小时，有 $Q \approx S$，所以介损角正切值为

$$\mathrm{tg}\delta \approx \frac{P}{S} = \frac{UI_R}{UI_X} \tag{4-20}$$

式（4-18）～（4-20）中 δ——损耗角；

φ——功率因数角；

P——绝缘吸收的有功功率（mW）；

Q——绝缘吸收的无功功率（mvar）；

S——绝缘的视在功率（mVA）；

U——加在绝缘上的电压，仪器中固定为2500V；

I_X——通过绝缘的总电流；

I_R——通过绝缘的电流有功分量。

当$\delta<15°$时，测量误差小于4%。由于试验时流过绝缘的电流多在毫安级，故有功功率P以毫瓦（mW）、视在功率S以毫伏安（mVA）为单位。

由式（4-20）可知，若能测出输送给绝缘的有功功率P和视在功率S，则两者相除就可求得tgδ。

二、测量方法

M型试验器的原理接线如图4-16所示。它包括标准支路（C_N、R_a），被试支路（被试品Z_X及无感电阻R_b），极性判别支路（R_C），电源（变压器及调压器）和测量回路C（包括放大器A和表头）等五部分。

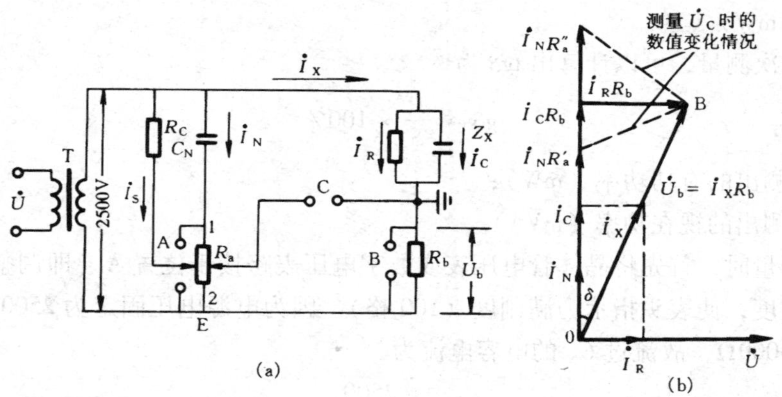

图4-16 M型试验器原理图

（a）原理接线；（b）相量关系

（一）视在功率的测量

如果与被试品串联一个已知阻值的小电阻R_b，并使R_b远小于被试品阻抗，则串联后不影响流过被试品的电流大小和相位，这时测出R_b上的压降I_XR_b，就可以算出视在功率

$$S = I_X \times 2500 = I_X R_b \times \frac{2500}{R_b} \tag{4-21}$$

即取电压表的读数乘以$\frac{2500}{R_b}$，就可得到视在功率（mVA）。

（二）有功功率的测量

由图4-16（a）可见，电阻R_b上的电压$\dot{U}_b$有两个分量，即$\dot{U}_b=\dot{I}_XR_b=\dot{I}_RR_b+\mathrm{j}\dot{I}_CR_b$。我们只需要测出有功分量$\dot{I}_RR_b$，再乘以$\frac{2500}{R_b}$，便得有功功率为

$$P=\dot{I}_R\times2500=\dot{I}_RR_b\times\frac{2500}{R_b} \tag{4-22}$$

由此可见，为了测出有功分量$\dot{I}_RR_b$，需设法消去电压中的无功分量$\dot{I}_CR_b$。

在M型试验器的标准支路中，C_N为标准空气电容器，R_a为电阻。如使$\frac{1}{\omega C_N}\gg R_a$，则$R_a$的接入并不影响标准支路中电流$\dot{I}_N$的大小和相位，仍可视为纯电容电流，如图4-16（b）所示。

由图4-16（b）可见，电压$\dot{I}_NR_a$与$\dot{I}_CR_b$是同相的（R_a是可调的，R_a上压降由$I_NR'_a$变化到$I_NR''_a$），故当用电压表跨接在位置C测量电压$\dot{U}_C$（$\dot{U}_C=\dot{U}_b-\dot{U}_a=\dot{I}_RR_b+\mathrm{j}\dot{I}_CR_b-\mathrm{j}\dot{I}_NR_a$）时，其中两个电压无功分量就会有所抵消。滑动$R_a$的可动触点，电压表读数将随之变动。当读数为最小时，两电压完全抵消，电压表仅指示I_RR_b，因而能测出有功功率（mW）。

从上述两次测量，可以计算出tgδ为

$$\mathrm{tg}\delta\approx\frac{P}{S}\times100\% \tag{4-23}$$

式中　P——测出的有功功率（mW）；

　　　S——测出的视在功率（mVA）。

在实际测量时，首先将晶体管电压表或数字电压表跨接于位置A（即调整位置），调整放大器灵敏度，使表头指示为满刻度（100格）。因为电源电压固定为2500V，而$C_N=255\mathrm{pF}$，$R_a=5000\Omega$，故流过C_N的电容电流为

$$I_N=\frac{U}{\sqrt{R_a^2+C_N^2}}=\frac{2500}{\sqrt{5000^2+\left(\frac{1}{100\pi\times255\times10^{-12}}\right)^2}}=0.2(\mathrm{mA})$$

R_a上的压降$U_a=5000\times0.2\times10^{-3}=1$（V）。于是，通过调整校准了测量表计回路，使数字电压表的满刻度指示值为1V（100格）。

然后将数字电压表跨接于位置B，显然这时测出的是R_b上的电压U_b［即图4-16（b）相量OB所示］，即表示视在功率的毫伏数。

最后，将数字电压表跨接于位置C，调节R_a的值，使电压表指示最小，这时测得的值就是I_bR_b，即表示有功功率的毫瓦数。

应当指出，在测量S和P时，要注意倍率开关的位置，将所得的读数乘以相应倍数K

值后再相除，便得 tgδ 值。即

$$\text{tg}\delta \approx \frac{KP}{KS} \tag{4-24}$$

式中　K——倍数。

三、C_X 和 R_X 的计算

M 型试验器除可测量绝缘的 tgδ 外，还可用来测量绝缘的 C_X 和 R_X。

从视在功率的定义出发可以得到

$$S = UI_X = U\sqrt{I_R^2 + I_C^2} \approx UI_C = U^2\omega C_X \tag{4-25}$$

式中 S 的值设为 1mVA。由此可得

$$C_X = \frac{S}{U^2\omega} = \frac{S \times 10^{-3}}{2500^2 \times 100\pi} = 0.51(\text{pF}) \tag{4-26}$$

从有功功率的定义出发可得

$$P = \frac{U^2}{R_X}$$

所以

$$R_X = \frac{U^2}{P} = \frac{2500^2}{P \times 10^{-3}} = \frac{6250}{P}(\text{M}\Omega) \tag{4-27}$$

应注意，在式（4-26）及式（4-27）中的 S 和 P 值均分别表示表头指示的数值，并不代表量纲。

第五节　扩大量程及防干扰方法

一、扩大 QS1 型及 QS3 型电桥测试范围的方法

1. 大电容量标准电容器法

由公式 $C_X = C_N R_4 / R_3$ 可知，增大标准电容器的电容量 C_N 可使 C_X 相应增加。一般常采用聚苯乙烯大容量高压电容器（电容量选用 1000～2000pF）作为标准电容器来扩大 QS3 型电桥的测量范围。这时测得的 tgδ 值应加上聚苯乙烯电容器的 tgδ 才是被试品的真实值。图 4-17 为 QS3 型电桥桥体接线图。这时，为了保持通过 R_4 的电流不超过最大允许值（0.314mA），且防护电压能继续适用，就要成反比例地降低试验电压。

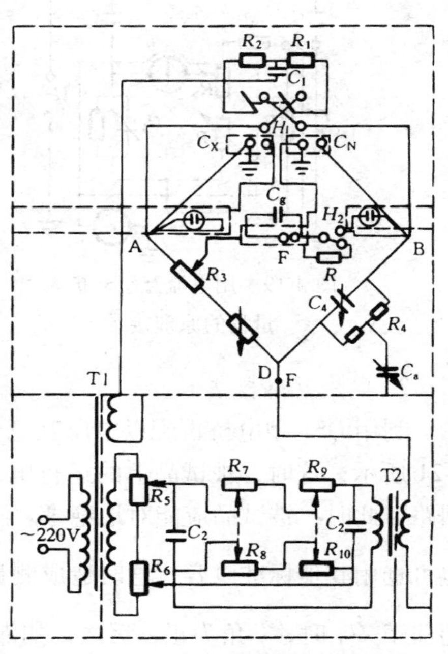

图 4-17　QS3 型电桥桥体接线图

这种方法的优点是不用变更电桥接线，标准电容器也不一定是高压的，且容易实现。缺点是需大幅度降低试验电压，常使被试品所加电压远低于工作电压；对许多夹层绝缘所测得的 tgδ 可能比工作电压下的测值大，而且 C_N 只能以 2000pF

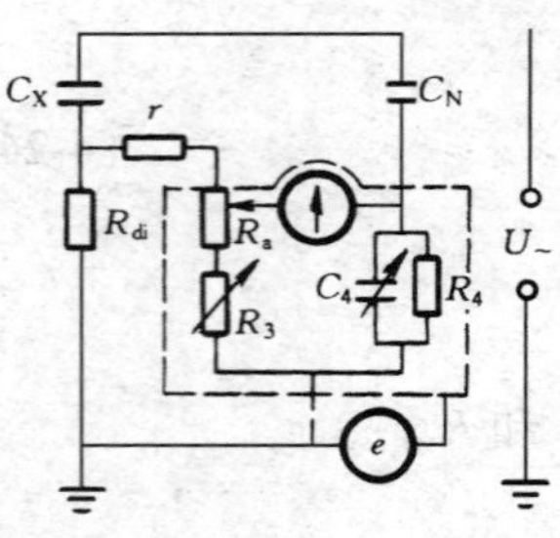

图 4-18 用外加分流器扩大电容的测量范围
r—C_x 至桥体的引线电阻(应尽可能减少)；R_{di}—外加分流电阻

为限，C_x 最大只能测到 1.27μF。

2. 分流器法

这一方法是采用一个无感的外加分流电阻 R_{di}，并联在 R_3 桥臂上，使大部分试品电流经分流电阻入地，一小部分经 R_3 入地，从而使 C_x 量程得到扩大。这种可适用于电容量相当大的被试品的测量，其接线如图 4-18 所示。

3. 电流互感器法

利用精密互感器配以 5A/0.03A 的分流电阻 R_{di} 与 R_3 并联，可以极大地扩大电桥量程，其接线如图 4-19 所示。图中 TA 为电流互感器。

二、扩大电压测量范围

1. 高压标准电容器法

采用额定电压高于 10kV 的高压标准电容器，就能提高加于被试品上的电压。如图 4-20所示，这时应结合标准电容器 C_N 的电容量，核定是否应将 R_4 的阻值改为 $\frac{1000}{\pi}\Omega$ 或 $\frac{100}{\pi}\Omega$，以保证桥臂 R_4 的电压降在 1V 以内，且 R_4 能承受标准电容器所通过的工作电流。但 R_4 数值变小后，被测电容的范围要随之缩小。这种用高压标准电容器扩大电压量程的方法，可适用于 QS1、QS3 型等电桥。图 4-20 中的 R_4 是由 $\frac{10000}{\pi}$、$\frac{1000}{\pi}$、$\frac{100}{\pi}$ 三只电阻组成，并通过开关 S 选择。

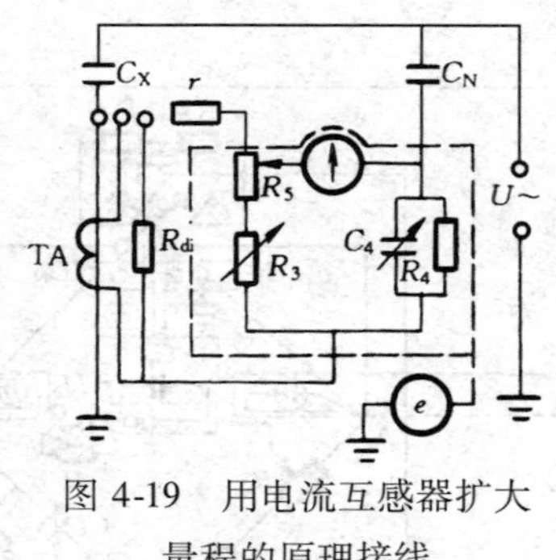

图 4-19 用电流互感器扩大量程的原理接线

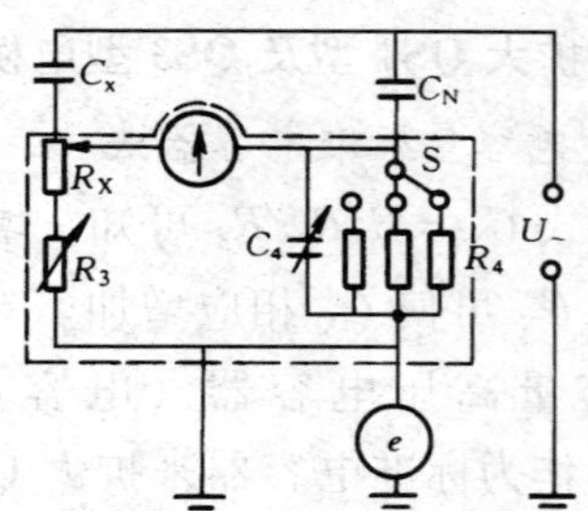

图 4-20 用高压标准电容器扩大电压测试范围接线

2. 电压互感器法

利用 QS1 型电桥再配以电压互感器，可以带电测量电气设备绝缘的 C_X 和 tgδ，如图 4-21 所示，这时，被试品上的运行电压是经电压互感器的二次绕组接入电桥标准电容器回路。此时，被试品应能对地绝缘。测量时可利用 QS1 型电桥内的低压标准电容器作 C_N，也可选用其他标准电容。这时造成测量误差的主要因素是互感器的相角误差 γ。当 $-\dot{U}_2$ 超前于 $\dot{U}_1$ 时，γ 角为正；反之，如滞后 $\dot{U}_1$，则 γ 角为负。测量结果应按式(4-28)计算(式中 tgδ 均为绝对值)。

$$\text{tg}\delta = \text{tg}\delta_0 + C_N - \text{tg}\gamma \tag{4-28}$$

式中　$\text{tg}\delta_0$——电桥平衡时的读数，即测得值；

C_N——低压标准电容的微法数；

$\text{tg}\gamma$——互感器的相角差的正切值。

例如测得值为 $\text{tg}\delta_0 = 3\% = 0.03$、$C_N = 0.01\mu F$、$\text{tg}\gamma = 0.007$，则 $\text{tg}\delta = 0.03 + 0.01 - 0.007 = 0.033 = 3.3\%$。

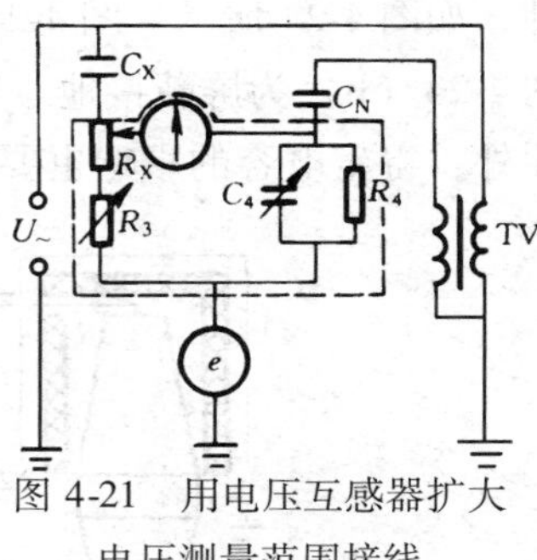

图 4-21　用电压互感器扩大电压测量范围接线

三、西林电桥在外部因素影响下的测量

在现场试验时，往往由于电场、磁场及被试品表面电导等干扰作用，不能测得真实的 tgδ，这给判断绝缘状况带来很大困难。因此，消除干扰，测出真实的 tgδ，是不可忽视的一件事。

（一）电场干扰及其消除方法

1. 外电场干扰对测量的影响

电场干扰是常遇到的问题。这是由于被试品与周围带电部分之间总是存在着杂散电容，它的大小与两者间的距离、形状有关。随着距离的减小和外界电压的提高，外电源通过电容耦合所产生的影响就显著了。电桥本身当然有同样问题，但因屏蔽良好，故影响甚小。如图 4-22 所示，由于干扰电动势 e'（通常为三相，但可叠加在一起）的作用，产生了干扰电流 I' 和 I''，但被试品电容的阻抗 Z_X 远大于 R_3 及变压器的阻抗，所以 $I'' \ll I'$，可以不考虑 I' 的影响。而 I'' 经 R_3 及变压器高压绕组入地，在 R_3 桥臂上 $\dot{I}''$ 与 $\dot{I}_X$ 叠加而使测得的 $\text{tg}\delta'$ 偏离真实值，如在图 4-23 中，$\text{tg}\delta' > \text{tg}\delta$。事实上，$I''$ 与原被试品电流 $\dot{I}_X$ 相比，可以有 0°～360°的相角差，这就形成了如图中虚线所示的一个圆（以相量 $\dot{I}_X$ 的终点为圆心，以干扰电流 $\dot{I}''$ 的大小为半径）。显而易见，按照 $\dot{I}_X + \dot{I}''$ 落在圆上的位置 $\text{tg}\delta'$ 会出现三种情况：在 OD 线上方，$\text{tg}\delta' > \text{tg}\delta$；在 OD 线下方，$\text{tg}\delta' < \text{tg}\delta$；在横轴下方，$\text{tg}\delta'$ 为负值。

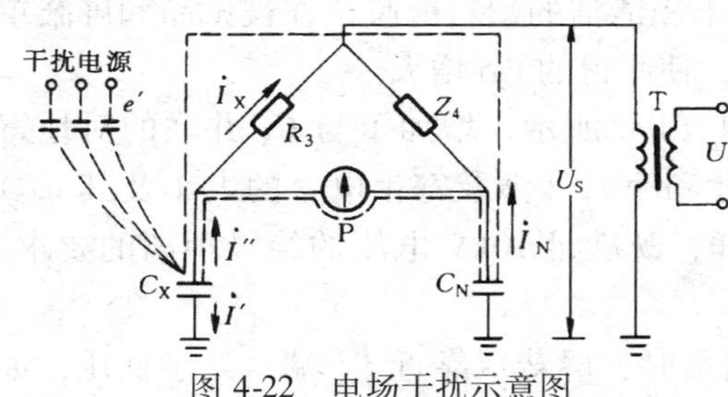

图 4-22　电场干扰示意图

2. 消除外电场干扰的措施

为了消除干扰，可通过操作切除产生干扰的电源，或将被试品移开，使它远离干扰电源；此外，还可直接取用干扰电源作为试验电源，或者提高试验电压使干扰程度相应减小。但这些都不易做到，通常采取以下方法。

（1）屏蔽法。在被试品上加装屏蔽罩（金属网或薄片），使干扰电流只经屏蔽，不经测量元件。此法适于体积较小的设备，如套管、互感器等。装设屏蔽的方式有三

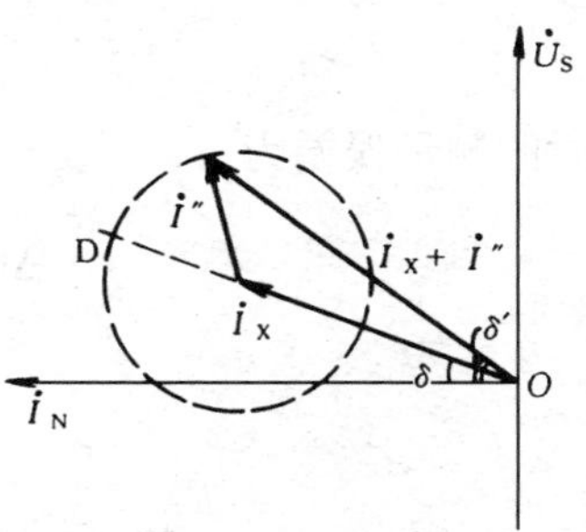

图 4-23　干扰电流 $\dot{I}''$ 对 tgδ 的影响相量图

$\dot{U}_S$—试验电源电压；

$\dot{I}_N$—流过标准电容器的电流

种，如图 4-24（a）、（b）是反接线的情况，图 4-24（a）为屏蔽接高压，图 4-24（b）为屏蔽接地。应当指出：由于屏蔽后电场分布有所改变，会带来一定误差，此外，寄生电容的影响也要考虑。现将三种屏蔽方式分述如下。

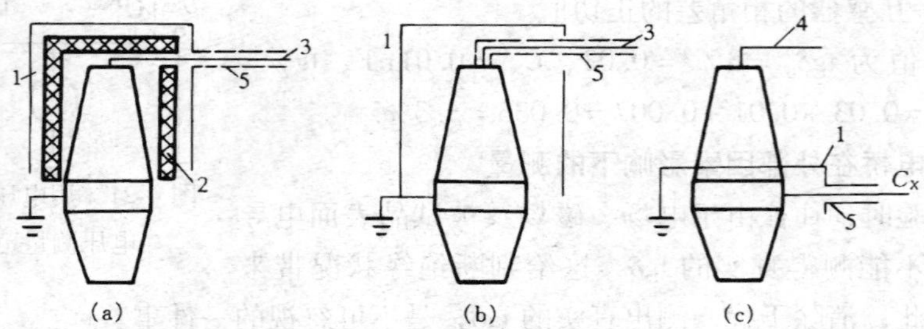

图 4-24　用屏蔽法消除干扰

（a）、（b）反接线；（c）正接线

1—屏蔽罩；2—绝缘层；3—至电桥的 C_X 端；4—电桥高压端；5—至电桥屏蔽端 E

1）当屏蔽接于高压（反接线）时，如图 4-24（a）所示，对绝缘要求较低（大于 0.5～1MΩ 的绝缘即可满足要求），所以通常用干燥清洁的塑料薄膜垫在被试品和屏蔽罩之间就可以了。但增加了与 Z_3 并联的寄生电容，使测得的 tgδ 增大。

2）当屏蔽罩接地（反接线）时，如图 4-24（b）所示，增加了与 C_X 并联的对地寄生电容，也带来误差，误差的大小与屏蔽的尺寸和距离（涉及寄生电容的大小及其 tgδ）有关。为了保证测量准确，罩子应做大些，这样，既满足 10kV 电压的绝缘距离的要求，又满足减小寄生电容影响的要求。

3）当被试品可对地绝缘，能采用正接线测量时，屏蔽罩靠近 C_X 端，处于低压，如图 4-24（c）所示，此时受外电场影响不大，容易实现。但屏蔽是不完全的，且同样增加了 R_3 的并联寄生电容，形成一定误差。

（2）倒相法。轮流由 A、B、C 三相选取试验电源，且每相又在正、反两种极性下测出介质损失角正切 tgδ_1 和 tgδ_2。三相中选取 tgδ_1 和 tgδ_2 差值最小的一相，取平均值就得到被试品的 tgδ 近似值，即

$$\mathrm{tg}\delta \approx \frac{\mathrm{tg}\delta_1 + \mathrm{tg}\delta_2}{2} \tag{4-29}$$

此时的测量误差为

$$\begin{aligned}\Delta\mathrm{tg}\delta &= \frac{C_1\mathrm{tg}\delta_1 + C_2\mathrm{tg}\delta_2}{C_1 + C_2} - \frac{\mathrm{tg}\delta_1 + \mathrm{tg}\delta_2}{2} \\ &= \frac{(C_1 - C_2)(\mathrm{tg}\delta_1 - \mathrm{tg}\delta_2)}{2(C_1 + C_2)}\end{aligned} \tag{4-30}$$

（3）移相法。由图 4-23 所示的相量关系可知，如能采取措施使得 $\dot{I}_X$ 与 $\dot{I}''$ 同相或反相，则测得的 tgδ' 就与真实值一致。只是电容量 C_X 有差别，如反相再测一次，取平均值便可得到实际值。

由于干扰电源一定时，干扰电流 $\dot{I}''$ 的相位也是固定的，要达到上述要求就要改变试

验电源的相位。这只要采用一台普通的移相器就可方便地做到，如图 4-25 所示。移相法的操作步骤如下。

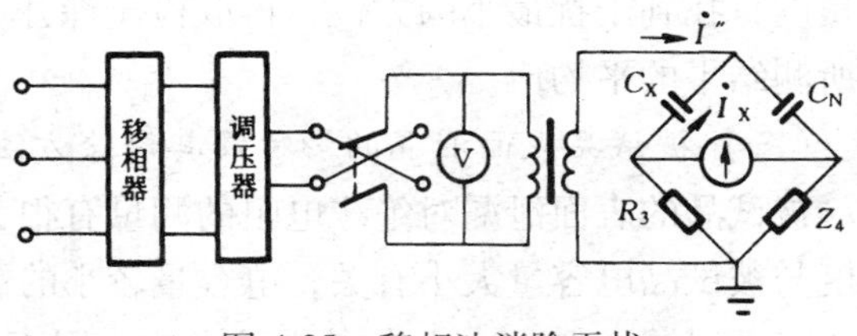

图 4-25 移相法消除干扰

1）测量干扰的大小和确定试验电压相位。首先在标准电容器上将“C_N”与“E”相连（见图 4-5），并将 R_3 置于最大值（11110Ω）。由于 R_3 比检流计的电阻大得多，干扰电流 $\dot{I}''$实际上经由检流计及 Z_4 入地。此时，未加试验电压，仅接通光源观察，从光带大小即可判断干扰程度。如果光带随检流计灵敏度的增加而不断增大，则说明干扰严重。然后可合上试验电源，调节电压及相位使光带缩小，直至检流计最灵敏时，光带也缩至最小。显然，这时的试验电压的大小和相位，恰恰使 $\dot{I}_X$与 $\dot{I}''$大小相等、方向相反。也即试验电压处于所要求的相位。

2）测量 tgδ。保持相位不变，在取下 Z_4 短接线后，升压测量，正反相各测一次取平均值。

由于移相没有移准及实际测量时变压器与移相器回路负载增加引起的相位变化，正反相的数值可能仍有差别。在准确度要求较高时，可采用渐近法，即将面板上的 tgδ 置于所获平均值上，调节 R_3，如光带不能缩至最小，可稍微调节移相器使之最小，然后进行正反相测量。所获数值如仍不满意，可继续做，直至正反相测得数值的差在电桥精度之内。

当现场电场干扰特别严重时，由于干扰信号主要是变电所内相邻设备的高压端电压引起的。在被试设备上由杂散电容耦合的干扰信号有同相电源和不同相电源，但其频率总是与系统电源一致的，因此，利用不同于干扰电源频率的电源（异频电源）对被试品加压进行试验，并通过硬件及软件数字滤波，消除被测信号中的 50Hz 干扰信号分量，用数字式电桥配合异频电源在强电场干扰下测量 tgδ，会达到非常好的效果。

异频电源可选择 45、55、60Hz 几种，美国 Doble 公司推荐使用 60Hz 进行抗干扰测量。在实际测量中，建议使用 45Hz 和 55Hz 电源频率分别测一次作对比测量，并且测量值可取在两种频率下测量的平均值。

（二）磁场干扰及其消除方法

干扰磁场大多由大电流母线、电抗器、阻波器和其他漏磁较大的设备产生。在干扰磁场的作用下，组成电桥试验回路的各个环路都可感应产生电动势，这种外磁场还会直接作用于检流计线圈上和振动的永久磁铁上。

虽然在测试时，电桥电路中最大的环路是被试品 C_X、标准电容器 C_N 和检流计回路所包围的面积，但两者阻抗都很大，所以能通过的电流很小，磁场的影响不大。主要的干扰是由于强磁场作用于检流计线圈产生感应电动势，或直接作用于永久磁铁上而引起误差。为了检查是否存在磁场干扰，可将检流计转换开关放在中间断开位置，观察光带扩展的宽度，宽度较大就表明有磁场干扰存在。通常是在测量后变换一下检流计极性再测，如数值发生变化，就说明有磁场干扰存在。

为消除磁场对检流计的影响，可移动电桥位置使之远离干扰源，或将桥体就地转动改变角度，找到干扰最小的方位，再取检流计开关在两种极性（“接通Ⅰ”和“接通Ⅱ”）下所测结果的平均值。

（三）被试品表面泄漏的影响及其消除方法

被试品的表面泄漏对绝缘电阻的测量有很大影响，对 tgδ 的测量也同样如此。影响的程度与被试品电容量大小有关，电容量较小的被试品，当表面受潮脏污时或空气湿度很大时，表面泄漏增加，这会带来严重影响，因而往往引起误判断。例如一般 110kV 断路器用的油纸电容式套管，其电容量约 300pF 左右，其工频阻抗约 10MΩ，如表面绝缘电阻为 400MΩ，将使原 tgδ 改变2.5%。可见，对小电容量被试品（套管、互感器、耦合电容器）必须注意消除表面泄漏的影响。大电容量被试品所受影响较小，可不予考虑。

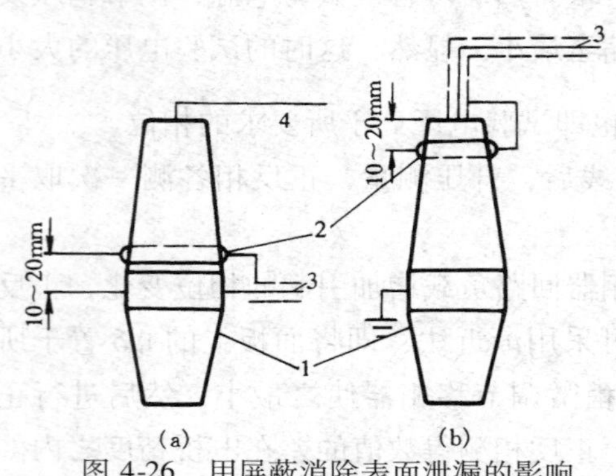

图 4-26 用屏蔽消除表面泄漏的影响
（a）正接线；（b）反接线
1—被试套管；2—屏蔽环；3—至电桥的 C_X 端；4—至电桥高压端

消除表面泄漏影响的方法与测量绝缘电阻时相似，可采用加屏蔽环的方法，即用软裸线紧贴在被试品表面缠绕成屏蔽环，并与电桥的屏蔽连接，使表面泄漏电流不经桥臂直接引回电源或由电源供给。这种办法在正反接线时均可采用，见图 4-26。应注意将屏蔽环装设得靠近 C_X 接线端，这样对原电场分布改变不大，试验结果较准确。一般应保持 10～20mm 的距离，而且表面同样要擦净，以减少与 R_3 并联的绝缘电阻所造成的误差。

（四）其他因素的影响

除上述几种影响 tgδ 准确测量的因素外，还应注意到其他一些因素的影响。如被试品周围较近的距离内有大面积接地物体（墙壁、构架、栅栏等），通过电容耦合，就会改变测量的真实结果。又如，对电压互感器、变压器等大电感设备，应将其线圈首尾短路再加压，若只从一端加压，则由于电感与电容的串联作用，改变了电压与电流的相角差，因而使测量结果与实际值差别就较大。

有时在现场还会遇到与试验电源不同频率的电场干扰，使电桥很难平衡，这时的唯一办法就是远离或切除干扰源。如果试验电源的电压波形不好，含有较大的三次谐波分量，电桥也不能平衡。因此，电源的电压波形应合乎要求。

第六节　影响 tgδ 的因素和结果的分析

在排除外界干扰，正确地测出 tgδ 值后，还需对 tgδ 的数值进行正确分析判断。为此，就要了解 tgδ 与哪些因素影响有关。根据 tgδ 测量的特点，除不考虑频率的影响（因施加电压频率基本不变）外，还应注意以下几个方面的问题。

一、温度的影响

温度对 tgδ 有直接影响，影响的程度随材料、结构的不同而异。一般情况下，tgδ 是随温度上升而增加的。现场试验时，设备温度是变化的，为便于比较，应将不同温度下测得的 tgδ 值换算至20℃（见附录B）。例如，25℃时测得绝缘油的介质损失角为0.6%，查附录B得25℃时的系数为0.79，因此20℃时的绝缘油介质损失角即为 $tg\delta_{20}=0.6\%\times0.78=0.47\%$。

应当指出，由于被试品真实的平均温度是很难准确测定的，换算系数也不是十分符合实际，故换算后往往有很大误差。因此，应尽可能在10～30℃的温度下进行测量。

有些绝缘材料在温度低于某一临界值时，其 tgδ 可能随温度的降低而上升；而潮湿的材料在0℃以下时水分冻结，tgδ 会降低。所以，过低温度下测得的 tgδ 不能反映真实的绝缘状况，容易导致错误的结论，因此，测量 tgδ 应在不低于5℃时进行。图4-27～图4-29为某些绝缘的 tgδ 与温度 T 的关系。

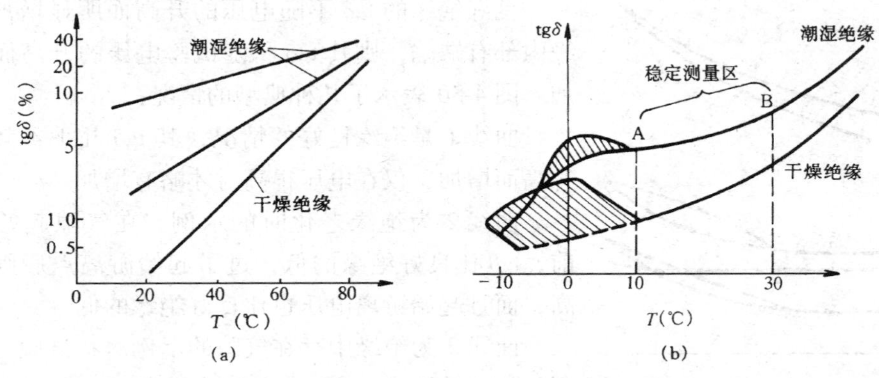

图4-27　tgδ 与温度的关系曲线示意图

(a)变压器绝缘的 tgδ 值与温度的关系；(b)某些固体介质(−10～+10℃间为不稳定测量区)

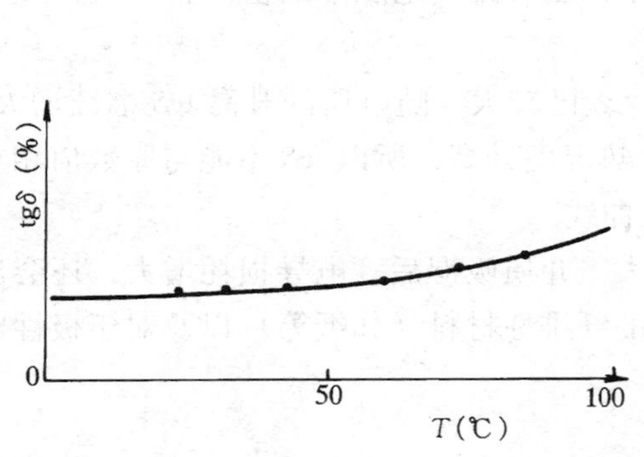

图4-28　油浸薄膜电容 tgδ 与温度的关系曲线

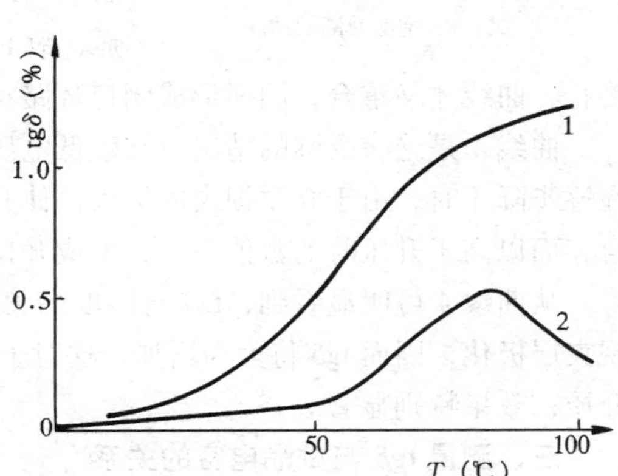

图4-29　绝缘油 tgδ 与温度的关系曲线

1—合格运行油、颜色浊黄；

2—合格新油、颜色淡黄透明

油纸绝缘的介质损耗与温度关系取决于油与纸的综合性能。良好的绝缘油是非极性介质，油的 tgδ 主要是电导损耗，它随温度升高而增大。而纸是极性介质，其 tgδ 由偶极子的松弛损耗所决定，一般情况下，纸的 tgδ 在−40～60℃的温度范围内随温度升高而减小。因此，不含导电杂质和水分的良好油纸绝缘，在此温度范围内其 tgδ 没有明显变化。

对于电流互感器与油纸套管，由于含油量不大，其主绝缘是油纸绝缘。因此，对 tgδ 进行温度换算时，不宜采用充油设备的温度换算方式，因为其温度换算系数不符合油纸绝缘的 tgδ 随温度变化的真实情况。

当绝缘中残存有较多水分与杂质时，tgδ 与温度关系就不同于上述情况，tgδ 随温度升高明显增加。如两台 220kV 电流互感器通入 50% 额定电流，加温 9h，测取通入电流前后 tgδ 的变化，tgδ 初始值为 0.53% 的一台无变化，tgδ 初始值为 0.8% 的一台则上升为 1.1%。实际上初始值为 0.8% 的已属非良好绝缘，故 tgδ 随温度上升而增加。说明当常温下测得的 tgδ 较大，在高温下 tgδ 又明显增加时，则应认为绝缘存在缺陷。

二、试验电压的影响

良好绝缘的 tgδ 不随电压的升高而明显增加。若绝缘内部有缺陷，则其 tgδ 将随试验电压的升高而明显增加。图 4-30 表示了几种典型的情况：

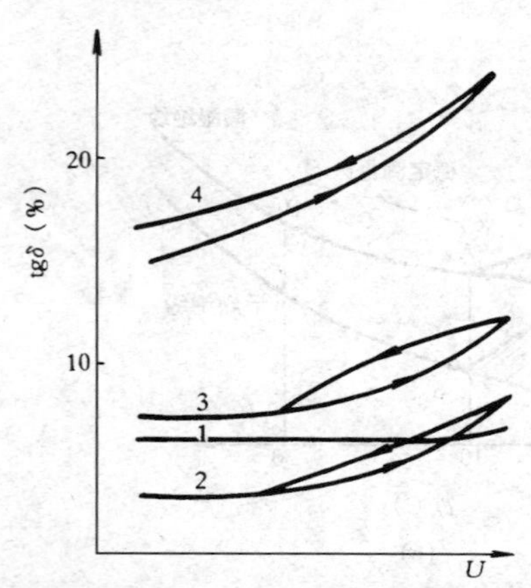

图 4-30　tgδ 与电压的关系曲线

1—绝缘良好的情况；2—绝缘老化的情况；3—绝缘中存在气隙的情况；4—绝缘受潮的情况

曲线 1 是绝缘良好的情况，其 tgδ 几乎不随电压的升高而增加，仅在电压很高时才略有增加。

曲线 2 为绝缘老化时的示例。在气隙起始游离之前，tgδ 比良好绝缘的低；过了起始游离点后则迅速升高，而且起始游离电压也比良好绝缘的低。

曲线 3 为绝缘中存在气隙的示例。在试验电压未达到气体起始游离之前，tgδ 保持稳定，但电压增高气隙游离后，tgδ 急剧增大，曲线出现转折。当逐步降压后测量时，由于气体放电可能已随时间和电压的增加而增强，故 tgδ 高于升压时相同电压下的值。直至气体放电终止，曲线才又重合，因而形成闭口环路状。

曲线 4 是绝缘受潮的情况。在较低电压下，tgδ 已较大，随电压的升高 tgδ 继续增大；在逐步降压时，由于介质损失的增大已使介质发热温度升高，所以 tgδ 不能与原数值相重合，而以高于升压时的数值下降，形成开口环状曲线。

从曲线 4 可明显看到，tgδ 与湿度的关系很大。介质吸湿后，电导损耗增大，还会出现夹层极化，因而 tgδ 将大为增加。这对于多孔的纤维性材料（如纸等）以及对于极性电介质，效果特别显著。

三、测量 tgδ 与试品电容的关系

对电容量较小的设备（套管、互感器、耦合电容器等），测 tgδ 能有效地发现局部集中性的和整体分布性的缺陷。但对电容量较大的设备（如大、中型变压器，电力电缆，电力电容器，发电机等），测 tgδ 只能发现绝缘的整体分布性缺陷。因为局部集中性的缺陷所引起的损失增加只占总损失的极小部分而被掩盖。这和设备的总电容量有关，事实上，设备绝缘结构总是由许多部件构成并包含多种材料，可看成是由许多串并联等值回路所组成，如图 4-31 所示，我们所测得的 tgδ 就是串并联后的综合值。

对图 4-31（a）所示的并联回路，总的 tgδ 为

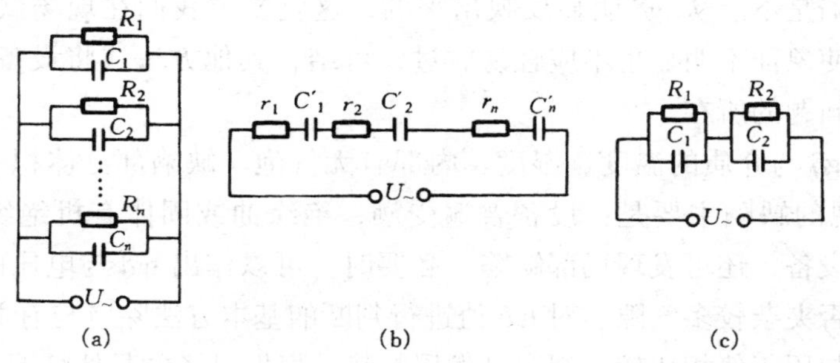

图 4-31 介质的等值回路

(a) 并联回路；(b) 串联回路；(c) 串并联回路

$$\mathrm{tg}\delta = \frac{C_1\mathrm{tg}\delta_1 + C_2\mathrm{tg}\delta_2 + \cdots + C_n\mathrm{tg}\delta_n}{C_1 + C_2 + \cdots + C_n} \tag{4-31}$$

对图 4-31（b）所示的串联回路，总的 tgδ 为

$$\mathrm{tg}\delta = \frac{\mathrm{tg}\delta_1/C'_1 + \mathrm{tg}\delta_2/C'_2 + \cdots + \mathrm{tg}\delta_n/C'}{1/C'_1 + 1/C'_2 + \cdots + 1/C'_n} \tag{4-32}$$

对图 4-31（c）所示的串并联回路，总的 tgδ 为

$$\mathrm{tg}\delta = \frac{C_1\mathrm{tg}\delta_2(1 + \mathrm{tg}^2\delta_1) + C_2\mathrm{tg}\delta_1(1 + \mathrm{tg}^2\delta_2)}{C_1(1 + \mathrm{tg}^2\delta_1) + C_2(1 + \mathrm{tg}^2\delta_2)} \tag{4-33}$$

通过以上分析，不难看出试品电容量对 tgδ 测值的影响。例如，绝缘的某部分有缺陷，tgδ 已显著上升，甚至达到不能容许的程度，而其余部分仍然良好，这两部分绝缘互相并联。若有缺陷部分的电容量 $C_2 = 250\mathrm{pF}$，$\mathrm{tg}\delta_2 = 5\%$；良好部分的电容量 $C_1 = 10000\mathrm{pF}$，$\mathrm{tg}\delta_1 = 0.4\%$，则由式（4-31）得

$$\mathrm{tg}\delta = \frac{C_1\mathrm{tg}\delta_1 + C_2\mathrm{tg}\delta_2}{C_1 + C_2} = 0.5\%$$

由此可见，虽然 $\mathrm{tg}\delta_2$ 已很大，但因 C_2 比 C_1 小得多，不足以使整台设备的 tgδ 明显变化，这就是 tgδ 不能反映大电容被试品的局部集中性缺陷的原因。这也表明，为什么大型变压器的套管缺陷不能从整体的 tgδ 反映出来。

通常，把被试品看成两部分绝缘相并联来分析是恰当的，但有时则应看成两部分串联，由式（4-31）得总的 tgδ 为

$$\mathrm{tg}\delta = \left(\frac{\mathrm{tg}\delta_1}{C'_1} + \frac{\mathrm{tg}\delta_2}{C'_2}\right)\frac{C'_1C'_2}{C'_1 + C'_2} = \frac{C'_2\mathrm{tg}\delta_1 + C'_1\mathrm{tg}\delta_2}{C'_1 + C'_2}$$

在串联结果看来，与并联的有所不同。但如从体积的观点来看，则两者可得到统一。实际上，在绝缘的总体积 V 为一定时，缺陷部分的体积 V_2 越大，则良好绝缘的体积 V_1 就越小，因而缺陷对整体的 tgδ 的影响就越大；反之则影响甚微。因为在并联时，体积与电容成正比，即 $\frac{C_1}{C_2} \approx \frac{V_1}{V_2}$；串联时成反比，即 $\frac{C'_2}{C'_1} \approx \frac{V_1}{V_2}$。如果 $V_1 \gg V_2$，则有 $C_1 \gg C_2$ 或 $C'_1 \ll C'_2$。于是无论并联还是串联，都得到同一结果：$\mathrm{tg}\delta \approx \mathrm{tg}\delta_1 + \frac{V_2}{V}\mathrm{tg}\delta_2$。可见，占总体积很小

的局部集中性缺陷是不能从 $tg\delta$ 明显反映出来的，这就要求我们在现场试验时更应细致。如发现异状，即使象征不明显也不应轻易放过，可结合其他方法或将设备各部分解试验，综合分析，找出问题的所在。

综上所述，$tg\delta$ 与介质的温度、湿度、内部有无气泡、缺陷部分体积大小等有关，通过 $tg\delta$ 的测量发现的缺陷主要是：设备普遍受潮，绝缘油或固体有机绝缘材料的普遍老化；对小电容量设备，还可发现局部缺陷。必要时，可以作出 $tg\delta$ 与电压的关系曲线，以便分析绝缘中是否夹杂较多气隙。对 $tg\delta$ 值进行判断的基本方法除应与有关“标准”规定值比较外，还应与历年值相比较，观察其发展趋势。根据设备的具体情况，有时即使数值仍低于标准，但增长迅速，也应引起充分注意。此外，还可与同类设备比较，看是否有明显差异。在比较时，除 $tg\delta$ 值外，还应注意 C_X 值的变化情况。如发生明显变化，可配合其他试验方法，如绝缘油的分析、直流泄漏试验或提高测量 $tg\delta$ 值的试验电压等进行综合判断。

第五章

工频交流耐压试验

工频交流（以下简称交流）耐压试验是考验被试品绝缘承受各种过电压能力的有效方法，对保证设备安全运行具有重要意义。

交流耐压试验的电压、波形、频率和在被试品绝缘内部电压的分布，均符合在交流电压下运行时的实际情况，因此，能真实有效地发现绝缘缺陷。交流耐压试验应在被试品的绝缘电阻及吸收比测量、直流泄漏电流测量及介质损失角正切值 tgδ 测量均合格之后进行。如在这些非破坏性试验中已查明绝缘有缺陷，则应设法消除，并重新试验合格后才能进行交流耐压试验，以免造成不必要的损坏。

交流耐压试验对于固体有机绝缘来说属于破坏性试验，它会使原来存在的绝缘弱点进一步发展（但又未在耐压时击穿），使绝缘强度逐渐降低，形成绝缘内部劣化的累积效应，这是我们所不希望的。因此，必须正确地选择试验电压的标准和耐压时间。试验电压越高、发现绝缘缺陷的有效性越高，但被试品被击穿的可能性越大，累积效应也越严重。反之，试验电压低，又使设备在运行中击穿的可能性增加。实际上，国家根据各种设备的绝缘材质和可能遭受的过电压倍数，规定了相应的出厂试验电压标准。具有夹层绝缘的设备，在长期运行电压的作用下，绝缘具有累积效应，所以现行有关标准规定运行中设备的试验电压，比出厂试验电压有所降低，且按不同设备区别对待（主要由设备的经济性和安全性来决定）。但对纯瓷套管、充油套管及支持绝缘子则例外，因为它们几乎没有累积效应，故对这些运行中的设备就直接取出厂试验电压标准。

第一节　试　验　方　法

一、试验变压器耐压的原理接线

交流耐压试验的接线，应按被试品的要求（电压、容量）和现有试验设备条件来决定。通常试验时采用是成套设备（包括控制及调压设备），现场常对控制回路加以简化，例如采用图 5-1 所示的试验电路。

试验回路中的熔断器、电磁开关和过流继电器，都是为保证在试验回路发生短路和被试品击穿时，能迅速可靠地切断试验电源；电压互感器是用来测量被试品上的电压；毫安表和电压表用以测量及监视试验过程中的电流和电压。

进行交流耐压的被试品，一般为容性负荷，当被试品的电容量较大时，电容电流在试验变压器的漏抗上就会产生较大的压降。由于被试品上的电压与试验变压器漏抗上的电压相位相反，有可能因电容电压升高而使被试品上的电压比试验变压器的输出电压还高，因

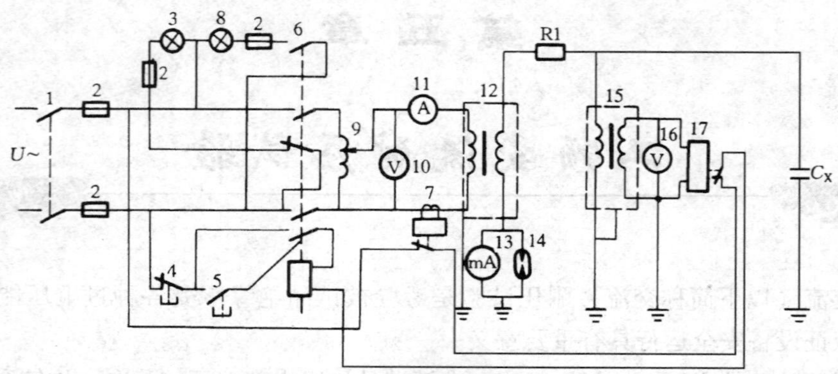

图 5-1 交流耐压试验接线图

1—双极开关；2—熔断器；3—绿色指示灯；4—常闭分闸按钮；5—常开合闸按钮；
6—电磁开关；7—过流继电器；8—红色指示灯；9—调压器；10—低压侧电压表；
11—电流表；12—高压试验变压器；13—毫安表；14—放电管；15—测量用电压互感器；16—电压表；17—过压继电器；R_1—保护电阻；C_X—被试品

此要求在被试品上直接测量电压。

此外，由于被试品的容抗与试验变压器的漏抗是串联的，因而当回路的自振频率与电源基波或其高次谐波频率相同而产生串联谐振时，在被试品上就会产生比电源电压高得多的过电压。通常调压器与试验变压器的漏抗不大，而被试品的容抗很大，所以一般不会产生串联谐振过电压。但在试验大容量的被试品时，若谐振频率为50Hz，应满足 $C_X < 3184/X_L$（μF），即 $X_C > X_L$，X_L 是调压器和试验变压器的漏抗之和。为避免 3 次谐波谐振，可在试验变压器低压绕组上并联 LC 串联回路或采用线电压。当被试品闪络击穿时，也会由于试验变压器绕组内部的电磁振荡，在试验变压器的匝间或层间产生过电压。因此，要求在试验回路内串入保护电阻 R_1 将过电流限制在试验变压器与被试品允许的范围内。但保护电阻不宜选得过大，太大了会由于负载电流而产生较大的压降和损耗；R_1 的另一作用是在被试品击穿时，防止试验变压器高压侧产生过大的电动力。R_1 按 0.1 ~ 0.5Ω/V 选取（对于大容量的被试品可适当选小些）。

二、串联谐振、并联谐振及串并联谐振的试验方法

对于大型发电机、变压器、GIS、交联电缆等电容量较大的试品的交流耐压试验，需要大容量的试验变压器、调压器以及电源。现场往往难以办到，即使有试验设备，也需动用大型汽车、吊车等，费力费时。在此情况下，可根据具体情况分别采用串联、并联或串并联谐振的方法来进行现场试验。串、并联谐振可以通过调节电感来实现，也可通过调节频率或电容来实现。但该试验大多是针对现场大电容设备进行的，因而电容是确定的，一般采用调感或调频来进行谐振补偿。有关调频方式可参阅本书第十五章 GIS 谐振耐压部分。

（一） 串联补偿

当试验变压器的额定电压小于所需试验电压，但电流额定量能满足试品试验电流的情况下，可用串联补偿的方法进行试验。

串联补偿的接线如图 5-2 所示，其等效电路及相量图如图 5-3 所示。补偿电抗及试品电容组成串联回路。此时，电路中电流为

$$I = \frac{U}{\sqrt{R^2 + (X_L - X_C)^2}} \tag{5-1}$$

式中 R、X_L——分别为电抗器的等效电阻及感抗；

X_C——试品容抗。

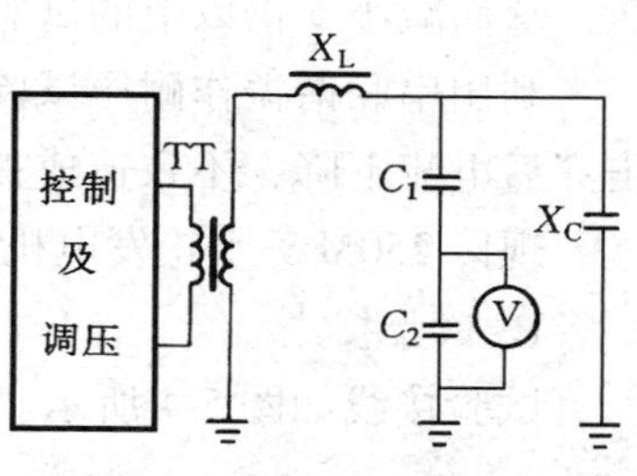

图 5-2 串联补偿接线图

当采用可调式电抗器进行补偿时，可调节 X_L，让其值与 X_C 值相等，此时回路发生串联谐振，电路中的电流 $I = \frac{U}{\sqrt{R^2 + (X_L - X_C)^2}} = \frac{U}{R}$，试品上的电压 U_C 与电抗器上的电压 U_L 相等。即

$$\begin{aligned} U_C &= U_L = IX_L = \frac{U}{R} \cdot X_L = QU \\ Q &= \frac{X_L}{R} \end{aligned} \tag{5-2}$$

式中 Q——电抗器的品值因数，一般电抗器的品值因数为 10～40。

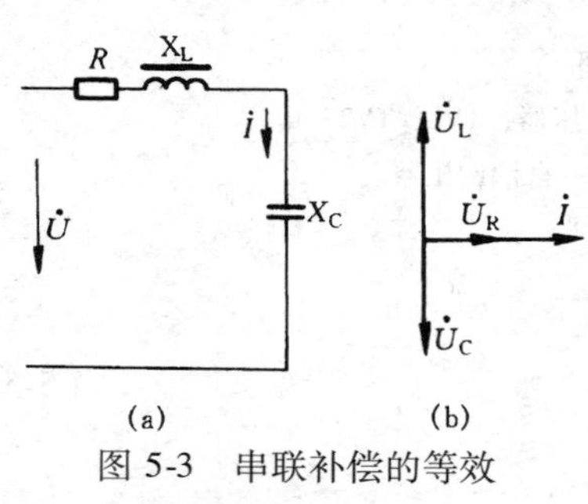

图 5-3 串联补偿的等效电路及相量图

（a）等效电路；（b）相量图

由式（5-2）可看出，串联补偿法可在试品上产生数十倍于试验变压器输出电压的电压，从而可大大地降低试验变压器额定电压及容量。

当采用串联补偿时，虽然试验变压器输出电压较低，但对电抗器却要求有与试品相同的耐压水平。另一方面，串联补偿时，当回路达到 $X_L = X_C$，并且回路电阻很小时，则可能在试品上出现危险的过电压。因此，采用串联补偿应注意避免产生谐振，并且所用补偿电抗器最好用空心绕组的，因为有铁芯的电抗器易造成非线性谐振。

当试品电压较高时，也可采用多个分离电抗器叠加形成补偿电抗，当采用补偿电抗器进行补偿时，补偿电抗的调节可通过多台小电抗的串联、并联及改变分接头位置来实现。由于补偿电抗 X_L 不能连续调节，一般很难调到谐振点，通常 $(X_L - X_C)^2$ 远大于 R^2，此时可忽略电抗器的等效电阻。回路电流可近似为

$$I = \frac{U}{\sqrt{R^2 + (X_L - X_C)^2}} \approx \frac{U}{|X_L - X_C|} \tag{5-3}$$

一般情况下，调节 X_L 使 $|X_L - X_C| \leqslant \frac{1}{5}X_C$ 是比较容易的，此时电容器上的电压

$$U_C = IX_C \geqslant \frac{U}{\frac{1}{5}X_C} \cdot X_C \geqslant 5U \tag{5-4}$$

由此可以看出，用积木式补偿电抗器进行串联补偿，试品上可较容易得到 5 倍以上电源电

压，从而减小5倍以上的试验容量。

利用串联谐振作耐压试验有两个优点：①若被试品击穿，则谐振终止，高压消失；②击穿后电流下降，不致造成被试品击穿点扩大。

现以250MW水轮发电机的串联谐振交流耐压试验为例，说明串联谐振试验的情况。

1. 试验接线

试验接线如图5-4所示。

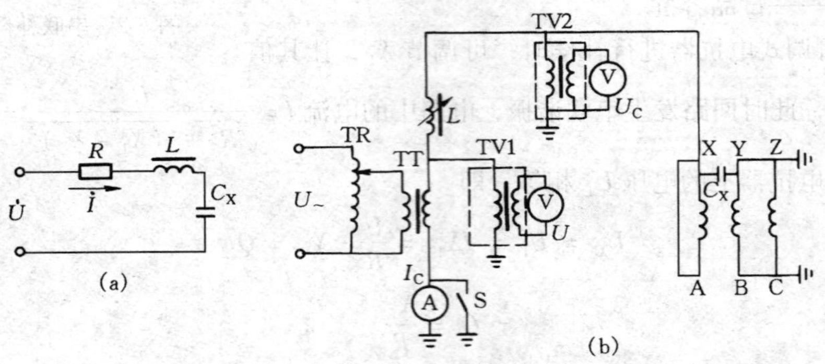

图5-4 试验接线图

（a）原理接线图；（b）实际接线图

L—回路的总电感；R—回路中的损耗电阻；TT—试验变压器；TV1、TV2—电压互感器；C_X—发电机被试相的对地电容；TR—自耦调压器

从图5-4（a）求出回路的电流

$$\dot{I}=\frac{\dot{U}}{R+\mathrm{j}(X_L-X_C)} \tag{5-5}$$

发电机被试相对地电容上的电压为

$$\dot{U}_C=\frac{-\mathrm{j}X_C\dot{U}}{R+\mathrm{j}(X_L-X_C)} \tag{5-6}$$

若将回路调整到谐振点工作时，感抗 $X_L=X_C$，被试品上的电压为

$$\dot{U}_C=-\mathrm{j}\frac{X_C}{R}\dot{U}$$

或

$$|\dot{U}_C|=KU \tag{5-7}$$

其中

$$K=X_C/R$$

式中 K——回路的品质因数。

谐振状态下，回路电流与电源电压相位相同，故电源所供给的功率为

$$S=UI \tag{5-8}$$

此时，发电机对地电容上储存的无功功率为

$$Q=U_CI=KUI=KS \tag{5-9}$$

由式（5-9）可知，发电机对地电容上的无功功率较电源输出功率增大了K倍，可

见，当进行电容负荷的工频耐压试验时，只需要电源输入一个 $S=\frac{Q}{K}$ 的功率，便可满足试验要求。

2. 试验数据

工频耐压试验的数据如表 5-1 所示。

表 5-1 试 验 数 据

试验序号	被试品电容电流 I_C (A)	试验变压器电压 U (V)	被试品上的电压 U_C (kV)	变压器输出的容量 S (kVA)	被试品吸收的无功功率 Q (kvar)
1	2.49	200	6.83	0.498	17.0
2	3.12	280	8.40	0.87	26.2
3	7.5	920	19.3	6.90	145.0

（二）并联谐振（电流谐振）法

当试验变压器的额定电压能满足试验电压的要求，但电流达不到被试品所需的试验电流时，可采用并联谐振对电流加以补偿，以解决容量不足的问题。其接线如图 5-5 所示，并联回路两支路的感抗和容抗分别为 X_L 和 X_C，当 $X_L=X_C$ 时，回路产生谐振。这时虽然两个支路的电流都很大，但回路的总电流 $I\approx 0$，X_C 上的电压等于电源电压。实际上，因回路中有电阻和铁芯的损耗，回路电流不可能完全等于零。并联补偿法的等效电路及相量图如图 5-6 所示。由图 5-6可知，变压器 TT 的输出电压等于试品电压，变压器 TT 的输出电流等于补偿电流 $\dot{I}_L$ 与电容电流 $\dot{I}_C$之和，即 $\dot{I}=\dot{I}_L+\dot{I}_C$。由于 $\dot{I}_L$与 $\dot{I}_C$方向相反，所以变压器的输电流值 $I=|I_L-I_C|$，当采用可调式电抗器进行补偿时，调节补偿电抗，使补偿电流与试验电流相等，就可使变压器的输出电流很小。

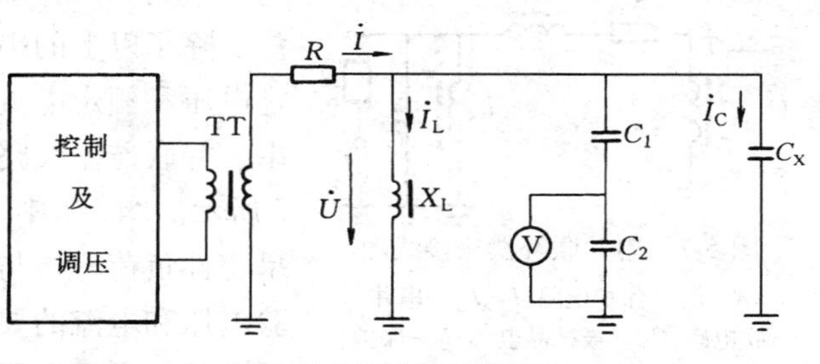

图 5-5 并联补偿接线图

当采用积木式电抗器进行补偿时，首先根据试验电压确定电抗器的串联个数及分接头位置，再确定电抗器的并联数，使得补偿电流 I_L、试品电流 I_C 及变压器 TT 额定输出电流 I_n 满足关系 $|I_L-I_C|\leqslant I_n$，即可进行试验。

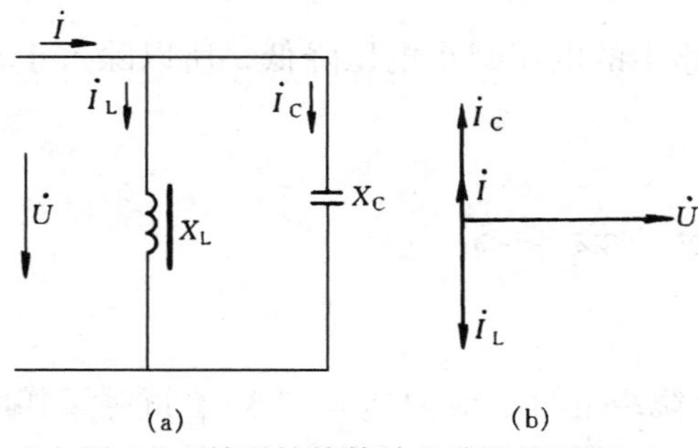

图 5-6 并联补偿等效电路及相量图

（a）等效电路；（b）相量图

现以 110kV 耦合电容器现场加压校验为例，说明并联补偿试验的情况。

110kV 耦合电容器电容量为 0.015μF，要求加 1.2 倍额定电压，即 $1.2\times 110/\sqrt{3}\text{kV}=76\text{kV}$，此时，耦合电容器的电流为

$$I_C=\omega CU=314\times 0.015\times 76\approx 358(\text{mA})$$

积木式电抗器参数见表5-2。

表 5-2 补偿电抗器参数

接线端	A1X	A2X	A3X
额定电压（kV）	30	25	20
额定电流（mA）	225	250	300

用3只补偿电抗器串联，选择A1X（30kV、225mA）档，允许加压为 $3\times30=90$（kV），可满足试验电压76kV的要求。当加压76kV时，补偿电流 $I_C=\frac{225}{90}\times76=190$（mA）。选用6只补偿电抗器3串2并时，补偿电流为 $2\times190=380$（mA），与试品电流358mA接近。当谐振时，变压器的输出电流 $I=|I_L-I_C|=|380-358|=22$（mA）。

现选试验变压器额定输出电流为50mA，额定电压为100kV，即需要变压器容量为 $50\times100=5$（kVA）。按图5-5如示接线，即可进行试验。若不补偿，仍采用额定电压100kV的试验变压器，则其容量需40kVA。

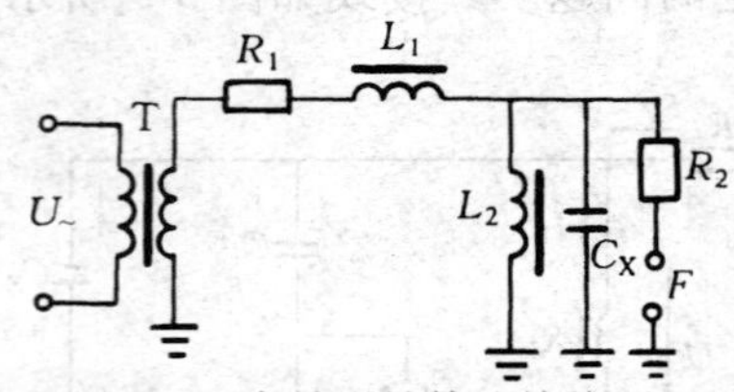

图 5-7 串并联补偿法接线图

R_1、R_2—保护电阻；L_1、L_2—串并联电感；C_X—被试品电容；F—保护球隙；T—变压器

（三）串并联谐振法

除了以上的串联、并联谐振外，当试验变压器的额定电压和额定电流都不能满足试验要求时，可同时运用串、并联谐振线路，通称串并联补偿法，其接线如图5-7所示。图5-7中，用 L_2 对 C_X 进行欠补偿，即并联后仍呈容性负荷，再与 L_1 形成串联谐振，这样能同时满足试验电压和电流的要求。对要求试验电压高、电容量大的被试品，常采用图5-7的接线。

（四）采用串联、并联谐振和串并联谐振法的注意事项

1）电源电压和频率要求稳定，应避免用电阻器调压；

2）回路电阻 R_1 要有足够的热容量，并保持稳定；

3）试验电压直接在被试品两端测量；

4）电感线圈应满足电流和绝缘强度的要求；

5）对于并联谐振法，当被试品击穿而谐振停止时，试验变压器有过流的可能，因此，要求过流速断保护能可靠动作；

6）对于串联谐振法，当被试品击穿时，回路中的电流减小电压降低，所以除了正常的过流保护外，还应有欠压保护措施。

第二节 试验设备

一、高压试验变压器

高压试验变压器具有电压高、容量小（高压绕组电流一般为0.1～1A）、持续工作时间短、绝缘层厚、通常高压绕组一端接地的特点，因而在使用时需考虑这些特点，正确选择。

1. 电压的选择

根据被试品对试验电压的要求，选用电压合适的试验变压器，还应考虑试验变压器低压侧电压是否和试验现场的电源电压及调压器相符。

2. 试验电流的选择

试验变压器的额定电流应能满足流过被试品的电容电流和泄漏电流的要求，一般按试验时所加的电压和被试品的电容量来计算所需的试验电流，其计算式为

$$I_C = \omega C_X U_T \tag{5-10}$$

式中 I_C——试验时被试品的电容电流（mA）；

ω——电源角频率；

C_X——被试品的电容量（μF）；

U_T——试验电压（kV）。

C_X 可用交流电桥或电容电桥测出，也可在被试品上施加工频低压，根据测得的电压和电流（感抗和电阻的影响不计）来估算，即

$$C_X \approx \frac{1}{\omega U} \tag{5-11}$$

式中 I——测得电流（mA）；

U——外加电压（kV）。

试验所需电源容量，按下式计算，即

$$P = \omega C_X U_T^2 \times 10^{-3} \tag{5-12}$$

二、调压器

调压器应能从零开始平滑地调节电压，以满足试验所需的任意电压。常用的调压器有自耦调压器、移圈调压器和感应调压器。调压器的输出波形，应尽可能地接近正弦波，容量也应满足试验变压器的要求，通常与试验变压器容量相同。

1. 自耦调压器

自耦调压器的应用广泛，它具有体积小、质量轻、效率高、波形好等优点。由于自耦调压器是用移动碳刷接触调压，所以容量受到限制（单台可做到 30kVA，最大可达 100kVA），电压在 500V 以下，适用于小容量调压。

2. 移圈调压器

移圈调压器的调压范围宽，目前国内生产的容量为 25～2250kVA，并与试验变压器配套，电压可达 10kV。其主要缺点是效率低、空载电流大，在低电压和接近额定电压下使用波形易发生畸变。

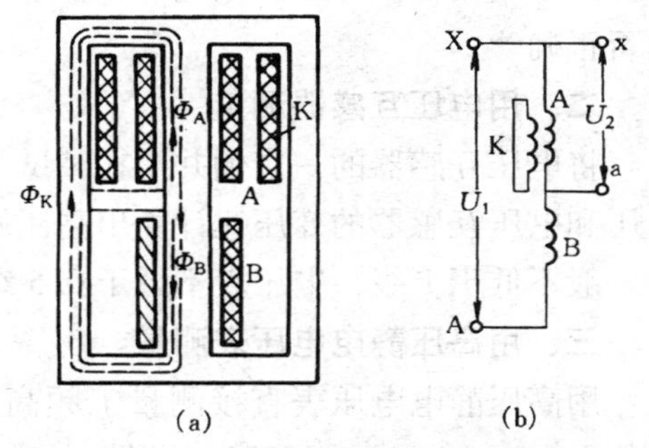

图 5-8 移圈调压器结构原理图

（a）结构图；（b）接线图

U_1、U_2—移圈调压器的输入与输出电压

移圈调压器的结构原理如图 5-8 所示，它在铁芯的上下部各套着绕组 A、B，两者匝数相等，绕向相反，互相串联。在这两个绕组外面还套着一个可沿铁芯上下移动的短路绕组 K，改变短路

绕组与反相串联的两绕组的相对位置，就可改变两绕组的阻抗和电压分配，即改变输出电压 U_2。绕组 A 和绕组 B 所产生的磁通 Φ_A、Φ_B 方向相反，它们通过气隙自成回路。当短路绕组 K 处于最上部时，它产生磁通 Φ_K 的方向与 Φ_A 相反，铁芯上部被去磁，而下部被加磁，故绕组 A 的感抗减小，绕组 B 的感抗增大，这时电源电压几乎全降落在绕组 B 上。随着绕组 K 的逐步下移，线圈 A 中的磁通 Φ_K 逐渐减小，使绕组 A 的感抗逐渐增加，绕组 B 的感抗则减小，因而绕组 A 的电压升高，B 的电压降低，其输出电压 U_2 就逐渐增加。当绕组 K 在铁芯的中部时，恰好输出电源电压的一半，K 在最下部时输出全部电源电压。

由于移圈调压器的主磁通 Φ_A、Φ_B 要经过一段非导磁材料，故磁阻很大，因此空载电流大，约占额定电流的 1/4～1/3。

第三节　试验电压的测量

交流试验电压的测量装置（系统）一般可采用电容（或电阻）分压器与低压电压表、高压电压互感器、高压静电电压表等组成的测量系统。交流试验电压测量装置（系统）的测量误差不应大于 3%。

试验电压的测量一般应在高压侧进行。对一些小电容被试品，如绝缘子、单独的开关设备、绝缘工具等的交流耐压试验也可在低压侧测量，并根据变比进行换算。测量电压的峰值，应除以 $\sqrt{2}$ 作为试验电压值。

对试验电压波形的正弦性有怀疑时，可测量试验电压的峰值与有效（方均根）值之比，此比值应在 $\sqrt{2}\pm0.07$ 的范围内，则可认为试验结果不受波形畸变的影响。因此，当波形较好时，可用有效值表计测量即可，而当波形畸变时，则宜采用测峰值的表计进行测量。

一、在试验变压器低压侧测量

对于一般瓷质绝缘、断路器、绝缘工具等，可测取试验变压器低压侧的电压，再通过变比换算至高压侧电压。这只适用于负荷容量比电源容量小得多，测量准确度要求不高的情况。不论用什么方法测量电压，都应在低压侧同时测量，这是为了监测和对比升压过程是否正确。

二、用电压互感器测量

将电压互感器的一次侧并接在被试品的两端头上，在其二次侧测量电压，根据测得的电压和电压互感器的变压比计算出高压侧的电压。为保证测量的准确度，电压互感器准确度一般不低于 1 级，电压表不低于 0.5 级。

三、用高压静电电压表测量

用高压静电电压表直接测量工频高压的有效值。目前国产的有 30、100kV 及 200kV 的静电电压表，对于 100kV 及以上的静电电压表，电极都暴露在外面，测量时，受外界电磁场的影响较大。一般使用时，在静电电压表接入测量回路之前，先将电压升到略小于试验电压的数值，观察静电电压表有无指示，如有指示，说明有电磁场干扰，应设法屏蔽或避开强电磁场区域。因此，这种型式的表计多用于室内的测量。

四、用电容分压器测量

用电容式分压器测量高压电压是最常用的方法。分压器结构简单，精度较高，有的分压器具有可选择峰值读数和有效值读数的选择键，适合于现场和试验室各种场合使用。电容分压器可使用成套设备，也可用一高压电容作为高压臂（电容量先用电桥标准），用另一低压电容或电容箱调节适当电容作为低压臂。

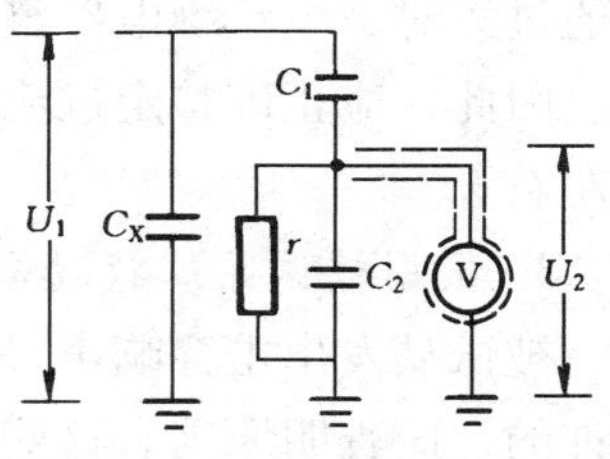

图 5-9　电容分压器接线图

测量线路如图 5-9 所示，由高压臂电容器 C_1 与低压臂电容器 C_2 串联组成的分压器，用电压表测量 C_2 上的电压 U_2，然后按分压比算出高压 U_1。接入电阻 r 是为了消除 C_2 上的残存电荷，使测量系统有良好的升降特性。一般取 $r \gg \frac{1}{\omega C_2}$，时间常数 $rC_2 = 1 \sim 2\text{s}$ 即可满足要求。此分压器的分压比 K_U 为

$$K_U = \frac{U_1}{U_2} = \frac{C_2 + C_1}{C_1}$$
$$U_1 = K_U U_2 = \frac{C_2 + C_1}{C_1} U_2 \tag{5-13}$$

当 $C_2 \gg C_1$ 时，$U_1 \approx \frac{C_2}{C_1} U_2$。

为了保护测量仪器，测量时应在低压臂电容 C_2 上或测量仪器上并联过电压保护装置（如适当电压的放电管或氧化锌压敏电阻等）。

第四节　试验分析及注意事项

一、试验分析

对于绝缘良好的被试品，在交流耐压中不应击穿，而其是否击穿，可根据下述现象来分析。

1. 根据试验回路接入表计的指示进行分析

一般情况下，电流表如突然上升，说明被试品击穿。但当被试品的容抗 X_C 与试验变压器的漏抗 X_L 之比等于 2 时，虽然被试品已击穿，但电流表的指示不变（因为回路电抗 $X = |X_C - X_L|$，所以当被试品短路 $X_C = 0$ 时，回路中仍有 X_L 存在，与被试品击穿前的电抗值是相等的，故电流表的指示不会发生变化）；当 X_C 与 X_L 的比值小于 2 时，被试品击穿后，使试验回路的电抗增大，电流表指示反而下降。通常 $X_C \gg X_L$，不会出现上述情况，只有在被试品电容量很大或试验变压器容量不够时，才有可能发生。此时，应以接在高压端测量被试品上的电压表指示来判断，被试品击穿时，电压表指示明显下降。低压侧电压表的指示也会有所下降。

2. 根据控制回路的状况进行分析

如果过流继电器整定适当，在被试品击穿时，过流继电器应动作，并使自动控制开关

跳闸。若动作整定值过小，可能在升压过程中，因电容电流的充电作用而使开关跳闸；整定值过大时，电流继电器整定电流过大，即使被试品放电或小电流击穿，继电器也不会动作。因此，应正确整定过流继电器的动作电流，一般应整定为被试品额定试验电流的 1.3 倍左右。

3. 根据被试品的状况进行分析

被试品发出击穿响声（或断续放电声）、冒烟、出气、焦臭、闪弧、燃烧等，都是不容许的，应查明原因。这些现象如果确定是绝缘部分出现的，则认为是被试品存在缺陷或击穿。

二、注意事项

（1）被试品为有机绝缘材料时，试验后应立即触摸，如出现普遍或局部发热，则认为绝缘不良，应及时处理，然后再作试验。

（2）对夹层绝缘或有机绝缘材料的设备，如果耐压试验后的绝缘电阻比耐压前下降 30%，则检查该试品是否合格。

（3）在试验过程中，若由于空气湿度、温度、表面脏污等影响，引起被试品表面滑闪放电或空气放电，不应认为被试品的内绝缘不合格，需经清洁、干燥处理之后，再进行试验。

（4）升压必须从零开始，不可冲击合闸。升压速度在 40% 试验电压以内可不受限制，其后应均匀升压，速度约为每秒 3% 的试验电压。

（5）耐压试验前后均应测量被试品的绝缘电阻。

第六章

绝缘油试验

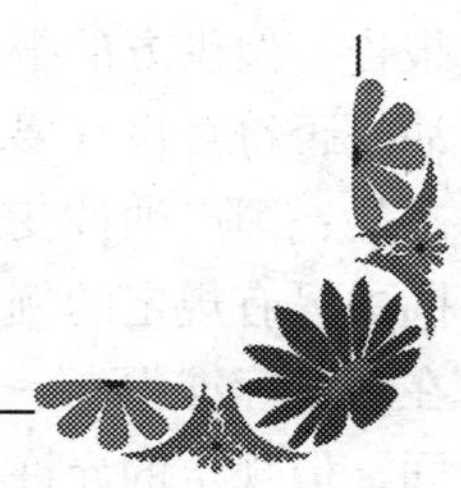

在如变压器、油断路器、电力电缆、电容器、互感器等高压电气设备中，长期以来一直广泛地大量使用着矿物绝缘油。绝缘油起着加强绝缘、冷却和灭弧的作用。用油浸渍的纤维性固体绝缘，能有效地防止潮气的直接进入并填充了固体绝缘中的空隙，显著地加强了纤维性材料的绝缘。在油纸绝缘体系中，绝缘油不仅是重要的组成部分，也是了解油纸绝缘体系内部运行工况的信息载体。

目前使用最普遍的矿物绝缘油是由石油的分馏产物经多种工艺精制而成的，成品油仍是多种烃类化合物的混合体。按族组成可划分为饱和烃、环烷烃和芳香烃三种类型。不同来源的油其比例各不相同，同一来源的油工艺变更时其组成也会有差异。现代的分析方法按照碳原子在上述三种类型分子结构上所占的百分数来表示，分别称为饱和碳、环烷碳和芳香碳，这种表示方法更为准确。

随着电力工业向大容量、高电压方向的发展，我国已把变压器油分为 GB2536—81（90）《变压器油》（按凝点分为 10#、25#和 45#）和 SH0040—91《超高压变压器油》（按凝点分为 25#和 45#）两种。超高压油与原变压器油的主要区别是从组成上作了调整，含有较高的芳碳值，以满足超高压特性的需要。为此，其检测项目增加了析气性、芳碳值、苯胺点或比色散。由于其芳碳值高，该油的闪点略低，吸湿性较大和溶解油泥的能力较强，使用中应注意扬长避短。

第一节　绝缘油的验收及其标准

在绝缘油的检验方面，有三种区别，即新油、投运前的油（含注入设备前后的油）和运行中的油。所谓新绝缘油，按 IEC 标准的解释是指未使用过的也未与电气设备的构件材料相接触过的成品油。按此定义已注入设备的油都划入运行油。在运行油中又分为投入运行前的油和运行中的油。投运前的油按照 DL/T596—1996《电力设备预防性试验规程》，是指交接后长时间未投运而准备投运之前及库存的新设备投运之前的油。因此，掌握设备的投运时间是很重要的，通常将油的检验工作安排在计划投运之前的一月左右，以便给检验后可能出现的油处理工作留有必要的时间。运行中的油又分为投运初期油和运行中油。在 DL/T596 中，除对投运初期油的色谱分析检测次数有硬性规定外，其他检测项目和时间均由主管部门视需要而定。

一、新油验收

新油验收是对产品从流通领域进入电力系统的一次关键性检验，供方应提供油的试验报告，但供方的报告不能代替新油验收。其意义是检验来油是否符合合同要求，即该品牌油是否符合设计要求，会涉及到责任和赔偿，因此应委托有资质的第三方进行检验。其标准是：国产油按变压器油新油的国家标准，超高压油按新油的行业标准进行验收（在合同中另有规定的例外）；进口油按合同中（技术部分）规定的国际标准或国家标准进行。在新油标准中，一些重要项目在运行油的标准中是没有的。而有些项目虽然与运行油相同，但规定的允许值和采用的试验方法并不尽相同。

与新油标准相关的是再生油，各单位自行处理或委托处理的再生油原则上应按新油标准进行验收，IEC422（1989 年版）对吸附方法处理油的规定是“把油的多项性能指标恢复到接近其初始值的水平”，对酸白土法再生油的提法是“以便生产出符合 IEC296 规范的油质特性”。国家标准 GB14542—93《运行中变压器油维护管理导则》也要求再生油达到或接近新油水平。事实上，再生油在电力系统内已有几十年的使用经验，只要采用正规处理方法并经正规检测部门检验合格的再生油是完全可以放心使用的，以便在确保安全供电的前提下，合理地利用石油资源和降低发供电成本。

二、投运前的油质验收

投运前的油质验收是针对特定的充油电气设备是否具备投运条件而进行的一次全面性的油质检验，其目的是从多方面检查油质是否在加工处理过程中受到污染，油的各项指标是否符合该设备的投运前的油质要求，以确保充油电气设备的安全投运。投运前油质的检验项目、验收标准及检验方法，在 GB7595—87《运行中变压器油质量标准》和 GB14542—93《运行中变压器油维护管理导则》以及 DL/T596—96《电力设备预防性试验规程》中都有具体规定。对于它们之间的差别，通常都按照专用标准优于通用标准，近期制（修）订标准优于早期制订的标准等原则加以选用。

通常，大型发电、变电工程的油质验收均应由有资质的第三方进行。与投运前的油质相关的是注入设备前、后的油质检验，其性质属工序检验，检测项目只限于油的微水、耐压、介损和含气量。注油前后的这 4 项指标必须满足充油电气设备所属电压等级的要求，其标准在 GB50150—91《电气装置安装工程电气设备交接试验标准》和 GB14542—93《运行中变压器油维护管理导则》中均有规定。由于这是工程单位的工序检验，原则上均由施工单位自检。

三、运行油的检验

对运行中的油质检验，又分为投运初期的油质检验和运行中的定期检验。

（一）投运初期的油质检验

投运初期的油质检验是随着投运设备运行天数的递增，逐步延长检测时间，在规定的各个时间内若无异常，再转为油的定期检测的一种过渡阶段。目前，对投运初期的油检验项目在规程或标准中作出规定的主要是油中气体的气相色谱分析，这项规定十分必要。它对及时发现投运初期时的设备异常、防止故障发生及蔓延均有重要意义。对于在投运初期的其他检验项目的规定，则视设备的具体情况由主管部门届时确定。

（二）运行油的定期检验

在设备正常运行后，由于绝缘油受到氧气、湿度、高温、紫外线以及电场等因素的作用，其物理、化学性质和电气性能会逐渐变坏。因此还必须定期对油进行分析检验。通过检验可以从油的性能变化，特别是从油中微量物质的产生或增长来了解充油电气设备的绝缘状况，发现设备内部某种类型的缺陷。如目前广泛采用的油中溶解气体组分含量的色谱分析，就是检查运行中变压器内部潜伏性故障的有效方法。对于转入常规检测的运行油，主要是如何结合设备工况和设备类型，处理好检验周期和检测项目的增减等问题。运行油的试验项目、监控指标和试验方法以及检测周期详见 GB7595—87《运行中变压器油质量标准》、GB14542—93《运行中变压器油维护管理导则》和 DL/T596—96《电力设备预防性试验规程》等标准，这里着重介绍绝缘油的电气性能试验和油中溶解气体的气相色谱分析。

第二节　绝缘油电气性能试验

一、电气性能试验的意义

在绝缘油试验项目中，经常进行的电气性能试验主要有两项，即电气强度试验和介质损耗因数试验。此外还有油的析气性能试验，但它只在超高压油的新油验收时才进行检测。影响绝缘油电气强度的主要因素是油中的水分和杂质。尤其是后者，当它与高含量的溶解水结合时，对耐压水平的降低十分显著（见图 1-17）。因此，对于电气强度不合格的绝缘油不准注入电气设备，但经过某种过滤处理除去其中所含的水分和杂质后，油的耐压水平就会提高而变成合格的油。

油的介质损耗因数即 tgδ 值是反映油质受到污染或老化的重要电气指标，它对油中可溶性的极性物质、老化产物或中性胶质以及油中微量的金属化合物极为灵敏，甚至用一般化学方法不能检出的轻微污染也可以用它来监督其变化。因为电介质在交变电场作用下，因电导、松弛极化和电离都要产生能量损耗，当绝缘油中含有的杂质较多时，这些杂质的离子都是油的电导和松弛极化的主要载流子，必然会使该油的 tgδ 值增大。绝缘油老化后，生成的极性基和极性物质，同样也使油的电导和松弛极化加剧。因此，测定绝缘油的 tgδ 值，不论是用于检测新油的轻微污染还是用于检测运行油老化和污染都是十分有意义的。

二、电气强度试验

（一）试验方法概述

电气强度的试验方法较多，过去国内多采用平板电极的方法，国际上较通行球电极的方法。为便于讨论，本章仍以平板电极为例。

电气强度试验是基于测量在油杯中绝缘油的瞬时击穿电压值。试验的接线与交流耐压试验相同，如图 6-1（a）所示，即在绝缘油中放上一定形状的标准试验电极，在电极间加上 50Hz 电压，并以一定的速率逐渐升压，直至电极间的油隙击穿为止。该电压即为绝缘油的击穿电压（kV）或换算为击穿强度（kV/cm）。

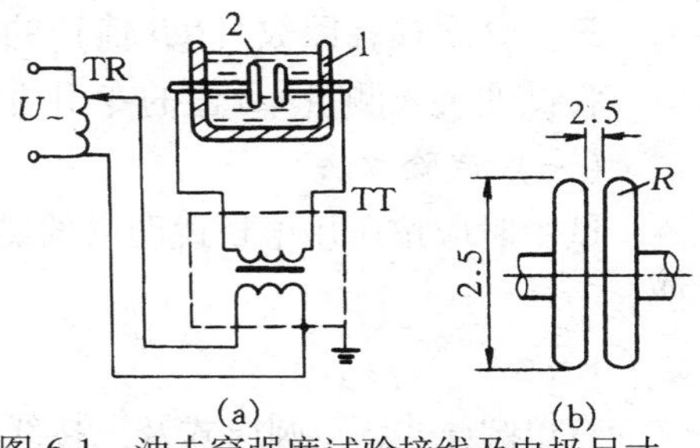

图 6-1　油击穿强度试验接线及电极尺寸
（a）油击穿强度试验接线；（b）油击穿强度试验电极尺寸
1—油杯；2—电极

试验电极用黄铜、青铜或不锈钢制成，平板电极的直径为25mm、厚度为4mm、倒角的半径R为2mm，如6-1（b）所示。此外还有球形电极和球盖形电极，由于平板电极对水分含量的反应不如球电极敏感，所以国际上通行球电极。详见IEC156和GB/T507等有关试验方法。安置平板电极的油杯容量按规定为200mL（球电极的油杯容量为300～500mL），油杯的杯体是用电工陶瓷、玻璃和有机合成材料（如环氧树脂、甲基丙烯酸甲酯等）制成，其几何尺寸应能保证从电极到杯壁和杯底的距离以及电极到油面的距离均应符合有关规定。此外，对平板电极来说两电极必须平行，电极面应垂直。

（二）试验步骤及注意事项

1. 清洗油杯

长期未用的或受污染的电极和油杯必须先用汽油、苯或四氯化碳洗净后烘干，洗涤时宜使用洁净的丝绢而不得用布和棉纱。经常使用的电极和油杯，只要在不使用时以清洁干燥的油充满，并放于干燥防尘的干燥器中，使用前再用试油冲洗两次以上即可。电极表面有烧伤痕迹的不能再用。使用前应检查电极间的距离，使其恰为2.5mm的间距（块规应精确到0.1mm）。油杯上要加玻璃盖或玻璃罩，试验应在15～25℃、湿度不高于75%的条件下进行。

2. 油样处理

试油送到试验室后，应在不损坏原有密封的状态下放置一定时间，使油样接近环境温度。在倒油前应将油样容器缓慢地颠倒数次使油混匀并尽可能不使油产生气泡，然后用试油将油杯和电极冲洗2～3次。再将试油沿杯壁徐徐注入油杯，盖上玻璃盖或玻璃罩，静置10min。

3. 加压试验

试验接线如图6-1（a）所示，调节调压器TA使电压从零升起，升压速度约3kV/s（另一些方法规定为2kV/s），直至油隙击穿，并记录击穿电压值。这样重复5次（另一些方法规定重复6次）取平均值为测定值。

4. 击穿时的电流限制

为了减少油击穿后产生碳粒，应将击穿时的电流限制在5mA左右。在每次击穿后应对电极间的油进行充分搅拌，并静置5min后再重复试验。

三、介质损耗因数（tgδ值）的测量

将试油装入测量tgδ值的专用油杯中，并接在高压电桥上，在工频电压下进行测量。

（一）试验方法

试验时应按所用电桥说明书的要求进行接线，目前我国使用较多的有关仪器有以下几种。

1. 油杯

有单圆筒式，双圆筒式及三接线柱电极式。采用最多的是单圆筒式，也称为圆柱形电极，如图6-2所示，它包括外电极（高压电极）、内电极（测量电极）和屏蔽电极三部分。

2. 交流平衡电桥

常用的国产电桥为QS37型或其他测量tgδ值能小于0.01%的灵敏度较高的电桥。

（二）试验步骤

1. 清洗油杯

试验前先用有机溶剂将测量油杯仔细清洗并烘干，以防附着于电极上的任何污物、杂质及湿分潮气等对试验结果的影响，即保证空杯的 tgδ 值应小于 0.01%，才能满足对测试绝缘油的准确度要求。然后用被试油冲洗测量油杯 2～3 次，再注入被试油，至少静置 10min，待油中气泡逸出后再进行测量。

2. 适当的电压和温度

试验电压由测量油杯与电极间隙的大小而定，一般应保证间隙内的电场强度为 1kV/mm。在注油试验之前，必须先对空杯进行 1.5 倍工作电压的耐压试验。由于清洁的绝缘油其 tgδ 值很小（特别是电缆油和电容器油），所以要用精密度较高的西林电桥测量，以确保至少能测出 0.01% 的 tgδ 值。绝缘油的 tgδ 值是随温度的升高而按指数规律剧增的。因此，除了在常温下测量油的 tgδ 值外，还必须将被试油样升温，变压器油升温至 90℃，电缆油升温到 100℃。规定要测量高温下的 tgδ 值是因为在低温下，好油与坏油的测量值有时差别不大，所以判断油质的好坏应以高温下测得的 tgδ 值为准；同时也由于好油的 tgδ 值随着温度升高增长得较慢，而坏油的 tgδ 值却随着温度升高增长得较快。两者在高温下的这种差别，更易于区分油质的好坏。按标准规定，对变压器油（再生油）90℃时的 tgδ 值和新电缆油在 100℃时的 tgδ 值应不大于 0.5%，运行中的变压器油应分别不大于 2%（500kV），4%（330kV 及以下）。试验的具体方法和要求可参照第四章用交流电桥测量 tgδ 值的方法进行。

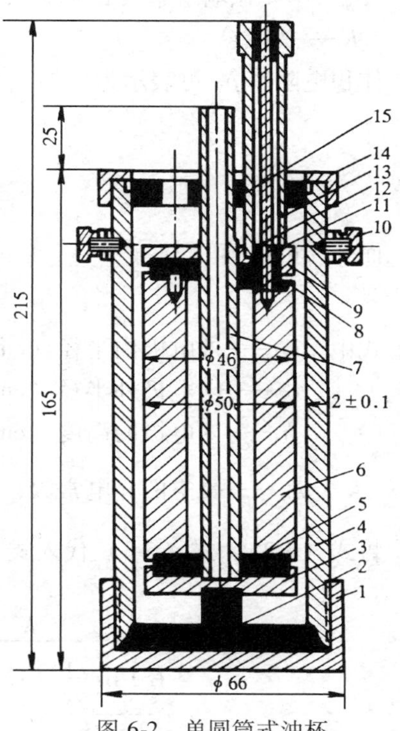

图 6-2 单圆筒式油杯

1—外电极底；2—下绝缘支撑垫；3—下屏蔽电极；4—外电极（高压电极）；5—下绝缘垫块；6—内电极；7—中心杆；8—上绝缘垫块；9—上屏蔽电极；10—接线螺帽；11—引线绝缘；12—引线柱；13—引线柱屏蔽；14—外电极上盖；15—上绝缘支撑块

四、用绝缘油的电阻率代替 tgδ

由于绝缘油的介质损耗通常主要是由电导损耗所决定，所以绝缘油的电导（相应的绝缘电阻）也直接反映了它的 tgδ 值。因此，有时可以用测量绝缘油的电阻率来代替 tgδ 值的测量。现简述如下。

在液体电介质中，由于电导引起的损耗角的正切值为

$$\mathrm{tg}\delta = \frac{K\gamma}{\varepsilon_r f} = \frac{K}{\varepsilon_r f \rho_V} \tag{6-1}$$

式中 γ——液体电介质的电导率；

ε_r——被试油的相对介电常数；

f——电源频率（Hz）；

ρ_V——体积电阻率（Ω·cm）；

K——常数。

体积电阻率 ρ_V 可表示为

$$\rho_V = R_V \cdot \frac{2\pi h}{\ln \frac{r_1}{r_2}} \tag{6-2}$$

而介质的电容

$$C = \frac{2\pi \varepsilon_r \varepsilon_0 h}{\ln \frac{r_1}{r_2}} \tag{6-3}$$

以上式中 r_1——外电极内半径（cm）；

r_2——内电极外半径（cm）；

h——内电极的高度（cm）；

ε_0——真空的介电常数，其值为 $\frac{1}{4\pi \cdot 9 \cdot 10^{11}}$（F/cm）。

将式（6-2），式（6-3）代入式（6-1），得

$$\text{tg}\delta = \frac{K}{\frac{C \cdot \ln \frac{\gamma_1}{\gamma_2}}{2\pi \varepsilon_0 h} \cdot f \cdot \frac{R_V \cdot 2\pi h}{\ln \frac{r_1}{r_2}}} = \frac{\varepsilon_0 K}{f R_V C} = \frac{\frac{1}{4\pi \cdot 9 \cdot 10^{11}} \cdot K}{\frac{\omega}{2\pi} R_V C}$$

$$= \frac{K}{\omega R_V C \times 1.8 \times 10^{12}}$$

这与 tgδ 值的并联等值电路公式一样，只需使 $K/(1.8 \times 10^{12}) = 1$ 即可。当 $K = 1.8 \times 10^{12}$ 时，式（6-1）也可改写成

$$\text{tg}\delta = \frac{1.8 \times 10^{12}}{\varepsilon_r f \rho_V} \tag{6-4}$$

由此可见，tgδ 值与体积电阻率 ρ_V 成反比。变压器油的 $\varepsilon_r = 2.1 \sim 2.3$，分散性不大，在工程上可视为常数。当取 $\varepsilon_r = 2.2$、$f = 50$Hz 时，则得到

$$\text{tg}\delta = \frac{1.8 \times 10^{12}}{2.2 \times 50 \rho_V} = \frac{1.64 \times 10^{10}}{\rho_V} \tag{6-5}$$

所以，只要测出被试绝缘油的体积电阻率，即可算出该油的 tgδ 值。tgδ 计算值与实测值对比情况的实例如表 6-1 所示。

表 6-1　　tgδ 计算值与实测值的对比

油　样	旧　油			旧　油				新　油				
温度（℃）	30	50	70	30	50	70	90	20	50	70	90	100
计算出的 tgδ（%）	0.11	0.27	0.66	0.37	0.88	2.10	4.4	0.004	0.013	0.028	0.09	0.24
实测的 tgδ（%）	0.10	0.25	0.60	0.40	0.80	1.9	4.89	0	0	0	0.1	0.2

注　表中例举了两种老化程度不同的旧油。

由表6-1可见，tgδ的计算值与实测值很接近，因此IEC422认为在正常情况下，两个试验项目不必同时都进行测定。

测定油的电阻率的设备和操作都较为简单，且电阻率仪所需的油样量更少，并能同时测定多个油样，故以电阻率代替tgδ值的测定更适于现场和少油设备的常规试验。

测定油的电阻率时应采用专用的电阻率测定仪，也可使用与测量tgδ时同样的试验电极，并用较精密的绝缘电阻测试仪（如ZC36型$10^{17}\Omega$超高电阻测试仪），但不能用普通的摇表。使用绝缘电阻测试仪时，当试验电极一定时，其几何尺寸S、d也一定（见第一章第二节），则电阻率与绝缘电阻的关系由式（1-5）可得

$$\rho_V = R_V \frac{S}{d} \tag{6-6}$$

第三节　油中溶解气体的气相色谱分析

绝缘油中溶解气体的气相色谱分析，是70年代以来我国电力行业推广的一项重要的试验方法，用这种方法分析油中溶解气体组分及其含量，可判断变压器和其他充油电气设备内部的潜伏性故障。目前，这种方法已得到普遍推广并在有关的国家标准和行业标准中作为重要的手段加以规定，是变压器油常规试验中使用最频繁最有效的一个试验方法。

一、变压器内部故障产生的气体

在新绝缘油的溶解气体中，通常除了含有约70%的N_2和30%的O_2以及0.3%左右的CO_2气体外，并不含有C_1、C_2之类的低分子烃[❶]。但是在经过油处理后，由于一些油处理设备的加热系统存在的死角，有时可能出现微量的乙烯甚至极微量的乙炔。

对于正常运行的变压器油，由于油和绝缘材料的缓慢分解和氧化，会产生少量CO_2、CO和微量的低分子烃，但其数量与故障产生的气体量相比要少得多。也就是说，对于正常运行的变压器，油中有关组分的本底值较低，为识别故障下特征气体的明显增长提供了有利条件。

当变压器内部出现故障时，主要原因是绝缘油和固体绝缘材料中的热性故障（电流效应）和电性故障（电压效应），油中的CO_2、CO、H_2和低分子烃类的气体就会显著地增加。不过，在故障初期时，这些气体的增长还不足以引起气体继电器动作。这时，通过分析油中溶解的这些气体，经过正确判断就能及早确定变压器的内部故障。

油中溶解气体的检测种类，在国外可多达12种（包含了C_3和部分C_4的组分，即丙烷、丙烯和异丁烷），在我国则只规定了9种气体，即CO_2、CO、H_2、CH_4、C_2H_6、C_2H_4、C_2H_2、O_2和N_2，除了O_2和N_2是推荐检测的气体外，其余7种都是故障情况下可能增长的气体，所以是必测组分。

二、油中溶解气体的特定意义

在故障情况下不是所有的上述7种气体都同时增长，而是取决于故障的性质和类型，有的气体并不增加，或不明显地增加，而与故障性质密切相关的气体则显著地增加。油中

---

❶ CH_4、C_2H_6、C_2H_4和C_2H_2四种气体，通常合称C_1、C_2。

各种熔解气体的特定意义见表6-2。

表 6-2　　油中各种溶解气体的特定意义

被分析的气体		分析目的
推荐检测的气体	O_2	了解脱气程度和密封（或漏气）情况，严重过热时 O_2 也会因极度消耗而明显地减少
	N_2	在进行 N_2 测定时，可了解 N_2 饱和程度，与 O_2 的比值可更准确地分析 O_2 的消耗情况。在正常情况下，N_2、O_2 和 CO_2 之和还可估算出油的总含气量
必测的气体	H_2	与甲烷之比可判别并了解过热温度，或了解是否有局部放电情况和受潮情况
	CH_4	了解过热故障的热点温度情况
	C_2H_6	
	C_2H_4	
	C_2H_2	了解有无放电现象或存在极高的热点温度
	CO	了解固体绝缘的老化情况或内部平均温度是否过高
	CO_2	与CO结合，有时可了解固体绝缘有无热分解

当油中某些必测气体的含量达到一定浓度时，根据相关气体的比值情况，就可判断变压器内部是否存在故障和故障的性质及类型。在油中溶解气体的色谱分析中，常把与故障性质密切相关的那些气体组分称为特征气体。如乙炔、乙烯、甲烷和一氧化碳等气体。

三、油中溶解气体色谱分析方法简介

（一）脱气方法

在对油中溶解气体进行分析之前，需先把溶于油中的气体脱出。常用的脱气方法有两类共5种。一类是基于真空脱气的原理把油中的气体脱出。这一类的脱气方法有水银法、薄膜法、饱和食盐水法和水银托里拆利真空法4种。除了水银托里拆利法是经过多次脱气后，再把脱出的气体汇总在一起而达到完全脱气的效果外，其余3种真空法均为不完全脱气。由于水银托里拆利真空法存在着仪器切换环节多、对仪器的严密性要求高、操作繁杂等因素，因而不适于现场使用。在不完全脱气的真空方法中，普遍存在着脱出气体的回溶问题和必须实测每种气体脱气率的工作，并要在分析后的计算中，按各组分的脱气率进行校正。由于测定脱气率受油的粘度、温度和大气压力的影响较大，一般难于测准，致使脱气环节一度成为影响分析结果的主要因素。随着新脱气方法的建立和普及，这三种真空脱气法已很少使用。

新的脱气方法是利用油中气体在油气两相之间重建平衡的原理所建立起来的溶解平衡法（机械振荡法）。这种脱气方法是在封闭的注射器玻璃针管中分别加入一定体积的试油和高纯氮气，在恒定的温度下，经过一定时间的振荡，油中溶解的气体与高纯氮气之间重新建立了平衡，通过检测平衡后气体中各组分的浓度来求出溶解气体各组分的原有浓度。这个脱气方法虽然也是不完全脱气，但气体在平衡后浓度稳定。掌握该脱气方法后，能把脱气方法造成的误差降低到5%左右，提高了测试结果的准确性，增加了室间试验结果的可比性，目前已得到普遍采用。这种脱气方法的不足之处是在平衡后的气体中所得到的关键性气体的浓度（烯和炔）大约为油中原有浓度的1/2左右，因此对色谱仪的最小检测浓度提出了较高的要求。

（二）色谱柱

色谱柱是色谱分析中把混合气体彼此分离并使同种气体汇集浓缩的关键性部件。色谱柱有空心色谱柱和填充色谱柱两类。目前，油中溶解气体分析用的色谱柱都是填充色谱柱。它实际上就是在一根按规范要求的细长不锈钢管中填充了一定粒度的某种吸附剂（固定相）的管柱。油中脱出的混合气体注入进样口后，在不断流动的载气带动下，从管子的一端进入色谱柱并沿着管道通过其中的吸附剂（固定相）而逐渐向前移动。在随载气流动的过程中，由于吸附剂对混合气体中每种气体的吸附作用大小不同，吸附作用小的气体组分就移动得快些，吸附作用大的气体组分其移动速度就缓慢，这样就使混合气体中几种不同气体的流动速率逐渐产生了差异。经过无数次地如此反复作用（吸附和脱附的分配过程），不同的气体最终被完全地分离开。从另一个角度看，相同的气体则汇集在一起被浓缩了，并按相对固定的顺序先后流出色谱柱，因此，色谱柱也被称为层析柱。每种气体在色谱柱内产生的吸附作用的大小，与填充的吸附剂的种类、粒度有关，也与色谱柱的温度和载气的流速有关。用于油中气体色谱分析的吸附剂称为固定相，常用的固定相有活性碳、硅胶、分子筛以及一些色谱专用的高分子多孔微球等。根据分析对象选用适当的吸附剂和柱长度，即可收到高效快速分离的效果。

（三）鉴定器

色谱仪中的鉴定器是把从色谱柱依次流出的气体所产生的非电量信号定量地转变成电信号的重要计量元件。色谱仪的灵敏度和最小检测浓度主要取决于所用的鉴定器。非电量信号经鉴定器转变成电信号后，由记录仪记录下来，形成平时所见的色谱图。

目前的油中溶解气体色谱分析仪至少是双柱双鉴定器的多气路系统。其中一个鉴定器是“热导检测器”，用于测定组分中的 H_2、O_2；另一个鉴定器是“氢火焰离子化检测器”，用于测定 CH_4、C_2H_6、C_2H_4、C_2H_2 和转化成 CH_4 形式的 CO_2、CO 的含量。

热导检测器（TCD）是利用各种气体导热系数不同的原理制成。它是在一个金属池腔中悬挂一根温度系数和电阻值都很大的电阻丝（一般为钨丝或铼钨丝），作为平衡电桥的一个臂。事先通以一定的电流使其发热，并达到稳定的热平衡状态。当流过金属池腔的气体种类和浓度发生变化时，由于其导热系数不同而破坏了原来的热平衡，引起电阻丝的温度变化，因而也改变了电阻丝的阻值并反应到电桥的输出端，这样就转变成一个相应的电信号。热导池鉴定器的结构简单、稳定性好，但其灵敏度低于氢火焰离子化检测器。

氢火焰离子化检测器（FID）有一个离子室，室内有一个氢气燃烧嘴和一个收集电极。当被测的烃类气体进入离子室后，就被其中燃烧的氢焰高温离解成离子，并在电场的作用下，使离子奔向收集电极而形成电流，这一电流的大小反映了被测气体的浓度，经放大后送入记录仪。这种鉴定器的灵敏度很高，反应分析结果快，但它只能直接分析在氢焰中可以电离的有机气体。因此 CO 和 CO_2 必须先转化成 CH_4 后才能进行检测。

（四）气相色谱仪的一般流程

在气相色谱仪中，除了色谱柱和鉴定器两个关键部件外，还有一些其他器件。这些器件是为保持色谱柱和鉴定器的优良特性所必需的。色谱仪的整机是由气路系统、电气系统以及调节测量系统和温控系统组成。GB/T17623—1998《绝缘油中溶解气体组分含量气体色谱测定法》中推荐的色谱流程见表 6-3，它包括的各种辅件的气路系统如图 6-3 所示。

表 6-3　色谱流程

序号	流程图	说明
1	$H_2(N_2 \cdot Ar)$ 进样Ⅰ 柱Ⅰ FID $N_2(Ar)$ TCD 进样Ⅱ 柱Ⅱ TCD Ni H_2 空气	1. 分两次进样 进样Ⅰ（FID）测烃类气体 进样Ⅱ（FID）测 CO、CO_2 （TCD）测 H_2、O_2（N_2） 2. 此流程适合于一般仪器
2	柱Ⅱ FID $Ar(N_2)$ 进样 柱Ⅰ V TCD Ni $Ar(N_2)$ 柱Ⅲ 阻尼 TCD H_2 空气	1. 一次进样，自动切换阀切换操作切换阀在实线位置时： （TCD）测 H_2、O_2（N_2） （FID）测 CH_4、CO 切换阀在虚线位置时： （FID）测 CO_2、$C_2 \sim C_3$ 2. 此流程适合于自动分析仪器

注　Ni—镍触媒转化器，V—自动切换阀。

图 6-3 中，热导检测器的气路系统是以氮气为载气。载气从气源（一般为高压钢瓶）

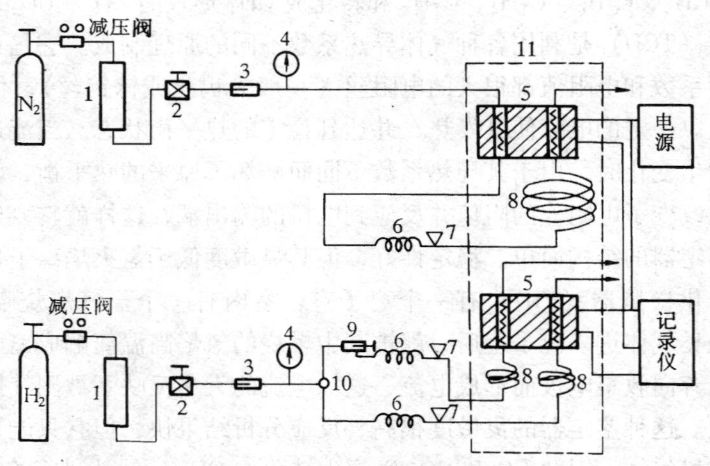

图 6-3　SP-5A 型气相色谱仪流程图

1—净化管；2—稳压阀；3—缓冲室；4—压力表；5—热导池；6—缓冲管；7—进样口；8—色谱柱；9—针形阀；10—三通；11—保温箱

出来后，先经减压阀减压，使压力降至0.2～0.4MPa。接着通过干燥管和净化管，以除去其中所含的水分和固、液态杂质。此后，再经过稳压阀和流量计使压力和流量保持稳定，并可监视和调节流量。把被测气体从柱前的进样口注入，这时被测气体就在载气的带动下进入了色谱柱。以后的过程已经在色谱柱和鉴定器的内容中讨论过，不再重复。

氢火焰离子化检测器的气路系统分为三路：串有色谱柱的一路是以氢气为载气的分析气路；另一路是专供氢火焰鉴定器作燃气使用的燃氢气路；还有一路是氢焰鉴定器所需的助燃空气。在氢火焰的三个气路中，都有与氮载气系统类似的辅件。

对 CO 和 CO_2 的分离是在热导鉴定器所在的氮气系统的柱Ⅰ上进行的，但是把它们转为电量信号却是在氢火焰鉴定器上进行的。为此，从柱Ⅰ出来的 CO 和 CO_2 需在燃氢气路的 H_2 气带动和作用下，通过转化炉转化为可电离的 CH_4，然后进入以氢气为载气的分析气路并很快地进入离子室。在氢焰的高温下离子化后并在收集电极上形成电流，经放大送到记录仪。

（五）色谱仪的最小检测浓度

用于变压器油中溶解气体分析的气相色谱仪的型号较多，曾在电力生产中起了积极的作用。随着电力生产发展的需要，有关标准已要求用于油中溶解气体分析的色谱仪必须具备更高的灵敏度。这一要求是由溶解气体的注意值的含量水平所决定的，注意值参见表6-4。为满足今后电力生产对油中气体色谱分析的要求，色谱仪的最小检测浓度已成为选择色谱仪的一项重要指标，油中气体分析所用的色谱仪应达到的最小检测浓度，如表6-4所示。

表 6-4　　色谱仪应达到的最小检测浓度

气体组分	最小检测浓度（μL/L）	气体组分	最小检测浓度（μL/L）
C_2H_2	≤0.1	CO	≤20
H_2	≤5	CO_2	≤30

色谱仪的最小检测浓度的意义，是确保对测试含量很低的气体组分的测试值及其结论的可信度。例如，使用一台最小检测浓度为1μL/L的色谱仪，当报出的结果为1.1μL/L时，并在结论中指出已超过标准规定的注意值，与使用一台最小检测浓度小于0.1μL/L的色谱仪所报出的同样数据和结论相比，肯定是后者的数据和结论更令人信服。

此外，最小检测浓度不仅反映了鉴定器的高精度，也反映了色谱仪整机所具有的低噪声水平，是整机性能水平的一种标志。

（六）色谱图

被分析的各种气体组分，从由色谱柱分离出来的非电量信号经鉴定器转变为电信号后，由记录仪依次记录下来，成为一个有序的脉冲峰图，即“色谱图”，如图6-4所示（该图是一台变压器油中溶解气体的色谱图）。色谱图上的一个脉冲峰代表了一个气体组分，而峰高或峰面积则反映了该气体的浓度，所以通过色谱图既可对被测的气体定性也可对其定量。

当色谱柱和测试条件确定后，每种气体流出色谱柱的时间是固定的，因而其顺序也是

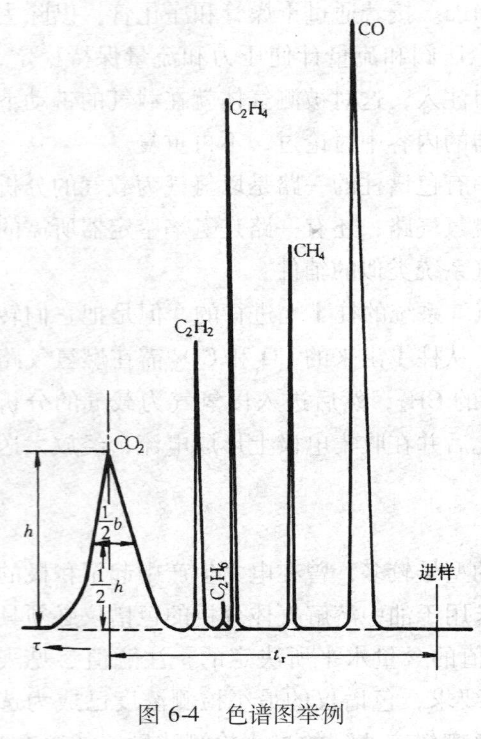

图 6-4　色谱图举例

确定的。每种气体的流出时间从进样开始算起到每个峰的最高点为止的这一时间，在色谱分析上叫作“保留时间”，这是每种气体特有的。所以通过测定已知气体在同条件下的“保留时间”就可以对其进行定性。此后在不改变色谱柱的情况下，对油中气体的每种气体只要从顺序上就可以识别它们。

同样，在相同条件下测出混合标准气体的色谱峰，由于混合标气中各种气体的浓度是已知的，通过已知气体在单位峰高或单位峰面积所代表的气体含量，就能求出被测气体的实际浓度。

对色谱峰的要求是尖而窄的对称峰最好，但含量高时只要求对称性。对色谱图的要求是，基线直，峰底与峰底之间不重合，即所说的分离度好。

一般对尖而窄的对称峰采用峰高计算，对宽峰用面积来计算。

当色谱图出现不对称的拖尾峰或“馒头峰”时，应重新调整色谱仪。

第四节　故　障　判　断

一、有代表性的特征气体

每次色谱分析后提供的测定值至少有 7 种气体组分，在进行故障的分析判断时，首先注意的是哪些能反映故障性质的特征气体的含量和变化，具有代表性的特征气体如下：

乙炔，是变压器❶内部存在电性故障的特征气体。烃类气体通常以甲烷、乙烷、乙烯和乙炔的总和表示，称为总烃，其代表符号为 ΣC_1+C_2，总烃是热性故障的特征气体。其中，乙烯往往作为高温过热的特征气体；甲烷在其含量大于 H_2 时，可作为低温过热的特征气体。

一氧化碳是固体绝缘老化的特征气体，但不能简单地作为故障时的特征气体使用。因为其含量较低时可能是正常老化时产生的，而当其含量较高时，既可以由于大面积过热产生，也可以由于过热故障产生，有时也可能是以上三者的叠加，实际中应加以区分。

由于在变压器内部发生各类故障时都会产生氢气，因此它是在使用比值法判断故障时的有用气体。近年来已经确定，在非故障情况下，有时氢气单项含量也可能较高，应具体

❶　油中溶解气体的色谱分析方法对分析和判断所有充油设备的内部故障都是适用的，但在讨论中均以变压器为例。

分析。

二、油中溶解气体的注意值

当发现特征气体明显增加，就应与标准规定的注意值进行比较。虽然各种气体的注意值不是划分设备有无故障的唯一标准，但它是设备已进入超常规的监督管理阶段，直到获得确切结论时为止的一项划阶段的强制性指令。事实表明，超过注意值的绝大多数设备内部都存在着不同程度的故障。因此，必须重视油中气体超过注意值的问题。各种充油电气设备油中气体含量的注意值见表6-5。

表 6-5 各种充油电气设备油中气体含量的注意值

设备	气体组分	含量 μL（气）/L（油）	
		220kV 及以上	110kV 及以下
变压器和电抗器	总烃	150	150
	乙炔	1	5
	氢	150	150
	一氧化碳	当 CO > 300 时，相对产气 > 10%	
	二氧化碳	可与 CO 结合计算 CO_2/CO 的比值作参考	
电流互感器	总烃	100	100
	乙炔	1	2
	氢	150	150
电压互感器	总烃	100	100
	乙烃	2	3
	氢	150	150
套管	甲烷	100	100
	乙炔	1	2
	氢	500	500

注 该表所列数据不适用于从气体继电器采集的气体。

为了对设备故障进行确认并了解故障的类型和发展趋势，还应进行产气率的计算。油中气体组分的产气率有两种表示方法，即绝对产气率和相对产气率。关于两种产气率的计算方法和标准，详见GB7252—87《变压器油中溶解气体分析和判断导则》。

当油中溶解气体中的总烃、乙炔和氢气三项中有一项测定值和产气率超过注意值时，为了解故障的性质、类型，应对几种气体的组合特征进行判断或按相关气体的比值进行判断。显然，通过特征气体判断设备内部故障，往往需在故障的征兆暴露到一定程度，即气体的特征组合充分形成时，才易作出准确的判断。油中溶解气体的注意值就是对运行设备着手进行判断的临界值。

三、故障性质和故障类型的判断

（一）不同故障类型的气体组合

易于形成感性认识的判断方法是故障气体的组合特征，这是过渡到三比值法的基础。不同故障类型所形成的气体组合特征见表6-6。

表 6-6　　不同故障类型的气体组合特征

序号	故障类型	气体的组合特征
1	裸金属过热	总烃高，CO、C_2H_2 均在正常范围
2	金属过热并涉及固体绝缘	总烃高，开放式变压器 CO＞300μL/L，乙炔在正常范围
3	固体绝缘过热	总烃在 100μL/L 左右，开放式变压器的 CO＞300μL/L
4	金属过热并有放电	总烃高，C_2H_2＞5μL/L，H_2 含量较高
5	火花放电	总烃不高，C_2H_2＞10μL/L，H_2 含量较高
6	电弧放电①	总烃高，乙炔含量高并成为总烃的主要成分，H_2 含量也高
7	H_2 含量＞100μL/L 而其他指标均为正常，有多种原因应具体分析	

① 在电弧放电故障中，若 CO、CO_2 含量也高，则可能放电故障已涉及到固体绝缘；但在突发性的电性故障中，有时 CO、CO_2 含量并不一定高，应结合气体继电器的气样分析后作出判断。

由表 6-6 不难看出，通过故障气体的组合特征虽然能对产生的故障性质和类型作出推断，但对介于两种类型之间的故障则不易掌握。因此，还需要考察它们在数量上的比例关系。这种判断方法就是在罗杰斯三比值法的基础上改良的三比值法。

（二）三比值法

早在 40 年代就有人发现了石油分馏塔的气体中总是含有相对固定的甲烷和乙烯。在气体色谱分析方法用于油中气体的分析之后，为了研究油中气体与变压器内部故障的关系，在热动力学和实践的基础上，人们已认识到故障气体的形成与故障的能量有关，一定种类的气体只能在一定能级下产生，达不到所需的能量是不会产生那种气体的。但是在高能级时却能够同时产生那些在低能量下就可以生成的气体，并具有一定的比例。这就说明用相关气体的比值及其组合来判断变压器的内部故障是有理论依据的，是科学的。五种气体的三比值法既是 GB7252—87《变压器油中溶解气体分析和判断导则》规定的主要判断方法，也是最近十几年来全球范围最通用的判断方法。据报道其判断的准确率在 95% 以上。

五种气体的三比值法是用三对比值以不同的编码表示，编码规则和故障类型的判别方法见表 6-7 和表 6-8。

表 6-7　　编　码　规　则

气体比值范围	比值范围的编码			气体比值范围	比值范围的编码		
	C_2H_2/C_2H_4	CH_4/H_2	C_2H_4/C_2H_6		C_2H_2/C_2H_4	CH_4/H_2	C_2H_4/C_2H_6
＜0.1	0	1	0	≥1～＜3	1	2	1
≥0.1～＜1	1	0	0	≥3	2	2	2

表 6-8　　故障类型判断方法

编码组合			故障类型判断	故障实例（供参考）
C_2H_2/C_2H_4	CH_4/H_2	C_2H_4/C_2H_6		
0	0	1	低温过热 < 150℃	绝缘导线过热，注意 CO_2 和 CO 含量和 CO_2/CO 值
	2	0	低温过热（150～300℃）	分接开关接触不良，引线夹件螺丝松动或接头焊接不良，涡流引起的铜过热，铁芯漏磁，局部短路，层间绝缘不良，铁芯多点接地等
	2	1	中温过热（300～700℃）	
	0，1，2	2	高温过热（>700℃）	
	1	0	局部放电	高湿度、高含气量引起油中低能量密度的局部放电①
2	0，1	0，1，2	低能放电	引线对电位未固定的部件之间连续火花放电，分接抽头引线和油隙闪络，不同电位之间的油中火花放电或悬浮电位之间的火花放电
	2	0，1，2	低能放电兼过热	
1	0，1	0，1，2	电弧放电	绕组匝间、层间短路、相间闪络、分接头引线间油隙闪络、引线对箱壳放电、绕组熔断、分接开关飞弧、因环路电流引起电弧、引线对其他接地体放电等
	2	0，1，2	电弧放电兼过热	

① 编码组合为"010"时，也可能是由于油中进水与铁反应而产生了高含量的氢。这时应检测油中的含水量。

由表 6-8 不难看出，五种气体的三比值法不仅实现了故障判断的量化，还可在计算机上编出判断程序，并把故障的类型按编码细分为 25 种。据美国变压器维护协会对 80 年代上万台故障变压器的调查统计证实，其判断的准确性是可靠的。

（三）其他判断方法

在故障判断方法中，虽然还有多种判断方法，但均不如三比值法科学、简捷和实用，在此不作进一步的讨论。但是，有一种气体组成图形法可作为三比值法的辅助方法。图形法以直观、形象见长，并可从三比值的同类型故障中进一步看到差异。五种气体图形法的

表 6-9　　图形法与三比值编码的对照

序　号	三比值编码	图形之一	图形之二
1	021	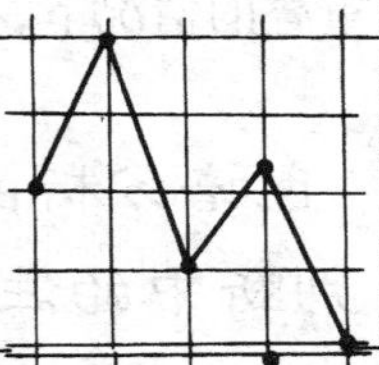	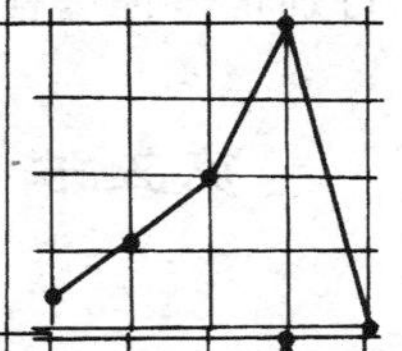
2	022	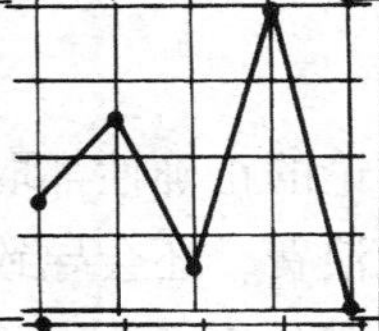	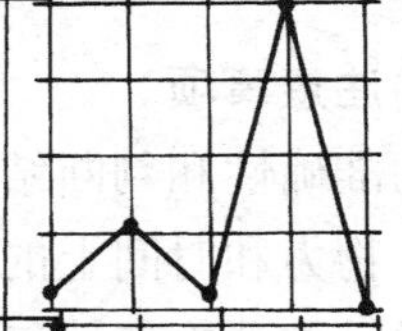
3	102	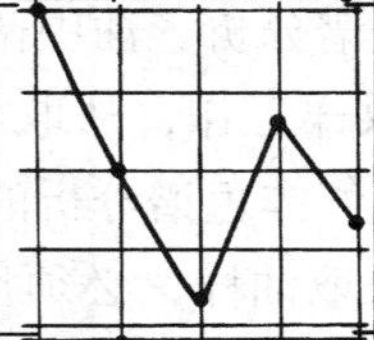	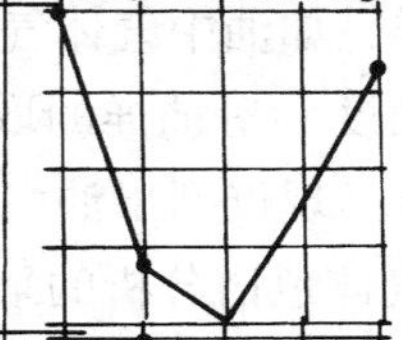
4	122	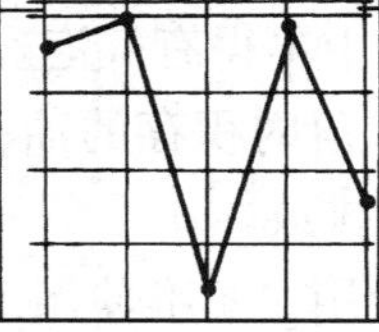	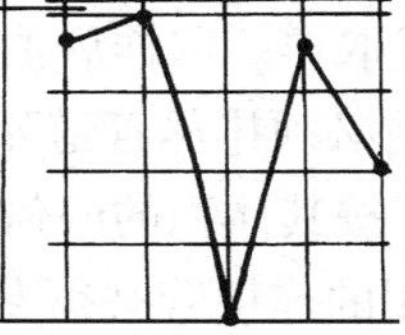

作图方法是以 H_2、CH_4、C_2H_6、C_2H_4、C_2H_2 依次为横坐标，以其中浓度最大者为 1，用各组分的浓度与此最大者之比为纵坐标来作图。图形法与三比值编码的对照见表 6-9。

从以上的比较可见，五种气体的图形法是五种气体三比值法的图相。两者互补，有利于判断和记录特征。

（四）对一氧化碳和二氧化碳的判断

CO 应算作是固体绝缘老化的特征气体，但由于纤维性固体绝缘（下称固体绝缘）在正常条件下一直承受着变压器运行温度下的老化，只是老化速度不同而已。由于固体绝缘老化的主要因素是高温和水分，而变压器的热源又是来自多方面的，并因冷却效率降低而加剧，因此，一些运行多年的变压器就不同程度地同时有着在正常油温下的油纸老化和更高油温下的油纸老化，有时甚至还同时存在着变压器内局部热点而涉及纸绝缘的老化。当过热故障出现时，在这种情况下的判断实际上是用 CO 来区分已重叠在一起的三种不同原因或三个老化阶段，这当然是困难的。但是，用 CO 来评价运行中变压器固体绝缘正在经历老化的总体状况却是有意义的。

当正常运行的变压器，平时油中的 CO 含量较低时，在过热故障下出现明显的增加，例如 CO 含量超过注意值、相对产气速率超过 10% 时，还是可以判断过热故障已引起固体绝缘的进一步老化。特别是在高温过热下，涉及固体绝缘的界限较易判别；而在低温过热故障下，则不易区分。

采用 CO_2/CO 比值的判断方法，对于在极端情况下（例如固体绝缘已发生热解），应该是有作用的。但是，在变压器已存在大面积过热的情况下，采用 CO_2/CO 比值来进一步判断固体绝缘因过热故障引起的老化，在具体应用上，则有待进一步总结。

总之，采用 CO 判断过热故障涉及固体绝缘的问题，对于 CO 突然增大时易于辨别；对于渐变过程，特别是多种过程重叠的情况下，则应跟踪观察和具体分析。

第五节　色谱分析的取样、试验和判断中的注意事项

一、取样的注意事项

试验结果的准确性和判断结论的正确性都取决所取样品的代表性。没有代表性的油样不仅造成人力、物力和时间上的浪费，还会导致错误的结论造成更大的损失。对于取样有特殊要求的油样，如油中气体气谱分析、油中微水、油中糠醛、油中金属分析和油的颗粒污染度（或清洁度）等油样的取样工作，从取样方法到取样容器以及保存方式和时间都有其不同的要求。现仅列出油中气体色谱分析的取样注意事项：

（1）油中气体色谱分析的采取油样，必须用气密性好、清洁干燥的 100mL 医用注射器，按密封方式取样。取样后油中不得有气泡。

（2）取样前必须排尽管道死角内积存的油，通常应排放 2～3L 后取样。当管道粗而长时，则至少应按其体积的两倍排放。

（3）取样用的连接管必须专用，不准使用乙炔火焊的橡皮管作为取样时的连接管。

（4）取样后应保持注射器芯子的清洁，以防卡涩。

（5）从取样到分析样品应避光并应及时送样确保能在4天内完成。

二、试验中的注意事项

（1）测试了气体浓度很高的油样后，应仔细清洗脱气容器，以防止交叉污染。

（2）更换标气时，应在指定的管理人员处备案，对使用计算机编程计算的，应及时重新输入标气浓度，防止计算错误。

（3）对超标的油样均应复查。

（4）提出的结论应该是说明性的和建议性的，不能使用指令性的结论。

三、判断时的注意事项

（1）在管理中应规定，检修时带油电焊的设备应记入值班记录，以便查证。

（2）检修时在变压器内使用过1211灭火剂或曾使用其他卤化物时，应作好记录。

（3）注意气体的其他来源。除了油中的水与铁作用会产生氢以外，还有不锈钢元件可能释放吸附的氢，设备中的某些漆类也可能产生氢气，在分析判断时均应估计到。此外，还应考虑有载调压器的切换开关油箱向变压器主油箱的渗漏，以及强油循环的变压器因电动机引起的气体含量异常等情况。

（4）在特征气体的含量正常时，有时因空气的漏入或呼吸通道堵塞而引起气体继电器动作，应检查 O_2 含量的变化并作具体分析。

应记住用五种气体的三比值法来判断故障，是传统意义上的故障概念，而广义的故障或异常，如空气的漏入等非正常情况都应在判断的考虑之中。

第七章

变压器绝缘试验

变压器绝缘试验包括绝缘电阻、吸收比、泄漏电流、介质损失、绝缘油、交流耐压及感应耐压试验。其中绝缘油试验和其他一些重要部件（如套管）的绝缘试验方法，已在有关的章节中介绍，这里仅对变压器整体绝缘试验的特点加以补充和说明。

第一节　绝缘特性试验

一、测量绝缘电阻和吸收比

测量绝缘电阻和吸收比是检查变压器绝缘状态简便而通用的方法。一般对绝缘受潮及局部缺陷，如瓷件破裂、引出线接地等，均能有效地查出。经验表明，变压器的绝缘在干燥前后，其绝缘电阻的变化倍数比介质损失角的变化倍数大得多。所以变压器在干燥过程中，主要使用兆欧表来测量绝缘电阻和吸收比，从而了解绝缘情况。

（一）测量绝缘电阻

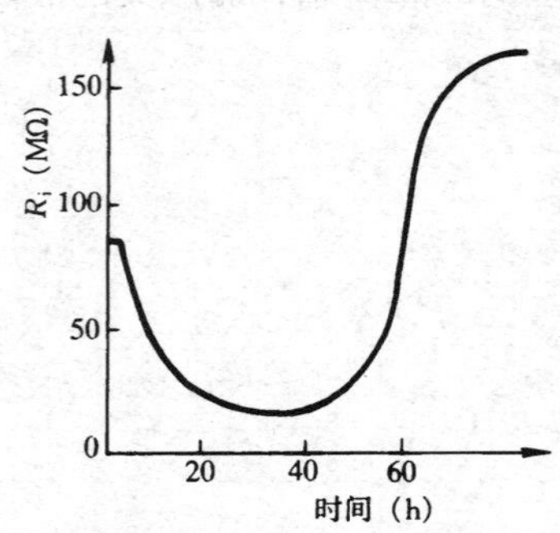

图 7-1　干燥时绝缘电阻的变化

图 7-1 表示一台变压器在干燥过程中，绝缘电阻随时间的变化。该图表明：在温度一定的条件下开始干燥时，由于绝缘中潮气扩散，使绝缘电阻急剧下降，达最低值时维持一段时间；随着潮气排除，绝缘电阻逐渐上升。如果在相当长的时间内，在同一温度下测得的绝缘电阻值无变化时，方可结束干燥。

测量时，按“标准”规定使用兆欧表，依次测量各绕组对地及绕组间的绝缘电阻。被测绕组引线端短接，非被试绕组引线端均短路接地。测量部位和顺序，按表 7-1 进行。

表中序号 4 和 5 两项，只对 16000kVA 及以上的变压器进行测量。

表 7-1　　测量和接地部位

项序	双绕组变压器		三绕组变压器	
	测量绕组	接地部位	测量绕组	接地部位
1	低压	高压绕组和外壳	低压	高压、中压绕组和外壳
2	高压	低压绕组和外壳	中压	高压、低压绕组和外壳
3			高压	中压、低压绕组和外壳
4	高压和低压	外壳	高压和中压	低压和外壳
5			高压、中压和低压	外壳

测量绝缘电阻时，非被试绕组短路接地，其主要优点是：可以测量出被测绕组对地和非被测绕组间的绝缘状态；同时能避免非被测绕组中，由于剩余电荷对测量的影响。为此，试前应将被试绕组短路接地，使其能充分放电。在测量刚停止运行变压器的绝缘电阻时，应将变压器从电网上断开，待其上、下层油温基本一致后再进行测量。若此时绕组、绝缘件和油的温度基本相同，方可用上层油温作为绕组温度。对于新投入或大修后的变压器应在充油后静置一定时间待气泡逸出后，再测量绝缘电阻，即对较大型变压器（指8000kVA 及以上），需静置20h 以上，电压为3～10kV 级的小容量变压器，需5h 以上。

测得的绝缘电阻值，主要依靠各绕组历次测量结果相互比较进行判断。交接试验时，一般不应低于出厂试验值的70%（相同温度下）。交接时绝缘电阻值的标准如表7-2 所列。大修后或运行中可相互比较，其数值可自行规定。

表7-2　油浸式电力变压器绕组绝缘电阻的标准值（MΩ）

温　度（℃）		10	20	30	40	50	60	70	80
高压绕组额定电压（kV）	3～10	450	300	200	130	90	60	40	25
	20～35	600	400	270	180	120	80	50	35
	60～220	1200	800	540	360	210	160	100	75

注 1. 同一变压器，中压绕组和低压绕组的绝缘电阻标准与高压绕组相同；

2. 高压绕组的额定电压为13.8kV 和15.7kV 的，按3～10kV 级的标准；额定电压为18kV、44kV 的，按20～35kV 级的标准。

比较绝缘电阻的数值时应换算到同一温度，表7-2 是按照温度每下降10℃，绝缘电阻约增加1.5 倍制定的。用数学公式表达为

$$R_2 = R_1 \times 1.5^{(t_1 - t_2)/10} \tag{7-1}$$

式中 R_1——温度为 t_1 时测得的绝缘电阻值（MΩ）；

R_2——换算到温度为 t_2 时的绝缘电阻值（MΩ）。

由式（7-1）可计算出绝缘电阻的温度换算系数，见表1-1。

例如，制造厂在温度为36℃，加压时间为60s 时，测得变压器的绝缘电阻 R_1 = 430MΩ，安装测量变压器绝缘电阻时的温度为21℃，将36℃时的绝缘电阻换算至21℃时的绝缘电阻 R_2 应为

$$R_2 = 430K = 430 \times 1.8 = 774(\mathrm{M\Omega})$$

系数1.8 是从温度差为 $t_1 - t_2 = 36 - 21 = 15$（℃），查表1-1 得到的。若换算中温度差不是5 或10 时，可用式（7-1）换算至不同温度下的绝缘电阻。

（二）测量吸收比和极化指数

吸收比系指用兆欧表对变压器绝缘加压时间为60s 和15s 时，测得绝缘电阻的比值，即 R_{60}/R_{15}。吸收比对绝缘受潮反应比较灵敏。对于新投入的变压器，当绝缘介质温度为10～30℃时，电压为35～60kV 级的变压器，其吸收比不低于1.2；110～330kV 级的变压器应不低于1.3。对于检修干燥后和备用的变压器，均应高于上列数值。由于吸收比和变压器的电压等级和容量有关，所以“标准”中不便统一规定一个数值，应根据现场的实际经验来定。

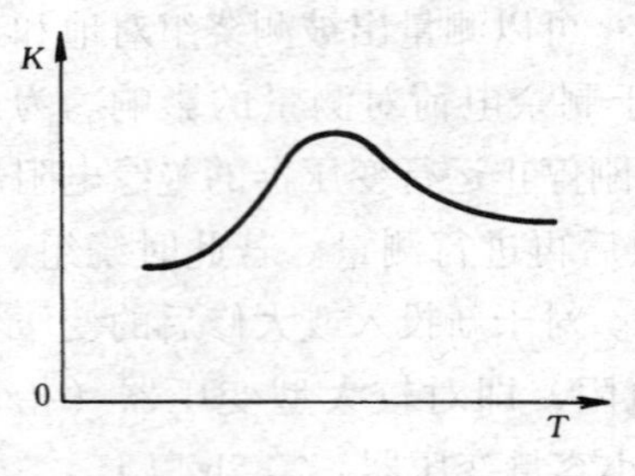

图 7-2　吸收比与吸收时间常数 T 关系示意图

当变压器容量较大时，有时会出现绝缘电阻很高，而吸收比不合格的情况，这是因为吸收比取决于绝缘介质的吸收比，而吸收比 K 与吸收时间常数 T 有关，如图 7-2 所示，因此，仅用吸收比来判断变压器的绝缘状况就存在不确定性。对于高压大容量变压器，吸收时间常数较大，就需用极化指数来判断其绝缘状况，具体方法可参见第二章。

极化指数对判断大容量变压器较为有效，当绝缘介质温度为 10～30℃范围时，极化指数应不低于 1.5。由于变压器容量和电压等级差别较大，因此其吸收时间常数不同，在测量时应同时测量吸收比和极化指数，只要吸收比和极化指数其中一项符合标准时就可认为绝缘良好。对于绝缘良好的变压器，当温度升高时，吸收比略有增加，极化指数变化不大。因此，吸收比和极化指数一般不需作温度校正，可参考表 7-3 用极化指数测量数据来判断变压器的绝缘状况。

表 7-3　　极化指数与绝缘状况的关系

极化指数（K_2 值）	<1.0	1.0～1.1	1.1～1.25	1.25～2.0	>2.0
状态	有缺陷	绝缘不良	绝缘可疑	绝缘较好	绝缘良好

二、泄漏电流试验

泄漏电流试验和测量绝缘电阻相似，但因施加电压较高，能发现某些绝缘电阻试验不能发现的绝缘缺陷，如变压器绝缘的部分穿透性缺陷和引线套管缺陷等。

泄漏电流值的大小与变压器的绝缘结构、试验温度、测量方法等因素有关。一般在绝缘良好时，利用泄漏电流值换算的绝缘电阻，与使用兆欧表加屏蔽测得的绝缘电阻值接近。互相比较时，可用下式换算到同一温度下进行

$$I_{t2} = I_{t1} e^{\alpha(t_2 - t_1)} \tag{7-2}$$

式中　I_{t2}——换算到温度 t_2 时的泄漏电流值（μA）；

I_{t1}——在温度 t_1 时测得的泄漏电流值（μA）；

α——温度系数，0.05～0.06/℃。

对测量结果进行分析判断时，主要是与同类型变压器、各绕组相互比较，与历年试验结果比较，不应有显著变化。当其数值逐年增大时应引起注意，这往往是绝缘逐渐劣化（包括油质）所致。若数值与历年比较突然增大时，则可能有严重缺陷，应查明原因。

试验时的加压部位与测量绝缘电阻相同（见表 7-1），试验电压的标准如表 7-4。

将电压升至试验电压后，读取 1min 时通过被试绕组的直流电流，即为所测得的泄漏电流值。

表 7-4　　试验电压的标准

绕组额定电压（kV）	3	6～15	20～35	35 以上
直流试验电压（kV）	5	10	20	40

三、测量介质损耗角的正切值

测量变压器绕组绝缘的介质损耗角正切值 $tg\delta$，主要用于检查变压器是否受潮、绝缘老化、油质劣化、绝缘上附着油泥及严重局部缺陷等。因测量结果常受试品表面状态和外界条件，如电场干扰、空气湿度等的影响，故要采取相应的措施，使测量的结果准确、真实。一般是测量绕组连同套管在一起的 $tg\delta$ 值，有时为了检查套管的绝缘状态，可单独测量套管的介质损耗角正切值。

（一）测量接线

变压器的外壳因系直接接地，所以只能采用交流电桥反接线进行测量，测量部位按表 7-5 进行。

表 7-5　测量绕组和接地部位

序号	双绕组变压器		三绕组变压器	
	被测绕组	接地部位	被测绕组	接地部位
1	低压	外壳和高压绕组	低压	外壳、高压和中压绕组
2	高压	外壳和低压绕组	中压	外壳、高压和低压绕组
3			高压	外壳、中压和低压绕组
4	高压和低压	外壳	高压和中压	外壳和低压绕组
5			高压、中压和低压	外壳

注　表中序号 4 和 5 两项，只对 16000kVA 及以上的变压器进行测定。

按表 7-5 测量双绕组变压器介质损耗角正切值及电容值的接线，如图 7-3 所示，图中 A 接 QS1 型电桥 A 点（见图 7-3）。

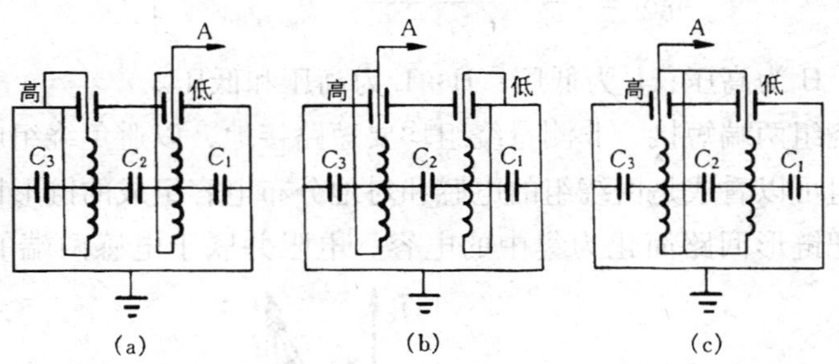

图 7-3　双绕组变压器测量 $tg\delta$ 及 C 的接线

（a）低压绕组对地及高压绕组测量接线；（b）高压绕组对地及低压绕组测量接线；（c）高压和低压绕组对地测量接线

C_1—低压绕组对地的电容；C_2—高、低压绕组之间的电容；C_3—高压绕组对地的电容

（二）测量数值的计算

当按图 7-3（a）接线时，测得的数值为

$$\left.\begin{aligned} C_L &= C_1 + C_2 \\ tg\delta_L &= \frac{C_1 tg\delta_1 + C_2 tg\delta_2}{C_L} \end{aligned}\right\} \tag{7-3}$$

式中　C_L、$tg\delta_L$——低压绕组加压时测得的电容值和介质损耗角的正切值。

当按图 7-3（b）和图 7-3（c）接线时，测得的数值为

$$\left.\begin{aligned} C_H &= C_2 + C_3 \\ tg\delta_H &= \frac{C_2 tg\delta_2 + C_3 tg\delta_3}{C_H} \end{aligned}\right\} \tag{7-4}$$

$$\left.\begin{aligned} C_{H+L} &= C_1 + C_3 \\ tg\delta_{H+L} &= \frac{C_1 tg\delta_1 + C_3 tg\delta_3}{C_{H+L}} \end{aligned}\right\} \tag{7-5}$$

式中　$tg\delta_1$、$tg\delta_2$ 和 $tg\delta_3$——分别为回路中各区域间绝缘介质损耗角的正切值。

将式（7-3）~式（7-5）联立求解，即得到各部分的电容值及介质损耗角的正切值。

$$\left.\begin{aligned} C_1 &= \frac{C_L - C_H + C_{L+H}}{2} \\ C_2 &= C_L - C_1 \\ C_3 &= C_H - C_2 \end{aligned}\right\} \tag{7-6}$$

$$\left.\begin{aligned} tg\delta_1 &= \frac{C_L tg\delta_L - C_H tg\delta_H + C_{H+L} tg\delta_{H+L}}{2C_1} \\ tg\delta_2 &= \frac{C_L tg\delta_L - C_1 tg\delta_1}{C_2} \\ tg\delta_3 &= \frac{C_H tg\delta_H - C_2 tg\delta_2}{C_3} \end{aligned}\right\} \tag{7-7}$$

以上各式的下标：H 为高压；L 为低压；H + L 为高压和低压。

测量时被测绕组两端短接，非测量绕组均要短路接地，以避免绕组电感给测量带来误差。因为被测绕组可以看成是由绕组的电感和对地分布电容组成的链形回路，所以在作定性分析时，可以把链形回路简化为集中的电容、电阻并联于电感两端的等值回路，如图

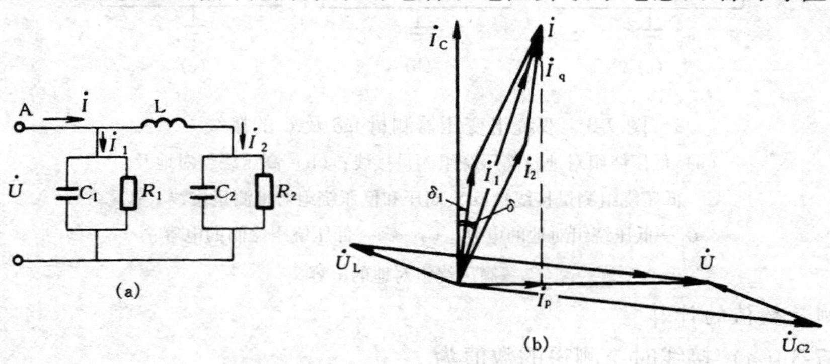

图 7-4　被测绕组的等值回路和相量图

（a）等值回路；（b）相量图

C_1、R_1 和 C_2、R_2—绕组对地分段的等值电容和电阻

7-4（a）所示。当在 A 端施加交流电压后，电路中将有从 A 点输入的总电流 $\dot{I}=\dot{I}_1+\dot{I}_2$。由图 7-4（b）可知，此时测得的 tgδ 是外施电压 $\dot{U}$ 与电流 $\dot{I}$ 夹角的余角正切值，由于 $\dot{I}_2$ 流过电感 L 与电容 C_2、R_2 的串联回路，所以 $\dot{I}_2$ 将比 $\dot{I}_1$ 更滞后于 $\dot{I}_C$，$\dot{I}_1$ 与 $\dot{I}_2$ 合成的电流 $\dot{I}$ 也比 $\dot{I}_1$ 滞后于 $\dot{I}_C$，而 $\dot{I}_1$ 是无电感影响时的电流。从相量图明显看出 $\delta>\delta_1$，所以 $\mathrm{tg}\delta>\mathrm{tg}\delta_1$。

当绕组两端短路后，由于电容电流从绕组线圈两端进入，在绕组电感内流动的方向相反，产生的磁通互相抵消，使电感最小，故由电感带来的误差将大为减小。

第二节　外施工频耐压试验

一、试验的作用

工频交流耐压试验，对考核变压器主绝缘强度、检查局部缺陷，具有决定性的作用。采用这种试验能有效地发现绕组主绝缘受潮、开裂；或在运输过程中，由于振动引起绕组松动、移位、造成引线距离不够以及绕组绝缘上附着污物等情况。

工频交流耐压试验必须在变压器充满合格的绝缘油，并静置一定时间后才能进行。

二、试验接线

如前所述，试验时被试绕组的端头均应短接，非被试绕组应短路接地，试验接线如图 7-5 所示。

被试变压器的接线如不正确时，可能使变压器的绝缘受到损害，图 7-6 列出了两种不正确的接线。

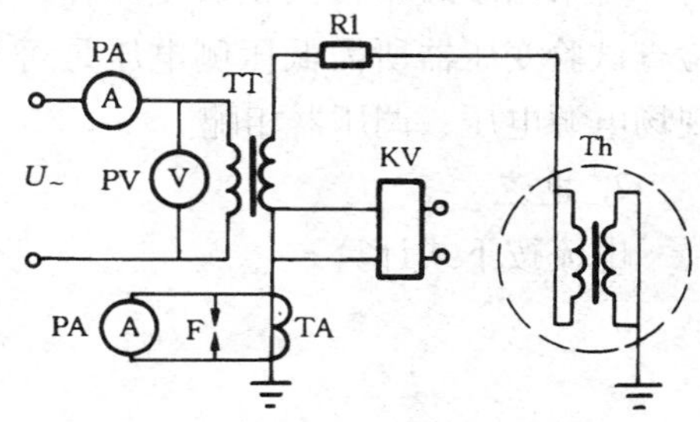

图 7-5　变压器交流耐压试验接线

TT—试验变压器；R1—保护电阻；KV—电压继电器；PA—电流表；TA—电流互感器；PV—电压表；F—保护间隙；TX—被试变压器

在图 7-6（a）中，由于分布电容 C_1、C_2 和 C_{12} 的影响，在被试绕组对地及对非被试绕组的电容中都将有电流流过，而且沿整个被试绕组流过的电流不等，愈接近 A 端电流愈大，因而沿整个绕组线匝间存在着电位差。由于流过绕组的是电容电流，因电容容升效应，故愈接近 X 端的电位愈高，将超过所施加的试验电压，并由于非被试绕组处于开路状态，致使被试绕组的电抗较大，故由此而导致 X 端的电位升高是不容忽视的。在严重的情况下会损坏其绝缘，故在外施耐压试验时必须将各绕组的引线端短接。

图 7-6（b）中，低压绕组的电位处于悬浮状态，其对地电位是按电容分布的，如图 7-7 所示。

图 7-7 中，C_1、C_2 和 C_{12} 与图 7-6 的含义相同，由于低压绕组处于高压绕组对地的电场中，它对地将具有一定的电位，其大小取决于 C_{12} 和 C_2 的数值，由下式可知

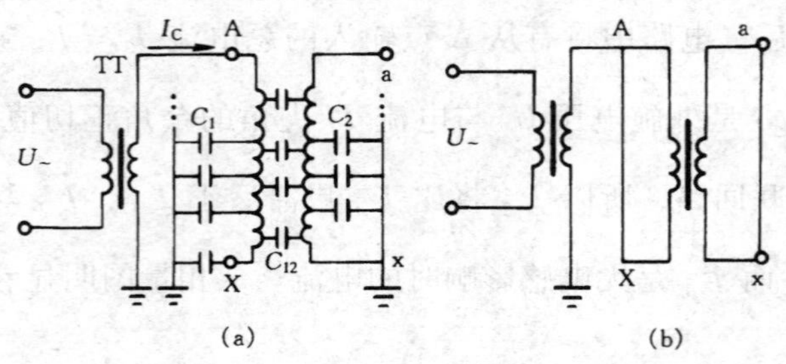

图 7-6 两种不正确的交流耐压接线

（a）被试和非被试绕组均未短接；（b）非被试绕组未接地

C_1—高压绕组对地的分布电容；C_2—低压绕组对地的分布电容；

C_{12}—高、低压绕组间的电容

$$U_L = \frac{C_{12}}{C_{12} + C_2} U_T \qquad (7\text{-}8)$$

式中 U_L——低压绕组对地的电位；

U_T——高压绕组对地所承受的试验电压。

通过实际计算表明，低压绕组对地的电位可能达到不允许的数值，且有可能超过低压绕组规定的试验电压，但高、低压之间承受的电压又将低于试验电压，所以必须注意低压绕组的接地，同理，所有非被试绕组都应短路接地。

变压器交流耐压试验用的设备通常有试验变压器、调压设备、过流保护装置、电压测量装置、过压保护装置、保护电阻及控制装置等（见图 7-5），其中关键设备为试验变压器、调压设备、保护电阻及电压测量装置。

在选用试验变压器时，主要应考虑下面两点。

1. 电压

根据被试品的试验电压，选用具有合适电压的试验变压器。试验电压较高时，可采用多级串接式试验变压器，并检查试验变压器所需低压侧电压是否与现场电源电压、调压器相配。

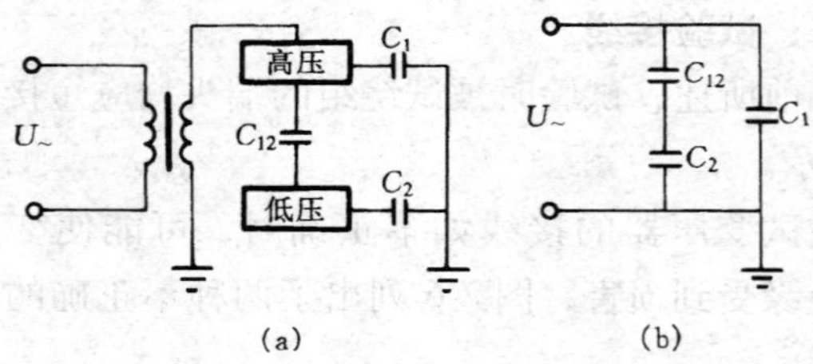

图 7-7 低压绕组悬浮时的等效电容电路

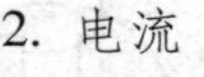

2. 电流

电流按下式计算

$$I = \omega C_X U$$

$$\omega = 2\pi f \qquad (7\text{-}9)$$

式中 I——试验变压器高压侧应输出的电流（mA）；

ω——角频率；

C_X——被试品电容量（μF）；

U——试验电压（kV）；

f——电源频率（Hz）。

试验变压器的容量与试品的电容有很大关系，对于电力变压器的电容值，可参见表 7-6 ~ 表 7-8。

表 7-6 60kV 级全绝缘变压器的电容（pF）

类型 \ 试品容量（kVA）	630	2000	3150	6300	8000	16000
高压-地	2700	4100	4600	5900	7000	8200
低压-地	4200	6600	7900	10000	11000	15300

注 对于表中没有的产品，可根据表中的上、下容量近似地估算。同容量的双绕组变压器，其绕组电容要比三绕组产品小。

表 7-7 110kV 中性点分级绝缘变压器的电容（pF）

类型 \ 试品容量（kVA）	50000	31500	20000	10000	5600
高压-中压、低压、地	14200	11400	8700	6150	4200
中压-高压、低压、地	24800	11800	13200	9600	—
低压-高压、中压、地	19300	19300	12000	9400	6800

表 7-8 220kV 级中性点非全级绝缘部分变压器的电容（pF）

	试品型号	SFPSL-63000	SSPSL-120000	SSPSL-240000
类型	高压-中压、低压及地	12100	13500	17050
	中压-高压、低压及地	18500	19700	23260
	低压-高压、中压及地	18200	23600	29940
	试品型号	SFPL-240000	SFP-360000	SFPSZL-120000
类型	高压-中压、低压及地	32230	33910	38020
	中压-高压、低压及地	—	—	23260
	低压-高压、中压及地	22470	23790	22160

三、分析判断

对于交流耐压试验结果的分析，主要根据仪表指示、监听放电声音、观察有无冒烟冒气等异常情况进行判断。

（一）由仪表的指示判断

在交流耐压试验过程中，若仪表指示不抖动，被试变压器无放电声音，说明被试变压器能经受试验电压而无异常。当被试变压器内绝缘击穿时，会出现两种情况：

（1）电流指示突然上升，且被试变压器发出放电响声，同时保护球隙有可能放电，说明被试变压器内部击穿；

（2）电流表指示突然下降，也表明被试变压器击穿。

这两种截然不同的现象，可参阅第五章第四节的分析。

（二）由放电或击穿的声音判断

1. 油隙击穿放电

若在加压过程中被试变压器内部放电，发出很像金属撞击油箱的声音时，一般是由于油隙距离不够或电场畸变，而导致油隙贯穿性击穿，电流表指示突变。当重复试验时，由于油隙抗电强度恢复，其放电电压不会明显下降。若放电电压比第一次降低，则是固体绝缘击穿。

2. 油中气体间隙放电

试验时，若第二次出现的放电声比第一次的声音小，仪表指示摆动不大，再重复试验时放电又消失，这种现象常是油中气体间隙放电所致。当气隙局部击穿时，声音轻微断续，电流表指示也不会明显变动。油中气泡所引起的击穿，无论是贯穿性的还是局部性的，在重复试验时均可能消失。这是由于击穿放电后，气泡逸出所致。因此，在进行耐压试验时，要注意放气（如将35kV及以上电压等级变压器的导管和升高座的放气孔拧开放气，直至冒油为止）。

3. 带悬浮电位的金属件放电

在加压过程中，被试变压器内部如有像炒豆般的放电声，而电流表的指示又很稳定，这可能是带有悬浮电位的金属件对地放电（如在制造过程中，铁芯和接地的夹件未用金属片连接，当两者之间达到一定的电压时，便会发生放电）。

4. 固体绝缘爬电

若出现哧哧的放电声，或是沉闷的响声，电流表指示突增，这是由于内部固体绝缘（多数是绝缘角环纸板）爬电，或线圈端部对铁轭爬电。再重复试验时，放电电压就明显下降。

5. 外部试验回路放电

当外部试验回路绝绝（或球隙）击穿时，将发生明显的响声和放电火花，这是容易观察判断的。此外，在试验时，空气中有轻微电晕或瓷件表面有很轻微的放电，仍属于正常现象。

第三节　感应耐压试验

一、试验的目的和原因

感应耐压试验的目的是：①检查全绝缘变压器的纵绝缘（绕组层间、匝间及段间）；②检查分级绝缘变压器主绝缘和纵绝缘（主绝缘指的是绕组对地、相间及不同电压等级的绕组间的绝缘）。

由于在做全绝缘变压器的交流外施耐压试验时，只考验了变压器主绝缘的电气强度，而纵绝缘并没有承受电压，所以要作感应耐压试验。而且现在许多大中型变压器中性点是降低绝缘水平的，如电压为110、220kV级的变压器，其中性点分别为35kV和110kV级的绝缘。这种产品称为中性点分级绝缘或称半绝缘的变压器。其绕组的电压值和对地绝缘，从绕组末端到首端逐步增加，故首末两端宜施加不同的电压，如图7-8所示。对分级绝缘的变压器的主绝缘试验不能采用一般的外施高压法，只能采用感应耐压试验。为了要同时满足主绝缘和纵绝缘试验的要求，通常要把中性点的电位抬高，即借助于辅助变压器或非被试相绕组支撑，把感应耐压和交流耐压结合在一起进行。

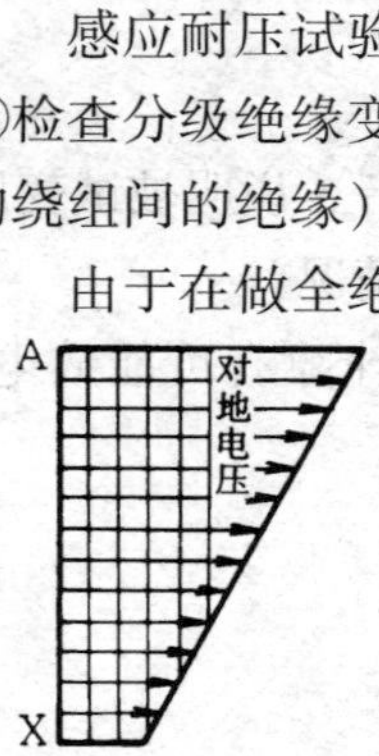

图7-8　中性点分级绝缘的电压分布
A—线圈首端；
X—线圈末端

变压器铁芯的伏安特性曲线，一般设计在额定频率和电压时接近弯曲部分。若在额定频率时，用两倍额定电压施加于被试变压器的一侧绕组时，铁芯会饱和，必然使空载电流急剧增加，达到不能允许的程度。为了使在两倍额定电压下，铁芯仍不致饱和，可采取提高电源频率的办法。这一点可用变压器感应电动势的公式来说明

$$E = 4.44fWBS = KfB$$
$$K = 4.44WS \tag{7-10}$$

式中 E——感应电动势（V）；

f——电源频率（50Hz）；

W——线圈匝数；

S——铁芯截面积（m^2）；

B——磁通密度（T）；

K——比例常数。

由式（7-10）可知，若保持 B 不变，因 K 值为常数，当作感应耐压需要电动势增加一倍时，则频率必须增加一倍，因此感应耐压试验电源的频率要大于额定电源频率的两倍及以上，即一般不低于100Hz，但不宜高于400Hz。这是因为铁芯中的损耗随频率上升而显著增加。在不超过100Hz时耐压时间为1min，如果试验电源的频率 f 超过100Hz，则试验持续的时间 t 应按下式计算，但不得少于20s

$$t = 60\frac{100}{f} \tag{7-11}$$

式中 t——试验电压持续时间（s）；

f——试验电源的频率（Hz）。

二、试验方法

（一）全绝缘的变压器

对于全绝缘的变压器，可按图7-9的接线施加两倍及以上频率的两倍额定电压进行试验。这种接线只能满足线间达到试验电压。由于中性点对地的电压很低，因此对中性点和绕组还需进行一次外施高压主绝缘耐压试验。试验时由互感器监视电压和电流。纵绝缘是否承受住了感应耐压，这需要根据试验后的空载损耗测试，与试验前的测量值进行比较才能判断。

（二）分级绝缘变压器

分级绝缘的三相变压器如前所述，不能用外施电压试验其主绝缘，同样也不能用三相感应耐压试验主绝缘。因为变压器分级绝缘的绕组是接成星形的，所以当绕组出线端相间达到试验电压（U_T）时，其相对地的电压为$\frac{U_T}{\sqrt{3}}$。根据变压器设计的绝缘水平和试验标准的要求，对分级绝缘的变压器，其相间及相对地的绝缘水平相同。如220kV

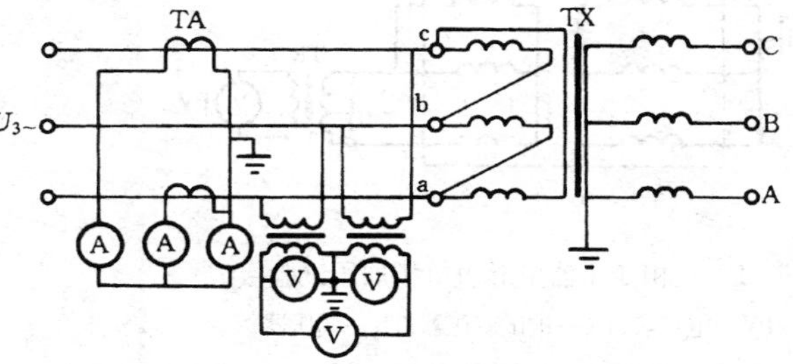

图7-9 全绝缘变压器感应耐压试验的接线

TA—电流互感器；TV—电压互感器；TX—被试变压器

级的产品，对地及相间试验电压为400kV；110kV级的产品，对地及相间试验电压为200kV。所以两者不可能同时达到试验电压的要求。因此，分级绝缘的变压器，只能采用单相感应耐压进行试验。为此，要分析产品结构，比较不同的接线方式，计算出线端相间及对地的试验电压，选用满足试验电压的接线。一般要借助辅助变压器或非被试相绕组支撑，轮换三次，才能完成一台分级绝缘变压器的感应耐压试验。

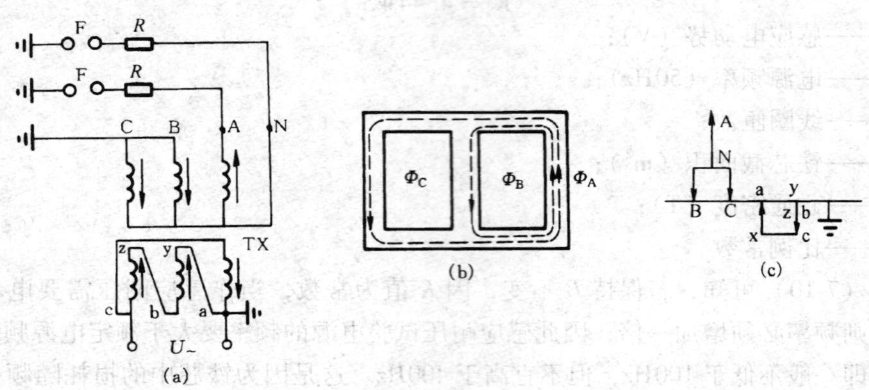

图 7-10　分级绝缘的三相变压器感应耐压试验接线

（a）试验接线；（b）磁路中的磁通分配；（c）电压相量图

F—保护球隙；R—限流、阻尼电阻

例如连接组别为YN，d11的双绕组变压器，可按图7-10（a）接线进行A相试验。非被试相两相并联接地，并与被试相串联。使相对地和相间电压均达到了试验电压的要求。而非被试的两相，仅为1/3试验电压（即中性点电位）。当中性点电位达不到试验电压时，在感应耐压前，应先进行中性点的外施电压试验。

下面推荐分级绝缘的变压器进行感应耐压试验的几种接线，如图7-11～图7-16所示。

图7-11为通过星形一次侧两相并联和另一相串联单相加压，使二次侧被试相相间和对地均达到试验电压（U_T），中性点达到试验电压的$\frac{1}{3}$。

图7-12为通过三角形一次侧两相串联和另一相并联单相加压，中性点接地，使二次侧被试相对地达到试验电压，线间达$1.5U_T$。

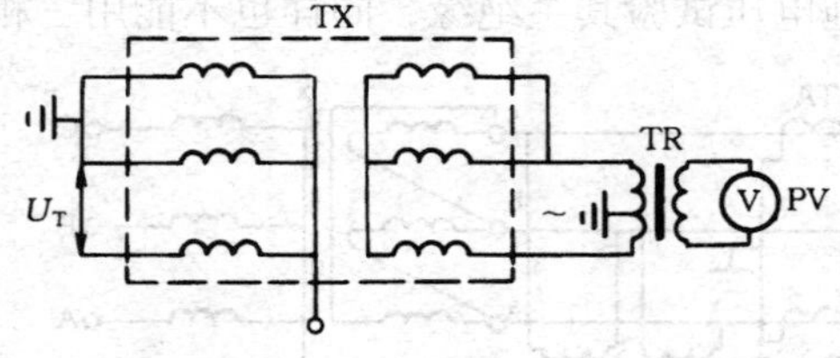

图 7-11　三相变压器星形边单相加压试验接线

PV—电压表；TX—被试变压器；TR—调压器

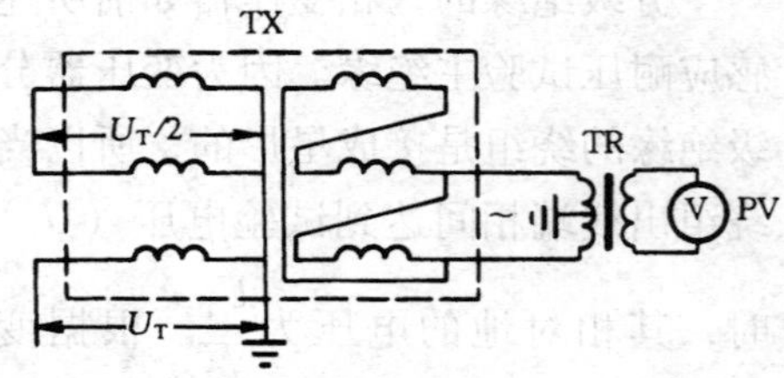

图 7-12　三相变压器三角形边单相加压试验接线

图7-13为通过星形一次侧两相并联和另一相串联单相加压，中性点接地，使二次侧被试相对地达到试验电压，线间达$1.5U_T$。

图 7-14 为通过三角形一次侧两相串联和另一相并联单相加压，中性点接地，使二次侧被试相对地达到试验电压，线间达 $2U_T$。

图 7-15 和图 7-16 是单相变压器的感应耐压试验接线。在图 7-16 中由辅助变压器 TF 配合，试验中性点的绝缘。

以上几种不同的试验接线，可以根据具体情况选用。

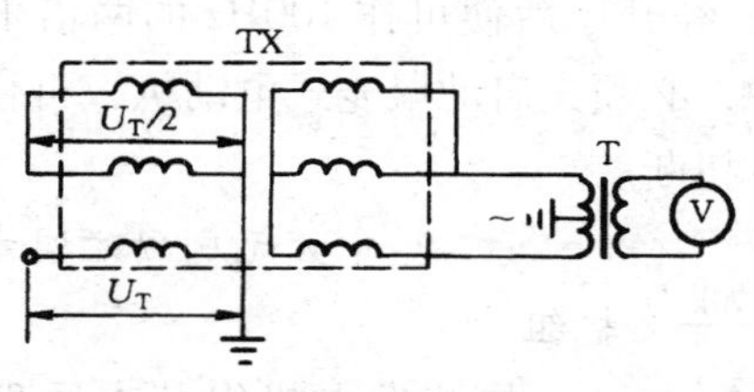

图 7-13　三相变压器星形边单相加压试验接线

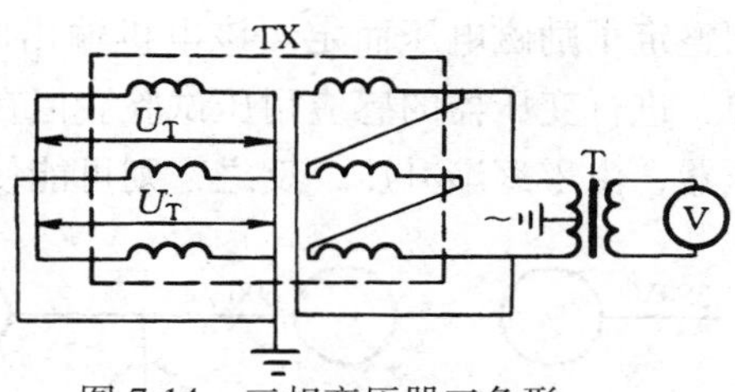

图 7-14　三相变压器三角形边单相加压试验接线

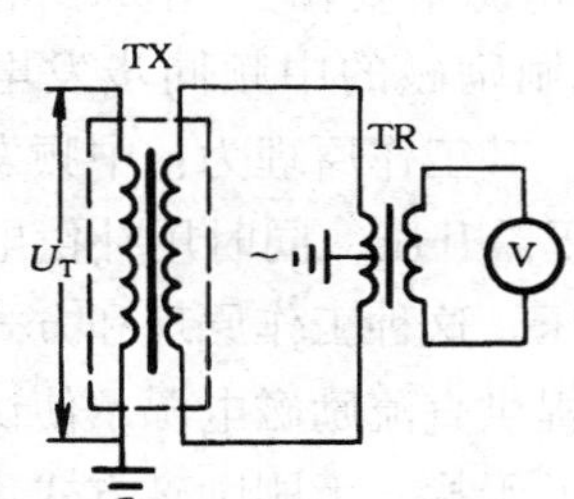

图 7-15　单相变压器试验接线

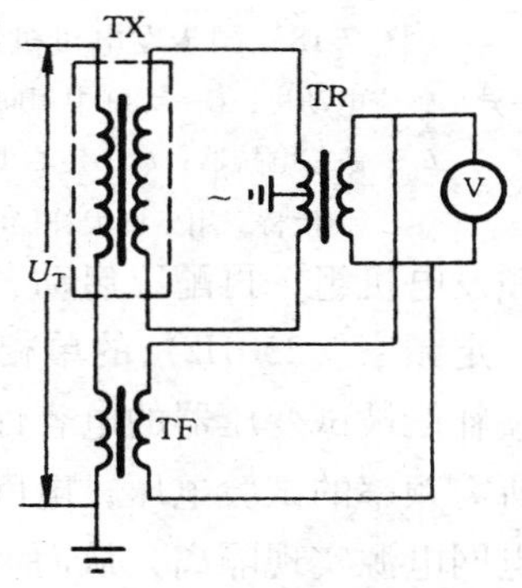

图 7-16　单相变压器加辅助变压器的试验接线

三、电力系统中倍频电源的获取

电力系统运行调试单位一般不配备正弦波的变频电源，而是利用现场设备组合而成。

（一）利用两台电动机组取得倍频电源

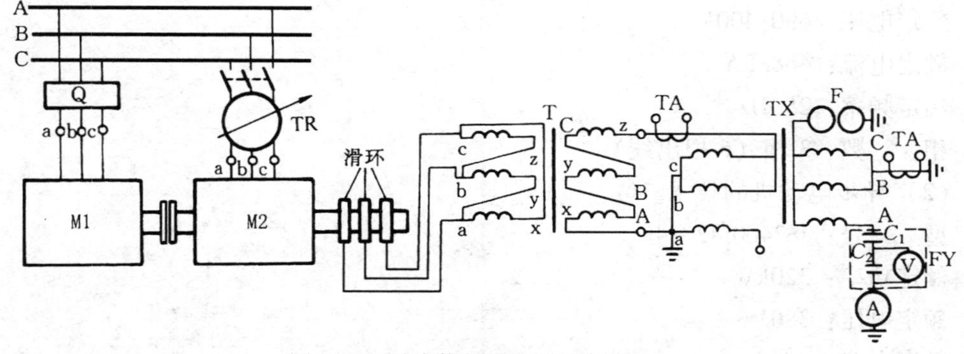

图 7-17　异步倍频发生器示意图

Q—起动器；M1—鼠笼电动机；M2—绕线式电动机；TR—调压器；T—升压变压器（其中 c 相反接，使三相电压矢量相加）；FY—利用变压器高压套管电容构成的分压测量系统

用一台三相异步鼠笼电动机，驱动一台三相转子为绕线式的异步电动机，如图 7-17 所示。先启动鼠笼式电动机 M1 至额定转速，然后用与鼠笼式电动机相序相反的三相电源，经调压器 TR 对绕线式异步电动机 M1 定子励磁，便在定子中产生与其转子旋转方向相反的旋转磁场。由于驱动绕线式电动机转子的速度与旋转磁场的速度接近，但旋转方向相反，于是便在绕线式转子绕组中感应出两倍于系统频率的电压，其数值大小可由调压器调整定子励磁电压而定。该电机输出的倍频电压，经升压后便可作 100Hz 的两倍工频电源，进行变压器的感应耐压试验。但在起动过程中，必须先启动鼠笼式电动机，再合上调压器，由零逐渐升压，反之，则可能使联接靠背轮扭断。

（二）中频无刷励磁同步发电机组

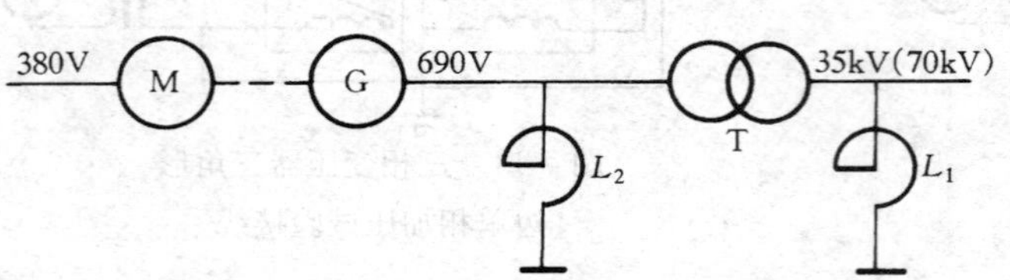

图 7-18　同步发电机机组基本原理接线

M—异步感应电动机；G—无刷中频同步发电机；T—升压变压器；L_1—铁芯电抗器；L_2—空心电抗器（可用阻波器代替，用于增大补偿电抗的容量）

同步发电机组基本原理接线如图 7-18 所示。图中，电源装置同补偿电抗器、中间升压变压器以及必要的外围测量设备联合使用。电源主要由三相异步电动机和无刷励磁的中频同步发电机组成中频发电机组，再配以启动、控制、测量和保护系统组成。其工作原理为：中频发电机发出一定频率（250Hz）的单相或三相交流电能，经中间变压器升压，同时用补偿电抗器来调整补偿被试变压器的电容性电流，以获得所需的试验电压。这种工作原理和方式可以得到所需频率的试验电压，电网电源仅用来驱动发电机组和提供直流励磁电源，使试验电源与电网电源实现隔离，从而消除了试验回路来自电网系统的干扰，无刷励磁方式也大大降低了电源本身的干扰水平，因此在做感应耐压的同时，也可进行局部放电测量。

以下为电源装置的基本技术参数实例：

（1）无刷励磁中频同步发电机技术参数。

型　　号：TFWZP 560/250

额定容量：560kVA

额定电压：690/400V

额定电流：468. 5A

额定频率：250Hz

相　　数：3 相（6 根出线）

（2）异步电动机的技术参数。

型　　号：JS2400M2 –4

额定功率：320kW

额定电压：380V

额定电流：486A

额定频率：50Hz

相　　数：3 相

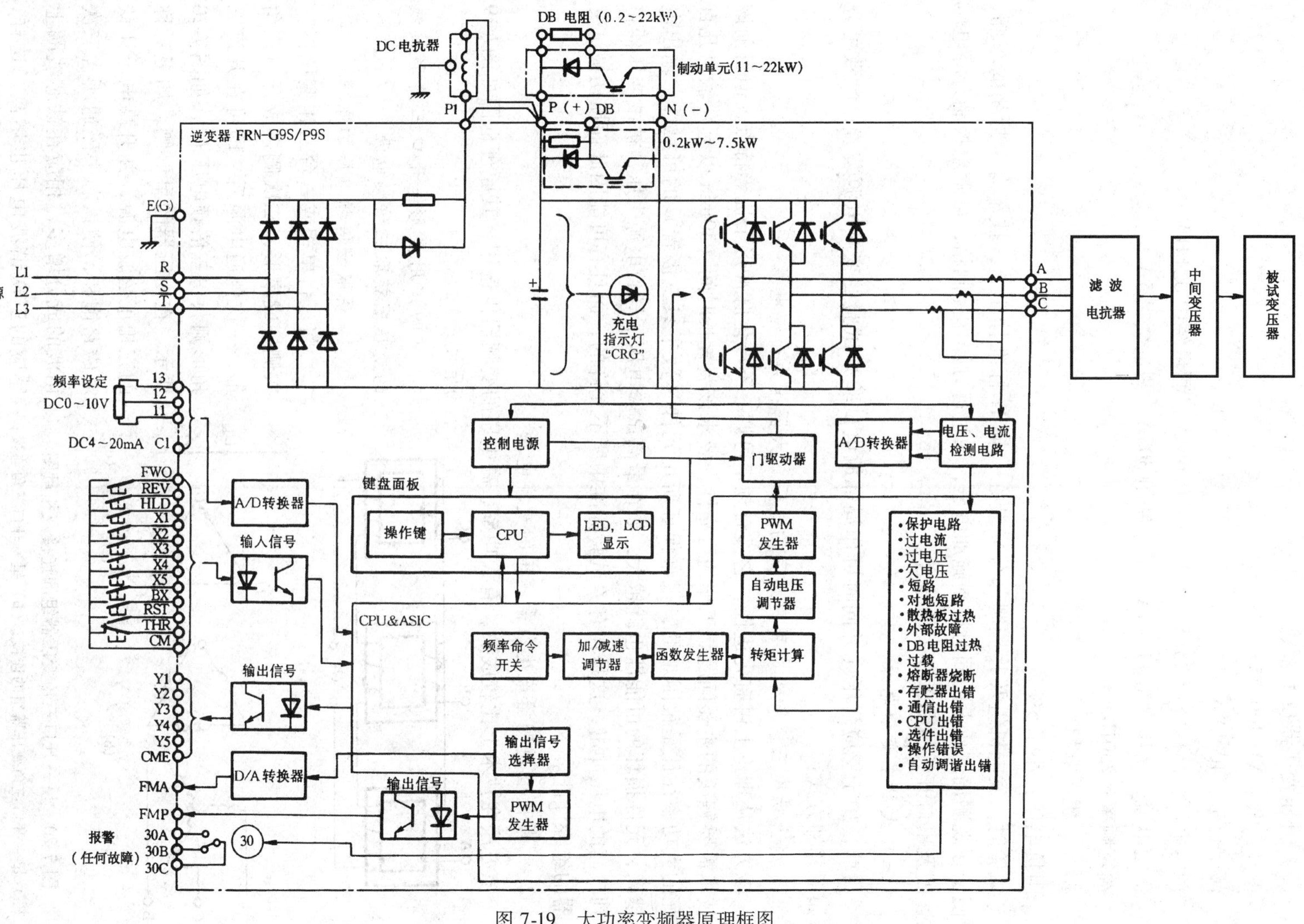

图 7-19 大功率变频器原理框图

（3）升压变压器技术参数。

型　　号：YD-400/35

额定容量：400kVA

额定电压：高压绕组 35kV，低压绕组 0.66kV，测量绕组 0.14kV

额定电流：高压绕组 11.43A，低压绕组 303A，测量绕组 5A

额定频率：250Hz

相　　数：单相

阻抗电压：小于 5%

试验时，发电机组及其控制部分安装在一辆 1t 标准挂车上，挂车有全封闭的车厢，为便于在观测局部放电的同时控制施加电压，通过远方操作控制箱，可随意控制升降电压的速度及出口开关与励磁开关的分合。

（三）大功率变频电源

目前，用于感应耐压（并同时可作局部放电试验）试验的变频电源装置，大致可分为如下几种方式：

1. 用大功率三极管组成可变频率的电压放大器作为交流电源

该方法从理论上讲有先进性，它具有频率可调、不产生脉冲形干扰等特点，但目前该项技术需要解决的主要问题是工作的可靠性，要求该装置长时间（30min 以上）输出几百千瓦的大功率往往是很困难的，很难保证所用元件（数千只三极管）的可靠性。输出电压越高，元件损坏的可能性也就越大，如在最高试验电压下导致电源失压，被试变压器将受到较高的电压冲击，这是在有关试验标准中所不允许的，而且有可能因此而损伤被试变压器的绝缘性能。

2. 用晶闸管逆变器产生所需频率的交流电源

该方法在技术上比较成熟，有大功率、高电压的变频器供选用，其原理框图如图7-19所示。

（四）用星形—开口三角形接线的变压器获取三倍频电源

1. 获取三倍频电压的原理

将三台单相或一台三相变压器一次侧接成星形，二次侧接成开口三角形，一次侧通电源后，即可在开口三角形侧获得三倍频电压 U_3，如图 7-20 所示。在变压器的星形侧，加上对称的三相正弦波电源，并升高电压让铁芯磁路饱和，使铁芯中磁通所含三次谐波的成分增多，相应在铁芯线圈上感应的三次谐波电压也增高。这样，在接成开口三角形的绕组中，就有基

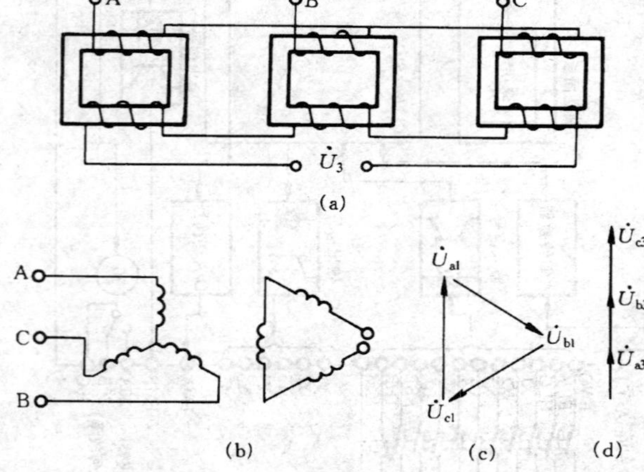

图 7-20　星—开口三角变压器组的连接及相量图
（a）星—开口三角变压器组的连接；（b）星—开口三角连接；（c）基波相量；（d）三次谐波电压相量

波和三次谐波电压。由于三相基波的相量相互差120°，在开口三角形中串接起来其和为零，见图7-20（c）。而三次谐波是同相的，故得到三相三次谐波的相量和为 $\dot{U}_3 = \dot{U}_{a3} + \dot{U}_{b3} + \dot{U}_{c3}$，见图7-20（d）。于是在开口三角形侧便可得到三倍频率的电源。

2. 三倍频装置的电压 U_3 和内阻 Z_i

三倍频发生装置可用图7-21的等值电路表示。

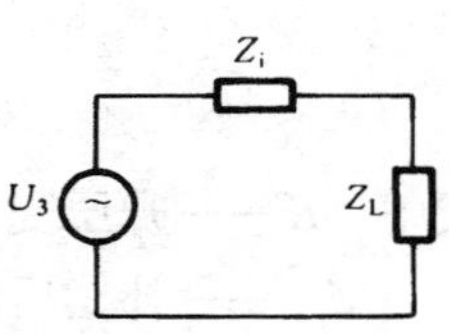

图7-21 三倍频电源的等值电路

U_3—三倍频电源电压；
Z_i—电源内阻抗；
Z_L—负载阻抗

图7-21中 U_3 和 Z_i 不是恒量，它与星形侧的升压高低有关。可以用试验的方法测量 U_3 及 Z_i，如图7-22所示。分别测量出开路电压及短路电流，便可算出 Z_i。其方法是：在星形侧施加三相电压，开口三角侧开路，由电压表测量出 U_3；然后，将开口三角侧短路（图中虚线所示），测出短路电流 I_K，再用下式求得。即

$$Z_i = U_3/I_K \tag{7-12}$$

3. 选择合适的过电压（励磁）倍数

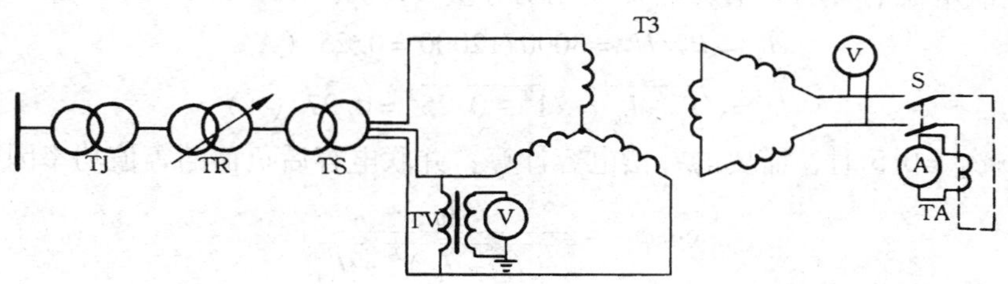

图7-22 三倍频发生装置等值参数实测接线

TJ—降压变压器；TR—调压器；TS—升压变压器；TV—电压互感器；T3—三倍频变压器；S—开关

影响三倍频发生装置输出电压 U_3 和内阻 Z_i 的主要因素是过电压倍数。这是因为有下列两方面的原因，即：

其一，输出电压 U_3 与加至星形侧的过电压倍数（即过励磁饱和程度）有关。测出变压器的空载特性后，便可选择合适的过电压倍数。一般当过电压倍数达1.4~1.6倍时，开口三角形侧输出的三次谐波电压最高。

其二，内阻 Z_i 是随着过电压倍数的增高而下降的，但当达一定的电压时，则下降甚微。此时，该装置的输出容量较大。

4. 三倍频装置输出容量最大的条件

根据计算，要使三倍频装置有最大的输出容量，应使负载阻抗与装置的内阻抗绝对值相等，即使负载阻抗 Z_L 与内阻抗 Z_i 匹配。这时，最大输出容量可按下式估算

$$P_{max} = \frac{U_3^2}{4Z_i\cos\varphi_i} \tag{7-13}$$

式中 P_{max}——装置输出的最大容量（W）；

U_3——装置输出的三次谐波电压（V）；

Z_i——装置的内阻抗（Ω）；

$\cos\varphi_i$——装置的功率因数。

因此，首先应根据被试品的性质，选取电容或电感元件组成补偿装置，使阻抗角相等，符号相反。其次，要选择升压变压器的变压比，在满足 $Z_L = Z_i$ 及 $\varphi_L = -\varphi_i$ 时，最佳变比可按下式选取

$$K = \sqrt{\frac{Z'_L}{Z_i}} \tag{7-14}$$

式中 K——升压变压器的变比；

Z'_L——补偿后的负载阻抗；

Z_i——装置的内阻抗。

5. 最佳变压比和装置最大输出容量的估算

设装置的 $U_3 = 600V$、$Z_i = 50\Omega$、$\cos\varphi_i = 0.5$。被试负载是做一台变压器的感应耐压试验。试验电压 $U_T = 12000V$、电流 $I_T = 1A$（感性）、功率 $P_T = 3000W$。中间变压器最佳变压比和装置最大输出容量的估算如下。

（1）空载电流的有功分量（I_{0a}）及无功分量（I_{0r}）

$$I_{0a} = P_T / U_T = 3000/12000 = 0.25\ (A)$$

$$I_{0a} = \sqrt{I_T^2 - I_{0a}^2} = \sqrt{1^2 - 0.25^2} = 0.97\ (A)$$

（2）$\cos\varphi_L = 0.5$ 时，需要的补偿电容计算：并联电容后负荷的等值功率因数为

$$\cos\varphi_L = \frac{I_{0a}}{\sqrt{(I_C - I_{0r})^2 + I_{0a}^2}}$$

因此
$$(I_C - I_{0r})^2 = \left(\frac{I_{0a}}{\cos\varphi_L}\right)^2 - I_{0a}^2$$

$$= \left(\frac{0.25}{0.5}\right)^2 - 0.25^2 = 0.25 - 0.0625 = 0.1875$$

则得
$$I_C = \sqrt{0.1875} + I_{0r} = 0.43 + 0.97 = 1.4\ (A)$$

需要的补偿电容为
$$C = \frac{I_C}{3\omega U_T} = \frac{I_C}{3 \times 2\pi f \cdot U_T}$$

$$= \frac{1.4}{3 \times 2 \times 3.14 \times 50 \times 12000} = 0.124(\mu F)$$

（3）补偿后的负载阻抗：补偿后的负载电流为

$$I_L = \sqrt{(I_C - I_{0r})^2 + I_{0a}^2}$$

$$= \sqrt{(1.4 - 0.97)^2 + 0.25} = 0.497(A)$$

补偿后的负载阻抗为

$$Z'_L = \frac{U_T}{I_L}$$

$$= \frac{12000}{0.497} = 24144(\Omega)$$

（4）中间变压器的最佳变压比

$$K = \sqrt{\frac{Z'_L}{Z_i}} = \sqrt{\frac{24144}{50}} \approx 22$$

（5）输出的最大容量：为满足 $\cos\varphi_L = \cos\varphi_i$ 及 $Z'_L = K^2 \cdot Z_i$ 的条件，故输出的最大容量为

$$P_{max} = \frac{U_3^2}{4Z_i\cos\varphi_i} = \frac{600^2}{4 \times 50 \times 0.5} = 3600(\mathrm{W})$$

四、现场试验实例

（一）三倍频感应耐压试验

由三台 2000kVA、3.75kV/6.3kV 单相变压器组成三倍工频发生装置，进行一台 60MVA 的变压器感应耐压前的准备工作。

1. 测试单相变压器的伏安特性

测试单相变压器的伏安特性是为了弄清变压器铁芯的磁化特性，确定合适的过电压倍数。它是在变压器的 3.75kV 侧加压测取的，测量数据如表 7-9 所示。

表 7-9　　2000kVA 变压器的伏安特性

试验电压 U_T（V）	1250	2015	2550	3010	3610	4050	4270	4500	4775	5040	5300	5325
U_T 与额定电压 U_n 之比	0.333	0.536	0.68	0.804	0.966	1.08	1.14	1.20	1.27	1.34	1.41	1.418
试验电流 I_T（A）	0.9	1.5	3.0	4.5	7.5	11.2	14.4	18.6	26.4	36.4	53.1	55.0
试验功率（W）	1500	2250	3380	4500	5625	6750	7500	9000	9750	12000	13125	15000

由表 7-9 绘制的伏安特性曲线 $U_T = f(I_T)$，如图 7-23 所示。从图中看出，该变压器的铁芯在 5.3kV 时，已处于饱和状态，故过电压倍数选在 1.4 左右为宜。

2. 倍频装置的开路、短路试验

由三台 2000kVA 单相变压器组成的三倍工频发生装置，进行开路、短路特性的测量结果，如表 7-10 所示。

表 7-10　　150Hz 装置开路、短路特性测量结果

开路状态	星形侧	U_T（kV）	6.45	8.2	8.6	9.0	9.2	9.4
		U_T/U_n	0.99	1.26	1.32	1.39	1.41	1.44
		I_A（A）	7.25	21.9	29.7	39.7	45.1	51.8
		I_C（A）	6.6	20.0	30.0	40.2	43.5	50.4
	开口三角侧	$U_\triangle$（kV）	9.45	13.57	14.28	15.26	16.10	16.38
		$U_\triangle/U_{ph}$（6.3kV）	1.5	2.15	2.26	2.42	2.56	2.60
短路状态		I_k（A）	2.16	12.3	14.7	18.3	19.9	22.1
		Z_i（Ω）	4350	1097	970	835	812	742

由表 7-10 数据绘制的 $U_\triangle = f(U_T/U_n)$ 和 $Z_i = f(U_T/U_n)$ 的关系曲线，如图7-24所

示。从图上看出，选该装置的过电压倍数约为 1.4 时，输出电压已较高，内阻抗已很小，可满足试验要求。

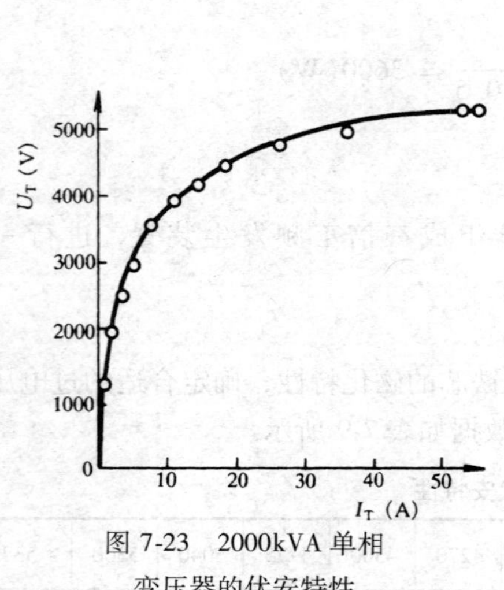

图 7-23　2000kVA 单相变压器的伏安特性

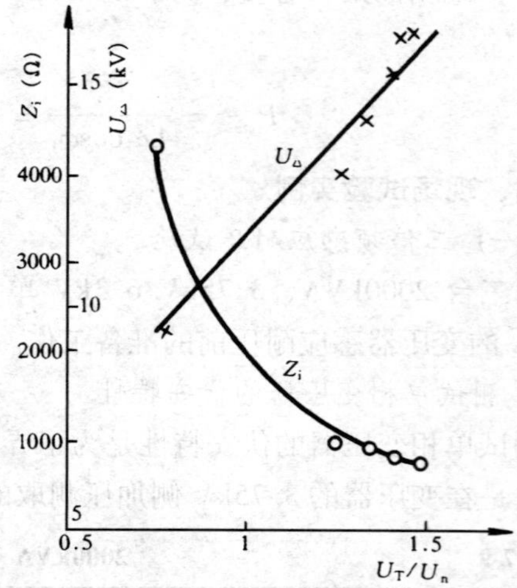

图 7-24　倍频装置空载电压 $U_\triangle$ 和内阻抗 Z_i 与励磁过电压倍数的关系曲线

3. 被试变压器感应耐压前有关参数的估算

（1）空载有功损耗和有功电流的估算

$$P_{0a} = \left(\frac{f}{f_n}\right)^m \times \left(\frac{B'_m}{B_m}\right)^n \times P_{0an} \tag{7-15}$$

式中　f——感应耐压施加电源的频率（150Hz）；

f_n——变压器的额定频率（50Hz）；

B'_m——试验时的磁通密度（T）；

B_m——额定电压和额定频率时的磁通密度，取 1.4T；

P_{0a}——试验时的有功损耗（kW）；

P_{0an}——额定电压和额定频率下的有功损耗，取 107.4kW；

m——系数，1.18～1.33；

n——系数，1.8～1.9。

试验时的磁密

$$B'_m = B_m \cdot \frac{Kf_n}{f}$$

式中　K——试验电压倍数，等于 2。

因此

$$B'_m = \frac{2\times 50}{150}\times 1.4 = 0.9333\ (\mathrm{T})$$

非试验相的磁密

$$B''_m = \frac{Kf_n}{f}\cdot B_m$$

$$= \frac{1\times 50}{150}\times 1.4 = 0.4666(\mathrm{T})$$

试验相的有功损耗

$$P_{0a}=\left(\frac{150}{50}\right)^{1.3}\times\left(\frac{0.9333}{1.4}\right)^{1.8}\times\left(\frac{107.4}{3}\right)=4.16\times0.482\times35.8=72\ (\text{kW})$$

非试验相的有功损耗

$$P'_{0a}=\left(\frac{150}{50}\right)^{1.3}\times\left(\frac{0.4666}{1.4}\right)^{1.8}\times\left(\frac{107.4}{3}\right)=4.16\times0.138\times35.8=20.5\ (\text{kW})$$

试验时的总损耗

$P_\Sigma=72+20.5\times2=113$（kW）（实测三相平均为99.5kW）

试验时的有功电流

$I_a=\dfrac{P_\Sigma}{U_n}=\dfrac{113000}{10500}=10.8$（A）（实测三相平均10.74A）

（2）感性无功功率和无功电流的估算

$$Q_{Lr}=\left(2\times\frac{H_1}{H}+\frac{H_2}{H}\right)\times Q_{rn} \tag{7-16}$$

式中　Q_{Lr}——150Hz时的感性无功功率（kvar）；

H_1——非被试相的磁场强度，由被试变压器硅钢片的磁化曲线，在0.4666T时约取0.7安匝/cm；

H_2——被试相的磁场强度，由被试变压器硅钢片的磁化曲线，在0.9333T时约取1.4安匝/cm；

H——额定磁密1.4T时的磁场强度，由被试变压器硅钢片的磁化曲线查得为6.36安匝/cm；

Q_{rn}——额定电压和额定频率下单相无功功率（kvar）。

其中

$$Q_{rn}=\sqrt{(U_nI_{0n})^2-(P_{rn})^2} \tag{7-17}$$

式中　U_n——被试变压器的额定电压，10.5kV；

I_{0n}——被试变压器额定电压下的空载电流。

其中

$$I_{0n}=I_n\cdot I_0\%/\sqrt{3}=3300\times1.5\%/\sqrt{3}=28.6(\text{A})$$

式中　I_n——变压器低压侧的额定电流，3300A；

$I_0\%$——变压器的空载电流百分值，1.5%；

P_{rn}——额定电压及额定频率时的有功功率。

所以

$$Q_{rn}=\sqrt{(10.5\times28.6)^2-\left(\frac{107.4}{3}\right)^2}$$

$$=\sqrt{300^2-35.8^2}=295(\text{kVA})$$

150Hz下的感性无功功率

$$Q_{Lr}=\left(2\times\frac{0.7}{6.36}+\frac{1.4}{6.36}\right)\times295=0.44\times295=130\ (\text{kVA})$$

150Hz下的感性无功电流

$$I_{Lr} = \frac{130000}{10500} = 12.38(\text{A})$$

（3）容性无功功率和无功电流的估算。由试验测得被试变压器高压绕组对低压绕组及地的电容值为9400pF，低压绕组对高压绕组及地的电容值为19900pF。估算容性功率时，电容值按集中电容考虑，并假设各绕组的电容值相等，电压按首尾电压和的一半作近似计算，则无功功率为

$$Q_C = 2\pi f C_{ph} U^2 \tag{7-18}$$

高压侧试验相无功功率 Q_{C1} 为

$$Q_{C1} = 2 \times 3.14 \times 150 \times \left(\frac{9400}{3}\right) \times \left(\frac{133000}{2}\right) \times 10^{-12}$$
$$= 942 \times 3133 \times 4.42 \times 10^9 \times 10^{-12} = 13(\text{kVA})$$

高压侧非试验相无功功率 Q'_{C1} 为

$$Q'_{C1} = 2 \times 3.14 \times 150 \times \left(\frac{9400}{3}\right) \times \left(\frac{66600}{2}\right)^2 \times 10^{-12}$$
$$= 942 \times 3133 \times 1.108 \times 10^9 \times 10^{-12} = 3.27(\text{kVA})$$

低压侧试验相无功功率 Q_{C2} 为

$$Q_{C2} = 2 \times 3.14 \times 150 \times \left(\frac{19900}{3}\right) \times \left(\frac{21000}{2}\right)^2 \times 10^{-12}$$
$$= 942 \times 6673 \times 1.1025 \times 10^8 \times 10^{-12} = 0.688(\text{kVA})$$

低压侧非试验相无功功率 Q'_{C2} 为

$$Q'_{C2} = 2 \times 3.14 \times 150 \times \left(\frac{19900}{3}\right) \times \left(\frac{10500}{2}\right)^2 \times 10^{-12}$$
$$= 942 \times 6633 \times 276 \times 10^5 \times 10^{-12} = 0.172(\text{kVA})$$

总容性无功功率 $Q_{C\Sigma}$ 为

$$Q_{C\Sigma} = 13 + 3.27 \times 2 + 0.688 + 0.172 \times 2 = 20.572\ (\text{kVA})$$

容性无功电流 I_C 为

$$I_C = \frac{Q_{C\Sigma}}{U_n} = \frac{20572}{10500} = 1.96\ (\text{A})$$

（4）视在功率 S 和电流估算

$$S = \sqrt{P_{\Sigma}^2 + (Q_{Lr} - Q_{C\Sigma})^2}$$
$$= \sqrt{113^2 + (130 - 20.572)^2} = 157.3(\text{kVA})\text{（实测值 141.5kVA）}$$

$$I_n = \frac{S}{U_n} = \frac{157300}{10500} = 14.98(\text{A})\text{（实测三相平均 14A）}$$

（5）变压器低压侧等值阻抗和阻抗角 φ 的估算

$$Z_{02}=\frac{U_n}{I_n}=\frac{10500}{14.98}=700.9(\Omega)(\text{实测为}750\Omega)$$

$$\varphi=\text{arcctg}\frac{P_{\Sigma}}{Q_{Lr}-Q_{C\Sigma}}$$

$$=\text{arcctg}\frac{113}{130-20.57}=\text{arcctg}1.032$$

则
$$\varphi=44°(\text{实测}45°),\text{即}$$
$$Z_{02}=700.9\angle 44°(\text{实测}Z_{02}=750\angle 45°)$$

(二) 中频感应耐压试验

现场实际试验的接线如图 7-25 所示。用 250Hz 无刷励磁发电机组在现场进行一台 120MVA、220kV 主变压器耐压试验。图 7-25 所示为对 A 相进行试验的接线。

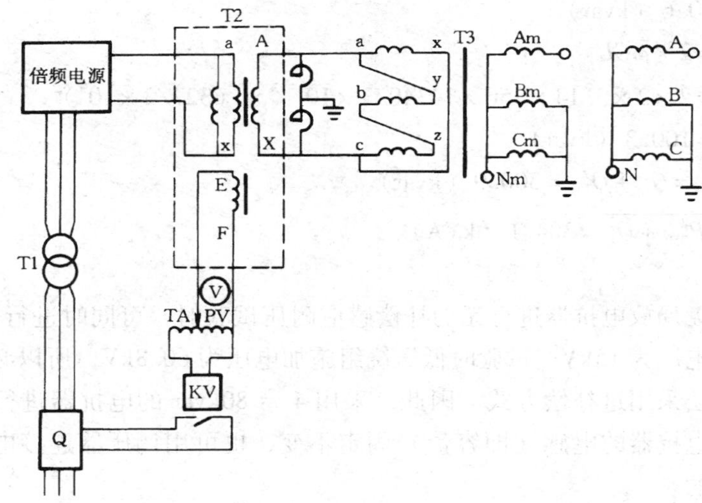

图 7-25　A 相感应耐压试验接线图

Q—35kV 开关；T1—电源变压器，35/0.4kV、180kVA；T2—中间变压器，2×35/0.66kV、800kVA；T3—被试变压器；TA—自耦调压器（0.5～1kVA）；KV—低压继电器；PV—电压表，0.5、150、300、600V

1. 补偿计算

由于在 250Hz 电压下，变压器表现为容性负载，电源容量不足，必须进行补偿。在一般情况下，忽略变压器感性及低压侧电容，只考虑高压对中压、低压及地的电容。为简化计算，上述电容按集中电容估算，电容量 $C=15009\text{pF}$，试验频率 $f=250\text{Hz}$，计算步骤如下：

(1) 有功损耗估算

试验相

$$P_{250}=\left(\frac{f_{250}}{f_{50}}\right)^m\left(\frac{B_{250}}{B_{50}}\right)^n\frac{P_0}{3}$$

$$=5^{1.3}\times(1.53/5)^{1.8}\times 123/3$$

$$=39(\text{kW})$$

非试验相 $P'_{250} = 2 \times \left(\frac{f_{250}}{f_{50}}\right)^m \left(\frac{B_{250}}{B_{50}}\right)^n \frac{P_0}{3}$

$= 23$（kW）

总有功损耗 $P_{250} = 39 + 23 = 62$（kW）

式中 B_{250}——250Hz 时的磁通密度；

B_{50}——50Hz 时的磁通密度；

P_0——空载损耗（由设计值或出厂试验值可知）。

（2）容性无功估算

试验相 $Q_C = \omega C U^2$

$= 2 \times 3.14 \times 250 \times 14340/3 \times 10^{-12} \times (327/2 \times 10^3)^2$

$= 200.6$（kvar）

非试验相 $Q'_C = 2 \times \omega C U^2$

$= 2 \times 2 \times 3.14 \times 250 \times 14340/3 \times 10^{-12} \times (327/2 \times 10^3)^2$

$= 100.3$（kvar）

总容性无功 $Q_{C\Sigma} = Q_C + Q'_C = 300.9$（kvar）

视在功率 $S = \sqrt{P_{250}^2 + Q_C^2} = 304.1$（kVA）

2. 补偿实施

试验时采用无局放电抗器进行无功补偿感应耐压试验时，可同时进行局部放电试验。补偿电抗器额定电压为15kV，试验时低压绕组施加电压为60.8kV，所以必须用4台电抗器串联使用。补偿采用过补偿方式，因此，采用4台80kvar的电抗器进行串联即可满足要求。由于这种电抗器的电感（即容量）固定不变，也可用调压器连接电抗器，即可达到调节电感的目的。

3. 回路电压计算

试验时高压侧试验电压为335kV，按图7-25接线，计算各点电压如图7-26所示。

4. 试验电压的监测及注意事项

在现场中，采用两种方法进行监测：

（1）在高压侧监测。通过被试相套管尾端串上一标准电容器，使套管电容与标准电容器构成电容分压器。标准电容可用标准电容箱，便于低压臂电压选择。电压表可用量程为3000V的静电电压表。实践证明，这种监测方法是相当准确的。

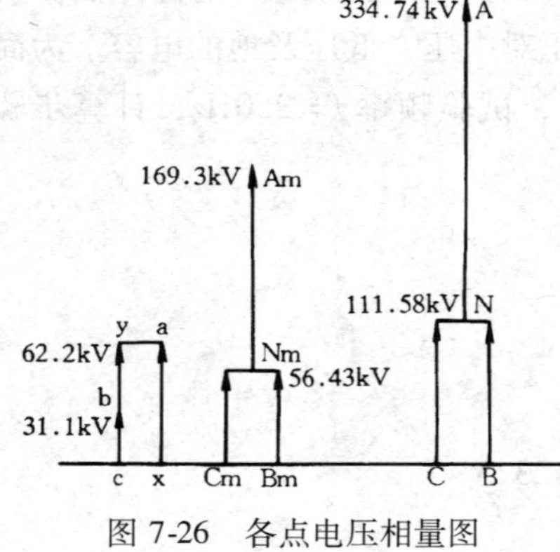

图 7-26 各点电压相量图

（2）用分压器从中压侧进行监测。试验中，当欠补偿时，通过中间变压器监测的电压 U_{n1} 低于从中压侧（或高压侧）监测的电压 U_{n2}，有 $U_{n1} < U_{n2}$，即存在容升现象，如只从 U_{n1} 监测，则可能造成试验电压超过标准试验电压而引起设备意外损坏；当过补偿时，则有 $U_{n1} < U_{n2}$，如只监测 U_{n1}，则试验电压达不到标准值。所以，在条件允许的情况下，应尽可能从

高压侧直接监测试验电压。同时，为安全起见，补偿应采用过补偿，以避免容升现象。但因为试验电源容量有限，过补偿也不能太大。

试验采用非被试相励磁法，在低压侧施加的试验电压比被试相励磁法降低一半。因试验电压等级降低一半，故从低压侧监测的试验设备（如 TV、TA 等）在现场容易解决，试验也会顺利进行，这种方法值得推广。

在感应耐压试验方案中，要仔细检查绕组的连线和结构，确保各绕组相邻部位的电压不能超过试验电压。校验中性点电压，使之不超过其允许电压，特别是中性点有有载分接开关时，一定要注意分接开关的任何分接都不能超过中性点允许电压。

第八章 变压器电压比测量

变压器的电压比是指变压器空载运行时，一次侧电压 U_1 与二次侧电压 U_2 的比值，简称电压比（或变比），即

$$K = \frac{U_1}{U_2} \tag{8-1}$$

如果一次侧输入电压 U_1 按正弦规律变化，则在绕组中产生的磁通也按正弦规律变化，交变磁通在绕组的一次侧、二次侧要产生感应电动势 E_1 及 E_2，变压器空载时，内部压降及漏抗都很小，外加电压 U_1 和感应电动势 E_1 的数值基本相等，即 $U_1 \approx E_1$，二次侧电压 U_2 也等于二次侧感应电动势 E_2，根据电动势平衡关系，则

$$U_1 \approx E_1 = 4.44fN_1\Phi_m \times 10^{-8} \tag{8-2}$$

$$U_2 \approx E_2 = 4.44fN_2\Phi_m \times 10^{-8} \tag{8-3}$$

式中 f——电源频率（Hz）；

Φ_m——铁芯柱中主磁通（Wb）；

N_1、N_2——一次、二次绕组匝数。

由此可见，变压器的电压比为

$$K = \frac{U_1}{U_2} \approx \frac{E_1}{E_2} = \frac{4.44fN_1\Phi_m \times 10^{-8}}{4.44fN_2\Phi_m \times 10^{-8}} = \frac{N_1}{N_2} \tag{8-4}$$

所以，单相空载变压器的电压比近似等于变压器的匝数比。三相变压器铭牌上的变比是指不同电压绕组的线电压之比，因此，不同接线方式的变压器，其变比与匝数比有如下关系：一次、二次侧接线相同的三相变压器的电压比等于匝数比；一次侧、二次侧接线不同（即一侧为三角形接线，另一侧为星形接线者）时，Y，d 接线的电压比为 $K = \sqrt{3}\frac{N_1}{N_2}$，D，y接线的电压比为 $K = \frac{N_1}{\sqrt{3}N_2}$。

测量电压比的目的：

（1）检查变压器绕组匝数比的正确性；

（2）检查分接开关的状况；

（3）变压器发生故障后，常用测量电压比来检查变压器是否存在匝间短路；

（4）判断变压器是否可以并列运行。

当两台并列运行的变压器二次侧空载电压相差为额定电压的1%时，两台变压器中的环流将达到额定电流的10%左右，这样便增加了变压器的损耗，占用了变压器的容量。因此，电压比的差值应限制在一定范围内，按有关规定，电压比小于3的变压器，允许偏

差为 ±1%，其他所有变压器（额定分接位置）为 ±0.5%。

电压比的测量方法，一般有双电压表法和变比电桥法。

第一节 用双电压表法测量电压比

测量电压比时，施加的电压最好接近额定电压（一般不低于1/3额定电压），并应加在电源侧，对于升压变压器加在低压侧，降压变压器加在高压侧。

三相变压器的电压比可以用三相或单相电源测量。用三相电源测量比较简便，用单相电源比用三相电源容易发现故障相。当用单相电源测量Y，d或D，y连接的变压器的电压比时，三角形接线绕组的非被试相应短接（如表8-1中序号2、3所示），从而使非被试相中没有磁通，使加压相磁路均匀。

表8-1 单相电源测电压比接线及其计算公式

序号	变压器接线方式	加压端子	短路端子	测量端子	电压比及比差计算公式	试验接线图
1	单相	AX		ax	$K_1=\frac{U_{AX}}{U_{ax}}$ $\Delta K\%=\frac{K_n-K_1}{K_n}\times 100$	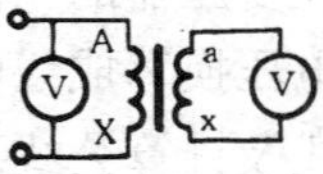
2	Y，d11	ab	bc	AB ab	$K_1=\frac{U_{AB}}{U_{ab}}=\frac{U_A+U_B}{U_{2L}}=2K_{ph}$ $=\frac{2}{\sqrt{3}}K_L$ $K_L=\frac{\sqrt{3}}{2}\times\frac{U_{AB}}{U_{ab}}$ $\Delta K\%=\frac{K_n-\frac{\sqrt{3}}{2}K_{av}}{K_n}\times 100$	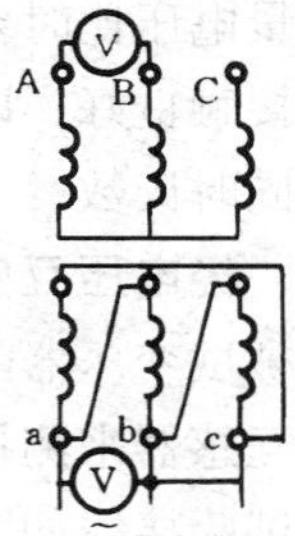
		bc	ca	BC bc		
		ca	ab	CA ca		
3	D，y11	ab	CA	AB ab	$K_1=\frac{U_{AB}}{U_{ab}}=\frac{U_{1ph}}{2U_{2ph}}=\frac{1}{2}K_{ph}$ $=\frac{U_{1L}}{2U_{2L}/\sqrt{3}}=\frac{\sqrt{3}}{2}K_L$ $K_L=\frac{2U_{AB}}{\sqrt{3}U_{ab}}$ $\Delta K\%=\frac{K_n-2/\sqrt{3}K_{av}}{K_n}\times 100$	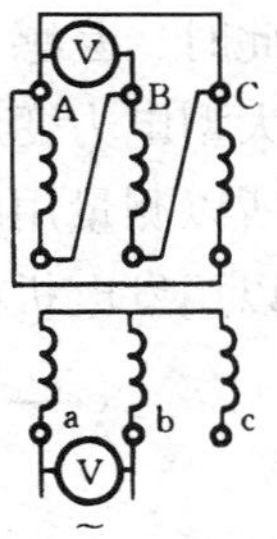
		bc	AB	BC bc		
		ca	BC	CA ca		
4	Y，y0	ab		AB	$K_1=\frac{U_{AB}}{U_{ab}}=K_L=K_{ph}$ $K_L=\frac{U_{AB}}{U_{ab}}$ $\Delta K\%=\frac{K_n-K_{av}}{K_n}\times 100$	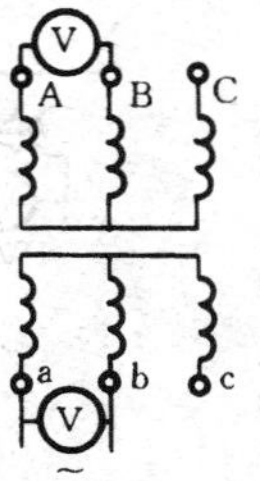
		bc		BC		
		ca		CA		

续表

序号	变压器接线方式	加压端子	短路端子	测量端子	电压比及比差计算公式	试验接线图
5	YN，d11	ab		BN	$K_1=\frac{U_{BO}}{U_{ab}}=K_{ph}=\frac{1}{\sqrt{3}}K_L$ $K_L=\sqrt{3}\frac{U_{BO}}{U_{ab}}$ $\Delta K\%=\frac{K_n-\sqrt{3}K_{av}}{K_n}\times 100$	
		bc		CN		
		ca		AN		

注 1. K_n—额定电压比；K_1—实测电压比；K_{av}—三次实测电压比的平均值；K_L—线电压比；K_{ph}—相电压比；ΔK—电压比差；U_{1ph}，U_{2ph}—一、二次空载相电压；U_{1L}、U_{2L}—一、二次空载线电压。

2. 序号4中Y，y接线方式的计算公式，同样适用于D，d接线方式。

一、直接双电压表法

在变压器的一侧施加电压，并用电压表在一次、二次绕组两侧测量电压（线电压或用相电压换算成线电压），两侧线电压之比即为所测电压比。表8-1为单相电源测电压比的接线及计算公式。

测量电压比时要求电源电压稳定，必要时需加稳压装置，二次侧电压表引线应尽量短，且接触良好，以免引起误差。测量用电压表准确度应不低于0.5级，一次、二次侧电压必须同时读数。

二、经电压互感器的双电压表法

在被试变压器的额定电压下测量电压比时，一般没有较准确的高压交流电压表，必须经电压互感器来测量。所使用的电压表准确度不低于0.5级，电压互感器准确度应为0.2级，其试验接线如图8-1所示。其中，图8-1（b）为用两台单相电压互感器组成的V形接线，此时，互感器必须极性相同。

当大型电力变压器瞬时全压励磁时，可能在变压器中产生涌流，因而在二次侧产生过电压，所以测量用的电压表在充电的瞬间必须是断开状态。为了避免涌流可能产生的过电压，可以用发电机调压，这在发电厂容易实现，而变电所则只有利用变压器新投入运行或

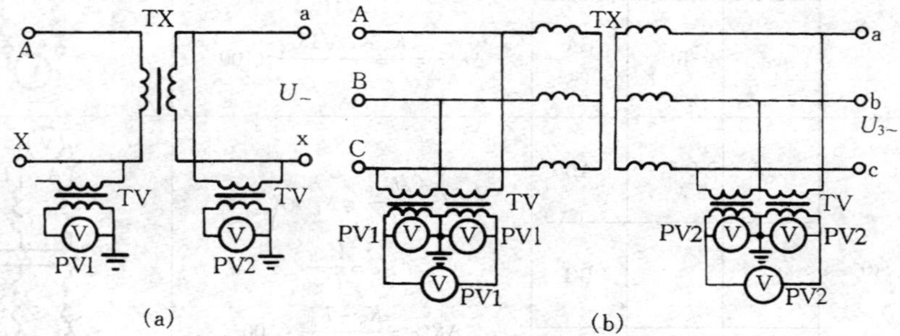

图8-1　经电压互感器测量电压比

（a）单相变压器测量；（b）三相变压器测量

大修后的冲击合闸试验时一并进行。

对于110/10kV的高压变压器，如在低压侧用380V励磁，高压侧需用电压互感器测量电压。电压互感器的准确度应比电压表高一级，电压表为0.5级，电压互感器应为0.2级。

第二节　变　比　电　桥

利用变比电桥能很方便的测出被试变压器的电压比。变比电桥的工作示意图如图8-2所示，测量原理如图8-3所示。由图8-3可见，只需在被试变压器的一次侧加电压 U_1，则在变压器的二次侧感应出电压 U_2，调整电阻 R_1，使检流计指零，然后通过简单的计算求出电压比 K。

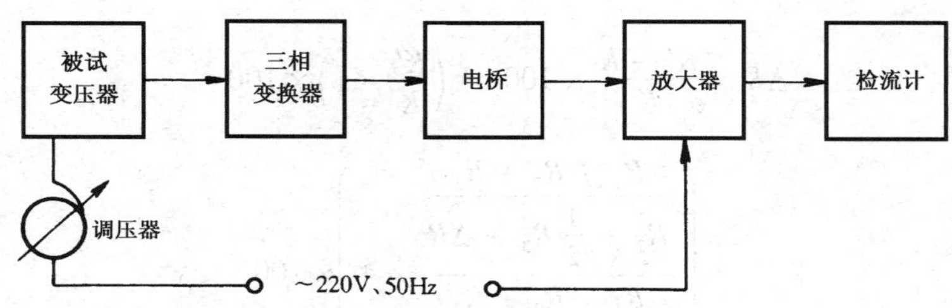

图8-2　变比电桥工作示意图

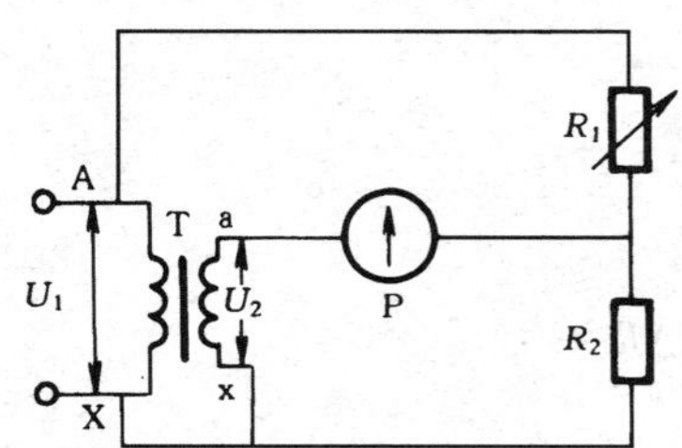

图8-3　变比电桥测量原理图

U_1—被试变压器一次电压；

U_2—二次感应电压；

P—检流计；R_1—变比调节电阻；

R_2—标准电阻，980Ω

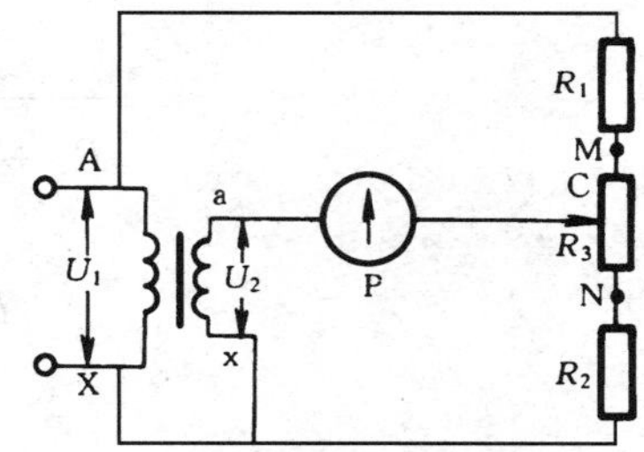

图8-4　测量电压比误差的原理图

R_{MC}—M点至C点的电阻；

R_{CN}—C点至N点的电阻

测量电压比 K 的计算公式为

$$K = \frac{U_1}{U_2} = \frac{R_1 + R_2}{R_2} = 1 + \frac{R_1}{R_2} \tag{8-5}$$

为了在测量电压比的同时读出电压比误差，在 R_1 和 R_2 之间串入一个滑盘式电阻 R_3，如图8-4所示。滑盘式电阻 R_3（40Ω）的接触点为C。

假定 $R_{MC} = R_{CN} = \frac{1}{2}R_3$，如果被试品电压比完全符合标准电压比 K，调整 R_1 使检流计指零，则电压比按下式计算

$$K = \frac{R_1 + R_2 + R_3}{R_2 + \frac{1}{2}R_3} = 1 + \frac{R_1}{R_2 + \frac{1}{2}R_3} + \frac{R_3/2}{R_3 + \frac{1}{2}R_3} \tag{8-6}$$

如果被试变压器的电压比不是标准电压比 K，而是带有一定误差的 K'，这时，不必去改变电阻 R_1，只需改变滑杆 C 点的位置即可。如果被试变压器的电压比误差在一定范围内，则在 R_3 上一定可以找到使检流计指零的一点，这时被试变压器的实测电压比 K' 可用下式计算

$$K' = \frac{R_1 + R_2 + R_3}{R_2 + \frac{1}{2}R_3 + \Delta R} \tag{8-7}$$

式（8-7）中的 ΔR 为 C 点偏离 R_3 中点的电阻值，被试变压器的电压比误差（%）可用下式计算

$$\Delta K = \frac{K' - K}{K} \times 100 = \left(\frac{K'}{K} - 1\right) \times 100$$

$$= \left(\frac{\dfrac{R_1 + R_2 + R_3}{R_2 + \frac{1}{2}R_3 + \Delta R}}{\dfrac{R_1 + R_2 + R_3}{R_2 + \frac{1}{2}R_3}} - 1\right) \times 100$$

$$= \frac{-100\Delta R}{R_2 + \frac{1}{2}R_3 + \Delta R}$$

因为
$$R_2 + \frac{1}{2}R_3 \gg \Delta R$$

所以
$$\Delta K \approx \frac{-100\Delta R}{R_2 + \frac{1}{2}R_3} \tag{8-8}$$

为了方便，取 $R_2 + \frac{1}{2}R_3 = 1000\Omega$，若最大百分误差 $\Delta K = \pm 2\%$，则

$$\Delta R = \frac{-\Delta K\left(R_2 + \frac{1}{2}R_3\right)}{100} = \frac{-1000 \times (\pm 2)}{100} = \pm 20(\Omega)$$

即误差在 ±2% 范围内变动时，滑杆 C 点需在离 R_3 中点 ±20Ω 范围内变动。

当滑杆 C 点在 R_3 上滑动时，C 点的电位也将相应变化，在一定的范围可和 U_2 达到平衡。

我国生产的 QJ35 型变比电桥，测量电压比范围为 1.02～111.12，准确度为 ±0.2%，完全可以满足我国电力系统测量电压比的要求，用起来方便、准确。

随着电子技术和微处理器技术的高速发展，国内外已推出多种电压比自动测量仪。国

内外部分电压比自动测量仪的技术参数可见表 8-2。

表 8-2 国内外部分电压比自动测量仪技术参数

型号	电压比测量范围	准确度（%）	测量时间（s）	励磁电压（V）	备注
2793	0.8～9 999.9	±0.1（<2000）	2	100，40，10 可选	国外制造
2791	0.18～1 999.9	±0.1 读数	2	75 或 100 可选	国外制造
ASQJ-1	1～1 000	±0.05	<4	220	
TRM-2	1～1 999.9	±0.1			
WT2765	1～9 999.9	±0.1		220	
ZB-3	0.9～1 000	±0.1，±3 个字	<4	160	
ZBC-2	1～15 000	±0.1			
ZBY-ⅡB	1～9 999.9	±0.2			

电压比自动测量仪的基本测量原理还是前面所述的电压测量法和电桥法。它一般采用单片机作为微处理器，接收面板键盘和开关量的输入，对量程、电桥平衡进行自动跟踪控制，并对测量结果进行数据处理，最后，将测量结果存贮、打印，快速完成电压比的测量。

一种典型的电压比自动测量仪的基本原理框图可见图 8-5。

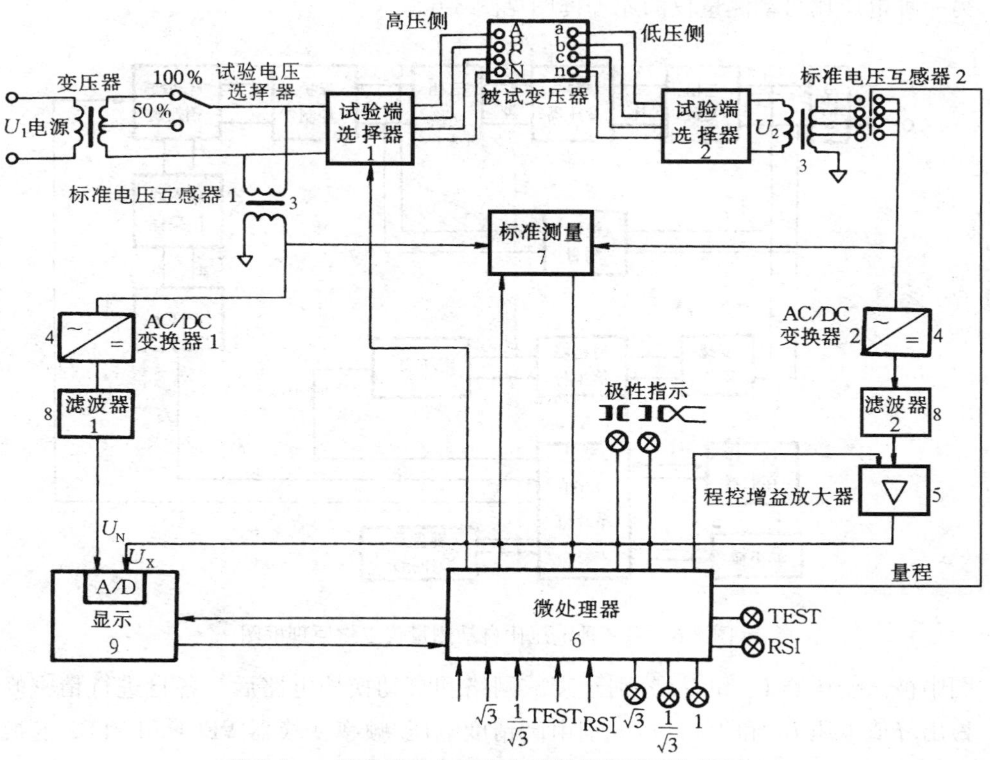

图 8-5 一种典型的电压比自动测量仪原理方框图

工频试验电源 U_1 经试验端选择器 1 选择后，加入被试变压器的较高电压侧绕组，而较低电压侧感应电压经试验端选择器 2 选择后得 U_2。U_1 经标准电压互感器 1 变换成适合电子电路处理的幅度，由 AC（RMS）/DC 变换器 1 变换为直流电压，滤波后得到基准电

压 U_N。同样，U_2 经标准电压互感器 2、AC/DC 变换器 2 和滤波器 2 得到直流电压，再经程控增益放大器放大得到 U_X，与 U_N 同时进入相除模/数变换器，微处理器根据输入的额定电压比、测得的 U_N、U_X 以及两台标准电压互感器的额定电压比和放大器的增益等数据进行计算、处理，存贮并显示电压比测量值及与额定电压比的偏差。在电压比自动测量仪中，微处理器是控制和计算的核心部件，它不但要接受额定电压比的输入、控制并读取电压互感器额定电压比的变换数据和程控放大器的增益数据，并由此计算出测量数据，而且它还控制和读取被试变压器高、低压侧连接的试验端选择器，以进行三相变压器的电压比测量。

电压比自动测量仪能否达到高准确度的关键是：

（1）高准确度的标准电压互感器。无论是被试变压器高压侧还是低压侧的电压互感器，其准确度都要足够高，这样，才能得到准确的 U_N 和 U_X。

（2）AC/DC 变换器必须有高精度和高输入阻抗，以减小对标准电压互感器的分流，保证变换后的直流电压准确地正比于交流电压有效值。

（3）微处理器采用的单片机应具有足够的内存和运算处理能力。

（4）配备功能良好的软件，以控制整机工作，并进行数据处理。

另一种电压比自动测量仪的原理框图见图 8-6。

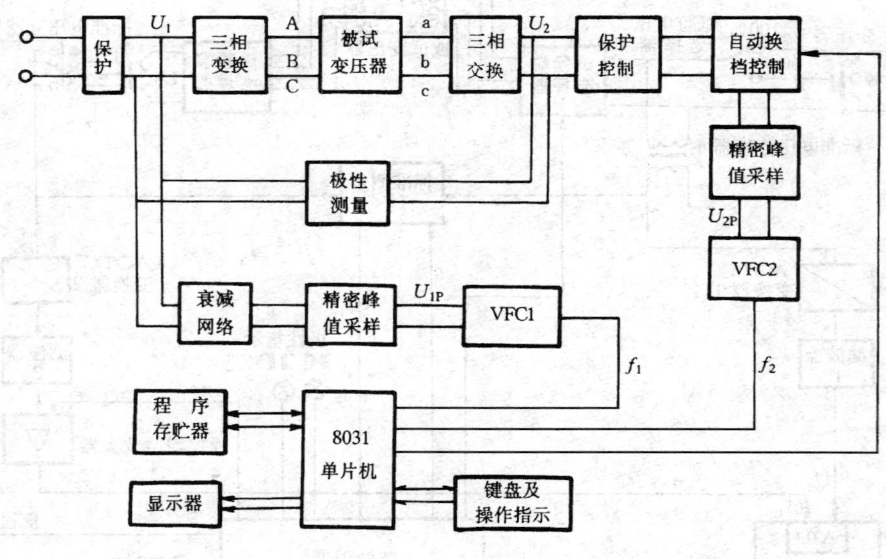

图 8-6　另一种电压比自动测量仪工作原理框图

图中被试变压器 U_1 和 U_2 分别经衰减网络和自动换档电路后，各自进行精密峰值采样，检出峰值电压 U_{1P} 和 U_{2P}，再分别由高精度电压/频率变换器 VFC1 和 VFC2 变换成与 U_{1P}、U_{2P} 成正比的频率 f_1 和 f_2，若电压/频率变换系数

$$K_1 = \frac{f_1}{U_{1P}}, K_2 = \frac{f_2}{U_{2P}}$$

则频率比 K' 可表示为

$$K' = \frac{f_1}{f_2} = \frac{K_1 U_{1P}}{K_2 U_{2P}} = \frac{K_1}{K_2} \cdot \frac{U_{1P}}{U_{2P}}$$

令 $\mu = \frac{K_1}{K_2}$，可得 $K' = \mu \frac{U_{1P}}{U_{2P}}$。

假设衰减网络和自动换档电路的衰减系数均为 1，有

$$\frac{U_1}{U_2} = \frac{U_{1P}}{U_{2P}}$$

则被试变压器的电压比 K 可按下式算得

$$K = \frac{U_1}{U_2} = \frac{U_{1P}}{U_{2P}} = \frac{1}{\mu} K'$$

即可以通过测量 f_1、f_2 测出被试变压器的电压比。

由于该自动测量仪采用微处理器作为控制和处理的核心，当衰减网络和自动换档电路的衰减系数不为 1 时，微处理器可自动读出衰减系数，在数据处理时加入衰减系数的影响，很容易得到各种情况下的实际测量值。

电压比自动测量仪的功能特点如下：

（1）在测量过程中，被试变压器一次和二次绕组信号的采样是同步进行的，可以避免电源电压波动的影响。

（2）CPU 的数字处理功能很强，一般都可在软件中加入消除噪声的算法、均值算法等处理程序，提高了数据的稳定性和抗干扰性能。

（3）一般都有仪器工作状态和错误信息显示。

（4）电压比自动测量仪由于采用了 CPU，可将 IEEE488 通用仪器控制接口安装于测量仪机内，与 PC 机连接后，能实现遥控和数据交换，可组成多台仪器的自动测量系统。

电压比自动测量仪有着一般电压比测量仪无可比拟的功能，它们的出现改变了电压比测量的现状，提高了效率。

第九章

变压器的极性和组别试验

第一节　变压器的极性试验

一、极性试验的意义

当一个通电绕组中有磁通变化时，就会产生感应电动势，感应电动势为正（驱使电流流出）的一端，称为正极性端，感应电动势为负的一端，称为负极性端。如果磁通的方向改变，则感应电动势的方向和端子的极性都随之改变。所以，在交流电路中，正极性端和负极性端都只能对某一时刻而言。

在变压器中，为了更好地说明绕在同一铁芯上的两个绕组的感应电动势间的相对关系，引用了“极性”这一概念。实际上，变压器绕组的绕向有左绕和右绕两种。所谓左绕，就是从绕组底部顺着导线向上看（或从绕组顶部顺着导线向下看）逆时针方向绕；右绕则正好相反，为顺时针方向。同一铁芯上的两绕组有同一磁通通过，绕向相同则感应电动势方向相同，绕向相反则感应电动势方向相反（两绕组均以同侧线端为起始端）。所以，变压器的一次、二次绕组的绕向和端子标号一经确定，就要用“加极性”和“减极性”来表示一次、二次感应电动势间的相位关系。如图 9-1（a）所示，两绕组绕向相同（左绕），有同一磁通穿过。因此，两绕组内的感应电动势，在同名端子间任何瞬时都有相同的极性。此时一次、二次电压 U_{AX} 和 U_{ax} 相位相同，如连接 X 和 x，U_{Aa} 等于两电压的差，则该变压器就称为“减极性”的。如将二次绕组端子标号交换，如图 9-1（b）所示，显然同名端子间的电动势将变成方向相反，电压相位相差 180°；这时连接 X 和 x 后，U_{Aa} 是 U_{AX} 和 U_{ax} 的和，则变压器称为“加极性”的。

如果变压器的一次绕组和二次绕组绕向不同，但仍保持图 9-1（a）的端头标号，如图 9-1（c）所示。变压器也是“加极性”的。

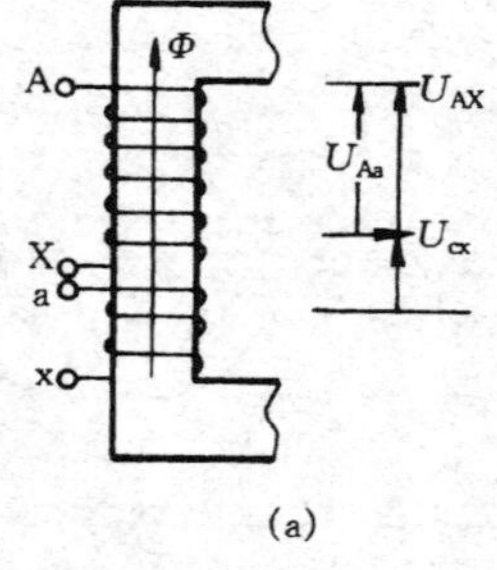

(a)

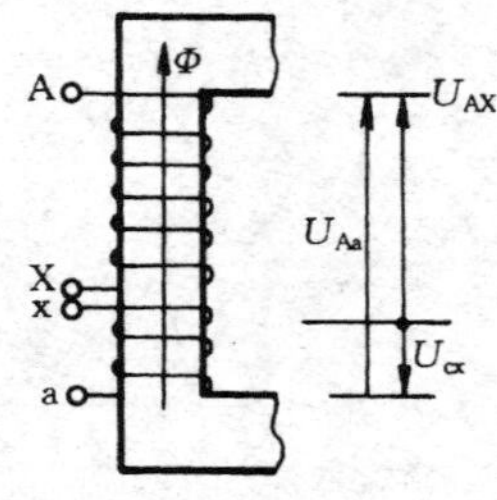

(b)

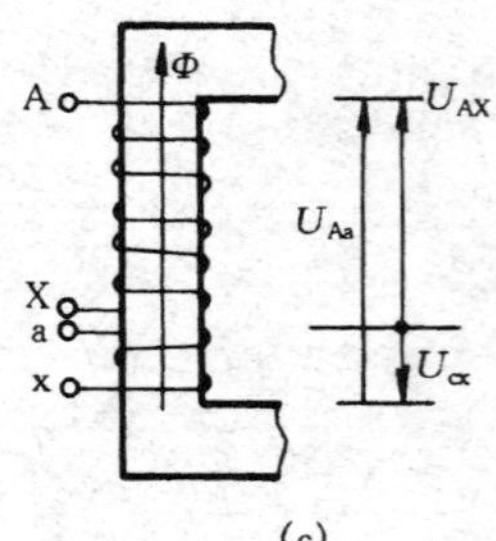

(c)

图 9-1　变压器极性示意图

（a）减极性；（b）、（c）加极性

由于变压器的绕组在一次、二次间存在着极性关系，当几个绕组互相连接组合时，无论是接成串联或并联，都必须知道极性才能正确地进行。

二、试验方法

（一）直流法

如图 9-2 所示，将 1.5～3V 直流电池经开关 S 接在变压器的高压端子 A、X 上，在变压器二次绕组端子上连接一个直流毫伏表（或微安表、万用表）。注意，要将电池和表计的同极性端接往绕组的同名端。例如电池正极接绕组 A 端子，表计正端要相应地接到二次 a 端子上。测量时要细心观察表计指针偏转方向，当合上开关瞬间指针向右偏（正方向），而拉开开关瞬间指针向左偏时，则变压器是减极性。若偏转方向与上述方向相反，则变压器就是加极性。

试验时应反复操作几次，以免误判断。在开、关的瞬间，不可触及绕组端头，以防触电。

（二）交流法

如图 9-3（a）所示，将变压器一次的 A 端子与二次的 a 端子用导线连接。在高压侧加交流电压，测量加入的电压 U_{AX}、低压侧电压 U_{ax} 和未连接的一对同名端子间的电压 U_{Xx}。若 $U_{Xx}=U_{AX}-U_{ax}$，则变压器为减极性；若 $U_{Xx}=U_{Ax}+U_{ax}$，则变压器为加极性。

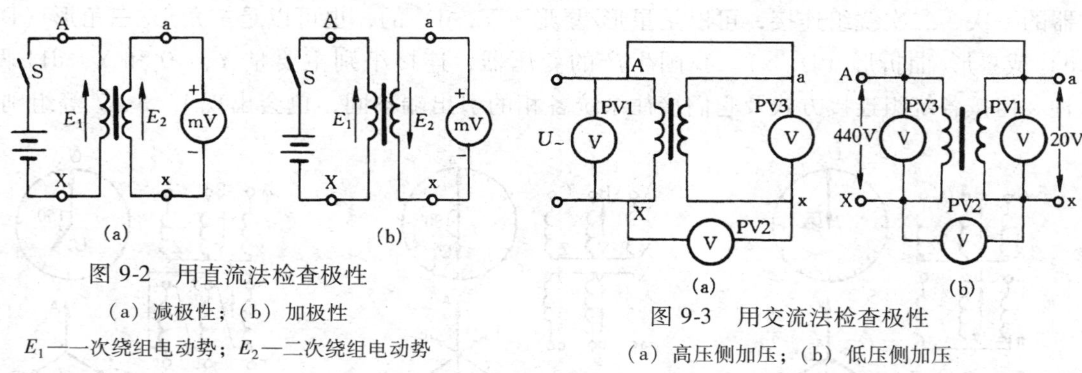

图 9-2 用直流法检查极性

（a）减极性；（b）加极性

E_1——一次绕组电动势；E_2—二次绕组电动势

图 9-3 用交流法检查极性

（a）高压侧加压；（b）低压侧加压

交流法比直流法可靠，但在电压比较大的情况下（$K>20$），交流法很难得到明显的结果，因为（$U_{AX}-U_{ax}$）与（$U_{AX}+U_{ax}$）的差别很小。这时可以从变压器的低压侧加压，使减极性和加极性之间的差别增大。如图 9-3（b）所示，一台 220/10kV 变压器，其变比 $K=22$。若在 10kV 侧加压 20V，则

$$U_{Xx}=440-20(\text{V}) \quad \text{为减极性}$$

或

$$U_{Xx}=440+20(\text{V}) \quad \text{为加极性}$$

一般电压表的最大测量范围为 0～600V，而且差值为 440±20（V）时分辨明显，完全可以满足要求。

第二节 变压器接线组别试验

一、接线组别试验的意义

变压器接线组别是并列运行的重要条件之一，若参加并列运行的变压器接线组别不一致，将出现不能允许的环流。因此，在出厂、交接和绕组大修后都应测量绕组的接线组别。

一台三相变压器，除了绕组间有极性关系外，因三相绕组的连线方式和引出端子标号的不同，其一次绕组和二次绕组对应的线电压间的相位差也会改变，不同的相位差代表着不同的接线组别。不管绕组的连接方法和引出线标志方式怎样变化，但最终一次、二次间对应线电压的相位差却只有12种不同情况，且都是30°的倍数（即$n\times30°$，$n=0\sim11$）。我们将一次线电压超前对应的二次线电压30°（$n=1$）称为1组，60°（$n=2$）称为2组……，直至360°即0°（$n=0$）时两电压相量重合，为0组。这恰如时钟表面被12h所等分，每相邻两数间为30°角。因此，可以按时钟系统来确定接线组别。方法是以分针代表一次线电压相量，固定指向0点；以时针代表对应的二次线电压相量，它所指的钟点数就是接线组别数。

同一接线组别的变压器，绕组可以有不同的连接方式，例如接线组别为0～12的变压器的一次、二次绕组连接，可以是星形/星形（Y，d）的，也可以是三角形/三角形（D，d）或星形/曲折形（D，z）。我国生产的变压器，连接组别主要是Y，y0和Y，d11两种。但按各绕组连接方式及它们接往系统各相的引出端不同，也会出现1、5、7等组别。

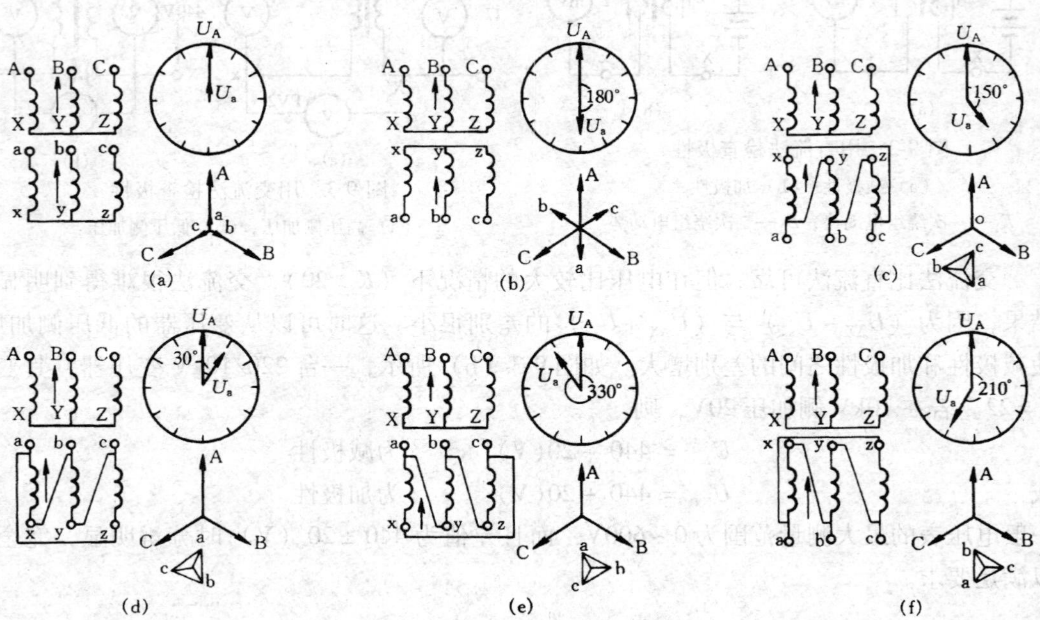

图9-4 变压器绕组连接组别举例

(a) Y，y0；(b) Y，y6；(c) Y，d5；(d) Y，d1；(e) Y，d11；(f) Y，d7

几种常见的接线组别及相应相量图如图 9-4 所示。图中箭头表示一次、二次绕组电动势的方向。

变压器的有些组别，可以在完全不改变绕组本身连接的情况下，用重新排列高压或低压各相标号的方法来改变。显然，如果将高压侧原标记 A 改为 B、B 改为 C、C 改为 A，相当于高压相量逆时针转了 120°（或低压相量顺时针转了 120°），组别应加 4，原来的 0 组可以变成 4 组，类似地还可变为 8 组，原来的 11 组可变为 3 组等。此外，单数的任何组别还可在不改变内部接线，只变动外部编号的条件下互相变换，以满足并列要求。

但实际试验是根据出厂编号进行的，不可将端子标记随意变动。

二、试验方法

确定变压器绕组接线组别的方法有直流法、双电压表法及相位表法三种。对于三绕组变压器一般分两次测定，每次测定一对绕组。

（一）直流法

如图 9-5 所示，用一低压直流电源（通常用两节 1.5V 干电池串联）轮流加入变压器的高压侧 AB、BC、AC 端子，并相应记录接在低压端子 ab、bc、ac 上仪表指针的指示方向及最大数值。测量时应注意电池和仪表的极性，例如 AB 端子接电池，A 接正，B 接负。表针也是一样，a 接正，b 接负。图 9-5 是对接线组别为 Y，y0 的变压器进行的 9 次测量的情况。图中正负符号表示的是：高压侧电源开关合上瞬间的低压表计指示的数值和方向的正负；如是分闸瞬间，符号均应相反。

现将变压器各连接组的测量情况列成表 9-1，将实测结果与表对照，便可确定变压器的接线组别。

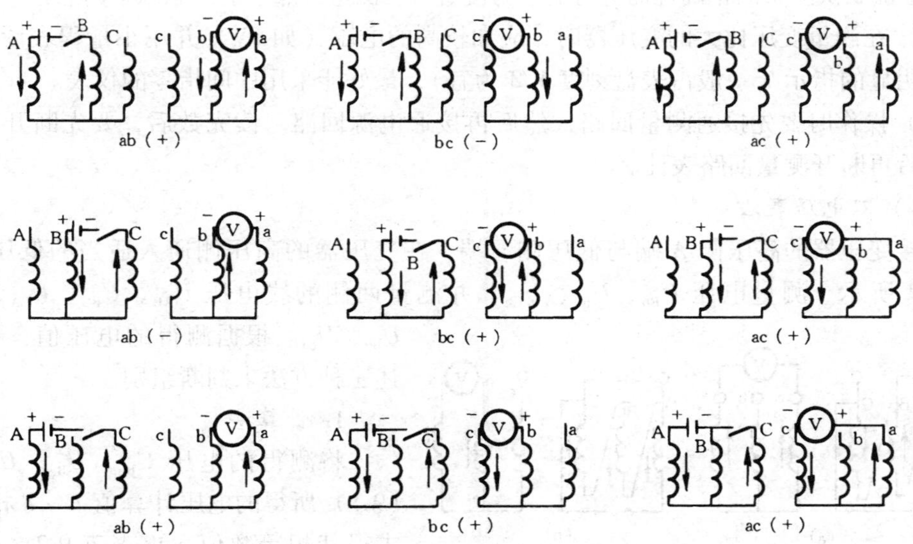

图 9-5 直流法对 Y，y0 连接组的 9 次测量

表 9-1　　用直流法判断变压器接线组别

组别	通电相	低压侧表针指示			组别	通电相	低压侧表针指示		
	+ −	a^+b^-	b^+c^-	a^+c^-		+ −	a^+b^-	b^+c^-	a^+c^-
1	A B	+	−	0	7	A B	+	+	0
	B C	0	+	+		B C	0	−	−
	A C	+	0	+		A C	−	0	−
2	A B	+	−	−	8	A B	−	+	+
	B C	+	+	+		B C	−	−	−
	A C	+	−	+		A C	−	+	−
3	A B	0	−	−	9	A B	0	+	+
	B C	+	0	+		B C	−	0	−
	A C	+	−	0		A C	+	+	0
4	A B	−	−	−	10	A B	+	+	+
	B C	+	−	+		B C	−	+	−
	A C	+	−	−		A C	−	+	+
5	A B	−	0	−	11	A B	+	0	+
	B C	+	−	0		B C	−	+	0
	A C	0	−	−		A C	0	+	+
6	A B	−	+	−	0	A B	+	−	+
	B C	+	−	−		B C	−	+	+
	A C	−	−	−		A C	+	+	+

从表 9-1 中可以看到，在单数组中，仪表读数有的为零。这是由于二次绕组感应电动势平衡所造成的，如图 9-6 所示情况。但在实际测量时，由于磁路、电路不能绝对相等，因而该值不会为零，常有较小起数。为此，工作中应十分仔细地分析对比，避免差错。

从表 9-1 中还可看出，如在高压侧 AB 端通电，则低压侧 ab、bc、ac 的表计指示，对 12 个组别都互不重复。因此，每一组别只用一行读数，即 3 次测量就可确定，其余 6 次测量是为了验证前 3 次测量的正确性而进行的。为使直流法测量可靠，应注意以下两点：

（1）在测量变压比大的变压器时，应加较高的电压（如 6V）并用小量程表计，以便仪表有明显的指示（一般占表盘刻度 1/3 为宜），最好能采用中间指零的仪表。

（2）操作时要先接通测量回路，然后再接通电源回路。读完数后，要先断开电源回路，然后再断开测量回路表计。

（二）双电压表法

连接变压器的高压侧 A 端与低压侧 a 端，在变压器的高压侧通入适当的低压电源，如图 9-7 所示。测量电压 U_{Bb}、U_{Bc}、U_{Cb}，并测量两侧的线电压 U_{AB}、U_{BC}、U_{CA} 和 U_{ab}、U_{bc}、U_{ca}。根据测得的电压值，可按下述三种方法来判断组别。

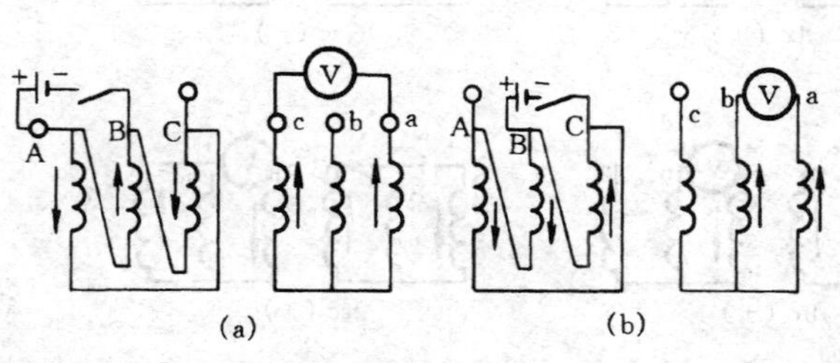

图 9-6　电压表指零的原理举例
（a）B 相通电；（b）C 相通电

1. 计算法

将测得的电压 U_{Bb}、U_{Bc}、U_{Cb} 与式（9-1）所得的电压计算值 $L \sim T$ 相对照，求得其相等数值，再查表 9-2，即可找到相应组别。为减少实际试验时的计算，表 9-3 给出了施加电压为 100V 时，

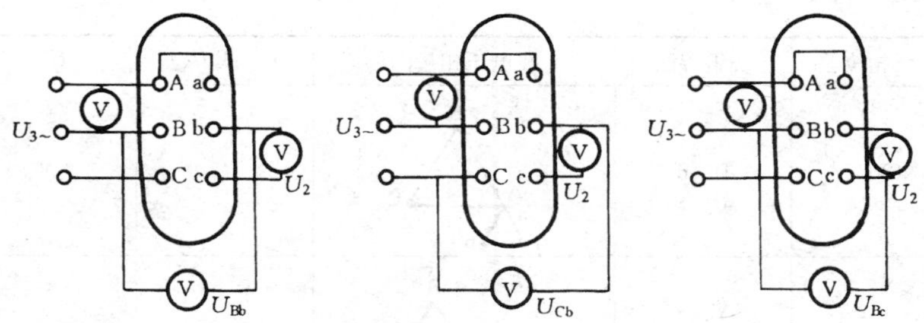

图 9-7　用双电压表法检查变压器接线组别

不同变压比下的 $L \sim T$ 值，可将测得值与表中值相比得到组别。$L \sim T$ 的计算是按相量图用几何方法解三角形获得的公式如下

$$\left.\begin{aligned} &T = U_2(1+K) && R = U_2\sqrt{1+\sqrt{3}K+K^2} \\ &L = U_2\sqrt{1+K+K^2} && P = U_2\sqrt{1+K^2} \\ &N = U_2\sqrt{1-K+K^2} && Q = U_2\sqrt{1-\sqrt{3}K+K^2} \\ &M = U_2(K-1) && \end{aligned}\right\} \tag{9-1}$$

表 9-2　　变压器各组别相量图和相应电压的关系

组别	电压相位差	绕组接法	线电压相量图	U_{Bb} 或 U_{Xx}	U_{Cb}	U_{Bc}
0	0°	Y，y D，d D，z 或 1/1		M	N	N
1	30°	Y，d D，y Y，z		Q	Q	P
2	60°	Y，y D，d D，z		N	M	L
3	90°	Y，d D，y Y，z		P	Q	R

续表

组别	电压相位差	绕组接法	线电压相量图	U_{Bb} 或 U_{Xx}	U_{Cb}	U_{Bc}
4	120°	Y，y D，d D，z	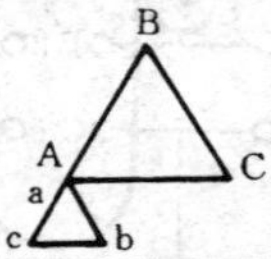	L	N	T
5	150°	Y，d D，y Y，z	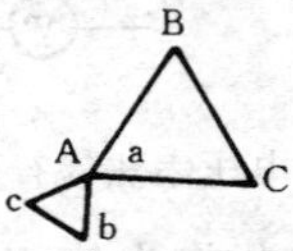	R	P	R
6	180°	Y，y D，d D，z 或 1/1	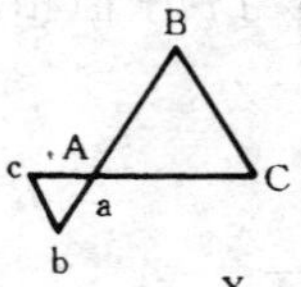 	T	L	L
7	210°	Y，d D，y Y，z	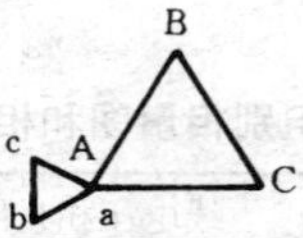	R	R	P
8	240°	Y，y D，d D，z	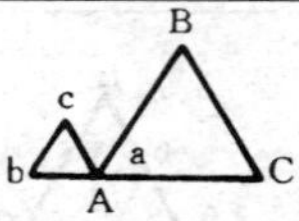	L	T	T
9	270°	Y，d D，y Y，z	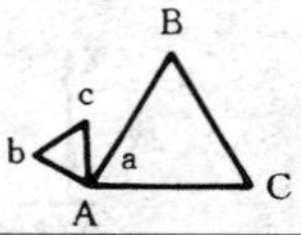	R	P	Q
10	300°	Y，y D，d D，z	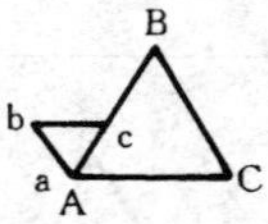	N	L	M
11	330°	Y，d D，y Y，z	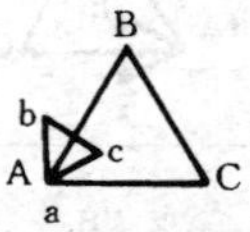	Q	P	Q

式中　U_2——试验时测得的低压侧线电压，$U_2=U_{ab}=U_{bc}=U_{ca}$；

　　K——被试变压器的额定变压比。

例如一台变压器的变比为 3。当输入线电压 400V 时，测得 $U_{Bb}=U_{Bc}=292\text{V}$，$U_{Cb}=420\text{V}$。为求其组别，可先计算 $L\sim T$ 值，得 $T=532\text{V}$，$R=520\text{V}$，$L=480\text{V}$，$P=420\text{V}$，$N=352\text{V}$，$Q=292\text{V}$，$M=267\text{V}$。测量值与计算值对照可知：$U_{Bb}=292\text{V}=Q$，$U_{Bc}=292\text{V}=Q$，$U_{Cb}=420\text{V}=P$。查表 9-2 可知，这台变压器的接线组别为 11 组。

2. 电压比较法

表 9-3　当输入电压为 100V 时的 $L\sim T$ 的值

钟时序	电压相位差	测量端	额定变压比 K_n																对应 $L\sim T$
			1	1.5	2	3	4	5	6	7	8	9~10	11~12	13~14	15~16	17~20	21~25	26~30	
0	0°	B—b	0	33	50	67	75	80	83	86	88	90	91.5	92.5	93.5	94.5	95.5	96.5	*M*
		C—b	100	88	87	88	90	92	93	94	95	95	96.0	96.5	97.0	97.5	98.0	98.5	*N*
		B—c	100	88	87	88	90	92	93	94	95	95	96.0	96.5	97.0	97.5	98.0	98.5	*N*
1	30°	B—b	52	54	62	73	79	83	86	88	90	91	92.5	93.5	94.5	95.5	96	97	*Q*
		C—b	52	54	62	73	79	83	86	88	90	91	92.5	93.5	94.5	95.5	96	97	*Q*
		B—c	141	120	112	105	103	102	101	101	101	100.5	100.5	100.5	100	100	100	100	*P*
2	60°	B—b	100	88	87	88	90	92	93	94	95	95	96	96.5	97	97.5	98	98.5	*N*
		C—b	0	33	50	67	75	80	83	86	88.5	90	91.5	92.5	93.5	94.5	95.5	96.5	*M*
		B—c	173	143	132	120	115	111	109	108	107	106	105	104	103.5	103	102.5	102	*L*
3	90°	B—b	141	120	112	105	103	102	101	101	101	100.5	100.5	100.5	100	100	100	100	*P*
		C—b	52	54	62	73	79	83	86	88	90	91	92.5	93.5	94.5	95.5	96	97	*Q*
		B—c	193	161	146	130	122	118	115	113	111	109.5	107.5	106.5	106	105	104	103	*R*
4	120°	B—b	173	145	132	120	115	111	109	108	107	106	105	104	103.5	103	102.5	102	*L*
		C—b	100	88	87	88	90	92	93	94	95	95	96	96.5	97	97.5	98	98.5	*N*
		B—c	200	167	150	133	125	120	117	113	113	110.5	108.5	107.5	106.5	105.5	104.5	103.5	*T*
5	150°	B—b	193	161	146	130	122	118	115	113	111	109.5	107.5	106.5	106	105	104	103	*R*
		C—b	141	120	112	105	103	102	101	101	101	100.5	100.5	100.5	100	100	100	100	*P*
		B—c	193	161	146	130	122	118	115	113	111	109.5	107.5	106.5	106	105	104	103	*R*
6	180°	B—b	200	167	150	133	125	120	117	114	112.5	110.5	108.5	107.5	106.5	105.5	104.5	103.5	*T*
		C—b	173	145	132	120	115	111	109	108	107	106	105	104	103.5	103	102.5	102	*L*
		B—c	173	145	132	120	115	111	109	108	107	106	105	104	103.5	103	102.5	102	*L*
7	210°	B—b	193	161	146	130	122	118	115	113	111	109.5	107.5	106.5	106	105	104	103	*R*
		C—b	193	161	146	130	122	118	115	113	111	109.5	107.5	106.5	106	105	104	103	*R*
		B—c	141	120	112	105	103	102	101	101	101	100.5	100.5	100.5	100	100	100	100	*P*
8	240°	B—b	173	145	132	120	115	111	109	108	107	106	105	104	103.5	103	102.5	102	*L*
		C—b	200	167	150	133	125	120	117	114	113	110.5	108.5	107.5	106.5	105.5	104.5	103.5	*T*
		B—c	100	88	87	88	90	92	93	94	95	95	96	96.5	97	97.5	98	98.5	*N*
9	270°	B—b	141	120	112	105	103	102	101	101	101	100.5	100.5	100.5	100	100	100	100	*P*
		C—b	193	161	146	130	122	118	115	113	111	109.5	107.5	106.5	106	105	104	103	*R*
		B—c	52	54	62	73	79	83	87	88	90	91	92.5	93.5	94.5	95.5	96	97	*Q*
10	300°	B—b	100	88	87	88	90	92	93	94	95	95	96	96.5	97	97.5	98	98.5	*N*
		C—b	173	145	132	120	115	111	109	108	107	106	105	104	103.5	103	102.5	102	*L*
		B—c	0	33	50	67	75	80	83	86	88	90	91.5	92.5	93.5	94.5	95.5	96.5	*M*
11	330°	B—b	52	54	62	73	79	83	86	88	90	91	92.5	93.5	94.5	95.5	96	97	*Q*
		C—b	141	120	112	105	103	102	101	101	101	100.5	100.5	100.5	100	100	100	100	*P*
		B—c	52	54	62	73	79	83	86	88	90	91	92.5	93.5	94.5	95.5	96	97	*Q*

根据双电压表的测量结果，还可以采用比较电压大小的方法来判断接线组别。从式（9-1）可以看到 $T>R>L>P>N>Q>M$ 的关系，如将对每一连接组测得的电压与 P 相比较，可得到相应的大于、小于或等于 P 的关系，借以判断组别，如表 9-4 中 A 栏所示。但更为简捷的方法是表 9-4 中 B 栏所示的比较法，符合表中所列 U_{Bb}、U_{Bc}、U_{Cb} 的关系，且与其相对应的组别，即为所判断的接线组别。

表 9-4　　用电压比较法判断变压器接线组别

组别	A			B
	U_{Bb}	U_{Cb}	U_{Bc}	$U_{Bc}\cdot U_{Bb}\cdot U_{Cb}$ 的关系
0	$<P$	$<P$	$<P$	$U_{Bc}=U_{Cb}>U_{Bb}$
1	$<P$	$<P$	$=P$	$U_{Bc}>U_{Bb}=U_{Cb}$
2	$<P$	$<P$	$>P$	
3	$=P$	$<P$	$>P$	$U_{Bc}>U_{Bb}>U_{Cb}$
4	$>P$	$<P$	$>P$	
5	$>P$	$=P$	$>P$	$U_{Bc}=U_{Bb}>U_{Cb}$
6	$>P$	$>P$	$>P$	$U_{Bb}>U_{Bc}=U_{Cb}$
7	$>P$	$>P$	$=P$	$U_{Bb}=U_{Cb}>U_{Bc}$
8	$>P$	$>P$	$<P$	
9	$=P$	$>P$	$<P$	$U_{Cb}>U_{Bb}>U_{Bc}$
10	$<P$	$>P$	$<P$	
11	$<P$	$=P$	$<P$	$U_{Cb}>U_{Bb}=U_{Bc}$

注　表内 B 栏中 2、3、4 组相似，8、9、10 组相似，难于判断。但国产变压器很少用到这些组别。

例如一变压器两绕组的变比为 $K=3$，测得低压侧线电压 $U_2=133\text{V}$，测得 $U_{Bb}=268\text{V}$，$U_{Cb}=352\text{V}$，$U_{Bc}=352\text{V}$，现采用比较法判断其组别。按式（9-1）计算 $P=133\times\sqrt{1+3^2}=420\text{V}$。显然有 $U_{Bb}<P$，$U_{Cb}<P$，$U_{Bc}<P$。查表 9-4 的 A 栏，所对应的组别是 0 组。如按表中 B 栏，根据已知的条件 $U_{Bc}=U_{Cb}>U_{Bb}$，同样得出属于 0 组。

由于电力系统常用变压器的接线组别多为 11 组和 0 组的，故可熟记下列判断依据以便运用：

（1）$U_{Bb}<U_{Bc}=U_{Cb}$，且全部小于电源电压 U，是 0 组。

（2）$U_{Bb}=U_{Bc}<U$，而 $U_{Cb}>U$，是 11 组。应注意到，当变比很大时，U_{Cb} 实际上与 U 相差很小，现场表计已不能反映差别。

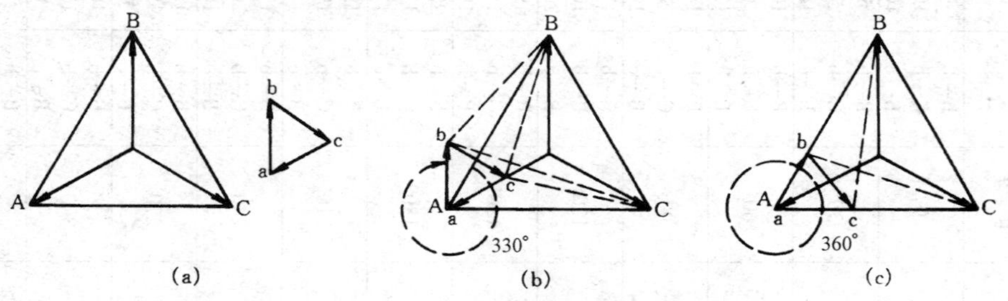

图 9-8　用相量图判断接线组别

（a）高、低压相量图；（b）A、a 连接后的 11 组相量图；（c）0 组相量图

3. 相量图法

绘制相量图判断组别是常用方法之一，作图步骤如下（参见图 9-8）：

（1）以测得的 U_{AB}、U_{BC}、U_{CA} 作三角形 ABC（各边长按同一比例代表相应电压，即 AB 代表 U_{AB} 等，以下同）；

（2）以 B 为圆心，Bb 为半径画弧，以 C 为圆心，Cb 为半径画弧，两弧相交于 b 点；

（3）以 B 为圆心，Bc 为半径画弧，以 C 为圆心，Cc 为半径画弧，两弧相交于 c 点；

（4）连接 a、b、c 三点得△abc。比较△ABC 和△abc 对应边的相位关系，可得到组别。作图时应注意，一次、二次三相电压都要按正序方向。

应用上述的计算法和电压比较法两例中的电压数据绘制电压相量图，可分别得到 11 组的图 9-8（b）和 0 组的图 9-8（c）。

用双电压表法进行接线组别试验时，要注意三相电压应是平衡的，不平衡度以 2% 为限；电压表准确度宜采用 0.5 级，以便能准确地分辨 $L \sim T$ 的数值而不致混淆，当变比大于 20 时，可采用低压侧加压的办法来提高电压的可辨度［见图 9-3（b）］。

（三）相位表法

相位表法就是利用相位表可直接测量出高压与低压线电压间的相位角，从而来判定组别，所以又叫直接法。

1. 测量方法

如图 9-9 所示，将相位表的电压线圈接于高压，其电流线圈经一可变电阻接入低压的对应端子上。当高压通入三相交流电压时，在低压感应出一个一定相位的电压，由于接的是电阻性负载，所以低压侧电流与电压同相。因此，测得的高压侧电压对低压侧电流的相位就是高压侧电压对低压侧电压的相位。

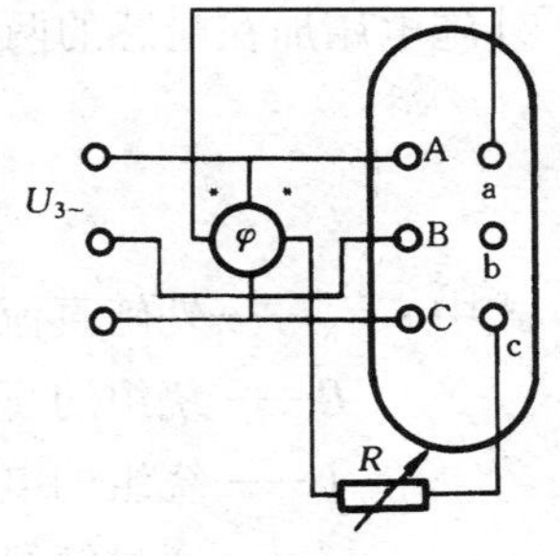

图 9-9　用相位表确定接线组别

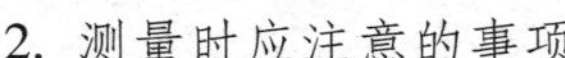
2. 测量时应注意的事项

（1）对单相变压器要供给单相电源，对三相变压器要供给三相电源。

（2）在被试变压器的高压侧供给相位表规定的电压。一般相位表有几档电压量程，电压比大的变压器用高电压量程，电压比小的用低电压量程。可变电阻的数值要调节适当，即使电流线圈中的电流值不超过额定值，也不得低于额定值的 20%。

（3）接线时要注意相位表两线圈的极性，正确接法如图 9-9 所示。

（4）必要时，可在试验前，用已知接线组的变压器核对相位表的正确性。

第十章

变压器绕组的直流电阻测量

测量变压器绕组直流电阻的目的是：检查绕组接头的焊接质量和绕组有无匝间短路；电压分接开关的各个位置接触是否良好以及分接开关实际位置与指示位置是否相符；引出线有无断裂；多股导线并绕的绕组是否有断股等情况。变压器绕组的直流电阻是变压器在交接、大修和改变分接开关后必不可少的试验项目，也是故障后的重要检查项目。

第一节　测量的物理过程

变压器绕组可视为被测绕组的电感 L 与其电阻 R 串联的等值电路。如图 10-1 所示，当直流电压 E_N 加于被测绕组，由于电感中的电流不能突变，所以直流电源刚接通的瞬间，也即 $t=0$ 时，L 中的电流为零，电阻中也无电流，因此，电阻上没有压降，此时全部外施电压加在电感的两端。测量回路（忽略回路引线电阻）的过渡过程应满足

$$u = iR + L\frac{di}{dt} \quad i = \frac{E_N}{R}\left(1 - e^{-t/\tau}\right) \tag{10-1}$$

式中　E_N——外施直流电压（V）；

R——绕组的直流电阻（Ω）；

L——绕组的电感（H）；

i——通过绕组的直流电流（A）。

电路达到稳定时间的长短，取决于 L 与 R 的比值，即 $\tau = \frac{L}{R}$，τ 称为该电路的时间常数。由于大型变压器的 τ 值比小变压器的大得多，所以大型变压器达到稳定的时间相当长，即 τ 越大，达到稳定的时间越长，反之，则时间越短。回路中电流 i 为

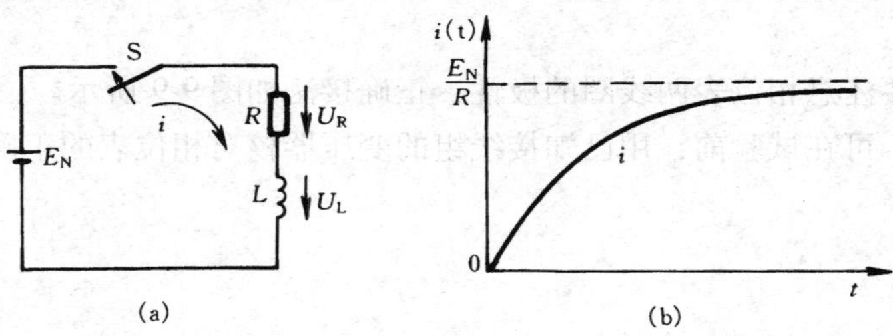

图 10-1　变压器绕组直流电阻测量原理图

（a）RL 充电电路原理图；（b）电流随时间变化关系曲线图

R—绕组电阻；L—绕组电感；E_N—试验电源

$$i=\frac{E_N}{R}(1-e^{-\frac{R}{L}\cdot t})=\frac{E_N}{R}(1-e^{-\frac{t}{\tau}}) \tag{10-2}$$

式中 τ——测量回路的时间常数；

t——从加压到测量的时间（s）；

e——自然对数底，e = 2.7183。

当时间 t 为零时，$I=0$，当时间 t 达到无穷大时，$I=\frac{E_N}{R}$，达到稳定。

由式（10-2）可知，理论上 i 达到稳定的时间无限长，实际上。当 $t=5\tau$ 时，电流已达稳定值的 99.3%，这时可认为电路已经稳定。因此，工程上常认为经过 5τ 时间后，过渡过程便基本结束。分别将 $t=5\tau$ 和 $t=6\tau$ 代入式（10-2），可计算得

$t=5\tau$ 时 $I=\frac{E_N}{R}(1-e^{-5})=\frac{E_N}{R}(1-0.00673)=0.9933\frac{E_N}{R}$

$t=6\tau$ 时 $I=\frac{E_N}{R}(1-0.02479)=0.9975\frac{E_N}{R}$

可见，当 $t=6\tau$ 时，尚存在 0.25% 的电流误差，这时的测值将造成 0.25% 的电阻测量附加误差，因此，充电时间应大于 6τ，但大容量变压器电感大、电阻小。例如一台大型变压器，高压绕组电感为 100H，电阻为 0.4Ω，这时 $\tau=\frac{100}{0.4}=250(s)$，$t=6\tau$ 时，则需 3.3h。

由于变压器绕组的电感较大、电阻较小，电感可达到数百亨，时间常数较大。一般当 $t=5\tau$ 时，可认为过渡过程基本结束，但电流与稳态值仍可能差 0.6%，会造成电阻测量附加误差。因此，充电时间应大于 5τ，测量结果才能准确。对于高压大容量变压器，测量一个电阻数值的稳定时间需要几分钟、几十分钟甚至数小时，所以选用适当的测量手段和测量设备是保证测量准确度的关键。

测量大型变压器的直流电阻需要很长的时间，因此，缩短测量时间（即减小 τ 值），对提高试验工效很有意义。要使 τ 减小，可用减小 L 或增加 R（即增加附加电阻）的方法来达到。减小 L 可用增加测量电流，提高铁芯的饱和程度，即减小铁芯的导磁系数，增大 R，可用在回路中串入适当的附加电阻来达到，一般附加电阻可为被测电阻的 4～6 倍，此时测量电压也应相应提高，以免电流过小而影响测量的灵敏度。

第二节 测 量 方 法

一、电流电压表法

电流电压表法又称电压降法。电压降法的测量原理是在被测绕组中通以直流电流，因而在绕组的电阻上产生电压降，测量出通过绕组的电流及绕组上的电压降，根据欧姆定律，即可算出绕组的直流电阻，测量接线如图 10-2 所示。

测量时，应先接通电流回路，待测量回路的电流稳定后再合开关 S2，接入电压表。当测量结束，切断电源之前，应先断 S2，后断 S1，以免感应电动势损坏电压表。测量用仪表准确度应不低于 0.5 级，电流表应选用内阻小的电压表应尽量选内阻大的 4 位高精度数字万用表。当试验采用恒流源，数字式万用表内阻又很大时，一般来讲，都可使用图

10-2（b）的接线测量。根据欧姆定律，由式（10-3）即可计算出被测电阻的直流电阻值

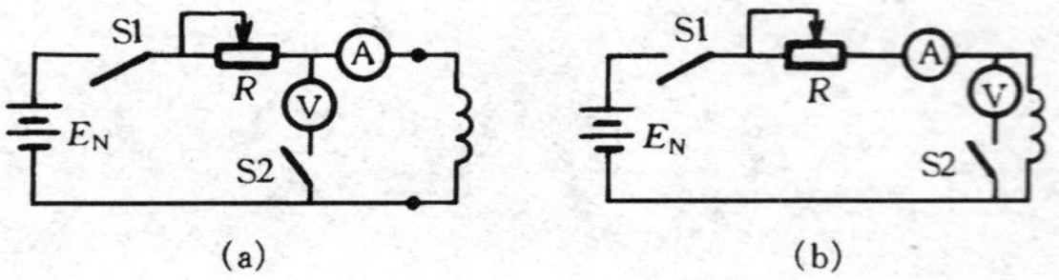

$$R_X = \frac{U}{I} \tag{10-3}$$

式中 R_X——被测电阻（Ω）；

U——被测电阻两端电压降（V）；

I——通过被测电阻的电流（A）。

图 10-2 电流电压表法测量直流电阻原理图

（a）测量大电阻；（b）测量小电阻

电流表的导线应有足够的截面，并应尽量地短，且接触良好，以减小引线和接触电阻带来的测量误差。当测量电感量大的电阻时，要有足够的充电时间。

二、平衡电桥法

应用电桥平衡的原理来测量绕组直流电阻的方法称为电桥法。常用的直流电桥有单臂电桥及双臂电桥两种。

1. 单臂电桥

单臂电桥测量原理接线如图 10-3 所示，当 R_1 上的电压降等于 R_3 上的电压降时，则 A、B 两点间没有电位差，即检流计中没有电流，此时 I_1 流经 R_1 和 R_2，I_2 流经 R_3 和 R_4，电桥达到平衡。

当电桥平衡时

$$U_{CA} = U_{CB} \quad U_{CA} = \frac{R_1 U_{CD}}{R_1 + R_2} \quad U_{CB} = \frac{R_3 U_{CD}}{R_3 + R_4}$$

$$\frac{R_1}{R_1 + R_2} = \frac{R_3}{R_3 + R_4} \qquad R_1 R_4 = R_3 R_2 \tag{10-4}$$

若将 R_1 换成被测电阻 R_X，并将 R_2 和 R_4 作成一定比例的可调电阻，R_3 为平滑的可调电阻，调节 R_3 可使电桥达到平衡，则 $R_X = \frac{R_2}{R_4} R_3 = mR_3$ $\left(m = \frac{R_2}{R_4}\right)$。由图 10-3 可见，$R_X$（$R_1$）包括引线电阻 R_L 在内，故实际电阻等于 R_X 减去引线电阻。当被测电阻越小，则引线电阻造成的测量误差越大。因此，应尽量减小引线电阻的影响。单臂电桥常用于测量 1Ω 以上的电阻。

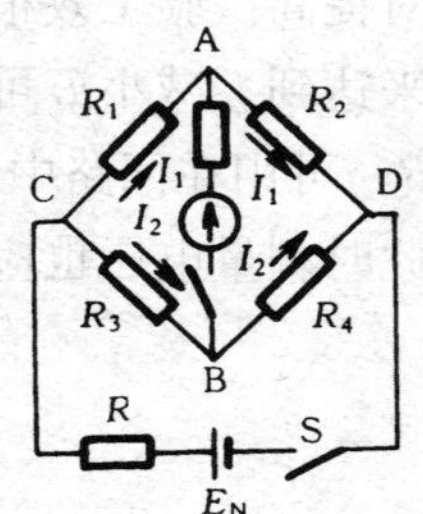

图 10-3 单臂电桥原理接线图

2. 双臂电桥

双臂电桥测量原理接线如图 10-4 所示，当检流计中没有电流通过时，C、D 两点的电位相等。即

$$R_X I_X + R_3' I' = R_3 I \tag{10-5}$$

$$R_4' I' + R_N I_X = I R_4 \tag{10-6}$$

因为

$$R_{AB}(I_X - I') = (R_3' + R_4') I'$$

所以

$$R_{AB} I_X = (R_3' + R_4' + R_{AB}) I' \tag{10-7}$$

由式（10-5）和式（10-6）中消去 I 得

$$(R_X I_X + R_3' I')\ R_4 = (R_4' I' + R_N I_X)\ R_3$$

$$(R_X R_4 - R_N R_3)\ I_X = (R_4' R_3 - R_3' R_4)\ I' \quad (10\text{-}8)$$

将式（10-8）除以式（10-7）得

$$\frac{R_X R_4 - R_N R_3}{R_{AB}} = \frac{R_4' R_3 - R_3' R_4}{R_{AB} + R_3' + R_4'}$$

$$R_X = \frac{R_{AB}\ (R_4' R_3 - R_3' R_4)}{R_4\ (R_{AB} + R_3' + R_4')} + \frac{R_N R_3}{R_4} \quad (10\text{-}9)$$

由于双臂电桥能满足 $R_3 = R_3'$，$R_4 = R_4'$，因此式（10-9）可化为

$$R_X = R_N \frac{R_3}{R_4} \quad (10\text{-}10)$$

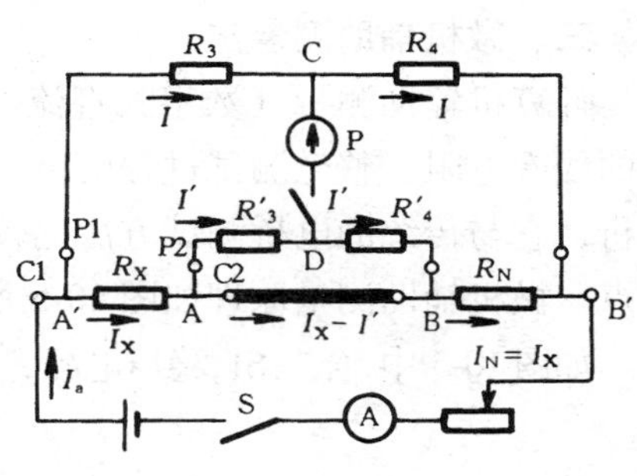

图 10-4　双臂电桥原理接线图

P—检流计；R_X—被测电阻；R_3、R_4 及 R_3'、R_4'—桥臂电阻；R_N—标准电阻；C1、C2—被测电阻的电流接头；P1、P2—被测电阻的电压接头

式（10-9）中 R_3 及 R_3'包含了被测电阻的电压引线电阻，R_4 及 R_4'包括标准电阻的电压引线电阻。要满足 $R_4' R_3 = R_3' R_4$，必须使被测电阻的引线和标准电阻引线的电阻相等（即采用四根截面相同、长度相等的相同导线），否则，会引起一定的测量误差。从式（10-9）还可看出，误差的大小是由 $R_4' R_3$ 和 $R_3' R_4$ 的差值与电阻 R_{AB}共同决定的，所以 R_{AB}也应尽量减小，即 R_X和 R_N的电流引线要尽量短。可见，双臂电桥能够消除引线和接触电阻带来的测量误差，适宜测量准确度要求高的小电阻。

双臂电桥的测量步骤如下：

测量前，首先调节电桥检流计机械零位旋钮，置检流计指针于零位。接通测量仪器电源，具有放大器的检流计应操作调节电桥电气零位旋钮，置检流计指针于零位。

接入被测电阻时，双臂电桥电压端子 P1、P2 所引出的接线应比由电流端子 C1、C2 所引出的接线更靠近被测电阻。

测量前首先估计被测电阻的数值，并按估计的电阻值选择电桥的标准电阻 R_N 和适当的倍率进行测量，使“比较臂”可调电阻各档充分被利用，以提高读数的精度。测量时，先接通电流回路，待电流达到稳定值时，接通检流计。调节读数臂阻值使检流计指零，被测电阻按式（10-11）计算

$$被测电阻 = 倍率 \times 读数臂指示 \quad (10\text{-}11)$$

如果需要外接电源，则电源应根据电桥要求选取，一般电压为 2～4V，接线不仅要注意极性正确，而且要接牢靠，以免脱落致使电桥不平衡而损坏检流计。

测量结束时，应先断开检流计按钮，再断开电源，以免在测量具有电感的直流电阻时其自感电动势损坏检流计。

选择标准电阻时，应尽量使其阻值与被测电阻在同一数量级，最好满足下列关系式

$$\frac{1}{10} R_X < R_N < 10 R_X \quad (10\text{-}12)$$

三、微机辅助测量法

计算机辅助测量（数字式直流电阻测量仪）用于直流电阻测量，尤其是测量带有电感的线圈电阻，整个测试过程由单片机控制，自动完成自检、过渡过程判断、数据采集及分析，它与传统的电桥测试方法比较，具有操作简便、测试速度快、消除人为测量误差等优点。微机辅助测量原理如图 10-5 所示。回路电流与时间变化关系曲线如图 10-6 所示。

如图 10-5 中，合上 S1，稳压电源 E_N 向被测试绕组充电，充电过程如图 10-6 中曲线 i_1 所示。

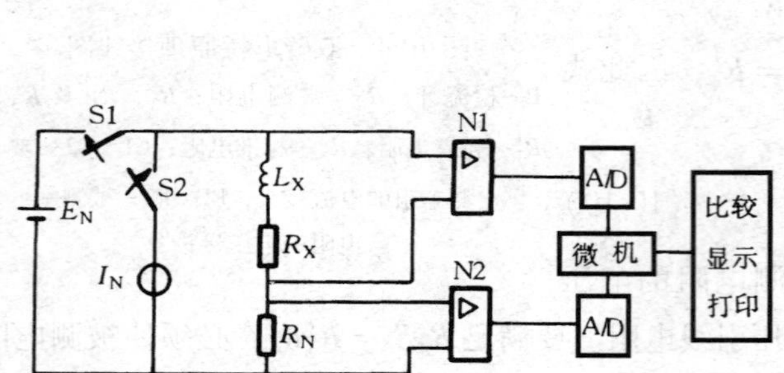

图 10-5　微机辅助测量原理图

E_N—直流电压源；I_N—恒流源；L_X—电感；R_X—被测电阻；R_N—标准电阻；N1、N2—放大器；A/D—模数转换器

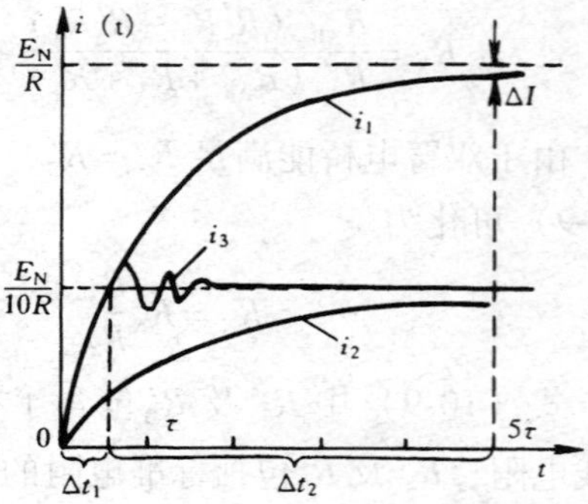

图 10-6　回路电流与时间变化关系曲线

i_1—电压为 E_N 时的充电曲线；i_2—电压为 $E_N/10$ 时的充电曲线；i_3—全压恒流充电曲线；Δt_1—稳压时间；Δt_2—恒流时间；ΔI—充电到 6τ 时的电流误差

当电流达到恒流源电流值 I_N 时，S2 合上，S1 断开，回路转入稳流状态，见图10-6i_3 曲线所示，回路电流由恒流电源 I_N 强制供给。当测试回路过渡过程结束后，变压器绕组和回路串联的标准电阻都通过同一电流 I_N，在变压器绕组两端产生的电压降 $U_X = R_X I_N$；在标准电阻两端产生的压降为 $U_N = I_N R_N$，则绕组电阻 R_X 为

$$R_X = \frac{U_X}{U_N} R_N \tag{10-13}$$

通过高精度放大器和 A/D 转换器测出绕组和标准电阻两端电压，即可换算得到绕组的电阻值 R_X。

使用的数字式直流电阻测量仪必须满足以下技术要求，才能得到真实可靠的测量值；

（1）恒流源的纹波系数要小于 0.1%（电阻负载下测量）。

（2）测量数据要在回路达到稳态时候读取，测量电阻值应在 5min 内测值变化不大于 5‰。

（3）测量软件要求为近期数据均方根处理，不能用全事件平均处理。

第三节　缩短变压器绕组直流电阻测量时间的方法

一、电路突变法

由前可知，充电过程的时间与 $\tau = L/R$ 有关，因此，增大充电回路的电阻，即可减少充电时间。但增大测试回路的电阻又会降低充电电流的起始上升陡度，并且变压器绕组具有很大的电感和较小的电阻，即使加大了回路电阻，使测量电流趋于稳定仍需较长时间。因此，如图 10-7 所示，在测量回路中接入一附加电阻 R_{ad}，先闭合开关 S2，将电阻 R_{ad} 短路，当接通 S1 时，使全部电压加于被测电阻上，强迫充电电流有较大的上升速度一直达到预定的充电电流值时断开 S2。这样就能使测量时间缩短到原来的几分之一、几十分之一，但这就相应要求提高测量电源的电压。

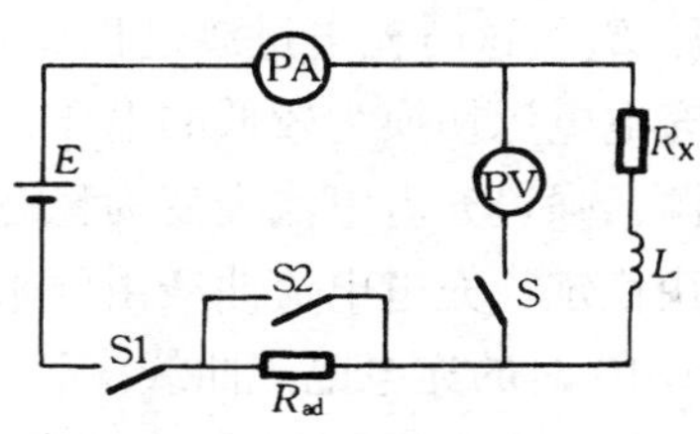

图 10-7　电路突变接线原理图

串联附加电阻的阻值一般为被测电阻 R_X 的 4～6 倍，测量电源一般为 6～12V。S2 断开时充电电流估算由式（10-14）确定

$$I=1.1\frac{U}{(R_{ad}+R_X)} \tag{10-14}$$

这种方法常在电桥法测量时应用。

单臂和双臂电桥缩短充电电流稳定时间的原理接线见图 10-8 和图 10-9。

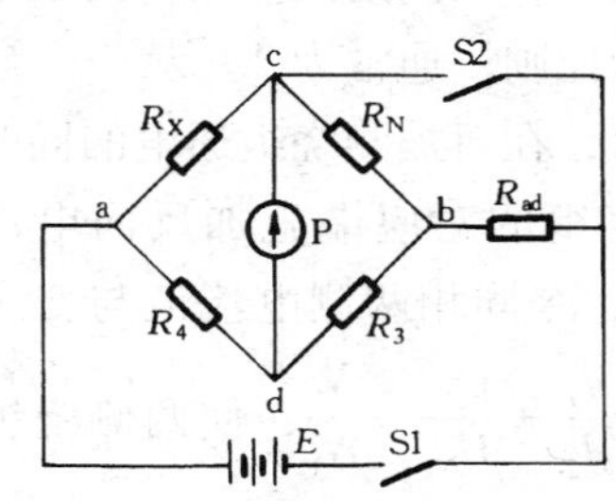

图 10-8　单臂电桥缩短充电电流稳定时间的接线原理图

P—检流计；R_X—被测电阻；E—直流电源；R_3、R_4—电阻；R_{ad}—附加电阻；E—直流电源；R_N—标准电阻

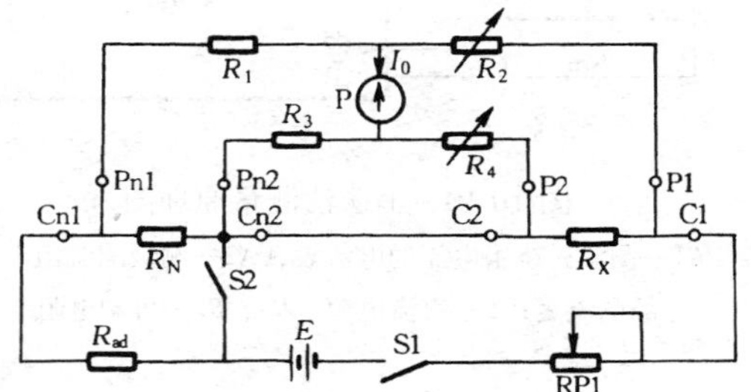

图 10-9　双臂电桥缩短充电电流稳定时间的接线原理图

P—检流计；E—直流电源；R_N—标准电阻；R—附加电阻；R_1～R_4—桥路电阻；R_X—被测电阻；RP1—调节电阻；Cn1、Cn2、C1、C2—电流接头；Pn2、P1、P2—电压接头

二、恒流充电法

全压恒流电源是由一恒压电压源和一恒流源及控制回路构成，恒压源电压一般为 45～100V，其作用是在充电初始使电流有较快的上升速度，恒流源则强迫充电电流很快稳定在预定值。将其应用于电桥法或电压降法中，能大大地减少充电时间，准确迅速地测量大型变压器绕组的直流电阻。数字式直流电阻测量仪内部就装设了恒压恒流源。

在现场试验中，可采用全压恒流方法来缩短充电时间，一般 90MVA/220kV 以下的变压器可用 5A 或 2A 的恒流源；120MVA/220kV 三相五柱铁芯的及以上容量的变压器则需用 10A 或 40A 乃至 100A 的恒流源。

改变充电电压，可变化充电电流上升斜率，见图 10-6。在充电初始时用较高的充电电

压 E_N，这时充电过渡过程如 i_1 曲线，但当 i_1 充到 E_N/R 时，电路自动将输出电压为 E_N 的充电电源切换为较低的电压，输出端电压为 $E_N/10$，输出电流为 $I_N=E/(10R)$ 的恒流电源，强迫充电电流突变为稳态电流。从图 10-6 曲线 i_3 可见，当电流切换后，过渡过程很快稳定，充电电流曲线由原来的 i_1 变为 i_3，这样可将充电时间从 6τ 缩短到 1τ。i_2 为电源 $E/10$ 时的充电电流曲线。

提高全压恒流电源的电压及电流，将电压范围取到 60～100V，电流范围为 40～100A，可增大充电电流上升陡度，增大电流使铁芯磁通深饱和，减小电感的影响，达到更好的效果。

三、消磁法

在同一铁芯柱的两个绕组中通以相反的电流以使磁通抵消，从而使测量电路达到基本属于纯电阻（电感影响极小）的线性电路，合闸或分闸直流电源时，充电过渡过程极短，这样就从根本上消除了各种影响测量的不良因素，使测量准确稳定、简单迅速。具体的测量仍可用电桥法或数字式仪器测量，测量回路工作电流的大小，以满足测量用仪器或电桥灵敏度的要求为原则，通常为 2～5A。

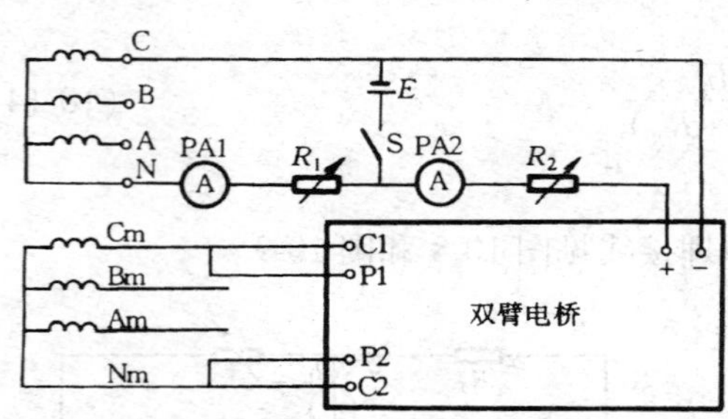

图 10-10　消磁法测量原理图

PA1—测激磁绕组电流的电流表；PA2—测被测绕组电流的电流表；E—直流电源；R_1、R_2—可调电阻

测量时，在对被测绕组通电的同时，向同相另一侧绕组的对应端施加反向电流，见图 10-10 所示，令同相两侧电流值与变压器额定电压成反比 $\frac{I_1}{I_2}=\frac{U_{N2}}{U_{N1}}=\frac{N_2}{N_1}$，使两侧绕组所建立的磁势大小相等，方向相反，则综合磁势为零，从而铁芯中主磁通为零，绕组电感的感应电动势亦为零（$d\phi/dt=0$），从而缩短了测量时间。漏磁通的影响可忽略不计的，相当于整个测试处于几乎无感的状态下进行。

以一台 120MVA、220/121/11kV 三绕组变压器测量为例，测量数据见表 10-1。

表 10-1　　消磁法试验举例数据

加压绕组			1. 低压—中压			2. 低压—中压			3. 高压—中压			4. 中压—高压		
被测绕组	相　别		aX	bY	cZ	ca	ab	bc	AN	BN	CN	AmNm	BmNm	CmNm
	加压端子	+	a	b	c	a	b	c	A	B	C	Nm	Nm	Nm
		−	X	Y	Z	c	a	b	O	O	O	Am	Bm	Cm
	施加电流（A）		0.635			0.953			0.300			0.545		
去磁绕组	加压端子	+	Nm	Nm	Nm	BmCm	AmCm	AmBm	Nm	Nm	Nm	A	B	C
		−	Am	Bm	Cm	Am	Bm	Cm	Am	Bm	Cm	N	N	N
	施加电流（A）		0.100			0.100			0.545			0.300		

续表

加压绕组	1. 低压—中压	2. 低压—中压	3. 高压—中压	4. 中压—高压
电 流 比	0.350	9.530	0.550	1.817
接 线 图	+ − Nm Am Bm Cm a b c x 方式 1	Nm Am Bm Cm a b c 方式 2	+ − Nm Am Bm Cm N A B C 方式 3	+ − Nm Am Bm Cm N A B C 方式 4

表 10-1 中接线图方式 1 为低压侧有 6 个出线端，可解开三角形连接，直接对每相测量；当三角形接线不能解开时，可按方式 2 进行测量，这时非测试相也通有一半电流，计算电流时需要考虑非测量相电阻的串并联，见等效电路图 10-11。

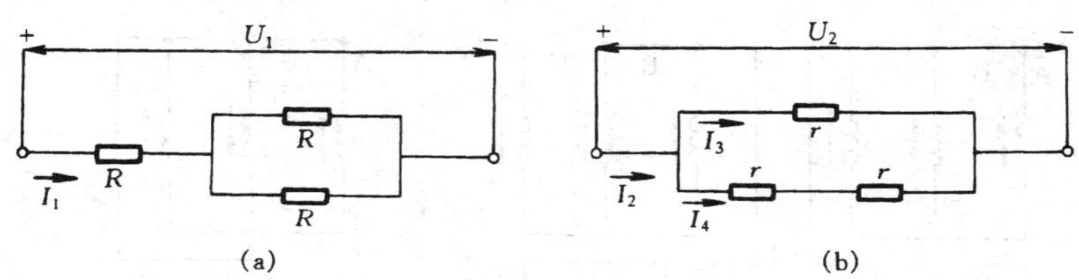

图 10-11 低压三角形绕组等效电路图

（a）高压绕组星形连接；（b）低压绕组三角形连接

R—中压（或高压）绕组相电阻；r—低压绕组相电阻

由图 10-11 可见

$$I_1 = \frac{2U_1}{3R}$$

$$I_3 = U_2 / r$$

$$I_2 = 1.5 I_3$$

四、铁芯磁通饱和测量方法

为了减小过渡过程的时间常数，可增大回路电阻，同样，减小回路电感的影响也可达到相同的目的。大型变压器绕组的电感是一铁芯电感，由于铁芯磁导率是随磁场强度大小而变的非线性参数，因此增大充电电流，即提高了铁芯磁通密度，使铁芯饱和，由此降低了磁导率，减小了绕组电感值。同时，增大测试电流，提高了在直流电阻 R_X 上的压降（见图 10-5），相应也提高了灵敏度。

例如对大容量铁芯变压器，即使用全压恒流电源充电的数字式直流电阻仪测量，如果充电电流较小（5A 以下），所需的充电时间仍然较长。在这种情况下可在采用本节“二”中所述全压恒流方法，同时利用大电流充电使铁芯磁通饱和来进一步缩短充电时间。

五、串联绕组助磁方法

当测量低压绕组直流电阻时，由于低压侧激磁匝数少，即使较大电流也不能使铁芯饱和，这时可将被测变压器一次、二次绕组串联连接，由此提高激磁安匝，加深铁芯饱和程度，可达到更佳测量效果。连接时需注意各绕组的接线方式（应使磁通为同一方向）。串

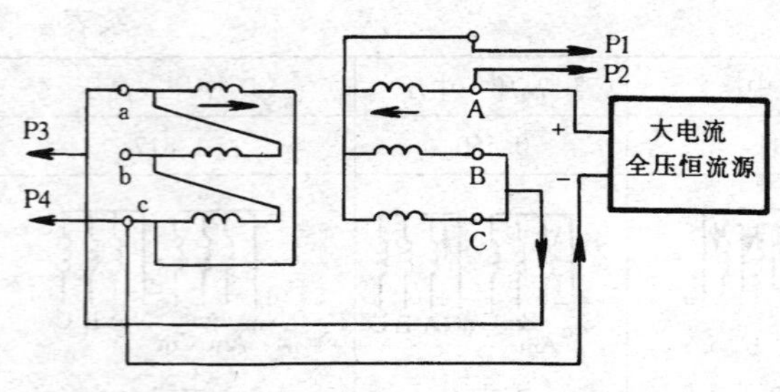

图 10-12 串联绕组助磁接线原理图

联绕组助磁接线原理见图 10-12。

测试实例：

某台三相五柱铁芯变压器，容量为 360MVA，电压为 235/18kV，电流为 888/11547A，接线组别为 YN，d11，空载电流为 0.34%，即高压侧 $I_0=3.0$A。测低压绕组时，由于利用高压绕组助磁作用，实际用 5A 的直流测量电流就可达到使铁芯饱和，能有效节省测量时间。高压绕组测一个数据需 10～20s，低压绕组一相需 5～10min。测量仪器用图 10-5 所示的微机辅助型直流电阻测量仪，接线见图 10-13 所示，测试顺序为 R_{ac}、R_{bc}、R_{ab}。具体测试步骤为

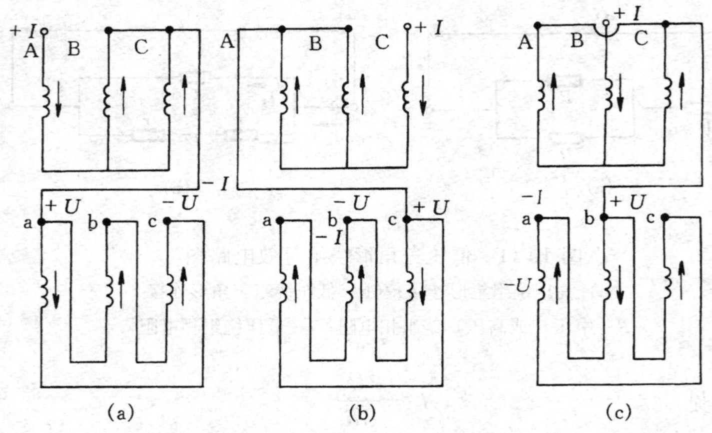

图 10-13 串联助磁连接示意图

（a）测 R_{ac}；（b）测 R_{bc}；（c）测 R_{ab}

（1）测 R_{ac}时，高压 A 接仪器 $+I$，B、C 短路接低压 a，从低压 a 引出线接仪器 $+U$，从低压 c 引出线接 $-I$、$-U$。用电桥测量时，$+I$、$-I$ 接电桥的电流接头 C1、C2；$+U$、$-U$ 接电压接头 P1、P2。

（2）测 R_{bc}时，高压 C 接仪器 $+I$，A、B 短路接低压 c，从 c 引出线接仪器 $+U$，从低压 b 引出线接 $-I$、$-U$。

（3）测 R_{ab}时，高压 B 接仪器 $+I$，A、C 短路接低压 b，从 b 引出线接仪器 $+U$，从低压 a 引出线接 $-I$、$-U$。

第四节 测量中的注意事项及结果判断

一、注意事项

由于影响测量结果的因素很多，如测量表计、引线、温度、接触情况和稳定时间等。

因此，测试中应注意以下事项：

（1）测量仪表的准确度应不低于0.5级。

（2）连接导线应有足够的截面，且接触必须良好（用单臂电桥时应减去引线电阻）。

（3）准确测量绕组的平均温度：测量变压器绕组直流电阻时，应准确测量绕组的平均温度。当变压器没有运行处于冷态时，测量油温即可认为是绕组的平均温度。当变压器刚退出运行或因露天太阳直晒造成绕组上、下层油温相差较大时，需对照变压器绕组与油面温度计的指示值，只有当两者温差小于5℃时，可以认为油面温度即为绕组平均温度。

也可以测油平均温度作为绕组平均温度，对于油浸变压器，油平均温度等于顶层油的温度减去冷却装置中进出口油温差的1/2。无法准确测定绕组温度时，测量结果只能按三相是否平衡进行比较判断，绝对值只作参考。

（4）为了与出厂及历次测量的数值比较，应将不同温度下测量的直流电阻换算到同一温度，以便于比较。

（5）变压器绕组反向感应电动势保护。由于变压器绕组具有较大的电感，在测量过程中，不能随意切断电源及拉掉接在试品两端的充电连接线。测试完毕后，应先将变压器绕组两端短接，然后才可以切断电源及连接线。

实际上，由于电感的自感电动势效应，绕组两端在突然切断充电电源或断开充电回路连线时，其反电动势 $E=-L\frac{\mathrm{d}i}{\mathrm{d}t}$，仍然可能产生上千伏的反电动势感应电压，足以损坏仪器，这种反电动势高电压，对试验人员和设备都有一定的危险。

成套的数字式变压器绕组直流电阻测量仪内部应装设断开测量电流的保护电路，以限制反向感应电动势的幅值。它是由二极管和串联电阻组成的。

使用没有断开测量电流保护的测量仪器时，在测量过程中，需要切换分接开关，或测量结束时需要断开测量电流（电源）前，均应将被测绕组短路，待回路充分放电后才能切换分接或拆线，亦可外加保护器，见图10-14。

对于有载分接开关可不断开，直接切换，更换档位。

（6）测量小电阻的四端接线方法。用双臂电桥测量或数字式测量仪测量小电阻值时，电流接线C端子和电压接线P端子应按图10-15所示的正确接法连接。

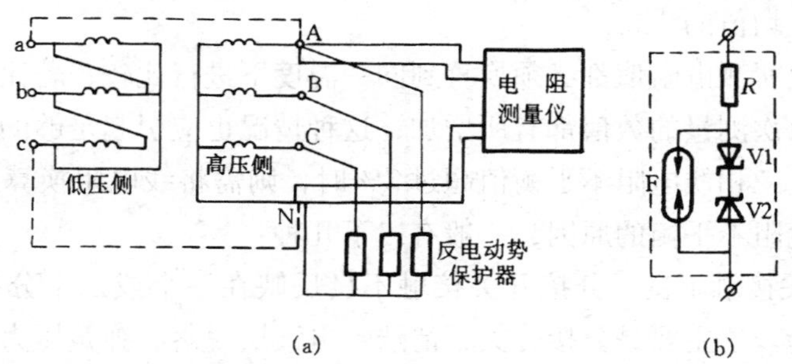

图10-14　测变压器绕组直流电阻时使用反向感应电动势保护器接线图

（a）保护器使用接线图；（b）反电动势保护器电路图

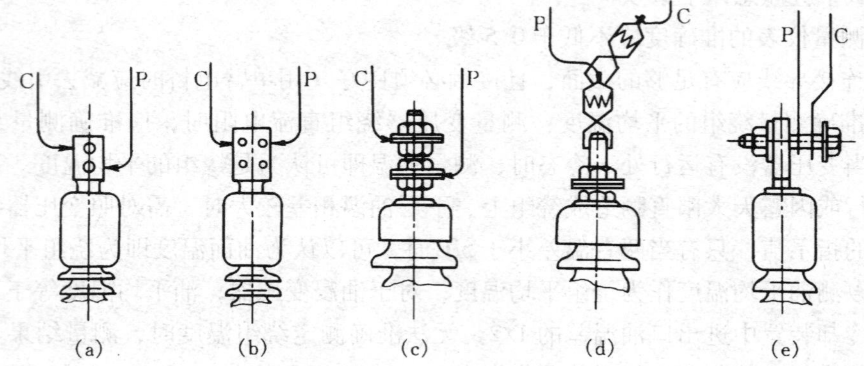

图 10-15　测量小电阻时四端接线法
(a)、(b)、(c) 正确接线；(d)、(e) 不正确接线

(7) 恒流源纹波检验。用恒流源充电测量直流电阻时，当测量值误差较大或出现多次测量值重复性差等现象时，应进行恒流源纹波检验，恒流源的纹波系数应小于0.1%。

纹波电压的测量，将恒流源加上电阻性负载，使负载电流等于额定输出电流，用毫伏表或示波器测量输出端的交流纹波电压分量，纹波系数的计算式为

$$\text{纹波系数 } \gamma_0 = \frac{\text{额定输出电压交流分量（有效值）}}{\text{额定输出直流电压（平均值）}}$$

用示波器测量较为方便，即将示波器探头接到负载两端，将示波器输入方式分别切换到 AC 和 DC 测量即可。从示波器可读出峰值，除$\sqrt{2}$换算为有效值。

二、测量结果的处理及判断

1. 测量结果的分析

对于630kVA 以上的变压器，当无中性点引出线时，同一分接位置测量的绕组直流电阻，直接用线电阻相互比较，即 R_{AB}、R_{BC}、R_{CA}相互比较，其最大差值应不大于三相平均值的2%，并与以前（出厂、交接或上次）测量的结果比较，其相对变化也应不大于2%（本次测量值与以前测量值换算至同一温度，其差值与以前数值之比）。

对630kVA 及以下的变压器，相间差值一般应不大于三相平均值的4%，线间差值一般应不大于三相平均值的2%。

分析时，每次所测电阻值都必须换算到同一温度下进行比较，若比较结果直流电阻虽未超过标准，但每次测量的数值都有所增加，这种情况也应引起足够的重视。如变压器中性点无引出线时，三相线电阻不平衡值超过2%时，则需将线电阻换算成相电阻，以便找出缺陷相。三相电阻不平衡的原因，一般有以下几种：

(1) 分接开关接触不良。分接开关接触不良反映在一个或二个分接处电阻偏大，而且三相之间不平衡。这主要是分接开关不清洁、电镀层脱落、弹簧压力不够等。固定在箱盖上的分接开关也可能在箱盖紧固以后，使开关受力不均造成接触不良。

(2) 焊接不良。由于引线和绕组焊接处接触不良造成电阻偏大；当有多股并联绕组，可能其中有一、二股没有焊上，这时一般电阻偏大较多。

（3）三角形连接绕组其中一相断线。测出的三个线端的电阻都比设计值大得多，没有断线的两相线端电阻为正常时的 1.5 倍，而断线相线端的电阻为正常值的 3 倍。

此外，变压器套管的导电杆和绕组连接处，由于接触不良也会引起直流电阻增加。

2. 电阻温度换算及三相不平衡率的计算

（1）绕组直流电阻温度换算。准确测量绕组的平均温度，将不同温度下测量的直流电阻按式（10-15）换算到同一温度，即

$$R_X = R_a \frac{T + t_X}{T + t_a} \tag{10-15}$$

式中 R_X——换算至温度为 t_X 时的电阻（Ω）；

R_a——温度为 t_a 时所测得的电阻（Ω）；

T——温度换算系数，铜线为 235，铝线为 225；

t_X——需换算 R_X 的温度；

t_a——测量 R_a 时的温度。

（2）三相电阻不平衡率计算。计算各相相互间差别应先将测量值换算成相电阻，计算线间差别则以各线间数据计算，即

$$\text{不平衡率} = \frac{\text{三相中实测最大值} - \text{最小值}}{\text{三相算术平均值}} \times 100\% \tag{10-16}$$

相电阻换算：

对于如图 10-16 所示星形接法的绕组

$$\left.\begin{aligned} R_a &= (R_{AB} + R_{CA} - R_{BC})/2 \\ R_b &= (R_{AB} + R_{BC} - R_{CA})/2 \\ R_c &= (R_{BC} + R_{CA} - R_{AB})/2 \end{aligned}\right\} \tag{10-17}$$

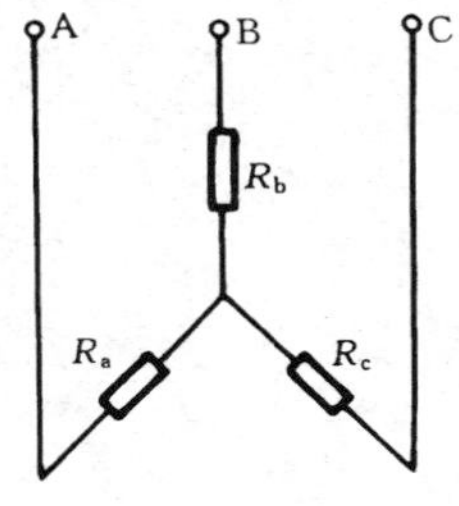

图 10-16 星形绕组

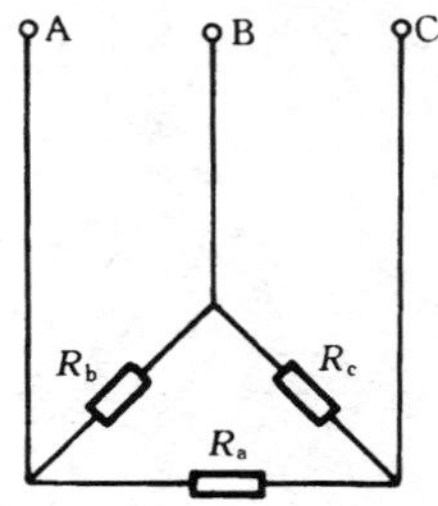

图 10-17 三角形绕组

对于如图 10-17 所示三角形接法绕组

$$\left.\begin{aligned} R_a &= (R_{CA} - R_t) - \frac{R_{AB}R_{BC}}{R_{CA} - R_t} \\ R_b &= (R_{AB} - R_t) - \frac{R_{BC}R_{CA}}{R_{AB} - R_t} \\ R_c &= (R_{BC} - R_t) - \frac{R_{CA}R_{AB}}{R_{BC} - R_t} \end{aligned}\right\} \tag{10-18}$$

$$R_t = \frac{R_{AB} + R_{BC} + R_{CA}}{2}$$

以上式中　R_{AB}、R_{BC}、R_{CA}——分别为绕组的线间电阻；

R_a、R_b、R_c——绕组各相的相电阻；

R_t——线间电阻值之和的一半。

第十一章

变压器的短路和空载试验

第一节 损耗的测量

变压器的损耗影响着变压器的效率、温升和寿命。为了解变压器损耗的大小，现将测量损耗的方法介绍如下。

一、单相变压器损耗的测量方法

测量单相变压器损耗可采用直接测量法和间接测量法。前者直接在电路中接仪表，后者通过互感器接仪表。直接测量法根据目前表计规格，仅适用于电流不超过10A、电压不超过600V的测量。其接线如图11-1（a）所示。

为了考虑测量的准确性，功率表的电压线圈和电压表应直接接到被测变压器的出线端上。如仅电流超过量程，可在电流回路中串入电流互感器，而电压可直接测量，这种接线称为半间接测量，如图11-1（b）所示。

在做大型变压器试验时，由于电压高、电流大，普遍采用间接测量法，即表计要经电流互感器和电压互感器接入电路。测得的读数应分别乘以相应的变比，间接测量法的接线

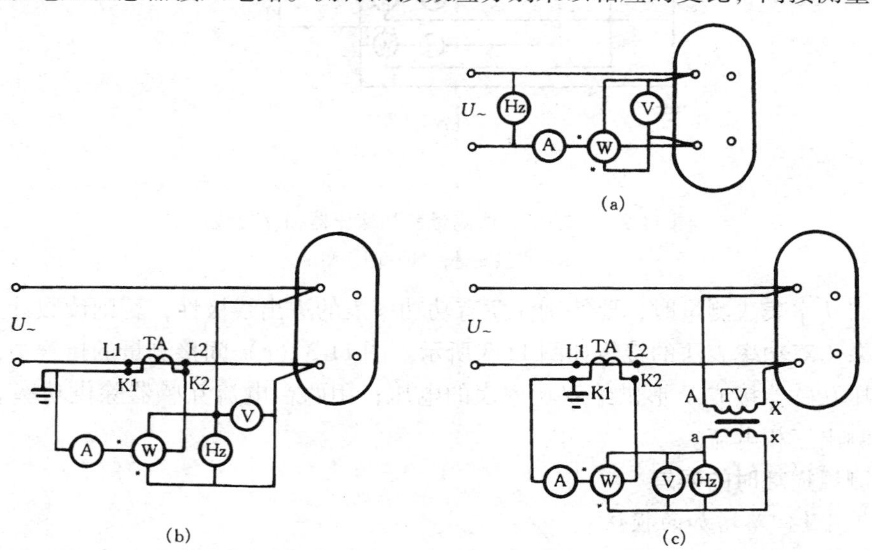

图11-1 单相变压器损耗的测量接线图

（a）小电流下作空载试验；（b）半间接测量接线；（c）间接测量接线

PF—频率表；PA—电流表；PV—电压表；PW—功率表；TV—电压互感器；TA—电流互感器

如图11-1（c）所示。

二、三相变压器损耗的测量方法

三相变压器的损耗可用三功率表法和双功率表法来测量。三功率表法的接线如图11-2所示，总损耗等于三个功率表读数的算术和。由于三功率表法需要较多仪表，一般较少采用。但对三相变压器相间有缺陷时，用它可以比较分析。利用双功率表法测量时，变压器的损耗等于两个功率表读数的代数和。

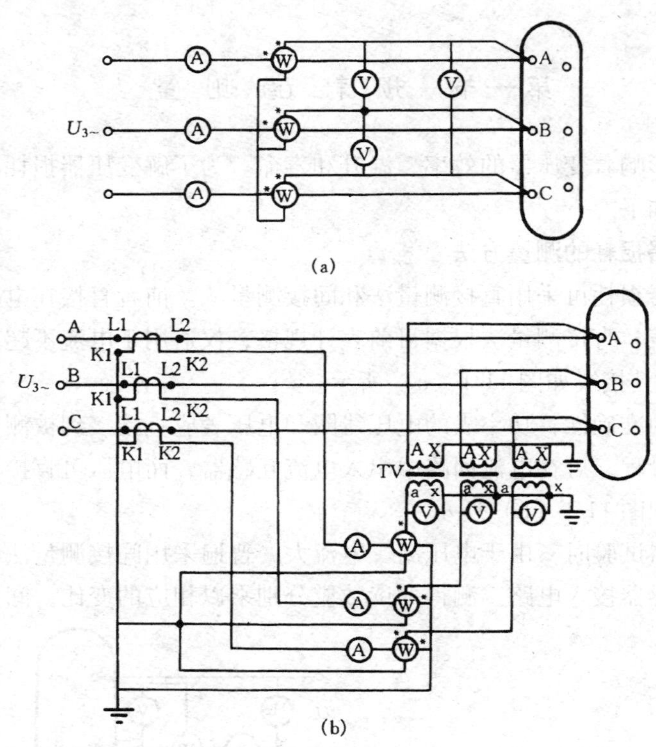

图 11-2　三功率表法测量三相变压器损耗接线图

（a）直接测量；（b）间接测量

利用双功率表法测量时，要特别注意有功功率表的进出线极性，否则读数计算将造成错误的结果。双功率表法的接线如图 11-3 所示。图 11-3（c）间接测量的接线中，采用两台单相电压互感器接成 V 形供给双功率表的电压；用两台电流互感器除供功率表的电流外，尚可测出三相电流。

三、测量损耗时的误差

（一）测量回路增加的损耗

在用间接测量法试验大型变压器时，仪表、互感器及引线中的损耗占总损耗的比例很小，一般可不予考虑（仪表及引线损耗大于测量损耗的 0.5% 时应予考虑）。但在直接测量时，仪表回路本身和引线电阻的损耗将导致显著误差，致使测量值大于实际值。因此要从实测损耗 P' 中减去仪表损耗和引线损耗才得到实际损耗 P。

当按图 11-1（a）接线时，应从实测损耗 P' 中减去功率表电压回路和电压表的损耗 P_M，即

$$P = P' - P_M \tag{11-1}$$

$$P_M = U^2\left(\frac{1}{r_{WV}} + \frac{1}{r_V}\right) \tag{11-2}$$

式（11-1）～式（11-2）中

U——测得的电压值；

r_{WV}——功率表电压回路电阻（应计入附加电阻）；

r_V——电压表内阻。

仪表损耗 P_M 不但可以按式（11-2）计算，而且可以实测，即在接好线后，仅断开被试变压器连线，施加试验电压，直接从功率表上读取数值。后者更适于现场应用。

（二）互感器的角误差

互感器的角误差对测量准确度影响较大，若使用 0.5 级电流互感器和电压互感器，在最不利的情况下，角误差会使被试变压器的损耗误差大于 18%。而使用 0.2 级互感器，在最不利的情况下，误差也达 3%～6%，因此，要进行角误差校正。

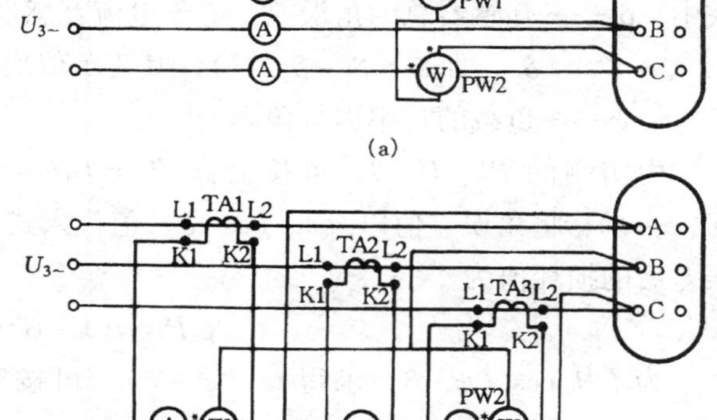

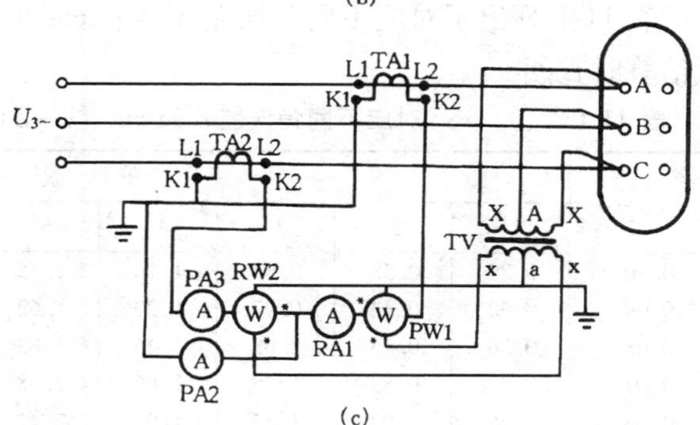

图 11-3　双功率表法测量三相变压器损耗接线图
（a）直接测量；（b）半间接测量；（c）间接测量
PA1—A 相电流；PA2—B 相电流；PA3—C 相电流

1. 测量单相功率损耗时的误差校正

对于单相变压器或三相变压器的单相试验，以及三相变压器用三功率表法测量时，角误差的校正可通过求出损耗相对误差进行，按相对误差的定义有

$$\beta = \frac{P' - P}{P} \times 100\% \tag{11-3}$$

式中　P'——测得的损耗值；

P——实际的损耗值；

β——测量损耗的相对误差。

为便于用测量值进行计算，把式（11-3）中的分母用测得的 P' 来代替 P，从而得到以测得损耗为基准的相对误差 β'，它与 β 近似相等，即

$$\beta' = \frac{P' - P}{P'} \approx \beta$$

将实际损耗值 $P=UI\cos\varphi$ 和实测损耗值 $P'=UI\cos(\varphi-\delta)$ 代入上式，经过变换可得到 β'（%）与角误差的关系为

$$\beta'=0.0291\delta'\mathrm{tg}(\varphi-\delta) \tag{11-4}$$

式中 δ'——互感器总的角误差，等于电流互感器的角误差 δ_I 减去电压互感器的角误差 δ_U，即 $\delta'=\delta_I-\delta_U$（′），其正负值决定 β' 的正负；

φ——负载的功率因数角。

由实测的 P'、U、I，可按公式 $P'=UI\cos(\varphi-\delta)$ 求出 $\cos(\varphi-\delta)$，继而求出 $\mathrm{tg}(\varphi-\delta)$。将角误差值以及 $\mathrm{tg}(\varphi-\delta)$ 值代入式（11-4），即可得到相对误差 β'。校正角误差后的损耗值为

$$P=(1-\beta')P' \tag{11-5}$$

为了从 $\cos(\varphi-\delta)$ 求得 $\mathrm{tg}(\varphi-\delta)$，可按三角函数公式计算和查数学用表。而当 $\cos(\varphi-\delta)\leqslant 0.1$ 时，实际工作中采用公式 $\mathrm{tg}(\varphi-\delta)\approx\dfrac{1}{\cos(\varphi-\delta)}$ 已够准确。

表 11-1 列出了对应不同角误差 δ' 值及 $\cos(\varphi-\delta)$ 值范围内的相对误差 β'（%），可供估算时查阅。

表 11-1　对应不同角误差 δ' 及 $\cos(\varphi-\delta)$ 值的相对误差 β'（%）

$\cos(\varphi-\delta)$	角误差 δ'（′）									
	1′	2′	3′	4′	5′	6′	7′	8′	9′	10′
0.10	0.29	0.58	0.87	1.16	1.45	1.74	2.02	2.32	2.62	2.91
0.09	0.32	0.64	0.97	1.29	1.62	1.94	2.26	2.59	2.91	3.24
0.08	0.36	0.73	1.08	1.46	1.82	2.18	2.55	2.91	3.28	3.64
0.07	0.42	0.83	1.25	1.66	2.08	2.50	2.91	3.32	3.74	4.16
0.06	0.48	0.97	1.45	1.94	2.42	2.91	3.39	3.84	4.36	4.85
0.05	0.58	1.16	1.74	2.32	2.91	3.49	4.07	4.66	5.24	5.82
0.04	0.73	1.45	2.18	2.91	3.64	4.36	5.09	5.82	6.55	7.30
0.03	0.97	1.94	2.91	3.88	4.85	5.82	6.80	7.74	8.72	9.70
0.02	1.45	2.91	4.36	5.82	7.28	3.72	10.18	11.62	13.10	14.55

【例 11-1】 一台 220kV、40000kVA 的单相自耦变压器，在做短路试验时，采用间接测量法测得数据：$I=100\mathrm{A}$；$U=13800\mathrm{V}$；$P'=41500\mathrm{W}$，此时互感器总角误差 $\delta'=6'$。试求相对误差和实际损耗。

解：测量时的功率因数

$$\cos(\varphi-\delta)=\frac{P'}{UI}=\frac{41500}{13800\times100}=0.03$$

查表 11-1 得相对误差　$\beta'=+5.82\%$

由式（11-5）计算出校正角误差后的损耗值为

$$P=(1-\beta')P'=(1-0.0582)\times41500=39100\ (\mathrm{W})$$

2. 用双功率表法测量三相功率损耗时的误差校正

对三相变压器用双功率表测量损耗时，可分别对每一功率表求出因互感器而引起的测量误差，再计算实际损耗。

当按图 11-3（c）接线时，C 相功率表测量的功率为

$$P'_C = U_{CB} I_C \cos[\varphi - 30° - (\delta_{I_C} - \delta_{U_{CB}})]$$

设 $\delta_C = \delta_{I_C} - \delta_{U_{CB}}$，可写成

$$P'_C = U_{CB} I_C \cos(\varphi - 30° - \delta_C)$$

而功率实际值为

$$P_C = U_{CB} I_C \cos(\varphi - 30°)$$

代入式（11-3）并经简化，得到 C 相功率表测量时的相对误差（%），其形式与式（11-4）相似，即

$$\beta'_C = 0.0291 \delta_C \text{tg}(\varphi - 30° - \delta_C) \tag{11-6}$$

同样地，可推出 A 相功率表测量时的相对误差为

$$\beta'_A = 0.0291 \delta_A \text{tg}(\varphi + 30° - \delta_A) \tag{11-7}$$

上两式中 $\delta_A = \delta_{I_A} - \delta_{U_{AB}}$，即 A 相电流互感器角误差减去 AB 相电压互感器角误差（′）；$\delta_C = \delta_{I_C} - \delta_{U_{CB}}$，即 C 相电流互感器角误差减去 CB 相电压互感器角误差（′）。

计算 β'_C 和 β'_A 时要注意符号，由式（11-6）、式（11-7）可见，β'_C 的符号与 δ_C 相同；而 β'_A 则不但与 δ_A 而且与 φ 角有关，当 $\varphi > 60°$（大中型变压器试验）时，由于 $\text{tg}(\varphi + 30° - \varphi_A) < 0$，$\beta'_A$ 与 δ_A 有相反的符号。

$\text{tg}(\varphi - 30° - \delta_C)$ 可由 $\cos(\varphi - 30° - \delta_C) = \dfrac{P'_C}{U_{CB} I_C}$ 求得，而 $\text{tg}(\varphi + 30° - \delta_A)$ 可由 $\cos(\varphi + 30° - \delta_A) = \dfrac{P'_A}{U_{AB} I_A}$ 求得。

于是实际损耗 P 可按下式求得，即

$$P = P_C \pm P_A = (1 - \beta'_C) P'_C \pm (1 - \beta'_A) P'_A \tag{11-8}$$

为了避免带符号运算的错误，式中在 P'_A 之前冠以正负号，按 φ 角大于或小于 60° 直接决定取负号或正号。在进行大、中型变压器试验，且 $\varphi > 60°$ 时，式（11-8）中第二项取负号，即两表数值相减。不难推出，这时的总相对误差为

$$\beta' = \frac{P' - P}{P'} = \frac{(P'_C - P'_A) - [(1 - \beta'_C) P'_C - (1 - \beta'_A) P'_A]}{P'_C - P'_A}$$

$$= \frac{P'_C \beta'_C - P'_A \beta'_A}{P'_C - P'_A} \tag{11-9}$$

【例 11-2】 用双功率表法，按图 11-3（c）接线，测量 63000kVA、110kV 的三相变压器的空载损耗，所得结果为：

电压（V）	电流（A）	损耗（W）
$U_{CB} = 6350$	$I_C = 56$	$P'_C = 196000$
$U_{AB} = 6370$	$I_A = 46$	$P'_A = 132000$（负值）
$U_{CA} = 6360$	$I_B = 45$	$P' = P'_C - P'_A = 64000$

查试验记录可知，所用 0.2 级互感器在试验条件下角误差为：

电流互感器　$\delta_{I_A}=+5'$，$\delta_{I_C}=+4'$

电压互感器　$\delta_{U_{AB}}=-2'$，$\delta_{U_{CB}}=-2'$

试决定相对误差和实际损耗值。

解：C 相互感器总角误差为

$$\delta'_C=\delta_{I_C}-\delta_{U_{CB}}=4-(-2)=+6(')$$

由于
$$\cos(\varphi-30°-\delta_C)=\frac{P'_C}{U_{CB}I_C}=\frac{196000}{6350\times56}=0.55$$

所以
$$\text{tg}(\varphi-30°-\delta_C)=\text{tgarccos}0.55=1.52\%$$

按式（11-6），C 相的相对测量误差为

$$\beta'_C=+0.0291\times6\times1.52\%=+0.27\%$$

A 相互感器总角误差为

$$\delta'_A=\delta_{I_A}-\delta_{U_{AB}}=5-(-2)=+7(')$$

同理
$$\cos(\varphi+30°-\delta_A)=\frac{P'_A}{U_{AB}I_A}=\frac{-132000}{6370\times46}=-0.45$$

因此
$$\text{tg}(\varphi+30°-\delta_A)=\text{tgarccos}(-0.45)=-1.98$$

按式（11-7），A 相的相对测量误差为

$$\beta'_A=0.0291\times7\times(-1.98)\%=-0.4\%$$

按式（11-9），三相总相对测量误差为

$$\beta'_{AC}=\frac{196000\times0.27-132000\times(-0.4)}{196000-132000}\%=1.65\%$$

所以实际损耗为

$$P=(1-0.0165)P'=0.9835\times64000=62940(\text{W})$$

如不采用总的相对误差，可直接将β'_C和β'_A代入式（11-8）进行计算，仍有相同结果，即

$$\begin{aligned}P&=(1-\beta'_C)P'_C-(1-\beta'_A)P'_A\\&=(1-0.0027)\times196000-[1-(-0.004)]\times132000\\&=195470-132530=62940(\text{W})\end{aligned}$$

第二节　空　载　试　验

变压器的空载试验，是从变压器的任一侧绕组施加正弦波额定频率的额定电压，其他绕组开路，测量变压器的空载损耗和空载电流的试验。空载电流以实测的空载电流 I_0 占额定电流 I_n 的百分数来表示，记为 $I_0\%$ 按定义有

$$I_0\%=\frac{I_0}{I_n}\times100\%$$

对电压等级为 35kV 及以上的变压器，容量大于 2000kVA 的，空载电流约为 0.3% ~ 1.5%；10kV 及以下的中小型配电变压器，空载电流一般为 2% ~10%。当试验测得的数

值与设计计算值、出厂值、同类型变压器或大修前的数值有显著差异时，应查明原因。

空载损耗主要是铁芯损耗，即消耗于铁芯中的磁滞损耗和涡流损耗。空载时激磁电流流过一次绕组也要产生电阻损耗，如果激磁电流数值很小，这可以忽略不计。空载损耗和空载电流，取决于变压器的容量、铁芯的构造、硅钢片的质量和铁芯制造工艺等因素。

导致空载损耗和空载电流增大的原因主要有：硅钢片间绝缘不良；某一部分硅钢片短路；穿芯螺栓或压板、上轭铁以及其他部分的绝缘损坏而形成短路匝；磁路中硅钢片松动，甚至出现气隙，使磁阻增大（主要使空载电流增大）；磁路由较厚的硅钢片组成（空载损耗增加而空载电流减小）；采用了劣质的硅钢片（多见于小型配电变压器）；各种绕组缺陷，包括匝间短路、并联支路短路、各并联支路中匝数不同及安匝数取得不正确等。此外，由于磁路接地不正确等原因，也会引起空载损耗和电流的增大。对于中小型变压器，在制造过程中，铁芯接缝的大小会显著影响空载电流。

一、额定条件下的试验

试验采用图 11-1 ~ 图 11-3 的接线。所用仪表的准确度等级应不低于 0.5 级，并应采用低功率因数功率表［当用双功率表法测量时，也允许采用普通功率表，因为这时 $\cos(\varphi \pm 30°) \approx 0.5$］。互感器的准确度应不低于 0.2 级。

根据试验条件，在试品的一侧（通常是低压侧）施加额定电压，其余各侧开路，运行中处于地电位的线端和外壳都应妥善接地。空载电流应取三相电流的平均值，并换算为额定电流的百分数，即

$$I_0\% = \frac{I_{0A} + I_{0B} + I_{0C}}{3I_n} \times 100\% \tag{11-10}$$

式中　I_{0A}、I_{0B}、I_{0C}——三相实测的电流；

I_n——试验加压线圈的额定电流。

试验所加电压应该是实际对称的，即负序分量值不大于正序值的 5%。试验应在额定电压、额定频率和正弦波电压的条件下进行。但现场实际上难以满足这些条件，因而要尽可能进行校正，校正方法分述如下。

（一）试验电压

变压器的铁损耗可认为与负载大小无关，即空载时的损耗等于负载时的铁芯损耗，但这是额定电压时的情况。如电压偏离额定值，空载损耗和空载电流都会急剧变化。这是因为变压器铁芯中的磁感应强度取在磁化曲线的饱和段，当所加电压偏离额定电压时，空载电流和空载损耗将非线性地显著增大或减少，这中间的相互关系只能由试验来确定。

由于试验电源多取自电网，如果电压不好调，则应将分接开关接头置于与试验电压相应的位置试验，并尽可能在额定电压附近选做几点，例如改变供电变压器的分接开关位置，再将各电压下测得的 P_0 和 i_0 作出曲线，从而查出相应的额定电压下的数值。如在小于额定电压，但不低于 90% 额定电压值的情况下试验，可用外推法确定额定电压下的数值，即在半对数坐标纸上录制 I_0、P_0 与 U 的关系曲线，并近似地假定 I_0 和 P_0 是 U 的指数函数，因而曲线是一条直线，可延长直线求得 U_n 下的 I_0 和 P_0。应指出，这一方法会有相当误差，因为指数函数的关系并不符合实际。

（二）试验电源频率

变压器可在与额定频率相差 ±5% 的情况下进行试验（即 47.5～52.5Hz 范围内），此时施加于变压器的电压应为

$$U' = U_n \frac{f'}{f_n} = U_n \frac{f'}{50} \tag{11-11}$$

式中 f'——试验电源频率；

f_n——额定频率，即 50Hz；

U'——频率为 f' 时应施加的电压；

U_n——额定电压。

由于在 f' 下所测的空载电流 I_0' 接近于额定频率下的 I_0，即 $I_0 = I_0'$，所以这样测得的空载电流无需校正。此时，空载损耗（相当于 50Hz 时的）可按下式换算

$$P_0 = P_0'\left(\frac{60}{f'} - 0.2\right) \tag{11-12}$$

式中 P_0'——在频率为 f'、电压为 U' 时测得的空载损耗。

（三）空载试验时 I_0 和 P_0 与波形的关系及校验

在现场试验时，由于发电机输出容量不足或调压器等设备容量较小时，试验电压的波形会畸变，由于铁芯的磁化曲线是非线性的，电压波形畸变后，磁通波形也产生了变化，而铁芯中的磁滞损耗与施加电压的平均值有关；铁芯中的涡流损耗却与施加电压的有效值的平方有关。而波形的畸变也引起了电压有效值和平均值变化，因此，可用“均值电压表法”作波形校正。

试验时，选用能反映平均值的电压表与测量有效值的表并接在一起，具体步骤如下：

（1）将频率为 50Hz 的电压加于试品，调节电压，使平均值表指示为

$$U_j = U_n / 1.11$$

（2）记录电压为 U_j 时的 P_0'、I_0' 和有效值表 U'。

（3）然后升高电压使有效值电压表指示为 U_n，记录此时的 I_0''，当铁芯为冷轧硅钢片时，可用下式进行修正

$$P_0 = P_0' / [0.5 + 0.5(U'/1.11U_j)^2]$$

$$I_0 = (I_0' + I_0'')/2$$

当有效值表计与平均值表计读数相同时，波形则是无畸变的，常用的磁电系列和电动系列表计都是按有效值来刻度的。平均值表计可用能同时反映平均值和有效值的数字式电压表，也可用整流式仪表代用。

二、低电压下的试验

低电压下测量空载损耗，在制造和运行部门主要用于铁芯装配过程中的检查，以及事故和大修后的检查试验。主要目的是：检查绕组有无金属性匝间短路；并联支路的匝数是否相同；线圈和分接开关的接线有无错误；磁路中铁芯片间绝缘不良等缺陷。

试验时所加电压，通常选择在 5%～10% 额定电压范围内。低电压下的空载试验，必须计及仪表损耗对测量结果的影响，而且测得数据主要用于相互比较，换算到额定电压时

误差较大，可按下式进行换算

$$P_0 = P_0'\left(\frac{U_n}{U'}\right)^n \tag{11-13}$$

式中　U'——试验时所加电压；

U_n——绕组额定电压；

P_0'——电压为 U' 时测得的空载损耗；

P_0——相当于额定电压下的空载损耗；

n——指数，数值决定于铁芯硅钢片种类，热轧的取1.8，冷轧的取1.9～2。

对于一般配电变压器或容量在3200kVA以下的电力变压器，n 值可由图11-4查出。

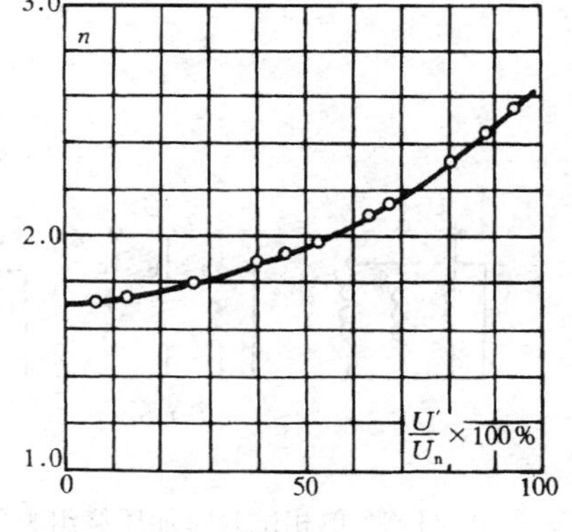

图11-4　对应于不同的 U'/U_n 时的 n 值

三、三相变压器分相试验

经过三相空载试验后，如发现损耗超过国家标准时，应分别测量单相损耗，通过对各相空载损耗的分析比较，观察空载损耗在各相的分布情况，以检查各相绕组或磁路中有无局部缺陷。事故和大修后的检查试验，也可用分相试验方法。进行三相变压器分相试验的基本方法，就是将三相变压器当作三台单相变压器，轮换加压，也就是依次将变压器的一相绕组短路，其他两相绕组施加电压，测量空载损耗和空载电流。短路的目的是使该相无磁通，因而无损耗，现叙述如下。

（一）加压绕组为△连接（a-y，b-z，c-x）

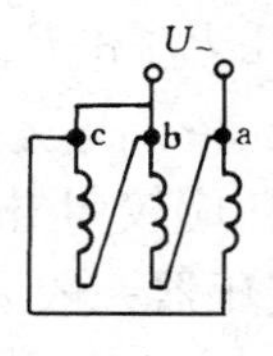

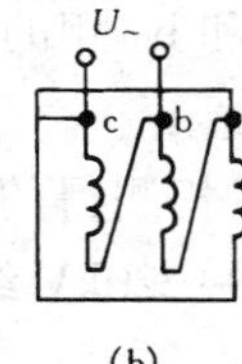

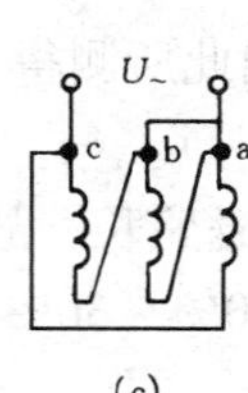

图11-5　单相试验从△侧加压接线图
（a）ab相加压；（b）bc相加压；（c）ca相加压

采用单相电源，依次在ab、bc、ca相加压，非加压绕组应依次短路（即bc、ca、ab），分相试验接线如图11-5所示。加于变压器绕组上的电压应为线电压，测得的损耗按下式计算

$$P_0 = \frac{P_{0ab} + P_{0bc} + P_{0ca}}{2} \tag{11-14}$$

式中　P_{0ab}、P_{0bc}、P_{0ca}——ab、bc、ca三次测得的损耗。

空载电流按下式计算

$$I_0\% = \frac{0.289\ (I_{0ab} + I_{0bc} + I_{0ca})}{I_n} \times 100\% \tag{11-15}$$

（二）加压绕组为Y连接

依次对ab、bc、ca相加压，非加压绕组应短路，见图11-6。若无法对非加压绕组短路时，则必须将二次绕组的相应相短路，如图11-7所示。施加电压 U 应为二倍相电压，即

$$U = \frac{2U_L}{\sqrt{3}}$$

式中　U_L——线电压。

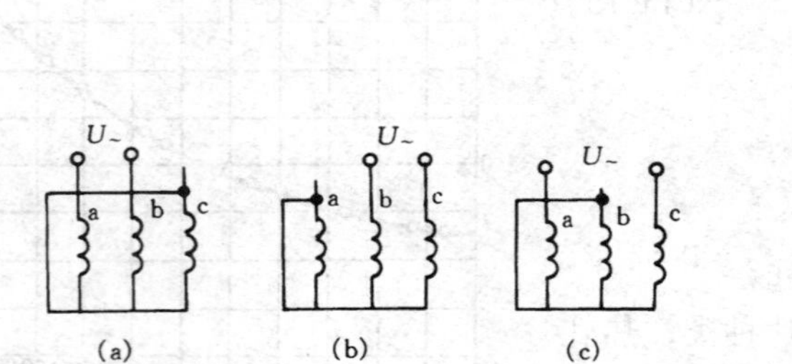

图 11-6 单相试验时加压绕组为Y接线且有中性点引出

（a）ab 相加压；（b）bc 相加压；（c）ca 相加压

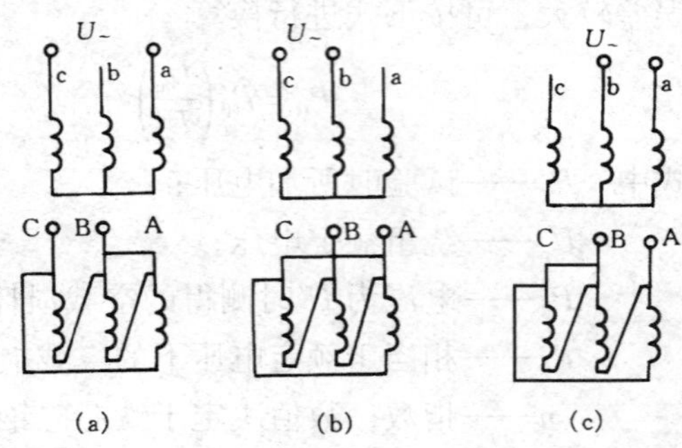

图 11-7 单相试验时二次侧绕组对应相短路

（a）ac 相加压；（b）bc 相加压；（c）ab 相加压

测得的损耗仍按式（11-14）进行计算。空载电流百分数为

$$I_0\% = \frac{0.333\ (I_{0ab} + I_{0bc} + I_{0ca})}{I_n} \times 100\% \tag{11-16}$$

由于现场条件所限，当试验电压不能达到上述要求时$\left(\frac{2U_L}{\sqrt{3}}\right)$，低电压下测得的损耗如需换算到额定电压时，可按式（11-13）换算。

分相测量的结果按下述原则判断：

（1）由于 ab 相与 bc 相的磁路完全对称，因此所测得 ab 相和 bc 相的损耗 P_{0ab} 和 P_{0bc} 应相等，偏差一般应不超过 3%；

（2）由于 ac 相的磁路要比 ab 相或 bc 相的磁路长，故由 ac 相测得的损耗应较 ab 相或 bc 相大。电压为 35～60kV 级变压器一般为 20%～30%；110～220kV 级变压器一般为 30%～40%。

如测得结果大于这些数值时，则可能是变压器有局部缺陷，例如铁芯故障将使相应相激磁损耗增加。同理，如短路某相时测得其他两相损耗都小，则该被短路相即为故障相。这种分相测量损耗判断故障的方法，称为比较法。

【例 11-3】 某台 38500/6300V、15000kVA 的三相变压器，连接组为 YN，d11，空载损耗计算值为 40.8kW，铁芯由热轧硅钢片制造。采用分相法测量空载损耗时，测得的数值如表 11-2 所示。

整个测量在 50Hz 下进行，电压表的电阻 $r_V = 20000\Omega$，功率表电压线圈的电阻 $r_{WV} = 15000\Omega$。试分析在各相中损耗的分配，并求出额定电压时的空载损耗。

解： 由已知条件可计算仪表损耗为

$$P_{WV} = \frac{r_V + r_{WV}}{r_V \cdot r_{WV}} \cdot (U')^2$$

$$= \frac{20000 + 15000}{20000 \times 15000} \times 380^2 = 16.8\ (W)$$

表 11-2　　分相法测量空载损耗时测得的数据

施加电压相	低压绕组被短路相	电压（V）		电流（A）		功率（W）	
		读数	×4	读数	×0.025	读数	×5
a-b	c	95.0	380	35.8	0.895	35.5	177.5
b-c	a	95.0	380	36.0	0.9	36.0	180
c-a	b	95.0	380	49.7	1.24	46.8	234

测得的损耗为

$$P'_{0ab}=35.5\times5-16.8=160.7\ (\mathrm{W})$$

$$P'_{0bc}=36\times5-16.8=163.2\ (\mathrm{W})$$

$$P'_{0ac}=46.8\times5-16.8=217.2\ (\mathrm{W})$$

由以上数值可以看出损耗分布情况

$$\frac{P'_{0bc}}{P'_{0ab}}=\frac{163.2}{160.7}=1.015\ \text{（基本相等，仅相差 1.5\%）}$$

$$\left.\begin{aligned}\frac{P'_{0ac}}{P'_{0ab}}&=\frac{217.2}{160.7}=1.35\\ \frac{P'_{0ac}}{P'_{0bc}}&=\frac{217.2}{163.2}=1.33\end{aligned}\right\}\text{（边相损耗大于中相损耗约 35\%）}$$

将所求得的损耗 P'_{0ab}、P'_{0bc} 及 P'_{0ac} 代入式（11-14）中，得到低电压下变压器的三相空载损耗为

$$P'_0=\frac{160.7+163.2+217.2}{2}=270.5\ (\mathrm{W})$$

为将其换算至额定电压下的损耗，需求得 $\frac{U_n}{U'}=\frac{6300}{380}=16.6$。然后从式（11-13）算出 $16.6^{1.8}=157$。于是换算至低压绕组额定电压下的损耗为

$$P_0=P'_0\left(\frac{U_n}{U'}\right)^n=270.5\times157\approx42.4\ (\mathrm{kW})$$

换算后的空载损耗大于计算值 4%。可见，计算与实测相符，各相分布合理，变压器合格。

【例 11-4】 某变电所一台 SFPSE7 型变压器，其额定容量为 90MVA，额定电压为 220/121/38.5kV，额定电流为 236/429/944A，连接组标号为 YN，yn0，d11，空载电流为 0.23%，对其进行空载试验。

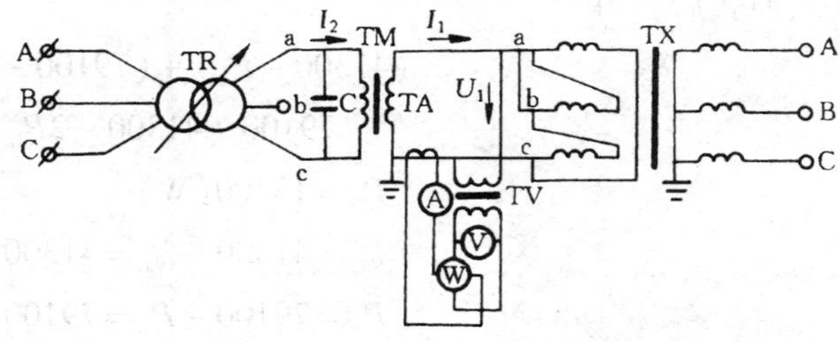

图 11-8　试验接线原理图

TR—三相调压器，输入电压 400V，输出电压 0～450V、容量 400kVA；TM—中间变压器，单相，电压 0.4/35kV，容量 200kVA；TX—被试变压器；TV—电压互感器，35/0.1kV；C—补偿电容；TA—电流互感器

解：试验接线如图 11-8 所示。

采用低压侧分相加压，调压器用三相输入，两相输出。接入补偿电容

可改善试验电压波形及减少调压器侧的电流，因为TM的变比 $K_m = 87.5$，变压器TM低压侧电流 $I_2 = I_0 \times K_m = 190\text{A}$，补偿电容用额定电压为400V的三相并联电容器（仅用两相接入），也可用10kV或6kV的高压并联电容器，采用10kV电容器时需经过变压器接入，测试结果见表11-3所示。从表11-3可知，当变压器c相存在故障时，激磁电流与c相有关相电流偏大，空载损耗偏大，并将空载损耗进行各相分离后即可看出c相存在问题，而表中c相电流偏大，但由于三相损耗没有分开测，则看不出损耗的各相差值。因此就可能漏检变压器存在的局部故障。

表 11-3　　　　测　试　结　果

加压相 短接相		ab 加压 bc 短接	ac 加压 ab 短接	bc 加压 ac 短接
连接图 （低压侧）		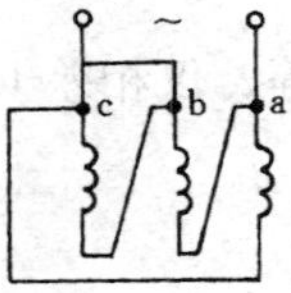	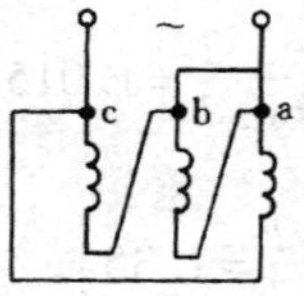	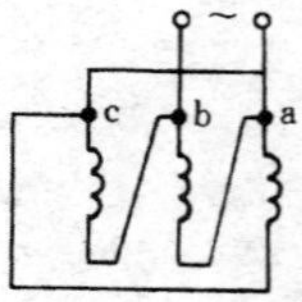
测量值	U_0（V）	38.5×10^3	38.5×10^3	38.5×10^3
	I_0（A）	2.50	3.72	3.21
	P_0（W）	41300	93800	79100

由表11-3中各测量值可列出下列联立方程

$$\begin{cases} P_a + P_b = P_{ab} = 41300 \\ P_a + P_c = P_{ac} = 93800 \\ P_b + P_c = P_{bc} = 79100 \end{cases}$$

联立解上方程式，得

$$P_a = 41300 - P_b$$

$$P_c = 79100 - P_b$$

代入原式后，得

$$(41300 - P_b) + (79100 - P_b) = 93800$$

$$79100 + 41300 - 2P_b = 93800$$

$$P_b = 13300(\text{W})$$

$$P_a = 41300 - P_b = 41300 - 13300 = 28000(\text{W})$$

$$P_c = 79100 - P_b = 79100 - 13300 = 65800(\text{W})$$

将各相空载损耗分解后，可看出c相损耗比A相大得多，经对该变压器吊芯检查，发现为c相匝间短路故障。

ac相加压的分相空载试验要将ab短接。如不短接，等于b、c相的绕组串连后与a相绕组并联，由于b相绕组没有短接，b、c相铁芯柱都允许磁通通过，并且通过b相绕组的激磁电流与c相绕组的激磁电流相等，因而b、c两磁柱的激磁磁通均为$\frac{1}{2}\Phi_0$，测得空电载流和空载损耗与3个绕组都有关，这样计算每一相的损耗值就较为麻烦。因此分相试验时，最好要将一相短接。

四、试验电源容量的确定

为了选用合适的试验电源，必须在试验前确定其容量。

根据被试变压器的铭牌容量及铭牌所载的空载电流百分数（无铭牌或铭牌未给出数值的，可查取同型式变压器的额定数据），在额定电压下进行试验时，按下式计算

$$S' = S_n I_0\% \tag{11-17}$$

式中 S'——试验所需电源容量；

S_n——变压器额定容量；

$I_0\%$——空载电流百分数。

例如一台15000kVA的变压器，额定电压为110/10kV，空载电流百分数$I_0\% = 0.9\%$，则需要电源容量$S' = S_n I_0\% = 15000 \times 0.009 = 135$（kVA），按标准容量可选用160kVA的变压器。实际上为保证波形良好，电源容量应为S'的5~10倍，故可选用800kVA的变压器作为电源变压器。

第三节 短 路 试 验

将变压器一侧绕组（通常是低压侧）短路，而从另一侧绕组（分接头在额定电压位置上）加入额定频率的交流电压，使变压器绕组内的电流为额定值，测量所加电压和功率，这一试验就称为变压器的短路试验。

将测得的有功功率换算至额定温度下的数值，称为变压器的短路损耗。所加电压U_k称为阻抗电压，通常以占加压绕组额定电压的百分数表示，即

$$U_k\% = \frac{U_k}{U_n} \times 100\% \tag{11-18}$$

三绕组变压器应对每两绕组进行一次短路试验（非被试绕组开路）。如两绕组容量不等，应通入容量较小绕组的额定电流，并注明测得的阻抗电压所对应的容量。

阻抗电压包括有功分量和无功分量两部分，两分量的比值随容量而变。容量越大，电抗电压$U_x\%$（无功分量）对电阻电压$U_r\%$（有功分量）的比值$\frac{U_x\%}{U_r\%}$也越大，大容量变压器可达10~15；中小变压器为1~5。

短路损耗包括电流在绕组电阻上产生的损耗和漏磁通引起的各种附加损耗（在交变磁场作用下的绕组中的涡流损失和漏磁通穿过绕组压板、铁芯夹件、油箱等结构件所形成的涡流损耗）。对容量为6300kVA及以下的电力变压器，附加损耗占比重较小；对容量为8000kVA以上的电力变压器及电炉、整流、自耦变压器等，附加损耗所占比重较大（常大于参考温度下电阻损耗的一半，有时甚至等于或大于电阻损耗），因此，应按不同情况

进行计算。

进行变压器短路试验的目的是要测量短路损耗和阻抗电压，以便确定变压器的并列运行；计算变压器的效率、热稳定和动稳定；计算变压器二次侧的电压变动率以及确定变压器温升等。通过短路试验可发现以下缺陷：①变压器各结构件（屏蔽、压环和电容环、轭铁梁板等）或油箱箱壁中由于漏磁通所致的附加损耗过大和局部过热；②油箱箱盖或套管法兰等附件损耗过大并发热；③带负载调压变压器中的电抗绕组匝间短路；④大型电力变压器低压绕组中并联导线间短路或换位错误，这些缺陷均可能使附加损耗显著增加。

一、试验接线和方法

短路试验的接线如图 11-9 所示。试验方法按以下要求进行。

（1）电源频率应为 50Hz（偏差不超过 ±5%）。调节电压，使绕组中电流等于额定值，受条件所限时允许电流可小些，但一般不应低于 $I_n/4$。在现场有时不得不在更低电流下做试验，这时测得的结果误差较大。

（2）短路试验数据与温度有关，试验前应准确测量绕组直流电阻并求出平均温度。短路损耗与直流电阻有关，因此，绕组的短路线必须尽可能短，截面应不小于被短路绕组出线的截面，连接处要接触良好。试验结果应换算至参考温度，如无相应规定，可分别换算到 75℃（A、B、E 级绝缘）或 115℃（C、F、H 级绝缘）。

（3）变压器高压或中压侧出线套管装有环形电流互感器时，试验前电流互感器的二次侧要短接。

（4）变压器短路试验时功率因数的变化范围很大。一般对于小容量变压器，$\cos\varphi>0.5$，即 $\varphi<60°$，双功率表法应将测得的两个读数求代数和；高电压大容量变压器 $\cos\varphi\leq0.05$，互感器的相角差将导致较大误差，应校正。

（5）短路试验所需电源容量 S 可按下式计算

$$S\geq S_n\frac{U_k}{100}\left(\frac{I_k}{I_n}\right)^2 \qquad (11\text{-}19)$$

所需的试验电压 U_k 为

$$U_k=U_n\frac{U_k\%}{100}\cdot\frac{I_k}{I_n} \qquad (11\text{-}20)$$

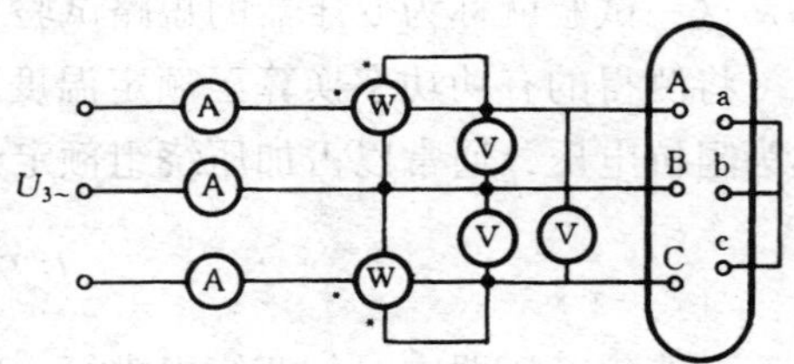

图 11-9 短路试验接线图

式中 S_n、U_n——分别为额定容量和额定电压；

I_n、I_k——分别为额定电流和短路试验电流；

S、U_k——分别是所需的视在功率和短路试验电压；

$U_k\%$——被试变压器短路电压百分数（%）。

短路试验所需电源容量较大，因此常采用降低电流试验或用单相电源进行试验。

二、降低电流的短路试验

由于短路试验所需容量较大（占试品容量的 5%～20%），随着试验电流降低，所需容量成平方关系下降，故降低电流试验为现场常用的试验方法。在试验电流 I' 下的短路损耗应按下式换算成额定电流下的短路损耗（I' 可低至额定电流的 1%～10%）

$$P_{\mathrm{k}}=P_{\mathrm{k}}'\left(\frac{I_{\mathrm{n}}}{I'}\right)^2 \tag{11-21}$$

式中　P_{k}'——在电流 I' 下测得的短路损耗；

I_{n}——额定电流。

试验电流 I' 下的阻抗电压可按下式换算成额定电流下的阻抗电压

$$U_{\mathrm{k}}=U_{\mathrm{k}}'\frac{I_{\mathrm{n}}}{I'} \tag{11-22}$$

式中　I'——试验电流；

U_{k}'——在电流 I' 下测得的阻抗电压值。

然后可从式（11-18）求 $U_{\mathrm{k}}\%$。

三、单相电源的短路试验

受电源条件限制（没有三相电源或电源容量较小）时，以及在制造过程中或运行中需逐相检查以确定故障相时，可用单相电源进行短路试验。单相试验具有所需电源功率小，使用仪表少，通过各相比较容易发现故障相等优点。试验方法是将低压三相的线端短路连接，在高压侧加单相电源进行三次测量。

（一）Y，d 和 Y，y 接线的变压器

可将低压侧短路，在 Y 绕组的一对线端上依次加压，测量单相短路损耗和阻抗电压，如图 11-10（a）、（b）所示。

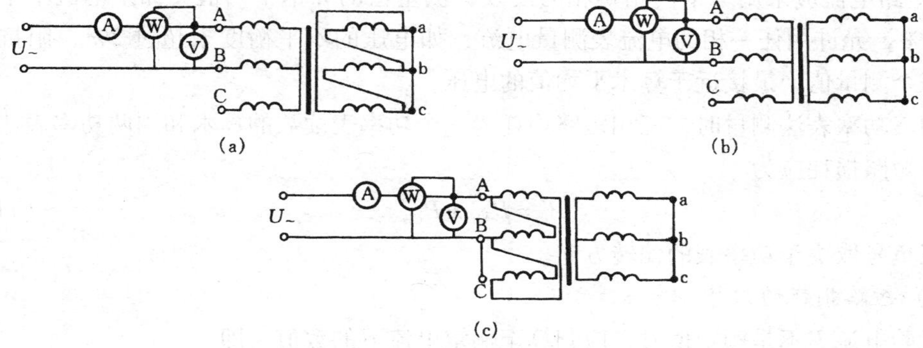

图 11-10　单相电源短路试验接线图

（a）Y，d 接法；（b）Y，y 接法；（c）D，y 接法

当施加电流为额定值时，测得的数值可按下式换算成三相短路损耗和阻抗电压。即

$$P_{\mathrm{k}}=\frac{P_{\mathrm{AB}}+P_{\mathrm{BC}}+P_{\mathrm{CA}}}{2} \tag{11-23}$$

$$U_{\mathrm{k}}\%=\frac{\sqrt{3}\,(U_{\mathrm{kAB}}+U_{\mathrm{kBC}}+U_{\mathrm{kCA}})}{6U_{\mathrm{n}}}\times100\% \tag{11-24}$$

式中　P_{AB}、P_{BC}、P_{CA}——每次测得的两相短路损耗；

U_{kAB}、U_{kBC}、U_{kCA}——每次测得的阻抗电压。

如施加电流小于额定值，可先按式（11-21）、式（11-22）换算成额定电流下的数值，

再分别换算至三相短路的 P_k 及 $U_k\%$ 值。

（二）高压为△连接（D，y）的变压器

当必须在△绕组上施加电压时，可以轮换将不参与试验的一相短路，而在其余两相上施加电压。如图 11-10（c）所示，将 BC 短路，AB 加压；或将 CA 短路，BC 加压；AB 短路，AC 加压。绕组中的电流应为 I_n 的 $\frac{2}{\sqrt{3}}$ 倍，即 1.15I_n。此时换算为三相短路状态的公式如下

$$P_k = \frac{P_{AB} + P_{BC} + P_{CA}}{2}$$

$$U_k\% = \frac{U_{kAB} + U_{kBC} + U_{kAC}}{3U_n} \times 100\% \tag{11-25}$$

如电流小于 1.15I_n，应先换算至 1.15I_n 下的数值后，再行计算。

一般对于中小型变压器，如无故障时，在相邻两铁芯的相上测得的损耗基本相等，而两个边柱铁芯的相上测得的损耗比相邻两铁芯的相上测得的损耗大 1%～3%。对于 8000kVA 及以上变压器，由于漏磁引起的附加损耗分量较大，在用单相电源试验时，因漏磁情况不同，使各相短路损耗的测量数值并不相等，差值的大小与产品结构有关。

四、试验结果的计算

对于三相变压器，各相的电流和电压一般是相同的，当电流和电压的不平衡度超过 2% 时，短路电流应采用三个（指每相的读数）测量值的算术平均值。如果电流不平衡度未超过 2%，允许用任一相的电流表测量电流；如电压的不平衡度未超过 2%，阻抗电压可采用三个测量值中最接近于算术平均值的电压。

当用三功率表法测量时，三相短路损耗为三个功率表读数的算术和用两功率表法测量时，三相短路损耗应为

$$P'_k = P_{AB} \pm P_{CB} \tag{11-26}$$

式中的正负号取决于功率表的偏转方向。

（一）短路损耗的归算

当试验电流 I'_k 不是额定值时，应归算至额定电流下的数值，即

$$P_k = P'_k\left(\frac{I_n}{I'_k}\right)^2 \tag{11-27}$$

式中 P_k——归算到额定电流时的损耗；

P'_k——测得的损耗；

I_n——加压绕组的额定电流；

I'_k——试验时的电流。

然后再将短路损耗归算到参考温度下的数值。按变压器容量的大小，区分为下述两种计算方法。

（1）容量为 6300kVA 及以下的电力变压器，附加损耗占的比重较小（常不超过绕组电阻损耗的 10%），故可依下式进行计算

$$P_{k75}=K_\theta P_k \tag{11-28}$$

$$K_\theta=\frac{\alpha+75}{\alpha+\theta}$$

式中　P_{k75}——换算至参考温度的短路损耗（75℃时记为 P_{k75}，即换算至75℃）；

P_k——温度 θ℃下的短路损耗；

K_θ——铜或铝的电阻温度系数，铜导线 α 为235，铝导线 α 为225。

（2）容量为8000kVA及以上的电力变压器、电炉变压器、整流变压器和自耦变压器，附加损耗占比重较大。在温度升高时，绕组导线电阻损耗 I^2R 与电阻温度系数 K_θ 成正比。当附加损耗 P_a 小于参考温度下电阻损耗的一半时，可看成与 K_θ 成反比，故绕组导线电阻损耗和附加损耗应分别换算。由于短路损耗为绕组导线电阻损耗和附加损耗之和，写成 $P_k=\Sigma I^2R_\theta+P_a$。则75℃时的损耗为

$$P_{k75}=K_\theta\Sigma I^2R_\theta+P_a/K_\theta \tag{11-29}$$

将 $P_a=P_k-\Sigma I^2R_\theta$ 代入式（11-29），得

$$P_{k75}=\frac{P_k+\Sigma I^2R_\theta(K_\theta-1)}{K_\theta} \tag{11-30}$$

高、低压绕组电阻损耗的计算，对于单相变压器和三相变压器分别为

$$\left.\begin{aligned}&\text{单相}\quad \Sigma I^2R=I_1^2R_1+I_2^2R_2\\&\text{三相}\quad \Sigma I^2R=(I_1^2R_1+I_2^2R_2)\times1.5\end{aligned}\right\} \tag{11-31}$$

式中　I_1、I_2——高、低压绕组的额定电流；

R_1、R_2——高、低压绕组的直流电阻，取三相平均值，系指在引出线端测得的相间电阻，即线电阻。

（二）阻抗电压和损耗的换算

1.75℃下阻抗电压的换算

首先应将阻抗电压按式（11-22）换算至额定电流下的数值。由于阻抗电压包括有功分量 $U_r\%$ 和无功分量 $U_x\%$，前者与温度有关，随温度增加而增加，后者与温度无关。当 $U_r\%\leqslant0.15U_k\%$ 时，阻抗电压可不必进行温度校正。当 $U_r\%>0.15U_k\%$ 时，应按照下式进行换算

$$U_{k75}\%=\sqrt{U_{r\theta}^2\%K_\theta^2+U_X^2\%} \tag{11-32}$$

有功分量和无功分量按下式计算

$$U_{r\theta}\%=\frac{P_R}{10S_n} \tag{11-33}$$

$$U_X\%=\sqrt{U_{k\theta}^2\%-U_{r\theta}^2\%} \tag{11-34}$$

式中　$U_{r\theta}\%$——温度为 θ℃时测得的短路电压有功分量；

$U_X\%$——阻抗电压的无功分量；

$U_{k\theta}$——温度 θ℃时测得的阻抗电压百分数。

P_k——温度为 θ℃及额定电流时的短路损耗（W）；

S_n——变压器额定容量（kVA）。

将式（11-33）、式（11-34）代入式（11-32），可得到实际中便于采用的公式

$$U_{k75}\% = \sqrt{U_{k\theta}^2\% + \left(\frac{P_k}{10S_n}\right)^2 (K_\theta^2 - 1)} \qquad (11\text{-}35)$$

2. 非标准频率下的损耗和阻抗电压的换算

变压器的附加损耗与温度和频率有关。绕组涡流损耗与频率的平方成正比，油箱、夹件等涡流损耗与频率成正比，二者组成了附加损耗。可以假定前者占40%，后者占60%，从而可写出非标准频率下损耗和阻抗电压的校正公式为

$$P_{k75} = P_{a75}\left[\left(\frac{f_n}{f}\right)^2 \times 0.4 + \left(\frac{f_n}{f}\right) \times 0.6\right] + \sum I^2 R_{75} \qquad (11\text{-}36)$$

同样，阻抗电压的有功分量与频率无关，无功分量与频率成正比，额定频率下的阻抗电压为

$$U_k\% = \sqrt{\left(U'_x\% \frac{f_n}{f}\right)^2 + U_r^2\%} \qquad (11\text{-}37)$$

式中　f——试验电源的频率；

$U'_x\%$——在试验频率下阻抗电压的无功分量。

现举例说明阻抗电压和短路损耗的计算过程。

【例 11-5】一台型式为SJ1-30/10型变压器，连接组为Y，yn0，额定电压为10000±5%/400V，额定电流1.732/43.3A。绕组导体采用铜线。

短路试验性能的标准值为 $U_{k75}\% = 4.5\%$，$P_{k75} = 865\text{W}$。

当温度为12℃时的直流电阻及短路试验数据如表11-4及表11-5所示。

表 11-4　12℃时的直流电阻试验数值

高压绕组电阻（Ω）			低压绕组电阻（Ω）			
AB	BC	CA	ab	bc	ca	aN
88.8	88.7	88.7	0.085	0.085	0.0856	0.0431

表 11-5　12℃时的短路试验数据

$U\times5$（V）			$I\times1$（A）			$2P_W\times5$（W）	仪表和互感器损耗（W）	P_k（W）	$U_{k\theta}\%$（%）
U_{AB}	U_{BC}	U_{CA}	I_A	I_B	I_C	$P_W = P_{W1} \pm P_{W2}$			
82	82	82	1.732	1.732	1.732	63+5.5	25	660	4.1

注　$U\times5$ 表示表中读数（刻度）应乘以5才为实际电压值，$I\times1$，$2P_W\times5$ 含义类似。

解：

（1）计算电阻温度系数

$$K_\theta = \frac{75+235}{\theta+235} = \frac{310}{247} = 1.255$$

$$K_\theta^2 = 1.575$$

（2）由式（11-31）计算当温度12℃时的电阻损耗为639W，与实测值660W比较，

可知附加损耗约占电阻损耗的3%，小于10%，故可按式（11-28）直接计算出75℃时的短路损耗，即

$$P_{k75}=K_\theta P_k=1.255\times660=828.3\ (\mathrm{W})$$

（3）由式（11-33）算出阻抗电压有功分量为

$$U_{r\theta}\%=\frac{P_k}{10S_n}=\frac{660}{10\times30}=2.2\%$$

已测得 $U_{k\theta}\%=4.1$，因为 $0.15U_{k\theta}\%=0.615<2.2$，所以阻抗电压按式（11-35）换算为

$$U_{k75}\%=\sqrt{4.1^2+\left(\frac{660}{10\times30}\right)^2\times0.575}=4.44\%$$

由于

$$\cos\varphi=\frac{P_k}{\sqrt{3}U_kI_n}=\frac{660}{\sqrt{3}\times410\times1.732}=0.528$$

$\varphi=58°8'<60°$　故两功率表读数应相加。

（4）算出75℃时的阻抗电压有功分量为

$$U_r\%=K_\theta U_{r\theta}\%=1.255\times2.2=2.76\%$$

无功分量为

$$U_x\%=\sqrt{U_{k75}^2\%-U_r^2\%}=\sqrt{4.44^2-2.76^2}=3.48\%$$

第四节　零序阻抗的测量

一、零序阻抗的基本概念

一台变压器对各相序（正、负、零序）电压、电流所表现的阻抗叫做序阻抗，它们分别为正序、负序和零序阻抗。正序阻抗实际上就是正常运行时所表现的阻抗，当系统不对称运行时，就会产生零序电流，变压器的正序和负序阻抗相等，并等于变压器的短路阻抗。对零序阻抗而言，由于任一瞬间，所有三相的零序电流的大小和方向都是一样的，即它们的总和不等于零，所以零序阻抗与正序阻抗和负序阻抗有本质上的区别，它的大小不仅与绕组的连接方式有关，还与铁芯结构有关，因此，零序阻抗须由实测确定。

二、星形—三角形接线变压器零序阻抗及其测定

在星形—三角形接线的变压器中，一次侧为星形绕组中的零序电流是能够流得通的，所建立的磁通分别在各个铁芯柱的绕组中所感应出来的电压是同相的，所以使得由三角形绕组所形成的闭路中流有一个循环电流，起着短路作用，反对零序磁通的建立。

三角形绕组对铁芯和星形绕组的相对位置，只有很小的影响。如果它被放在星形绕组的外面，则后者所产生的磁通可通过铁芯柱，但必须通过绕组间的空隙返回，致使三角形绕组不与任何合成磁通相耦连，这与三相短路的情况完全相似。但若三角形绕组是放在靠近铁芯的位置，则情况有所不同。由于三角形绕组犹如一个短路线圈，星形绕组在零序电流的影响下，将在绕组与线圈之间的空隙中建立一个磁通，从底部轭铁展延到顶部轭铁，通过星形绕组周围的非磁性区域返回，但铁芯柱不能载有磁通。可以看出，三角形绕组放

在靠近铁芯的情况下，总磁阻比较高，即零序阻抗比较低。

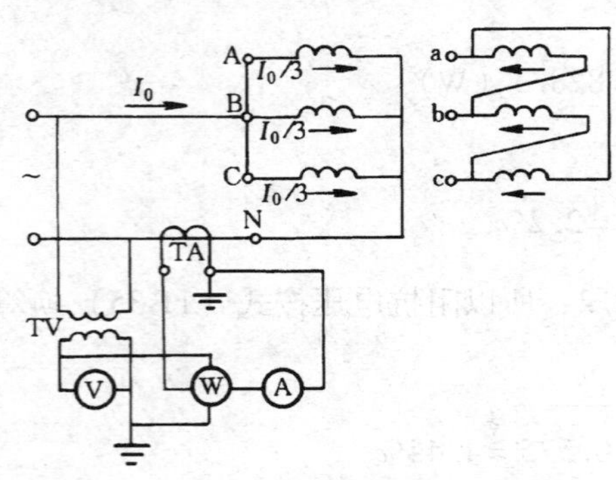

图 11-11　零序阻抗的测量接线图

TV—电压互感器；TA—电流互感器；PV—电压表；PW—功率表；PA—电流表

由于零序激磁阻抗 Z_{m0} 为一有限值，所以带有三角形绕组的变压器的零序阻抗小于正序阻抗，三角形绕组使得零序阻抗为一较低值，基本上由零序漏抗所决定，故零序阻抗基本上为线性的。可从零序阻抗的基本概念出发对零序阻抗进行测量，如图 11-11 所示。即将三相绕组并联后，对中性点施加单相电源，则三个铁芯柱获得了零序磁通，于是得到零序阻抗，即

$$Z_0 = \frac{3U_0}{I_0} \tag{11-38}$$

式中　Z_0——每相零序阻抗（Ω）；

I_0——试验电流（A）；

U_0——试验电压（V）。

三、星形—星形接线变压器零序阻抗的测定

对这种接线的变压器，其零序阻抗可用图 11-12所示的接线进行测量。

测量时一次侧开路，将二次侧绕组的三个线端用导线短接，在中性点和三个线端间加工频电压，即可测出其零序阻抗。计算方法同上。

应当指出，由于这种接线变压器的零序阻抗是非线性的，它随着施加电流的增大而减小，所以它需要测量一系列的阻抗值，一般不少于 5 点，例如测量 20%、40%、60%、80% 和 100% 试验电流时的零序阻抗数值。试验电流一般不超过额定电流，如果零序阻抗太大，还要控制试验电流，使试验电压不超过额定相电压。

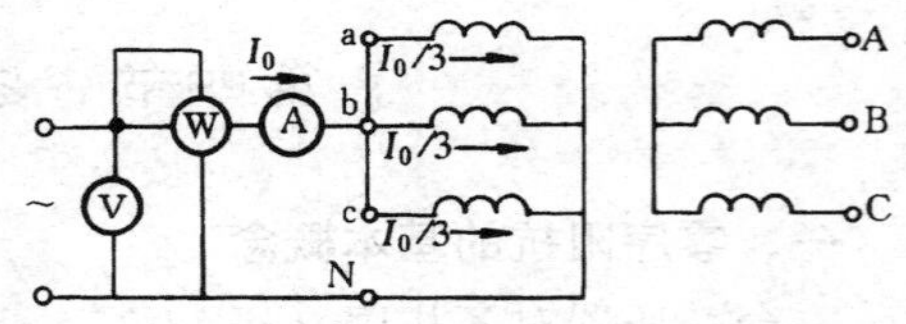

图 11-12　星形—星形接线变压器的零序阻抗测量接线图

另外，在测量中，试验人员要注意观察试品油箱的各个部位，以免零序磁通集中而引起箱壁的局部过热。对大型试品，有时会使箱壁局部灼热变红。

对于 YN，yn0，d11 连接组的三绕组变压器以及自耦变压器，可采用开、短路法或三开路法测量其零序阻抗。

不同结构和连接组的变压器的零序阻抗的实测值见表 11-6 ~ 表 11-8。

表 11-6　　Y，yn 接线的变压器的零序阻抗值

I/I_T (%)	P_n = 100kVA			P_n = 500kVA			P_n = 1000kVA		
	零序阻抗 (Ω)	短路阻抗 (Ω)	零序阻抗/短路阻抗	零序阻抗 (Ω)	短路阻抗 (Ω)	零序阻抗/短路阻抗	零序阻抗 (Ω)	短路阻抗 (Ω)	零序阻抗/短路阻抗
20	0.915	0.064	14.30	0.1808	0.0128	14.13	0.0828	0.0072	11.50
40	0.867	0.064	13.55	0.1709	0.0128	13.35	0.0781	0.0072	10.85
60	0.820	0.064	12.81	0.1621	0.0128	12.66	0.0734	0.0072	10.19
80	0.776	0.064	12.13	0.1533	0.0128	11.98	0.0686	0.0072	9.53
100	0.73	0.064	11.41	0.1434	0.0128	11.20	0.0649	0.0072	9.01

注　表中 I/I_T 表示三相实加电流 I 与试验电流 I_T 的比值。

表 11-7　　YN，d 接线的变压器的零序阻抗值

I/I_T (%)	P_n = 10000kVA			P_n = 8000kVA		
	零序阻抗 (Ω)	短路阻抗 (Ω)	零序阻抗/短路阻抗	零序阻抗 (Ω)	短路阻抗 (Ω)	零序阻抗/短路阻抗
60	29.17	36.12	0.808	42.56	45.15	0.943
70	29.13	36.12	0.806	42.98	45.15	0.952
80	29.19	36.12	0.808	42.59	45.15	0.943
90	29.03	36.12	0.805	42.89	45.15	0.950
100	28.98	36.12	0.802	42.94	45.15	0.951

表 11-8　　YN，yn，d 接线的变压器的零序阻抗

高压绕组	中压绕组	低压绕组	P_n = 120MVA			P_n = 90MVA			备注
			零序阻抗 (Ω)	短路阻抗 (Ω)	零序阻抗/短路阻抗	零序阻抗 (Ω)	短路阻抗 (Ω)	零序阻抗/短路阻抗	
绕端对 N 点加压	开　路	三角形接线线路端开路	70.33	G-D 86.3	0.81	98.48	G-D 125.46	0.78	三柱铁芯的绕组排列为：铁芯—低压—中压—高压
	短　路		44.9	G-Z 53.3	0.84	66	G-Z 77.92	0.85	
开　路	线端对 N_m 点加压		9.10	Z-D 9.65	0.94	11.41	Z-D 12.48	0.91	
短　路			5.85	—	—	7.47	—	—	

注　表中 G 表示高压绕组，Z 表示中压绕组，D 表示低压绕组。

第十二章

变压器温升试验

第一节　试验的目的和要求

一、试验目的

变压器的温升试验是制造厂在型式试验中鉴定产品质量的重要试验项目之一。温升试验的目的就是要确定变压器各部件的温升是否符合有关标准规定的要求，从而为变压器长期安全运行提供可靠的依据。运行单位在下列情况下，一般也需进行此项试验。

（1）对旧产品或缺乏技术资料的变压器进行出力鉴定；

（2）如变压器过热，应重新确定其额定容量或提出改进措施；

（3）对改变冷却方式（如由油自然循环冷却改作强油循环水冷）、更换绕组等的变压器，应鉴定其额定容量。

二、试验要求

变压器的温升试验，一般是在绝缘、损耗、电压比和直流电阻等试验之后，按铭牌数据或有关规定进行。对强油循环冷却的变压器，试验时冷却器入口的水温最高不超过25℃；油自然循环冷却的变压器，最高气温不超过40℃。

温升试验的发热状态取决于变压器的总损耗。当空载损耗和短路损耗（换算至条件温度）的标准值与实测值不同时，试验所施加的损耗应取其中较大的数值，并应使被试变压器处于额定冷却状态。

各种型式的变压器的条件温度均应符合有关标准或技术条件的规定。

由于受试验设备所限，不可能在全损耗下进行大容量变压器的温升试验时，允许在降低发热条件下进行试验。通常要求在确定上层油的温升时，试验所施加的损耗应不小于80%额定总损耗；在确定绕组温升时，应不小于90%额定短路损耗。试验完毕，将所测得的温升数据校正到额定状态。

试验时应测量变压器下列各部位相对于冷却介质的温升：

（1）绕组（或称线圈）温升；

（2）铁芯温升；

（3）上层油温升（油浸变压器）；

（4）对附加损耗较大的变压器，还应测量其结构件（如铁芯夹件、线圈压板、箱壁和箱盖等）的温升；

（5）强油循环冷却的变压器，还应测量冷却器的进出水温及油温，以及需要测量的其他部位的温升。

温升试验应在环境温度 10～40℃下进行。为了缩短试验时间，试验开始时可以用增大试验电流或恶化冷却条件的办法，使温度迅速上升。当监视部位的温度达 70% 预计温升时，应立即恢复额定发热和冷却条件进行试验。每隔半小时记录一次各部位的温度，油浸变压器以上层油温为准，干式变压器以铁芯温升为准，如果 3h 以内其每小时温度变化不超过 1℃时，则认为被试变压器的温度已经稳定，便可记录各部位及冷却介质的温度。

第二节　试　验　方　法

一、直接负载法

变压器的温升试验采用直接负载法时，在被试变压器的二次侧接以适当负载（如电炉、水阻、电感或电容器等），在一次侧施加额定电压，然后调节负载，使负载电流等于额定电流，其接线如图 12-1 所示。

当周围的气温为 20 ±5℃，或冷却水入口温度为 20～25℃时，允许以额定电流为试验条件，而不再加以校正。此时施加在一次侧的电压必须等于所在分接头的额定电压，偏差应不超过 ±2%。

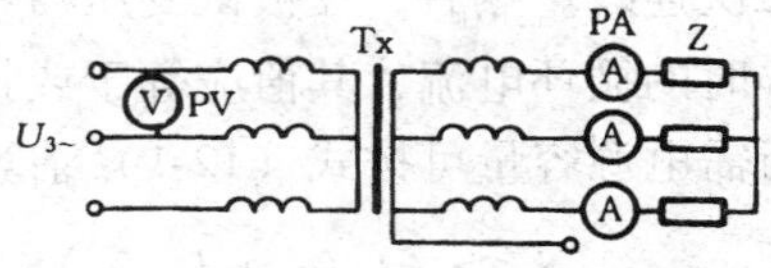

图 12-1　直接负载法的试验接线

Tx—被试变压器；Z—负载；

PA—电流表；PV—电压表

直接负载法的试验工况与运行条件一致，其测量结果准确、可靠，有条件时应尽量采用这种方法。但因该试验所需的电源容量要大于被试品的容量，并且不易找到适当的负载，故较适用于小容量变压器及干式变压器的温升试验，现场试验时可选用下列几种方法。

1. 用水阻做负载

根据负载的大小，设计容积不同的水池，在池中悬挂可以调节距离的极板，通过调节极间距离以调节负载，必要时水中可加些盐。用这种方法对变流变压器连同整流器一起的“整机”进行温升试验是很好的。

2. 用移圈调压器做负载

移圈调压器只要改变其使用方法和接线，它就能变成一个无级变阻的可变电抗器，这是一个理想的负载。下面就以单相移圈调压器为例说明其使用方法。用移圈调压器做可变电抗器的原理接线图见图 12-2。图中，在试品的负载侧与移圈调压器的二次侧相连接，当动圈上下移动时，它的阻抗就相应地变化，成为一个可变电抗器。

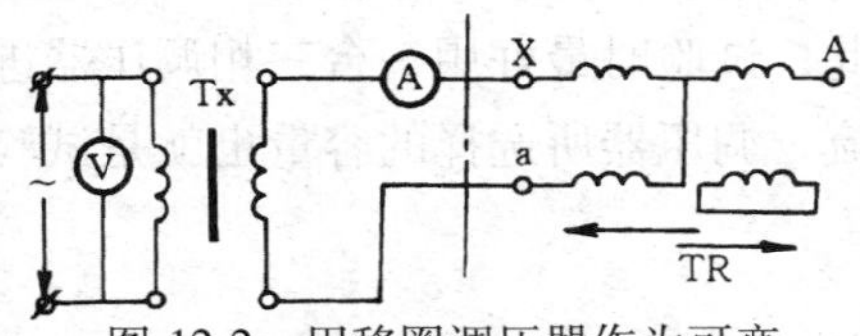

图 12-2　用移圈调压器作为可变电抗器的原理接线图

Tx—被试变压器；TR—移圈调压器

当三相移圈调压器作为单相负载时，可根据负载的电压和电流，适当地选用两相并联和三相并联的接法。当然，三单元组成的单相移圈调压器也可以改做三相使用。

二、循环电流法

当被试品容量较大时，采用水阻作试验就比较困难，因而用循环电流法进行温升试验较为简单，其辅助设备少，被试变压器与运行工况相同，但需要一台与被试变压器相同容量的辅助变压器。

采用循环电流法进行变压器的温升试验时，其接线如图12-3所示。试验时，将两台具有相同变比和接线组别的变压器（TX 和 T）各同名线端并联，调节一台或两台变压器高压侧的分接开关，使分接头的电压差等于在试验电流下两台变压器阻抗电压之和。如两台变压器的阻抗电压各为5%，或为4.5%和5.5%，则分接头电压差应为10%。

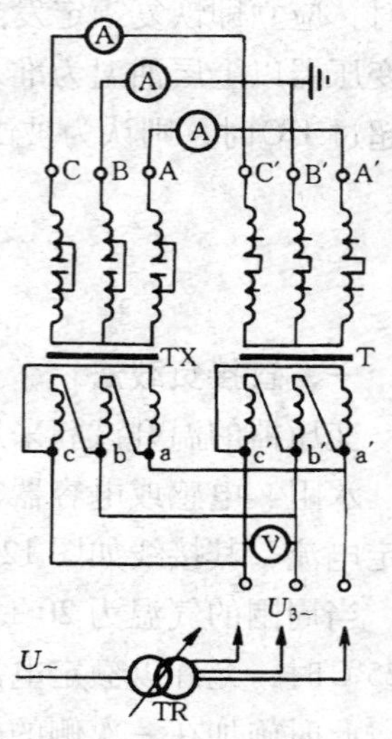

图 12-3 循环电流法的试验接线
TX—被试变压器；
T—辅助变压器；
TR—调压器

试验时对被试变压器 TX 和辅助变压器 T 的一次施加额定电压，在二次未连接前，用电压表检测 AA′、BB′和 CC′间的电压差。若接线正确，则差值应等于分接头的电压差；反之，约等于 TX（T）的二次线电压。验证接线正确后断开电源，接好二次连线。然后，在被试变压器一次施加额定电压，并测量试验时的循环电流，其值应等于或接近额定电流。进行温升试验所需电源容量可按式（12-1）估算，即

$$S_T \geqslant (I_{01}\% + U_{k1}\%)S_n + (I_{02}\% + U_{k2}\%)S \quad (12\text{-}1)$$

式中 S_T——试验电源的容量（kVA）；

$I_{01}\%$——被试变压器空载电流的百分数；

$U_{k1}\%$——被试变压器阻抗电压的百分数；

S_n——被试变压器的额定容量（kVA）；

$I_{02}\%$——辅助变压器在试验电压下空载电流的百分数；

$U_{k2}\%$——辅助变压器在试验电流下阻抗电压的百分数；

S——辅助变压器的额定容量（kVA）。

计算时，要使被试变压器处于正分接档位，辅助变压器调为负分接档位。在按图12-3接线试验时，输入变压器的 $U_{3\sim}$ 为额定电压时，当电源一合闸，变压器就处于满载状态。当分接档位选择不合适时，变压器就可能过负载。因此，试验时最好用一台三相调压器进行零升压，使被试变压器的电流从零逐步升到额定电流。调压器所选择的容量也就是试验电源的容量。

三、用系统负载作试验

当被试变压器位于发电厂时，则可用发电机开机进行试验，调节发电机励磁，使被试变压器满载，并达到额定电流。这种方法适用于高压大容量的变压器在现场做试验。

四、相互负载法

采用相互负载法进行变压器的温升试验时，其接线如图 12-4 所示，此时需要三台变压器和两个试验电源，并将被试变压器 TX 与供给空载损耗的辅助变压器 T 同一侧的各同名端并联。由电源 $U_{3\sim}$ 供给额定频率的额定电压，使在被试变压器中产生额定电压下的空

载损耗；调节 $U'_{3\sim}$，使被试变压器内产生额定电流下的短路损耗。

辅助变压器的电压和接线组别应与被试变压器相同，其容量大于或等于被试变压器的容量，一般采用同规格产品。供给短路损耗的变压器 T，其电流应大于或等于被试变压器的额定电流，其电压要大于或等于被试变压器与辅助变压器阻抗电压之和。

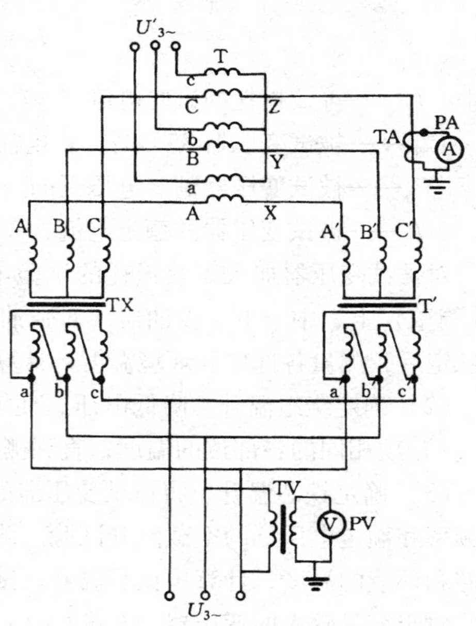

图 12-4 相互负载法的试验接线
TV—电压互感器；TA—电流互感器

试验时，在 TX 和 T′的高压侧未连接前，先加上等于被试变压器额定电压的电源 $U_{3\sim}$，用电压表测量 AA′、BB′和 CC′间的电压。当接线正确时，其指示值应接近于零。反之，则约等于 TX（T′）的二次线电压，这说明两台变压器（TX 和 T′）的相位不对。当接线正确时，断开电源 $U_{3\sim}$，方可接通 TX 和 T′的二次，此时，若将 $U_{3\sim}$ 接入，二次仍没有电流，被试变压器处于空载状态。然后将 $U'_{3\sim}$ 从零增加，使 T 的二次产生循环电流，并调节 $U'_{3\sim}$ 使被试变压器达到额定电流。这样，电压和电流都满足了试验的要求。

相互负载法的试验条件与被试变压器的运行工况相一致，所提供的数据准确可靠，并且试验电源的容量大为减小（当略去 T 的损耗时），可由下式估算，即

$$S_T \geqslant (I_{01}\% + I_{02}\%)\ S_n + (U_{k1}\% + U_{k2}\%)\ S_n \tag{12-2}$$

式中 S_T——试验电源的容量（kVA）；

$I_{01}\%$、$I_{02}\%$——被试变压器和辅助变压器空载电流的百分数；

$U_{k1}\%$、$U_{k2}\%$——被试变压器和辅助变压器短路电压的百分数；

S_n——被试变压器的额定容量（kVA）。

当以不同的三相电源 $U'_{3\sim}$ 和 $U_{3\sim}$ 供电而不能同步时，应使二者的频率差不大于 2～4Hz，以消除表计的摆动。

相互负载法所用的短路损耗辅助变压器 T 的二次，必须具备 6 个高压出线套管。试验时被试变压器与辅助变压器之间必须间隔一定的距离，以避免热辐射的影响，造成试验误差。

五、短路法

采用短路法做温升试验的接线如图 11-9 所示，可按下列步骤进行试验。

（1）确定被试变压器上层油温升。调节外加电压，使加入被试变压器的功率等于空载损耗和短路损耗的总和，造成与运行工况等效的损耗后再进行试验。施加等效损耗的电流按下式计算

$$I_T \approx \sqrt{\frac{P_{k85}+P_0}{P_{k85}}}I_n \tag{12-3}$$

式中 I_T——等效损耗的试验电流（A）；

P_{k85}——被试变压器85℃时额定电流下的短路损耗（kW）；

P_0——被试变压器额定电压下的空载损耗（kW）；

I_n——被试变压器的额定电流（A）。

对被试变压器加入等效损耗的试验电流I_T后，应定时测量变压器上层油温、散热器（或箱壁）上、中、下及冷油器（对强油循环变压器）的进出口油温和冷却水温。直到温度稳定后，测量各部位和环境温度，计算出上层油温升。

（2）确定绕组温升。降低电压，使输入被试变压器的功率等于短路损耗，定时测量与（1）项相同的各部位的温度，直到测得各部位的稳定温度后，计算出绕组温升。

（3）确定铁芯温升。将被试变压器的短路线拆除，按图11-1和图11-3接线，进行额定频率和额定电压下的空载温升试验。测量的温度也同（1）项，直到温度稳定后，测量铁芯和环境的温度，计算出铁芯温升。试验时施加的电压和额定电压之差应不超过±2%。

对于容量较大的变压器，在进行（1）项试验后，应将被试变压器带上与等效负荷相等的实际负荷，测量上层油温，并与等效负荷时测量的上层油温进行比较，以确定其运行限额温度。然后，切除电源，测量绕组的直流电阻，换算出平均温度，确定绕组的平均温升。

六、几种试验方法的比较

进行变压器的温升试验时，其热源主要来自绕组、铁芯和结构件（如铁芯夹件、拉紧螺杆、绕组压板、箱壁等）中的损耗。油、空气或水是冷却介质。当被试变压器由于损耗而引起的发热和通过冷却介质的散热相平衡时，各部的温升就能稳定在某一数值。因此，在进行温升试验时，必须考虑它们的冷却方式和实际的使用状况，而选用适当的试验方法。

就上述几种基本试验方法而论，各有其特点，简述如下。

（1）对直接负载法，若现场有条件时可以采用。其测量结果比较准确，但负载调节比较困难。

（2）对相互负载法和循环电流法，若有合适的辅助变压器，或专用的调压变压器，进行温升试验，也能获得比较准确的结果。但实际上在变电所实施比较困难，仅限于在室内对配电变压器进行试验。

（3）短路法是在低电压下施加试验电流，虽然因铁损很小而不会使其发热，但可以采取措施将油加热（铁芯也相应热了），以弥补铁芯不发热的缺点。或用等效热源的办法进行试验，其结果绕组和上层油的温升一般与实际出入不大，而铁芯的温升则有一定的出入。但这种试验方法不需要增加附属设备，所以，对于油浸式变压器常采用这种方法进行试验。但是，对于干式变压器，由于没有中间冷却介质，热源直接与冷却介质接触，如用短路法进行温升试验时，铁芯不但不发热，而且还能通过它增大散热面，会给试验造成很大的误差。所以，干式变压器不能采用短路法进行温升试验。

变压器的温升试验应根据具体条件和要求，选用适当的方法，并应按试验所需的电流和电压选取电源容量、互感器、表计和导线。

第三节　测　量　温　度

一、测量的要求

在室内进行温升试验时，试验地点应清洁宽敞，试品周围 2～3m 处，不得有墙壁、热源、杂物以及外来辐射热、气流等的影响。室内应有自然通风，但不应有显著的空气回流。此外，不应在冬季室内有热源加热的场合进行温升试验。

强风冷却时，应设法排除热空气，使室温在试验中不致有显著升高。

温升试验时，所用的各型温度计必须经过校验并作记录，在测量范围内，其互差应不超过 ±0.5℃。在有强磁场的部位，应使用酒精温度计，或经校验证明其准确度不受磁场影响的温度计（热电偶或电阻型等温度计）。

当采用热电偶或电阻型温度计时，必须经过成套校验（包括指示仪表、连接线和温度计等）。

二、测量变压器周围的气温

测量周围的气温至少应用三支温度计，其测量端应浸于容积不小于 1000mL 的盛油窄口瓶内，放置在被试变压器的周围（不少于三面），相距 2～3m 处，并应置于被试变压器高度的中部，与周围的墙壁、设备、门窗间应留有合适的距离，使测量不致受到日光、气流以及表面热辐射的影响。

周围气温的数值应以这些温度计读数的算术平均值为准。

强风冷却时，其温度计应放置在冷空气的进口处，此时可不浸在油杯内。

强油循环水冷时，测量冷却水温度的温度计应直接放在冷却水入口处（如有温度计管座时，其中应充以水或油）。

在温升试验中，若冷却介质的温度变化较大，应以试验后期（约 1/4 时程）所测温度的算术平均值为准，并且记录的时间应大致相同，每半小时记录一次。

当散热器有风扇吹风冷却时，和自然风冷一样，在被试变压器周围测量气温，温度计则位于散热器高度的中部。

三、测量上层油温

在测量变压器的上层油温时，温度计的测量端应浸于油面之下约 50～100mm 处进行测量。如设有温度计管座时，管中应充以变压器油，再插入温度计进行测量。

对于强油循环冷却的被试变压器，还应测量油进出口处的油温；自然冷却的，测量变压器上、下部的箱壁温度（带有油管和散热器时，可以取油管与箱壁相接处的管壁温度），这时要注意所贴附的测温元件要与空气绝热。

四、测量铁芯的温度

测量铁芯的温度时，应将温度计的测量端和铁芯表面紧密接触，并使测量端和空气绝热，以免因气流散热给测量造成误差。

当采用康铜和铜组成热电偶测温元件测量时，可将热电偶的测温头插到铁轭（铁芯）片间，其深度约10～20mm处，并至少应有三个测量点。试验时用电位差计（或毫伏表）测量其电势，换算出温度。

热电偶温度计，也适用于测量其他部位的温度。

五、测量绕组的平均温度

测量绕组的平均温度，一般采用测量直流电阻法。断电后测量直流电阻应采用快速数字直流电阻测试仪，见第十章所述，10MVA以下的变压器可用1A以上的充电电流，10～63MVA的变压器需用5A以上的充电电流，63MVA以上的变压器需用40A以上的充电电流，即可保证在非常短的时间内测出准确的数据。测量直流电阻可在温升试验时，带电测量绕组的直流电阻（具体测量方法可参考发电机定子绕组的带电测温）；或当温度稳定、各部位的温度测量结束后，切断电源，立即测量绕组的直流电阻。由停电到测得第一个数值的时间（t_1）应越短越好，在油浸绝缘的被试变压器中应不大于1min。然后在10～12min内每隔相等的时间30s测定一个电阻值，并依次记录R_1、R_2、…、R_n，R_n为最后一个电阻值。与此同时，记录测量各电阻值的相应时间t_1、t_2、…、t_n。此时，以切断电源的瞬间t作零。

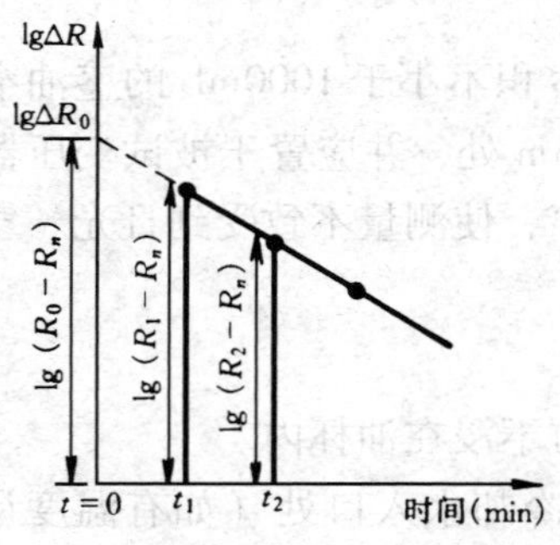

图12-5　由延伸法确定断电瞬间绕组的电阻

如图12-5所示，在方格坐标纸上取lg（R_1-R_n）、lg（R_2-R_n）…值等与相应的时间t_1、t_2…的各交点绘出，将各点连接成一直线，并延长与lgΔR轴相交，即得断电瞬间（$t=0$）时的lg（R_0-R_n）的值，即lgΔR_0值。由此求出切断电源瞬间被测绕组的直流电阻值$R_0=\Delta R_0+R_n$。

此外，也可在半对数坐标纸上，将R_1-R_n、R_2-R_n…值等和相应的时间t_1、t_2…的各交点绘出，也将各点连接成一直线，并延长各点连成的直线与纵轴（ΔR）相交，即得$t=0$时的$\Delta R=R_0-R_n$的值。可同样得到切断电源瞬间绕组的直流电阻值$R_0=\Delta R_0+R_n$，然后换算出切断电源瞬间绕组的平均温度。

绕组的平均温度可按式（12-4）计算，即

$$\theta_{wav}=KR_0-235(\text{或}225) \qquad (12\text{-}4)$$

式中　θ_{wav}——绕组的平均温度（℃）；

R_0——断电源瞬间绕组的直流电阻（Ω）；

K——系数，铜绕组时为$\frac{235+\theta_w}{R_\theta}$，铝绕组时为$\frac{225+\theta_w}{R_\theta}$；

θ_w——绕组冷状态下的温度（℃）；

R_θ——绕组在θ_w时的电阻值（Ω）。

对于吹风冷却和强油循环冷却的变压器，温升试验结束，切断电源时，必须立即停止吹风和油、水的循环，以免散热影响测量结果。也可采用另一种作图法求取R_0的值，即在方格坐标纸上，绘出电阻随时间下降的关系曲线，所不同的是，必须使$t_1=t_2=t_3=\cdots$

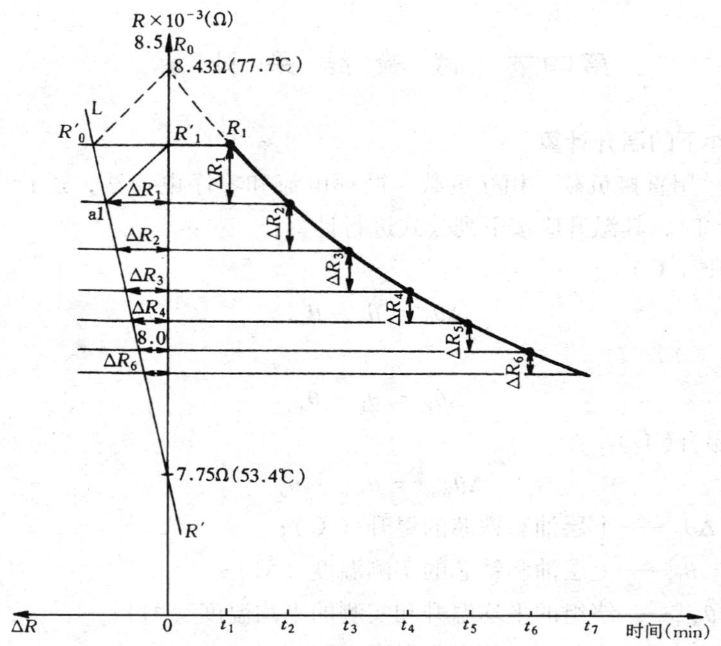

图 12-6 由电阻随温度（时间）下降的关系曲线求取 R_0 的作图法

（此处试验电流 $I_T=3800$A，测量相为 c—z 相）

$=t_n$，t_1 的时间愈短愈好，然后将各段时间内的电阻增量 ΔR_1、ΔR_2、ΔR_3、…、ΔR_n，绘在 R 轴左方的横轴 ΔR 上，如图 12-6 所示。将各点连成一直线得 $R'L$ 直线，由 R_1 点作平行于横轴的平行线，分别与 R 轴和 R'_L 线相交，得到 R'_1 和 R'_0 点。连接 R'_1a_1，由 R'_0 点作 $a_1R'_1$ 的平行线，与 R 轴交于点 R_0。R_0 即为被测绕组断电瞬间的电阻值。同样根据式（12-4）即可计算出绕组的平均温度。

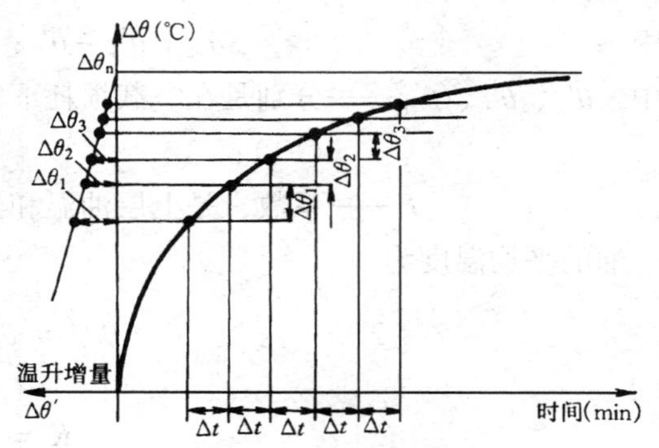

图 12-7 确定最终温升的作图法

六、在温升过程中确定最终温度的方法

在进行温升试验中，若因条件所限无法达到最终的稳定温度时，可取试验中（或后期 1/4 时程）每隔相等的时间 Δt（15～30min），读取各测量部位的温度，依次记录为 θ_1、θ_2、…、θ_n，然后在方格坐标纸上绘出温升与时间的关系曲线，并将温升的增量 $\Delta\theta_1$、$\Delta\theta_2$、…、$\Delta\theta_n$，按图 12-6 的作法，绘在横轴左方的 $\Delta\theta'$轴上，将各点连成直线，并延长与 $\Delta\theta$ 轴相交得 $\Delta\theta_n$，$\Delta\theta_n$ 即为测量部位的最终温升，如图 12-7 所示。

第四节 试验结果计算

一、额定条件下的温升计算

（1）负载法。用直接负载、相互负载、循环电流和零序电流法，进行变压器的温升试验并达额定条件时，其温升应按下列公式进行计算：

上层油的温升（℃）

$$\Delta\theta_0 = \theta_0 - \theta_a \tag{12-5}$$

铁芯的温升(℃)

$$\Delta\theta_F = \theta_F - \theta_a \tag{12-6}$$

绕组的平均温升(℃)

$$\Delta\theta_{Wav} = \theta_{Wav} - \theta_a \tag{12-7}$$

上三式中 $\Delta\theta_0$、$\Delta\theta_F$——上层油和铁芯的温升（℃）；

θ_0、θ_F——上层油和铁芯的实测温度（℃）；

$\Delta\theta_{Wav}$、θ_{Wav}——绕组的平均温升和实测的平均温度（℃）；

θ_a——实测的冷却介质温度（℃）。

（2）短路法。短路试验并达额定电流条件时，其温升可按下列公式计算：

上层油的温升（℃）的计算公式与式（12-5）相同。

铁芯的温升（℃）为

$$\Delta\theta_F = \Delta\theta'_F + \frac{\Delta\theta_0 - \Delta\theta'_0}{K} \tag{12-8}$$

其中

$$\Delta\theta'_F = \theta'_F - \theta'_a;\ \Delta\theta'_0 = \theta'_0 - \theta'_a$$

式中 θ'_a、θ'_0、θ'_F——分别是在空载损耗下实测的冷却介质、上层油和铁芯的温度（℃）；

K——系数，是上层油温和油平均温度的比值。

油的平均温度为

$$\theta_{0av} = \theta_0 - \frac{\Delta\theta}{2} \tag{12-9}$$

$$K = \frac{\theta_0}{\theta_{0av}} \tag{12-10}$$

式中 θ_0——上层油温（℃）；

θ_{0av}——油的平均温度（℃）；

$\Delta\theta$——油温差（℃）。

对于强油循环冷却的被试变压器，需测量油进、出口的温度，从而求其温度差；对于油自然循环冷却的被试变压器，需测量散热器进、出口的油温，求其温度差。通常系数 K 值在 1.1～1.3 范围内。

绕组的平均温升 $\Delta\theta_{Wav}$ 为

$$\Delta\theta_{\mathrm{Wav}} = \theta'_{\mathrm{Wav}} + \frac{\Delta\theta_0 - \Delta\theta''_0}{K} - \theta_{\mathrm{a}} \tag{12-11}$$

$$\Delta\theta''_0 = \theta''_0 - \theta''_{\mathrm{a}}$$

式中 θ'_{Wav}——短路损耗下实测的绕组平均温度（℃）；

θ''_0、θ''_a——短路损耗下实测的上层油温和冷却介质的温度（℃）；

$\Delta\theta_0$、θ_{a}——总损耗下实测的上层油的温升和冷却介质的温度（℃）。

二、非额定条件下的温升校正

试验时若被试变压器的损耗和额定值不同，则其温升应作如下校正。

（一）对空气绝缘干式变压器的温升校正

绕组或铁芯的温升（℃）

$$\Delta\theta_{\mathrm{s}} = \Delta\theta'_{\mathrm{s}}\left(\frac{P_{\mathrm{n}}}{P_{\mathrm{s}}}\right)^m \tag{12-12}$$

式中 $\Delta\theta_{\mathrm{s}}$、$\Delta\theta'_{\mathrm{s}}$——温升的校正值和实测值（℃）；

P_{n}、P_{s}——绕组或铁芯的额定损耗和实测损耗；

m——常数，自然冷却时为0.8，强风冷却时为0.9。

（二）油浸绝缘被试变压器的温升校正

上层油温升（℃）

$$\Delta\theta_0 = \Delta\theta'_0\left(\frac{P_{\mathrm{n}}}{P_{\mathrm{s}}}\right)^n \tag{12-13}$$

铁芯或绕组对油的平均温升（℃）

$$\Delta\theta_{\mathrm{av}} = \Delta\theta'_{\mathrm{av}}\left(\frac{P_{\mathrm{n}}}{P_{\mathrm{s}}}\right)^n \tag{12-14}$$

铁芯或绕组对冷却介质的温升 $\Delta\theta_{\mathrm{x}}$（℃）

$$\Delta\theta_{\mathrm{x}} = \Delta\theta'_{\mathrm{av}} + \theta_{0\mathrm{av}} - \theta_{\mathrm{a}} \tag{12-15}$$

上三式中 $\Delta\theta_0$、$\Delta\theta'_0$——上层油温升的校正值和实测值（℃）；

P_{n}、P_{s}——额定总损耗和实测总损耗（kW），通常要求 $P_{\mathrm{s}} \geqslant 0.8P_{\mathrm{n}}$；

n——常数，油自然循环冷却为0.8，强风或强油循环冷却为1.0；

$\Delta\theta_{\mathrm{av}}$、$\Delta\theta'_{\mathrm{av}}$——被测部位对油的平均温升校正值和实测值（℃）；

$\theta_{0\mathrm{av}}$——油的平均温度，按式（12-9）计算；

θ_{a}——确定 $\theta_{0\mathrm{av}}$时冷却介质的温度（℃）。

试验时，如以额定电流为准，冷却介质温度与条件温度不同时，必须将试验结束时实测绕组温度（θ_{W}）下的短路损耗，换算到条件温度 θ_{t}（温升标准加年平均温度）时的损耗值，然后按校正功率的温升计算公式（12-13）和式（12-14）进行换算。

三、绕组附加损耗小于电阻损耗的10%时温升的校正

如果绕组的附加损耗小于电阻损耗的10%时，应作如下的校正。

空气绝缘在条件温度下的绕组平均温升 $\Delta\theta_{\mathrm{W}}$（℃）为

$$\Delta\theta_{\mathrm{W}} = \Delta\theta'_{\mathrm{W}} \cdot a^m \tag{12-16}$$

$$a = \frac{T + \theta_t}{T + \theta_W}$$

式中 $\Delta\theta'_W$——在环境温度下绕组的平均温升（℃）；

a——系数，对于铜绕组 $T = 235$，铝绕组 $T = 225$。

油浸式绝缘的上层油温升 $\Delta\theta_0$（℃）

$$\Delta\theta_0 = \Delta\theta'_0\left(\frac{1 + ab}{1 + b}\right)^m \quad (12\text{-}17)$$

$$b = \frac{\text{条件温度下的短路损耗}}{\text{空载损耗}}$$

式中 $\Delta\theta_0$、$\Delta\theta'_0$——在环境温度时上层油温升的校正值和实测值（℃）；

b——损耗比值系数。

绕组对油的平均温升 $\Delta\theta_{W0}$（℃）为

$$\Delta\theta_{W0} = \Delta\theta'_{W0} \cdot a^q \quad (12\text{-}18)$$

式中 $\Delta\theta_{W0}$、$\Delta\theta'_{W0}$——绕组对油平均温升的校正值和实测值（℃）；

q——常数，油自然循环冷却为0.8，强油循环冷却为0.9。

如果绕组的附加损耗等于电阻损耗或与电阻损耗相差不超过10%时，可不进行此校正。

如果试验达不到额定电流时，可将计算绕组温升的式（12-12）及式（12-14）以 $\Delta\theta_s = \Delta\theta'_s\left(\frac{I_n}{I_s}\right)^{2m}$ 和 $\Delta\theta_{av} = \Delta\theta'_{av}\left(\frac{I_n}{I_s}\right)^{2q}$ 来代替。式中 I_n 和 I_s 分别为被试变压器的额定电流和实测电流。

油浸式变压器在额定值条件下使用时，其各部分的温升，应不超过表12-1的温升限值。

干式变压器在额定值条件下使用时，其各部分的温升应不超过表12-2的温升限值。

表12-1　油浸式变压器的温升限值

变压器的部位		温升限值（℃）	测量方法
绕组	油浸自冷或风冷时	65	电阻法
	强油循环风冷时	65	
	强油循环水冷时	65	
铁芯表面		75	温度计法
与变压器油接触（非导电部分）的结构件表面		80	
油上层		55	

表12-2　干式变压器的温升限值

变压器的部位		温升限值（℃）	测量方法
绕组	A级绝缘	60	电阻法
	E级绝缘	75	
	B级绝缘	80	
	F级绝缘	100	
	H级绝缘	125	
铁芯表面及结构件表面		最大不得超过接触绝缘材料的允许温升	温度计法

第五节　试　验　实　例

一、被试变压器的数据及试验目的

1. 被试变压器的数据

型号　SFL-63000/110；　空载损耗　$P_0=78\text{kW}$；

接线　YN，d11；　短路损耗　$P'_k=303\text{kW}$；

额定电压　121/10.5kV；　直流电阻（低压侧实测值）；

额定电流　300.5/3464A；　$a-x$ 为 0.00690Ω；

空载电流　$I_0\%=1.13\%$；　$b-y$ 为 0.00688Ω；

阻抗电压　$U_k=9.1\%$；　$c-z$ 为 0.00685Ω；

额定容量　63000kVA；　测量时冷态温度 $t=21℃$。

2. 试验目的

被试变压器的冷却方式原为油自然循环风冷，投入运行后，因上层油温高，达不到额定出力，为改善冷却条件，加装了一套强油循环水冷却装置，为此，需进行变压器的出力鉴定试验。

二、试验方法

（一）试验接线和温度测量

根据现场的具体条件，采用短路法进行试验，其接线如图 12-8 所示。

试验时，将被试变压器 TX 的 110kV 侧三相短路，低压侧由一台 62500kVA 的发电机供电，带几种等效负荷进行试验。在每种等效负荷下，测量各部位的温度，直至温度稳定测量结束。然后，按图 12-8（b）的顺序操作迅速断开电源，采用快速灭磁法进行灭磁，即灭磁开关动断触头 SD1 断开，动合触头 SD2 闭合。发电机灭磁后，迅速断开 S1 使被试变压器脱离电源，再断开 S2 将低压侧三相绕组改成串联。然后合上接地刀闸 S3，将被试变压器放电，再接通 S4 和 S5 将被测绕组通入直流，分别测量三个绕组的电压降（mV），从断开电源到第一次测量所需的时间 t_1，应越短越好。一般在 1min 左右，即可满足试验要求。

测量绕组的直流电阻时,采用全压恒流发生器施加直流,并用数字式直阻仪测量直流电阻(参见第十章),可缩短测量时间。同时测量出三个绕组的平均温度,以便互相进行比较。

各部位的温度测量，除了对绕组用电阻法测量外，还沿变压器箱壁四侧不同高度装设了热电偶，每侧装设 14 只，借此测量被试变压器箱壁上下及四周的温度分布。此外，还测量了上层油、进出油、冷却器进出水以及环境的温度。

（二）试验时的等效负荷

用短路损耗进行试验时，铁芯的损耗较实际负荷时的损耗小很多，为了弥补铁损，必须加大铜耗，使其等效于实际负荷时的总损耗，即由已知 $I_n=3464\text{A}$、$P_k=303\text{kW}$、$P_0=78\text{kW}$，按式（12-3）进行计算，求得等效发热源的等效损耗电流 I，即

$$I_T=\sqrt{\frac{P_k+P_0}{P_k}}\cdot I_n=\sqrt{\frac{303+78}{303}}\times 3464=3884(\text{A})$$

由此可见，按短路损耗法进行温升试验时，要使变压器等效于额定损耗时的发热状况，其电流必大于额定电流。试验时可计算出几种负荷的等效电流进行试验，以便绘制温升曲线。

（三）两种冷却方式下的试验电流

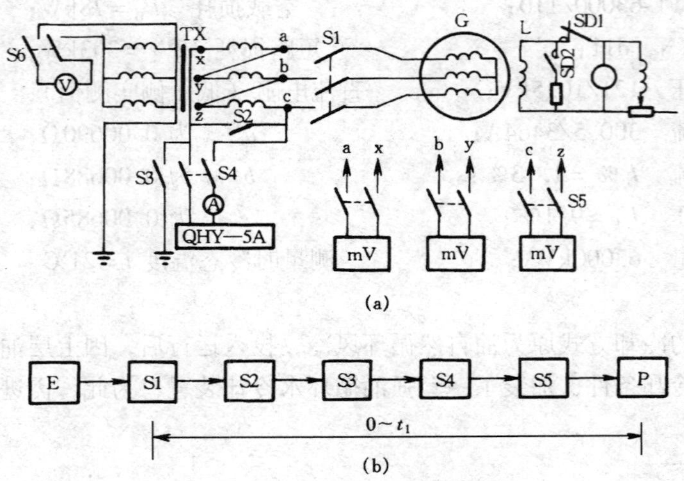

图 12-8 试验接线和操作顺序
（a）试验接线；（b）操作顺序
PV—直流毫伏表；G—发电机；L—励磁回路；
S1～S6—开关；P—指示仪表

1. 油自然循环风冷

在油自然循环风冷时，仅进行了等效于78%额定损耗的负荷电流（3433A）的温升试验。

2. 强油循环水冷

在强油循环水冷时，进行了下列试验。

（1）等效于46%额定损耗，三相平均电流为2627A；

（2）等效于78%额定损耗，三相平均电流3433A；

（3）等效于96%额定损耗，三相平均电流3800A。

三、试验结果整理

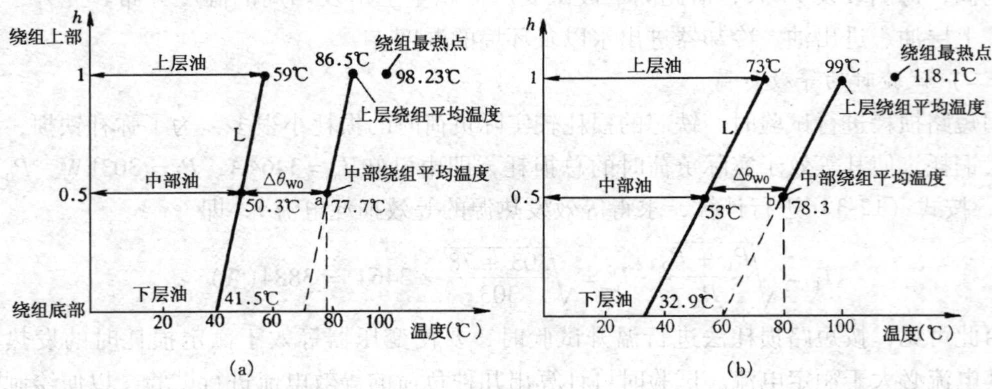

图 12-9 绕组与油的平均温度差
（a）强油循环水冷时；（b）油自然循环风冷时

试验结果汇总列于表12-3。由表12-3的测量数据，绘出沿变压器箱壁不同部位的油温曲线，如图12-9所示。在此图横轴上，分别找出变压器在强油循环和油自然循环风冷时，进行等效负荷试验所测得的断电瞬间绕组的平均温度77.7℃和78.3℃两点，由这两点作平行于纵轴的直线，然后由箱壁中点（0.5h处，h为箱壁高度）引平行于横轴的直线，两直线相交得两点，如图12-9中的a和b两点。过a、b两点分别作平行于L线的直线，即得变压器上层和下层绕组的平均温度。

由表12-3所示的试验结果也绘出了强油循环时变压器上层油的温升、绕组与油的平均温差和等效负荷的关系，如图12-10所示。

表12-3　　SFL型变压器温升试验结果汇总表

冷却方式		强油循环水冷			油自然循环风冷
等效负荷电流 I_T（A）		2640	3440	3800	3440
I_T/I_n		0.762	0.993	1.097	0.993
$(I_T/I_n)^2$		0.581	0.986	1.203	0.986
上层油的温度和温升（℃）	θ_0	43.0	52.0	65.0	75
	$\Delta\theta_0$	25.0	34.0	47.0	42.0
进出油温（℃）	进油温	31.5	37.5	41.5	32.9（下层油温）
	出油温	43.0	52.0	65.0	
	温差	11.5	14.5	23.5	
进出水温（℃）	进水温	18.0	18.0	18.0	
	出水温	23.5	27.0	27.0	
	温差	5.5	9.0	9.0	
电阻法测量的绕组平均温度和温升（℃）	θ_{Wav}	52.7	70.8	77.7	78.3
	$\Delta\theta_{Wav}$	34.7	52.8	59.7	45.3
绕组平均温度与平均油温的温差 $\Delta\theta_{W0}$（℃）		16.7	26.6	27.4	25.3
箱壁平均温度（℃）	上部			59.0	73.0
	中部	36.0	44.2	50.3	53.0
	下部			41.5	32.9
推算的绕组最热点温度（℃）				98.23	118.2
环境温度（℃）		33.8	27.8	30.5	33.0

被试变压器由油自然循环风冷改为强油循环水冷的试验结果，换算到额定损耗时的温升情况如下：

油自然循环风冷，等效负荷78% P_n时，上层油温已达75℃，温升42℃，按式(12-13)校正到额定损耗时上层油温升为

$$\Delta\theta_0 = \Delta\theta_0'\left(\frac{P_n}{P_s}\right)^n = 42\times\left(\frac{1}{0.78}\right)^{0.3} = 51.2(℃)$$

绕组对油的平均温升实测为25.3℃，按式（12-14）校正到额定损耗时为

$$\Delta\theta_{Wav} = \Delta\theta_{Wav}'\left(\frac{P_n}{P_s}\right)^q = 25.3\times\left(\frac{1}{0.78}\right)^{0.8} = 30.9(℃)$$

绕组最热点的温升为

$$\Delta\theta_{\mathrm{Wmax}} = \Delta\theta_0 + 1.1\Delta\theta_{\mathrm{W0}} \tag{12-19}$$

式中 $\Delta\theta_{\mathrm{Wmax}}$——绕组最热点温升（℃）；

$\Delta\theta_0$——上层油的温升（℃）；

$\Delta\theta_{\mathrm{W0}}$——绕组与油的平均温度差（即绕组对油的平均温升 $\Delta\theta_{\mathrm{Wav}}$，℃）。

将数值代入式（12-19）得

$$\Delta\theta_{\mathrm{Wmax}} = 51.2 + 1.1 \times 30.9 = 85.19(℃)$$

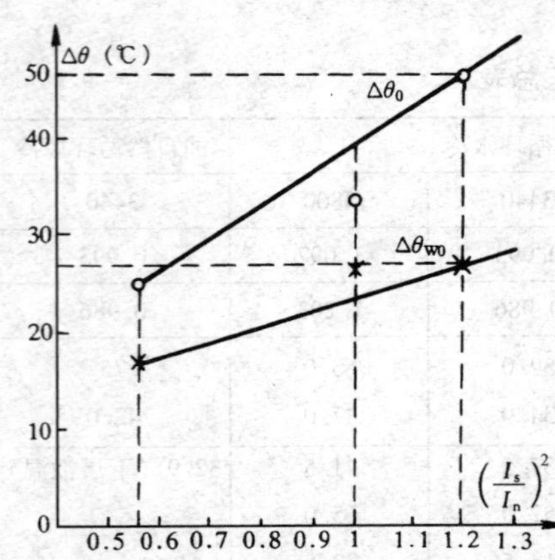

图 12-10　上层油温升（$\Delta\theta_0$）、绕组与油的平均温度差（$\Delta\theta_{\mathrm{W0}}$）和等效负荷的关系

所以在额定负荷下，绕组最热点的温升为 85.2℃，温度为 118.1℃（85.2℃ +32.9℃），已超过 105℃ 的温度标准，所以油自然循环冷却时，被试变压器在额定负荷下运行时，其绕组温度较高，会影响绝缘使用寿命。

改作强油循环水冷，在等效负荷 96% 额定损耗下，上层油温 65℃、温升 47℃，校正到额定损耗时为

$$\Delta\theta_0 = \Delta\theta_0'\left(\frac{P_{\mathrm{n}}}{P_{\mathrm{s}}}\right)^n = 47 \times \left(\frac{1}{0.96}\right)^1 = 48.96(℃)$$

绕组对油的平均温升实测为 27.4℃，校正到额定损耗时为

$$\Delta\theta_{\mathrm{W0}} = \Delta\theta_{\mathrm{W0}}'\left(\frac{P_{\mathrm{n}}}{P_{\mathrm{s}}}\right)^q = 27.4 \times \left(\frac{1}{0.96}\right)^{0.9} = 28.43(℃)$$

绕组最热点的温升为

$$\Delta\theta_{\mathrm{Wmax}} = \Delta\theta_0 + 1.1\Delta\theta_{\mathrm{W0}} = 48.96 + 1.1 \times 28.43 = 80.23(℃)$$

所以在强油循环水冷下，绕组最热点的温度为 98.23℃（80.23℃ +18℃），低于允许运行温度 105℃。考虑到高压绕组的平均温度未进行测量，从安全可靠出发，该变压器仅能带额定负荷运行，不宜超负荷。

为了将短路损耗等效负荷的试验结果与实际负荷时的温度相比较，试验结束后，应将被试变压器带实际负荷运行，其结果表明与此次试验的数据基本相符。此外，按图 12-8 接线进行试验时，还需说明两点，即：

（1）接线中的开关 S2 必须有略大于被试变压器试验绕组额定电流的通流量和额定电压的绝缘水平，并且要有传动操作机构。

（2）接线中，测量高压侧中性点对短路点的电压，主要用作检查三相稳态短路的对称性。

第十三章

互感器试验

为了测量高电压和大电流交流电路内的电量，通常用电压互感器和电流互感器将高电压变换成低电压，将大电流变成小电流，并利用互感器的变比关系配备适当的表计来进行测量。如高压电力系统中的电流、电压、功率、频率和电能计量等都是借助互感器来测得的。此外，互感器也是电力系统的继电保护、自动控制、信号指示等方面不可缺少的设备。

电流互感器和电压互感器的结构原理和变压器类似，即在一个闭合磁回路的铁芯上，绕有互相绝缘的一次绕组 W1 和二次绕组 W2。其绝缘强度要求和同电压等级的变压器也大致相同。

第一节　电流互感器的绝缘试验

我国目前生产的 20kV 及以下电压等级的电流互感器多采用干式固体夹层绝缘结构，在进行定期试验时，以测绝缘电阻和交流耐压为主。对于 35kV 及以上电压等级的互感器，多采用油浸式夹层绝缘结构，除了应进行绝缘电阻和交流耐压的试验外，尚需做介质损耗角正切值 tgδ 的试验。有关高压电流互感器的各项绝缘试验方法，可参考第七章变压器的绝缘试验和第五章工频交流耐压试验。

一、电流互感器极性检查

电流互感器的极性检查一般都做成减极性的，即 L1 和 K1 在铁芯上起始是按同一方向绕制的，极性检查采用直流感应法。电流互感器极性检查试验接线如图 13-1 所示，当开关 S 瞬间合上时，毫伏表的指示为正，指针右摆，然后回零，则 L1 和 K1 同极性。

套管型电流互感器的一次绕组就是油断路器或电力变压器的一次出线。油断路器套管型电流互感器二次侧的始端 a 与油断路器套管的一次侧接线端同极性。由图 13-2 可以看出，当油断路器两侧各电流互感器流过同方向一次电流时，两侧的 a 端极性恰恰相反，在做极性试验时，要将断路器合上，在两侧套管出线处加电压。

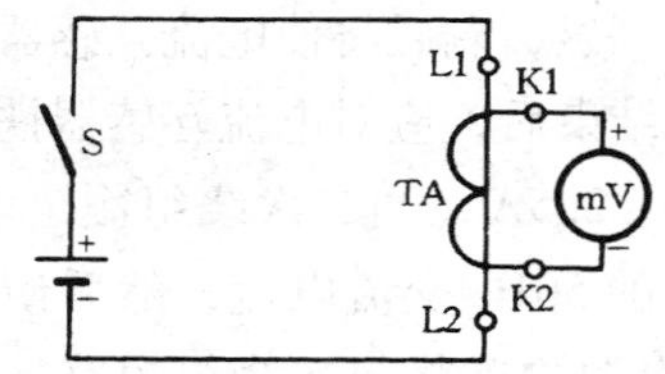

图 13-1　电流互感器极性检查接线图

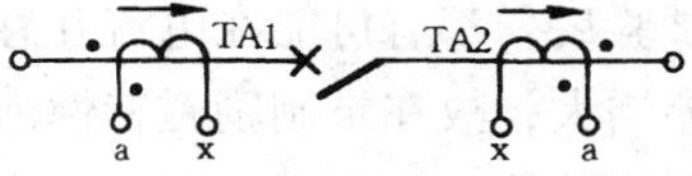

图 13-2　安装在油断路器上套管型电流互感器的极性检查示意图

装在电力变压器套管上的套管型电流互感器的极性关系，也要遵循现场习惯的标法，即“套管型电流互感器二次侧的始端 a 与套管上端同极性”的原则。因为套管型电流互感器是在现场安装的，因此应注意检查极性，并做好实测记录。

二、电流互感器的励磁特性试验

电流互感器的励磁特性试验接线如图 13-3 所示。

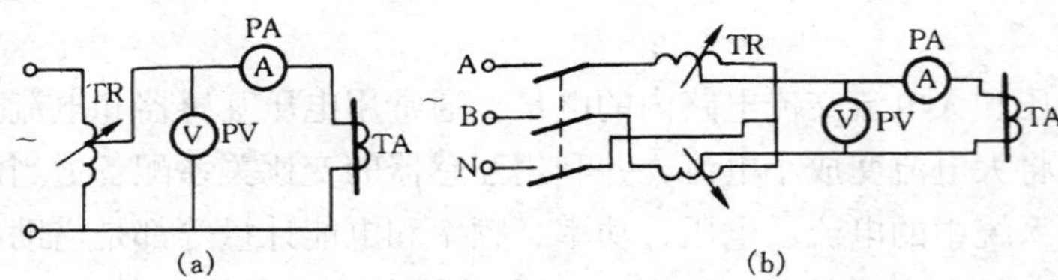

图 13-3　电流互感器的励磁特性试验接线图

（a）输出电压 220～380V；（b）输出电压 500V

TR—调压器；PA—电流表；PV—电压表

试验时电压从零向上递升，以电流为基准，读取电压值，直至额定电流。若对特性曲线有特殊要求而需要继续增加电流时，应迅速读数，以免绕组过热。

测量电流互感器的励磁特性的目的是：可用此特性计算 10% 误差曲线，可以校核用于继电保护的电流互感器的特性是否符合要求，并从励磁特性发现一次绕组有无匝间短路。

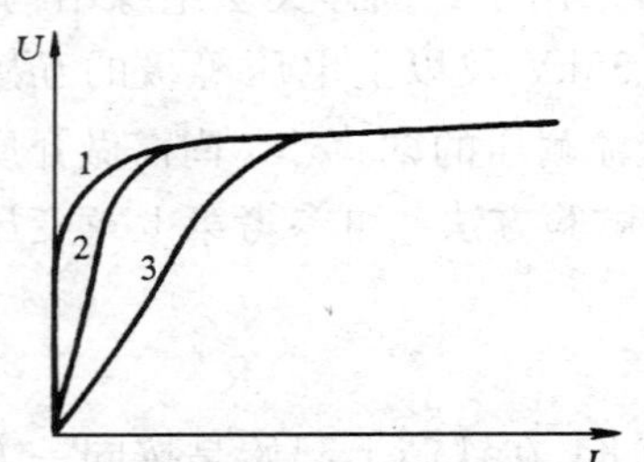

图 13-4　电流互感器二次绕组匝间短路时的励磁特性曲线

1—正常曲线；2—短路 1 匝；3—短路 2 匝

当电流互感器一次绕组有匝间短路时，其励磁特性在开始部分电流较正常的略低，如图 13-4 中曲线 2 或 3 所示，因此在录制励磁特性时，在开始部分多测几点。当电流互感器一次电流较大，励磁电压也高时，可用 13-3（b）的试验接线，输出电压可增至 500V 左右。但所读取的励磁电流值仍只为毫安级，在试验时对仪表的选用要加以注意。

根据规程规定，电流互感器只对继电保护有特性要求时才进行该项试验，但在调试工作中，当对测量用的电流互感器发生怀疑时，也可测量该电流互感器的励磁特性，以供分析。

三、电流互感器铁芯退磁

在大电流下切断电源或在运行中发生二次开路时，通过短路电流以及在采用直流电源的各种试验后，都有可能在电流互感器的铁芯中留下剩磁，剩磁将使电流互感器的比差尤其是角差增大，故在录制励磁特性前，以及全部试验结束后，应对电流互感器铁芯进行退磁。其方法是使一次绕组开路，二次绕组通入电流 1～2.5A（当二次绕组额定电流为 5A 时）或 0.2～0.5A（当二次绕组额定电流为 1A 时）的 50Hz 交流电流，然后使电流从最大值均匀降到零（时间不少于 10s），并在切断电流电源之前将二次绕组短路。在增减电流过程中，电流不应中断或发生突变。如此重复二、三次，即可退去电流互感器铁芯中的剩磁。

第二节 电流互感器的特性试验

电流互感器正常工作时，与普通变压器不同，其一次电流 $\dot{I}_1$不随二次电流 $\dot{I}_2$的变动而变化，$\dot{I}_1$只取决于一次回路的电压和阻抗。二次回路所消耗的功率随其回路的阻抗增加而增大，一般二次负载都是内阻很小的仪表，其工作状态相当于短路。

电流互感器正常工作时，一次绕组的磁势 $\dot{I}_1N_1$ 大都用以补偿二次绕组的磁势 $\dot{I}_2N_2$，只一小部分作为空载磁势 $\dot{I}_0N_1$，在铁芯中的磁通 φ 较小，所以在二次绕组中感生的电动势 $\dot{E}_2$不大。如果二次回路开路（$Z_2=\infty$，$\dot{I}_2=0$），二次回路的磁势 $\dot{I}_2N_2$ 便等于零，因而在铁芯中建立的磁通将大大超过正常工作时的磁通，使铁芯损耗增大，引起过度发热。同时在二次绕组中感生较高的电动势，可能达危险的程度，所以电流互感器二次绕组不能开路运行。

一、电流比差的测量

理想的电流互感器的电流比应与匝数比成反比，即

$$\frac{I_1}{I_2}=\frac{N_2}{N_1} \tag{13-1}$$

式中 I_1——一次电流（A）；

I_2——二次电流（A）；

N_1——一次绕组匝数；

N_2——二次绕组匝数。

由于励磁电流和铁损的存在，会出现电流比差和角差。

比差就是按电流比折算到一次的二次电流与实际的二次电流之间的差值。

电流比测量接线见图 13-5，如被测互感器 TAX 实际的电流比为

$$K_X=\frac{I_{1X}}{I_{2X}} \tag{13-2}$$

标准电流互感器的变流比为

$$K_N=\frac{I_{1N}}{I_{2N}} \tag{13-3}$$

已知被试电流互感器的铭牌标定电流比为 K_{IX}。

因为测量时 I_{1N}与 I_{1X}在同一回路，所以 $I_{1X}=I_{1N}$。

因此，实测被试互感器的变流比又为

$$K_X=\frac{I_{1X}}{I_{2X}}=\frac{I_{1N}}{I_{2X}} \tag{13-4}$$

因此，电流比误差为

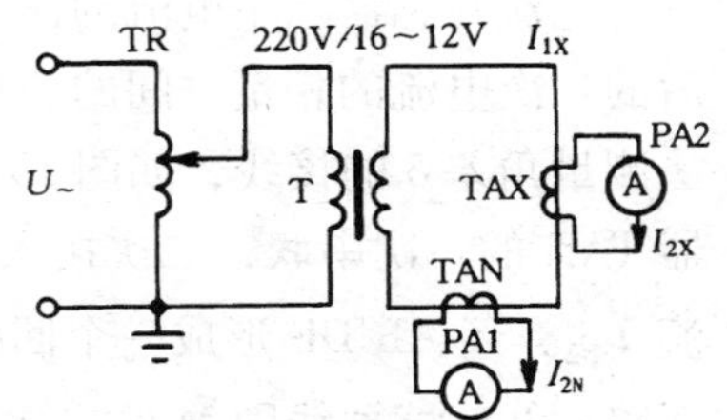

图 13-5 电流比测量接线

T—升流器；

TAX—被试电流互感器；

TAN—标准电流互感器

$$\gamma_K = \frac{K_{IX} - K_X}{K_X} \times 100\% = \frac{K_{IX} - \frac{K_N I_{2N}}{I_{2X}}}{\frac{K_N I_{2N}}{I_{2X}}} \times 100\%$$

$$= \frac{K_{IX} I_{2X} - K_N I_{2N}}{K_N \cdot I_{2N}} \times 100\% \tag{13-5}$$

当试验时，如标准电流互感器选用与被试互感器相同的变比时，则有 $K_{IX} = K_N$，电流比误差就为

$$\gamma_K = \frac{I_{2X} - I_{2N}}{I_{2N}} \tag{13-6}$$

从式（13-6）可见，电流比误差也就是电流比差。

电流比一般的测量接线如图 13-5 所示，被试电流互感器 TA_X 和标准电流互感器 TA_N 的一次串联在 T 的二次回路内，图中的电流表的准确度等级都必须较所接的电流互感器的准确级高，如被试电流互感器为 0.5 级，则电流表 PA2 应为 0.2 级以上，标准电流互感器要比被试电流互感器的准确级高，才有校验意义。

【例 13-1】 当图 13-5 中 TAX 的额定变比 $K_{IX} = \frac{200}{5}$，准确度为 0.5 级；TAN 的变比 $K_N = \frac{200}{5}$，准确度为 0.2 级；当试验升流器升流到 200A，以标准电流互感器达到 5A 为准，$I_{2N} = 5A$，$I_{2X} = 4.9A$ 时，求 TAX 的电流比与电流比差。

解 按式（13-2）~式（13-6）可算出被试电流互感器 TA_X 的电流比和电流比差为

$$K_X = \frac{200}{4.9} = 40.82; K_N = K_{IX} = \frac{200}{5} = 40$$

由式（13-5），得
$$\gamma_K = \frac{40 - 40.82}{40.82} \times 100\% = -2\%$$

由式（13-6），得
$$\gamma_K = \frac{4.9 - 5.0}{5.0} \times 100\% = -2\%$$

当然，这种测量方法包括标准 TA_N 和电流表 PA1 的误差在内，但这对电力系统内装设的电流互感器的校验已足够准确。因为一般测量用的互感器为 0.5 级或 1 级。

二、角差测量

电流互感器除了电流的误差外，还有角误差（也称角差）。它是一次电流和旋转 180° 后的二次电流的相量之间的差角 δ。角差 δ 的测试需用专门的仪器。这里介绍一种用差流法测量角差 δ 的接线，如图 13-6（a）所示。图中，被校电流互感器 TAX 和标准电流互感器 TAN 的一次串联，二次接入仪器形成三个基本电流回路：①标准电流互感器的二次电流 $\dot{I}_{N2}$，经 AB′DE 形成一个回路；②被校电流互感器的二次电流 $\dot{I}_{X2}$ 经 EDCB 形成第二个回路；③互感器线圈 M 的二次电流 $\dot{I}_{N3}$ 经电阻 ab 形成第三个回路。图中电阻 r_{cd} 流过的电流是 $\dot{I}_{X2}$ 和 $\dot{I}_{N2}$ 的差值 $\Delta\dot{I}$。

图 13-6（b）所示相量图，可用来分析上述几个回路中电流的相互关系。由图 13-6（b）可见，$\dot{I}_{N3}$ 和 $\dot{I}_{N2}$ 互差 90°，$\dot{I}_{N3}$ 和 $\dot{I}_{N2}$ 回路的有效电阻上的压降也互差 90°。假设标准

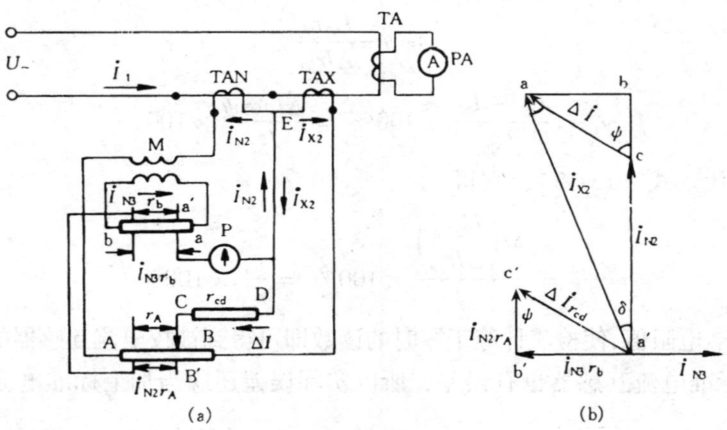

图 13-6 用差流法测量电流互感器角差 δ 原理图

（a）原理接线；（b）相量图

互感器的误差等于零，δ 就是 $\dot{I}_{X2}$ 和 $\dot{I}_{N2}$ 之间的角差，即

$$\mathrm{tg}\delta = \frac{\Delta I\sin\psi}{I_{N2}} \tag{13-7}$$

因为 δ 角较小（不超过 1°），所以 tgδ≈δ，即

$$\mathrm{tg}\delta \approx \delta = \frac{\Delta I\sin\psi}{I_{N2}} \tag{13-8}$$

调节仪器中电阻上的可动点 a′及 B′［见图 13-6（a）］使检流计指示为零，此时在电阻 r_{cd} 上的压降等于 r_A 和 r_b 上的总压降，如图 13-6（b）中的△a′b′c′所示；r_A 上的压降和 $\dot{I}_{N2}$ 同相，在电阻 r_b 上的压降和 $\dot{I}_{N2}$ 差 90°，故△abc 和△a′b′c′相似，所以

$$\sin\psi = \frac{I_{N3}r_b}{\Delta I r_{cd}} \tag{13-9}$$

将式（13-9）代入式（13-8），得

$$\delta = \frac{\Delta I\sin\psi}{I_{N2}} = \frac{\Delta I\left(\dfrac{I_{N3}r_b}{\Delta I r_{cd}}\right)}{I_{N2}} = \frac{r_b}{r_{cd}} \times \frac{I_{N3}}{I_{N2}} \tag{13-10}$$

设 $\frac{I_{N3}}{I_{N2}} = C$，上式可写成

$$\delta = C\frac{r_b}{r_{cd}} \tag{13-11}$$

从式（13-11）可以看出，调节 r_b 和 r_{cd} 电阻值，使检流计等于零时的读数，就是到被校电流互感器的角差 δ。

由图 13-6（b）的两个相似三角形同时可以得到

$$\cos\psi = \frac{I_{N2} r_A}{\Delta I r_{cd}} \tag{13-12}$$

因为
$$\gamma_1 = \frac{I_{X2} - I_{N2}}{I_{N2}} \times 100\% = \frac{\Delta I \cos\psi}{I_{N2}} \times 100\% \tag{13-13}$$

将式（13-12）代入式（13-13），则得

$$\gamma_1 = \frac{\Delta I\left(\frac{I_{N2} r_A}{\Delta I r_{cd}}\right)}{I_{N2}} \times 100\% = \frac{r_A}{r_{cd}} \times 100\% \tag{13-14}$$

所以调节 r_A 和 r_{cd} 电阻值，使检流计等于零时的读数即可得到被校电流互感器的电流比差 γ_1。

实际上，标准电流互感器也有误差，所以实际误差还应当加上标准电流互感器本身的误差，即

$$\gamma'_1 = \gamma_1 + \gamma_N \tag{13-15}$$
$$\delta' = \delta + \delta_N \tag{13-16}$$

式中 γ_N——标准电流互感器的比差；

δ_N——标准电流互感器的角差。

三、影响电流互感器误差的因素

（1）由于铁芯的磁导不好，铁芯的损耗增大，激磁电流也大；铁芯的几何尺寸设计得不适当，漏磁偏大。这些都直接影响互感器的角差，使其增大。

（2）二次回路的电阻、电抗和负载因数（即 $\cos\varphi$）的大小，会影响 δ 的大小并使角差发生变化。

（3）二次电流及其频率的大小，可以导致二次阻抗压降的变化，因而不仅使 δ 角发生变化，而且可使电流比差变化。

第三节　电压互感器的绝缘试验

一、测量绕组绝缘电阻

一次绕组用 2500V 兆欧表测量，二次绕组用 1000V 兆欧表测量。测量时一次绕组出线端子短接后接至兆欧表，二次绕组均短路接地并接至兆欧表。

二、测量电压互感器一次绕组的直流电阻

用单臂电桥测量电压互感器一次绕组的直流电阻，测得值与制造厂的或以前测得的数值比较，应无显著差别。电压互感器也是带电感的绕阻，其测量方法参见第十章。

三、测量电压互感器空载电流

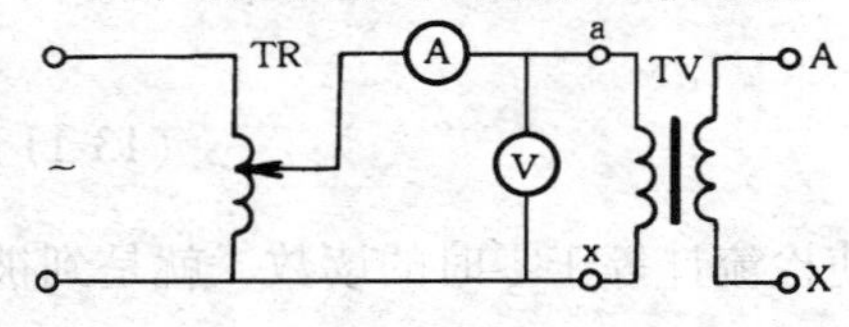

图 13-7　测量电压互感器的空载电流接线图

试验接线见图 13-7。试验时，从低压侧加压，逐渐升至额定电压，读取电流表读数，即为在额定电压下的空载电流。

对于三相电压互感器，可在低压侧加三相 100V 试验电源。若三相电源不平衡时，可取三相电压的

算术平均值作为所加电压的数值。当各相电压差不超过 2% 时，可用 U_{AC} 代表平均电压，然后读取各相的空载电流值。

试验测得的空载电流值与制造厂数据比较，应基本接近。若相差太大，说明互感器有问题。对于串级式电压互感器，如果刚加电压，空载电流就大大增加，可能是连耦绕组极性接反；如果连耦绕组断开，则其空载电流较正常值小得很多。

四、电容式电压互感器试验

1. 分压电容器试验

（1）测量分压电容器两极间的绝缘电阻；

（2）测量分压电容器 $\mathrm{tg}\delta$ 的值和电容值。

试验方法按第四章和第十八章内容进行试验。

2. 中间电压互感器试验

中间电压互感器的一次电压为 13kV，故可按 10kV 级的试验项目及标准进行。试验方法参照本章所述方法进行。

五、绕组对外壳的交流耐压试验

电压互感器绕组的绝缘电阻、$\mathrm{tg}\delta$ 以及绝缘油试验都合格后，就可进行绕组对外壳的交流耐压试验。对于全绝缘的电压互感器，试验方法和注意事项与电力变压器相同，但试验电压标准比电力变压器高。对于分级绝缘及串级式电压互感器，一次绕组不能进行工频交流耐压试验。

对于电压互感器二次绕组，规程规定试验电压为 1000V，可与二次回路耐压试验同时进行。

六、串级式电压互感器感应耐压

1. 试验原理及方法

电压互感器进行交流感应耐压试验，也即是在互感器低压侧加上约为 3 倍额定电压，在一次侧感应出相应的高压来进行试验。为了防止铁芯过分饱和，应该提高电源电压的频率，采用 150Hz 电源进行试验。当频率超过 100Hz 时，为避免提高频率后对绝缘的考验加重，所以应相应地减少耐压时间，耐压时间 t（s）由下式确定

$$t = 60 \cdot \frac{100}{f} \tag{13-17}$$

用于串级式互感器耐压的 150Hz 电压发生器，主要有以下几种方法。

2. 单相变压器组二次侧开口输出电源

利用三台单相变压器，一次侧接成星形，二次侧接成开口三角形，如图13-8所示。当在一次侧加压，使变压器的铁芯过励磁时，由于是星形接法，则一次侧没有 3 次谐波电流，此时中性点必须悬浮不能接地，否则一次侧有 3 次谐波

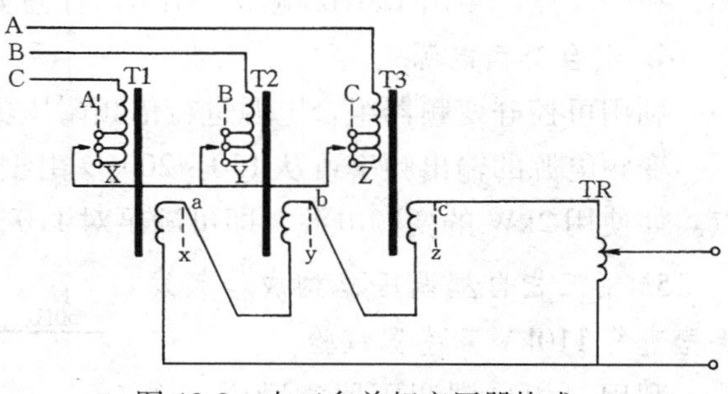

图 13-8　由三台单相变压器构成 3 倍频发生器原理图

电流，会使磁通波形的3次谐波分量减小。由于铁芯中有3次谐波磁通，每相绕组便感应出3次谐波电动势，当励磁电流为正弦波，在铁芯饱和情况下，主磁通的波形是平顶波，这样，在主磁通波中包含了较大的3次谐波，见图13-9所示。

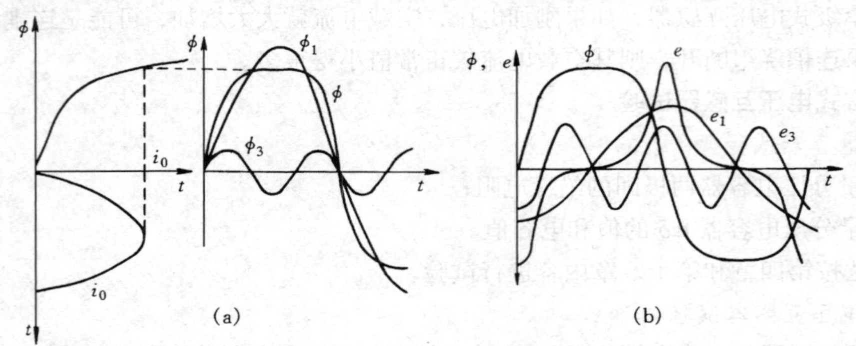

图13-9　平顶波磁通产生电动势的波形

（a）电流波形与磁通波形关系；（b）磁通与电动势关系

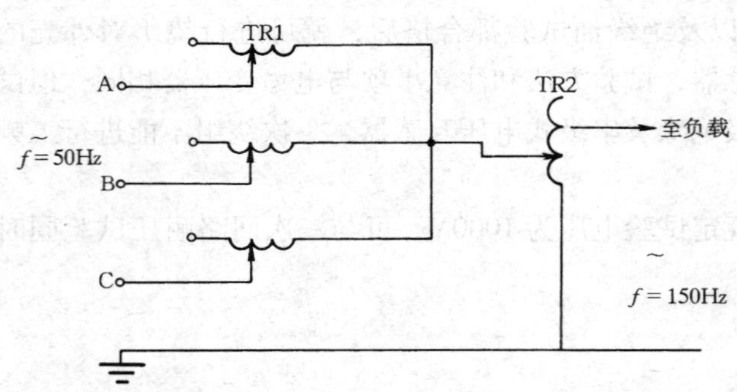

图13-10　由自耦调压器构成3倍频发生器原理图

3. 利用三电感过励磁构成倍频电源

当铁芯电感线圈接成星形，并施以三相电压过励磁时，则在中性点感应出3倍频电动势，其3次谐波产生原理同上所述。因磁通为平顶波，所以可分解为1、3、5、7次等谐波，当过励磁达1.5倍时，3次谐波分量可达基波的40%。各次谐波在三相电感线圈上产生自感电动势，而正序和负序谐波在中性点之和为零，所以在中性点仅感应出3次以上的零序分量。

三电感过励磁可利用一台15kVA三相自耦调压器反加压构成，原理如图13-10所示。接线时，380V三相电源加到调压器输出端，即可调触头端，开始，调压器输出端调到电压最大位置，输入端开路，合上电源后将输出触点向减小输出电压方向调节，直至铁芯饱和，在中性点产生出150Hz电压。调节时注意监视输入电流的大小。

4. 组合变频电源

利用可控硅变频器组合电源进行倍频耐压更为方便，变频电源原理框图见图13-11。

变频电源的输出频率可从150～200Hz由编程调节锁定，具有体积小、调压方便等优点。如使用2kW的变频电源，即可满足对110、220kV的互感器进行试验要求。

5. 用三相自耦调压器构成倍频发生器进行110kV互感器试验

利用三相自耦调压器过励磁，由中性点输出3倍频电源，其试验接线

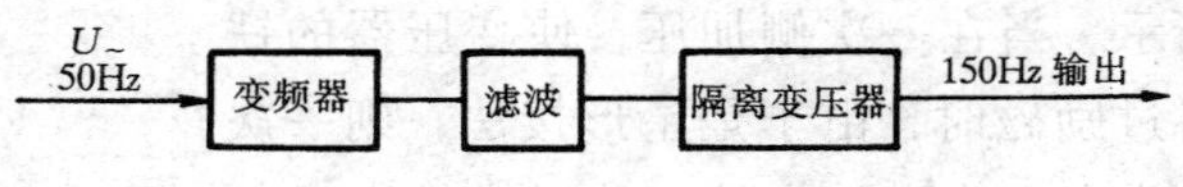

图13-11　变频电源原理框图

如图 13-12 所示。

图 13-12 中，试品 TV 为 JCC-110 型电压互感器，试验时考虑容升为 5%。

试验记录：$U_1=154\text{V}$，$I_1=16.5\text{A}$，$P=840\text{W}$，$U_2=270\text{V}$。

在按图 13-12 进行试验时，TR1 选用 15kVA 三相手动自耦调压器作为过励磁发生器 TR2 为 3～5kVA 单相自耦调压器。TR1 合电源前，可调端子放置为最高电压处，逐渐向低电压调，即增大励磁；TR2 的调压端也放置在最高电压处，当示波器观测到 3 次谐波电压时逐渐向低端调，使输出端电压上升。为了避免回路产生谐振，在 adxd 接 2 个 220V、300W 白炽灯，两个灯泡串联连接起阻尼作用，以防止电压过高突然烧坏灯丝使回路无阻尼。

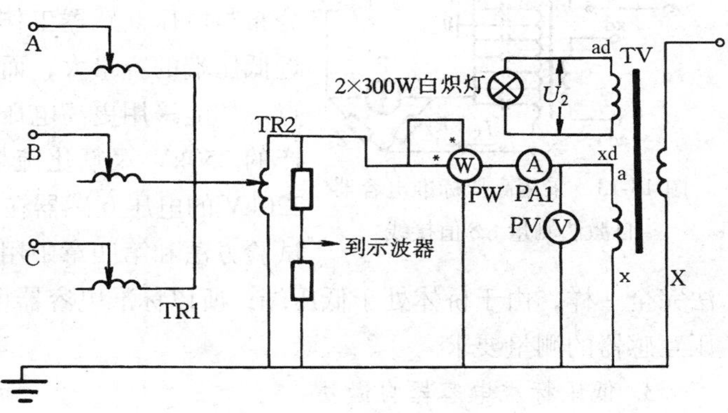

图 13-12 自耦调压器倍频发生器原理图

由于过励磁产生的 3 倍频电源含有较大的 5 次、9 次等高次谐波，因此测量电压的表计应采用峰值电压表。为了改善试验电压波形，有条件时可在 3 倍频发生器的输出端加接 LC 串联谐波回路，滤掉 250Hz 和 450Hz 谐波，LC 值可按下式计算

$$f=\frac{1}{2\pi\sqrt{LC}}$$

$$LC=\left(\frac{1}{2\pi f}\right)^2 \tag{13-18}$$

选择滤波电容时，不应显著增加回路的无功电流，一般可选取电容值为 4～8μF。

七、测量一次绕组对地的 tgδ 值

1. 反接线法

35kV 及以上的电压互感器一次绕组连同套管一起对外壳的 tgδ 值，可用西林电桥的反接线法进行测定。对于全绝缘的一次绕组，其试验方法和注意事项与变压器绕组的试验相同（参见第五章第四节），试验电压为 10kV。

对于分级绝缘的电压互感器以及串级式电压互感器，因为绕组接地端的绝缘水平低，试验电压只能加至 2～3kV，并需查看制造厂说明书的规定后方可加压。此时，若用西林电桥反接线法，接线时电桥的“C_X”端必须和被试互感器一次绕组的接地端 X 相接，或者 A 与 X 短后和“C_X”相接。如仅将一次绕组出线端 A 与电桥的“C_X”连接，测量结果会出现误差。近年来对串级式电压互感器，为了提高检测的灵敏度，采用自激法和末端屏蔽法测量 tgδ 值。

2. 高压标准电容器自激法测量

采用高压交流电桥高压标准电容器自激法测量串级式电压互感器的 tgδ 值接线，如图 13-13 所示。图中 A-X 为两元件铁芯串接高压测绕组的出线端，a-x 为低压侧绕组出线端，

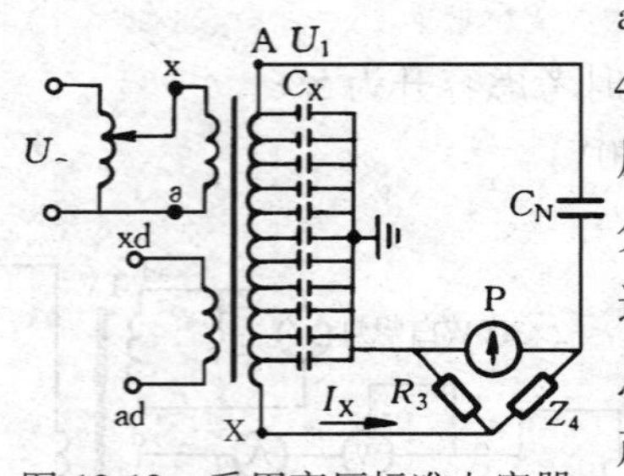

图 13-13 采用高压标准电容器自激法测量 tgδ 值接线

ad-xd 为低压侧辅助绕组出线端，图中其他符号含义同图 4-3、图 4-5，所不同的是利用电压互感器本身作为试验变压器，以套管和绕组的对地电容作为 C_X。这种线路的电压分布与电压互感器工作时一致，所以避免了高压侧绕组靠近低压端的容量大，而造成主要反映低压端介质损耗的缺点。如能采用更高电压的标准电容器就更接近实际，如国产的 250kV 六氟化硫标准电容器，就能够满足 110kV 及 220kV 的电压互感器在工作电压下用自激法测 tgδ 的试验。试验方法和第四章中用QS1型电桥对角接线法测量 tgδ 的方法完全一样，由于桥体处于低压端，所以标准电容器可以选用更高的电压等级，以满足电压互感器的测量要求。

3. 低压标准电容器自激法

如图 13-14 所示，利用 QS1 型桥体内的标准电容作为电桥的标准臂，对串级式互感器进行自激测量 tgδ 值。电桥的标准电容供电是取自辅助绕组 ad-xd 端子上所感应的电压，标准电容桥臂承受的电压较低，此时辅助绕组的负荷很小，$\dot{U}_1$ 和 $\dot{U}_2$ 相量基本上是重合的，经试验证明它们之间的角差影响可以忽略不计。

不管用高压标准电容器自激法，还是用低压标准电容器自激法，在测量串级式电压互感器的 tgδ 值时，仍然避免不了强电场的干扰影响。其干扰源一个来自互感器高压侧外界电场(附近的高压带电设备)，另一个来自二次侧激磁系统。前者可采用高压屏蔽的办法消除，具体办法参照第四章。后者可将调压装置的接地点尽量靠近滑动接点。另外还可以配合调换自激电源的相位和隔离变压器，使干扰减少到最小程度。

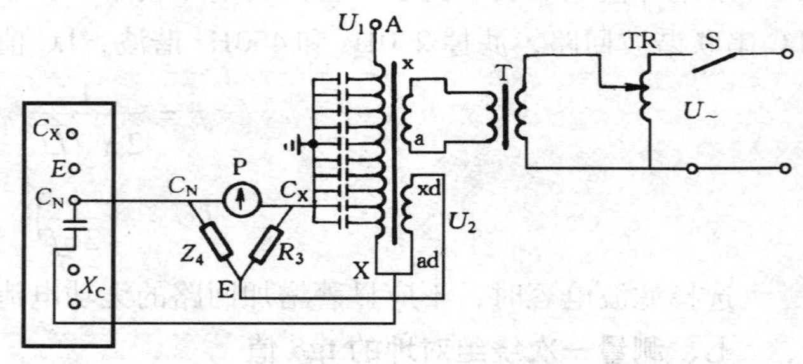

图 13-14 利用低压标准电容器自激法测量 tgδ 值接线

试验时注意事项：

(1) 将电压互感器一次绕组 X 端接地线拆除。

(2) 电压互感器低电压绕组 a-x 及 ad-xd 各绕组应有一端良好接地，a-x 和 ad-xd 绕组不能短路。

(3) 试验回路中接入 220/36 ~ 12V 隔离变压器，以防止试验结果的分散性及误加电压；隔离变压器二次电压的选择是当一次电压为 220V 时，电压互感器高压侧电压为 10kV。

(4) 如使用 QS1 型电桥测量时，可用电桥的三根连线引出，但需将插头的脚柱“E 线”的屏蔽与电桥内屏蔽断开，并将其“E 线”的外屏蔽经导线引出接地。

(5) 标准电容 C_N 应放在耐压为 10kV 以上的绝缘台上；

（6）标准电容器与电压互感器“A”端子的连线，最好采用带屏蔽的高压电缆屏蔽层接到电压互感器的 X 端。

（7）调节电压互感器高压侧电压为 10kV，将电桥分流器置于 0.01 位置进行测量。

（8）当有电场干扰时，可参见以下所述方法和第四章所述方法消除之。

4. 首端屏蔽法

当现场有强电场干扰时，因高压首端暴露在强电场位置，若将电压互感器高压首端接地（见图 13-15），在有强电场干扰时使用该方法效果很好。但由于低压小套管处于高电位，因此试验电压仅能加到 3kV。

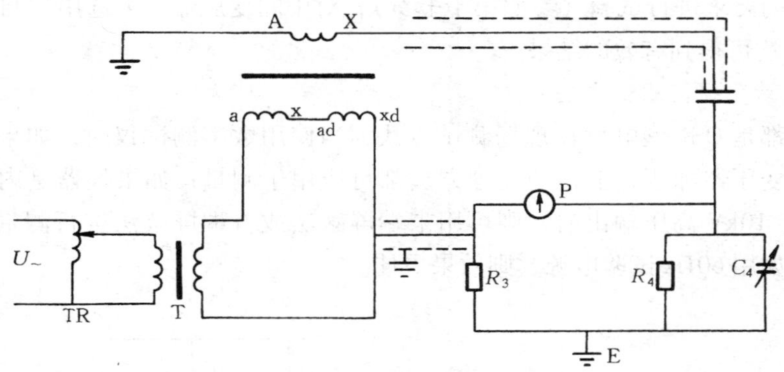

图 13-15 首端屏蔽法测量 tgδ 值接线

试验时，由于高压绕组 X 端仅能加到 3kV，因而二次绕组的励磁电压很低，为使调压方便，应将二次 2 个绕组串接；隔离变压器 T 可使用 220/36V 的安全灯变压器，一次接调压器，如被试互感器为 JCC-110 型，则二次绕组施加 7.45V 即可，如为 JCC-220 型互感器，二次绕组施加电压更低，测量时，用一数字电压表监测二次绕组电压即可。由于首端试验时接地，因此在预防性试验时可以不拆除首端连接线，使现场工作简化。

5. 末端屏蔽法

用末端屏蔽法测量 tgδ 值的接线如图 13-16 所示。它同样可利用 QS1 型高压电桥或其他数字电桥进行测量，并需用高压试验变压器 T 在被试电压互感器的高压侧激磁，同时供给电桥电源。低压绕组末端接地，低压绕组输出处于较低电位，这样基本上避免了小套管因受潮和脏污对 tgδ 测量值的影响。可见，末端屏蔽法的接线只能测出和低压绕组及辅助绕组及辅助绕组直接耦合高压绕组部分的 tgδ 值。如老式 JCC-110 型和 JCC-220 型有两个或两个以上铁芯的电压互感器，只能反映部分高压绕组的 tgδ 值。两个铁芯只反映下部一个铁芯，即 tgδ/2 值，四个铁芯只反映 tgδ/4 值，但比过去的常规接线（即第四章中所介绍的方法）基本上不能反映高压绕组的值要好得多，且不像常规接线那样只能加压 2000～2500V，而是能满足标准电容器的电压（QS1 型电桥可以加压到 10kV），对提高 tgδ 值的灵敏度也大有好处。显然，末端屏蔽法比自激法测得的结果偏小，如果采用 QS1 型电桥测量的值小于 1% 时，需在 Z_4 臂上并联一适当电阻 R'_4 扩大其量程。根据我国一些地区的经验，并联电阻值可选等于 R_4 的数值，即 3184Ω，这时 Z_4 臂上的电阻就变成了

1592Ω，量程增大了一倍。该电阻可用电阻箱调节，因此，所测得的 tgδ 值必须除 2，才是 QS1 型电桥测试试品的实际值。

采用末端屏蔽法时，注意二次绕组必须开路。当 tgδ 值较大时，分别测 a-x 和 ad-xd 绕组和铁芯底座的介损，以区分介损增大的性质。

6. 电容式电压互感器的试验方法

电容式电压互感器接线如图 13-17 所示，由电容分压器（包括主电容器 C_1，分压电容器 C_2）、中间变压器（即中间电压互感器 TV）、共振电抗器 L_1、载波阻抗器 L_2 及阻尼电阻器 R 等元件组成。其介质损耗角 tgδ 值的测试，可分单元件试验。例如，对电容器，可照电力电容器的要求进行试验（参照第十七章）；对中间变压器，可选用“自激法”或“末端屏蔽法”，均可得到有效的结果。

7. 数字式自动介损仪测试方法

前面介绍的都是 QS1 型电桥在现场测试方法，当使用数字测试仪时，如果数字仪器是外接高压试验变压器加压，上述的几种方法都可应用于测量；如果仪器是内带高压电源，自动施加 2、10kV 高压输出时，则可用末端屏蔽法或首端屏蔽法进行测量；当外电场干扰严重时，如用 60Hz 试验电源，则效果更佳。

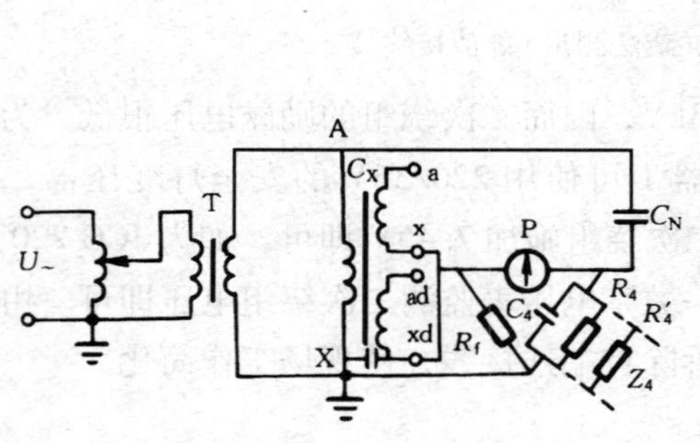

图 13-16　用末端屏蔽法测量 tgδ 值接线

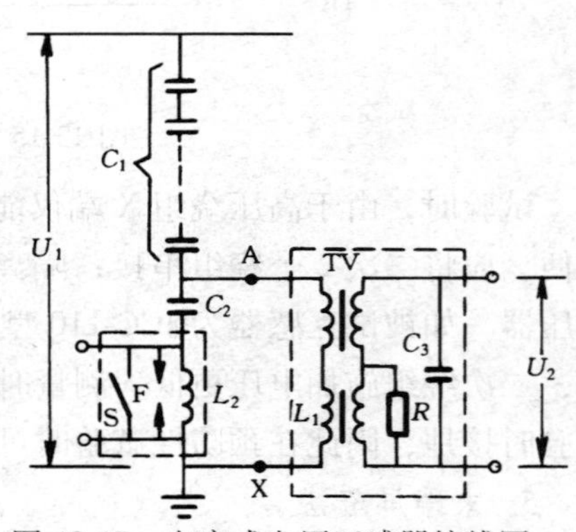

图 13-17　电容式电压互感器接线图
F—保护间隙；S—短路开关

第四节　电压互感器的特性试验

电压互感器的工作特性和电流互感器不同，当一次侧电压基本不变时，二次绕组的工作电流很小，近似开路状态；电压互感器工作时，其二次绕组不能短路。为了满足测量电压准确度的要求，通常电压互感器的铁芯磁密取得比变压器低（约为 0.6～1T），而绕组导线截面取得较大。

一、相量分析

图 13-18 为电压互感器相量图。如图 13-18 所示，如果一次和二次绕组内在工作时没有阻抗压降（$I_1r_1 = I_2r_2 = I_r = 0$ 及 $I_1x_1 = I_2x_2 = I_x = 0$），由相量图上可以看出

$$\dot{E}_1 = \dot{U}_1 \quad \dot{E}_2 = \dot{U}_2$$

那么
$$\frac{E_1}{E_2} = \frac{U_1}{U_2} = K_U \tag{13-19}$$

实际上铁芯内有损耗，绕组存在着阻抗，端电压 U_2 随着负荷发生变化，因而测量电压比时就产生了误差。

二、电压比差的测量

一次的实际电压对二次的实际电压比，叫做实际电压比 K_U，其测量接线如式（13-19）所示。

如果实际电压比为已知，可求出一次的实际电压

$$U_1 = K_U U_2 \tag{13-20}$$

但实际电压比一般也不知道，因为它和电压互感器的工作方式有关。为了求得 U_1，可以利用额定电压比（厂家供给的铭牌数据）来求出近似实际的一次电压，即

$$U'_1 = K_{Un} U_2 \tag{13-21}$$

式中 $K_{Un} = \frac{U_{n1}}{U_{n2}}$（铭牌的额定电压比）

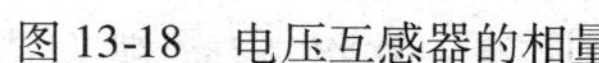

图 13-18 电压互感器的相量

用标准电压互感器校验的电压比误差

$$\gamma_U = \frac{U'_1 - U_1}{U_1} \times 100\% = \frac{K_{Un}U_2 - K_U U_2}{K_U U_2} \times 100\% = \frac{K_{Un} - K_U}{K_U} \times 100\% = \gamma_{UK} \tag{13-22}$$

式中 γ_U——电压的误差；

γ_{UK}——电压比的误差。

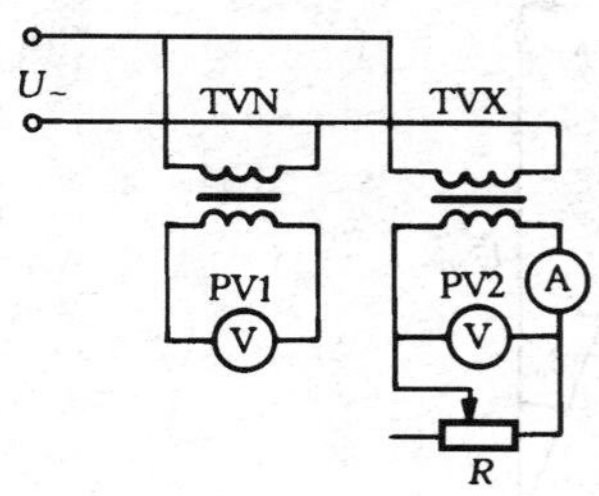

图 13-19 电压互感器电压比测量接线

TVN—标准电压互感器；TVX—被测电压互感器；R—负荷电阻

从式（13-22）可见，电压的误差比也就是电压比差。电压比差的测量和变压器一样，也可以用电压表法进行。但要求比变压器高，一次侧应施加额定的稳定电压，用标准 TVN 测量一次电压，二次侧要加规定的负荷。其接线如图 13-19 所示，所用电压表应比电压互感器的准确度高。

【例 13-2】 有一 JDJJ1-35 型电压互感器，其一次电压 U_1 为 $35000/\sqrt{3}$V，二次电压 U_2 为 $100/\sqrt{3}$V，准确度为 0.5 级，容量为 150VA，试测量其电压比误差。

解 已知额定变压比为

$$K_{Un} = \frac{35000/\sqrt{3}}{100/\sqrt{3}} = 350$$

电压表 PV1 的指示为 57.7V，从而求得 $U_1 = 57.5 \times 350 = 20195$V。如将 TVN 的电压比误差忽略不计，则电压表 PV2 的指示为 $U_2 = 57$V。因此，实际电压比为

$$K_U = \frac{20195}{57} = 354$$

将整理后的数据代入式（13-22）得

$$\gamma_{UK} = \frac{350 - 354}{354} \times 100\% = -1.1\%$$

由此可见，这个 JDJJ1-35 型电压互感器准确级大于 1 级，比铭牌规定的误差大。

测量时应注意一定要考虑被测电压互感器的负荷（即伏安数），所以还必须测量二次回路的电流。

三、角差测量

电压互感器的角差是指一次电压 $\dot{U}_1$ 与旋转 180°后的二次电压 $\dot{U}_2$ 之间的夹角 δ_U，如图 13-18 所示。测量电压互感器角差的原理和测量电流互感器的角差基本相同，只是测量回路内的阻抗较大，电流较小。其接线如图 13-20（a）所示，标准电压互感器 TVN 与被测电压互感器 TVX 并联，r_2 分接在两个电压互感器并联回路内，r_2 的两端由于差电流所产生的压降就代表 TVN 与 TVX 的差压 $\Delta\dot{U}$。$\Delta\dot{U}$ 可分解为两个分量：一个为与 $\dot{U}_{N2}$ 同相的 $\Delta\dot{U}_N$，一个为与 $\Delta\dot{U}_{N2}$ 成 90°的 $\Delta\dot{U}_X$。因 δ_U 很小，可以近似地认为 $\Delta\dot{U}_N$ 就是被测 TVX 的电压比差，并将 $\Delta\dot{U}_X$ 视为其相角差。连接在 TVN 二次回路的变压器 T 的作用，是为了满足检测回路的要求，变换电流 $\dot{I}_{N2}$ 如图 13-20（b）所示，$\dot{I}_{N2}$ 在可调标准电阻 r'_2 上的电压降恰好与 $\dot{U}_{N2}$ 相差 180°，当调节 r'_2 使 $\dot{I}_{N2}r'_2$ 等于 $\Delta\dot{U}_N$ 时，则在仪器的 r'_2 上，以适当的刻度就可直接反映被测 TVX 的电压比差。

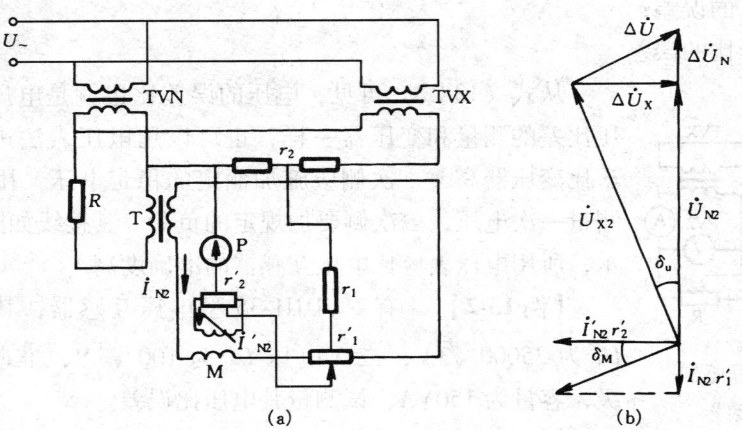

图 13-20　电压互感器误差校验器的接线原理及相量

（a）接线原理；（b）相量图

和测量电流互感器角差的原理一样，利用互感器互感 M 的作用使流经电阻 r'_2 上的电流与 $\dot{I}_{N2}$ 相位角差 90°，这样 $\dot{I}'_{N2}r'_2$ 也就与 $\dot{I}_{N2}r'_1$ 相差 90°，与 $\Delta\dot{U}_x$ 相差 180°。结果 $\dot{I}_{N2}r'_2$

就是 $\Delta\dot{U}_X$。在 r'_2 上以适当的刻度表示，即可直接反映被测 TVX 相角差 δ_U。

四、影响电压互感器误差的因素

由图 13-18 可见，二次回路负载加大，将会改变 φ_2 的大小，使误差发生变化。特别是电阻 r_1 及 r_2 的增大，误差明显地随之加大。为了减小电阻，所以电压互感器绕组导线电流密度取得较小；其次是电抗和电阻的比值改变对相角差 δ_U 影响也较大，所以电压互感器的等效电抗不应太小，等效电阻不应太大，所消耗的总功率应在额定范围内。

第五节 电容式电压互感器的变比校验

按照电容式电压互感器图 13-17 接线，可以绘出其等值电路图 13-21（a）。此时共振电抗器 L_1 的电抗 X_L 要等于最末一级电容器 C_3 的容抗 X_3，这样才能保证必要的测量准确度。等值电路忽略了中间电压互感器磁化电流和铁损，将分压回路折算到中间电压互感器二次的所有阻抗，用 Z_2 代替。

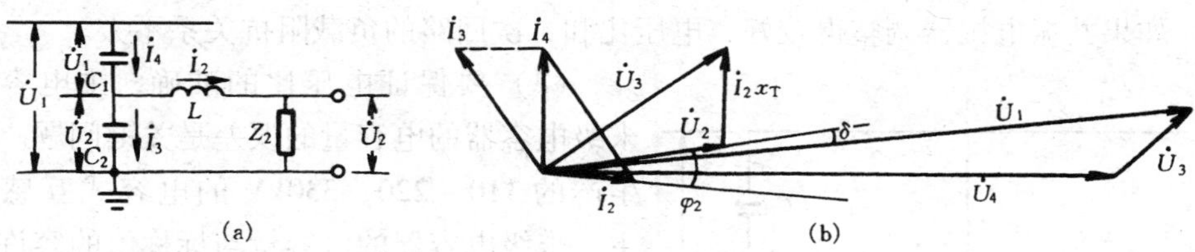

图 13-21 电容式电压互感器的等值电路及相量图

（a）等值电路；（b）相量图

一、相量分析

由图 13-21（b）可见，相量 $\dot{U}_2$ 及 $\dot{I}_2$ 表示二次线端电压和负载电流，它们之间的角度为 φ_2。最末一级电容器上的压降 $\dot{U}_3$ 为 $\dot{U}_2$ 及共振电抗器压降 $\dot{I}_2X_L$ 的相量和。由于 $\dot{I}_3$ 为容性电流，故 $\dot{I}_3$ 超前 $\dot{U}_3$ 90°。$\dot{I}_4=\dot{I}_3+\dot{I}_2$，因为 $\dot{I}_4$ 是流经主电容 C_4 的电流，所以它超前 $\dot{U}_4$ 90°，被测的电压 $\dot{U}_1=\dot{U}_4+\dot{U}_3$。

从相量图和等值电路可清楚地看出

$$\dot{I}_2=\frac{\dot{U}_2}{Z_2}\quad \dot{I}_3=\dot{I}_2\frac{jX_L+Z_2}{-jX_3}$$

$$\dot{I}_4=\dot{I}_2+\dot{I}_3 \tag{13-23}$$

将 $\dot{I}_2$、$\dot{I}_3$ 代入式（13-23）中得

$$\dot{I}_4=\dot{U}_2\left(\frac{1}{Z_2}+\frac{1}{Z_2}-\frac{jX_L+Z_2}{-jX_3}\right)=\dot{U}_2\left(\frac{1}{Z_2}-\frac{jX_L}{jX_3Z_2}-\frac{1}{jX_3}\right) \tag{13-24}$$

如在共振时，$X_L=X_3$，则从式（13-24）可写为

$$\dot{U}_2 = -\dot{I}_4 \mathrm{j} X_3 \tag{13-25}$$

因为负荷阻抗很大，从等值电路清楚地看出

$$\dot{U}_1 \approx -\dot{I}_4 \mathrm{j}(X_4 + X_3) \tag{13-26}$$

由式（13-25）及式（13-24）求得电压比为

$$\frac{\dot{U}_1}{\dot{U}_2} = \frac{-\dot{I}_4 \mathrm{j}(X_4 + X_3)}{-\dot{I}_4 \mathrm{j} X_3} = \frac{X_4 + X_3}{X_3} \tag{13-27}$$

因为 $X_4 = \frac{1}{\omega C_1}$，$X_3 = \frac{1}{\omega C_2}$代入式（13-27）中得

$$\frac{\dot{U}_1}{\dot{U}_2} = \frac{\frac{1}{\omega C_1} + \frac{1}{\omega C_2}}{\frac{1}{\omega C_2}} = \frac{C_1}{C_1 + C_2} \tag{13-28}$$

由式（13-28）可以得到下列结论：

（1）如果共振电抗器调整得较好，电压比和二次回路的负载阻抗关系不大。

（2）要保证电压比的准确，主电容器和末级电容器的电容量的误差是关键问题。我国生产的 110、220、330kV 的电容式互感器的主、末级电容器的电容量与标称值的容许误差为 ±5%。

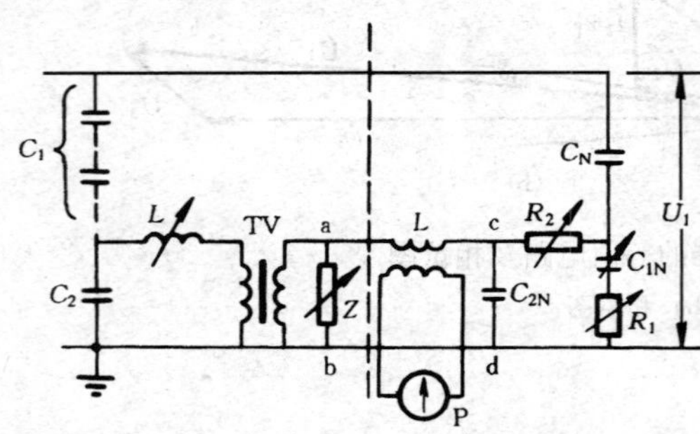

图 13-22　校验电容式互感器接线

C_N—充气标准高压电容器；C_{1N}、C_{2N}—精密盘式可调电容器；R_1、R_2—精密盘式可调电阻

二、电压比的校验

如图 13-22 所示，虚线左边为被校电容式电压互感器，右边为组合的标准校验元件。校验时先粗略地测量 ab 端的电压，调节 L 及 Z（负荷总阻抗），使其等于 cd 端的电压。然后通过互感线圈 L，调节 R_2、C_{1N}、R_1，使检流计 P 指示为零。此时 a 和 c 端电压相等。电压比的差值，可直接从 R_2 及 R_1 的比值得到。

此外，对电流、电压互感器的特性试验，尚需进行线圈的直流电阻测量、极性判别、温升试验、三相电压互感器的接线组别等测试，这些都和变压器试验中的有关试验方法相同，这里不再重复。

第十四章

高压断路器试验

第一节　高压断路器绝缘试验

一、绝缘电阻的测量

测量绝缘电阻是所有型式断路器的基本试验项目，对于不同型式的断路器则有不同的要求，应使用不同电压等级的兆欧表。

（一）高压多油断路器

高压多油断路器的绝缘部件有套管、绝缘拉杆、灭弧室和绝缘油等。测量目的主要是检查杆对地绝缘，故应在断路器合闸状态下进行测试。通过该项目能较灵敏地发现拉杆受潮、裂纹、表面沉积污染、弧道灼痕等贯穿性缺陷，对引出线套管的严重绝缘缺陷也能有所反映。

（二）高压少油断路器

高压少油断路器的绝缘部件有瓷套、绝缘拉杆和绝缘油等。

（1）在断路器合闸状态下，主要检查拉杆对地绝缘。对35kV以下包含有绝缘子和绝缘拐臂的绝缘。

（2）在断路器分闸状态下，主要检查各断口之间的绝缘以及内部灭弧室是否受潮或烧伤。

规程对油断路器整体绝缘电阻值未作规定，而用有机物制成的拉杆的绝缘电阻值不应低于表14-1所列数值。

表14-1　**油断路器绝缘电阻的要求**　（MΩ）

试验类别	额定电压（kV）			
	<24	24～40.5	72.5～252	363
交　接	1200	3000	6000	10000
大修后	1000	2500	5000	10000
运行中	300	1000	3000	5000

（三）其他断路器

对于真空断路器、压缩空气断路器和SF_6断路器，主要测量支持瓷套、拉杆等一次回路对地绝缘电阻，一般使用2500V的兆欧表，其值应大于5000MΩ。

（四）辅助回路和控制回路的绝缘电阻

首先应做好必要的安全措施，然后使用500V（或1000V）兆欧表进行测试，其值应大于2MΩ。对于500kV断路器，应用1000V兆欧表测量，其值应大于2MΩ。

二、介质损耗角正切值（tgδ）的测量

（一）多油断路器

主要检查油箱内部绝缘部件，如灭弧室、绝缘拉杆、绝缘围屏、绝缘油等和35kV及以上非纯瓷套管的绝缘状况。

一般先应在分闸状态下测量每只套管的tgδ，若超标或显著增大时，应落下油箱或放油，进行分解试验，找出缺陷。

对于断路器整体的tgδ是建立在套管标准基础上的，故非纯瓷套管断路器的tgδ可比同型号套管单独的tgδ增大些，其增加值见表14-2。

表14-2　非纯瓷套管断路器的tgδ增加值

额定电压（kV）	≥126	<126*
tgδ（%）值的增加数	1	2

注　带有并联电阻断路器的整体tgδ（%）可相应增加1。

*　对DW1-35（D）型断路器，其tgδ（%）值的增加数为3。

（二）少油断路器和其他断路器

它们的绝缘结构中没有电容型套管受潮的影响，虽少油断路器的瓷套中充有绝缘油，但由于断路器本身电容量很小（仅10～几十皮法），加之测试设备、电场干扰等因素影响，使测量数据的分散性较大，难以判断其规律性，不能有效地发现绝缘缺陷，因此现在整体一般不做此项试验。

但对于有并联电容器的，则应测量并联电容器的电容值和tgδ。测得的电容值与出厂值比较应无明显变化，电容值偏差在±5%范围内，10kV下的tgδ值不大于下列数值

油纸绝缘　　　　　　0.005

膜纸复合绝缘　　　　0.0025

三、泄漏电流的测量

测量泄漏电流是35kV及以上少油断路器和压缩空气断路器的重要试验项目之一，它较能灵敏地发现断路器瓷套外表危及绝缘的严重污秽；绝缘拉杆和绝缘油受潮；少油断路器灭弧室受潮、劣化和碳化物过多等缺陷；压缩空气断路器因压缩空气相对湿度增高而带进潮气，使管内壁和导气管凝露等缺陷。多油断路器解体时，其拉杆可进行该项试验。

对少油断路器和压缩空气断路器，在分闸位置按图14-1的接线方式进行加压试验，即进出线端接地，试验电压加在中间三角箱处。若泄漏电流超标时，则分别对每一部件进行分解试验，检查绝缘是否符合要求，从而确定缺陷部件，直流试验电压见表14-3。

表14-3　直流试验电压

额定电压（kV）	40.5	72.5～252	≥363
直流试验电压（kV）	20	40	60

泄漏电流一般不大于10μA，但对于252kV及以上少油断路器提升杆（含支持瓷套）的泄漏电流大于5μA时，就应引起注意。另外为使测量准确可靠，各次试验有较好的可比性和规律性，在试验中应注意以下几点：

（1）适当采用较大线径的多股绝缘软线或屏蔽线作引线，且尽量短，以减少杂散电

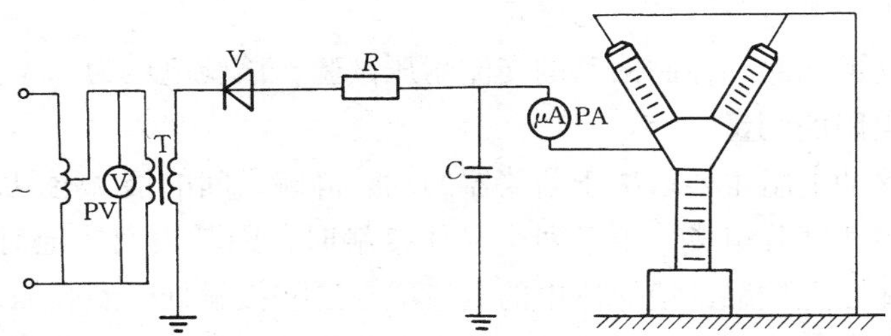

图 14-1 泄漏电流测量

流的影响；

（2）引线连接处，选用光滑无棱角的导体（如小铜球）进行连接，以减少电晕损失带来的影响；

（3）保持一定的升压速度。对稳压电容要充分放电，并使每次放电的时间大致相等，以减少因电容充电电流的不同，引起的泄漏电流读数的偏差；

（4）高压直流输出端应并联不小于0.01μF的稳压电容，否则会引起测量值偏低。

四、交流耐压试验

断路器的交流耐压试验是鉴定断路器绝缘强度最有效和最直接的试验项目。该项试验应在其他绝缘试验项目通过后进行。对过滤和新加油的断路器一般需静止3h左右，等油中气泡全部逸出后才能进行。气体断路器应在最低允许气压下进行试验，才容易发现内部绝缘缺陷。

交流耐压的试验电压一般由试验变压器或串联谐振回路产生。为使试验电压不受泄漏电流变化的影响，变压器输送的试品短路电流应不小于0.1A_{rms}。当试品放电时，使试验电压产生较大波动，可能会造成试品和试验变压器损坏，应在试验回路中串联一些阻尼元件。串联谐振回路主要由容性试品或容性负载和与之串联的电感以及中压电源组成，也可由电容器与感性试品串联而成。改变回路参数或电源频率使回路谐振，产生远大于中压电源电压的幅值加在试品上。在试品放电时，由于电源输出的电流较小，从而限制了对试品绝缘的损坏。有关串联谐振装置详见第五章第一节。

交流耐压试验应在断路器分、合闸状态下分别进行。对于12～40.5kV电压等级的和三相共箱式的断路器还应做相间耐压试验，其试验电压值与对地耐压时相同。耐压试验过程中，试品未发生闪络、击穿，耐压后不发热，认为耐压试验通过。交流耐压试验电压见表14-4。

表14-4 **交流耐压试验电压**

额定电压（kV）		12	40.5	126（123）	252（245）
试验电压（kV）	相间及对地	42（28）	95	160/180	288/316
	隔离断口	49（35）	128	180/212	332/368

注 1. 当12kV系统中性点为有效接地时，取括号中数据。
2. 分母数为根据IEC补充的较高耐压水平值。

对126kV及以上油断路器提升杆的交流耐压试验的电压值，可参照表14-4。也可进行分段加压试验，但应进行分段系数的修正。

对于断路器的辅助回路和控制回路的交流耐压试验，试验电压为2kV。

五、导电回路电阻的测量

断路器导电回路的电阻主要取决于断路器的动、静触头间的接触电阻，接触电阻又由收缩电阻和表面电阻两部分组成。由于两个导体接触时，因其表面非绝对的光滑、平坦，只能在其表面的一些点上接触，使导体中的电流线在这些接触处剧烈收缩，实际接触面积大大缩小，而使电阻增加，此原因引起的接触电阻称为收缩电阻。另由于各导体的接触面因氧化、硫化等各种原因会存在一层薄膜，该膜使接触过渡区域的电阻增大，此原因引起的接触电阻称为表面电阻（或膜电阻）。接触电阻的存在，增加了导体在通电时的损耗，使接触处的温度升高，其值的大小直接影响正常工作时的载流能力，在一定程度上影响短路电流的切断能力，也是反映安装检修质量的重要数据。

断路器导电回路电阻的测量，是在断路器处于合闸状态下进行的，其测量接线如图14-2所示。它是采用直流电压降法进行测量。常用的测量方式有电压降法（电流—电压表法）和微欧仪法。

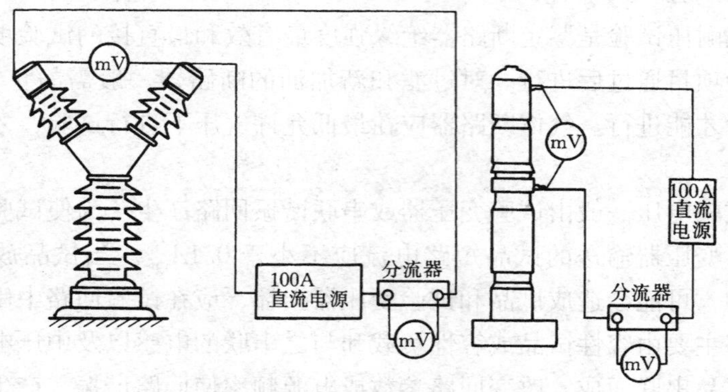

图14-2　断路器导电回路电阻的测量

1. 电压降法

在被测回路中，通以直流电流时，在回路接触电阻上将产生电压降，测出通过回路的电流值及被测回路上的电压降，根据欧姆定律计算出接触电阻。其中：①回路通入的直流电流（至少应是单相全波整流）值不小于100A；②测量应选用反映平均值（如电磁式）的仪表，测量表计等的精度不低于0.5级；③毫安表接在被测回路端内侧，在电源回路接通后再接入，并防止测量中断路器突然分闸或测量回路突然开断损坏毫伏表。

2. 微欧仪法

微欧仪的工作原理仍是直流电压降法，通常采用交流220V电压经整流后，通过开关电路转换为高频电流，最后再整流为100A的低压直流，用作测量电源。具有自动恒流，并数显测试电流值和回路电阻值。测量时，微欧仪内的标准电阻分流器（R_{di}）与被测回路电阻（R_X）呈串联关系，有 $U_X/R_X = U_{di}/R_{di} = I$，即 $R_X = (U_X/U_{di})R_{di}$，所以即使测量通入的电流值稍有偏离100A，也不影响测量结果。

使用微欧仪时，也应将电压测量线（细线）接内侧，电流引线（粗线）接外侧。

由前述可知，断路器触头的接触电阻是由表面电阻（膜电阻）和收缩电阻组成的。当使用双臂电桥进行断路器导电回路电阻的测量时，由于双臂电桥测量回路通过的是微弱的电流，难以消除电阻较大的氧化膜，测出的电阻示值偏大，但氧化膜在大电流下很容易被烧坏，不妨碍正常电流通过。又当触头因调整不当（如触头压力变化）、运行中发生变化或触头烧损严重等使有效接触面积减小时，双臂电桥的微弱电流，在其接触处不会产生收缩，即无法测出收缩电阻，而在大电流或正常工作电流通过时，就会使该接触处的电阻增加，引起触头的过度发热和加速氧化。对此，GB763—90《交流高压电器在长期工作时的发热》、DL405—91《进口220～500kV高压断路器和隔离开关技术规范》等标准均已明确规定：测试采用直流电压降法，通入的电流不得小于100A。所以电桥法和直流电压降法的测量结果是有差别的，而直流压降法更能反映断路器的实际工作状况。

第二节　高压断路器的机械试验

一般情况下，断路器的机械试验包括机械操作试验、机械特性试验、机械寿命试验和接线端子静拉力试验。在现场试验中，主要包括了机械操作与机械特性两个部分。

一、高压断路器的机械操作试验

机械操作试验是断路器处于空载（即主回路没有电压和电流）的情况下，按照规定条件进行各种操作，验证其机械性能及操作可靠性的试验。

高压断路器按其绝缘和灭弧介质的不同可分为油、真空、六氟化硫等类型，它所配用的操作机构有电磁、弹簧、气动和液压等种类。这些种类断路器本体和操作机构可以组成各种各样的断路器，它们的机械操作试验项目不完全相同。下面仅讨论操作试验项目的基本内容和要求。

对每一种配上操作机构进行分合闸操作的断路器，必须给电磁铁一个控制电压，有的还有储能所用的电源电压、储能的气体压力和液压油的压力等。由于现场实际使用中供给断路器操作机构的电源电压和储能的气压或油压，不可能稳定在额定值，而是在一定范围内变化。因此，要求断路器在电压、气压和油压变化范围内也能够正常操作。国家标准及电力行业标准对操作能源变化范围作了如下规定：

（1）储能用的电源电压为额定电压的85%～110%时应可靠储能。

（2）当操作控制电压为交流电压，数值为额定电压的85%～110%时，断路器应可靠合闸和分闸。当采用直流操作控制，操作控制电压为额定电压的80%～110%时，断路器应可靠合闸；为额定电压的65%～120%时，断路器应可靠分闸。此外，当操作控制电压在额定电压的30%以下时，断路器应不能分闸。

（3）对于气动机构，当储能的气体压力为额定压力的85%～110%时，断路器应可靠分闸和合闸。液压机构的油压变化范围应符合制造厂规定。对于进口设备，其操作能源变化范围应符合制造厂的规定。

二、高压断路器的机械特性试验

断路器的分、合闸速度，分、合闸时间，分、合闸不同期程度，以及分合闸线圈的动作电压，直接影响断路器的关合和开断性能。断路器只有保证适当的分、合闸速度，才能充分发挥其开断电流的能力，以及减小合闸过程中预击穿造成的触头电磨损及避免发生触头熔焊。对于油断路器，刚分速度的降低将使燃弧时间增加，特别是在切断短路故障时，可能使触头烧损、喷油，甚至发生爆炸。而刚合速度的降低，若合闸于短路故障时，由于阻碍触头关合电动力的作用，将引起触头振动或使其处于停滞状态，同样容易引起爆炸，特别是在自动重合闸不成功情况下更是如此。反之，速度过高，将使运动机构受到过度的机械应力，造成个别部件损坏或使用寿命缩短。同时，由于强烈的机械冲击和振动，还将使触头弹跳时间加长。真空和 SF_6 断路器的情况相似。

断路器分、合闸严重不同期，将造成线路或变压器的非全相接入或切断，从而可能出现危害绝缘的过电压。

断路器机械特性的某些方面是用触头动作时间和运动速度作为特征参数来表示的，在机械特性试验中一般最主要的是刚分速度、刚合速度、最大分闸速度、分闸时间、合闸时间、合—分时间、分—合时间以及分、合闸同期性等。

（一）部分时间参量的定义

1. 分闸时间

是指从断路器分闸操作起始瞬间（接到分闸指令瞬间）起到所有极的触头分离瞬间为止的时间间隔。

2. 合闸时间

是指处于分位置的断路器，从合闸回路通电起到所有极触头都接触瞬间为止的时间间隔。

3. 分—合时间

是断路器在自动重合闸时，从所有极触头分离瞬间起至首先接触极接触瞬间为止的时间间隔。

4. 合—分时间

是断路器在不成功重合闸的合分过程中或单独合分操作时，从首先接触极的触头接触瞬间起到随后的分操作时所有极触头均分离瞬间为止的时间间隔。

5. 分闸与合闸操作同期性

是指断路器在分闸和合闸操作时，三相分断和接触瞬间的时间差，以及同相各灭弧单元触头分断和接触瞬间的时间差，前者称为相间同期性，后者称为同相各断口间同期性。

（二）测量项目

在断路器的现场试验中，一般应进行以下时间项目的测量：

（1）分闸时间；

（2）合闸时间；

（3）分、合闸同期性。

对于具有重合闸操作的断路器，还需测量分—合时间和合—分时间。

（三）测量断路器时间参量的方法

1. 用电秒表测量时间

电秒表具有测量简单、使用方便等优点。但是，电秒表难以准确测量相间或断口间不同期性，所以已逐渐被取代。

2. 光线示波器测量时间

使用光线示波器可以测量断路器分、合闸时间，同期差及分、合闸电磁铁的动作情况。这种方法具有测量准确、直观，且能同时测量多个时间参量等优点。

（1）测量基本原理。接线原理如图 14-3 所示，光线示波器的测试回路由电源 E、开关 S、可调电阻 R、光线示波器振子 g 回路串联组成。

（2）单相单断口断路器的时间测量，其测量接线如图 14-4 所示。

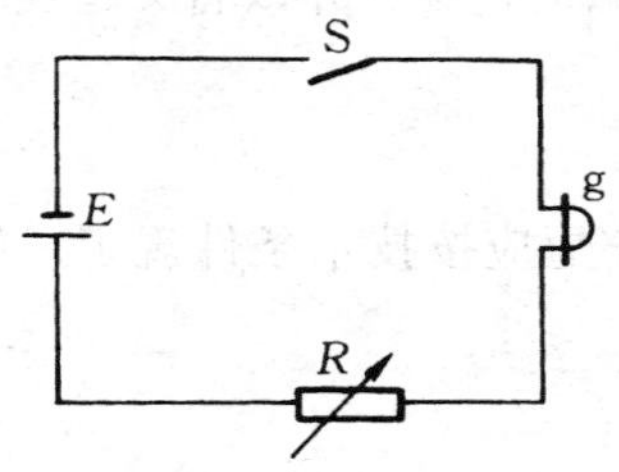

图 14-3 光线示波器振子回路接线原理图

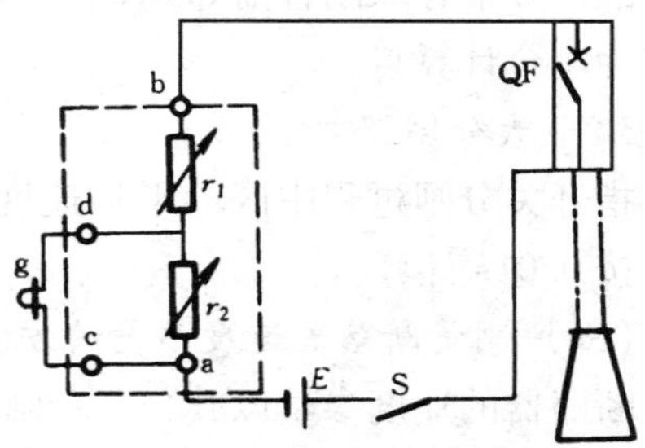

图 14-4 用光线示波器进行断口测量接线原理图

测量前，事先将电阻箱中的电阻 r_1、r_2 调节到适当值，当电路接通时，电路中的电流值应在示波器振子允许的范围之内。

（3）电流信号。在断路器的机械试验中，通常将分闸和合闸电磁铁在操作断路器分、合闸时的电流波形，称为电流信号。它是断路器接受分闸和合闸操作指令的标志，这个标志是断路器时间测量中不可缺少的信号，其测量原理接线如图 14-5 所示。

（4）断路器的三相时间测量。一台断路器一般由三相组成，所以在机械试验中必须测量三相的时间参数。图 14-6 示出了用光线示波器进行三相时间测量的接线图。

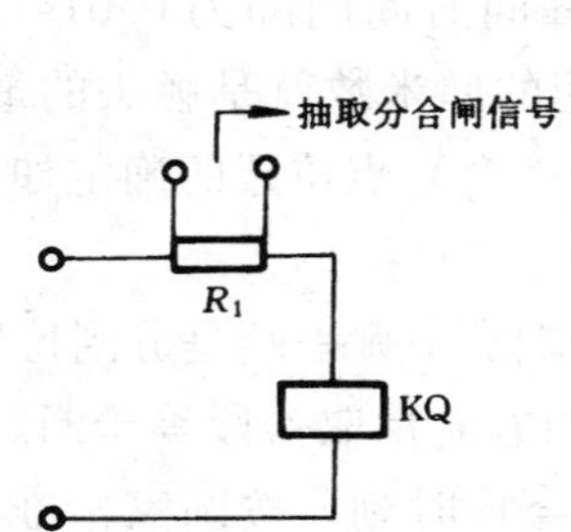

图 14-5 抽取分、合闸线圈电流信号原理图

XQ—线圈

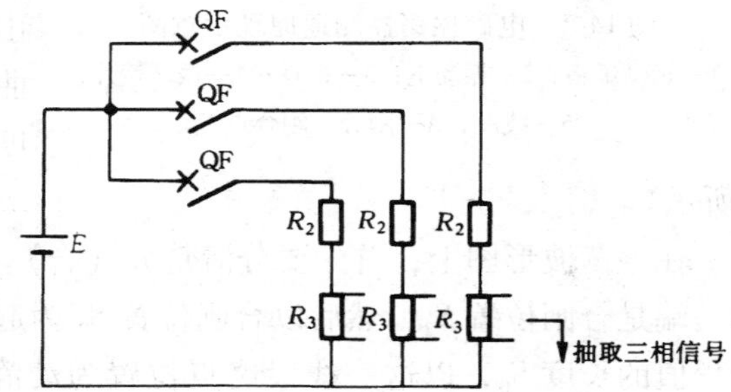

图 14-6 用光线示波器进行三相时间测量接线图

由于光线示波器时标范围宽、精度高，且能直观反映出断路器在动作过程中有关参量的变化情况，因此，过去一直是测量断路器机械特性的主要方法。随着电子技术的发展，出现

了应用计算机技术测量断路器机械动作各参数的仪器，已逐步取代了光线示波器的使用。

（四）速度参量的定义

1. 触头刚分速度

指开关分闸过程中，动触头与静触头分离瞬间的运动速度。技术条件无规定时，国家标准推荐取刚分后 0.01s 内平均速度作为刚分点的瞬时速度，并以名义超程的计算点作为刚分计算点。

2. 触头刚合速度

指开关在合闸过程中，动触头与静触头接触瞬间的运动速度。技术条件无规定时，国家标准一般推荐取刚合前 0.01s 内平均速度作为刚合点的瞬时速度，并以名义超程的计算点作为刚合计算点。

3. 最大分闸速度

指开关分闸过程中区段平均速度的最大值，但区段长短应按技术条件规定，如无规定，按 0.01s 计算。

（五）测量断路器速度参量的方法

断路器的速度参量以其分、合闸速度来表示。由于断路器在运动过程中每一时刻的速度是不同的，一般所关心的是刚分、刚合速度和最大速度。根据以上定义要求，下面介绍几种测量断路器运动特性的方法。

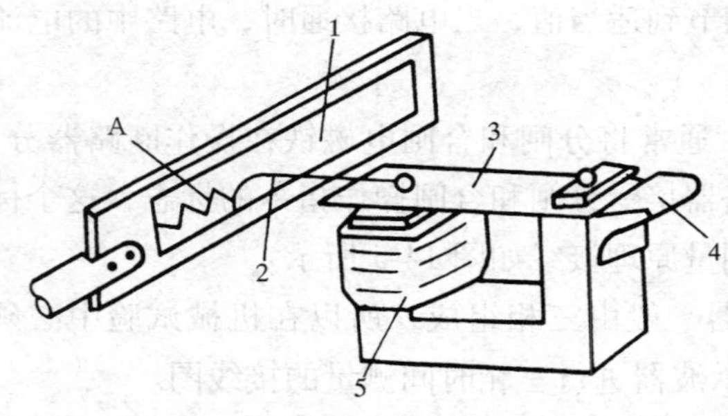

图 14-7 电磁振荡器测速原理示意图
1—运动纸板；2—振动笔；3—衔铁；4—振动簧片；5—线圈；A—刚分、刚合点

1. 电磁振荡器测速法

电磁振荡器测速原理如图 14-7 所示。

运动纸板通过测速杆与动触头连接。当振荡电磁铁线圈中通入 50Hz 交流电时，振动笔以 100 次/s 的频率振动，在运动的纸板上绘出周期为 0.01s 的振荡波形。纸板上波形长度就是触头总行程，行程间对应的周波数，就是触头总运动时间。在触头运动过程中，由于每相邻波峰间时间间隔为 0.01s，振动曲线最大波峰间的厘米数就是触头的最大速度值 v_{max}。刚分（合）点位置的确定如图 14-8 所示。

在振荡波形图上，首先要分清楚分（合）闸曲线的两个端头中哪一端是分闸位置 S_1，哪一端是合闸位置 S_2，然后以合闸位置 S_2 为起始点，向分闸方向量取一段等于断路器超行程值的长度 S_0，以这一线段终点位置为动静触头刚分（合）时刻。按国家标准规定，取触头分离后（接触前）10ms 内的速度为刚分（合）速度，所以视超行程终点落在曲线的什么相位，再取同相位的一个波长，即为所求刚分速度 v_F 或刚合速度 v_H。

2. 转鼓式、电位器式测速仪

转鼓式测速仪是以连接在动触头系统上的记录笔，沿以恒定角速度转动的转筒上所画的曲线来反映其运动情况的。而电位器式测速仪则是以其滑动触点在电阻杆上的不同位置

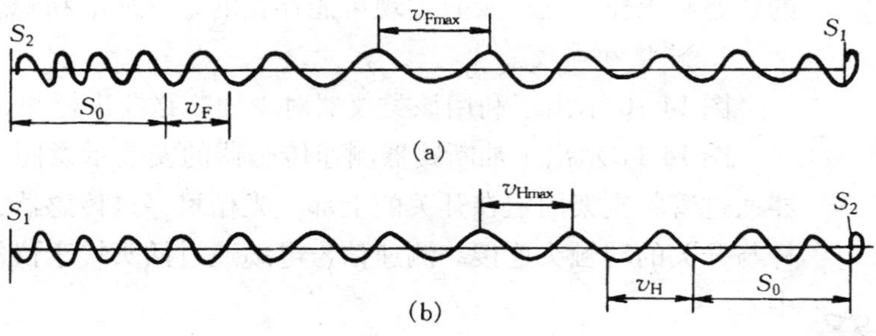

图 14-8　振荡器测速波形图

（a）分闸速度曲线；（b）合闸速度曲线

所反映的电压值来测量断路器的动作状况。这两种测量方法能直观判断断路器触头在整个运动过程中有无卡涩和缓冲不良等异常现象，能够粗略测出断路器的固有分、合闸时间，速度测量精度较高。这两种方法较为简单，缺点是较为笨重，功能单一，已很少使用。

（六）高压开关综合测试仪

随着计算机技术的广泛应用，出现了高压开关综合测试仪。它能够在测试过程中，将开关的时间、速度等多项特性参数同时进行测量，提高了工作效率，这是开关测试的方向。

1. 光电测速原理

由于光电测速方式结构简单、可靠，大多数开关测试仪都采用光电传感器进行开关的测速。光电测试是利用对检测到的光信号进行计数（或计时）来实现对触头行程和速度的测量的。图 14-9 中示出了光电测速结构示意图。

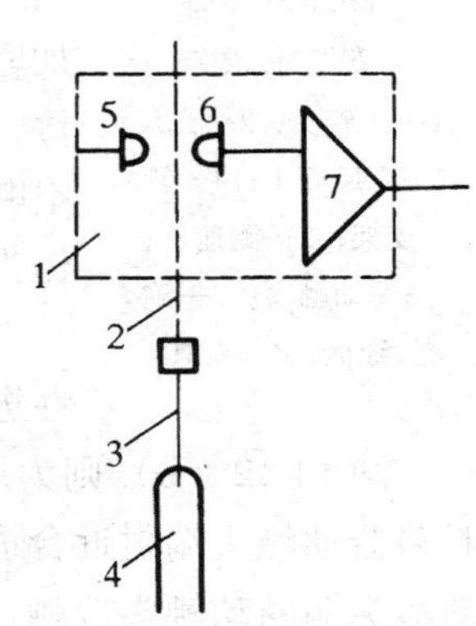

图 14-9　光电测速结构示意图

1—传感头；2—光栅尺；3—测速杆；4—动触头；5—发光管；6—光敏接收管；7—整形电路

图 14-9 中，开有光孔的光栅尺通过测速杆与开关动触头连接。动触头运动时，带动光栅尺上下运动。发光管 5 发出的光线可通过光栅尺上的光孔照射到光敏接收管 6 上，或被光栅尺不透光部分遮挡。被检测到的光信号，经整形电路 7 转换成相应的方波信号，送入测试仪进行计算处理。

下面，以国产的某开关测试仪为例，来说明这类仪器的使用。该仪器除能给出测试数据外，还能给出详细的波形图，并将开关行程曲线和断口波形绘制在同一张图上，从而可较直观地了解各量的情况和彼此间的相互关系，帮助分析开关

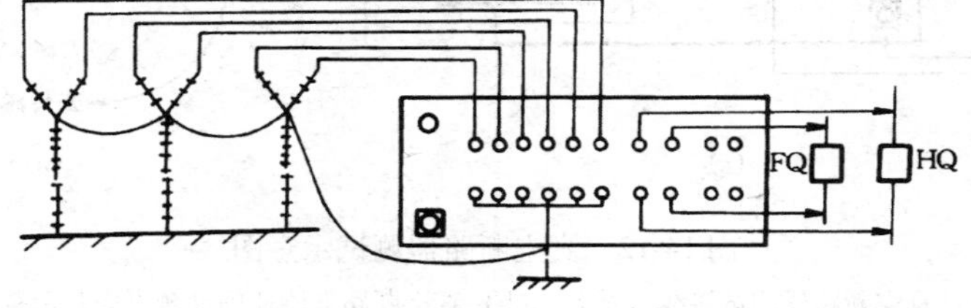

图 14-10　少油断路器测试接线示意图

FQ—分闸线圈；HQ—合闸线圈

的状态和工作情况，及时发现可能存在的某些缺陷和隐患。

2. 连接和接线

图 14-10 示出了利用该类仪器对少油断路器进行测试的接线图。

图 14-11 示出了油断路器测速传感器的安装示意图，其测速传感器通过管状支架固定在开关的上部。光栅尺穿过传感器，并通过测速杆与开关的动触头连接。测速信号电缆通过插头接于仪器背面的插孔中。

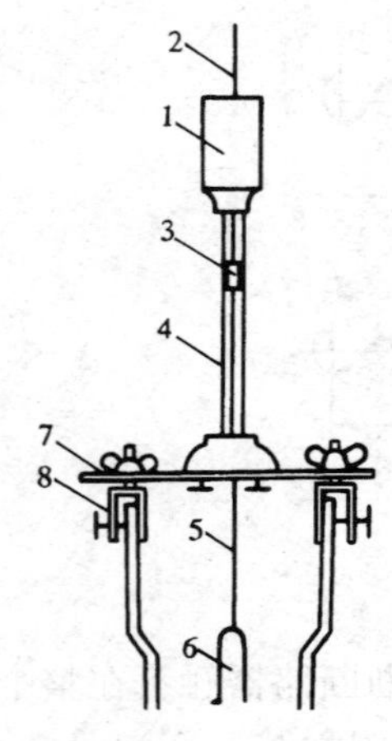

图 14-11　少油断路器测速传感器安装示意图
1—传感头；2—光尺；3—光尺接头；4—管状支架；5—测速杆；6—动触头；7—绝缘板；8—夹具

接线完成后，仪器即进入准备状态，断路器一旦操作，仪器自动判断该次操作是分、合、合分或分合操作，并对有关参数进行测试。按显示或打印按钮，即可进行数据显示或打印输出。

3. 真空断路器的测试

真空断路器的时间特性的测试方法与其他断路器相同。对于真空断路器，应注意其合闸弹跳时间不大于 2ms。合闸弹跳时间过长，将加剧触头的烧损，甚至导致动静触头间的熔焊。真空断路器的速度是按一定行程的平均值进行测试，通常采用一特制的辅助触点安装在真空断路器的动触头端，利用其与真空断路器的动触头的接触或分离来作为计时的起点或终点。

图 14-12（a）示出了用该类断路器测试仪对真空断路器机械特性进行测试的原理接线图。图中的箭头表示测速的辅助触点。

图 14-12（b）则为用于安装辅助触点的夹具的结构示意图。夹具 1 用于将其固定在断路器动触头端附近合适的位置，当需要测合闸特性的时候，应让辅助触点刚好与断路器动触头侧的动触头接触。这样测得的合闸平均速度即为该断路器全部合闸行程的平均速度。当需要测分闸特性的时候，断路器处于合闸位置则应使辅助触点放在离动触头运动方向上 6mm 处。这样测得的分闸平均速度，即为刚分 6mm 内的平均速度。

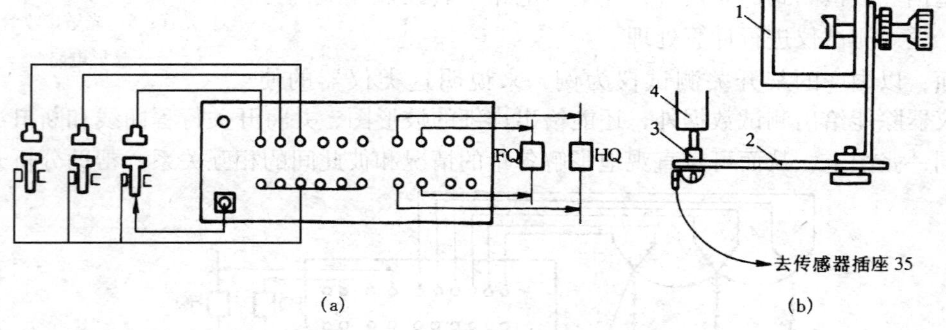

图 14-12　真空断路器测试示意图
（a）真空断路器测试接线示意图；（b）真空断路器测速辅助触点安装示意图
FQ—分闸线圈；HQ—合闸线圈
1—夹具；2—绝缘薄板；3—辅助触头；4—断路器动触头

4. SF_6 断路器的测试

由于 SF_6 断路器灭弧室不能打开，不能直接对动触头进行测试，通常是对 SF_6 断路器机构的可动部分进行测速。当对 SF_6 断路器测速时，可根据断路器的具体结构，将传感头

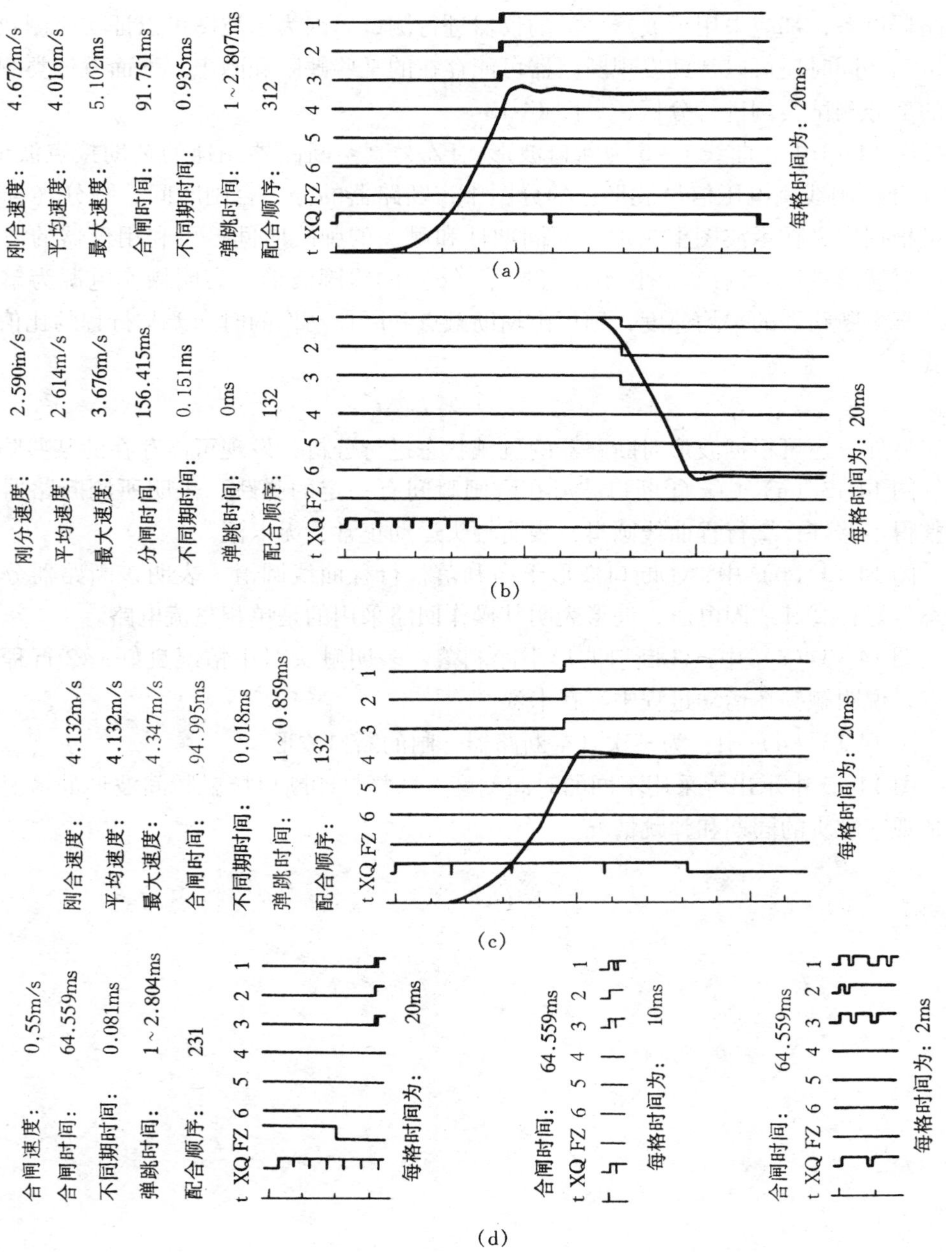

图 14-13　测试实例

（a）某断路器合闸记录；（b）某断路器分闸记录；（c）某断路器合闸记录；
（d）某真空断路器合闸记录

固定在适当位置，并将光栅尺通过某种方式与断路器的运动部分连接，即可实现测速，其测速结果应满足该断路器的技术条件的要求。

5. 断路器测试示波图分析

根据国家电力公司《高压开关设备反事故技术措施》的规定，对于220kV及以上的断路器设备，都应采用示波器一类的仪器进行测试。因为示波图可以证实所测数据是否真实可靠，同时还可以帮助发现断路器可能存在的某些缺陷和隐患。下面就该类测试仪所得到的部分测试实例进行分析，见图14-13。

图14-13中，曲线1～6为断口波形，FZ为真空断路器测速的辅助接点波形，XQ为分（合）闸线圈电压信号波形。各分图中，断路器的分、合闸时间、刚分（合）闸速度均可根据定义在示波图上求取。而同期性和触头的弹跳时间，可利用仪器的波形扩展功能，对波形扩展后读出。图14-13（b）、（d）的线圈波形，表明操作电源为单相整流电源。真空断路器的平均速度，则可由辅助触点和断口动作的时间差与行程的比值求得，其公式为

$$v = L/\Delta t$$

另外，还可根据波形对断路器的机械状态进行分析，发现可能存在的某些陷患。

图14-13（a）中：①断口波形在合闸瞬间有一定的弹跳，表明所测断路器触头对中调整得不够好；②行程曲线圆滑，表明触头运动正常，无卡涩。

图14-13（b）中：①断口波形干净利落，行程曲线圆滑，表明该断路器分闸的机械状态良好；②其线圈电压，波形表明其操作回路采用的是单相整流电路。

图14-13（c）中：①断口波形干净利落，表明触头对中情况良好；②行程曲线存在拐点，说明触头在运动过程中存在卡涩。

图14-13（d）中：为某次真空断路器合闸的断口波形。

图14-13中示出了采用不同的时间刻度，选择打印断口接触瞬间波形的情况，从而可清楚观察触头的同期和弹跳情况。

第十五章

GIS 试 验

GIS（gas-insulated metal-enclosed switchgear）系指气体绝缘金属封闭开关设备（组合电器），它是由断路器、隔离开关、接地开关、避雷器、电压互感器、电流互感器、套管和母线等元件直接联结在一起，并全部封闭在接地的金属外壳内，壳内充以一定压力的 SF_6 气体作为绝缘和灭弧介质。通常 110kV 及以下电压等级采用全三相封闭式，220kV 级常对断路器以外的其他元件采用三相封闭式；330kV 及以上等级一般采用单相封闭式结构，有时对母线采用三相封闭式结构。GIS 具有结构紧凑、占地面积和空间占有体积小、运行安全可靠、安装工作量小、检修周期长等优点。GIS 试验包括元件试验、主回路电阻测量、SF_6 气体微水含量和检漏试验以及交流耐压试验等。其中，SF_6 气体微水含量和检漏试验基本原理与敞开式 SF_6 断路器一致。

第一节 主回路电阻测量

GIS 各元件安装完成后，一般在抽真空充 SF_6 气体之前进行主回路电阻测量。测量主回路的电阻，可以检查主回路中的联结和触头接触情况，应采用直流压降法测量，测试电流不小于 100A。若 GIS 有进出线套管，可利用进出线套管注入测量电流进行测量。若 GIS 接地开关导电杆与外壳绝缘，引到金属外壳的外部以后再接地，测量时可将活动接地片打开，利用回路上的两组接地开关导电杆关合到测量回路上进行测量；若接地开关导电杆与外壳不能绝缘分隔时，可先测量导体与外壳的并联电阻 R_0 和外壳的直流电阻 R_1，然后按式（15-1）换算回路电阻 R

$$R = \frac{R_0 R_1}{R_1 - R_0} \tag{15-1}$$

基于直流压降法时，可采用直流电源、分流器和毫伏表测量回路电阻，也可采用回路电阻测试仪来进行测量。二者基本原理一致，测量时应注意接线方式带来的误差，电压测量线应在电流输出线的内侧，且电压测量线应接在被测回路正确的位置，否则将产生较大的测量误差，接线方式如图 15-1 所示。

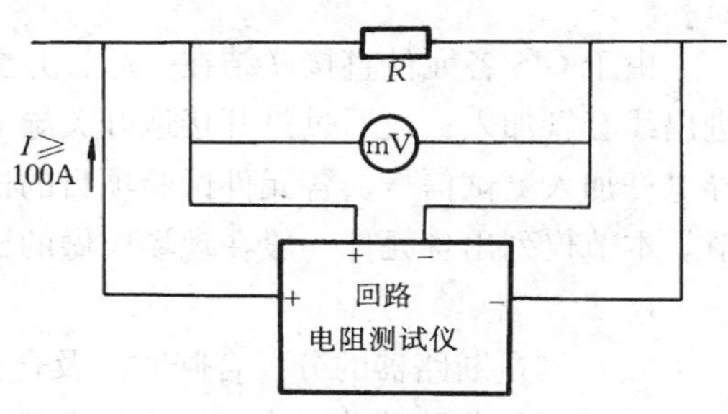

图 15-1　主回路电阻测量的接线图

在 GIS 母线较长间隔较多，并且有多路进出线的情况下，应尽可能分段测量，以便有效地找到缺陷的部位。现场测量的数据应与出厂试验数据比较，当被测回路各相长度相同时，测得的各相数据应相同或接近。例如，测量图15-2所示GIS的主回路电阻时，可以首先测量A1-A2之间的电阻，若三相测量数据与出厂数据差别较大或三相数据差别较大，应对测量回路分段，以找到有安装缺陷的部件。如从B、C两点通电测量，可以判断断路器QF1的接触情况；从D、E两点通电测量回路电阻，可以准确判断断路器QF2的接触情况。

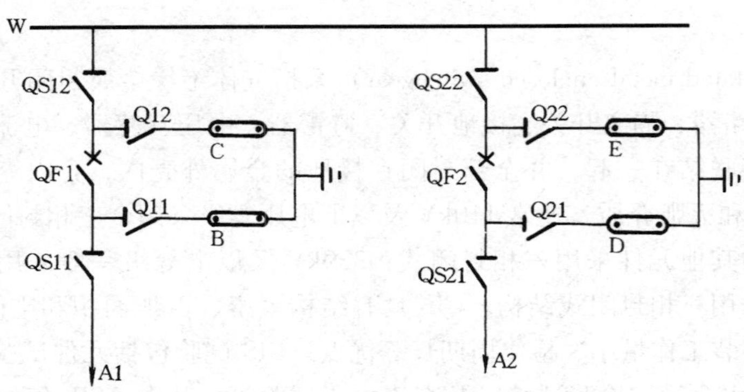

图15-2　某GIS的主接线

第二节　GIS元件试验及连锁试验

一、GIS元件试验

GIS各元件试验应按GB50150—91《电气装置安装工程电气设备交接试验标准》或DL/T 596—1996《电力设备预防性试验规程》进行。在条件具备的情况下，应尽可能对GIS各元件包括断路器、隔离开关、接地开关、电压互感器、电流互感器和避雷器多做一些项目的试验，以便更好地发现缺陷。试验前，应了解试品的出厂试验情况、运输条件及安装过程中是否出现过异常情况，以便确定试验的重点，决定是否需要增加某些试验项目。

由于GIS各元件直接联结在一起，并全部封闭在接地的金属外壳内，测试信号可通过进出线套管加入；或通过打开接地开关导电杆与金属外壳之间的活动接地片，从接地开关导电杆加入测试信号。各元件试验项目的试验原理与敞开式设备一致，可参阅本书有关章节。本节仅列出各元件一般在现场应做的试验项目。

1. 断路器

(1) 测量断路器的分、合闸时间及合分时间，必要时测量断路器的分、合闸速度；

(2) 测量断路器分、合闸同期性及配合时间；

(3) 测量断路器合闸电阻的投入时间；

(4) 测量断路器分合闸线圈的绝缘电阻及直流电阻；

(5) 进行断路器操作机构的试验；

(6) 检查断路器操作机构的闭锁性能；

(7) 检查断路器操作机构的防跳及防止非全相合闸辅助控制装置的动作性能；

（8）断路器辅助和控制回路绝缘电阻及工频耐压试验。

2. 隔离开关和接地开关

（1）检查操作机构分、合闸线圈的最低动作电压；

（2）操作机构的试验；

（3）测量分、合闸时间；

（4）测量辅助回路和控制回路绝缘电阻及工频耐压试验。

3. 电压互感器和电流互感器

（1）极性检查；

（2）变比测试；

（3）二次绕组间及其对外壳的绝缘电阻及工频耐压试验。

4. 金属氧化物避雷器

（1）测量绝缘电阻；

（2）测量工频参考电压或直流参考电压；

（3）测量运行电压下的阻性电流和全电流；

（4）检查放电记数器动作情况。

二、连锁试验

GIS 的元件试验完成后，还应检查所有管路接头的密封，螺钉、端部的连接，以及接线和装配是否符合制造厂的图纸和说明书。应全面验证电气的、气动的、液压的和其他连锁的功能特性，并验证控制、测量和调整设备（包括热的、光的）动作性能。GIS 的不同元件之间设置的各种连锁应进行不少于 3 次的试验，以检验其功能是否正确。现场应验证以下连锁功能特性：

（1）接地开关与有关隔离开关的相互连锁；

（2）接地开关与有关电压互感器相互连锁；

（3）隔离开关与有关断路器的相互连锁；

（4）隔离开关与有关隔离开关相互连锁；

（5）双母线接线中的隔离开关倒母线操作连锁。

第三节 GIS 现场交流耐压试验

一、现场耐压试验的必要性和有效性

GIS 在工厂整体组装完成以后进行调整试验，在试验合格后，以运输单元的方式运往现场安装工地。运输过程中的机械振动、撞击等可能导致 GIS 元件或组装件内部紧固件松动或相对位移。安装过程中，在联结、密封等工艺处理方面可能失误，导致电极表面刮伤或安装错位引起电极表面缺陷；空气中悬浮的尘埃、导电微粒杂质和毛刺等在安装现场又难以彻底清理；国内外还曾出现将安装工具遗忘在 GIS 内的情况。这些缺陷如未在投运前检查出来，将引发绝缘事故。由于试验设备和条件所限，早期的 GIS 产品多数未进行严格的现场耐压试验。事故统计表明，虽然不能保证经过现场耐压试验的 GIS 不会在运行中发生绝缘事故，但是没有进行现场耐压试验的 GIS 却大都发生了事故，因此国内外近年来已取得共识，GIS 必须进行现场耐压试验。

GIS 的现场耐压可采用交流电压、振荡操作冲击电压和振荡雷电冲击电压等试验装置进行。交流耐压试验是 GIS 现场耐压试验最常见的方法，它能够有效地检查内部导电微粒的存在、绝缘子表面污染、电场严重畸变等故障；雷电冲击耐压试验对检查异常的电场结构（如电极损坏）非常有效。由于 GIS 导电部分对外壳的等值电容较大，现场一般采用振荡雷电冲击电压试验装置进行；操作冲击电压试验能够有效地检查 GIS 内部存在的绝缘污染、异常电场结构等故障，现场一般也采用振荡型试验装置。目前，由于试验设备和条件所限，现场一般只做交流耐压试验，因此，本节主要介绍 GIS 的现场交流耐压试验。

二、现场交流耐压试验设备

目前，GIS 的现场交流耐压试验一般采用三种试验设备，即工频试验变压器、调感式串联谐振耐压试验装置和调频式串联谐振耐压试验装置。工频试验变压器由于其设备庞大笨重，现场运输困难，一般仅适宜于在现场进行 110kV 电压等级的 GIS，且试验过程中若被试品发生闪络或击穿，短路电流极易烧伤被试品。自从有了串联谐振耐压试验装置以后，现场已很少再使用工频试验变压器作耐压设备。调感式串联谐振耐压试验装置采用铁芯气隙可调节的高压电抗器，其缺点是噪音大、机械结构复杂、设备笨重、运输困难，但试验电压频率一般为工频。调频式串联谐振耐压试验装置采用固定的高压电抗器，试验回路由可控硅变频电源装置供电，频率在一定范围内调节，其特点是尺寸小、质量轻、品质因数高，可带电磁式电压互感器同时试验，无“试验死区”，但试验电压频率非工频，且由于变频电源装置内电子元器件很多，其可靠性稍差。随着电子技术的进步，其可靠性已大大提高。IEC517 和 GB7674 均认为试验电压频率在 10～300Hz 范围内与工频电压试验基本等效。目前国内外大多采用调频式串联谐振耐压试验装置进行 GIS 现场交流耐压试验。

1. 串联谐振耐压试验装置的原理

图 15-3 所示为串联谐振试验回路的原理图，试品上电压 $\dot{U}_C$ 和电源电压 $\dot{U}_e$ 的关系为

$$\dot{U}_C = -\frac{jX_C\dot{U}_e}{R + j(X_L - X_C)} \tag{15-2}$$

当调节电源频率或电抗器电感使回路达到谐振条件，即 $X_L = X_C$ 时

$$\dot{U}_C = -j\frac{X_C}{R}\dot{U}_e = -jQ\dot{U}_e \tag{15-3}$$

$$Q = \frac{X_C}{R} = \frac{X_L}{R} \tag{15-4}$$

式中　Q——谐振回路的品质因数。

装置的质量轻，品质因数 Q 较高，可达 50 以上，所需电源容量仅为工频试验变压器的 $1/Q$。被试品闪络击穿时，回路的电流仅为试品击穿前回路电流的 $1/Q$，对被试品的破坏小，同时输出电压波形好。

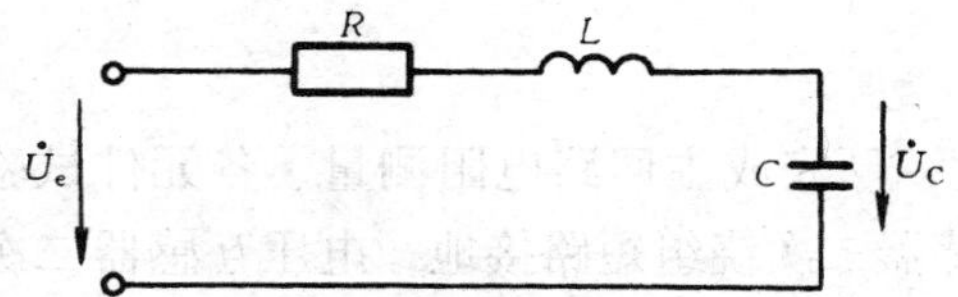

图 15-3 串联谐振试验回路的原理图

C—被试品电容；L—高压电抗器的电感；R—回路中等值电阻；$\dot{U}_e$—电源电压；$\dot{U}_C$—试品上电压

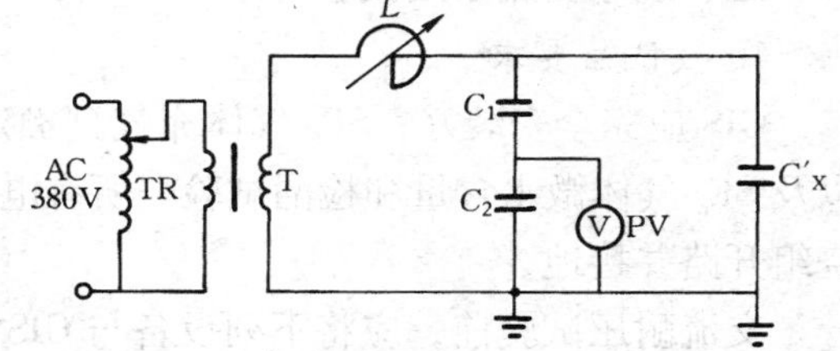

图 15-4 调感式串联谐振耐压试验装置结构原理图

TR—调压器；T—输出变压器；L—可调电抗；C_1、C_2—分压器；C'_X—被试品

2. 串联谐振耐压试验装置的结构原理

（1）调感式串联谐振耐压试验装置。

调感式串联谐振耐压试验装置结构原理如图 15-4 所示。图中，C_X 是被试品 GIS 的等值电容 C'_X 和分压器的等值电容 C 之和，L 是电抗器的电感量。当调节电抗器使

$$\omega L = \frac{1}{\omega C_X} \tag{15-5}$$

时，电抗上的压降在数值上等于电容上的压降，即

$$U_L = U_{C_X} = U \tag{15-6}$$

试验回路电流为

$$I_X = U\omega C_X = \frac{U}{\omega L} \tag{15-7}$$

输出变压器 T 供给的电压大小由回路品质因数 Q 值确定，其值为

$$U_T = \frac{U_{C_X}}{Q} \tag{15-8}$$

（2）调频式串联谐振耐压试验装置。调频式串联谐振耐压试验装置结构原理如图15-5所示，当调节变频柜输出电压频率达到谐振条件，即

$$f = \frac{1}{2\pi\sqrt{LC}} \tag{15-9}$$

时，各参数同样满足式（15-5）~式（15-8）。

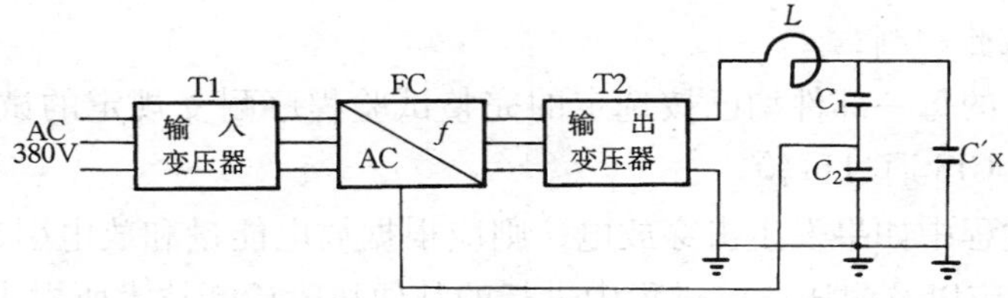

图 15-5 调频式串联谐振耐压试验装置结构原理图

T1—输入变压器；FC—变频电源柜；T2—输出变压器；L—固定高压电抗器；C_1、C_2—分压器；C'_X—被试品

三、现场交流耐压试验程序

1. 被试品要求

GIS 应完全安装好，SF_6 气体充气到额定密度，已完成主回路电阻测量、各元件试验以及 SF_6 气体微水含量和检漏试验。所有电流互感器二次绕组短路接地，电压互感器二次绕组开路并接地。

交流耐压试验前，应将下列设备与 GIS 隔离开来：

（1）高压电缆和架空线；

（2）电力变压器和大多数电磁式电压互感器（若采用调频式串联谐振耐压试验装置，试验回路经频率计算不会引起磁饱和，且耐压标准一样，也可以与主回路一起做耐压）；

（3）避雷器和保护火花间隙。

GIS 的每一新安装部分都应进行耐压试验，同时，对扩建部分进行耐压时，相邻设备原有部分应断电并接地。否则，对于突然击穿给原有部分设备带来的不良影响应采取特殊措施。

2. 试验电压的加压方法

试验电压应施加到每相导体和外壳之间，每次一相，其他非试相的导体应与接地的外壳相连，试验电压一般由进出线套管加进去，试验过程中应使 GIS 每个部件都至少施加一次试验电压。同时，为避免在同一部位多次承受电压而导致绝缘老化，试验电压应尽可能分别由几个部位施加。现场一般仅做相对地交流耐压，如果断路器和隔离开关的断口在运输、安装过程中受到损坏，或已经过解体，应做断口交流耐压，耐压值与相对地交流耐压值可取同一数值。若 GIS 整体电容量较大，耐压试验可分段进行。

3. 交流耐压试验程序

GIS 现场交流耐压试验的第一阶段是“老练净化”，其目的是清除 GIS 内部可能存在的导电微粒或非导电微粒。这些微粒可能是由于安装时带入而清理不净，或是多次操作后产生的金属碎屑，或是紧固件的切削碎屑和电极表面的毛刺而形成的。“老练净化”可使可能存在的导电微粒移动到低电场区或微粒陷阱中和烧蚀电极表面的毛刺，使其不再对绝缘起危害作用。“老练净化”电压值应低于耐压值，时间可取数分钟到数十分钟。

第二阶段是耐压试验，即在“老练净化”过程结束后进行耐压试验，时间为 1min。

试验程序可选用如图 15-6 所示三种，现场的具体实施方案应与制造厂和用户商议。图 15-6 中，（a）、（b）、（c）为三种不同的加压程序图。

4. 现场耐压试验的判据

（1）如果 GIS 的每一部件均已按选定的完整试验程序耐受规定的试验电压而无击穿放电，则认为整个 GIS 通过试验。

（2）在试验过程中如果发生击穿放电，则应根据放电能量和放电引起的各种声、光、电、化学等各种效应以及耐压试验过程中进行的其他故障诊断技术所提供的资料进行综合判断。遇有放电情况，可采取下述步骤：

1）施加规定的电压，进行重复试验，如果设备或气隔还能经受，则该放电是自恢复放电。如果重复试验电压达到规定值和规定时间时，则认为耐压试验通过。如果重复试验

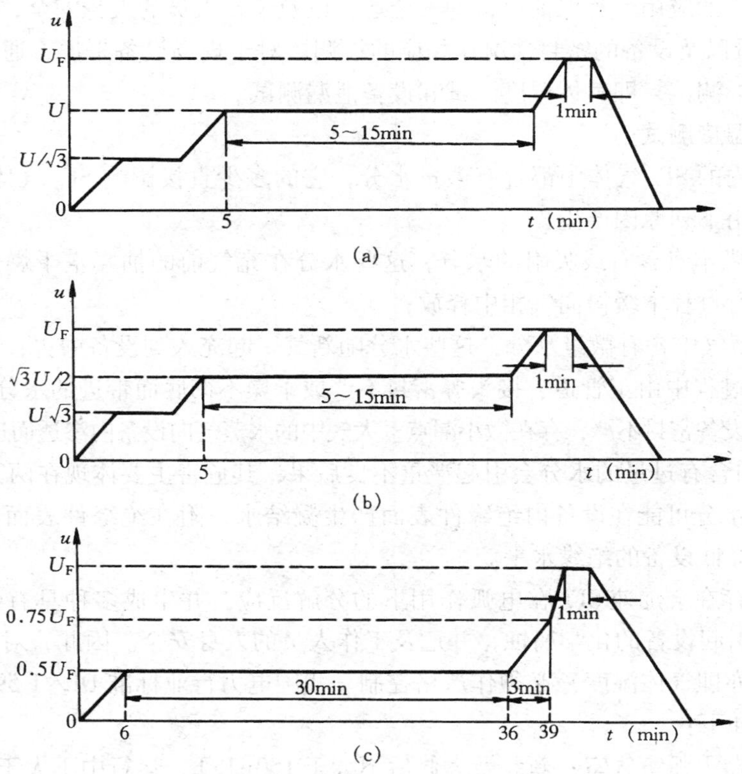

图 15-6　交流耐压试验程序图

U_F—现场交流耐压试验电压值；U—系统额定运行交流电压

再次失败按 2）项进行。

2）设备解体，打开放电气隔，仔细检查绝缘情况。在采取必要的恢复措施后，再一次进行规定的耐压试验。

5. GIS 耐压试验击穿故障的定位方法

若 GIS 分段后进行耐压试验的进出线和间隔较多，而试验过程中发生非自恢复放电或击穿，仅靠人耳的监听以判断故障发生的确切部位将比较困难，且容易发生误判而浪费人力、物力和对设备造成不必要的损害。目前国内外一般采用基于监测耐压试验过程中放电产生的冲击波而引起外壳振动的振动波的原理研制的故障定位器，以确定放电间隔。每次耐压试验前，将探头分别安装在被试部分，特别是断路器、隔离开关、母线与各间隔的连接部位绝缘子附近的外壳上。若有的间隔由于探头数量有限未安装，但有放电或击穿发生而监测装置未预报，则应根据监听放电的情况，降压断电后移动探头，重新升压直到找到放电或击穿部位。

第四节　SF_6 气体检测

作为优良的绝缘和灭弧介质，六氟化硫（SF_6）气体在 GIS 设备和分离式设备的断路器中得到了广泛的应用。为保证设备的安全运行以及工作人员的人身安全，按规定必须对 SF_6 气体的质量以及设备的密封情况作相应的检测。对于现场设备来说，通常必须进行两项与气体有关的测试，即气体湿度测试和设备泄漏测试。

一、气体湿度测试

通常设备内的 SF_6 气体中都含有微量水分，它的多少直接影响 SF_6 气体的使用性能。设备中的水分由下列原因产生：

（1）设备内本身含有或吸附的水分，这些水分在充气前的抽真空干燥过程中不能完全排除，在运行过程中缓慢向气相中释放；

（2）SF_6 新气中含有微量水分，这些水分随新气一起充入到设备中去；

（3）充气过程中由于管道、接头等密封不严或干燥不彻底而带进的水分；

（4）由于设备密封不严，存在微小漏点，大气中的水蒸气向设备内渗透而进入的水分。

SF_6 气体中含有过量的水分会引起严重不良后果，其危害主要体现在两方面：

（1）大量水分可能在设备内绝缘件表面产生凝结水，附在绝缘件表面，从而造成沿面闪络，大大降低设备的绝缘水平。

（2）水分存在会加速 SF_6 在电弧作用下的分解反应，并生成多种具有强烈腐蚀性和毒性的杂质，引起设备的化学腐蚀，并危及工作人员的人身安全。因此，对于 SF_6 气体中的水分含量（亦即气体湿度）必须作严格控制。我国电力行业标准 DL/T 596—1996 中对气体湿度规定如下：

（1）断路器灭弧室气室：新装及大修后不大于 150μL/L，运行中不大于 300μL/L；

（2）其他气室：新装及大修后不大于 250μL/L，运行中不大于 500μL/L。

（一）气体湿度的计量单位及其换算

气体的湿度通常可用几种单位表示：露点、体积比单位、质量比单位、相对湿度和绝对湿度，以下对这些单位及相互之间的换算关系作一简单介绍。

需要说明的是，在以下的计算式中用到了理想气体状态方程，严格说来，SF_6 气体和水蒸气都不是理想气体，但仅仅对于 SF_6 气体的湿度测试来说，这样近似处理所引起的误差是完全可以接受的。

1. 露点

气体的露点温度是指在给定的压力下，该湿气（即干气和水蒸气组成的混合物）为水面所饱和时的温度。从直观上来看，亦即湿气结露时的温度。与此相似的一个概念是湿气结霜时的温度——霜点温度，它是指湿气为冰面所饱和时的温度。但在 SF_6 气体湿度测试时，通常不严格区分露点和霜点，而统称为露点。事实上，由于 SF_6 气体湿度通常很低，其中所含的水蒸气达到饱和时的温度一般在 -20℃ 以下，此时测得的露点，实际上是霜点。露点温度通常用℃作单位。

2. 体积比单位

湿度的体积比单位就是被测气体（湿气）中水蒸气的分体积与干气分体积之比，用百万分之一计算，单位用 μL/L 或 $\times 10^{-6}$（V/V）。

由道尔顿分压定律和理想气体状态方程可知，在同一温度下，相同体积的不同气体的分压力之比就是这些气体在相同压力下的分体积之比。因此，气体的体积比湿度可按下式计算（被测气体的总压力减去水蒸气分压即为干气的分压）

$$K_V = \frac{p_W}{p_T - p_W} \times 10^6 \tag{15-10}$$

式中 K_V——被测气体的体积比湿度（μL/L）；

p_W——被测气体中水蒸气的分压力（Pa）；

p_T——被测气体的总压力，即测量系统的压力（Pa）。

在 SF_6 气体湿度测试中，由于气体湿度通常很小，水蒸气分压对被测气体总压力的影响可以忽略不计，上式可简化为

$$K_V = \frac{p_W}{p_T} \times 10^6 \tag{15-11}$$

如果已知气体的露点，则可由相应的饱和水蒸气压表查出气体中水蒸气的分压，因为露点温度下水（或冰）的饱和蒸气压就是该气体中水蒸气的分压。例如露点为 -36℃，查冰的饱和蒸气压表，得到 -36℃下冰的饱和蒸气压为20.0494Pa，也就是说该气体中的水蒸气分压力 p_W 为20.0494Pa。再除以气体的总压力，即可算出用体积比单位表示的气体湿度。

3. 质量比单位

湿度的质量比单位就是被测气体中水蒸气的质量与干气质量之比，用百万分单位 μg/g 或 $\times 10^{-6}$（m/m）表示。

由理想气体状态方程可得

$$K_m = K_V \times \frac{M_{H_2O}}{M_{SF_6}} = K_V \times \frac{18}{146} = 0.123 \times K_V \tag{15-12}$$

式中 K_m——被测气体的质量比湿度（μg/g）；

M_{H_2O}——水的摩尔质量，一般为18g/mol；

M_{SF_6}——SF_6 的摩尔质量，一般为146g/mol。

反之，则有

$$K_V = 8.11 \times K_m \tag{15-13}$$

用这两个关系式就可以进行 SF_6 气体体积比湿度和质量比湿度的相互换算。

4. 相对湿度

气体的相对湿度是指被测气体中水蒸气的分压力与被测气体温度下水的饱和蒸气压之比

$$H_R = \frac{p_W}{p_S} \times 100 \tag{15-14}$$

式中 H_R——被测气体的相对湿度（%）；

p_S——被测气体温度下水的饱和蒸气压（Pa）。

相对湿度一般用作大气湿度的单位。

5. 绝对湿度

绝对湿度是指水蒸气的密度，即单位体积中的水蒸气质量，单位可用 kg/m^3、g/L 等。

由理想气体状态方程可得

$$H_A = \frac{p_W M_{H_2O}}{RT} = 0.002165 \times \frac{p_W}{T} \tag{15-15}$$

式中 H_A——被测气体的绝对湿度（kg/m^3）；

R——气体常数，取 $8.314J \cdot mol^{-1} \cdot K^{-1}$；

T——被测气体温度（K）。

式（15-15）中，T 采用热力学温度，热力学温度（单位为 K）等于摄氏温度（℃）加上 273.15。

6. 气体压力与湿度的关系

由于气体的可压缩性，气体湿度与其压力有密切的关系。GIS 或断路器气室内充装的 SF_6 的压力都比较高，而通常的湿度测试是将气体减压后进行的，因此，要考察气室内部的湿度，就必须进行不同压力系统下气体湿度的折算。

如果已知减压至 p_T 后气体中水蒸气的分压力，则气室内气体中水蒸气的分压力可由下式计算

$$p'_W = p_W \times \frac{p'_T}{p_T} \tag{15-16}$$

式中 p'_W——气室内气体中水蒸气的分压力（Pa）；

p'_T——气室内被测气体的总压力（指绝对压力，即表压加 0.1MPa，MPa）。

用求出的 p'_W 代替式（15-10）、式（15-11）、式（15-14）和式（15-15）中的 p_W，p'_T 代替 p_T 进行计算，就可以得到气室内 SF_6 气体的湿度。

实际上，通过简单的计算可知，对于体积比和质量比这两种用比例关系表示的湿度来说，其数值是与气压无关的。因为水蒸气的分压力和干气的分压力总是按同样比例变化的，其比值始终保持恒定。但对于露点来说，情况就不同了，露点温度会随着气体压力的增加而升高。例如，在标准大气压（0.1MPa）下测试，气体露点为 -36℃，水蒸气分压 p_W 为 20.0494Pa；如果设备充气表压为 0.6MPa（即设备内的绝对压力为 0.7MPa），则设备内水蒸气分压 p'_W 为 140.3458Pa，相应的露点为 -16.8℃。可见，设备内气体的露点比减压之后高很多。相对湿度和绝对湿度同样也会随着气体压力的增加而增加。在考察气体中的水分对绝缘的影响的时候，必须充分考虑到气压的作用。

（二）湿度测试方法

常用的现场气体湿度测试方法，依据所使用的仪器不同，目前主要有电解法、露点法和阻容法三种。

1. 电解法

（1）原理。完全吸收式电解湿度仪（或称微量水分分析仪）采用库仑法测量气体中微量水分（0～1000μL/L）。其原理为：在一定温度和压力下，被测气体以一定流量流经

一个特殊结构的电解池，其水分被池内作为吸湿剂的 P_2O_5 膜层吸收，并被电解为氢和氧排出，P_2O_5 得以再生。反应过程可表示如下

$$P_2O_5 + H_2O \longrightarrow 2HPO_3$$

$$2HPO_3 \xrightarrow{\text{电解}} H_2\uparrow + 1/2O_2\uparrow + P_2O_5$$

合并上两反应式，得

$$H_2O \xrightarrow{\text{电解}} H_2\uparrow + 1/2O_2\uparrow$$

被测气体中所含的水分将全部被 P_2O_5 膜层吸收，并全部被电解。当吸收和电解过程达到平衡时，电解电流正比于气体中的水分含量。从而可通过测量电解电流，得知气样中的含水量，此即为该仪器的定量基础。

根据法拉第电解定律和理想气体状态方程，可导出电解电流 I 与被测气体湿度之间的关系

$$I = \frac{Q_V p T_0 F K_V 10^{-4}}{3 p_0 T V_0} \tag{15-17}$$

也可简化为

$$I = 1.4358 \times 10^{-1} K_V Q_V \frac{p T_0}{p_0 T} \tag{15-18}$$

式中 I——电解电流（μA）；

K_V——被测气体的体积比湿度（μL/L）；

Q_V——被测气体流量（mL/min）；

p——大气压力（Pa）；

p_0——标准大气压，为 101325Pa；

T——环境温度（K）；

T_0——临界绝对温度，为 273.15K；

F——法拉第常数，为 96484.56C/mol；

V_0——气体摩尔体积，为 22.4L/mol。

通常，电解式湿度仪已经依据上述公式作了标定，其示值直接表示被测气体的体积比湿度。

（2）电解式湿度仪的操作步骤。

1）连接管路。连接好取样接头和测量管路，将辅助气源的取样管和被测气体的取样管分别与四通阀的两个接口连接，四通阀的一个接口与仪器入口连接。检查仪器旋钮和阀件的位置，旁通流量阀和测量流量阀均应关闭。测试系统所有接头处应无泄漏。辅助气源用来干燥电解池，通常采用瓶装氮气并经内装 5A 分子筛的干燥管去除水分后再通入仪器。有些湿度仪机内装有一小型干燥管，但因容量小，干燥剂容量失效，建议采用较大的外置干燥管。5A 分子筛失效后，可将其取出盛入瓷皿中，在高温炉内于 500℃下活化 4h，也可以在通干气或抽真空条件下于 360℃下活化 4h 使其再生。

2）流量计的标定。在测量时，流量准确与否将直接影响测量结果。仪器说明书所附

的浮子高度——流量曲线，是在一定条件下标定的。由于不同的季节和地区，其气温和气压有差异，所以用户应该用皂膜流量计标定出样品气的测试流量。对旁通流量要求不严格，可用湿式流量计标定。需要注意的是，对不同的气体，在相同流量下其浮子高度并不相同，所以必须用待测气体或与待测气体相同的气体以标定流量计。

3）电解池的干燥。长期停用或重新涂敷电解池的仪器，由于电解池非常潮湿，测试前需要进行干燥处理。具体方法是将四通阀切换至辅助气源，缓慢开启旁通流量阀，使干燥的辅助气体以 1L/min 的流量进入仪器。接通电源，再缓慢开启测试流量阀，以 20mL/min左右的气流干燥电解池。为了节约气体，旁通流量可减小或关闭。至仪器示值下降到 5μL/L 以下时（越低越好），电解池干燥过程即告完成。干燥所需时间，依仪器型号及使用保养情况而定，少则几小时到十几小时，多则几十小时。

4）测定仪器的本底值。将气源切换为待测气体，使待测气体经干燥管去除水分后进入仪器。调节流量阀，使测试流量为 100mL/min，旁通流量为 1L/min。到仪器示值降至 5μL/L 以下，并比较稳定时，记录此值作为本底值。

通常在 SF_6 湿度测试中，为了方便和节约昂贵的 SF_6 气体，可用氮气代替 SF_6 气体测定本底值，由此造成的误差可以忽略。这时，就不必切换气体，只要在干燥过程完成后调节氮气流量至规定值就可以测得本底值。

5）测量。切换气源，使待测气体直接进入仪器，不得经任何内置或外置干燥管。准确调节测试流量为 100mL/min，旁通流量约为 1L/min。当仪器示值比较稳定时（稳定至少 3 倍于时间常数），即可读数。该数值减去本底值，即为待测气体的湿度（以体积比表示）。

6）更换被测气体。需要更换被测气体时，应切换四通阀，用干燥的辅助气体吹洗电解池。在连续的一系列测试过程中，不必重新测定本底值。

7）状态修正。对于精密的测量，若气温和气压不同于仪器所规定的条件（例如在高原地区测量），应考虑作状态修正。最简便的修正方法是在标定流量计时按下式确定流量的工作点，以消除气温、气压的影响

$$t = 0.03228V\sqrt{\frac{p}{T}} \tag{15-19}$$

式中 V——皂膜流量计容量管设定体积（mL）；

t——皂膜推移 V 体积所需时间（s）；

T——气温（K）；

p——大气压力（Pa）。

（3）电解式湿度仪使用维护中的注意事项。

1）如果被测气体中含有粉尘、油污等杂质，应在取样管道中加接不吸附水的过滤器（如烧结金属过滤器），以延长电解池的使用寿命。

2）关于旁通的作用：设置旁通主要目的是为了减小取样误差，使湿度仪快速达到稳定。通常取样口、接头、管道内壁都会吸附一定量水分，因此取样时最先流出的部分气体含水量较高，这些水分如果全部进入电解池被 P_2O_5 膜吸收，会使电解池受潮，从而延长

测量的时间。旁通可使这部分气体绝大部分不经电解池而被排掉，从而保护了电解池。

3）电解式湿度仪的响应曲线为指数形式，在实际测量中等到示值完全稳定需很长时间，既浪费气体又影响工作效率。通常在示值接近稳定时即可读数，具体读数时机可根据测试所需的精度参考仪器说明书来确定。

4）定期进行电解池灵敏度的检查的方法是：将被测气体流量从 100mL/min 降为 50mL/min，所测得的湿度应该是原来数值的一半（分别扣除相应流量下的本底值后），最大相对偏差为 10%。假如测得的数值比一半明显偏离，说明被测气体带入了杂质，与 P_2O_5 发生反应或吸附在其表面，电解池的效率降低，这时得到的分析结果偏低。这种情况下应对电解池进行重新涂膜处理，涂膜的具体方法可参看相应仪器的说明书。

5）仪器长期停用，应切断气源、电源，关闭测试流量阀和旁通流量阀，封闭仪器进气口和排气口，使电解池密封保存。

2. 露点法

（1）原理。使被测气体在恒定压力下，以一定流量流经露点仪测量室中的抛光金属镜面，该镜面的温度可人为地降低并可精确地测量。当气体中的水蒸气随着镜面温度的逐渐降低而达到饱和时，镜面上开始出现露（或霜），此时所测得的镜面温度即为露点。用相应的换算式或查表即可得到用体积比表示的湿度。

露点仪可以用不同的方法设计，主要的不同在于金属镜面的性质、冷却镜面的方法、控制镜面温度的方法、测定温度的方法以及检测出露的方法。常见的露点仪可以分为两大类，即目视露点仪和光电露点仪。

目视露点仪通常以金属镜作为冷镜，通过溶剂蒸发手动制冷，利用与冷镜背面相接触的溶剂中的水银温度计或热电偶以测量镜面温度。当温度逐渐下降时，镜面出露，温度上升时又消露，目视观察上述现象，以出露和完全消露时镜面温度的平均值作为露点。该法凭经验操作，人为误差较大，且需要使用制冷剂，不便于现场测量，目前已基本不采用。

光电露点仪通常采用热电效应制冷（也就是半导体制冷，采用多级 Peltier）元件串联以获得不同的低温），由光电传感器检测露的生成与消失，并控制热电泵的制冷功率，用紧贴在冷镜下方的铂电阻温度传感器测量温度。在测量室内，由光源照射到冷镜表面的光经反射后，被光电传感器接受并输出电信号到控制回路，驱动热电泵对冷镜制冷。当镜面出露时，由于漫反射而使光电传感器接受的光强减弱，输出的电信号也相应减弱，此变化经控制回路比较、放大后调节热电泵激励，使其制冷功率减小，镜面温度将上升而消露。如此反复，最终使镜面温度保持在气体的露点温度上。通过镜面冷凝状态观察镜，可以判断镜面上的冷凝物是液态的露（呈圆或椭圆形）还是固态的霜（呈晶形）。光电露点仪有相当高的准确度和精密度，操作简单方便，获得了广泛的应用。

（2）一般操作步骤。

1）连接好待测设备的取样口和仪器进气口之间的管路，确保所有接头处均无泄漏。

2）调节待测气体流量至规定范围内。由于气体露点与其流量没有直接关系，所以流量不作严格要求，按说明书要求控制在一定范围内即可。

3）对光电露点仪，打开测量开关，仪器即开始自动测量。待观察到镜面上的冷凝物或出露指示器指示已出露；且露点示值稳定后，即可读数。

对目视露点仪，需手动制冷，同时目视观察冷镜表面。当镜面出露时，记下出露温度，同时停止制冷；当温度回升，露完全消失时，记下消露温度。出露温度和消露温度之平均值即为露点。需要注意的是，当镜面温度离露点约5℃时，降温速度应不超过5℃/min。对不知道露点范围的气体，可先进行一次粗测。

（3）注意事项。

1）干扰物质。

a. 固体杂质及油污。绝对不溶于水的固体杂质不会改变气体的露点，但会妨碍对出露的观测。在自动仪器中，对镜面污染如果没有采用补偿装置，在低露点测量时，有时会因镜面上附着固体杂质使测得的露点值偏高，这时需用适当溶剂对镜面人工清洗。为了防止固体杂质的干扰，最好在仪器入口设置不吸附水分的过滤器。

如果被测气体中有油污，应在气体进入测量室前除去。

b. 以蒸气形式存在的杂质。如果气体中以蒸气形式存在的杂质（如烃类）会先于水蒸气而结露，或者气体中含有能与水共同在镜面上凝结的物质（如甲醇），则必须先采取措施除掉。如果烃类的露点低于水蒸气的露点，则不会影响测定。通常在 SF_6 的测定中，不需考虑蒸气杂质的干扰。

2）冷壁效应。除冷镜外，仪器其余部分和管道的温度应高于气体露点至少2℃，否则水蒸气将在最冷点凝结，从而改变气体样品中的水分含量。

3）流量控制。由于气体露点和流量无关，一般露点仪不要求准确调节流量，但通常仍有一定范围的限制。流量太小则响应时间过长，太大既易引起制冷元件功率不足而影响镜面降温，又会在管线上产生压力降，改变测量室内的压力，从而改变气体的露点。

4）降温速度。如果气体湿度很低，冷却镜面时降温速度应尽可能慢。因为这时冰的结晶过程比较缓慢，若以不适当的速度降温，在冰层生长和达到稳定之前，还没有观测到出露，温度却已大大低于露点，这就是过冷现象。

光电露点仪通常不能人工控制降温速度，所以在低露点测量时，仪器示值往往呈阻尼振荡趋势变化，需经过较长时间才能稳定。这就是露的凝结和消失滞后于温度的变化而引起的。

5）带压测量。露点测量通常是在常压下进行的，即先将待测气体减压至常压后再送入测量室，但如气体湿度很低，有可能出现气体露点低于仪器测量下限的情况。特别是在炎热的夏季，高温环境影响了仪器制冷系统能够达到的最低温。在这种情况下，可进行带压测量，提高测量室内气体的压力，从而提高气体的露点使其在仪器的测量范围内，最后再通过计算得到常压下的露点。

通常露点仪测量室的进出口各有一个流量阀，常压测量时，出口阀全开，用进口阀控制流量并起减压的作用，使测量室内的压力与大气压相等。带压测量时，则进口阀全开，用出口阀控制流量，此时流量室内的压力与取样管道内的压力相等。要进行带压测量，首先必须确定仪器允许在带压下工作，另外还需要比较准确的知道管道内气体的压力（如果仪器测量室内不带压力传感器）。

6）露点与霜点的区分。镜面温度在 0 ~ －20℃时，镜面上的冷凝物可能是露（过冷水），也可能是霜（冰），此时必须通过镜面冷凝状态观察镜仔细区别，因为相同温度下的过冷水和冰的饱和蒸气压并不相同。一些适合现场使用的露点仪没有观察镜，无法区分露和霜，在这种情况下一般当作霜点处理。

3. 阻容法

（1）原理。阻容法是利用湿敏元件的电阻值或电容值随环境湿度的变化而按一定规律变化的特性进行湿度测量的。通常使用的氧化铝湿敏元件属于电容式敏感元件一类，它是通过电化学方法在金属铝表面形成一层多孔氧化膜，进而在膜上淀积一薄层金属，这样铝基体和金属膜便构成了一个电容器。多孔氧化铝层会吸附环境气体中的水蒸气并与环境气体达到平衡，从而使两极间的电抗与水蒸气浓度呈一定关系，经过标定即可定量使用。

这类仪器具有操作简单、使用方便、抗干扰、响应快、测量范围宽等优点，在测量时只要使待测气体流经其探头部分即可，并且容易做成在线式湿度仪。但缺点是探头容易受到气体中粉尘、油污等杂质的污染，在测量 SF_6 气体时还容易受到氟化物及硫化物的腐蚀，使探头工作性能逐渐发生变化，造成测量误差增大。而且，这种探头即使保存着不用，它本身也要自行衰变。因此，这类仪器需要经常校正。通常每半年到一年校正一次，如果使用频繁，或待测气体不够纯净，还需要缩短校正周期。

（2）注意事项。

1）湿敏元件表面污损和变形会使探头的性能降低，因此不能触摸该元件，并避免受污染、腐蚀或凝露。

2）待测气体中含有粉尘时，应在管路中安装过滤器。

3）不能用来测量对铝或铝的氧化物有腐蚀的气体。

4）仪器应经常校准。当仪器无温度补偿时，校准温度应尽量接近使用温度。

5）不要在相对湿度接近 100% 的气体中长时间使用这类仪器。

4. SF_6 气体湿度现场测试的注意事项

由于通常 SF_6 气体的湿度很低，而测量环境大气的湿度非常高，从而给测试造成很大的困难，测量结果往往分散性比较大，其原因是多方面的。为使测量数据准确可靠，除了保证仪器具有良好的性能外，还必须注意取样系统的密封和干燥，以及环境条件对测量结果的影响。

（1）取样接头。在设备上取样应使用随设备配带或专门加工的专用接头，要求密封良好、死体积小，为便于加工，一般采用黄铜制作。取样时，应先将设备取样口附近的灰尘、油污等擦干净，再用电吹风的热风吹 10min 左右，以将表面吸附的水分去掉。

（2）取样管道。必须选用憎水性强的材料，并经适当干燥处理（通常是测试前先通干气处理），以减小管道内吸附的水分对测量的干扰。最合适的管道是不锈钢管和厚壁聚四氟乙烯（PTFE）管，铜管可用于气体露点在 －40℃以上的情况。尼龙管、橡胶管和乳胶管都是吸湿性强又不宜干燥处理的材料，不能用作取样管道。取样管道长度一般在 2m 左右，内径 2 ~ 3mm。取样管太长，对密封、干燥处理等不利，会增加测量所需时间。

（3）密封性。测试系统所有接头、阀门处应无泄漏，否则会由于空气中水分的渗入而使测量结果偏高。必要时可用U形压力计试漏，或用检漏仪检查各接头。

测量仪器的气体出口应配有10m以上的排气管，并引到下风处排放，防止大气中的水分又从排气口进入仪器而影响测量结果，同时避免测试人员受到SF_6气体的污染。

(4) 环境条件。

1) 环境温度。环境温度对六氟化硫设备气体湿度测试的结果影响很大，对同一密封完好的气室的测试表明，当环境温度高时，所测得的气体湿度相应也较高；温度低时，气体湿度相应也较低。造成这种现象的原因，主要是气体中的水分和吸附在固体材料表面的水分之间的吸附和蒸发平衡。温度低时，较多的水分吸附在固体材料表面，气相中的水分相对较少；温度升高时，更多的水分进入气相，使气体湿度增大。温度对气体湿度的影响也因设备结构的不同而有所不同，但其增减变化的趋势是一致的。

为消除环境温度的影响，有关标准规定的湿度指标均指20℃时的值。为了数据的可比性，要求湿度测试也应尽可能在20℃的条件下进行，或者通过设备生产厂提供的温湿度关系曲线换算为20℃时的值。

2) 环境湿度。SF_6湿度测试是在封闭条件下进行的，理论上环境湿度不影响测试结果。但环境湿度过大，对取样接头、管道和仪器的干燥处理不利，同时对测试系统的密封也要求得更为严格。通常不应在相对湿度大于85%的环境中测试，阴雨天气不能在室外测试。

(5) 安全防护。虽然纯净的SF_6气体是基本无毒的，但实际使用的气体，尤其是运行中经过电弧作用的气体，多少包含一些毒性分解物，因此在气体取样及测试时必须采取适当的安全防护措施，以防止操作人员中毒。所采取的措施包括戴防护手套、防毒面具及穿防护服等。

二、泄漏检查

泄漏检查又称检漏或密封试验。六氟化硫电气设备中气体介质的绝缘和灭弧能力主要依赖于足够的充气密度（压力）和气体的高纯度，气体的泄漏直接影响设备的安全运行和操作人员的人身安全。所以，SF_6气体检漏是六氟化硫电气设备交接验收和运行监督的主要项目之一。根据有关规定，设备中每个气室的年漏气率不能超过1%。

现场检漏的部位主要是设备气室的接头、阀门、表计、法兰面接口等，可参看设备的密封对应图。试验时，设备状况应尽可能与实际运行情况相符。通常，设备应分别在分、合闸位置进行密封试验，但如已证明密封与分、合闸位置无关或其中一种位置的密封试验能完全包容另一种位置的密封试验时，则可只在该位置进行密封试验。

检漏所使用的仪器一般为卤素气体检漏仪，这类仪器对各种电负性气体，如卤素、氟里昂、SF_6等都有响应，因此在检漏过程中应注意环境中的干扰情况。检漏仪可有多种工作原理，但从其外观和功能上一般分为定性检漏仪和定量检漏仪两类。定性检漏仪小巧、轻便，通过声光信号来指示泄漏与否，但无法确定泄漏率；定量检漏仪体积较大，使用不如定性检漏仪方便，但可以显示被测部位的漏气率。

检漏的方法包括定性检漏和定量检漏两大类。定性检漏通常使用定性检漏仪，也可使用定量检漏仪；定量检漏只能使用定量检漏仪。

（一）定性检漏

定性检漏作为判断设备漏气与否的一种手段，通常作为定量检漏前的预检。用检漏仪进行的定性检漏还可以确定设备的漏点。

1. 抽真空检漏

设备安装完毕在充入 SF_6 气体之前必须进行抽真空处理，此时可同时进行检漏。方法为：将设备抽真空到真空度为 113Pa，再维持真空泵运转 30min 后关闭阀门、停泵，30min 后读取真空度 A，5h 后再读取真空度 B；如 $B-A$ 小于 133Pa，则认为密封性能良好。

2. 检漏仪检漏

设备充气后，将检漏仪探头沿着设备各连接口表面缓慢移动，根据仪器读数或其声光报警信号来判断接口的气体泄漏情况。对气路管道的各连接处必须细致检查，一般探头移动速度以 10mm/s 左右为宜，以防探头移动过快而错过漏点。

在检查过程中，应防止设备接口上的密封脂堵塞检漏仪探头的气体吸入口。接口上的油脂、灰尘等可能影响检测，查漏时应排除这些干扰因素。另外检查工作不应在风速过大的情况下进行，避免泄漏气体被风吹散而影响检漏工作。

该法在实际使用中受到检漏仪灵敏度和响应速度的限制，一般使用该法检漏时检漏仪的检测限应小于 10^{-6}，响应时间在 5s 以下，越小越好。

需要注意的是，由于检漏仪直接工作在大气环境中，极易受到空气中各种电负性强的杂质的干扰而发生误报等情况。所以在检漏过程中应尽可能保证环境空气不含烟雾、溶剂蒸气等干扰物。另外，如果检漏仪指示某处存在泄漏，还需要经过反复检查后才能确定。

（二）定量检漏

定量检漏可以测出泄漏处的泄漏量，从而得到气室的年漏气率。定量检漏的方法主要有压降法和包扎法（包括扣罩法和挂瓶法）两种。

1. 压降法

压降法适于设备漏气量较大时或在运行期间测定漏气率。采用该法，需对设备各气室的压力和温度定期进行记录，一段时间后，根据首末两点的压力和温度值，在六氟化硫状态参数曲线上查出在标准温度（通常为 20℃）时的压力或者气体密度，然后用公式计算这段时间内的平均年漏气率 F_y

$$F_y = \frac{p_0 - p_t}{p_0} \times \frac{T_y}{\Delta t} \times 100\% \tag{15-20}$$

式中 F_y——年漏气率（%）；

p_0——初始气体压力（绝对压力，换算到标准温度，MPa）；

p_t——压降后气体压力（绝对压力，换算到标准温度，MPa）；

T_y——一年的时间（12 个月或 365 天）；

Δt——压降经过的时间（与 T_y 采用相同单位）。

或者

$$F_y = \frac{\rho_0 - \rho_t}{\rho_0} \times \frac{T_y}{\Delta t} \times 100\% \tag{15-21}$$

式中　ρ_0——初始气体密度（g/L）；

ρ_t——压降后气体密度（g/L）。

如果将这段时间内记录的各点数据以时间为横坐标，换算后的压力或气体密度为纵坐标作图，即可更加详细地了解该气室在这段时间内的泄漏情况和变化趋势。

对各气室的压力测量最好在上午8~10点进行，因为这时气室与环境的温差较小，压力测量较为准确。由于压力表并不能灵敏地反映微小的泄漏，所以压降法主要用于运行中设备的长期监测。

2. 包扎法

通常六氟化硫设备在交接验收试验中的定量检漏工作都使用包扎法进行，其方法是用塑料薄膜对设备的法兰接头、管道接口等处进行封闭包扎以收集泄漏气体，并测量或估算包扎空间的体积，经过一段时间后，用定量检漏仪测量包扎空间内的 SF_6 气体浓度，然后计算气室的绝对漏气率 F

$$F = \frac{CVp}{\Delta t} \tag{15-22}$$

式中　F——绝对漏气率（$MPa \cdot m^3/s$）；

C——包扎空间内六氟化硫气体的浓度（$\times 10^{-6}$）；

V——包扎空间的体积（m^3）；

p——大气压，一般为0.1MPa；

Δt——包扎时间（s）。

相对年漏气率 F_y

$$F_y = \frac{F \times 31.5 \times 10^6}{V_r p_r} \times 100\% \tag{15-23}$$

式中　V_r——设备气室的容积（m^3）；

p_r——设备气室的额定充气压力（绝对压力，MPa）。

也可用下式计算年漏气量 G 和年漏气率 F_y

$$G = \frac{CV\rho T_y}{\Delta t} \times 10^{-6} \tag{15-24}$$

式中　G——年漏气量（g）；

ρ——六氟化硫气体密度，为6.16g/L（20℃，101325Pa）；

T_y——一年的时间，365d或8760h，与 Δt 采用相同单位；

$$F_y = \frac{G}{Q} \times 100\% \tag{15-25}$$

式中　Q——设备气室的充气量（g）。

包扎时，一般用约0.1mm厚的塑料薄膜按接头的几何形状围一圈半，使接缝向上，尽可能构成圆形或方形（以便于估算体积），经整形后将边缘用白布带扎紧或用胶带沿边缘粘贴密封。塑料薄膜与接头表面应保持一定距离，一般为5mm左右。包扎后，一般在12～24h内测量为宜。如时间短，包扎空间内累积的SF_6相对较少，检漏仪的灵敏度有限而可能造成较大误差。若时间过长，由于温差变化及塑料薄膜的吸附和渗透作用，会导致包扎空间内的SF_6气体浓度发生不希望的变化，影响测量的准确性。

对于小型设备可采用扣罩法检漏，即采用一个封闭罩（如塑料薄膜罩）将设备完全罩上以收集设备的泄漏气体并进行检测。对于法兰面有双道密封槽的设备，还可采用挂瓶法检漏。这种法兰面在双道密封圈之间有一个检测孔，气室充至额定压力后，去掉检测孔的螺栓，经24h，用软胶管连接检测孔和挂瓶，过一定时间后取下挂瓶，用检漏仪测定挂瓶内SF_6气体的浓度，并计算漏气率。计算公式和上述包扎法的公式相同，只需将包扎空间的体积改成挂瓶的容积即可。

第十六章

绝缘子试验

绝缘子是电网中大量使用的绝缘部件，当前应用得最广泛的是瓷质绝缘子和玻璃绝缘子，有机（或复合材料）绝缘子国内也有了应用。

绝缘子的形状和尺寸是多种多样的，按其用途分为线路绝缘子和电站绝缘子，或户内型绝缘子和户外型绝缘子；按其形状又有悬式绝缘子、针式绝缘子、支柱绝缘子、棒型绝缘子、套管型绝缘子和拉线绝缘子等。除此之外还有防尘绝缘子和绝缘横担。

瓷件（或玻璃件）是绝缘子的主要组成部分，它除了作为绝缘外，还具有较高的机械强度。为保证瓷件的机电强度，要求瓷质坚固、均匀、无气孔。为增强绝缘子表面的抗电强度和抗湿污能力，瓷件常具有裙边和凸棱，并在瓷件表面涂以白色或有色的瓷釉，而瓷釉有较强的化学稳定性，且能增加绝缘子的机械强度。

绝缘子在搬运和施工过程中，可能会因碰撞而留下伤痕；在运行过程中，可能由于雷击事故，而使其破碎或损伤；由于机械负荷和高电压的长期联合作用而导致劣化。这都将使击穿电压不断下降，当下降至小于沿面干闪络电压时，就被称为低值绝缘子。低值绝缘子的极限，即内部击穿电压为零时，就称为零值绝缘子。当绝缘子串存在低值或零值绝缘子时，在污秽环境中，在过电压甚至在工作电压作用下就易发生闪络事故。及时检出运行中存在的不良绝缘子，排除隐患，对减少电力系统事故、提高供电可靠性是很重要的。

绝缘子的预防性试验项目包括：

（1）测量电压分布（或零值绝缘子）；

（2）测量绝缘电阻；

（3）交流耐压试验。

第一节　测量电压分布

一、绝缘子串电压分布规律

在工作电压作用下，绝缘子串的电压分布是一个重要问题，通常可用其等值电路来研究这个问题。

我们知道，每一个绝缘子就相当于一个电容器，因此一个绝缘串就相当于由许多电容器组成的链形回路。因为绝缘子的体积电阻和表面电阻较正常情况下（50Hz）的容抗大得多，所以一般将它看成串联的电容回路。虽然每个绝缘子的电容量相等，但组成绝缘子串后，每一片绝缘子分担的电压并不相同，这主要是由于每个绝缘子的金属部分与杆塔（地）间与导线间均存大杂散电容（寄生电容）所造成的。

首先来说明绝缘子串中各个金属部分与杆塔之间杂散电容的影响。

设绝缘子本身的电容为 C，其金属部分对杆塔的电容为 C_z，如图 16-1（a）所示。由于存在这种电容，当有电位差时，就有一个电流经 C_z 流入接地支路，如图中箭头所示。流经 C_z 的电流分别要流经电容 C，这样，愈靠近导线的电容 C 所流经的电流就愈大。由于各绝缘子电容大致相等，则它们的电压降也就较大。若只考虑绝缘子对地电容的影响，则绝缘子串的电压分布如图 16-2 中的曲线 1 所示。

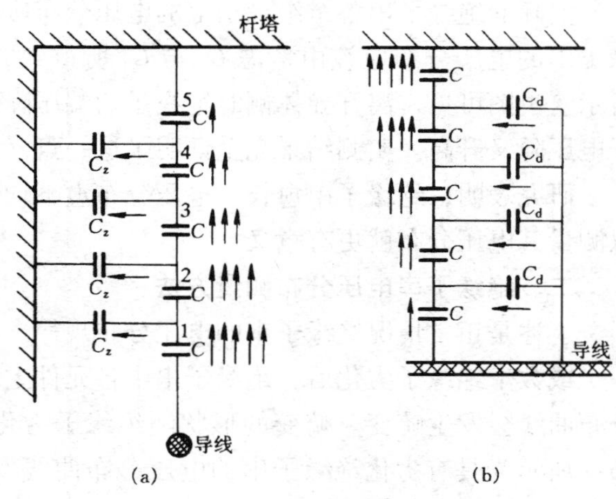

图 16-1 绝缘子串的等值电路

（a）仅考虑 C_z 的等值电路；（b）仅考虑 C_d 的等值电路

其次来说明绝缘子串与导线间的杂散电容的影响。

设绝缘子金属部分对导线的电容为 C_d，其等值电路如图 16-1（b）所示。由于每个电容 C_d 两端均有电位差，因此就有电容电流流过，而且都必须经电容 C 到地构成回路，这样就使离导线愈远的绝缘子所流过的电流愈多，因此电压降就愈大。绝缘子串的电压分布如图 16-2 中的曲线 2 所示。

由于绝缘子金属部分对导线的电容 C_d 比其对地电容 C_z 小，因而流过的电流也小，所以产生的压降就相对地较小。

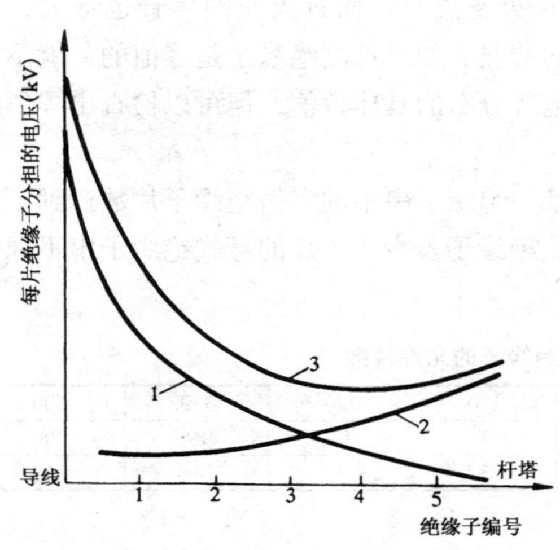

图 16-2 绝缘子串电压分布曲线

1—仅考虑 C_z 时的电压分布；2—仅考虑 C_d 时的电压分布；3—同时考虑 C_z 与 C_d 时的电压分布

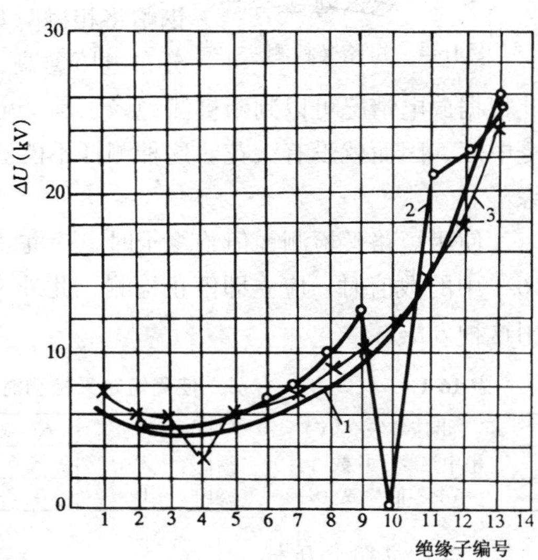

图 16-3 沿串中绝缘子的电压分布（220kV）

1—完好绝缘子串；2—#10 绝缘子（0MΩ）；3—#4 绝缘子（60MΩ）

实际的绝缘子串各个绝缘子上的电压分布应考虑两电容的同时作用，也就是说，沿绝缘子串的电压分布应该由考虑 C_z 与 C_d 所得到的电压分布相叠加，如图 16-2 中的曲线 3 所示。由图可见，离开导体侧时绝缘子两端压降逐渐下降，当绝缘子靠近杆横担时，绝缘子电压降又升高。实测结果完全证明了这一点（见图 16-3）。

研究表明，绝缘子串愈长，电压分布愈不均匀，愈容易导致某些部位的绝缘损坏，所以测量其电压分布就更有意义。

二、绝缘子串电压分布测量方法

上述是正常情况绝缘子串的电压分布规律。在运行中，当绝缘子串或支柱绝缘子中有一个或数个绝缘子劣化后，绝缘子串中各元件上的电压分布将与正常分布情况不同，电压分布曲线会发生畸变。畸变的形状随绝缘子劣化程度和劣化绝缘子的位置不同而异。图 16-3 所示为具有劣化绝缘子串的电压分布曲线发生畸变的情况。当绝缘子串或支柱绝缘子中有劣化元件时，此元件上分担的电压将比正常时所分担的小；其降低的数值随劣化加深而增大，将原来作用在它上面的电压转移到串中其他绝缘子上，特别是与其靠近元件上的电压升高最多。因此，必须把劣化了的绝缘子及时地检出。

测量电压分布的工具有短路叉、电阻分压杆、电容分压杆、火花间隙检验杆等。现简要介绍如下。

（一）短路叉

这是检测损坏绝缘子（又称零值绝缘子）最简便的工具，其检测方法如图 16-4 所示。

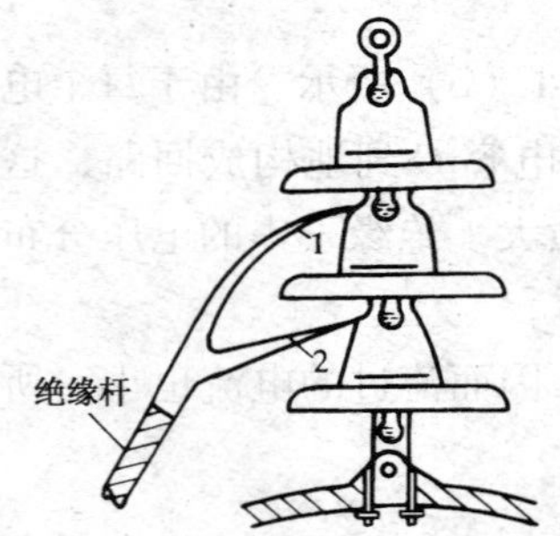

图 16-4　短路叉检测法

检测杆端部装上一个金属丝做成的叉子，把短路叉的一端 1 靠在绝缘子的钢帽上，而当其另一端 2 和下面绝缘子的钢帽将相碰时其间的空气隙会产生火花。被测绝缘子承受的分布电压愈高，出现火花愈早，而且火花的声音也愈大，因此根据放电情况可以判断被测绝缘子承受电压的情况。如果被测绝缘子是零值的，就不承受电压，因而就没有火花。这种测杆不能测出电压分布的具体数值，但可以检查出零值绝缘子。

使用短路叉检测零值绝缘子时，应注意当某一绝缘子串中的零值绝缘子片数达到了表 16-1 中的数值时，应立即停止检测。此外，针式绝缘子及少于 3 片的悬式绝缘子串不准使用这种方法。

表 16-1　　使用短路叉检测时零值绝缘子的允许片数

电压等级（kV）	35	63（66）	110	220	330	500
串中绝缘子片数（片）	3	5	7	13	19	28
串中零值片数（片）	1	2	3	5	4	6

（二）电阻分压杆

电阻分压杆的内部结构和接线如图 16-5 所示，图 16-5（a）、（b）是表示测量两点之间电位差的外部和内部连接图；图 16-5（c）、（d）是表示测量某点对地电位的外部和内部连接图。前者适用于 110kV 及以上的变电所和线路绝缘子串测量；后者适用于 35kV 变电所内支柱绝缘子的测量。图 16-5 中的 C 为滤波电容，一般采用 0.1 ~ 5μF 的电容（有时也可不用此电容）；微安表可采用 50 ~ 100μA 的表头。电阻杆的电阻值可按 10 ~ 20kΩ/V 选取，电阻表面爬距宜按 0.5 ~ 1.5kV/cm 考虑，每个电阻的容量为 1 ~ 2W。整流管可选用普通的硅二极管。

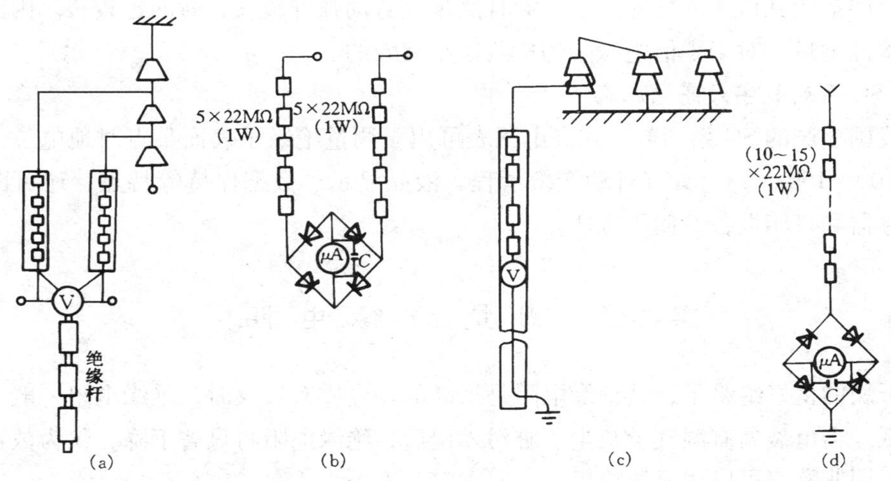

图 16-5 电阻分压杆

(a) 测量两点电位差的外部连接；(b) 测量两点电位差的内部连接；
(c) 测量某点电位的外部连接；(d) 测量某点电位的内部连接

这种检验杆应预先在室内求出端部电压和微安表读数的关系，并应经常校准。在强电场附近测量时，要注意外界电场对表读数的影响，必要时采用适当的抗干扰措施。用于测量的接地线要连接牢靠，防止测量过程中脱开，造成危险。

(三) 电容分压杆

电容分压杆与电阻分压杆类似，只是将电阻串和带有桥式整流的微安表，换成一个或几个串联且承受被测电压的高压电容器；当电容器的电容量取得足够小的时候，被测量的电压都分布在电容器上，因此小量限的电压表就可测量几千到几万伏的电压。为了做到指示准确，要求电容器的电容量稳定不变。这种检验杆的结构简单、操作方便，也能满足测量要求。

(四) 火花间隙测杆

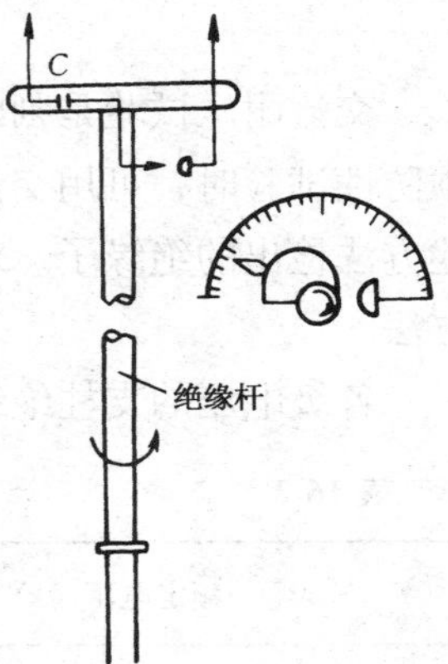

图 16-6 可调火花间隙测杆

图 16-6 所示为一种可调火花间隙的检测杆，其测量部分是一个可调的放电间隙和一个小容量的高压电容器相串联，预先在室内校好放电间隙的放电电压值，并标在刻度板上，测杆在机械上可以旋转。这样，在现场当接到被测的绝缘子上后，便转动操作杆，改变放电间隙，直至开始放电，即可读出相应于间隙距离在刻度板上所标出的放电电压值。如果某一元件上的分布电压低于规定标准值，而相邻其他元件的分布电压又高于标准值时，则该元件可能有缺陷。为了防止因火花间隙放电短接了良好的绝缘元件而引起

相对地闪络，可以用电容 C 与火花间隙串联后再接到探针上去。C 值约为 30pF，和一片良好的悬式绝缘子的电容值接近。因为和 C 串联的火花间隙的电容只有几皮法，所以 C 的存在基本上不会降低作用于间隙上的被测电压。

这种检测工具的缺点是，动电极容易损伤而变形，放电电压受温度影响，检测结果分散性大，这些都使其检测的准确性差，而且测量时劳动强度较大，时间也较长。因此，它仅用于检验性测量，对于零值绝缘子的检测还是有效的。

（五）SG 系列数字式高电压表

目前我国生产的 SG 系列数字式高电压表可用于测量绝缘子表面某点对地电位，其测量范围是 100～150kV，它具有自动变换量程、液晶显示、数据保持等特点，还可配备微型数据存储器和打印设备，使用方便。

第二节　测量绝缘电阻

清洁干燥的良好绝缘子，其绝缘电阻是很高的。瓷质有裂纹时，绝缘电阻一般也没有明显的降低。当龟裂处有湿气及灰尘、脏污入侵后，绝缘电阻将显著下降，仅为数百甚至数十兆欧，用兆欧表可以明显地检出。

规程规定，用 2500V 兆欧表测量绝缘电阻时，多元件支柱绝缘子和每片悬式绝缘子的绝缘电阻不应低于 300MΩ。测量多元件支柱绝缘子每一元件的绝缘电阻时，应在分层胶合处绕铜线，然后接到兆欧表上，以免在不同位置测得的绝缘电阻数值相差太大而造成误判断。

第三节　交流耐压试验

交流耐压试验是判断绝缘子绝缘强度最直接的方法，交接试验时必须进行该项试验。预防性试验时，可用交流耐压试验代替测量电压分布和绝缘电阻，或用它来最终判断用上述方法检出的绝缘子。对于单元件的支柱绝缘子，交流耐压目前是最有效、最简易的试验方法。

各级电压的支柱绝缘和悬式绝缘子的交流耐压试验电压标准见表 16-2 和表 16-3。

表 16-2　　支柱绝缘子和套管的交流耐压试验电压标准

额定电压（kV）		3	6	10	15	20	35
最高工作电压（kV）		3.5	6.9	11.5	17.5	23	40.5
纯瓷和充油绝缘试验电压（kV）	出厂	25	32	42	57	68	100
	交接及大修	25	32	42	57	68	100
固体有机绝缘试验电压（kV）	出厂	25	32	42	57	68	100
	交接及大修	22	28	38	50	59	90

表 16-3　悬式绝缘子的交流耐压试验电压标准

型　式	X-3 X-3C	X-1-4.5 X-4.5 X-4.5C C-5	X-7	X-11	X-16	XF-4.5
试验电压（kV）	45	56	60	60	64	80

交流耐压试验时注意以下几点：

（1）按试验电压标准耐压 1min，在升压和耐压试验过程中不发生跳弧为合格。

（2）在升压或耐压过程中，如发现下列不正常现象时应立即断开电源，停止试验，检查出不正常的原因：①电压表指针摆动很大；②发现绝缘子闪络或跳弧；③被试绝缘子发生较大而异常的放电声。

（3）对运行中的 35kV 变电所内的支柱绝缘子，可以连同母线进行整体耐压试验，试验电压为 100kV，时间为 1min。但耐压试验完毕后，必须测量各胶合元件的绝缘电阻，以检出不合格的元件。

（4）对于穿墙套管绝缘子，应根据实际状态进行加压。对变压器出线套管，如系 35kV 电压级，试验时套管内应充满油，下半部应浸入绝缘油中再加压。

总之，对各种不同类型的被试品均应根据规程及其具体情况进行加压。

第四节　高压与超高压输电线路不良绝缘子的在线检测

一、检测方法的理论依据

在输电线路绝缘子串中，一旦出现不良绝缘子，该绝缘子串就与完好绝缘子串在电气性能、温度分布等方面出现差异。若采取科学方法辨识这些差异，就有可能测出不良绝缘子。

不良绝缘子与完好绝缘子的差异归纳起来主要有以下几方面：

（一）不良绝缘子分担的电压降低

图 16-5 给出了完好绝缘子串和不良绝缘子的绝缘子串的电压分布曲线。由图可见，当绝缘子串中有不良绝缘子时，不良绝缘子上分担的电压降低，降低的程度决定于不良绝缘子所处的位置及其绝缘电阻的大小等。因此，测量绝缘子串的电压分布可以检出不良绝缘子。根据这个原理研究的测量方法有火花间隙法、静电电压表法、音响脉冲法等。

（二）不良绝缘子的绝缘电阻降低

良好绝缘子的绝缘电阻一般在 2000MΩ 左右，我国规程规定，当绝缘子的绝缘电阻低于 300MΩ 时就判定为不良绝缘子。

（三）泄漏电流引起绝缘子表面发热

由上述可知，当绝缘子绝缘良好时，其绝缘电阻极高，泄漏电流仅沿其表面流过，且很小（为微安级）不足以引起绝缘表面发热。

对不良绝缘子而言，由于其体积绝缘电阻降低，其泄漏电流不仅沿绝缘子表面流过，且也沿其内部流过。体积泄漏电流的大小决定于绝缘子的劣化程度。当绝缘子为零值时，其体积泄漏电流最大，而表面泄漏电流趋于零。显然，绝缘子表面不会发热。由于零值绝缘了分担的电压趋于零，所以使绝缘串中良好绝缘子分担的电压增大，导致其泄漏电流增大，使绝缘子温度升高，造成良好绝缘子与零值绝缘子间的温度差异。根据这个原理提出的测量方法有变色涂料法、红外线测温法等。

(四) 不良绝缘子存在的微小裂纹引起局部放电而产生电磁超声波和杂音电流

在不良绝缘子中存在裂纹，进入气体后，电场分布将发生畸变。由于 $\varepsilon c > \varepsilon q$（气体的介电常数比固体绝缘低），所以气体分担的场强高。又由于气体的绝缘强度又比绝缘子低，因而易在气体中发生局部放电，并产生电磁波、超声波和杂音电流。根据这个原理研究出的检测方法主要有超声波检测法。

上述诸方法虽能检出不良绝缘子，但存在着准确性差、劳动强度大、效率低等缺点。特别是随着电压等级提高，线路愈来愈长，绝缘子串中的片数愈来愈多，探索新的检测方法对从事线路维护、管理的电力工作者来说就愈加突出和重要了。所以它至今仍是我国电力系统的重点攻关课题之一。

我们认为，所探索的检测方法应具有下列特点：

(1) 测试装置轻便、实用、易推广；

(2) 操作方法简便、安全且效率高；

(3) 避免登杆，实现地面遥测；

(4) 测量结果准确，易判断。

二、检测不良绝缘子的新方法

根据上述原理和电力事业发展的要求，近几年来，国内外不断探索检测不良绝缘子的新方法，有的已研制出新的仪器并用于现场，有的尚处于试验研究阶段，这些方法主要有：

(一) 自爬式不良绝缘检测器

国外研制的用于500kV超高压线路的自爬式不良绝缘子检测器，它主要由自爬驱动机构和绝缘电阻测量装置组成。检测时用电容器将被测绝缘子的交流电压分量旁路，并在带电状态下测量绝缘子的绝缘电阻。根据直流绝缘电阻的大小判断绝缘子是否良好。当绝缘子的绝缘电阻值低于规定的电阻值时，即可通过监听扩音器确定出不良绝缘子，同时还可以从盒式自动记录装置再现的波形图中明显地看出缺陷绝缘子部位。当检测V型串和悬垂串时，可借助于自重沿绝缘子下移，不需特殊的驱动机构。

(二) 电晕脉冲式检测器

这是一种专门在地面上使用的检测器，它既可用于检测平原地区线路，也可用于检测山区线路，其特点是：

(1) 质量轻，体积小，电源为1号电池，使用方便、安全。

(2) 不用登杆，在地面即可检测。

(3) 先以铁塔为单位粗测，若判定该铁塔有不良绝缘子时，再对逐个绝缘子进行细测。

（4）采用微机系统进行逻辑分析、处理，检测效率较高。

在输电线路运行中，绝缘子串的连接金具处会产生电晕，并形成电晕脉冲电流通过铁塔流入地中。电晕电流与各相电压相对应，只发生在一定的相位范围内。若把正负极性的电流分开，则同极性各相的脉冲电流相位范围的宽度比各相电压间的相位还小。采用适当的相位选择方法，便可以分别观测各相脉冲电流 i_a、i_b、i_c。

对各相电晕脉冲分别进行计数，并选出最大及最小的计数值，取两者的比值（最大/最小）为不同指数，作为判别依据。当同一杆塔的三相绝缘子串无不良绝缘子时，各相电晕脉冲处于平衡状态，此时比值接近于1；当有不良绝缘子时，则各相电晕脉冲处于不平衡状态，该比值将与1有较大偏差，电晕脉冲式检测器就是根据此原理研制的。

它由四部分组成：

（1）电晕脉冲信号形成回路；

（2）周期信号形成回路；

（3）各相电晕脉冲计数回路；

（4）各铁塔不同指数的计算和显示回路。

（三）电子光学探测器

电子光学探测器应用电子和离子在电磁场中的运动，与光在光学介质中传播的相似性的概念和原理［即带电粒子（电子、离子）在电磁场中（电磁透镜）可聚焦、成像与偏转］制造的。

架空输电线路绝缘子串中每片绝缘子的电压分布是不均匀的，离导线最近的几片绝缘子上电压降最大。当出现零值绝缘子时，沿绝缘子串的电压将重新分布，离导线最近的几片绝缘子上的电压将急剧升高，会引起表面局部放电或者增加表面局部放电的强度。而根据表面局部放电时产生光辐射的强度，就可知道绝缘子串的绝缘性能。

被监测的绝缘子表面局部放电、电晕放电和绝缘子的光影像，通过物镜输入亮度增强器的光阴极；电子由光阴极逸出形成电子电流，依据电子电流密度的平面分布可显示出原有光影像的亮度分布。焦距调节系统使电子加速，从而使亮度增强器荧光屏发光。这样，原来形成的光影像中途经过电子影像，又重新变为光影像。在影像传递过程中，磁场系统将电子加速，使原有光影像的亮度增加（可达近百倍）。亮度增强器可以实现由地面远距离（5～50m）测量输电线路的悬式绝缘子串上的表面局部放电时的微弱光亮。

当在夜间进行探测时，为了区别绝缘瓷件表面局部放电和其他外界光源的干扰（月光和照明），提高信噪比，可采用脉冲电源对亮度增强器供电。因为表面局部放电是发生在绝缘子所施加交流电压的最大值附近，其频率为100Hz，而外界光辉强度与电网频率无关。当绝缘瓷件在仅出现表面局部放电时（1～6ms），按接近于100Hz的频率将亮度增强器投入，将会使背景微弱爆光和外界干扰光辉减弱。在电子光学探测器的荧光屏上，将观察到与电网频率和亮度增强器合拍的表面局部放电的亮区脉动。此脉动可将表面局部放电的光强与减弱的不脉动外界干扰光辉区别出来。实际检测中，有缺陷的绝缘子串中表面局部放电的光辐射超过平均光辐射强度。

利用电子光学探测器来评价离导线最近的第一片绝缘子上的表面局部放电的光辐射强

度与平均光辐射强度的差的方法是，利用电子光学探测器的灵敏度阀值 ϕ_0 与光学输入系统诸参数的关系进行分析，其关系式为

$$\phi_0 = \frac{\tau(D/F)^2 A}{L^2} \tag{16-1}$$

式中 τ——输入系统的透射系数；

D/F——输入目镜的计量光强（相对孔、光圈）；

A——常数；

L——与辐射源的距离。

减小 ϕ_0（关小输入光圈），当 D 减小到某一值时，平均光强不再出现在电子光学探测器的荧光屏上，屏上将仅显示出有缺陷绝缘子的表面局部放电。然后，再进一步对靠近导线的第一片绝缘子表面放电的光辐射强度与平均光辐射进行比较，若光辐射强度超过无不良绝缘子存在时的光辐射强度，就可以根据表面局部放电的光辐射强度与绝缘子上的电压关系曲线，找到靠近导线的第一片绝缘子上分布的电压。根据得到的分布电压值与良好绝缘子串第一片绝缘子的正常分布电压值的差别，便可判断出是否存在不良绝缘子。这种探测方法效率很高。

但是，电子光学探测器仅能判断出绝缘子串中是否存在零值绝缘子，不能确定到底有几片零值绝缘子以及它们的位置。

（四）利用红外热像仪检测不良绝缘子

不良绝缘子与良好绝缘子的表面温度存在差异，但这种差异很小，所以用一般的测温方法难以分辨。近几年来，国外广泛应用红外热像仪将绝缘子表面的温度分布转换成图像，以直观、形象的热像图显示出来，再根据热像图检测不良绝缘子。

利用红外成像法来检测不良绝缘子，简单方便、速度快、效率高，甚至可普查每串绝缘子，还可结合检测进行巡线，是高压、超高压及特高压输电线路不良绝缘子的检测方向。但是，就目前来看，普遍推广存在两个问题：一是红外热像仪价格昂贵，每台约几十万元；二是要将这种仪器用于山区或兼顾巡线，宜配备飞机进行航测，这些都是一般单位力所不能及的。当然，目前有计划地组织这方面的研究、总结经验、摸索规律，无疑是有益的。

第十七章

电力电缆试验

电缆线路的薄弱环节是终端头和中间接头，往往由于设计不良或制作工艺、材料不当而带有缺陷。有的缺陷可在施工过程和验收试验中检出，更多的是在运行中逐渐发展、劣化直至暴露。除电缆头外，电缆本身也会发生一些故障，如机械损伤、铅包腐蚀、过热老化及偶尔有制造缺陷等。所以，尽管电缆线路的可靠性比架空线路高，但故障仍是很多的，而且情况还较为复杂，埋设在地下带来了寻找和处理故障的困难。因此，要根据具体情况分析判断。新敷设电缆时，也要在敷设过程中配合试验，如有故障也便于判断故障究竟是在电缆头还是电缆本身。

第一节　绝　缘　试　验

一、测量绝缘电阻

从电缆绝缘电阻的数值可初步判断电缆绝缘是否受潮、老化，并可检查由耐压试验检出的缺陷的性质，所以，耐压前后均应测量绝缘电阻。测量时，额定电压为1kV及以上的电缆应使用2500V兆欧表进行；运行中的电缆要充分放电，拆除一切对外连线，并用清洁干燥的布擦净电缆头，逐相测量。由于电缆电容很大，操作时兆欧表的摇动速度要均匀。测量完毕后，应先断开兆欧表与电缆的连接再停止摇动，以免电容电流对兆欧表反冲充电；每次测量后都要充分放电，操作应采用绝缘工具，以防止电击。为了测得准确，应在缆芯端部绝缘上或套管端都装屏蔽环并接往兆欧表的屏蔽端子。此外，当电缆较长充电电流较大时（见附录G，附表G-2），兆欧表开始时指示数值很小，如使用手动兆欧表，则应继续摇动。短电缆的读数很快就趋于一稳定值，而长电缆一般均取15s和60s的读数R_{15}和R_{60}。

运行中的电缆，其绝缘电阻应从各次试验数值的变化规律及相间的相互比较来综合判断，其相间不平衡系数一般不大于2～2.5。

电缆绝缘电阻的数值随电缆的温度和长度而变化。为便于比较，应换算为20℃时每千米长的数值，即

$$R_{i20} = R_{it}Kl \tag{17-1}$$

式中　R_{i20}——电缆在20℃时的单位绝缘电阻（MΩ·km）；

R_{it}——电缆长度为l，在t℃时的绝缘电阻（MΩ）；

l——电缆长度（km）；

K——温度系数，见表17-1。

表 17-1　　电缆绝缘的温度换算系数

温度（℃）	0	5	10	15	20	25	30	35	40
K	0.48	0.57	0.70	0.85	1.0	1.13	1.41	1.66	1.92

停止运行时间较长的地下电缆可以土壤温度为准，运行不久的应测量导体直流电阻后计算缆芯温度。良好电缆的绝缘电阻值通常很高，其最低值按制造厂规定：新的交联聚乙烯电缆，每一缆芯对外皮的绝缘电阻（20℃时每千米的数值），额定电压 6kV 的应不小于 1000MΩ；额定电压 10kV 应不小于 1200MΩ；额定电压 35kV 的应不小于 3000MΩ。

对于橡塑绝缘电缆（主要指交联聚乙烯电缆），除测量芯线绝缘电阻外，还要测量钢铠甲对地的绝缘电阻及铜屏蔽对钢铠甲的绝缘电阻，以确定外、内护套有无损伤，判断绝缘有无受潮的可能。测量时通常用 500V 兆欧表进行，当绝缘电阻低于 0.5MΩ/km 时，应用万用表正、反接线分别测屏蔽层对铠装、铠装层对地的绝缘电阻，当两次测得的阻值相差较大时，表明外护套或内衬层已破损受潮。

二、直流耐压和泄漏电流试验

直流耐压是运行部门检查电缆抗电强度的常用方法，直流耐压对检查绝缘中的气泡、机械损伤等局部缺陷比较有效，泄漏电流对反映绝缘老化、受潮比较灵敏。

直流耐压及泄漏电流试验的接线已在第三章详细叙述，现仅说明电缆试验中应注意的几个问题。

（1）微安表接在高压端。绝缘良好的电缆泄漏电流很小，一般在几十微安以下，因而设备及引线的杂散电流相对较大，影响显著。此时如仍将微安表接在低压端测量，会有很大误差。必须将微安表接在高压端测量，并注意屏蔽后才能获得准确的结果。

（2）两端头屏蔽。电压为 35kV 及以上的电缆，由于试验电压高，通过试品表面及周围空间的泄漏电流相当大，所以两端的终端头均应屏蔽，如图 17-1 所示。但实际上电缆较长时不易实现，故往往采用图 17-2 的屏蔽方式；这种方式的缺点是每相承受两次电压，而且测得的是被试相对外皮及另一相缆芯的泄漏电流数值，故并不妥当。另一种屏蔽法如图 17-3 所示，这时电源端采取屏蔽将表面和空间的杂散泄漏电流排除，另一端的杂散泄漏电流 I'_2 流经微安表 PA2。于是，试品的泄漏电流 I_X 可由微安表 PA1 的读数 I_1 减去 I'_2 而得

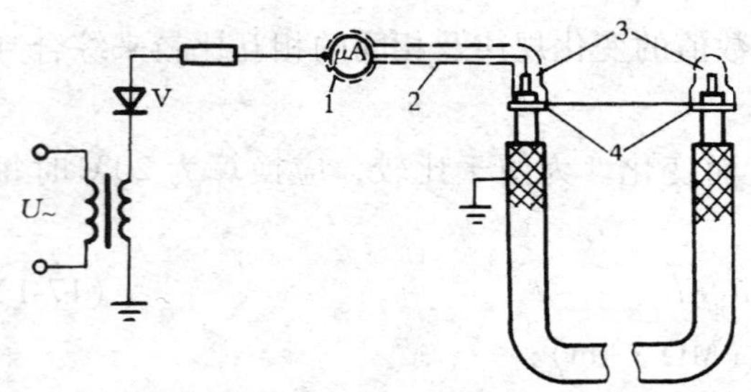

图 17-1　微安表在高压端测量电缆泄漏电流的屏蔽
1—微安表屏蔽；2—导线屏蔽；3—线端屏蔽；
4—缆芯绝缘的屏蔽环

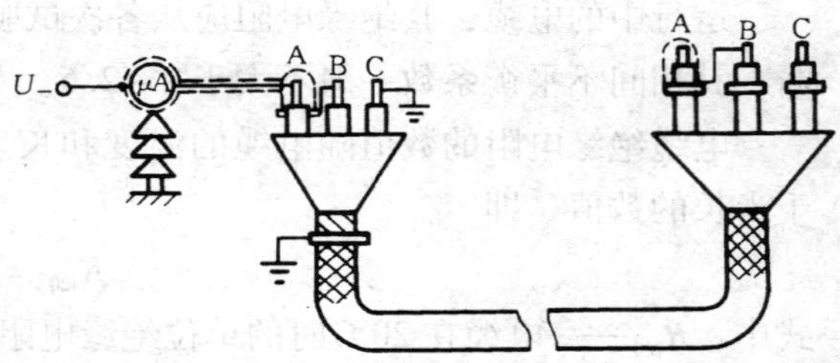

图 17-2　用非试验相作为连线的屏蔽

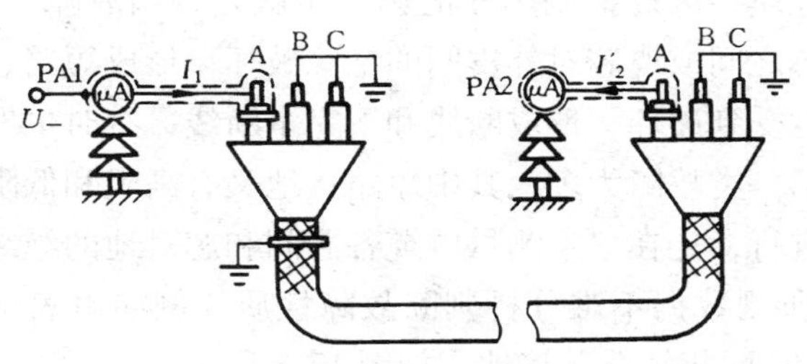

图 17-3 一端屏蔽一端接收时测量泄漏电流的接线

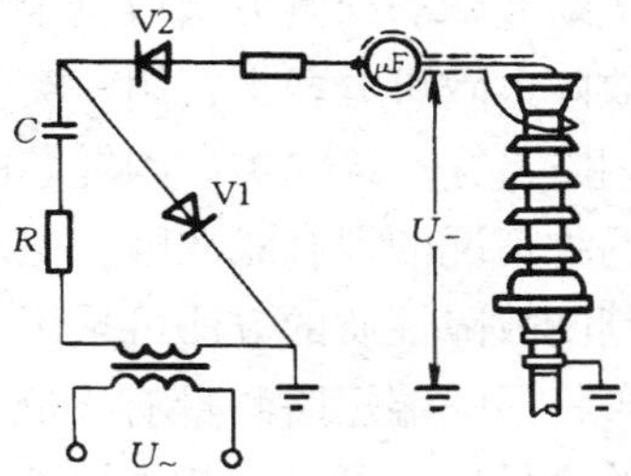

图 17-4 倍压回路接线图

$$I_X = I_1 - I'_2 \tag{17-2}$$

（3）在高压侧直接测量电压。如电缆太长电容量较大时，杂散电流的影响较大，在低压侧的表计将不能反应高压侧的实际电压，故此时电压的测量应在高压侧直接进行，所用测量仪表可参照第三章有关部分。

（4）试验电压太高时需用倍压装置。35kV 及以上电压等级电缆的试验需要的试验电压很高，用单级直流装置常不能满足要求，需采用图 17-4 的倍压回路。电源电压正半波时，整流管 V1 导通，电容 C 充电到电源电压最大值；负半周时，V2 导通，电源电压与 C 上的电压加在一起向被试品电容充电。理想情况下应达到两倍电源电压最大值。实际上，被试品和试验设备都有泄漏，因此最后只能达到充电与放电相平衡的稳定状态（试品上的电压有压降和脉动，详见第三章）。

近年来，橡塑绝缘特别是交联聚乙烯电缆，因其具有优异的性能，得到了迅速的发展。目前在中低压电压等级中已基本取代了油浸纸绝缘电缆，超高压交联聚乙烯绝缘电缆已发展至 500kV 等级，110kV 及 220kV 交联聚乙烯电缆正逐渐取代充油电缆。由于交联聚乙烯电缆材质、结构的特点，所以尽管在正式颁布的标准中要求在交接试验中做直流耐压，但实际上有不少人认为对交联聚乙烯电缆不宜采用直流电压试验，其基本观点是：

（1）直流电压试验过程中在交联聚乙烯绝缘电缆及附件中会形成空间电荷，对绝缘有积累效应，加速绝缘老化，缩短使用寿命。

（2）直流电压下绝缘电场分布与实际运行电压下不同，前者按电阻率分布而后者按介电常数分布，因此，直流试验合格的交联聚乙烯电缆，投入运行后，在正常工作电压作用下也会发生绝缘事故。

国内外一些运行经验也表明，采用直流电压试验不能有效地检出交联聚乙烯电缆及附件的缺陷。因此，有人建议除了对交联聚乙烯电缆金属外护套采用 10kV、1min 直流试验外，对电缆主绝缘可采用交流电压试验，如用串联谐振法或 0.1Hz 超低频来进行试验。

第二节 故障探测

一、故障性质的确定

随着电缆线路的增多，电缆故障对供电可靠性的影响日益增大，因而迅速准确地探测故障点的位置对保证故障电缆的及时修复有着重要意义。

电缆故障的探测方法取决于故障的性质，因此探测工作的第一步就是判明故障性质。电缆故障大致可分两类：第一类，因缆芯之间或缆芯对外皮间的绝缘破坏，形成短路、接地或闪络击穿；第二类，因缆芯的连续性受到破坏，形成断线和不完全断线，有时也发生兼有两种情况的混合式故障。但通常以第一类故障为多，其中短路接地又有高阻和低阻之分。判断故障性质的方法可采用兆欧表进行，先在一端测量电缆各芯间和芯对地的绝缘电阻，再将另一端短路测量有无断线。由所测数据不难分析判断故障性质，例如由表 17-2 给出的测量值，可以推断该故障性质是 BC 两相短路并接地，如图 17-5 所示。

表 17-2　　绝缘电阻测定和导通试验结果

绝缘电阻测定值（MΩ）				导通试验值（MΩ）	
芯线间		各组与大地间		将末端 A、B、C 短路，在始端测量	
AB	∞	AE	∞	AB	0
BC	0.02	BE	0.01	BC	0
CA	∞	CE	0.01	CA	0

二、测量故障点的距离

电缆故障的性质确定后，要根据不同的故障，选择适当方法测定从电缆一端到故障点的距离，这就是故障测距。由于各种仪表都只能达到一定的精度，加上敷设路径与丈量路径有出入等影响，测距所标定的故障位置与实际故障点或多或少总有偏离，通常只能借以判断出故障点可能的地段，因此，上述的测距又称为“粗测”。为找到确切的故障点往往要配合其他手段进行“细测”，这就是故障定点，常用的测距方法有以下两种。

（一）直流电桥法

直流电桥法是至今仍广泛应用的一种测距方法。基于电缆沿线均匀，电线长度与缆芯电阻成正比的特点，并根据惠斯登电桥的原理，可将电缆短路接地、故障点两侧的环线电阻引入直流电桥，测量其比值。由测得的比值和电缆全长，可获得测量端到故障点的距离，如图 17-6 所示。图中 R_L 是电缆全长的单芯电阻，R_X 是始端到故障点的电阻。

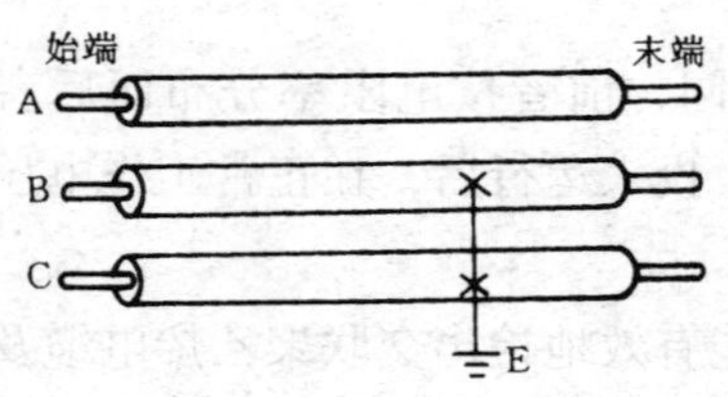

图 17-5　故障情况推断图

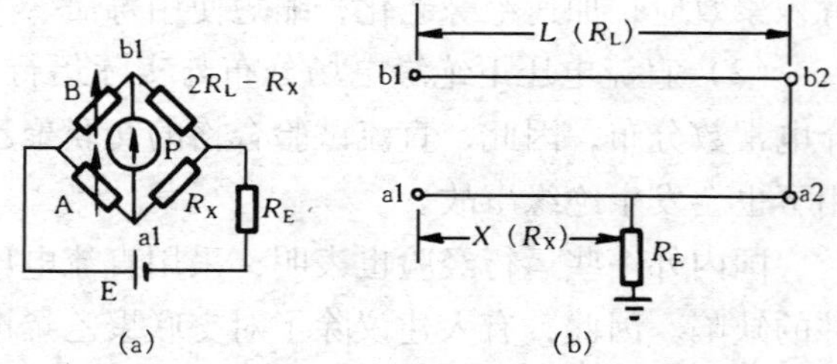

图 17-6　直流电桥法测量原理图

（a）组成的单臂电桥；（b）故障电缆回路

电桥法有多种接线，普遍使用的是缪雷环线法。对低电阻性接地用低压缪雷环线法，电源电压不超过 1kV；高电阻性接地用高压缪雷环线法，电压可达数千甚至上万伏。但所谓低阻和高阻并没有严格界线，而随所用仪器的电源电压和检测灵敏度而定。普通的单臂和双臂电桥，多外接数十伏到数百伏的直流电源，以 2～3kΩ 作为划分高阻和低阻的界线是适当的。因为这时恰能得到电桥测量所必需的 10 ~ 50mA 的测量电流，电桥足够准确。当电阻大于 3kΩ 时，电桥灵敏度不够，显然，要增大电流，方法不外是提高电压和降低电阻。下面将详细介绍。提高电压就是采用高压缪雷环线法，它与低压缪雷环线法没有本质的区别，只是仪器能承受高压。

1. 单相接地故障的测量

用缪雷环线法测量单相接地故障的原理接线如图 17-7 所示。将电桥的测量端子 x1 和 x2 分别接往故障缆芯和完好缆芯，这两芯的另一端用跨接线短接构成环线。于是电桥本身有两臂（比例臂 *M* 和测量臂 *R*）；故障点两侧的缆芯环线电阻构成另两臂。当电桥平衡时，则有

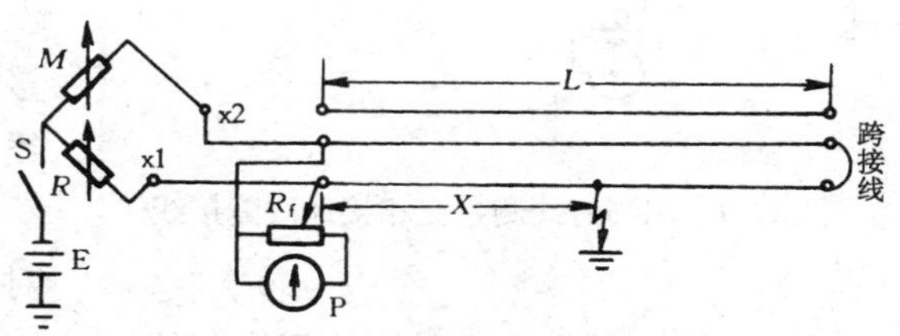

图 17-7　缪雷环线法测量单相接地故障

M—比例臂；*R*—可调测量臂电阻；R_f—检流计灵敏度调整电阻；P—检流计

$$MXr = (2L - X)rR \tag{17-3}$$

所以

$$X = 2LR/(R + M) \tag{17-4}$$

式中　*X*——从测量端到故障点的距离（m）；

L——电缆长度（m）；

R——测量臂电阻（Ω）；

M——比例臂的电阻（Ω）；

r——电缆每米长度的电阻（Ω/m）。

2. 两相短路或短路接地的故障测量

两相短路或短路并接地的故障测量方法与单相接地基本相同。两相短路时的测量电流不经过地线成回路，而是经过相间故障点成回路。故障相缆芯接往电桥，其一相的末端与完好相短路构成环线，如图 17-8（a）所示，接入电桥 x1 及 x2 端子上，另一相与电池 E 串接。当电桥平衡时，同样可由式（17-4）计算出到故障点的距离 *X*。当两相在不同点接地造成短路时，如图 17-8（b）的所示。此时也可按图 17-7 的接线，分别测出它们的故障点 *X* 及 *X*′。

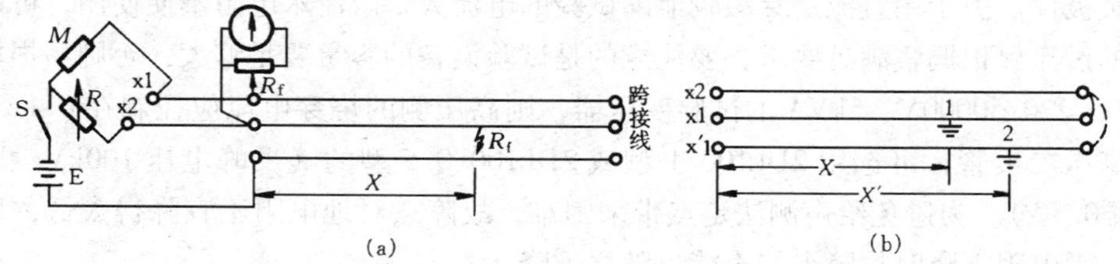

图 17-8　测量两相短路或短路接地故障接线图

（a）两相短路；（b）两相在不同点接地造成短路

3. 三相短路或短路并接地的故障测量

用电桥法测量三相短路或短路并接地的故障时，必须借助于辅助线。如附近有完好的

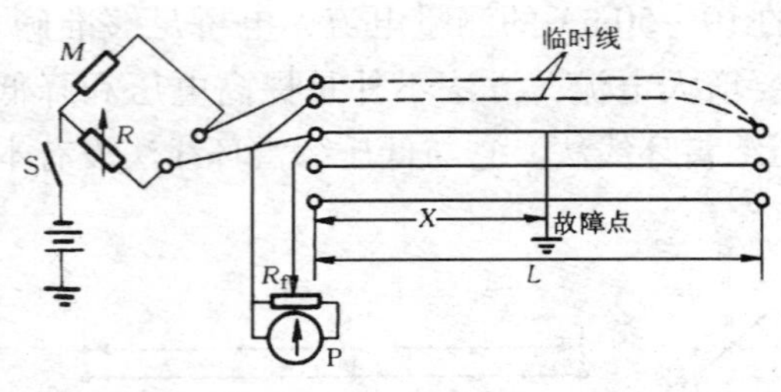

图 17-9　用临时线测量三相接地故障接线

平行电缆线路，可用其一根芯线作辅助线，在末端与故障缆芯任一相（常取绝缘电阻最低的一相）短路构成环线。测量方法与上述单相接地和两相短路的测法相同。如没有平行线路，应布设临时线作辅助线，接法见图 17-9。临时线可用低压塑料二芯线，一芯与阻值较大的 M 桥臂相串联，另一芯接到检流计，这样做测量误差小些。对临时线的截面也无严格要求，只需测出其电阻值。接线时应将临时线的两线芯的另一端同时接往缆芯中绝缘电阻最小的一相。不要在两线芯连好后再用短线接往缆芯。因为这样等于接长了电缆而带来误差。

设 r_1 为临时线单边的电阻值，当电桥平衡时，可得

$$(M + r_1)X = (L - X)R$$

所以

$$X = R \cdot L/[(M + r_1) + R] \tag{17-5}$$

式中　r_1——临时线单边电阻值（Ω）。

如果三根电缆芯不在同一点接地短路，同样可以上述方法，对每一根进行测量，找出它们的故障点。

4. 高电阻的烧穿

用低压电桥测量高阻性故障必须首先将高电阻烧穿为低电阻，但实际上，并不容易把高阻烧成低阻。如果烧穿电流太小，不能达到扩大炭化通道使电阻下降的目的；烧穿电流太大，又可能使炭化通道温度过高而遭到破坏，电阻反而增高。所以，如何迅速有效地烧穿故障点仍需继续研究。

根据现场经验，多认为用高压直流烧穿法比较合理有效，其接线与直流耐压相同。用直流烧穿法可避免无功电流，仅供给流经故障点的有功电流，从而大大减小试验设备的体积，适于现场应用。烧穿开始时，在几万伏电压下保持几毫安至几十毫安电流，使故障电阻逐渐下降。此后，随电流的增加应逐渐降低电压，使在几百伏电压下保持几安电流。在整个烧穿过程中电流应力求平稳，缓缓增大。直流烧穿法的接线与泄漏试验相同，输出电压仍是负极性。由于用直流烧穿法较泄漏试验的电流大，限流水电阻不便使用，可以将操作回路的过流保护调整满足要求；要注意的是试验设备的容量要足够大，否则易损坏。如采用 200～220/50000V、5kVA 的试验变压器，则高压侧的烧穿电流应控制在 0.1A 左右。如采用高压二极管，可选用 2DL100/1 型或 2DL100/0.5 型的（反峰电压 100kV、通流容量 1A 或 0.5A）。为避免给声测法定点带来困难，故障点对地电阻不宜降得太低，1kΩ 左右即可，因电阻下降时故障点的声能也随之下降。

当试验设备容量较小时，常采用直流冲击法，其接线如图 17-10 所示，试验变压器 TT 的高压侧经高压二极管 V 整流产生直流电源，先对电容器 C 充电，充电到球隙 F 击穿时，电容器上的电荷经故障点放电，持续放电一段时间，冲击电流将使炭化通道逐渐扩大，电阻降低。充电电容 C 值可取 2～10μF，应能承受 20～30kV 电压。R 为保护电阻，

常以水阻杆代替，电阻值一般取 0.1 ~ 0.5MΩ。微安表是用于监视回路电流的。S 是微安表的短路开关。如故障电缆较短，冲击的同时还应配合声测法定点仪同时监听，有时能直接探到故障点。

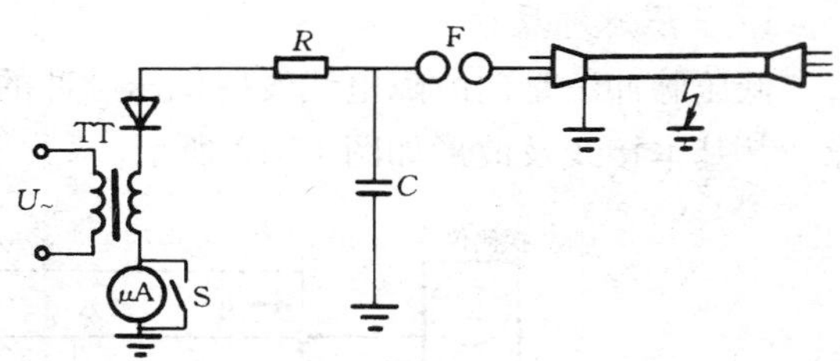

图 17-10　直流冲击法烧穿故障点及声测法定点接线图

5. 高压直流电桥

对稳定性的高阻接地故障，当采用高压直流电桥测量时，它仍应用惠斯登电桥的原理，其接线如图 17-11 所示。只是在结构上采用了滑线电阻 R_2，调节滑动点 C 使电桥平衡，因此又叫滑线电桥（图中 R_1 为检流计 P 的分流器，是调节灵敏度用的）。由于滑线电阻的总数值是固定的，可使其为常数，从而简化了计算，可由滑动点的位置直接得出到故障点的距离占电缆线路全长的比例。

图 17-11 中电桥电阻 R_2 为 100 等分的 3.5Ω 左右的滑线电阻。当电桥在读数为 C 达到平衡时，另一桥臂也应以（100 - C）等分。显然有

$$C/(100 - C) = X/(2L - X)$$

经简化得

$$C/100 = X/2L \tag{17-6}$$

所以

$$X = C2L/100 \tag{17-7}$$

式中　C——滑线电桥的读数；

L——电缆线路全长。

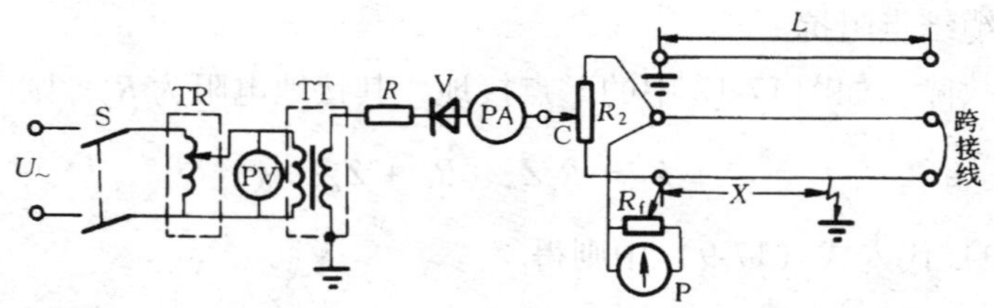

图 17-11　高压直流电桥测量高电阻接地故障接线

TR—调压变压器；TT—试验变压器

使用高压直流电桥要注意安全，对非试验相的缆芯也必须接地，以防产生感应高电压。高压直流电桥只适于测量稳定性接地故障，不适于电缆在高压直流下内部有放电的情况。因为这时电流忽大忽小，间歇性增高，甚至内部闪络击穿使电流剧增，不但测量难以进行，还会损坏检流计。所以在图 17-11 中接入电流表 PA 监视电流，使测量电流稳定在 10 ~ 20mA。

（二）脉冲法

脉冲法的基本探测原理是将电缆认为均匀长线，应用行波理论进行分析研究，并通过观测脉冲在电缆中往返所需时间来计算到故障点距离。该方法能较好地解决高阻和闪络性故障的探测，而且不必过多地依赖电缆长度、截面等原始资料，因而得到越来越多的应用。

1. 低压脉冲反射法

低压脉冲法是向故障电线发射低压脉冲的测距方法，可以用来探测断线和低阻短路故障，其基本接线及波形如图 17-12 所示。

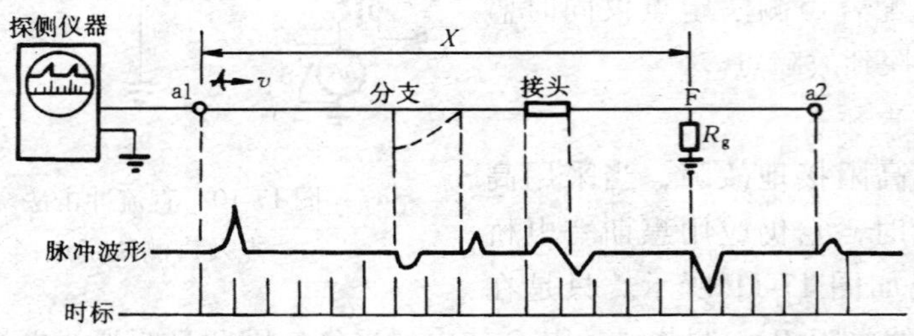

图 17-12　低压脉冲法基本接线与波形

由探测器发出的脉冲将沿缆芯以波速 v 传播，当它到达一个阻抗变化点（如分支、接头、故障点或终端）时，便发生反射。反射脉冲为

$$U_f = mU_t \tag{17-8}$$

式中　U_t——入射波电压；

U_f——反射波电压；

m——反射系数。

反射系数 m 的数值由下式决定

$$m = (Z - Z_c)/(Z + Z_c) \tag{17-9}$$

式中　Z_c——电缆线路波阻抗；

Z——电缆结点阻抗。

若电缆发生故障，如图 17-12 中的 F 点接地，其接地电阻为 R_g，则电缆的结点阻抗为

$$Z = R_g Z_c/(R_g + Z_c) \tag{17-10}$$

将式（17-10）代入式（17-9）中则得

$$m = -Z_c/(2R_g + Z_c) \tag{17-11}$$

由式（17-11）可知，短路时 $Z=0$，$m=-1$，则 $U_f=-U_t$，即意味着反射脉冲为负极性，或称负反射；断线时 $Z=\infty$，$m=1$，而得 $U_f=U_t$，形成正反射，终端和断线情况一样为正反射。

将发射脉冲和反射脉冲都送到示波器显示，测量发射脉冲和反射脉冲之间的时间间隔，并考虑到这是脉冲在 X 段线芯上往返一次的时间，则得

$$X = vT_x/2 \tag{17-12}$$

式中　v——脉冲波传播速度（m/s）；

T_x——脉冲波至故障点发射和反射往返时间（s）。

波在电缆中的传播速度 v，如同电缆的波阻抗一样，是由电缆线路的原始参数决定的。如设单位长电缆的电容和电感为 C_0 和 L_0、线芯周围介质的相对介电常数和相对导磁

率分别为 ε_r 和 μ，则电缆的波阻抗 $Z_c=\sqrt{\frac{L_0}{C_0}}$，通常为 25 ~ 50Ω；电缆的波速 $v=\frac{1}{\sqrt{L_0C_0}}=\frac{1}{\sqrt{\varepsilon\mu}}$，约为光速的一半左右（即 150m/μs）。为了更准确的计算，就必须查明被测电缆的 L_0 和 C_0 值，或直接测量。

低压脉冲法的主要缺点是不能测高阻性故障和闪络性故障，因此，低压脉冲法的使用受到了限制。

2. 高压脉冲反射法

高压脉冲法主要用来探测高阻性短路或接地故障及闪络性故障，这些故障通常发生在中间接头或终端头。高压脉冲法是一种无烧穿故障点的测距方法，应用日渐广泛。目前使用的试验接线，记录的是冲击电压波形，如直流闪络法（直闪法）就是其中的一种，现介绍如下。

直流闪络法适用于闪络性故障和伴有闪络的高阻性故障，试验接线如图 17-13 所示。测量时，在故障电缆芯上加负极性直流高压，当电压慢慢升到某一数值时故障点闪络。电缆芯电位由负值跃变到零，相当于在故障点产生一个正跃变电压。这一跃变电压沿电线向两端传播，形成两个跃变电压波，并分别在 FA1 和 FA2 间来回反射。将示波器 PS 经隔直电容 C 和 R_1、R_2 组成的分压器接于首端，理想情况下可观察到如图 17-14 所示的波形。设 t_1 是闪络瞬间，送出的跃变电压波在 t_2 到达首端驱动闪测仪扫描；t_3 时反回 F 点；t_4 时又到达 A1 点，再次被反射，从而形成多次反射的振荡。设 Δt 是波在 F 与 A1 间单程传播时所需时间（即 $\Delta t=t_1-t_2=\cdots$），X 是其间距离，则应有

$$X=\Delta t\cdot v$$

又由图 17-14（a）振荡波形可见

$$T_x=4\Delta t$$

所以
$$X=T_x\cdot v/4 \tag{17-13}$$

实际上由于触发扫描的延迟，t_2 点不易辨认，故常从 t_4 点取半个或一个周期 T 计算，如实测波形图 17-14（b）、（c）所示。如用具有负返时功能的数字式录波器，则可以从 t_2 计算。

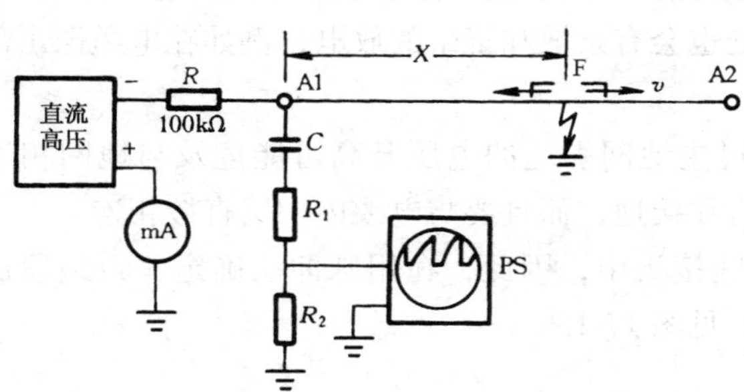

图 17-13　直流闪络法接线

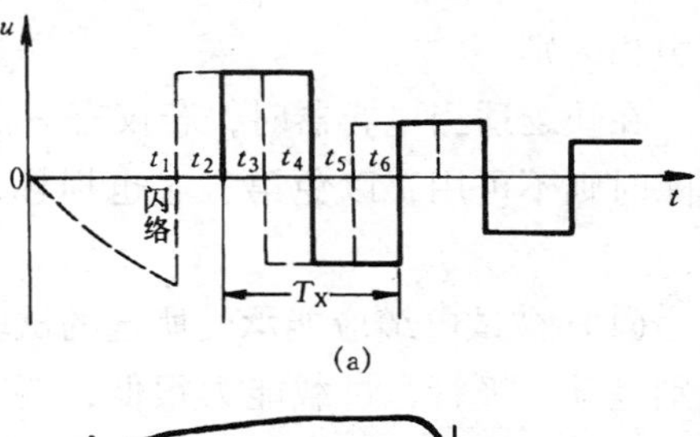

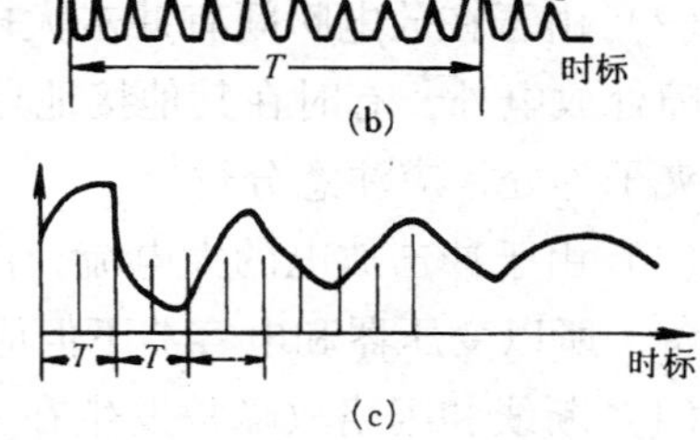

图 17-14　直流闪络法测量波形图

（a）理想波形；（b）实测快扫描波形；（c）实测慢扫描波形

三、定点

测距只能估计故障区段，实际工程中要求更精确地判定故障地点以减少挖掘量。因此，在开挖前要先定点，即用仪器在可疑地段寻测，确切判定故障的实际位置。测量的绝对误差应不大于1m。对长度仅为数十米的短电缆，可不必初测而直接定点，且故障多在终端头。即使长达数百米的电缆，如需烧穿测距，也宜在烧穿前用声测法测量定点，以防电阻降得过低而破坏了声测的条件。定点的方法有许多种，包括声测法、感应法、探针法和电流方向法等。

（一）声测法

声测法灵敏可靠，较为常用，除接地电阻特别低（小于50Ω）的接地故障外，都能适用。声测法的原理接线与高压脉冲反射法类似，见图17-15（a）。当高压电容器C充电到一定电压时，球间隙击穿，电容器电压加在故障电缆上，使故障点与间隙之间击穿，产生火花放电，引起电磁波辐射和机械的音频振动。声测法的原理就是利用放电的机械效应，即电容器储藏的能量在故障点以声能形式耗散的现象，在地表面用声波接收器探头拾取震波，根据震波强弱判定故障点。声波接收器由压电晶体拾音器、放大器和耳机组成。当放电能量足够大时，简单的振膜式听棒就可直接听音，而不受电磁干扰，相当准确。这种听棒实际上就是一根金属管，一头接触地面，另一头做成喇叭形，上覆铁皮薄膜以供测听。测听时应仔细辨别声音大小，最响点才是故障点。

为了获得足够的声能，仅靠整流装置输出的约0.1A的电流是不够的，故接入高压电容器储藏电能，在故障点间隙击穿时电容器瞬间冲击放电，电容量越大储能就越大，可保证在放电瞬间释放出足够的能量。通常选用$C=1\sim10\mu F$。球间隙放电电压调到20～30kV（对6～10kV电缆），放电时间间隔为1.5～6s，放电太快易损坏设备，太慢则不易与环境噪声相区别。

在缺乏适当电容器时，若仅有一根缆芯有故障，还可用另一芯作为电容器。但两芯有故障时则不可用，以免第三芯也损坏，给电桥测量增添困难。采用声测法应注意以下几点。

（1）被试电缆应能承受所选的试验电压不致产生新的故障，试验设备应有足够容量，特别是硅二极管，过载能力很低，要有充分的裕度。如试验设备容量不够，可采取加压15min、间歇5min的方法，同时监视调压器和电源线的温度。

（2）由于在放电瞬间有冲击大电流从故障点流经护层，使护层电位瞬时抬高，因此除故障处放电外，有时在其他接地点处也会有杂散和寄生的放电，例如在电缆裸出部分的金属夹子等处，应注意分辨。

（3）由于冲击放电的大电流，流过主地网引起的电压升高可能危及与地网相连的其他设备，所以变压器和电容器不但应可靠接地，而且要与电缆内护层直接相连。

（4）断线和闪络故障常发生在中间接头中，因此，在用脉冲法确定大致地段后，可用声测法定点，并着重检查中间接头，见图17-15。

（二）音频电流感应法

这一定点方法适于电阻较低的相间故障，包括两相短路、两相短路并接地、三相短路及三相短路并接地。但通常不能用于单相接地故障，因为电缆头金属护套一般均在两端接地，因此从信号发生器来的音频电流在故障点分成两边往回流，在接地点任一侧的信号都不发生变化。

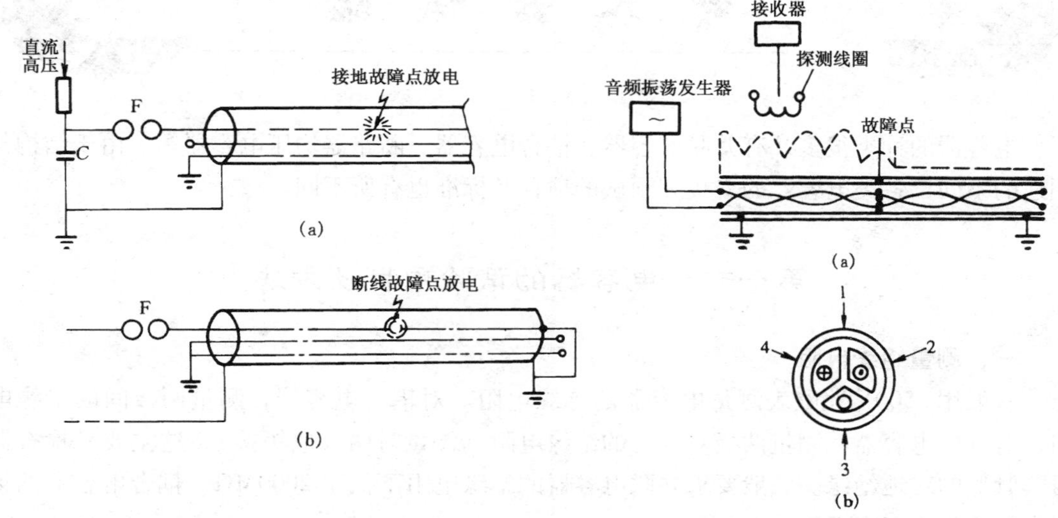

图 17-15　电容放电声测定点法接线图
（a）接地故障；（b）断线故障

图 17-16　音频感应法定点原理图
（a）两相短路并接地故障；
（b）两芯电缆的信号强度在各方向的变化
1、3—探测线圈信号最小；2、4—探测线圈信号最大

音频感应法定点原理见图 17-16。测量设备包括音频振荡发生器、探测线圈、接收器、耳机或仪表等。感应法的原理主要基于电流的磁效应，通过检测电缆沿线磁场的起伏变化规律来确定故障点。试验时，在故障电缆的两芯间通入音频电流，电流从一导体进，经故障点从另一导体返回。往返电流的磁效应是趋于相互抵消的。但由于线芯间有点距离，使两电流的合成磁场得以存在并随着线芯的扭绞而扭变。在地面上用探测线圈和接收器可检测出合成磁场，并在沿线前进时收到的信号将随线芯排列的位置不同而起伏变化。此时如在故障点后音频信号突然中断，则可确认故障点就在音频信号中断处。

提高感应法效果的途径，是增加信号源的输出功率和改善接收系统，例如在音频振荡发生器之后接功率放大器。为提高抗干扰能力，接收器可采用差动探测线圈，它是在一根棒上装两个探测线圈，以相反的极性接至差动变压器，两线圈间的距离可以调整，当调至电缆芯的扭绞节距的一半时为最佳使用条件。当差动探测线圈和电线平行放置并沿电缆移动时，由于穿过两个线圈的扭绞而磁场方向相反，感应电势的相位相差 180°，故进入差动变压器的两个信号相加，提高了灵敏度。而干扰磁场是以相同方向和近似相等的强度穿过两个探测线圈，因此感应电势相互抵消。

第十八章 电 容 器 试 验

电容器的种类很多，有并联电容器、耦合电容器、断路器均压电容器等。由于结构与用途的不同，各类电容器的交接和预试的项目及标准也有所不同。

第一节　电容器的试验项目及方法

一、测量绝缘电阻

一般用2500V兆欧表测量电容器的绝缘电阻。对耦合电容器，测量两极间的绝缘电阻；对并联电容器，测量两极对外壳的绝缘电阻（测量时两极应短接），这主要是检查器身套管等的对地绝缘。一般要求并联电容器的绝缘电阻不低于2000MΩ，耦合电容器的绝缘电阻不低于5000MΩ。

测量时应注意的是：在测量前后均应对电容器充分放电；测量过程中，应先断开兆欧表与电容器的连接再停止摇动兆欧表的手柄，以免电容器反充放电损坏兆欧表。

二、测量极间电容量

（一）电流电压表法

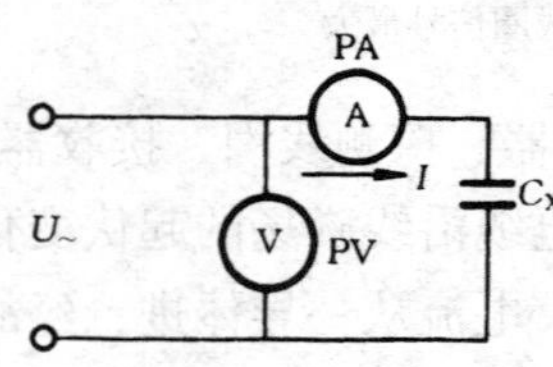

图18-1　用电流、电压表法测量电容量接线

用电流、电压表法测电容量的接线，如图18-1所示，测量电压取（0.05～0.5）U_n，额定电压U_n较低的电容器应取较大的系数。测量时要求电源频率稳定，并为正弦波。所用电流、电压表均不低于0.5级。

加上试验电源，待电压、电流表指针稳定以后，同时读取电流和电压。当被试品的容抗较大时，电流表的内阻可以忽略不计，其被测电容为

$$C_X = I \cdot 10^6 / 2\pi f U \tag{18-1}$$

式中　I——通过被试电容器的电流（A）；

U——加于被试电容器的试验电压（V）；

f——试验电源的频率（Hz）；

C_X——被测电容量（μF）。

（二）双电压表法

双电压表法的试验接线，如图18-2所示。

图18-2　双电压表法测电容量的原理接线
（a）接线图；（b）相量图

由图 18-2（b）可知，$\dot{U}_2=\dot{U}_1+\dot{U}_C$，故有

$$U_2^2=U_1^2+U_C^2=U_1^2+\frac{I_C^2}{(\omega C_X)^2}$$

$$=U_1^2+\frac{\left(\frac{U_1}{r_V}\right)^2}{(\omega C_X)^2}=U_1^2\left[1+\frac{1}{(r_V\omega C_X)^2}\right]$$

$$\frac{U_2^2}{U_1^2}-1=\frac{1}{(r_V\omega C_X)^2} \tag{18-2}$$

$$C_X=\frac{10^6}{\omega r_V\sqrt{\left(\frac{U_2}{U_1}\right)^2-1}}$$

式中　r_V——电压表 PV1 的内阻（Ω）；

U_1、U_2——电压表 PV1、PV2 的读数（V）；

C_X——被测电容器的电容量（μF）。

（三）用电桥法测量电容量

耦合电容器电容量的测量可在测量 tgδ 时一并进行，现行“标准”规定运行中耦合电容器的 tgδ 不大于 0.5%（油纸绝缘）及 0.2%（膜纸复合绝缘），测量方法见第四章。

测得的电容值与额定值比较，其偏差应不超出 -5% 及 +10%。

（四）星形和三角形连接的三相电容器电容量的测量和计算

星形和三角形连接的三相电容器，可采用电流、电压表法或电桥法测量电容量的试验接线和计算方法，如表 18-1 和表 18-2 所示。

表 18-1　三角形接线电容量的测量接线及计算

测量序号	接线方式	短路线端	测量线端	测量电容	计算电容
1	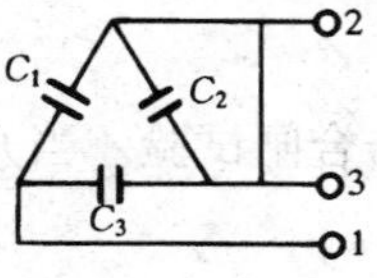	2、3	1—2、3	$C_{1-23}=C_1+C_3$	$C_1=\frac{1}{2}(C_{1-23}+C_{2-31}-C_{3-21})$
2	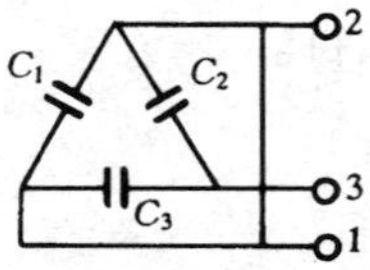	1、2	3—1、2	$C_{3-12}=C_2+C_3$	$C_2=\frac{1}{2}(C_{3-12}+C_{2-31}-C_{1-23})$
3	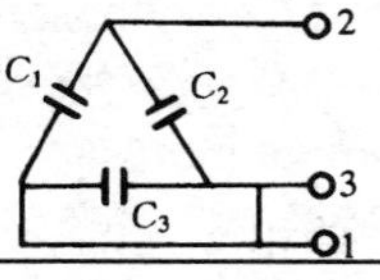	3、1	2—3、1	$C_{2-31}=C_1+C_2$	$C_3=\frac{1}{2}(C_{1-23}+C_{3-12}-C_{2-31})$

表 18-2　　星形接线电容量的测量及计算

测量序号	接线方式	测量线端	测量电容	计算电容
1	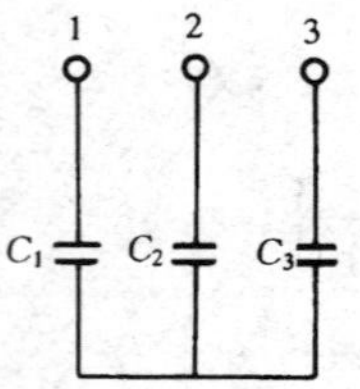	1—2	$\frac{1}{C_{12}}=\frac{1}{C_1}+\frac{1}{C_2}$	$C_1=\frac{2C_{12}C_{31}C_{23}}{C_{31}C_{23}+C_{12}C_{23}-C_{12}C_{31}}$
2		2—3	$\frac{1}{C_{23}}=\frac{1}{C_2}+\frac{1}{C_3}$	$C_2=\frac{2C_{12}C_{31}C_{23}}{C_{31}C_{23}+C_{12}C_{31}-C_{12}C_{23}}$
3		3—1	$\frac{1}{C_{31}}=\frac{1}{C_3}+\frac{1}{C_1}$	$C_3=\frac{2C_{12}C_{31}C_{23}}{C_{12}C_{23}+C_{12}C_{31}-C_{31}C_{23}}$

（五）并联电容器的交流耐压试验

并联电容器的极间一般不作交流耐压试验，只有出厂型式试验或返修后才进行。如果需要作极间交流耐压，而试验设备容量又不够时，可采用补偿的办法来解决（详见第二节试验实例）。

当进行交流耐压有困难时，可用直流耐压代替，其试验标准如下：

极间交流耐压 2. 15U_n，持续时间 10s；

极间直流耐压 4. 3U_n，持续时间 10s。

其中 U_n 为电容器额定电压的有效值。

并联电容器两极对外壳的交流耐压试验，与其他设备的交流耐压相同（详见第五章），试验标准如表 18-3 所示。

表 18-3　　两极对外壳的交流耐压试验标准

额定电压（kV）	<1	1	3	6	10	15	20	35
出厂试验电压（kV）	3	5	18	25	35	45	55	85
交接试验电压（kV）	2. 2	3. 8	14	19	26	34	41	63

当试验电压与表 18-3 不同时，交接时的耐压值可取出厂试验电压的 75%。

（六）并联电容器的冲击合闸试验

交接时应在电网额定电压下，对并联电容器组进行三次冲击合闸试验。当开关每次合闸时，熔断器不应熔断，电容器组各相电流的差值不应超过 5%。

此外，对于并联电容器极间介质损耗和热稳定试验，只有在出厂试验或分析事故等特殊情况下才进行，它是保证电容器质量和安全运行的重要试验项目。

第二节　试　验　实　例

对一台 YYW10. 5-400-1 型并联电容器的鉴定试验：

1. 铭牌数据

型号　　YYW10. 5-400-1 型　　相数　　单相

额定容量 400kvar 额定频率 50Hz

额定电压 10.5kV 标称电容 11.55μF

额定电流 38.1A 温度类别 -40/+40℃

2. 测量两极对外壳的绝缘电阻

将电容器两极短接，用2500V兆欧表测量，耐压前后测得两极对外壳的绝缘电阻数值均为2000MΩ，测量温度为40℃。

3. 测量极间电容量

极间工频交流耐压试验前后，在被试电容器的额定频率、额定电压下，用A-500型电桥和电流、电压表法同时测量极间电容，测量结果如表18-4所示。表中C_{X1}、C_{X2}的计算公式为

$$C_{X1}=C_N\frac{R_4(100+R_N+R_3)\times10^{-6}}{R_N(R_3+R_S)} \tag{18-3}$$

$$C_{X2}=\frac{I_C\times10^6}{2\pi fU_T} \tag{18-4}$$

式中 C_{X1}、C_{X2}——分别为电桥法、电流电压表法测量的电容（μF）；

C_N——电桥的标准电容，101.47μF；

R_N——外接分流电阻，0.01114Ω；

R_3、R_S——均为桥臂电阻（Ω）；

R_4——$1000/\pi=318.3\Omega$。

极间电容测量值见表18-4。由表18-4可见，交流电桥和电流电压表法的测量结果，最大互差为0.47%，这说明测量是准确的；耐压前后电容值之差（电桥法）最大未超过0.2%，在电桥测量误差（±0.5%）范围以内；实测电容与标称电容之差未超过10%，符合技术标准要求。

表18-4 **极间电容测量值**

试验电压 U_T (kV)	电容电流 I_C (A)	电源频率 f (Hz)	实测电容计算值（μF）						实测电容与标称电容之差（%）
			交流电桥法				电流电压表法		
			耐压前		耐压后		耐压前	耐压后	
			R_3+S	C_{X1}	R_3+S	C_{X1}	C_{X2}	C_{X2}	
10.5	35.5	49.97	36.837	10.71	36.786	10.72	10.76	10.76	-7.2

4. 极间介质损耗角正切值tgδ（%）与试验电压U_T关系曲线的测绘

在极间工频交流耐压试验过程中，以额定电压U_n的0.25倍的阶梯上升到$1.5U_n$，然后以同样的阶梯下降，并分别测出每个阶梯的tgδ（%）值，其试验电压U_T为：

$0.25U_n$ $0.5U_n$ $0.75U_n$ $1.0U_n$ $1.25U_n$ $1.5U_n$（升压）

$1.25U_n$ $1.0U_n$ $0.75U_n$ $0.5U_n$ $0.25U_n$（降压）

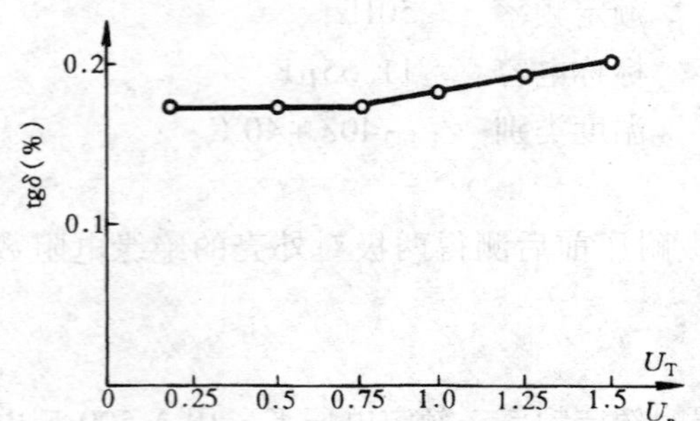

图 18-3 tgδ（%）与试验电压 U_T 的关系曲线

U_n—被试电容器额定电压；U_T—试验电压

由 U_T 升压时各阶梯的 tgδ 值，可给出 tgδ（%）与试验电压 U_T 的关系曲线，如图 18-3 所示。

图 18-4 的外接分流器的直流电阻 $R=0.01114\Omega$（13℃时），电感 $L\approx 6\times 10^{-6}$ H（估算值），载流截面 $S\approx 30\text{mm}^2$，材料为 ϕ2.0mm 的锰合金丝。用 A-500 型交流电桥（外接自制分流器）测量 tgδ（%）时，其试验接线如图 18-4 所示，试验数据见表 18-5。

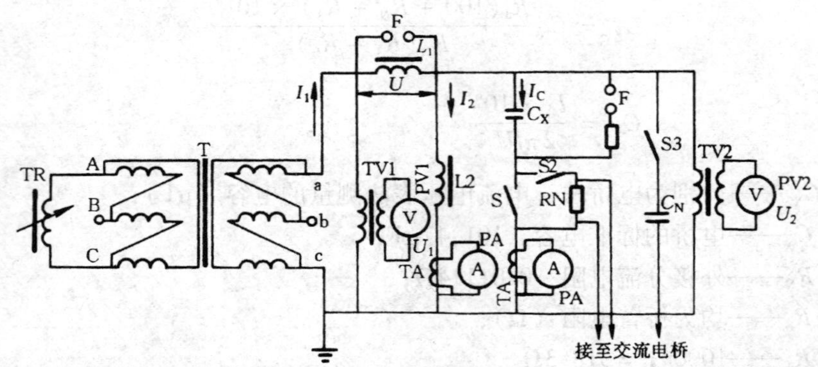

图 18-4 极间交流耐压、tgδ 和电容量测量接线图

表 18-5　　极间 tgδ（%）与试验电压 U_T 的试验数据

U_T/U_n		0.25	0.5	0.75	1.0	1.25	1.5	1.25	1.0	0.75	0.5	0.25
试验电压（kV）		2.62	5.25	7.88	10.5	1.31	15.75	13.1	10.5	7.88	5.25	2.62
13℃时 tgδ（%）	指示值	0.14	0.14	0.14	0.15^-	0.15^+	0.16^+	0.15^+	0.14^+	0.14	0.14	0.14
	更正值	0.17	0.17	0.17	0.18^-	0.18^+	0.19^+	0.18^+	0.17^+	0.17	0.17	0.17
频率 f（Hz）		49.99	49.97	49.97	49.97	49.97	49.93	49.95	49.95	50.01	50.01	50.01
电容电流 I_C（A）		7.0	16.5	26.0	35.5	44.0	54.0	45.0	35.5	26.5	17.0	8.0

表 18-5 中，tgδ（%）指示值为电桥的读数，更正值为校正后被试电容器的实际值（考虑电桥读数、标准电容器、交流分流器及测量回路所引起的测量误差，经校核估算约 -0.03%）。tgδ（%）值右上角标的 +、- 号表示略大于或略小于该数值（因电桥测量精度不够），绘制曲线时取平均值。

由图 18-3 可见，在额定频率、额定电压下 tgδ（%）小于 0.3%，符合“标准”要求；极间交流耐压前后 tgδ（%）无明显变化，且 tgδ（%）与试验电压 U_T 的关系曲线比较平坦，无明显上翘现象，也即在 $1.5U_n$ 以下未发现明显游离。

5. 极间工频交流耐压试验

由于此项试验所需无功容量较大，不能用一般的试验方法来做，为此可利用串联谐振的试验方法，测量接线如图 18-4 所示。图中，消弧线圈 L2 与电容器并联，用以补偿电容电流，且使其并联后仍为容性，然后再与消弧线圈 L1 串联，L1 用于电压补偿，这样能用较低的电源电压和较小的电流来满足试验电压较高、电流较大的被试品的试验要求。

图 18-4 中 TR 为 200kVA、6.3/0—6.6kV、34.2/30.3A 移圈调压器；T 为 560kVA、10.5/6.6kV、30.8/51.4A 隔离变压器；L1 为 1100kVA、22.2kV、25 ~ 50A 消弧线圈，调至第九分接；L2 为 1100kVA、22.2kV、25 ~ 50A 消弧线圈，调至第六分接头，感抗为 565Ω（试验值）；C_X 为被试电容器（11.55μF，$X_C = 275\Omega$）；C_N 为标准电容器（75kV，101.47pF）；R_N 为交流分流器；TV1 为测量用 6000/100V、0.5 级电压互感器；TV2 为测量用 35000/100V、0.5 级电压互感器，TA 为测量用 100/5A、0.5 级电流互感器，r 为 20 ~ 50Ω（水阻）阻尼电阻；F 为保护球间隙，直径 $D = 6.25$cm；S1 ~ S2 为开关。U_1 为电源电压；U_2 为加在被试电容器上的电压；U 为补偿电压；I_1 为试验变压器的电流；I_2 为补偿电流；I_C 为被试电容器的电容电流。

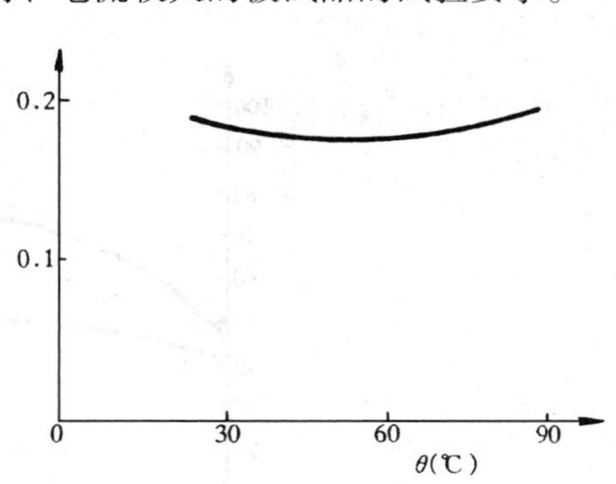

图 18-5 tgδ（%）与温度 θ 的关系曲线

试验时在被试电容器两极间施加 2.15 倍额定电压，持续 10s，应无放电和击穿现象。

6. 两极对外壳的工频交流耐压试验

将被试电容器的两极连接在一起，外壳接地，用一般的耐压试验方法，对电容器两极逐步加至试验电压，并持续 1min，试验结果见表 18-6。

表 18-6 两极对外壳交流耐压试验结果

试验电压 U_T (kV)	电容电流 I_C (A)	持续时间 (min)	试品温度 (℃)	结果
35	150	1	40	良好

7. 热稳定试验

将被试电容器置于具有正常冷却条件的封闭装置中，保持被试电容器周围空气温度为 45 ± 1℃（即比被试电容器温度类别的上限高 5℃），当被试电容器各部分均达到此温度后，在电容器的极间施加额定频率的正弦波试验电压 U_T，其值 U_T 为

$$U_T = 1.2U_n\sqrt{1.1C_N/C_X}$$

式中 U_n——被试电容器的额定电压（kV）；

C_N——被试电容器的标准电容值（μF）；

C_X——实测电容值（μF）。

在此电压下持续 48h，每隔 2h 测一次被试电容器的 tgδ（%）及被试电容器内部最热点的温度（电容器内部温度的测量，是由预埋设的两只热电偶测温组件测量的），根据测

得的数据绘出 tgδ（%）与电容器内部最热点温度 θ 的关系曲线，如图 18-5 所示。绘出内部最热点温度与加压时间 t 的关系曲线和 tgδ（%）与加压时间的关系曲线，如图 18-6 所示。

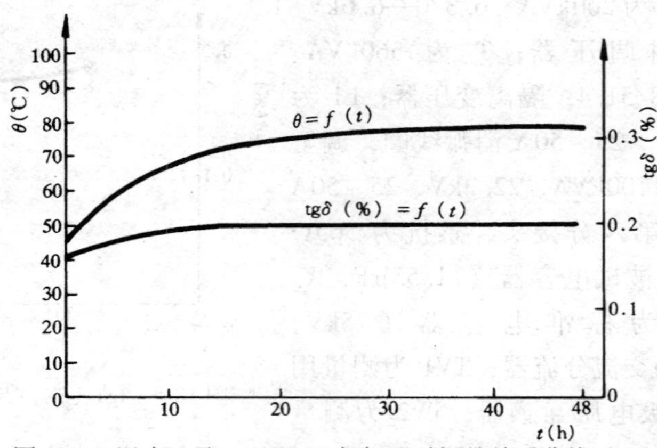

图 18-6　温度 θ 及 tgδ（%）与加压时间的关系曲线

从图 18-5 看出，电容器的 tgδ（%）基本上不随温度升高而增加。由图 18-6 中 tgδ（%）及内部温度与加压时间的关系曲线看出，在持续加压 48h 内的最后 10h，温度与 tgδ（%）均能保持稳定，说明该电容器热稳定性能良好，所用材质及制造工艺也是良好的。

由以上试例说明，采用串、并联电感补偿的方法做并联电容器的极间耐压试验，能满足试验要求。

第十九章

避雷器试验

避雷器是一种过电压保护装置，当电网电压升高达到避雷器规定的动作电压时，避雷器动作，释放过电压负荷，将电网电压升高的幅值限制在一定水平之下，从而保护设备绝缘不受损坏。而实际上避雷器也并非避免雷击，而是将雷击引起的过电压限制到绝缘设备所能承受的水平，除了限制雷击过电压外，有的还能限制一部分操作过电压。

由于输电线路上有电压降落，因此线路的供电端和受电端的电压是不相同的。系统最高运行电压 U_m 与系统额定电压 U_n 的关系可用式 19-1 表示，即

$$K = \frac{U_m}{U_n} \tag{19-1}$$

电气设备的绝缘应能在 U_m 下长期运行；按我国标准，220kV 及以下系统 $K=1.15$，330kV 及以上系统 $K=1.1$。

而当电压超过 U_m 时即称为过电压，讨论过电压倍数均以 U_m 的峰值作为基准值。系统相对地电压峰值可用式（19-2）表示，即

$$U_{pu} = \frac{\sqrt{2}U_m}{\sqrt{3}} \tag{19-2}$$

电力系统过电压可分为三类：

（1）暂时过电压。这类过电压一般由单相接地、甩负载或谐振等原因引起，持续时间较长。

避雷器的灭弧能力和热容量不允许避雷器限制暂时过电压，因而避雷器的灭弧电压应高于安装点的暂时过电压。

（2）操作过电压。正常操作或事故时，会使系统由一种稳定状态转变为另一种稳定状态，因而产生电磁暂态过程，从而产生过电压。

对于线路合闸、重合闸时出现的这种过电压，最有效的限制措施是断路器采用合闸电阻，避雷器只是后备的保护装置。

（3）雷电过电压。它分为以下三种：

1）感应雷过电压。在输电线附近放电，对 35kV 及以下电网才有危险。

2）雷击输电线路导线。

3）雷击避雷线或杆塔引起的反击，关键在于杆塔本身的电感和接地电阻，通常要求杆塔接地电阻 $<10\Omega$。

第一节　避雷器的型式、基本结构和特性参数

避雷器按结构分为保护间隙和管式避雷器、阀式避雷器（配电型 FS、变电所型 FZ）、

磁吹阀式避雷器和金属氧化物避雷器。

一、保护间隙

保护间隙通常做成角形，有利于灭弧。过电压作用时由于间隙下部的距离最小，所以该处先发生放电。放电所产生的电弧高温使周围空气温度剧增，热空气上升时把电弧向上吹，使电弧拉长。此外，电流从电极流过时，电弧到另一电极形成回路，使电弧电阻增大。当电弧拉伸到一定长度时，电网电压不能维持电弧燃烧，电弧就熄灭了。

在中性点不直接接地系统中，一相保护间隙动作时因电容电流较小能自行灭弧；但在两相或三相同时动作时，或中性点直接接地情况下，因流过保护间隙的是工频短路电流，则不能自行熄弧，而引起跳闸，所以一般应用自动重合闸加以配合。

因保护间隙不能切断工频短路电流，因此大多数情况已被其他避雷器所取代，仅在特殊情况下使用。

二、管式避雷器

管式避雷器克服了保护间隙不能熄灭工频短路电流的缺点。管式避雷器及间隙装在用产气材料制成的管内，其结构图如图19-1所示。

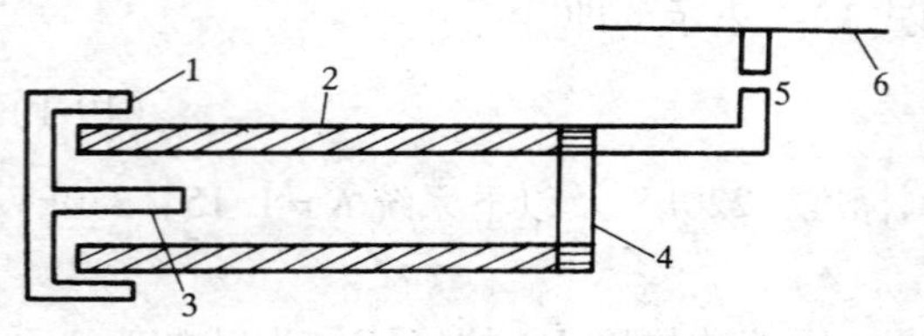

图 19-1　管式避雷器结构图

1—储气室；2—产气管；3—内电极；4—喷口；5—外间隙；6—高压线

管式避雷器的缺点是不容易实现强制灭弧，而且其伏—秒特性陡，放电分散性大，动作时产生截波，因此一般不能用于保护高压电器设备的绝缘。在高压电网中，只用作线路弱绝缘保护和变电所进线保护。

新型管式避雷器用作农村电网配电设备保护，在两电极之间有一个与产气管内壁紧配合的产气芯棒。雷电过电压作用时，沿芯棒和管壁间狭缝发生放电，冲击电弧与产气材料紧密接触，因而产生大量气体。由于缝隙中空间极小，所以气压极高，其灭弧能力比一般管式强得多。它与原有管式避雷器的区别是：原管式避雷器一般靠工频短路电流的电弧产气来达到灭弧目的，而新型管式避雷器是靠雷电流产气来灭弧。

保护间隙与管式避雷器相比，是由多个电场较均匀的小间隙串联起来使用的。其优点是：①灭弧性能比一个长间隙好；②电场比较均匀，伏秒特性平坦，放电分散性小。其缺点是：①电压分布不均匀，如图 19-2 所示。因各间隙对地杂散电容 C_e 的存在，使沿间隙的串联电压分布不均匀，接近高压端间隙上的电压最高；②灭弧不利，工频续流第一个半波过零时，各个间隙恢复电压分布不均匀；③工频放电电压下降，特别是在淋雨、污秽等情况下。

为克服这些缺点，阀式避雷器采用间隙并联电阻（非线性并联电阻），它解决了均压效果与热容量之间的矛盾。电阻非线性系数 $\alpha = 0.35 \sim 0.45$。

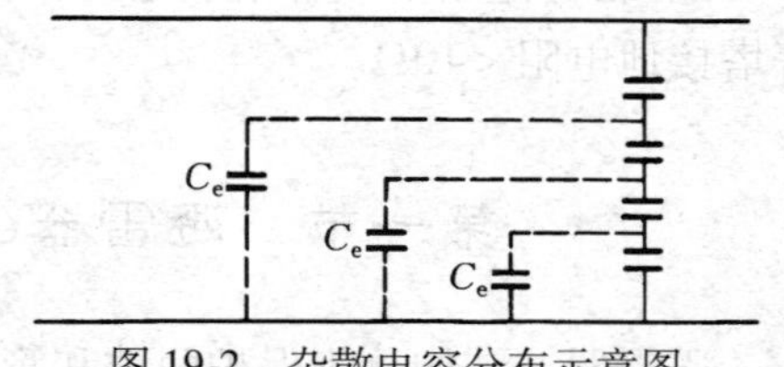

图 19-2　杂散电容分布示意图

三、阀式避雷器

（一）阀式避雷器结构

阀式避雷器是由火花间隙和非线性电阻片（阀片）串联后叠装在密封的瓷套内，电站型阀式避雷器还装有与火花间隙相并联的非线性电阻，其目的是使工频电压沿间隙分布均匀。

火花间隙采用固定短间隙（0.1mm～几毫米），其伏安特性较为平坦，放电电压分散性较小，火花间隙的功能是在正常运行时使阀片与电源隔断，出现过电压时才放电，过电压消失时灭弧，其灭弧介质一般用干燥空气或充氮。

阀片和非线性电阻均用碳化硅和结合剂经烧炼制成。

除了间隙的结构不同外，阀式避雷器串入了阀片，阀片的串入能够限制工频续流，有利于间隙灭弧，同时，还解决了灭弧与保护特性间的矛盾。

现以 FS 型线路用阀式避雷器为例说明。

设计时规定：灭弧电压下的续流峰值电流为 50A，决定残压时的雷电流为 5kA（200kV 及以下的避雷器也如此）。如果用线性电阻 R，则

$$U_e = I_f R \tag{19-3}$$

$$U_r = I_r R \tag{19-4}$$

上两式中　U_e——灭弧电压；

U_r——残压；

I_f——续流；

I_r——雷电流。

将式（19-5）除以式（19-4），得

$$\frac{U_r}{U_e} = \frac{I_r}{I_f} = \frac{5000}{50} = 100 \tag{19-5}$$

即残压为灭弧电压的 100 倍。以 FS-10 为例，$U_e = 18\text{kV}$，而残压 $U_r = 1800\text{kV}$，非线性系数 α 取 0.2 左右，使用非线性电阻，其电压低时电阻大，电压高时电阻小，虽然 $\frac{I_r}{I_f} = 100$，但 $\frac{U_r}{U_e} = \frac{cI_r^a}{cI_f^a} = \left(\frac{I_r}{I_f}\right)^a$，其值不大（$c$ 为常数）。

U_r 与 U_e 的比值称为阀式避雷器的保护比，所以 $\frac{U_r}{U_e}$ 值不大，即解决了灭弧与保护特性间的矛盾。有非线性电阻后，其动作时不产生截波，避免了对变压器等有绕组的电气设备可能造成的损坏。

（二）阀式避雷器的电气特性

阀式避雷器的电气特性主要由以下几个主要参数来表述：

（1）额定电压。指使用避雷器的电力系统的标称电压，如 10、35、220kV 等。国际标准的额定电压是指灭弧电压。

（2）灭弧电压。指在保证灭弧条件下，加在避雷器上的允许最高工频电压。超过灭弧电压，避雷器将不能灭弧而爆炸。因为系统情况的不同，如 10kV 级的灭弧电压常取系

统最高电压的1.1倍，而35kV级的灭弧电压常取系统最高电压，但110kV及以上灭弧电压常取系统最高线电压的80%。

这些数值都是根据系统单相接地所引起的最大暂时过电压值来确定的，灭弧电压值必须高于安装点的暂时过电压，因为目前避雷器灭弧性能和热容量不允许避雷器限制暂时过电压。

（3）工频放电电压。指加在避雷器两端使间隙发生放电的工频电压有效值。一般以平均值的（±7%～10%）规定其上下限。

上限：当避雷器结构一定时，其冲击系数就为一定值，如果工频放电电压上限值不超过一定值，其冲击放电电压也不会超过规定值（这样可省去冲击放电电压试验，只做工频放电电压试验）。

下限：可保证避雷器在大多数操作过电压下不动作，保证避雷器能可靠灭弧。

（4）切断比。切断比的表达式为

$$k = \frac{\text{工频放电电压下限}}{\text{灭弧电压}}$$

一般切断比大于1。越接近1，灭弧性能越好。因为续流过零后，间隙中介质强度的恢复需要一定时间，所以允许的最大恢复电压（灭弧电压）比工频放电电压要低些。

（5）冲击放电电压。如果冲击放电电压与冲击残压越小，则被保护设备的绝缘水平就可以越低。

（6）通流容量。它表示阀片耐受通过电流的能力。一般在18/40μs冲击电流和2000μs方波电流下来校验。

四、磁吹阀式避雷器

磁吹阀式避雷器的基本原理和普通阀式避雷器相同，主要是通过改进间隙来改善避雷器的保护性能。

磁吹避雷器是利用原有间隙串磁吹线圈，利用雷电流自身能量在磁吹线圈中产生磁场，驱动并拉长电弧，使电弧长度长达间隙刚击穿时电弧起始长度的数十倍。由于电弧驱入灭弧盒狭缝并受到挤压和冷却，使弧电阻变得很大；同时，电弧被拉到远离击穿点的部位，使击穿点的绝缘程度得到很好的恢复，从而大大提高了间隙的灭弧能力，阀式避雷器的灭弧电流可达450A，而一般阀式避雷器为50～80A。如图19-3所示为避雷器伏安特性示意图。曲线1为普通阀式避雷器，曲线2为磁吹阀式避雷器。由图可见，灭弧电压下的续流 $I_2 > I_1$；标称雷电流下残压 $U_2 < U_1$。

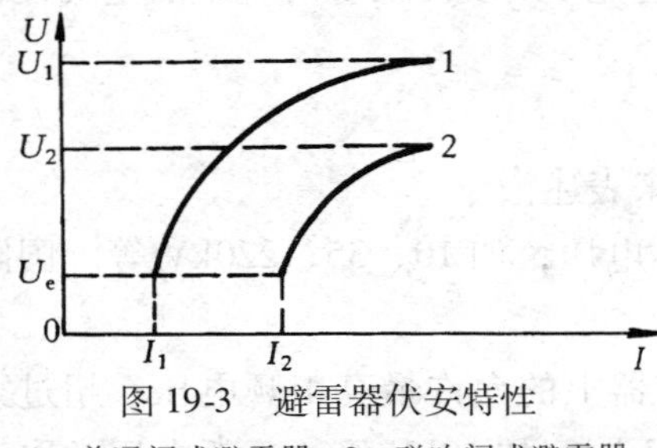

图19-3　避雷器伏安特性
1—普通阀式避雷器；2—磁吹阀式避雷器

避雷器的保护特性主要取决于残压，所以采用磁吹间隙可有效地改善保护特性。

普通阀式避雷器和磁吹阀式避雷器在运行中应注意以下几个问题：

（1）避雷器的正常运行电压应低于避雷器的灭弧电压。

（2）不能限制谐振过电压。

（3）长期运行会使非线性电阻老化，其电阻增加，电导电流下降，必须每年进行预防性试验，测量电导电流并逐年比较其变化情况。

（4）密封不良将使避雷器内部受潮，阀片受潮后，使冲击残压升高，非线性电阻受潮则电导电流增大，使避雷器在正常运行电压下发热损坏。

（5）每年雷雨季节前应检查整修，并进行试验。

（6）瓷套表面应保持清洁，瓷表面污秽将影响火花间隙的放电特性。

五、金属氧化物避雷器（MOA）

金属氧化物避雷器（MOA）又称氧化锌避雷器，是一种与传统避雷器概念有很大不同的新型避雷器，从80年代中期开始，它已在电力系统推广应用并已批量生产。

MOA与其他传统避雷器的区别在于：其他类型避雷器，从羊角间隙到FCZ磁吹式避雷器，其内部空气间隙起着十分重要的作用，在正常运行时靠间隙将阀片与电源隔开，出现过电压间隙才被击穿，阀片放电泄流。而氧化锌避雷器是用氧化锌阀片叠装而成的，可完全取消间隙，这就解决了因间隙放电时限及放电稳定性所引起的各种问题。由于氧化锌阀片具有非线性特性好的特点，从而使避雷器的特性和结构发生了重大改变。

氧化锌阀片是以氧化锌为主并掺以Sb、Bi、Mn、Cr等金属氧化物烧制而成的。氧化锌的电阻率为1～10Ω/cm，晶界层的电阻率为10^{13}～10^{14}Ω/cm。当施加较低电压时，晶界层近似绝缘状态，电压几乎都加在晶界层上，流过避雷器的电流只有微安量级；电压升高时，晶界层由高阻变低阻，流过的电流急剧增大。

在系统正常电压下，如不用串联间隙，则普通SiC阀式避雷器电流为几十安及数百安培，而流过氧化锌避雷器上的电流只有数百微安至1mA左右，二者可能相差几十万倍。

由于氧化锌阀片优异的非线性和良好的材质稳定性，所以可以不用串联间隙。

（一）MOA结构

由于无间隙，所以MOA的结构相比阀式避雷器结构简单得多，金属氧化物避雷器结构图如图19-4所示。

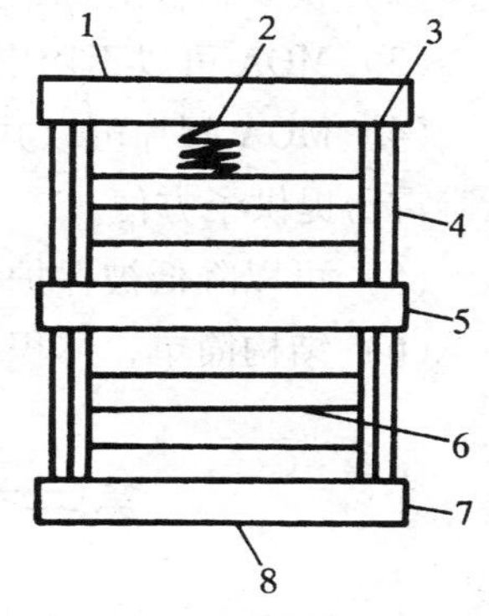

图19-4　金属氧化物避雷器结构图

1—上金属板；2—弹簧或金属垫高件；3—螺钉；4—绝缘拉杆；5—绝缘固定套板；6—阀片；7—螺钉；8—隔板

（二）MOA的特性参数

现场应用的有关主要参数有：

（1）MOA的额定电压。指由动作负载试验确定的避雷器上下两端子间允许的最大工频电压有效值，避雷器在该电压下应能正常工作。

（2）MOA持续运行电压。指允许持续加在避雷器两端子间的工频电压有效值，一般小于避雷器的额定电压。

（3）避雷器的持续电流。指在持续运行电压下，流过避雷器的电流，包含阻性分量和容性分量。

（4）MOA的伏安特性。其伏安特性如图19-5所示。

（5）MOA的起始动作电压。在伏-安特性的低电压区段是MOA的小电流区域；在接近拐点b处，有电流为毫安级的残压值$U_{N\mathrm{mA}}$，一般取$N=1$，即1mA直流电流通过电阻元件时，

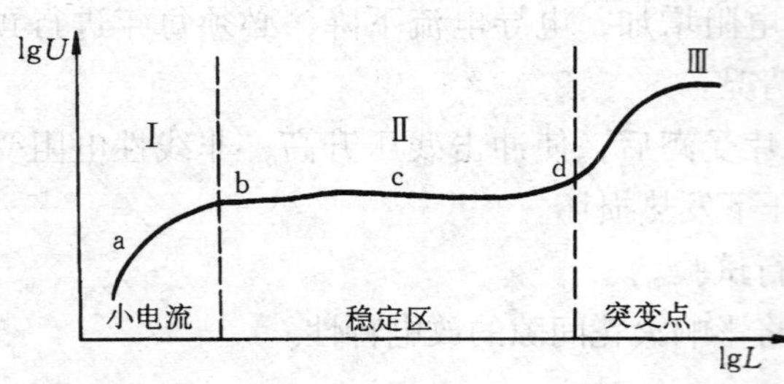

图 19-5　金属氧化物避雷器伏安特性

在其两端所测得的直流电压值，称为 MOA 的起始动作电压。

N 值变化随 ZnO 元件的大小组装结构而变化，一般取 1～4。

（6）MOA 的荷电率。荷电率表达式为

$$荷电率 = \frac{正常施加电压幅值}{U_{1mA}} \times 100\%$$

早期 MOA 荷电率取 40%～70%，随着制造技术的改进，各制造厂都提高了荷电率，现在一般为 80%。提高荷电率，能减少电阻片串联片数，降低残压；但荷电率高了，会加速阀片的老化，使用寿命缩短，过高还会引起事故。

（7）MOA 的温度特性。MOA 运行在小电流区域，呈负的温度特性；电流超过 100mA，温度的变化影响变小；电流超过 100A，又呈现正的温度特性。

（8）MOA 的老化特性。MOA 的老化是一个值得重视的问题，除了阀片本身老化外，也不可忽视 MOA 本体的其他构件的老化，如内部构件的耐压、耐热性能的老化、密封部件的老化等，都要影响其使用寿命。

由于 MOA 不带间隙，所以 MOA 一接入电网就有电流通过，使元件自身发热。工作电压愈高电流愈大，发热量愈大，由于 MOA 阀片在小电流范围内有负的温度特性，所以温度升高，使泄漏电流增加，再加上操作、雷电、暂时过电压等冲击能量和表面污秽，这些累积效应将导致 MOA 热崩溃。

（三）MOA 的优点

（1）基本无续流，耐多重雷击或多次操作波的能力强。

（2）伏安特性对称，正、负极性过电压保护水平相当。

（3）MOA 可以不用串联间隙，动作快，伏安特性平坦，残压低，不产生截波。

（4）MOA 阀片可以并联使用，因此对增大通流和降低残压都容易实现，为组装超高压避雷器提供了方便。

（5）可以降低被保护设备的绝缘水平。

（6）结构简单，体积小，质量轻，避雷器可采用积木式组装，较为简单。

第二节　避雷器在运行中的预防性试验

一、概述

预防性试验的目的和意义

（1）避雷器在制造过程中可能存在缺陷而未被检查出来，如在空气潮湿的时候或季节装配出厂，预先带进潮气；

（2）在运输过程中受损，内部瓷碗破裂，并联电阻震断，外部瓷套碰伤；

（3）在运输中受潮，瓷套端部不平，滚压不严，密封橡胶垫圈老化变硬，瓷套裂纹等原因；

（4）并联电阻和阀片在运行中老化；

（5）其他劣化。

这些劣化都可以通过预防性试验来发现，从而防止避雷器在运行中的误动作和爆炸等事故。

二、不带并联电阻的阀式避雷器的预防性试验及注意事项

（一）绝缘电阻试验

测量前应检查瓷套有无外伤。测量时应用2500V兆欧表，把试验连线与避雷器可靠连接，摇表放水平位置，摇的速度不要太快或太慢，一般120r/s。

当天气潮湿时，瓷套表面对泄漏电流的影响较大，应用干净的布把瓷套表面擦净，并用金属丝在下端瓷套的第一裙下部绕一圈再接到摇表的屏蔽接线柱，以消除其影响（其测量值应大于2500MΩ）。

当FS避雷器受潮后，如云母垫片吸潮、水气附着在瓷套的内壁，则避雷器绝缘电阻降低，所以测量绝缘电阻是判断避雷器是否受潮的有效方法。

（二）工频放电电压试验

工频放电电压试验接线图如图19-6所示，FS型避雷器在击穿前泄漏电流很小，当保护电阻R1数值不大时，变压器高压侧的电压为作用在避雷器的电压。因此可根据变压器的变化，以低压侧电压表的读数决定避雷器的放电电压。但应事先校准试验变压器变比，低压侧应使用较高精度的电压表。

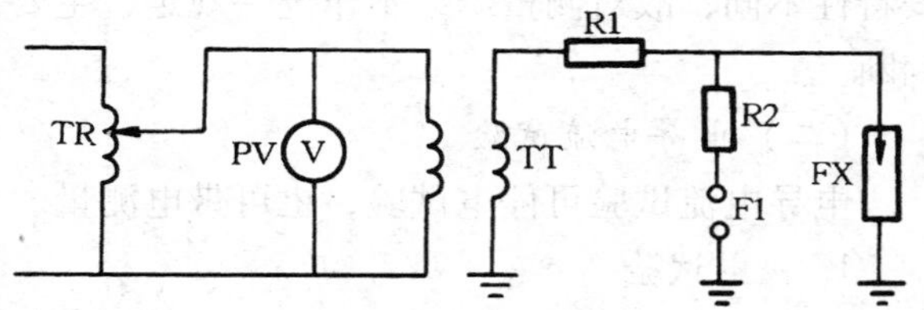

图19-6　工频放电电压试验接线图

TR—调压器；TT—试验变压器；PV—低压电压表；R1—保护电阻器；F—保护放电间隙；FX—被试品

（三）注意事项

（1）R值大小的选取。应考虑避雷器击穿后工频放电电流不超过0.7A和对试验变压器的保护，R的值取小一些为好；同时避雷器击穿后应在0.5s内跳闸，以免烧坏间隙。

（2）升压速度。升压过快时，因表针的机械惯性可能带来15%的测量误差，以3～5kV/s为宜。

（3）其他影响因素。避雷器表面有污秽，附近有接地的金属物品等，对测量结果也会有影响。

（4）R的选择。使试品击穿时的放电电流限制到试验变压器的1～5倍额定电流。通常采用水电阻，将蒸馏水装在硬塑料管或玻璃管内制成。为了降低阻值，可以加一些硫酸铜溶液。电阻要有足够的直径和长度，以保证试验进行中的热稳定和试品击穿后不发生沿面放电。一般采用可承受电压10kV，直径约25mm、长约50cm的水电阻。

升压可用自耦、移圈调压器与试验变压器配合使用。现场一般采用10kVA及以下的自耦调压器。自耦调压器漏抗小，输出波形好，功率损耗小。移圈式调压器用于配合

100kV 以上试验变压器。

测量工频放电电压，可用高压侧静电电压表、分压器和低压侧测量。

（四）对 FS 型避雷器工频放电电压的要求

对 FS 型避雷器工频放电电压的要求见表 19-1。

表 19-1　对 FS 型避雷器工频放电电压的要求

额定电压（kV）		3	6	10
放电电压（kV）	大修后	9～11	16～19	26～31
	运行中	8～12	15～21	23～33

如工频放电电压的测量值高于上限值，则冲击放电电压升高（冲击系数一定），而如工频放电电压测量值低于下限值，则灭弧电压降低，避雷器可能在内部过电压下动作。

三、带并联电阻的阀式避雷器的预防性试验

带并联电阻的阀式避雷器包括 FZ 型，FCZ 型和 FCD 型磁吹避雷器。

（一）绝缘电阻试验

测量方法和普通阀式避雷器相同，但通过测量绝缘电阻还可以检查并联电阻接触是否良好，有无断裂。但由于各生产厂以及不同时期的产品，并联电阻的阻值及并联电阻的伏安特性不同，故对测量结果不作统一规定，主要是与以前的测量结果或同类产品相比较后判断。

（二）电导电流试验

电导电流试验可停电试验，也可带电测量。

1. 停电试验

（1）电导电流试验。试验的主要目的是检查避雷器是否受潮、并联电阻有无断裂、老化以及同一相内各组合元件的非线性系数的差值是否符合要求。

采用直流电压发生器时，避雷器电导电流试验接线图如图 19-7 所示。

当被试避雷器的接地端可以打开时，微安表宜放在 PA1 处；如避雷器接地端不便打开，微安表也可放在位置 PA2 或 PA3 处。但放在 PA1 处最好，因为此时流过微安表的电流主要是避雷器电导电流，准确度较高，且微安表处于低电位。

如放在 PA2 处，需进行屏蔽，并且微安表要尽量靠近被试避雷器，否则测量误差很大。这时微安表处于高电位，应放在安全遮栏内。

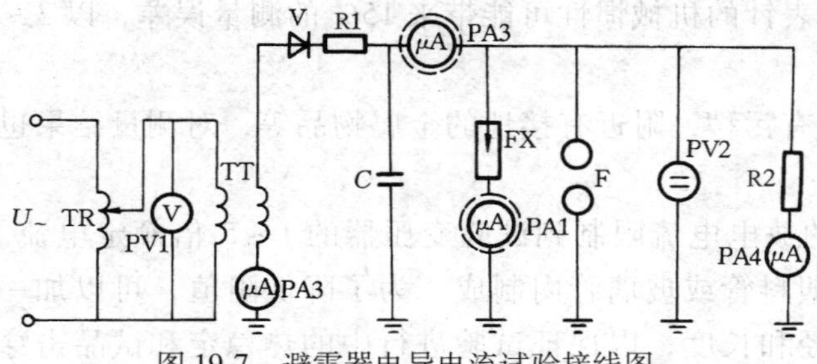

图 19-7　避雷器电导电流试验接线图

PA1、PA3—微安表；PA4—串高电阻测量电压用的微安表；R1—保护电阻；R2—测量用高值电阻；C—滤波电容；V—高压二极管；PV1—低压电压表；PV2—静电电压表；TR—调压器；TT—试验变压器；F—保护放电间隙；FX—被试品

如放在 PA3 处，因为回路其他所有元件的泄漏电流都要通过微安表，因此要进行两次测量：第一次不接入避雷器，第二次接入避雷器，再以两次的测量结果相减作为实测结果。这种测量方法误差较大。

由于避雷器并联电阻的非线性，故整流电压的脉动对测量影响较大。一般要求电压的脉动≤±1.5%。

滤波电容约0.1μF左右，现场可以采用并联电容器，允许加在并联电容器上的直流电压可为电容器交流额定电压的3倍。

直流电压的测量，可以用静电电压表或高电阻串微安表等方法测量。一般现场测量是用静电电压表或高阻串联微安表。高阻值电阻R2都使用高压合成电阻，或者把金属膜电阻串联起来固定在环氧树脂板上，并进行防潮和防止表面泄漏的处理。阻值一般取60～240MΩ，即在试验电压下流过电阻的电流约为100μA。

现在很多单位都有了晶体管便携式直流高压试验器，如KGS-200、JGS-2型等直流发生器。利用该类装置测量时，可不用稳压电容。由于现场一般没有220kV及以上静电电压表，所以在做220kV及以上电压等级的避雷器试验时，应用高阻串联微安表或数量直流分压器来测量。如果直流电压发生器经过校验，也可以读取低压侧数据作为粗略测量结果。

测量过程中，高压引线应尽量平直并注意屏蔽。

（2）非线性系数测量35～220kV的普通阀式避雷器都是由数个标准元件组成的，须测量校核其每个元件的非线性系数α是否相近

$$\alpha = \frac{\lg \dfrac{U_2}{U_1}}{\lg \dfrac{I_2}{I_1}} \tag{19-6}$$

式中 U_2，I_2——额定试验电压及对应的电导电流；

U_1，I_1——50%额定试验电压及对应的电导电流。

判断标准为：①电导电流值应符合制造厂的标准，并与历次试验数据对比，不应有明显的变化；②同一相内各串联组合元件的电导电流的最大相差值$\left(\frac{I_{max}-I_{min}}{I_{max}}\right)\times 100\% < 30\%$，而非线性系数$\alpha$的差值不应大于0.05，FZ型的$\alpha$值一般为0.25～0.45。

2. 带电测量电导电流

为了减小停电次数，一些地方采用了在工作电压下测试避雷器电导电流的方法，带电测量避雷器电导电流接线图如图19-8所示。

（1）测量避雷器电导电流的平均值。经过计算和估算表明，若每一个组合元件上所加的交流电压的有效值约等于厂家规定的直流试验电压的92%，此法和直流试验等效。但实际上运行电压下加在避雷器上的电压比直流试验电压低得多，所以测得电流值也比规定值小得多，主要根据三相测量结果相互比较，与前一次测量结果相比较作出判断。

（2）用峰值电流表测量电导电流的峰值。

（3）用MF-20型万用表的交流微安档和动作计数器并联进行测量，表计电阻为几十欧，计数器内阻为1～2kΩ。

判断标准为：①测量结果不能超出经验范围；②三相之间及和上一次测量结果相比不得超过某一限度。

（4）高阻值电阻（避雷器里的并联电阻）串接一个全波整流的电流表测量。

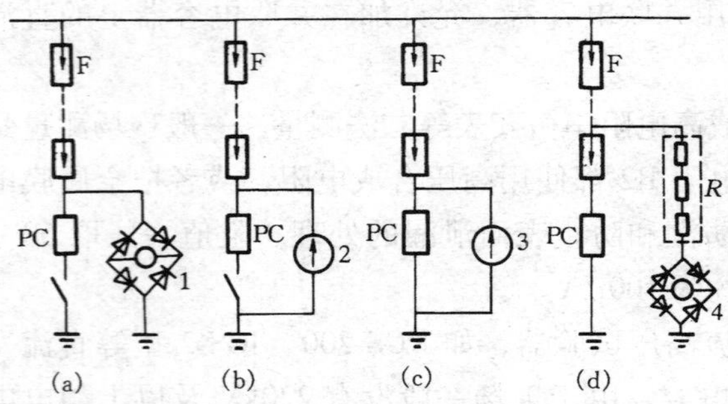

图 19-8　带电测量避雷器电导电流接线图
（a）全波整流法；（b）峰值电流表法；（c）MF-20 万用表法；
（d）高阻串微安表法
PC—避雷器计数器；F—被试品；R—测量用高值电阻；
1、4—全波整流单元；2—峰值电流表；3—MF-20 万用表

测量 FZ-35 型和 FZ-110 型避雷器的电导电流只和避雷器最下面一个元件并联测一次，测量 FZ-220 型避雷器和最下面两节并联测一次。判断测量结果时，要根据三相测量结果，由三相测量结果最大误差小于某个经验数据为合格，超过时应进行复查。

带电测试中应注意的几个问题：

（1）校正运行电压的波动；

（2）表计应放在同一档，注意外部湿度、温度、表面污秽；

（3）应注意外部电磁场的干扰；

（4）表计与避雷器要有一个公共接地点；

（5）对带电测试中发现有问题的避雷器，要停电重做一次，再最后下结论。

（三）工频放电电压试验

对有并联电阻避雷器进行工频放电电压试验时，应保证试验电压超过灭弧电压的时间小于 2s，避雷器击穿后电流应在 0.5s 内切断，放电电流小于 0.7A。在现场做此项试验时需要有快速升压设备以及相应的测量设备。

四、MOA 的预防性试验

由于 MOA 是一种新型的避雷器，所以前几年其试验方法和试验设备都不很完善，但随着 MOA 在电力系统中的推广和应用，对 MOA 的研究也越来越深入，运行经验也在逐渐积累，随之也发现了一些重要的问题。例如：①MOA 阀片性能不佳，参数设计不合理；②内部绝缘部件爬电距离不够和材质不良，内部结构不合理；③在装配中受潮或密封不良造成运行中受潮；④额定电压选择不合理等。

随着运行时间的增加，MOA 阀片在长期运行电压下的老化问题也变得突出，所以加强投运前的交接验收试验和运行中的监测，及时总结运行经验是一项重要的工作。

目前国内预试规程对 MOA 的试验有三项规定：

（1）绝缘电阻试验；

（2）直流 1mA 下电压及 75% 该电压下泄漏电流的测量；

（3）运行电压下交流泄漏电流及阻性分量的测量（有功分量和无功分量）。

1. 绝缘电阻试验

绝缘电阻试验与其他避雷器的绝缘电阻试验相同。电压等级在 35kV 及以下用 2500V 兆欧表，35kV 以上用 5000V 兆欧表。

由于氧化锌阀片在小电流区域具有很高的阻值，故绝缘电阻主要取决于阀片内部绝缘部件和瓷套。

进口避雷器一般按厂家的标准进行绝缘电阻试验。

2. 直流1mA下电压及75%该电压下泄漏电流测量

该项试验有利于检查MOA直流参考电压及MOA在正常运行中的荷电率，对确定阀片片数，判断额定电压选择是否合理及老化状态都有十分重要的作用。其试验原理接线图如图19-9所示。

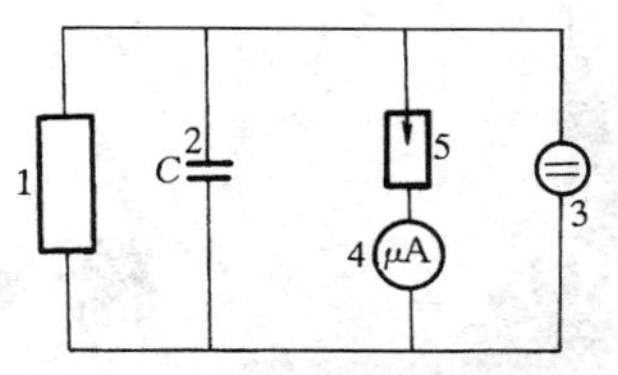

图19-9 金属氧化物避雷器直流试验接线图

1—直流电压发生器；2—滤波电容；3—静电电压表；4—直流微安表；5—试品

试验步骤：先以指针式微安表监测泄漏电流值，升至1mA。停止升压确定此时电压值，再降压至该电压的75%时，测量其泄漏电流，因该电流值较小，应用数字式万用表来检测。

试验中应注意的问题：①试验必须与地绝缘，外表面应加屏蔽，屏蔽线要封口；②直流电压发生器应单独接地；③试品底部与匝绝缘应保持干燥；④现场测量应注意场地屏蔽。

试验分析：①试验中如U_{1mA}电压比工厂所提供的数据偏差较大，与铭牌不符时，应与厂家进行联系。②通常在70%U_{1mA}下的电流值偏大或电压加不上去，则有可能严重受潮；电流>50μA，则有可能有受潮情况。

投运后，随着运行时间增加，电流有一定增大，但电流不能超过50μA。

3. MOA在持续运行电压下的交流泄漏总电流、阻性电流及损耗功率测量

现在国内外测量仪器有：

（1）瑞典TXL型MOA泄漏电流分析仪，常配有与其雷电计数器（环形线匝接口）。

（2）日本日立公司的避雷器泄漏电流检测仪，它可测总泄漏平均值，也可测3次谐波成分，3次谐波经函数变换为阻性电流的信号量。

以上两种仪器的基本原理是在MOA阀片劣化后，其阻性电流中的谐波成分明显增加，通过谐波分析法，反映出全电流中阻性电流的变化，但都不明确表明阻性电流的峰值。因容易受系统谐波含量影响，无法反应MOA表面受污秽受潮等问题。

（3）日本LCD-4型阻性电流测量仪。其基本原理是利用外加容性电流将流过阀片的I_X的容性电流（无功分量）补偿掉，而只保留阻性电流分量。

国内众多厂家生产的测量仪，其原理大致与LCD-4型相似。这种测量方式可在现场带电测量，测量较简便。现场测量应注意的问题是：

（1）注意正确选取参考电压的相位；

（2）现场试验测量回路应一点可靠接地，接地点的不稳定也将影响测量结果；

（3）220kV及以上电压等级避雷器在现场带电测量时应注意其相间干扰（目前国内有些测量设备也附带有移相消除相间干扰的功能）。

第二十章 输电线路工频参数测量

新建高压输电线路在投入运行之前，除了检查线路绝缘情况、核对相位外，还应测量各种工频参数值，作为计算系统短路电流、继电保护整定、推算潮流分布和选择合理运行方式等工作的实际依据。一般应测的参数有直流电阻 R、正序阻抗 Z_1、零序阻抗 Z_0、相间电容 C_{12}、正序电容 C_1 和零序电容 C_0。

对于同杆架设的多回路或距离较近、平行段较长的线路，还需测量耦合电容 C_m 和互感阻抗 Z_m。

测量参数前，应收集线路的有关设计资料，如线路名称、电压等级、线路长度、杆塔型式、导线型号和截面等，了解线路电气参数设计值，并根据这些资料和现场情况做出测试方案。

第一节 测试方法

本节讨论的线路参数均指三相导线的平均值，即按三相线路通过换位后获得完全对称。对不换位线路，因其不对称度较小，也可以近似地适用。

一、测量线路各相的绝缘电阻

测量绝缘电阻，是为了检查线路绝缘状况，以及有无接地或相间短路等缺陷。一般应在沿线天气良好情况下（不能在雷雨天气）进行测量。首先将被测线路三相对地短接，以释放线路电容积累的静电荷，从而保证人身和设备安全。

测量时，应拆除三相对地的短路接地线，然后测量各相对地是否还有感应电压（测量表计用高内阻电压表，最好用静电电压表），若还有感应电压，应采取措施消除，以保证测试工作的安全和测量结果的准确。

测量线路的绝缘电阻时，应确知线路上无人工作，并得到现场指挥允许工作的命令后，将非测量的两相短路接地，用 2500～5000V 兆欧表，轮流测量每一相对其他两相及地间的绝缘电阻。若线路长，电容量较大时，应在读取绝缘电阻值后，先拆去接于兆欧表 L 端子上的测量导线，再停兆欧表，以免反充电损坏兆欧表。测量结束后应对线路进行放电。测量线路各相绝缘电阻接线图如图 20-1 所示。

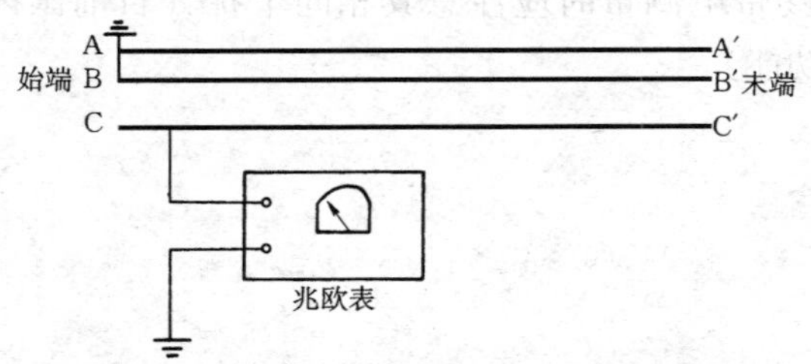

图 20-1 测量线路各相绝缘电阻接线图

二、核对相位

通常对新建线路，应核对其两端相位

是否一致，以免由于线路两侧相位不一致，在投入运行时造成短路事故。

核对相位的方法很多，一般用兆欧表和指示灯法。指示灯法又分干电池和工频低压电源两种。

1. 兆欧表法

图 20-2 是用兆欧表核对相位的接线图，在线路的始端一相接兆欧表的 L 端，而兆欧表的 E 端接地，在线路末端逐相接地测量；若兆欧表的指示为零，则表示末端接地相与始端测量相同属于一相。按此方法，定出线路始、末两端的 A、B、C 相。

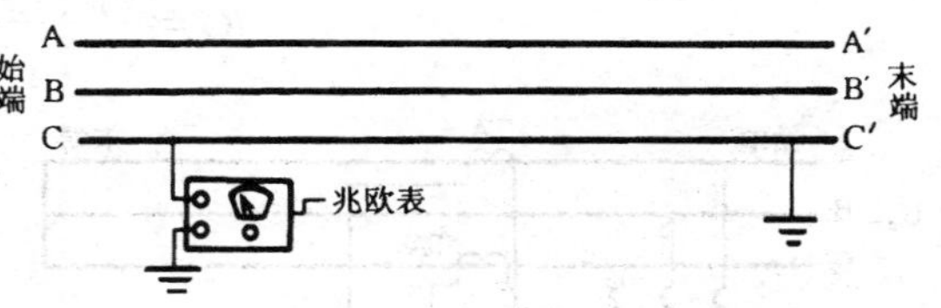

图 20-2　用兆欧表核对相位接线图

2. 指示灯法

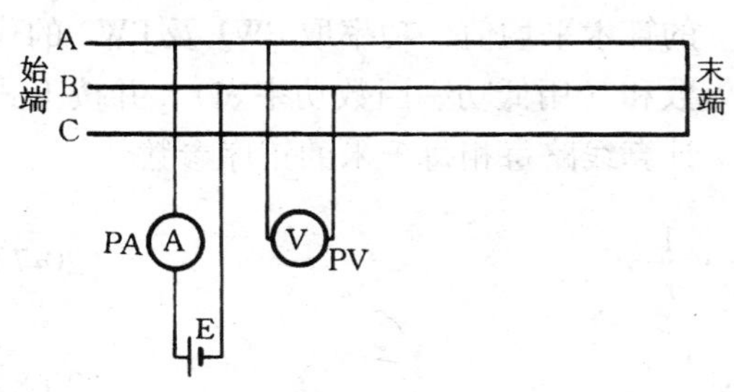

图 20-3　电流电压表法测量线路直流电阻接线图
PA—直流电流表；PV—直流电压表

指示灯法是将图 20-2 中兆欧表换成电源和指示灯串联测量，若指示灯亮，则表示始、末两端同属于一相，但应注意感应电压的影响，以免造成误判断。

三、测量直流电阻

测量直流电阻是为了检查输电线路的连接情况和导线质量是否符合要求。

根据线路的长度、导线的型号和截面，初步估计线路电阻值，以便选择适当的测量方法和电源电压。一般采用较简单的电流、电压表法测量，尤其对有感应电压的线路更为必要。此外，也可用单臂电桥测量。电流电压表法常用来测量较长的线路，电源可直接用变电所内的蓄电池。但要注意，不能影响开关和继电保护可靠动作。

测量时，先将线路始端接地，然后末端三相短路。短路连接应牢靠，短路线要有足够的截面。待始端测量接线接好后，拆除始端的接地进行测量，原理接线如图 20-3 所示。逐次测量 AB、BC 和 CA 相，并记录电压值、电流值和当时线路两端气温。连续测量三次，取其算术平均值，并由以下各式计算每两相导线的串联电阻（如果用电桥测量，能直接测出两相导线的串联电阻值）。

AB 相 $$R_{AB}=\frac{U_{AB}}{I_{AB}} \tag{20-1}$$

BC 相 $$R_{BC}=\frac{U_{BC}}{I_{BC}} \tag{20-2}$$

CA 相 $$R_{CA}=\frac{U_{CA}}{I_{CA}} \tag{20-3}$$

然后换算成 20℃时的相电阻，换算方法如下

$$R_a = \frac{R_{AB} + R_{CA} - R_{BC}}{2} \tag{20-4}$$

$$R_b = \frac{R_{AB} + R_{BC} - R_{CA}}{2} \tag{20-5}$$

$$R_c = \frac{R_{BC} + R_{CA} - R_{AB}}{2} \tag{20-6}$$

并按线路长度折算为每千米的电阻。

四、测量正序阻抗

如图 20-4 所示，将线路末端三相短路（短路线应有足够的截面，且连接牢靠），在线路始端加三相工频电源，分别测量各相的电流、三相的线电压和三相总功率。按测得的电压、电流取三个数的算术平均值，功率取 PW1 及 PW2 的代数和（用低功率因数功率表），并按下式计算线路每相每千米的正序参数

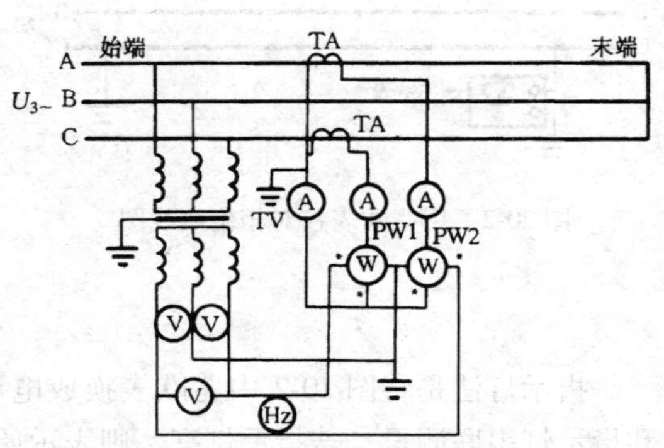

图 20-4 测量正序阻抗接线图

正序阻抗 Z_1(Ω/km) $$Z_1 = \frac{U_{av}}{\sqrt{3}I_{av}} \cdot \frac{1}{L} \tag{20-7}$$

正序电阻 R_1(Ω/km) $$R_1 = \frac{P}{3I_{av}^2} \cdot \frac{1}{L} \tag{20-8}$$

正序电抗 X_1(Ω/km) $$X_1 = \sqrt{Z_1^2 - R_1^2} \tag{20-9}$$

正序电感 L_1(H/km) $$L_1 = \frac{X_1}{2\pi f} \tag{20-10}$$

式中 P——三相总功率，即 $P = P_1 + P_2$（W）；

U_{av}——三相线电压平均值（V）；

I_{av}——三相电流平均值（A）；

L——线路长度（km）；

f——测量电源的频率（Hz）。

试验电源电压和容易应按线路长度和试验设备来选择，以免由于电流过小引起较大的测量误差。

五、测量零序阻抗

测量零序阻抗接线如图 20-5 所示，测量时将线路末端三相短路接地，始端三相短路接单相交流电源。根据测得的电流、电压及功率，按下式计算出每相每千米的零序参数

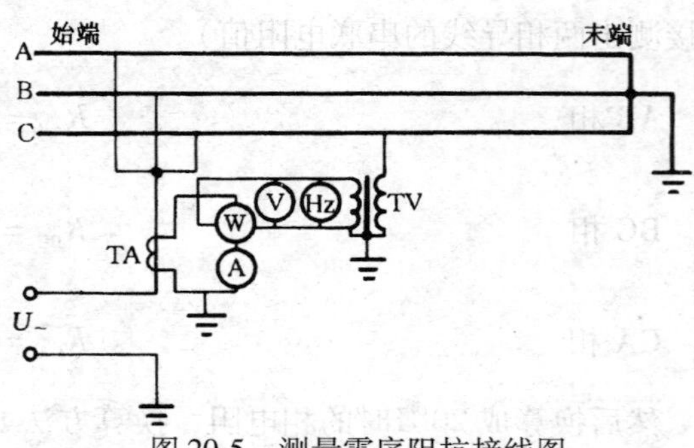

图 20-5 测量零序阻抗接线图

零序阻抗 Z_0(Ω/km)　　$Z_0 = \frac{3U}{I} \cdot \frac{1}{L}$　　(20-11)

零序电阻 R(Ω/km)　　$R_0 = \frac{3P}{I^2} \cdot \frac{1}{L}$　　(20-12)

零序电抗 X_0(Ω/km)　　$X_0 = \sqrt{Z_0^2 - R_0^2}$　　(20-13)

零序电感 L_1(H/km)　　$L_1 = \frac{X_0}{2\pi f}$　　(20-14)

式中　P——所测功率（W）；

U、I——试验电压（V）和电流（A）；

L——线路长度（km）；

f——试验电源的频率（Hz）。

试验电源电压对同一线路来说，可略低于测量正序阻抗时的电压；电流不宜过小，以减小测量误差。

六、测量正序电容

测量线路正序电容时，线路末端开路，首端加三相电源，两端均用电压互感器测量三相电压，测量接线见图20-6。在计算正序参数时，电压取始末端三相的平均值，电流也取三相的平均值，功率取两功率表的代数和（用低功率因数功率表测量），并按下列各式计算每相每千米线路对地的正序参数

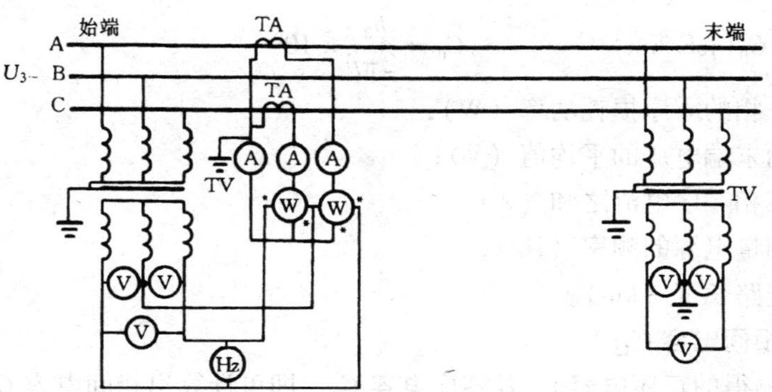

图20-6　测量正序电容接线图

正序导纳 y_1(S/km)　　$y_1 = \frac{\sqrt{3}I_{av}}{U_{av}} \cdot \frac{1}{L}$　　(20-15)

正序电导 g_1(S/km)　　$g_1 = \frac{P}{U_{av}^2} \cdot \frac{1}{L}$　　(20-16)

正序电纳 b_1(S/km)　　$b_1 = \sqrt{y_1^2 - g_1^2}$　　(20-17)

零序电容 C_1(μF/km)　　$C_1 = \frac{b_1}{2\pi f} \times 10^6$　　(20-18)

式中　P——三相损耗总功率（W）；

U_{av}——始末端三相线电压平均值（V）；

I_{av}——三相电流平均值（A）；

L——线路长度（km）；

f——测量电源的频率（Hz）。

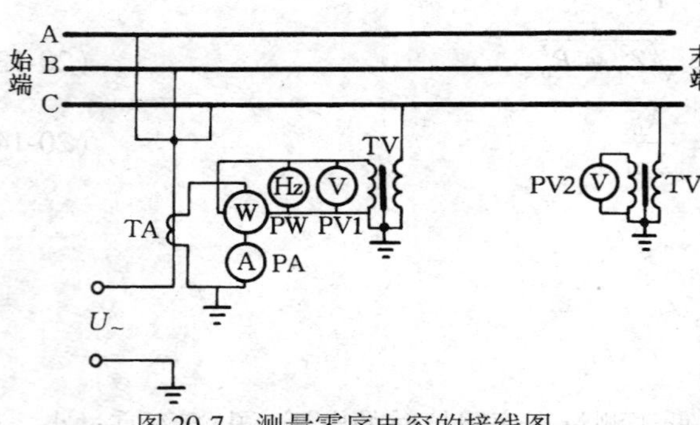

图 20-7　测量零序电容的接线图

试验电压不宜太低，通常用 200V 及以上电压进行测量。测量时应用不低于 1 级的高压电压互感器和电流互感器，接入二次侧的表计准确度不低于 0.5 级。

七、测量零序电容

测量零序电容接线图如图 20-7 所示，将线路末端开路，始端三相短路施加单相电源，在始端测量三相的电流，并测量始末端电压的算术平均值。每相导线每千米的平均对地零序参数可按以下各式求得

零序导纳 y_0(S/km)　　$$y_0 = \frac{I}{3U_{av}} \cdot \frac{1}{L} \tag{20-19}$$

零序电导 g_0(S/km)　　$$g_0 = \frac{P}{3U_{av}^2} \cdot \frac{1}{L} \tag{20-20}$$

零序电纳 b_0(S/km)　　$$b_0 = \sqrt{y_0^2 - g_0^2} \tag{20-21}$$

零序电容 C_0(μF/km)　　$$C_0 = \frac{b_0}{2\pi f} \times 10^6 \tag{20-22}$$

式中　P——三相的零序损耗功率（W）；

U_{av}——始末端电压的平均值（V）；

I——三相零序电流之和（A）；

f——测量电源的频率（Hz）；

L——线路长度（km）。

八、计算相间电容 C_{12}

利用前面测得的正序电容 C_1 及零序电容 C_0，即可计算出相间电容 C_2。线路在三相对称电压作用下，各相对地等值电容即是正序电容 C_1。对正序而言，三相电流之和为零，负载的等值中性点与导线对地电容（即零序电容）中性点连在一起，其等值电路如图20-8所示。

由图 20-8 得各相间等值电容 C_{12} 为

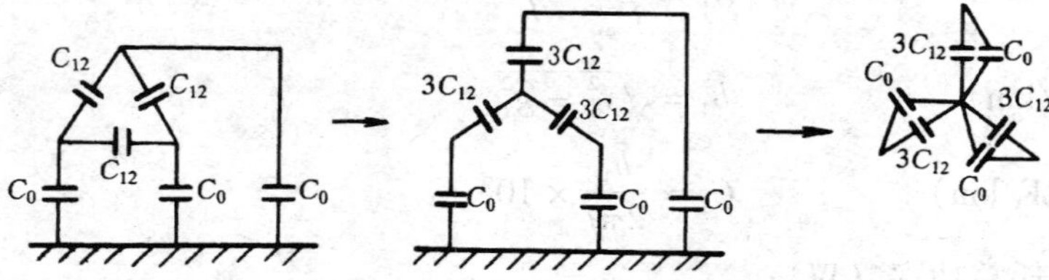

图 20-8　线路在三相对称电压作用下的等值电容

$$C_1 = 3C_{12} + C_0$$

所以
$$C_{12} = \frac{1}{3}(C_1 - C_0) \tag{20-23}$$

将前面测得的 C_1 及 C_0 代入上式便得

$$C_{12} = \frac{1}{3}\left(\frac{b_1}{2\pi f} \times 10^6 - \frac{b_0}{2\pi f} \times 10^6\right)$$

$$= \frac{b_1 - b_0}{6\pi f} \times 10^6 (\mu F/km) \tag{20-24}$$

九、测量耦合电容

对于两条平行的线路，当一条线路发生故障时，通过电容传递的过电压可能危及另一线路的所在系统的安全；当分析电容传递过电压时，需用到两条线路之间的耦合电容，测量原理接线如图 20-9 所示。

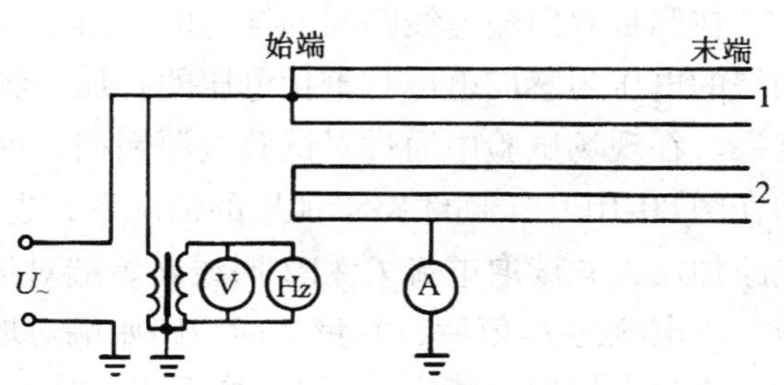

图 20-9　测量线路耦合电容接线图

测量时将线路 1、2 各自三相始端短路，并对线路 1 加压，线路 2 经电流表接地，读取电流、电压值，然后按下式计算耦合电容 C_m（μF），即

$$C_m = \frac{1}{2\pi f U} \times 10^6 \tag{20-25}$$

式中　U——测量电压（V）；

I——测量回路的电流（A）；

f——测量电源的频率（Hz）。

试验电源电压值视线路平行长度而定，一般不低于 10kV。

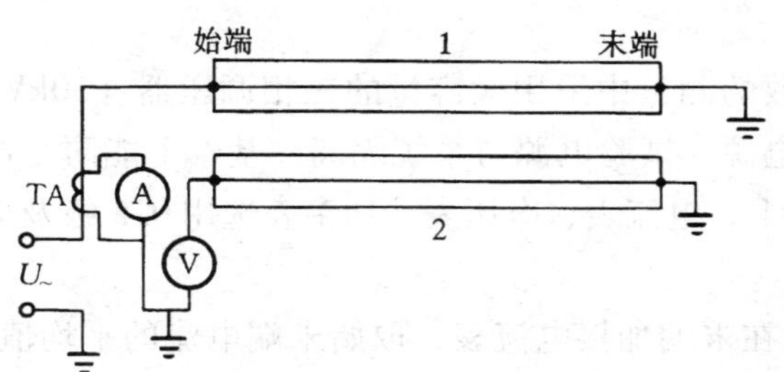

图 20-10　测量平行线路互感的接线图

十、测量互感阻抗

在两回平行的线路中，若其中一回线路中通过不对称短路电流，则由于互感作用，另一回线路将有感应电压或电流，有可能使继电保护误动作。因此，必须考虑互感的影响，测量平衡线路互感的接线如图 20-10 所示。

测量时，将 1、2 两回线路的始末端三相各自短路，并将末端接地。在其中一回线路加试验电压，并测量电流，在另一回线路用高内阻的电压表测量感应电压，并利用测得数值按下式计算互感参数

互感阻抗 $Z_m(\Omega)$
$$Z_m = \frac{U}{I} \tag{20-26}$$

互感 M（H）

$$M = \frac{Z_m}{2\pi f} \tag{20-27}$$

式中 I——加压线路电流（A）；

U——非加压线路的感应电压（V）；

f——测量电源的频率（Hz）。

试验电压按线路长短而定，一般从几百伏到几千伏。电流、电压回路的接地，应接于不同的地网。

同一回线路相间互感也可用此法测量，即将三相中的两相始末端短路，且末端接地，在始端加压，另一相末端接地，始端测量感应电压及试验回路的电流，即可按式（20-27）求得相间互感。

在测量双回输电线路间的互感时，由于线路上经常存在较大干扰电压，非加压线路上测得的电压为感应电压与干扰电压的叠加，测量时必须排除干扰的影响，才能获得准确的结果。在现场试验中通过对试验电源倒相，可达到消除干扰电压对测量结果影响的目的，即在图 20-10 中 1 回线路不加压的情况下，先测量 2 回线路上的干扰电压 U_0，然后向 1 回线路加压，并读取电流 I_1 和 2 回线路始端对地电压 U_1；切掉电源，将电源倒相后再次加压，当电流达 I_1 值后，测量 2 回线路始端对地电压值 U_2。

排除干扰后的感应电压 U_m 按下式计算

$$U_m = \sqrt{\frac{U_1^2 + U_2^2}{2} - U_0^2} \tag{20-28}$$

互感抗 Z_m(H) 为

$$Z_m = \frac{U_m}{I_1} \tag{20-29}$$

第二节　参数测量中的注意事项

（1）试验电源的选取：通常在线路参数的测量中采用大容量的三相调压器（30kVA以上）或400V/10kV 的配电变压器作试验电源。试验电源与系统隔离，基本上能防止电源干扰。试验中测量用 TA、TV 选用 1 级以上，电流表、电压表、功率表选用 0.5 级及以上的表计。

对长距离输电线路，在测量电抗时，应在末端加接电流表，取始末端电流的平均值；测量电容时，应在末端加接电压表，取始末端电压的平均值。这样，测得的结果基本上可以满足工程上对准确度的要求。

（2）平行线路的测量：当线路间存在着感应干扰电压时，有时可达几十伏，通常试验电压在 380V 左右，三相线路零序阻抗与正序阻抗的测量将产生严重误差。随着试验电压、电流的增大，测量值的误差相对较小，但这样势必要求调压器等试验电源的容量增大，给现场试验造成不便与困难。在实践中，常利用三相电源分别作为试验电压，并改变三相试验电源相序的方法，运用推导的公式进行计算，得到准确的试验结果。

（3）试验接线工作必须在被试线路接地的情况下进行，防止感应电压触电。所有短路、接地和引线都应有足够的截面，且必须连接牢靠。测试组织工作要严密，通信顺畅，以保证测试工作安全顺利地进行。

第二十一章 导线接头试验

母线、引线或架空输电线的接头，应按有关规程进行连接。若在交接时或运行中需要进行质量检查时，应作交流或直流的接头电阻比试验，或在额定电流下做温升试验。

一、接头电阻比试验

测量电阻比通常采用交流或直流电压降法比较方便。

1. 直流电压降法

用直流法测量接头电阻比的试验接线如图21-1所示。在导线上取AB的长度和接头CD的长度相等，所用表计应为0.5级。测量时为了防止毫伏表损坏，应先接通电流后再接入毫伏表。断电源时的顺序则相反。接线时，应使电流回路的连接线远离电压测量点，避免给测量电压造成误差。

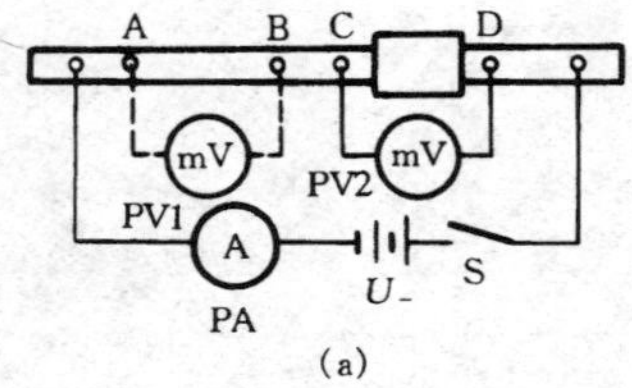

(a)

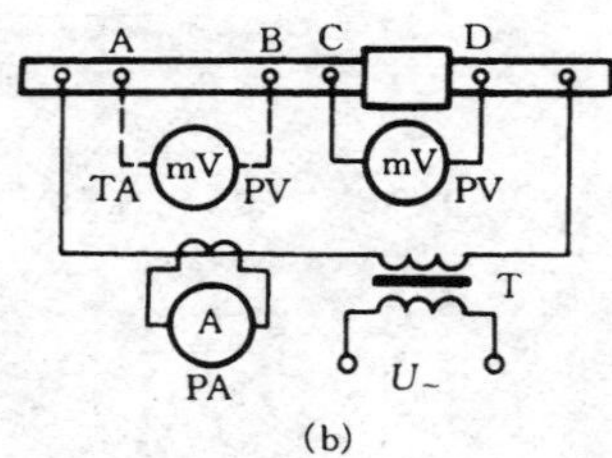

(b)

图21-1 测量接头电阻比的试验接线
(a) 直流电压降法；
(b) 交流电压降法
U_-、$U_\sim$—直流和交流电源；
T—变压器；S—开关

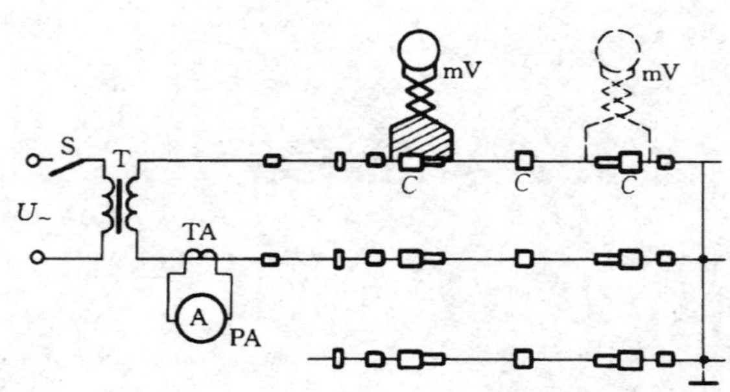

图21-2 变电所测量接头电阻的试验接线
T—大电流发生器；C—接头

测得的接头电阻值不应大于等长的导线电阻值，并要求档距内导线接头的机械强度应不小于导线抗拉强度的90%。

2. 交流法

用交流法测量接头电阻比试验接线如图21-1（b）所示。

在变电所采用交流法测量接头电阻时，可用大电流发生器作电源进行，其接线如图21-2所示。

大电流发生器的输出电流约为0.6～1kA，电压为4～6V，容量为4～6kVA。对于容量较大的变电所，可采用输出电流为5～10kA，电压为6V，容量为30kVA（或更大容量）的大电流发生器。

试验时与接头连接的导线截面应足够，连接要牢固。通电流后先用温度计检查各接头的发热状态，选其温度较高者进行接头电阻测量。

用交流法测量接头电阻时，由于测量回路的电感和大电流发生器绕组磁场的影响，可能引起较大的误差，因此需提高整流型毫伏表测得的电压值，以减小测量误差。

测量时，采用小截面的导线作电压引线比用大截面的导线误差小，这是因为小截面导线的电阻大，电抗分量的影响相对较小。

在交流下测量接头电压降的回路中，若测量引线围绕的面积（图21-2中的斜线部分）越大，则测量的接头电阻的误差也越大。为了减小其误差要尽量减小测量电压回路围绕的面积，应将电压的引线扭绕，并在接头两侧圆周的不同点进行测量（图21-2中用虚线部分表示），以便互相比较判断接头质量。

二、接头温升试验

对接头做温升试验，可按图21-1（b）接线，通往额定电流后，测量接头和环境的温度，铜、铝导线的容许温升各以70℃和60℃（包括铜铝过渡接头）为限。测量接头温度过去采用点温计或酒精温度计，并将其测量端头紧贴导线接头，外面敷以石棉泥或其他绝热保温材料，然后用耐温带包扎加固，以防止脱落。目前测量温度已采用结构小巧的无触点温度测量仪器，例如便携式红外测温仪。

接头的温升 $\Delta\theta$ 可按下式计算

$$\Delta\theta = \theta - \theta_0 \tag{21-1}$$

式中 θ——接头实测温度（℃）；

θ_0——环境温度（℃）。

第二十二章

相序和相位的测量

第一节　相序和相位及其测量的意义

在三相电力系统中，各相的电压或电流依其先后顺序分别达到最大值（如以正半波幅值为准）的次序，称为相序；三相电压（或电流）在同一时间所处的位置，就是相位，通常对称平衡的三相电压（或电流）的相位互差120°。

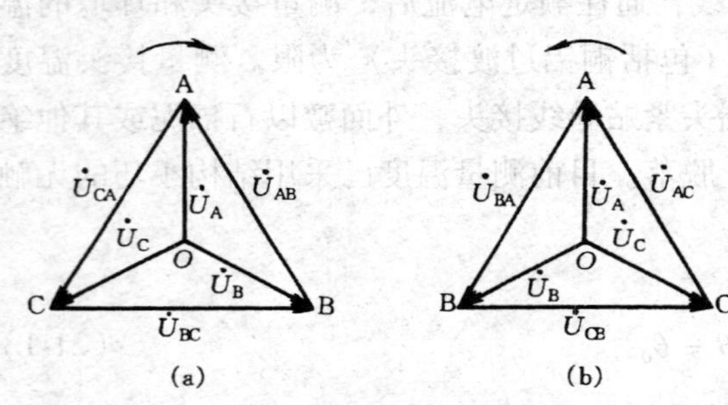

图22-1　正、负相序相量图
（a）正相序；（b）负相序

在三相电力系统中，规定以“A、B、C”标记区别三相的相序。当它们分别达到最大值的次序为A、B、C时，称作正相序；如次序是A、C、B，则称为负相序。相应的相量图，如图21-1所示，图中 $\dot{U}_{AB}=\dot{U}_{A}-\dot{U}_{B}$ 表示线电压和相电压间的相量关系，其余依此类推。

在电力系统中，发电机、变压器等的相序和相位是否一致，直接关系到它们能否并列运行。同时，正、负相序的电源还直接影响到电动机的转动方向。所以，在三相电力系统中，常常需要测量设备的相序和相位，以确定其运行方式。

第二节　测量相序的方法

测量相序时，对于380V及以下的系统，可采用量程合适的相序表直接测量；对于高压系统，应用电压互感器在低压侧进行测量。

常用的相序表有旋转式和指示灯式两种。

旋转式相序表系采用微型电动机（或其他转动机构），并在其轴上装有指示旋转方向的转盘，测量时借其转动方向的不同，即可判断被测三相的正、负相序。这种相序表较易掌握，下面着重介绍指示灯式相序表。

一、指示灯式相序表的工作原理

指示灯式相序表是按下述原理做成的。

在三相三线制电压对称平衡的系统中，若带上星形连接的不对称负载时，两中性点之间的电压、电源相电压和负载相电压之间的关系由式（22-1）确定，其接线和相量图如图22-2 所示。从图 22-2（a）得出下列关系式，即

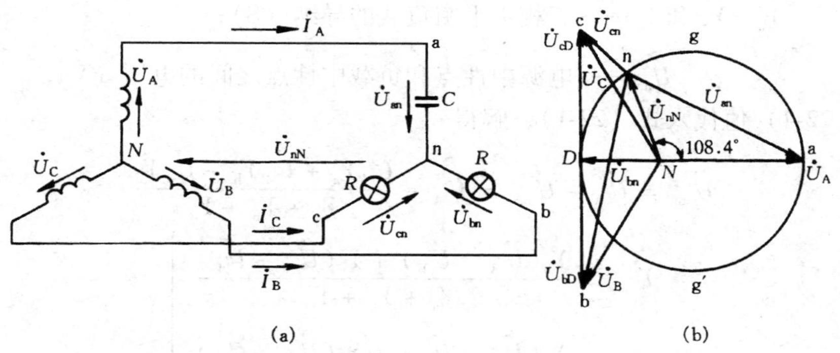

图 22-2　电源和不平衡星形负载的连接和电压相量图

（a）电源和负载的连接；（b）电压相量图

C—电容器；R—指示灯电阻

$$\begin{aligned}\dot{U}_{an} &= \dot{U}_A - \dot{U}_{nN}\\ \dot{U}_{bn} &= \dot{U}_B - \dot{U}_{nN}\\ \dot{U}_{cn} &= \dot{U}_C - \dot{U}_{nN}\end{aligned} \tag{22-1}$$

负载电流由式（22-2）确定，即

$$\begin{aligned}\dot{I}_A &= \frac{\dot{U}_{an}}{Z_a} = \frac{\dot{U}_A - \dot{U}_{nN}}{Z_a}\\ \dot{I}_B &= \frac{\dot{U}_{bn}}{Z_b} = \frac{\dot{U}_B - \dot{U}_{nN}}{Z_b}\\ \dot{I}_C &= \frac{\dot{U}_{cn}}{Z_c} = \frac{\dot{U}_C - \dot{U}_{nN}}{Z_c}\end{aligned} \tag{22-2}$$

由基尔霍夫第一定律，得

$$\dot{I}_A + \dot{I}_B + \dot{I}_C = 0 \tag{22-3}$$

即
$$\frac{\dot{U}_A - \dot{U}_{nN}}{Z_a} + \frac{\dot{U}_B - \dot{U}_{nN}}{Z_b} + \frac{\dot{U}_C - \dot{U}_{nN}}{Z_c} = 0$$

或
$$Y_a\dot{U}_A - Y_a\dot{U}_{nN} + Y_b\dot{U}_B - Y_b\dot{U}_{nN} + Y_c\dot{U}_C - Y_c\dot{U}_{nN} = 0$$

解得
$$\dot{U}_{nN} = \frac{Y_a\dot{U}_A + Y_b\dot{U}_B + Y_c\dot{U}_C}{Y_a + Y_b + Y_c} \tag{22-4}$$

上四式中　$\dot{U}_A$、$\dot{U}_B$ 和 $\dot{U}_C$——电源 A、B 和 C 三相的相电压（V）；

$\dot{U}_{an}$、$\dot{U}_{bn}$和$\dot{U}_{cn}$——a、b和c三相负载承受的电压（V）；

Z_a、Z_b和Z_c——三相不平衡负载的阻抗（Ω）；

Y_a、Y_b和Y_c——三相不平衡负载的导纳（S）；

$\dot{U}_{nN}$——电源中性点和负载中性点之间的电压（V）。

将式（22-4）值代入式（22-1），解得

$$\dot{U}_{an}=\dot{U}_A-\dot{U}_{nN}=\dot{U}_A-\frac{\dot{U}_AY_a+\dot{U}_BY_b+\dot{U}_CY_c}{Y_a+Y_b+Y_c}$$

即 $$\dot{U}_{an}=\frac{Y_b(\dot{U}_A-\dot{U}_B)+Y_c(\dot{U}_A-\dot{U}_C)}{Y_a+Y_b+Y_c}$$

同理，解得 $$\left.\begin{aligned}\dot{U}_{bn}&=\frac{Y_c(\dot{U}_B-\dot{U}_C)+Y_a(\dot{U}_B-\dot{U}_A)}{Y_a+Y_b+Y_c}\\ \dot{U}_{cn}&=\frac{Y_a(\dot{U}_C-\dot{U}_A)+Y_b(\dot{U}_C-\dot{U}_B)}{Y_a+Y_b+Y_c}\end{aligned}\right\}\qquad(22\text{-}5)$$

为了具体地解析指示灯式相序表的工作原理，下面以正相序电压为例，并设a相电容的容抗值$X_a=\frac{1}{\omega C}=Z\left(\text{复阻抗 }Z_a=-\mathrm{j}\frac{1}{\omega C}=-\mathrm{j}Z\right)$，即$Y_a=\frac{1}{Z_a}=\frac{1}{-\mathrm{j}Z}$，并选取b、c两相指示灯的电阻值$R$与a相的容抗值相等，即$Z_b=Z_c=Z$或$Y_b=Y_c=\frac{1}{Z}$，然后作计算分析。如以A相作基准相量，即设

$$\dot{U}_A=100\angle 0^\circ$$

则
$$\begin{aligned}\dot{U}_B&=100\angle -120^\circ=100[\cos(-120^\circ)+\mathrm{j}\sin(-120^\circ)]\\&=100[\cos(180^\circ+60^\circ)+\mathrm{j}\sin(180^\circ+60^\circ)]\\&=100(-\cos60^\circ-\mathrm{j}\sin60^\circ)=100\left(-\frac{1}{2}-\mathrm{j}\frac{\sqrt{3}}{2}\right)\\&=-50-\mathrm{j}50\sqrt{3}\end{aligned}$$

同理 $$\dot{U}_C=100\angle +120^\circ=-50+\mathrm{j}50\sqrt{3}$$

将Y_a、Y_b、Y_c和$\dot{U}_A$、$\dot{U}_B$、$\dot{U}_C$各值分别代入式（22-4）和式（22-5）解得

$$\begin{aligned}\dot{U}_{nN}&=\frac{Y_a\dot{U}_A+Y_b\dot{U}_B+Y_c\dot{U}_C}{Y_a+Y_b+Y_c}\\&=\frac{\frac{1}{-\mathrm{j}Z}100+\frac{1}{Z}\left[-50-\mathrm{j}50\sqrt{3}+\frac{1}{Z}(-50+\mathrm{j}50\sqrt{3})\right]}{\frac{1}{-\mathrm{j}Z}+\frac{1}{Z}+\frac{1}{Z}}\end{aligned}$$

因为 $$\mathrm{j}=\frac{1}{-\mathrm{j}}\qquad \mathrm{j}^2=-1$$

所以 $U_{nN}=\dfrac{\dfrac{1}{Z}(\mathrm{j}100-50-\mathrm{j}50\sqrt{3}-50+\mathrm{j}50\sqrt{3}}{\dfrac{1}{Z}(\mathrm{j}+1+1)}$

$=\dfrac{-200+\mathrm{j}200+\mathrm{j}100-\mathrm{j}^2 100}{5}$

$=-20+\mathrm{j}60=63.2\underline{/+108.4^\circ}$

同理 $\dot{U}_{an}=\dfrac{Y_b(\dot{U}_A-\dot{U}_B)+Y_c(\dot{U}_A-\dot{U}_C)}{Y_a+Y_b+Y_c}$

$=\dfrac{\dfrac{1}{Z}(100\underline{/0^\circ}+50+\mathrm{j}50\sqrt{3})+\dfrac{1}{Z}(100\underline{/0^\circ}+50-\mathrm{j}50\sqrt{3})}{\dfrac{1}{Z}(\mathrm{j}+1+1)}$

$=\dfrac{100+50+\mathrm{j}50\sqrt{3}+100+50-\mathrm{j}50\sqrt{3}}{2+\mathrm{j}}$

$=120-\mathrm{j}60=134.2\underline{/-26.6^\circ}$

$\dot{U}_{bn}=\dfrac{Y_c(\dot{U}_B-\dot{U}_C)+Y_a(\dot{U}_B-\dot{U}_A)}{Y_a+Y_b+Y_c}$

$=\dfrac{\dfrac{1}{Z}(-50-\mathrm{j}50\sqrt{3}+50-\mathrm{j}50\sqrt{3})+\dfrac{\mathrm{j}}{Z}(-50-\mathrm{j}50\sqrt{3}-100)}{\dfrac{1}{Z}(\mathrm{j}+1+1)}$

$=\dfrac{-\mathrm{j}100\sqrt{3}-\mathrm{j}50+50\sqrt{3}-\mathrm{j}100}{2+\mathrm{j}}$

$=-30-\mathrm{j}146.5=149.5\underline{/-101.6^\circ}$

$\dot{U}_{cn}=\dfrac{Y_a(\dot{U}_C-\dot{U}_A)+Y_b(\dot{U}_C-\dot{U}_B)}{Y_a+Y_b+Y_c}$

$=\dfrac{\dfrac{\mathrm{j}}{Z}(-50+\mathrm{j}50\sqrt{3}-100\underline{/0^\circ})+\dfrac{1}{Z}(-50+\mathrm{j}50\sqrt{3}+50+\mathrm{j}50\sqrt{3})}{\dfrac{1}{Z}(\mathrm{j}+1+1)}$

$=\dfrac{-\mathrm{j}150-50\sqrt{3}+\mathrm{j}100\sqrt{3}}{2+\mathrm{j}}$

$=-30+\mathrm{j}26.52=40\underline{/+138.5^\circ}$

由计算结果作出的电源相电压、不对称负载的相电压和电源与负载二中性点间的电压相量关系，如图22-2（b）所示。从计算结果和相量图中均明显看出，当三相电压为正相序时，b相指示灯比c相指示灯承受的电压高，故b相的指示灯比c相亮。当三相电压为负相序时，根据类似的计算和作图，会得出这时c相的指示灯比b相的亮，这就是电容式指示灯相序表的工作原理。

二、指示灯式相序表的故障分析

当 a 相负载开路，即阻抗 Z_a 等于无穷大，而 b、c 相负载相等时，则

$$\dot{U}_{nN} = \frac{Y_a\dot{U}_A + Y_b\dot{U}_B + Y_c\dot{U}_C}{Y_a + Y_b + Y_c}$$

$$= \frac{\frac{\dot{U}_A}{Z_a} + \frac{1}{Z_b}\dot{U}_B + \frac{1}{Z_c}\dot{U}_C}{\frac{1}{Z_a} + \frac{1}{Z_b} + \frac{1}{Z_c}}$$

$$= \frac{\dot{U}_B + \dot{U}_C}{2}$$

$$= \frac{-50 - j50\sqrt{3} - 50 + j50\sqrt{3}}{2}$$

$$= -50\angle -180^\circ$$

由此可见，负载中性点从 n 点移至 D 点，此时，b、c 两相指示灯串联，并接在线电压 $\dot{U}_{BC}$上，所以两相指示灯承受的电压相等，分别等于 $\dot{U}_{bD}$和 $\dot{U}_{cD}$，这时指示灯的亮度相同。

当 a 相负载短路，即阻抗 Z_a 趋近于零，而 b、c 相负载相等时，则 Y_a 为无穷大，此时 $\dot{U}_{nN}$为

$$\dot{U}_{nN} = \frac{Y_a\dot{U}_A + Y_b\dot{U}_B + Y_c\dot{U}_C}{Y_a + Y_b + Y_c}$$

$$= \frac{\frac{Y_a}{Y_a}\dot{U}_A + \frac{Y_b\dot{U}_B}{Y_a} + \frac{Y_c\dot{U}_C}{Y_a}}{\frac{Y_a}{Y_a} + \frac{Y_b}{Y_a} + \frac{Y_c}{Y_a}}$$

$$= \frac{\dot{U}_A + 0 + 0}{1 + 0 + 0} = \dot{U}_A$$

表明负载中性点从 n 点移至 a 点。此时，b、c 两相指示灯将承受电源的线电压 $\dot{U}_{AB}$和 $\dot{U}_{AC}$，亮度亦相同。

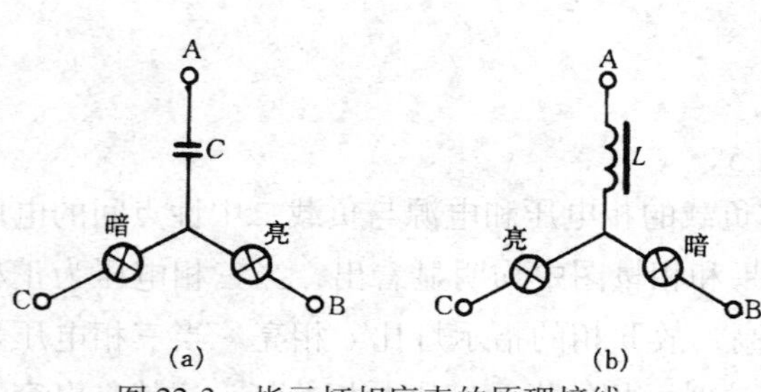

图 22-3　指示灯相序表的原理接线
（a）电容式；（b）电感式

因此随电容 C 的改变，负载中性点 n，在以 aD 为直径所作圆的$\overset{\frown}{agD}$弧上移动，如图 22-2（b）所示。

三、电感式指示灯相序表

若将 a 相负载换成电感线圈 L，b、c 相仍为指示灯，并取电抗值 $X_L = R$ 值时，按照上述类似的计算和作图可知，当三相

电压为正相序时，则 c 相的指示灯比 b 相亮。若三相电压为负相序时，其亮度相反，并随着电感 L 值的变化，负载中性点 n 将沿 $\overset{\frown}{ag'D}$ 弧移动，见图 22-2（b）。

由电容和电感组成指示灯相序表的原理接线，如图 22-3 所示。当被测三相电压的相序为负相序时，则指示灯的亮和暗与图中的标示相反。

第三节　测量相位的方法

第二节中介绍了几种测量各相电压相序的方法，在实际应用中，有时不仅需要知道电压的相序和相位，还需要知道各相电流之间的相位以及电流与电压之间的相位，就需用相位表计进行测定。测定相位的表计有电动系列流比计机械式表和数显电子系列仪表，现以数字显示的仪表说明其应用原理。

一、数显钳形相位表工作原理

钳形相位伏安表是测量工频交流电量的幅值和相位的仪表，它可以测幅值为 50mA ~ 10A 电流、1 ~ 500V 的电压，以及测量两电压之间、两电流之间、电压与电流之间的相角，也可以测相序和功率因数。这种电子式相位表输入阻抗高、测量准确，由于电流信号的取得采用卡钳方式，故使用较方便，适用于电力系统设备二次回路检查以及继电保护、高压设备和自动装置的调试。

相角测量采用晶体管脉冲电路，其原理方框图见图 22-4。图中，被测信号经滤波放大后在过零点变换为方波，再由两路方波的上升前沿转换为两路信号相位差的脉冲，通过脉冲计数即可计算出相位角。

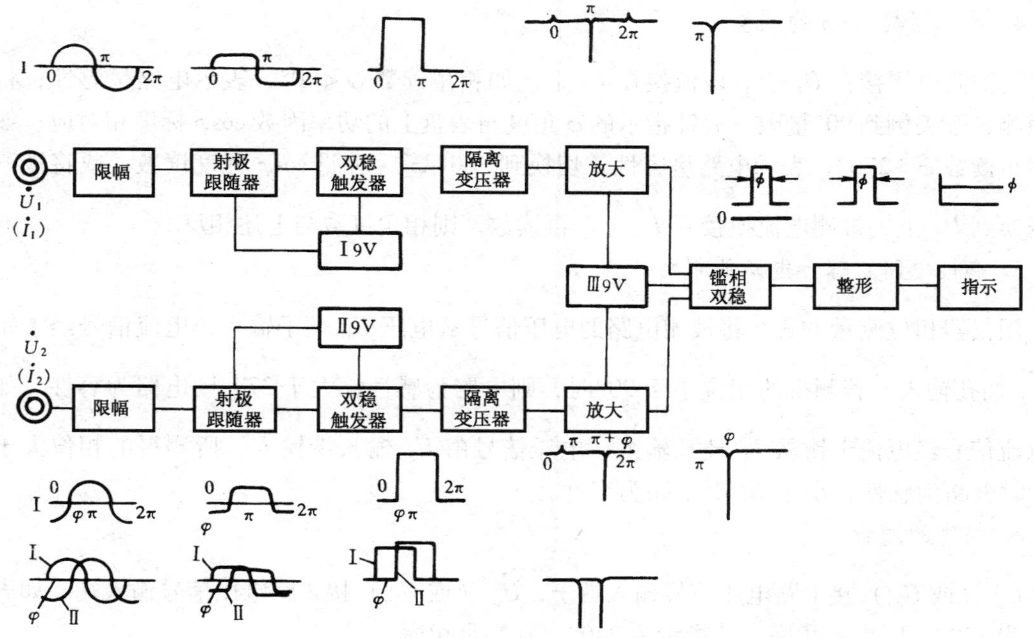

图 22-4　相角测量原理方框图

二、测量方法

1. 仪表相角的自检

（1）两电压之间相角的校准。将 15～50V 电压信号同相加到 $\dot{U}_1$ 和 $\dot{U}_2$ 的端子上，相位表应指示在 0°或 360°。将电压信号之一反相加到 $\dot{U}_1$ 和 $\dot{U}_2$ 的端子上，相位表应指示 180°。

（2）两电流之间相角的校准。将两把卡钳同时测一根导线，进线方向相同，变化电流从 1A 变到 10A，然后将 $\dot{I}_1$ 和 $\dot{I}_2$ 二路进线对换位置，二次测得的相角数应为 0°或 360°。再将两把卡钳的进线方向相反卡进，应指示在 180°。

（3）电压和电流之间相角的校准。可用同类表校对或用其他标准表进行校准。

2. 相位的测量

由 $\dot{U}_1$（或 $\dot{I}_1$）和 $\dot{U}_2$（或 $\dot{I}_2$）输入两个信号。当两路电压信号从两路电压端子输入时，显示器显示值即为两路电压之间的相位，当两路电流信号从两路电流输入插孔输入时，显示器显示值即为两路电流之间的相位。如从两路分别输入电压和电流信号，则显示器显示的值为电流和电压之间的相位。此时应注意，不论用哪种方式，所测得的相位均为 1 路信号超前 2 路信号的相位。

3. 幅值测量

用相应的功能键电压幅值或电流幅值档位和量程键，如果不知信号大小，应先将电流或电压档位放在最大档，测量过程中逐渐减小幅值，从输入端输入被测信号，显示器显示值即为被测信号幅值。

4. 功率因数 $\cos\varphi$ 的测量

将被测电压接在 $\dot{U}_1$ 上，电流接在 $\dot{I}_2$ 上，如相角读数 $\varphi<90°$，表示电路呈感性；将相角测量开关倒到 90°量限，表针指示的 φ 角度与表盘上的功率因数 $\cos\varphi$ 标度相对应；如果相角读数 $\varphi>270°$，表示电路呈容性。切换到 $360°-\varphi$ 后对照 $\cos\varphi$ 标度读数，或将被测电压换到 $\dot{U}_2$ 上，被测电流换接到 $\dot{I}_1$ 上，再读数，则相角读数与上述相反。

5. 感性电路、容性电路的判别

用仪器相位测量方式，将被测电路的电压信号从电压 $\dot{U}_1$ 端子输入，电流信号经卡钳从 $\dot{I}_2$ 插孔输入，若测得的相位小于 90°时，则电路为感性；大于 270°则电路为容性。如将电流信号经电流卡钳从 $\dot{I}_1$ 插孔输入，电压信号由 $\dot{U}_2$ 输入端输入，所测得的相位大于 270°时电路为感性，小于 90°时电路为容性。

6. 相序的测量

$\dot{U}_{ab}$（或 $\dot{U}_{an}$）接 1 路电压信号输入端子，$\dot{U}_{bc}$（或 $\dot{U}_{bn}$）接 2 路电压信号输入端。如表指示为 120°，则为正相序；若指示为 240°，则为负相序。

7. 检查变压器接线组别

变压器一般采用 Y，yn0、Y，d11、YN，d11 三种接法，当采用 Y，yn0 接法时，$\dot{U}_{AB}$ 与 $\dot{U}_{ab}$同相，其相位为 0°或 360°，当采用 Y，d11 或 YN，d11 接法时，$\dot{U}_{ab}$超前 $\dot{U}_{AB}$30°，用一台 15VA 三相调压器在变压器低压侧加上 1～5V 的电压，在高压侧感应出相应的电压。注意变比与电压的关系，只要高压侧电压不超过相位表量程即可。通过测量两电压间的相位，即可检查出变压器的接线组别。

8. 测定电流相量图法

测定电流相量图时，首先测定三相电压是否正常平衡，然后测定相序，并进一步确定电压的各相名称。如将线路一次侧或二次侧 b 相断开，要测定的线路二次侧 b 相接地，可用电压表测量各相对地电压，测出对地电压为零的那相便是 b 相，从而按相序便可较容易地确定出 a、c 相电压。如变压器一次侧为星形接线，二次侧也是星形接线，并中性点接地，则可将 B 相的一次高压熔断器或引接线断开，再用测量端子电压的方法找出 b 相 $\left(U_{ab} = U_{bc} = \frac{1}{2}U_{ac}\right)$，从而定出 a、c 相电压。

用相位表测定电流相量图时，应将被检验的电流按 $\dot{I}_a$、$\dot{I}_b$、$\dot{I}_c$ 相顺序地连接到相位表的电流回路（注意，每次连接的极性应一致，一般以 K1 为电源侧，K2 为负载侧)，而将与被检验电流同一电路的任一相间电压，例如取 a、b 相间电压 $\dot{U}_{ab}$接至相位表的电压回路，这样在相位表上即可读出各相电流与接入电压间的相角关系。以接入的电压 $\dot{U}_{ab}$为基准即可绘出电流的相量图，如图 22-5 所示。如发现电流相序不对或电流方向不对应，即应按正确的改正。

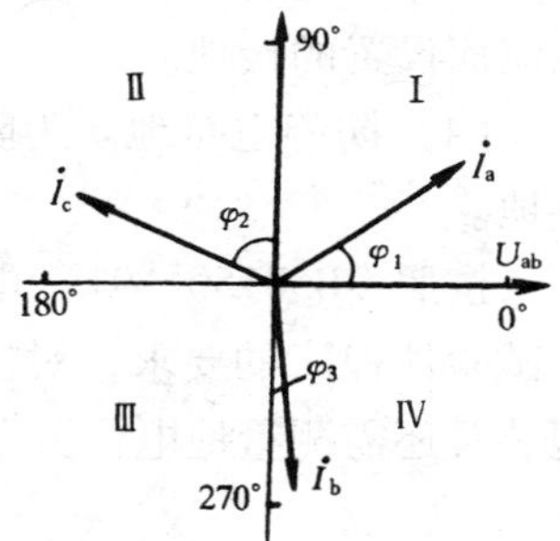

图 22-5　电流相量图法

第二十三章

接地装置试验

接地装置是确保电气设备在正常和事故情况下可靠和安全运行的主要保护措施之一。接地装置包括接地体和接地线。

接地装置按其作用分为以下四种：

（1）工作接地。在电力系统电气装置中，为运行需要而设置的接地（如中性点直接接地或经其他装置接地）。

（2）保护接地。电气装置的金属外壳、配电装置的构架和线路杆塔等，由于绝缘损坏有可能带电，为防止其危及人身和设备的安全而设置的接地。

（3）雷电保护接地。为雷电保护装置（避雷线、避雷针和避雷器等）向大地泄放雷电流而设置的接地。

（4）防静电接地。为防止静电对易燃油、天然气贮罐和管道等的危险作用而设置的接地。

按照 GB50150—91《电气设备交接及安装规程》和 DL/T596—1996《电力设备预防性试验规程》的要求，对接地装置有定期测量接地电阻的项目，对新投运或改造后的接地装置还需测量地电位分布，必要时应进行接触电压和跨步电压的校验。

第一节 接地电阻测量

一、测量接地电阻的基本原理

接地电阻指当电流由接地体流入土壤时，接地体周围土壤形成的电阻。它包括接地体设备间的连线、接地体本身、接地体与土壤间电阻的总和，其值等于接地体对大地零电位点的电压和流经接地体电流的比值。按通过接地极流入地中工频交流电流求得的电阻，称为工频接地电阻；按通过接地极流入地中冲击电流求得的接地电阻，称为冲击接地电阻。

大地零电位点实际上应在离接地体的无穷远处，从无穷远处可以将接地体近似地看成半球体。根据电磁场理论：埋在地中的金属半球，当有电流由半球泄入大地，在土壤电阻率均匀时，电流线是均匀地沿球径向发射，故离球心 x 处的电流密度

$$\sigma(x) = \frac{I}{2\pi x^2} \tag{23-1}$$

式中 σ——距球心为 x 处球面上的电流密度；

I——接地体流入地中电流；

x——距球心的距离。

x 处的电场强度

$$E(x) = \rho\sigma(x) = \frac{\rho I}{2\pi x^2} \tag{23-2}$$

式中　ρ——土壤电阻率。

知道了土壤中的电场强度，就可以求出土壤中半球表面对无穷远处的电位差

$$U = \int_{-\infty}^{x} -E\mathrm{d}x = \int_{\infty}^{x} -\frac{\rho I}{2\pi x^2}\mathrm{d}x = \frac{\rho I}{2\pi x^2} \tag{23-3}$$

若测量时按图 23-1 的试验接线，在离接地体 d_{12}、d_{13}处加接地极 2、3，可知电极 1 使 1、2 之间出现的电位差为

$$U' = \frac{I\rho}{2\pi}\left(\frac{1}{r_g} - \frac{1}{d_{12}}\right) \tag{23-4}$$

电极 3 使 1、2 之间出现的电位差为

$$U'' = \frac{I\rho}{2\pi}\left(\frac{1}{d_{23}} - \frac{1}{d_{13}}\right) \tag{23-5}$$

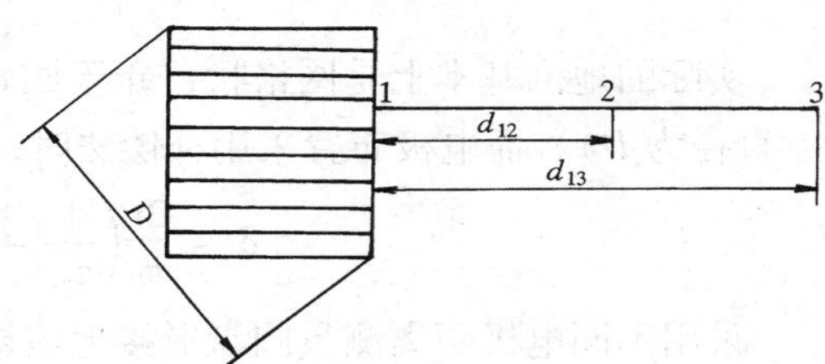

图 23-1　发电厂和变电所接地网测量接地电阻的电极布置图

1—接地体；2—电压极；3—电流极

1、2 之间的总电位差等于 U'与 U''之和，即

$$U = U' + U'' = \frac{I\rho}{2\pi}\left(\frac{1}{r_g} - \frac{1}{d_{12}} + \frac{1}{d_{23}} - \frac{1}{d_{13}}\right) \tag{23-6}$$

因此土壤中之间呈现的电阻为

$$R_g = \frac{U}{I} = \frac{\rho}{2\pi}\left(\frac{1}{r_g} - \frac{1}{d_{12}} + \frac{1}{d_{23}} - \frac{1}{d_{13}}\right) \tag{23-7}$$

接地体 1 的接地电阻实际值等于

$$R = \frac{\rho}{2\pi r_g} \tag{23-8}$$

式中　R——接地体的实际电阻；

r_g——接地体的半径。

要使测量的接地电阻 R_g 等于接地体的实际的接地电阻 R，就必须使 R 和 R_g 相等，即

$$\frac{1}{d_{23}} - \frac{1}{d_{12}} - \frac{1}{d_{13}} = 0 \tag{23-9}$$

令 $d_{12} = \alpha d_{13}$，$d_{23} =$（$1 - \alpha$）d_{13}，代入上式得

$$\frac{1}{1-\alpha} - \frac{1}{\alpha} - 1 = 0 \tag{23-10}$$

解得

$$\alpha = 0.618$$

系数 α 表明，如果电流极不置于无穷远处，则电压极必须放在电流极与接地体两者中间，距接地体 0.618d_{13}处，即可测得接地体的真实接地电阻值，此方法称作补偿法或 0.618 法。

这一结论的应用是有前提的，即接地体为半球形，土壤的电阻率在垂直和水平方向都

是均匀的，并在论证一个电极作用时，忽略了另一个电极的存在。实际的情况与此有出入，如接地体的形状几乎没有半球形的，大多数为管状、带状以及由管、带构成的接地网。但不论接地体的形状如何，等位面距其中心越远，接地体就可以越近似地接近半球形，即测量结果的误差随极间距离 d_{13} 的减小而增大，只有在极距 d_{13} 足够大时测量结果才真实。

令测量误差
$$\delta = \frac{R_g - R}{R} = r_g\left(\frac{1}{d_{23}} - \frac{1}{d_{12}} - \frac{1}{d_{13}}\right) \tag{23-11}$$

实际的地网基本上是网格状，介于圆盘和圆环之间，当接地体为圆盘（圆盘半径为 r，直径为 D），而电极布置采用补偿法时，其测量误差为

$$\delta = \frac{2r}{\pi}\left(\frac{1}{d_{23}} - \frac{1}{d_{13}} - \frac{1}{r}\sin^{-1}\frac{r}{d_{12}}\right) \tag{23-12}$$

采用不同电极距离测量圆盘形接地体接地电阻的误差见表 23-1，采用不同电极距离测量圆环形接地体接地电阻的误差见表 23-2。

表 23-1　采用不同电极距离测量圆盘形接地体接地电阻的误差

电极距离 d_{13}	$5D$	$4D$	$3D$	$2D$	D
误差 δ（%）	-0.057	-0.089	-0.216	-0.826	-8.2

表 23-2　采用不同电极距离测量圆环形接地体接地电阻的误差

电极距离 d_{13}	$5D$	$4D$	$3D$	$2D$
误差 δ（%）	-0.032	-0.0595	-0.138	-0.498

由表 23-1 可以看出，用 5D（D 为接地网直径）补偿法测量圆盘接地体接地电阻时，其误差为万分之五，相当于接地体的实际电阻。同样，对实际的接地网，用 5D 补偿法测量接地电阻的误差均在万分之五左右。

二、测量接地电阻时电极的布置

1. 发电厂和变电所接地网测量接地电阻的电极布置

电极布置见图 23-1。

根据 DL/T621《电力设备接地设计规程》中接地电阻测量方法，推荐“d_{13} 一般取接地网最大对角线的 4～5 倍，以使其间的电位分布出现一平缓区段。在一般情况下，电压极到接地网的距离约为电流极到接地网距离的 50%～60%”。测量时，沿接地网和电流极的连线移动 3 次，每次移动距离为 d_{13} 的 5% 左右，如 3 次测得的电阻值接近即可。

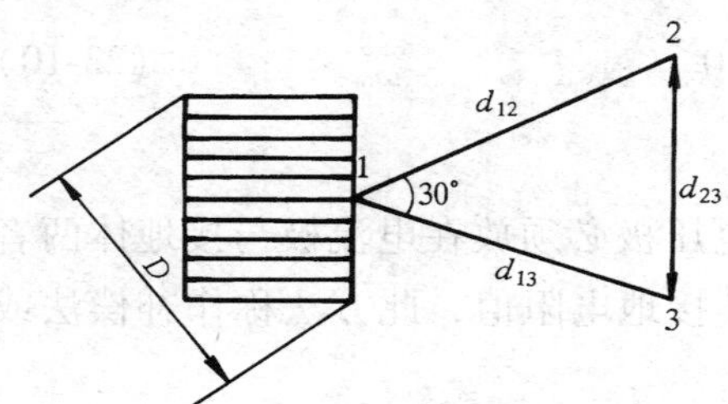

图 23-2　电流极、电压极的三角形布置法

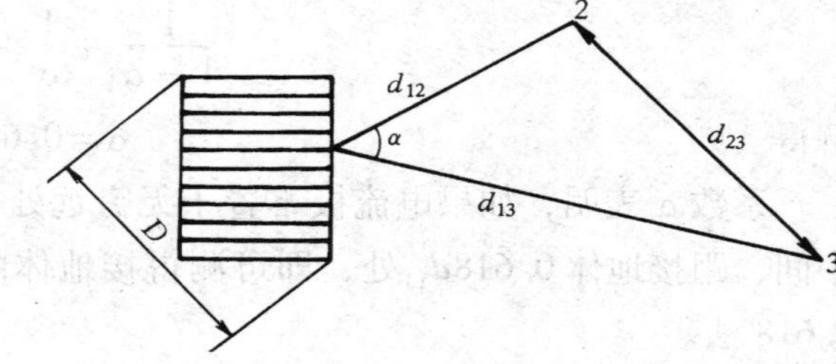

图 23-3　大型发电厂、变电所电压极、电流极的布置

电压极、电流极也可采用如图 23-2 所示的三角形布置方法，一般取 $d_{12}=d_{13}$，夹角 $\theta=30°$。

对大型发电厂、变电所，由于地网直径极大，经常使用架空线路作电压、电流测量线，这时电压、电流极的布置不可能一定是直线或成 30°，可能布置成如图 23-3 所示的位置。

若电压、电流极的布置不成直线或 30°，测量结果将按下式作误差修正

$$\delta = r_g\left(\frac{1}{\sqrt{d_{12}^2+d_{13}^2-2d_{12}d_{13}\cos\alpha}}-\frac{1}{d_{12}}-\frac{1}{d_{13}}\right) \tag{23-13}$$

$$R=\frac{1}{1+\delta}R_g \tag{23-14}$$

2. 电力线路测量杆塔接地电阻的电极布置

电极布置如图 23-4 所示。图中，d_{13}一般取接地装置最长射线长度 L 的 4 倍，d_{12}取 L 的 2.5 倍。

三、测量方法及接线

1. 电压表、电流表和功率表法（三极法）

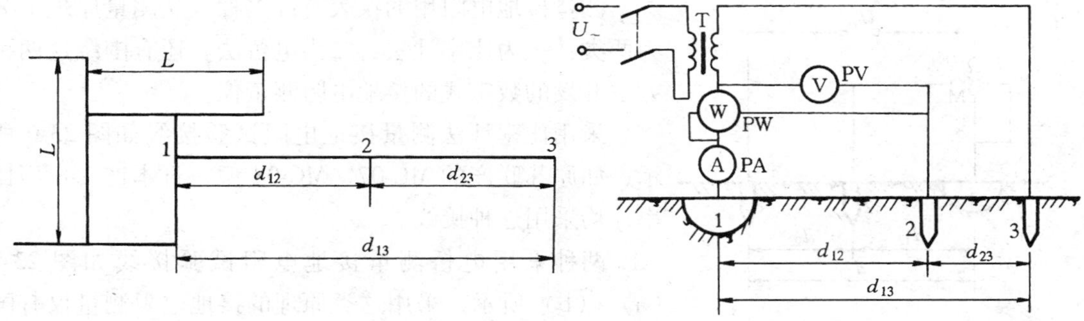

图 23-4　电力线路测量杆塔接地电阻的电极布置
1—接地体；2—电压极；3—电流极

图 23-5　电压表、电流表和功率表法的试验接线

采用电压表、电流表和功率表法测量接地网接地电阻的试验接线，如图 23-5 所示。这是一种常用的测量方法，施加电源后，同时读取电压值、电流值和功率值，并由下式计算出接地电阻。即

$$R_g=U/I \quad 或 \; R_g=P/I^2=U^2/P \tag{23-15}$$

式中　R_g——测量的接地电阻（Ω）；
U——实测电压（V）；
I——实测电流（A）；
P——实测功率（W）。

对发电厂、变电所接地网，若地中有干扰电流流过，电压表读数亦包含干扰电压，则测量结果不是实际的接地电阻值，我们经常采用电源倒相或增大试验电流的方法来消除和减小干扰造成的误差。对于电流、电压测量线很长，又并行排列的情况，线间互感形成的互感电压也会影响测量结果，建议采用功率表法。

接地电阻由下式计算

$$I=\sqrt{\frac{I_Z^2+I_f^2}{2}-I_0^2} \tag{23-16}$$

$$U=\sqrt{\frac{U_Z^2+U_f^2}{2}-U_0^2} \tag{23-17}$$

$$P=\frac{P_Z+P_f}{2} \tag{23-18}$$

$$R_g=\frac{P}{I^2}=\frac{U^2}{P} \tag{23-19}$$

式中 I_0、U_0——实测干扰电流（A）、电压值（V）；

I_Z、U_Z——电源正向加压时的实测电流（A）、电压值（V）；

I_f、U_f——电源反向加压时实测电流（A）、电压值（V）；

P_Z——电源正向加压时的实测功率（W）；

P_f——电源反向加压时的实测功率（W）。

2. 用接地电阻测量仪测量接地电阻

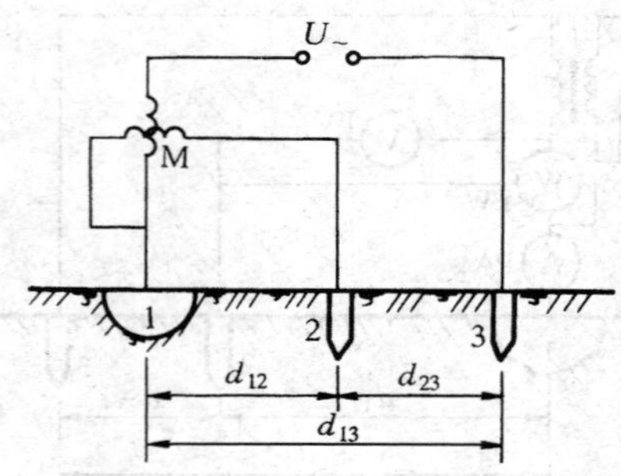

图 23-6　比率计法测量接地电阻试验接线

测量接地电阻用的仪表有许多种，从测量原理上分为两类：一为比率计法，二为电桥法。还有围绕这两种方法开发的数字式的接地电阻测量仪。

采用比率计法测量接地电阻试验接线如图 23-6 所示，如原苏联产的 MC-07、MC-08 型，日本产 L-8 型比率计均采用这种接线。

两种采用电桥测量接地电阻试验接线如图 23-7（a）、（b）所示，采用这类原理的接地电阻测量仪有国产的 ZC-8 型、ZC29 型等接地兆欧表和现行开发的数字式接地电阻测试仪。

四、消除干扰的措施

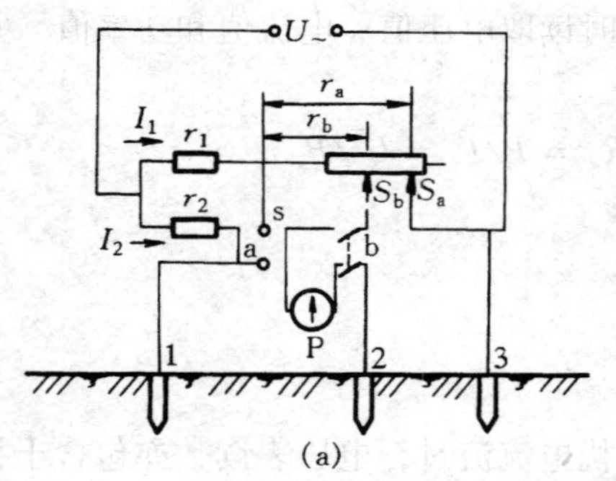

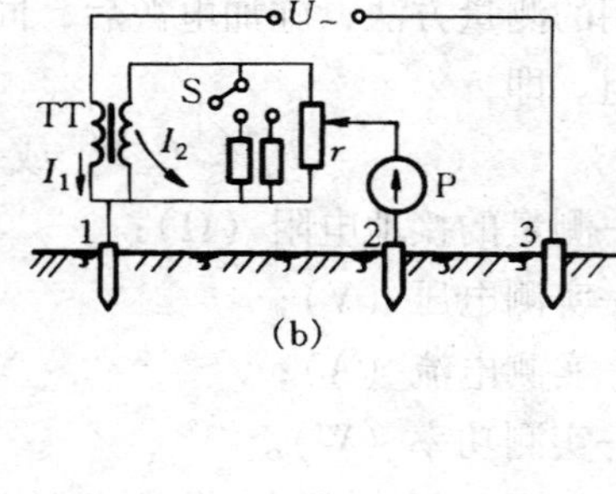

图 23-7　采用电桥测量接地电阻试验接线

1—接地体；2—电压极；3—电流极；P—检流计；S—开关；

S_a、S_b—滑动电阻调节手柄；TT—试验变压器

1. 消除接地体上零序电流干扰

发电厂、变电所的地网中经常有零序电流流过（包括新建站），零序电流的存在给接地电阻测试带来误差，常用下列措施消除。

（1）加大测量电流的数值，以减小外界干扰对测量结果的影响；

（2）采用变频电源，即采用 50±10Hz 的工频电源作试验源；

（3）采用倒相法，按计算公式，可消除零序电流干扰的影响。

2. 消除测量线间互感电压对测量结果的影响

220kV 及以上的发变电站占地面积较大，地网最大对角线的长度 D 一般为几百米。在测量接地电阻时需放置专用的测量线达 1 千米以上，有时无法满足需要，现场测试常利用一条停运的低压架空线为测量线路，从而造成电流线与电压线长距离平行，因互感作用而在电压线上有较大的感应电压。另一方面，大型地网接地电阻甚小，注入测量电流后地网电位升高值较小，所以感应电压的串入，将严重影响测量结果，使地网接地电阻大幅度偏高，造成地网电阻不合格的假象，常用以下措施消除：

（1）采用功率表三极法，用计算公式，消除互感电压的影响。

（2）采用四极法测量，可消除互感电压对测量结果的影响，测量接线见图 23-8。在测量电压极与地网间电压 U_{12} 的同时，测出辅助电压极与地网和电压极间电压 U_{14}、U_{24}，由式（23-20）可计算出测量所得的接地电阻值

$$R_g = \frac{U_{12}^2 + U_{14}^2 - U_{24}^2}{2IU_{14}} \tag{23-20}$$

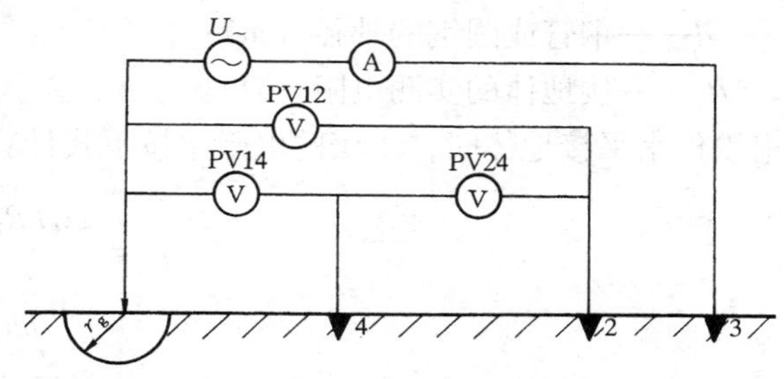

图 23-8　四极法测量接地电阻

r_g—接地体的半径；2—电压极；3—电流极；4—辅助电压极，离接地网边缘 20～30m 处

（3）消除构架上架空地线对测量结果的影响，应尽量将发变电站进出线杆塔架空地线与地网解开。

五、测量时注意事项

（1）接地电阻测试应在每年的雷雨季节来临前进行，由于土壤湿度对接地电阻的影响很大，因此不宜在刚下过雨后进行。

（2）使用接地电阻测量仪测接地电阻，若发现有外界干扰而读数不稳时，最好采用电流表电压表和功率表（三极法）测量，以消除干扰的影响。

（3）电压极、电流极的要求：电压极和电流极一般用一根或多根直径为 25～50mm、长 0.7～3m 的钢管或圆钢垂直打入地中，端头露出地面 150～200mm，以便连接引线。电压极接地电阻应不大于 1000～2000Ω；电流极的接地电阻应尽量小，以使试验电源能将足够大的电流注入大地。由此，电流极的接地经常采用附近的地网和杆塔的接地。

（4）测量发电厂、变电所接地网的接地电阻，通入的电流一般不应低于 10～20A，测量接地体的接地电阻，通入的电流不小于 1A 即可。

（5）注入接地电流测量接地电阻时，会在接地装置注入处和电流极周围产生较大的

电压降，因此，在试验时应采取安全措施，在20~30m半径范围内不应有人或动物进入。

第二节　测量土壤电阻率的方法

一、用三极法测量土壤的电阻率

在需要测量土壤电阻率的地方，埋入几何尺寸为已知的接地体，按本章第二节所述的方法测量该接地体的接地电阻。测得接地电阻后，由式（23-21）即可算出该处土壤的电阻率，即

$$\rho = \frac{2\pi l R_g}{\ln \frac{4l}{d}} \tag{23-21}$$

式中　ρ——土壤电阻率（Ω·m）；

l——钢管或圆钢埋入土壤的深度（m）；

d——钢管或圆钢的外径（m）；

R_g——接地体的实测电阻（Ω）。

用扁铁作水平接地体时，土壤的电阻率按下式计算，即

$$\rho = \frac{2\pi L R_g}{\ln \frac{L^2}{bh}} \tag{23-22}$$

式中　ρ——土壤电阻率（Ω·m）；

L——接地体的总长度（m）；

h——扁铁中心线离地面的距离（m）；

b——扁铁宽度（m）；

R_g——水平接地体的实测电阻（Ω）。

测量时常采用的接地体为一根长3m、直径50mm的钢管；或长3m、直径25mm的圆钢；或长10~15m、40mm×4mm的扁铁，其埋入深度为0.7~1.0m。用三极法测量土壤电阻率时，接地体附近的土壤起着决定性的作用，即用这种办法测出的土壤电阻率，在很大程度上仅反映了接地体附近的土壤电阻率。

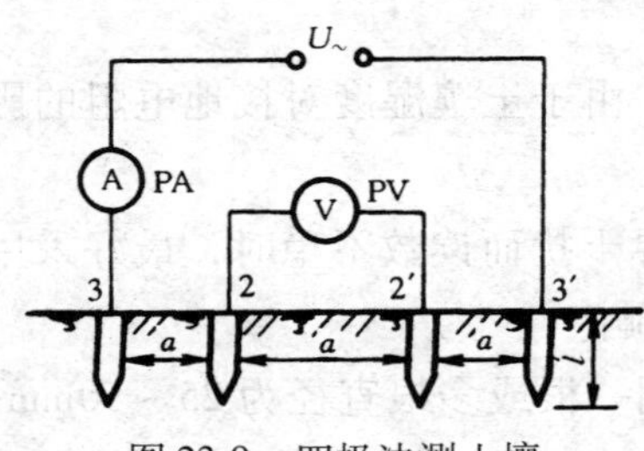

图23-9　四极法测土壤电阻率的试验接线

3、3′—电流极；2、2′—电压极；l—埋入土壤深度；a—极间距离

二、用四极法测量土壤的电阻率

采用四极法测量土壤接地电阻率时，其接线如图23-9所示，由外侧电极3、3′通入电流I，若电极的埋深为l，电极间距离为a（$a>l$），则3、3′电极使电极2、2′上出现的电位分别为

$$U_2 = \frac{\rho I}{2\pi}\left(\frac{1}{a} - \frac{1}{2a}\right) \tag{23-23}$$

$$U'_2 = \frac{\rho I}{2\pi}\left(\frac{1}{2a} - \frac{1}{a}\right) \tag{23-24}$$

两极间的电位差为

$$U_2 - U'_2 = \frac{\rho I}{2\pi a} \tag{23-25}$$

因此

$$\rho = \frac{2\pi a(U_2 - U'_2)}{I} = 2\pi a\frac{U}{I} = 2\pi a R_g \tag{23-26}$$

式中　ρ——土壤电阻率（Ω·m）；

a——电极间的距离（m）；

U——2、2′极间的实测电压（V）；

R_g——实测2、2′极间的土壤电阻（Ω）。

当a已知时，测量2、2′两极间的电压和流过的电流，即可算出土壤的电阻率。电极可用四根直径为20mm左右长0.5~1.0m的圆钢或钢管，考虑到接地装置的实际散流效应，极间距离可选取20m左右，埋深应小于极间距离的1/20。

具有四个端头的接地电阻测量仪，均可按四极法测量土壤的电阻率。

以上的测量方法和计算公式是在假设土壤电阻率均匀的条件下才成立。事实上，由于土质的不均匀，土壤电阻率经常在水平和垂直方向上是不均匀的，再由于温度和湿度等因素变化，常使土壤电阻率在不同情况下变化甚大，用以上方法测出的土壤电阻率，不一定是一年中的最大值，考虑季节气象变化的因素，通常用乘以一个季节系数的方法解决，即按下式进行校正

$$\rho_{max} = \psi\rho \tag{23-27}$$

式中　ρ_{max}——土壤最大电阻率（Ω·m）；

ψ——考虑土壤干燥的季节系数，其值如表23-3所示，测量时如大地比较干燥，则取表中的较小值，比较潮湿时，则取较大值；

ρ——实测土壤电阻率。

表23-3　　土壤干燥季节系数

埋深（m）	ψ 值	
	水平接地体	2~3m的垂直接地体
0.5以下	1.4~1.8	1.2~1.4
0.8~1.0	1.25~1.45	1.15~1.3
2.5~2.0	1.0~1.1	1.0~1.1

第三节　测量接触电压、电位分布和跨步电压

当发生接地故障时，若出现过高的接触电压或跨步电压，可能发生危及人身安全的事故，所以在做地网设计时应考虑这个问题。对1kV及以上新投运的电气设备和地网，应测量其接触电压和跨步电压。对发电厂和变电所，还应测量厂（站）内的地电位分布。

一般将距接地设备水平距离0.8m处，以及与沿该设备金属外壳（或构架）垂直于地面的距离为1.8m处的两处之间的电压，称为接触电压。人体接触该两处时就要承受接触电压。

当电流流经接地装置时，在其周围形成不同的电位分布，人的跨步约为0.8m，所以在接地体径向的地面上，水平距离为0.8m的两点间电压，称为跨步电压。人体两脚接触该两点时，就要承受跨步电压。

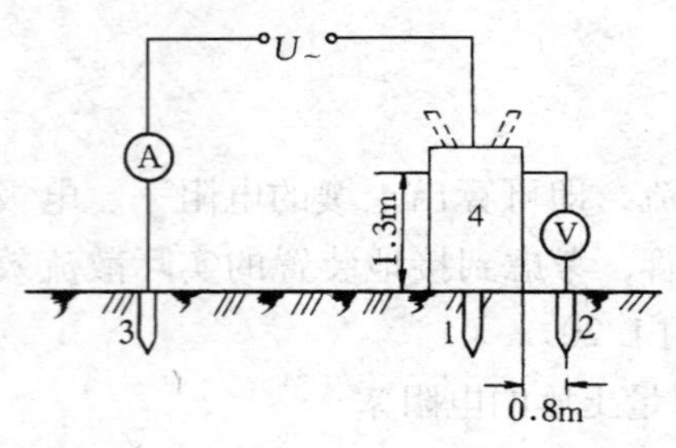

图23-10　测量接触电压压接线
1—接地体；2—电压极；
3—电流极；4—电气设备

电压测量用的接地极，可用直径8～10mm、长约300mm的圆钢，埋入地深50～80mm。若在混凝土或砖块地面测量时，可用26mm×26mm的铜板或钢板作接地体，并与地接触良好。

一般，可利用电流、电压三极法测量接地电阻的试验线路和电源来进行接触电压、跨步电压和电位分布的测试。

一、测量接触电压

测量接触电压接线如图23-10所示。加上电压后，读取电流和电压表的指示值，其电压值表示当接地体流过测量电流为I时的接触电压，然后用下式推算出当流过短路接地电流I_{max}时的实际接触电压

$$U_c = U\frac{I_{max}}{I} = KU \tag{23-28}$$

式中　U_c——接地体流过短路电流电流I_{max}时的接触电压（V）；

U——接地体流过电流I时实测的接触电压（V）；

K——系数，其值等于I_{max}/I。

二、测量电位分布和跨步电压

按图23-11加压，使流入接地体的电流为I，将电压极插入离接地体0.8，1.8，2.4，3.2，4.0，4.8，5.6m，以后增大到每5m移动一点，直到接地网的边缘，测量各个点对接地体的电位。这一方向完成后，再在另一方向按上面的方法完成测量。一般对地网从四个方向测量，可根据试验数据作出地网各方位的电位分布图。

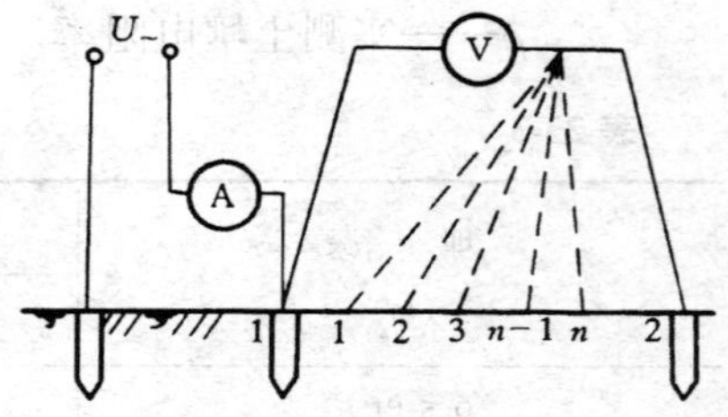

图23-11　测量电位分布和跨步电压接线
1—接地体；2—电压极；3—电流极

对地网两点之间最大电位差 U_{max}，应乘以系数 K，求出接地体流过大电流 I_{max} 的实际电位差。在地网设计上，一般要求这个值不大于2000V。

在电位分布图上可得到任意相距0.8m两点间的跨步电压

$$U_a = K(U_n - U_{n-1}) \tag{23-29}$$

式中　U_a——任意相距两点间的实际跨步电压（V）；

$U_n - U_{n-1}$——任意相距0.8m两点间测量的电压差（V）；

K——系数，其值如式（23-28）中所述。

在大接地短路电流系统发生单相接地或同点两相接地时，发电厂、变电所及电力设备接地装置的接触电压和跨步电压不应超过下式确定的值

$$U_c = \frac{174 + 0.17\rho_s}{\sqrt{t}} \tag{23-30}$$

$$U_a = \frac{174 + 0.7\rho_s}{\sqrt{t}} \tag{23-31}$$

式中　ρ_s——人站立处地表面的土壤电阻率（Ω·m）；

t——流过接地电流的持续时间（s）。

在小接地短路系统发生单相接地时，发电厂、电力设备的接触电压和跨步电压不应超过下式确定的数值

$$U_c = 50 + 0.05\rho_s \tag{23-32}$$

$$U_a = 50 + 0.2\rho_s \tag{23-33}$$

1kV以上电气设备接地电阻允许值见表23-4。

表23-4　　1kV以上电气设备接地电阻允许值

项序	设备名称		接地电阻允许值（Ω）
1	大接地短路电流系统的电力设备		$R_g \leqslant \frac{2000}{I}$；当 $I > 4000$A 时，可取 $R_g \leqslant 0.5$
2	小接地短路电流系统的电力设备		$R_g \leqslant \frac{250}{I}$；高低压共用时，$R_g \leqslant \frac{120}{I}$
3	小接地短路电流系统中无避雷线的线路杆塔		30
4	有避雷线的线路杆塔	$\rho \leqslant 100\Omega \cdot m$	10
		$100\Omega \cdot m < \rho \leqslant 500\Omega \cdot m$	15
		$500\Omega \cdot m < \rho \leqslant 1000\Omega \cdot m$	20
		$1000\Omega \cdot m < \rho \leqslant 2000\Omega \cdot m$	25
		$\rho > 2000\Omega \cdot m$	30
5	配电变压器		4
6	阀型避雷器		10
7	独立避雷针		10

续表

项序	设 备 名 称		接地电阻允许值（Ω）
8	装于线路交叉点、绝缘弱点的管式避雷器		10~20
9	装于线路上的火花间隙		10~20
10	变电所的进线段及装管型避雷器处		10
11	发电厂的进线段装管型避雷器处		5
12	发电厂的进线段装阀型避雷器处		3
13	带电作业的临时接地装置		5~10
14	高土壤电阻率地区	小接地短路电流系统	15
		大接地短路电流系统	5

注 R_g—考虑季节变化的最大接地电阻（Ω）；

I—计算用的通过接地体的电流（A）。

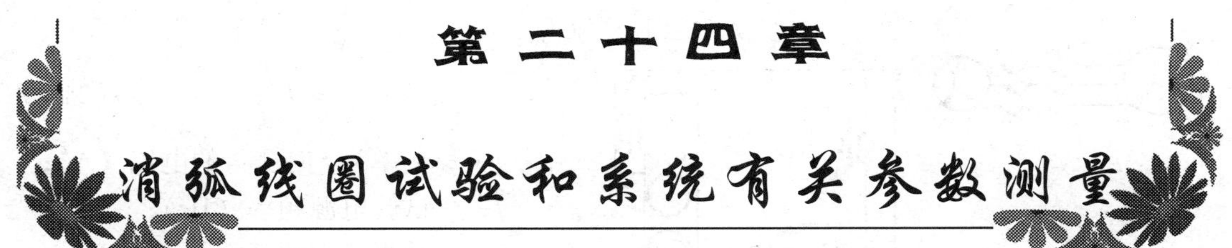

第二十四章 消弧线圈试验和系统有关参数测量

对于中性点不接地的系统，在发生单相接地时，单相接地电流决定于另两相的电容电流。如果系统对地电容不大，则接地电流引起的电弧能自行熄灭。当接地电流较大时，则电弧不易熄灭，甚至还会产生弧光接地过电压，其结果可能使健全相的绝缘损坏，从而造成两相接地短路；直接由接地电弧引起相间短路，造成停电和设备损坏等事故。

3～10kV 不直接连接发电机的系统和 35～66kV 系统，当单相接地故障电容电流超过下列数值又需在接地故障条件下运行时，应采用消弧线圈接地方式，具体要求为：

（1）3～10kV 钢筋混凝土或金属杆塔的架空线路构成的系统和所有 35～66kV 系统，10A。

（2）3～10kV 非钢筋混凝土或非金属杆塔的架空线路构成的系统，电压为：3～6kV 时，30A；10kV 时，20A。

（3）3～10kV 电缆线路构成的系统，30A。

3～20kV 具有发电机的系统，发电机内部发生单相接地故障不要求瞬时切机时，如单相接地故障电流大于下列允许值时，应采用消弧线圈接地方式，具体要求为：

（1）6.3kV，容量不大于 50MW 时，4A；

（2）10.5kV，容量为 50～100MW 时，3A；

（3）13.8～15.75kV，容量为 125～200MW 时，2A；

（4）18～20kV，容量不小于 300MW，1A；

（5）13.8～15.75kV 的氢冷发电机，2.5A。

第一节　消弧线圈伏安特性试验

为使消弧线圈补偿系统的调谐正确，消弧线圈在投入运行前和大修后，须在工频电源下测量伏安特性 $U=f(I)$。根据不同的试验电源，有如下的试验方法。

一、用发电机作试验电源

消弧线圈容量一般都在数百千伏安以上，若无容量合适的可调试验电源时，可用适当容量的发电机作为试验电源。当消弧线圈额定电压高于发电机额定电压时，采用发电机变压器组的试验接线。其测量原理如图 24-1 所示。

作消弧线圈各抽头的伏安特性曲线的方法如下。试验电压在消弧线圈的额定电压 U_n 以下时，每升高 $0.2\sim0.3U_n$，读一次电压 U、电流 I、损耗 P 和频率 f；试验电压超过消弧线圈的额定电压 U_n 时，每升高 $0.05\sim0.1U_n$，读一次以上各值，最高试验电压升到 $1.3U_n$。若测量时电源频率不是额定频率，则应将测量电流按下式折算为额定频率下的电

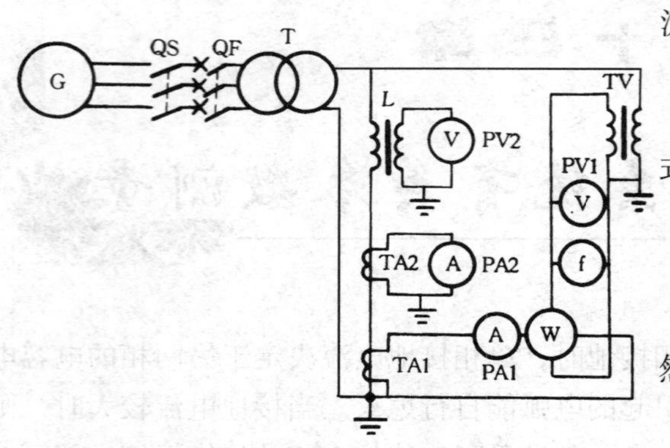

图 24-1　发电机作电源测量消弧线圈的伏安特性原理图

G—发电机；QS—三相隔离开关；QF—断路器；T—升压变压器；L—被试消弧线圈

流 I_L

$$I_L = I\frac{f_n}{f} \quad (24\text{-}1)$$

式中　I——频率为 f 时测得的电流（A）；

f——试验电源频率（Hz）；

f_n——消弧线圈的额定频率（Hz）；

I_L——折算为额定频率时电流（A）。

然后作出伏安特性曲线 $U=f(I)$。

为了减少谐波的影响，试验电压取线电压。对于发电机容量，视其允许的不平衡负荷能力而定。发电机容量在 50MW 以下，长期工作时，汽轮发电机负序电流允许 $0.1I_n$；水轮发电机负序电流允许 $0.12I_n$（I_n 为发电机额定电流）。

二、用电力变压器从系统取试验电源

利用变电所内主变压器作试验电源，如作 35kV 系统消弧线圈的伏安特性，其方法为：在作较低电压下的各点时，取低一级的电压（如 10kV）作试验电源，用调整变压器的分接开关来改变电压；当分接开关已调至最高电压时，应另取同级电压（即 35kV）的相电压作试验电源，变压器的中性点应接地，同样用调整分接开关来改变电压。根据在额定频率时测得的电流和电压值，作出消弧线圈的伏安特性曲线 $U=f(I)$。

这种试验方法的缺点是不能连续调节电压，也不易达到 1.3 倍额定电压，测得的点数也有限，难以作出完整的伏安特性曲线。

三、串联谐振法

串联谐振法是利用消弧线圈的电感和外加电容组成串联回路，并使其感抗 X_L 与容抗 X_C 匹配（$X_L=X_C$）而得到高电压和大电流。串联谐振法试验接线如图 24-2 所示。

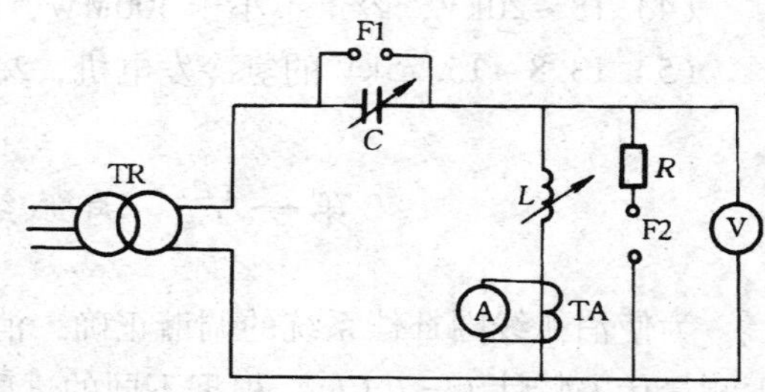

图 24-2　串联谐振法试验接线

TR—调压器（50kVA，0～450V）；C—电容器；L—被试的消弧线圈；F1、F2—保护球隙；PV—电压表（0～30kV）；PA—电流表（0～5A，0.5 级）；TA—电流互感器

试验步骤：

（1）根据消弧线圈的电感值，对需要匹配的并联电容器的电容量进行估计（对 550kVA 的消弧线圈抽头 1～5 为 1.9～3.6μF），然后用串、并联方法组合成所需要的电容量。

（2）按图 24-2 接好线，经检查无误后，试验人员按分工就位。

（3）合上电源开关，缓慢调节三相调压器后，当消弧线圈 L 的端电压从静电电压表 PV 读到 7、8、10、12、15、17、20、22kV 时，从电流表 PA 读到对应电流值，并作好记录。

（4）调节调压器，使电压缓慢地降到零，拉开电源开关。

（5）改变消弧线圈的抽头位置，同时改变电容器 C 的电容量，使之与电感量匹配，然后再按上述步骤重复进行测试。

（6）根据电压表和电流表的读数作出消弧线圈的伏安特性曲线 $U=f(I)$。

测试中应注意的问题：

（1）考虑串联谐振回路电感 L 值时，应考虑调压器的电感，即回路电感应为消弧线圈的电感值和调压器电感值之和。若不考虑调压器的电感值，会导致电容器匹配不当，工作点偏离调谐点较远，调谐幅值也低。若考虑调压器的电感值时，一般可将消弧线圈的电感值再加大 3.5% ~4% 即可。

（2）对于 35kV 系统，当发生单相接地时，消弧线圈上最高的电压是相电压，即 22kV，伏安特性试验其试验电压也应加到 22kV。为安全起见，需先将串联电容器作工频耐压试验。试验电压为 24kV，耐压时间为 1min。

（3）在调节时，为避免谐振出现过高电压损坏被试的消弧线圈，要并接保护球隙 F2（直径 5cm）及水电阻（0.1Ω/V），为保护电容器要并接保护球隙 F1。

（4）调压器只能朝一个方向调节，避免磁滞影响。每一个抽头应选择同一个量程进行测量，中途不要改变量程，以免影响试验的准确度。

四、并联补偿法

用并联补偿法测量消弧线圈伏安特性的原理接线如图 24-3 所示。并联补偿即并联谐振，用这种方法可以减少试验电源容量。测量时为了能稳定读数，又不要达到全谐振，需留一定脱谐度，一般使 I_C 比 I_L 大 5% ~10%，即 $I_C=(1.05\sim1.1)I_L$，使并联回路呈容性负载。试验电源容量一般取消弧线圈容量的 0.1 倍。当消弧线圈电压等级较高时，需用经升压变压器 T 升压。根据测得的电流和电压，用电流互感器 TA 的变流比和电压互感器 TV 的变压比计算消弧线圈实际的电流和电压，然后，绘制消弧线圈的伏安特性曲线 $U=f(I)$。

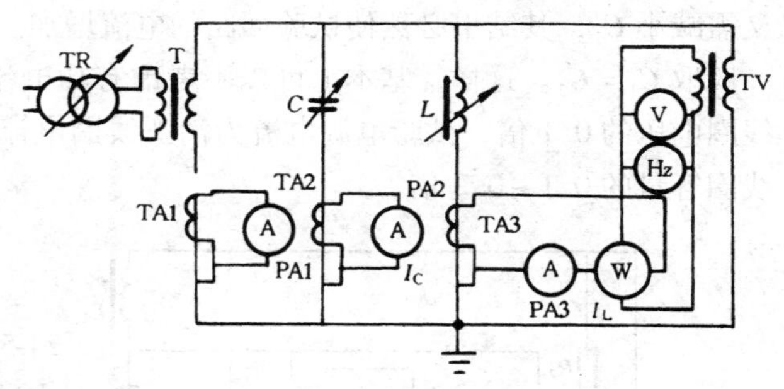

图 24-3　并联补偿法作消弧线圈伏安特性原理接线图
TR—调压器；T—升压变压器；L—被试消弧线圈；
C—并联补偿电容；TV—电压互感器

五、串电容的串并联补偿法

串电容的串并联补偿法的原理接线，如图 24-4 所示。图中，L 为被试消弧线圈；C_1、C_2 为并串联补偿电容器（电压等级与试验电压相同）；F1、F2 为保护球隙（F1 的击穿电压调至试验电压的 1.2 ~1.5 倍；F2 的击穿电压调至试验电压的 1.3 ~1.5 倍）；R_1、R_2 为保护电阻（大容量水阻，一般不大于 0.1Ω/V）；端 1、2 接至欠压跳闸装置，当消弧线圈 L 或保护球隙对地放电时，使 1、2 端电压降低，此时应切断试验电源。

这种试验方法是先将消弧线圈 L 与电容器 C_1 并联，并使容抗 X_{C1} 大于感抗 X_L，然后使剩余感抗再与电容器 C_2 串联。当回路谐振时，阻抗之和为零，则有 $\omega L=[\omega(C_1+$

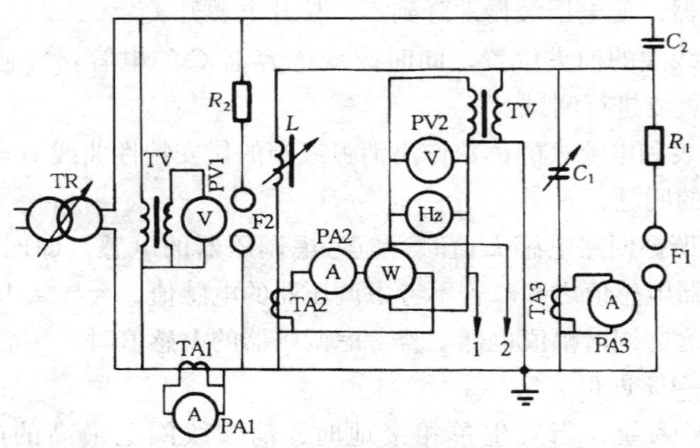

图 24-4　串电容的串并联补偿原理接线图

C_2)]$^{-1}$。实际试验时，要求 [ω(C_1+C_2)]$^{-1}$ =（1.05 ~ 1.1）ωL，以使消弧线圈的电压、电流在频率变化不大时比较稳定。

一般消弧线圈损耗为额定容量的 0.025 ~ 0.03 倍，加上试验回路的损耗，总损耗约为消弧线圈容量的 0.05 倍，即有 0.05 倍的消弧线圈电流不能补偿。这部分电流在 C_2 中必然产生电压降，为了不致在 C_2 中产生较大的电压降，C_2 宜选大些。为了满足谐振条件，又需减小 C_1，其结果必然使试验回路的电流增加。为了使电压、电流控制在合适的范围，一般取 $C_1=C_2$。这样，基本上可以不考虑有功电流的影响，此时试验电源电压约为消弧线圈电压的 0.1 倍，试验电源电流为消弧线圈电流的 0.5 ~ 0.6 倍，试验电源容量为消弧线圈容量的 0.1 ~ 0.2 倍。

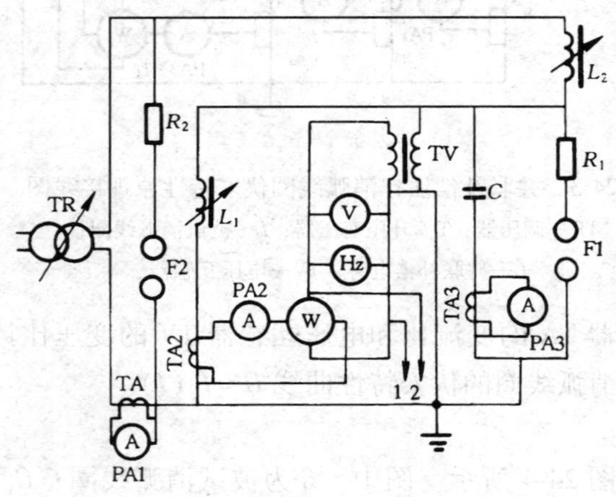

图 24-5　串电感的串并联补偿原理接线

L_1—被试消弧线圈；L_2—补偿用消弧线圈；C—并联补偿电容器；F1、F2—保护球隙；TR—调压器

六、串电感的串并联补偿法

串电感的串并联补偿原理接线如图 24-5所示。图中，保护球隙 F1 的击穿电压为试验电压的 1.2 ~ 1.5 倍，F2 的击穿电压为试验电压的 1.3 ~ 1.5 倍；R_1、R_2 均为大容量水阻（R_1 选 0.1Ω/V，R_2 略小于 0.1Ω/V）；端子 1、2 接欠压跳闸装置。

消弧线圈 L_1 与电容器 C 并联，使其呈容性，即 $X_{L1}>X_C$；并联后的剩余容抗与电感 L_2 串联，当试验回路发生谐振时，则有 $1/\omega C=(\omega L_1L_2)/(L_1+L_2)$。

采用这种试验接线，如果补偿用消弧线圈与被试消弧线圈型号相同（即 $L_1=L_2=L$），因消弧线圈最大电流时电感为 L，最小电流时电感为 $2L$，选电容器 $C=1.6/\omega^2L$，则被试消弧线圈由抽头 1 调到抽头 5，补偿用消弧线圈则从抽头 5 调到抽头 1，这样各个抽头都能得到适当的补偿。

这种试验接线和串电容的串并联补偿法相比较，前者用的并联电容器电容量较大，需要一台补偿用消弧线圈 L_2，增加了试验回路的有功损耗，使试验电源容量也略有增加。

以上介绍了几种测量消弧线圈伏安特性的方法，使用时应根据消弧线圈的容量、试验电源和试验设备，综合考虑选择一种合适的试验接线。无论采用以上哪种试验方法，当试验电源的频率不是额定频率时，测得的消弧线圈电流都应折算为额定频率下的电流，然后根据折算后的电流和消弧线圈的电压绘制伏安特性曲线。

第二节　系统中性点不对称电压测量

系统中性点不对称电压是由于系统三相对地电容不相等产生的，经消弧线圈接地的系统，一般要求不大于系统额定相电压的15%，否则将影响系统正常运行。当中性点不对称电压较高时，应将部分线路进行换位，以减小系统三相对地电容不平衡的程度。

正常运行的35kV及以下系统，其中性点不对称电压一般比较低（几十至几百伏），可用适当量程的电压表直接测量。为了安全起见，一般需先用同一电压等级的电压互感器接至被测变压器的中性点，并在互感器的低压侧测出电压的大概数值，证明系统没有接地故障，再用适当量程的电压表直接测量中性点的电压。接电压表的引线应用绝缘杆支撑接入被测的中性点上，接触时间应尽可能短，以能正确读数为限，应选内阻高的电压表，一般比被试系统的容抗大10倍。在系统对地接有电磁式电压互感器时，也可用静电电压表测量（因这种直接接地的互感器能使感应电荷有泄漏通道，不会造成测量误差）。

为了保证安全，不得在大风、雨雾、雷电天气时测量。万一在测量过程中发生接地故障，为防止事故扩大，可在测量引线中串入一个石英砂填充的复式熔断器。用静电电压表测量时，可在测量引线中串入数兆欧高压电阻或几千pf的高压电容器。为了防止表计损坏，可并联放电间隙或真空放电管。

必要时可接入示波器观察波形，对发电机中性点电压测量尤为必要。

第三节　系统中性点位移电压测量

当三相系统中性点接入导纳 Y_0 时，这时的中性点电压称为位移电压。

系统中性点接入消弧线圈后的中性点电压（即位移电压）的测量方法、安全注意事项与不对称电压测量相同，但因位移电压较高，需用电压互感器测量。

系统中性点位移电压 U_{01} 计算式为

$$U_{01}=\frac{U_n\rho}{\sqrt{3(\nu^2+d^2)}} \tag{24-2}$$

式中　U_n——系统额定电压（kV）；

ρ——补偿系统的不对称度；

ν——补偿系统的脱谐度；

d——补偿系统的阻尼率。

第四节　消弧线圈补偿系统的调谐试验

调谐试验，实际上是测量消弧线圈补偿系统的调谐曲线。消弧线圈补偿系统的运行状态由补偿系统的脱谐度ν的大小来定。当ν大于0时即补偿电流I_L小于系统三相对地电容电流I_C时，系统处于欠补偿运行状态；当ν小于0时（即I_L大于I_C时），系统处于过补偿运行状态度；当ν等于0时（即I_L等于I_C时），系统处于全补偿运行状态。

调谐曲线的作法如下：将消弧线圈接入系统中性点，根据估算的系统电容电流，从远离系统谐振点的过、欠补偿两侧，调整消弧线圈的抽头（即改变消弧线圈的电流），使其逐渐逼近系统谐振点，但又不能到达系统谐振点（因为全补偿时系统中性点电压高达数千伏，甚至数十千伏，这是不允许的，试验中应特别注意，否则可能造成事故）。每调整一次消弧线圈的抽头，测量一次系统中性点的位移电压。根据所测的位移电压，和在该电压下消弧线圈伏安特性曲线对应的电流值，作出系统的调谐曲线。

调谐曲线尖峰所对应的电流值即为被试系统的电容电流。可用分网或加减线路的方法，测得各种不同运行方式下的系统调谐曲线，从而得到各种不同运行方式下的系统电容电流，以供系统在各种运行方式下正确调谐使用。消弧线圈补偿系统调谐图24-6（b）为用于中性点谐波分量高的（如直配发电机）系统的调谐试验接线。试验原理接线如图24-6所示。图24-6（a）为一般调谐试验接线，试验操作步骤如下。

1. 测量系统的不对称电压U_0

（1）开关S1、S5和S6在断开状态下，按图24-6（b）的试验接线接入各试验设备。

（2）将S4和S7投到“0”端，合上S1和S3，读取系统不对称电压U_0。

（3）将S4投到“1”端，合上S5，并将S7投到“1”端。调节自耦调压器TR，使静电电压表PV1的指示为最小，此时读取的电压即为消除3次谐波后的不对称电压（实际上的不对称电压值）。有条件时，可接入示波器观察波形。

（4）测量完毕，依次断开S5、S1和S3。

2. 测量消弧线圈在不同抽头时中性点的位移电压U_{01}

（1）将S4和S7投到“0”端，合上S1、S5、S6和S3，读取位移电压U_{01}；

（2）将S4和S7均投到“1”端，调节调压器TR，使静电电压表的指示最小，读取此时的电压，即为消除3次谐波后的中性点位移电压（实际的位移电压值）。

（3）试验结束后，先断开S6，然后断开S5、S1和S3，S7和S4均投到“0”端。

（4）按试验要求调节消弧线圈抽头，从系统的过、欠补偿两侧逐渐靠近谐振点，按上述操作顺序，依次测量系统在不同补偿状态下的位移电压。

3. 试验注意事项

（1）任何情况下都应先断开S6，然后断开S5。

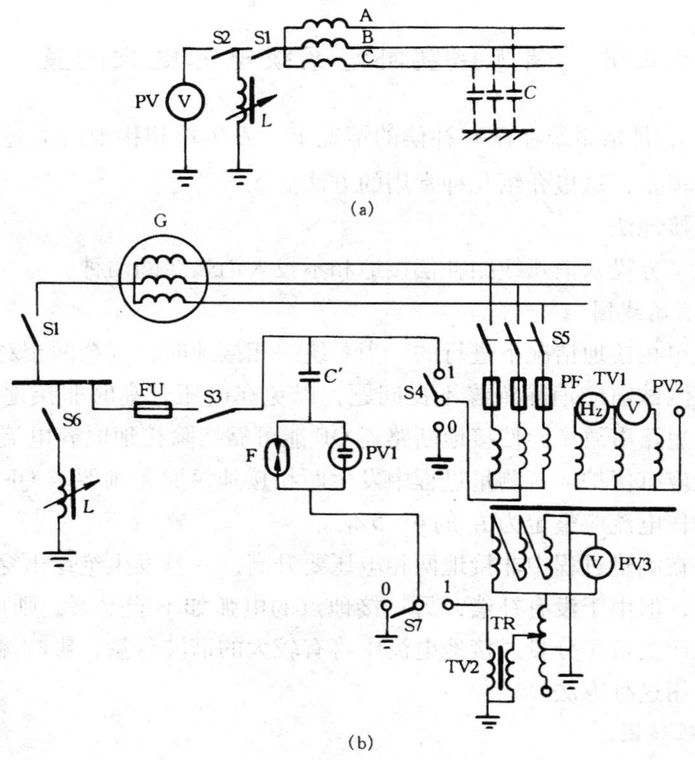

图 24-6　消弧线圈补偿系统调谐试验原理接线图

（a）一般调谐试验接线；（b）用于中性点谐波分量高的系统的调谐试验接线

C—系统三相相对地电容；S1—中性点开关；S2—为测量表计投入开关；S3—试验设备投入开关；S4—三相五柱电压互感器 TV1 的中性点双投开关；S5—电压互感器的开关；S6—消弧线圈 *L* 的开关；S7—电压互感器 TV2 的双投开关；FU—石英熔断器；*C*′—保护静电电压表 PV1 的电容器；PV2、PV3—低压电动式电压表；PF—频率表；TR—中性点接地的调压器

（2）当位移电压大于 50% 相电压时，不能操作 S6，更不能操作 S1，此时应改变系统参数，使位移电压降至 50% 相电压以下再断开 S6。

（3）测量过程中力求系统电压和频率稳定。

（4）当系统不对称电压较小，无法直接进行调谐试验时，应在系统的任一相加适当电容量，使其不对称电压达到相电压的 1% 左右。

（5）若测量时在系统的一相增加了电容，由调谐曲线查出的系统电容电流应减去外加电容的电容电流，才是所测系统的电容电流。

4. 绘制调谐曲线

按以上测试方法，测出消弧线圈在不同抽头下的系统位移电压，并从消弧线圈伏安特性曲线上查得这些电压所对应的电流。然后，根据这些电压和电流作系统的调谐曲线，由调谐曲线尖峰中央所对应的电流，即为该系统的电容电流。

第五节 消弧线圈补偿系统电容电流测量

系统电容电流 I_C 是指系统在没有补偿的情况下，发生单相接地时通过故障点的无功电流。其测量方法很多，这里介绍几种常用的方法。

一、单相金属接地法

单相金属接地又分投入消弧线圈补偿接地和不投入消弧线圈两种。

(一) 不投入消弧线圈

试验是在系统单相接地情况下进行的，当系统一相接地时，其余两相对地电压升高为线电压。因此，在测试前应消除绝缘不良问题，以免在电压升高时非接地相对地绝缘击穿，形成两相接地短路事故。为使接地断路器 QF 能可靠切除接地电容电流 I_C，需将三相触头串联使用，且应有保护。若测量过程中发生两相接地短路，则要求 QF 能迅速切断故障，其保护瞬时动作电流应整定为 I_C 的 4 ~5 倍。

由于这种方法在测量过程中非接地两相电压要升高，一旦发生绝缘击穿，接地断路器虽能切除短路电流，但由于没有补偿，另一接地点的电弧如不能熄灭，则可能扩大事故。同时由于单相接地产生负序分量，接地电流中将有较大的谐波分量，影响测量结果的准确度，所以一般不采用这种方法。

(二) 投入消弧线圈

中性点投入消弧线圈时，利用单相金属接地以测量系统的电容电流，这种测量方法与不投入消弧线圈时相比，有较为安全、准确的优点，但是由于仍采用单相金属接地的方法，仍存在（非接地两相电压升高危及设备绝缘，产生负序电流有较大的谐波分量的缺点），所以一般也不采用这种方法。

二、中性点外加电容法

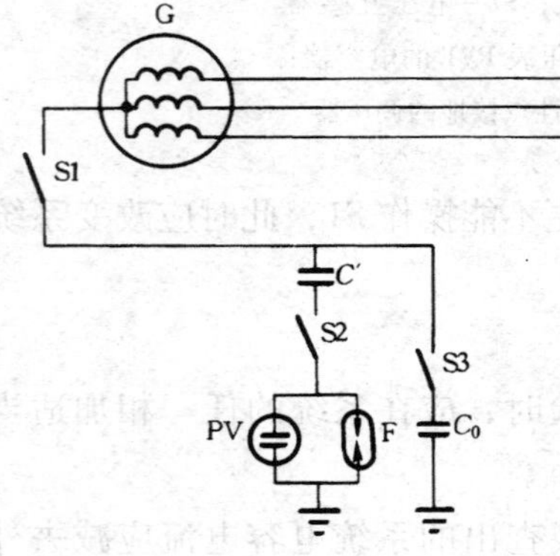

图 24-7 中性点外加电容法测量系统电容电流的接线图

S1—中性点开关；S2—静电电压表 PV 的开关；S3—外加电容 C_0 的开关；C'—保护电容；F—放电管

中性点外加电容测量系统的电容电流是在系统无补偿的情况下，在变压器中性点对地接入适当的电容量，测量中性点的对地电压，然后用计算的方法间接得到系统的电容电流。外加电容一般取系统估算的对地电容 C 的0.5倍、1倍和2倍。在每个电容下测量一次中性点的对地电压（位移电压），根据系统的不对称电压和测得的各个位移电压来计算系统的电容电流，然后取这些电流的平均值作为该系统的电容电流。中性点外加电容法是现场常用的测量方法，中性点外加电容法测量系统电容电流的原理接线如图 24-7 所示。

图 24-7 中，保护电容 C'的电容量为几千皮法，其额定电压不低于被试系统的相电压；外加电容 C_0 的额定电压不低于 2kV。测量步骤为：

(1) 按实际的试验接线圈接入测量设备及静电电

压表。

（2）合上 S1 和 S2，读取中性点不对称电压 U_0。

（3）合上 S3，即投入外加电容 C_0，读取此时中性点位移电压 U_{01}，读完后立即断开 S3。

（4）按 $C = C_0 U_{01} / (U_0 - U_{01})$ 计算出系统的相对地电容。

（5）另接一预选的外加电容 C_0，再合上 S3，读取此时中性点的位移电压 U_{01}。

照此方法，直至测完所有预选的外加电容下的每个位移电压后，立即断开 S3、S2 和 S1。

根据测得的中性点不对称电压 U_0 和在不同外加电容 C_0 下测得的中性点位移电压 U_{01}，计算出系统的三相对地电容 C，然后以电容平均值计算系统的电容电流 I_C。

三、中性点外加电压法

用中性点外加电压法测量系统电容电流，就是将工频电压引入系统中性点作为测量电源。外加电源的引入，其结果应使系统一相电压降低，另两相电压略有升高，若与此相反，则应改变外加电源的极性。外加电压约为系统正常运行相电压的 1/3，这样两相对地电压的升高不会危及系统绝缘。

外加电压法分投入与不投入消弧线圈两种接线。投入消弧线圈的方法，又分并联（即系统对地电容与消弧线圈并联）加压和串联（即系统对地电容与消弧线圈串联）加压两种。系统除测试外的消弧线圈应退出运行。

（一）投入消弧线圈的外加电压法

投入消弧线圈的中性点外加电压法的原理接线如图 24-8 所示。图 24-8（a）中，PV 为测量外加电压 U_0 的电压表；PA1 和 PW1 为测量系统的电容电流 I_C 和有功损耗 P_1 的电流表和功率表；PA2 和 PW2 为测量消弧线圈补偿电流 I_L 和有功损耗 P_2 的电流表和功率表；PA3 和 PW3 为测量残余电流 I'_C 和有功损耗 P_3 的电流表和功率表。PW1、PW2 和 PW3 均为低功率因数功率表。

图 24-8（b）中，U'_0 为外加电压；U_0 为加上 U'_0 后的系统中性点电压；PW 为测量有功损耗 P 的低功率因数功率表；PV 为测量 U_0 的电压表；PA 为测量系统电容电流 I_C 的电流表。

（二）不投入消弧线圈的外加电压法

不投入消弧线圈的中性点外加电压试验接线及等值电路图如图 24-9 所示。图中，TV 为测量中性点电压 U'_0 的电压互感器；PV 为测量中性点电压的电压表；PA 为测量电容电流 I_C 的电流表；PW 为测量电容电流 I_C 回路有功损耗 P 的低功率因数功率表；QF 为外加电源断路器；C 为系统三相对地电容。

试验电源的选择：

（1）根据估算或用其他方法实测的系统对地电容电流和所采用的试验接线，计算所需试验电源的容量。

（2）因试验电源供给的是零序电流，应选择三角形接线或中性点不接地的变压器作电源变压器。

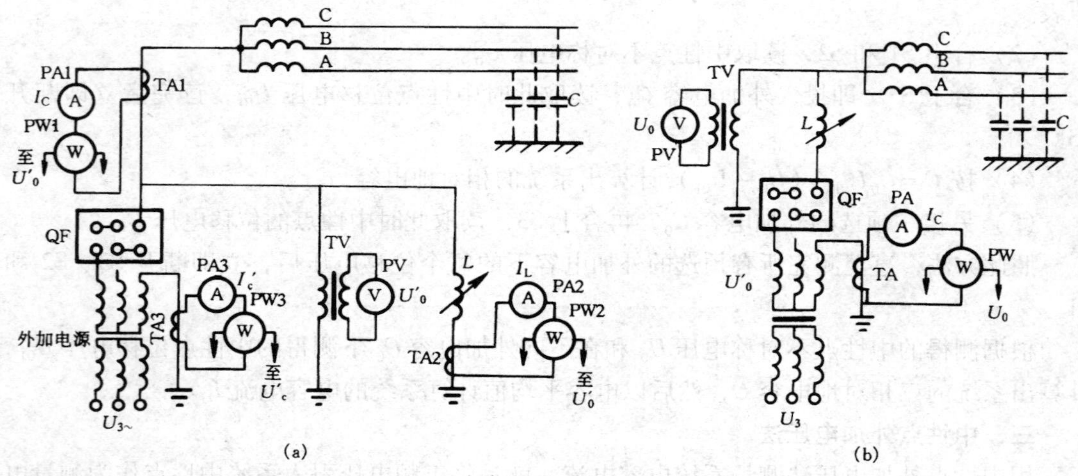

图 24-8 投入消弧线圈的中性点外加电压法的原理接线

（a）并联加压；（b）串联加压

试验注意事项：

（1）图 24-8（a）中的电流互感器 TA1 及图 24-8（b）和图 24-9（a）中的电压互感器 TV 应具有与测量系统电压等级相同的绝缘水平。

（2）测量表计的准确度应不低于 0.5 级，电压及电流互感器的准确度不低于 1 级。

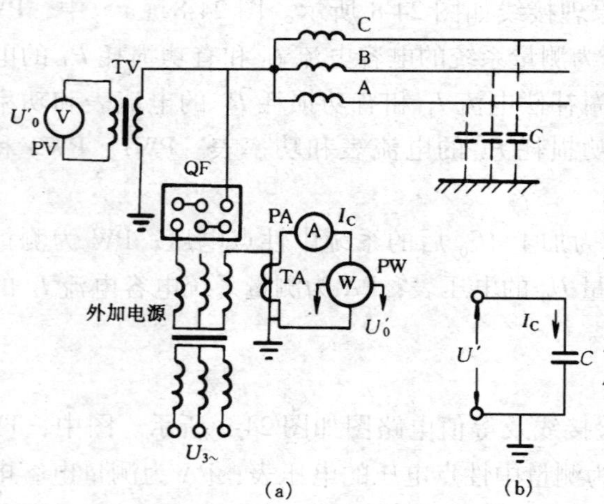

图 24-9 不投入消弧线圈的中性点外加电压试验接线及等值电路

（a）试验接线；（b）等值电路

（3）外加电源断路器 QF 应装瞬时动作的过电流（或过电压）保护，以便在试验过程中发生单相接地时能迅速切除故障。过电流保护按被测试系统电容电流的 4 倍整定；过电压保护一般按 0.8 倍相电压整定。

（4）若外加电压使系统一相电压升高，另两相电压降低，则应调换试验电源的极性。

四、中性点位移电压法

用中性点位移电压法测量系统的电容电流的试验方法及试验接线与调谐试验完全相同。利用改变被测量消弧线圈（系统中其余消弧线圈应退出运行）的抽头来改变系统中性点的位移电压，并测量该消弧线圈在各抽头下的中性点位移电压，然后用计算的方法得到系统的电容电流。

根据消弧线圈在两个相邻抽头的测量结果，系统电容电流的计算式如下

$$I_{C1}=\frac{I_{L2}-\frac{U_{011}}{U_{012}}I_{L1}}{1-\frac{U_{011}}{U_{012}}} \tag{24-3}$$

式中　U_{011}、U_{012}——消弧线圈在抽头 1 和 2 时中性点位移电压（V）；

I_{L1}、I_{L2}——消弧线圈在抽头 1 和 2 时，额定频率和额定电压下消弧线圈的实际电流（A）。

依次测量消弧线圈在不同抽头时的 U_{011}，U_{012}，U_{013}，…，U_{01n}，以相邻两抽头的中性点位移电压 U_{01} 和 I_L，用上式计算出 I_{C1}，I_{C2}，I_{C3}，…，I_{Cn}，取各次计算电容电流的算术平均值，即为所测系统的电容电流 I_C。

为了减少测量误差，应在过、欠补偿两种方式下测量，在两种状态下分别计算（即 U_{011} 及 U_{012} 在调谐曲线的同一侧时）系统的电容电流。测量时脱谐度 ν 应选择适当，ν 太高不便测量电压，ν 太低又使中性点位移电压升高较多，危及系统绝缘。一般系统阻尼率 d 约为 5%，当 ν 大于 20% 时，可以认为 $\sqrt{\nu^2+d^2}$ 近似等于 ν，如取位移电压在不大于 5 倍的不对称电压时进行计算，则可使计算结果误差在允许的范围内。

消弧线圈必须从系统切除后才能调换抽头。当位移电压大于 50% 相电压时，不能切除消弧线圈。只有改变系统参数，使位移电压小于 50% 相电压后才能再切除消弧线圈。

第二十五章

局部放电试验

第一节　局部放电特性及原理

一、局部放电测试目的及意义

局部放电是指发生在电极之间但并未贯穿电极的放电，它是由于设备绝缘内部存在弱点或生产过程中造成的缺陷，在高电场强度作用下发生重复击穿和熄灭的现象。它表现为绝缘内气体的击穿、小范围内固体或液体介质的局部击穿或金属表面的边缘及尖角部位场强集中引起局部击穿放电等。这种放电的能量是很小的，所以它的短时存在并不影响到电气设备的绝缘强度。但若电气设备绝缘在运行电压下不断出现局部放电，这些微弱的放电将产生累积效应会使绝缘的介电性能逐渐劣化并使局部缺陷扩大，最后导致整个绝缘击穿。

用传统的绝缘试验方法很难发现局部放电缺陷，并且1min交流耐压试验还会损伤绝缘，影响设备以后的运行性能。随着电压等级提高，这个问题更为严重。我国近年来110kV以上的大型变压器事故中50%是属正常运行下发生匝或段间短路，造成突发事故，原因也是局部放电所致。

油纸绝缘电器设备如电流互感器、套管等在设计时工作电压常是以局部放电量小于1pC为依据，由于工艺影响等，规定放电量在试验电压下小于10pC。大型变压器一般都考虑在局部放电不大于100pC的电场强度下工作。但考虑到工艺等因素，规定在试验电压下小于500pC。

油纸绝缘在局部放电作用下会产生不饱和烃 C_2H_2 和×蜡，蜡质会积留在固体绝缘上，放电产生的气体又使放电增加，造成在场强高的部位或绝缘纸有损伤的部位发生击穿，或沿着层间间隙爬电，或形成树枝状放电，在放电通道上会形成整齐的碳化层，最终贯穿绝缘。

虽然局部放电会使绝缘劣化而导致损坏，但它的发展是需一定时间的，发展时间与设备本身的运行状况及局部放电种类，与其产生的位置和设备的绝缘结构等多种因素有关。因此，一个绝缘系统寿命与放电量的关系分散性很大，这也是该项测试技术有待研究的一个课题。总的来讲，对一个绝缘系统的好坏判断是其局部放电越小越好，对于各种电气设备，现行标准规定局部放电量水平主要是考虑了现行普通工艺条件下，及其保证设备在正常运行条件下的使用寿命。对于新设备来讲，放电量应不超过规定值，但超过了标准也不能说不可运行。据大量试验证明可这样认为：超过标准1倍的放电量对设备的影响还是不大的；超标1~4倍时需分析原因及监视运行。而超标达10倍或更多，则设备就可能存在严重的隐形故障，一般都会在2个月或2年之间暴露出来，并且各种隐形故障往往是其他绝缘试验（包括交流一分钟耐压）检查不出来。因而，测试电气设备的局部放电特性是目前预防电气设备故障的一种好方法。

二、局部放电的机理

1. 局部放电的分类及定义

局部放电是指发生在电极之间但并未贯通电极的放电，这种放电可能出现在固体绝缘的空穴中，也可能在液体绝缘的气泡中，或不同介电特性的绝缘层间，或金属表面的边缘尖角部位。所以以放电类型来分，大致可分为绝缘材料内部放电、表面放电及高压电极的尖端放电。

局部放电主要几个参量如下：

（1）局部放电的视在电荷 q。它是指将该电荷瞬时注入试品两端时，引起试品两端电压的瞬时变化量与局部放电本身所引起的电压瞬时变化量相等的电荷量，视在电荷一般用pC（皮库）来表示。

（2）局部放电的试验电压。它是指在规定的试验程序中施加的规定电压，在此电压下，试品不呈现超过规定量值的局部放电。

（3）规定的局部放电量值。在某一规定电压下，对某一给定的试品，在标准或规范中规定的局部放电参量的数值，称为规定的局部放电量值。

（4）局部放电起始电压 U_i。当加于试品上的电压从未测量到局部放电的较低值逐渐增加时，直至在试验测试回路中观察到产生这个放电值的最低电压。实际上，起始电压 U_i 是局部放电量值等于或超过某一规定的低值的最低电压。

（5）局部放电熄灭电压 U_e。当加于试品上的电压从已测到局部放电的较高值逐渐降低时，直至在试验测量回路中观察不到这个放电值的最低电压。实际上，熄灭电压 U_e 是局部放电量值等于或小于某一规定值时的最低电压。

2. 内部放电

如绝缘材料中含有气隙、杂质、油隙等，这时可能会出现介质内部或介质与电极之间的放电，其放电特性与介质特性及夹杂物的形状、大小及位置都有关系。

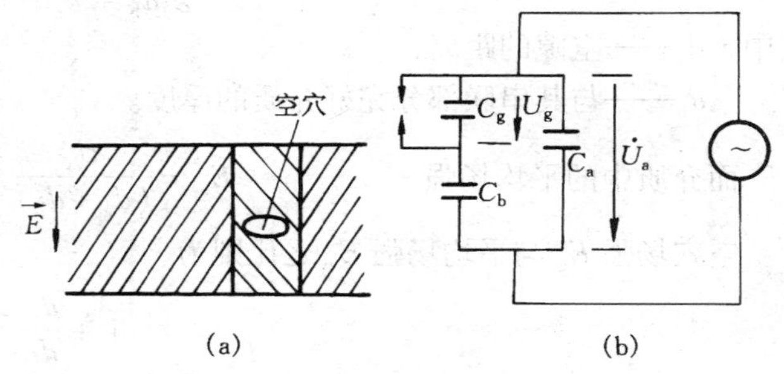

图25-1　介质内空穴的表示及等效电路原理图
（a）介质内空穴；（b）等效电路

在交流电压下，内部放电的处理可用等效电路说明，见图25-1。图25-1中，C_g 表示空穴电容；C_b 表示绝缘介质与空穴串联部分的电容；C_a 表示介质其余部分的电容；U_g 为空穴电压；$\dot{U}_a$ 为绝缘介质的外施电压。

当外施电压 U_a 上升，直到空穴电压 U_g 达到空穴的击穿电压值 U_g 时，空穴开始放电，也即发生局部放电。放电的产生与介质内电场的分布有关，空穴与介质完好部分的电压分布，或电场强度的分布关系如下。

由图 25-1 可知，绝缘介质的总电容为

$$C_x = C_a + \frac{C_g C_b}{C_g + C_b} \tag{25-1}$$

如果空穴具有夹层形状，且与电场的电力线垂直，如以 d_d 表示与空穴串联部分的介质厚度，d_g 表示空穴厚度，则由式（25-1）可知，空穴与其串联部分介质的总电容为

$$C_n = \frac{C_g C_b}{C_g + C_b}$$

因为介质电容充电电荷为 $q = UC$，$C = \varepsilon \frac{s}{d}$。又以 E_g、ε_g 和 E_b、ε_b 分别表示空穴及其串联部分的电场强度和介电常数。设 q_n 为空隙电容的充电电荷，则空隙上电压为

$$U_g = \frac{q_n}{C_g}$$

空穴中的电场强度为

$$\begin{aligned} E_g &= \frac{U_g}{d_g} = \frac{q}{d_g c_g} \\ &= \frac{U_a}{d_g C_g} \cdot \frac{C_g C_b}{C_g + C_b} \\ &= \frac{U_a}{d_g} \cdot \frac{C_b}{C_g + C_b} \\ &= \frac{U_a \frac{\varepsilon_b}{d_b}}{d_g\left(\frac{\varepsilon_g}{d_g} + \frac{\varepsilon_b}{d_b}\right)} \\ &= \frac{U_a \varepsilon_b}{\varepsilon_g d_b + \varepsilon_b d_g} \end{aligned} \tag{25-2}$$

式中　d_g——空隙的距离；

d_b——与其串联部分完好介质的厚度。

而介质中的平均场强　$E_{av} = \frac{U_a}{(d_g + d_b)}$

空穴场强 E_g 与平均场强 E_{av} 之比则为

$$\frac{E_g}{E_{av}} = \frac{1 + \frac{d_g}{d_b}}{\left(\frac{\varepsilon_g}{\varepsilon_b}\right) + \left(\frac{d_g}{d_b}\right)} \tag{25-3}$$

在实际情况中，由于空隙 $d_g \ll d_b$，则 $\frac{d_g}{d_b} \ll 1$，所以场强比式（25-3）中可忽略 $\frac{d_g}{d_b}$，则式（25-3）可变为

$$\frac{E_g}{E_{av}} = \frac{\varepsilon_b}{\varepsilon_g}$$

或

$$E_g = \frac{\varepsilon_b}{\varepsilon_g} E_{av} \tag{25-4}$$

由式（25-4）可见，在工频交流电场下，空穴中分配到的场强等于介质中平均电场强度的$\frac{\varepsilon_b}{\varepsilon_g}$倍，而在一般绝缘介质中，引起局部放电的空穴大多数为气体。因此，一般认为$\varepsilon_g=1$，而介质的介电常数$\varepsilon_b>2$，常用介质相对介电常数见表25-1。例如，环氧树脂$\varepsilon_r=3.8$，所以气穴中的电场强度比绝缘介质完好部分所承受的场强高3.8倍。再者，气体的击穿场强又比固体介质的击穿场强低，如环氧树脂击穿场强比空气高10倍。由此可知，气隙承受的场强高，它的击穿场强又低，当外施电压达一定值时，气穴首先被击穿，而周围介质仍然保持完好的绝缘特性，由此也就形成了局部放电。

表25-1　常用介质相对介电常数

材料名称	临界场强 E_c（kV/cm）	相对介电常数 ε_r
空　气	25～30	1.00058
六氟化硫	80	1.002
变压器油	50～250	2.2～2.5
硅　油	100～200	2.6
石　蜡	100～150	2.0～2.5
瓷	100～200	5.5～6.5
聚四氟乙烯	100～100	3.0～3.5
有机玻璃	200～300	3.0～3.6
环氧树脂	200～300	3.8

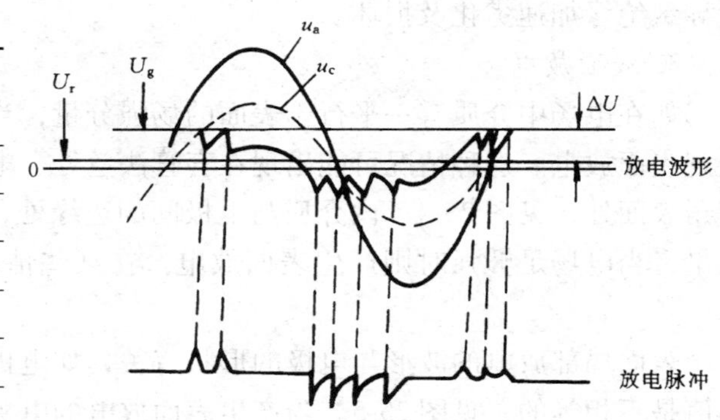

图25-2　内部放电次数及电压波形

u_a—外施电压；u_c—空穴电压；U_g—空穴放电电压；U_r—空穴放电熄灭（残余）电压；Δu—空穴电压变化量

空穴内单位时间内的放电次数与外施电压的频率及幅值有关。当绝缘介质上外施电压u_a上升，使空穴的电压u_c达到其击穿电压U_g时，则空穴出现放电击穿，见图25-2。空穴放电时，则空穴的电压瞬时下降。当其电压下降到U_r时，放电熄灭。空穴放电时的电压下降时间很短，约为10^{-7}s，这个时间与50Hz电源的周期相比是非常小的，因此可将它看作是一脉冲波。放电熄灭后，空穴的电压又重新建立，该电压由空穴残余电荷电压与电源电压叠加，当其达到U_g时，又产生一次放电。当电源反相时，上述现象又同样出现，如此重复，形成了连续的局部放电脉冲。

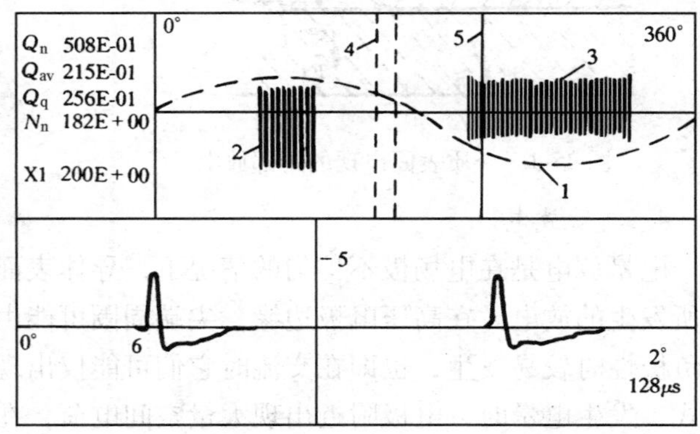

图25-3　周期的放电波形

1—50Hz电压波；2—接地尖端电晕；3—高压电极尖端电晕；4—外部干扰脉冲；5—光标；6—放大显示的一次放电脉冲

由上述及图25-2可看出，内部局部放电总是出现在电源周期中的第一或第三象限，每周期的平均放电次数与外施电压 u_a 有关，每周放电次数随着 u_a 的上升与增加，大约呈直线关系，每个周期出现的局部放电脉冲可在局部放电测量仪的显示器上观察脉冲或放大波形分析，如图25-3所示。

当绝缘介质内出现局部放电后，外施电压在低于起始电压的情况下，放电也能继续维持。该电压在理论上可比起始电压低一半，也即绝缘介质两端的电压仅为起始电压的一半，这个维持到放电消失时的电压称之为局放熄灭电压。而实际情况与理论分析有差别，在固体绝缘中，熄灭电压比起始电压约低5%～20%。在油浸纸绝缘中，由于局部放电引起气泡迅速形成，所以熄灭电压低得多。这也说明在某种情况下电气设备存在局部缺陷而正常运行时，局部放电量较小，也就是运行电压尚不足以激发大放电量的放电。当其系统有一过电压干扰时，则触发幅值大的局部放电，并在过电压消失后如果放电继续维持，最后导致绝缘加速劣化及损坏。

3. 表面放电

如在电场中介质有一平行于表面的场强分量，当其这个分量达到击穿场强时，则可能出现表面放电。这种情况可能出现在套管法兰处、电缆终端部，也可能出现在导体和介质弯角表面处，见图25-4。内介质与电极间的边缘处，在 r 点的电场有一平行于介质表面的分量，当电场足够强时则产生表面放电。在某些情况下，空气中的起始放电电压可以计算。

表面局部放电的波形与电极的形状有关，如电极为不对称时，则正负半周的局部放电幅值是不相等的，见图25-5。当产生表面放电的电极处于高电位时，在负半周出现的放电脉冲较大、较稀；正半周出现的放电脉冲较密，但幅值小。此时若将高压端与低压端对调，则放电图形亦相反。

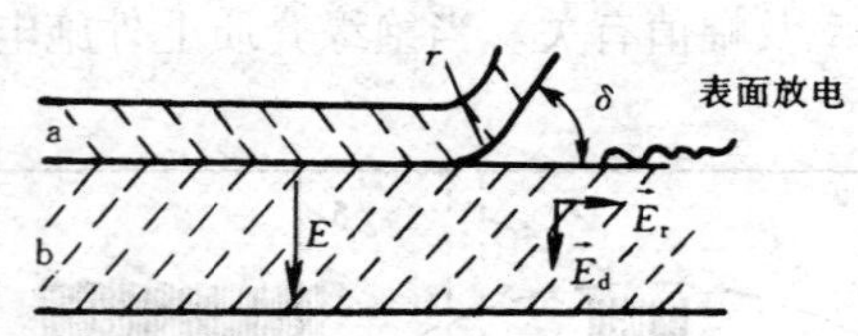

图25-4 介质表面出现的局部放电

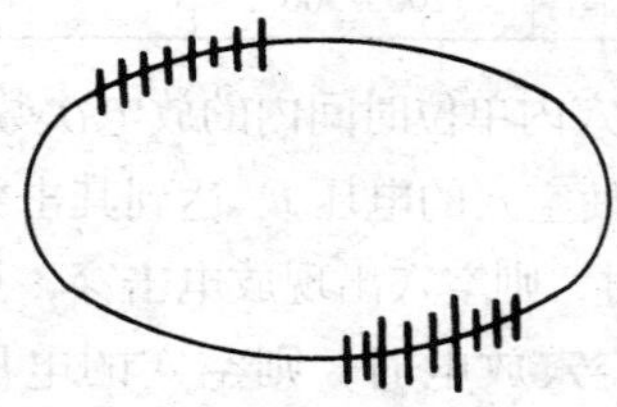

图25-5 表面局部放电波形

4. 电晕放电

电晕放电是在电场极不均匀的情况下，导体表面附近的电场强度达到气体的击穿场强时所发生的放电。在高压电极边缘，尖端周围可能由于电场集中造成电晕放电。电晕放电在负极性时较易发生，也即在交流时它们可能仅出现在负半周。电晕放电是一种自持放电形式，发生电晕时，电极附近出现大量空间电荷，在电极附近形成流注放电。现以棒—板电极为例来解释，在负电晕情况下，如果正离子出现在棒电极附近，则由电场吸引并向负电极运动，离子冲击电极并释放出大量的电子，在尖端附近形成正离子云。负电子则向正极运动，然后离子区域扩展，棒极附近出现比较集中的正空间电荷而较远离电场的负空间电荷则较分散，这样正空间电荷使电场畸变。因此负棒时，棒极附近的电场增强，较易形成。

在交流电压下，当高压电极存在尖端，电场强度集中时，电晕一般出现在负半周，或当接地电极也有尖端点时，则出现负半周幅值较大，正半周幅值较小的放电。

三、放电量与各参数间的关系

在放电过程的第一阶段，空隙 C_g 两端的电压很快地从 U_g 下降到 U_r。U_r 为空穴残余电压，如 C_g 上的脉冲电流为 $i_r(t)$，则 C_g 上的电压为

$$U'_c(t) = U_g - \frac{1}{C_s}\int_0^t i_r(t)\,dt \tag{25-5}$$

式中
$$C_s = C_g + \frac{C_a C_b}{C_a + C_b}$$

因此
$$U_g - U_r = U_g - U'_{c(\infty)} = \frac{1}{C_s}\int_0^\infty i_r(t)\,dt \tag{25-6}$$

则一个脉冲放电的电荷（称为真实放电量）q_r 的计算式为

$$q_r = \int_0^\infty i_r(t)\,dt = (U_g - U_r)C_s = (U_g - U_r)\left(C_g + \frac{C_a C_b}{C_a + C_b}\right) \tag{25-7}$$

但从上式可看出，式中的 U_g、U_r 等参数都是在实际试品中不可能知道的，绝缘中的缺陷也是各不相同的，这样从试验中要测出真实放电则是不可能的。

由图 25-1 可知，C_g 与$\frac{C_a C_b}{C_a + C_b}$并联，$C_g$ 上电压变动 $U_g - U_r$ 时，C_a 上的电压变为 $(U_g - U_r)\frac{C_{a'}}{C_a + C_b}$。因外施电压是作用在 C_a 上的，当 C_g 上电压变化 $(U_g - U_r)$ 时，外施电压的变化 ΔU 应为

$$\Delta U = \frac{C_b}{C_a + C_b}(U_g - U_r) \tag{25-8}$$

用式（25-7）代入式（25-8），消去 $(U_g - U_r)$ 得

$$\Delta U = \frac{C_b q_r}{C_g C_a + C_g \cdot C_a C_b}$$

如以介质两端的电荷变化 $q = \frac{C_b}{C_g + C_b} \cdot q_r$，则有

$$\Delta U = \frac{(C_g + C_b)}{C_g C_a + C_g C_b + C_a C_b}$$

$$= \frac{q}{C_a + \frac{C_b C_g}{C_b + C_g}}$$

$$\approx \frac{q}{C_a}\left(\because \frac{C_b C_g}{C_b + C_g} \ll C_a\right) \tag{25-9}$$

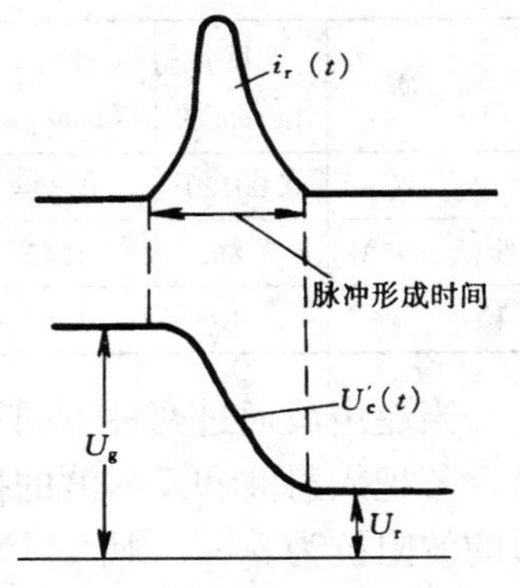

图 25-6　C_g 间的脉冲电流和电压变化

式（25-9）表示由于放电引起的施加到绝缘上电源侧端电压的变化，式中 q 为放电引起绝缘介质的转移电荷，称之

为视在放电量。C_g 间的脉冲电流和电压变化见图 25-6。在实际试验中，由于放电空穴两端的电压变化不能得知，则真实放电量 q_r 是不能测得的。但由放电引起电源输入端的电压变化 ΔU 可测到，式（25-9）中的绝缘介质整体电容 C_a 可测得，则由局部放电引起的视在放电量 q 可求得。所以，在局部放电试验中，由局部放电仪测量所测得的值为由 pC 为单位表示的视在放电量，是在真实放电量不可能测出的情况下的一种变通方法，在实际运用中，通过由视在放电量的大小来判断绝缘的优劣。

第二节　局部放电测试方法

据局部放电产生的各种物理、化学现象，如电荷的交换，发射电磁波、声波、发热、光、产生分解物等，可以有很多测量局部放电的方法。总的来说可分为电测法和非电测法两大类。

一、超声波法局部放电测试原理

利用测超声波检测技术来测定局部放电的位置及放电程度，这种方法较简单，不受环境条件限制。但灵敏度较低，不能直接定量。在进行局部放电测量中当发现变压器有大于 5000pC 的故障放电，超声波声测量方法常用于放电部位确定及配合电测法的补充手段。但声测法有它独特的优点，即它可在试品外壳表面不带电的任意部位安置传感器，可较准确地测定放电位置，且接收的信号与系统电源没有电的联系，不会受到电源系统的电信号的干扰；因此进行局部放电测量时，以电测法和声测法同时运用，两种方法的优点互补，再配合一些信号处理分析手段，则可得到很好的测量效果。

超声波就是一种振荡频率比通常人耳可听见的声波频率高一些的一种声波，它的特性大致与声波差不多，但由于它的频率高一些，因而也存在一些声波所没有的特性。通常我们熟悉的声波可以在空气中传播，它是一种纵波，也是一种机械波。

人耳所能接收的声波频率约为 20Hz ~ 20kHz 左右，超声波也是一种疏密变化的机械波，它可以在气体、液体和固体等媒质中传播，它在各种介质中的传播速度如表 25-2 所示。

表 25-2　超声波在各种介质中的传播速度

物　质	密度 ρ (g/cm³)	速度 c (mm/μs)	固有波阻抗 ρC [mg/(μs · cm²)]	物　质	密度 ρ (g/cm³)	速度 c (mm/μs)	固有波阻抗 ρC [mg/(μs · cm²)]
空　气	0.00120	0.334	41.4	铜	8.40	3.40	2.86×10^6
绝缘油（35℃）	0.86	1.43	1.23×10^5	铝	2.70	5.20	1.4×10^6
橡　胶	1.10	1.40	1.54×10^5	钢	8.90	3.50	3.12×10^6

当超声波通过两种不同物质的界面时，由于两种物质有不同波阻抗，会产生入射和反射，若把入射波和反射波的振幅之比设为 A_0，设第一种物质的声波阻抗为 $\rho_1 c_1$，第二种物质的波阻抗为 $\rho_2 c_2$，则入射波和反射波的振幅之比 A_0 可表示为

$$A_0 = \frac{\text{反射波幅值}}{\text{入射波幅值}} = \frac{\rho_1 c_1 - \rho_2 c_2}{\rho_1 c_1 + \rho_2 c_2} \tag{25-10}$$

再设入射波的能量为 E_1，反射波的能量为 E_2，则它们能量之比就称为反射系数，用符号 K 来表示，则有

$$K = E_2/E_1 = \left(\frac{\rho_1 c_1 - \rho_2 c_2}{\rho_1 c_1 + \rho_2 c_2}\right)^2 \tag{25-11}$$

超声波在气体和液体中以纵波传播，而在固体中则以横波传播，这样就存在有表面波，因此对同一种固体物质，在各方面超声波传播的速度就会不相同。由于超声波的波长较短，因此它的方向性较强，从而它的能量较为集中，也就是说它对于方向性有很好的鉴别能力。

频率越高的超声波在空气中传播衰减越大，一般来讲，20～40kHz 的超声波在空气中传播 5m 左右就会衰减很多，40kHz 以上的超声波在空气中传播时会很快衰减。

二、超声波传感器的原理及应用

（一）超声波传感器原理

在压电陶瓷上加上一大小和方向不断变化的电压，根据压电效应，就会使陶瓷片产生机械形变，这样形变的大小和方向是与外加电压成正比的，也即在压电陶瓷上加有变化频率为 f 的电压，它就会产生频率为 f 的机械振荡波形（即超声波）。相反，外加一定频率的振动压力使压电陶瓷产生机械变形，也会在压电陶瓷两侧产生相应频率的电压。根据这种压电效应，将两片压电陶瓷反极性地贴合在一起就构成了双电压型的振动子，或是在压电陶瓷上贴上金属膜则可构成单片型的振动子。压电陶瓷的自由振动频率 f 可由下式表示

$$f = \frac{\alpha^2}{2\pi\sqrt{12}} \cdot \frac{t}{r^2} \cdot \sqrt{\frac{E}{\rho(1-\delta^2)}} \tag{25-12}$$

式中 E——杨氏模量；

α——常数 =4.73；

r——圆板陶瓷片的半径；

ρ——密度；

δ——泊松比（即棒受拉力后纵横方向的变形尺寸比）；

t——振动子的厚度。

由式（25-12）可见，如压电陶瓷的材料和金属板组合结构固定了，则它的谐振频率就可用下式表示

$$f \propto \frac{t}{r^2} \tag{25-13}$$

由式（25-13）可见，压电超声传感器的振动频率与其结构半径的平方成反比，而与它的厚度 t 成正比。这样，在传感器制作中，可改变压电陶瓷的大小、尺寸和厚度制成不同频率的传感器。

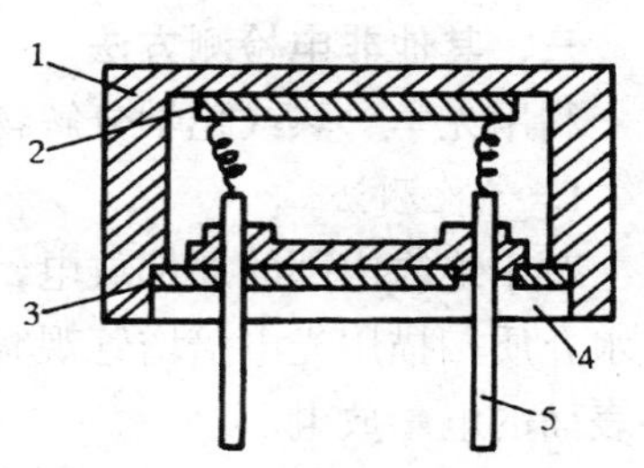

图 25-7 超声传感器的原理结构图
1—金属外壳；2—陶瓷振动子；3—底座；4—填充树脂；5—引出脚

局部放电测量通常选用密封结构的超声传感器，其结构原理见图 25-7。它是直接把压电陶瓷安装在金属外

壳之上，带动外壳一起振动，并在金属壳里填充树脂作为密封。

（二）局部放电超声测量

用超声探头获得由局部放电引起的超声信号，并用数字式局部放电仪或波形记录仪记录波形作定位测试。声测法原理框图如图 25-8 所示。

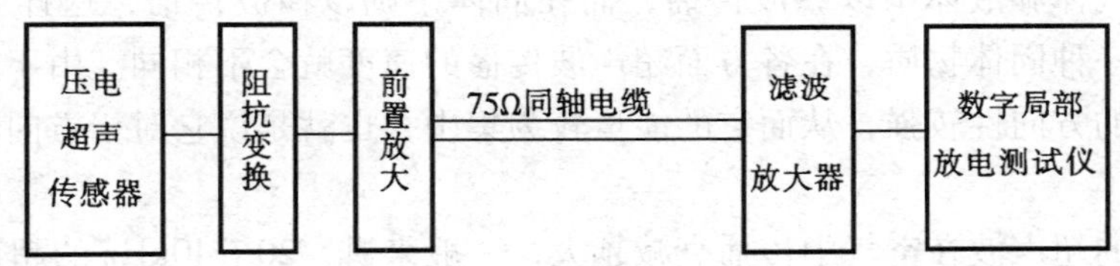

图 25-8　声测法原理框图

如将 1～4 个声探头的信号同时记录下并在屏上显示所测到的波形，对局部放电作定位测量很有利。当与电测法联合测量时，有助于判断所测到的信号是否为内部放电。

当仪器对变压器进行超声测量时，屏上按所探测的声通道数在屏上同时显示 1～4 路波形，测量人员移动光标到认为是放电声信号的位置，程序即自行计算出放电点距探头的位置。若为 3 个以上的测量点，则由给定的各探头光标计算出放电点的光标位置。

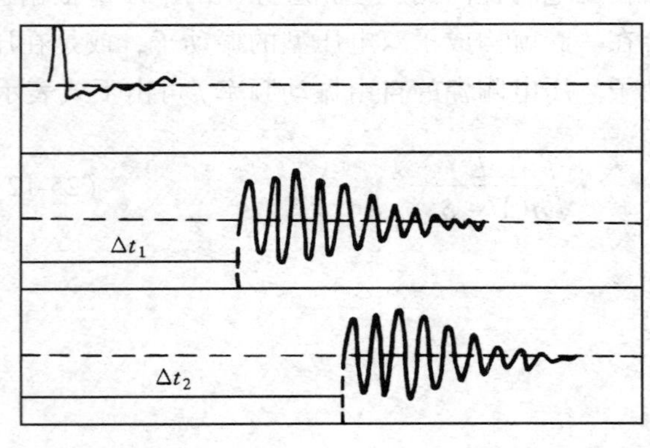

图 25-9　超声测量信号波形

用于互感器等试品时，在靠近高压部分则用光纤连接，有时装设 1～2 个传感器即可，前置放大器仅用一个。

当设备内部有故障放电时（几千到几万皮库），这时利用电信号作为仪器触发信号，也即以电信号作为时间参考零点，然后以 1～3 个通道采集声信号，仪器 A/D 采样频率可选在 500kHz 或 1MHz 并移动传感器位置，使能有效地测到超声信号，见图 25-9。测得电信号与声信号的时间差 Δt 就可计算出放电点与传感器的位置的距离，$s = v\Delta t$，一般计算取 $v = 1.42\text{mm}/\mu\text{s}$。

三、其他非电检测方法

利用光学、热或化学分解物的原理也能进行局部放电测量。

1. 光检测法

对于绝缘内部的局部放电，只有透明介质才宜用光检测法，例如聚乙烯绝缘电缆芯通过水介质扫描用光电倍增管观察。但该方法灵敏度较低，局限性大，较适宜于检测暴露在外表面的电晕放电。

2. 热检测法

由于局部放电在放电点会发热，当故障较严重时，局部热效应是明显的，可用预先埋入的热电偶来测量各点温升，从而确定局部放电部位。这种方法既不灵敏且不能定量，因而在现场测量中一般不用这种方法。

3. 放电产物分析法

油纸绝缘材料在局部放电作用下会分解产生各种气体，分析局部放电时产生的化学生成物，例如用色谱分析仪测量高压电气设备的油中，由于放电产生的微量可燃性气体，从而推断局部放电的程度，从而判断故障类型，已在生产实际中广泛应用，并取得较好的效果。各种气体中对判断故障有价值的气体有甲烷（CH_4）、乙烷（C_2H_6）、乙烯（C_2H_4）、乙炔（C_2H_2）、氢（H_2）、一氧化碳（CO）、二氧化碳（CO_2）等。

绝缘中存在局部放电时，当放电较小并在故障点引起的温度高于正常温度不多时，由油裂解的产物主要是甲烷和氢；当局部放电故障扩大，形成局部爬电或火花、电弧放电时，会引起局部高温，产生乙炔、乙烯和一氧化碳、二氧化碳，如利用四种特征气体的三比值法，可用来判断变压器故障性质，但实际上对电力设备进行绝缘故障判断时，仅根据一次测量数据往往是不够的，宜利用色谱分析，观察各有害气体随时间的增量，并和局部放电超声测量和电测法数据作比较，进行综合判断，才能更加有效地判断故障性质。

当故障涉及到固体绝缘时，会引起一氧化碳和二氧化碳含量的明显增长。但根据现有统计资料，固体绝缘的正常老化过程与故障情况下劣化分解，表现在油中一氧化碳的含量上，一般情况下没有严格的界限；二氧化碳含量的规律更不明显。因此，在考察这两种气体含量时更应注意结合具体变压器的结构特点，如油保护方式、运行温度、负荷情况、运行历史等情况加以分析，以尽可能得出正确的结论。

第三节　脉冲电流法测量原理及方法

局部放电测量法包括：

（1）无线电干扰测量法（RIV 法）。局部放电产生的脉冲信号频谱很宽，从几千赫到几十兆赫，故利用无线电干扰仪，通过试品两端直接耦合，或天线等其他采样元件耦合，测量试品的局部放电脉冲信号。

（2）放电能量法。局部放电伴随着能量损耗，可以用电桥来测量一周期的放电能量，也可以用微处理机直接测放电功率。

（3）脉冲电流法。由于局部放电产生的电荷交换，产生高频电流脉冲，通过与试品连接的检测回路产生电压脉冲，将此电压脉冲经过合适的宽带放大器放大后由仪器测量或显示出来。这种方法灵敏度高，是目前国际电工委员会推荐进行局部放电测试的一通用方法，此种方法在下面作详细介绍。

一、基本测量仪器及线路

利用脉冲电流法进行局部放电测量的仪器有模拟信号处理的脉冲显示仪器和数字分析仪两种。用模拟器件组成的电子仪器仅能观察脉冲，测量局部放电量，而数字分析仪是由计算机控制的智能化仪器，能测量记录分析局部放电信号。

1. 测试线路

脉冲电流法的基本测量电路见图 25-10。

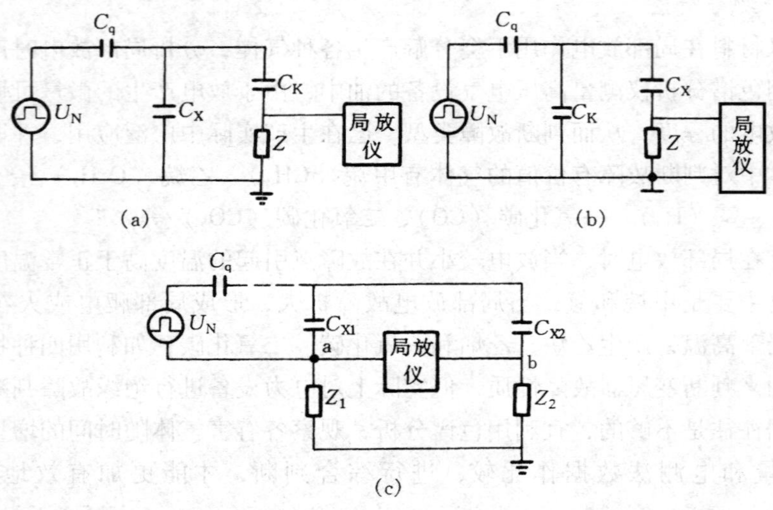

图 25-10　脉冲电流法测试电路

（a）并联法；（b）串联法；（c）平衡法

C_X、C_{X1}、C_{X2}—试品电容；C_K—耦合电容；C_q—标准校正电容；

Z—检测阻抗；U_N—方波发生器输出电压

并联法可用于试品一端接地，串联法时试品不能接地。当试品的电容较大时，用并联法可以不需大容量的检测阻抗。而平衡法是利用两台试品相互作为耦合电容并平衡抑制干扰，或将电容值差别不大的另一电容器作为耦合电容。平衡法的测量灵敏度略低于直测法[图 25-10（a）、（b）两种方法]，但它的抗干扰能力却比直测法高得多。因为从高压端传入的干扰信号，在检测阻抗 Z_1、Z_2 上得到同极性的电压。因此，局放仪回路上得到的信号电压 $U_f = U_a - U_b$。

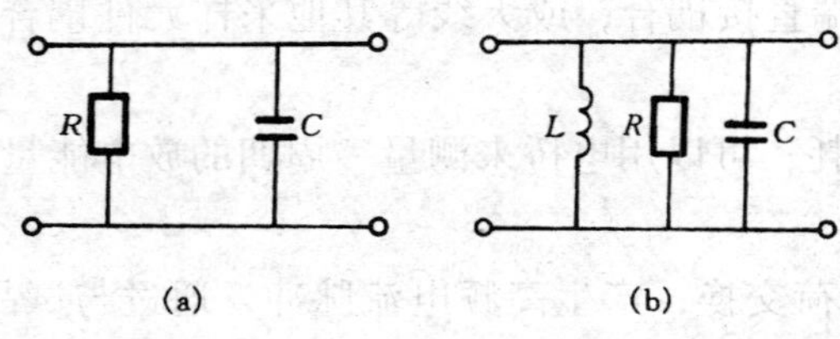

图 25-11　检测阻抗原理电路

（a）RC 型；（b）RLC 型

若 C_{X2} 与 C_{X1} 的介质损耗相同，则电桥回路的平衡条件为

$$\frac{C_{X1}}{C_{X2}} = \frac{C_1}{C_2} = \frac{R_2}{R_1} \tag{25-14}$$

由此可知，平衡条件与频率无关。如果这两并联支路的外界干扰相同，则只要电桥电路平衡调节好，就可同时平衡脉冲干扰信号中各种频率分量，使干扰信号被抑制到最小。

2. 检测阻抗

检测阻抗主要分成 RC 和 RLC 型两类，原理电路见图 25-11。

对 RC 型，当电容 C 较小时，检测阻抗上的波形与流过被试品的脉冲电流相似，但其频带较宽、噪声较大，被试品的工频充电电流大时使检测阻抗上工频分量不能完全滤除，从而影响测量。

RC 型一般用于平衡测量回路，R 值一般选用 200～1200Ω，电容 C 即为电缆分布电容，实际应用时不需另加。

RLC 型对局部放电脉冲检测有很高的灵敏度，而对被试品工频的充电电流呈现低阻抗，频带较窄，噪音水平较低。缺点是波形易呈现振荡，但适当选择 R（2～3kΩ）可使振荡阻尼抑制，所以普遍采用 RLC 型检测阻抗。

二、测量回路的校正

1. 等效校正方法

试验时，在局部放电仪上只能读出由检测阻抗端取得的放电脉冲的幅值或衰减分贝数。为了得到需测的视在放电量，尚需进行定标校正。如同天平的砝码一样，校正是在试品两端注入已知电荷量，测量比较试品放电量之间的换算系数。

局部放电量是标志局部放电强度的主要参数，但至今为止还无法测量绝缘的实际放电量。目前的定量测试是用一方波电源经一已知的小电容在试品两端施加一电荷 q_0，使其在放大器输入阻抗两端所得到的量值 U_1 与试品的真实放电量作用在输入阻抗的效果一样。由此定义一个视在放电量 q_0 的参数，一般视在放电量 $q_0=U_N \cdot C_q$ 可通过回路系数换算而得，其中 U_N 为方波电源的输出电压，C_q 为已知的校正耦合电容方波校正等效电路，见图 25-12。

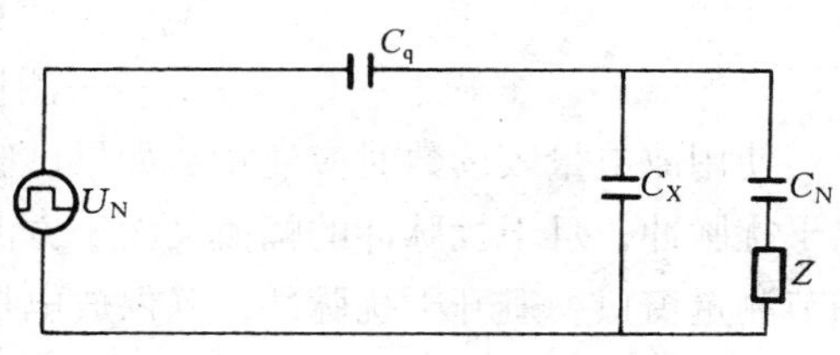

图 25-12 方波校正等效电路

由图可见，试品两端的总电容是已知的，则注入试品 C_X 两端的电荷为

$$q_0 = \frac{C_X C_q}{C_X + C_q} U_N \tag{25-15}$$

式中 C_X——试品电容及与其并联的耦合、杂散电容等。

试验时，一般选取 $C_q \ll C_X$，则式（25-15）近似为

$$q_0 \approx C_q U_N \tag{25-16}$$

然后根据试品允许的放电强度（或估计试品可能出现的放电强度）调节方波发生器的输出电压 U_N，再根据所选的 C_q 计算出通过 C_q 注入到试验回路的 q_0 值，调节仪器宽带放大器的增益，使示波器上出现的脉冲高度为 L_0（mm），则在该灵敏度下，测量装置的换算系数，即单位刻度表示的放电量为 q_0/L_0，也即为 L_0（mm）高的脉冲放电量值即为 q_0。测试试品的局部放电量时，则应去掉校正方波脉冲，在放大器灵敏度不变的情况下，读取放电信号的高度为 L（mm），则试品的视在放电量为

$$q = U_N C_q \frac{L}{L_0} \tag{25-17}$$

但当放大器档位变化时，试品的放电量计算值为

$$q = U_N C_q \frac{L}{L_0} \times 10^{(N_1 - N_2)} \tag{25-18}$$

或用放电量表读取数，再按下式校正

$$q = U_N C_q \frac{x}{x_0} \cdot 10^{(N_1-N_2)} \tag{25-19}$$

式（25-18）~式（25-19）中 U_N——标准方波发生器输出电压（V）；
C_q——校正耦合电容（pF）；
q——注入电荷量（pC）；
N_1——局放仪放大器测量档位；
N_2——局放仪放大器校正档位；
L_0——校正信号高度；
L——测量信号高度；
x_0——校正时注入 q_0 方波信号时放电量表的读数值；
x_1——测量信号在放电量表上读数值。

使用放电量表读数时应注意：如果试验回路有较大的干扰脉冲，或在某一相位有一固定干扰脉冲，且干扰脉冲的幅值又大于方波校正脉冲幅值。这时就应用仪器的开窗功能，调节测量窗口，避开干扰脉冲，确保放电量表的读数为方波校正脉冲的值。

2. 放大器档位变化引起的校正系数换算

当局部放电测量和校正都使用同一放大器档位时，则测得的局部放电量即按式（25-17）计算。但当测量时局放信号太小或太大，这时需要变换放大器输入衰减档位，同时测得的数据尚需乘上衰减档的倍率系数。常规的局部放电仪的放大器衰减档各档的信号衰减为20dB，以Model-5型仪器为例，其衰减为五档。当置于第五档时，仪器测试灵敏度最高。例如校正时，用方波发生器注入校正脉冲量值 $q_0=100$pC（$U_N=10$V，$C_q=10$pF），测量仪器放大器选在第四档时，调节放大器微调使放电量表（pC表）显示为100格（或脉冲高度为40mm峰—峰值），这时记录上述数据，并且在以后的测量过程中一定不能再动放大器微调，否则校正测量无效。拆除方波校正回路连线，合上试品电源，调节电压到试验电压，如调节放大器档位，用第四档测得试品放电脉冲高度为20mm，或放电量表读得为50格，则根据式（25-18）计算的放电量为

$$q = U_N C_q \frac{L}{L_0} \times 10^{(N_1-N_2)}$$

$$= 10 \times 10 \times (20/40) \times 10^{4-4} = 50(\text{pC})$$

又当上述测量值是用放大器第二档时，则测得的放电量应为

$$q = \frac{10 \times 10 \times 20}{40} \times 10^{4-2} = 50 \times 10^2 = 5000(\text{pC})$$

据式（25-19）同样可算出应用放电量表测量读数计算的放电量值。

3. 数字式局放仪器的方波校正

应用计算机控制的数字式局放仪时，同样需在加压进行测量前对测量回路进行方波校正，根据不同的试品及测量方法注入一定量的校正脉冲信号，变压器的测量、校正可选用1000~10000pC的注入量；对少油式电器，如互感器、套管等可选择注入10~100pC。仪

器自动选择合适的量程并显示测试的相应毫伏值或皮库值（有的仪器没有将毫伏值和皮库值进行换算，直接读出为毫伏值），例如校正时注入1000pC时为100mV，则测量值每毫伏表示10pC。仪器自动校正参数为

$$X_{(n)} = \frac{q_0}{A_X} \cdot \sum_1^n E_{Xm}/n \tag{25-20}$$

式中　$X_{(n)}$——第 n 通道的校正系数；

q_0——方波校正注入量；

A_X——校正时所选用的量程；

E_{Xm}——校正脉冲的幅值。

三、方波发生器及校正电容 C_q 选择

实际应用中，由于方波发生器并非理想电源，它存在内阻及杂散电容对 C_q 的影响。所以在某些情况下使用式（25-16）时误差较大，严重时误差可达40%，引起局部放电测量值偏大，导致把合格的试品可能判在不合格的范围内。为此，需在考虑到各种影响的情况下，正确地选择 C_q，使校正得到的视在放电量误差限定在认可的范围内。

校正电容 C_q 值的合理选择，对测试结果的正确性影响较大。而对 C_q 的选择，也有一定的原则。按IEC的规定，校正方波应该有一上升时间，且此上升时间 t 应不大于0.1μs，选择 C_q，使其满足 $C_q \leqslant 0.1C_X$。实际进行局部放电视在电荷校正时，对大电容试品，如电容器、变压器，C_q 最好用100pF；而小电容试品，如互感器、套管等，C_q 可选用10～30pF，这样可使校正误差较小。

第四节　互感器局部放电测量

高压互感器在系统内也是很重要的运行设备，互感器的故障造成电力系统的恶性事故也很多。利用局部放电测量来判断其绝缘状况已证明有很好的实际效果。

（一）电流互感器的测量回路

电流互感器试验接线原理图见图25-13。

图中，根据被试互感器的电容量加上耦合电容 C_K 的容量，并按互感器试验电压标准，可算出试品所需的电流 $I_0 = \omega CU$，耦合电容 C_K 可选用500～6000pF的高压电容，检测阻抗 Z_m 可串接在被试品接地端，但不管检测阻抗接在什么位置，校正方波一定要从试品两端注入。

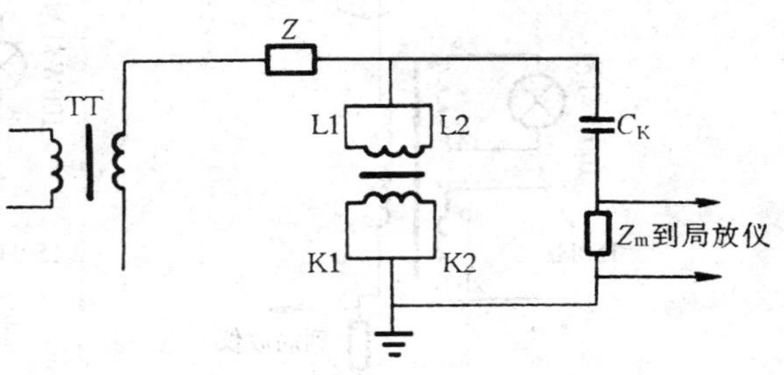

图25-13　电流互感器试验接线原理图

TT—试验变压器；C_K—耦合电容；Z—检测阻抗

（二）电压互感器局部放电测量回路

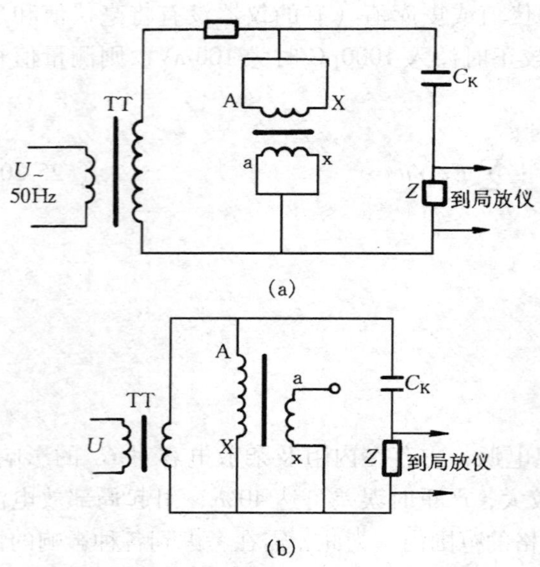

图 25-14　电压互感器局部放电测量接线
(a) 检验主绝缘情况；(b) 检验纵绝缘情况

对于 35kV 及以下全绝缘电压互感器，应分别考虑主绝缘与纵绝缘的情况，其测量接线见图 25-14。

测量主绝缘局部放电时，试验变压器可用普通工频无晕试验变压器，试验电压按标准选择。但当检验纵绝缘时，用工频电源供电就不行了，因为试验电压远高于试品运行电压，过高的工频电压施加于试品 A 端时，会由过励磁产生大电流而损坏设备。在这种情况下，电源应采用 3 倍频电源；3 倍频电源可用 3 个 5kVA 的变压器过励磁由开口三角输出 150Hz 电压或购买用于互感器倍频感应耐压的成套装置。

（三）串激式电压互感器局部放电试验

电压等级为 110kV 及以上的电压互感器一般都为半绝缘的串激式结构，这种互感器要求的试验电压较高，现场试验时普遍采用三倍频电源在二次侧加压、一次侧感应出相应的达到试验电压值的高压，其试验接线如图 25-15（a）所示。图中，高压端部加装了均压装置，防止电晕产生。由于串激式电压互感器杂散电容较大，因而可利用杂散电容作为耦合电容，在二次侧 ax 端接一支 100W 的灯泡，可防止互感器在 3 倍频加压条件下发生谐振。这种测量方法在条件较好的试验室也能有效地进行局部放电测量，但这种接线回路灵敏度较低。因此，当有条件时应采用图 25-15（b）的接线回路，耦合电容可用套管或相应电压水平的无局部放电的电压互感器或电流互感器构成，当回路干扰较大时应采

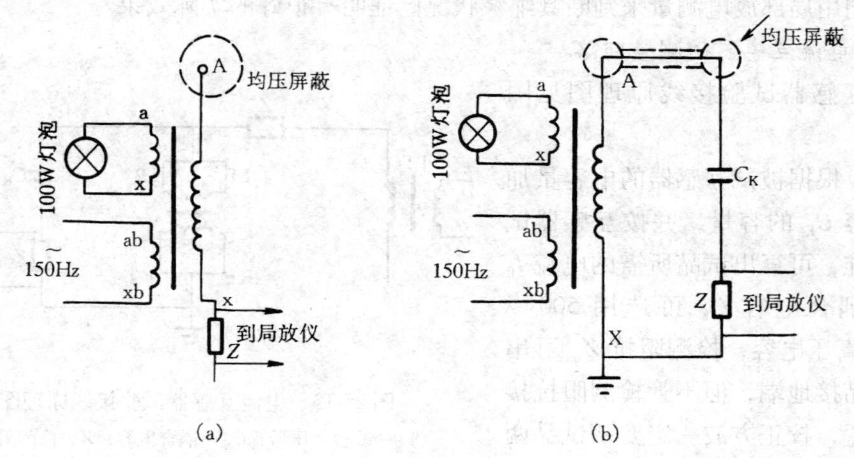

图 25-15　串激式电压互感器试验接线
(a) 利用杂散电容代替耦合电容；(b) 外接耦合电容回路

用平衡回路。

对于运行中的电压或电流互感器，当油色谱或介质损耗等绝缘参数测量反映有异常时，并且现场一时又没有倍频装置，这时则可采用工频电源加压。由于电压互感器不能过励磁，因此，可加 1.0～1.2U_N（U_N 为设备额定运行电压）的试验电压，观察在 1.2 倍额定电压下是否有局部放电发生。如局部放电量在 50pC 以上，则该设备可能存在故障，应退出运行作进一步检查。

另外，电压互感器用 150Hz 电源激磁加压时，由于不能在一次侧测量实际电压，通常用变比换算，这时应考虑互感器的容升效应，考虑 110kV 互感器容升为 8%，220kV 互感器容升为 15%。

针对现场进行互感器局部放电测量不易解决干扰抑制的问题，采取桥式平衡回路高压滤波、屏蔽同时应用的方法，对各种干扰的抑制可达到预期的效果。这能提高互感器局部放电测量灵敏度，使在现场能准确地测量出互感器局部放电。该方法在试验室运用效果更佳。

（四）平衡测量方法

按设备的结构原理，利用电桥平衡及滤波等方法构成测试回路，其局部放电测量接线原理见图 25-16。

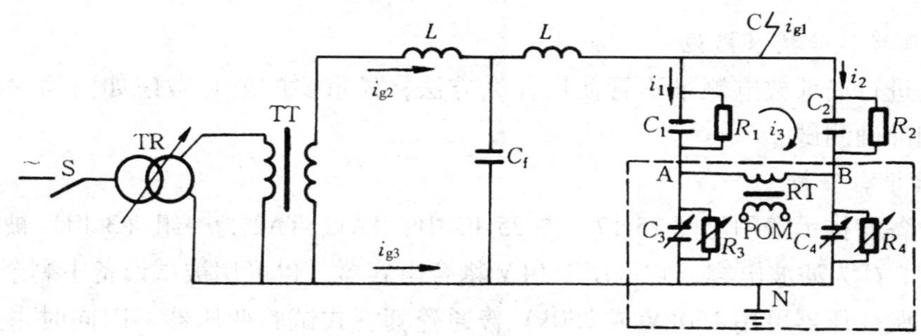

图 25-16　互感器局部放电测量接线原理图

TR—感应调压器；TT—高压试验变压器；L—滤波电感；C_f—滤波电容；C_1、C_2—试品（互为耦合）电容；RT—检测阻抗；C_3、C_4—低压桥臂电容（包括引线、末端对地电容）；R_3、R_4—低压桥臂电阻；R_1、R_2—试品等效电阻；i_{g2}—电源干扰电流；i_{g1}—空间及电晕干扰电流；i_{g3}—地线串入干扰电流；i_3—内部放电电流；POM—接局部放电仪放大器入口

电桥电路外干扰电流 i_{g1}、i_{g2}、i_{g3} 可等效为在两个桥臂支路的电流 i_1+i_2。当电桥回路平衡时，由于 i_1 与 i_2 流向相同，桥臂 AB 两点对 i_1、i_2 的响应为 $U_{AB}=0$，即外部干扰电流不经过检测阻抗 RT；而当试品 C_1 有内部放电产生时，其电流 i_2 经 C_1、C_2、RT 形成回路，检测到的信号仅为 C_1 和 C_2 的内部放电信号 i_3 产生的。

由于平衡回路的高压臂采用两只同类型的设备组成，介质损耗角正切 tgδ 很接近，假设高压臂两只电容的 tgδ 相等，则按电桥平衡原理，平衡条件为

$$\left.\begin{aligned}\frac{C_1}{C_2} &= \frac{C_4}{C_3}\\ \frac{1}{\omega C_3 R_3} &= \frac{1}{\omega C_4 R_4},\text{即}\frac{C_3}{C_4} = \frac{R_3}{R_4}\end{aligned}\right\} \tag{25-21}$$

要使电桥平衡，需有 $U_A = U_B$，因支路电流相等，则 $U_{CB}/Z_2 = U_{BN}/Z_4$；$U_{CA}/Z_1 = U_{AN}/Z_3$。因 $U_{CB} = U_{CA}$，$U_{AN} = U_{BN}$，则

$$\frac{U_{CA}}{U_{AN}} = \frac{U_{CB}}{U_{BN}} = \frac{Z_2}{Z_4} = \frac{Z_1}{Z_3}$$

所以

$$Z_1 Z_4 = Z_2 Z_3 \tag{25-22}$$

在特殊情况时，$Z_1 = Z_2$，则式（25-22）可简化为 $Z_3 = Z_4$，这时低压臂可省略 C，Z_3、Z_4 仅用电阻元件构成即可，且平衡与 f、C 无关。

桥式回路的平衡条件与频率无关，也即在很宽的频率范围内各种频率的信号都能得到平衡，这种回路具有很高的抗干扰水平。但这仅是理想情况，在实际测量中，由于所测的试品（组成高压桥臂的电容）介质损耗并不绝对相等，这样，桥路的平衡就与频率有关了。当空间电磁场干扰较大时，电磁场干扰可从桥路任一点耦合进入检测阻抗，而电桥回路只能平衡抑制 C 点进入的干扰。由此，现场测量时的抗干扰抑制比也与现场和设备条件有关。

（五）现场试验技术措施

在现场进行局部放电测量不管使用什么方法，最重要的就是考虑如何消除或避开干扰，以达到准确测试。

1. 试验设备安排

试验设备安排示意图见图 25-17。图 25-17 中，TA1、TA2 为一组（3 相）被试设备中的任意两相；C 为滤波电容，它可用 180kV 耦合电容器，也可用被试设备中剩余的一相代替；高压试验变压器可用 150kV 或 250kV 普通瓷套管式试验变压器。因同时采用 T 形滤滤器及平衡电路抑制干扰，回路本身对电源干扰的抑制可达 600～1000 倍，因此，试验电源并不要求使用无晕变压器。反之，如仅依赖于使用无晕变压器，未考虑工频电源网络串入的干扰及连线可能产生的电晕干扰也较大，干扰同样会进入试验回路，从而使无晕变压器失去了应有的作用。当平衡回路调节较好时，还可省去图中 T 形滤波器 C 和 L。

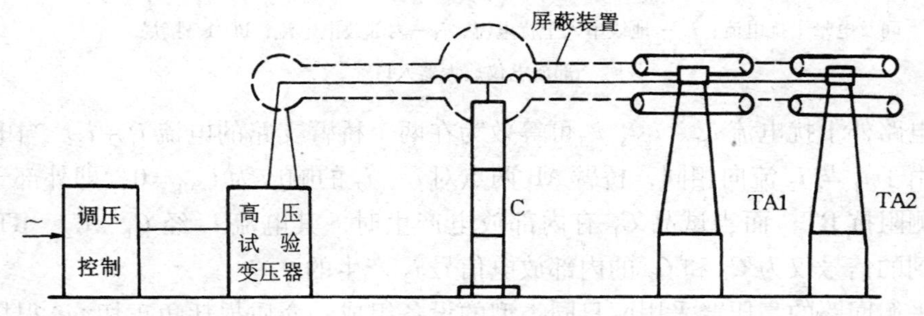

图 25-17　试验设备安排示意图

当试验回路无屏蔽措施时，设备高压端部的尖端电极会产生很大的电晕干扰，因此高压端部应装设防晕环，其外形尺寸示例见图25-18，外晕环外表用铝粉涂漆。

当时220kV互感器进行试验时：

图25-18中 $D_1=150\text{mm}$，$D_2=1100\text{mm}$；而试验110kV互感器时，$D_1=100\text{mm}$，$D_2=850\text{mm}$。

各高压设备之间的电源连接用直径50～100mm的蛇形软管，通过现场验证，上述防晕措施行之有效。

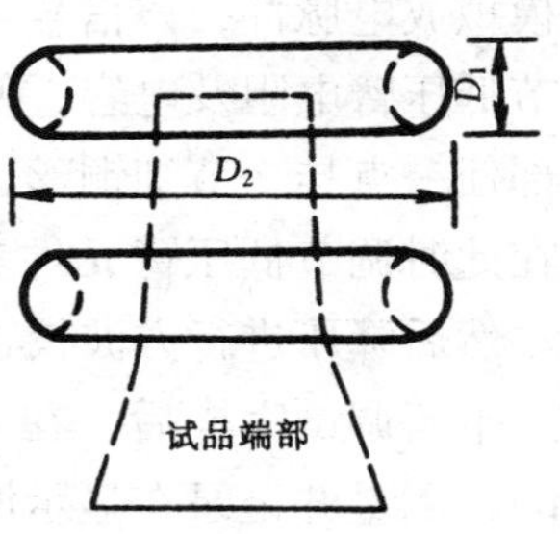

图25-18　防晕环外形尺寸示例

2. 电桥回路的平衡调制

由式（25-21）及式（25-22）可知，要使电桥回路达到平衡，需满足 $C_2=KC_1$，$R_3=KR_4$，$C_4=KC_3$（K 为常数）。为了便于调节，回路调试前需预选适当的 R_3、R_4、C_3、C_4。这些参数与 K 值有关，即与试品的等效电容大小有关。C_1、C_2 值可以从被试品的介质损耗试验数据得到，即

$$C_X = \frac{r_4}{r_3}C_N \tag{25-23}$$

式中　C_N——标准电容（50pF）；

r_4——电桥内无感固定电阻，阻值为 $\frac{10000}{\pi}$（Ω）；

r_3——桥臂可调电阻。

测试介质损耗时，调节平衡可得 r_3 值，据 r_3 值换算出 C_1 和 C_2 的电容值，$K=\frac{C_2}{C_1}$，然后按 K 值预选 R_3、R_4 及 C_3、C_4。

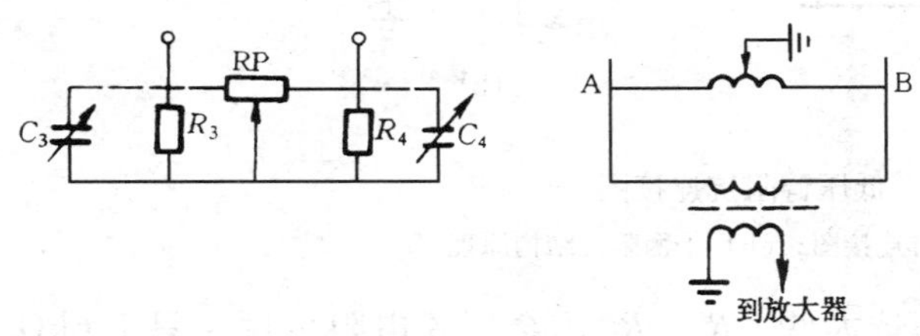

图25-19　平衡回路低压臂接线

试验时一般选择低压桥臂电阻500Ω左右，为了在现场调试方便，可按图25-19接低压臂回路。R_3、R_4 均选用500～800Ω固定电阻，然后用一可调电位器RP，调节滑臂使回路平衡。C_3 和 C_4 根据具体情况而定，如两台设备的电容值差别很小，则可省去 C_3 和 C_4，仅调节RP即可。

如果桥路参数选择得当，平衡抑制比在现场使用中可达400～500倍，具有这样的效果时，局部放电测量灵敏度可达1pC。在显示屏上所观察的波形背景干净，非常有利于局部放电的测量及判断。

现场测量时，平衡电阻可用一个2kΩ的滑线线绕电阻器构成，滑动臂接地，检测阻抗一次与地脱开，接在电阻器两端，二次接入放大器。先调节滑线电阻预调平衡，然后再用一电容箱（电容值先调到几百皮库）加在A端或B端，并调节使平衡效果最好。

3. 平衡调试及方波校正

平衡调试可利用方波发生器，按图25-16接线，在回路高压及地端（即C—N点）注

入模拟放电脉冲，该信号可用输出100V的标准方波发生器经由100pF的电容形成。然后调节低压臂电阻及电容，使回路平衡，也即调节使仪器上读到的信号值最小。也可在高压端部任一点挂一节细铜丝，人为制造一电晕信号；接通电源，加压使产生较大幅值电晕，并在此时调节低压臂元件参数，使在显示屏上观察到的电晕信号最小，这时平衡调节完成。然后降压进行方波校正，并固定其各元件参数不动。

平衡调试完毕后，在C—A或C—B端注入一定标脉冲，一般可选择模拟信号量为10pF，测量并记录在显示屏上的响应衰减倍数（dB）或刻度值（pC/mm）。

4. 低压臂阻抗参数的选择

平衡回路低压臂（图25-16虚线框内所示）元件参数的选择直接影响到测试回路的灵敏度，对于局放高频脉冲来讲，AB两端的入口阻抗相当于一个RLC回路。为了使整个测试范围内，该阻抗的频率特性不变，则应使R在调度过程中呈常量（从RLC入口看）。因为电感L和电容C基本为恒值，因此，低压臂可调电阻R_3、R_4。可用一可调电位器（见图25-19）则可保证R为恒量，所有的低压臂元件可装在一个小金属盒内，由电缆引到局放仪旁边，见图25-20。

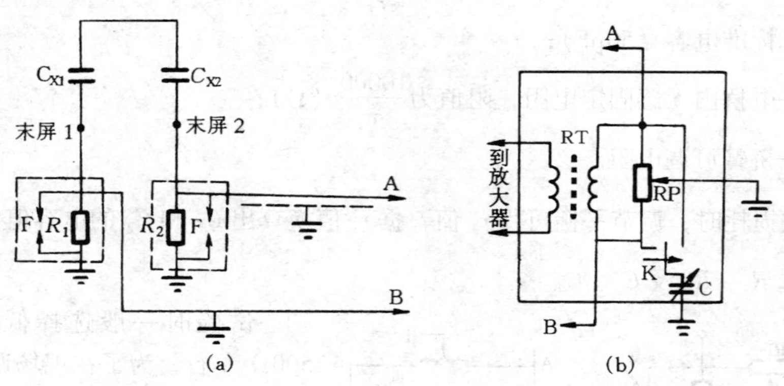

图25-20　低压臂阻抗连接图

（a）用电阻串连低压臂连接图；（b）平衡阻抗结构原理图

图25-20（a）中，为了使电阻功率选大些，R_1、R_2用金属膜电阻可用4只1.6kΩ/2W的电阻并联，则实际阻值为400Ω、8W；F为保护间隙；AB引线用10～15m长的75Ω高频同轴电缆。图25-20（b）中，RP选用2.2kΩ、5W线绕电位器，可调电容C用电容箱外接。高频变压器RT用高频磁环绕制（可用电视机高压包高频磁环代替），一次用ϕ0.3mm高强度漆色线绕200匝，二次ϕ0.2～0.3mm线绕400匝。

在试验时，如同时采用环形防晕装置、高压T形低通滤波网络及电桥平衡电路，可使干扰抑制比提高很多。该回路调试较好时，不但在现场测试中抑制比可达400倍，而且T形滤波网络也有5～10倍的抑制效果。因此，对端部及地线串入干扰抑制可达400倍，对电源干扰抑制可达2000倍。

如利用同组设备作为耦合桥臂电容，当两台设备介质损耗值接近时，具有平衡调试方便、试验设备简化、平衡抑制比高等优点。再同时使用滤波、平衡桥路及屏蔽措施后，合成抑制比高，在局部放电仪显示屏上可得到背景干净的图形，最低灵敏度可达1pC，有助于对局部放电的判断及定量测试。

该方法在电压互感器和电流互感器测量上使用具有同样的效果，其接线原理图见图25-21。

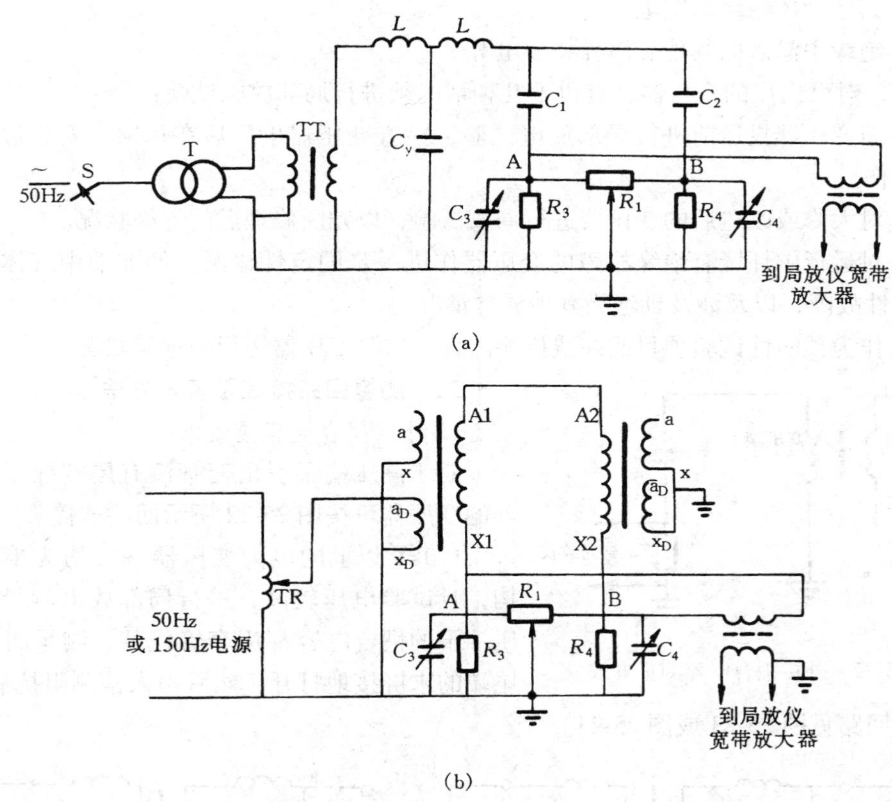

图 25-21 互感器局部放电接线原理图

(a) 电容式试品（TA）试验接线图；(b) 电压互感器局放试验接图线

第五节 电力变压器局部放电试验

一、变压器局部放电分类及试验目的

电力变压器是电力系统中很重要的设备，通过局部放电测量判断变压器的绝缘状况是相当有效的，并且已作为衡量电力变压器质量的重要检测手段之一。

高压电力变压器主要采用油—纸屏障绝缘，这种绝缘由电工纸层和绝缘油交错组成。由于大型变压器结构复杂、绝缘很不均匀。当设计不当，造成局部场强过高、工艺不良或外界原因等因素造成内部缺陷时，在变压器内必然会产生局部放电，并逐渐发展，最后造成变压器损坏。电力变压器内部局部放电主要以下面几种情况出现：

（1）绕组中部油—纸屏障绝缘中油通道击穿；

(2) 绕组端部油通道击穿；

(3) 紧靠着绝缘导线和电工纸（引线绝缘、搭接绝缘、相间绝缘）的油间隙击穿；

(4) 线圈间（匝间、饼间）纵绝缘油通道击穿；

(5) 绝缘纸板围屏等的树枝放电；

(6) 其他固体绝缘的爬电；

(7) 绝缘中渗入的其他金属异物放电等。

因此，对已出厂的变压器，有以下几种情况须进行局部放电试验：

(1) 新变压器投运前进行局部放电试验，检查变压器出厂后在运输、安装过程中有无绝缘损伤。

(2) 对大修或改造后的变压器进行局放试验，以判断修理后的绝缘状况。

(3) 对运行中怀疑有绝缘故障的变压器作进一步的定性诊断，例如油中气体色谱分析有放电性故障，以及涉及到绝缘其他异常情况。

(4) 作为预防性试验项目或在线检测内容，监测变压器运行中绝缘状况。

二、测量回路接线及基本方法

1. 外接耦合电容接线方式

对于高压端子引出套管没有尾端抽压端或末屏的变压器可按图 25-22 所示回路连接。

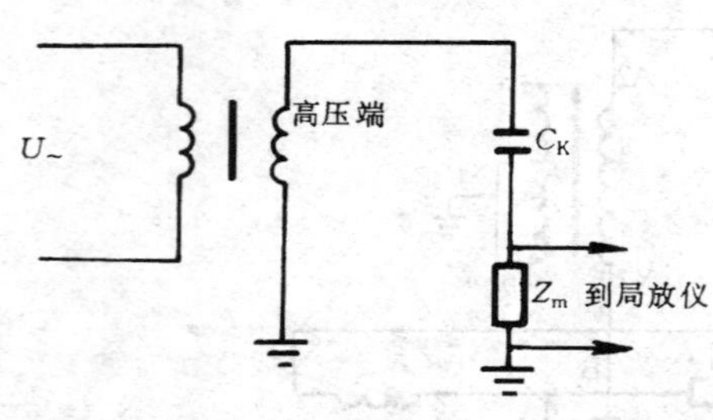

图 25-22 外接耦合电容测量方式

110kV 以上的电力变压器一般均为半绝缘结构，且试验电压较高，进行局部放电测量时，高压端子的耦合电容都用套管代替，测量时将套管尾端的末屏接地打开，然后串入检测阻抗后接地。测量接线回路见图 25-23 或图 25-24。

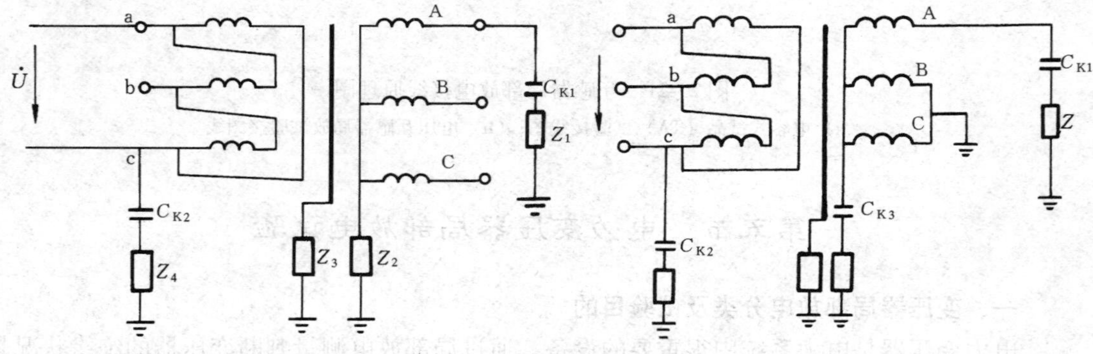

图 25-23 中性点接地方式接线

C_{K1}—用套管电容作为耦合电容；C_{K2}—外接耦合电容（低压侧）；Z_1、Z_2、Z_3、Z_4—各测点检测阻抗

图 25-24 中性点支撑方式接线

图 25-23 于实际现场测量时，通常采用逐相试验法，试验电源一般采用 100～150Hz 倍频电源发电机组。当现场不具备倍频电源时，也可用工频逐相支撑加压的方式进行试验，中性点支撑方式接线见图 25-24。因为大型变压器绝缘结构比较复杂，用逐相加压的

方式还有助于判别故障位置。

加压方法可采用低压侧加压，在高压侧感应获得试验电压。用倍频电源加压时则可达到对主绝缘和纵绝缘同时进行考核。但若采用工频电源进行试验，由于过励磁的限制，试验电压只能加到额定电压的1.1～1.2倍。

2. 多端子测量方法

当用电测法发现变压器存在有超过标准的量值或较大的个别脉冲时，可利用电测法多端校正、多点测量来粗略地判断放电部位。首先，利用分相测试判断放电在变压器的哪一相，然后在变压器的高压、中压、中性点套管的末屏以及铁芯接地点串入检测阻抗，在低压侧接一耦合电容（1000～6000pF），串入检测阻抗，见图25-23和图25-24所示。由此，在变压器作某一相试验时，就可有4～5个测点。分别以高压对地、低压对地、中压对地、铁芯对地注入标准校正方波，相应地在各测点都分别测得某注入点方波的响应系数，并记录各点的校正系数。校正完毕后加压进行测量，各个测量点的测值都分别以某注入的校正系数来计算。如果各测量点以某点校正的参数计算出的几个结果值接近，则放电位置就在该校正点附近。例如在A相高压端子有一故障放电脉冲，以高压端校正时，分别在高压测点测得校正响应系数为K_{11}，在中性点测得为K_{21}，在铁芯侧测得系数为K_{41}，在低压侧测得为K_{31}，见表25-3，然后测量时各点计算值高压以K_{11}计算，中性点以K_{21}计，铁芯以K_{31}计，低压以K_{41}计，由此计算出的4个结果应相近。

表25-3　　方波校正测波数据

校正量(dB)　测量点 / 注入点	A相				校正量(dB)　测量点 / 注入点	A相			
	高压 Z_1	中压 Z_2	中压 Z_3	铁芯 Z_4		高压 Z_1	中压 Z_2	中压 Z_3	铁芯 Z_4
高压—地	K_{11}	K_{21}	K_{31}	K_{41}	低压—地	K_{13}	K_{23}	K_{33}	K_{43}
中压—地	K_{12}	K_{22}	K_{32}	K_{42}	铁芯—地	K_{14}	K_{24}	K_{34}	K_{44}

大型变压器的局部放电测量，由于现场设备条件差、干扰大，对准确测试带来了一定的困难。因此，如何根据现场的实际条件进行试验，采用怎样的防干扰措施等，是试验中较重要的问题。

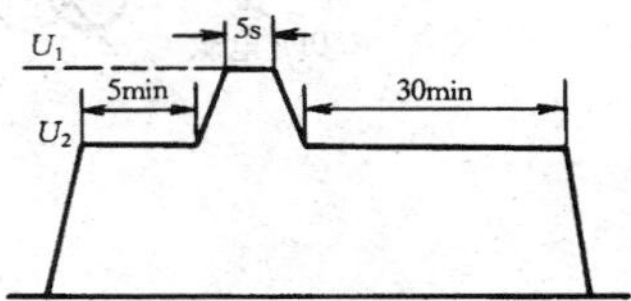

图25-25　变压器局部放电试验的加压时间及步骤

三、试验标准及判据

国家标准GB1094—85《电力变压器》中规定的变压器局部放电的试验的加压时间及步骤，如图25-25所示。其试验步骤为：首先试验电压升到U_2进行测量，保持5min；然后试验电压升到U_1，保持5s；最后电压降到U_2再进行测量，保持30min。U_1、U_2的电压规定值及允许的放电量为

$$U_1 = \sqrt{3}U_m/\sqrt{3} = U_m$$

$U_2 = 1.5U_m/\sqrt{3}$时，允许放电量$Q < 500$pC。

式中　U_m——设备最高工作电压（$U_m = 1.15U_n$）。

试验前，记录所有测量电路上的背景噪声水平，其值应低于规定的视在放电量的50%。

测量应在所有分级绝缘绕组的线端进行。对于自耦连接的一对较高电压、较低电压绕组的线端，也应同时测量，并分别用校准方波进行校准。

在电压升至 U_1 及由 U_2 再下降的过程中，应记下起始、熄灭放电电压。

在整个试验时间内应连续观察放电波形，并按一定时间间隔记录放电量 Q。放电量的读取，以相对稳定的最高重复脉冲为准，偶尔发生的较高的脉冲可忽略，但幅值特别大的应查明是外部干扰还是内部不稳定放电，并作好记录备查。

四、加压方法及回路接线

在现场测量时，如不具备倍频电源，而又认为确有必要进行局部放电试验验证缺陷及查找故障时，可用工频电源代替作局放试验，这种加压方式不易发现变压器纵绝缘的局部放电缺陷，但大量的现场试验经验表明，当变压器绝缘内部存在较严重的局部放电时，通过这种试验判断故障、分析绝缘状况还是有效的，并能得出正确的结果。图 25-26 为工频加压试验接线原理图，图 25-26（b）中 TR 为三相调压器，容量为 1000kVA，输入电压为 10kV，输出电压为 0～10. 2kV。输出端仅用两相加到被试变压器输入端进行分相试验。如果调压器和电源都为 380V 电源时，可在调压器输出端和被试变压器间串入如图 25-26（a）中变压器提升电压，变压器可用普通 10kV/0. 4kV 电力变压器，容量则视绕组通通过的电流满足试验即可。

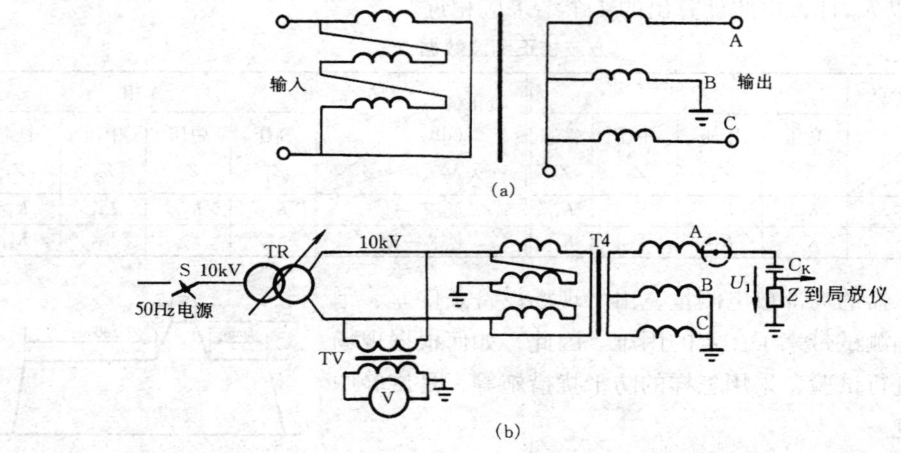

图 25-26　工频加压试验接线原理图

（a）用中间变压器提升电压；（b）工频电源加压干扰测试电路

当现场发现运行中变压器有色谱异常或其他故障，怀疑变压器存在局部放电故障时，现场一时又无法组织设备进行试验，可用图 25-27 接线，不接入调压器，用 10kV 电源直接加两相到调压器低压侧，进行分压试验。

当合上低压侧电源时，变压器 A 相电压即为额定电压。在合闸过程中，由于有开关操作冲击过电压，如果变压器在运行状况下存在较大的局部放电故障时，这种过电压也会激发局部放电，利用这种方法可以检查变压器是否存在较大的局部放电故障，配合其他试验，验证变压器的绝缘状况。

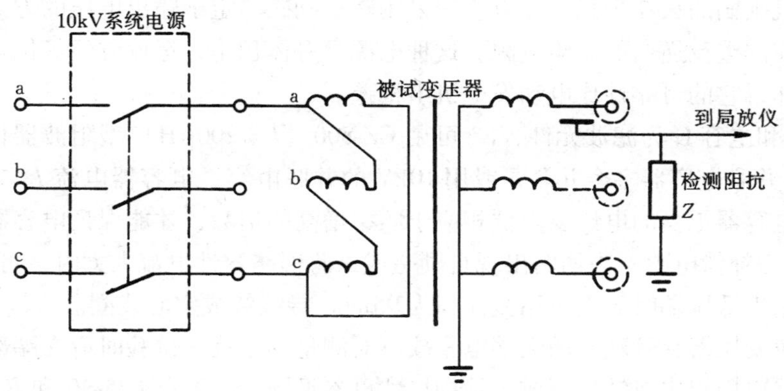

图 25-27 系统电源直接加压试验接线图

Q—真空开关；Z—检测阻抗

图 25-27 为变压器中性点接地情况，变压器被试相首端电压为额定电压。当这种加压方式变压器无局部放电时，则可用非被试相支撑，也即中性点不接地，非被试相接地，使被试相首端电压达到 $1.5U_n$，来考核变压器的主绝缘有无局部放电。

图 25-27 中试验设备的选择应考虑电压匹配及负载电流。负载电流以空载电流校核，图中所示的被试变压器容量为 180MVA，低压绕组电压为 10kV。当低压侧电压为 35kV 时，调压器的输出与被试变压器之间还需用 35/10kV 的变压器提升电压，如图 25-26（a）输出端 B 相接地，这样不仅 A、C 相的对地电压仅为输出电压的一半，还可减少回路的放电干扰，同时它也起隔离的作用。

试验电源可用 10kV 或 400V 的系统电源，在发电厂还可用发电机开机由零升压（两相供电）进行试验。

有条件时试验电源最好采用倍频电源，倍频试验电源常用电动机—发电机反拖机组，试验接线原理见图 25-28。

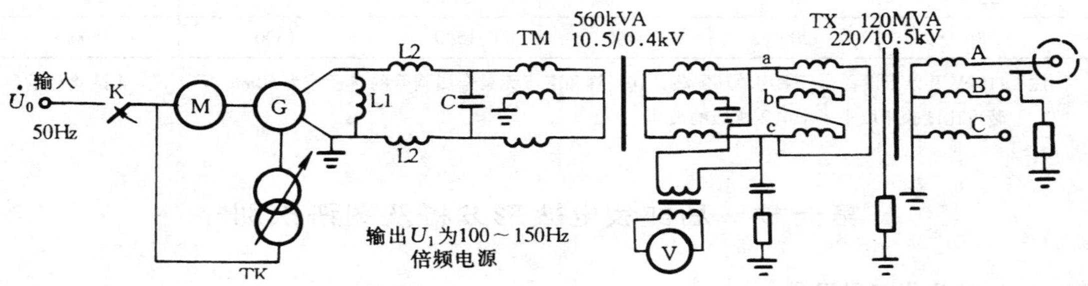

图 25-28 倍频试验电源试验接线原理图

M—三相同步电动机或异步电动机，380V、200kW；G—三相同步发电机，650V、320kW；L1—补偿电感线圈；C—滤波电容器；TK—励磁变压器；TM—中间变压器；L2—滤波电感；TX—被试变压器

M、G 和 TK 构成倍频发电机组，G 的相序与 M 接得相反。由 M 反拖产生倍频电源，当拖动机为 4 极时，发电机选为 4、6、8 极时就相应产生 100、125、150Hz 的倍频电源。

为避免发电机碳刷的火花干扰，发电机应采用转子励磁、定子输出电压的方式。倍频电源也可使用可控硅整流逆变的试验电源。这种电源具有体积小，运输方便等优点，但由于电子元件易损坏，它的可靠性比电动发电机组稍差。

电感 L2 和电容 C 为滤波元件，L2 可用 GZ-800（$L=200\mu H$）型阻波器代用，电容 C 用低压 400V 并联电容器多个并联，或用 10kV 的并联电容，电容器电流 $I=2\pi fCU$。当频率增高时，电容器承受的电压要降低相应于频率增高的倍数，才能保证电容器不过载。

电感 L1 为补偿电感，当回路出现自励磁或试验回路容性电流太大时，可接入 L1。L1 接在发电机输出低压端时，则可用截面积为 95mm² 导线绕成空心线圈。

为了避免变压器套管端部的尖端电晕放电对测量的干扰，试验时应在端部加装防晕罩或环。防晕罩应用铝皮或铁皮制成，结构尺寸可参见图 25-29、图 25-30 和表 25-4。

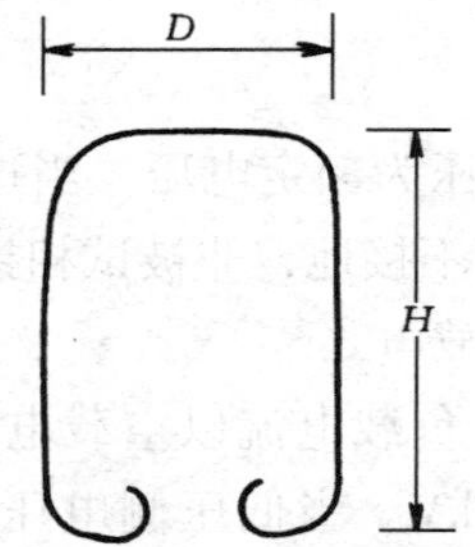

图 25-29　半球形防晕罩

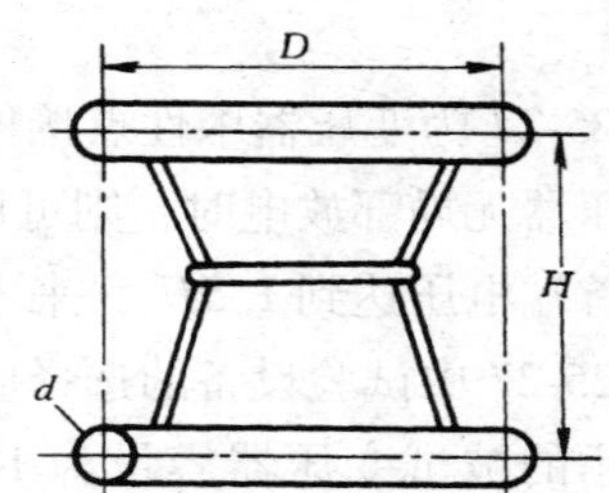

图 25-30　双环形屏蔽

表 25-4　　防晕罩结构尺寸

防晕件 / 电压等级（kV）	双环形屏蔽尺寸（mm）			半球形防晕罩尺寸（mm）	
	d	H	D	D	H
110	100	600	500	500	600
220	150	900	800	750	900
500	200	1100	1500	1500	1800

注　110kV 及以下设备，可采用单环屏蔽，其圆管和高压无晕金属圆管的直径均为 50mm 及以下。非试验相的屏蔽可比试验相取小一个电压等级的尺寸。

第六节　局部放电波形分析及图谱识别

一、数字化波形记录

随着计算机技术的发展，用数字处理方法对变化速度快的局部放电瞬态波形进行实时测量及分析已成为可能。在局部放电测量中，探讨各种不同的放电信号响应及其特性对进行局部放电的测量和判断是很有意义的。

利用数字式局放仪器采集波形并用 FFT 快速傅里叶变换的多种功能，如振幅谱、功率谱、相关计算等对测取的信号作幅频特性分析，从而使测试人员能更直观地了解和分析放电现象，并根据放电信号的波形及幅频特性来判断放电的类型及性质。通常先通过不同频带宽度的放大器、不同类型的取样阻抗，在试验室测试了多种类型的放电，然后对大型变压器进行现场测量，以验证试验结果是否显示较好的一致性。

通过数字信号实时测量，就可获得高压设备绝缘中放电信号的实际波形，从而能如实地观察到设备内部放电波形的细微差别及分析其各自的幅频特性。将实测信号处理获得其频域中的传递函数，用试验电压和降低电压下测得信号的频域传递函数进行比较。用试验电压下测取的信号与标准试验信号进行相关分析，能更加可靠地判断高压设备是否存在局部放电及其放电属性。数字式局部放电仪测取的波形见图 25-31。

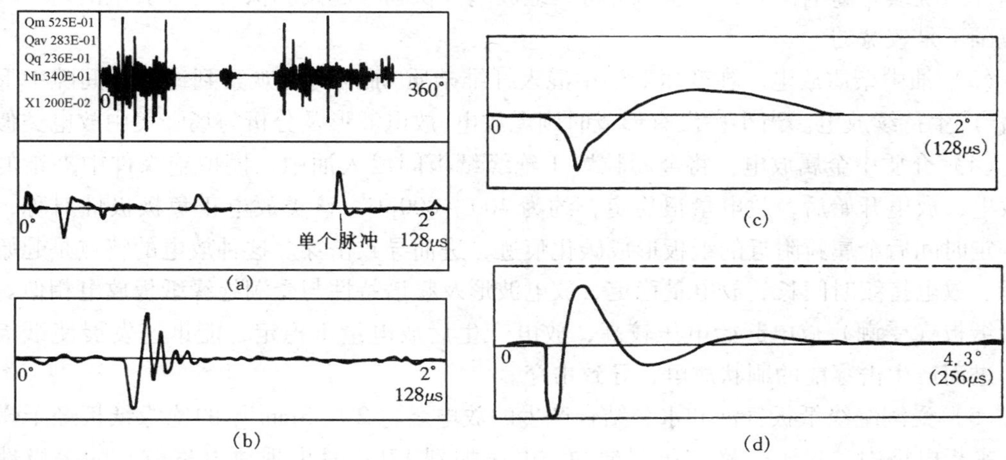

图 25-31　数字式局部放电仪实测波形

（a）环氧浇注电容器局部放电波形测量记录，波形无振荡放电脉冲很快衰减；（b）1 台 12 万 kVA 变压器的放电波形；（c）惰性气体放电波形；（d）干扰脉冲波形

图 25-31（a）为一电容器局部放电的实测波形和参数，该图为测量时显示在屏幕上的波形，并即刻用打印机作屏幕打印出的。上半屏显示的为一周期（0～360°相角）的放电脉冲，下半屏为放大后的单个放电脉冲波形（也即为分段显示内存中波形）。由图可见，波形无振荡，放电脉冲很快衰减。图 25-31（b）中为变压器中的一次放电脉冲波形，一次放电脉冲振荡过程约为 20μs 左右。

二、模拟试验及实测分析

1. 绝缘油中的几种放电模拟

高压设备的大部分内部放电都是产生在绝缘油中的。为此，在一盛有 25 号变压器油的有机玻璃容器中模拟了悬浮金属、杂质、场强集中、绝缘中气泡水分等几种情况下的局部放电。

（1）油中金属粒悬浮放电。在高压电极附近放入少量金属屑，金属屑由一绝缘纸板支持，模拟油中悬浮金属放电。电压较低时，放电量约为 300pC 左右，放电波形不对称，负半周稍大，波形及频谱特性与两电极靠近形成的油中的场强集中放电及介质中金属粒放电一样。

当电压继续升高，高压电极对最近的金属屑形成间隙击穿放电，放电量增大很多，波形与悬浮电极击穿放电时相同。

（2）油中悬浮电极放电。将一细铜丝安装在非加压电极上，铜丝的尖端距高压电极约0.3mm。盛油容器放在一瓷支柱上，形成油中悬浮电极放电。当施加的电压较低时，油中的杂质等聚集尖电极间隙中，出现场强集中放电，放电量约为100～300pC。放电波形与油中金属粒中电压低时的放电一样。当继续升高电压，则出现贯穿电极的间隙放电，放电个数多，放电量约6000～10000pC，能听到微弱放电声。达临界电压时，放电并非每个周期都产生，时而间断数秒无放电，时而持续数周期放电，每个周期放电时只有一次放电脉冲。继续升高电压后，则能保持持续地放电。从临界起始到保持持续放电的这一段电压范围不是较宽的。

（3）油中杂质放电。在变压器油中混入纤维杂质，加压时能观察到纤维在间隙中形成小桥，产生持续放电。当小桥没有形成时则无放电，放电波形及分析与场强集中放电类似。

（4）介质中金属放电。将金属粒置于绝缘纸板间浸入油中，模拟绝缘件中夹杂的金属放电，放电开始后，放电量很稳定，约为400～800pC。该类放电正负极极性对称，加压一定时间后金属粒附近的纸板形成碳化痕迹，进而导致击穿。这种放电的特点是起始电压低、放电持续时间长、放电量稳定、放电波形及频谱特性与受潮绝缘纸板放电相似。而绝缘纸板（受潮）放电起始电压较高，放电产生后放电量不稳定，能迅速发展使纸板碳化，进而产生击穿前的刷状放电，导致击穿。

（5）受潮绝缘纸板气泡和水分结合产生的放电。将2层3mm厚的绝缘纸板经干燥后夹在平板电极中，置于合格变压器油中。电压加到17kV时出现放电量较小的单极性放电，这种放电可能是电极端部场强中形成的。持续加压到25kV，纸板仍没有击穿。

但当同样的没经干燥处理的纸板放入电极之中，在4kV就出现放电，放电产生后降压到3kV持续施压20min，在此持续加压期间放电幅值不稳定，约在400～800pC之间变化。而后再升压，所有的试样都在6～7kV时击穿。观察试样，在平板电极电场范围内的纸板都呈黑色，已被局部放电烧坏而碳化。该类放电波形和频谱特性与介质中金属放电类似。

2. 电器设备试验分析举例

（1）环氧浇铸固体电容试验。用环氧浇铸固体电容作为试品，电压加到工作电压的一半即有放电发生，放电脉冲个数多，两极对称，且随着电压的变化能明显地看出放电脉冲个数及放电量的变化，测量的波形和特征与上述的气泡放电和场强集中放电相似。

（2）变压器局部放电测量。在一台220kV、260MVA的变压器上测量了局部放电，该变压器在额定测量电压以下时的放电量较小。施加激发电压后，则出现大幅值放电，有时几秒或数10s不出现，放电脉冲每周期只有一次，随着加压时间增长，慢慢趋于稳定。分别将几秒放电波形记录并作分析，发现较小的放电（属于允许放电范围内）的波形与场强集中及杂质放电的模拟试验结果相似。而当大幅值放电出现时波形与悬浮金属放电模拟相同，并且将在变压器不同点测得的放电脉冲波形作频谱分析，其频谱特性是一样的。由此判断该放电是由一个故障点引起，且属于悬浮尖端放电。放电点距各测点主要是以电容分布，也即各测点距放电点的电气距离相近。后经解体证实，分析是合理的。放电是由一细铜丝附着在低压绕组上端玻璃丝绑带上，离高压首端较近。该变压器是高—低压结构，细铜丝另一端靠近围屏，产生对围屏的尖端放电，将围屏烧坏，并形成树枝放电沿围屏纵向四面发展。

3. 分析讨论

（1）从经试验得的几种频谱图形比较来看，谱图相似的有：电晕放电、受潮绝缘纸板放电、纸板介质中金属放电、环氧电容器内部气泡放电，这些放电的幅值都较小。但模拟试验时，电晕放电幅值在起始后基本不随电压变化（仅是放电脉冲个数增多），另外三种放电都是放电个数和幅值都随电压升高而增多，放电量在 20～400pC 之间变化，介质中金属粒放电可达 800pC。频谱特征都表现为频带宽、高频分量丰富，最大幅频分量虽然也在 40～80kHz 左右，但其仅占信号分量 7% 左右。当进一步增加电压超过某一极限值时，则出现击穿前的刷状放电，出现幅值不等的低频拖尾，进而导致间隙击穿。

（2）油中间隙放电时，当电压较低时仅能形成场强集中放电，谱图与上述相同。但当电压进一步升高，造成间隙击穿放电，主要频率分量约为 15kHz 左右，这与接触不良放电的频谱分析相似。油隙击穿放电尚有一些高频分量，频带虽宽，但与主频分量相比，它就小得多了。

（3）危害性较大的故障放电低频分量大,但接触不良产生的放电高频分量较油中金属间隙放电的为小,可区别于油间隙放电。用超声波测得波形进行频谱分析也有同样的结果。

三、波形分析要点

（1）初步的频谱分析在试验室的模拟试验与现场高压设备的实测有较好的一致性，因此可认为：

1）不同类型的放电（包括干扰）的谱图是不同的。

2）内部放电波过程与回路参数有关，但不同的放电所反映的波形是有差别的。

（2）放电波形与放电类型和放电幅值有关。

1）没有贯穿电极或间隙的放电过程快，频谱特性差别不大。

2）贯穿间隙之间的或放电量很大的放电则波过程较长，低频分量重，有低频振荡波尾。频谱的主频分量在 40～80kHz，其他高频分量占的比例很小。

3）空气中放电如电晕、气泡放电等幅值较小的放电前沿陡，上升沿约为 0.5μs，频谱分析显示有丰富的高频分量。

4）属于场强集中放电时的放电量都较小，放电基本无振荡，放电高频率分量占的比例大，在 600kHz 时尚有较大的分量。当放电为贯穿电极的放电时，通常会产生振荡。在油中的放电过程较长，达 200μs，而空气中的放电过程则小于 100μs。

因此，对于故障性的大幅值放电可结合波形变化、频率特性来综合判断放电属性。

（3）变压器类试品有电感，放电信号经过电感后要发生变化，高频分量受到削弱，同一放电在变压器不同点测到信号的频谱特性要视放电部位而定，如放电点距两个测点的电气距离相近，则不同点测得的信号是一致的。由此特点，可据不同点波形和频率特性的变化来判断放电类型及位置。

另外，由于变压器的高低压间的衰减可达 10 倍，如放电靠近低压侧或中性端，这样，5000pC 的放电在高压侧测到的信号会小于 500pC，从而可能误将变压器看作无故障产生。这时可用波形分析来判断设备是否有故障性放电。当故障放电处于临界时，并非每周期都产生放电，有时甚至会持续数秒不放电。

频率特性分析是对每一次放电的整个波过程进行的，因此当某一频率分量大于其他频率分量很多时，尤其是在 100kHz 以下频率分量较大时，在振幅谱上就不易看出其他频率分量了，尚需进一步对每个波过程的波头（高频部分）进行单独分析，观察其频率的变化也是很有价值的。

四、干扰的抑制与识别

1. 干扰分类

由种种原因引起的干扰将严重地影响局部放电试验。假使这些干扰是连续的而且其幅值是基本相同的（背景噪声），它们将会降低检测仪的有效灵敏度，即最小可见放电量比所用试验线路的理论最小值要大。这种形式的干扰会随电压而增大，因而灵敏度是按比例下降的。在其他的一些情况中，随电压的升高而在试验线路中出现的放电，可以认为是发生在试验样品的内部。因此，重要的是将干扰降低到最小值，以及使用带有放电实际波形显示的检测仪，以最大的可能从试样的干扰放电中鉴别出假的干扰放电响应。

干扰的主要形式如下：

（1）来自电源的干扰；

（2）来自接地系统的干扰；

（3）从别的高压试验或者电磁辐射检测到的干扰；

（4）试验线路的放电；

（5）由于试验线路或样品内的接触不良引起的接触噪声。

对以上这些干扰的抑制方法如下：

（1）来自电源的干扰可以在电源中用滤波器加以抑制。这种滤波器应能抑制处于检测仪的频宽的所有频率，但能让低频率试验电压通过。

（2）来自接地系统的干扰，可以通过单独的连接，把试验电路接到适当的接地点来消除。

（3）来自外部的干扰源，如高压试验、附近的开关操作、无线电发射等引起的静电或磁感应以及电磁辐射，均能被放电试验线路耦合引入，并误认为是放电脉冲。如果这些干扰信号源不能被消除，就要对试验线路加以屏蔽。需要有一个设计良好的薄金属皮、金属板或铁丝钢的屏蔽。有时样品的金属外壳要用作屏蔽。有条件的可修建屏蔽试验室。

（4）试验电压会引起的外部放电。假使试区内接地不良或悬浮的部分被试验电压充电，就能发生放电，这可通过波形判断与内部放电区别开。超声波检测仪可用来对这种放电定位。试验时应保证所有试品及仪器接地可靠，设备接地点不能有生锈或漆膜，接地连接应用螺钉压紧。

（5）对试验电路内的放电，如高压试验变压器中自身的放电，可由大多数放电检测仪检测到。在这些情况中，需要具备一台无放电的试验变压器。否则用平衡检测装置或者可以在高压线路内插入一个滤波器，以便抑制来自变压器的放电脉冲。

如果高压引线设计不当，在引线上的尖端电场集中处会出现电晕放电，因此这些引线要由光滑的圆柱形或者直径足够大的蛇形管构成，以预防在试验电压下产生电晕。采用环状结构时圆柱形的高压引线可不必设专门的终端结构。采用平衡检测装置或者在高压线终端安装滤波器，可以抑制高压引线上小的放电。滤波器的外壳应光滑、圆整，以防止滤波器本身产生电晕。

2. 各种放电及干扰分析谱图

各种放电及干扰分析谱图见表25-5。

表25-5 各种放电及干扰分析谱图

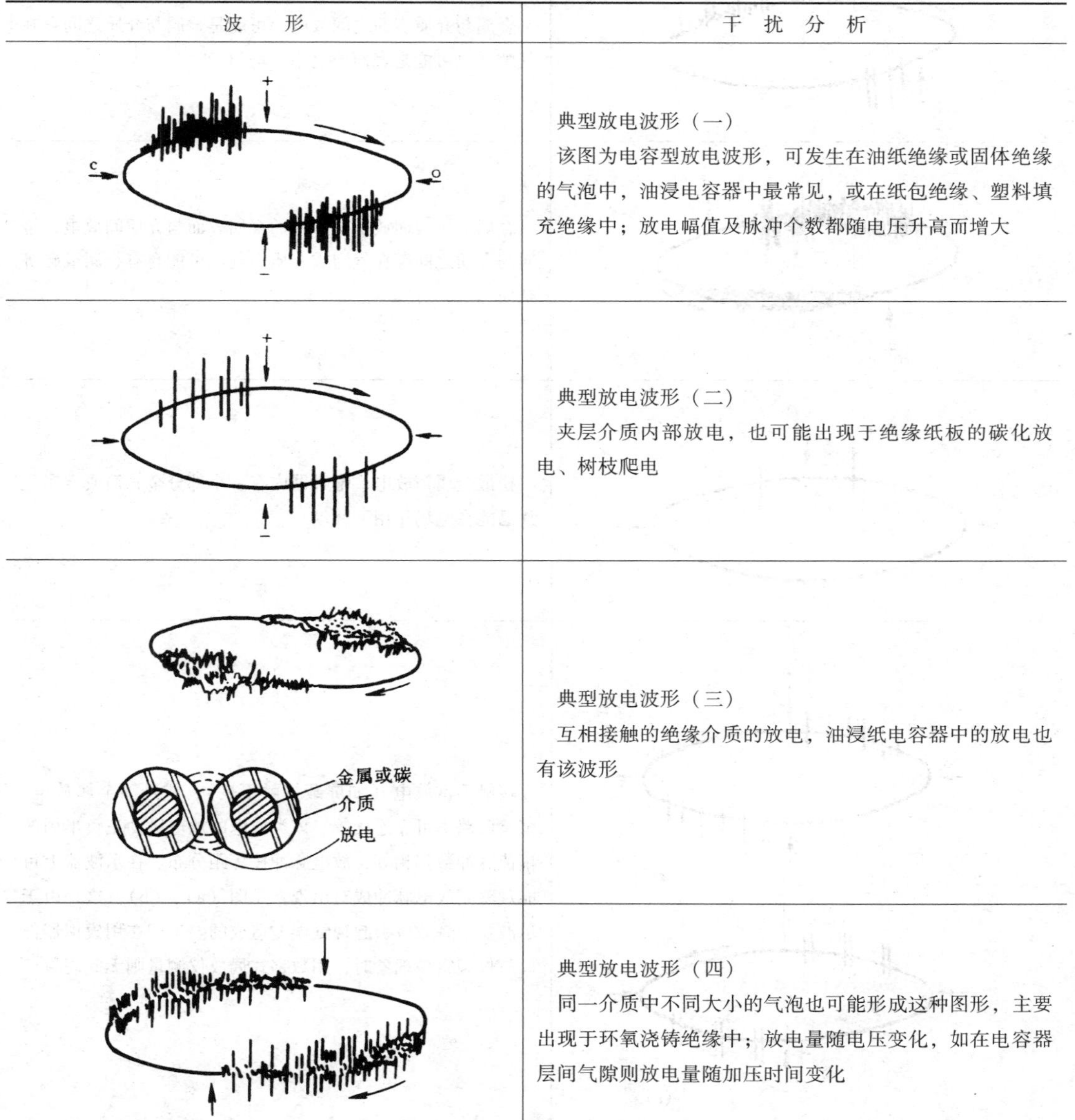

波形	干扰分析
	典型放电波形（一） 该图为电容型放电波形，可发生在油纸绝缘或固体绝缘的气泡中，油浸电容器中最常见，或在纸包绝缘、塑料填充绝缘中；放电幅值及脉冲个数都随电压升高而增大
	典型放电波形（二） 夹层介质内部放电，也可能出现于绝缘纸板的碳化放电、树枝爬电
	典型放电波形（三） 互相接触的绝缘介质的放电，油浸纸电容器中的放电也有该波形
	典型放电波形（四） 同一介质中不同大小的气泡也可能形成这种图形，主要出现于环氧浇铸绝缘中；放电量随电压变化，如在电容器层间气隙则放电量随加压时间变化

续表

波　形	干　扰　分　析
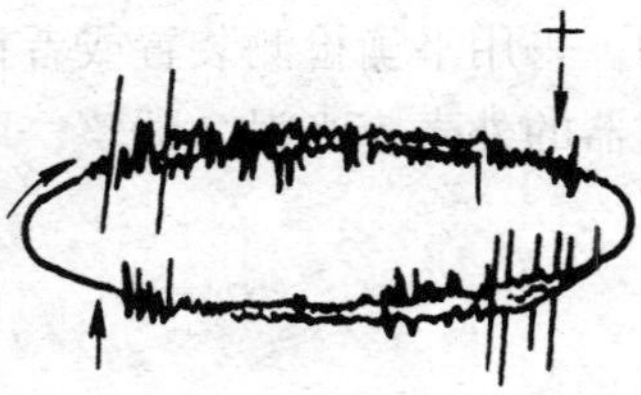	电机绝缘中内部放电，电机云母绝缘中放电，放电量随加压幅值及时间而变化
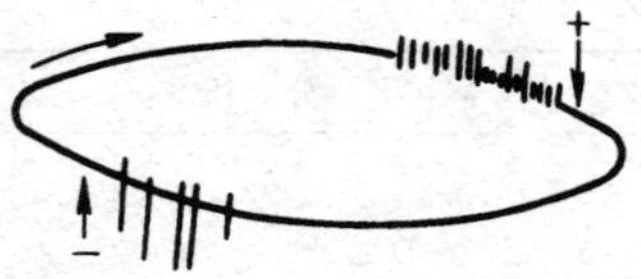	金属与介质表面之间放电，可能是金属与介质之间存在气隙，也可能是表面导电率不均匀
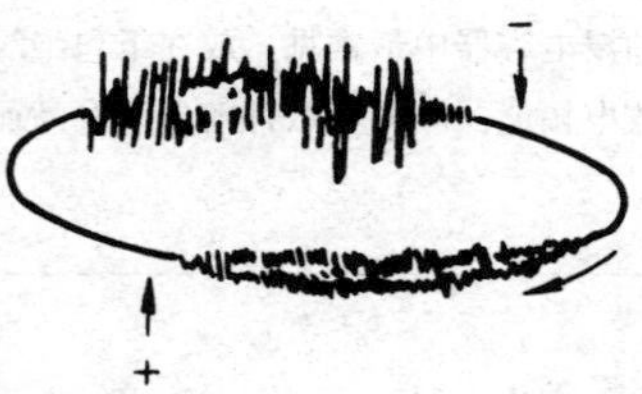	金属电极表面放电，外露的金属表面与介质间放电，金属与介质之间存在气泡或介质内气泡可能含有金属或碳等杂质
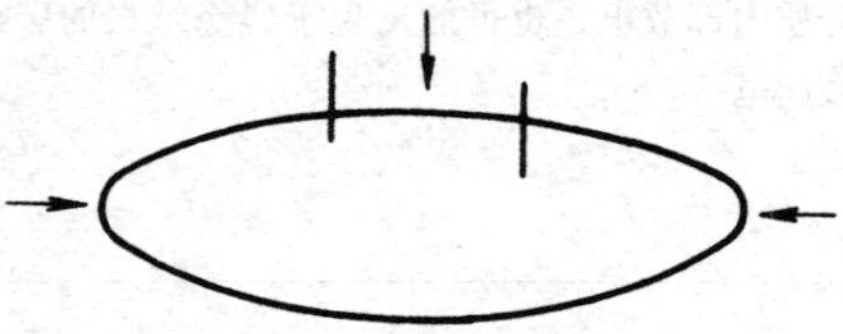	松散金属箔放电，电容器内有一小部分金属箔或金属化片已能在电场作用下移动
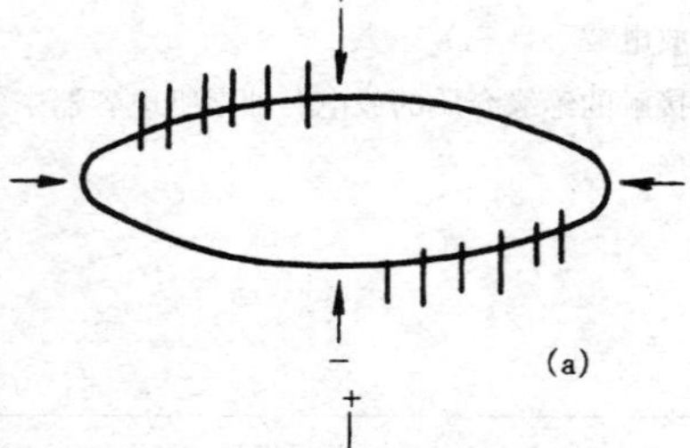 (a) 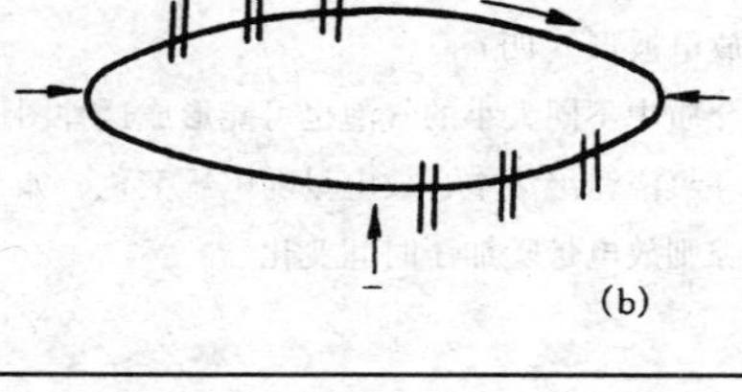 (b)	接触不良放电（如屏蔽接触不良），或悬浮金属放电，试验回路不可靠连接等。该类放电的放电脉冲正负半周的幅值脉冲数都相等，放电脉冲按等距分布。在示波器上可能观察到放电脉冲成对出现，见图（a）、（b），这是由于示波器余辉效应引起视觉误差造成的。也即在用模拟器件局放仪观察该现象时，用数字式局放仪测量则无此现象

续表

波　形	干 扰 分 析
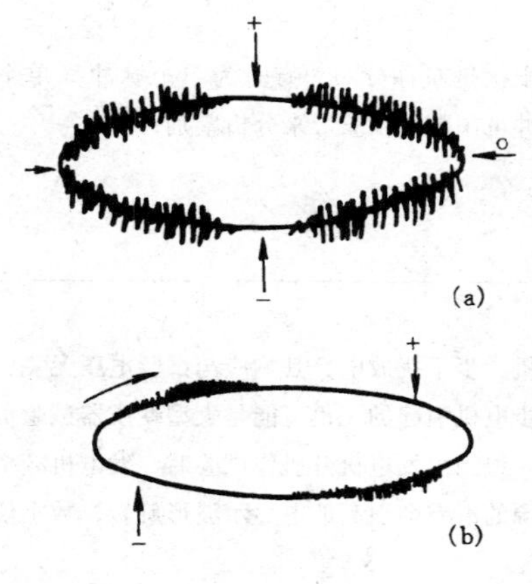	接触噪声放电，金属或半导体屏蔽层间接触不良。这种噪声放电分布在试验电压零点两侧，随电压变化幅值变化不大；随着电压增加，噪声放电覆盖面增加，见图（a）。电机碳刷形成火花放电也可能出现此类波形，见图（b）
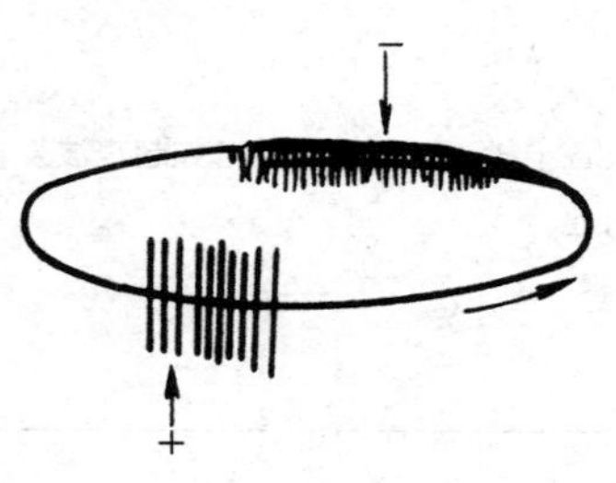	金属电极场强集中放电，等幅等距分布在电压峰值两侧，随电压变化情况与空气中电晕放电相同，这种放电在交流电压正负半周都存在，但幅值两个半周不对称，放电脉冲幅值较大的出现在正半周，则放电点在高电位，反之则在地电位。在油中及气体中状况相似
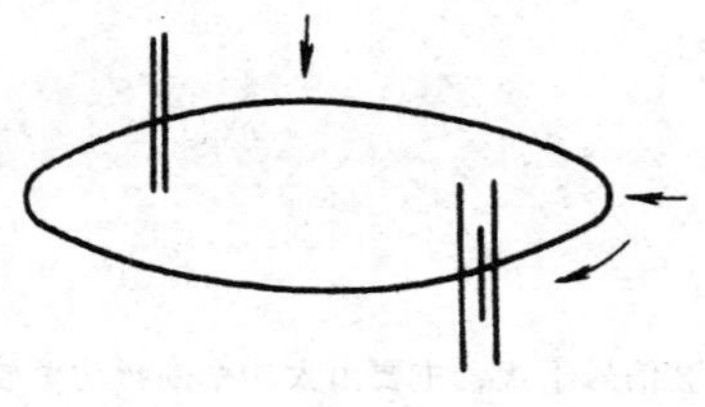	油中悬浮放电和绝缘爬电，脉冲个数少，在临界电压时，放电不稳定，有时放电持续数秒，或停止数秒无放电，这种放电幅值大，但像外部随机干扰，需结合波形及声测判断
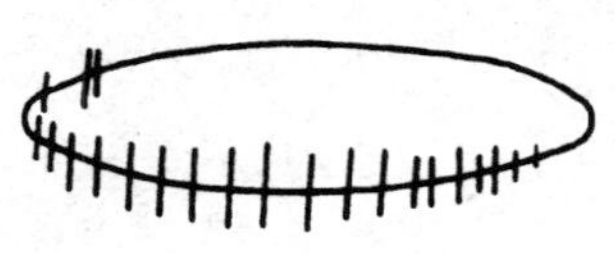	日光灯引起的放电干扰

续表

波　形	干 扰 分 析
	可控硅干扰呈对称分布，有时为单个脉冲（单个可控硅放电脉冲可用数字仪波形来分析鉴别）
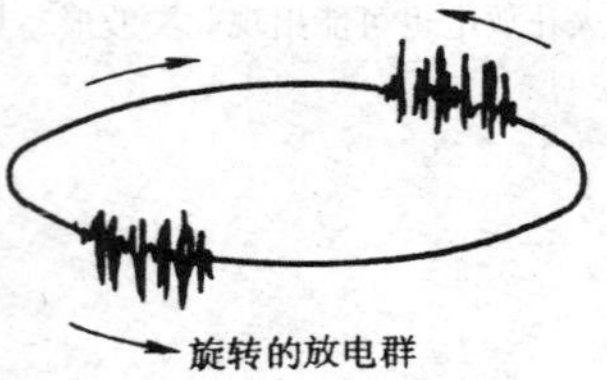 旋转的放电群	旋转电机异步干扰放电，其响应与试验电压无关，可能是大型异步电机引起的，也可能是大型变压器试验负载太大引起的。但当由发电机开机作试验时，发电机频率与系统仪器电源的滑差会引起放电显示波形旋转，数字仪无此现象
	工业高频设备干扰，工业高频设备如超声波发生器、感应加热器等引起
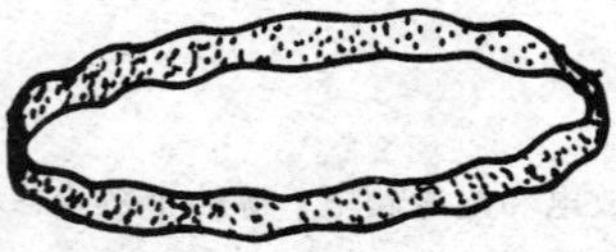 (a)  (b) 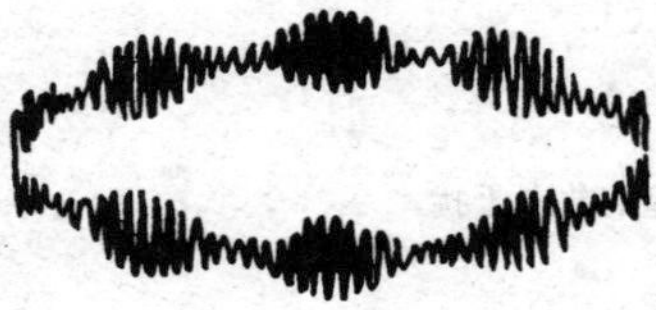 (c)	调幅正弦波信号干扰，主要由大功率高频功率放大或振荡器的无线电发射或辐射干扰及广播电台干扰

续表

波 形	干 扰 分 析
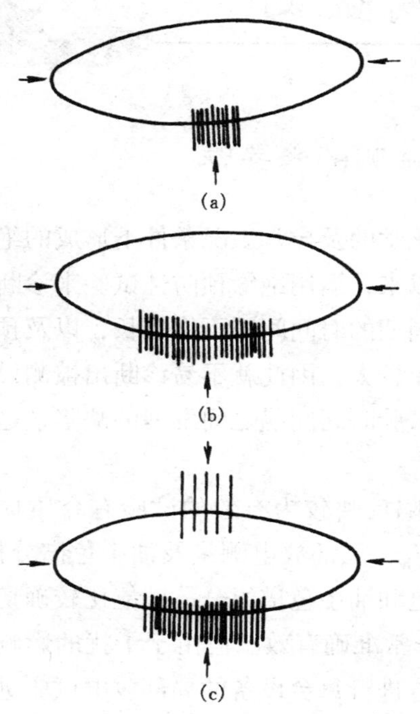 (a) (b) (c)	电晕放电 电晕放电出现在金属尖端或边缘电场集中部位，电晕放电起始仅出现在试验电压的半周内，并对称分布在电压峰值处两侧，见图（a）。随着电压增加，脉冲个数（宽度）对称增加，见图（b）。如放电尖端电极处于高电位，电晕放电出现在试验电压的负半周。如尖电极处于地电位，放电脉冲则出现在正半周。对某一电极来讲，电晕初始出现在一个半周，但当电压升高超过起始电压很多时，在另一个半周也会出现幅值大，放电脉冲个数较少的放电，如图（c）所示

第二十六章

电气设备在线监测

第一节　电气设备在线监测的必要性

电气设备在长期运行中必然存在电的、热的、化学的及异常工况条件下形成的绝缘劣化，导致电气绝缘强度降低，甚至发生故障。长期以来，运用绝缘预防性试验来诊断设备的绝缘状况起到了很好的效果，但由于预防性试验周期的时间间隔可能较长，以及预防性试验施加的电压有的较低，试验条件与运行状态相差较大，因此就不易诊断出被测设备在运行情况下的绝缘状况，也难以发现在两次预防性试验时间间隔之间发展的缺陷，这些都容易造成绝缘不良事故。

从目前预防性试验的内容来看，对设备绝缘缺陷反映较为有效的试验有介质损耗角 $tg\delta$；泄漏电流 I_c、全电流 I_g、泄漏电流的直流分量 I_R；局部放电测量及油中色谱分析等。通过大量的试验证明，只要测准介质损耗、局部放电和油中色谱组分，就能比较确切地掌握设备的绝缘状况，目前在线测定 $tg\delta$ 和 I_C、I_R 已非常准确有效。但由于干扰的影响，现场设备进行局部放电测量较为困难且费用较高，停电进行每台设备的局部放电试验进行预防性试验是不现实的。如果用一种价廉的在线或带电监测装置，能简便地测出局部放电等各种电气绝缘参数，判断设备的绝缘状况，从而减少预试内容，或增长试验时间间隔并逐步代替设备的定期停电预防性试验，并实施状态监测及检修，这对于保证电力设备的可靠运行及降低设备的运行费用都是很有意义的。

状态监测在美国、加拿大等西欧国家发展较快，可能有两方面的原因：其一是欧洲的设备制造厂家生产的产品质量一致性较好，材质好，设备出现故障的概率很小；第二是西欧国家劳动力价格高，如投入大量的试验人员进行预试，使试验费用等开支很大，相对来讲，投入设备的经费相对要低，因此发展在线测量就具有更大意义。

随着计算机技术及电子技术的飞速发展，实现电气设备运行的自动监控及绝缘状况在线监测，并对电气设备实施状态监测和检修已成为可能。

实施状态检修应具备三个方面的基本内容，第一是运行高压电气设备应具有较高的质量水平，也就是设备本身的故障率应很低；第二是应具有对监测运行设备状况的特征量的在线监测手段；第三是具有较高水平的技术监督管理和相应的智能综合分析系统软件。其中在线监测绝缘参数是状态监测的基本必备条件。

在我国电气设备绝缘的在线监测技术的发展已有十多年的历史，技术上日臻完善。然而，由于种种原因使得某些技术问题未能得到彻底解决，它们或者影响测量精度，或者影响对测量结果的分析判断，这在一定程度上影响在线监测技术的推广应用。这些技术问题有的是属于理论性的，例如在线监测和停电试验的等效性、测量方法的有效性、大气环境变化对监测结果的影响等，问题的解决是需加强基础研究，积累在线监测系统的运行经验，并制定相应的判断标准。另一类则属于测量方法和系统设计方面的问题，例如通过传感器设计及数字信号处理技术来提高监测结果的可信度，采用现场总线控制等技术提高监测系统的抗干扰能力，简化安装调试及维修工作等。妥善解决这些问题将有助于提高在线监测系统的质量和技术水平。

第二节　变压器在线监测

对于变压器绝缘在线检测最有效的方法之一是监测局部放电电脉冲参量。变压器正常运行中局部放电量较小，近年生产的110kV以上变压器局部放电量都控制在500pC以下；但在实际运行中，即使出现有5000pC左右的放电也照常运行，其绝缘缺陷发展过程可能延续几周甚至几年。但当发展到绝缘击穿故障前期，它的放电量会大大超过正常达到1×10^5pC，因此，有可能利用价廉而简化的在线监测设备进行绝缘故障监测报警。如发现有报警后，再结合其他试验进行综合故障分析，就能有效地起到应有的监测作用和得到推广。

一、在线监测测量原理

在线测量时，由于受现场干扰信号的影响，直接测量局部放电高频参量较为困难，且对运行设备在进行在线监测采集所需信号时应尽量不改变原设备的运行接线状态。因此，将信号取样点选择在变压器铁芯接地引出线和中性点引出线以及高压套管末屏引出线处，是非常有效及合理的。在任何情况下它不会影响变压器的正常运行。但传感器选在铁芯接地点时，对传感器和放大器的灵敏度要求比选在套管末屏取样要求更高。从传感器检测的信号用平衡放大器抑制共模干扰，如用一根75Ω的高频同轴电缆送到监控室，经计算机控制幅值，脉冲鉴别仪器分析工频和高频信号，并根据设定的阀值进行记录，当故障信号超过设定幅值和脉冲频率时，即自动发出声和光的报警。其测量原理如图26-1所示。图中检测阻抗是用罗氏线圈耦合，串入变压器铁芯接地引出线和中性点引出线检测电信号。采用这种方式结构简单，不影响设备的正常运行及接线方式。为了同时能在检测阻抗上获得50Hz工频信号及局部放电高频信号（20～200kHz），应采用高低频兼容的传感器，并应用波形分析仪及智能化软件排除干扰及分析记录各相放电水平。

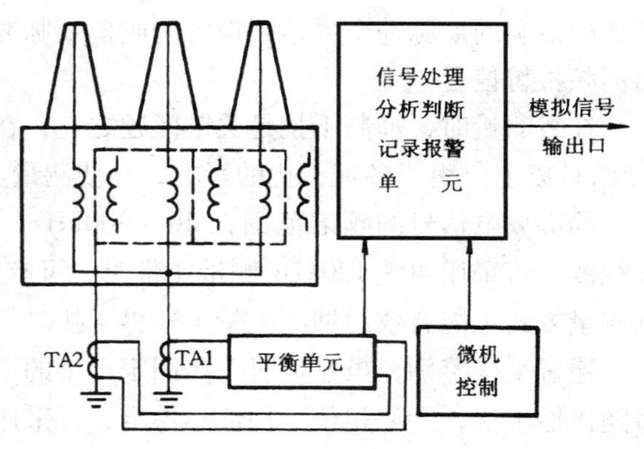

图26-1　系统接线原理图

二、信号取样及干扰抑制

由于电信号是通过罗氏线圈耦合取得的，因此罗氏线圈只需在设备接地末端串入即

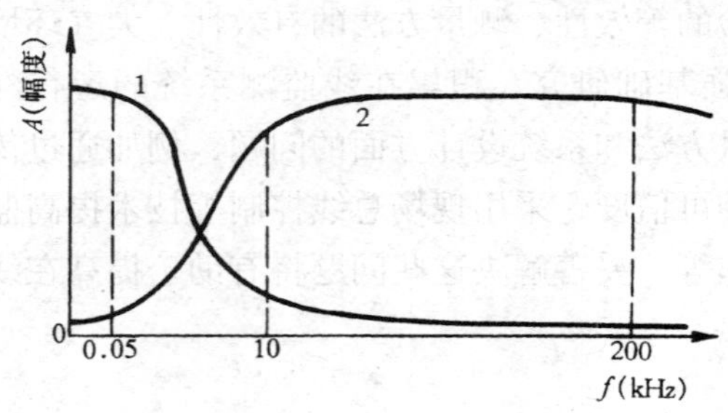

图 26-2　传感器频率响应曲线
1—低频材料的频率响应；2—高频材料的频率响应

可，它不影响设备的正常运行及保护。为了同时能在检测阻抗上得到工频信号及局部放电高频信号，设计检测阻抗时选用两种材料，使其能保证频率特性，传感器频率响应曲线，见图 26-2。

在变压器铁芯引出端串入罗氏线圈获得局部放电脉冲信号有较多的优点，首先，铁芯对高、低压绕组有较大的电容，因此，不管局部放电信号是产生于高压或低压绕组，在铁芯取样点都有较好的响应。另外，还有利于抑制干扰，因为它与变压器箱壳接地线和高压绕组中性点引线上获得的信号波形很相近，采用平衡抑制干扰有较好效果。在实际应用中，由于变压器箱体通过铁轨等多处接地，从一个接地点获得的信号较弱，因此，一般可采用中性点作为平衡匹配信号。

当变压器铁芯绝缘出现故障时，往往初期为局部放电信号，最后导致两点接地，形成工频短路电流信号，在信号处理单元宜将工频和高频信号分离。当工频电流信号的幅值及时间达到设定阀值时，测试仪器自动记录该数值，并发出工频报警信号。同样，当高频信号的幅值和周期脉冲个数达到设定的阀值及脉冲波形满足脉宽和频度条件时，仪器自动发出高频报警信号。

在线测量时，抑制干扰是关键问题之一，在实际测量中，电晕及载波调幅干扰会达到 1 万 pC 以上，由于各种干扰的影响，会使测量灵敏度大为降低。

局部放电信号的频谱范围在 20～300kHz，载波调幅干扰约在 200～300kHz 的范围，在线测量若采用 40～120kHz 测量频带时，可有效地抑制无线电调幅波干扰。采用平衡鉴别测量方式也能有效地抑制电晕等外界干扰。

通过平衡鉴别，虽然可对一些固定类型的干扰起一定作用，对变压器运行中出现的许多随机性干扰，会使相位、幅值不稳定，可采用对脉冲波形的时间、频率、上升沿等特征参数进行鉴别和判断，即可将随机干扰脉冲与变压器内部故障放电脉冲区别开。

在故障性放电产生初期，放电并不是稳定的连续发生，并且在在线测量时，系统内部的开关合闸、雷电等干扰也会串入测量系统。

利用波形特征参数判断和鉴别脉冲幅值、连续性，可很好地判别和消除随机脉冲及可控硅产生的干扰脉冲等干扰。鉴别报警系统还应设置防干扰判断及自动复位装置，当系统偶然出现干扰，且这种干扰刚好与内部放电的特征相似时，鉴别系统就自动复位等待；如果这种信号再次出现，满足幅频特性时，就发出声、光报警信号，并自动记录报警参数。如果是偶然干扰，就不满足频率特性，从而可排除，不予报警。

三、运行参数测定

1. 脉冲校正及测量

用标准方波发生器对测量系统作方波响应试验，分别从高压和低压绕组加入 10000pC 的脉冲信号，在传感器 TA1、TA2 的输出端测量响应信号。测量结果如表 26-1 所示。

表 26-1　　方波响应测定示例

加入端	中性点传感器 TA1	铁芯接地传感器 TA2	共模输出	加入端	中性点传感器 TA1	铁芯接地传感器 TA2	共模输出
高压 A 相首端	70	20	60	低压测 A 相	20	61	60
高压 B 相首端	70	20	60	低压测 B 相	20	60	60
高压 C 相首端	70	19	60	低压测 C 相	20	60	60

表 26-1 中的响应是测量脉冲信号的幅值。不管信号从哪一相加入，在 TA1 和 TA2 端测量时，A、B、C 三相的响应相同。当从高压绕组加入信号时，中性点的响应较大；而在低压绕组加入信号时，铁芯取样点的响应较大，这是因为低压绕组靠铁芯近，电容量大的原因。图 26-3 为检测信号波形示例。

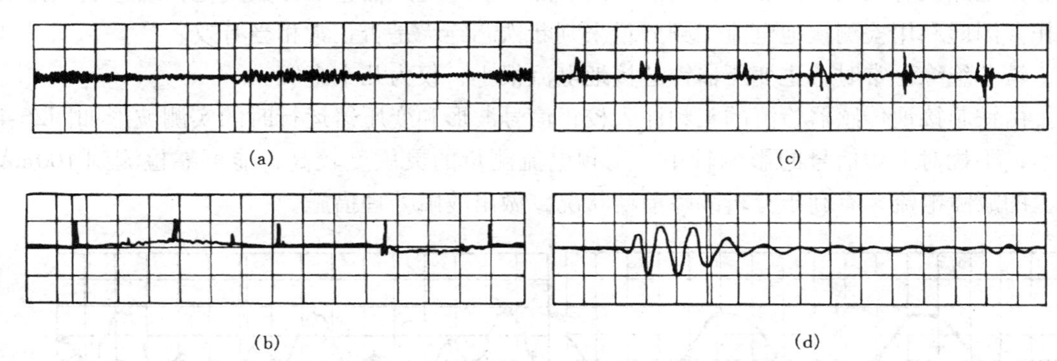

图 26-3　检测信号波形

(a) 经平衡滤波处理后输出波形；(b) 方波校正信号波形；(c) 未滤波处理波形，有可控硅脉冲；(d) 放大的可控硅干扰脉冲

由于采用平衡输入方式，中性点和铁芯取样点对高压和低压绕组的响应灵敏度可以互补，使输出端对变压器各个部位都有相同的响应灵敏度。这说明从中性点和铁芯接地点取信号的测量值来判断变压器绝缘的基准放电水平是很有效的。当变压器不带电时，从铁芯传感器输出测得的静态信号约为 1mV；当变压器运行时，基底噪声水平约为 30mV，并叠加有明显的较大幅值的可控硅干扰脉冲，约为 70mV，实例如图 26-3（c）所示。如通过传感器获得的信号首先经平衡共模抑制干扰，然后选频滤波处理，经选频放大后的信号干扰噪声电平可能仅为 10mV，这时测量灵敏度可达到 1500pC；进一步通过模拟输出口进行波形特征分析，分辨率可达毫伏级。以 1mV 计算，测量灵敏度可达 500pC，这样的灵敏度已便于较可靠地检测故障放电波形，经平衡滤波处理后输出波见图 26-3（a）。

图 26-3（a）所示为经过滤波处理后的输出波形，每个工频周期信号最大幅值为 12mV，这时的检测灵敏度约为 2000pC，再经过波形特征识别及分析，可使灵敏度再提高 10 倍左右，即可识别 200～500pC 以上的放电脉冲。根据实际经验认为，变压器运行过程中，如能判断 5×10^3 ～5×10^4pC 以上的故障放电波形，就可起到较可靠的报警作用。一般发展性放电幅值约为 5×10^3 ～5×10^5pC；而在故障前期较小，如 5000pC 以上放电的发展过程也有一周到两个月甚至更长时间，因此利用这类分析系统能可靠地发现事故隐患。

图 26-3（b）为方波校正信号波形，校正脉冲信号整个过程约为 5μs 左右，与大型变压器的故障脉冲响应过程相似。图 26-3（c）为用铁芯传感器检测的响应波形，较大幅值的脉冲为发电机的可控硅干扰脉冲信号波形，其值约为 63mV，这种干扰的波形特征较强，见图 26-3（b）。脉冲信号的波形过程约为 90μs，这种干扰信号用数字式局放仪进行波形识别很容易分辨，而普通的局部放电仪则难以分辨。

2. 铁芯接地工频电流校正及测量

大型变压器运行时，经常出现因铁芯绝缘不良造成的故障，铁芯绝缘不良而尚未形成金属性短路接地时，会产生较大的放电脉冲，由上述的高频信号监测可发现。有时出现不稳定短路接地，短路接地时，工频短路电流可达数十安到数千安，或者短路电流不太大，铁芯接地点没有反应。而变压器内部局部过热将引起变压器色谱参数变化，或造成轻瓦斯动作。因此利用检测接地电流工频分量来判断铁芯绝缘是否正常相当有效。

铁芯绝缘正常时，主变压器铁芯接地电流很小，仅为几十毫安。

由铁芯接地传感器检测的工频注入校正信号波形和变压器运行时的实测波形如图26-4所示，干扰对工频信号的影响较小，工频电流测量的灵敏度较高，能可靠检测到 100mA 以上的故障电流，有利于分析故障前期状况，做出故障处理措施。

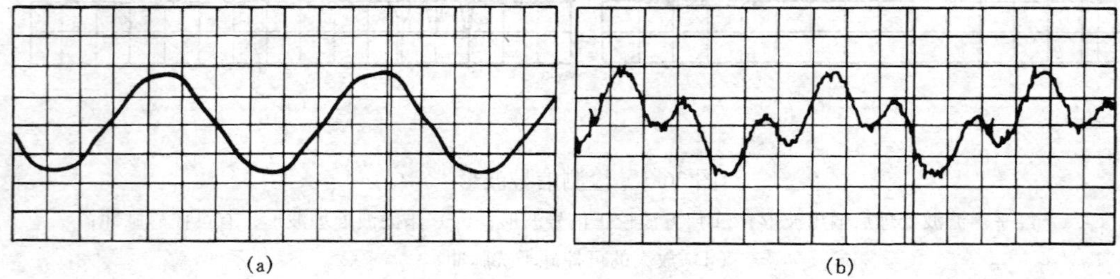

图 26-4　工频信号检测波形
（a）注入校正波形；（b）运行实测波形

第三节　发电机在线监测

发电机由于受绝缘材料等方面的原因，易出现绝缘过热、泄漏增大，局部放电量较大等绝缘缺陷，因此，加拿大等国主要采用对发电机进行局部放电监测来判断绝缘状况，一般在运行电压下发电机局部放电量可达 5000～10000pC。并且发电机的电容量较大，它的云母绝缘中的放电在停电测量时与加压时间关系较大。因此，停电测量应测量各级试验电压下的放电量，如 10kV 的发电机，试验电压为 6kV，则每增加 1kV 电压后保持 1min 测量各点电压下的最大放电量，放电量应不超过 15000pC。在线测量则是在运行工况下的实际数据，这时测得的数据没有电容效应的影响。但如在线测量发现局部放电量较大时，就应停电进行分相测量，判断有缺陷绕组部位。例如 A 相试验时，B、C 两相应短路接地（中性点打开），必要时可对单根线棒逐条进行试验。

另外，绕组温度对放电量也有影响，在进行测量数据比较时，应尽量用相近温度条件的数据。

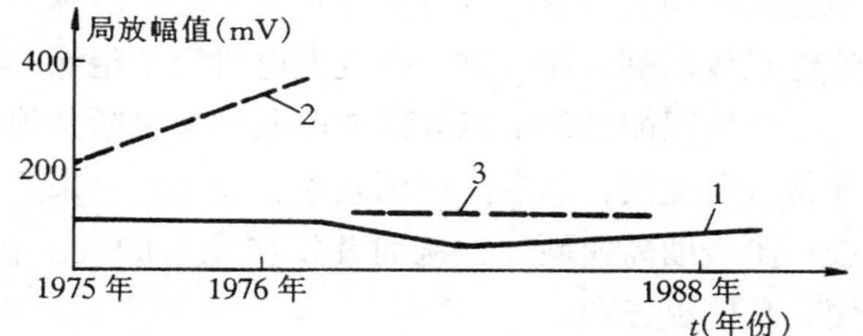

图 26-5　发电机在线监测实测曲线示例

1—正常运行发电机的测量曲线；2—有故障机的曲线；3—检修后的测量数据

大型发电机在系统中是相当重要的，由于它是旋转机械，进行在线监测是比较复杂和困难的。目前，在线监测大部分采用局部放电测量、温度（局部过热）测量等。冷却氢气的气态分解分析来判断其绝缘状况，而最有效的还是局部放电测量，在此着重讨论局部放电在线测量。一般来讲，发电机如果由于绕组焊接不良或绝缘不良引起的放电一般在几个月后会导致故障，而线圈端部由于污秽造成的放电及端部电晕放电一般要 5～10 年才能导致故障，但槽口的绝缘损伤或由水气等造成的表面放电也会很快造成故障。发电机故障性放电的幅值比正常状态的放电幅值大得多，劣化绕组的放电量为完好绕组正常放电量的 30 倍以上。因此发电机的绝缘在线监测及判断设备是否有故障性放电而需要检修，可由放电量幅值 Q_m 和放电次数（每周期）Q_N，并根据在一定时间内的放电量增量来确定。在实际监测运行发电机的测量曲线示例见图 26-5。

从图中曲线上升陡度可见，有故障的设备局部放电幅值随时间变化，并且绝对值较大，超过一定幅值时需要检修，而经检修后运行正常。

发电机测量系统常采用高灵敏度固化传感器及抗干扰抑制单元，能有效地检测绝缘缺陷，同时对测取的信号作局部放电波形分析和检测诊断零序电流，并自动进行故障的报警并显示记录，其系统结构框图如图 26-6 所示。

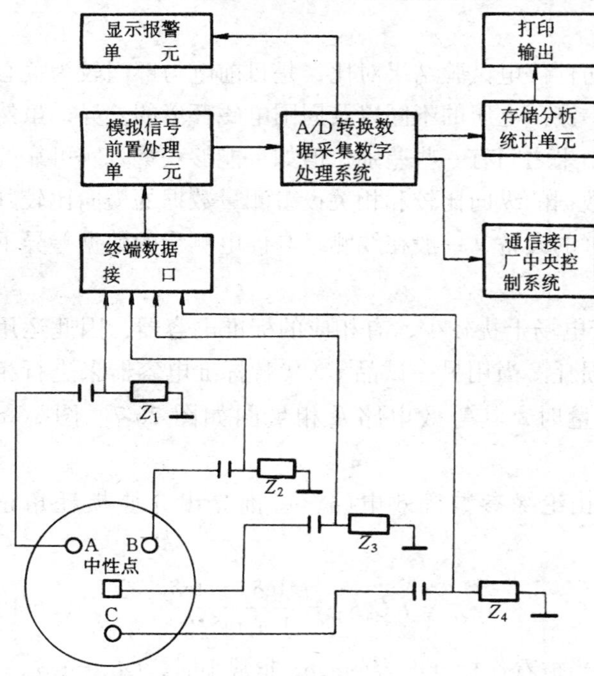

图 26-6　系统结构框图

图26-6 中，Z_1、Z_2、Z_3、Z_4 为检测阻抗，以拾取中性点及线路 TA 端的电流信号；终端数据接口单元可对多路信号进行通道切换控制、波形前置放大、整形及变换处理。数字信号处理系统则实现对经 A/D 变换后的数字信号进行智能化分析、判断，以及故障信号的存储及输出，是该系统的核心所在；显示报警单元是将数据处理单元输出的故障信号在液晶屏上进行数字或图像的显示，同时语音系统也将进行语音报警，以提醒人们的注意和安排设备的检修。

通过数字技术处理，能从强噪声背景下提取放电信号，并通过智能化分析软件，给出绝缘状况相关参数，分辨出各相放电电压、脉冲个数及放电能量，自动启动及打印。通过绝缘在线监测，能可靠地发现发电机定子绝缘的早期故障，避免在运行中突发故障。

应用智能型发电机局部放电监测来判断其绝缘状况是一项很有实用价值的新技术，这项技术在美国、加拿大应用较多，我国近年来逐步开始应用。全自动测量系统在应用还需进一步借助高速硬件，从而开发更完善的人工智能专家分析系统，使应用软件使用更方便，功能更齐全。

第四节　少油式电气设备在线监测

少油式电气设备包括电流互感器（TA）、电压互感器（TV）、变压器套管及避雷器等。这类设备价值相对不太高，但由于绝缘故障往往引起爆炸事故，损坏变电所相邻设备，爆炸引起的大火还会造成变电所、发电厂不能运行等情况，从而经济损失严重，这类事故在国内外经常发生。因此，开展少油式设备的在线监测，能提高设备运行可靠性，减少设备的检修、预检停运时间。

由于在线监测方式能够随时了解反映设备绝缘异常的特征参量，有助于实现状态检修，深受运行部门技术人员的欢迎。

利用现场带电检测仪定期对运行电气设备的泄漏电流 I_g、介质损耗 tgδ、金属氧化物避雷器的阻性电流等绝缘参数进行检测，可以及时发现绝缘缺陷。该方式采用便携式检测仪器，具有防干扰能力强、投资少、便于维护和更新等优点，适合现场应用。

一、工作原理

在线监测结果如何与现有的常规预防性停电试验结果对比，是目前电力部门较为关心的一个问题。运行经验及研究结果表明，测试电压的不同以及周围电磁环境的差异，虽然会导致在线测试结果与停电预防性试验结果之间有一些差别，但如果能够获得真实可靠的在线测试数据，仍可通过设备本身测量数据的纵向比较和相关设备测量数据的横向比较判断出运行设备的绝缘状况，对于绝缘完好的设备，一般在线测量与停电测量的数据差异不大；仍可用相关的预试标准判断。

在停电时测量介质损耗 tgδ 时，由于电场干扰较少，有相应的标准电容器，因此运用经典的电桥很容易准确测出设备的介质损耗。当用另一试品 C_{X2} 代替标准电容器来进行相对测量时，其等效电路及相量图如图 26-7、图 26-8 所示。

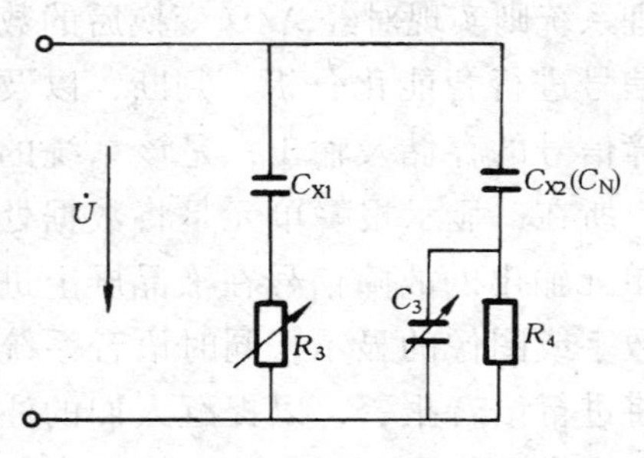

图 26-7　测量 tgδ 原理图

由绝缘参数等效电路，可推导出介质损耗角正切为

$$\mathrm{tg}\delta_r = \omega C_4 R_4 = \frac{\mathrm{tg}\delta_X - \mathrm{tg}\delta_N}{1 + \mathrm{tg}\delta_X \mathrm{tg}\delta_N} \tag{26-1}$$

当被看作标准电容的 tgδ_N 非常小时，tgδ_X = tgδ_r。在现场进行带电测试时，一般是采用母线 TV 二

次电压作为参考相位，用 TV 二次电压作为标准，测出的介质损耗值与停电测量值基本一致。但当母线上有的断路器分开，设备没在同一母线上运行时，或由于现场温度变化差异较大时，在这些情况下就不能用 TV 二次电压作为标准，则可选用多台同相试品相互作为参考标准电容以观察相互之间 tgδ 的变化，同样能达到较好的效果。因为多台设备的 tgδ 不可能同时同样变化（劣化）。如多台设备进行互为标准相关测量，利用相关关系、横向比较和本身的纵向比较，能使判断效果比单台测量更为有效。当图 26-7 中 C_N 用 C_{X2}代替时，测量到的 tgδ_r 为

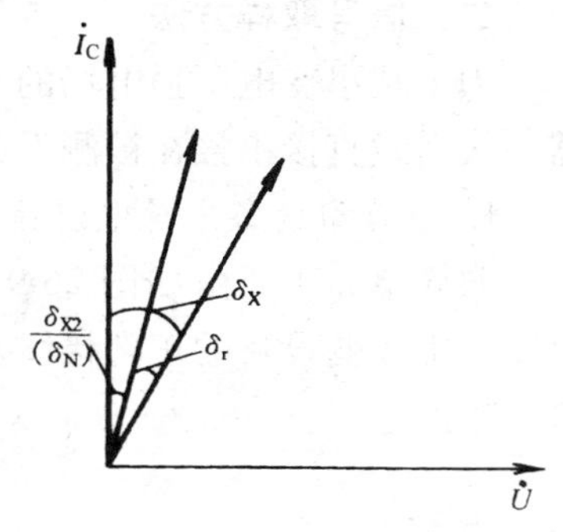

图 26-8　相对测量相量图

$$\text{tg}\delta_r = \frac{\text{tg}\delta_{X1} - \text{tg}\delta_{X2}}{1 + \text{tg}\delta_{X1}\text{tg}\delta_{X2}} \tag{26-2}$$

由于 $$\text{tg}\delta_{X1} \ll 1 \quad \text{tg}\delta_{X2} \ll 1$$

故 $$\text{tg}\delta_r \approx \text{tg}\delta_{X1} - \text{tg}\delta_{X2}$$

由此可见，同相设备相互测得的 tgδ 值为两台设备各自 tgδ 的差值，其值较本身值小，但对于判断其介质损耗变化的含义是一致的。

从理论上讲，带电测量的数据应该和停电测量的数据可以比较，例如，两台设备在停电时测定的数据 tgδ_{X1} 为 0.36，tgδ_{X2} 为 0.30，则相对测量时 tgδ_r = 0.36 − 0.30 = 0.06。以上分析是在设备绝缘正常的情况下，当绝缘有缺陷时，介质损耗的增加则与施加的电压有关，这时在运行电压下测定的数据就更能反映实际情况了。

利用同相电容型设备介质损耗差值及电容量比值的检测功能，可与使用 TV 二次侧电压作为基准信号所测量的介质损耗测试结果比较，还有助于判断电场干扰的影响程度。

在线测量易受到现场高压强电场的干扰，因而如何进行信号采样及处理是最关键的问题。测量系统如采用数字采样、相关数字鉴相技术及 FFT 频谱分析处理，能有效地排除干扰的影响。

在信号处理中，相关分析也是在时域中进行信号分析的常用方法，它对抑制随机干扰、提高信噪比是非常有效的手段。在介质损耗测量中，由于系统电压中存在各种脉冲及杂波干扰，要从 50Hz 信号中区别出微小的相差、达到准确测量的目的，宜运用 FFT 数字滤波及相关技术比较被测的两路信号的相关性。

根据相关定理

$$F[X(t)] = x(f) \quad F[Y(t)] = y(f)$$

有

$$F[R_{xy}(\tau)] = y(f)\int_{-\infty}^{+\infty} X(t)\mathrm{e}^{-\mathrm{j}2\pi(-f)}\mathrm{d}t = x(f)y(f) \tag{26-3}$$

式中　$X(t)$、$Y(t)$ ——时域的两路信号；

$R_{xy}(\tau)$ ——时域相关函数。

通过相关函数 $R_{xy}(\tau)$ 可确定两信号之间的时差 τ，就可计算 tgδ_r。

二、信号取样方法

为了减小变电所强电场的干扰影响，采用输入阻抗极低的电流传感器取样方式，传感器一次引线直接串接在被测设备末端线（末屏引出线）上使用。

1. 电容型设备末屏电流信号

取样单元主要由如图 26-9 所示的元件构成。图中，采用高灵敏度固化电流传感器，可完全不改变设备的正常接线及运行方式，既可保证现场使用的安全，又不会影响信号的检测精度。

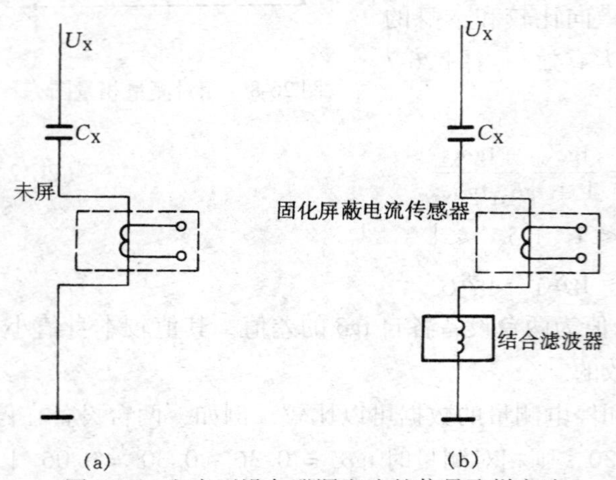

图 26-9 电容型设备泄漏电流的信号取样方法
（a）电流互感器；（b）耦合电容器

测量时，测试端子通过测量电缆与检测仪的电流输入端相连，测量电缆需要采用双绞双屏蔽电缆，才能不受电磁场干扰。测试端子需用接线柱压接，避免端子氧化造成接触不良影响。

当对耦合电容器（OY）进行在线检测时，应在耦合电容器与结合滤波器之间连接信号取样单元。测量时最好临时短接掉结合滤波器，因为结合滤波器电感影响会使测量值略为偏大。

2. 标准电压取样信号

当用电压互感器二次电压信号作为标准比较源时，测定的数据也可与停电时测量数据比较作为基准参数。电压互感器二次侧电压信号的取样保护单元较为简单，可直接在其测量绕组的非接地端串接取样电阻，并把通过电阻的电流信号引入取样端子箱即可，TV 二次侧标准电压信号取样方法见图 26-10。由于取样电阻直接安装在 TV 二次测量绕组的非接地端子上，即使信号引出线发生对地短路，由于电阻大短路电流仅为几毫安，不会造成 TV 二次绕组短路，故比常用的小

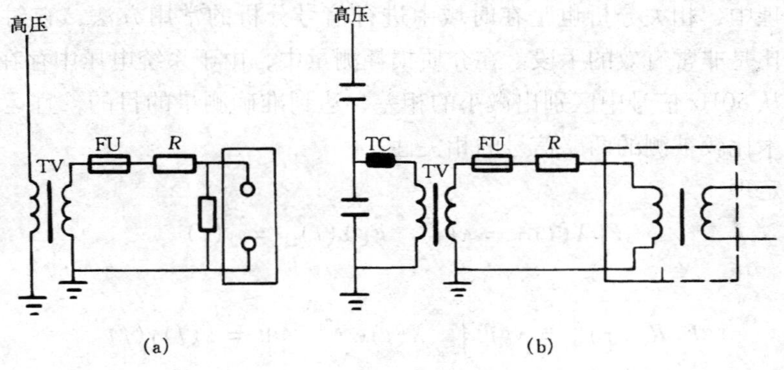

图 26-10 TV 二次侧标准电压信号的取样方法
（a）电阻分压降压；（b）小变压器二次降压
TC—电容式电压互感器

TV 取样方式更加安全。

当电压互感器为电磁型时，电流信号取样只需将取样电流传感器串接在 TV 的构架（内部支架及铁芯）接地引出端即可。电容式电压互感器则需将电流传感器串入电容低压臂的接地端。

三、绝缘参数带电测量系统举例

1. 结构原理

有的检测仪为分散型带电检测系统，其工作原理框图如图 26-11 所示，系统连接框图如图 26-12 所示。为保证测试安全，也可采用固化传感器的设计结构，这要求传感器的输入阻抗极低，且能够耐受较大的工频和雷电电流冲击。

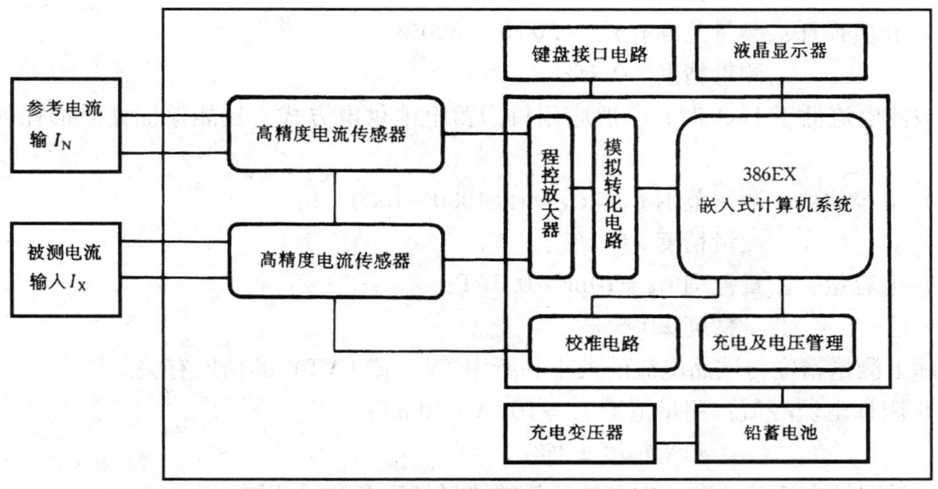

图 26-11　检测仪原理框图举例

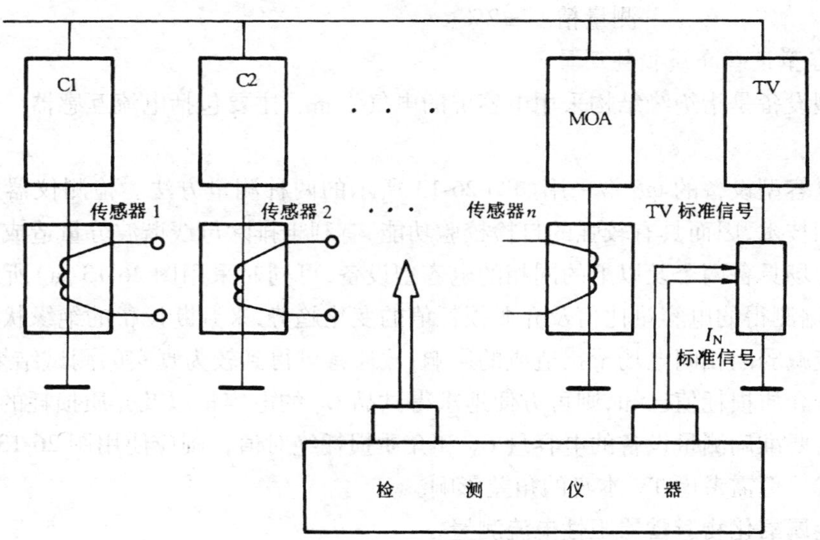

图 26-12　系统连接框图

带电检测仪仅设置参考电流 I_N 和被测电流 I_X 两个输入端，直接从传感器输出端拾取参考标准信号和被测信号。这样，一台便携式仪器可对多个变电所的设备进行带电测量，不但可降低检测系统的投资，而且有助于提高长期工作的稳定性，并可随时对检测精度进行检验。

2. 测量范围及精度

通常，对绝缘在线检测装置的测量范围及精度有以下要求：

（1）电流测量：测量范围 I_X（或 I_N）$=50\mu A \sim 300mA$（有效值）；
测量精度 ±0.5%。

（2）电压测量：测量范围 $U_N=3 \sim 300V$（有效值）；
测量精度 ±1%。

（3）介质损耗：测量范围 $tg\delta=-500\% \sim 500\%$；
测量精度 ±0.1%。

当被测电流低于 1mA 时，一般应用机内蓄电池供电方式，较能保证介质损耗的测量精度。

（4）电容比值：测量范围 C_X：$C_N=1:1000 \sim 1000:1$；
测量精度 ±0.5%。

（5）电容量：测量范围 $C_X=10pF \sim 0.3\mu F$；
测量精度 ±0.5%。

实际上测量精度与试品电流的大小和所用 TV（或 CVT）的精度有关。

（6）阻性电流峰值：测量范围 $I_{rp}=10\mu A \sim 10mA$；
测量精度 ±2%。

这包括阻性电流基波和三次谐波分量的测量精度及测量范围。

（7）容性电流峰值：测量范围 $I_{cp}=100\mu A \sim 300\mu A$（峰值）；
测量精度 ±2%。

3. 电容型设备介质损耗测量

电容型设备是指绝缘结构采用电容屏的电气设备，主要包括电流互感器、套管及耦合电容器等。

测量电容型设备的 $tg\delta$ 常采用如图 26-13 所示的两种测量方法。检测仪器采用了先进的数字鉴相技术，因而具有较强的自检校验功能，有利于排除母线谐波分量造成的影响。

如果现场具备两个及以上的同相的电容型设备，可同时采用图 26-13（a）所示相对测量方式，并根据测得的电容量比值及介质损耗值的变化趋势，来判断设备的绝缘状况。由于该测量方式能减弱因相间电场干扰造成的影响，故通常可得到较为真实的测试结果。如果 C_N 的电容量和介质损耗值已知，则可方便地求得试品 C_X 的电容量以及介质损耗的大小。

如果需要准确测量设备的电容量 C_X 和介质损耗绝对值，则应使用图 26-13（b）绝对值测量方式，但需考虑 TV 本身的角差影响。

四、金属氧化物避雷器阻性电流测量

监测运行中金属氧化物避雷器（MOA）的工作状况，正确判断其老化程度是运行部

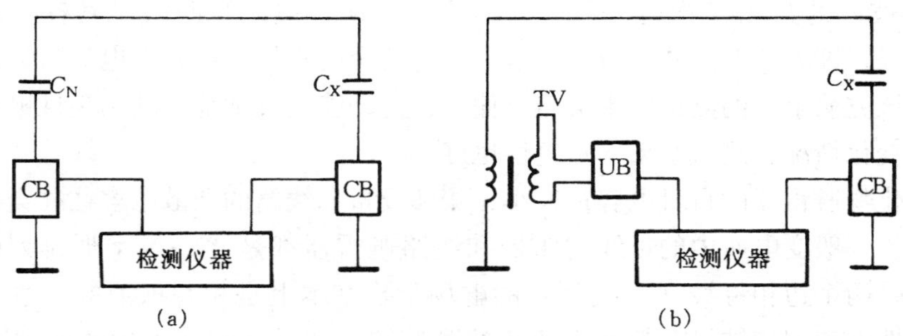

图 26-13 电容型设备介质损耗在线检测方式

(a) 相对测量模式；(b) 绝对测量模式

CB—电流取样传感器；UB—标准电压取样传感器

门十分关心的问题。由于 MOA 老化或受潮所表现出来的电气特征均是阻性电流增大，故把测量运行电压下 MOA 阻性电流作为一种重要的在线监测手段已越来越为人们重视。

如同图 26-13 中对电容型设备测量 tgδ 那样，用带电检测仪对阻性电流进行测量的模式也有两种，其测试接线方式如图 26-14（a）、（b）所示。

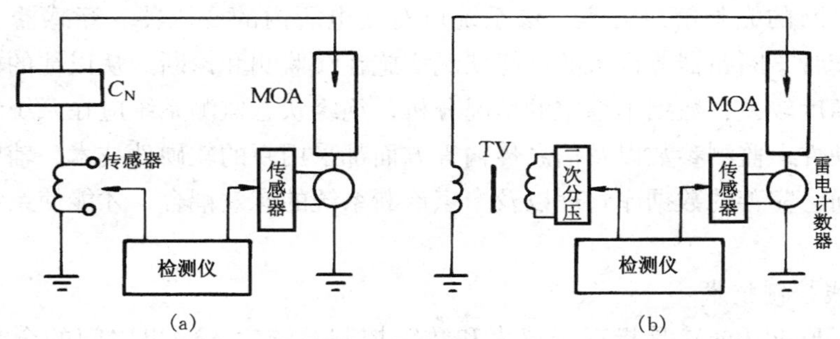

图 26-14 MOA 阻性电流在线检测方式

(a) 同相电容试品电流信号作标准；(b) 电压信号作标准

检测仪采用了容性电流补偿技术，有利于抑制 MOA 端电压谐波分量的影响，准确测得 MOA 的下列参数：

(1) 全电流 I_X 的有效值和参考电压 U_N（或参考电流 I_N）的有效值；

(2) 阻性电流基波分量的峰值 I_{rp1} 和三次谐波分量的峰值 I_{rp3}；

(3) 阻性电流的峰值 I_{rp} 和容性电流的峰值 I_{cp}。

阻性电流峰值 I_{rp} 可以较为准确地反映出 MOA 的受潮和老化现象。传统的阻性电流检测方法是直接取其时域波形的峰值，受阻性电流谐波分量相位变化的影响，峰值测量结果的稳定性通常不很理想，有时还会导致错误的判断结果。而有些数字化检测仪器，往往简单地把总电流的峰值减去容性电流基波分量峰值所得的差值（$I_{rp}=I_{Xp}-I_{cp1}$）作为阻性电流测试结果。如果 MOA 端电压中存在较大的谐波分量，测试结果将会受到严重影响。为了克服上述检测方法的不足，应先通过数字化补偿方式求取阻性电流信号的时域波形，然后通过数字富氏分析（DFT）处理分别得到阻性电流信号的基波分量 I_{rp1}、3 次谐波分量

I_{rp3}、五次谐波分量 I_{rp5} 和7次谐波分量 I_{rp7}，并认为阻性电流峰值 I_{rp} 是其各次谐波分量峰值相加的结果，即 $I_{rp}=I_{rp1}+I_{rp3}+I_{rp5}+I_{rp7}$。如与传统的直接求取阻性电流时域波形峰值的方法相比，该方法求得的测试结果会略有偏大，但却能较灵敏地反映出阻性电流中基波或谐波分量的变化情况，测试结果的重复性也好。

金属氧化物避雷器的自身电容量较小，相邻设备和线路的杂散电容往往会导致在线检测结果失真。一般变电所内的母线避雷器和线路避雷器都是"一"字形排列的，中间B相的避雷器受两个边相母线（或线路）的电场干扰基本上是相互抵消的，通常可得到基本正确的阻性电流测试结果。但两个边相的测试结果却受到相间干扰的严重影响（特别是在220kV及以上变电所），导致A相测试结果偏大、B相测试结果偏小等现象。

因此有的检测仪考虑了相间干扰补偿功能，可根据测得的相间干扰夹角及当前的测试相别，自动对相间干扰进行补偿。但应注意，该补偿功能仅对三相金属氧化物避雷器呈"一"字形对称排列的情况下有效，如果现场的电场分布情况较为复杂，仅用补偿也难以获得满意的抗干扰效果。

五、绝缘状态在线监测系统

这里讲的绝缘状态监测系统主要是针对35kV及以上电压等级变电所电气设备，实施绝缘状态在线诊断的完整解决方案。该系统可对变电所内的变压器、互感器、耦合电容器、避雷器、套管、断路器等设备的绝缘状况实施在线监测和诊断。从以往的模拟器件集中式监测系统精度较差，数据不稳定的情况分析，绝缘状态监测系统应在系统结构、传感器设计、内核硬件、监测参数以及信息传输等方面都采用新的软硬件技术，辅以上层较为友好的操作界面、完善的数据库管理以及专家诊断系统的有效耦合，才能使系统真正达到实用化的要求。

1. 现场总线控制技术

现场总线（Field Bus）是指现场仪表和数字控制系统输入输出之间的全数字化、双向、多站点的通信系统，目前已在电力系统调度自动化中得到广泛应用。现场总线的特点主要表现在如下几个方面：

（1）数字信号取代了传统的模拟信号 进行双向传输。一对双绞线或一条电缆上通常可以挂载多个测量设备，使得电缆的用量、连线设计及接头校对等工作量大为减少；

（2）通信总线延伸到现场传感器、检测或控制部件，操作人员在主控室就可以实现对现场测量设备的监视、诊断、校验或参数设定，提高了系统的检测精度、可监视性和抗干扰能力，节省了硬件数量与投资；

（3）现场总线在结构上只有现场测控设备和操作管理两个层次。现场测控设备均含有微处理器，它们各自进行信号采样、A/D转换、数据处理及报警判断个别设备的损坏或退出运行不会影响其他设备的工作状态；

（4）总线网络系统是开放的，扩展性强，用户可按照自己的需要和考虑，把不同供货商的产品组成规模各异的系统。

具有远传功能的变电所电气设备绝缘状态监测系统，通常由安装在变电所内的监控系统和安装在管理中心的数据管理诊断系统两个部分组成，通过公共电话网络，可把若干个变电所监控系统的监测数据汇集到上层的数据公共诊断系统，实现对多个变电所内的电气设备绝缘状态的遥测在线监测和诊断。

遥测绝缘监测系统通常由用户计算机（PC）、变电所中央监测装置（JCM）和若干个测量单元（SC1～SCn）构成，其结构如图26-15所示，原理图见图26-16。现将系统中各部分分述如下。

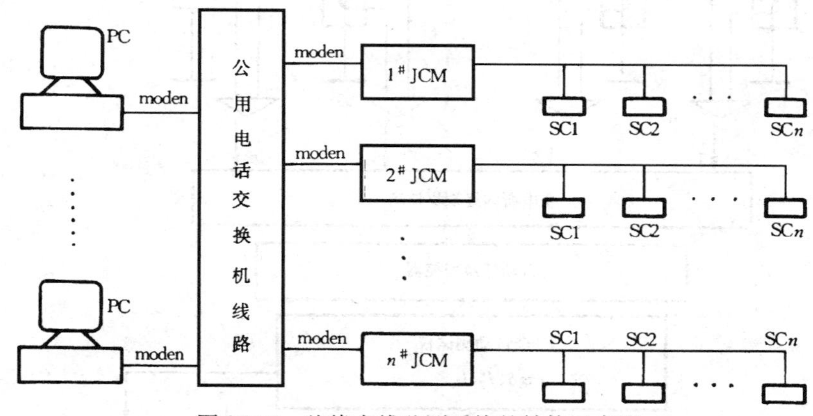

图26-15 绝缘在线监测系统的结构示意图

（1）测试单元（SC）。安装在变电所被监测设备的运行现场，种类及数量可根据监测要求确定。测量单元包括电流、电压取样传感器及取样信号电缆，取样传感器与带电测量系统的传感器相同。

（2）变电所中央监测装置（JCM）。安装在变电所内设备中心位置作为所内户外设备，信号电缆由每一台设备连接到中央监测装置，见图26-16。所内中央监测装置包括自动切换程控器（切换所测单元；能对150台设备信号进行切换处理）、A/D采样单元、嵌入式微处理器、RS485通信、电源管理、调制解调器等模块。它能够通过电话线路及调制解调器运方控制主机的工作状态，读取测量数据及异常信息，最终获得反映设备绝缘状态的特征参量，并按照不同格式保存数据，等待上层用户计算机（PC）的访问。例如：

1）最近1h内的12组数据（每5min形成一组新的数据）；

2）最近7天内的168组数据（每小时形成一组新的数据）；

3）最近1年内的365组数据（每天形成一组新的数据）。

（3）用户计算机（PC）。安装在局内的信息管理部门，可通过局域网与其他终端计算机进行数据交换。普通的PC机，如安装了相应的数据库管理软件，即可能通过“Modem+公共电话网”通信方式读取各个变电所中央监控装置（JCM）的监测数据。而数据管理软件能够对监测数据进行分析判断，筛选出绝缘参数异常的电气设备，提供包括参数变化趋势在内的相关信息，供管理人员作出更为精确的诊断。例如，某所地址（电话码）设定为分机2200，用户用快捷方式，拨号2200系统内线，如电话码为公共外线，则可用公共电话网，在任何地点调读有关数据，关键数据可设置密码。有的监测系统采用相对简单的数据诊断方式，通过对同类型设备或同相设备绝缘参数变化趋势的比较，筛选出异常监测数据，如果能够把数据库管理软件与各种预试数据管理软件结合起来使用，更有利于

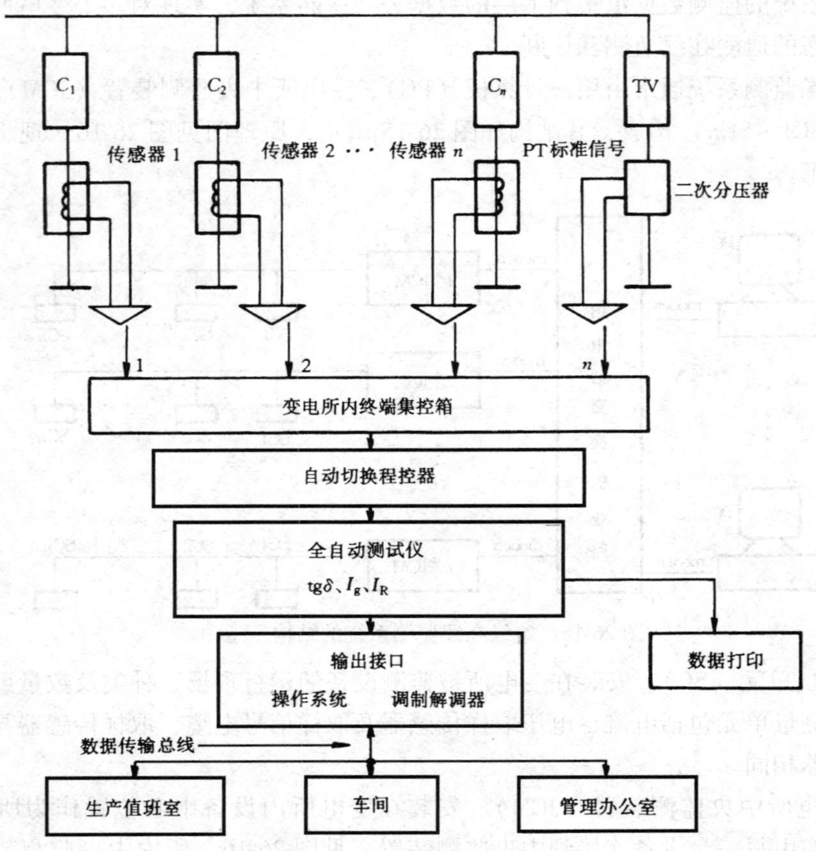

图 26-16 绝缘在线监测系统原理图

得到更为精确的诊断结果。

2. 电容型设备介质损耗测量

要实现电容型设备介质损耗角正切的在线检测，关键技术是如何准确获得并求取两个工频基波电流信号的相位差。传统的方法是采用过零比较技术，通过计数器方式获得两个信号的时间差，然后再根据信号周期的大小转换成相位差。因此需要采用复杂的硬件结构，对滤波器（滤除 3 次及以上的谐波）和过零比较器的工作稳定性要求极高，难以保证测量精度的长期稳定性。

为了避免过零处理的不稳定性，许多监测系统采用了嵌入式计算机系统，具有很强的数学运算功能，用快速傅里叶变换（FFT）为核心的纯数字方法进行数据处理及计算，电容型设备介质损耗及电容量的基本检验回路，见图 26-17 所示。图中，先用两个高精度电流传感器（TA）把被测电流信号 I_X、I_N 变换为电压信号 U_X、U_N，然后由数字化测量系统同时对被测信号进行采样（A/D）及快速傅里叶变换（FFT）处理，获得这两个信号的基波相量及其相位夹角。如果不考虑电压互感器（TV）的相位失真问题，则可方便地计算出电容型设备 C_X 的介质损耗角正切 tgδ 值。与以往的相位过零比较法相比，该方法的最大优点是不需要复杂的模拟信号处理电路，长期工作的稳定性能较好地得到保证，且能有效抑制谐波及各种脉冲干扰的影响。实测表明,即使被测电流信号中的谐波信号含量相当,也不会对介质损耗的结果造成影响,因而测试时能达到的指标较高,如表 26-2 所示。

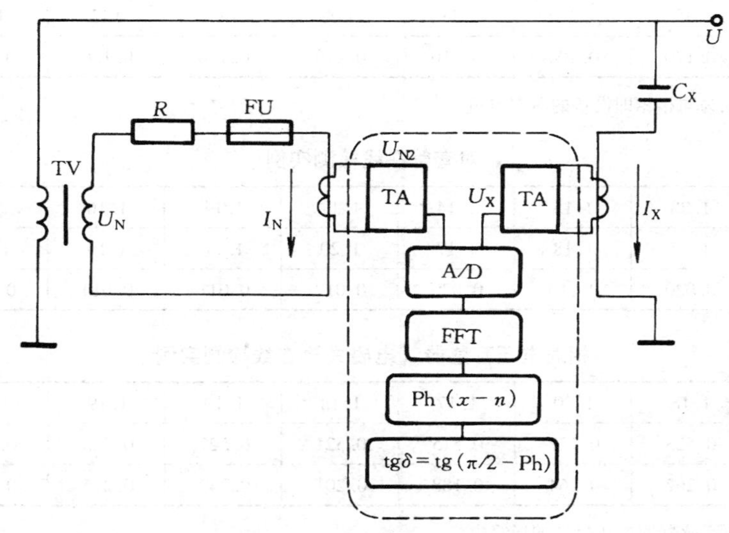

图 26-17　电容型设备介质损耗及电容量的基本检验回路

Ph—有相关计算得出的角度值

表 26-2　　　　**绝缘状态监测系统的一些技术指标实例**

设备名称	监测参数	测量范围	测量精度
母线 TV 电压	母线电压	35 ~ 550kV	0.5%
	谐波电压	3、5、7 次	2%
	系统频率	45 ~ 55Hz	0.01%
电容型设备	末屏电流	70 ~ 700μA	0.5%
	介质损耗	−100% ~ 100%	±0.05%
	等值电容	30pF ~ 0.3μF	1%
金属氧化物避雷器	泄漏电流	70 ~ 700μA	0.5%
	阻性电流	70 ~ 700μA	0.5%
	容性电流	70 ~ 700μA	0.5%

六、测试数据分析及现场校验

表 26-3 ~ 表 26-5 为带电测试同相设备相对比较测量结果。从表中的数据可知，tgδ 在带电测量时，由于现场电磁场的干扰及气候的影响，数据有较小的波动；但当数据足够多时，用数理统计的方法完全可判断数据的正确与否及设备有无绝缘故障。一般来讲，正常运行设备的 tgδ 值在 0.1 ~ 0.4% 之间，因此，同时比较带电测量到的数据约在 0.05% ~ 0.30% 之间。当长期测量的数据用统计趋势图分析不大于平均值的 20% 时，则可正常运行。如 tgδ 变化趋势相对值超过 100% 或绝对值超过 1% ~ 1.5%，就需用色谱分析或局部放电等作更一步的检查。

表 26-3　对耦合电容器在线检测实例

I_1（mA）	128	127	126	127	127	130	128	128
I_2（mA）	135	134	133	134	134	137	134	135
tgδ（%）	0.120	0.100	0.110	0.110	0.120	0.120	0.130	0.080

注　I_1 和 I_2 分别为同相相即设备的泄漏电流。

表 26-4　对套管在线检测实例

I_1（mA）	1.28	1.15	1.14	1.17	1.14	1.16	1.17	1.16
I_2（mA）	1.15	1.18	1.17	1.20	1.17	1.19	1.19	1.19
tgδ（%）	0.020	0.010	0.020	0.012	0.011	0.014	0.017	0.018

表 26-5　相对电压互感器（电磁式）在线检测实例

I_1（mA）	1.18	1.20	1.17	1.18	1.19	1.19	1.20	1.19
I_{TV}（mA）	0.523	0.527	0.515	0.521	0.527	0.523	0.529	0.526
tgδ（%）	0.262	0.264	0.188	0.201	0.242	0.225	0.260	0.259

注　I_{TV} 为从电压互感器取电压标准的换算电流。

表 26-3～表 26-5 中测量的泄漏电流也能很好地反映绝缘状况。由于泄漏电流测量值与本身设备测量的电压有关，只要电压稳定，或同时记录测量时准确的电压值，就能根据泄漏电流的变化趋势分析设备的绝缘状况。

表 26-6 为以母线 TV 作为标准时的在线测量数据，其值可与预防性试验结果作比较。但由于 TV 角差的影响和高压下测量与低压测量介质损耗差异等的因素，在线测量值可能会比停电预防性试验测量值相差 0.1%～0.3%，这不影响对设备的绝缘状况判断，但宜对设备的判定标准进行修正。

表 26-6　以母线 TV 作标准时的在线测量实例

设备编号	线路 220kV 264 号 TA A 相	线路 220kV 264 号 TA B 相	线路 220kV 264 号 TA C 相	线路 220kV 201 号 TA A 相	线路 220kV 201 号 TA B 相	线路 220kV 201 号 TA C 相
泄漏电流（mA）	34.0	33.2	33.4	33.3	32.6	34.1
介质损耗 tgδ（%）	0.558	0.706	0.588	0.356	0.343	0.215
电容值 C_X（pF）	782.7	767.9	772.5	777.8	776.0	710.0

表 26-7 为在线测量氧化锌避雷器的比较试验数据。

表 26-7　MOA 在线检测仪比较试验例

设　备	日本 LCD-4		国产在线检测系统之一			误　差	
	I_X（mA）	I_{rp}（μA）	I_X（mA）	I_{rp}（μA）	I_{rp1}（μA）	ΔI_X（mA）	ΔI_{rp}（μA）
MOA1	3.5	530	3.59	540	459	0.09	10
MOA2	2.3	660	2.33	695	650	0.03	35

带电测量除了具有不停电测量和解决了预防性试验周期长的优点外，它还具有在高电

压（运行电压）下测量，这能更真实地反映设备运行中绝缘状况。因为常规预防性试验是在较低电压下测量介质损耗的，当绝缘正常时，在允许的工作电压范围内，其介质损耗随电压的增加无明显变化；但当绝缘有缺陷时，介质损耗值就与电压的关系较大，因而在绝缘出现缺陷的初期，用低电压下的试验数据就不易发现问题，而在运行电压下，随着局部放电的产生，其介质损耗也随着电压增大，见图 26-18。图中曲线 $tg\delta_1$ 在 0 ~ 140kV 电压范围内介质损耗基本不变，在试验电压下局部放电也很小，而曲线 $tg\delta_2$ 则随着电压增加而上升，相应的在试验电压下局部放电增加也很快。因此，当带电测量的介质损耗增大，例如绝对值超过 1.5% 时，更宜用局部放电及油色谱分析以进一步确定设备绝缘状况。

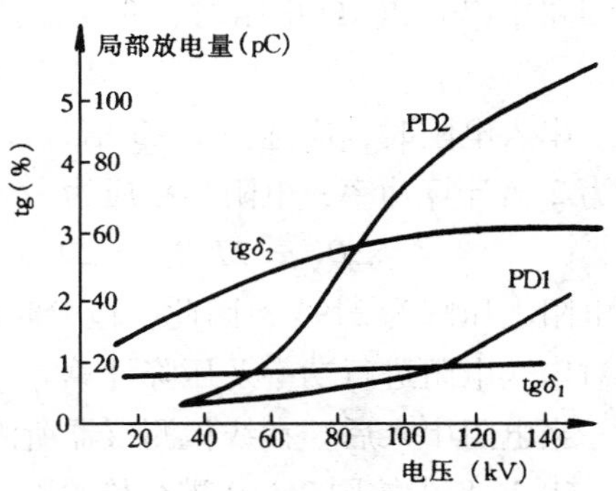

图 26-18　绝缘介质介质损耗、局部放电量与电压的关系

$tg\delta_1$、PD1—绝缘正常时的试品的介质损耗曲线和局部放电曲线；
$tg\delta_2$、PD2—有缺陷设备的试品的介质损耗曲线和局部放电曲线

对变电所多台设备进行相对测量时，可对同相设备编号测定，如 10 台设备，测定用 1→2、2→3、3→4、……作为互为标准的测定，如 2→3 和 3→4 测出的两条数据曲线一条上升，一条下降，则说明 3 号设备有缺陷，需进一步查证。

在线监测装置安装完成后，应对在线测量系统进行有效性校验，校验方法接线见图 26-19，选择 1 ~ 2 台设备在末屏与传感器之间连接一个可调电阻和一个开关操作箱，该装置可预先安装。当开关闭合时，先测量设备的介质损耗值，然后投入适当的电阻 R_K 打开开关，相当于 C_X 上串接一个电阻 R_K，此时的介质损耗增量可计算出来。

当回路中电流为 I 时，在电阻的压降为

$$U_R = I(R_K + R_X)$$

式中　R_K——串入检验电阻；

R_X——设备等效电阻。

在试品电容上的压降为

$$U_C = \frac{I}{\omega C_x}$$

由于 $U_C \gg U_R$，可近似认为 $U_C + U_R \approx U_C$。

此时的介质损耗为

$$tg\delta = \frac{U_R}{U_C} = \frac{I(R_K + R_X)}{I/C_X \cdot \omega} = \omega C_X R_K + \omega C_X R_X$$

因此，串入电阻后 $tg\delta$ 的增量应为 $\omega C_X R_K$。

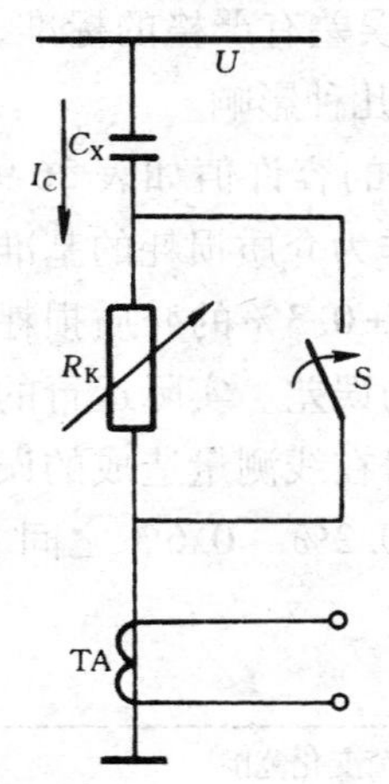

图 26-19　在线监测系统校验方法接线

例如，选择一 220kV 电流互感器进行检验，没串入电阻时其介质损耗为 $tg\delta = 0.5\%$，电流互感器电容值为 800pF，回路电流为

$$I = \omega C_X U = 314 \times 800 \times 10^{-12} \times 127 \times 10^3 = 31.9(mA)$$

当在回路中串入10kΩ电阻时，介质损耗增量应为

$$\Delta \mathrm{tg}\delta_1 = \omega C_X R_{K1} = 0.251\%$$

在回路中串入20kΩ电阻时，介质损耗增量应为

$$\Delta \mathrm{tg}\delta_2 = \omega C_X R_{K2} = 0.52\%$$

串入电阻时，应选择2~3倍计算功率的线绕电阻，当串10kΩ电阻时，如选电阻功率为2倍计算功率，电阻功率应为

$$2P_N = 2I^2R_K = 20(\mathrm{W}) \quad U = IR = 31.9 \times 10 = 319(\mathrm{V})$$

而电阻上压降为319V，因此，检验时应注意电阻对端部绝缘及试验时的安全等问题，并应对串入电阻进行功率及压降计算。

当电阻串入后，在线检测仪器所测的数据也应相应变化。

表26-8为按图26-19进行检验的一例测量数据。

表26-8　　标准检验（运行状态下带电检测）

状态	泄漏电流（mA）		介质损耗 tgδ（%）	
	I_2	I_1	测量值	计算值
不加电阻	118	121	0.150	
加800Ω电阻	119	121	0.300	0.303
加2kΩ电阻	119	121	0.537	0.535
加8kΩ电阻	119	122	1.775	1.838

注　在I_2设备回路中串入校验电阻。

七、影响在线检测结果的几个因素

1. 从TV二次获取基准信号的介质损耗测量方式

众所周知，介质损耗测量必须选取电压相量作基准信号。严格地讲，基准信号应该是施加在试品两端的电压，或与其同相位的某个电压相量。在交流电桥中，基准电压取自无损耗的标准电容器，而在绝缘在线检测时，通常仅能利用现场所具备的条件，如有的从电压互感器（TV或CVT）的二次侧获取。由于电压互感器是一种计量设备，对角误差有严格的标准，故一般认为所获取的基准信号能够保证介质损耗的精度，但应注意下述几种影响。

（1）互感器角误差的影响。根据国家标准，电压互感器的角误差的容许值如表26-9所列。可见对于绝大多数0.2级电压互感器来说，使用其二次测电压作为介质损耗的基准信号，当负载为最大时，本身就可能造成±10′的测量角差，即相当于±0.3%的介质损耗测量绝对误差，当负荷为50%时，角差也可能引起介质损耗有0.1%的误差。实际运行的0.2级电压互感器角误差一般在±2~6之间，有的负载很轻，因此，对在线测量造成的误差在0.05~0.1之间。而正常电容型设备的介质损耗通常较小，仅在0.2%~0.6%之间。因此，测量介质损耗应选用测量互感器在同一种状况下测量。

表26-9　　电压互感器的角误差容许值

精度等级	角误差（′）	一次电压和二次负荷变化范围
0.2	±10	$U_1 = (0.85 \sim 1.15)\ U_{1n}$
0.5	±20	$S_2 = (0.25 \sim 1)\ S_{2n}$

注　U_{1n}—一次侧额定电压，S_{2n}—二次侧额定容量。

（2）TV 二次负荷变化的影响。电压互感器的测量精度还与其二次侧负荷的大小有关，如果 TV 二次负荷不变，则角误差基本固定不变。目前，国内绝大多数母线 TV 二次侧为两个线圈，其中一个 0.5 级的线圈供继电保护和测量仪表使用，另一个 1.0 级线圈供开口三角形使用。由于介质损耗测量时基准信号的获取只能与继电保护和仪表共用一个线圈，且该线圈的二次负荷主要由继电保护决定，故随着变电所运行方式的不同，所投入使用的继电保护会作出相应变化。另外 TV 的二次负荷通常是不固定的，这必然也会导致其角误差改变，从而影响介质损耗测试结果的稳定性。

2. 结合滤波器对耦合电容器（OY）介质损耗测量的影响

耦合电容器（OY）的末端小套管通常带有结合滤波器，供载波通信和保护系统使用。当对耦合电容器进行在线检测时，建议在耦合电容器与结合滤波器之间连接信号取样保护单元。由于结合滤波器通常呈感性，可以抵消耦合电容器产生的部分容性分量，造成介质损耗测试结果略为偏大。

3. 环境温度、湿度及外绝缘污秽程度的影响

在潮湿或污秽严重的情况下，避雷器外绝缘套（瓷套）表面的泄漏电流将显著增加，由于其通常呈阻性成分，故会严重影响 MOA 阻性电流的测试结果。对于电容型设备介质损耗的检测，通常受环境湿度及瓷套表面污秽程度的影响较小；但如果抽压小套管绝缘受潮，因分流作用，同样也会导致介质损耗测试结果的失真。环境温度变化也会引起测量结果变化，油纸绝缘在初期受潮时以及绝缘老化时受温度影响较大。在不同温度下的测量结果可参照附录进行修正。因此，在线检测工作必须在瓷套表面干燥清洁时进行，最好选择雨过天晴后的一段时间，并同时记录测量时的环境温度、相对湿度及变电所运行方式，以便对测试结果进行温度、湿度换算修正并作纵向对比。

4. 变电所电场干扰对测试结果的影响

变电所内的运行电气设备除了要承受自身工作电压的作用，还会受相邻的其他电气设备产生的电场影响。如果被测电气设备的电容量较小且设备的运行电压较高，则介质损耗或阻性电流测试结果将会受到严重影响。对于呈“一”字形排列的电气设备，通常的表现方式是：对 MOA 在线检测阻性电流时，A 相测试结果偏大、B 相适中、C 相测试结果偏小。如果变电所的运行方式不变，则电场干扰对测试结果的影响固定，因此，前后两次的测试工作最好在同一运行方式下进行，以便对测试结果进行纵向比较。

对于电容型设备的介质损耗测量，停电试验时所施加的电压通常远远低于设备的实际运行电压，故要求在线测试结果与停电试验结果完全一致同样也是不现实的，特别是对 500kV 变电所内的电气设备。

总之，导致在线检测结果差异的原因是多方面的，除了与测试仪器、测试方法有关外，还与现场条件及环境有关。尽管在线检测仪较好地解决了谐波对介质损耗及阻性电流测试结果的影响，仪器的检测精度及稳定性也得到保证，但如果要求在线测试结果与停电试验时的结果完全一样，是不可能的。然而，运行经验及研究结果表明，测试电压的不同以及周围电磁环境的差异，尽管会导致在线测试结果与停电预防性试验结果之间存在差异，但如果能够获得真实可靠的在线测试结果，仍可通过纵向或横向比较的方式，并可根

据大量的数据分析。参照预防性试验规程的标准来判断出运行设备的绝缘状况，并逐步用带电（在线）测试代替停电预防性试验。

5. 同相比较测量时注意事项

两台设备同相相互测试时，高压开关（母线的线路断路器）必须闭合，测试数据才有效。若某一相开关断开，此时由于线路存在电感会引起测试数据的较大的跳动。

第五节　油中溶解性气体在线监测

一、油中溶解性气体的现场脱气方法

在现场，油中脱出气体的方法目前应用较多的有两类。一类是利用某些合成材料薄膜，如聚胱亚胺、聚四氟乙烯、氟硅橡胶等的透气性，让油中所溶解的气体经此膜而透析到气室里。而经薄膜渗透出的气体浓度 C（μL/L）与不少因素有关，可写成

$$C = 1.3 \times 10^4 k\nu\left[1 - \exp\left(-\frac{76PA}{Vd}t\right)\right] \tag{26-4}$$

式中 C——透析到气室的气体浓度（μL/L）；

k——亨利常数，如 H_2 在 40℃时为 0.16×10^6Pa；

ν——油中气体浓度 μL/L；

P——渗透系数［$mL \cdot cm/(cm^2 \cdot s \cdot Pa)$］；

A——渗透薄膜的面积（cm^2）；

V——接受透析出来气体的气室体积（cm^3）；

d——薄膜厚度（cm）；

t——渗透时间（s）。

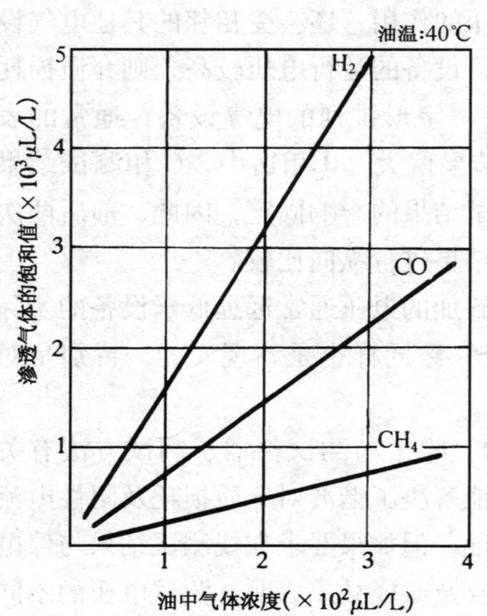

图 26-20　渗透过来气体（饱和值）与油中气体浓度的关系

当渗透时间相当长后，透析到气室的气体浓度 C 将达到稳定，它与油中溶解气体的浓度 ν 之间的关系如图 26-20 所示。

此方法要比抽真空等脱气方法简便得多，但要注意橡胶或塑料薄膜与变压器油长期接触后的老化问题，特别是安装在变压器油箱底部的半透性薄膜，它还要长期的受很大的油压，因此国外有的在薄膜外侧覆盖以打有细孔的约 0.5mm 厚的金属层予以补强。

图 26-21 为国外已用的另一种方案，它利用热虹吸原理让油中气体经 0.5～0.6mm 的氟硅橡胶膜而透出。因为膜厚在 0.25～0.75mm 范围中时，其渗透效果相似，而选 0.5mm 左右是为了具有足够强度而不易撕裂。在研究时，曾对多种橡塑薄膜在高温下的耐油性能进行了对比，如表

26-10 所示。通过对比，认为以氟硅橡胶的耐油性最好，而且它对 H_2、CO_2 等的渗透性能也优于表中的其他薄膜材料。

表 26-10　在高温下不同薄膜浸油后的变化

浸在高温油中体积、强度变化		天然橡胶		苯乙烯丁二烯		丁基橡胶		聚氨酯		硅橡胶		氟硅橡胶	
70℃下改变率（%）	油中（天）	3	14	3	14	3	14	3	14	3	14	3	14
	体　积	12	22	11	15	17	23	2	3	3	3	0.3	0.3
	强　度	-21	-35	-24	-35	-30	-39	-5	-6	-10	-8	0	3
100℃下改变率（%）	油中（天）	3	14	3	14	3	14	3	14	3	14	3	14
	体　积	30	—	46	—	24	44	4	4	4	4	3	3
	强　度	-65	—	-75	—	-42	-60	-13	-13	-10	-10	3	3

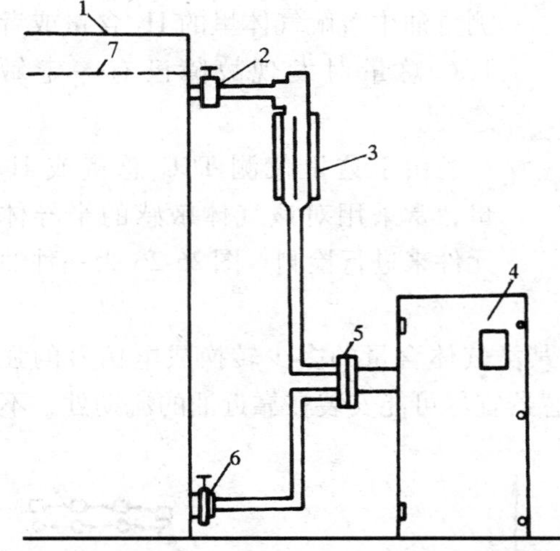

图 26-21　用热虹吸原理及渗透膜的示意图

1—变压器；2—压滤阀；3—冷凝器（有散热片）；4—监测器；5—渗透膜；6—排油阀；7—油面

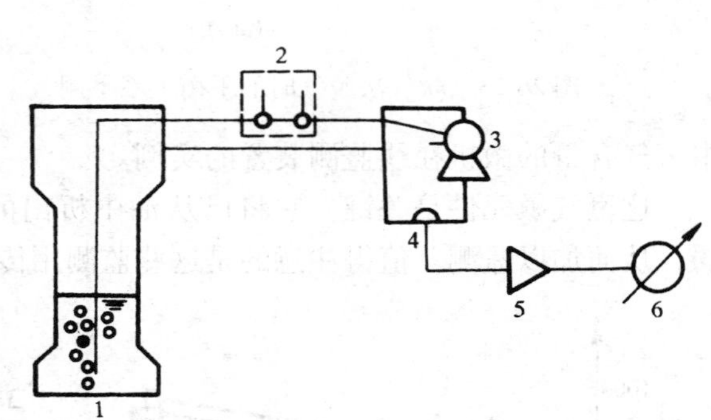

图 26-22　吹气法脱气及气敏元件检测示意图

1—脱气室；2—阀；3—泵；4—气敏元件；5—放大器；6—浓度指示器

另一类脱气方法是对取出的油样吹气，以将原溶于油中的气体替换出来。吹气法脱气及气敏元件检测示意图见图 26-22。由于用小泵不断地将空气向油里吹，经过一段时间（如几分钟）后，油面上某气体的浓度 C 与油中该气体的浓度逐渐达到平衡状态，即

$$\nu = C/K \tag{26-5}$$

式中　ν——油中该气体成分的浓度（μL/L）；

C——达平衡后油面上该气体的浓度（μL/L）；

K——该脱气装置的胶气率。

图 26-23 为吹气法脱气装置中不同气体组分的平衡关系举例。

现在也有不需事先脱气的油中气体检测仪，只需将气敏传感器直接放在油中进行检测即可。

二、油中气体的现场测量方法

当气体从油中分离出来后，在现场对其定量检测的方法有两大类：一类仍用色谱柱将

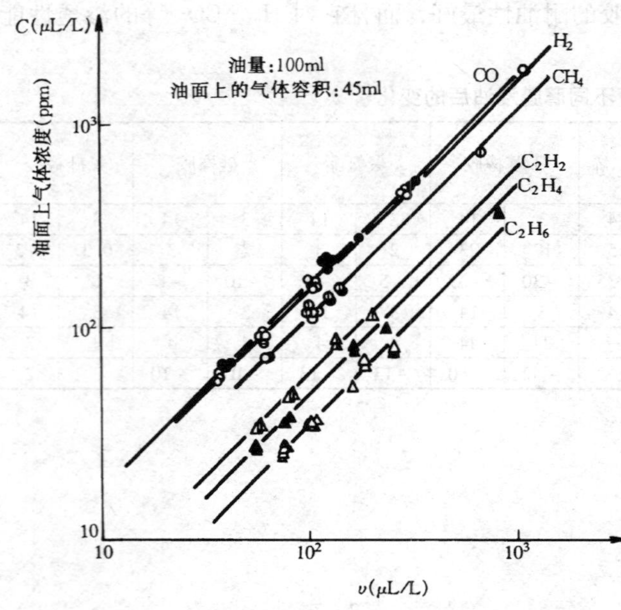

图 26-23　吹气法脱气时的平衡关系举例

不同气体分离开；另一类不用色谱柱，如改用仅对某种气体敏感的传感器，它易于制成可携带型。例如目前已较成熟的检测氢气或可燃气体总量（TCG）的仪器，它不但可直接安装在变压器上作连续监测，也可制成轻便的可携型。因为无论是过热型或放电型故障，其油中含 H_2 量或 TCG 量都将增长，图 26-24 及图 26-25 为两实例，因此有人认为测量油中溶解气体里的 H_2 含量或者 TCG 总量对发现故障已有一定敏感性。

由于这里仅测 TCG 总量或 H_2 量，常采用对该气体敏感的半导体元件来进行检测。图 26-26 为一种油中氢气含量的微机在线监测装置的实例。

这里气敏元件是关键，它将已从油中析出的某类气体含量的多少转换成电信号的强弱，从而加以监测。值得注意的是这些监测用传感器宜尽可能安装在靠近油的流动处，不

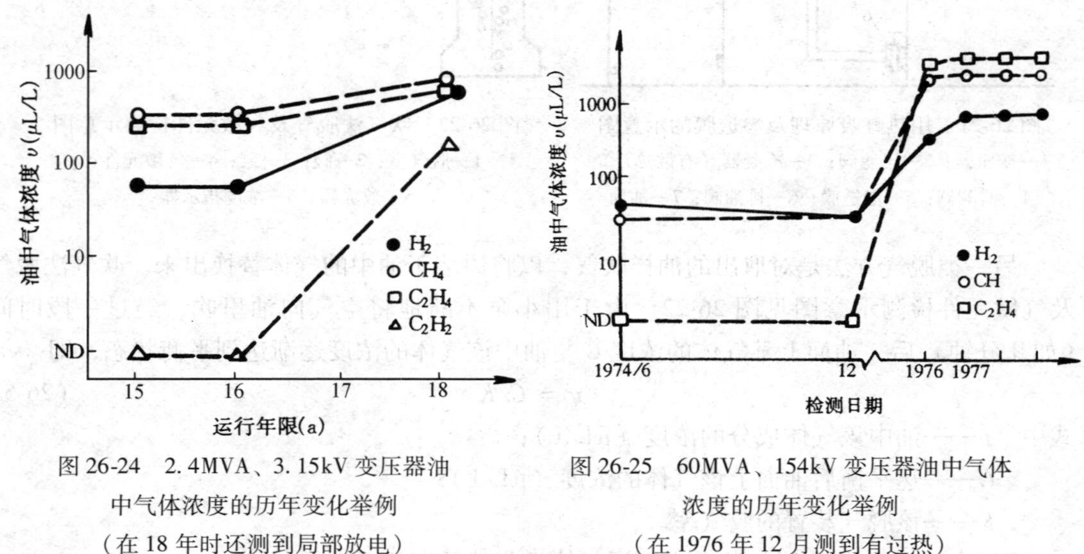

图 26-24　2.4MVA、3.15kV 变压器油中气体浓度的历年变化举例（在 18 年时还测到局部放电）

图 26-25　60MVA、154kV 变压器油中气体浓度的历年变化举例（在 1976 年 12 月测到有过热）

然，即使有了故障，也可能要滞后几天才能被监测到。

目前，一般用燃料电池或半导体氢敏元件来实现对已脱出的气体中的氢含量的在线监测。后者造价较低，但准确度等往往还不够满意。

燃料电池是由电解液隔开的两个电极所组成的，图 26-27 为其原理图。由于电化学反

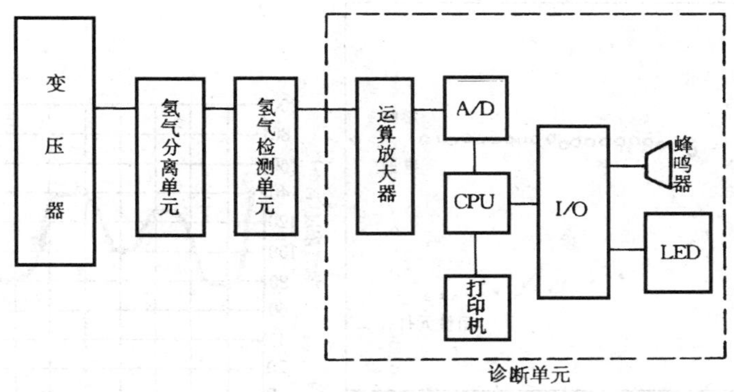

图 26-26　油中氢气含量监测仪实例

应，氢气在一个电极上被氧化，而氧气则在另一电极上形成。电化学反应所产生的电流正比于氢气的体积浓度（μL/L）。

半导体氢敏元件也有多种，例如采用钯栅极场效应管，因其开路电压随含氢量而异，或用以 SnO_2 为主体的烧结型半导体。后者常用一瓷管作为骨架，在其内部装有加热元件，以保持瓷管恒温，而在管上涂以此 SnO_2 材料。当气氛中氢的含量增高时，SnO_2 层的电导增大，使传感器的输出将随着氢含量的增大而近于线性下降。

国外对这两种传感元件的特性，近年来有表 26-11 那样的介绍。

表 26-11　氢含量在线监测传感器的特性举例

参　　数	燃料电池	氢敏半导体元件
温度范围	-5～40℃	-10～40℃
响应时间	70s 达 90%	—
线性度	优于 5%	优于 10%
重复性	优于 5%	—
预期寿命	2 年	—

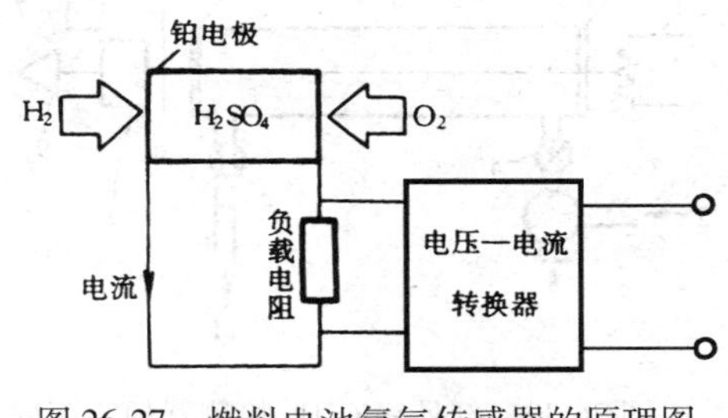

图 26-27　燃料电池氢气传感器的原理图

图 26-28 中给出了当油中出现电弧时，用这两种氢气传感元件的测值变化的例子。

当处于平衡时，油中气体浓度 C_i 正比于气室中的浓度 C 及气室的气压 P，即

$$C_i = KPC \tag{26-6}$$

式中 K 为溶解系数，如在 25℃ 及 60℃ 时分别为 0.056 及 0.077。

不仅油中气体的溶解度与温度有关，在用薄膜作为渗透材料时，从式（26-4）可知，渗透过来的气体也与温度有关。因此进行在线监测时，宜取相近温度下的读数来作相对比较，或在软件中考虑到温度补偿。图 26-29 为变压器氢气浓度值随时间的变化曲线。由图 26-29 可见，测得的氢气浓度，一般在每天凌晨时测值处于谷底，而在中午时接近高峰。

近年来国内外刚研究出几种利用吸收光谱的原理制成的气体传感器，由于选择性好，很有发展前途。

图 26-30 为一种利用红外原理（将一加热器作为红外线的光源）制作的 C_2H_2 传感器的原理框图。C_2H_2 在红外区里有其固有的吸收光谱，因此如将可允许此相应波长的光线

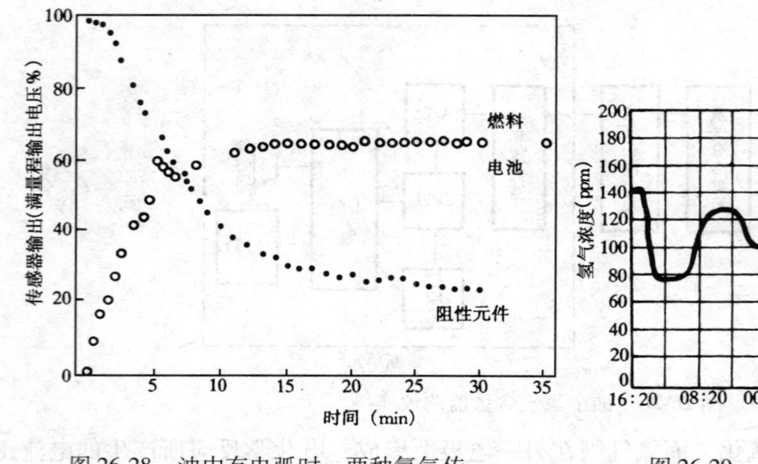

图 26-28　油中有电弧时，两种氢气传感元件的响应曲线

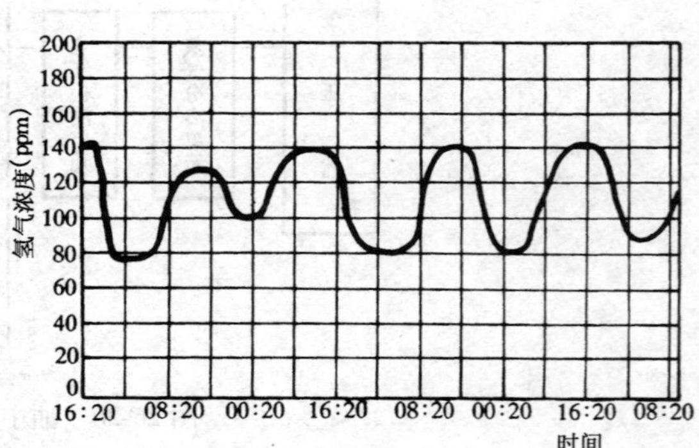

图 26-29　变压器氢气浓度测量值随时间的变化曲线

能通过的干扰滤波器装于光源及接收侧，则依据热电检测器处所接收到的强度的变化，即可测得气室中 C_2H_2 的含量。表 26-12 为气体传感器对不同气体的敏感度的例子。由表 26-12可知，这种 C_2H_2 传感器很少会对其他气体敏感。

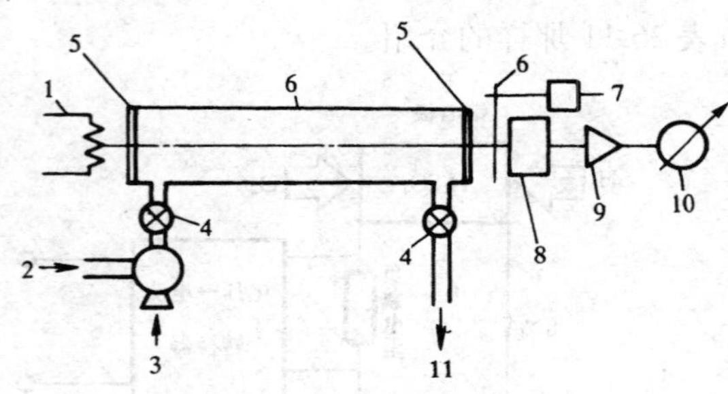
图 26-30　红外法 C_2H_2 检测器的原理框图

1—加热器；2—进气口；3—气泵；4—电磁阀；5—干扰滤波器；6—遮光器；7—电动机；8—热电检测器；9—放大器；10—仪表；11—出气口

表 26-12　气体传感器对不同气体的敏感度的例子

气体种类	C_2H_2 传感器（图 26-30）	H_2 传感器（SnO_2 型）
C_2H_2	100%	0.2%
H_2	无	100%
CO_2	0.25%	无
C_3H_8	0.25%	无
CO	无	0.2%
CH_4	无	0.05%
C_2H_4	无	0.05%
C_2H_6、C_3H_6	无	无

基于分子吸收光谱的原理，已有单位研制成了对微量 C_2H_2 的检测仪，它包含脱气及测量两部分，其灵敏度已达 1μL/L。

相对于固定型色谱仪用色谱柱分离后，对热导池 FID 及氢焰检测器 TCD 的监测系统而言，改用气敏元件来检测某一类气体要轻便得多，因此后者有很大发展。但目前有些气敏元件的长期稳定性还不够满意，以致可能漏报或虚报；也有些监测仪所采用的对某种气体敏感的元件，往往对其他气体也有一些敏感性，以致影响其使用，故都需要进一步改进。即使仍采用色谱柱来分离气体，如将结构适当简化，也可制成可携型或轻便型，以适应现场监测的需要。用以检测 3 种主要气体（H_2、CO 及 CH_4），或 6 种气体（H_2、CO、CH_4、C_2H_4、C_2H_6 及 C_2H_2）等现场用气体分析仪，应根据不同情况选用。图 26-31 为能分析 6 种气体的色谱仪的主要结构框图。

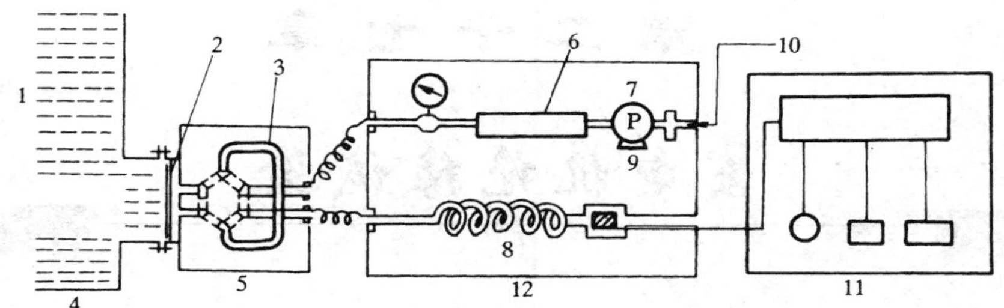

图 26-31　能分析 6 种气体的在线色谱仪主要结构框图

1—变压器油；2—塑料渗透膜；3—测量管道；4—变压器；5—分离气体单元；6—干燥管；7—泵；8—色谱柱；9—气敏元件；10—载气（空气）；11—诊断单元；12—检测单元

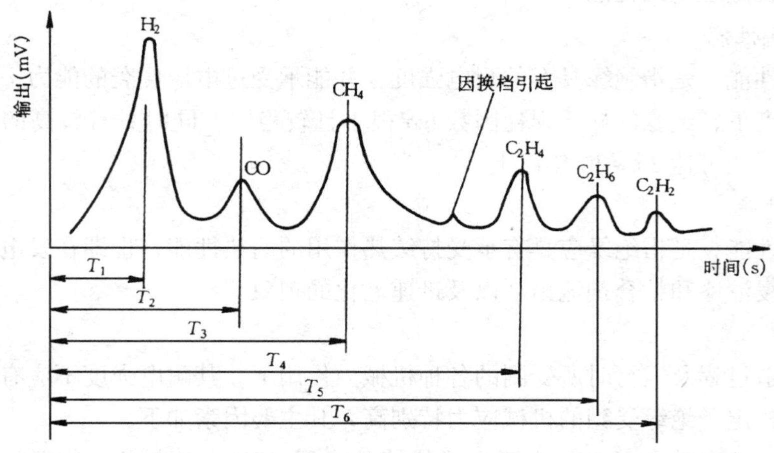

图 26-32　分析 6 种气体的色谱图例

在用色谱柱进行气体分离后测出的色谱图如图 26-32 所示。有了这 6 种气体的含量，可利用计算机等进行故障分析。

表 26-13 列出国内引进的已直接接在油浸电力设备上进行油中溶解气体色谱分析用的两种装置的主要参数，都具有微机分析、打印、报警等功能。

表 26-13　国外现场用色谱分析仪举例

测定气体		6 种（H_2、CO、CH_4、C_2H_6、C_2H_4、C_2H_2）	3 种（H_2、CO、CH_4）
准确度		±20%	—
原理	脱气	吹气法	薄膜法
	分离	色谱柱	色谱柱
	定量	半导体元件	半导体元件
最小检出量（μL/L）	H_2	10	10
	CO	10	10
	CH_4	10	10
	C_2H_6	10	—
	C_2H_4	10	—
	C_2H_2	3	—
质量（kg）	脱气部	6	9
	检测部	14	10

第二十七章

发电机绝缘试验

第一节　发电机定子绝缘的性能及其结构

一、发电机定子绝缘性能

（一）电气性能

所谓电气性能，是指绝缘具有的耐电强度，并能承受过电压侵袭的能力。通常在工作电压及工作温度下，绝缘的介质损耗因数 tgδ 很小且较稳定，同时具有较高的起始游离电压，绝缘寿命一般可达 25～30 年以上。

（二）热性能

绝缘的热性能，是指绝缘应具有承受持续热作用的耐热性能，也即在发电机工作温度条件下不应有浸渍漆和粘合剂流出，以及迅速老化的现象。

（三）机械性能

绝缘在制造过程及运行时所受到的各种机械力作用下，其耐电强度不应有明显降低。

汽轮发电机定子绝缘受到的机械应力特别高，其主要因素如下。

（1）绝缘材料的膨胀延伸。由于定子线棒的夹层绝缘温度膨胀系数不同，沿线槽长度和宽度上的温升不同，在绕组加热及冷却时铜线、绝缘和定子铁芯的延伸各不相同，因而使绝缘中不可避免地出现巨大的机械应力。这样，久而久之就使绝缘弹性衰减而发生裂纹，结构破坏甚至在运行中发生击穿。

（2）端接部分电动力。正常运行及突然短路时端接部分中发生的电动力。

（3）幅向交变电动力。定子绕组的横向磁通使导体受到幅向的交变电动力。此外，在额定电流下汽轮发电机单根线棒上也会产生数值达几千牛的力，并以 100 次/s 的频率作用于线棒绝缘。短路时这些力可能达到数百吨的瞬间冲击。如果线棒绝缘的机械强度不够和机械固定松弛，则将使绝缘断裂或磨损，而导致绝缘击穿。

（四）化学性能

严重的电晕会产生臭氧和各种氧化氮，前者是强烈的氧化剂，侵蚀大多数有机材料；后者遇到水分形成硝酸或亚硝酸，致使纤维材料变脆及金属腐蚀。所以使用耐电晕的材料和防止电晕的产生，是高压电机绝缘的重要问题。

二、绝缘结构及其等值电路

（一）绝缘结构

高压电机定子绕组绝缘结构除应满足以上要求外，还应保证在耐电强度有一定裕度的条件下，选用尽可能小的绝缘厚度，以充分利用槽的截面和有较好导热性。例如在 10kV 以上的电机中，如果绝缘厚度减少 1mm，电机的容量可以提高 10%。因此，适当的选择绝缘结构和改进工艺，对保证电机长期可靠运行，提高电机技术经济指标有重大意义。

现代高压同步发电机的定子绝缘结构，主要的有片云母带沥青浸胶绝缘、云母虫胶粘结热烘整体衬套绝缘和粉云母带环氧热固性绝缘三种。由于后者的耐电、耐热、机械性能和抗腐蚀性能都比前两者好，且粉云母的来源也易解决，故目前高压大型发电机基本上都采用这种绝缘。

（二）等值电路

上述的绝缘结构均属夹层复合绝缘，其等值电路如图 27-1 所示，现将其电路原理叙述如下。

1. 两极间的几何电容 C_1 支路

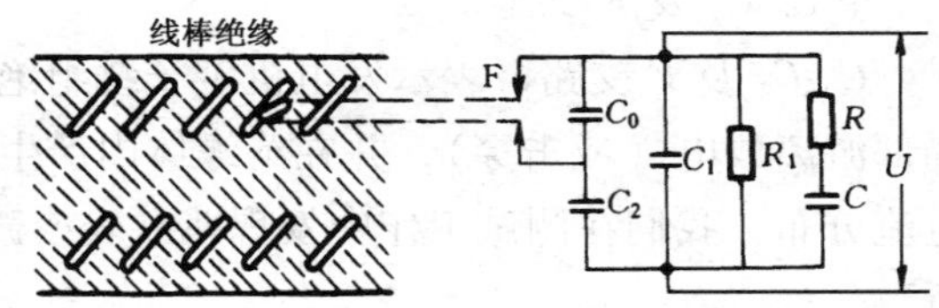

图 27-1 发电机线棒夹层绝缘等值电路

R_1—稳态绝缘电阻；R、C—不同介质间，所形成的电阻电容；C_0、C_2—介质中含有气隙时的电容分路；F—局部放电间隙

当定子线棒绝缘上施加直流电压时，支路 C_1（具体试验工作中常以 C_X 代表，这里是为了便于分析采用 C_1）中所通过的电流 I_{C1} 叫做几何电容电流，它是由绝缘介质中弹性极化过程形成的（它的机理详见第一章）。I_{C1} 衰减得很快，其衰减时间取决于试验电源的内阻 R_s 和两极间的几何电容 C_1。由于电源内阻较小，衰减时间一般不超过 1s，其衰减过程可以由下式表示

$$I_{C1} = \frac{U}{R_s} e^{-\frac{t}{R_s C_1}} \tag{27-1}$$

式中 U——加在被试物上的直流电压（V）；

t——时间（s）。

从式（27-1）可见，I_{C1} 随时间按指数曲线而衰减，它与发电机的几何尺寸、绕组连接方式、绝缘厚度、所加电压大小及试验电源内阻有关。

2. 绝缘电阻 R_1 支路

由 R_1 支路表示绝缘的电阻，包括体积电阻和表面电阻，其通过的电流叫传导电流 I_g，可以由下式表示为

$$I_g = \frac{U}{R_1} \tag{27-2}$$

I_g 是恒定的，不随时间而衰减。它和绝缘的导电率、工作温度、制造工艺、绕组的并联支路有关。导电率除受绝缘材料的性质影响外，潮气、脏污程度和局部缺陷也会使导电率增大。

3. R-C 支路

R-C 支路中通过的电流 I_a 叫做吸收电流。它的衰减很慢，其随时间衰减的曲线接近双曲线。在实际应用中，常用公式表示为

$$I_a = \frac{U}{R} e^{-\frac{t}{T}} \tag{27-3}$$

$$T = RC$$

式中 T——R-C 支路的时间常数。

发电机绝缘是含有漆、沥青、虫胶、环氧、云母带、玻璃丝带等材料的复合夹层绝缘，所以发电机定子绕组绝缘的吸收现象是很显著的。

吸收电流 I_a 和绝缘结构、绝缘性能、所加电压大小以及工作温度有关，它和外部回路无关。实际上极化的过程，就是 I_a 随时间衰减的过程。由于潮气、脏污等有较高的导电率，它既使 RC 减小，又使传导电流增大，故吸收过程会因此而缩短。在测试工作中就是利用这一特点，将吸收比作为判断发电机定子绕组绝缘是否受潮和脏污的一个主要依据。

4. C_0-C_2 及 F 支路

C_0-C_2 及 F 支路，表示发电机定子绕组绝缘内部存在气隙，在一定的电场作用下发生局部游离放电（或击穿），并在绝缘体内产生高频脉冲的支路。它自然也影响整个回路的电流分布，我们在测试工作中发现兆欧表或微安表的摆动，往往就是由于严重的局部放电所致。

第二节　绝缘电阻及吸收比测量

在高压发电机的绝缘测试工作中，测量定子绕组绕缘电阻和吸收比是一种最常用的检查绝缘状态的方法。

一、对兆欧表的要求

（1）因为高压发电机几何尺寸较大，定子绝缘都是夹层复合绝缘，几何电容电流和吸收电流都较大，所以兆欧表要有能满足吸收过程的容量；

（2）有与发电机额定电压相适应的电压值，特别是对于大型发电机更为重要，高压发电机一般采用 1000～2500V 兆欧表；

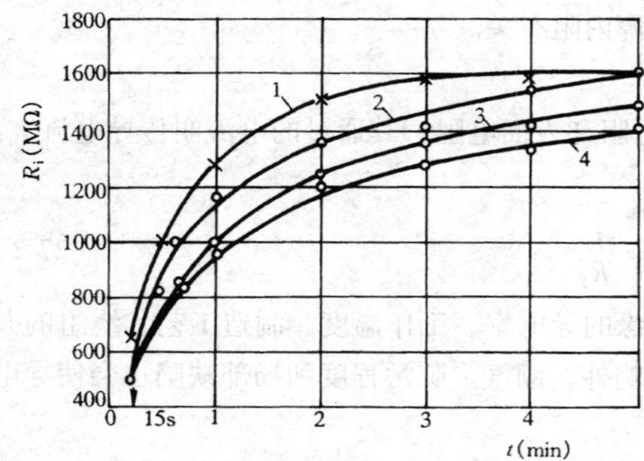

图 27-2　定子绕组绝缘在不同的预放电时间下，绝缘电阻与时间的关系曲线

1—1min；2—5min；3—15min；4—24h

（3）读数范围要大，最好能采用 0～10000MΩ 以上的兆欧表。

二、测量方法

（一）被试发电机必须和其他连接设备断开

试验时发电机本身不得带电，端口出线必须和外部连接母线以及其他连接设备断开，尽可能避免外部的影响（如拆除有困难，在分析判断时要考虑外部连接部分的影响）。

（二）充分预放电

被测发电机定子绕组相间及相对地

间试前必须充分放电（现场叫做预放电），放电时间应大于充电时间好几倍才行。否则所测得的绝缘电阻值将会偏大，而吸收比又会偏小。图 27-2 所示为 6.6kV、10000kVA 发电机定子绕组，在不同的预放电时间下，所测得的绝缘电阻 R_i 与时间 t 的关系曲线。曲线 1～4 充分说明在同一台电机定子绕组绝缘上，在不同的预放电时间下，所测得的绝缘电阻和吸收比都不相同；同时可以看出，要想充分放电，必须经很长的时间，一般为了准确测得R_{60}/R_{15}值，预放电时间需不少于 15min。

（三）测量方法

测量定子绕组相间、相对地间绝缘电阻时的接线如图 27-3（a）所示，测量引线应具有足够的绝缘水平，绕组 B、Y 两端应用导线将绝缘表面加以屏蔽，从而消除边缘泄漏对测量值的影响。

测量时地线和发电机外壳应接触良好，转动兆欧表到额定转速后，待表头指示到“∞”时，再将火线和被测绕组的导体接触，同时记录时间，读取 15、45、60s 的绝缘电阻值。在整个连续测量的过程中，兆欧表应保持平稳的额定转速。

测量完毕后，在兆欧表仍保持额定转速下断开火线，然后断开地线，以防止对兆欧表反充放电损毁兆欧表。

对整个定子绕组进行绝缘电阻测量时，每相绕组必须头尾短接，以免绕组线匝间分布电容的影响。如图 27-3（b）所示，测量 A 相，B、C 相同样要各自首尾短路接地，如此轮换三次，即得到每相对地及各相间的绝缘电阻和吸收比。有并联支路的绕组，在大修或事故检修时，尚须测量同相分支间的绝缘电阻。

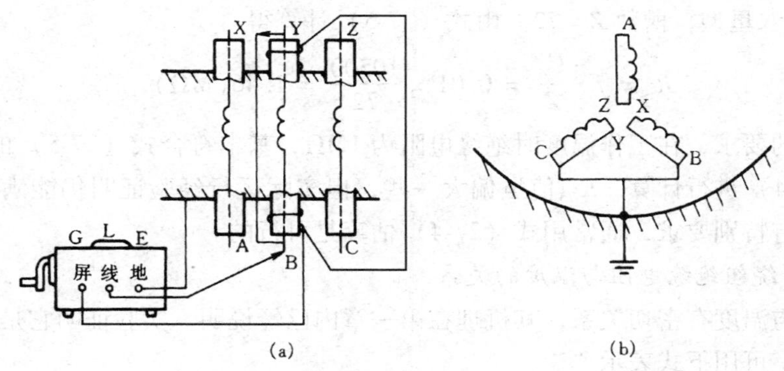

图 27-3 测量发电机定子绕组绝缘电阻及吸收比的接线

（a）定子绕组端头绝缘表面泄漏的屏蔽；（b）定子绕组两端用导线短路

三、测量结果的分析判断

发电机定子绕组的绝缘电阻受脏污、潮湿、温度等的影响很大，所以现行有关规程不作硬性规定，而只能与历次测量数据比较，或三相数据相互比较，同类型电机比较。但也有一些有价值的经验公式可在实际工作中参照应用，也可以根据本单位的经验总结订出合理的判断数据。现就实际测试中遇到的问题分述如下。

（一）最低绝缘电阻值

发电机定子绕组绝缘电阻值的最低要求，可根据下式估算，即

$$R_{i75} = \frac{U_n}{1000 + \frac{S_n}{100}} \tag{27-4}$$

式中 R_{i75}——75℃时发电机定子绕组一相对其他两相及外壳之间在60s时的绝缘电阻值（MΩ）；

S_n——发电机的额定容量（kVA）；

U_n——发电机额定线电压（V）。

例如，对于1000kVA及以下的发电机，在75℃下约为1MΩ/kV。

有些进口的发电机定子绕组用衬套式云母B级绝缘，在绝缘没有损伤和受潮的情况下，绝缘电阻的计算是以发电机的工作电压和定子槽数为依据的，其他因素则以一个系数来表示。如原东德对于衬套式绝缘在工作温度时（75℃）三相对地的绝缘电阻是以下式表示的

$$R_{i(3)} = f\frac{U_n}{Z} \tag{27-5}$$

式中 $R_{i(3)}$——定子绕组在75℃时的三相对地绝缘电阻（MΩ）；

Z——定子槽数；

f——系数（MΩ/V），取决于绝缘的结构。在定子绕组三相对地测量时，$f=0.01$MΩ/V。

例如原东德FG500/195ak型发电机：电压$U_n=10500\pm5\%$V，功率为50000kW，$\cos\varphi=0.8$，接线为双星型，槽数$Z=72$。由式（27-5）计算得

$$R_i = f\cdot\frac{U_n}{Z} = 0.01\times\frac{10500}{72} = 1.46(\text{M}\Omega)$$

按制造厂的要求，在工作温度时绝缘电阻为1MΩ，基本符合式（27-5）的计算数值。如果用式（27-4）进行计算，R_{i75}值虽偏大一些，但实际运行经验证明仍能满足要求。所以如果厂家没有特别要求，通常用式（27-4）估算是可行的。

（二）定子绕组绝缘电阻与温度的关系

绝缘电阻与温度有密切关系，其机理在第一章内已经说明。实验证明它是随温度按指数规律变化的，可用下式表示

$$\frac{R_{it1}}{R_{it2}} = 10^{\alpha(t_1-t_2)} \tag{27-6}$$

式中 R_{it1}——温度t_1时测得的绝缘电阻值；

R_{it2}——温度t_2时测得的绝缘电阻值；

α——温度系数，取决于绝缘材料的性能。

根据我国大量的测试数据表明，式（27-6）中的α值很难定成一个常数，因为它不仅决定于绝缘材料的性能，而且和绝缘结构、绝缘工艺有关，甚至与运行条件和运行年限有关。因而在实际使用中，常常采用如下两种换算方法。

许多资料文献推荐的绝缘电阻在不同温度下的换算公式如下

$$R_{i75}=\frac{R_{it}}{2^{\frac{75-t}{10}}} \tag{27-7}$$

式中　R_{it}——温度为 t℃时所测得的绝缘电阻；

t——测量时的温度，℃。

上式表示温度每升高10℃，绝缘电阻下降一半，如果以此为基点，则式（27-6）中的 α 值约为 $-\frac{1}{33}$。应当指出，由于 α 值受多方面的因素影响，并不是一个定值，故按式(27-7)的换算结果往往与实际测量值相差很多，所以强调注重实践经验。

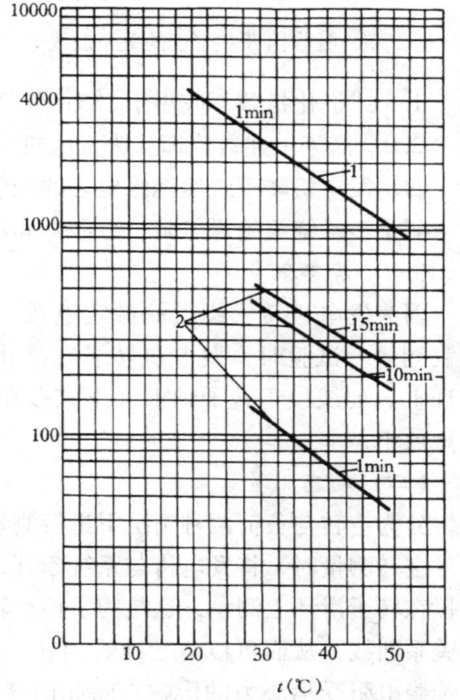

图27-4　绝缘电阻与温度的关系曲线

为了能较准确的进行换算，应对每一台发电机都能测取温度系数 α，以作为温度换算的依据。一般可在发电机大修干燥后，降温的过程中测取各种温度下的绝缘电阻值（每次充电时间应相同，可取1min）。式（27-6）的对数形式为

$$\lg\frac{R_{it1}}{R_{it2}}=\alpha(t_1-t_2) \tag{27-8}$$

然后在半对数坐标纸上绘出如图27-4所示的 $R_{it}=f(t)$ 关系曲线，利用这个曲线可以方便地求得 α 值。如图27-4中的曲线1和2是分别利用上海电机厂一台12000kW、6.3kV发电机和一台国外生产的40000kVA、13.8kV发电机的实测结果绘制成的。由曲线查得，$R_{i20}=4100\text{M}\Omega$，$R_{i40}=1320\text{M}\Omega$，代入式(27-8)可得

$$\lg\frac{4100}{1320}=\alpha(20-40)$$

$$\alpha=-0.0246=-\frac{1}{40.6}$$

（三）吸收比的测量

发电机定子绕组绝缘如受潮气、油污的侵入，不仅会使绝缘下降，而且会使其吸收特性的衰减时间缩短，即 R_{60}/R_{15} 的比值减小。由于吸收比对绝缘受潮反映特别灵敏，所以一般以它作为判断绝缘是否干燥的主要指标之一。一般将60s和15s的绝缘电阻之比称为吸收比（即 $K=R_{60}/R_{15}$），10min和1min的绝缘电阻之比称为极化指数（即 $K_1=R_{10}/R_1$）。后者显然对大型发电机更准确些，但必须用整流型兆欧表，或电动兆欧表才能满足试验的要求。我国DL/T 596—1996《电力设备预防性试验规程》中规定200MW及以上机组推荐测量极化指数。

因为绝缘电阻和温度的关系较密切，所以吸收比同样地受温度的影响，故测量吸收比

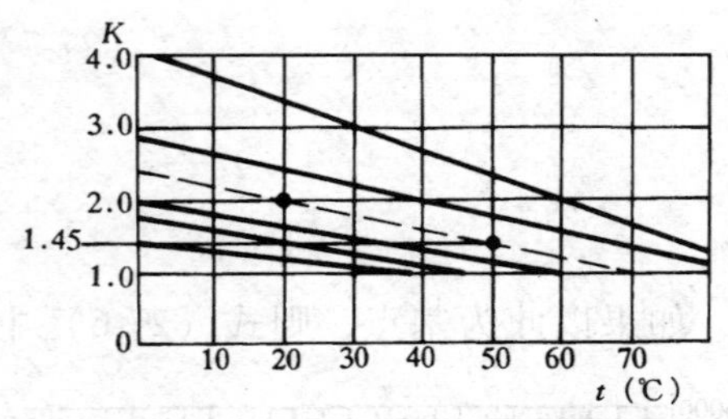

图 27-5　吸收比 K 和温度的关系曲线

时也不能忽略温度条件。从图 27-5 可以看出吸收比随温度变化是直线关系。根据我国气候条件，最好在 20～40℃范围内测量。也可以粗略的用图 27-5 的曲线查得不同温度下的吸收比值，如图中的曲线不够用，可用插入法补充。例如 20℃时测得 K 值为 2，求 50℃时的 K 值是多少，可沿插入曲线（虚线表示）查得 50℃的 K 值为 1.45。国家标准规定沥青浸胶及烘卷云母绝缘吸收比不应小于 1.3 或极化指数不应小于 1.5；环氧粉云母绝缘吸收比不应小于 1.6 或极化指数不应小于 2.0。高于上述数值即认为发电机定子绕组没有严重受潮。

四、发电机转子绕组绝缘电阻的测量

测量转子绕组绝缘电阻，分静态和动态两种情况。

（一）静态测量

因为发电机转子绕组的额定电压一般都不超过 500V，所以应使用 500～1000V 兆欧表测量。试验时，发电机转子在静止状态下，提起碳刷，将兆欧表的火线接于转子滑环上、地线接于转子轴上（不宜接在机座或电机外壳上）。测量前必须将两滑环短路接地放电。

（二）动态测量

分为空转与负荷两种情况下进行测量，现分述如下。

空转测量时，将发电机与系统断开，励磁回路进行灭磁，将碳刷提起，在各种转速下直接在转子滑环上测量，这是为了检查转子绕组动态下的绝缘状况。绘制绝缘电阻与转速的关系曲线，从而可以清楚地看出转子绝缘电阻受离心力的影响。除此而外，还有温度影响的因素，为此，在负荷下测量转子绝缘电阻也是十分有意义的。

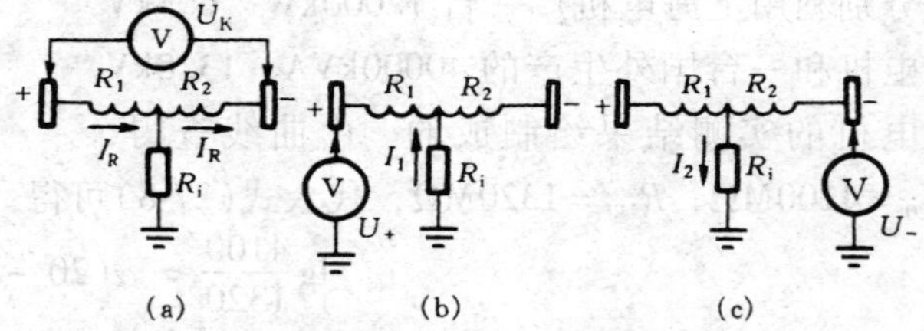

图 27-6　负荷下用电压表法测量转子绕组绝缘电阻的接线

（a）测量滑环间电压 U_K；（b）正极滑环对轴的电压 U_+；（c）负极滑环对轴的电压 U_-

负荷下测量转子绕组的绝缘电阻，目前我国仍限于用电压表法，其试验原理接线如图 27-6 所示。

设通过转子绕组的电流为 I_R，转子绕组电阻为 R_1 及 R_2，电压表内阻为 R_v，转子绕组对轴的绝缘电阻为 R_i，通过绝缘电阻 R_i 和电压表内阻 R_v 的电流为 I_1 及 I_2。

从图 27-6（a）分析得

$$U_K = I_R R_1 + I_R R_2 \tag{27-9}$$

从图 27-6（b）分析得

$$I_R R_1 = (R_v + R_i) I_1 = (R_v + R_i) \frac{U_+}{R_v} \tag{27-10}$$

从图 27-6（c）分析得

$$I_R R_2 = (R_v + R_i) I_2 = (R_v + R_i) \frac{U_-}{R_v} \tag{27-11}$$

将式（27-10）及式（27-11）代入式（27-9）中并简化得

$$R_i = R_v \left(\frac{U_K}{U_+ + U_-} - 1 \right) \times 10^{-6} \tag{27-12}$$

测量时选用的直流电压表内阻 R_v 应足够大。一般不小于 50000Ω，否则将会带来很大的误差，在现场实测工作中，经常选用内阻为 20000Ω/V 准确度为 1.5 级的万用表，即可获得满意的测量结果。

这种测量接线，显然包括励磁回路在内的综合绝缘电阻，故测量前应保证励磁回路的绝缘良好。

电压表与滑环或转子轴接触时，应用有绝缘手柄的特制铜刷。

发电机转子绕组绝缘电阻值，应以电压等级来考虑，一般在工作温度下每 kV 取 1MΩ，由于转子绕组电压一般都低于 500V，故定为 0.5MΩ。

第三节 直流泄漏及直流耐压试验

一、发电机直流泄漏及直流耐压的意义

直流泄漏的测量和绝缘电阻的测量在原理上是一致的，所不同的是前者的电压较高，泄流和电压成指数关系上升；而后者一般成直线关系，符合欧姆定律。所以直流泄漏试验能进一步发现绝缘的缺陷。

在直流泄漏和直流耐压的试验过程中，可以从电压和电流的对应关系中观察绝缘状态，在大多数情况下，可以在绝缘尚未击穿前就能发现或找出缺陷。直流试验时，对发电机定子绕组绝缘是按照电阻分压的，因而能较交流耐压更有效地发现端部缺陷和间隙性缺陷。另外，击穿时对绝缘的损伤程度较小，所需的试验设备容量也小。由于它有这些优点，故已成为发电机绕组绝缘试验中普遍采用的方法。

二、直流试验电压与交流试验电压的对应关系

这个问题，直到现在还没有得到满意的结果。所谓对应关系，是指它们之间等效性的一定规律。但实际上由于电机的几何结构和绝缘材料的性能不同，直流和交流电压的分布也就不同，故很难得到一个严密的规律。图 27-7 表明了在同一绝缘体上直流击穿电压与交流击穿电压之比 K_y（通称等效系数）与绝缘损伤深度的关系。K_y 的表达式为

$$K_y = \frac{U_{b-}}{U_b} \tag{27-13}$$

式中 U_{b-}——直流击穿电压；

U_b——交流击穿电压。

由图 27-7 可见，新绝缘的 K_y 值随损伤深度的增加而成比例地减小，如曲线 2 所示。对于旧绝缘（运行相当长时间的），在同一损伤深度下，其 K_y 值均比新绝缘要小，且在损伤深度为 0 ~40% 的范围内时，K_y 值基本不变；损伤深度为 40% ~100% 范围内时，K_y 值即非线性下降并可降至 1 及 1 以下。曲线 1 也是新绝缘，只是试验的条件不同，使曲线的斜率变小，从而在同一损伤深度下，K_y 值偏高。图 27-7 曲线表明：

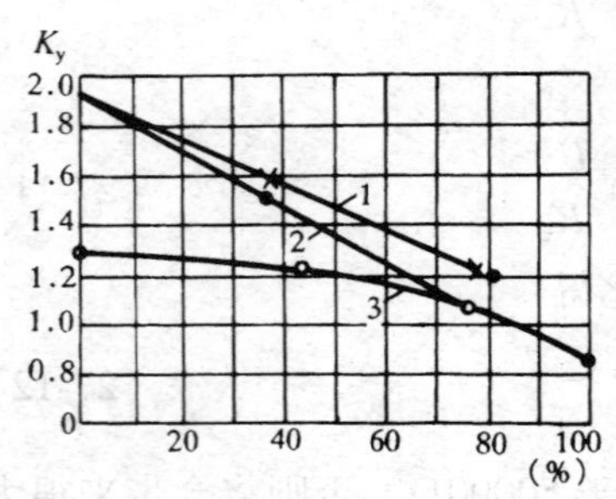

图 27-7　巩固系数 K_y 与绝缘损伤深度的关系

1—新绝缘、导电槽；2—新绝缘、绝缘槽；3—旧绝缘、绝缘槽

（1）巩固系数 K_y 值随绝缘损伤深度的增大而下降（屏蔽会使 K_y 值略偏高），表明直流耐压能比交流耐压更灵敏地发现绝缘损伤缺陷。

（2）老旧绝缘的 K_y 值随损伤深度的变化规律不如新绝缘明显。但老旧绝缘的 K_y 值明显低于新绝缘。在直流耐压下频繁击穿或泄漏电流在相同条件下比历史值增大明显者，应考虑可能是电机绝缘老化的迹象。

（3）曲线表明 K_y 的上限值一般不超过 2。

根据我国实际经验，可取 K_y 为 1.55 ~2.2，并据此制定出交流耐压与直流耐压的对应关系如下：

工频	$1.3U_n$	$1.3 \sim 1.5U_n$	$1.5U_n$ 以上
直流	$2.0U_n$	$2.5U_n$	$3.0U_n$

东欧一些国家是根据电机电压等级和容量大小定出直流试验电压倍数，其数值见表 27-1。

表 27-1　东欧一些国家发电机直流试验电压倍数　(V)

发电机额定电压 U_n	直流试验电压 U_{max}	发电机额定电压 U_n	直流试验电压 U_{max}	发电机额定电压 U_n	直流试验电压 U_{max}
6600	$1.28 \times 2.5U_n$	6600 ~20000	$1.28\ (2U_n + 3000)$	20000 ~24000	$1.28\ (2U_n + 1000)$

根据表 27-1 估算，其 K_y 值约在 1.7 ~2.13 范围内，与我国采用的数值差别不大。

三、直流泄漏及直流耐压的接线

直流泄漏及直流耐压的接线如图 27-8 所示，最好将微安表接在高压端，并加以屏蔽，以免强电场杂散电流的干扰，如图 27-8（a）所示，但要注意微安表在试验过程中的短接与换档操作时，都必须通过足够绝缘水平的操作杆进行，或用光电遥控装置操作。如果因条件所限达不到上述要求时，可采用图 27-8（b）的接线，这时要注意测试局部放电的示波器在读取微安表数值时必须断开 S2。

高压二极管 V 及限流水阻 R，如果是用绝缘绳悬挂时，其悬挂绝缘绳应用铜线缠绕一段引至屏蔽，避免杂散电流经过微安表。

为了检查试验设备的绝缘是否良好，接线是否正确，在试验前应在带有高压滤波电容下空载分段（按试验要求分段）加压。每段加压维持时间和带被试品试验时相同，读取各分段空载泄漏电流，如果在最大试验电压时泄漏电流只有1～2μA，则可忽略不计；但当微安数较大时，要在测试时相对应的分段泄漏电流内分别扣除。高压回路滤波电容量不宜小于0.2μF，以保证在平稳的直流波形下进行泄漏电流测量，否则会带来很大误差。为进行局部放电试验，接入的高频线圈 L 为0.1H，如试验过程中有放电现象，高频线圈上就产生压降，以供示波器观察放电波形。

试验时电压的平稳程度最好在95%以上，以免在直流耐压中有附加的交流介质损耗，影响试验结果。电压的稳定度一般要求为 $e^{-\frac{t}{RC}}\%$，t 是用50Hz电源半波整流时的放电时间（为0.02s），一般在发电机进行试验时，能够满足这一数值。发电机容量较小时，可能出现稳定度差，这时应加稳压电容。对于泄漏电流特别大的发电机，必须在高压侧测量电压。对于泄漏电流小的发电机，如用低压侧电压值换算到高压侧电压时，这时应注意，不能用电阻调压。

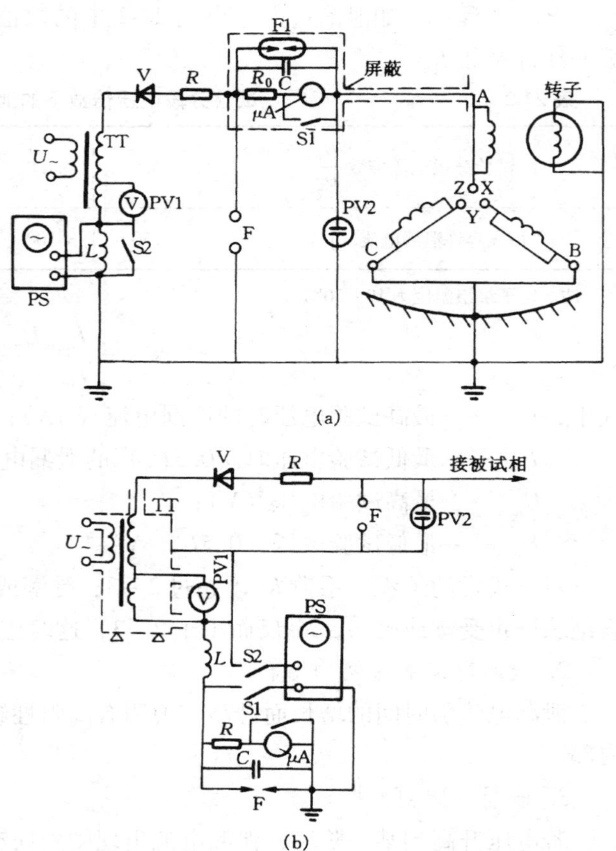

图27-8 直流泄漏及直流耐压试验接线

（a）微安表处于高压侧；（b）微安表处于低压侧

S1—短路开关；S2—示波器开关；F1—50～250V放电管；PV1—0.5级电压表；PV2—1～1.5级静电电压表；F—保护球隙，直径选用20mm；PS—观查局部放电的电子示波器

高压侧测量时可用高压静电电压表或直流分压器。

四、直流泄漏电流及直流耐压试验的分析判断

1. 非线性系数 K_{ul}

直流耐压试验时，每分段电压取 $0.5U_n$ 为宜，整个试验电压分段最好不少于五段，每段停留1min读取泄漏电流，各段升压速度应相等，从而绘制出泄漏电流和电压的关系曲线，即

$$I_x = f(U_T)$$

式中 I_x——泄漏电流（μA）；

U_T——试验电压（V）。

试验过程中，如泄漏过大超出表 27-2 中的数值时，必须中止试验，找出原因，并计算非线性系数 K_{ul}

表 27-2　　试验分段电压倍数下的泄漏电流值

试验分段电压倍数 $\frac{U_T}{U_n}$	0.5	1.0	1.5	2.0	2.5	3.0
最大容许泄漏电流（μA）	250	500	1000	2000	3000	3500

注　定子绕组温度为 10～30℃。

$$K_{ul} = \frac{I_{xmax}U_{min}}{I_{xmin}U_{max}} \tag{27-14}$$

式中　I_{xmax}——最高试验电压时的泄漏电流（μA）；

I_{xmin}——最低试验电压时（$0.5U_n$）的泄漏电流（μA）；

U_{max}——最高试验电压（V）；

U_{min}——最低试验电压（$0.5U_n$，V）。

对于正常的绝缘，系数 K_{ul} 不超过 2～3；受潮或脏污的绝缘，K_{ul} 则大于 3～4。但有时候绝缘严重受潮或脏污，K_{ul} 反而小于 2～3，这时应对照绝缘电阻值来判断。

2. 泄漏电流随时间的增长

泄漏电流随时间的增长而升高，说明有高阻性缺陷和绝缘分层、松弛或潮气浸入绝缘内部。

3. 泄漏电流剧烈摆动

若电压升高到某一阶段，泄漏电流出现剧烈摆动，表明绝缘有断裂性缺陷，大部分在槽口或端部绝缘离地近处，或出线套管有裂纹等。

4. 各相泄漏电流相差过大

各相泄漏电流超过 30%，但充电现象还正常，说明其缺陷部位远离铁芯的端部，或套管脏污。

5. 泄漏电流不成比例上升

对同一相，相邻阶段电压下，泄漏电流随电压不成比例上升超过 20%，表明绝缘受潮或脏污。

6. 充电现象不明显

无充电现象或充电现象不明显，泄漏电流增大，这种现象大多是受潮、严重的脏污，或有明显贯穿性缺陷。

7. 泄漏电流与温度的关系

进行分析比较时，要确保测量数值准确，特别注意表面泄漏的屏蔽和温度的测量、换算。温度换算公式为

$$I_{x75} = I_{xt} \times 1.6^{\frac{75-t}{10}} \tag{27-15}$$

式中　t——试验时被试绕组绝缘温度（℃）；

I_{xt}——当 t℃时测得的泄漏电流（μA）；

I_{x75} ——换算到75℃时的泄漏电流（μA）。

用式（27-15）计算所得数值和实测值差别较大，最好在绝缘正常、清洁、干燥的条件下，求出每台电机绝缘泄漏电流的温度系数，它和绝缘电阻温度系数的求取一样，可在不同温度下测量泄漏电流（最好在20～70℃范围内求取多点）。由下式可知泄漏电流和温度的关系也是半对数关系，即

$$\ln \frac{I_{xt2}}{I_{xt1}} = n(t_2 - t_1) \tag{27-16}$$

式中　I_{xt1}——温度 t_1 时测得的泄漏电流；

I_{xt2}——温度 t_2 时测得的泄漏电流。

仿图27-4画出 $I_x = f(t)$ 关系曲线，再根据式（27-16）求出 n 值

$$n = \frac{\ln \frac{I_{xt2}}{I_{xt1}}}{(t_2 - t_1)} \tag{27-17}$$

泄漏电流的温度系数 n 值是根据每台发电机的具体情况求得的，用以在不同温度下换算泄漏电流比较合理，即

$$I_{xt2} = I_{xt1} e^{n(t_2 - t_1)} \tag{27-18}$$

8. 实例分析

为了便于分析，可将所得的试验数据在方格坐标纸上绘出 $I_x = f\left(\frac{U_T}{U_n}\right)$ 关系曲线。试验是在10℃和41℃两种温度下进行的，故得两组A、B、C相曲线，如图27-9所示，它是一台端部存在缺陷的发电机三相泄漏试验曲线。根据这些曲线可作如下的分析：

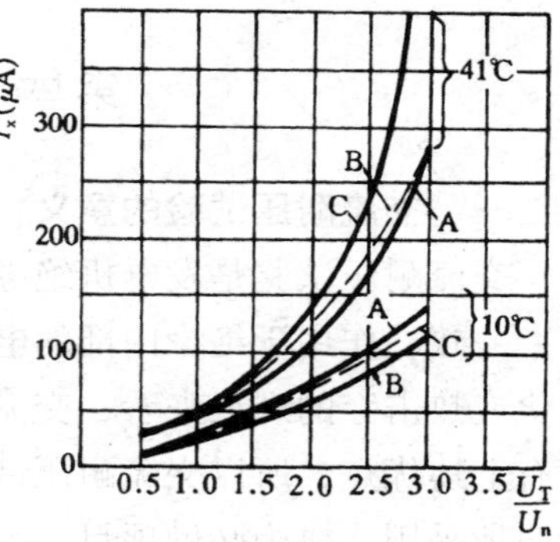

图27-9　FG500/185ak，10.5kV，50MW发电机的泄漏试验曲线

（1）相邻试验电压下的泄漏电流差值过大。以C相为例（温度在41℃时），当 $U_T = 2U_n$ 时，$I_x = 135\mu A$；当 $U_T = 2.5U_n$ 时，$I_x = 230\mu A$。由此求得相邻电压分段的泄漏电流差值为

$$\Delta I_x = \frac{230 - 135}{135} \times 100\% = 70.4\%$$

由此可见，$\Delta I_{x41} > 20\%$，超过标准规定，说明绝缘受潮或脏污。

（2）非线性系数 K_{ul} 过小。仍以C相为例，当 $U_{min} = 0.5U_n$ 时，$I_{xmin} = 40\mu A$；当 $U_{max} = 2.8U_n$ 时，$I_{xmax} = 400\mu A$。由此得非线性系数为

$$K_{ul} = \frac{400 \times 0.5}{2.8 \times 40} = 1.79$$

所以

$$K_{ul} < 2$$

可见，非线性系数过小，说明绝缘严重受潮。

（3）三相之间的泄漏电流的最大与最小值差别过大。取温度为41℃时，C相和A相在 $2.5U_n$ 下比较

$$\Delta I_x = \frac{230 - 160}{160} \times 100\% = 43.8\%$$

所以 $\Delta I_x > 30\%$ 超过标准规定，说明绝缘受潮。

(4) 温度的影响。以 C 相为例，温度为 10℃时，在 $2.5U_n$ 下，$I_{x10} = 95\mu A$；温度为 41℃时，在 $2.5U_n$ 下，$I_{x41} = 230\mu A$。由此可见，温度升高后泄漏电流成倍上升。但充电现象正常，说明缺陷部位在远离铁芯的端部。

从上述的观察分析，说明缺陷远离铁芯，电压升至 $2.8U_n$ 时 C 相击穿，经检查是端部胶木垫块严重受潮，而端部绝缘又是未经浸胶的玻璃丝带和黄腊带包扎，因而造成 C 相击穿。

同时可以看到，温度在 10℃时 $3U_n$ 直流耐压试验情况正常，泄漏电流的不平衡系数和电流增长率都合格；但在 41℃时，各相电流普遍升高，不平衡系数、非线性系数都不正常。C 相在 $2.8U_n$ 时终于击穿。这充分说明了泄漏和直流耐压试验接近工作温度时容易发现缺陷。

第四节　发电机交流耐压试验

一、交流耐压试验的意义

交流耐压试验是发电机绝缘试验项目之一，它的优点是试验电压和工作电压的波形、频率一致，作用于绝缘内部的电压分布及击穿性能比较等同于发电机的工作状态。无论从劣化或热击穿的观点来看，交流耐压试验对发电机主绝缘是比较可靠的检查考验方法。由于有上述优点，所以交流耐压试验在电机制造、安装、检修和运行以及预防性试验中得到普遍地采用，成为必做项目。

二、试验电压的选择

试验电压倍数的选择原则，不能低于发电机绝缘可能遭受过电压作用的水平。

发电机通常连接为星形，绕组的端口对地承受着相电压 U_{ph}，而当网路有一相接地故障时，其他两相对地电压就升高至线电压 U_l，所以工频对地试验电压最小不能低于发电机的工作线电压，否则将没有意义。此外，主要考虑操作过电压和大气过电压的作用。对于大气过电压，照我国目前大气过电压保护水平和运行经验，基本上能够防止它们对发电机的侵袭。且在电机制造厂出厂试验时，已进行过相当于现有大气过电压保护水平下，使发电机可能遭受大气过电压幅值的交流电压的耐压试验。对现行的预防性试验来说，绝缘水平也有相当的裕度。多年来，根据电力系统的运行经验，由于大气过电压击穿正常绝缘的电机事例还没有发现，而且大型机组都无直馈线，因此预防性耐压试验主要是从操作过电压来考虑的。

操作过电压在大多数情况下，其幅值不超过 $3U_{ph}$，约等于 $1.7U_l$，实际上一般都不大于 $1.5U_l$。另外考虑到我国电机绝缘水平，不宜将试验电压提得过高（前苏联为 $1.7U_l$，将试验周期增长）。长期的经验证明，我国预防性试验规程中规定为 $1.5U_l$ 的耐压标准是合理可行的，对发电机可靠运行，防止运行中绝缘击穿事故起了重要作用。

三、交流耐压试验对绝缘的影响

这是一般运行人员关心的问题，无疑地电机绝缘体内不可避免地会有气体，如处于强烈的交流电场之下，气体游离和绝缘氧化同时集中而产生热量，继而游离爆炸，可能使云母绝缘遭受损失。这种电气性能的游离化学过程叫做“电气老化”。

1. 绝缘的击穿电压和加压维持时间的关系

在特别清洁的条件下，可以用试验方法找出交流电压较长时间作用于绝缘体上，云母沥青绝缘和衬套绝缘击穿电压和加压维持时间的关系曲线，分别如图 27-10 及图 27-11 所示。

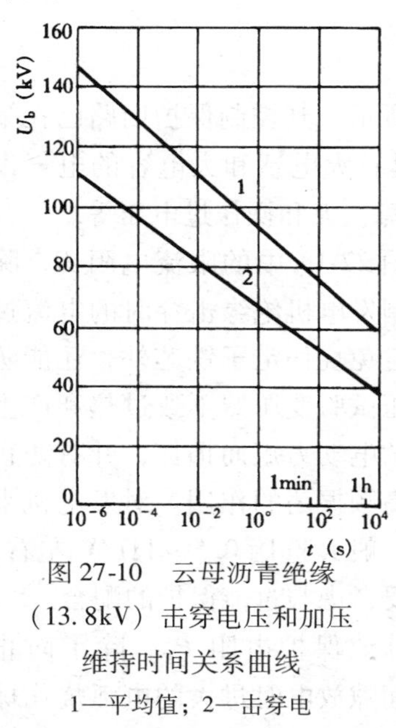

图 27-10　云母沥青绝缘（13. 8kV）击穿电压和加压维持时间关系曲线

1—平均值；2—击穿电压分散的下限

对于云母沥青绝缘（13. 8kV），维持 1min 的击穿电压为 75kV，维持 1h 的击穿电压为 60kV。

对于衬套式绝缘（6kV），维持 1min 的击穿电压为 30kV，维持 1h 为 25kV，维持 100h 左右约为 18kV。可见，试验电压随维持时间的增加而剧烈下降。但是维持 1min 的击穿电压，不论对云母沥青浸渍绝缘或衬套式绝缘，其值均为额定电压 5 倍以上。

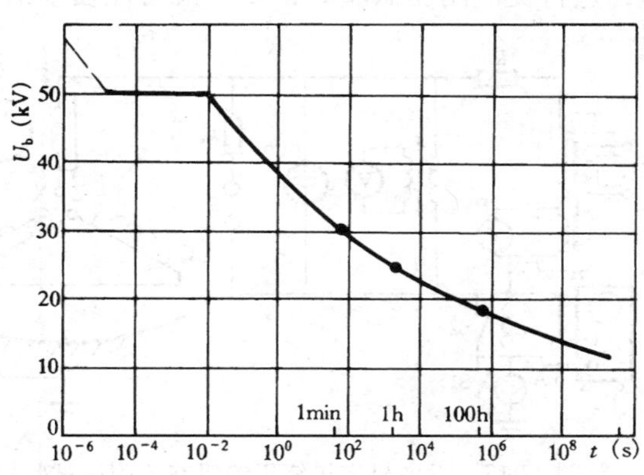

图 27-11　衬套绝缘（6. 0kV）击穿电压和维持时间的关系曲线

2. 加压次数对绝缘的影响

图 27-12 为初始击穿电压与维持 1min 的试验电压比值和维持 1min 试验次数的关系曲线，用数学式表示为

$$\frac{U_{fb}}{U_{T1}} = f(n) \qquad (27\text{-}19)$$

式中　U_{fb}——初始击穿电压；

U_{T1}——维持 1min 试验电压；

n——维持 1min 试验电压的次数。

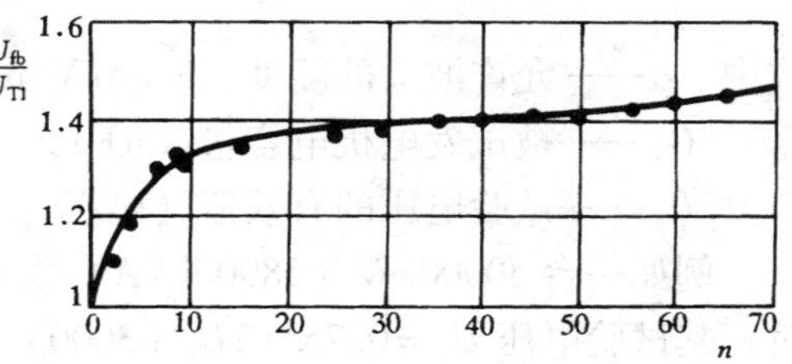

图 27-12　U_{fb}/U_{T1} 与维持 1min 试验次数 n 的关系

以发电机运行年限为 30 年计，每年试验一次，查图 27-12 得出

$$\frac{U_{fb}}{U_{T1}} = 1.4 \quad U_{T1} = \frac{U_{fb}}{1.4}$$

从上述试验得出，发电机击穿电压（U_{fb}）至少为额定电压的5倍，因此30年后，维持1min试验电压为

$$U_{T1} = \frac{5U_n}{1.4} = 3.57U_n$$

所以现在预防性试验电压取$1.5U_n$，在30年服务期限内，不应该因交流耐压试验的积累效应而引起发电机绝缘击穿。

四、交流耐压试验的接线和步骤

（一）试验接线

发电机定子绕组绝缘的交流耐压试验接线，如图27-13所示。其控制保护回路已在第五章内详细叙述，现就发电机的特点加以说明。发电机是具有大电感和大电容的电气设备，进行交流耐压试验时，要考虑可能发生谐振、击穿时故障扩大和操作过电压等。

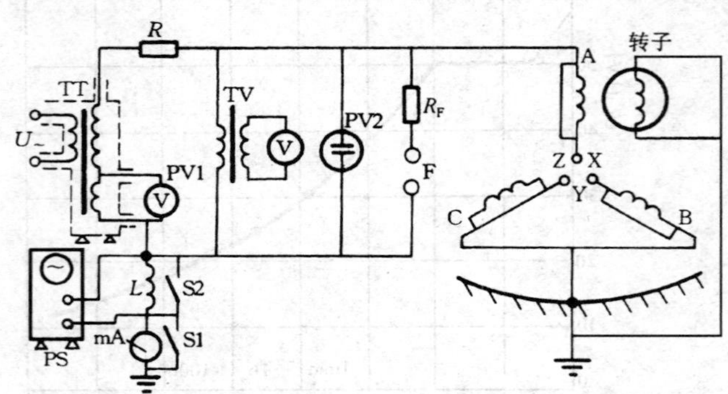

图27-13　发电机定子绕组绝缘交流耐压试验接线

PV1—试验变压器高压线圈抽压测量电压表，0.5级；PV2—静电电压表；TV—测量用电压互感器；PS—观察局部放电电子示波器；L—电感，0.1mH；S1、S2—短路开关

图27-13中的限流电阻R，除了限制发电机绝缘击穿时的电流过大，避免烧伤定子铁芯外，还能防止高压试验变压器不致过热和产生过大的电动力矩而损坏，并有防止产生高频振荡的作用。对发电机来讲，一般R选用0.5～1Ω/V左右，但也要考虑与过流保护的配合。

球隙保护电阻R_F，除了防止当球间隙放电时过大的电弧烧伤球隙表面外，更重要的是防止球隙放电时产生突陡波头而击穿匝间绝缘的危险，这对有并联支路和有匝间绝缘的发电机尤为重要。

R_F（kΩ）的选择和被试发电机的电容成反比，即和发电机的容量成反比，其近似计算为

$$R_F \geqslant 2\frac{U_T\sqrt{2}}{3\alpha C_X} \tag{27-20}$$

式中　α——允许波头的陡度，$\alpha = 5\text{kV}/\mu\text{s}$；

C_X——被试发电机电容量（μF）；

U_T——试验电压的有效值（kV）。

例如一台50000kW（58900kVA）发电机，其电容为0.25μF，电压为10.5kV，交接时，其试验电压$U_T = 0.75(2U_n + 3000) \approx 18000\text{V}$，代入式（27-20）中得

$$R_F = 2\left(\frac{18\sqrt{2}}{3\times 5\times 0.25}\right) \approx 13.6(\text{k}\Omega)$$

（二）试验步骤

（1）交流耐压试验前，应首先检查并测量发电机定子绕组的绝缘电阻，并进行直流泄漏试验，如有严重受潮或严重缺陷，需经消除后方可进行交流耐压试验，并应保证所有试验设备仪表仪器接线正确，指示准确。

（2）一切设备仪表接好后，在空载条件下调整保护间隙，其放电电压为试验电压的110%～120%范围，并调整电压在高于试验电压5%下维持2min后将电压降至零位，拉开电源。

（3）经过限流电阻R在高压侧短路，调试过流保护跳闸的可靠性。

（4）电压及电流保护调试检查无误，各种仪表接线正确后，即可将高压引线接到被试发电机绕组上进行试验。试验电压的升压速度及试验操作注意事项，可参考第五章进行。

定子绕组有并联支路时，同相支路间也应进行同样电压等级的耐压试验。

五、交流耐压试验的分析判断

（一）击穿的预兆

（1）电压表指针摆动很大；

（2）毫安表的指示急剧增加；

（3）发现有绝缘烧焦气味或冒烟；

（4）被试发电机内部有放电响声；

（5）过流跳闸等。

发现上述情况，绝缘可能将要击穿或已经击穿，必须及时采取应急措施，并找出原因。

（二）可能产生电压或电流谐振

若电源电压稍微升高，电流剧烈增加，意味着将要产生电压谐振。反之，若电源电压稍微升高，电流反而减少，说明将要产生电流谐振。前者属于串联谐振，后者属于并联谐振。

1. 电压谐振

电压谐振，是由被试发电机的电容和试验变压器的漏抗（包括调压器在内）激起的串联谐振。为了避免电压谐振（对50Hz电源而言）必须使C_X为

$$C_X < 0.8 \times 3.18 \frac{10^9}{X_L}$$

或

$$C_X > 1.2 \times 3.18 \frac{10^9}{X_L} \tag{27-21}$$

式中 C_X——被试发电机的最大容许电容值（pF）；

X_L——试验变压器的漏抗（Ω）。

由于试验变压器的漏抗小，一般不易发生电压谐振。

2. 电流谐振

电流谐振是由试验变压器励磁电流与被试发电机电容电流激起的并联谐振。如果试验

变压器工作于饱和区域，而调压部分具有颇大的电阻值，在升压过程中会使电源电流急剧减少，这叫做电流的铁磁谐振。如用变阻器调压，则电流的减小就会使变阻器上的压降大大减少，并导致试验变压器上的端电压升高，危及发电机的绝缘。

如能遵守下列条件，即可避免发生电流铁磁谐振。

$$C_X < 0.08\frac{S_n}{U_n^2}\times10^6 \tag{27-22}$$

或

$$C_X > 1.3\frac{S_n}{U_n^2}\times10^6 \tag{27-23}$$

如以试验变压器的容量表示

$$S_X < 0.03S_n \tag{27-24}$$

或

$$S_X > 0.4S_n \tag{27-25}$$

式中 C_X——被试发电机的电容（pF）；

S_n——试验变压器的额定容量（kVA）；

U_n——试验变压器的额定电压（kV）；

S_X——被试发电机的电容负荷（kVA）。

3. 核算电压和电流谐振，需测的参数

（1）测量发电机的电容量 C_X。电容量用交流电桥（QS1 型）或电流、电压法求得，测量所加的电压应不低于发电机的额定相电压，不高于发电机的线电压，接线和交流耐压时相同。即

$$C_X = \frac{I_{cx}}{314U} \tag{27-26}$$

式中 U——试验时所加的电压（V）；

C_X——发电机的电容量（F）；

I_{cx}——电压 U 时的电流（A）。

（2）测量试验变压器及调压器等回路的电抗 X_K 及 X_0。试验变压器的短路及开路电抗测量接线如图 27-14 所示，图中 TT 为试验变压器，PV 为测量试验电压的电压表，PA 为测量试验电流的电流表。

短路试验求 X_K 时，最好能达到试验时所需的电流；开路试验求 X_0 时，最好达到试验时所需的电压。

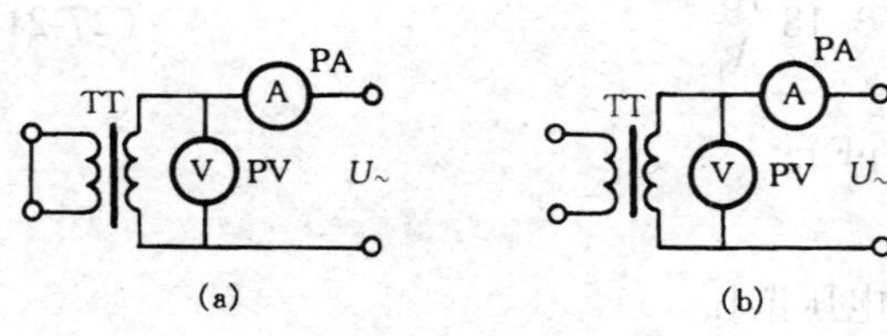

图 27-14 试验变压器阻抗测量

（a）短路；（b）开路

短路电抗 $$X_K \approx \frac{U_K}{I_K} \tag{27-27}$$

开路电抗 $$X_0 \approx \frac{U_0}{I_0} \tag{27-28}$$

当 $X_K < \frac{1}{\omega C_X}$ 及 $X_0 > \frac{1}{\omega C_X}$ 时，试验中便有可能产生电压及电流谐振的危险。

六、串联谐振交流耐压

随着发电机容量的不断增大，发电机定子绕组的对地或相间电容量大大增加，参考电容量如表 27-3 所示。

表 27-3　　发电机定子绕组的单相对地电容量

汽轮发电机	容量（MW）	200	300	600	900
	电容量（μF）	0.198	0.177～0.263	0.31～0.34	0.26
水轮发电机	容量（MW）	72.5～85	300	400	
	电容量（μF）	0.694	1.7～2.5	2.0～2.5	

由于发电机定子绕组的对地或相间电容量大，如 300MW 水轮发电机定子绕组对地电容量高达 1.7～2.5μF，工频耐压时电容电流到达 25～35A，试验设备容量数千 kVA，如采用常规试验设备时，设备笨重，调压设备等均难于齐备，更为严重的是用常规大容量试验设备时，短路容量大，一旦发电机定子绕组绝缘被击穿时故障点短路电流大，搞不好会造成烧损铁芯，那将使发电机修复困难，将造成很大的经济损失。因此，大型发电机交流耐压时需采用谐振耐压。

大容量串联谐振耐压设备分为高电压型和大电流型两大类。前者适用于 GIS 等超高电压的输变电设备，后者适用于大型发电机、电容器、电缆等大电容量的设备。

第五章已详述了谐振的原理和串联谐振、并联谐振及混合谐振三种谐振。在耐压试验中，原则上不用混合式谐振。一般习惯称为的谐振变压器，只是并联谐振在电路磁路上的一种变形，不属并联谐振。

当前国际国内的大容量谐振耐压设备，全是串联谐振型，因为：

（1）串联谐振电路实际上是一个基波电流的串联谐振滤波电路，通过滤波后几乎是完全正弦形的电流在被试电容（发电机）上压降的波形（试验电压波形），当然是很好的正弦波，畸变率极低。

（2）发电机定子绕组绝缘发生击穿，可能烧伤定子铁芯。串联谐振电路在发生被试品击穿时，立即脱谐，相当于立即串入了一个大的限流电抗器，随着击穿的发生，电流立即下降为正常试验电流的 $1/Q$（Q 为试验回路品质因数，一般 $Q=10\sim50$），可确保击穿后定子铁芯绝对安全。

（3）串联谐振和并联谐振一样，由于谐振将使无功功率得到全补偿，使电源容量和试验设备的容量降为实际试验容量的 $1/Q$。

串联谐振有较好的技术性、安全性、经济性，谐振设备的性能比较见表 27-4。

表 27-4　　谐振设备性能分析评价表

设备类型	输出波形畸变率	试品击穿后的短路电流	补偿功能	单件最大质量	综合评价
普通变压器	大	大	无	最　大	劣
并联谐振	较　大	较　大	好	较　小	较　好
谐振变压器	较　大	较　大	好	略　大	较　好
串联谐振	最　小	极　小	好	小	优

七、电压测量

交流耐压试验的电源应采用线电压，以免波形发生畸变时幅值增高，波形畸变如图27-15所示。

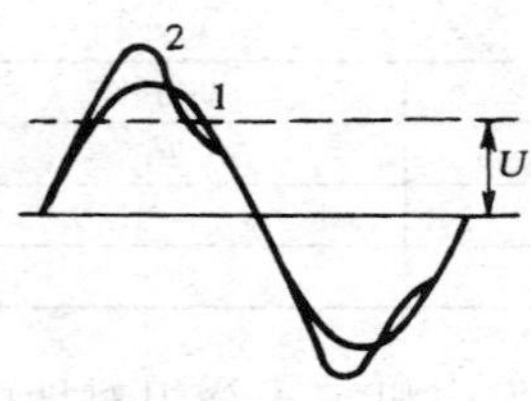

图 27-15　波形畸变

1—正弦波；2—非正弦波；U—波形1、2的有效值

当电压波形发生畸变时幅值增高，而我们经常用于测量的高压静电电压表，或电压互感器二次侧的电动式或电磁式电压表，只能反应电压的有效值，这样将会产生较大的误差或引起保护球隙放电，甚至引起发电机绝缘过压击穿，所以进行交流耐压试验时必须检查电压波形，其谐波分量不应超过5%，必要时可用电子示波器进行监视。

通常试验变压器高、低压绕组的匝数相差很大，漏磁相应也大，在低压侧测量电压，加以换算来监视高压侧的电压是不可靠的。虽然有些高压试验变压器，在高压侧的绕组上有抽压测量分头，但对容性电流较大的发电机试验是不合适的，由于电容电流的作用，可能使高压侧电压升得很高，所以对发电机进行交流耐压试验时，必须在高压侧直接测量电压。

第五节　水内冷发电机的绝缘试验

一、水内冷定子绕组绝缘的等值电路

定子绕组水内冷系统如图27-16所示（为了简便起见，每相每极下只表示出两个线圈），由图可见，定子绕组主绝缘的组成不仅包括槽部、端部和引出套管，还包括了绝缘引水管及其中冷却水的绝缘。

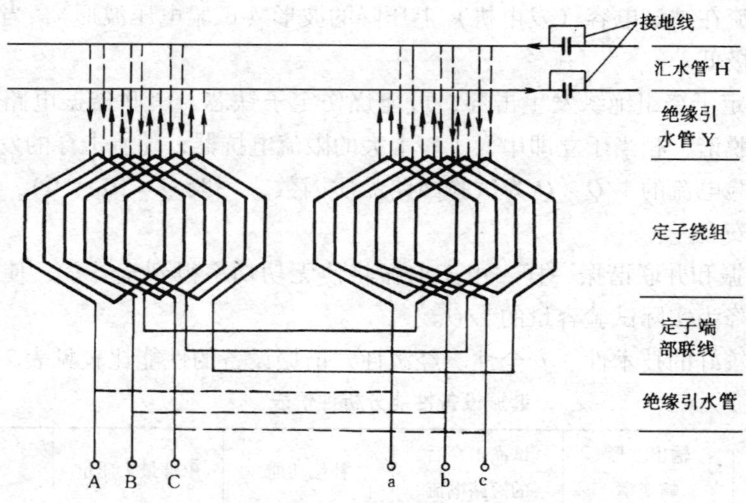

图 27-16　定子水内冷系统示意图

图27-16中，进出水汇水环管对地和对外部水管应是绝缘的（运行中应接地，测试时应拆去接地连线）。有个别电厂自行改造的水冷电机，汇水管与地是死连接的，给绝缘测试带来了困难。

运行中由进水的汇水管将冷却水经多根绝缘引水软管，分别通入各个空心导线中，然后以同样的方法将热水引至出水的汇水管通至外部水循环系统，达到散热冷却的目的。

由于水内冷发电机的绝缘系统不同于气体冷却发电机，进行绝缘试验时，要考虑其固有的特点，才能得到较正确的数据来分析判断。

定子绝缘进行直流试验时的等值电路如图 27-17 所示。图中流过绝缘的直流泄漏电流 I_X 一般为数十微安，而流过引水管的电流 I_K，主要由加电压相引水管中水的电阻 R_Y 和非加电压相引水管电阻及汇水管对地的等值电阻 R_H 来决定，其电流值达数十或数百毫安。

因此，在通水情况下，要达到判断绝缘状态的目的，必须设法将 I_X 和 I_K 区分开来。由于引水管电流太大时，将导致高压半波整流电压波形脉动系数的增大，故必须采取并联足够的稳压电容、加 Π 形滤波器、采用全波高压直流电源或提高水质等适当措施。否则，会在一定程度上影响测试的准确性。

进行交流耐压时，因 I_{C1} 流经 C_1 支路内的分量以 mA 计，较流经 R_1 支路的电流 I_X 大的多，故和一般发电机定子绝缘交流耐压试验一样，只能作为对绝缘水平的考验。

若引水管为聚四氟乙烯塑料管，或其他耐电老化的绝缘管，也可以在吹干水后进行交直流试验，这时所需试验设备的容量将会减小。一般很不容易将绝缘引水管内壁的水分完全吹干。

二、绝缘电阻的测量

（一）定子绝缘电阻的测量

在通水或不通水时，为了测得真正的水内冷定子绕组绝缘电阻 R_1（即 R_i），必须将汇水管接至兆欧表的屏蔽端子上（如图 27-17 将 R_Y 或 R_H 屏蔽）。

通水测量时，由于兆欧表要供给较大的流经水中的电流，需要有足够容量的兆欧表，且能补偿水路中直流极化电势对测量的影响和防止测试完毕时试品电容对并联水阻放电而损坏表头。为了满足这些要求，我国制造了一种 ZC-36 型兆欧表，专供水内冷电机测量绝缘电阻用。

测试方法及判断标准与一般空冷发电机相同。

在吹水后或新安装未充水时，可用普通兆欧表进行绝缘电阻和吸收比的测量。

（二）转子绝缘电阻的测量

测量转子绝缘电阻时，由于无法采用屏蔽，将水电阻排除，因而在通水时，是连同水电阻一起测量的。其电阻值较低，一般在 5kΩ 左右，如果水质不良可能低到 2kΩ。通水时可用万用表进行测量。未通水时的测量与一般空冷电机一

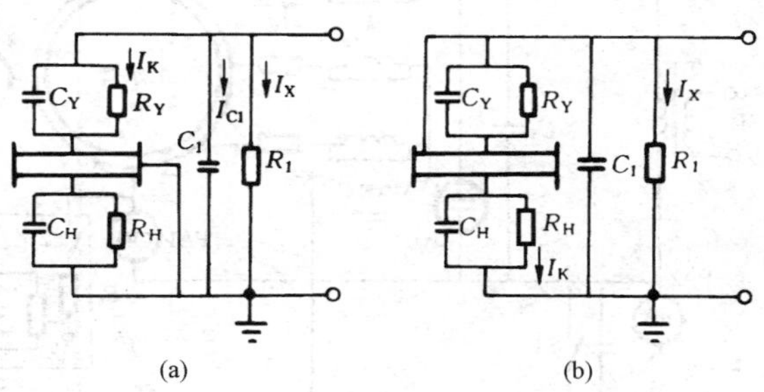

图 27-17　水内冷发电机定子绕组绝缘测试的等值电路

(a)汇水管接地(低压屏蔽)；(b)汇水管接高压(高压屏蔽)

R_1、C_1—加压相对地和其他两相(接地)的绝缘电阻及电容；R_Y、C_Y—加压相对汇水管的电阻和电容(包括引水管及水阻)；R_H、C_H—汇水管对地的电阻和电容

样，同样能满足 1MΩ/kV 的要求。

三、直流泄漏及直流耐压试验

（一）不通水时的测试

在新机安装或更换新绝缘引水管时，虽有条件在不通水情况下进行试验，但为了防止在高电压下，因绝缘引水管内存有积水发生闪络放电烧伤绝缘管内壁，应事先用干燥的压缩空气（进口压力等于运行中进水最大容许压力），从顺、反两个方向将积水吹干净。为了测得准确数值，应采用低压屏蔽法（如图 27-18）或高压屏蔽法（如图 27-20）的接线。

（二）通水时的测试

发电机在静止状态下定子绕组冷却水保持正常循环（保持运行时的水压、水温），等水质达到要求后才开始测试。

1. 低压屏蔽法

汇水管对地弱绝缘的电机，其接线如图 27-18 所示。图中，将汇水管经毫安表 PA1 接至高压试验变压器 TT：高压侧绕组的尾端，微安表 PA2 串接 TT 高压侧绕组的尾端而接地，这样便将流经水管的电流 I_K 和加压相对地及其他两相绝缘泄流 I_X 分开，和空冷或氢冷电机一样可以从泄流值判断定子绝缘的状态。

用低压屏蔽法接线时，由于微安表 PA2 与汇水管的对地电阻 R_H 相并联［见图 27-17（a）］，微安表上读数 I'_X 实际小于 I_X，故准确地得到泄流 I_X 的数值，需经下式换算后求得

$$I_X = I'_X\left(1 + \frac{R_A}{R_H}\right) \tag{27-29}$$

式中 R_A——微安表内阻；

R_H——汇水管对地绝缘电阻。

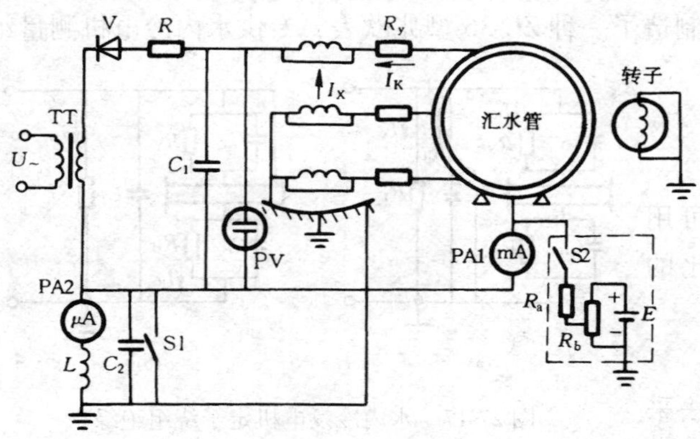

图 27-18 直流试验低压屏蔽法接线

V—高压二极管；R—限流电阻，1Ω/V；C_1—稳压电容，约 1μF；C_2—抑制交流分量的电容；L——抑制交流分量的电感；R_a、R_b—100kΩ 和 500kΩ 电位器；S1、S2—开关；E—1.5V 干电池；PV—静电电压表；R_y—绝缘引水管电阻

R_H 可在通水情况下，试验接线完成后，用万用表测量得到，正、负极性各测一次取其平均值。测量时需将微安表 PA2 暂时断开，以免烧坏表头和测值偏小。又由于通水试验时，产生极化电势，因而在未加压前微安表里就有指示，这时可接入一大小相等方向相反的电势进行补偿，其具体方法如图 27-18 中的虚线方框所示，调整 R_b 的大小，使微安表 PA2 指示为零，即达到全补偿的目的。

为减小杂散电流影响，微安表 PA2 的接地端须直接和发电机外壳

连接。

实测经验表明，试验时提高水质，不仅可以减小试验设备的容量，而且可使直流电压波形得到改善。

新机投入和大修后，往往因为水质不合格延迟试验和投产。此时可采取如图 27-19 的办法，将通水改为“充水”的方法。先关闭 1 及 2 号运行中使用的进出水阀门，并将该两阀门与外部水管相联的法兰拆开（装用绝缘法兰的只拆去接地联线即可，保证 1、2 号阀门对地绝缘大于几个兆欧）。再开启 3、4 号阀门，用干净的绝缘管，从其他机组引来导电率较低的凝结水，通入定子绕组内，等水充满后，再用压缩空气将水冲出排水地沟。如此重复数次，直到流出的水质合格为止（3 ~5μS/cm）。然后适当调整 4 号排水阀门，保持一小股水流出，监视进、出水的压差很小（进出水压力和运行中一样）时，即可开始试验。试验表明，加压后经过一段较长时间泄漏电流并不增加，温度也未升高。

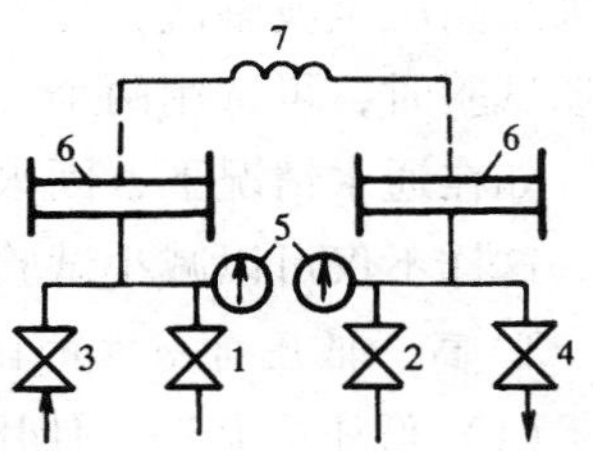

图 27-19　“充水”示意图

1、2—运行中使用的进出水阀门；
3、4—充洗用的进出水阀门；
5—压力计；6—汇水管；
7—定子绕组

2. 高压屏蔽法

高压屏蔽法，是将测量泄漏电流 I_X 的微安表接于高压侧，采用全屏蔽法，汇水管接至微安表前，流经水中的电流 I_K 被屏蔽于微安表 PA2 之外，经汇水管和其他两相的引水管到地回到试验变压器 TT 的尾端，如图 27-20 所示。采用高压屏蔽法时，汇水管和其他两相的引水管承受着高电压，所以汇水管对地绝缘必须和定子绕组具有同等的绝缘水平。从等值电路图 27-17 可以看出，一般 R_H 较 R_Y 小两三倍，故高压屏蔽法所需的试验设备容量较大，对稳压的要求较高。

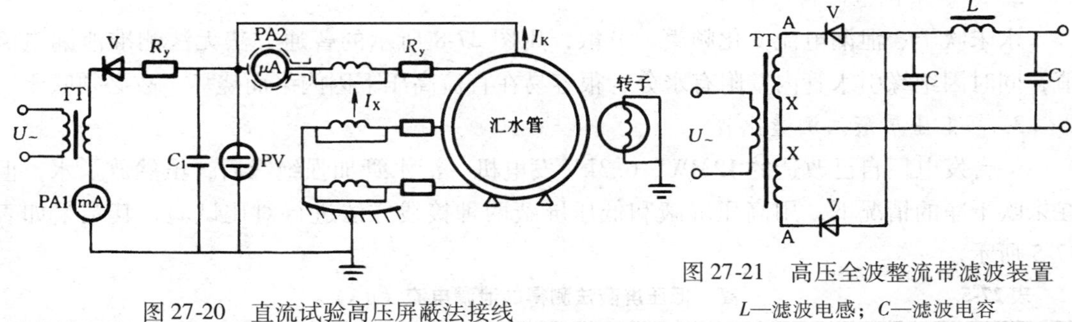

图 27-20　直流试验高压屏蔽法接线

图 27-21　高压全波整流带滤波装置
L—滤波电感；C—滤波电容

（三）直流试验中一些具体问题的分析

1. 不通水与通水情况下试验的比较

（1）不通水时试验。所需试验设备简单，容量较小，但必须彻底吹水，不然会带来测试误差，并有可能使绝缘引水管放电烧伤。

（2）通水时试验。所需设备容量较大，回路中时间常数显著下降，不能满足直流脉动系数小于 5% 的要求，使微安表波动，甚至烧坏表头。这时，可在微安表回路串入一个电感，并接一个电容，如图 27-18 中的 L 及 C_2。最好在高压回路中接入适当的稳压电容，或采用高压全波整流，如图 27-21 所示。不过这样，需要有中间抽头的高压试验变压器。现场试验时，可选用两个规格相同的高压电压互感器代替。

如在通水情况下，因水质不好试验设备不能满足要求，可以采用“充水”法进行试验。这样不仅可以减小试验设备容量，还可以改善直流电压的波形。

2. 高、低压屏蔽法的比较

（1）低压屏蔽法。使用此方法，即使汇水管为弱绝缘，也可将绝缘泄漏电流 I_x 和经过水的电流 I_k 区分开来。在通水时试验，既安全又可达到泄漏电流测试准确的要求，所需设备简单便于广泛采用。其缺点是汇水管对地绝缘要单独进行一次试验，还有从高压来的杂散电流不便屏蔽。

（2）高压屏蔽法。此方法只适于汇水管全绝缘的电机。微安表接在高压侧对杂散电流易于屏蔽，较低压屏蔽法所测泄漏电流要准确一些，同时对汇水管也进行了耐压。其缺点是：试验设备容量较大，稳压较难，须采用较完善的滤波装置。试验时，非加压的两相引水管承受电压高，故绝缘引水管多耐压了两次，汇水管对地绝缘耐压了三次。

（四）测试实例

1. 通水试验时水质要良好

一台 QFS-125-2 型发电机，容量为 125MW，电压为 13. 8kV，采用 Π 形滤波，电容器用两个 1. 8μF，电感用 3kV 电压互感器的高压绕组代替。用低压屏蔽法试验，15kV 下不通水时测得脉动系数接近于零，通水时（导电率为 13μS/cm）15kV 下测得脉动系数为 5. 6%，此时 $R_H=100k\Omega$。当导电率增大为 31. 2μS/cm，于 10kV 下的脉动系数为 8. 7%，这时微安表摆动，读数的重复性也很差。可见在不通水或通以导电率较小的水时，微安表较稳定，二者的试验结果接近，并能反映吸收现象，所以水质好坏是个关键。

2. 不通水试验时需吹干积水

水未吹干、泄漏电流变化频繁、分散，用图 27-8 所示的普通方法无法测准泄漏电流值，同时因绝缘引水管内壁附有水分，很容易在直流高压下因闪络而烧坏，故必须吹干。

3. 高低压屏蔽法测量比较

一台发电厂自己改造的 12MW、6. 3kV 发电机。汇水管加强绝缘后，虽然放了水，但在未吹干净的情况下，用高压屏蔽和低压屏蔽两种接线方法进行对比试验，其结果如表 27-5 所示。

表 27-5　　高、低压屏蔽法测得的泄漏电流（μA）

方　法	相　别	试验电压（kV）				
		3	6	9	12	15
高压屏蔽	A	25. 0	37. 5	57. 9	75. 0	102. 5
	B	42. 5	55. 0	82. 5	115. 0	147. 5
	C	22. 5	30. 0	45. 0	60. 0	82. 5
低压屏蔽	A	29. 0	45. 0	74. 0	107. 5	
	B	39. 0	58. 0	87. 0	120. 0	
	C	23. 0	35. 0	58. 0	90. 0	

由表 27-5 可见，低压屏蔽法测得的数值稍大些，其吸收现象也不显著，这是由于低压屏蔽法杂散电流比高压屏蔽法大的缘故，扣除这部分影响后其结果是一致的。两种方法都显示有三相泄漏不平衡系数较大的现象，都能反映相间绝缘不平衡的差异，其中高压屏蔽法灵敏度略高。

4. 测量泄漏电流发现缺陷两例

在通水情况下，用低压屏蔽法测试泄漏电流发现绝缘缺陷的两个实例如下。

（1）绝缘支柱有缺陷。一台 12MW、6. 3kV 发电机，在 2. 5U_n 下测得三相泄漏电流是：A 相为 72μA；B 相为 112μA；C 相为 42μA。不平衡系数为（112 − 42）/42 = 1. 67。

B 相泄漏电流在较低电压下就偏大。后来检查发现 B 相引出线支柱绝缘子有缺陷。

（2）端部绝缘有缺陷。一台 125MW、13. 8kV 发电机，测试泄漏电流时，发现 A 相泄漏电流随电压不成比例上升，且于 2. 2U_n 下在端部过桥引线处，经胶木垫块发生相间击穿；C 相在 1. 5U_n 下电流急增，经清扫表面仍无减小，在 2U_n 时观察电流随时间不断增大，再继续升压到 2. 5U_n 时在端部也击穿。

以上两个实例充分说明，采用高压屏蔽或低压屏蔽法，对水内冷发电机的定子绝缘能有效地检测出绝缘缺陷。

四、交流耐压试验

（一）不通水情况下的试验

交流耐压试验接线如图 27-22 所示。试验接线及分析判断和一般气冷发电机原则上没有区别，所需试验设备的容量不需要增大。但为了防止绝缘引水管内壁闪络放电，必须彻底将积水吹干净。为了使绝缘引水管同时得到耐压考验，还必须将汇水管接地。如图 27-22 所示接线，可将通过引水管的电流 I_K 屏蔽掉（和直流试验的低压屏蔽法一样），也即图中毫安表 PA1 所示的数值。而毫安表 PA2 所指示的值则为电容电流 I_C。其保护和测量电压等设备同图 27-13。

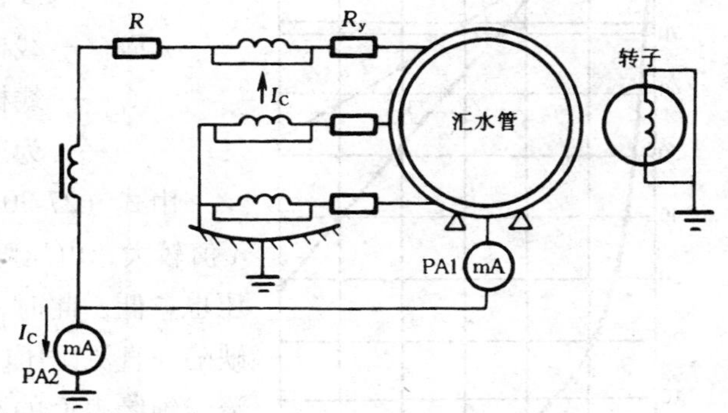

图 27-22 交流耐压试验接线

（二）通水情况下的试验

其接线和图 27-22 相同，只是试验变压器容量要增大，水质要合格，一般容量增加甚微。如国产 125MW、13. 8kV 发电机，在 1. 5U_n 时，I_C = 700mA、I_K = 100mA，试验变压器的千伏安数只增了 1/7。故利用试验变压器的裕度，或短时容许过负荷就可满足试验要求。

采用图 27-22 接线时，汇水管对地没有承受耐压，所以必须单独对汇水管事先进行一次交流耐压。

第六节　定子绕组端部局部泄漏试验

一、定子绕组端部局部泄漏试验的意义

当定子绕组端部存在局部缺陷时，直流耐压和交流耐压都无法有效地发现缺陷。一般而言，发电机工频交流耐压试验容易发现定子线圈槽部及槽口处的绝缘缺陷，而直流耐压试验容易发现端部的故障。图27-23为端部等值电路图。图中，设定电压是沿着无限长度导线分布的，当进行发电机的耐压试验时，端部绝缘表面电压分布用下式表示

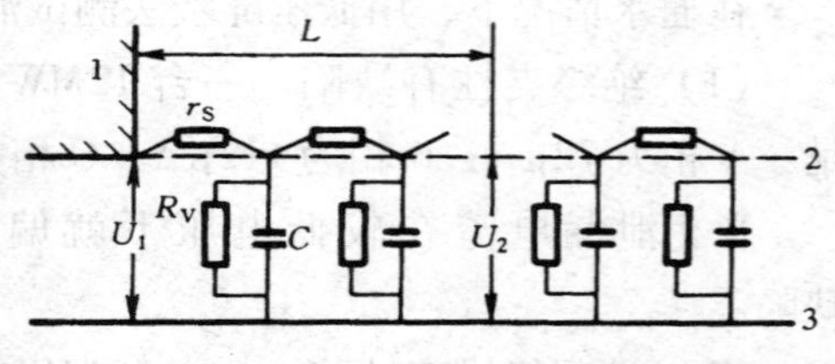

图27-23　发电机定子线棒端部绝缘等值图

1—定子铁芯；2—绝缘表面；3—线棒导体

$$U_2 = U_1 e^{-\alpha L} \tag{27-30}$$

其中

$$\alpha = \sqrt{\frac{r_s}{R_V}}\text{（对直流电压而言）}$$

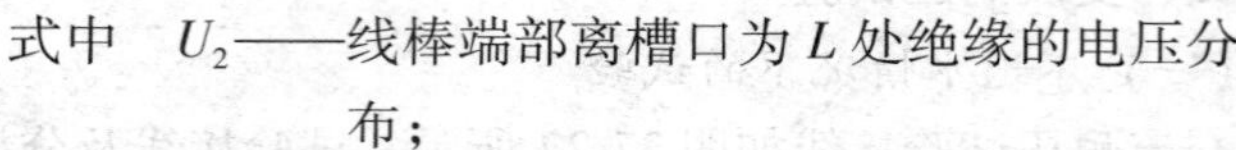

$$\alpha = \sqrt{\frac{1}{2} \cdot \frac{r_s}{X_C}}\text{（对50Hz交流电压而言）}$$

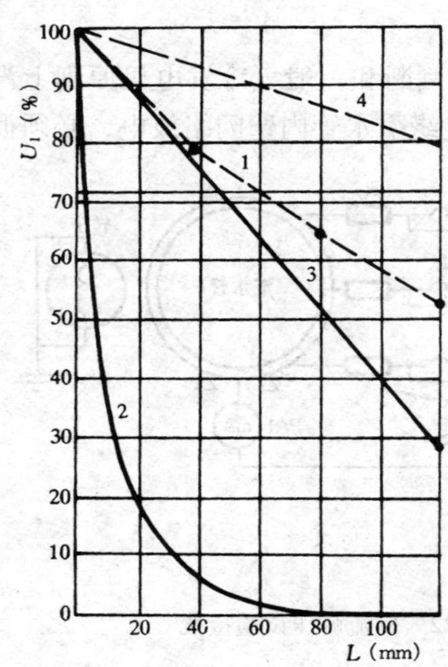

图27-24　交、直流试验时定子线棒端部绝缘电压分布曲线

1—直流电压；2—交流电压，在$R_V=400r_s$，$X_C\approx r_s$的条件下绘制的；3—绝缘表面受炭粉脏污或刷上炭粉的交流分布电压；4—同样脏污条件下的直流分布

式中　U_2——线棒端部离槽口为L处绝缘的电压分布；

U_1——导线的始端电压（对定子铁芯的电压）；

r_s——线棒单位长度的表面绝缘电阻；

R_V——线棒单位体积绝缘电阻；

X_C——线棒单位长度上绝缘体的容抗，以50Hz为准。

由式（27-30）可知，交流耐压试验时，X_C较小，α值较大，电压降较大，离铁芯愈远，绝缘中承受的电压也愈低，此时，交流耐压不能有效地发现端部绝缘缺陷。直流耐压试验时，端部绝缘中不存在电容电流，流经绝缘表面的泄漏电流较小，绝缘上承受的电压较高，但当距铁芯较远时，由于端部表面绝缘电阻的作用，绝缘上承受的电压也要大大下降。交、直流试验时定子线棒端部绝缘电压分布曲线如图27-24所示。

由于各种电机的几何尺寸和绝缘结构不同，绝缘的老化程度不同，脏污、受潮的程度不同，故量出端部交、直流电压分布曲线便有很大的差异。如图27-24中3和4曲线，就是在端部脏污后的情况，所以也可利用这一特点，检查端部的受潮和脏污，并设法提高

其绝缘水平。

当端部接头等处存在局部缺陷时，直流耐压试验也不能有效地发现绝缘缺陷。如一台国产 200MW 汽轮发电机在 2.5U_n 直流耐压试验下，三相泄漏电流值分别为 70、42、56μA，基本平衡，但局部泄漏试验却发现定子绕组汽励两侧有 36 个接头绝缘出现异常，在直流电压下，施加电压为额定相电压，表面电位最大值为 9.6kV，后更换绝缘盒并将接头锥体绝缘伸入绝缘盒内，表面电位极低。

国产大型汽轮发电机由于有引线手包绝缘整体性差，线棒端部鼻端绝缘盒填充不满，绝缘盒与线棒主绝缘末端及引水管搭接处绝缘处理不当，绑扎用的涤玻绳固化不良以及端部固定薄弱（包括引线存在 100Hz 固有频率和铜线疲劳断裂）等工艺缺陷，在运行中易发生端部短路事故，为了检测定子绕组端部绝缘缺陷，需测试定子绕组端部局部泄漏和表面电位。现已将该试验项目列入预试规程中。

该方法在发电机三相线圈泄漏电流严重不平衡时，可以避免以往习惯采用烫开定子接头分割线圈的查找方法，在不损坏定子结构的条件下找出局部绝缘缺陷，还可以发现定子接头处空芯铜线焊接质量不良造成的渗漏隐患。如某厂一台容量为 50MW（QFS-50-2）2 号发电机，发现在 7 个定子接头处表面电位较高，其中有 2 个接头是因空芯铜线轻微渗水所致。上述缺陷在大修中交直流耐压试验时有时难以发现，但在运行中或起动并列时易发生恶性短路事故。

二、局部泄漏电流试验方法的测试原理及接线

局部泄漏电流测量方法示意图为图 27-25 所示。

试验接线分正反接线两种。所谓正接线，即绕组铜线处加直流试验电压，包锡箔的接头等处经 100MΩ 电阻串接微安表接地，在定子通水加压状态下做试验同时可以检验空芯铜线的质量问题，故适合正常大修中采用，与反接线相比，要求试验设备容量大。所谓反接线，即定子绕组经 100MΩ 电阻串接微安表接地，在包锡箔的测量接头处加压，该方法优点是试验设备容量小，不易受定子端部脏污程度的影响，试验时要求定子引水管不通水，此种接线适合事故抢修中应用，与正接线相比，应注意采取严格的安全措施。

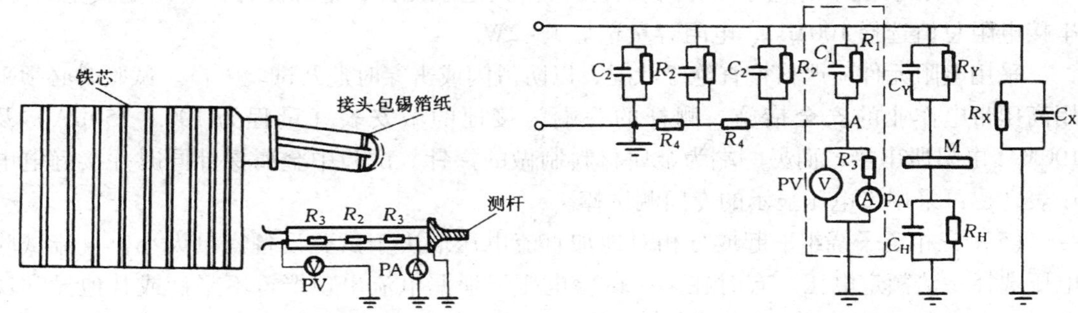

图 27-25 局部泄漏电流测量方法示意图　　图 27-26 定子水内冷线圈施加电压后等值电路图

发电机定子水内冷绕组施加直流后，等值电路如图 27-26 所示。图中，C_1、R_1 为被测部位的单位体积电容及电阻；C_2、R_2 为被测部位以外的单位体积电容及电阻；R_3 为经

微安表接地的串接电阻；R_4 为端面表面单位长度的电阻；C_Y、R_Y 为定子引水管侧汇水管电容及电阻；C_H、R_H 为汇水管对地电容及电阻；C_X、R_X 为被测部分以外的对地电容及电阻；PV、PA 为静电电压表及微安表。

当其他参数在正常范围内时，可以近似用图中虚线方框中的等值电路来代替；在绝缘正常时随着槽口外距离不同，绕组表面上的电位也有所差异，距槽口位置越远电位值越高，故在相同测试位置下，A 点处测得电压值取决于 R_1 及 R_3 值的分压比，当 R_3 一定时，测量处电压值可以相对反应出被测部位的绝缘状况。在 A 点处有两部分电流组成，一部分经 R_4 流过绝缘表面，此部分电流通常很小可以忽略，而另一部分经 R_1 流过绝缘体积内部，绕组加压后电容充电电流和吸收电流很快消失，余下的电导电流在 R_3 上产生的电压降，通过静电电压表指示值换算得到。

三、试验方法及注意事项

具体试验方法如下：

（1）两侧端部处接头编号记上标志。

（2）对于定子水冷，要求在通水条件下进行试验（正接线方式），水质保持合格（开启式水系统电导率不大于 5.0μS/cm，独立密闭水系统不大于 2μS/cm），为了检查定子接头空芯铜线是否存在漏水的缺陷，应与定子绕组水压试验配合进行，当定子水管中水严格吹净的干燥条件下，也可在不通水条件下采取正接线或反接线方式进行试验，其中反接线必须在不通水下采用。

（3）端部接头一般在清扫前试验（主要为较灵敏的发现绝缘缺陷），对于容量为 200、300MW 国产水氢氢汽轮发电机，所测部位（包括两侧接头、手包绝缘引线接头、过渡引线并联块等）应包裹一层锡箔纸（厚度为 0.01～0.02mm），加压前应首先测量所测部位的绝缘电阻。

对于容量为 100MW 及以下的汽轮发电机，被测处可不包锡箔纸，而采用金属材料做成的探针（金属探针最好做成轻型弹簧卡子，卡子宽度略大于线棒的宽度）在所测部位平稳滑动。

（4）试验装置中的绝缘测杆内装有多个串接电阻元件，绝缘测杆留有一定安全长度，串接电阻总值选择 100MΩ，电阻容量选择 1～2W。

采用电阻元件应严格检查绝缘状况，以防滑闪或击穿时危及试验人员。试验时必须采用高压带电作业的安全措施。测杆的一端为接地的微安表（量程为 100～150μA）及 100MΩ 电阻所串接，而另一端为金属材料制做的探针。试验中金属探针同时并接静电电压表，也可采用带电压显示的专门测试棒。

（5）三相定子绕组一起或分相对地加直流电压取决于试验设备容量大小，直流试验电压选择一倍额定电压。有时在某一试验电压下泄漏电流出现严重不平衡或其他异常现象，为了寻找不平衡原因及缺陷部位，也可在泄漏电流不平衡下的某一试验电压来寻找故障点。在较高试验电压下此时应注意加压时间不宜太长。

（6）定子绕组外加直流电压后，移动探针位置，按所测部位记录静电电压表及微安表指示值。当发现电压高出标准时，为检修方便应分段查找具体位置。

四、试验分析及有关问题

（1）图 27-26A 点及在端部有关部位移动各点的测量电压值与测量处绕组绝缘状况有关。当绝缘良好时，其值接近于零，反之，随着绝缘缺陷程度不同，测得电压值也随之变化。因测得电压值是按 R_3 与 R_1 分压所得，为了统一判断尺度，应采用同一 R_3 值。

以 QFQS-200-2 型机为例，串接电阻不同时，对测得电压值的影响如下。

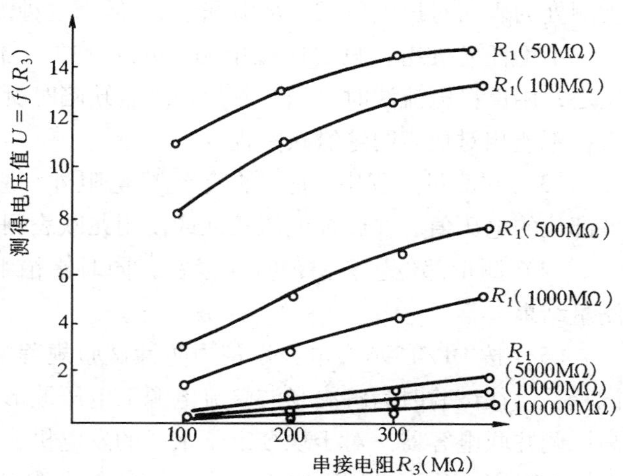

图 27-27　QFQS-200-2 型发电机测得电压值与串接电阻 R_3 的关系曲线

如果串接电阻 R_3 被取消，仅用静电电压表，则所测值与绝缘介质差异及绝缘表面电位高低等因素有关。由于被测处绝缘电阻远远小于 R_4 值，再加静电电压表内阻值较高，表计不吸取电路中功率，通常在测量瞬间指示值较高，而后逐步衰减，有时绝缘在良好状态，静电电压表测得值还较高，难以区分绝缘缺陷程度，因此试验时必须串接电阻，同时在 A 点处并接静电电压表。

环境因素（例如空气湿度）对串接电阻 R_3 上电压值不会造成影响，主要原因是电阻元件的长度远比电阻表面放电时的长度为大，而承受电压又远比实际放电电压值为小。

（2）水内冷定子绕组试验时，为了同时检验水接头焊接或其他渗漏质量问题，应在水质合格打水压状态下试验。如果定子绕组在不通水条件下试验，定子引水管必须严格吹净，防止定子引水管内表面放电，特别是采用反接法时使微安表分流，影响测量效果。

在定子绕组通水状态下，端部受潮脏污和定子绕组引水管电阻将不会造成分电流影响。由于 R_4 值较 R_3 值为大，端部受潮脏污也不会引起分流作用。当采用正接法时，定子引水管电阻（R_Y）值仅直接影响试验电源容量大小，不会引起 R_3 分支上电流分流，因 R_Y 支路与 R_3 支路均为同一试验电压下的并联支路。反接法时应将定子绕组引水管吹净条件下进行试验，否则 R_Y 电阻的分流会影响试验结果。

根据运行部门的实际条件，采用加水压状态下的正接线方法，具有以下明显优点：

1）按部颁 DL/T596《电力设备预防性试验规程》要求，大修中应做直流耐压试验，利用现有设备可以方便地开展试验，故反接法所需试验设备容量小的优点已显得不太突出。

2）水压状况下试验同时可以发现铜线焊接不良或其他渗漏缺陷。

3）现场反映正接线方法对人身及试验设备较为安全，高压部分不直接裸露，对测量人员有安全感；对被测接头处不是直接加压（与反接电流法相比），不会给试品带来危险；采用反接电流法试验时，如出现接头表面严重冒火现象，除影响工作人员情绪及测量速度外，有时会因电流过大而损坏测量设备。

4）采用测量局部泄漏法的正或反接法测量电流，二者虽都不代表实际发电机运行中被测处的表面对地电位或局部泄漏电流，但用这种测量方式可以表达绝缘缺陷的相对程度。

不论任何机组，只要串接电阻（R_3）在同一值下，都可得出相对的统一判断标准；反之，用反接电流法时，当被测处绝缘有缺陷时所测电流可能为数百、数千微安值甚至更大，不能相对地表明绝缘缺陷程度。

（3）在测量过程中，除要测量绝缘电阻外，应在直流额定电压下测量线棒端部有关各部位的电压值。在施加电压较低或使用兆欧表测量时，有时难以发现绝缘隐患。

（4）测量部位包裹锡箔时应紧密，同时锡箔纸不可与相邻被测线棒相碰，以防影响测量结果。

（5）按 DL/T596《电力设备预防性试验规程》要求，大小修时发电机应做直流耐压试验，以往试验时为解决半波整流电源下电压波形的恒定，对电容量较小的电机，可以在高压侧并联电容器。对于现今定子水冷的发电机，引水管的电阻值高低影响电源电压的波形，有时因水质不良用静电电压表所测值较电阻分压方法偏低 50% 左右，因此大修时直流耐压的直流电源最好采用全波整流，若采用半波整流电源，水质应保证在合格范围之内。

五、判断标准

中华人民共和国电力行业标准 DL/T596—1996《电力设备预防性试验规程》中增加了“定子绕组端部绝缘施加直流电压测量”一项，规定 200MW 及以上国产水氢氢汽轮发电机在 $1.0U_n$ 直流试验电压下的标准为：

（1）手包绝缘引线接头、汽机侧隔相接头局部泄漏电流不大于 20μA，100MΩ 电阻上的电压降值不大于 2000V。

（2）端部接头（包括引水管锥体绝缘）和过渡引线并联块局部泄漏电流不大于 30μA，100MΩ 电阻上的电压降值不大于 3000V。

第七节　定子绕组绝缘电腐蚀检查试验

一、黄绝缘的电热性能与运行

低电压小容量电机绕组的绝缘，一般使用黑腊布绸带或黄腊布绸带等类似的有机材料，并用清漆或虫胶等绝缘漆浸渍而成，这些材料的耐热能力属于 A 级。我国《汽轮发电机通用技术条件》规定对于汽轮发电机定子绕组、励磁绕组和定子铁芯绝缘，要采用 B 级或耐热等级更高的材料。通常采用的为黑或黄云母带、黑或黄玻璃丝带、石棉带、醇酸漆等绝缘材料。

目前运行的发电机中，早期投产者采用的黑绝缘，其定子绕组主绝缘常用沥青云母带连续包扎，并经真空压力浸渍而成。因其受热软化属热塑性绝缘，色泽黑而俗称黑绝缘。鉴于发电机向高电压、大容量发展，黑绝缘在电热、机械、防潮、耐腐蚀等方面已不能满足要求。经研制，我国于 70 年代开始应用环氧粉云母带作定子绕组的主绝缘，这是一种热固性绝缘，通常称为黄绝缘。

黄绝缘与黑绝缘相比，黄绝缘具有更好的耐电、耐热、耐油、耐腐蚀、耐潮等性能。

初期生产的黄绝缘发电机，曾发生过投入运行不久定子绕组端部就出现严重磨损，槽部出现严重电腐蚀的现象，其主要原因是由于最初制造黄绝缘发电机时，仍沿用黑绝缘发电机的制造工艺。例如线棒与嵌线槽尺寸的配合、槽部固定、防晕结构、端部紧固措施等，不能适应黄绝缘热固性的特点所致。

二、电腐蚀现象

定子线棒绝缘表面与定子槽壁失去接触产生放电烧伤绝缘表面及电化学侵蚀的现象，习惯简称为“电腐蚀”。严重者将防晕层烧成蚕食状，大部分或全部变酥脱落，线棒主绝缘烧成麻点、麻坑；定子槽楔或垫条烧成蜂窝状，甚至局部烧尽。对于防晕层与主绝缘表面内游离严重者，在线棒防晕层和主绝缘之间见到因游离而形成的浅黄和白色粉末。有时还会出现定子测温元件带电现象等。

电腐蚀发生在发电机定子线棒槽部绝缘外表面和槽壁之间，以及防晕层和主绝缘之间的情况，前者通称“外腐蚀”，后者称“内腐蚀”。

由于防晕层和槽壁接触不良，或防晕层和绝缘粘合不好，故在强烈的电场作用之下，产生高能量的电容性放电，加速电子对定子线棒表面产生热的和机械的作用。此外，放电使空气电离产生臭氧 O_3 及氮的氧化物（N_2O、NO、NO_4 等），如与气隙内的水分产生化学作用，则易引起线棒表面防晕层主绝缘、槽楔和垫条的腐蚀。

三、电腐蚀规律

1. 发电机电压等级、冷却方式、绝缘材料对腐蚀的影响

随着发电机电压等级的提高，电腐蚀愈严重；电腐蚀主要发生在采用空气冷却的发电机或调相机中；电腐蚀主要发生在黄绝缘电机上。

2. 同一台机组中线棒所处位置（上下层）、电位以及线棒对槽壁的间隙对电腐蚀的影响

上层线棒发生电腐蚀的机率较大，主要原因是在未采用半导体垫条前，上层线棒比下层线棒少一个和铁芯的接触面，易发生电腐蚀。其次，当上层线棒和下层线棒同槽且同相时，上层线棒的径向电磁力是下层的 3 倍，因而上层线棒防晕层较易磨损，从而使上层线棒发生电腐蚀的机率增大。

运行中处于电位较高的线棒发生电腐蚀的机率较大，而运行中处于低电位的线棒发生电腐蚀的机率较小。因为运行中处于高电位的线棒，当线棒绝缘与槽壁铁芯间存在间隙时，相应槽电位也较高，而运行中处于低电位的线棒，相应槽电位也较低。

线棒在槽内存在间隙时，当线棒所处工作电位足够高，并使间隙场强达到一定数值时，即产生电容性放电。

四、电腐蚀的原因

由于环氧粉云母绝缘是一种热固性材料，在运行温度下几乎没有什么膨胀，不能填补线棒和槽壁之间的间隙。加之仍用绝缘垫条，致使线棒表面和槽壁失去电接触，产生外腐蚀。

至于主绝缘和防晕层之间的间隙，主要是由于半导体漆渗透性差，附着力差，造成漆膜粘附不牢，致使主绝缘和防晕层开脱形成间隙。其次，线棒在进行防晕处理前表面未清

除干净。此外，主绝缘表面不平整有凹坑。

当线棒在槽中存在间隙时，其等值电路如图 27-28 所示，由等值电路图可以建立如下方程式

$$\begin{cases} \dot{U} = \dot{U}_1 + \dot{U}_2 \\ j\omega C_1 \dot{U}_1 = j\omega C_2 \dot{U}_2 + \dfrac{\dot{U}_2}{R} \end{cases}$$

解得

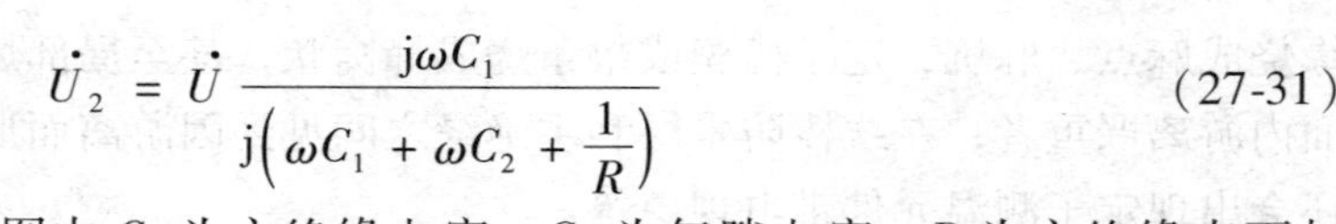

$$\dot{U}_2 = \dot{U} \frac{j\omega C_1}{j\left(\omega C_1 + \omega C_2 + \frac{1}{R}\right)} \tag{27-31}$$

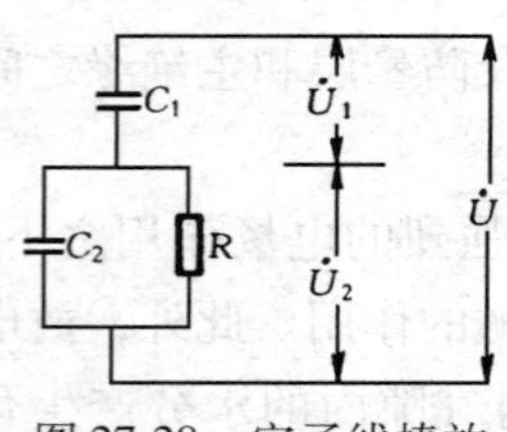

图 27-28　定子线棒放电时的等值电路图

图中 C_1 为主绝缘电容，C_2 为气隙电容，R 为主绝缘表面与槽壁接触电阻，U 为加在线棒上的电压，U_1 为主绝缘上承受的电压，U_2 为气隙间承受的电压。由式（27-31）可以看出：

（1）气隙所承受的电压与线棒尺寸、主绝缘材料及材料的厚度有关。当绝缘厚度、线棒尺寸相同时，由于环氧树脂粉云母带的介电常数 ε 较沥青云母的介电常数 ε_0 大，因此，环氧粉云母绝缘的线棒的电容量较沥青云母绝缘大，因而在外加电压及线棒表面与槽壁间尺寸相同时，环氧粉云母绝缘的线棒较沥青云母绝缘的线棒容易产生放电。

（2）当线棒尺寸主绝缘材料及材料厚度一定时，C_1 即为常数。此时气隙的 C_2、R 上所承受的电压和加在线棒上的电压有关。U 越高，则 U_2 也越高。但加在线棒上的电压又和机组额定电压高低及线棒所处工作电位有关。机组额定电压越高，或线棒在运行中所处电位越高，则气隙上所承受的电压也越高，越容易产生放电。

（3）气隙上承受的电压还和 C_2 及主绝缘表面与槽壁接触电阻有关。由于电机在运行中线棒受到双倍系统频率（100Hz）压向槽底的机械力，以及绕组本身的机械震动作用，使防晕层和槽壁间产生相对位移，因而接触电阻 R 增加，气隙上所承受的电压增加，从而越容易放电。线棒防晕层和槽壁间的相对位移还使得在防晕层和槽壁脱离接触的瞬间在气隙上形成很高的电场，导致间隙的放电。

氢冷发电机不容易产生电腐蚀。因为氢冷发电机密封较好，定子内部含水蒸气、氧气较少，所以减轻了由于放电产生的臭氧、氮的氧化物和水蒸气的化学作用而引起电化学腐蚀的可能性。水冷发电机腐蚀较严重，这是因为水冷机组线负荷大，运行中线棒所受电磁力较大，运行中上下震动造成线棒和矽钢片磨损，破坏了防晕层。因而使线棒和槽壁之间气隙所承受的电压升高，容易造成电腐蚀。

五、电腐蚀的测试方法

1. 测量线棒出槽口处表面电阻

线棒发生电腐蚀时，在线棒出槽口处往往有放电烧伤，使防晕层损坏，从而引起线棒出槽口表面电阻增大。根据一些电厂的经验，采用 500V 兆欧表，在火线接触到槽口线棒

表面，地线接到附近铁芯，且保证接触良好的情况下，如果测得绝缘电阻大于 $10^3 \sim 10^5\Omega$ 时，即有可能发生电腐蚀。但是也有槽口表面电阻很低的电机，槽内发生了电腐蚀，所以要比较可靠的测量，须将槽楔取出，沿线棒测量各点表面电阻值，如图 27-29 所示，并应注意测量时的接地点 2 要同时和火线平行移动。这种测量方法简单，线棒上不需要另外施加电压，但取槽楔比较费工。

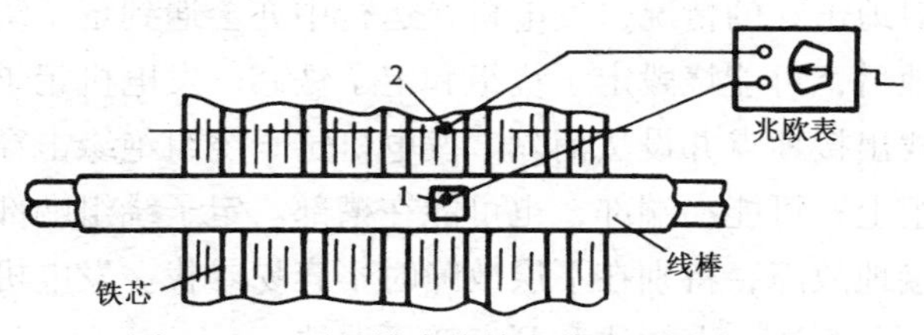

图 27-29　测量槽中线棒绝缘电阻示意图

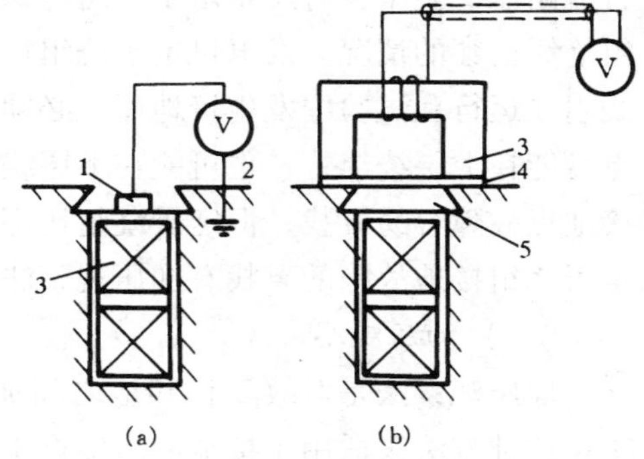

图 27-30　测量线棒表面电位和放电电磁感应电压示意图
(a) 测量线棒表面电位；
(b) 测量放电电磁感应电压

2. 测量线棒的表面电位

这个方法是将槽退出后，将接有高内阻测量仪表的金属接头直接和线棒表面接触，线棒上加额定相电压，此时测量仪表指示即为线棒表面电位，测量线棒表面电位和放电电磁感应电压接线示意图见图 27-30。当线棒防晕层完整，且和槽壁接触良好时，线棒表面电位一般在 10V 以下。当发生电腐蚀时，线棒表面电位剧增，一些试验单位认为表面电位达到 130 ~ 150V 即可能产生火花放电。从一些电厂的实际运行经验来看，当线棒表面电位大于 100V 时即有可能发生电腐蚀。这种方法是测试线棒电腐蚀较为有效的方法，但需打下槽楔，因而工作量很大。如若不打下槽楔，可以采用测量杆由铁芯背面通风沟插至线棒侧面，使探头与线棒表面接触，测取表面电位。采用这种方法测试时，金属探头的尺寸，表面是否光滑，以及探头是否与被测线棒紧密接触等，对测试结果都有较大影响。建议采用直径为 10mm 左右的金属探头。

3. 测量定子线棒测温元件感应电压

这种方法仅适用于每个线槽内都埋有绕线式铜测温元件的水内冷发电机，当线棒防晕层完好时，测温元件感应电压一般为 6V 以下，当线棒防晕层破坏时，则测温元件感应电压升高，甚至有的达到 500 ~ 600V，这个方法的显著优点是能够在运行中监视线棒电腐蚀的情况。但是它也有一定的局限性，那就是只有当线棒发生电腐蚀，而且将测温元件的绝缘也烧坏时，才会使测温元件有较高的电压。对于那些虽然发生了电腐蚀，但还未烧坏测温元件绝缘的线棒，就不能仅根据测温元件感应电压较低就判断为没有电腐蚀。所以这种办法的使用受到了很大的局限，只能在某些需参照对比的情况下应用。

4. 测量定子槽内局部放电

定子线棒发生电腐蚀时，在额定电压下线棒表面对铁芯将产生高频放电。在定子线棒的一相上通相电压，其他两相接地。然后，用高频开口变压器跨接在定子槽上，再用高频微伏表测量定子槽内放电电压［如图 27-30（b）所示］。感应电压的大小和放电能量的大小成比例。正常情况下，高频微伏表仅数微伏，有电腐蚀时，高频微伏表指示近百微伏。

这种试验工作量小，但分散性大。

第八节 发电机定子绕组接地故障检查试验

发电机定子绕组接地故障在电厂时有发生，如在发电机大小修、做预防性试验时，交直流耐压试验中会有发生定子绕组绝缘对地击穿的情况，发电机在运行中亦会遇到定子绕组绝缘击穿的情况。发电机定子绕组接地后，可能烧毁定子绕组和定子铁芯。发电机定子绕组在运行和试验中发生接地后，必须找出接地点并设法消除。发电机定子绕组绝缘击穿点可能在上层绕组上，也可能在下层绕组上；可能在端部，也可能在槽部。定子绕组端部接地点故障容易寻找，但定子绕组槽部接地故障，特别在下层故障时不容易寻找。发电机定子绕组接地故障的寻找有加压观察法、分割法、电桥法和开口变压器法。

（一）加压观察法

加压观察法是对故障相和地之间加压，观察定子绕组是否有放电声和火花或轻微烟缕。这种方法仅适用于接地电阻接近于零且接地部位在定子端部的情况。定子绕组接地部位在槽部有时能观察到，大多数情况下不能观察到，因为槽部定子绕组被槽楔挡住了。若要打掉定子槽楔观察，则工作量太大。即使全部打掉槽楔也可能观察不到，因为下层被挡住了不好观察或很难观察到火花。

（二）分割法

分割法是将有接地故障的相从并头套处分割成两半，用摇表检测每一半的绝缘电阻，绝缘电阻较低的一半即为有接地故障。再将有接地故障的一半绕组分割成两半，依次类推，直到检测出接地故障为止。该方法的缺点是要将定子绕组从并头套处解开，会耽误工期，甚至工期往往不允许，且不能准确确定接地故障点位置。对于汽轮发电机，定子槽一般为几十甚至上百槽，用该方法可能要解开若干个并头套才能找到定子绕组接地故障位置。对于水轮发电机，一般为几十至几百槽，如 TS1280/150-68 型发电机定子槽为 500 多槽。要用分割法准确寻找发电机定子绕组接地故障，可能要解开几十个甚至更多的并头套才能找到接地故障。这对于大修中的发电机既不能保证工期也不经济。烫开和焊接这些并头套需要较长的时间，并头套的焊接一般采用银焊，银焊条是很贵的，在焊好后尚需检查焊接质量，然后还需将并头套包扎，包扎并头套也要浪费大量的绝缘材料。对于定子绕组为水内冷的发电机，定子并头套的焊接相当困难，在焊接时既要保证接头焊接质量，又不能将线圈冷却水管堵塞，焊好后除检查接头焊接质量外，尚需作水压试验检查绕组内冷却水管是否畅通。

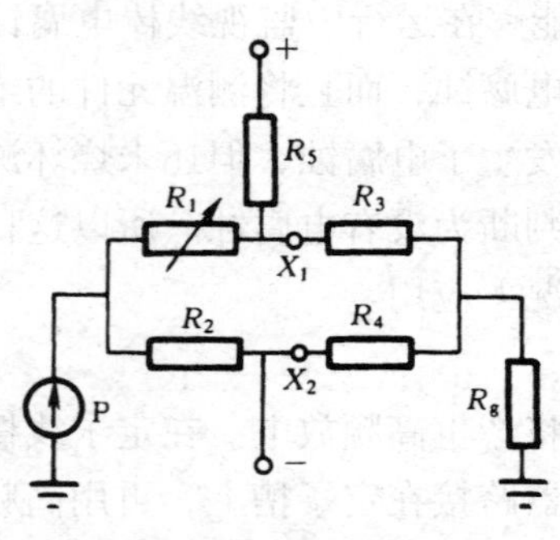

图 27-31 直流电桥法测量发电机定子绕组接地故障原理接线

（三）直流电桥法

1. 直流电桥法原理

直流电桥法测量发电机定子绕组接地故障的原理如图 27-31 所示。将电桥的测量端子 X1 和 X2 分别接往定子故障相的首端和尾端，故障相两侧的定子绕组构成电桥的两

臂，用可调电阻箱构成电桥的另两臂，外施直流电源。当电桥平衡时，则有

$$R_2Xr = R_1(L - X)r$$

式中　X——从定子绕组首端至故障点的距离（m）；

L——每相定子线圈总长度（m）；

R_1、R_2——电桥桥臂电阻（Ω）；

r——定子绕组每米长度的电阻（Ω/m）；

R_g——接地电阻（Ω）。

所以

$$X = \frac{R_1}{R_1 + R_2} \cdot L \tag{27-32}$$

用直流电桥法计算确定的故障位置与实际故障位置或多或少总有偏差，通常只能判断故障点的大概位置。这种方法只能称“粗测”，为找到确切的故障点位置，必须采用直观确定故障点位置的方法进行“细测”，这就是故障定位。

2. 直流电桥法寻找定子绕组接地故障实例

以某电厂1号发电机定子绕组接地故障寻找为例。试验采用图27-31所示接线，电桥桥臂R_1、R_2采用可调电阻箱，固定R_2为30000Ω，R_1作为可变电阻，电桥另两臂由故障相A相故障点两侧的定子线圈电阻构成，外施直流电压。调节R_1电阻，当检流计指针为零时电桥平衡，读取R_1电阻值为3300Ω。将故障相A相总长度算出后，用式（27-32）即可确定故障点位置。

该机定子总共42槽，每相由28只线棒串联组成，其中上下层各14只。每相上层线棒长度为3.506m，每只下层线棒长度为3.830m。A相绕组首端出线连线长度为4.500m，尾端出线端连线长度为1.000m，A相绕组中间端连线长度为3.100m。A相绕组线圈总长度为$(3.506+3.830)\times14+4.500+1.000+3.100=111.304$（m），带入式（27-32）进行计算，得

A相首端距离故障点位置

$$X = \frac{3300}{30000+3300}\times111.304 = 12.243\ (\mathrm{m})$$

扣除首端出线端连线长度后，故障点位置为

$$X' = 12.243 - 4.500 = 7.743\ (\mathrm{m})$$

从首端数第一只线棒为下层，第二只线棒为上层，扣除第一、二只线棒长度后

$$X'' = 7.743 - 3.506 - 3.830 = 0.407\ (\mathrm{m})$$

由此可知，初步判断故障位置应在从首端数的第三只线棒上，具体应在第二槽下层线棒励端位置。由于绕组内存在换位，实际长度可能存在误差，导致计算的故障点位置存在误差。

（四）开口变压器法寻找定子绕组接地故障

1. 开口变压器法原理

该方法是在发电机定子绕组接地相对地施加交流电压，用开口变压器跨接在定子槽相邻的齿上，轴向移动开口变压器，通过测量开口变压器绕组感应电势的变化来判断定子绕

组接地故障位置。

开口变压器法测试原理如图 27-32 所示，在开口变压器上绕制线圈，当定子绕组中通以交流电流时，便会在定子铁芯中产生磁通，该磁通流经槽齿、铁轭和空气隙闭合，因为空气隙的磁阻较大，故该磁通较小。但当开口变压器置于定子铁芯槽齿上构成闭合回路时，流经槽齿、铁轭和开口变压器铁芯闭合的磁通就大，该磁通在开口变压器线圈上便感应电势。该电势大小与定子绕组通过的电流密切相关，当定子绕组未发生接地故障时，开口变压器在定子线槽上沿轴向移动时，同槽的感应电势应基本一致。当线槽中线圈存在接地点时，则同一槽中的上下层线圈总电流在接地点处就要发生变化，闭合回路的磁通也要发生相应变化。用该方法逐槽检查，便可确定定子绕组接地点位置。

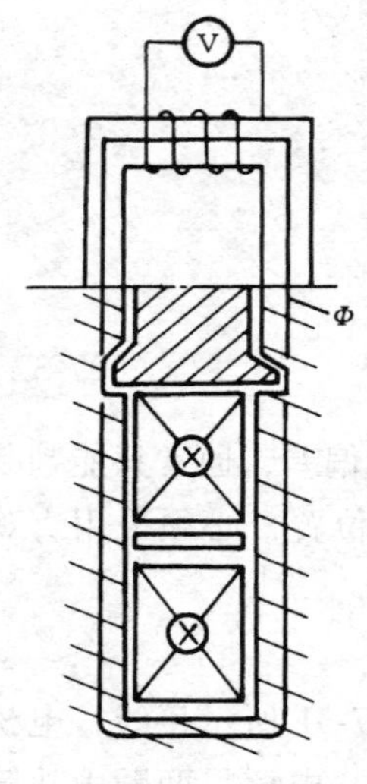

图 27-32　开口变压器测试布置图

2. 开口变压器法寻找定子绕组接地故障实例

（1）试验接线。仍以上述某电厂 1 号发电机定子绕组接地故障寻找为例。试验接线如图 27-33 所示。图中 TR 为调压器，TV 为电压互感器（10000V/200V，高压侧为 300mA，代替试验变压器用于升压），R 为水阻（约 85kΩ），当接地电阻 R_g 降低时，用水阻起限流作用。定子绕组回路电流与 R_g 有关，本次试验通入 200mA 电流，此时外施电压为 125V。开口变压器上用 ϕ0. 29mm 漆包铜线绕制 2200 匝线圈，其感应电势用电子管毫伏表测量。开口变压器置于定子嵌线槽上，跨接定子相邻两齿构成闭合磁路。

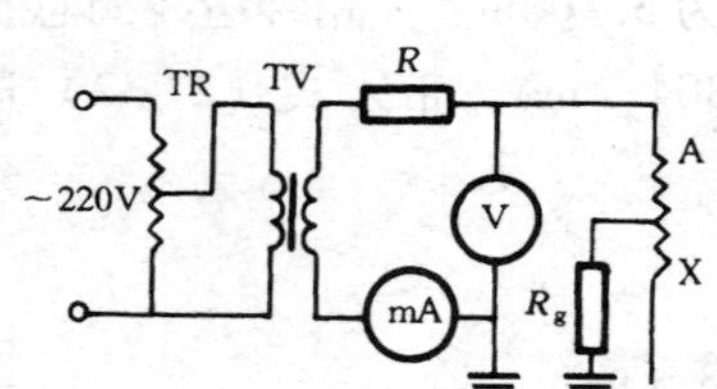

图 27-33　开口变压器法试验接线

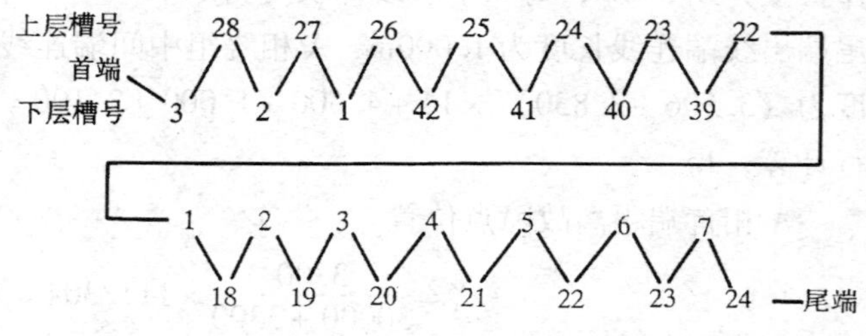

图 27-34　A 相绕组连接槽号顺序

（2）试验结果及分析。该机定子绕组每相由两个部分组成，其故障槽 A 相连接顺序如图 27-34 所示。

3. 从首端通入电流

从 A 相首端对地通入电流 200mA，首端对地电压为 125V，B、C 相不加压，开口变压器跨接在槽的相邻齿上，从每槽励端至汽端移动开口变压器，其线圈感应电势测试结果如表 27-6 所示。

从 A 相绕组连接图和开口变压器感应电势测试结果可知，从首端开始，3 号、28 号、2 号槽对应开口变压器感应电势较高，从 27 号槽开始，对应开口变压器线圈感应电势很小，接近为零，且在同一槽内移动开口变压器时其感应电势基本不变，说明故障点在 2 号槽下层汽端槽口或 27 号槽上层汽端槽口处。

当A相绕组故障点在2号槽下层汽端槽口或27号槽上层汽端槽口时，假设从首端通入电流为I，A相所在槽电流总和情况如表27-7所示。

由表27-6、表27-7可知，开口变压器线圈感应电势与对应槽定子线圈中通入电流情况一致。

表27-6　从首端通入电流开口变压器线圈感应电势测试结果

槽号	感应电势（mV）	槽号	感应电势（mV）	槽号	感应电势（mV）	槽号	感应电势（mV）
1	6.0～8.0	7	6.0～7.0	23	1.8～2.2	39	4.5～5.2
2	58.0～69.0	18	2.0～2.5	24	2.4	40	4.5
3	70.0～78.0	19	2.0～2.2	25	2.4	41	3.8～4.0
4	2.5～5.0	20	2.0～2.4	26	2.0	42	2.2～3.0
5	3.0～5.0	21	1.8～2.1	27	3.0～4.0		
6	6.0	22	1.6～2.1	28	56.0～60.0		

表27-7　A相所在槽电流总和情况

槽号	总电流（mA）	槽号	总电流（mA）	槽号	总电流（mA）	槽号	总电流（mA）
3	I	42	0	39	0	4	0
28	I	25	0	22	0	21	0
2	I	41	0	18	0	5	0
27	0	24	0	19	0	6	0
1	0	40	0	20	0	7	0
26	0	23	0				

4. 从尾端通入电流

从A相尾端对地通入电流200mA，加压125V，开口变压器跨接在定子槽的相邻齿上，从每槽励端至汽端移动开口变压器，B、C相仍不加压，开口变压器线圈感应电势测试结果如表27-8所示。

表27-8　从尾部通入电流开口变压器线圈感应电势测试结果

槽号	感应电势（mV）	槽号	感应电势（mV）	槽号	感应电势（mV）	槽号	感应电势（mV）
1	130.0	7	32.0	23	130.0	28	30.0
2	80.0	18	24.0	24	130.0	39	32.0
3	70.0	19	34.0	25	50.0	40	40.0
4	48.0	20	40.0	26	44.0	41	44.0
5	42.0	21	48.0	27	36.0	42	50.0
6	42.0	22	130.0				

由表27-8可知，从尾端开始，24#、23#、22#、1#槽对应开口变压器线圈感应电动势均为130.0mV，其余槽对应感应电势约为30.0～80.0mV，24#、23#、22#、1#槽对应感应电势高是定子绕组上下层电流迭加的结果，其余槽仅在上层或下层绕组中有电流，2#槽上下层绕组均属A相绕组，而感应电势较低，说明接地点在2#槽下层汽端槽口或27#槽上层汽端槽口处。

当A相绕组故障点在2#槽下层汽端或27#槽上层汽端槽口时，假设从尾端通入电流为I'，则A相所在槽上下层线圈电流总和情况如表27-9所示。

表 27-9　　A 相所在槽上下层线圈电流总和情况

槽号	总电流（mA）	槽号	总电流（mA）	槽号	总电流（mA）	槽号	总电流（mA）
24	$2I'$	21	I'	18	I'	25	I'
7	I'	4	I'	1	$2I'$	42	I'
23	$2I'$	20	I'	39	I'	26	I'
6	I'	3	I'	40	I'	27	I'
22	$2I'$	19	I'	41	I'	28	I'
5	I'	2	I'				

由表 27-8 表 27-9 可知，开口变压器线圈感应电势与对应槽定子线圈中通入电流情况基本一致，28#槽对应开口变压器线圈感应电势略为偏小。

表 27-6～表 27-9 的数据表明，故障槽距注入电流槽近，则规律性较好，反之则较差。

将 2#槽下层和 27#槽上层之间的并头套解开，分别测量 A 相两段绕组对地绝缘电阻，A 相首端至 2#槽下层对地为 1100Ω，27#槽上层至 A 相尾端对地为 10000MΩ，说明接地点在 2#槽下层汽端槽口。将 2#槽线圈拔出后检查，发现汽端槽口绝缘表面已炭化，其原因系绝缘表面电腐蚀造成的。

对于发电机定子绕组接地故障，应首先采用摇表测量绝缘电阻，然后用直流单臂电桥测量接地点的接地电阻。未抽转子前外施交流电压观察定子端部是否有放电现象，用电桥法粗略估算定子绕组接地故障位置。若尚未找到接地点或用电桥法判断出的接地点位置在槽部，则抽出转子后采用开口变压器法寻找。实践证明，电桥法存在误差，本次接地点位置误差约为一只线棒长度，开口变压器法寻找发电机定子绕组接地故障能够准确定位，且灵敏度较高。

第九节　发电机局部放电试验

发电机定子绕组绝缘老化后，绝缘介质内部将出现裂缝、气泡和气隙，当外施电压达到气隙放电场强时，气隙开始放电，根据放电量大小可以判定发电机定子绕组绝缘的老化情况。另外，还可根据放电量的逐年变化情况判断发电机绝缘的演变情况。

一、试验接线

发电机定子绕组局部放电试验现场实际采用的接线如图 27-35 所示。

图中，C_0 旁边的“×”表示加压时必须断开；L 一般为几十毫亨至几百毫亨，可用低压调压器代之，并垫以足够的绝缘物。

在试验接线中，所采用的耦合电容必须无内部放电，发电机电容 C_x 和检测阻抗 Z_m 之间为了构成低阻抗的通道，一般要求电容 C_k 不要小于 C_x。

二、试验注意事项、要求及步骤

1. 试验注意事项及要求

（1）测量仪器本身的灵敏度，应该至少能够满足测出规定的允许放电强度的 10%。

（2）加压之前，套管及定子绕组端部应清洁干燥，试验温度保持为环境温度。为了取得正确的结果，每次加压前在机械上、热量上和电气上的应力，可能影响着试验结果，因此要求试前有一段休息恢复时间。

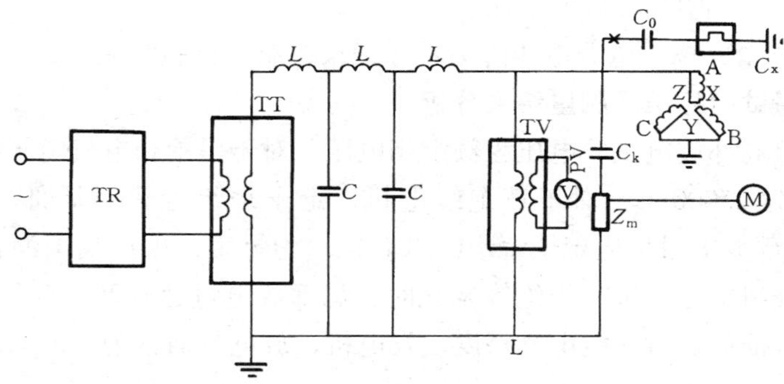

图 27-35　局部放电现场实际采用的接线

TR—调压器；C—滤波元件（1000～2000pF）；TT—试验变压器；C_k—耦合电容器（500～2000pF）；Z_m—检测阻抗，Ω；C_x—发电机电容，μF；L—滤波电感元件；C_0—方波发生器标准电容器（×表示加压时务必断开）；M—测试仪；PV—电压表；TV—测量用的互感器

（3）为了得到同期的椭圆扫描波形和稳定的标量脉冲，前置放大器的电源与试验电源相应要求一致。

（4）方波发生器的方波上升时间应不大于 0.1μs，C_0 应满足 $C_0 \leqslant 0.1C_X$，实际选用 C_0 时，对大容量试品，如电容器、变压器、发电机等，C_0 最好用 100pF。

（5）发电机局部放电测量遇到的最麻烦问题是外界干扰。外界干扰可分二大类，一类为与电源电压基本无关的干扰，例如操作开关（包括继电器开关）、直流电机换向、电焊、吊车起用、高压试验及无线电发射等（其中也包括仪器本身之固有噪音），另一类与电源有关的干扰，这种干扰表现为随试验电压升高而增大，但不是发电机内部发出，而是来自变压器中、高压引线上或者邻近物接地不良等，有时高低压侧接触不良也能产生干扰。对于这些干扰应采用相应措施，为了遏制电源电压的干扰信号，电源侧二端可并联一个 5～10μF 的电容器，整个试验回路应保持接触良好，接地可靠（可采用一点接地），高压引线导线外径不能过细，防止产生电晕。对于外界明显干扰例如吊车，励磁机整流换向、高压线路应尽量避开。在现场的工业试验中，无论采用何种周密的措施，外界的干扰总是难免的，在这种条件下，一定要凭试验专业人员的经验加以识别。

2. 试验步骤

（1）按图 27-35 接线。

（2）在被试绕组上注入标准放电量（$q_0 = C_0U_0$），进行测试前的校正，使其单位放电量 q_0 在某一定值。其中必须注意将 K 调整好的放大器位置旋钮加压前后务必保持同一固定位置。

（3）加压前拆除方波发生器，在空试（不接入发电机绕组）状态观察装置本身元件有无放电现象。

（4）接入发电机定子绕组后逐步升压，每隔一定电压值（例如 500～1000V）测定其放电量，直至最高试验电压。在整个试验中除测定最大局部放电量外，应测定局部放电的起始放电电压和熄灭电压。所谓起始电压即放电量达到某一明显程度的初始电压，熄灭电压即放电停止或小于某一明显程度的电压。

(5) 以上参数测量完毕，电源电压降为零，记录机温，试验结束。

三、局部放电量试验标准及测量结果分析

发电机定子绕组局部放电试验电压为额定相电压。对于黑绝缘电机定子绕组绝缘老化时局部放电量标准为15000pC；对于黄绝缘电机，定子绕组老化时局部放电量标准为10000pC。一般，局部放电量反应定子绕组绝缘老化较为灵敏，根据我国沥青及烘卷云母绝缘的发电机定子绕组鉴定结果，当绝缘老化时，局部放电量达（20～40）$\times 10^3$pC，而绝缘良好或有老化特征但仍有一定电气裕度之发电机，放电量通常为（5～15）$\times 10^3$pC。

第十节　发电机组轴电压的测量

发电机组（包括汽轮发电机、水轮发电机、同步补偿机），由于某些原因引起发电机组轴上产生了电压，如果在安装或运行中，没有采取足够的措施，当轴电压足以击穿轴与轴承间的油膜时，便发生放电。因此会使润滑冷却的油质逐渐劣化，并烧灼轴颈和轴瓦严重者将被迫停机造成事故。所以，在安装和运行中，测量检查发电机组的轴及轴承间的电压是十分必要的。

一、产生轴电压的原因

（一）发电机磁通的不对称

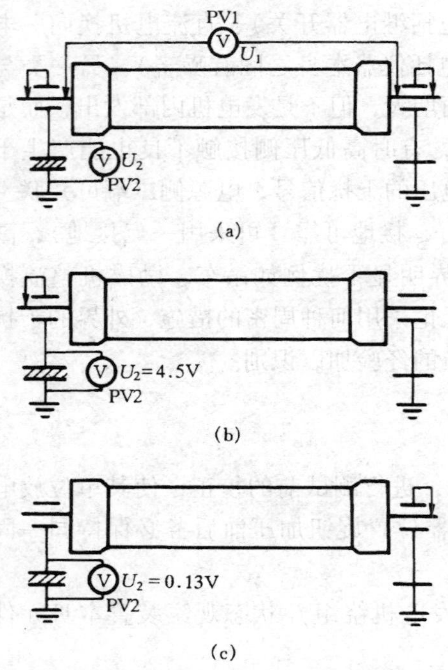

图 27-36　测量轴电压接线示意图
(a) 两端轴承短路；(b) 励磁机侧轴承短路；(c) 汽机侧轴承短路

由于磁通的不对称，导致产生轴电压，称为“单极效应”。磁通的不对称大致有以下原因：

(1) 由于定子铁芯局部磁阻较大，如定子铁芯的锈蚀，或分裂式定子铁芯（大部是水轮发电机）在现场组装接合不好等原因造成局部磁阻过大。

(2) 由于定子与转子气隙不均匀造成磁通的不对称。

(3) 由于分数槽电机的电枢反应不均匀，引起转子磁通的不对称。

(4) 励磁系统中高次谐波影响。

（二）高速蒸汽产生的静电

由于与发电机同轴的汽轮机轴封不好，沿轴的高速蒸汽泄漏或蒸汽在缸内高速喷射等原因使轴带电荷。这种性质的轴电压有时很高，当人触及时感到麻手，但它不易传导至励磁机侧，在汽机侧也有可能破坏油膜和轴瓦，通常在汽机轴上接引接地炭刷来消除。

二、轴及轴承电压的测量

（一）测量方法

测量轴电压的接线如图 27-36 所示。测量前，应将轴上原有的接地保护电刷提起，发电机两侧轴与轴承用铜刷短路，用交流电压表测量发电机轴的电压 U_1，然后将发电机轴承与轴经铜丝刷短路，消除油膜的压降，在励磁机侧，测量轴承支座与地之间的电压 U_2。

当 $U_1 \approx U_2$ 时，说明绝缘垫绝缘情况良好；

当 $U_1 > U_2$ 时（U_2 低于 U_1 的 10%），说明绝缘垫的绝缘不好；

当 $U_1 < U_2$ 时，说明测量不准，应检查测量方法及仪表。

测量时可用高内阻的交流电压表，或真空管电压表，在发电机各种工况下（包括空转无励磁、空载额定电压、短路额定电流以及各种负荷下）进行测量。

对于水轮发电机测量，和汽轮发电机大致相同，但测 U_1 时，电压引线需经铜刷触及到下导轴承下边（对伞式水轮发电机在靠近下支架的轴颈）测量即可。

在此须指出，对于用半导体励磁的发电机，不仅要测轴电压，而且要测量它的谐波分量。

（二）实测举例

对一台容量为 62500kVA、电压为 10.5kV 的汽轮发电机进行轴电压测量。

测量时，定子电流 $I_s = 2250\text{A}$；定子电压 $U_s = 10.5\text{kV}$；转子电流 $I_r = 395\text{A}$；有功负荷 $P_a = 37\text{MW}$。

测量结果如下：

（1）按图 27-36 中（a）接线测量 U_1，共测量两次，分别为 4.6V、4.6V，平均为 4.6V。同时测量 U_2，共测两次，分别为 4.6V、4.6V，平均为 4.6V。

（2）短接励磁侧轴与轴承，如图 27-36 中（b）所示，测得 $U_2 = 4.5\text{V}$。

（3）短接汽轮机侧轴与轴承，如图 27-36 中（c）所示，测得 $U_2 = 0.13\text{V}$。

从以上测量结果可以看出：

$U_1 \approx U_2$，说明励磁机侧绝缘垫块的绝缘良好。

汽轮机侧轴承油膜压降 $\Delta U = 4.6 - 4.5 = 0.1\text{V}$，说明汽机侧轴承压降较小。

励磁机侧轴承油膜压降 $\Delta U = 4.6 - 0.13 = 4.47\text{V}$，说明励磁机侧轴承油膜压降较高，如果轴承座绝缘不好，很可能将油膜击穿放电损伤轴承。

第十一节 预测发电机定子绕组绝缘击穿电压的试验

一、交流高压试验时出现电流急增点的机理

对发电机（或电动机，以下同）定子绕组整相和单线圈进行交流高压试验时，其接线如图 27-37 所示。图中，TR 为调压器；TT 为试验变压器；TV 为电压互感器；L_1、C 为滤波器；L_2 为高频电感线圈；C_X 为被试品；PS 为示波器。试验时，分级升压，在每一电压级同时读取电压和电流的数值，并在方格坐标纸上绘出电流、电压特性曲线，如图 27-38 所示。由图可见，在对应 Pi1 和 Pi2 电压点的电流急增，故通常将 Pi1、Pi2 点称作第一和第二电流急增点。

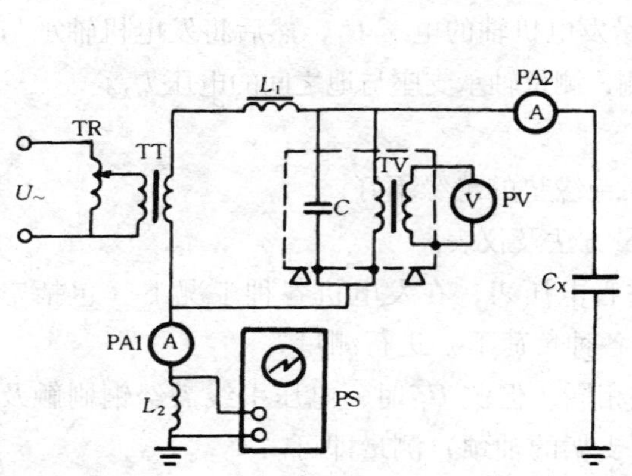

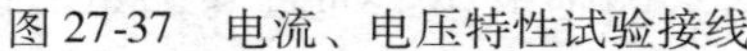
图 27-37　电流、电压特性试验接线

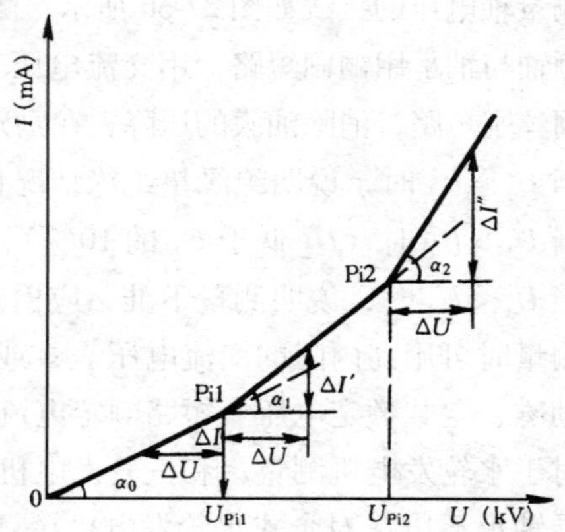

图 27-38　定子绕组（或线圈）绝缘的电流、电压特性曲线

对于气隙极少（或无气隙）的整块生云母板和酚醛树脂板，进行电流、电压特性试验时，电压由低到高直至击穿，在电流、电压特性曲线上均不出现 Pi1 和 Pi2 的电流急增点。但对 0. 13 毫米厚的优质云母带，如叠三层，其试验结果就出现了 Pi1、Pi2 的电流急增点，并且很明显，同时还可求得瞬时击穿电压 U_b 与 Pi2 点电压值的比值 $\alpha=2.44$；又如对五层云母带重作上述试验，又求得 $\alpha=2.34$。

上述表明出现 Pi1 和 Pi2 点的根本原因，在于绝缘体内含有气隙，现就这一现象作如下解析。

（一）第一电流急增点 Pi1 的出现

当绝缘体的气隙起始放电时，便出现第一电流急增点 Pi1。假定绝缘体 2 内部具有平行分布的气隙 g，其等值电路如图 27-39（b）所示。图中 d 为绝缘体的厚度；C_i 为气隙两侧绝缘体的等效电容；C_g 为气隙的等效电容；C_{i1}为气隙上、下绝缘体的等效电容。

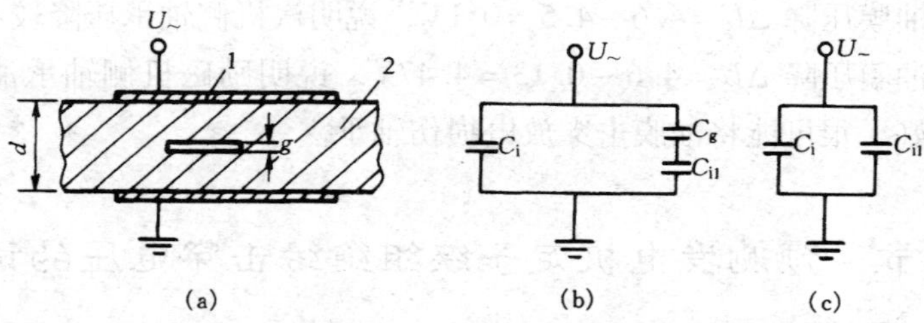

图 27-39　绝缘体内有平行分布的气隙及其等值电路

（a）平行分布气隙；（b）绝缘体的等值电路；（c）出现 Pi1 时的等值电路

当在绝缘体的电极 1 上施加交流电压 U 时，其电压按电容量分配，在气隙上分配的电压为

$$U_g=\frac{C_{i1}}{C_g+C_{i1}}U \tag{27-33}$$

式中　U_g——气隙上分配的电压（V）；

U——加于绝缘体电极上的电压（V）。

从式（27-33）看出，U_g 随电压 U 升高而增大，当达到气隙的放电电压时，则气隙放电。这时 C_g 短路，其等值电路的电容量由 $C = C_i + \frac{C_{i1}C_g}{C_{i1} + C_g}$ 增至 $C' = C_i + C_{i1}$。此时，将引起回路的电流由 $I_C = \omega CU$ 增至 $I'_c = \omega C'U$，即出现第一电流急增点 Pi1。在 Pi1 点电压值之前，电容量 C 是一常量，回路的容抗 X_C 基本上是一定值，故随电压增高，其电流、电压特性近似直线关系。

实测证明，Pi1 点的电压值即是绝缘体中气隙的起始放电电压，其值为

$$U_{Pi1} = \frac{U_{i1}}{\sqrt{2}} \tag{27-34}$$

式中　U_{Pi1}——第一电流急增点的电压（V）；

　　U_{i1}——绝缘体中气隙起始放电电压的峰值（V）。

当气隙的起始放电电压和放电熄灭电压值不等时，则

$$U_{Pi1} = \frac{U_{i1} + U'_{i1}}{2\sqrt{2}} \tag{27-35}$$

式中　U'_{i1}——绝缘体中放电熄灭电压的峰值（V）。

出现 Pi1 时电流的增加倍数 m_1 为

$$m_1 = \frac{\mathrm{tg}\alpha_1}{\mathrm{tg}\alpha_0} = \frac{\left(\frac{\Delta I'}{\Delta U}\right)_{U=U_{Pi1}}}{\left(\frac{\Delta I}{\Delta U}\right)_{U<U_{Pi1}}} = \frac{C_i + C''_i}{C_i + C'_i} \tag{27-36}$$

$$C'_i = \frac{C_{i1}C_g}{C_{i1} + C_g}$$

$$C''_i = C_{i1}$$

式中　C'_i——气隙放电前，气隙绝缘部分的等效电容量［图 27-39（b）］；

　　C''_i——气隙放电后，气隙绝缘部分的等效电容量［图 27-39（c）］。

因为 C''_i 大于 C'_i，其差值大小与绝缘体中含气量的多少有关，即 m_1 值的大小决定于绝缘体的含气量，气隙越多则 m_1 值越大；反之，则越小。

$\mathrm{tg}\alpha_0$ 值的大小,主要决定于绝缘体的材质和几何尺寸所确定的电容量 C_i。因为 C_{i1} 和 C_g 相串联,其和是很小的。所以将同台电机的整相绕组、分支和单线圈的电流、电压特性,绘在相同的坐标尺度上时,前者的 $\mathrm{tg}\alpha_0$ 值总是大于后者的。即在相同电压和正常情况下,整相(分支)的电容电流一定大于分支(单线圈)的电容电流,这是与实测结果相一致的。

在实际绝缘体中，一般存在一定的气隙，并且是无规律排列的。所以，可以认为 Pi1 点是在试验电压作用下，绝缘体中处于相同状态（即气隙大小、几何位置和电场强度等）的气隙群，一齐开始放电而出现的。

（二）第二电流急增点 Pi2 的出现

由于放电区域的扩展，便导致第二电流急增点 Pi2 的出现。假定绝缘体中具有如图 27-40 的气隙分布，气隙 g1 与 g2 经细缝 g′相连，气隙 g2 与电极接触。图中 d、C_i 分别为

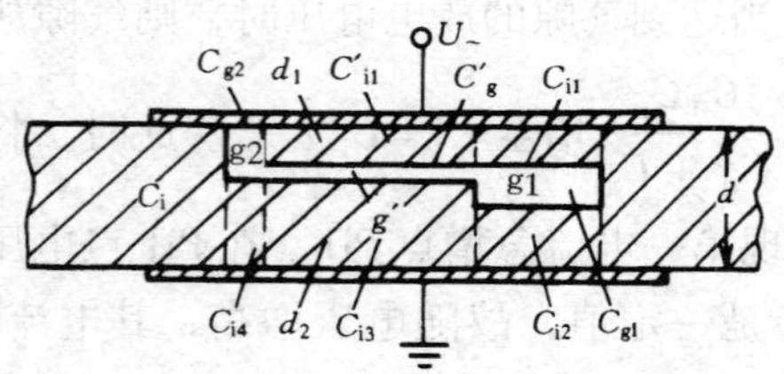

图 27-40　绝缘体气隙分布示意图

绝缘体的厚度和气隙两侧绝缘的等效电容；C_{g1}、C_{g2}为气隙 g1 和气隙 g2 的等效电容；C_{i1}、C_{i2}为气隙 g1 上下绝缘体的等效电容；$C_{g'}$为细缝 g′的等效电容；C'_{i1}、C_{i3}为细缝上下绝缘体的等效电容；C_{i4}为气隙 g2 下部绝缘体的等效电容；d_1、d_2 为细缝上下绝缘体的厚度。当对绝缘体加上电压 U 时，在 Pi1（$U < U_{Pi1}$）未出现前的等值电路如图 27-41（a）所示。随着电压 U 升高，当气隙 g1 和 g2 开始放电，但尚未经细缝 g′连通处于闪络状态，出现 Pi1（$U_{Pi1} \leqslant U < U_{Pi2}$）时的等值电路，如图 27-41（b）所示。出现 Pi2（$U_{Pi2} \leqslant U < U_b$）时的等值电路，如图 27-41（c）所示。为了简化计算，图 27-41 中略去了绝缘的电阻。

从图 27-41 三种等值电路看出，当对绝缘体施加的电压值不同时，其等效电容量是不同的。对应于 Pi1、Pi2 点的电压时，等效电容量发生了突变，相应地引起了电流急增，即出现了 Pi1 和 Pi2 电流急增点。

Pi1 点电流增加的倍数 m_1 为

$$m_1 = \frac{\mathrm{tg}\alpha_1}{\mathrm{tg}\alpha_0} = \frac{\left(\dfrac{\Delta I'}{\Delta U}\right)_{U = U_{Pi1}}}{\left(\dfrac{\Delta I}{\Delta U}\right)_{U < U_{Pi1}}} = \frac{C_i + C_{Pi1}}{C_i + C_0} \tag{27-37}$$

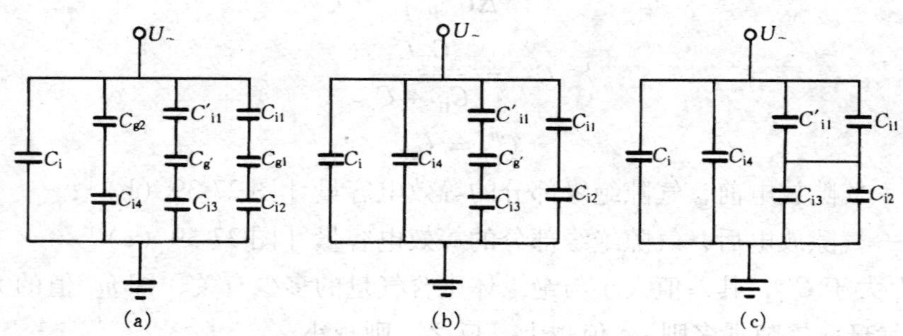

图 27-41　绝缘体出现 Pi1、Pi2 点时的等值电路

（a）未出现电流急增点前；（b）出现 Pi1 时；（c）出现 Pi2 时

其中

$$C_{Pi1} = C_{i4} + \frac{C'_{i1} C_{g'} C_{i3}}{C'_{i1} C_{g'} + C_{g'} C_{i3} + C'_{i1} C_{i3}} + \frac{C_{i1} C_{i2}}{C_{i1} + C_{i2}} \tag{27-38}$$

$$C_0 = \frac{C_{g2} C_{i4}}{C_{g2} + C_{i4}} + \frac{C'_{i1} C_{g'} C_{i3}}{C'_{i1} C_{g'} + C_{g'} C_{i3} + C'_{i1} C_{i3}} + \frac{C_{i1} C_{g1} C_{i2}}{C_{i1} C_{g1} + C_{g1} C_{i2} + C_{i1} C_{i2}} \tag{27-39}$$

式中　C_{Pi1}——出现 Pi1 时气隙部分的等效电容量；

C_0——未出现 Pi1 时气隙部分的等效电容量。

Pi2 点电流增加的倍数 m_2 为

$$m_2 = \frac{\mathrm{tg}\alpha_2}{\mathrm{tg}\alpha_0} = \frac{\left(\dfrac{\Delta I''}{\Delta U}\right)_{U=U_{\mathrm{Pi2}}}}{\left(\dfrac{\Delta I}{\Delta U}\right)_{U<U_{\mathrm{Pi1}}}} = \frac{C_{\mathrm{i}} + C_{\mathrm{Pi2}}}{C_{\mathrm{i}} + C_0} \tag{27-40}$$

$$C_{\mathrm{Pi2}} = C_{\mathrm{i4}} + \frac{(C'_{\mathrm{i1}} + C_{\mathrm{i1}})(C_{\mathrm{i3}} + C_{\mathrm{i2}})}{C_{\mathrm{i1}} + C'_{\mathrm{i1}} + C_{\mathrm{i2}} + C_{\mathrm{i3}}} \tag{27-41}$$

式中　C_{Pi2}——出现 Pi2 时气隙部分的等效电容量。

从式（27-37）和式（27-40）中看出，m_1 和 m_2 的增加倍数决定于等值回路中电容量的变化，即绝缘体中含气量的多少。试验时，随着加在绝缘上的电压值升高，当达到气隙群的起始放电电压时，气隙群放电便出现第一电流急增点 Pi1。要使绝缘体中的细缝 g′放电，必须再升高电压值。这是因为气隙越小则击穿场强越高，如图 27-42 所示。该图是用半对数坐标 lg$d$ 表示的气隙击穿电场强度 E_{b}（kV/cm）与电极间距离的关系曲线。由此可见，电压升高致使气隙 g2 发生闪络，并通过细缝 g′扩展到气隙 g1，使气隙与细缝周围的绝缘体（C'_{i1} 与 C_{i1}）之间发生局部闪络。此时，在电流、电压特性上便出现第二电流急增点 Pi2。出现 Pi2 点的电压值，经试验得出

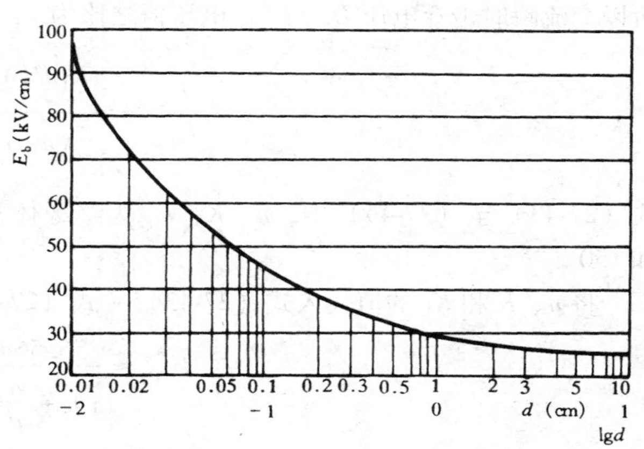

图 27-42　在均匀电场中空气的击穿电场强度与电极间距离的关系
（高温为 20℃，大气压为 101.3kPa）

$$U_{\mathrm{Pi2}} = Kd_2^{0.5} \tag{27-42}$$

式中　K——常数，由绝缘材料而定，如云母 $K=42$，酚醛树脂 $K=40$；

d_2——放电区与对面电极间绝缘体的剩余厚度（cm）。

由式（27-42）看出，决定 U_{Pi2} 值大小的因素有两个，一是由绝缘材料而定的系数 K 值，二是绝缘体的剩余厚度 d_2。对于同一种绝缘材料，若绝缘体中含气量越少，则 d_2 越厚，Pi2 点的电压值就越高。如计算酚醛树脂的 $U_{\mathrm{Pi2}} = 40\sqrt{2.75\times10^{-1}} = 21(\mathrm{kV})$（实测值 23kV）。

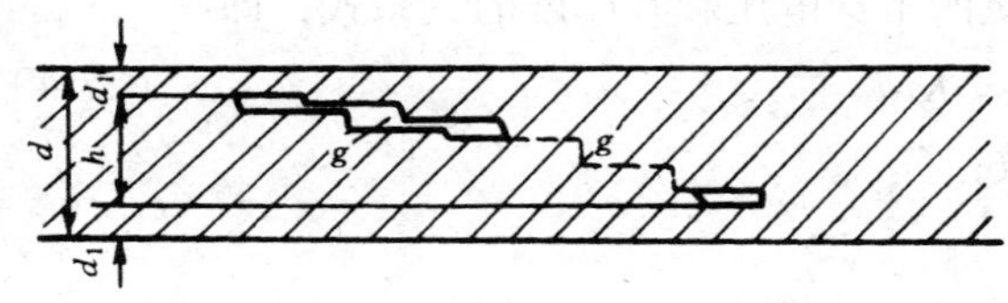

图 27-43　电机定子绕组夹层绝缘结构示意图

电机的夹层绝缘结构，如图 27-43 所示，在 Pi2 点以上的电压作用下，气隙 g 与细缝 g'的放电将进一步扩展成弧

状闪络。这时绝缘击穿电压 U_b 与绝缘体剩余厚度 $2d_1$ 之间的关系为

$$U_b = K_1(2d_1)^n = K_1 d^n\left(1-\frac{h}{d}\right)^n \tag{27-43}$$

式中 K_1、n——常数，由绝缘材料、结构而定；

d——绝缘厚度（cm）；

h——在试验电压作用下，顺电场方向局部闪络的距离（cm）。

在一般情况下，当 $g \leqslant h < d$ 时，Pi2 点的电压可表示成

$$U_{Pi2} \approx \frac{\sqrt{2}Kd^n}{\left(1+\frac{h}{d}\right)^n} \tag{27-44}$$

所以交流瞬时击穿电压 U_b 与 U_{Pi2} 电压值之比为

$$\alpha \approx \frac{U_b}{U_{Pi2}} = \frac{K_1 d^n\left(1-\frac{h}{d}\right)^n}{\sqrt{2}Kd^n/\left(1+\frac{h}{d}\right)^n} \tag{27-45}$$

式（27-43）至（27-45）中，n、K、K_1 为绝缘体的常数，经试验得出，分别为 0.5、40 和 150。

将 n、K 和 K_1 的值代入式（27-43）~式（27-45）中，得

$$U_{Pi2} \approx \frac{56.56d^{0.5}}{\left(1+\frac{h}{d}\right)^{0.5}} \tag{27-46}$$

$$U_b = 150d^{0.5}\left(1-\frac{h}{d}\right)^{0.5} \tag{27-47}$$

$$\alpha \approx 2.66\left[1-\left(\frac{h}{d}\right)^2\right]^{0.5} \tag{27-48}$$

二、第二电流急增点电压 Pi2、瞬时击穿电压 U_b 及 α 三者的关系

现由式（27-46）~式（27-48）三式分述如下。

（一）影响 Pi2、U_b 及 α 值的主要因素

当绝缘体的厚度 d 一定时，影响 Pi2、U_b 及 α 值的主要因素是其含气隙的多少。若绝缘体中含气隙多，在电压作用下出现 Pi2 点时，顺电场方向局部闪络的距离 h 值较长，必导致$\frac{h}{d}$值大，使 Pi2、U_b 和 α 的值均相应地下降；反之，这三者的值均相应上升。在极限情况下，当绝缘体中的气隙几乎为零，即$\frac{h}{d}$值接近零时，则 Pi2、U_b 及 α 三者均达到最大值。此时，U_b 的表达式便成了一般固体绝缘的击穿电压和其厚度的关系式，即

$$U_b = K_1 d^n \tag{27-49}$$

式中 K_1——由绝缘材料、结构确定的常数；

d——绝缘体的厚度（cm）；

n——指数，一般取 0.5~1.0。

这就是利用出现 Pi2 点电压值的高低，来反应绝缘体中气隙含有率的多少，也即绝缘

老化程度的机理。

U_{Pi2}、U_b 及 α 的计算和实测值，与绝缘体中气隙含有率（绝缘浸渍度）的关系，如图27-44所示，图中实线为计算值，虚线为实测值。

从图27-44看出，U_b 和 U_{Pi2} 的值随气隙含有率的减少（绝缘浸渍度增加）而增加，而 α 值变化不大。

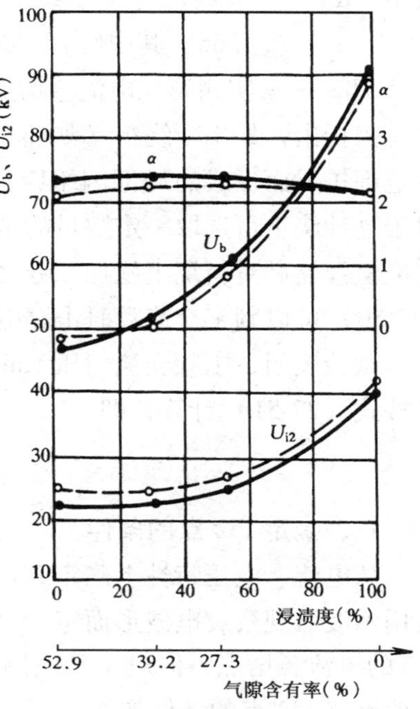

图27-44 6kV级绕组的 U_b、U_{Pi2} 及 α 与气隙含有率（或浸渍度）的关系

（二）U_b 与Pi2点的电压值成正比

绝缘体的厚度 d 一定，当出现Pi2点时，则 $\frac{h}{d}$ 值即能确定，从而得 $\alpha \approx 2.66\left[1-\left(\frac{h}{d}\right)^2\right]^{0.5}$。

因此，能利用Pi2点出现的电压值，预测击穿电压，即 $U_b = \alpha U_{Pi2}$，所以击穿电压值 U_b 与Pi2点出现的电压值成正比。

（三）$\frac{h}{d}$ 值大则 α 系数小

绝缘体的厚度 d 一定时，α 值的大小取决于 $\frac{h}{d}$ 值。若绝缘中气隙含有率高，则出现Pi2点时，沿电场方向局部闪络的距离 h 值长，即 $\frac{h}{d}$ 值大，导致 α 值变小；反之，则 α 值变大；在极限情况（$h = 0$）下，$\alpha_{max} \approx 2.66$。$\alpha$ 值与 $\frac{h}{d}$ 值的关系如图27-45所示。

在正常情况下，同一台电机的整相绕组、分支绕组和单线圈的绝缘体中，总是整相绕组中含气总量大于分支绕组的，而分支绕组中的含气总量又大于单线圈的。所以当出现Pi2点时，其 $\frac{h}{d}$ 值总是整相的大于分支的，分支的又大于单线圈的；致使整相的 α 系数小于分支的，而分支的又小于单线圈的。所以在预测整相、分支和单线圈的击穿电压时，采用的 α 系数值不同。

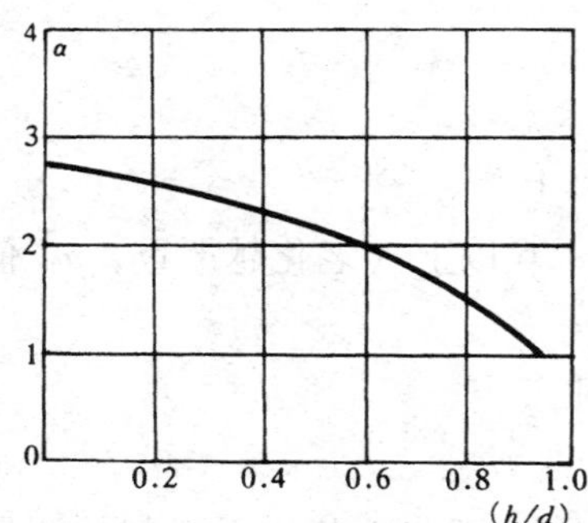

图27-45 在局部闪络范围内 α 与 $\frac{h}{d}$ 值的关系

（四）绝缘受损伤时 α 值偏小

从击穿电压 U_b 的表达式可看出，若绝缘体受机械损伤时，有效的绝缘厚度比设计的 d 值减小，致使实测的 U_b 值比预测的低，相差程度与损伤的状况有关，其结果造成实际的 α 值偏低。有时，也发现有一些实测的 α 值偏高，这可能是求取的 U_{Pi2} 值偏低所造成的。

综合上述，现以常用的式（27-50）计算交流瞬时击穿电压的预测值 U_b，即

$$U_b = \alpha_{av} U_{Pi2} \tag{27-50}$$

式中 α_{av}——系数，对于单线圈取 2.36，其中约有 10% 的偏离值；对于整相绕组取 1.66，其中约有 15% 的偏离值；对于一相绕组分割为 2～4 段者，取 2.08；

U_{Pi2}——实测第二电流急增点的电压值（kV）。

需指出，如果新绕组（如环氧粉云母绝缘新线圈）中的气隙含有率很小，由气隙放电范围扩展而形成的局部闪络距离非常小时，就不会出现 Pi2 点（或者 Pi2 点不明显）。对于这种绕组可选取一定数量的试样，作出实际的交流瞬时击穿电压值，作为击穿电压的基准值。然后对新绕组施加二分之一的击穿电压基准值，如果仍不出现 Pi2 点时，则由式（27-50）可以判定交流瞬时击穿电压的预测值，大于两倍击穿电压的基准值。

试验表明，工频交流耐压 1min 的击穿电压预测值 U'_b（kV）与 Pi2 点电压值的关系，可按式（27-51）计算，即

$$U'_b = 1.45U_{Pi2} \tag{27-51}$$

三、确定 Pi2 点的条件

从电流、电压特性上确定 Pi1、Pi2 点时，可配合局部放电指示仪，测量局部放电量，或用示波器观察放电波形而定。对于绝缘老化的单线圈（或绕组），一般容易求得 Pi1 和 Pi2 的电流急增点，但对于新线圈或含气隙极少的线圈，Pi1、Pi2 点有时不明显。所以，一般确定 Pi2 点的条件如下。

（一）确定单线圈 Pi2 点的条件

（1）Pi2 点出现的位置，约在 Pi1 点电压值的 1.5～2 倍以上（击穿电压高的线圈，Pi2 点的电压值更高）。

（2）Pi2 点的电流增加倍数 m_2 值，对于老化或浸渍不充分的线圈为 1.6 以上；对于气隙较少的线圈为 1.3 左右。

（3）在 Pi2 点以上，电压每升高 ΔU 的电流增加值，从 Pi2 点到 1.25Pi2 点电压值范围内（或更高些）不变。

（二）确定整相绕组（或三相绕组一起）Pi2 点的条件

（1）Pi2 点出现的位置，约在 Pi1 点电压值的 1.68 倍以上。

（2）Pi2 点的电流增加倍数 m_2 值，对于老化的绝缘为 1.6 以上（老化越严重，m_2 值越大）。

（3）在 Pi2 点以上时，与单绕组 Pi2 点以上的条件相同。

四、影响 Pi2 点的因素

（1）试验电压的波形。试验电压要求为正弦波，以消除由于非正弦波而引起的测量误差。为此，试验时应接入滤波器（图 27-37），并采用磁饱和不大或波形畸变小的试验变压器。

（2）电晕。随电压升高，当绕组表面出现电晕时，将会混淆 Pi2 点。所以，对于表面电晕较严重的绕组，应采取措施抑制。如对于新的环氧粉云母绝缘的绕组，一般击穿电压较高，为了防止试验时产生电晕，应将绕组置于油槽中进行试验。

（3）绕组受潮。对于严重受潮的绕组（如浸水等），在电压作用下其电容电流将大大

增加，Pi2 点出现的电流增量将被掩盖，致使 Pi2 点不明显，这将会给求取 α 值带来较大的误差。但对于一般的受潮，其影响不大。

（4）机械损伤。当绕组受机械损伤时，其实际击穿电压比预测值低，因而使 α 系数值比正常（无机械损伤）绕组的小。

（5）温度。关于温度对 Pi2 的影响，可分三种情况分述如下。

1）严重老化的浸胶绝缘，其击穿电压 U_b，从常温到 90℃ 范围内变化不大。这是由于该绕组的浸胶量已大大减少，并已热硬化，绝缘中的气隙很多，局部桥路的范围已形成，虽然温度上升到 90℃，而绝缘结构的变化却很少，所以 U_b 随温度上升变化不大。

2）以云母为主绝缘材料的绕组，其 U_b 受温度的影响也较小。这是因为云母材料自身的 U_b 从常温到 150℃ 的范围变化极小所致。

3）对于一般的绕组，当温度升高时，Pi2 点及 U_b 的电压值均有所下降。

（6）试验表计。试验时，选用的电流、电压表的量程要恰当，若表计的准确级较低，试验中切换量程时，由于表计的影响，会人为地出现 Pi1 或 Pi2 电流急增点，要特别注意。

（7）海拔高度。在不同的海拔高度上，对绕组进行了电流、电压特性试验，其结果表明，Pi2 点的电压值随海拔高度不同，没有明显的变化。这是因为在绝缘体中，气隙内的气体是封闭的，受外界气压的影响很小。

五、现场试验

由所作的试验结果，分三种情况说明如下。

（一）预测值 U'_b 大于 U'_s 时耐压正常

在电机整相（或分支）绕组中，利用预防性（或大修）试验的机会，测出电流、电压特性曲线，并从曲线上求出 Pi2 点的电压，再由式（27-51），计算出 1min 的击穿电压预测值 U'_b，当预测的 U'_b 大于（或接近）实际的 1min 耐压值 U'_s 时，三相均通过了 1min 的耐压试验，如表 27-10 所示。

表 27-10　利用 Pi2 点电压预测整相（或分支）绕组击穿电压的试验结果

项序	试验机组类别	相别或分支	各种电压值（kV）				m_2 $\left(\frac{tg\alpha_2}{tg\alpha_1}\right)$	说　明
			U_{Pi2}	U_b	U'_b	U'_s		
1	TS-260/107-14 型发电机，8750kW，6.3kV 沥青云母带黑绝缘	A	7.10	11.75	10.30	9.45	1.27	瞬时击穿电压 $U_b=1.66U_{Pi2}$，1min 击穿电压 $U'_b=1.45U_{Pi2}$，三相均承受了 U'_s1min 耐压
		B	7.35	12.20	10.60	9.45	1.23	
		C	7.50	12.40	10.85	9.45	1.24	
2	FG500/185aK 型发电机，50MW，10.5kV，烘卷绝缘	A	11.0	18.25	16.00	12.60	1.49	U_b、U'_b 的计算公式同项序 1，三相均承受了 U'_s1min 耐压
		B	11.0	18.25	16.00	12.60	1.92	
		C	11.0	18.25	16.00	12.60	1.57	

续表

项序	试验机组类别	相别或分支	各种电压值（kV）				m_2 $\left(\frac{tg\alpha_2}{tg\alpha_1}\right)$	说　明
			U_{Pi2}	U_b	U'_b	U'_s		
3	FG500/185ak 型发电机，50MW，10.5kV，烘卷绝缘	1D1	11.0	22.90	15.95	15.20		$U_b=2.08U_{Pi2}$，U'_b 的计算公式同项序 1，六个分支均承受了 U'_s1min 耐压
		1D2	11.50	24.00	16.70	15.20		
		1D3	9.70	20.20	14.10	15.20		
		2D1	10.20	16.90	14.80	15.20		
		2D2	9.60	20.00	13.90	15.20		
		2D3	11.40	23.70	16.50	15.20		
4	TQN-100-2 型发电机，100MW，10.5kV，沥青云母带黑绝缘	1D1	11.00	22.90	15.95	15.75	1.76	U_b、U'_b 的计算公式同项序 1，六个分支均承受了 U'_s1min 耐压
		1D2	11.00	22.90	15.95	15.75	1.14	
		1D3	11.00	22.90	15.95	15.75	1.20	
		2D1	11.00	22.90	15.95	15.75	1.28	
		2D2	11.00	22.90	15.95	15.75	1.26	
		2D3	11.00	22.90	15.95	15.75	1.24	

（二）整相（或分支）绕组的预测值 U_b 与实测值 U_{bs}

利用对电机定子绕组绝缘，进行老化鉴定更换绝缘的机会，试验时，测出整相（或分支）绕组的 Pi2 点电压，按式（27-50）计算出预测的瞬时击穿电压 U_b，然后连续升高电压，直至其瞬时击穿，得出击穿电压的实测值 U_{bs}，两者进行比较，并求出实测的 α 值，如表 27-11 所示。

由表 27-11 的 29 个整相绕组所测出的实际瞬时击穿电压值，绘制的 $U_b=f(U_{Pi2})$ 的关系曲线，如图 27-46 所示，图中圆黑点（·）为实测值，叉（×）为预测值。由式

表 27-11　　整相绕组（或分支）瞬时击穿电压的预测值 U_b 和实测值 U_{bs}

项序	试验机组类别	相别	各种电压（kV）			$\frac{U_b-U_{bs}}{U_{bs}}$ ×100（%）	α	m_2	说　明
			U_{Pi2}	U_b	U_{bs}				
1	18MW，11kV，烘卷绝缘	A	10.20	16.95	18.20	-6.80	1.78		该机运行约 30 年，绝缘严重老化。三相 α 值平均为 $\alpha_{av}=1.76$
		B	8.50	14.10	15.60	-9.35	1.84		
		C	10.50	17.45	17.40	0.29	1.66		
2		A	11.60	24.10	21.60	11.5	1.86	1.65	运行约 33 年，绝缘严重老化。五个分支的 α 值平均为 $\alpha_{av}=1.88$
		B	13.10	27.20	25.40	7.1	1.94	1.58	
		C	12.80	26.60	23.00	15.6	1.79	1.58	
3	12MW，6.3kV，沥青云母带黑绝缘	B	10.20	16.95	15.80	7.27	1.55	1.74	运行 17 年，三相 α 值平均为 $\alpha_{av}=1.626$
		A、B	10.50	17.45	18.50	-5.67	1.76	1.85	
		C	10.30	17.10	16.20	6.77	1.57	1.83	

续表

项序	试验机组类别	相别	各种电压（kV）			$\frac{U_b - U_{bs}}{U_{bs}}$ ×100（%）	α	m_2	说　明
			U_{Pi2}	U_b	U_{bs}				
4	TQ-25-2 型发电机，31.5MVA，10.5kV	A	11.40	18.95	17.18	10.30	1.51	1.64	运行约 20 年，α_{av} =1.375
		C	10.50	17.40	13.00	33.80	1.24	1.52	
5	50MW，6.3kV，沥青云母带黑绝缘	A	11.00	22.90	20.00	14.50	1.82	1.96	运行约 6 年，α_{av} =1.62
		B	6.30	10.45	10.90	−4.12	1.73	1.69	
		C	4.90	8.15	8.00	1.87	1.63	1.63	
6	2.2MVA，3.45kV，B 级绝缘	A	6.00	9.95	9.00	10.50	1.50	1.90	日本制造电机
		C	6.40	10.60	10.00	6.00	1.56	2.00	
7	25MW，烘卷绝缘	A	9.50	15.80	17.0	−7.05	1.79	1.5	运行约 15 年，绝缘老化，α_{av} =1.86
		B	9.80	16.30	17.4	−6.30	1.78	1.4	
		C	8.00	13.30	14.9	−10.70	1.86	1.6	
8	1.5MVA，11kV，B 级绝缘	A	8.4	13.95	15.0	−7.0	1.79	1.8	运行约 35 年，日本制造电机 α_{av} =1.67
		B	10.0	16.60	16.5	10.6	1.50	2.0	
		C	9.4	15.60	9.4	5.45	1.74	2.0	
9	2.7MVA，6.3kV，A 级绝缘	A	6.0	9.95	9.4	5.85	1.57	2.0	运行约 26 年，日本制造电机
10	1MVA，3.3kV，A 级绝缘	C	3.5	5.8	5.5	5.45	1.57	2.16	运行约 33 年，日本制造电机
11	4.5MVA，5.25kV，烘卷绝缘	B	6.5	10.8	10.0	8.0	1.54		运行约 26 年，绝缘老化

（27-50）及从图 27-46 可求得 α 系数的平均值为 $\alpha_{av}=1.679$，其变化范围从 1.5～1.851，表明采用式（27-50）计算整相绕组瞬时击穿电压的预测值是适宜的。

（三）单线圈（或线棒）的预测值 U_b 与实测值 U_{bs}

利用更换电机定子绕组绝缘的机会，在定子铁芯槽内和槽外，实测了单线圈的绝缘击穿电压 U_b，其试验方法同五（二）项。测量结果如表 27-12 所示。

表 27-12 列出了电机容量从 1000～15000kW，电压等级为 3～15.75kV，运行年限最长有 36 年的各种绝缘结构型式的线圈共 750 只的试验结果。由它们绘制的 $U_b=f(U_{Pi2})$ 的关系如图 27-47 所示。图中圆黑点（·）为实测值，叉（×）为预测值。由该图求得 α

系数的平均值为 $\alpha_{av}=2.37$，变化范围从 2.364～2.375。表明采用式（27-50）计算单线圈瞬时击穿电压的预测值也是适宜的。但是，当绝缘受机械损伤时，则 U_b 的实测值下降（表 27-12 项序 15、16），致使 α 值下降至 1.6 左右。

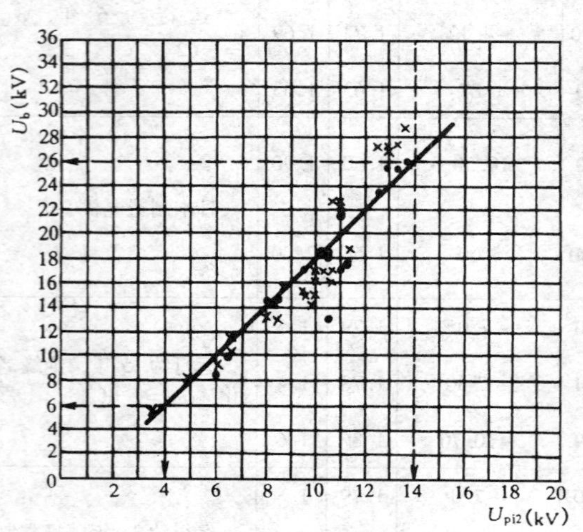

图 27-46　整相绕组 $U_b=f(U_{Pi2})$ 的关系曲线

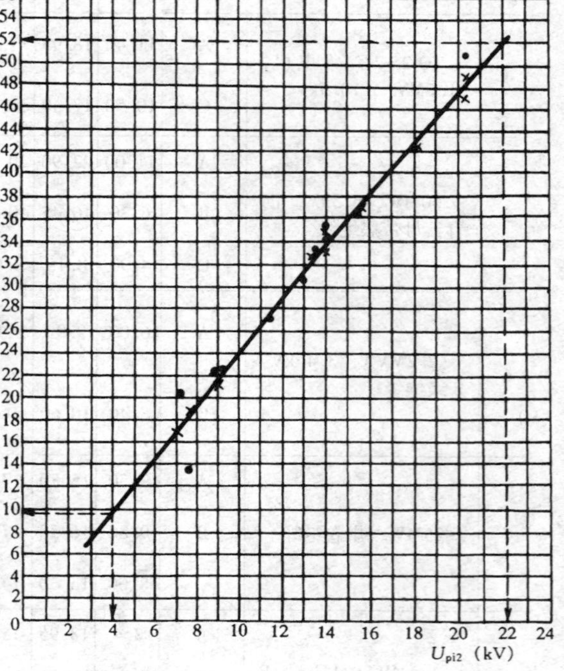

图 27-47　单绕组 $U_b=f(U_{Pi2})$ 的关系曲线

表 27-12　单线圈瞬时击穿电压的预测值 U_b 和实测值 U_{bs}

项序	试验线圈 类别	试验线圈 额定电压（kV）	各种电压（kV） U_{i2}	U_b	U_{bs}	$\frac{U_b-U_{bs}}{U_{bs}}\times100$（%）	α_{av}（变化范围）	m_2	说明
1	B 级烘卷绝缘	6.30	7.15	16.90	20.10	－15.90	2.80		运行约 26 年，槽内 58 只线圈的平均值
2	B 级烘卷绝缘	6.30	8.86	20.95	22.10	－5.20	2.49		槽外 17 只线圈的平均值
3	沥青云母带黑绝缘	6.30	9.27	21.85	22.60	－3.30	2.44		槽外 14 只线圈的平均值
4	沥青云母带黑绝缘	6.00	20.37	47.80	51.30	－6.80	2.53		槽外 105 只电动机线圈平均值
5	粉云母带黄绝缘	6.00	20.71	49.00	59.89	－18.20	2.89		槽外 50 只电动机线圈平均值
6	沥青云母带黑绝缘	15.75	29.30	69.20	67.20	2.98	2.29（2～2.53）	1.15	运行 8 年，7 只线圈的平均值
7	B 级烘卷绝缘	6.30	14.05	33.20	33.70	－1.48	2.40（2～2.7）	2.44	140 只线圈的平均值
8	沥青云母带黑绝缘	6.00	13.75	32.50	33.10	－1.81	2.41（2～2.7）	1.69	143 只电动机线圈的平均值
9	虫胶云母绝缘	6.30	15.80	37.30	37.48	－0.48	2.37（2.1～2.74）	2.40	11 只电动机线圈的平均值

续表

项序	试验线圈		各种电压（kV）			$\frac{U_b-U_{bs}}{U_{bs}}\times 100$（%）	α_{av}（变化范围）	m_2	说明
	类别	额定电压（kV）	U_{i2}	U_b	U_{bs}				
10	沥青云母带黑绝缘	6.30	14.10	33.25	33.04	0.63	2.34（2.1~2.63）	2.2	10只线圈的平均值
11	沥青云母带黑绝缘	6.30	14.65	34.80	35.65	-2.38	2.4（2.1~2.81）	1.6	15只线圈的平均值
12	沥青云母带黑绝缘	6.00	13.14	31.00	30.95	0.16	2.4（2.2~2.6）	2.55	4只电动机线圈的平均值
13	B级烘卷绝缘	10.50	15.84	37.30	36.61	1.88	2.3（1.6~2.85）		运行18年，6只线圈的平均值
14	B级烘卷绝缘	10.50	11.60	27.40	26.50	3.40	2.28		运行15年，绝缘老化
15	B级烘卷绝缘	5.25	7.86	18.55	12.75	45.49	1.62		绝缘有裂纹，15只线圈的平均值
16	沥青云母带黑绝缘	13.80	18.15	42.8	30.0	42.67	1.65		绝缘有裂纹，两只线圈的平均值
17	A和B级绝缘	3~11	运行最长时间36年，$\alpha_{av}=2.25$，变动值±0.24，变动系数为10.7%						日本11种线圈78只的平均值
18	A和B级绝缘	3~11	运行9~36年，$\alpha_{av}=2.38$，变动值±0.29，变动系数为11.2%						日本6种线圈74只的平均值

第十二节　应用超低频电压进行大型发电机定子绕组的绝缘试验

随着发电机单机容量增长，大型发电机定子绕组对地的电容量越来越大。在进行50Hz（或称工频）交流高压试验时，所需电源设备的容量很大。如对1280MVA的大型发电机，所需试验装置的容量约650kVA。这样大容量的试验装置，投资大，调压困难，并且笨重不易搬运。因此，为了适应绝缘试验的需要，应探求一种新的试验电压及其装置，以满足大型机组绝缘试验的要求。

我国采用了超低频0.1Hz的交流电压，对电机定子绕组进行了绝缘试验，其优点如下。

（1）采用0.1Hz的交流电压，对电机定子绕组进行绝缘试验时，理论上，因其容抗比50Hz的大500倍，会使试验装置的容量大为减小，接近于直流试验所需的容量；

（2）0.1Hz的交流电压，在夹层绝缘中引起的介质损失较小，所以，在重复进行高压试验时，促使绝缘老化的积累效应较小；

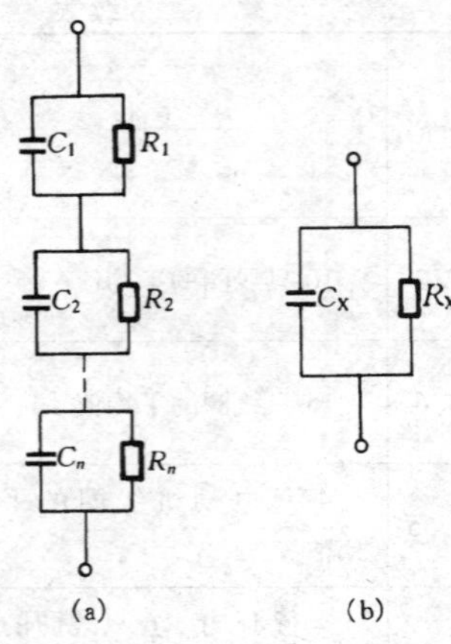

图 27-48　定子绕组夹层绝缘体的等值电路
(a) 绝缘体的等值电路；
(b) 单元等值电路
C_1、C_2、…、C_n—等效电容；
R_1、R_2、…、R_n—等效电阻

(3) 在 0.1Hz 的交流电压下，电机定子绕组端部绝缘承受的电压较高，因此，它比 50Hz 的交流电压，更容易查出端部的绝缘缺陷；

(4) 在 0.1Hz 的交流电压下，其电容电流较 50Hz 交流的小，因此，产生滑闪放电时的能量较小，对定子绕组端部半导体防晕层的损伤较小。

现就 0.1Hz 和 50Hz 的交流电压，在电机夹层绝缘中的特性作如下对比分析。

一、0.1Hz 的交流电压在夹层绝缘中的特性

(一) 电压分配

试验结果表明，超低频 0.1Hz 的交流电压在夹层绝缘中是按电容分配的。现说明如下。

电机定子绕组夹层绝缘体的等值电路如图 27-48 所示。在单元等值电路中［图 27-48 (b)］的等效阻抗为

$$Z = \frac{R_X}{1 + j2\pi f C_X R_X} \tag{27-52}$$

若 $2\pi f C_X R_X \gg 1$ 时，则

$$Z = \frac{1}{2\pi f C_X} \tag{27-53}$$

上两式中　R_X——夹层绝缘体的单元等效电阻；
C_X——夹层绝缘体的单元等效电容；
f——试验电源频率。

从式 (27-53) 看出，当频率 f 一定时，阻抗 Z 仅决定于电容 C_1。这样简化的近似误差与 $2\pi f C_X R_X$ 值的大小有关。即

$2\pi f C_X R_X = 10$ 时，近似误差为 0.5%
$2\pi f C_X R_X = 50$ 时，近似误差为 0.02%
$2\pi f C_X R_X = 100$ 时，近似误差为 0.005%

对常用绝缘材料实测的结果表明，当电源频率在 0.1～100Hz 范围内时，$2\pi f C_X R_X$ 的值，即$\frac{R_X}{X_C}$均大于 10，而且在 50～100 的范围，如图 27-49 所示。该图为大型高压旋转电机，常用绝缘材料的 R_X、C_X、$2\pi f C_X R_X = \frac{R_X}{X_C}$随频率变化的曲线。由此可见，0.1Hz 的电压在夹层绝缘中的电压分配，如同 50Hz 的电压一样，也即按电容 C_X 分配。误差约在 0.5% 以内，这在工程上是容许的。

(二) 气隙电晕放电

根据 0.1Hz 交流电压在绝缘体中电晕放电的实测结果，绘出了在 0.1Hz 和 60Hz 电压

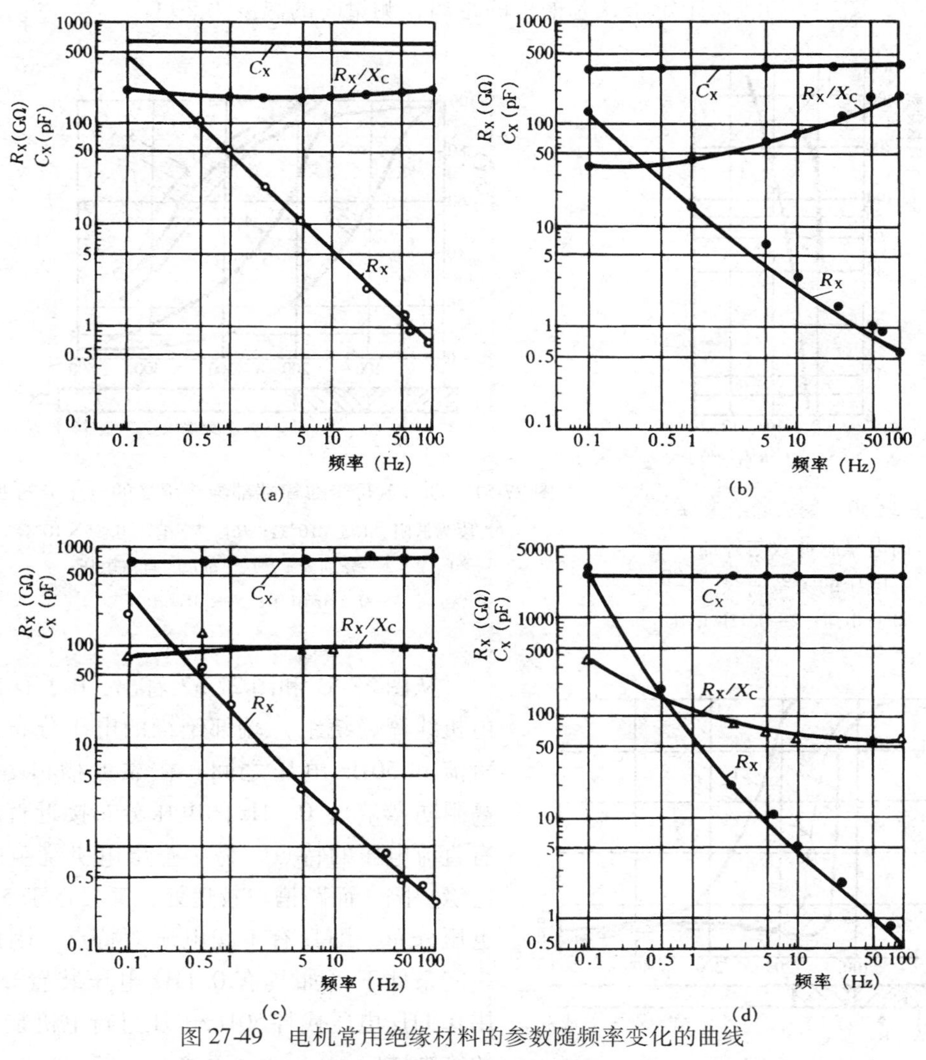

图 27-49　电机常用绝缘材料的参数随频率变化的曲线

（a）云母系统 A；（b）云母系统 B；（c）云母系统 C；（d）清漆

下，每周期内的电晕放电脉冲数与外加电压的关系曲线，如图 27-50 所示。从图中查得在 9kV（峰值）电压时，0.1Hz 电压下，每周期内的电晕放电脉冲数约为 35 次，在 1min 内则为 210 次（35 ×6），而 60Hz 电压的约为 350 次，在 1min 内则为 126 万次（350 × 3600），二者之比约为六千分之一，即表明在相同电压和 1min 时间内，0.1Hz 电压的放电损耗仅有 60Hz 电压的六千分之一。所以，用 0.1Hz 电压进行电机绝缘试验时，在绝缘中的损耗比用 60（或 50）Hz 电压试验时小得多。

（三）定子绕组端部绝缘电压分布

对额定电压为 13.8kV 电机的两种线棒，在直流、0.1Hz 交流和 50Hz 交流电压下，分别测量了线棒端部绝缘承受的电压分布。图 27-51 为两级防晕结构沥青云母带线棒端部绝缘承受的电压分布曲线。图 27-52 为三级防晕结构环氧粉云母带线棒端部绝缘承受的电压分布曲线，图中 l 为线棒距定子铁芯槽口的距离，测量时的温度为 20℃。

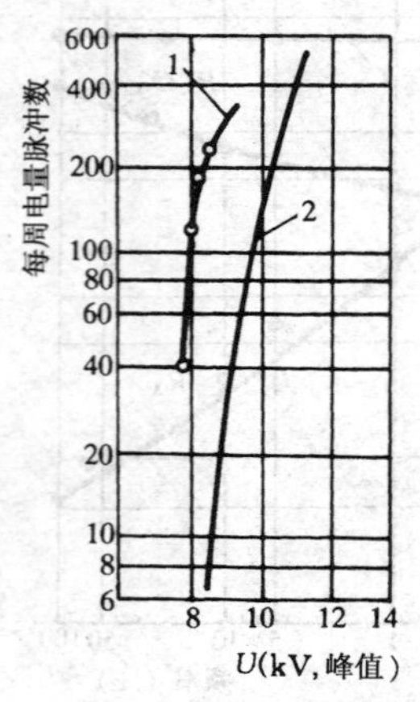

图 27-50　聚乙烯绝缘每周电晕脉冲数与外加电压的关系曲线

1—60Hz 电压；2—0.1Hz 电压

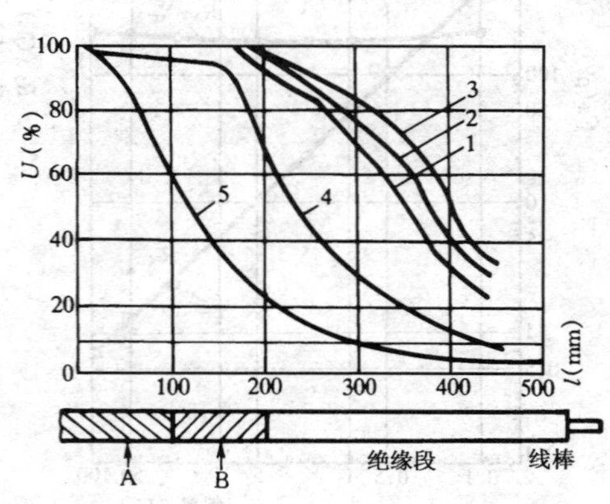

图 27-51　沥青云母带线棒端部绝缘承受的电压分布曲线

（A 段为低阻：$1.3\times10^{3}\Omega$，B 段为高阻：$0.85\times10^{8}\Omega$

1、2、3—分别为 1、2、3min 的直流电压；

4—0.1Hz 电压；5—50Hz 电压

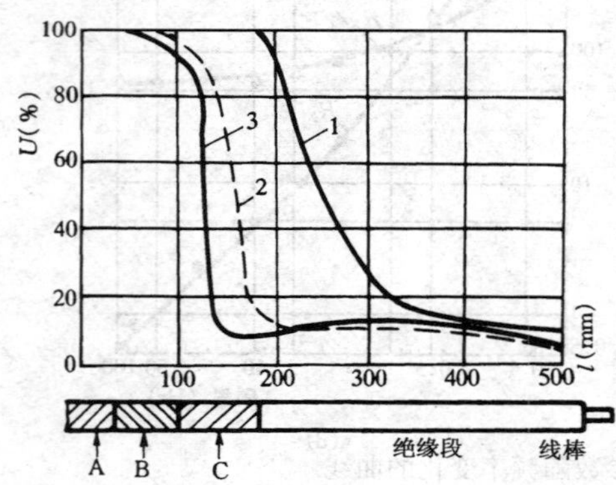

图 27-52　环氧粉云母带线棒端部绝缘承受的电压分布曲线

（A 段为低阻：$2.2\times10^{3}\Omega$；B 段为中阻：$5\times10^{6}\Omega$；C 段为高阻：$2\times10^{11}\Omega$）

1—直流电压；2—0.1Hz 电压；3—50Hz 电压

从图 27-51 和图 27-52 看出，0.1Hz 电压在电机线棒（绕组）端部绝缘的电压分布，界于直流和 50Hz 电压之间。在靠近槽口处（中、高阻防晕带），0.1Hz 的电压分布接近直流，具有直流电压的特点，易于查出电机绕组端部的绝缘缺陷。而距槽口较远处，又接近于 50Hz 的电压分布，即具有工频电压的特点。因此，在一定条件下（如具有 0.1Hz 电压装置），可以用 0.1Hz 电压代替 50Hz 电压进行电机定子绕组的绝缘试验。

（四）选取等效电压

用 0.1Hz 电压进行电机的绝缘试验，与用直流电压一样，同样具有其电压要与 50Hz 电压等效的换算系数，即通常称的等效系数 β 值。它是分别用上述两种电压在查出绝缘缺陷有效性相同之下，由 0.1Hz 击穿电压的峰值 U'_{max} 与 50Hz 击穿电压的峰值 U_{max} 之比确定的，即

$$\beta=\frac{U'_{max}}{U_{max}} \tag{24-54}$$

式中　β——0.1Hz 和 50Hz 电压的等效系数。

实测结果表明，β 值与电机采用的绝缘材料、结构及其老化程度等因素有关，变化范围约为 1.15～1.7。现在普遍采用的值为 1.15～1.2，如表 27-13 所示。

用 0.1Hz 交流电压，对电机定子绕组进行绝缘试验时，其试验电压由式（27-55）计算，即

$$U'_{\max} = \sqrt{2}\beta K U_{n} \tag{24-55}$$

式中 $U'_{\max}$——0.1Hz 试验电压的峰值，(kV)；

β——0.1Hz 和 50Hz 电压的等效系数，取 1.2；

K——50Hz 试验电压的倍数，通常为 1.3～1.5；

U_{n}——电机定子绕组额定电压，(kV)。

二、0.1Hz 电压发生装置

0.1Hz 电压发生装置，按其输出 0.1Hz 电压的波形来区分，有正弦波和三角波两种；按获取 0.1Hz 电压装置的原理和结构来区分，有机械分频式、电子式以及电阻分压式等多种。下面介绍一种机械分频式的 0.1Hz 电压发生装置。该装置主要是由调制变压器 TR、升压变压器 TT、机械分频器 FP 和测量仪表 P 等部件所组成，其原理接线如图 24-53 所示。现分别叙述各部件的作用及其工作原理。

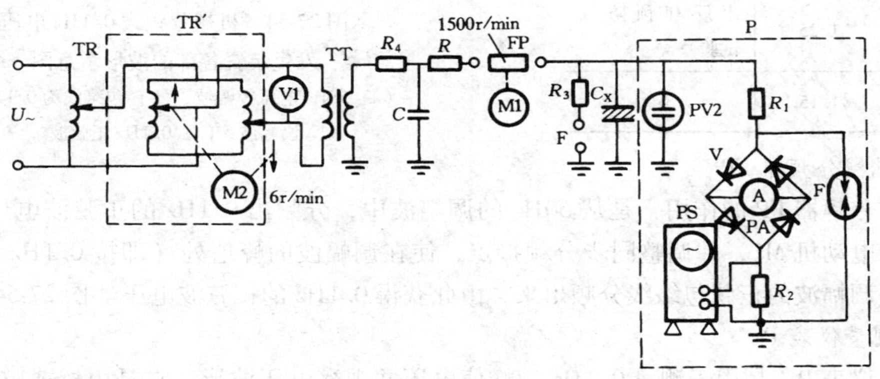

图 27-53 机械分频式 0.1Hz 电压发生装置的原理接线

R_4—保护电阻；C_X—被试品；F、R_3—球隙及其保护阻尼电阻

1. 调制变压器 TR′

调制变压器 TR′的作用，是将 50Hz 电压的等幅波变成调幅波。各部的波形示意图如图 27-54 所示。它是将由调压器 TR 输入的 50Hz 电压的等幅波［见图 27-54（a）］，经低速电动机 M2，带动 TR′的滑动触点作匀速直线往复运动，并将其运动点的轨迹，随时间轴 t 展开，即成正弦曲线。由此实现将 50Hz 的等幅波电压，变成按 50Hz 调制的调幅波电压［见图 27-54（b）］。

2. 升压变压器 TT

升压变压器 TT 的作用，是将按 50Hz 调制的调幅波电压升高，以达到所需要的试验电压值。

表 27-13　采用（或推荐）的β值

国　别	β值的范围	应用说明
中国	1.20	
美国	1.15	对运行中的电机
瑞典	1.20	对新电机
日本	1.15～1.20	
国际大电网会议（CIGRE）	1.15～1.20	推荐值
瑞典 ASEA 公司	1.6～1.7 1.2～1.3	新绝缘 出厂试验
前苏联	1.25	出厂和预防性试验
英国	1.15	

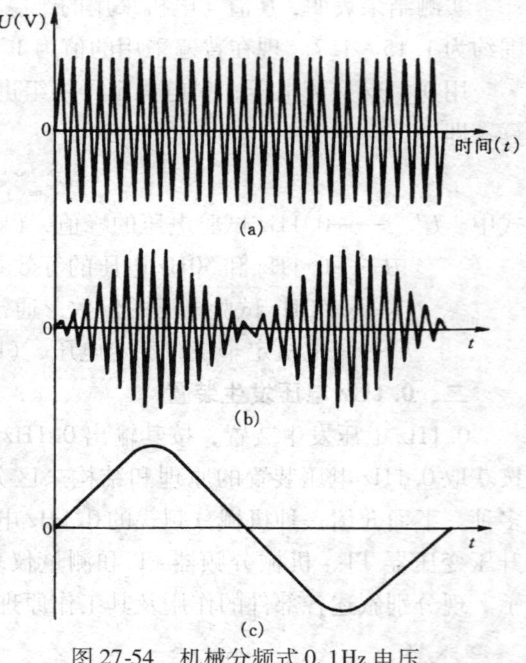

图 27-54　机械分频式 0.1Hz 电压发生装置各部的波形示意图

（a）50Hz 电压等幅波；（b）包络线为 0.1Hz 的调幅波；（c）0.1Hz 正弦波

3. 机械分频器 FP

机械分频器 FP 的作用，是从 50Hz 的调幅波中，分频出 0.1Hz 的正弦波电压。它是利用同步电动机 M1，并调整同步分频接点，使在调幅波的峰值处（即按 0.1Hz 包络线）接通，将调幅波的正弦包络线分频出来，由此获得 0.1Hz 的正弦波电压［图 27-54（c）］。

4. 测量仪表 P

测量仪表 P，是用于测量 0.1Hz 的峰值电压并观察电压波形。它是由桥式整流器 V、微安表 PA、超低频示波器 PS、电阻分压器 R_1（600MΩ）和 R_2（150kΩ）、静电电压表 PV2 以及放电管 F 所组成。

5. RC 阻容回路

RC 阻容回路的作用，是为了减小分频器在重负荷分频时的火花而设置的。试验时，可根据火花大小调试选用，一般 R 约为 5kΩ，C 约为 4000～6000pF。

6. 测量 0.1Hz 电压

测量超低频 0.1Hz 的电压，一般可采用峰值电压表。若无峰值电压表时，也可以采用经过校验的电阻分压器和微安表配合测量。其校验可按图 27-55 的接线进行。首先按图 27-55（a）接线，由升压变压器 TT 升高的电压，经过高压二极管 V 整流成直流后，对球隙 F 施加直流电压，此时调节不同的球隙距离，即可由静电电压表 PV 测量其最低的放电电压（每一球隙距离要求五次放电电压一致）值。然后，再按图 27-55（b）接线，并对应于图 27-55（a）试验时的不同球隙距离，施加 0.1Hz 的电压，又测量出球隙的最低放电电压值，同时读取微安表 PA 的指示数。此时，各相应球隙的最低放电电压峰值即为图 27-55（a）中用静电电压表 PV 测量的直流电压值。所以，由这两种试验所测得的各相应的球隙最低放电电压和微安表的值，如表 27-14 所示。由此可绘出 0.1Hz 电压与微安表指示值的关系曲线，如图 27-56 曲线 1 所示。图中曲线 2 是采用直流电压，校验电阻分压器（R_1、R_2）时所测取的电压与微安表的读数值。即对电阻分压器施加不同的直流电压时，所读取的相应微安表的指示数。该曲线可以起到校对曲线 1 准确度的作用，从图上看出两者基本上是一致的。有了曲线 1 后，在用 0.1Hz 电压进行电机定子绕组的绝缘试验时，用该分压器和微安表，即可按微安表的指示值，查得相应的 0.1Hz 峰值电压的数值。

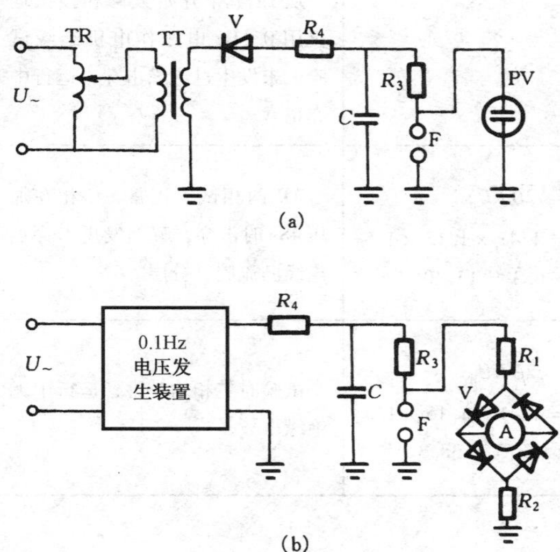

图 27-55　校验电阻分压器的试验接线
（a）对球隙 F 施加直流；
（b）对球隙 F 施加 0.1Hz 电压
C—稳压电容，约 4000pF；$R_1 \sim R_4$—同图 27-53

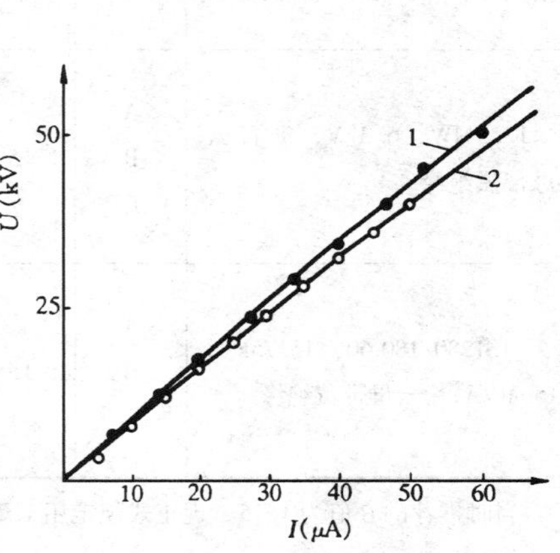

图 27-56　电阻分压器的 $U=f(I)$ 的关系曲线
1—$U'_{max}=f(I)$；2—$U_-=f(I)$

表 27-14　电阻分压器的校验数据

球隙距离（mm）	3	5	7	9	11	13	15	17	19
施加直流（或 0.1Hz）电压时，球隙的最低放电电压峰值（kV）	6.25	12.00	17.63	23.90	29.20	34.00	40.00	45.25	50.70
施加 0.1Hz 电压球隙放电时，电阻分压器微安表的指示数（μA）	7.0	14.0	20.0	27.5	34.0	40.0	47.0	52.0	60.0

三、现场试验

应用 0.1Hz 电压装置，按图 27-53 接线，由式（27-55）计算电压，进行电机整相绕组的绝缘试验时，检出了部分绝缘缺陷，如表 27-15 所示。

表 27-15　应用 0.1Hz 电压进行电机绕组绝缘试验的结果

项序	试验机组	机组号与相别	采用 β 值①	试验电压峰值（kV）	说明
1	TS-854/156-40，72.5MW，13.8kV 1～3 号机为沥青云母带黑绝缘，4～8 号机为粉云母带黄绝缘	1～3 号机绝缘较差	1.15	$U'_{max}=\sqrt{2}\beta KU_n$ $=1.41\times1.15\times1.5\times13.8=33.6$	检出了 1、3 号电机的绝缘缺陷
		4～8 号机绝缘较好	1.15	33.6	4～8 号电机试验时正常，运行中无绝缘事故
2	TS 1350/135-96，60MW，13.8kV，2954A　粉云母带黄绝缘，5 号机为 B-F 级绝缘	A B C	1.15	33.6	从 1977 年开始大修和预试均仅用 0.1Hz 电压作电机绝缘试验，未发生过绝缘击穿，运行中亦正常
3	12.5MW，6.3kV，沥青云母带黑绝缘	A B C	1.15	$U'_{max}=\sqrt{2}\beta KU_n$ $=1.41\times1.15\times1.5\times6.3=15.40$	AB 两相试验正常，C 相在加压 48s 时击穿，解剖发现击穿点绝缘已流胶、分层
4	TS1280/180-60，15.75kV，150MVA，粉云母带黄绝缘	A B C	1.15	$U'_{max}=\sqrt{2}\beta KU_n$ $=1.41\times1.15\times1.5\times15.75=38.3$	试验时三相均正常，运行中无绝缘事故

①　当时推荐的 β 值为 1.15，现正式规定用 1.2。

四、说明

虽然 0.1Hz 的电压频率和电机的实际运行频率不同，但它在绝缘中的电压分配和 50Hz 电压基本一致，误差小于 0.5%，在工程上是容许的。所以，目前有条件的或因受试验设备容量所限者，可以用 0.1Hz 电压代替工频耐压试验，以便在试验中进一步总结经验。

第十三节　发电机定子绕组端部振动模态试验分析

大型汽轮发电机制造初期，由于对定子绕组端部在机械上的可靠固定和防止两倍频电磁振动造成的危害问题重视不足，安装运行后，一些定子绕组端部振动的磨损大，发生了不少绕组短路、漏水、股线断裂等事故。事实表明，发电机定子绕组端部槽内固定、端部支撑、绑扎固定不牢、工艺不满足要求，特别是当绕组端部的固有频率接近 100Hz 时，运行中就可能因振动大而引发事故。在绕组端部谐振的情况下，即使较小的激振力也会诱发较大的振动，往往使机组投运后不久就出现端部绝缘磨损。

随着发电机运行时间的延长，定子绕组线棒绝缘、绑绳、垫块、支架等绝缘材料在机组的运行振动和受热以及电磁力作用下，绝缘和机械强度会逐渐降低；因振动而磨损，绑扎紧固之间的连接紧度也会松弛改变，所以定子绕组的振动特性也随之发生变化，其端部固有频率渐呈下降的趋势。运行多年的机组原先模态正常，固有频率远离100Hz，由于绕组端部动态特性的改变，使模态频率可能下降接近100Hz，且出现椭圆振型，所以在检修中检测监视这些变化很有必要。发电机定子绕组端部结构复杂，端部漏磁场受周围金属构件的影响而使其分布也非常复杂，很难精确计算绕组端部的电磁力，在制造阶段也无法准确预知实际运行时的振动响应，有的新机就呈现椭圆振型且模态频率接近100Hz，因而在新机投运和改动发电机端部绑扎固定结构时，预先掌握定子绕组端部的动态特性是十分必要的。在大型发电机新机交接、大修受到短路冲击、更换线棒、改变定子绕组端部固定结构或必要时，应对定子绕组端部进行动态特性测量。

一、定子绕组端部振动特性试验方法

发电机定子绕组端部振动特性的测量根据方式的不同有两种方法，一是径向随机激励，另一种是锤击法激励。径向随机激励是在端部线棒上安装激振器，然后在不同测点拾取振动信号，得到各测点的传递函数，可以采用柔性安装支架例如用橡皮绳将激振器悬挂，激振器通过测力杆和力传感器相连。锤击法激励是用力锤敲击绕组端部结构，提供一个瞬态的冲击力，每敲一次相当于线棒输入了一个有一定带宽的包含各种频率成分的信号，拾取各测点的振动响应得到端部各测点的传递函数，经模态分析软件分析得到端部绕组整体的模态频率、振型和阻尼等参数，对各测点传递函数的进一步分析得到各测点的固有频率值。在现场测量中，激振器的安装很不方便，并且与锤击法相比，不能全面地获得端部的各阶模态，所以现场一般采用锤击法测试定子绕组端部的振动特性。

发电机定子绕组端部振动特性测试项目包括定子绕组整体模态试验、定子绕组鼻端接头固有频率测量、定子绕组引出线和过渡引线固有频率测量，现将这些试验的测点布置及试验方法分别介绍如下。

1. 定子绕组端部整体模态试验

在汽侧和励侧定子绕组端部锥体内截面上，取3个圆周，如图27-57所示，在每一圆周上的测点应沿圆周均匀布置且数量不少于定子槽数的一半。采用锤击法（一点激振多点响应法和多点激励一点响应两种方法均可），推荐采用一点激振多点响应法，用力锤定点敲击定子绕组端部上某点，向绕组端部提供一个瞬态的冲击力，动态信号分析仪拾取绕组端部上各测点的径向（可加测切向和轴向）的振动响应，再经模态分析软件分析处理，得到定子绕组端部整体的模态频率、振型和阻尼等模态参数。推荐按圆周1～3（见图27-57）的顺序测量。测得圆周1的数据后，可根据分析的需要，再加测圆周2和圆周3的数据。

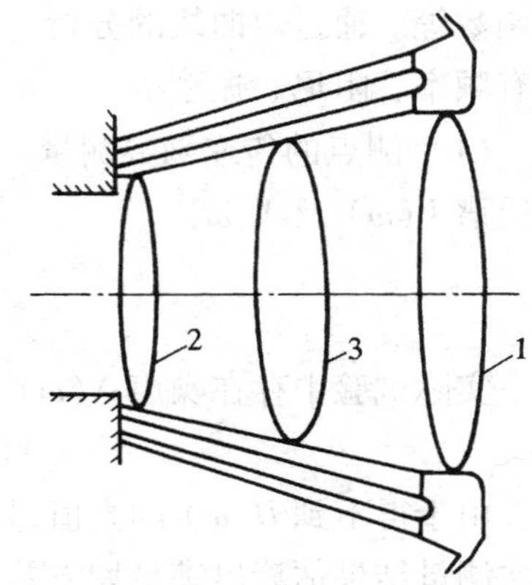

图27-57 定子绕组端部模态试验测点布置图

圆周1—定子绕组端部鼻端接头各测点组成的圆周；圆周2—定子绕组的槽口部位各测点组成的圆周；圆周3—定子绕组端部渐开线中部各测点组成的圆周

2. 定子鼻端接头、引出线和过渡引线固有频率测量

定子鼻端接头测点沿图27-57的圆周1布置，测量

定子绕组所有鼻端接头的固有频率；在定子绕组引出线和过渡引线的固定薄弱处适当布置若干测点。用力锤分别敲击定子绕组鼻端接头、引出线和过渡引线，测量相应测点的振动响应，经动态信号分析仪分析得到相应部位的瞬态激励频率响应函数，在瞬态激励频率响应函数的幅频特性曲线上，最大值处对应的频率即为各测点的固有频率值。

二、定子绕组端部振动特性测试系统组成

发电机定子绕组端部振动特性测试系统由便携式工业控制计算机、力锤、加速度传递器、电荷放大器、信号采集板及振动测试软件包组成。

1. 传感器和信号的处理

冲击式力锤带有压电式力传感器，为防止锤击线棒损伤绝缘和一定的频率带宽要求，力锤的顶帽采用橡胶材料，力锤还应具有足够的质量，以便能激起端部绕组的各阶模态，推荐采用5kN 冲击力的力锤。发电机振动特性只考虑在100Hz 附近的有关参数，因而要求力脉冲的频带宽至少为0～200Hz。加速度传感器采用压电式结构，用以测量绕组端部各测点的径向、切向和轴向的加速度响应。激振力信号和加速度响应信号与电荷放大器连接，将传感器产生的正比于力和加速度响应的电荷量转化为电压信号，经抗混滤波后，再输入信号采集卡进行数字量化处理，分析软件将采集的信号进行数学处理并显示振动分析结果。

2. 信号的分析与处理

绕组端部振动的大小，很大程度上与端部固定结构的机械阻抗有关，阻抗能说明振动系统接近谐振的程度，在谐振时，很小的激励就能引起较大的振动，分析端部绕组的固有频率是从分析端部结构的机械阻抗（或机械导纳）开始的。所谓频域内的传递函数就是机械导纳，通过试验得到一组频域内的曲线：幅频曲线、相频曲线、实频和虚频曲线、相干函数等。通过对曲线的分析，可以获得表征端部线棒绑扎结构振动特性的有关参数，如固有频率、阻尼、振型等。

（1）测点的传递函数测量。激振力信号及线棒振动加速度信号 $X(t)$ 经 FFT 变换得到傅氏谱 $F(\omega)$ 及 $X(\omega)$

$$H(\omega)=\frac{X(\omega)}{F(\omega)}$$

实际试验中存在噪声 $N(\omega)$，因而测得的响应为

$$X(\omega)=H(\omega)F(\omega)+N(\omega)$$

由于得不到 $H(\omega)$ 的真值，只能得到频响函数的估值 $H(\omega)$。可以利用最小二乘法对多次测量结果估算出满足均方差最小的频响函数估计值。

（2）参数识别。从试验得到的传递函数 $H(\omega)=\frac{X(\omega)}{F(\omega)}$ 中可以找到系统的固有频率，对应于幅频曲线上极值的频率 ω 一般可以认为是结构的固有频率。实际上，线棒端部阻尼较大，固有频率在幅频图上并不恰好对应于导纳的极值点，应结合相干函数和相频曲线来综合判断。

端部结构的整体频率，振型测量采用固定激励点，可通过改变测量位置来获得定子

绕组端部各测点的机械导纳函数。端部结构的整体拟合首先将全部测点的频响函数幅频特性曲线进行平均后，得到一条集总平均曲线，集总平均曲线上的极值点是模态的可能性最大，因为它基本上每个测点的幅频曲线上都存在。通过参数的识别得到了一组描述发电机端部结构的模态参数，即一组固有频率、模态阻尼以及相应于各阶模态的振型数据，这些振型的数组难以引起对发电机振动的直观想象，所以采取活动振动的办法，将各测点的振动叠加到原始的测点布置的几何形状上去形成一组直观的振动图形，该图形称为振型。

三、定子绕组端部固定结构的评估

定子绕组端部的固定主要有绑扎式、压板式两种结构形式。在绑扎式结构中，通过绑环、支架、层间垫块等，用涤玻绳、无纬玻璃丝带等把上下层线棒固定联接在一起。而压板式结构则用绝缘压板将端部线棒固定在绝缘支架上，压板之间的线棒用玻璃丝带扎紧。两种结构形式的端部结构都是将上下层线棒牢固地固定在绝缘支架上，再将绝缘支架固定在铁芯的压圈上。因此固定良好的定子端部绕组应该具有很好的整体性，不应该出现局部模态。随着发电机运行时间的增加，端部结构在长期电、热、机械振动等因素的作用下，会出现整体或个别线棒的振动特性的改变，引线部分特别是过渡引线，长度较长，可能会有局部模态存在。实测结果表明，个别线棒或引线的固有频率接近100Hz，长期的运行都没有发现异常，当然这并不能说这些线棒的频率接近谐振频率而没有什么危害，实际上由于线棒及支架本身的质量及阻尼较大，局部处理这些线棒所起的作用往往不明显，真正对发电机端部绕组造成危害的是其整体模态频率接近两倍电网频率。试验表明，在绕组端部有较明显的磨损现象的机组，其端部都不同程度地存在整体谐振情况，并且其振型不同，造成的磨损程度也有明显不同。

1. 绕组端部结构的受力振动

定子铁芯处在气隙磁场中，承受着与电磁强度成正比的电磁力作用，这个电磁力有切向和径向两个分量，其交变部分能引起铁芯两倍频的电磁振动。空载时绕组中没有电流，线棒仍有较大的振动，这部分振动就是由铁芯引起的，其中切向力产生的振动要比径向力产生的振动小得多。

绕组在槽内部分的载流导体，受到垂直于槽壁的横向磁场作用而产生径向的作用力，由于主磁场主要通过磁阻较小的齿和槽，径向磁场很小，因而槽内线棒产生的切向力是很小的。绕组端部处在漏磁场中，因其形状复杂，漏磁场分布也很复杂，因而绕组端部的受力很难准确计算。总之，绕组端部不仅承受着自身在漏磁场中的电磁力作用，还受到槽内部分和定子铁芯传来的振动，其中径向力是振动的主要来源。随着负荷的增加，由于旋转力矩的作用，铁芯各部件之间产生更为紧密的联结，来自铁芯的振动会有所减小，定子电流在漏磁场中产生的电磁振动成为端部振动的主要因素。端部绕组所受的电磁振动力的频率为电网频率的2倍。

2. 端部振动特性分析

定子绕组端部试验模态分析得到了端部的固有振动特性参数，如固有频率、阻尼、振型。定子绕组端部振动参数与绕组内是否通水以及通水温度等因素有关。

（1）线棒温度对端部模态的影响。发电机在运行中，铁芯、线棒的温度高于环境温度，并随负荷的变化而有所改变。发电机运行后，机内温度升高，线棒的绝缘、绑绳，以及各种适形材料受热后，端部整体的刚度降低。模态频率呈下降的趋势，而阻尼会有所上升，阻尼上升会减小实际振动的振幅。发电机运行时，100Hz 以上的模态因温度的影响而下降，可能恰好落入谐振范围内。试验表明，温度对模态频率影响较大，一般影响 5～10Hz 左右，不同结构型式的机组其影响也不同，例如氢气冷却的发电机，其定子绕组端部处在氢气冷却介质中，端部的冷却条件比空冷机组要好，这要根据发电机的端部结构和冷却方式对试验结果进行具体分析。

（2）内冷水对端部模态的影响。绕组内通入内冷水，相当于增加了端部结构的质量，端部模态频率会有所下降，大约下降 1～3Hz 左右。

（3）绝缘老化对端部模态的影响。运行多年的发电机，线棒绝缘、绑绳、槽内紧固件因振动磨损、老化等原因，各部件之间的连结紧度会有所降低，机械强度、弹性也逐年下降，因而端部模态频率随发电机的运行呈下降趋势，在大修检查这些变化是很有必要的。

（4）引线对端部模态的影响。发电机定子绕组的六根引出线在励磁机侧，汽侧的绕组端部在结构上是轴对称的。励侧由于引线、固定结构比汽侧复杂，过渡引线一般呈半圆型，固定在绝缘支架的背部，它无形中起到加强整个端部固定的作用。汽励两侧由于结构上的不同，其模态也就存在着差异。但它们有直接的联系，因而两侧的模态又互有影响。定子绕组端部振动磨损严重或因磨损发生事故的多在汽侧，这是由两侧固有的振动特性决定的。

评估发电机定子绕组端部固定结构，应根据试验得到的模态频率、振型以及阻尼，并综合考虑以上因素，预测端部在实际运行中的振动响应，不仅要看其模态是否接近谐振频率，还要看其振型，因为对相同的模态频率，不同的振型所造成的危害程度是不同的。

定子绕组端部的振动特性试验，对引线和各线棒的鼻端应特别注意。除了对端部绕组的整体模态分析外，还要分析这些点的固有频率。引线和鼻端是事故的易发点，鼻端对用水冷却的定子绕组来说就是水电接头部位，因振动疲劳而断股或漏水的事故时有发生，因而考核它的固有频率是否远离 100Hz 具有特别的意义。

为确保绕组端部运行的安全，绕组端部的鼻端接头、引出线和过渡引线的固有频率需避开 94～115Hz 的范围，绕组端部的整体模态频率不得落入 94～115Hz，尤其不得出现此频段范围的椭圆振型。

四、实例

一台 QFQS-200-2 型发电机，在大修中发现汽侧端部#37 至#45 槽（A 相）槽楔大部分松动，部分脱落，固定支架与铁芯压圈的接触面有黑色泥状物，励端#17 槽楔部分松动，#29 槽 3～20、25 段松动，#9、#17 绝缘支架与压圈结合面有黑色泥状物。汽侧#42 线棒 3、4、5 段槽楔部位在槽口处因振动磨损绝缘发生接地。为此在定子绕组端部修复前后进行了模态试验，其试验结果如表 27-16、27-17 所示。

表 27-16　　重打槽楔处理接地线棒前后汽励两端整体实模态测量结果

部位	阶数	汽侧						励侧					
		模态频率（Hz）		模态阻尼		模态振形		模态频率（Hz）		模态阻尼		模态振形	
		处理前	处理后	处理前	处理后	处理前	处理后	处理前	处理后	处理前	处理后	处理前	处理后
水电接头部位	1	101.96	70.72	3.316	4.452	椭圆	混合	92.47	71.11	4.452	4.452	晃动	混合
	2	117.59	83.69	1.882	4.152	三瓣	晃动	97.33	95.86	3.360	4.452	晃动	呼吸
	3	137.64	101.97	2.621	3.070	四边	椭圆	129.2	107.58	2.076	4.056	椭圆	四边
	4	162.24	116.22	2.428	2.771	梅花	三角		118.87		1.926		四边
	5	190.43	135.96	1.636	2.322	混合	四边		133.11		4.452		混合
	6		153.24		2.076		梅花		139.34		2.278		呼吸
端部绕组中间部位	1	66.44	39.28	4.452	1.75	混合	混合	55.81	64.65	4.452	4.452	混合	混合
	2	105.94	102.01	4.452	4.54	混合	混合	89.58	108.13	4.452	4.452	混合	混合
	3	153.38	130.79	2.322	5.82	椭圆	呼吸	121.4	138.37	4.452	4.452	呼吸	呼吸
	4		153.33		2.89		椭圆	149.29	157.59	2.375	2.225	混合	晃动
槽口部位	1	99.78	102.47	4.452	4.56	混合	混合	90.51	67.37	4.452	4.452	呼吸	混合
	2	132.99	133.47	3.360	5.94	混合	混合	122.11	108.34	4.452	4.452	呼吸	混合
	3	157.70	153.19	2.032	2.95	晃动	椭圆	139.48	142.40	4.452	4.452	呼吸	呼吸
	4							156.20	167.71	2.322	1.926	混合	椭圆

表 27-17　　定子绕组通 65℃内冷水前后模态试验结果

部位	阶数	通热水			通冷水		
		模态频率（Hz）	模态阻尼	模态振形	模态频率（Hz）	模态阻尼	模态振形
汽侧水电接头部位	1	50.22	4.452	呼吸	96.29	3.211	
	2	67.91	3.858	晃动	99.68	2.375	
	3	89.76	4.452	椭圆	112.56	3.413	
	4	99.94	4.452	椭圆晃动	133.17	2.524	
	5	119.07	3.114	四边	148.03	1.829	
	6	179.00	1.979	混合	177.95	1.583	
汽侧端部绕组中间部位	1	70.00	4.452	呼吸			
	2	94.66	4.452	混合			
	3	147.81	2.964	椭圆			
	4	188.87	1.636	三瓣			

由表 27-16、27-17 可知，重打槽楔处理接地线棒前后，汽侧存在 102Hz 左右的模态，

并且水电接头部位模态振型为椭圆，由于接近两倍电网频率，在运行中有较大的谐振振幅，这是造成槽楔松动脱落、绝缘支架与压圈结合面磨损和造成定子接地的主要原因。励端虽然也存在108Hz左右的模态，但其振型不是椭圆，励端的振动磨损比汽端要轻得多。定子绕组通65℃内冷水后，汽侧水电接头部位频率下降较大。

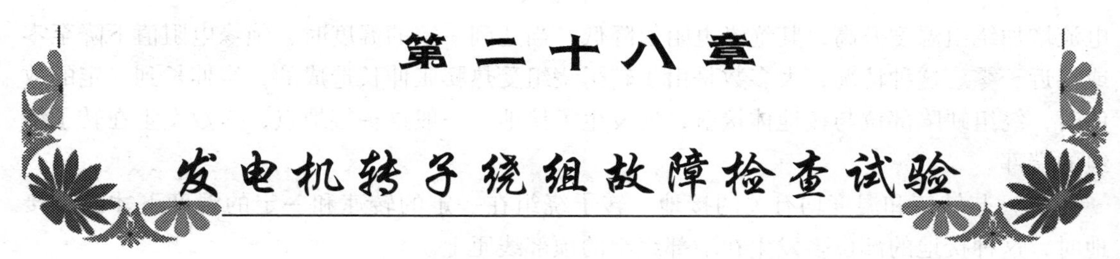

第二十八章 发电机转子绕组故障检查试验

第一节 转子绕组接地故障检查试验

一、转子绕组接地的危害和分类

（一）接地的危害

发电机转子绕组发生一点接地后，虽然仍能运行，但不安全。因为在这种情况下，若又发生另一点接地时，即构成了两点接地。此时，可能烧损转子绕组、铁芯或护环；同时，还可能引起机组强烈振动和转子轴磁化等。所以当转子绕组发生一点接地时，应迅速采取措施，将其两点接地保护投入，或停机处理，消除故障，使其恢复正常运行。

严禁水轮发电机转子绕组带一点接地运行，因为一般水轮发电机的转子直径较大，定、转子之间的气隙较小。此时，若再发生另外一点接地，产生的单边磁拉力可能使发电机振动值急剧增大，不仅超过允许数值，甚至会造成转子擦伤定子铁芯的故障。

（二）接地的分类

转子绕组的接地故障，按其接地的稳定性，可分为稳定和不稳定接地；按其接地的电阻值，可分为低阻接地（金属性接地）和高阻接地（非金属性接地）。

1. 稳定接地

稳定接地，是指转子绕组的接地与转速、温度等因素均无关，这种接地容易测试和消除。

2. 不稳定接地

不稳定接地，可分为下列几种情况。

（1）高转速时接地。当发电机转子静止或低速旋转时，转子绕组的绝缘电阻值正常。但是，随着转速升高，其绝缘电阻值降低，当达到一定的转速时，绝缘电阻值下降至零或接近于零。这种情况，大多数是由于在离心力的作用下，绕组被压向槽楔底面和护环内侧，致使有绝缘缺陷的线圈发生接地。这类接地点多数发生在槽楔和两侧护环下的上层线匝上，因为转子旋转时最上层的线匝承受的离心力最大。

（2）低转速时接地。当发电机的转子静止或低速旋转时，转子绕组的绝缘电阻值为零或接近于零。但是，随着转速上升，其绝缘电阻值有所增高，当达到一定的转速时，绝缘电阻上升到正常数值。这种情况，大多数是由于在离心力的作用下，线圈离开槽底压向槽面，致使接地点消失。一般这类接地点多数发生在槽部的下层或槽底的线匝上。

（3）高温时接地。当发电机转子绕组的温度较低时，其绝缘电阻值正常。但是，当电流增加绕组温度升高，其绝缘电阻值降低。当达到一定的温度时，绝缘电阻值下降至零或接近于零。这种情况，大多数是由于转子绕组受热膨胀伸长造成的，当伸长到一定的数值时，绕组缺陷部位与接地体接触，便发生了接地。一般这种接地点，多数发生在转子绕组的端部。

（4）与转速和温度均有关的接地。转子绕组在一定的转速和一定的温度下才出现接地时，这种接地的部位多发生在端部绕组的顶部线匝上。

二、一点稳定接地的诊断方法

当发电机转子励磁回路发生一点稳定接地时，应首先通过测量正负滑环的电位，判断接地点位置。当测量两个滑环对轴（地）的电位为异极性时，接地点位于两滑环之间的绕组内。当两个滑环对地的电位为同极性时，接地点位于两滑环以外的励磁回路。当判定接地点在绕组内时，可应用下列方法进一步诊断。

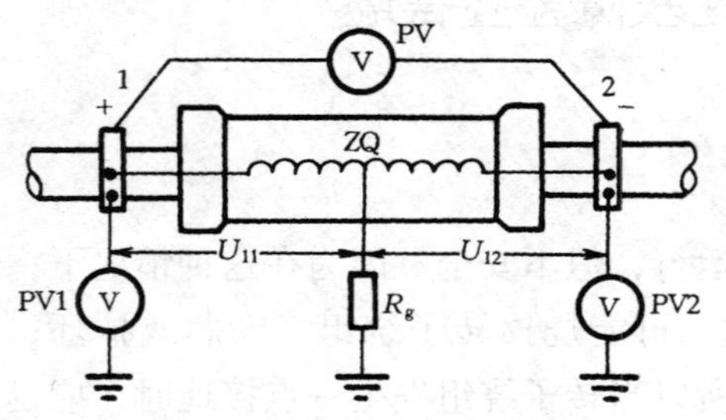

图 28-1　用直流压降法测量接地电阻的试验接线

（一）直流压降法

采用直流压降法，经过推算，能确定接地点在转子绕组中距滑环大概距离，其试验接线如图 28-1 所示。

在转子绕组的两端滑环 1、2 上，施加直流电压后，由电压表 PV、PV1、PV2 分别测量出 U、U_1 和 U_2，可列出如下关系式

$$U = U_{11} + U_{12} = (R_V + R_g) \cdot \frac{U_1}{R_V} + (R_V + R_g) \cdot \frac{U_2}{R_V} = \frac{R_V + R_g}{R_V}(U_1 + U_2)$$

整理，得

$$R_g = R_V\left(\frac{U}{U_1 + U_2} - 1\right) \tag{28-1}$$

式中　U——在两滑环间测量的电压（绝对值，V）；

U_1——正滑环对轴（地）测量的电压（绝对值，V）；

U_2——负滑环对轴（地）测量的电压（绝对值，V）；

R_g——接地点的接地电阻（Ω）；

R_V——电压表的内阻（Ω）。

当 R_g 为零时，接地点距正负滑环的大概距离，可按式（28-2）计算，即

$$\left.\begin{aligned} l_+ &= \frac{U_{11}}{U_{11} + U_{12}} \times 100\% = \frac{U_1}{U_1 + U_2} \times 100\% \\ l_- &= \frac{U_2}{U_{11} + U_{12}} \times 100\% = \frac{U_2}{U_1 + U_2} \times 100\% \end{aligned}\right\} \tag{28-2}$$

式中　l_+、l_-——接地点距正、负滑环的距离（线圈长度）与转子绕组总长 l_Σ 的比值。

因为转子绕组的总电阻 $R_\Sigma = \rho\frac{l_\Sigma}{S}$，当导线电阻率和截面一定时，可认为 $K = \frac{\rho}{S}$。因

此，绕组的总电阻与其总长度成正比，即 $R_{\Sigma}=kl_{\Sigma}$。测量时，因流经转子绕组的电流 I 为一定值，其电压降与相应的电阻成正比。所以，$U=IR_{\Sigma}=Ikl_{\Sigma}$，同理，$U_{11}=Ikl_1$，$U_{12}=Ikl_2$。所以，接地点距正滑环的大概距离（百分数）为

$$l_+=\frac{U_{11}}{U_{11}+U_{12}}\times 100\%=\frac{l_1}{l_1+l_2}\times 100\%=\frac{l_1}{l_{\Sigma}}\times 100\%$$

同理可求得

$$l_-=\frac{l_2}{l_{\Sigma}}\times 100\%$$

即

$$l_1=l_+\cdot l_{\Sigma};\quad l_2=l_-\cdot l_{\Sigma} \tag{28-3}$$

式中 l_1、l_2——分别为接地点距正、负滑环的大概距离（线圈长度）；

l_{Σ}——转子绕组总长度。

由式（28-2）和式（28-3）计算出 l_1、l_2 后，即可分析确定接地点的大概位置。当采用直流压降法测量时，要注意下列三点：

（1）要用同内阻、同量程的电压表测量 U、U_1 和 U_2。电压表的内阻不应小于 $10^5\Omega$（使用量程的总内阻）。

（2）要用铜布刷在滑环上直接测量电压，以减小误差。测量的两滑环对轴（地）电压之和（U_1+U_2），不应大于两滑环间的电压（U）；当 R_g 约为零时，$U\geqslant U_1+U_2$；否则，要查明引起测量误差的原因。

（3）测量时必须退出两点接地保护，并采取技术措施，防止试验回路发生另一点接地。

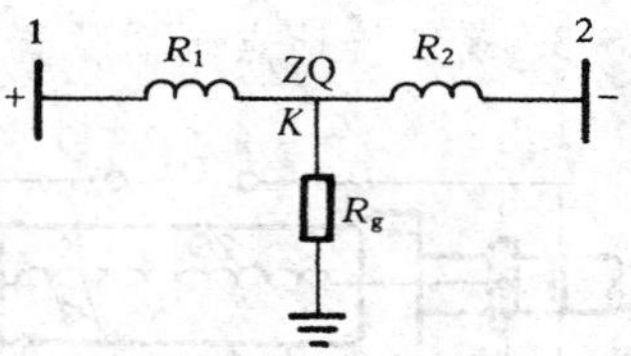

图 28-2 用电阻比较法测量接地电阻的试验接线

R_1、R_2—接地点 K 距正、负滑环的电阻；R_g—接地电阻；ZQ—转子绕组

2. 直流电阻比较法

直流电阻比较法，与直流压降法的原理基本一样，其试验接线如图 28-2 所示。用单、双臂电桥分别测得电阻 R_{12}、R_{1g} 和 R_{2g} 值后，即可求得

$$R_1=\frac{R_{12}-R_{2g}+R_{1g}}{2}$$

$$R_2=\frac{R_{12}-R_{1g}+R_{2g}}{2}$$

所以

$$\left.\begin{aligned}l_+&=\frac{R_1}{R_1+R_2}\times 100\%\\ l_-&=\frac{R_2}{R_1+R_2}\times 100\%\end{aligned}\right\} \tag{28-4}$$

而接地点的电阻为

$$R_g=\frac{R_{1g}-R_{12}+R_{2g}}{2} \tag{28-5}$$

式（28-4）和式（28-5）中　R_{12}——正、负滑环间电阻；

R_{1g}——正滑环对轴（地）电阻；

R_{2g}——负滑环对轴（地）电阻；l_+、l_-和 R_g 的意义同式（28-1）和式（28-2）。

求出 l_+和 l_-值后，便可由式（28-3）确定接地点距正、负滑环距离 l_1 和 l_2。

用直流电阻比较法测量时，接线必须紧固，以使测量准确。测量前应先用万用表初测电阻的数值，再用电桥准确测量。

当测得接地电阻 R_g 值为几欧以下的稳定接地时，则可直接用大电流法查找接地点。若测得的电阻 R_g 值较高，则可先按图 28-13 的接线（图中电流表 PA 作监视烧穿接地点的电流用；灯泡 H 作限流和在烧穿时发亮信号用；熔断器 FU 作保护用，以避免电流持续时间过长，烧损转子部件），用工频电流将接地点烧穿，使接地电阻 R_g 降至几欧后，再用大电流法查找。在烧穿过程中，通入的电流要尽量小些，如还不能烧穿接地点时，再按 3、5、8、10A 几种电流逐渐增加至烧穿为止，但一般应不大于 10A。每次通电流的持续时间为 3～5min。烧穿接地点后要迅速切断电源，以防止将转子铁芯、槽楔或护环局部烧损。

将高电阻接地降低至低电阻稳定接地后，可用下列方法确定接地点的具体位置。

3. 确定接地点轴向位置的方法

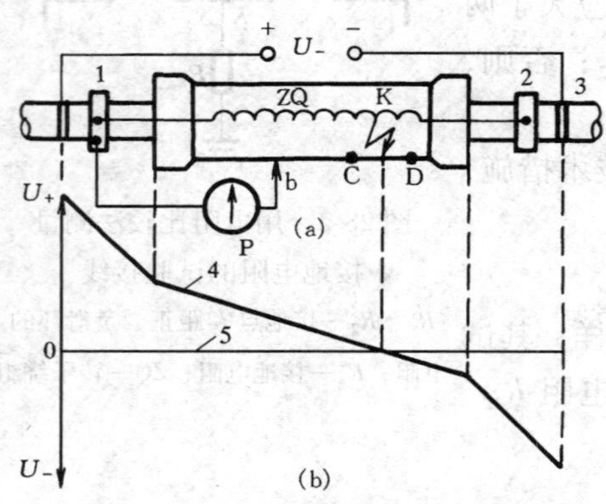

图 28-3　用大电流法查找接地点轴向位置的试验接线

（a）试验接线；（b）电位分布

用测量接地点距滑环的距离来计算绕组长度，确定接地点的位置，有时误差较大。而用大电流法直接查找接地点的轴向位置比较准确，其试验接线如图 28-3 所示。现将查找方法介绍如下。

在转子本体 3 两端轴用抱箍压紧，通入较大的直流电流，电流越大，其灵敏度越高。如对于 50MW 的发电机转子，需通入 500～1000A 的电流。此时，沿转子轴长度的电位分布，将如图 28-3 中曲线 4 所示，而与转子轴绝缘的滑环（1、2）和绕组 ZQ，其电位与接地点的电位相同，如图 28-3 中的直线 5 所示。所以，在测量时只需将检流计 P 的一端接滑环 1，另一端接探针 b，并将探针沿转子本体轴向移动，监视着检流计的指示，当移动到检流计的指示值为零（或接近于零）时，该处即为绕组接地点 K 所在断面的轴向位置。

测量时，由于所加的电流值、检流计灵敏度以及接地电阻值的不同，而会出现不同的零值区。例如，当探针从左侧开始向右移动到 C 点时，检流计的指示值为零；而当探针从右侧开始向左移动到 D 点时，检流计的指示值亦为零，则实际的接地点约在 C、D 两点中间的 K 点。

4. 确定接地点径向位置的方法

查找接地点径向位置的试验接线，如图 28-4 所示。其查找方法如下。

用抱箍压紧，将直流电流加在转子本体的两个磁极（或称大齿）上，其电流不小于500A，将检流计P的一端接滑环1，另一端3沿着转子上已确定接地点轴向位置的圆周移动，找出检流计指示值为零的点。若有两个点检流计的指示为零时，应将直流电源 U_{-} 改换位置，即改加至与磁极中心线垂直的两个对称的小齿上进行试验，再找出检流计指示为零的点。前后两次零值重合处，即为接地点K的径向位置。轴向与径向接地点截面的交线，即为接地点的具体槽位。然后，按下述方法找出接地线匝。

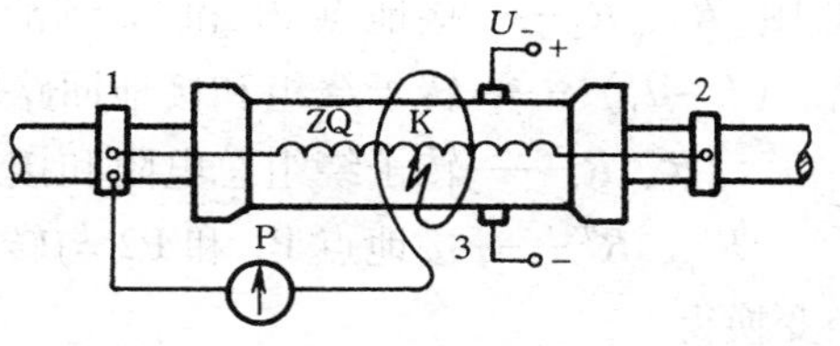

图28-4　查找接地点径向位置的试验接线

取下转子护环后，对转子绕组ZQ施加直流，用电压表测量接地槽线圈每匝对轴（地）的电位，当电压表指示值为零（或接近于零）时的线匝，即为接地线匝。

需指出，在转子轴上施加直流大电流时，要注意两点。其一，在转子轴上施加500～1000A的电流时，接线与轴要接触紧密、牢固，防止烧损转子轴；其二，施加的直流不得突然断开，严防过电压损坏转子绕组绝缘。为此，在转子轴上施加直流时，必须将连接转子绕组的两滑环（1、2）短路。

此外，对于凸极发电机的转子绕组，当其发生一点接地时，可对绕组施加直流，用电压表测量磁极线圈每匝对轴（地）的电位，当电压表指示值为零（或接近于零）时的线匝，即为接地的线匝。

三、两点稳定接地的诊断

转子绕组在运行中因各种原因可能发生两点接地。如某电厂一台4H5674/2型发电机，运行中因空气冷却器水量不足，使定、转子温度升高达200℃以上，造成转子两侧端部各套线圈之间固定垫块的定位铜片在线圈面匝上焊接点的焊锡熔化，烧穿了护环下的扇形绝缘瓦，致使线圈对护环形成两点接地。在未判定为两点接地前，若仍用上述寻找一点接地的方法测试，可能误判断接地点，其原因分析如下，并提出诊断两个接地点位置的正确方法。

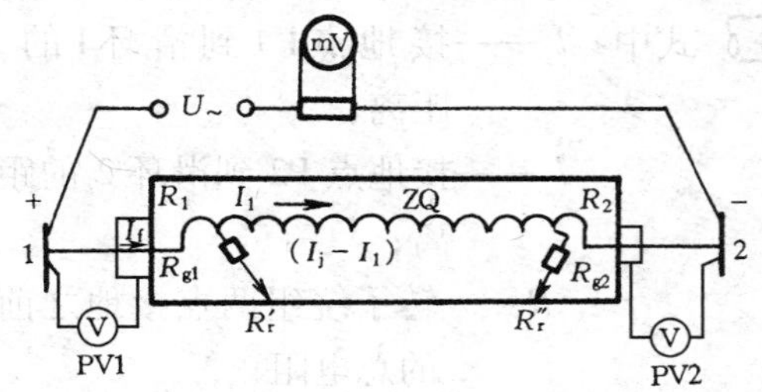

图28-5　两点接地时测量滑环间与滑环对地电压的接线

（一）两点接地时 U_{12}、U_1 和 U_2 之间的关系

当转子绕组出现两点接地时，采用图28-5接线测量滑环间的电压 U_{12} 和滑环分别对两端轴（地）电压 U_1 和 U_2，U_{12}、U_1、U_2 均为绝对值。当接地点的电阻为 R_{g1}、R_{g2} 时，由图28-5可列出如下方程式

$$\left.\begin{aligned} U_{12} &= I_f R_1 + I_1(R - R_1 - R_2) + I_f R_2 \\ \text{或}\quad U_{12} &= I_f R_1 + (I_f - I_1)(R_{g1} + R_r + R_{g2}) + I_f R_2 \end{aligned}\right\} \tag{28-6}$$

$$U_1 = I_f R_1 + (I_f - I_1) R_{g1} \tag{28-7}$$

$$U_2 = I_f R_2 + (I_f - I_1) R_{g2} \tag{28-8}$$

式中　R_1、R_2——接地点 P1 和 P2 到滑环 1 和 2 之间的绕组电阻；

I_f、(I_f-I_1) ——转子绕组和接地回路电流；

R、R_r——转子绕组总电阻和接地点与转子本体之间的等值电阻；

R'_r、R''_r——接地点 P1 和 P2 与转子对应端部轴颈之间的等值电阻。

经变换得

$$U_{12}-(U_1+U_2)=R_r(I_f-I_1) \tag{28-9}$$

式（28-9）表明，当转子绕组发生两点接地时，两滑环之间的电压与两滑环对地电压之和的差恒大于零，与接地电阻数值大小无关，其 $R_r(I_f-I_1)$ 刚好是轴上两接地点之间的电位差，其大小与接地点之间的距离和 I_f 与 I_1 的差值有关，这与转子绕组一点接地，且接地点电阻不为零时相同。而一点接地时，$U_{12}-(U_1+U_2)$ 的数值与接地电阻数值大小有关。因此，不能用计算一点接地的方法确定两点接地。

（二）确定两个接地点位置的方法

如上所述，当转子绕组发生两点接地时，即使 R_{g1} 和 R_{g2} 的数值均不为零，U_{12} 亦恒等于 (U_1+U_2)。因此，此时若根据 U_1/U_{12} 或 U_2/U_{12} 计算接地点的位置将是不妥的，容易发生误判断。此时，应采取措施将 R_{g1} 和 R_{g2} 的数值降至零或接近于零，于是由式（28-7）和式（28-8）得 $R_1=\dfrac{U_1}{I_f}$ 和 $R_2=\dfrac{U_2}{I_f}$，即

$$l_1=\frac{R_1}{R}l_\Sigma \tag{28-10}$$

$$l_2=\frac{R_2}{R}l_\Sigma \tag{28-11}$$

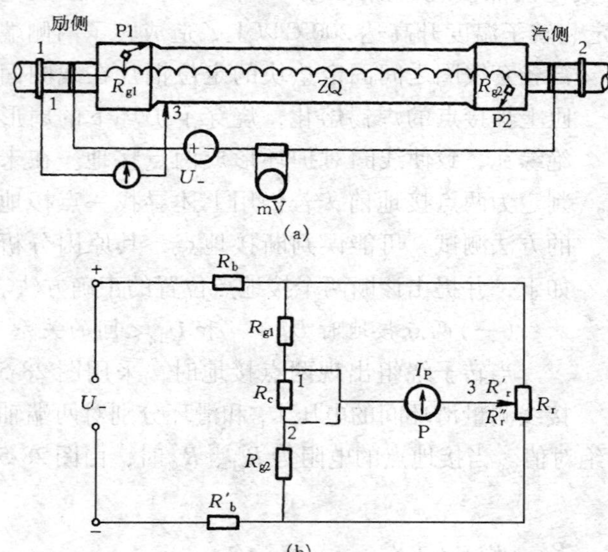

图 28-6　查找两个接地点轴向位置的接线图及等值电路
（a）试验接线；（b）等值电路
R_b—电源正端到接地点 P1 的等值电阻；
R'_b—电源负端到接地点 P2 的等值电阻；
R_c—接地点 P1 和 P2 之间绕组 W 的电阻

式中　l_1——接地点 P1 到滑环 1 的距离；

l_2——接地点 P2 到滑环 2 的距离；

R——转子绕组两点接地之前的总电阻；

l_Σ——转子绕组总长度（包括到滑环的引线）。

故可得两接地点 P1 和 P2 至对应滑环之间的距离，再根据每套绕组的长度，即可确定接地点的具体位置。

这种计算法的准确度取决于 R_{g1}、R_{g2} 数值的大小和 R 和 l_Σ 数值的准确性。若 R_{g1} 和 R_{g2} 的数值均为零或接近于零、R 和 l_Σ 的数值准确，则计算接地点位置便较准确。

(三) 两点接地时用直流法诊断轴向位置的分析

转子绕组发生两点接地时，如仍按图 28-3 接线查找接地点，可绘出如图 28-6 接线图及等值电路图。

由图 28-6 可知等值电路是一单臂电桥，当检流计 P 连接的探针 3 沿转子表面 (R_r) 轴向移动时，便将电阻 R_r 分成 R'_r 和 R''_r 两部分。当电桥平衡时，得

$$\left.\begin{aligned} R_{g1}R''_r &= (R_{g2}+R_c)R'_r \\ \text{或}\quad R_{g2}R'_r &= (R_{g1}+R_c)R''_r \end{aligned}\right\} \tag{28-12}$$

此时检流计指示值为零，但对应转子表面的位置并非真实接地点所处断面，而是误判断的接地点轴向位置。

从式(28-12)电桥平衡的条件看出，误判断接地点轴向位置的影响因素有：①接地电阻 R_{g1} 和 R_{g2} 的数值；②两接地点之间绕组的距离；③检流计的接线[接滑环 1 或 2 图 28-6(b)虚线表示处]。由于这三种影响因素不同，检流计的一端沿轴向移动指零时对应的误判断位置也不同，可能靠汽轮机侧，也可能靠励磁机侧或居中部。例如，按图 28-7 接线，向转子轴通入 500A 直流，检流计的一端与滑环 1 连接，另一端探针 3 沿轴向移动。从图中测量结果看出，似乎接地点位于 10 和 11 点之间的 Pg 点。然而当拔下护环后，发现在励磁机端和汽轮机端的护环下各有一个接地点。实质上，Pg 为电桥平衡点，并非实际接地点。

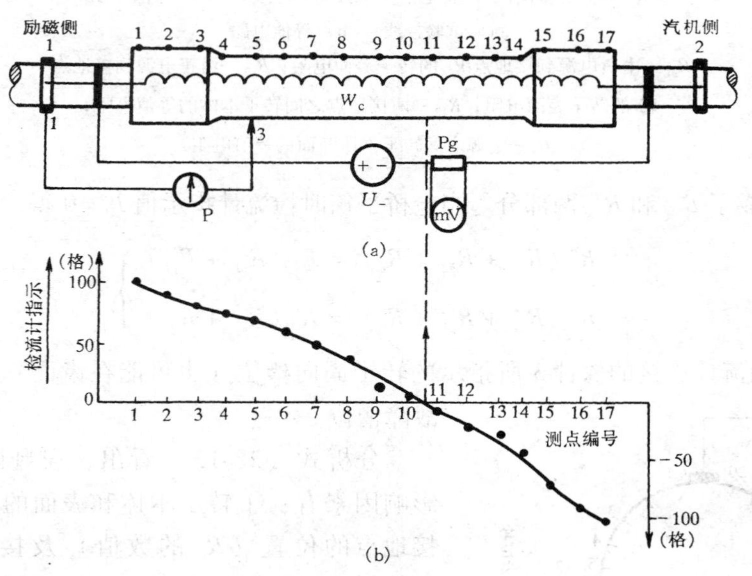

图 28-7　查找接地点轴向位置的试验接线和测量结果

(a) 试验接线；(b) 测量结果

(四) 两点接地时用直流法测量周向槽位的分析

当转子绕组发生两点接地时，参照图 28-4 接线，查找故障点周向槽位的接线图及其等值电路如图 28-8 所示。

由图 28-8 可知，等值电路相当于单臂电桥。当检流计 P 连接的探针沿转子周向移动

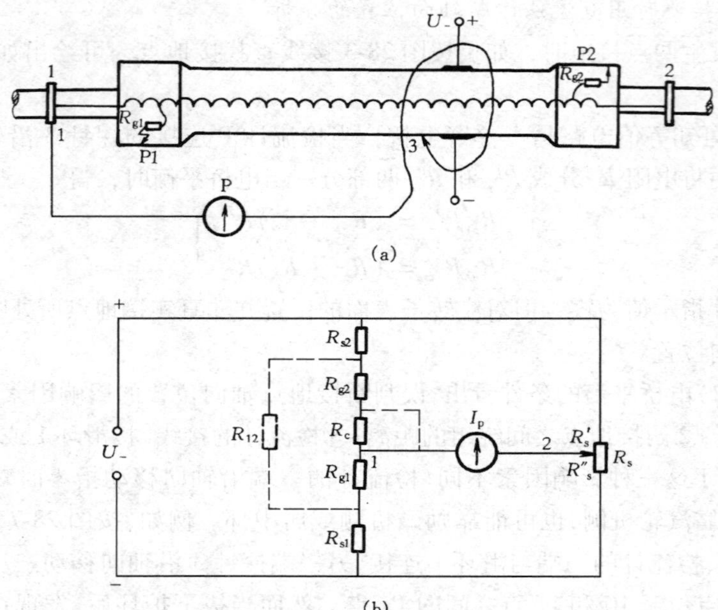

图 28-8　查找两个接地点周向槽位的接线及其等值电路

(a) 试验接线；(b) 等值电路

R_{s1}—由负电源到接地点 P1 的转子表面电阻；R_{s2}—由正电源到接地点 P2 的转子表面电阻；R_{12}—两接地点之间转子本体的等值电阻；R_s—电源之间转子本体断面的等值电阻

时，将 R_s 分成了 R'_s 和 R''_s 两部分。当电桥平衡时检流计指示值 $I_P=0$ 得

$$\left.\begin{aligned}R''_s(R_{s2}+R_{g2}+R_c)&=R'_s(R_{s1}+R_{g1})\\R'_s(R_{s1}+R_{g1}+R_c)&=R''_s(R_{s2}+R_{g2})\end{aligned}\right\}\quad(28\text{-}13)$$

或（上式第二式）

同样，检流计连接的探针 3 所指示的转子周向槽位（也可能在齿面）也并非真实的故障槽位。

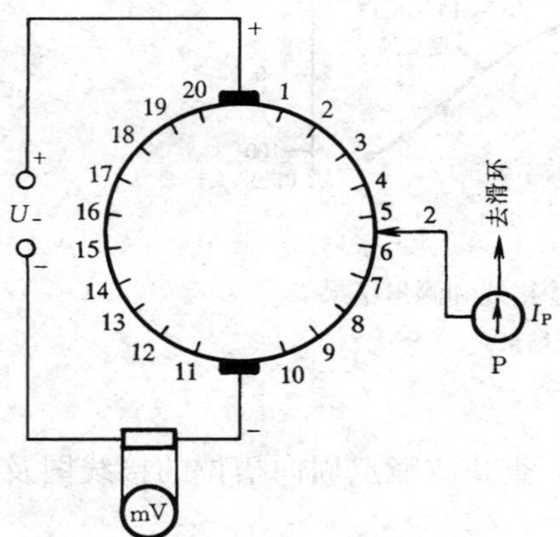

图 28-9　查找接地点周向槽位的试验接线

分析式（28-13）看出，误判断接地槽位的影响因素有：①转子本体和表面的电阻数值；②接地点的位置（R_c 的数值）及接地电阻数值；③施加在大齿上的电源位置与轴线（d 轴）之间的距离；④检流计 P 连接的滑环［图 28-8（b）上 R_c 虚线表示处］。

当按图 28-8 接线寻找转子绕组两点接地周向接地槽位时，由于上述影响因素不同，可能发生接地槽位（或齿面）的误判断。例如，采用图 28-9 的接线，诊断上述发电机转子绕组两点接地故障点的轴向断面位置。试验时，施加400A直流电流，检流计P连接的探针沿周向槽位（1~20）检测的结果示于表28-1。

由表28-1看出，接地的槽位似乎为5和17槽。但是，拔下护环后发现实际的接地点位于励磁机端第9槽和汽轮机端第2槽，并与大齿面对称的d轴的对角线上经护环接地。

表28-1　沿转子周向检测的结果

槽号	1	2	3	4	5	6	7	8	9	10
检测结果(格)	+14.0	+6.0	+3.2	+2.0	0	-1.0	-2.0	-4.0	-7.0	-11.0
槽号	11	12	13	14	15	16	17	18	19	20
检测结果(格)	-13.0	-9.0	-6.0	-5.0	-3.0	-2.0	0	+2.0	+6.0	+15.0

（五）诊断转子绕组两点接地的判据

1. 转子两端部轴颈之间存在电压

当转子绕组发生两点接地时，由于转子轴上电流影响，转子轴向方向存在电位差，在转子轴承正常情况下，转子绕组不接地或存在一点接地时，转子轴沿轴向方向不存在电位差。

2. 转子励磁电流剧增

当转子绕组发生两点金属性接地时短接了一部分线圈，励磁电流会急剧增大。例如，一台TQC6075/2型25MW发电机转子绕组发生两点接地后，当空载励磁电压为50V时励磁电流由179A增至265A，增加了48.0%。

3. 转子绕组直流电阻和交流阻抗剧减，损耗成倍增加

当转子绕组发生两点金属性接地时，如果在轴与绕组导体之间施加1.5V直流电压，则在该回路所串联的指示灯将发亮。这时用万用表测轴对地电阻为零或接近于零。如果用电桥或直流压降法测量绕组直流电阻，其数值必然剧减。例如，一台4H5674/2型12MW和一台TQC6075/2型25MW发电机转子绕组发生两点金属性接地后，测得的直流电阻数值比以往同一温度下的数值分别下降了31.8%和40.5%，而且交流阻抗也大幅度下降，损耗成倍增加。如果是一点金属性接地时，虽然也会出现上述指示灯发亮现象，然而直流电阻数值不会减小。阻抗和损耗也不会有异常变化。

如果转子绕组同时存在匝间短路，可用下述诊断匝间短路的方法判定是由于两点接地还是由于匝间短路引起的直流电阻减小。

上述转子绕组两点接地判据的有效性与转子绕组两个接地点之间的电气距离有关，即两个接地点之间的电气距离越远（短接的线圈越多），有效性越高。反之，两个接地点之间的电气距离越近（短接的线圈越少），有效性则越低。当两个接地点的电气距离彼此接近时，则较难判断。

四、水轮发电机转子绕组接地点的诊断

水轮发电机转子绕组接地点的诊断，可分以下两个步骤，即首先测定接地区域，然后再测定接地点（即判断哪一个磁极、哪一个线匝）。

1. 直流压降法

测定接地区域的接线如图 28-10 所示。试验时，向转子绕组 ZQ 通入直流电流，测量两个滑环（1、2）之间的电压 U_{12}，令 U_1 和 U_2 分别表示 1 和 2 对轴的电位，然后按下式（28-14）计算接地磁极序号。

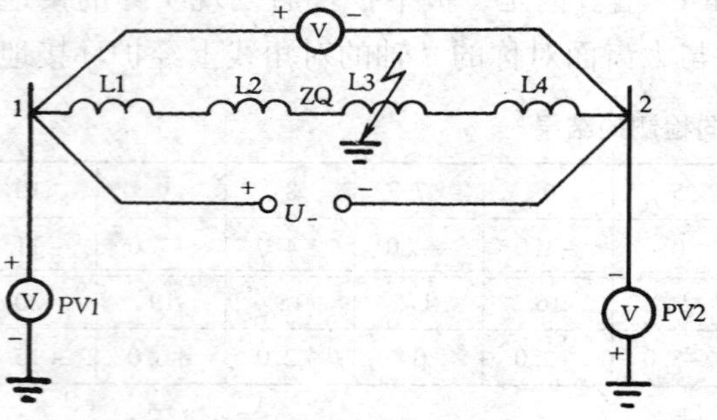

$$n = \frac{2pU_1}{U_1 + U_2}$$

或

$$n = \frac{2pU_2}{U_{12}} \quad (28\text{-}14)$$

式中 n——接地磁极号；

p——转子磁极对数。

当接地点的电阻远小于电压表的内阻时，可按式（28-14），计算接地磁极号。

图 28-10 测定磁极接地区域的接线
L1、L2、L3、L4—磁极编号

当找出接地的磁极后，抽出转子，采用图 28-11 所示接线测量接地的磁极线圈与接地匝（点）。首先，在滑环 1、2 上施加恒定直流电压 U_-，将电压表的一端接轴（地），一端接探针 3。探针 3 在接地磁极相邻两侧的极间连线上移动。当电压表的极性改变时，则表明该磁极线圈接地。然后，再将探针 3 沿接地的磁极线圈逐匝移动，电压表指示值为零的线匝，即为接地的线匝。这时，还可采用类似的方法寻找接地点，即将电压表换以灵敏度高的毫伏表或检流计，仍将其一端接地，另一端接探针沿该匝移动，表计指示值为零或最小处即为接地点。

一台水轮发电机的转子磁极线圈发生接地，接地电阻为 1kΩ。当时，向转子磁极线圈通直流电流 10A，测得 U_1 和 U_2 分别为 0.3V 和 1.7V，确定接地的磁极号为

$$n = 2p\frac{U_1}{U_1 + U'_2} = 88 \times \frac{0.3}{2.0} = 13.2$$

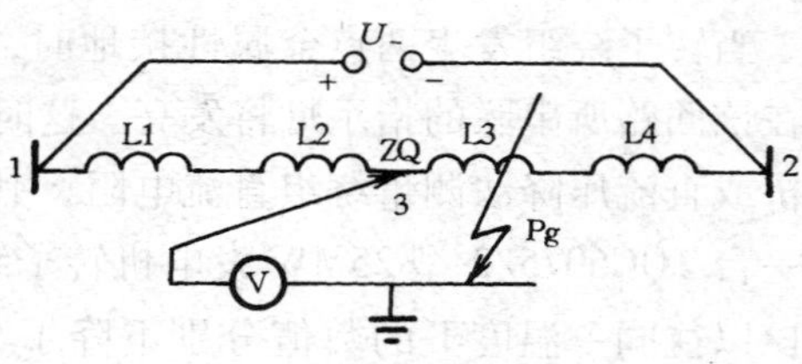

图 28-11 测定接地磁极线圈的试验接线

这表明接地点可能位于第 14 或 13 号磁极线圈。接着，用毫伏表分别测量第 14 号磁极线圈两端对地电位各为 +30mV 和 +7mV，说明接地点不在第 14 号磁极，而在第 15 或第 13 号磁极。后来，又分别测得第 15 号磁极线圈两端对地电位为 +7mV 和 −16mV，这表明接地点在 15 号磁极线圈。再根据磁极的总匝数及测量的电位数值比值，计算出接地的线匝。

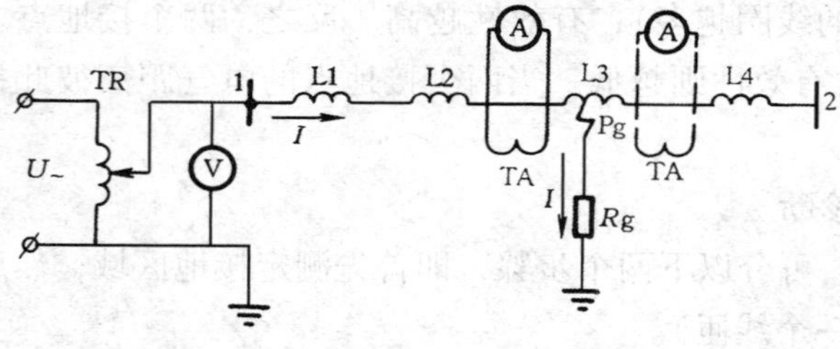

图 28-12 测量极间连线电流的接线

2. 测量极间连线电流法

测量极间连线电流法的接线如图 28-12 所示。将交流电源 $U_\sim$ 经调压器 TR 施加于转子一端滑环和地之间。由于在接地点 Pg 右侧的极间连线上没有

电流 I 流过，因此，在同一侧的电流互感器的二次侧也无电流。这种情况表明，接地点位于靠电源侧的磁极线圈。于是，再逐极向电源侧移动测量，当电流表出现指示值时，邻近连线右侧的磁极即为线圈接地的磁极。试验时，根据接地电阻 R_g 数值的大小选择相应量程的表计，所通电流数值一般为 0.5～1.0A。如果接地电阻较大，用烧穿方法未取得效果，而且故障点对地电阻值仍然较高，这时，流过极间连线的电流数值很小，用这种方法诊断效果就较差。

五、查找不稳定接地点的测试方法

对于查找不稳定接地点的测试，因不稳定接地的状况不同，可采用不同的方法将不稳定接地变成稳定接地后，再用查找稳定接地点的方法测试，下面分别叙述。

1. 转子绕组的接地仅与转速有关

对于转子绕组随转速而变化的不稳定接地，可将转子旋转至接地转速时，用直流压降法测量其接地电阻，并根据直流电阻值的大小，再采用查找稳定接地点的测试方法测量。

2. 转子绕组的接地仅与温度有关

对于转子绕组随温度而变化的不稳定接地，可将其绕组通入较大的直流，使其受热增长（膨胀）至接地状态（接地温度）时，亦采用直流压降法测量其接地电阻。然后，再采用查找稳定接地点的方法测试。

3. 转子绕组的接地与转速和温度有关

对于转子绕组随转速和温度而变化的不稳定接地，可将转子绕组在转动下加热，并用直流压降法测量其接地电阻。在发生接地的转速和温度下，加交流烧成稳定接地，其试验接线如图 28-13 所示。施加的电压 U 应不超过转子绕组的额定电压，电流以接地电阻值的大小而定（一般为 3～10A）。用电流表作监视，指示灯 H 亮时，立即断开电源开关 S。施加电压后，要注意监视是否有冒烟或焦味等异常情况。接线时应将电源地线连接转子轴，相线接至滑环 1。图中采用隔离变压器 TT、调压器 TR 分级逐步升压进行试验，这样更安全。有时为了降低交流阻抗，将相线同时加至两滑环 1、2 上（如图中虚线所示）进行试验。同时还需注意与转子轴和滑环的连线，要接触紧密、牢固。此外，在做烧穿试验时，也可用励磁机或电焊机的直流电源进行。

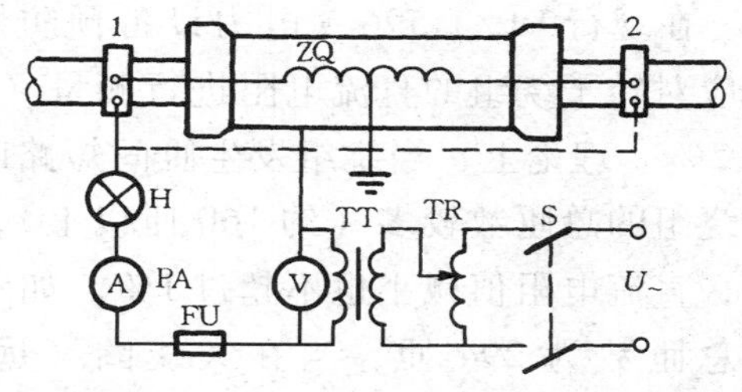

图 28-13　不稳定接地烧成稳定接地的试验接线

上述三种情况中，如有烧不成稳定接地的状态时，就要在接地情况下，采用直流压降法测量接地电阻，并计算出接地点距滑环的大概距离，然后检修将接地点消除。

第二节　转子绕组静态匝间短路故障检查试验

一、转子绕组匝间短路的原因、危害及分类

1. 匝间短路的原因

转子绕组发生匝间短路的原因，综合起来大概有制造和运行两个方面。

（1）制造方面。如制造工艺不良，在转子绕组下线、整形等工艺过程中损伤了匝间绝缘；或绝缘材料中存在有金属性硬粒，刺穿了匝间绝缘，造成匝间短路。

（2）运行方面。在电、热和机械等的综合应力作用下，绕组产生变形、位移，致使匝间绝缘断裂、磨损、脱落或由于脏污等，造成匝间短路。

2. 匝间短路的危害

当转子绕组发生匝间短路时，严重者将使转子电流增大、绕组温度升高、限制电机的无功功率；有时还会引起机组的振动值增加，甚至被迫停机。因此，当发生上述现象时，必须通过试验找出匝间短路点，并予以消除，使发电机恢复正常运行。

3. 匝间短路的分类

转子绕组的匝间短路，按其短路的稳定性可分为稳定和不稳定两种。所谓稳定的匝间短路，是指这种短路与转子的转速和温度等均无关。而不稳定的匝间短路，则与转子的转速和温度等有关，也即在高转速、低转速、高温或低温时才发生短路，或者在转速和温度同时作用下才出现短路。关于这点，与上述不稳定接地有些类似，可参照分析。

二、测量转子绕组匝间短路的方法

（一）测量转子绕组的直流电阻

在现行 DL/T 596《电力设备预防性试验规程》中规定，在交接和每次大修时，都应对转子绕组的直流电阻进行测量（冷态下），并与原始数据比较，其变化应不超过2%。理论上，当绕组发生匝间短路时，直流电阻值会减小。但一般汽轮发电机转子绕组的总匝数较多（约 160 匝以上），如果其中只有一、两匝短路，即使测量很精确，直流电阻值减小也不超过1%。如一台汽轮发电机（FG500/185ak 型）转子绕组的总匝数为 294 匝，当在大线圈（远离大齿线圈）的上层或下层两匝之间（经 292μΩ）短路时，直流电阻值仅减小 0. 389%，远未超过 2%。所以根据计算，在测量直流电阻准确的条件下，仅当绕组短路匝的数量超过总匝数的2%及以上时，直流电阻减小的数值才能超过规定值2%，并且在实际测量时还会有些测量误差。因此，比较直流电阻法的灵敏度是很低的，不能作为判断匝间短路的主要方法，只能作为综合判断的方法之一。

（二）测量发电机的空载、短路特性曲线

当转子绕组发生匝间短路时，其三相稳定的空载特性曲线与未短路前的比较将会下降；短路特性曲线的斜率也将会减小。但由于受测量精度的限制，一般在转子绕组短路的匝数超过总匝数的3%～5%时，才能在空载和短路特性曲线上反映出来。所以，其灵敏度较低，也只能作为综合判断转子绕组有无匝间短路的方法之一。

同时还应说明，因空载特性曲线与发电机的转速有关，并且是非线性函数，在测量时因转速不同会造成一定的误差，而短路电抗和短路电势，均与转速成正比。一般在1/3 额定转速以上时，短路电流 I_k 即与转速无关，因而避免了由于转速不同而引起的测量误差。所以，一般采用比较短路特性曲线作为判断转子绕组有无匝间短路，比空载特性曲线准

确。

（三）测量转子绕组的交流阻抗和功率损耗

测量转子绕组的交流阻抗和功率损耗，与原始（或前次）的测量值比较，是判断转子绕组有无匝间短路比较灵敏的方法之一。这是因为当绕组中发生匝间短路时，在交流电压下流经短路线匝中的短路电流，约比正常线匝中的电流大 n（n 为一槽线圈总匝数）倍，它有着强烈的去磁作用，并导致交流阻抗大大下降，功率损耗却明显增加。

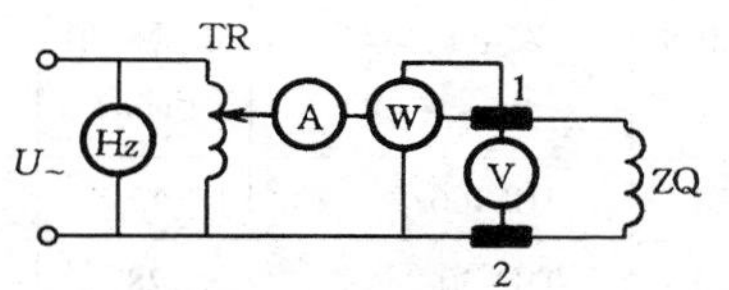

图 28-14 测量交流阻抗和功率损耗的试验接线

测量转子绕组的交流阻抗时，要考虑表计准确度和下述诸因素的影响，其试验接线如图 28-14 所示。电压表要用最短的粗导线，直接接于被测绕组 ZQ 的滑环 1、2 上。由调压器 TR 分级升压，并测量出电压 U、电流 I 和功率 P，然后按下式计算交流阻抗 Z，即

$$Z = \frac{U}{I}$$

式中 Z——转子绕组的交流阻抗（Ω）；

U——测量电压（V）；

I——测量电流（A）。

将测量的 Z 和 P 值与原始（或前次）的测量值进行比较，分析判断转子绕组有无匝间短路。但在分析比较 Z 值和损耗 P 值的变化时，要考虑各种因素对它们的影响，才能作出正确的判断。

影响转子绕组交流阻抗和功率损耗的因素是比较多的，现分述如下。

1. 膛内、膛外的影响

（1）膛内的影响。转子处于定子膛内时，因磁阻比在膛外时要小，所以转子处于膛内时的交流阻抗 Z，一般总比膛外时的大。同时在与功率损耗 P 相应的电阻中，除了转子本体铁损的等效电阻、绕组铜损的电阻外，还要包括定子铁损的等效电阻在内。所以在相同电压下，其功率损耗一般比膛外时的大。

（2）膛外的影响。转子处于膛外时（转子本体距有钢筋的地面 0.3m 以上，距其他铁磁物质 0.5m 以上），其交流阻抗主要取决于试验电压及其频率、转子本体和绕组的几何尺寸。在其功率损耗相应的电阻中，仅包含转子本体铁损的等效电阻和绕组铜损的电阻，没有定子铁损的等效电阻在内，所以此时的 Z 和 P 值均较膛内时要小。

2. 定子和转子间的气隙大小的影响

电机定子与转子间的气隙大小，对转子处于定子膛内和膛外时交流阻抗的影响程度不同。表 28-2 是转子在定子膛内外时所测阻抗和损耗数值。对于气隙较小的，如表 28-2 中序号 1、2、3、4 号电机，其膛内比膛外增加的阻抗值超过 2%。这是因为气隙较小，当转子处于膛内时定子磁路对阻抗的影响较大。

但是，序号 5、6、7 号电机，由于其气隙较大，定子磁路对阻抗的影响就较小了。当转子处于定子膛内时，交流阻抗比膛外增加 0.18% ~0.61%。

表 28-2 转子在定子膛内外时所测阻抗和损耗数值

序号	发电机型号	定转子单边气隙值（mm）	测量电压（V）	膛内阻抗（Ω）	膛外阻抗（Ω）	阻抗差值（%）	膛内损耗（W）	膛外损耗（W）	损耗差值（%）
1	4H5466/2	17	100	39.22	37.59	4.32	188.00	172.00	9.30
2	TB2-30-2	28	140	21.21	20.44	3.77	550.00	544.00	1.10
3	TQSS-12-2	30	40	4.44	4.29	3.50	256.00	248.00	3.23
4	FG500 185/ak	38	120	15.79	15.42	2.40	545.00	540.00	1.04
5	TQQ-50-2	42.5	220	44.35	44.27	0.18	600.00	576.00	4.17
6	TQN-100-2	64	33	4.09	4.08	0.25	167.07	166.00	0.64
7	QFQS-200-2	70	150	7.70	7.65	0.61	1960.00	1920.00	2.08

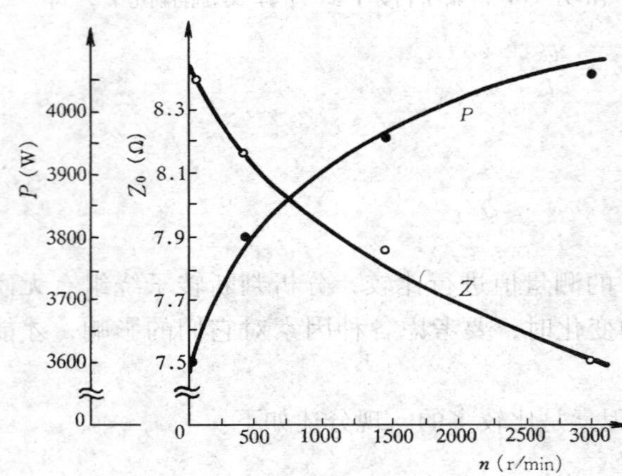

图 28-15 QFQS-200-2 型发电机转子阻抗 Z 和损耗 P 与转速 n 的关系

3. 静态、动态的影响。

测量结果表明，在恒定交流电压下，转子绕组的阻抗和损耗均随转速升高而变化。例如对一台 QFQS-200-2 型发电机转子绕组，施加恒定电压 210V，测得转子阻抗 Z 与转速 n 的关系曲线 $Z=f(n)$ 以及转子损耗与转速的关系曲线 $P=f(n)$，如图 28-15 所示。

由图 28-15 看出，随转速升高，转子绕组交流阻抗降低，损耗升高。呈现这种变化的原因分析如下

$$A=\mu_0\lambda \tag{28-15}$$

$$\lambda=\frac{h_1}{3b}+\frac{h_2}{b} \tag{28-16}$$

式中 μ_0——真空磁导率；

A——转子槽磁导；

λ——转子槽的计算磁导；

h_1——转子线圈高度；

h_2——转子线圈与槽楔间的距离；

b——转子槽宽。

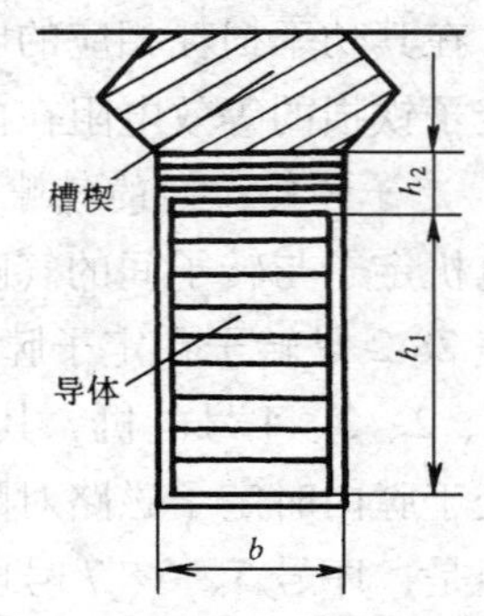

图 28-16 转子线槽尺寸示意图

转子线槽尺寸示意图见图28-16。当转子旋转时，随转速升高，线圈的离心力增大并且压向槽楔，使 h_1 和 h_2（见图 28-16）数值减小，计算磁导 λ 和槽磁导 A 也随之减小。在

恒定电压下磁势 F_0 为一定值，故磁通（$\Phi = AF_0$）亦将减小，电抗变小，阻抗下降。

当转子旋转时，随转速升高，槽楔和线圈的离心力增大，使得槽楔与转子齿的接触更加紧密，阻尼作用增强，去磁效应增加，导致阻抗下降，损耗增加。表 28-3 列出一部分汽轮发电机转子绕组交流阻抗和损耗在不同转速下的测值。

表 28-3　　发电机转子绕组交流阻抗和损耗

序号	发电机型号	测量电压（V）	静态时的阻抗（Ω）	额定转速时的阻抗（Ω）	阻抗下降（%）	静态时的损耗（W）	额定转速时的损耗（W）	损耗增加（%）	短路匝数与总匝数之比（%）	转子位置
1	TQ-25-2	200	20.41	19.32	5.34	—	—	—	0	膛外
		（200）	（20.12）	（18.78）	（6.66）	—	—	—	0	
2	FG500 185/ak	100	16.55	14.43	12.81	—	—	—	0	
		（100）	（17.30）	（15.90）	（8.09）	—	—	—	0	
3	4H5674/2	120	33.52	25.86	22.85	297.00	390.00	31.31	0	膛内
4	QF-25-2	140	20.11	14.07	30.03	712.00	1044.00	46.63	1.02	
5	TB2-30-2	140	21.21	20.44	3.63	544.00	580.00	6.62	0	
6	TW2-30-2	150	20.27	14.45	28.71	666.00	840.00	26.13	0	
7	TQC5674/2	100	21.51	20.83	3.16	320.00	327.5	2.34	0	
8	TW-50-2	70	14.77	11.38	22.95	194.40	—	—	0	
			10.90	7.61	29.54	260.00	—	—	1.19	
9	TQQ-50-2	120	35.10	28.00	20.23	240.00	300.00	25.00	0	
			22.80	12.30	46.05	335.00	572.00	70.75	2.82	
10	TQQ-50-2	220	20.65	19.60	5.08	1440.00	1530.00	6.25	0	
			16.00	7.80	51.25	1600.00	3100.00	93.75	7.89	
11	TQQ-50-2	200	44.05	22.99	47.81	502.00	990.00	97.21	0	
			19.90	9.75	51.00	1050.00	2000.00	90.48	1.98	
12	TQN-100-2	200	9.17	8.99	1.96	—	—	—	0	
			7.02	3.94	43.87	3840.00	6500.00	70.75	2.82	
13	TQN-100-2	80	3.96	3.51	11.36	142.00	152.80	7.61	0	
14	QFQS-200-2	210	8.40	7.50	10.71	3600.00	4050.00	12.50	0	

注　1. 序号 1～2 中　数据不带括号为冷态测量值，带括号为热态测量值。

2. 序号 8～12 上下两参数分别代表匝间短路前后的数值。

由表 28-2 看出，转子绕组无论在膛内、膛外、冷态、热态（序号 1、2）、匝间短路前后（序号 8～12），其动态交流阻抗值均比静态小，而损耗值则比静态大，其差值的大小与电机型号、转子槽楔材质、线圈在槽内的松紧程度以及短路状况等因素有关。

4. 护环和槽楔的影响

转子本体是否安装护环，对转子绕组阻抗和损耗的影响比较大。有一台 TQQ-50-2 型发电机转子绕组在消除匝间短路时，测得的 $Z=f(U)$ 和 $P=f(U)$ 曲线如图 28-17 所示。由该图看出，当转子绕组未套护环，在 220V 电压时阻抗最大，损耗最小（曲线 1）；当一端套装护环后阻抗下降 19.5%，损耗增加 15.0%（曲线 2）；当两端均装上护环后，在相同电压下，阻抗下降 23.2%，损耗增加 29.1%（曲线 3）；如果绕组有匝间短路时，则阻抗下降和损耗增加（曲线 4）的幅度还要大。其原因有二：其一，当一端装上护环时，端部线圈的交变磁通，在护环上产生了涡流去磁效应，但由于去磁效应不强，故使阻抗下降较少；其二，当两端的护环均装上后，便构成了沿轴向和两端圆周的电流闭合回路，且增强了涡流去磁效应，因而使阻抗下降显著。当转子装上槽楔后，转子线槽被槽楔填充，增大了转子表面的涡流去磁效应，即增强了阻尼作用，因而使阻抗下降。

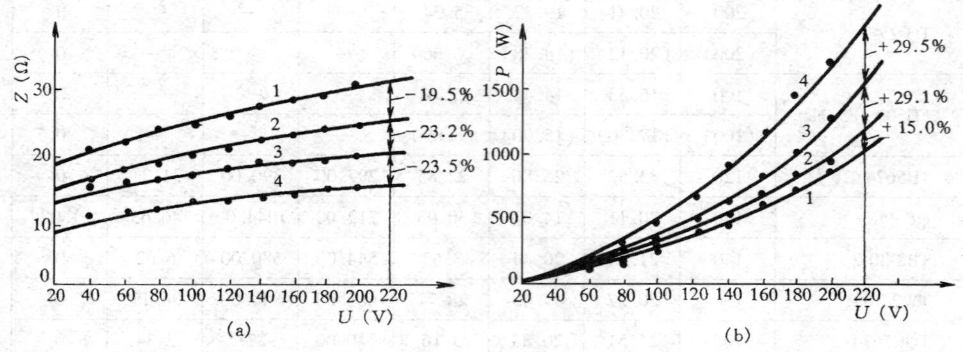

图 28-17　TQQ-50-2 型发电机转子护环对阻抗 Z 和损耗 P 的影响

(a) $Z=f(U)$ 曲线；(b) $P=f(U)$ 曲线

1—两端均无护环；2—一端有护环；3—两端均有护环（无短路）；
4—两端均有护环（有短路）

5. 短路电阻及部位的影响

FG500/185ak、TQC5674/2、TQ-25-2 型三种电机的转子，取下护环后，在大线圈（远离大齿）和小线圈（靠近大齿）上，沿槽深以不同的短路电阻在不同部位，模拟匝间短路的测量结果，如表 28-4 所示。

表 28-4　　模拟匝间短路的测量结果

机组型号	测量线圈	短路情况	短路线匝（一匝）的部位					
			槽上部			槽下部		
$\frac{FG500}{185ak}$	大线圈	短路电阻 R_k（μΩ）	292	800	4100	292	800	410
		R_k 与线圈一匝电阻之比	0.272	0.745	3.83	0.272	0.745	3.83
		同电压下阻抗下降（%）	2.47	0.715	0.322	2.47	1.79	0.322
		同电压下损耗增加（%）	12.55	8.60	2.64	5.95	5.95	0.43
	小线圈	短路电阻 R_k（μΩ）	800	3144	4100			
		R_k 与线圈一匝电阻之比	1.01	4.00	5.20			
		同电压下阻抗下降（%）	1.98	0.99	0.99			
		同电压下损耗增加（%）	0.322	0	0			

续表

机组型号	测量线圈	短路情况	短路线匝（一匝）的部位					
			槽上部			槽下部		
TQC5674/2	大线圈	短路电阻 R_k（μΩ）	455	1710	7800	476	1530	7800
		R_k 与线圈一匝电阻之比	0.23	0.865	3.95	0.257	0.836	4.21
		同电压下阻抗下降（%）	9.9	4.3	0.3	9.3	5.7	2.2
	小线圈	短路电阻 R_k（μΩ）	131	1420	5675	435	1575	5678
		R_k 与线圈一匝电阻之比	0.08	0.90	3.60	0.30	1.08	3.90
		同电压下阻抗下降（%）	4.0	3.4	0.83	4.95	4.95	2.7
TQ-25-2	大线圈	同电压下阻抗下降（%）	9.4			7.65		
		同电压下损耗增加（%）	13.8			10.35		
	小线圈	同电压下阻抗下降（%）	4.65			3.0		
		同电压下损耗增加（%）	5.2			5.0		

从表28-4以及其他电机的测量结果得出，当转子绕组发生匝间短路时，其损耗增加比阻抗下降值明显。但损耗和阻抗的变化量与电机型式、同一台电机的线圈大小、短路电阻值和短路部位等有关。

6. 试验电压高低的影响

转子绕组是一个具有铁芯的电感线圈，其等效电阻较小，电抗占主要部分。由铁芯的磁化曲线可知，当电源频率一定时，其磁通密度随磁场强度上升而增加。在测量转子绕组的交流阻抗时，转子电流将随着电压上升而增大，并使磁场强度增高，所以转子绕组的交流阻抗，随电压上升而增加，表28-5为一台TQQ-50-2型发电机转子在膛外的交流阻抗和损耗。

表28-5　　TQQ-50-2型发电机转子膛外交流阻抗和损耗

外施电压（V）	交流阻抗（Ω）	损耗（W）	外施电压（V）	交流阻抗（Ω）	损耗（W）
50	13.61	100.80	110	15.44	411.00
60	13.91	140.25	120	15.97	474.00
70	14.14	181.75	130	16.35	538.80
80	14.38	239.40	140	16.70	603.00
90	14.63	296.70	150	17.09	676.20
100	15.12	354.00	160	17.43	753.60

7. 转子本体剩磁的影响

转子本体的剩磁会使其阻抗减小，如表28-5所示。这是因为在测量转子绕组的交流阻抗时，在转子本体的槽齿中不仅有交变磁通，而且还有剩磁的恒定磁通，当两者的方向一致时起助磁作用；当两者的方向相反时，则起去磁作用。因此，在相同电压下的阻抗，有剩磁比无剩磁时小。所以在测量转子绕组的阻抗时，应先检查其剩磁情况，当剩磁较大时可用直流去磁；剩磁较小时用交流去磁。一般为了减小剩磁对阻抗的影响，在静态测量阻抗、损耗与电压的关系曲线时，应从高电压（转子额定电压）逐渐做到低电压；在动态测量阻抗与转速的关系曲线时，试验电压（定值）应尽量接近转子额定电压，以提高测量结果的准确度。

表 28-6　　转子本体去磁前后的阻抗变化

去磁情况	电压（V）	电流（A）	阻抗（Ω）
去磁前	50	1.64	30.5
	100	2.88	34.7
	150	4.11	36.5
用直流反复上升和下降模拟交流去磁后	50	1.55	32.2
	100	2.75	36.4
	150	3.90	38.4
用蓄电池退磁后	50	1.55	32.2
	100	2.10	37.0
	150	3.89	38.6

8. 测量交流阻抗和功率损耗的注意事项

测量转子绕组的交流阻抗和功率损耗时应注意下列几点。

（1）为了避免相电压中含有谐波分量的影响，应采用线电压测量，并应同时测量电源频率。

（2）试验电压不能超过转子绕组的额定电压。在滑环上施加电压时，要将励磁回路断开。

（3）由于在定子膛内测量其阻抗时，定子绕组上有感应电压，故应将其绕组与外电路断开。

（4）对于转子绕组存在一点接地，或对水内冷转子绕组作阻抗测量时，一定要用隔离变压器加压，并在转子轴上加装接地线，以保证测量的安全。

9. 现场测试

采用图 28-14 接线，对一台 TW-50-2 型电机的转子绕组，在消除匝间短路前后，其阻抗和损耗的测量结果如表 28-7 所示。

表 28-7　　转子绕组消除匝间短路前后的阻抗和损耗

转子位置	试验电压（V）	50	60	70	80	90	100	110
膛内	试验电流（A）	4.43/3.60	5.13/4.20	5.87/4.74	6.54/5.24	7.22/5.78	7.73/6.27	8.13/6.73
	测量阻抗（Ω）	11.30/13.90	11.70/14.30	11.90/14.80	12.22/15.30	12.45/15.60	12.95/15.90	13.55/16.30
	功率损耗（W）	99.0/101.0	150.0/141.0	210.0/187.0	285.0/236.0	360.0/204.0	453.0/347.0	570.0/408.0
膛外	试验电流（A）	4.55/3.55	5.35/4.20	6.12/4.80	6.85/5.28	7.50/5.85	8.20/6.33	8.71/5.80
	测量阻抗（Ω）	11.0/14.2	11.2/14.3	11.4/14.6	11.7/15.2	12.0/15.4	12.2/15.8	12.6/16.2
	功率损耗（W）	125.5/102.4	180.0/145.6	238.0/194.4	304.0/244.0	369.0/304.0	446.0/363.4	524.0/427.2

注　表中分子和分母分别为有短路和无短路时的测量值。

从表 28-7 计算得出，当转子绕组有匝间短路（四个线圈各短路一匝）时，在 100V 电压下，膛内和膛外的阻抗与无短路时比较，分别下降 18.6% 和 22.8%；而膛内和膛外的功率损耗与无短路时比较，则分别增加 30.5% 和 22.7%。所以用测量阻抗和损耗的变化来判断绕组有无匝间短路是很灵敏的。

综上所述，用测量阻抗和损耗值的变化来判断转子绕组有无匝间短路，是简便、可靠、灵敏的方法。但是，由于影响阻抗和损耗的因素较多，在分析判断时必须注意要在同状态（膛内、膛外、静态、动态、槽楔、护环、剩磁）、同电压下比较。从测量结果表明，因各型电机的转子在同一交流电压下的阻抗值不同，即使在相同的短路状况下，由于短路线匝中的短路电流不同，其去磁作用所引起的阻抗下降和损耗增加的程度也就各异。所以，在应用转子绕组的阻抗和损耗值的变化量来判断绕组有无匝间短路及其程度时，难定出统一标准。仅能将现测量值与前次测量值进行比较，不应有显著变化，并结合其他的测试方法，综合判断再作定论。

应指出，用测量交流阻抗比较法，判断凸极发电机转子绕组有无匝间短路时，可分极测量其阻抗，然后经相互比较确定。

（四）测量单开口变压器的感应电势和相角

1. 测量原理

将汽轮发电机转子置于定子膛外，由滑环通入交流于绕组中，在转子槽齿上便产生交变磁通。在假定的电流方向（+、·）下，交变磁通 ϕ 的分布和方向如图 28-18 所示。在交变磁通中，有经两个磁极（或称大齿）闭合的磁通 ϕ，有经槽齿和铁轭闭合的磁通 ϕ_1。此时，转子绕组一槽中外施电压 $\dot{U}$、线圈电流 $\dot{I}$ 和磁通 ϕ（ϕ_1）的相量关系，如图 28-19 所示。图中 $\dot{I}_p$ 为电流 $\dot{I}$ 中的有功分量，$\dot{I}_q$ 为 $\dot{I}$ 中的无功分量，ϕ 和 ϕ_1 为 $\dot{I}_q$ 产生的磁通。φ_1 为电流 $\dot{I}$ 滞后于 $\dot{U}$ 的夹角，X 和 R 为一槽线圈的电抗和电阻值。

当开口变压器 TT 置于转子本体槽齿上构成闭合磁路时，如图 28-20 所示（图中以⊕

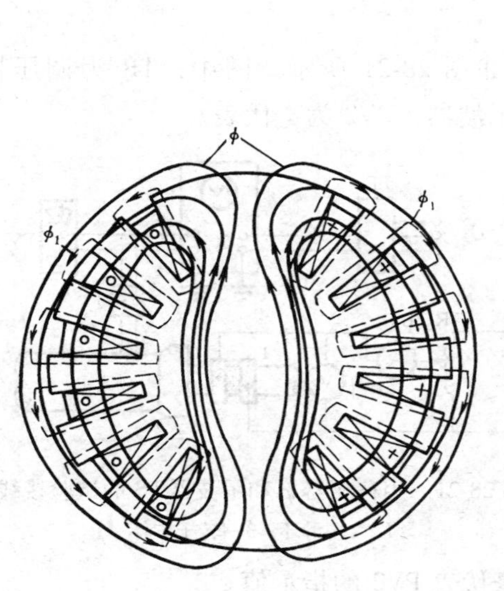

图 28-18　转子断面交变磁通分布示意图

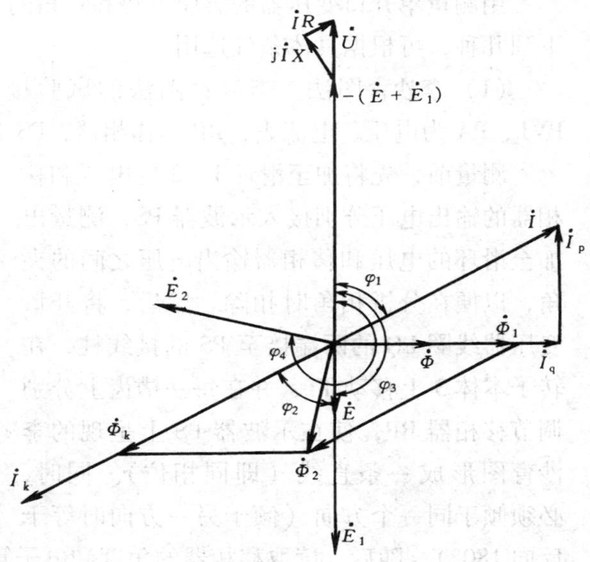

图 28-19　一槽中线圈的电压、电流和磁通相量图

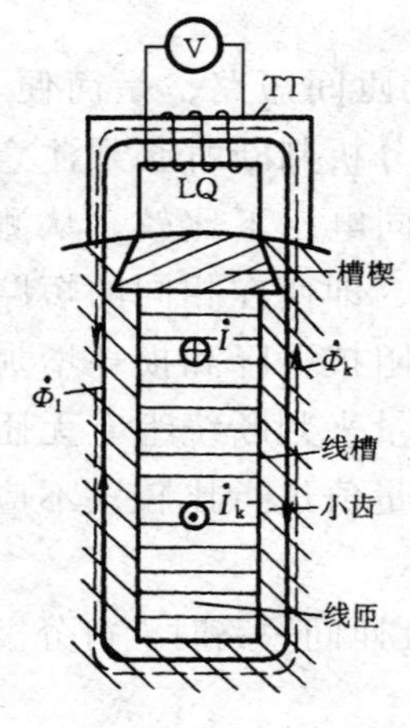

图 28-20 经开口变压器 TT 闭合的磁通示意图

和⊙分别表示线圈电流 $\dot{I}$ 和短路匝电流 $\dot{I}_k$ 的进出方向）。此时，槽齿中的磁通 ϕ_1 要按磁路的磁阻重新分配，将分出大部分磁通 ϕ'_1 经 TT 的磁路闭合。为了便于说明和分析问题，假定 ϕ'_1 近似等于 ϕ_1。因此，当槽中线圈无匝间短路时，作用于 TT 的磁通主要是 ϕ_1，它在开口变压器线圈 LQ 上感应的电势（有时测量电流）为 $\dot{E}_1$。当线圈有匝间短路时，在短路线匝中就会产生短路电流 $\dot{I}_k$ 和相应的磁通 $\dot{\Phi}_k$。这样，由开口变压器和槽齿所构成的闭合磁路中，便由 $\dot{\Phi}_1$ 和 $\dot{\Phi}_k$ 合成的磁通 $\dot{\Phi}_2$ 经开口变压器闭合，其感应电势为 $\dot{E}_2$。所以，当线圈中有、无匝间短路时，在开口变压器线圈上所感应的电势 $\dot{E}_2$、$\dot{E}_1$ 的大小和与电源电压 $\dot{U}$ 之间的夹角 φ_4、φ_3 是不同的（图 28-19）。据此，将各槽测量结果进行相互比较，即可判断出线圈有无匝间短路。

图 28-19 中，$\dot{I}$ 和 $\dot{U}$ 间的夹角 φ_1（$\cos\varphi_1 \approx 0.5$），决定于转子绕组的阻抗。而 $\dot{I}_k$（即 $\dot{\Phi}_k$）的大小和与 $\dot{E}$ 间的夹角 φ_2，决定于短路线匝的电抗（部位）和短路电阻。所以从相量图得出，当转子绕组中有不同状况的短路时，经开口变压器闭合的合成磁通 $\dot{\Phi}_2$ 的感应电势值和相角均不同。所以应用开口变压器上感应电势的大小和相角的变化，不仅能判断槽中绕组有无匝间短路，而且能初步判断短路的部位。

2. 试验接线和测量方法

用测量单开口变压器的感应电势和相角的方法，测量转子绕组匝间短路的试验接线有下列几种，可根据具体条件选用。

（1）李沙育图法。李沙育图法的试验接线如图 28-21 所示。图中，TR 为调压器，PV1、PA 为电压、电流表，BP 为移相器，PS 为示波器，PV2 为毫伏表。

测量前，先将加至滑环 1、2 的电压和移相器的输出电压分别接入示波器 PS，测量出加至滑环的电压和移相器输出电压之间的夹角，以便在分析相角时扣除。然后，将开口变压器线圈 LQ 的两端接至 PS 的接线柱，在转子本体 3 上移动 TT，并在每一槽齿上分别调节移相器 BP，使在示波器 PS 上呈现的李沙育图形成一条直线（即同相位）。同时，必须倾于同一个方向（倾于另一方向时等于反向 180°）。随后，读取移相器的角度和电子管毫伏表 PV2 的指示值。

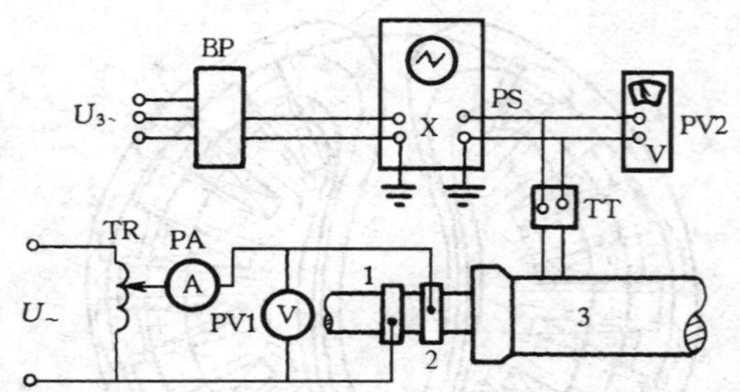

图 28-21 用移相器 φ 和示波器 PS 的试验接线
1、2—滑环；3—转子本体

（2）电子开关法。有移相器、电子开关、示波器时，采用图 28-22 的试验接线测量。

图中，TR 等各符号含义同图 28-21。

测量前，亦先将电源接入电子开关 Q，测出加至滑环 1、2 的电压与移相器 BP 输出电压之间的相角。然后在转子本体 3 上，移动开口变压器 TT 逐槽测量。在每一槽齿上调节电子开关 Q 的输出和移相器的角度，使在示波器 PS 上出现的波形重合。此时，读取移相器 BP 的角度、电压表 PV2 指示的开口变压器感应电势的数值即为所测值。

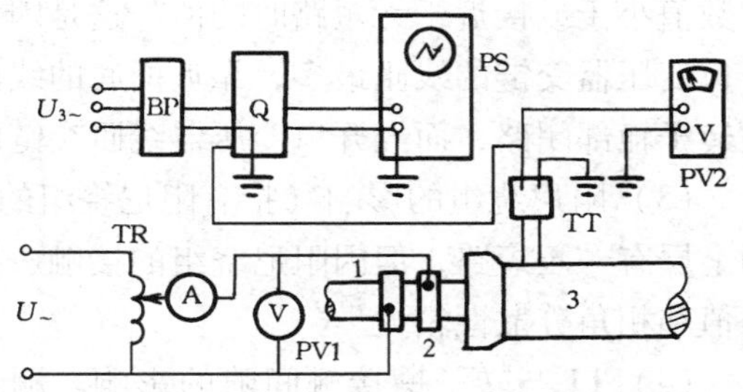

图 28-22　用移相器 φ 和电子开关 Q 的试验接线

当用双迹示波器测量时，可不用电子开关。

（3）相位电压表法。有相位电压表时,可用相位电压表直接测量 TT 的电势和与电源电压之间的夹角,比较方便。也可以配合电子管毫伏表,由相位电压表测相位,毫伏表测感应电势。

应指出，也可以采用 16 线等振子式的录波器，在转子本体 3 每一槽齿上录取 TT 感应电流与转子电流之间的夹角，用电流表测量 TT 感应电流的数值，实测证明也很简便。

由上述方法，在每一槽齿上测量出 TT 的感应电势值和与电压之间的夹角后，逐槽对比分析，即可判断绕组有无匝间短路，下面以现场试验说明。

【例 28-1】　一台 TQQ-50-2 型 50MW 汽轮发电机转子绕组发生了匝间短路。在消除匝间短路前对转子绕组施加 200V 交流电压，采用开口变压器法测量各槽感应电势如表 28-8 所示。由该表看出，4 ~ 13（对应 33 ~ 24 槽）槽励端的感应电势数值比其他槽明显偏小，表明第 4 ~ 13（对应 33 ~ 24 槽）槽一套线圈有匝间短路。拔下汽端护环后，除第 5 槽匝间短路消除外，其余发现有匝间短路的线圈均存在匝间短路。

表 28-8　　TQQ-50-2 型发电机转子上励端开口变压器感应电势

槽　　号	1	2	3	4	5	6	7	8	9	10	11	12
感应电热（mV）	6.06	6.12	8.48	1.17	1.39	0.68	1.2	1.36	2.11	1.23	2.27	2.21
槽　　号	13	14	15	16	17	18	19	20	21	22	23	24
感应电势（mV）	3.24	6.08	5.88	6.05	3.71	5.71	4.52	5.83	4.06	5.70	5.61	2.49
槽　　号	25	26	27	28	29	30	31	32	33	34	35	36
感应电势（mV）	1.75	1.19	1.44	0.93	0.82	0.80	1.00	1.14	1.77	4.32	7.10	4.49

3. 测试结果分析

大量试验结果表明，当转子某槽线圈出现匝间短路时，用开口变压器测得的感应电动势与相角差值的大小等因素有关。一般存在下述一些规律。

（1）短路电阻增加，电势和相角变小。当转子绕组发生匝间短路时，对应于有匝间短路的开口变压器 TT 感应电势的数值和相角均有变化。但随着短路电阻值 R_k 增加，其感应电势和相角变小，并逐渐趋近无短路时的正常值，因为 R_k 增加时短路匝电流减小，从而引起感应电势和相角变小。

（2）短路部位不同电势值和相角大小不同。当转子绕组中的短路点发生在线槽上部几匝时，TT 感应电势的数值和相角值变化均较大，而短路点发生在槽底时，TT 感应电势的数值小于或接近于无短路时的值。这是因为顶匝发生短路时，短路电流所产生的磁通经开口变压器交链的线匝最多，靠近槽底的线匝发生短路时，短路电流建立的磁通绝大部分经转子轭部闭路，而经开口变压器线匝交链的磁通量较少。

（3）阻尼绕组的影响（指有阻尼绕组的转子）。当转子槽中有阻尼绕组时，相当于线圈上层有一匝短路，但因阻尼绕组的接触、搭接情况不尽相同，有时使各槽 TT 感应电势的值和相角分散性较大。

（4）TT 与转子槽接触间隙的影响。测量时，开口变压器 TT 与转子槽的接触良好，放置平稳，以减小并保持相同的间隙。如果每槽的接触间隙不一致，由于磁阻不同引起 TT 感应电势值发生变化。

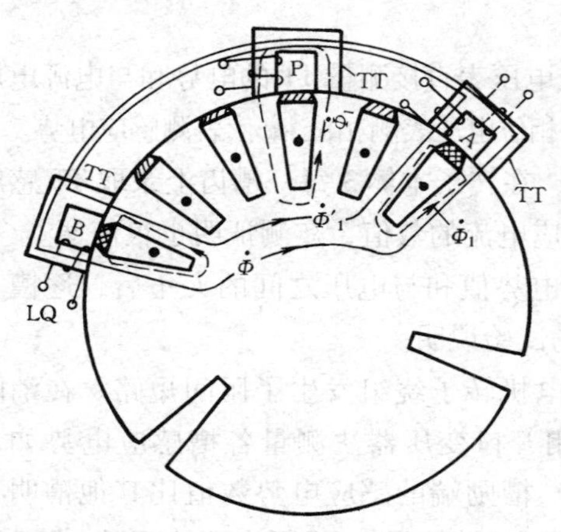

图 28-23　磁性和非磁性槽楔磁通分布示意图

（5）磁性材料的影响。为了改善磁极磁通的波形，有些转子在靠近磁极处的线圈槽楔 A、B 采用了磁性槽楔，如图 28-23 所示。在这种情况下，开口变压器 TT 在磁性槽楔 A 上的相量，要比在非磁性材料槽楔 P 上的相量反向 180°，而在另一磁极磁性槽楔 B 上的相量却不反 180°，如图28-23所示（图中圆黑点 · 为电流方向）。其原因是因为当 TT 置于 A、B 槽齿上时，线圈 LQ 上产生感应电势的磁通不同所致。当 TT 置于 A 槽齿上时，LQ 上产生感应电势的磁通主要是 $\dot{\Phi}'_1$，$\dot{\Phi}_1$ 经磁性槽楔 A 闭路；如将 TT 置于槽齿 P 上时，LQ 上产生感应电势的磁通主要是 $\dot{\Phi}_1$；再将 TT 置于槽齿 B 上时，LQ 上产生感应电势的磁通主要是 $\dot{\Phi}$，磁通 $\dot{\Phi}_1$ 经磁性槽楔 B 闭路。但是，当线圈 LQ 绕于 TT 的虚线所示处时，在 A、B 槽齿上测量时 LQ 感应电势的方向基本相同，因为此时经 LQ 中的是方向一致的磁通 $\dot{\Phi}$。所以在制作 TT 时，应将 LQ 绕在铁芯的虚线所示处。

试验证明，当磁性槽楔下的线圈发生匝间短路时，TT 的感应电势和相角反映不灵敏，所以这种方法对于判断磁性槽楔下的线圈有无匝间短路比较困难。

应指出，在用单开口变压器进行试验时，经实测，经磁极间闭合的磁通 $\dot{\Phi}$ 仅占励磁总磁通约 6%，所以在分析时可以略去它对测量结果的影响。

（6）转子表面（槽和齿）涡流的影响。转子表面为槽楔填充后，试验时在表层上会产生涡流，当 TT 置于槽齿上时便汇集了部分磁通 $\dot{\Phi}_1$，$\dot{\Phi}_1$ 在槽齿上会产生附加电势并形成局部涡流，其效应和上层线圈有匝间短路的情况相似。由附加电势产生的磁通对合成磁通 $\dot{\Phi}_2$ 有一定的影响。由于各槽所采用的槽楔与槽齿的接触情况不尽一致，因此有时造成 TT 的电势和相角在某些段上有异常现象。

（五）双开口变压器感应法

双开口变压器感应法的测量原理是应用电磁感应的原理，其原理示意图如图 28-24（a）所示。用两个开口变压器 TT 和 TT′置于转子本体同一线圈的对应槽齿上。当 TT 施加励磁电源并且槽内线圈无匝间短路时，其磁通 $\dot{\Phi}$ 按磁阻大小分为两部分。绝大部分的磁通 $\dot{\Phi}_1$ 经磁阻小的转子铁轭闭合，与转子槽中的线圈 Q 匝链并产生感应电势；极少量的磁通 $\dot{\Phi}_2$ 经磁阻大的测量变压器 TT′闭合，在线圈 LQ 上感应的电势（或电流）很小或为零。当槽内线圈有匝间短路时（如 K 点），在短路线匝中便产生电流 I_k 和相应的磁通 $\dot{\Phi}_k$，此时，$\dot{\Phi}_k$ 在由 TT 和 TT′所构成的磁路中，也按磁阻大小分成三部分。一部分磁通 $\dot{\Phi}_{k1}$ 经励磁变压器 TT 闭合，对 TT 的励磁磁通 $\dot{\Phi}$ 起抵消作用，在励磁电压 U 恒定下，会引起励磁回路的电流增加，槽中线圈两端的感应电压降低；而另一部分磁通 $\dot{\Phi}_{k2}$ 经测量变压器 TT′闭合，对 TT′起助磁作用，使测量线圈 LQ 上的感应电势增高；第三部分经转子铁轭闭合的磁通 ϕ_{k3}，图中未标示。所以，当槽内线圈有匝间短路时，测量变压器 TT′的感应电势，比槽内线圈无匝间短路的成倍增加。根据这一原理，将各槽线圈的测量值相互比较分析，即可判断出转子线圈有无匝间短路。下面列举实例说明。

1. 测量方法

现场整机试验的测量示意图，如图 28-24（b）所示。为了减小测量误差，通常将 TT 和 TT′置于线圈对应槽的对角线位置上。对 TT 施加励磁电压的数值，由其容量和测量电压表 PV 的灵敏度而定。一般在 TT 与转子本体 3 接触构成闭合磁路下，施加 100V 励磁电压。然后，将 TT 和 TT′在本体 3 上逐槽在对角线圆周位置上同时移动，保持同一励磁电压 U，分别读取每槽 TT′的感应电势（或电流）值。

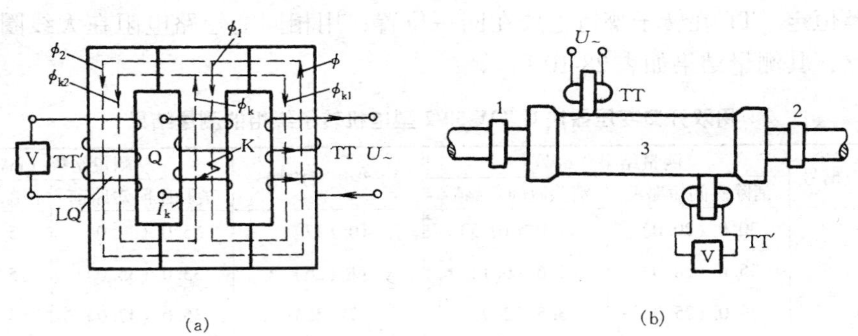

（a）　　　　　　　　　　（b）

图 28-24 双开口变压器感应法的原理和测量示意图

（a）测量原理示意图；（b）本体测量（1、2 为滑环）

2. 整机试验

用双开口变压器感应法，对 TW-50-2 型电机转子绕组测量结果，发现其有匝间短路，现将消除匝间短路前后的测量结果列于表 28-9。

由表 28-9 的数值，绘出的曲线如图 28-25 所示。从表 25-8 和图 25-25 均可看出，7

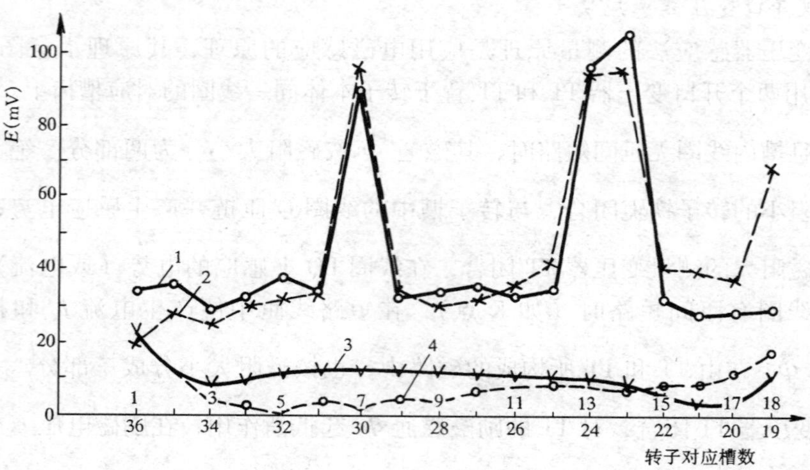

图 28-25　消除转子绕组匝间短路前后双开口变压器法的试验曲线

1、2—有短路时（1～18、36～19 槽）的曲线；

3、4—无短路时（1～18、36～19 槽）的曲线

(30)、13 (24) 和 14 (23) 三个线圈的对应槽，测量变压器 TT′感应电势的值比其他槽的约大 2.5 倍以上，故表明这三个线圈有匝间短路。取下转子两端护环，消除上述三个线圈端部上层 1、2 匝之间的短路后，重作试验的结果各槽 TT′感应电势的值基本一致（见图 28-25 中曲线 3、4），这表明转子绕组的匝间短路已消除。

3. 模拟试验

为了探讨转子绕组中发生不同的短路状况时，双开口变压器感应电势的变化规律，以利分析判断绕组的匝间短路。利用 FG500/185ak 型电机转子取下护环的机会，将 TT 的励磁电压调整恒定，TT′在转子槽齿上放在同一位置，用相同的短路电阻在大线圈端部沿槽深逐匝短路，其测量结果如表 28-10 所示。

表 28-9　　用双开口变压器法对 TW-50-2 型电机转子绕组的测量结果

转子绕组对应槽号	测量结果（mV）		转子绕组对应槽号	测量结果（mV）	
	消除匝间短路前	消除匝间短路后		消除匝间短路前	消除匝间短路后
1（36）	30.0（20.0）	11.0（10.5）	10（27）	35.0（32.0）	5.8（2.9）
2（35）	35.0（28.0）	5.6（6.1）	11（26）	33.0（35.0）	5.7（3.8）
3（34）	29.0（25.0）	3.5（2.9）	12（25）	35.0（42.0）	5.6（4.3）
4（33）	32.0（30.0）	4.9（1.0）	13（24）	96.0（95.0）	5.3（4.7）
5（32）	38.0（32.0）	5.2（0.6）	14（23）	105.0（95.0）	4.4（4.7）
6（31）	33.0（34.0）	5.4（1.4）	15（22）	31.0（40.0）	3.5（4.8）
7（30）	90.0（34.0）	5.7（1.6）	16（21）	28.0（40.0）	1.7（4.9）
8（29）	31.0（35.0）	5.9（2.1）	17（20）	29.0（37.0）	1.8（5.8）
9（28）	31.0（30.0）	5.7（2.5）	18（19）	29.0（68.0）	5.9（9.8）

注　表中数据有括号与有括号的数相对应，无括号与无括号的数相对应。

表 28-10　　模拟 FG500/185ak 型电机转子绕组匝间短路的测量结果

短路匝序号	无短路	1、2	2、3	3、4	4、5	5、6	6、7	7、8
感应电势（mV）	7.0	144.0	113.0	98.0	82.0	76.0	66.0	52.0
短路匝序号	8、9	9、10	10、11	11、12	12、13	13、14	14、15	15、16
感应电势（mV）	44.0	40.0	35.0	30.0	27.0	24.0	21.0	18.5
短路匝序号	16、17	17、18	18、19	19、20	20、21	21、22	22、23	23、24
感应电势（mV）	15.0	14.0	12.0	11.8	11.3	10.3	9.6	9.0

由表 28-10 的测量结果，绘出的曲线如图 25-26 所示。从图 25-26 看出，开口变压器 TT′感应电势 E 的数值，随短路点向槽底延伸而递减。它表明这种方法测量匝间短路的灵敏度，对线槽上层线匝最高，短路后 TT′感应电势的值比短路前成倍增加；而对线槽下层线匝较低，TT′感应电势的值比短路前增加不多。

4. 判断和分析

（1）有匝间短路时电势值增加。当转子绕组无匝间短路时，测量变压器 TT′的感应电势（或电流）很小（或为零），而绕组滑环两端的电压较高；当绕组有匝间短路时，TT′的感应电势增加，滑环两端的电压下降。

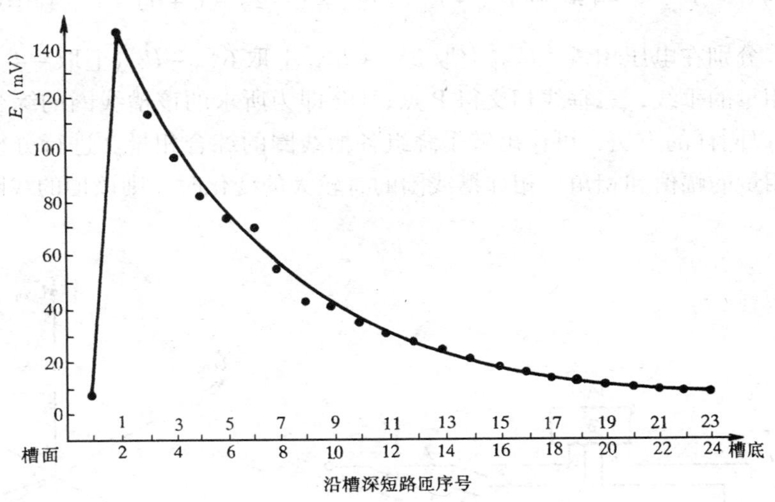

图 28-26　沿槽深逐匝短路时 TT′的感应电势曲线

（2）短路部位不同电势值大小亦不同。当短路点在线槽上层线匝时，TT′的感应电势比无匝间短路的线圈成倍增加；而短路点在线槽底部时，其感应电势增加不多。这是因为当短路点在上层线匝时，由于短路匝的电流较大，相应的磁通 ϕ_k 与 TT′匝链的磁通 ϕ_{k2} 多，故其感应电势值大；而短路点在下层线匝时，不仅短路匝的电流较小，而且大部分磁通 ϕ_{k3} 经转子铁轭闭合，与 TT′匝链的磁通 ϕ_{k2} 较少，故其感应电势值小。

（3）提高测量灵敏度的办法。可采用增大 TT 的容量，增加励磁电压的办法来提高这种测量方法的灵敏度。测量时要选用量程合适的电压表或电流表测量，以避免切换量程时带来的误差。

需指出，综合单、双开口变压器感应法现场试验的结果，变压器的感应电势值和相角，均随短路点向槽底延伸逐匝下降，其陡度与机型有关，机组越大，下降越多。据此，沿线槽中线圈有匝间短路的轴向，测量感应电势和相角的变化，即可分析判断短路点在槽中的大概部位，以利于指导检修。

（六）功率表相量投影法

1. 测量原理

功率表相量投影法的试验接线，如图 28-27 所示。对转子绕组经滑环 1、2 施加电压后，将 TT 在转子本体 3 槽齿上逐槽移动，在每一槽齿上将单开口变压器 TT 所测得的电流通入功率表 PW，并用开关 S 切换三次不同的线电压至功率表，测得三个功率值。然后，将其投影在对称平衡的三相线电压上，绘出转子绕组各槽线圈的综合相量。当转子绕组无匝间短路时，各槽线圈综合相量的幅值和相角基本一致。若某槽线圈有匝间短路时，则该线圈综合相量的幅值和相角将发生变化。据此，对比分析各槽线圈的综合相量，即可判断转子绕组有无匝间短路。

2. 相量投影作图方法

现以某槽为例来说明相量投影的作图法。如在某槽线圈测得的功率读数为 $P_{AB}=-2W$、$P_{BC}=+6W$、$P_{CA}=-4W$，则 $P_{AB}+P_{BC}+P_{CA}=(-2)+(+6)+(-4)=0$，表明测量正确。此时，分别在电压相量 $-\dot{U}_{AB}$ 上取 2、$+\dot{U}_{BC}$ 上取 6、$-\dot{U}_{CA}$ 上取 −4，并作出垂直于相应电压相量的垂线，三垂线相交得 P 点，OP 即为所求的该槽线圈的综合相量，如图 28-28 所示。以同样的方法，可作出转子绕组各槽线圈的综合相量。进行分析比较，若某槽线圈综合相量的幅值和相角比相邻槽线圈的有较大的变化时，则该槽的线圈就可能有匝间短路。

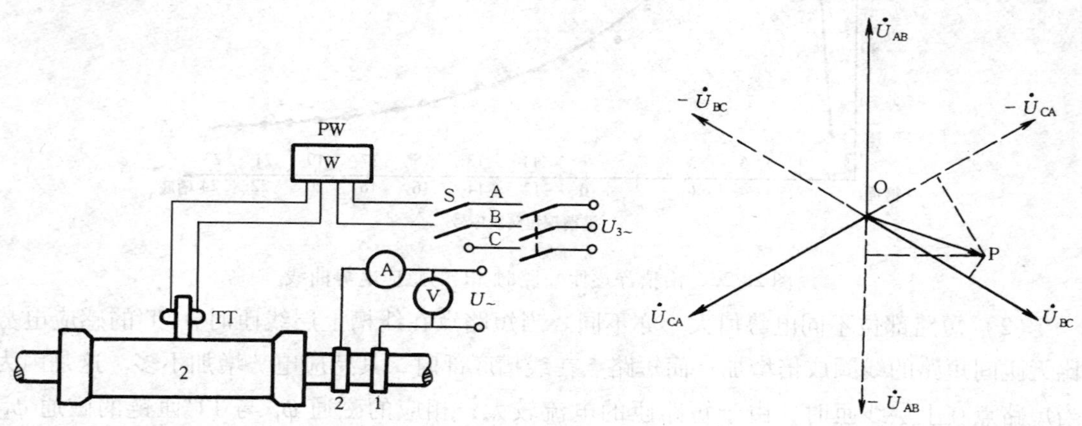

图 28-27　功率表相量投影法的试验接线

图 28-28　功率表相量投影的作图法

也可用计算法，以 $\dot{U}_{AB}$ 方向为 0°，逆时针方向为正，则

$$|\overrightarrow{OP}|=\frac{2\sqrt{3}}{3}\sqrt{P_{AB}^2+P_{AB}\cdot P_{BC}+P_{BC}^2}$$

或
$$\frac{2\sqrt{3}}{3}\sqrt{P_{AB}^2 + P_{AB} \cdot P_{CA} + P_{CA}^2}$$

或
$$\frac{2\sqrt{3}}{3}\sqrt{P_{BC}^2 + P_{BC} \cdot P_{CA} + P_{CA}^2}$$

式中，P_{AB}、P_{BC}、P_{CA}带符号。

令$\overrightarrow{OP}$与$\dot{U}_{AB}$的夹角为α，则

$$\cos\alpha = \frac{P_{AB}}{|\overrightarrow{OP}|}$$

计算时应注意α角的象限。

3. 相量投影法的影响因素

（1）同一线圈沿槽深不同部位，以相同的电阻R_k短路。当在线槽上部短路时，相量的幅值和相角均大；而在线槽底部时其幅值和相角均小。并且幅值和相角均随R_k值不同而异，尤以槽上部为明显。

（2）当匝间短路发生在线槽上部线匝，并且短路电阻R_k小于或接近线圈一匝的电阻时，该方法检测这种状况的匝间短路是比较灵敏的；而对于检测槽底部的匝间短路则不灵敏。

需说明一点，因为功率表相量投影法是基于利用单开口变压器法感应电流的基础上的，所以影响这种方法测量结果的因素与上述单开口变压器法基本相同。

4. 实例

一台TQQ-50-2型发电机转子绕组存在匝间短路，用功率表相量投影法进行了试验，外施150V电压，开口变压器分别位于转子励端、中部、汽端，以励端试验结果为例，其试验结果列于表28-11，表中α角仍以$\dot{U}_{AB}$作为基准。

表28-11　功率投影法试验结果

槽号	1	2	3	4	5	6	7	8	9	10	11	12
P_{AB}（W）	10.5	14.0	16.5	-1.2	1.2	0.8	0.0	-0.4	-4.0	0.2	-3.8	-0.9
P_{BC}（W）	-18.8	-18.5	-24.5	4.1	3.2	1.5	3.2	4.1	6.8	3.0	6.2	6.5
P_{CA}（W）	7.9	4.5	8.0	-3.0	-4.5	-2.1	-3.2	-3.8	-3.0	-3.2	-2.8	-5.8
$\lvert\overrightarrow{OP}\rvert$（mV）	18.84	19.30	24.99	4.22	4.55	2.34	3.70	4.52	6.84	3.59	6.25	7.04
α（°）	56.1	43.5	48.7	256.3	285.3	290.0	270.0	264.9	234.2	273.2	232.6	262.7
槽号	13	14	15	16	17	18	19	20	21	22	23	24
P_{AB}（W）	0.0	10.5	10.6	11.0	10.0	9.2	10.0	13.2	10.2	11.5	11.6	-1.5
P_{BC}（W）	9.0	-20.2	-20.0	-18.5	-8.8	-17.8	-14.9	-16.0	-16.2	-18.2	-20.0	9.0
P_{CA}（W）	-8.9	9.8	9.0	7.8	-1.5	8.5	5.0	3.0	5.9	7.0	8.2	-7.8

续表

槽号	13	14	15	16	17	18	19	20	21	22	23	24
$\lvert\overrightarrow{OP}\rvert$ (mV)	10.40	20.20	20.01	18.60	10.90	17.80	15.19	17.09	16.38	18.41	20.09	9.64
α (°)	270	58.7	58.0	53.8	23.7	58.9	48.8	39.4	51.5	51.3	54.7	261.1
槽号	25	26	27	28	29	30	31	32	33	34	35	36
P_{AB} (W)	−1.6	−3.2	0.8	−2.0	−0.9	−0.8	−0.8	−0.2	−2.2	11.9	15.5	10.2
P_{BC} (W)	7.0	5.0	3.8	3.0	3.0	2.9	3.8	4.0	7.0	−19.2	−24.0	−13.2
P_{CA} (W)	−6.3	−2.0	−4.6	−1.2	−2.2	−2.0	−3.0	−3.9	−5.0	7.5	8.2	3.0
$\lvert\overrightarrow{OP}\rvert$ (mV)	7.15	5.07	4.92	3.06	3.08	3.00	4.01	4.51	7.16	19.4	39.8	13.8
α (°)	257.1	230.8	279.4	229.1	253.0	254.5	258.5	267.5	268.4	52.1	67.1	42.5

由表28-11可知，4~13（对应33~24）槽，与其他槽相比，综合相量幅值小，与$\dot{U}_{AB}$间相位差大，表明4~13（对应33~24）槽存在匝间短路。

（七）直流压降计算法

当用前述测量转子绕组匝间短路的方法，判定绕组有匝间短路需消除时，可用直流压降法计算确定短路点的具体位置，现介绍如下。

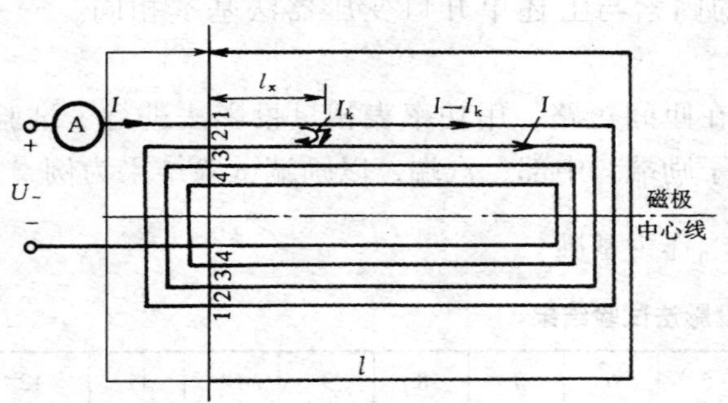

图28-29　一匝仅有一个短路点查找匝间短路点的测量原理图

I_k—流经短路点的电流；U_-—直流电源

1. 测量原理和方法

（1）一匝仅有一个短路点。

直流压降计算法是应用欧姆定律的基本原理导出的计算短路点的公式，推导方法如下。

取下转子励端护环，将转子绕组通入恒定直流I，然后在有匝间短路的线圈上测量每匝的电压$U_{n,n+1}$、$U_{n+1,n+2}$值等，并测量无匝间短路的线圈匝电压U，如图28-29所示。此时，为了使计算简化，直接计算出短路点距测量点的距离，可由计算导线电阻的公式求得，即

$$R=\rho\frac{l}{S}\tag{28-17}$$

式中　R——导线（线圈）的直流电阻（Ω）；

ρ——导线电阻系数（$\Omega\cdot mm^2/m$）；

l——导线的长度（m）；

S——导线的截面（mm^2）。

当导线的截面S和电阻系数ρ一定时，则式（28-1）可变为$R=Kl$。所以，可以应用

导线压降与其长度成正比的关系，写出下列联立方程式，即

$$U_{n,n+1} = KIl_x + K(I - I_k)(l - l_x) = KIl - KI_k(l - l_x) \tag{28-18}$$

$$U_{n+1,n+2} = K(I - I_k)l_x + KI(l - l_x) = KIl - KI_k l_x \tag{28-19}$$

由式（28-18）和式（28-19）两式消去 I_k，解得

$$l_x = \frac{l(lI - U_{n+1,n+2})}{2Il - U_{n,n+1} - U_{n+1,n+2}} \tag{28-20}$$

即 $$\frac{l_x}{l} = \frac{lI - U_{n+1,n+2}}{2Il - U_{n,n+1} - U_{n+1,n+2}} = \frac{U - U_{n+1,n+2}}{2U - U_{n,n+1} - U_{n+1,n+2}}$$

所以至短路点的距离为

$$l_x = \frac{U - U_{n+1,n+2}}{2U - U_{n,n+1} - U_{n+1,n+2}}l \tag{28-21}$$

式（28-18）~式（28-21）中 l_x——测量点至短路点的距离（m）；

l——两测量点 1 到 2 间线圈的长度（m）；

$U_{n,n+1}$，$U_{n+1,n+2}$——受匝间短路电流影响的相邻两匝的测量电压（V）；

U——未受匝间短路电流影响的正常电压（V）。

经实测证明，用式（28-21）计算短路点的具体位置可靠、准确、计算简便。但是，在测量时需注意以下两点。

（1）通入的电流应尽量大（但应不大于转子额定电流的 20%），并保持恒定以提高测量的准确度。

（2）要查清通入的电流方向，沿电流方向测量压降，若第 n 匝（发生匝间短路的起始匝序号）电压为 $U_{n,n+1}$，则第 $n+1$ 匝电压为 $U_{n+1,n+2}$，其余类推。当通入的电流方向与图 28-29 中的相反（匝序号不变）时，则式（28-21）应变成式（28-22）计算，以免造成较大的误差。即

$$I_a = \frac{U - U_{n+1,n+2}}{2U - U_{n,n+1} - U_{n+1,n+2}}l \tag{28-22}$$

以上计算公式是从励端测量推出的，当从汽端测量时，若发现测量的匝间电压仅有一个最小值，则表明短路点在流入电流首端至汽端测量处或在流出电流尾端至汽端测量处，不能用上述公式进行计算。

（3）一匝有两个短路点时。仍以励端测量为例，原理如图 28-30 所示，等值电路如图 28-31 所示。

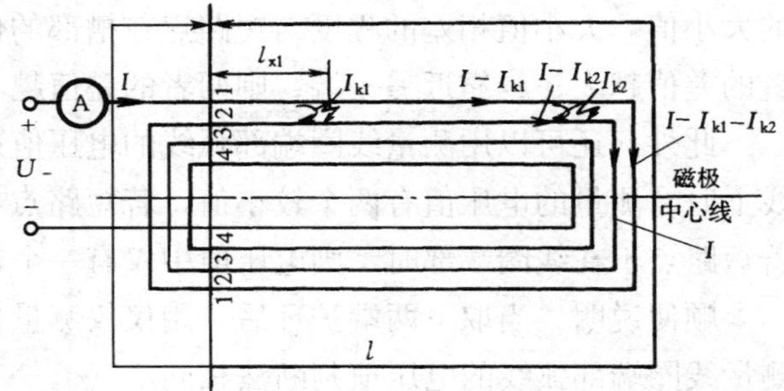

图 28-30 查找一匝两点匝间短路的测量原理图

I_k—流经短路点的电流；U_-—直流电源

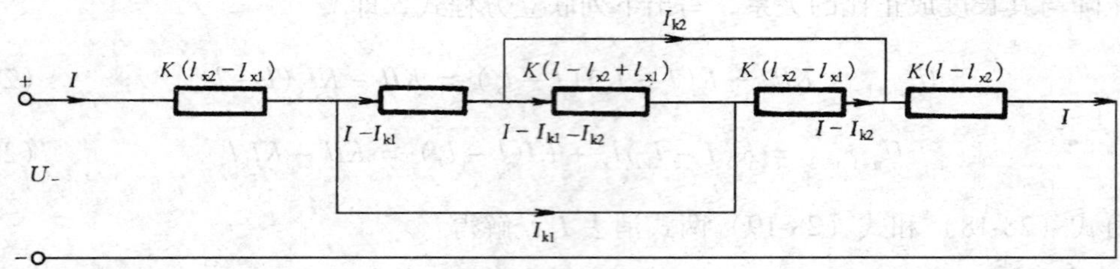

图 28-31　一匝两点匝间短路的测量原理图

根据图 28-31，可列出下列方程式

$$
\begin{cases}
K(l_{x2}-l_{x1})(I-I_{k1})+K(l-l_{x2}+l_{x1})(I-I_{k1}-I_{k2})=0 & (28\text{-}23)\\
K(l-l_{x2}+l_{x1})(I-I_{k1}-I_{k2})+K(l_{x2}-l_{x1})(I-I_{k2})=0 & (28\text{-}24)\\
U_{n,n+1}=KIl_{x1}+K(I-I_{k1}-I_{k2})l_{x1} & (28\text{-}25)\\
U_{n+1,n+2}=K(I-I_{k1}-I_{k2})l_{x1}+K(I-I_{k2})(l_{x2}-l_{x1})+KI(l-l_{x2}) & (28\text{-}26)
\end{cases}
$$

由式（28-23）～式（28-26），消去 I_{k1}，I_{k2}，解得

$$l_{x1}=\frac{U_{n,n+1}}{2U-U_{n,n+1}-U_{n+1,n+2}}\cdot l \tag{28-27}$$

$$l_{x2}=\frac{2U-U_{n,n+1}-2U_{n+1,n+2}}{2U-U_{n,n+1}-U_{n+1,n+2}}\cdot l \tag{28-28}$$

式中　l_{x1}——测量点至第一短路点的距离（m）；

l_{x2}——测量点至第二短路点的距离（m）；

l——有短路匝的一匝线圈长度（m）；

$U_{n,n+1}$、$U_{n+1,n+2}$，U——同式（28-18）～式（28-21）公式注的含义。

当测量点在汽端时，不能完全套用式（28-26）和式（28-27），应作具体分析。

2. 判断短路点的位置

取下转子一端护环后，用直流压降法测量每匝的压降值，从测量结果可初步判断出短路点的轴向位置，即：

（1）短路点在测量的另一端。当短路点在测量的另一端的端部线圈上时，则测量的电压中有两个接近的较小值，其他的电压值基本相等；若短路点在端部线圈的弧线中点时，则两个较小的电压值趋于相等。

（2）短路点在槽部。当短路点在槽部时，测量的电压值中有两个低于正常电压值 U 的大小值。大小值相差的程度与短路点在槽部的位置有关，若短路点越靠近测量端，则两者的差值越大；越靠近另一端，则两者的差值越小。

此外，还可以用测量线圈端部弧线的电压值进行判断，当短路点在测量端线圈端部弧线上时，测量的电压值有两个较小值，若短路点在弧线中点时，则两个较小值接近相等；若短路点不在线圈端部时，则电压值中仅有一个较小值。

顺便说明，当取下两端护环后，用仅仅测量槽部压降值来判断短路点位置的方法，与测量线圈端部弧线的电压值判断法相同。

3. 计算实例

现以 TQC-5674/2 型发电机转子为例，短路点发生在 16 槽槽部 5 和 6 匝之间，并将其测量结果计算如下。

取下汽机端护环后，在线圈端部出槽口处进行测量，实际测量图如图 28-32 所示。当施加恒定的直流电压 U 后，在 5 槽距槽口 37mm 处测量，其结果（毫伏数）为 $U_{34}=63.5$，$U_{45}=49.5$，$U_{56}=18$，$U_{67}=61$。将各值代入式（28-21），即

$$l_x=\frac{U-U_{n+1,n+2}}{2U-U_{n,n+1}-U_{n+1,n+2}}\cdot l$$

因为 $$U_{n,n+1}=U_{45}=49.5;U_{n+1,n+2}=U_{56}=18$$

$$U=\frac{U_{34}+U_{67}}{2}=\frac{63.5+61}{2}=62.25$$

所以 $$l_x=\frac{62.25-18}{2\times62.25-49.5-18}\cdot l=\frac{44.25}{57.00}\cdot l=0.7763l$$

由于 $$l=(2\times2396+1420+37\times4)=6360(\text{mm})$$

所以 $$l_x=0.7763\times6360=4937.27(\text{mm})$$

短路点距励磁机端槽口处的距离为

$$l'_x=4937.27-(37+2396+37+1420+37)$$
$$=(4937.27-3927)=1010.27(\text{mm})$$

退出转子槽楔后，找出短路点距槽口处的实际距离为 1087mm，与计算值相差 76.73mm，误差约 7%，表明这种计算法是可靠的。

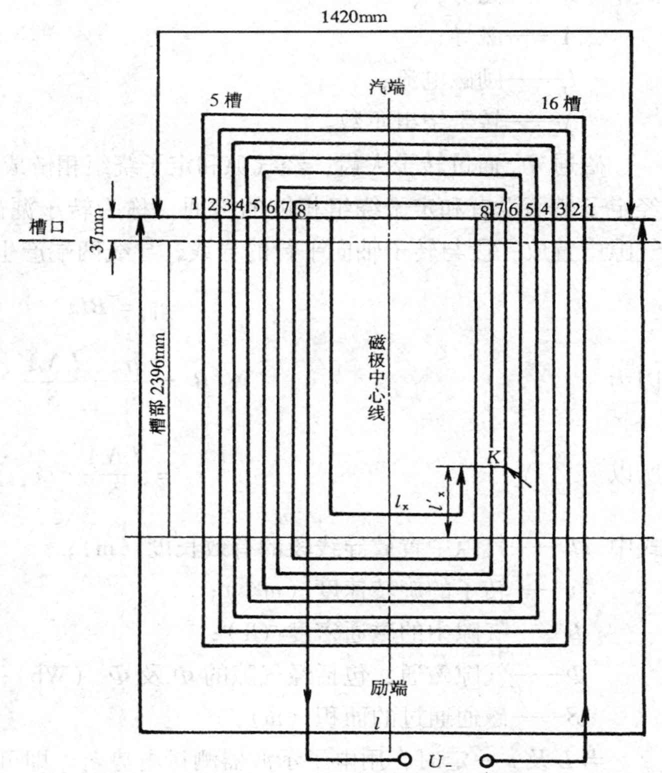

图 28-32 查找匝间短路点的实际测量图

（八）小结

（1）综合测量转子绕组静态匝间短路的方法，各有其特点。在测量判断转子绕组是否有匝间短路时，应结合实际情况，选择几种测试方法测量，互相引证，综合判断。

（2）现场根据一般采用测量转子绕组的交流阻抗和功率损耗以及单、双开口变压器感应法，将测量结果综合分析判断，即可对转子绕组是否有匝间短路及短路状况作出定论。

（3）当确定转子绕组有匝间短路必须消除时，仅需取一端护环，即可采用直流压降计算法，计算出

短路点在线槽中的具体位置。

（4）直流压降计算法，可以较准确地计算出短路点的具体位置。

第三节　转子绕组动态匝间短路故障检查试验

发电机转子绕组静态匝间短路的测试方法，在上节已作了介绍，这对保证发电机安全运行和检修质量起到了良好的作用。但对于不稳定的动态匝间短路却无法判断，因为受离心力、热应力等的影响，在动态下造成的不稳定匝间短路，特别对大型发电机，它的转子长，直径大，质量大，阻尼作用强，测试困难就更为突出。所以，用静测法就难以确定具体的槽位，也难以排除槽楔和阻尼绕组等部件的阻尼影响。

至于大型发电机的转子绕组，一旦出现匝间短路，其危害程度也更为严重。为此，我国有关生产科研单位研究采用了对转子绕组动态匝间短路的测试方法，已取得显著成效，并已普遍推广。实践证明这种动态测试方法，经济简便，安全准确。

一、测试原理

发电机在转动时，对转子绕组给以直流励磁所产生的磁通，可由下式表示

$$\Phi_0 = I_r N\Lambda = F\Lambda \tag{28-29}$$

式中　F——磁势；

Λ——磁导；

I_r——励磁电流；

N——转子绕组匝数。

磁通 Φ_0 通过转子大齿，经气隙和定子绕组相链成回路者，称为主磁通 Φ，经气隙或经定子槽而没有和定子绕组相链的磁通，称为转子漏磁通 Φ_s，如图 28-33 所示。如果在气隙中置放一段与转子轴向平行的导线，导线两端产生的电势为

$$e_1 = BLv \tag{28-30}$$

因为

$$B = \frac{\Phi}{S} = \frac{I_r N\Lambda}{S}$$

所以

$$e_1 = \frac{I_r N\Lambda}{S} \cdot Lv \tag{28-31}$$

式中　L——气隙中置放导线段的有效长度（m）；

v——转子的旋转速度（m/s）；

B——气隙中的磁通密度（T）；

Φ——气隙磁通，包括经气隙的 Φ 及 Φ_s（Wb）；

S——磁通通过的面积（m）；

当 L 及 v 一定时，用电子示波器测量电势 e_1，即可反应气隙磁密感应电势 e_1 的波形，如图 28-34 所示。

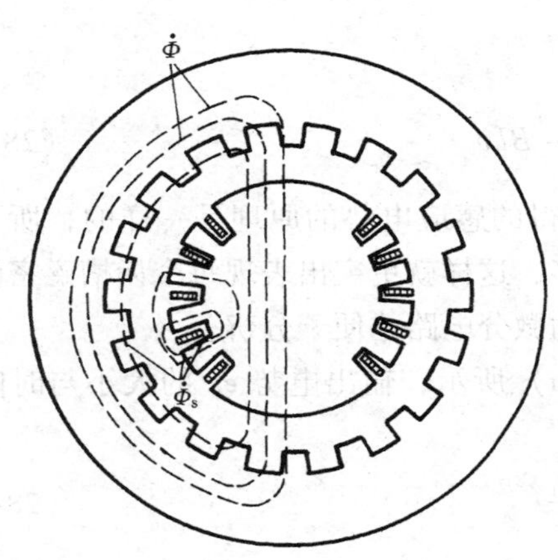

图 28-33　发电机磁通分布示意

Φ—主磁通；Φ_s—漏磁通

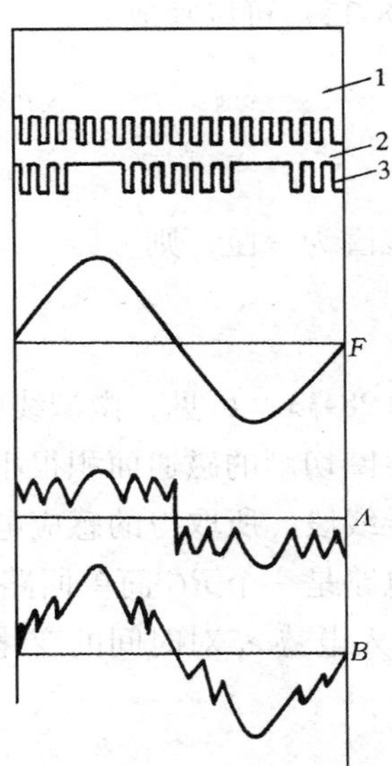

图 28-34　气隙磁密波形

1—定子；2—气隙；3—转子；

F—磁势；Λ—磁导；B—磁密

由式（28-31）可见，气隙磁密的感应电势和转子的安匝数成正比。如果转子绕组内出现匝间短路，气隙磁密的感应电势相应地会减少。过去用测量气隙磁密感应电势的波形来观察转子齿槽中绕组短路情况，没有获得良好效果的原因，就是影响齿槽波形的小波峰不太明显，特别是短路匝数比例较小的情况更不易分辨。为此，有关生产科研单位设法在测量回路内接入微分电路，从而突出地反应气隙中齿槽的磁密变化率的波形，这在大型发电机的转子绕组中，即使短路一匝，也可明显地反应出来。

基于上述原理，在气隙中放置一个微型线圈（或称微分线圈），即可达到直接微分的目的，也可突出反应齿槽中匝间短路的情况，根据法拉弟定律可得微型线圈的感应电势为

$$e_1 = -n\frac{d\dot{\Phi}}{dt} \qquad (28\text{-}32)$$

式中　n——微型线圈的匝数。

如图 28-35 所示，因转子表面以速度 v 在运动，故相当于微型线圈对转子表面以速度 v 在运动。设微型线圈移动距离为 dx，微型线圈的有效边长为 L，则在某一瞬间切割的磁通面积为

$$S = L \cdot dx$$

某一瞬间切割的磁通

$$\Phi = BS = BL \cdot dx$$

因为

$$v = \frac{dx}{dt}$$

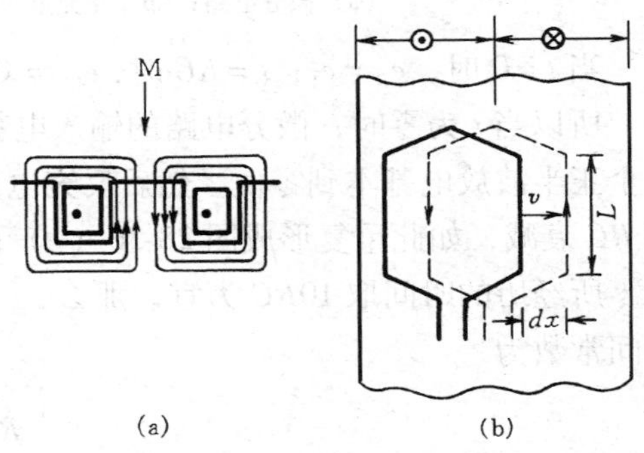

图 28-35　微型线圈在转子齿槽表面运动产生电势的原理

（a）转子齿槽的磁通分布；

（b）M 方向放大后的磁通垂直面

所以式（28-32）可以写成

$$e_1 = -n\frac{\mathrm{d}\Phi}{\mathrm{d}t} = -n\left(BL\frac{\mathrm{d}x}{\mathrm{d}t}\right) = -nBLv$$

如果微型线圈为一匝，则

$$e_1 = -1\frac{\mathrm{d}\Phi}{\mathrm{d}t} = -BLv \tag{28-33}$$

从式（28-33）可见，微型线圈和单导线段所得的感应电势的原理是一样的，所不同的是微型线圈切割的磁通面积很小，但匝数比较多，这样就更突出表现每个齿槽磁密的变化率。单导线段，所取得的感应电势波形需要借助微分电路才便于分辨。

微分电路是一个 RC 简单回路，如图 28-36（a）所示，输出电势 e_R 的大小与时间常数 RC 及输入电势 e_1 对时间的变化率成比例，即

$$e_R = RC\frac{\mathrm{d}e_1}{\mathrm{d}t} \tag{28-34}$$

经一系列换算后

$$e_R = e_1 e^{-\frac{t}{RC}} \tag{28-35}$$

式中　e——自然对数底（2.718）。

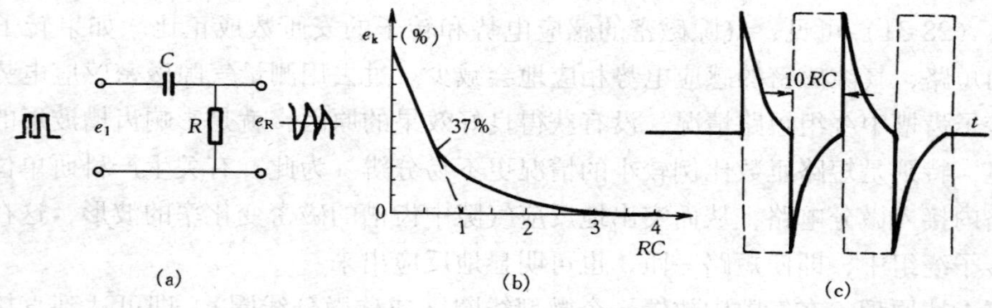

图 28-36　微分电路输出的电势波形变换

（a）微分电路；（b）正充电时一次 RC 衰减电势波形；（c）输出波形

当 $t=0$ 时，$e_R=e_1$；$t=RC$ 时，$e_R=0.37e_1$；$t=10RC$ 时，$e_R\approx 0$。

所以当 t 为零时，微分电路的输入电势 e_1 等于输出电势 e_R，当 t 为 10 倍时间常数时，一个正半波放电基本到零值。然后反充电到负的最大值，仍按式（28-35）的指数时间常数 RC 衰减，如此重复形成图 28-36（c）的波形。因此输出电势 e_R 的半波从最大值衰减为零所经历的时间取 $10RC$ 为宜。那么，一个波峰到另一个波峰之间的时间应为 $t=20RC$，时间常数为

$$RC = \frac{t}{20} \tag{28-36}$$

其中

$$t = \frac{1}{Zf}$$

式中　Z——转子的虚槽数；

f——发电机的额定频率。

例如，当 $Z=32$，$f=50$ 时，代入式（28-36），则得

$$RC=\frac{\frac{1}{32\times50}}{20}=3.125\times10^{-5}$$

如果取 $R=10000\Omega$，则 $C=3.125\times10^{-9}$F。在实际应用中，因为单导线段微分电路引线所带来的对地分布电容，使有效电容量增大，所以 R 值实际较计算的数值为小。为了方便起见，一般将电容固定一个数值，用 0～15kΩ 可调电位器调整配合，以选择最恰当的时间常数。所谓最恰当的时间常数，就是以示波图影最清晰为准。

二、测试方法

（一）单导线段微分电路法

在发电机中部，选一段槽楔，在其上面沿轴向开槽，槽楔上嵌装绝缘导线示意图如图 28-37 所示。将绝缘导线嵌入槽内，用环氧树脂或其他粘结剂粘牢填平，用屏蔽导线将绝缘导线的两端，经发电机定子铁芯背部风道引出，在发电机外壳钻孔，或利用外壳螺丝孔，将引线接至测试设备上进行测量。单导线段装好后，连同引线回路，必须检查对地、对定子绕组间的绝缘。发电机给上励磁运转时，先用高内阻电压表测量单导线段引出线端的电压，以判断是否适应所用的电子示波器输入端容许的电压范围，其测量接线如图 28-38 所示。图中，s 为发电机定子；F 为气隙；D 为微分电路；PS 为电子示波器；T、b 为转子齿、槽；L 为单导线段。

试验在发电机额定转速的四种工况下均可进行：

（1）无励磁空转、检查剩磁的影响；

（2）励磁空载，即定子绕组开路，其波形如图 25-39 所示；

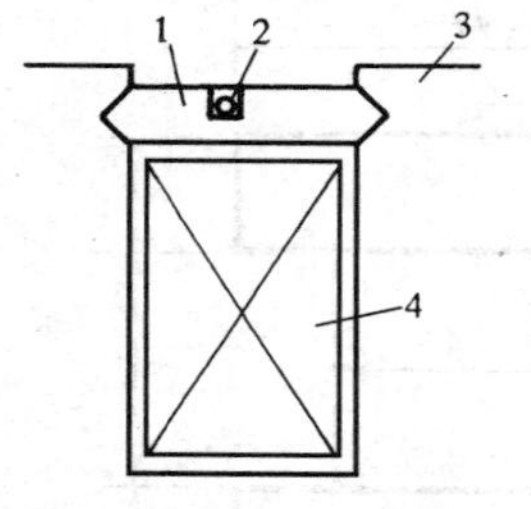

图 28-37　槽楔上嵌装绝缘导线
1—槽楔；2—绝缘导线；
3—定子齿；4—定子线棒

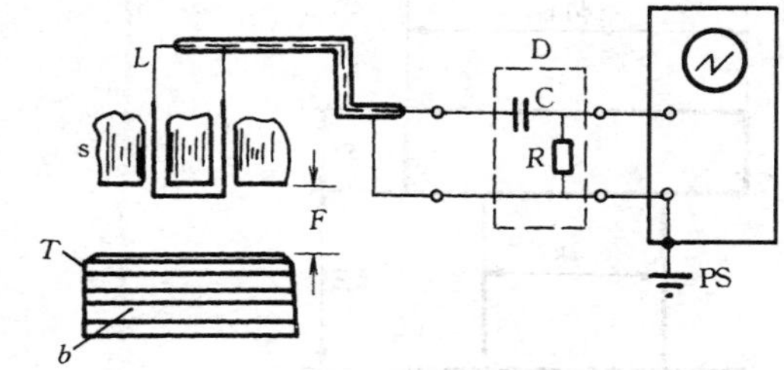

图 28-38　单导线段微分测量线路

（3）定子绕组短路，其波形如图 28-40 所示；

（4）在一定负荷条件下进行试验，即功率因数、有功和无功负荷为一定值时进行测试。

（二）微型线圈法

将制好的微型线圈装设在发电机中部气隙中，常采用两种装置方法。一种是将微型线圈装在探测管上，并从发电机外壳打孔经定子铁芯通风沟插入气隙，以便适当调节微型线圈靠近转子的距离，故称为可移式微型线圈。另一种是将微型线圈粘结在定子齿上，或嵌装在定子槽楔上，叫做固定式微型线圈。引线可利用发电机测温装置接线板上的备用接头

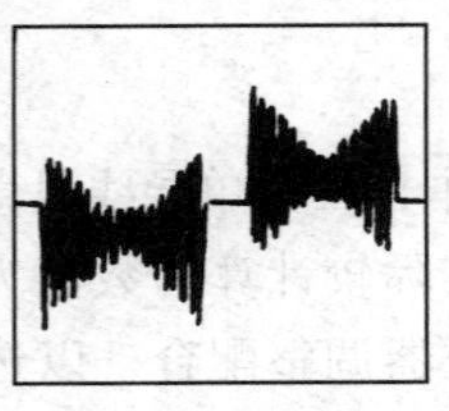

图 28-39　TQQ-50-2 型汽轮发电机定子开路空载电压为 5kV 时的波形

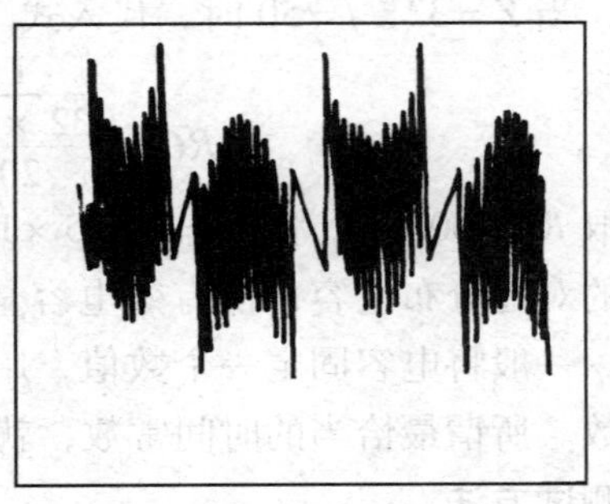

图 28-40　FG500/185ak 型定子短路时的波形

引至机外。空冷发电机一般可以利用发电机外壳的螺丝孔或窥视孔引至机外。对于氢冷发电机，不管采用哪种方法，其引出线都要考虑密封的问题。

（1）探测线圈的结构。探测线圈是用 0. 03 ~ 0. 1mm 高强度漆包线，密绕在有机玻璃框架上的小线圈，其匝数可在 100 ~ 300 匝范围内。但空冷小容量发电机应适当增加匝数。框架的结构因安装方式不同而异，可移式探测线圈因受定子铁芯径向通风沟尺寸的限制，框架结构就比较小，而固定式探测线圈框架尺寸，则可适当放大，具体结构如图 28-41 和图 28-42 所示，径向和切向探测线圈如图 28-43 所示。探测线圈直径以 5 ~ 10mm 较为适宜。

（2）探测线圈的安装。探测线圈的安装方式分为固定式和可移式两种。固定式探测线圈埋在定子槽楔之中，引线是从定子铁芯径向通风沟内引出。可移式探测线圈是用环氧

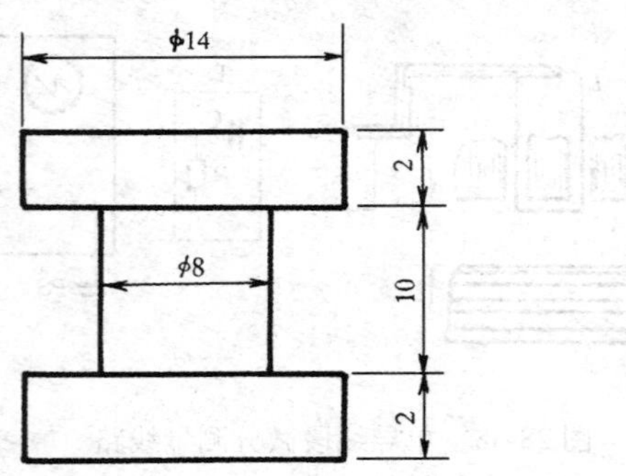

图 28-41　固定式探测线圈框架结构图

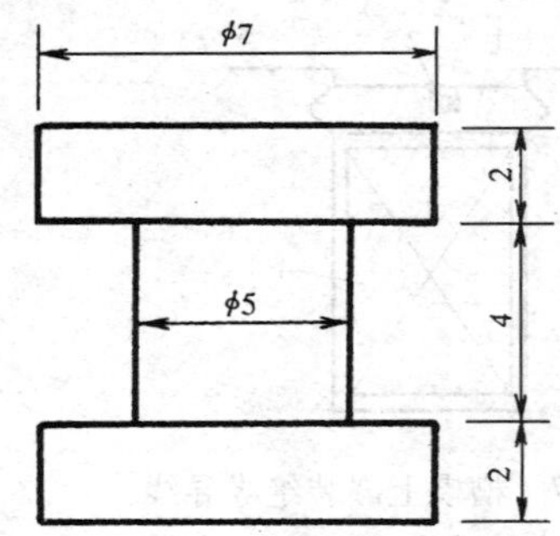

图 28-42　可移式探测线圈框架结构图

树脂将探测线圈固定在不锈钢管的端部，并把不锈钢管穿入定子铁芯通风沟，使探测线圈置放于定子和转子的气隙中。改变探测线圈至转子表面的距离，便可改变测量的灵敏度。但当其距离接近或大于气隙值时，（与定子表面平齐或缩进），则很难反映故障状况。在向转子表面改变探测线圈位置时，要注意探测线圈与转子表面保持一定距离，以免碰到转子。当探测线圈与转子表面相距 10 ~ 15mm 时灵敏度较高。推荐探测线圈距转子表面距离选为定子和转子气隙的 1/2 左右为宜。

（三）故障槽的定位

为了确定转子匝间短路故障的具体槽位，必须首先测定某大齿对应于故障槽的相对位置（简称大齿定位）。大齿定位的方法有光电定位法、机电定位法和磁电定位法。现将三种方法介绍如下。

1. 光电定位法

在伸出机壳的转子大轴上，对应N或S极处，沿轴向涂一窄条反光白漆，同一圆周的其他部分涂上无光黑漆。在光照下，利用白漆和黑漆反射光的强度不同，用光电管接收。在白漆区域下，光电管导通，黑漆区域光电管截止。这样，在示波器上就可得到一个脉冲信号，根据脉冲信号就可决定N极或S极的位置。如图28-44所示，脉冲信号对应处就是极面大齿位置处。

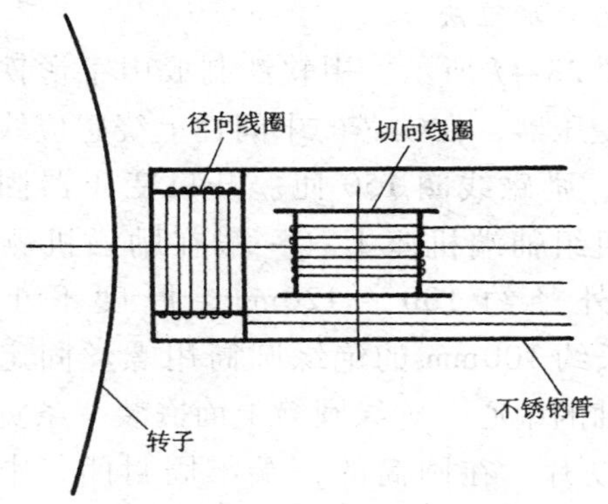

图28-43　径向和切向探测线圈

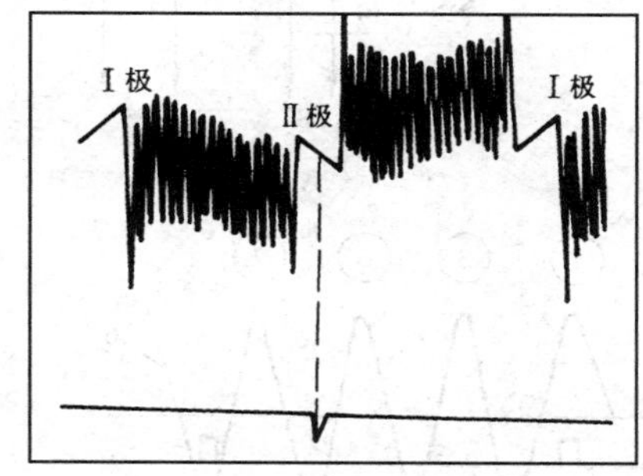

图28-44　带有大齿定位记号的示波图

光电管定位装置的线路如图28-45所示。$3Du_{28}$光电管接收信号，经3DG6D放大、整形和调幅后输入示波器。

2. 机电定位法

机电定位法又称接触法，其装置如图28-46（a）、（b）所示。图28-46（a）中，在发

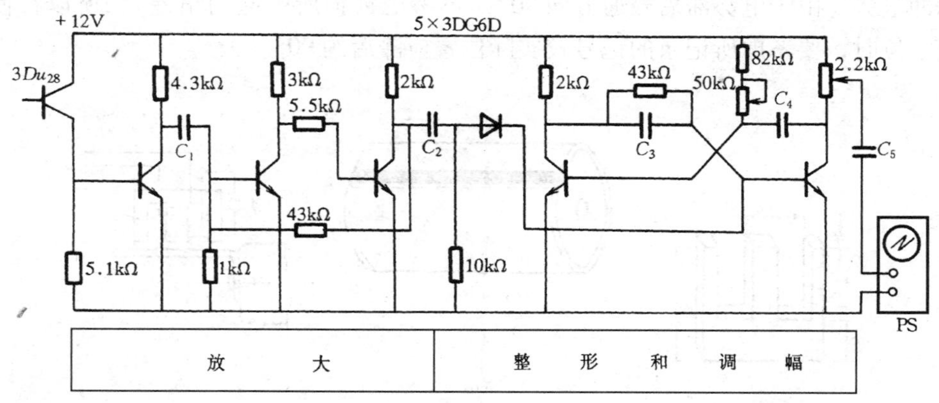

图28-45　光电管定位装置线路图

$C_1=10\mu F$；$C_2=1000pF$；$C_3=3000PF$；$C_4=0.047\mu F$；$C_5=10\mu F$

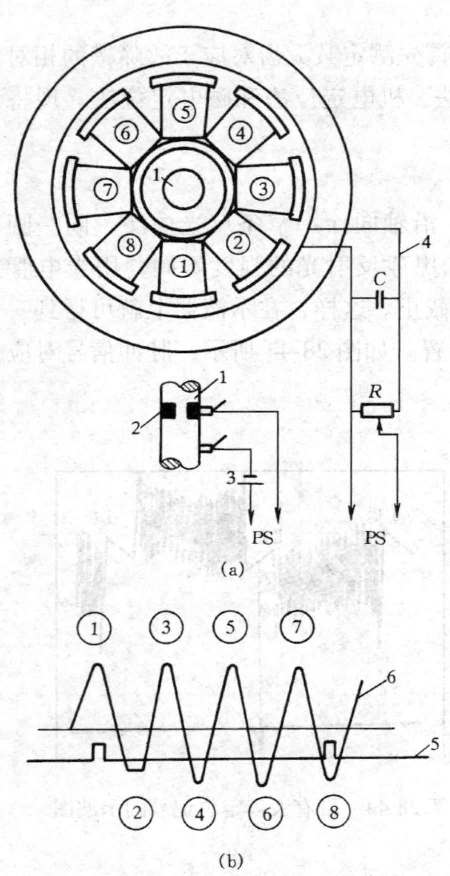

图 28-46　机电定位法定位装置
(a)轴上记号装置；(b)气隙感应电势波形及记号脉冲
1—发电机轴；2—绝缘纸条；3—干电池；
4—单导线；5—气隙中磁感应电势记号脉冲；
6—磁感应电势波形

电机轴 1 上找一适当位置，清洗干净，用青壳绝缘纸条 2 粘贴在轴上，并将其对应某极开断一段（如图中对应①极），再用两个细密的铜丝刷，一个触及轴上，另一个触及在青壳纸上，回路内串接 1.5V 的干电池 3。当发电机转动时，每转一周在固定的极号位置接通一次，便在示波器上形成一个脉冲，如图 28-46（b）所示。图中 5 是对应单导线在气隙中所测的磁极感应电势的记号脉冲，6 是单导线 4 的电势示波图。这种定位法，只适用于转速较低的水轮发电机。

3. 磁电定位法

如图 28-47 所示，用软铁制成山字形铁芯的开口变压器，在铁芯的中间柱上绕感应线圈 3000 匝，励磁线圈 150 匝。开口变压器固定在发电机组轴端机座上（一般在励磁机侧）。再将用外径约 100 ~ 120mm，厚度不小于 5mm，长约 100mm 的绝缘圆筒用螺丝固定在励磁机轴的中心。绝缘圆筒上面嵌装一条宽约 5mm 的铁片，在圆筒的一端牢固封闭，中间打孔，如图 28-47（b）；或用一般铁片固定在轴上也可以代替嵌有铁片的绝缘筒的作用，如图28-47（c）。

开口变压器被励磁后，便产生恒定的磁通。随轴转动的铁片，每转一周，使开口变压器的磁通突增瞬变一次，这样就在二次绕组内产生感应脉冲电势。由于电势滞后磁通方向 90°（不考虑铁损所引起的角差），所以在使用这种装置定位时，要考虑所记录的记号较实际位置应滞后约 90°。

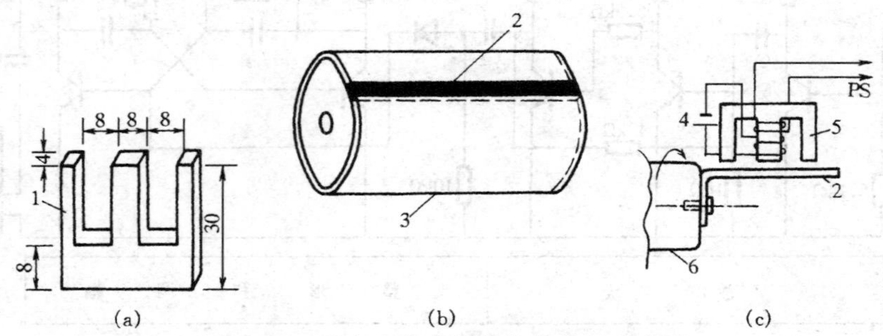

图 28-47　磁电定位法用的定位装置示意图
(a) 铁芯尺寸；(b) 嵌装铁片的绝缘圆筒；(c) 磁电定位装置
1—铁芯；2—铁片；3—绝缘圆筒；4—电池；5—开口变压器；6—发电机的轴头

三、波形分析

为了排除残磁的影响，在试验之前应先进行无励磁空转试验，对残磁的波形进行分析。从一些试验结果可以看出，残磁对波形的对称度有影响。由于转子材质本身或铣槽加工时引起残磁的不均匀性，故在试验分析波形时不可忽视。

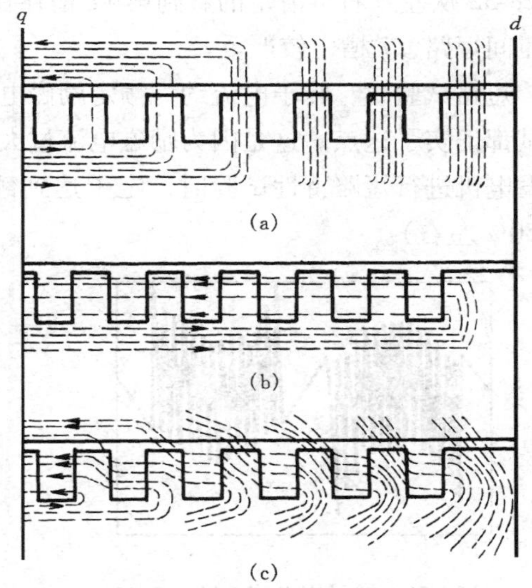

图 28-48 定子绕组开路时气隙磁通分布
(a) 磁通通过定子形成回路；(b) 磁通通过转子形成回路；(c) 总的磁通分布

开路试验时所得的波形如图 28-39 所示。图中，靠近纵轴波峰最高，逐渐衰减至横轴最小。因为定子绕组开路时，没有电枢反应磁通抵消转子的主磁通。磁通在气隙中的分布如图 28-48 所示，可简化为两部分，一部分为通过气隙到达定子形成回路如图 28-48（a）；一部分横跨转子齿部形成回路如图 28-48（b）。这两部分磁通综合作用之后，气隙磁通的分布如图 28-48（c）所示。如果存在的匝间短路恰在横轴附近的转子绕组中就很难辨别。只有和在匝间绝缘良好的状态及在同一电压下所测的原始波形进行比较。

进行开路试验时，不能使磁通饱和，以免所测得波形难以分辨，如图 28-49 所示。一般汽轮发电机试验时的定子电压约为额定值的 1/2 比较合适，但也不能太低，否则由于残磁的影响不易克服，准确的说就是要取发电机开路特性曲线的直线部分。

短路试验时所得的波形如图 28-50 及图 28-51 所示。这时因转子的主磁通绝大部分被电枢反应的磁通所抵消，越靠近纵轴抵消作用就越大，因此使转子各小齿上的漏磁通基本相等。良好的转子气隙磁密波形，外包络线平滑对称。有匝间短路者，可以明显看到那一个槽齿的波峰凹陷，如果严重者，还可以看到相邻槽齿的波峰反而较正常时有所增大，如

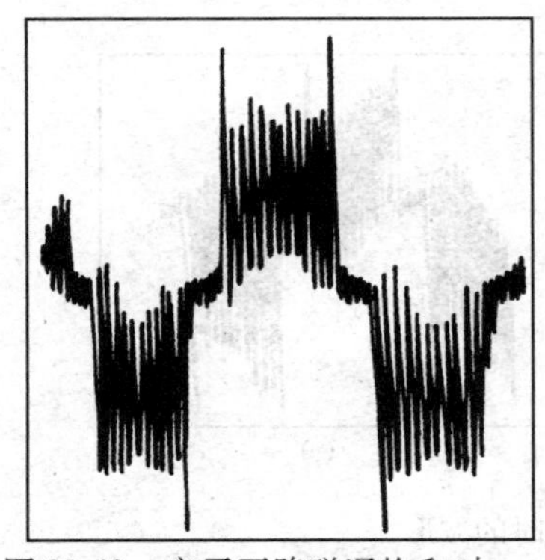

图 28-49 定子开路磁通饱和时，气隙磁密感应电势波形

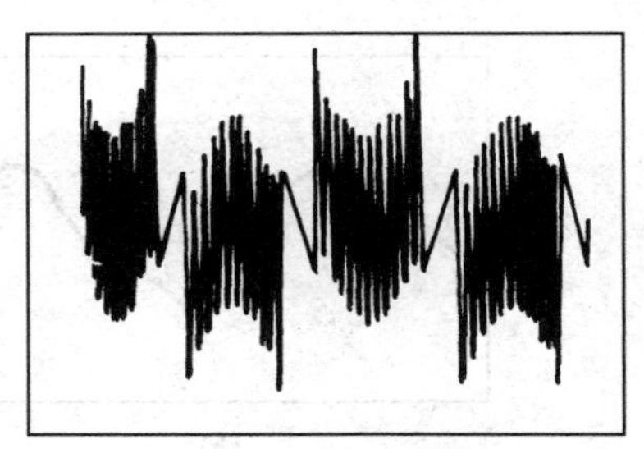

图 28-50 定子短路时，气隙磁密感应电势波形

图 28-52 从左到右可清楚的看到第 11 槽存在匝间短路。图 28-52 显示出第 4、7 槽中存在着匝间短路，7 槽中较严重。

短路试验时，转子电流约为额定励磁电流的 1/2 左右时灵敏度较高，从模拟机和实际测试都证实了这点。这是因为励磁电流过大，要影响转子齿槽漏磁的均匀分布。一般相等于发电机进行短路特性试验时，定子达到额定电流所需的励磁电流（约为额定励磁电流的 50% 左右）。

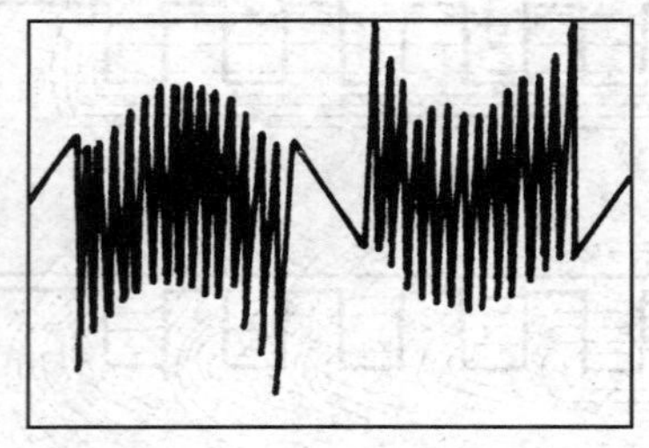

图 28-51　转子绕组第 6 槽，第 11 槽中有匝间短路时的波形

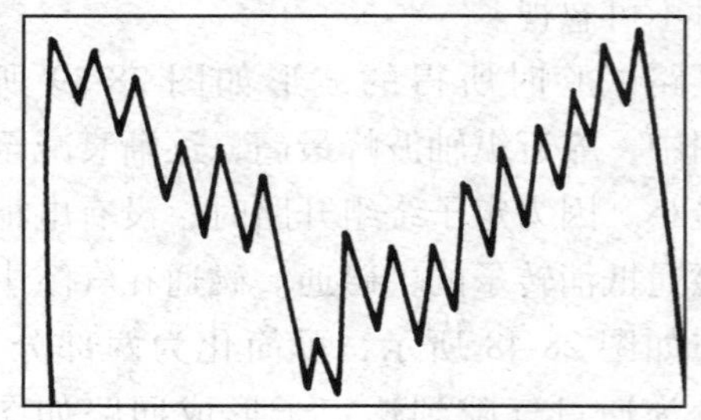

图 28-52　转子绕组第四、七槽中有匝间短路时的波形

负荷试验时所得的波形产生较大的扭变，如图 25-53（c）所示。这是因为在负荷情况下主磁势和电枢反应的磁势相差一个 ψ 角，$\psi=\delta+\varphi$（δ 为功角，φ 为功率因数角），所以扭变的程度和有功负荷及功率因数有关。图 28-53（a），是理论分析的波形和实测的图

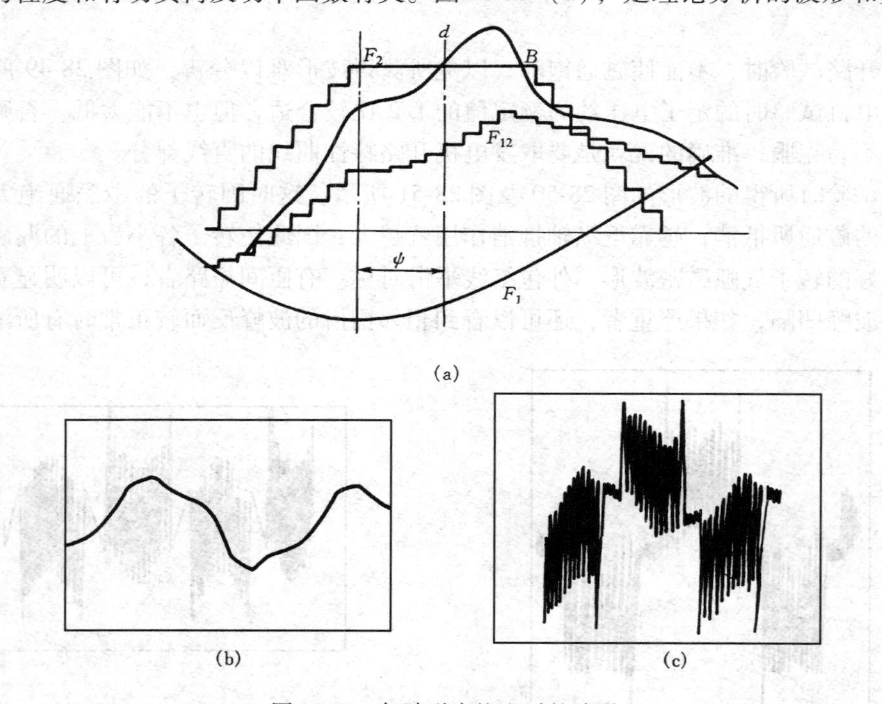

图 28-53　气隙磁密饱和时的波形

（a）理论分析；（b）气隙磁密；（c）扭变波形

F_1—电枢反应磁势；F_2—转子磁势；F_{12}—气隙综合磁势；B—气隙综合磁密

28-53（b）、（c）波形的对照，其形状是相似的。可以想像如果功率因数接近于零，则波形扭变的程度可以大大减小，从而使分辨明晰程度就增高。

四、故障判断

由于运行中转子绕组匝间短路点的短接电阻的分散性较大，其分流程度不同，整槽安匝的变化，不仅与短路匝数有关，而且与短路点的接触电阻大小有关。还由于槽底、槽面的漏磁在气隙中分布不同（面槽多，底槽少），以及电枢反应，剩磁、磁回路固有的不均匀性的影响，使气隙磁密波形的幅值和转子槽内的安匝数不完全成正比。只能从示波图上定性的判断有无匝间短路和严重程度，还不能准确的判定短路匝数。通常可按以下情况进行判断。

（1）观察示波图与槽对应的各波峰的包络线是否连续平滑，凡在两个半周（指基波而言）的包络线对应各槽的波峰出现凹缩者，即认为对应的槽中存在短路匝。

（2）短路槽波峰凹缩时，同时与其相邻槽的波峰反而有所升高，凹缩的越深相邻槽的波峰越高，这是判断严重短路匝的一个特征。

（3）如果波峰凹缩只出现一个半周，可改变探测位置，以判断是否因局部材质的不均匀所造成的。

（4）供分析判断的最佳波形，是发电机定子三相稳定短路工况下所得到的波形。定子电流在额定电流的50%～100%时，所得的波形较为清晰。

（5）空载时的波形图，应在定子额定电压的25%～75%时取得，其可辨清晰程度较定子短路时的波形差。

（6）发电机负载下所得的波形其可辨程度更差，最好能在功率因数接近零时录取波形。这样可以消除波形的严重扭变，只留下磁密饱和的影响。

（7）最理想的条件是在转子绕组匝间不存在短路时，录取标准波形，以后在相同的工况下录取波形进行比较，便可判断有无匝间短路。

（8）对于凸极式发电机（主要指水轮发电机），可用图28-46（b）的波形进行分析判断。如果某极线圈中有匝间短路，其对应极的波峰就明显下降［如图28-46（b）气隙电势波形中的②极］。

（9）结合其他试验方法的测试结果和运行的异常现象进行综合分析。

五、几点说明

（1）在单导线段、径向微型线圈和切向微型线圈中，径向线圈比较容易制作，一般推荐使用径向线圈法。

（2）如果单导线段取得很短，就近似切向微型线圈的波形，可以不需要微分电路转换。

（3）微型线圈除了可以测试气隙磁密的波形外，如果经过校准，还可以直接测量气隙磁密的数值。

第二十九章

发电机的温升试验

第一节　温升试验的目的及有关基本知识

一、温升试验的目的

发电机运行时，本身要消耗一部分能量。这部分能量包括机械损耗、铁芯损耗、铜损耗和附加损耗。该损耗转换成热量，会使电机各部分的温度升高。发电机采用冷却系统将热量带走，使各部分的温度不超过相应的容许温度。若在单位时间内，散走的热量等于损耗产生的热量时，电机各部分的温度就会稳定于一定值；反之，电机各部分的温度就会逐渐升高，且超过其绝缘材料或结构件的容许温度，致使绝缘材料或结构件迅速老化或损坏，从而缩短电机的使用年限。因此，发电机带负荷运行时，控制其各部分的温度不超过容许的温度限额，是使发电机能在使用年限内安全运行极重要的条件之一。所以，必须通过温升试验，实测电机各部分的温度。

大型发电机的温升试验，均采用直接负载法，即让发电机带实际负荷运行，测量其各种电量和各部分的温升，通过温升试验达到如下目的：

（1）了解发电机运行时各部分的发热情况，核对所测得的数据是否符合制造厂的技术条件或有关国家标准，为电机安全可靠运行提供依据。

（2）确定发电机在额定频率、额定电压、额定功率因数和额定冷却介质温度、压力下，机端能否连续输出额定功率值，以及在上述条件下的最大出力。

（3）确定发电机在冷却介质温度和功率因数不同时，P 与 Q 的关系曲线，为发电机提供运行限额图。

（4）确定电机的温度分布特性，即测量出电机各部分的温度分布，找出规律，为评价和改进电机结构设计和冷却系统提供依据。

（5）测量定子绕组的绝缘温降，研究其绝缘温降变化，在一定程度上可反应出绝缘的老化状况。

（6）测量电机检温计指示温度、铜导体温度及绕组平均温度，从而确定该机监视温度的限额。

上述试验目的的内容，不是在进行每台电机的温升试验时，都能同时获得的，有些要进行专门的试验研究才能获得。一般在进行发电机型式试验、研究改进结构设计和冷却系统以及在交接或更换结构件，或电机运行温度过高时，应进行温升试验。

二、电机的容许温度限额

进行温升试验时，电机的容许温度（温升）应以制造厂提供的技术条件为依据，如无制造厂的依据时，可以根据机组的绝缘结构、材料、冷却介质和冷却方式，按国家标准规定的容许温度来确定电机的温度限额。国家标准中有关电机容许温度（温升）的规定如下。

（一）水轮发电机

空气冷却及水内冷水轮发电机在规定的使用条件及额定负载下，定子、转子绕组和定子铁芯的最高温度不得超过表 29-1 的规定。

水轮发电机在下列任何一种情况下，其允许温度限值应按 GB755《旋转电机基本技术要求》进行修正，即：

（1）水轮发电机额定电压超过 11000V；

（2）使用地点海拔超过 1000m；

（3）冷却空气温度超过 40℃。

表 29-1　　水轮发电机温度限值

序号	水轮发电机部件	测量方法	允许最高温度（℃）	
			B 级	F 级
1	空气冷却的定子绕组	电阻法或埋入式检温计法	120	140
2	定子铁芯	埋入式检温计法或温度计法	120	140
3	水内冷定子、转子绕组和定子铁芯的出水温度	温度计法或埋入式温度计法	85	85
4	两层及以上的磁场绕组	电阻法	120	140
5	表面裸露的单层磁场绕组	电阻法	130	150
6	不与绕组接触的其他部件	这些部件的温度不应达到使附近的任何绝缘或其他材料有损坏危险的数值		
7	集电环	温度计法	120	130

（二）汽轮发电机

1. 空冷电机

空冷电机在规定的使用条件下额定运行时，其温升限值见表 29-2（B 级或按 B 级考核）。

表 29-2　　空冷汽轮发电机温升限值

部　件	位置和测量方法	冷却介质为 40℃时的温升限值（K）
定子绕组	槽内上下层线圈间埋置检温计法	85
转子绕组	电阻法	间接冷却：90 直接冷却：75（副）65（轴向）
定子铁芯	埋置检温计法	80
集电环	温度计法	80
不与绕组接触的铁芯及其他部件	这些部件的温升在任何情况下不应达到使绕组或邻近的任何部位的绝缘或其他材料有损坏危险的数值	

注　电机不在规定的使用条件下运行时，温升限值按 GB755 有关条款修正。

2. 氢气间接冷却电机

氢气间接冷却电机的温升限值见表 29-3（B 级或按 B 级考核）。

表 29-3　　氢气间接冷却电机温升限值

部　　件	测量位置和测量方法	冷却介质为 40℃时的温升限值（K）	
		氢气绝对压力（MPa）	
定子绕组	槽内上、下层线圈埋置检温计法	0.15 及以下	85
		>0.15≤0.2	80
		>0.2≤0.3	78
		>0.3≤0.4	73
		>0.4≤0.5	70
转子绕组	电阻法		85
定子铁芯	埋置检温计法		80
不与绕组接触的铁芯及其他部件	这些部件的温升在任何情况下不应达到使绕组或邻近的任何部位的绝缘或其他材料有损坏危险的数值		
集电环	温度计法	80	

3. 直接冷却电机

氢气和水直接冷却电机及其冷却介质的温度限值应符合表 29-4 的规定（B 级或按 B 级考核）。

表 29-4　　直接冷却电机温度限值

部　　件	测量位置和测量方法	冷却方法和冷却介质	温度限值（℃）
定子绕组	直接冷却有效部分的出口处冷却介质检温计法	水	90
		氢气	110
	槽内上、下层线圈间埋置检温计法①	水、氢气	90
转子绕组	温度计法（出口处）	水	85
	电阻法	氢气直接冷却转子全长上径向出风区数目②	
		1 和 2	100
		3 和 4	105
		5～7	110
		8～14	115
		14 以上	120
定子铁芯	埋置检温计法		120
不与绕组接触的铁芯及其他部件	这些部件的温度在任何情况下不应达到使绕组或邻近的任何部位的绝缘或其他材料有损坏危险的数值		
集电环	温度计法③		120

① 应注意，用埋置检温计法测得的温度并不表示定子绕组最热点的温度。如果冷却水和氢气的温度分别不超过有效部分出口处的限值（90℃和 110℃），那么能保证绕组最热点温度不会过热。埋置检温计测得的温度还可用来监视定子绕组冷却系统的运行。在定子绝缘引水管出口端未装设水温检温计时，则仅靠定子线圈上下层间埋置的检温计来监视定子绕组冷却水的运行，此时，埋置检温计的温度限值不应超过 90℃。

② 采用氢气直接冷却的转子绕组的温度限值是以转子全长上径向出风区的数目分级的。端部绕组出风每端算一个风区，两个反方向的轴向冷却气体的共同出风口应作为两个出风区计算。

③ 集电环的绝缘等级应与此温度限值相适应，温度只限于用膨胀式温度计测得。

三、发电机的温升和基本温升曲线

（一）发电机的损耗与温度表达式

发电机在运行中各部分的温升是由机械损耗、铁芯损耗、铜损耗和附加损耗等引起的。电机各部分的温度，等于冷却介质的温度 θ_0 加上各种损耗温升的总和。损耗温升，包括由机械损耗引起的温升 $\Delta\theta_m$、铁芯损耗引起的温升 $\Delta\theta_F$、铜损耗引起的温升 $\Delta\theta_c$ 和附加损耗引起的温度升 $\Delta\theta_a$。此外，定子绕组还要加上绝缘温降 $\Delta\theta_H$。在工程上应用时，可以认为上述各种温升与相应的损耗成正比。当电机的转速恒定时，其机械损耗等于定值，而铁芯损耗和铜损耗则分别与电压和电流的平方成正比。因此，定子、转子绕组和定子铁芯的温度可用式（29-1）～式（29-3）分别表示，即

（1）定子绕组铜的温度 θ_{sc} 为

$$\theta_{sc}=\theta_0+\Delta\theta_m+\Delta\theta_{Fn}\ (U_s/U_n)^2+\Delta\theta_{cn}\ (I_s/I_n)^2+\Delta\theta_{in}\ (I_s/I_n)^2 \tag{29-1}$$

（2）转子绕组铜的温度为

$$\theta_n=\theta_0+\Delta\theta_{rn}\ (I_r/I_{rn})^2 \tag{29-2}$$

（3）定子铁芯温度 θ_{sF} 为

$$\theta_{sF}=\theta_0+\Delta\theta_m+\Delta\theta_{Fn}\ (U_s/U_n)^2+\Delta\theta_{cn}\ (I_s/I_n)^2 \tag{29-3}$$

式中　θ_0——冷却介质的入口温度（℃）；

$\Delta\theta_m$——额定转速下机械损耗引起的温升（K）；

$\Delta\theta_{Fn}$——额定电压下，铁芯损耗在铁芯中引起的温升（K）；

$\Delta\theta_{cn}$——额定电流下，铜损耗在定子绕组中引起的温升（K）；

$\Delta\theta_{in}$——额定电流下，定子绕组的绝缘温降，即定子绕组铜温及其绝缘外表面温度之差（K）；

U_n、I_n、I_{rn}——分别为定子电压、电流和转子电流的额定值；

U_s、I_s、I_r——分别为定子电压、电流和转子电流的试验值。

（二）发电机的基本温升曲线

从式（29-1）和式（29-3）看出，定子绕组的温升（$\theta_{sc}-\theta_0$）和铁芯的温升（$\theta_{sF}-\theta_0$）包括恒定和可变两部分。恒定部分包括额定转速下由机械损耗所引起的温升 $\Delta\theta_m$ 和额定电压下由铁芯损耗所引起的 $\Delta\theta_{Fn}$。$\Delta\theta_m$ 与 $\Delta\theta_{Fn}$ 之和，一般约 20K。可变部分是由定子电流所引起的温升，当电压恒定时，其温升与电流的平方成正比，通常将绕组温升与电流平方的关系曲线，称作基本温升曲线。比较式（29-1）和式（29-3）可见，定子绕组的温升要比定子铁芯的温升高，其差值即为绕组的绝缘温降。

此外，从式（29-2）看出，转子绕组的温升（$\theta_{rc}-\theta_0$）主要是由铜耗确定的（因铁损耗很小可略去不计），而铜损耗与电流平方成正比。在作温升与电流平方的关系曲线将是一条高过原点（0）3～5℃的直线。同时，还由于定、转子间温升的相互影响，在低负荷下可能使温升曲线稍有弯曲。所以，为了避免其相互影响，通常在做温升试验时，选取

0.5 ~ 0.7P_n 以上的负荷进行温升试验，测量转子绕组的温升和电流平方的关系曲线。

需要指出，由于附加损耗所引起的温升 $\Delta\theta_a$ 已包含在各项温升中，所以在温升的表达式中没有这一项。

第二节　温升试验的基本要求和准备工作

一、温升试验的基本要求

（1）为了使温升试验测量的数据准确，测量定子电量用的表计的准确度不得低于 0.5 级，测量转子的不得低于 0.2 级。

（2）发电机的温升试验是一项时间较长的热稳定试验，每一种负荷试验均要求转子电流保持稳定，变化范围不应超过 1% 试验电流；定子电压、电流及功率也尽可能保持稳定和三相平衡，其变化范围不应超过 3% 试验值。为此，在试验期间应将电压自动调整器切除，功率因数要保持额定值。

（3）试验期间冷却介质的温度 θ_0 应为额定值或接近额定值。在每一种试验负荷下冷却介质的温度变化不超过 1K。

试验时，在每一种负荷下，均稳定 1h 后，每隔 15min 或 20min 测量一次各被测电量和温度，一直到稳定为止。所谓热稳定，是指电机各部分的温度在 1h 内的变化不超过 2K，达到热稳定所需要的时间，随电机的型式和容量而定，一般约需 3 ~ 4h。

二、温升试验前的准备工作

（一）熟悉技术资料

试验前，试验人员应熟悉制造厂提供的说明书和有关技术资料，特别要弄清发电机绕组的绝缘机构、绝缘等级、各部分允许温度（温升）的规定值、运行条件及测温元件的埋设位置等。

（二）制订试验方案

根据所掌握的情况，会同电厂有关技术人员共同协商制定试验方案。

（三）测量定子和转子绕组的直流电阻

发电机定、转子绕组的冷态直流电阻，在温升试验中是很重要的基础数据。这是因为在带电测量定子、转子绕组的平均温度时，要用冷态的电阻作基准值，换算绕组的平均温度，所以其测量值直接影响温升试验的准确性。因此，试验前要测准直流电阻值，其测量方法见第十章直流电阻的测量。

（四）校验检温计和其他的测温元件

1. 校验检温计

发电机在运行中，一般用埋入式检温计监视各部温度，所以检温计的温度指示值直接关系着温升试验的准确性和电机的正常运行。因此在进行发电机的温升试验前，要对埋入式检温计进行检查和校验。如果遇到检温计的表头指示不准时，可使直流电桥，在检温计的引出线接线板上，直接测量检温计的电阻值，然后按式（29-5）换算其温度。

2. 校验其他的测温元件

试验前要同时对测量发电机冷却气体和冷却水的温度计，以及因试验需要而临时装设的测温元件（热电偶或热敏电阻）和温度计，采用有关的校验仪器和0.2级的标准温度计校准。

对于直接冷却的发电机，监视其绕组进出水温度的温度计，应用准确级高一级的温度计检验。

（五）选择需接入的表计、设备和记录表格

表计量程的选择应根据机组电压、电流互感器的变比以及转子绕组电压、分流器变比确定，应使表计的数值在表盘刻度的后半部。

1. 定子回路

在定子回路需接入交流电压、电流表各三只，单相功率表两只（或三相功率表一只），三相功率因数表、频率表各一只。

2. 转子回路

在转子回路需接入标准分流器、直流毫伏表（或直流电位差计）和直流电压表一只。

3. 准备的设备和表格

（1）直接接触转子滑环、测量转子电压的铜丝布刷一副。

（2）发电机房和主控制室间直接通信联系的设备一套。

（3）校验准确的酒精温度计6~8只，以及所需的其他试验设备。

（4）准备定子、转子回路的测量记录表格。

（六）温升试验的接线

上列准备工作完善后，按一般试验在定子、转子回路中接入表计，接好测量定、转子电量的试验接线，如图29-1所示。对于带电测量定子绕组的平均温度或局部铜温的电机，尚需接入相应的测量表计。下面分别叙述温升试验的测温方法。

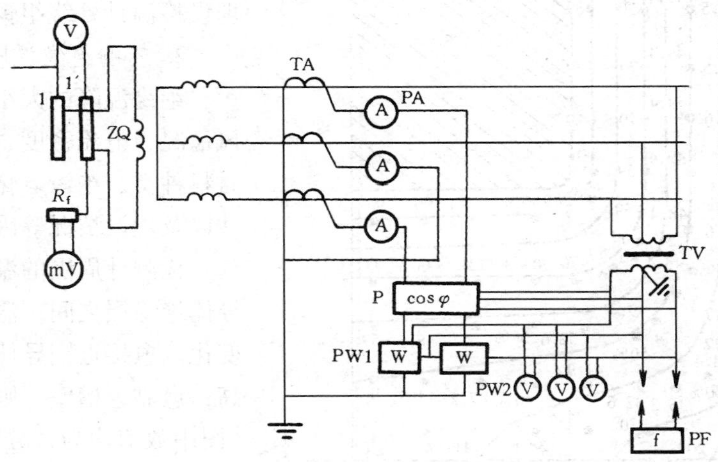

图29-1 温升试验接线图

PW1、PW2—功率表；P—功率因数表；PV—电压表；PA—电流表；

PF—频率表；TA—电流互感器；TV—电压互感器

第三节 测量定、转子绕组和铁芯温度的方法

一、用电阻法测量转子绕组的平均温度

进行温升试验时，必须测量转子绕组的平均温度。因为转子绕组的电压较低，通常均利用接入转子绕组 ZQ（图 29-1）的标准分流器 R_f，并采用毫伏表（或电位差计）测量电流。利用直流电压表在两端滑环（1、1′）上测量电压，然后按欧姆定律计算出转子绕组的直流电阻，再按式（29-5）换算出转子绕组的平均温度。

二、用检温计测量定子绕组和铁芯的温度

1. 测量铜导体温度要考虑的绝缘温降

埋入式检温计，是目前测量间接冷却发电机定子绕组和铁芯温度的主要方法。但是，因为测量绕组铜导体温度的埋入式检温计 R，通常是埋设在定子槽中上、下层线棒绝缘之间，如图 29-2 所示。从图 29-2 的理论分析可见，它测量的是铜导体绝缘外表面的温度约为铜导体温度的 40%，所以它与铜导体之间有绝缘温降。此绝缘温降在未经试验测出之前，在额定负荷下，一般可用式（29-4）估算，即

$$\Delta\theta_{i1} = k\theta_i \qquad (29\text{-}4)$$

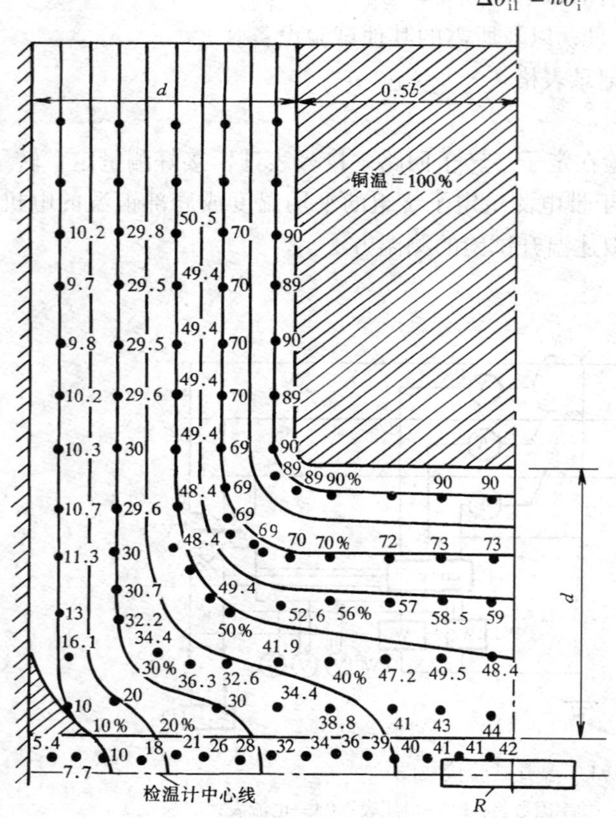

图 29-2 检温计周围温度的分布
R—检温计；b—导体厚度；d—绝缘厚度

式中 $\Delta\theta_{i1}$——绝缘温降（K）；
k——系数，取 0.5～0.6；
θ_i——绝缘槽壁温降设计值（K）。

进行温升试验时，检温计测出的温度，要加上绝缘温降 $\Delta\theta_{i1}$ 后，才是埋设检温计处绕组铜导体的温度。

2. 影响绝缘温降的因素

绝缘温降的大小与电机型式、通风情况、电流密度、绝缘厚度、绝缘材料种类、绝缘老化程度、检温计尺寸以及埋设情况等因素有关。根据计算，检测计周围的温度场分布，在铜导体绝缘层之间，温度梯度呈非线性变化。愈接近铜导体，绝缘层温度愈高；愈靠近槽壁，则愈低，见图 29-2（图中数值均为百分数）。

此外，由于绝缘温降随电流平方而增加。所以，当采用降低冷却介质温度，提高氢压等措施，加强外部冷却，增加发电机的负荷时，绝缘温降

要增加。此时，必须相应地降低检温计的控制温度，才能使绝缘内部导体的温度不致超过绝缘的容许温度。

测量定子铁芯温度的检温计，通常是埋设在铁芯的齿部或槽底部，其测量的温度没有绝缘温降。

3. 影响检温计测量温度高低的因素

根据温升试验,发现有些发电机检温计指示温度不准,偏低(或偏高)较多。造成检温计测量温度偏低的原因,主要是由于埋入式检温计 R 过长,跨越风沟较多,被风吹拂,埋设工艺不良(填料绝热不好),埋设位置不当(埋在冷风区),或绝缘已老化膨胀(温降增加)所致。此外,是由于检温计的指示表计未校准,也会造成测温偏高或偏低。因此在进行温升试验前,必须结合电机的具体情况,对检温计进行分析和作些必要的核对性校验。为此,目前常采用带电测量定子绕组的局部和平均温度,与检温计指示的温度比较。综合测量结果,对发电机进行分析,得出比较切合实际的温度限额,并确定检温计的控制温度。

三、测量直接冷却电机的温度

对于直接冷却的发电机作温升试验时，其测温方法与间接冷却的电机不同，并且还随直接冷却方式的不同而异，现说明如下。

（1）对于“水氢氢”冷电机，即定子绕组用水流经铜导体内部冷却，转子绕组用氢气流经铜导体内部冷却，而定子铁芯则用氢气冷却。电机带负荷运行时，定子绕组中的热量基本上由冷却水带走。所以定子绕组的温升，即是定子绕组铜导体内进、出水的温升。进行这种电机的温升试验时，可以从定子绕组装设的进、出水温度计，直接测量出铜导体的温升。而测量转子绕组温度的方法与一般间接冷却的电机相同，定子铁芯的温度亦用检温计测量。

（2）对于“水水氢”和“水水空”冷却的电机，即定子、转子绕组均用水流经铜导体内部冷却，而定子铁芯采用氢气或空气冷却。这种电机定、转子绕组中的进、出水温差，即为相应的绕组温升。进行这种电机的温升试验时，亦可以从定子和转子绕组装设的进、出水温度计，直接测量出绕组的温升，而铁芯的温升亦用埋设的检温计测量。

第四节　直接测量定子绕组铜温的方法

一、直接测量铜温的意义

直接测量发电机定子绕组的铜导体温度，可以免除上述绝缘温降的影响，使测量的温度更加准确。因为铜导体的最高温度直接影响到绝缘的寿命，关系到电机能否在使用期内安全运行。同时，直接测量出铜导体的温度，还可以与带电测量的定子绕组平均温度、检温计指示的温度相互比较，以了解电机温度的分布情况。这对于进一步改进电机通风系统的设计，改善电机温度分布的特性，延长电机的使用寿命，都具有一定的意义。

二、制作测铜温线棒的方法和注意事项

1. 制作测铜温线棒的方法

直接测量定子绕组铜导体的温度，是一项细致的工作。测量前，可以利用旧线棒剥去绝缘，或在制作新线棒时，在铜导体上，预埋设测温元件后再包扎绝缘，制成直接测量铜温的线棒。测温元件可以采用电阻或热电偶等温度计，其引线可沿着铜导体从两端接头处引出。

2. 注意事项

（1）为了防止线棒在制造过程中（如整形、浸胶等），或在运行中因温度较高使测温元件的引线短接，所以在线棒绝缘内部，测温元件的引线，要穿玻璃丝管或其他的耐热材料以后，再引至接头处。

（2）从接头到机壳外的引线要有足够的电气绝缘强度。在电机机壳内，在端部要将引线牢固地固定在绝缘支柱上。

（3）对于氢冷电机，还要将测温元件的引出线在机壳处加以密封。

三、选择测温线棒和埋设位置

1. 选择测温线棒

在运行中电机的上下层线棒承受的电磁振动、散热条件是不同的。一般是上层线棒比下层的股线损耗大，电磁振动大，散热条件差，致使上层线棒的铜温比下层线棒的高。所以，在制作测温线棒时，应选择上层线棒。

2. 选择埋设位置

为了使测温线棒处于低电位，测量时不危及人身和设备的安全，测温线棒应埋设在电机的中性点附近。

需要说明的是，除上述一般的考虑原则外，对于测温点的具体布置，可根据电机的特点、冷却系统的结构及分析电机可能出现最高温度的部位，沿线棒轴向长度和端部有代表性的部位，并在线棒的上、下窄面和宽面上埋设测温元件。

四、测温实例

为了说明发电机线棒沿轴向和沿铜导体截面温度的分布情况，下面列举了实测结果，如图 29-3 和图 29-4 所示。

按图 29-3（b）布置测点，在 $\cos\varphi=0.8$，冷却介质进口温度为 40℃时，测量的温度列于表 29-5。由表 29-5 的数据减去 40℃后，绘出的曲线如图 29-3（a）所示。从图中看出，该机中部的温度最高，约高于两端 30℃；两端比较，一端约高 10℃。表明沿轴向的温升分布很不均匀。

表 29-5　　TQ-25-2 型电机温升试验测量的温度

冷却方式	负荷（MW）	铜导体各测点的温度（℃）									带电测量平均温度（℃）	检温计指示温度（℃）
		1	2	3	4	5	6	7	8	9		
空冷	25	72	68	93	104	115	90	100	78	80	105	105
氢冷（0.035 表压）	30	73	72	92	100	114	92	93	86	80	97	103
氢冷（0.45 表压）	35	76	73	95	102	115	93	97	86	85	98	100

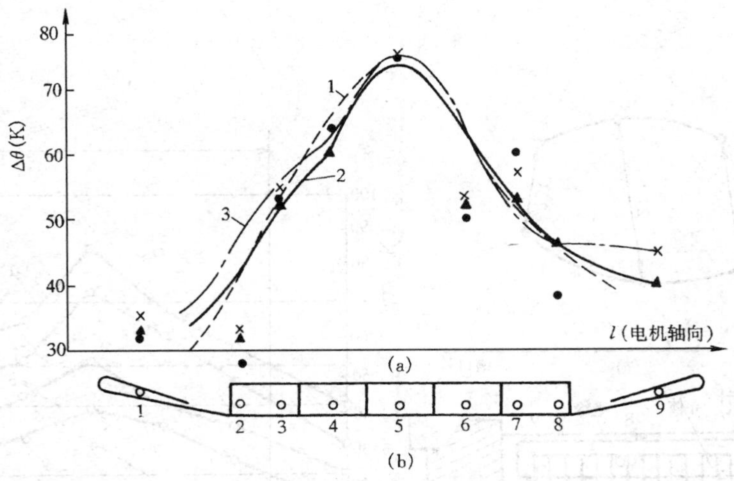

图 29-3 TQ-25-2 型电机定子铜导体温升 $\Delta\theta$ 沿轴向 l 的分布

(a) 轴向温升；(b) 测点布置

1—空冷（以●表示）；2—氢冷（氢压为 0.035 表压，以▲表示）；

3—氢冷（氢压为 0.45 表压，以×表示）；l—电机轴向

表 29-6　　沿线棒截面测量的温度

负 荷	测点布置及其温度（℃）						
	铜 导 体			绝 缘 表 面			下层线棒绝缘表面
（MW）	7	8	9	7	8	9	7
20	87	94	84	84	83	88	77
25	109	112	109	91	89	96	83

按图 29-4（b）布置测点测量的温度，列于表 29-6。由表 29-6 额定负荷 25MW 时测量的数据绘出的曲线，见图 29-4（a）。从图 29-4（a）看出，沿铜导体截面四周的绝缘温降是不同的。槽壁两侧（宽面）的绝缘温降，大于槽窄面的绝缘温降。实测结果表明与图 29-2 中铜导体周围绝缘中温度场的分布基本吻合。此处所指的绝缘温降，是指埋设检温计处与铜导体间的绝缘温降。

五、最高铜温可能出现的部位

直接测量铜温的结果表明，其最高温度点的部位与铜导体的换位、线棒在槽中所处的位置以及通风冷却系统的风路等有关。要探讨温度分布的规律，找出电机铜导体最高温度点的部位，必须多埋设测点，求出不同部位的温度后才能得出。现有的测量结果表明，沿电机轴向铜导体温度的分布，一般是中部高于两端，但也有绕组端部高于中部的。这与机组的结构、冷却系统和散热情况等有关。而在电机槽部一般是上层线棒的温度比下层的高些。

另一台 TQ-25-2 型电机，其定子绕组铜导体温升和平均温升的实测结果如图 29-5 所示。图中实线为铜导体各点温升，点划线为绕组平均温升，也符合上述一般规律，并且在额定负荷下（曲线 3），铜导体最高温升比平均温升高 11℃。

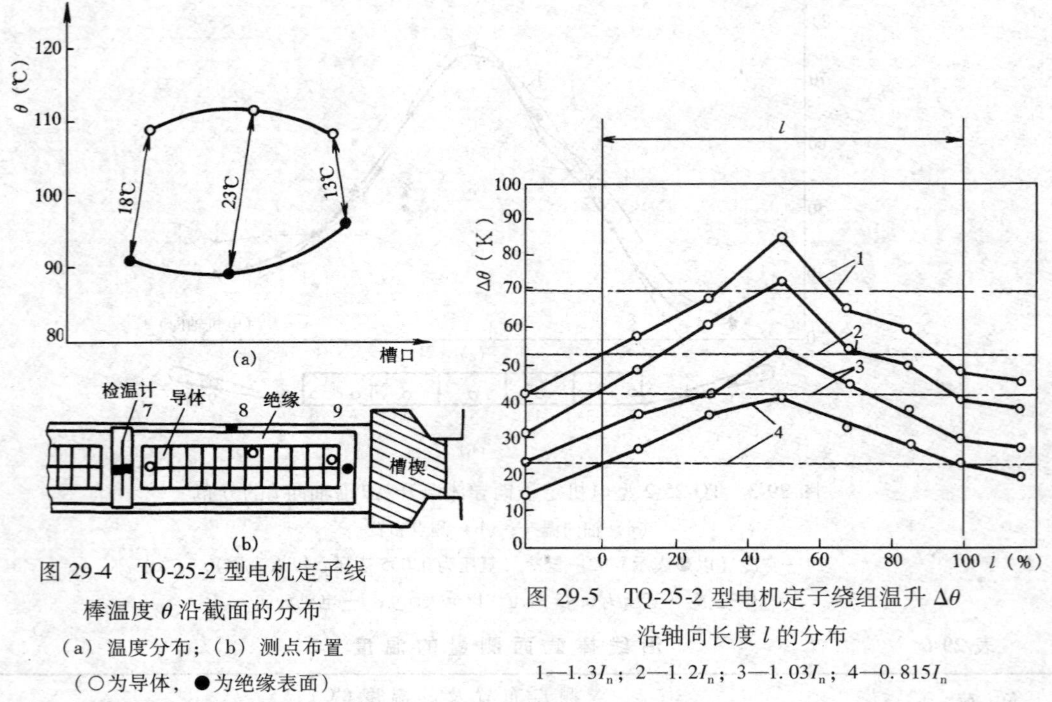

图 29-4　TQ-25-2 型电机定子线棒温度 θ 沿截面的分布

(a) 温度分布；(b) 测点布置

(○为导体，●为绝缘表面)

图 29-5　TQ-25-2 型电机定子绕组温升 $\Delta\theta$ 沿轴向长度 l 的分布

1—1.3I_n；2—1.2I_n；3—1.03I_n；4—0.815I_n

第五节　带电测量定子绕组平均温度的方法

发电机定子绕组在运行中有较高的电压，一般要直接测量其铜温，实施比较困难。为此，一般采用带电测量定子绕组的平均温度，与检温计指示温度比较，来确定检温计控制的指示温度，这对电机的安全运行能起到一定的作用。下面分别介绍定子绕组不同连接时，测量其平均温度的方法。

一、定子绕组为星形连接时的测量方法

现在，一般应用 XQJ4 型带电测温电桥测量定子绕组的平均温度。图 29-6 为双臂电桥原理接线。该电桥是由双臂电桥本体、滤波器、标准电阻、检流计和电阻箱等部件所组成的。

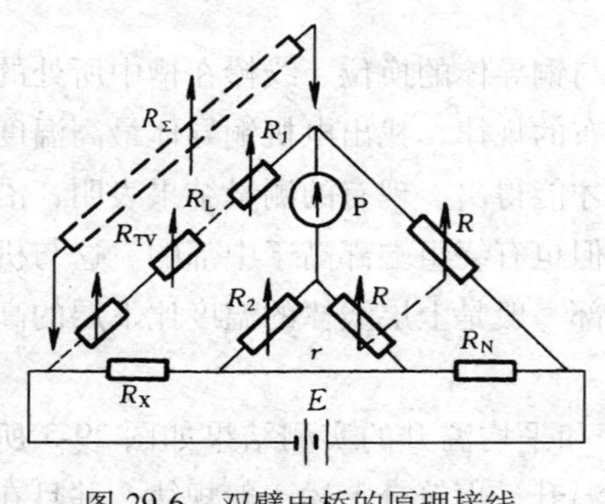

图 29-6　双臂电桥的原理接线

P—检流计；E—电池

下面分别说明当发电机定子绕组为单、双星形接线时，如何应用双臂电桥原理，实现带电测量其平均温度的具体接线、测量步骤、温度计算和有关的注意事项。

(一) 测量原理

图 29-7 为定子绕组为单星形连接时的试验接线。带电测量定子绕组的平均温度，是应用双臂电桥的基本原理，即在电机运行中，由两个人为的中性点

（图 29-7N1、N2 点）通入直流，经电桥本体、滤波器等测取发电机 G 三相绕组的并联直流电阻 R_X，然后，按温度与电阻的关系式（29-5），换算出测量的温度，即

$$\theta_X = KR_X - K_1$$

$$K = \frac{K_1 + \theta_0}{R_0} \tag{29-5}$$

式中　R_X——θ_X（℃）时绕组的热态电阻（Ω）；

R_0——θ_0（℃）时绕组的冷态电阻（Ω）；

K_1——常数，铜导体为 235，铝导体为 225。

下面具体说明应用双臂电桥原理。测量电机定子绕组平均温度时，电桥各桥臂的组成部分和测量原理，其接线如图 29-6 所示。图 29-6 中，R_1 为桥臂固有电阻（0～1000）×10（Ω），R_L 为桥臂滤波器电感线圈 L_1 的电阻（Ω），R_{TV} 为电压互感器 TV 三相的并联电阻（Ω），R 为桥臂同轴电阻（Ω），R_2 为桥臂可调电阻，R_X 为发电机 G 的被测电阻（Ω），R_N 为标准电阻（Ω）。

从图 29-6 可见：

（1）在双臂电桥中，通常标准电阻 R_N 和被测电阻 R_X 间的连接电阻 r 极小，可以忽略不计。

（2）R_2 和 R_Σ 相等，即

$$R_2 = R_\Sigma = R_1 + R_L + R_{TV} \tag{29-6}$$

（3）当电桥平衡，即检电计 P 指零时，$\frac{R_X}{R_N} = \frac{R_2}{R}$，即

$$R'_X = R_N \frac{R_2}{R} \tag{29-7}$$

式中　R_N——标准电阻（Ω）；

R、R_2——电桥调节电阻（Ω）；

R_X——被测电阻（Ω）。

然后，再应用式（29-5），计算出被测绕组的平均温度。

需要说明的是，在图 29-6 中，R 的两个桥臂是同轴调节的。而在另外的两个桥臂中，为了将辅助设备（如电压互感器 TV 和滤波器电感线圈 L_1 等）的电阻值计入桥臂，以满足高压带电测温的需要，R_1 和 R_2 是单独调节的。

（二）定子绕组为单星形连接时的试验接线

定子绕组为单星形连接时，带电测量绕组平均温度的试验接线如图 29-7 所示。图中，电压互感器 TV 和辅助变压器 T，组成两个人为的中性点 N_1 和 N_2，G、R_X 是被测的发电机和三相绕组的平均电阻。电桥本体（虚线方框内）到被测电机的四根（1～4）电压引线，对地要有足够的绝缘水平，其长度和截面积要相等。当由 N、N_1 点通入直流电流后，按本节（四）项测量步骤，即可进行测量。

（三）定子绕组为双星形连接时的试验接线

当发电机定子绕组为双星形连接时，可利用电机本身双星形接线的特点，省去电压互

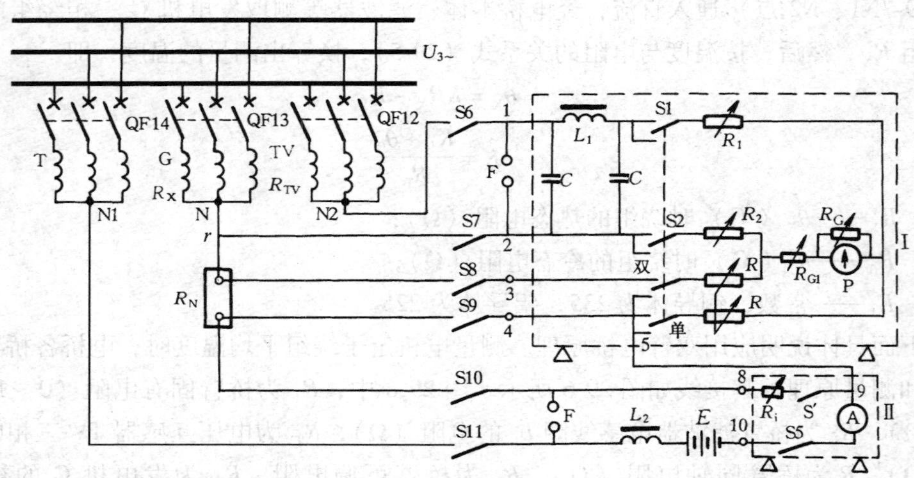

图 29-7　定子绕组为单星形连接时的试验接线

S1—滤波器开关；S2、S5、S11—开关；R_i——电流回路调节电阻；L1、C—滤波器的电感和电容；F—球间隙；L2 —电感线圈；R_{G1}、R_G—检流计灵敏度调节电阻；Ⅰ—XQJ4 型电桥本体；Ⅱ—电桥电阻箱；S—直流电源开关；QF12～QF14—断路器；R_N—标准电阻

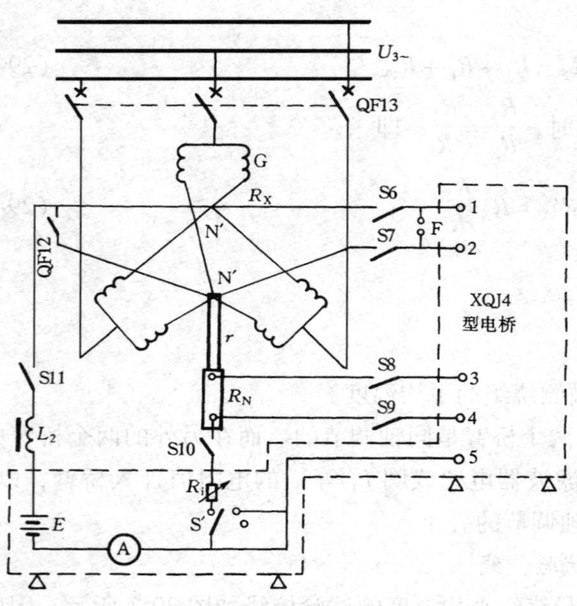

图 29-8　定子绕组为双星形连接时的试验接线

感器 TV 和辅助变压器 T，其试验接线如图 29-8 所示。图中 QF12 为两中性点 N 和 N′之间的连接开关。直流电源经 N 和 N′两点通入电机绕组后，即可按以下第（四）项的测量步骤进行测量。

XQJ4 型电桥本体的内部接线，如图 29-9 所示。测量时，参照其说明书使用。

（四）测量步骤

下面以发电机 G 并入系统（即合上断路器 QF13）带负荷运行进行带电测温为例，并用图 29-7～图 29-9 综合说明其测量步骤。

（1）检查试验接线。测量前检查试验接线（单星形为图 29-7，双星形为图 29-8）是否正确、牢固。所有开关均处于断开位置，即 S6～S11 断开（双星形时 QF12 合上，QF12 及其引线应有足够的容量），S′断开（即接至 N 点），将滤波器开关 S1 置于Ⅱ或Γ型位置；S3、S4 置于使检流计灵敏度最低的位置。

（2）选择 R_N 和 R_2。选择合适的标准电阻 R_N 和桥臂电阻 R_2，由下列两点确定。

R_N 应根据 R_X（冷态电阻 R_0）的范围选择，如表 29-7 所示。

R_2的选择原则是使 $R_2 > (R_{TV} + R_L)$，由 $R_2 = \frac{RR_X}{R_N}$即可计算出 R_2 的数值，并使电桥桥臂中 R 的有效位数最多（一般取三位以上的有效读数）。

（3）对中性点进行验电检查。对三个中性点 N1、N、N2 需进行验电，并测量其相互间的电压，观察有无电压过高的异常情况。

（4）准备测量。合上开关 S6～S11（双星形连接时还要断开 QF12 开关）准备测量。

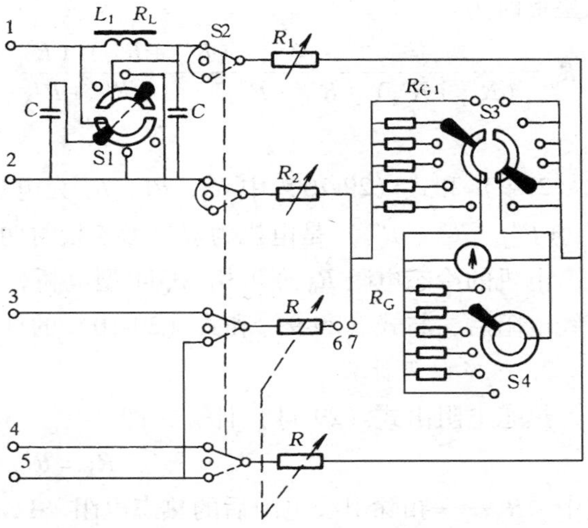

图 29-9　XQJ4 型电桥本体的内部接线

（5）进行单臂电桥测量。即将开关 S2 拨至单臂电桥位置、S′拨至断开位置（N 点），从图 29-7 看出，此时，因为 $R_2 \gg R_X$，所以，R_X 可以略去不计，这样就构成了单臂电桥回路。然后，将 R 暂任定一数值，合上开关 S5 调整单臂电桥至平衡。当电桥平衡，检流计指零时，则

$$R_2 = R_\Sigma = R_1 + R_L + R_{TV}$$

所以

$$R_1 = R_2 - (R_L + R_{TV}) \tag{29-8}$$

表 29-7　R_N 的选择范围

R_X (Ω)	R_N (Ω)	工作电流 (A)
0.001～0.01	0.001	6～10
0.01～0.1	0.01	6～10
0.1～1.0	0.1	3～5

进行单臂电桥测量的目的是为双臂电桥测量作准备。若电机绕组为双Y连接时，则 $R_{TV}=0$，则 $R_1 = R_2 - R_L$。

（6）进行双臂电桥测量。将 S2 拨至双臂电桥位置。接通 S′，调节 R_i 使直流电流达到所需要的数值，进行双臂电桥测量。并逐步将检流计的灵敏度增加，最后在灵敏度适宜的情况下，将电桥调整平衡，则被测电阻 $R'_X = R_N \frac{R_2}{R}$。

（7）测量结束。将直流电流降至零值，断开开关 S6～S11（双星形连接时，合上 QF12）恢复测量前的状态，第一次测量结束。

再次测量时，重复上列（4）～（7）项步骤。

（五）温度计算

1. 冷态电阻计算

冷状态时，若测得电机三相直流电阻之值分别为 R_a、R_b、R_c（双星形为 R'_a、R'_b、R'_c 和 R''_a、R''_b 和 R''_c）时，相应的温度为 θ_0，则三相并联直流电阻之值 R_0 按式（29-9）和式（29-10）计算。

定子绕组为单星形时为

$$R_0 = \frac{R_aR_bR_c}{R_aR_b + R_aR_c + R_bR_c} \tag{29-9}$$

双星形时为

$$R_0 = \frac{(R'_a + R''_a)(R'_b + R''_b)(R'_c + R''_c)}{(R'_a + R''_a)(R'_b + R''_b) + (R'_a + R''_a)(R'_c + R''_c) + (R'_b + R''_b)(R'_c + R''_c)} \tag{29-10}$$

式（29-9）和式（29-10）中 R_a、R_b、R_c 为电机是单星形连接的相电阻（Ω）；R'_a、R'_b、R'_c（R''_a、R''_b、R''_c）是电机为双星形连接时两个星形的相电阻（Ω）。

电机的冷态电阻 R_0 亦可用 XQJ4 型电桥，在电机未带负荷前测量，将测量结果扣除引线电阻后，与式（29-9）和式（29-10）的计算值进行比较，其互差应不超过 2%。

2. 热态电阻计算

热态电阻由式（29-11）计算，即

$$R_X = R'_X - R'_1 \tag{29-11}$$

式中　R_X——扣除引线电阻后的热态电阻（Ω）；

R'_X——包括引线电阻在内总的热态电阻（Ω）；

R'_1——引线电阻，即从电机绕组引线到测量点间的电阻。试验时应进行实测，如实测有困难时，可用式（29-12）计算，即

$$R'_1 = \rho \frac{l}{3S} \tag{29-12}$$

式中　ρ——20℃时的电阻率，铜为 0.0172（$\Omega \cdot mm^2/m$）；

l——一相引线长度（m）；

S——引线导线截面（mm^2）。

测量时，若电机的引线温度不是 20℃时，R'_1 的值要按电阻与温度关系的换算式（10-13），换算到实际温度下的电阻值，然后才能从式（29-11）中扣除。

3. 定子绕组平均温度和温升计算

定子绕组的平均温度，按式（29-5）计算为

$$\theta_X = \theta_{av} = KR_X - K_1$$

定子绕组的平均温升，按式（29-13）计算为

$$\Delta\theta_{av} = \theta_{av} - \theta_0 \tag{29-13}$$

式中　$\Delta\theta_{av}$——定子绕组的平均温升（K）；

θ_{av}——定子绕组实测的平均温度（℃）；

θ_0——试验时冷却介质的进口平均温度（℃）。

需要说明，若无 XQJ4 型高压带电测温电桥时，可用 QJ5 型双臂电桥组成图 29-10 的接线，按上述（四）中所述步骤，亦可带电测量定子绕组的平均温度。图中 L_1、C 为滤波器的电感和电容，$L_1 = 20 \sim 30H$；$C = 2 \times 160\mu F$，400V；R'_1、R'_2 为桥臂 R_1 和 R_2 的附加电阻，可选用（0.1～1000）×10（Ω）的可调标准电阻箱；R_P、R_{P1} 为检流计灵敏度调节电阻，分别选用的阻值为 1kΩ 和 5kΩ；I_2 为电感线圈，可采用 3～5kVA 的调压器代用。

（六）带电测温中应注意的事项

1. 异常现象及其处理

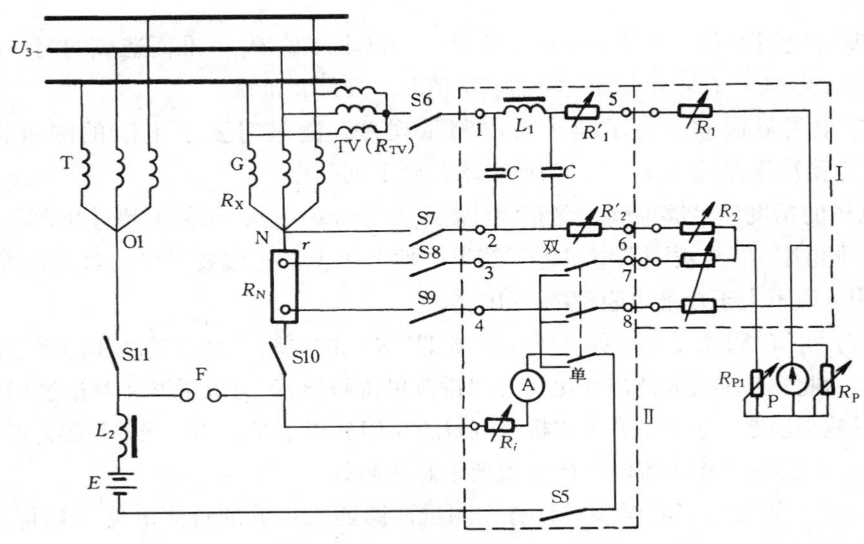

图 29-10　用 QJ5 型电桥测量平均温度的原理接线

E—蓄电池，6～24V，100Ah；Ⅰ—QJ5 型电桥本体；Ⅱ—附件箱

（1）检流计指示不稳定。检流计指示不稳定，有时以较高的频率左右摆动。这种情况，大多数是由于测量回路的滤波效果不良，交流干扰所造成的；另外，也可能是测量回路接触不良，以及人为中性点间电压值过高所造成的。此时，应改善检流计回路的滤波，如在检流计两端并接较大容量的电容器，并检查接线回路的开关是否接触良好，直流电流是否有波动等。

（2）电桥不能平衡。检流计指示单方向偏转，电桥不能平衡，其原因及处理措施如下。

1）标准电阻至电桥的引线（3、4）接反，将引线改接正确后再试。

2）由于接线有误或故障，致使拨至单臂电桥时不能调至平衡，此时应检查回路接线。

3）桥臂有接触不良处。检查各开关的接触状态和回路连接的结点。

（3）检流计指示低频漂移。检流计指示产生低频漂移，这种情况，大多数是由于低频干扰所造成的。它对测量的准确度影响较大，引起低频干扰的原因有下列几点。

1）流经地中电流的干扰。在中性点直接接地的发电机带电测温中，这种现象较严重。在中性点不直接接地，直流电流不从地中流过的测量中，该现象较轻。应进一步改善检流计回路的滤波来解决。

2）负荷变动的干扰。当负荷变动时，负荷电流中有一个低频摆动的直流分量，以及从系统中可能引入的低频摆动直流分量使检流计指示无规则的低频摆动。因此，试验时，必须使负荷保持稳定，并随机判断，抓统计规律。

3）蓄电池电压不稳定。因蓄电池（*E*）容量不足，或有自放电，使 *E* 电压不稳定。会引起低频漂移。为了保持电压稳定，应尽量加大蓄电池的容量。

2. 测量误差

（1）基准电阻误差。为了减小由于测量的基准电阻值 R_0 不准而造成的测量误差，所以，在测量发电机定子绕组直流电阻的基准值时，要测量准确。

（2）带电测量误差。为了减小带电测量误差，测量时要求电阻的测量精度达到0.3%，绕组温度误差约为±1℃。为此要求达到下列几点。

1）电桥的精度应足够准确，测量时读数不少于3～4位，误差不超过0.3%。

2）标准电阻 R_N 与被测发电机定子绕组中性点N间的连线要尽可能短，截面积要大，以使其电阻 r 值不大于标准电阻值的1/10。

3）桥臂回路的附加设备（如电压互感器TV等）的电阻，是随气温和励磁电流发热而变化的量。为此，要求及时测出变化量（双桥改单桥测量），力求桥臂在测量过程中始终保持平衡，以减小误差。当不平衡度占桥臂电阻的0.01%以下时，测量误差是容许的。

4）电压互感器三相直流电阻的差值要求越小越好。

（3）电桥灵敏度不当的误差。只有在测量回路通入足够的直流电流（以标准电阻的工作电流为限）时，电桥才能有足够的灵敏度。其标志是当电桥的第三位或第四位有效数字变动时，检流计指示应有一定的偏转度。

双臂电桥检流计指示偏转度的近似计算公式，如式（29-14）所示，即

$$\alpha = \frac{RR_X - R_2R_N}{R_P(R_2 + R) + 2R_2R} \cdot \frac{I}{K_P} \tag{29-14}$$

式中 I——通入电桥的直流电流（A）；

R、R_2——桥臂电阻（Ω）；

R_X、R_N——被测电阻和标准电阻（Ω）；

R_P——检流计的内阻（Ω）；

K_P——检流计的电流常数。

由式（29-14）可见，若 R_2 选择过大，会使电桥的灵敏度降低；反之，R_2 选择过小，电桥的灵敏度又会太高，交流干扰的成分相对增大，会影响测量结果，因此灵敏度要选择适度才能减小误差。

（七）测量时的安全技术措施

（1）试验现场应设围栏，悬挂标示牌等。

（2）试验用的辅助设备，绝缘要良好；中性点的引线，对地必须有足够的绝缘。

（3）测量操作时必须有专人监护。操作人员要站在绝缘台上，戴绝缘手套，不得双手同时接触不同电位的部件，测量时要单手操作。

（4）有零序保护的发电机，测量时该保护要暂时退出或改作用于信号，防止误动作跳闸。

（5）辅助电压互感器要采用三相五芯柱式的，并将二次开口三角形的绕组闭合（利用单相互感器组成时，一定要校准极性），若闭合时回路电流过大，要用电阻限流。这样，可以降低其中性点（N2）的不对称电压。

（6）在单星形接线中，三个不同电位的中性点（N、N1、N2）间切勿短路。在中性点不直接接地的发电机上测量时，其中性点勿接地，以免影响继电保护整定值和引起单相接地短路事故。

（7）在测量过程中，若系统发生异常情况，为防止中性点对地的电位增高，要立即停止测量，退出中性点的全部测试设备。待消除故障、系统运行正常后，再进行测量。

二、定子绕组为三角形连接时的测量方法

在定子绕组为三角形接线的发电机上，进行带电测量其平均温度时，要解决下面三个主要问题，即降低电压、防止交流干扰、解决标准电阻的代用问题。

1. 解决三个问题的办法

（1）采用低分压法接线降低电压。在三相定子绕组中，铜导体的平均温度是利用测得一相绕组的热态电阻，换算出的温度来代表。测量时要降低电压，使测量设备处于同电位。这样，不仅使测量人员操作比较安全，又可以减小交流干扰。

降低电压的方法很多，下面介绍一种叫做低分压法降低电压的试验接线，如图29-11所示。图中 R_1、R'_1 为0～40kΩ，精度为0.1%的标准电阻箱；PA为直流电流表（50A）；L 为零序电抗器。

下面分别说明图中各部件的作用和降压原理：

1）用10kV的电压互感器TV的高压线圈作大电感，并和150μF的大电容器 C_1 组成分压电路，使高电压降落在TV线圈的电感上，从而使电桥桥臂 R'_1 和 R_1 获得几乎相等的电位。

2）电流回路的降压电感，采用6000V/400V、420kVA配电变压器T的高压线圈代替，其电抗 X_B 很大，也使高电压降落在 X_B 上，因而使蓄电池E、电流表PA和可调电阻 R_i（20A，4Ω）等获得同电位。

3）在电压回路和电流回路均采用降压措施后，使电桥桥体和电流回路均处于同电位，实现了降低桥臂间电压差的目的，便于进行测量。

（2）加大电容降低交流干扰电压。从图29-11可见，在电桥桥臂 R_1、R'_1 以及接至 R_N 的桥臂之间，分别接入了 C_1 为150μF和 C_3 为36μF的大电容器，以降低进入桥体的交流干扰电压，并在检流计回路接入滤波器 L，以进一步减小交流分量的影响。为了减小进入直流电流回路的交流分量，故在其两端并接有 C_2 为350μF的电容器一只。

（3）用分流器代替标准电阻。测量时使用的标准电阻 R_N，可用分流器代替。但是，因为它和发

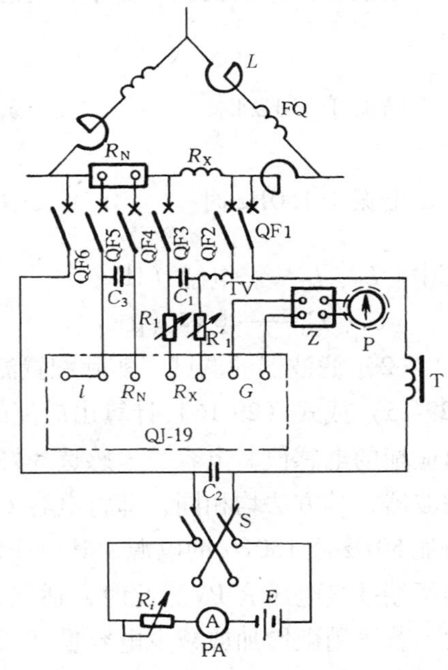

图29-11　发电机定子绕组三角形连接的带电测温试验接线

R_1、R'_1—标准电阻箱（0～40kΩ，精度为0.1%）；PA—直流电流表（50A）；L—零序电抗器；T—配电变压器；P—检流计；Z—滤波器；l—同电位线；FQ—电机绕组；l—电桥外壳与桥臂之间的连接线；G—接P的接线柱

电机定子绕组的直流电阻值均很小，使得双臂电桥中两个桥臂的电阻相差较大，且调节电阻在百位及以下。因此，一般选用 QJ-19 型双臂电桥测量比 QJ-5 型为好。前者能读取四位有效数字，后者只能读取三位有效数字。

2. 滤波器 Z 的参数与调试

（1）对滤波器的要求及其参数计算。在三角形接线的带电测温中，要求检流计 P 回路的滤波效果要好，并能同时抑制基波（50Hz）和三次谐波（150Hz）的干扰。图 29-12 所示为两级 Γ 型滤波器，前级谐振于基波，后级谐振于三次谐波。图中电感 L_1、L'_1 和 L_3 分别为 7. 55、3. 09H 和 0. 54H；电容 C、C_1、C'_1 和 C_3 分别为 32、1. 32、3. 23、2. 09μF。

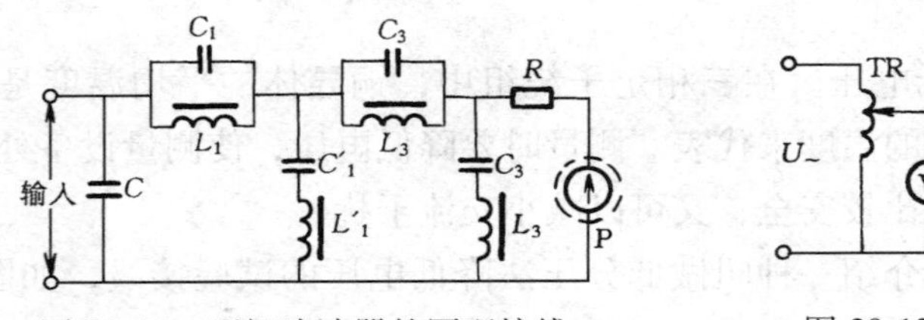

图 29-12　两级滤波器的原理接线
R—电阻，100Ω；P—检流计

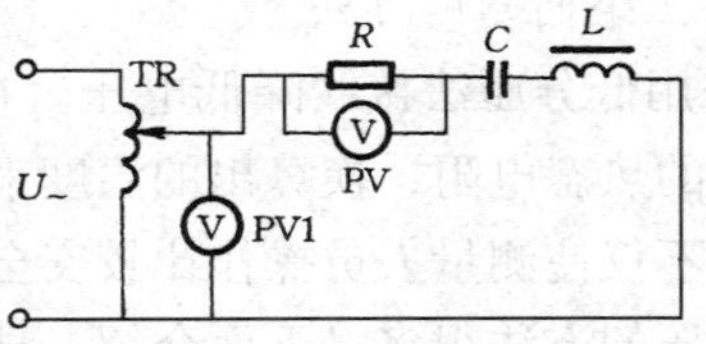

图 29-13　调整滤波器谐振的试验接线

基波和三次谐波滤波器中，电感和电容的选择，由式（29-15）和式（29-16）计算，即：

谐振于 50Hz 时
$$\omega_1 L_1 = \frac{1}{\omega_1 C_1} \text{或} C_1 \approx \frac{10}{L_1} \tag{29-15}$$

谐振于 150Hz 时
$$\omega_3 L_3 = \frac{1}{\omega_3 C_3} \text{或} C_3 \approx \frac{1.13}{L_3} \tag{29-16}$$

式中　L_1、L_3——电感（H）；

C_1、C_3——电容（μF）。

（2）滤波器的调试。实际配置滤波器时，先固定电感值，再根据电感的数值，由式（29-15）或式（29-16）计算出应配的电容值；或者，先固定电容值，再由上列两式计算出应配的电感值。电容、电感选择好后再进行调试。此时，无论是调试串联或并联谐振的滤波器，其方法均相同，即将电容 C、电感 L 和电阻 R 相串联，如图 29-13 所示。然后，施加 50Hz 或 150Hz 的电源，其电压值用调压器 TR 调节，并由电压表 PV1 测量，在电阻的两端并接电压表 PV。此时，适当调整电容量（或电感值），使电压表 PV 的指示值最大。若再稍微增加或减少电容量（或电感值）时，电压表 PV 的指示均要减小。这就表明所选取的电容 C 和电感 L。当电压表的指示值为最大时，已满足串联谐振条件，即 $\frac{1}{\omega C} = \omega L$。因此，选定于谐振频率 $f_0 = \frac{1}{2\pi\sqrt{LC}}$（50Hz 或 100Hz）的滤波器，即完成调试。

3. 测量步骤

（1）合开关准备测量。一切安全技术措施等准备完善，并经检查无误后，操作人员经绝缘过渡台上试验台，在监护人员的指挥下，用绝缘工具操作，合上开关 QF1 ~ QF6

（见图 29-11），准备测量。

（2）调整电桥进行测量。调整电桥，按图 29-11 接线和下列步骤进行测量。

1）将接被测电阻的两个桥臂 R_1 和 R'_1（R'_1 桥臂要计入 TV 的电阻）的电阻值调节相同。

2）按式 $R_X = R_N\dfrac{R_1}{R}$，计算出 $R = \dfrac{R_N R_1}{R_X}$的桥臂电阻值（R_X值由冷态值 R_0估算）。

3）合上直流电源开关 S，并调节 R_i，使电流达到测量所需要的数值进行测量。

4）调节电桥平衡（即检流计指示为零）时，读取桥臂电阻值 R。

5）由 $R_X = R_N\dfrac{R_1}{R}$计算出被测电阻的热态值，再按公式（29-5）换算出绕组的温度。

4. 注意事项

1）带电时不得触动 QF1 和 QF2 间 T 的 C_2 回路和 TV 的 C_1 回路。

2）为减小电磁场对测量的干扰，检流计 P 要用金属屏蔽罩屏蔽。

3）为了使整个桥体同电位，所以电桥外壳与桥臂之间要接同电位线 l。

5. 安全技术措施

发电机定子绕组为三角形连接的带电测温，除了应考虑与星形连接时带电测温相同的安全技术措施外，尚需注意下列几点。

（1）安装单片开关。测量设备与发电机定子回路之间，要安装单片开关 6 个（QF1 ~ QF6），以便在发生故障时，能及时将测量设备与发电机定子高压回路断开。定子回路与开关上触头的连线要牢靠，严防相间短路。

（2）开关上要有明显的高压标记。开关 QF1、QF6 和 QF3 ~ QF6 之间的电压差是相电压，要特别注意，不要将电桥引线接错。为了醒目、安全，在开关 QF1 和 QF2 上要有高压的明显标记（如红色）。

（3）测量前要进行验电检查。配电变压器 T 和电压互感器 TV，接至 S1 和 S2 的高压端头，均要有明显的红色标记。试验前，应在开关之间进行电压测量。测量结果，要确证 QF1 和 QF2 是同电位，QF3 ~ QF6 是同电位。在接上 T 和 TV 之后，要分别测量 C_1 和 C_2 电容器两端的交流电压是否很低。这些测量均要使用绝缘工具进行。

（4）测量设备要置于绝缘台上。所有测量设备，均要置于比被测电机绕组 FQ 额定电压绝缘水平等级高的绝缘台上，并在绝缘台四周、要设置围栏和高压标示牌。

（5）等电位测量。操作人员要穿金属带电作业服，进行等电位测量。测量时，不得触及相间带电部分或与地接触，并不得和绝缘台下的人员传递物件。

（6）设置绝缘过渡台。操作人员在走上试验台时，应有绝缘的过渡台，以防止一脚踩地，另一脚跨上试验台，发生人身事故，并严禁直接触及开关 QF1 和 QF2 接至 T 和 TV 的高压回路，过渡台应具有与试验台同等的绝缘水平。

6. 几点说明

（1）需要较大容量的直流电源。发电机定子绕组为三角形连接的带电测温，当通入直流时，由于同一母线并联的回路较多，总电阻小于测量绕组的电阻，所以直流分流相当严重。流经被测绕组的直流电流仅占总直流电流的一部分（可根据母线上并联回路数计算）。因此，需要直流电源的容量较大。

（2）定子绕组为可拆开的三角形连接线。在作发电机定子绕组为三角形连接的带电测温时，必须将标准电阻串入绕组回路。因此，只有在三角形连接线可拆开的电机上才能实施。

（3）三角形连接的带电测温目前仅用在发电机上。三角形连接的带电测温，是在高压下带电等电位操作，对人身和设备有一定的危险性，因此，目前仅用于三角形接线的发电机上。

第六节　温升试验和数据处理实例

这里以 FG500/185ak 型电机一般的温升试验为例，来说明温升试验、数据处理的步骤和分析方法以及与温升试验有关的一些问题。

一、温升试验

发电机的温升试验接线如图 29-1 所示。通常在额定负荷的 50% ~100% 范围，选择 3 ~4种负荷（可选取 $0.5P_n$、$0.7P_n$、$0.8P_n$、$1.0P_n$ 四种）进行试验。在调整好每一种负荷下，按本章第二节所述的试验要求，稳定运行约 1h 后，每隔 15min 或 20min，测量定子电压、定子电流、定子功率、周波、功率因数、转子电压、转子电流各种电参数一次；同时读取定子检温计、冷却空气各部分的温度，以及临时装设的测温元件的指示数值一次，直至各部分的温度稳定为止。以此同样的方法进行每种负荷的温升试验。

需说明，对于直接冷却的发电机和一些特殊用途的发电机进行温升试验时，尚需测量定子绕组端部、压指、压圈和边段铁芯等处的漏磁和温度。

二、测量 FG500/185ak 型发电机的调整特性曲线

发电机的调整特性曲线，是指在不同的功率因数下，转子电流和定子电流之间的关系曲线。该曲线是为制定发电机的运行限额图等提供数据。

发电机调整特性曲线的作法，是将定子电压保持额定值 U_n，然后选取 0.5、0.6、0.7、0.8、0.9 和 1.0 倍额定有功功率值。在每一种固定的有功功率下，调节转子电流，以改变功率因数。当功率因数分别在 0.7、0.8 和 0.9 时，同时读取定子和转子电流值。在每一种功率因数下，要读取三次数据，以三次数据的平均值为测量值。该型电机的测量结果如表 29-8 所示，由它绘出的转子电流 I_r 与定子电流 I_s 的调整特性曲线如图 29-14 所示。图中，空载额定定子电压 U_n 下的转子电流为 200A，所以，该曲线均由此作起点。也可在每种负荷的温升试验完后，保持有功功率不变，调整发电机转子电流，分别在功率因数为 0.7、0.8 和 0.9 下，读取与转子电流相对应的定子电流，从而获得发电机的调整特性曲线。

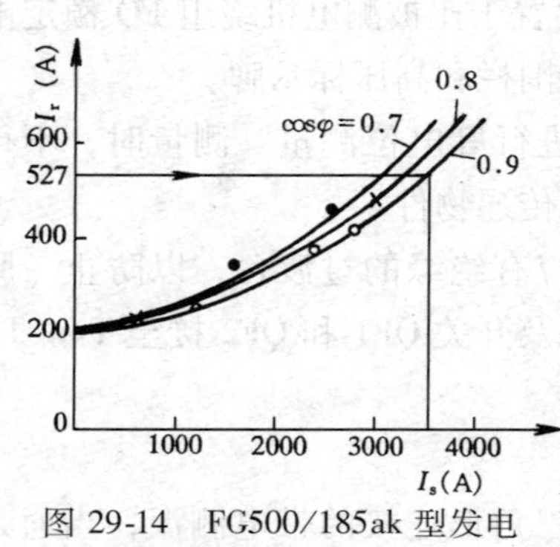

图 29-14　FG500/185ak 型发电机的调整特性曲线

表 29-8　　FG500/185ak 型发电机的测量数据

功率因数（cosφ）	定子有功功率（kW）	10000	20000	35000	41000	48000
0.7	定子电压（V）	10235	10540	11060	11100	11360
	定子电流（A）	818.0	1583.0	2550.2	2734.0	3421.6
	转子电流（A）	251.5	335.0	456.8	491.5	598.0
0.8	定子电压（V）	10320	10430	10800	10850	11000
	定子电流（A）	683.3	1445.8	2221.6	2625.0	3141.6
	转子电流（A）	241.0	308.5	398.5	440.0	509.0
0.9	定子电压（V）	10140	10240	10500	10600	10600
	定子电流（A）	600.0	1208.3	2075.0	2355.0	2871.0
	转子电流（A）	219.0	264.0	341.0	381.0	427.0

三、温升试验的数据处理和绘制运行限额图

（一）数据处理

在分析和处理试验数据时应注意下列两点。

（1）取算术平均值。为了减小测量误差，应在温度稳定后，对各种被测量取三次测量的算术平均值为测量值。

（2）温升校正。在几种试验负荷下，若冷却介质的进口温度不同时，在绘制基本温升曲线时，要按式（29-17）和式（29-18）将测量的温升，校正到同一冷却介质的进口温度后绘制。即：

定子绕组温升的校正公式为

$$\left.\begin{aligned}\Delta\theta_s &= \Delta\theta'_s \pm K_s\\ K_s &= \pm\Delta\theta'_s\frac{\theta_2-\theta_1}{235(1+n)+\theta_1}\end{aligned}\right\}\tag{29-17}$$

转子绕组温升的校正公式为

$$\left.\begin{aligned}\Delta\theta_r &= \Delta\theta'_r \pm K_r\\ K_r &= \pm\Delta\theta'_r - \frac{\theta_2-\theta_1}{235(1+m)+\theta_1}\end{aligned}\right\}\tag{29-18}$$

上两式中　$\Delta\theta'_s$、$\Delta\theta'_r$——试验时实测的定子、转子绕组温升（K）；

$\Delta\theta_s$、$\Delta\theta_r$——校正到冷却介质额定进口温度（或其他温度）的定子、转子绕组温升（K）；

θ_1、θ_2——冷却介质试验时的进口温度和换算温度（K）；

K_s、K_r——定子、转子绕组温升的校正系数；

m、n——系数。

由式（29-17）、式（29-18）可见，当 θ_2 大于 θ_1 时，K_s 和 K_r 取正值；当 θ_2 小于 θ_1 时，K_s 和 K_r 取负值。对于系数 n：间接空气冷却的发电机，$n=0.45$；氢气冷却的发电机，氢压为 $0.03\times10^5\sim0.05\times10^5$ Pa 者，$n=0.25$；氢压 $\geqslant0.5\times10^5$ Pa 者，$n=0.15$。对

于系数 m：转子为间接空气冷却的发电机，$m=0.9$；转子为间接氢气冷却的发电机，当氢压为 $0.03\times10^5\sim0.05\times10^5$Pa 者，$m=0.55$；当氢压≥$0.5\times10^5$Pa 时，$m=0.4$；发电机转子为内冷者，$m\approx0$；水轮发电机的 m 值取 1。

这样，当冷却介质的入口温度变化时，定、转子温升也作相应的改变。

（二）绘制基本温升曲线

根据 FG500/185ak 型发电机温升试验的数据，将定子、转子绕组的温升按式（29-17）和式（29-18）校正到相同的冷却介质入口温度后，求出定子、转子电流平方与温升的关系，列于表 29-9。由表 29-9 绘出的基本温升曲线，如图 29-15 所示。

表 29-9　FG500/185ak 型发电机的温升试验结果

项　序	测　量　项　别	测　量　结　果		
1	有功功率 P（kW）	28170	42500	49000
2	定子电流 I_s（A）	2117	3094	3282
3	定子电流平方 I_s^2（$\times10^6$）	4.48	9.57	10.78
4	定子绕组检温计指示的最高温升（K）	36.5	47.5	49.0
5	校正到 40℃时定子检温计指示的最高温升（K）	38.1	49.5	50.32
6	检温计指示的定子铁芯温升（K）	30.5	34.0	36.0
7	转子电流 I_r（K）	402.0	512.2	517.0
8	转子电流平方（$I_r^2\times10^5$）	1.62	2.62	2.67
9	转子绕组的平均温升（K）	39.2	63.2	64.0
10	校正到 40℃时转子绕组的温升（K）	40.0	64.4	65.3
11	试验时冷却介质的入口温度（℃）	29.8	30.5	31.0

（三）绘制发电机的运行限额图

通过温升试验，根据其试验结果，制定出该机的运行限额图，以便指导运行。现将绘图步骤分述如下。

下面按 FG500/185ak 型电机温升试验结果，以其功率首先受到转子容许温度的限制为例，并以转子容许温度 107℃（$\theta_n=40$℃）为限额，说明绘制运行限额图的计算和作图步骤。

（1）由冷却介质额定进口温度 $\theta_n=40$℃时，转子绕组温升 $\Delta\theta_1$ 为 67K，从图 29-15 曲线 3 上查得转子电流 I_r 为 527A。

（2）由 I_r 为 527A，从图 29-14 中功率因数为 0.8 的曲线上，查得定子额定电流 I_n 为 3400A。

（3）由式（29-19）计算出定子电流为 3400A，功率因数为 0.8 时，定子输出的有功功率和无功功率。即

$$\left.\begin{aligned}P&=\sqrt{3}U_nI_n\cos\varphi_n=\sqrt{3}\times10.5\times3400\times0.8=49466\\Q&=\sqrt{3}U_nI_n\sin\varphi_n=\sqrt{3}\times10.5\times3400\times0.6=37099\end{aligned}\right\}\qquad(29\text{-}19)$$

式中　P、Q——电机输出的有功和无功功率（kW、kvar）；

U_n、I_n——电机定子的额定电压和电流（kV、A）；

$\cos\varphi_n$——电机的额定功率因数。

（4）由定子电流为3400A，从图29-15曲线1上，查得定子绕组的温升 $\Delta\theta$ 为56K。

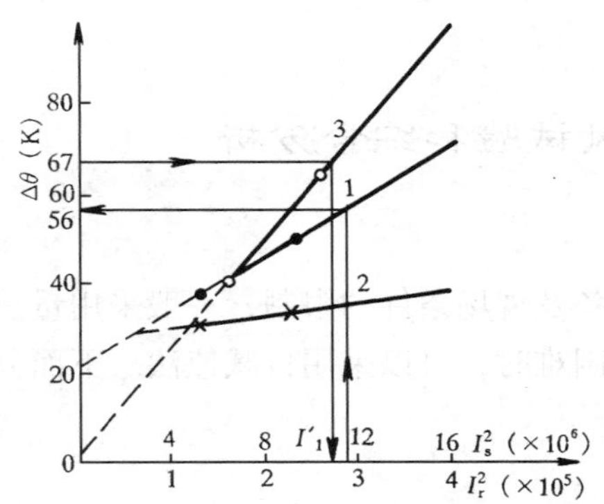

图 29-15 FG500/185ak 型发电机的基本温升曲线

1—定子绕组；2—定子铁芯；3—转子绕组

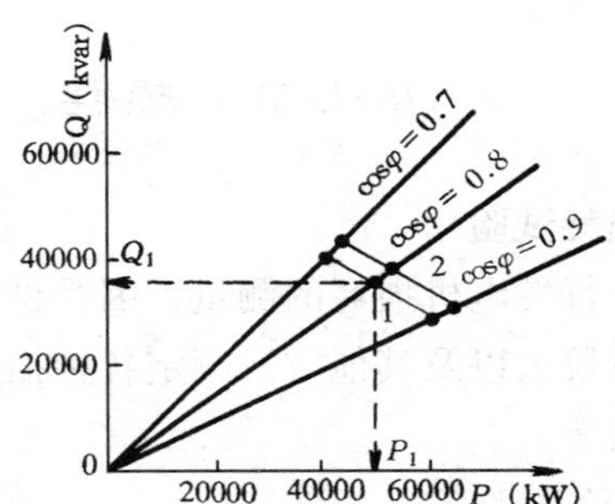

图 29-16 FG500/185ak 型发电机有功与无功功率的运行限额图

1—$\theta_0=40℃$；2—$\theta_0=30℃$

（5）再由 I_r 为527A从图29-14中功率因数为0.9的曲线上，查得定子电流 I_s 为3770A。

（6）由式（29-19）计算出定子电流为3770A、功率因数为0.9时的输出功率为

$$P=\sqrt{3}\times 10.5\times 3770\times 0.9=61705\ (\text{kW})$$

$$Q=\sqrt{3}\times 10.5\times 3770\times 0.436=29892\ (\text{kvar})$$

（7）由定子电流 I_s 为3770A，从图29-15曲线1上查得定子绕组的温升为64K。

（8）由 I'_r 为527A从图29-14中功率因数为0.7的曲线上，查得定子电流为3170A。然后，重复（6）、（7）两项步骤［但进行第（6）项计算时 $\cos\varphi=0.7$］。

（9）再将冷却介质进口温度 θ_0 降为30℃时，转子绕组相应的温升为77K，由77K温升从图29-15曲线3上查得转子电流为561A。以同样的方法重复（2）～（8）的步骤，求出运行限额数据，如表29-10所示。

表 29-10　　FG500/185ak 型发电机的运行限额数据

功率因数	定子有功功率 P（kW）	定子无功功率 Q（kvar）	定子电压 U_s（V）	定子电流 I_s（A）	转子电流 I_r（A）	定子绕组温升 $\Delta\theta_s$（K）	转子绕组温升 $\Delta\theta_r$（K）	冷却介质进口温度 θ_0（℃）
0.7	41373	42224	10500	3250	561	54.0	77	30
	40354	41170	10500	3170	527	52.0	67	40
0.8	50921	38191	10500	3500	561	59.0	77	30
	49466	37099	10500	3400	527	56.0	67	40
0.9	62196	30407	10500	3800	561	66.0	77	30
	61705	29892	10500	3770	527	64.0	67	40

由表29-10数据绘制的FG500/185ak型电机的有功功率 P 和无功功率 Q 的运行限额图，如图29-16所示。该机在运行时，可按此图在不同的冷却介质进口温度 θ_0 下，调整

功率，即可使电机在定子、转子绕组的容许温度范围内安全运行。如当冷却介质的进口温度为40℃（曲线1），功率因数为 $\cos\varphi = 0.8$ 时，可分别查得有功功率 P_1 为50000kW，无功功率 Q_1 为36000kvar。

第七节　损耗、通风试验和综合分析

一、损耗试验

现场进行发电机损耗的测量，因受试验设备及现场条件的限制，一般采用量热法，对于转动惯量较大以及其他方法测定各种损耗有困难时，可以采用自减速法。下面分别介绍这两种方法。

（一）量热法

在电机内部产生的各类损耗，最终都将变成热量，传给冷却介质，使冷却介质温度上升。用测量电机产生的热量来推算电机损耗的测量方法，简称量热法。

1. 损耗分类及确定方法

（1）基准表面。为了对总损耗进行分类，给电机规定一个基准表面，这是一个将电机全部包括在里面的表面，这个表面内产生的所有损耗，都通过该表面散发出去。

电机总损耗包括基准表面内损耗 P_i 和基准表面外损耗 P_e。P_i 分为两部分，一部分是以热量的形式由冷却系统带走，并可用量热法测量的损耗 P_i，另一部分是不传递给冷却介质，而以传导、对流、辐射、渗漏等形式通过基准表面散发的损耗 P_2；P_e 主要包括在基准表面外的辅助设备损耗和轴承摩擦损耗。

（2）基准表面内损耗 P_i。

1）测量冷却介质流量与温升确定的损耗 P_1。电机各部温升热稳定后，冷却介质带走的损耗

$$P_1 = C_P Q \rho \Delta T \tag{29-20}$$

式中　P_1——在基准表面内部，被冷却介质带走的损耗（kW）；

C_P——冷却介质的比热［kJ/（kg·K）］；

Q——冷却介质的流量（m^2/s）；

ρ——冷却介质的密度（kg/m^3）；

ΔT——冷却介质的温升（K）。

2）未传递给冷却介质的损耗 P_2。由于热传导到电机基础及轴上的损耗和电机表面向厂房辐射的损耗量很小，可以忽略不计。测量时，只考虑电机外表面与周围空气对流散热的损耗，其计算公式为

$$P_2 = hA\Delta T \tag{29-21}$$

式中　P_2——电机外表面散出的损耗（kW）；

A——散热表面积（m^2）；

h——表面散热系数［W/（m^2·K）］。

（3）基准表面外的损耗 P_e。

1）在基准表面外的辅助设备损耗的测量按有关标准规定的试验方法进行。

2）应计入被试电机中的轴承摩擦损耗可用量热法测量。

2. 效率计算

试验时，被试电机在额定功率、额定电压、额定转速及额定功率因数下运行至热稳定后，测量各种电量、水（气）量温度，然后分别计算出各项损耗，相加得总损耗。用下式计算电机效率

$$\eta = [1 - \Sigma P / (P_n + \Sigma P)] \times 100\% \tag{29-22}$$

式中　ΣP——总损耗（kW）；

P_n——额定有功功率。

（二）自减速法

1. 测量原理

当发电机不能在空转、空载、短路情况下作到热稳定时，就不能采用上述气量（或水量）温升法测量其各种损耗。此时，可以应用惰转法测量，现介绍如下。

发电机惰转时，转速下降的速度快或慢，与其损耗的大小密切相关。若损耗大，则自制动较强，使转速下降快；反之，若损耗小，自制动较弱，转速下降就慢。因此，利用发电机在不同状态下惰转，测量转速和时间，经计算后即可求出发电机的各种损耗。

2. 测量要求

电机在制动时消耗的能量，可以靠旋转转子的动能来抵偿，而且该动能仅和转子在该瞬间的转速有关。因此，为了求取在额定转速时的损耗，就要求电机起始惰转的转速，至少要高于额定转速的5%～10%。对于隐极电机，要不低于1.05倍额定转速；对于凸极电机，要不低于1.1倍额定转速。测量时，在试验的转速下，切断原动机能源，使电机惰转减速。对于隐极电机，测量从1.05倍额定转速降到0.95倍额定转速间隔 Δn 时所需的时间；对于凸极电机，测量从1.1倍额定转速降到0.9倍额定转速间隔时所需的时间。该转速的上下限要测量准确。对于各种损耗，需要在下列工况下进行测量。

3. 测量工况

（1）空转惰转。电机转子绕组不励磁，在空转升速下惰转，测量在上述转速间隔 Δn 的惰转时间，并假设为 Δt_1。

（2）空载惰转。电机定子绕组开路，调整转子电流，使在额定转速时的定子电压为额定值。此时，再将电机升速，然后测量在上述转速间隔 Δn 的惰转时间，并假设为 Δt_2。同时，当电机减速至额定转速时，要同时测量定子电压和转子电流值。

（3）短路惰转。将电机定子绕组三相稳定短路，调整转子电流，使在额定转速时的定子电流为额定值，此时，亦将电机升速，同样测量在上述转速间隔 Δn 的惰转时间，并假设为 Δt_3。同时，当电机减速至额定转速时，要同时测量定子电流和转子电流值。

4. 损耗计算

根据测得的数据，按下列公式计算出电机的各种损耗。

机械损耗 P_m 为

$$P_{m}=\frac{1}{365}M^{2}n\frac{\Delta n}{\Delta t_{1}}\times10^{-3} \tag{29-23}$$

定子额定电压下的铁芯损耗 P_F 为

$$P_{F}=\frac{1}{365}M^{2}n_{n}\frac{\Delta n}{\Delta t_{2}}\times10^{-3}-P_{m}-P_{0r} \tag{29-24}$$

定子额定电流下的附加损耗 P_a 为

$$P_{a}=\frac{1}{365}M^{2}n_{n}\frac{\Delta n}{\Delta t_{3}}\times10^{-3}-P_{m}-P_{ks}-P_{kr} \tag{29-25}$$

上三式中 M^2——电机的飞轮力矩（$kg\cdot m^2$）；

n_n——发电机的额定转速（r/min）；

Δn——对隐极电机为$(1.05-0.95)n_n=0.1n_n$，对凸极电机为$(1.1-0.9)n_n=0.2n_n$；

Δt_1、Δt_2、Δt_3——分别为三种惰转工况下，当转速下降 Δn 时所需的时间（s）；

P_{ks}、P_{kr}——短路惰转试验中定子、转子绕组的铜损耗（kW）；

P_{0r}——空载惰转试验中转子的铜损耗。

此时，可由经过额定转速时测量的定子、转子电流（I_k 和 I_{kr}）计算 P_{ks}、P_{kr}值，即

$$P_{ks}=3I_{k}^{2}R_{s}\times10^{-3}；\ P_{kr}=I_{kr}^{2}R_{r}\times10^{-3}$$

上两式中 R_s——定子绕组一相的电阻（Ω）；

R_r——转子绕组的电阻（Ω）。

由经过额定转速时，通过测量的转子电流（I_{0r}）计算 P_{0r}值，即

$$P_{0r}=I_{0r}^{2}R_{r}\times10^{-3}$$

为了获得比较准确的结果，上述各项惰转试验均应重复作三次，取三次测量的算术平均值为测量值。

在水轮发电机上作试验时，如有可能，应将水轮机脱开。否则，在排水情况下进行试验时，要从各次测得的损耗中，减去水轮机在空气中的机械损耗，该损耗可由电机设计计算的办法确定。

对于汽轮发电机的机械损耗，近似地按汽轮机与发电机各占一半考虑，即

$$P_{Gm}=\frac{1}{2}P_{m} \tag{29-26}$$

式中 P_{Gm}——发电机的机械损耗（kW）；

P_m——空转惰转试验中由式（29-23）确定的损耗（kW）。

需要说明，如果不知道电机的飞轮力矩时，可用下列方法测量，即将被试电机带已知损耗 P（如已知一台变压器的空载损耗 P_0 或短路损耗 P_k）的负载，然后，按上述第（2）项或（3）项的方法进行惰转试验，测定 Δt_4 或 Δt_5。

当电机带已知空载损耗 P_0 的变压器，变压器空载惰转时测得惰转时间为 Δt_4 则可求得 M^2 为

$$M^2 = 365 \frac{P_0}{n_n\left(\frac{\Delta n}{\Delta t_4} - \frac{\Delta n}{\Delta t_2}\right)} \times 10^3 \tag{29-27}$$

当电机带已知短路损耗 P_k 的变压器，变压器短路惰转时测得 Δt_5，即可求得 M^2 为

$$M^2 = 365 \frac{P_k}{n_n\left(\frac{\Delta n}{\Delta t_5} - \frac{\Delta n}{\Delta t_3}\right)} \times 10^3 \tag{29-28}$$

也可以将一台电动机进行空载试验，先测量出空载损耗 P_{F0} 和机械损耗 P'_m。然后，再按上述方法进行第（2）项空载惰转试验，求得 M^2，即

$$M^2 = 365 \times \frac{P'_m + P_{F0}}{n_n\left(\frac{\Delta n}{\Delta t_6} - \frac{\Delta n}{\Delta t_2}\right)} \times 10^3 \tag{29-29}$$

上三式中　P_0——变压器的空载损耗（kW）；

Δt_4——发电机带 P_0 惰转，当转速下降 Δn 时测量的时间（s）；

P_k——变压器的短路损耗（kW）；

Δt_5——发电机带 P_k 惰转，当转速下降 Δn 时测量的时间（s）；

$P'_m + P_{F0}$——电动机空载时测量的总损耗 P_Σ（kW）；

Δt_6——发电机带已知总损耗 P_Σ 的电动机惰转，当转速下降 Δn 时测量的时间（s）。

在惰转试验中，当采用定时计数的数字测速仪记录转速时，可作出转速与时间的关系曲线，然后在曲线上求取对应于额定转速时的斜率$\left(\frac{dn}{dt}\right)$，以代替上述方法中的$\frac{\Delta n}{\Delta t}$来计算损耗。

二、通风试验

根据发电机冷却风路情况，在现场一般只能对水轮发电机进行通风试验。

1. 测点埋设

水轮发电机的冷却系统如图 29-17 所示。为了解风路中上中下风压，需在图中标“×”处装测压元件，并将元件的风管接出机外。为测量定子铁芯风沟的风速，需在图中装测速元件，并将元件的风管接出机外。

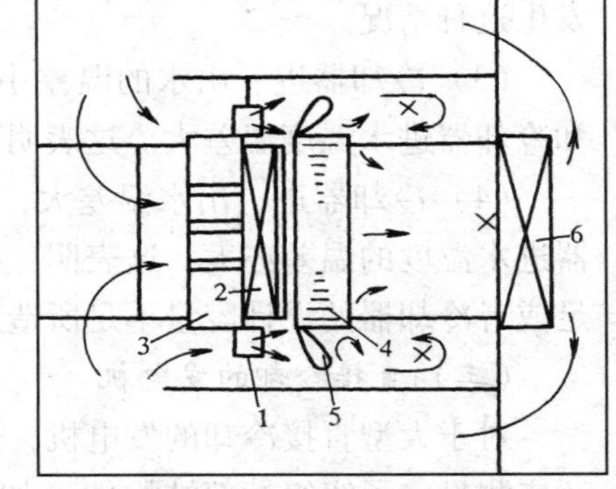

图 29-17　水轮发电机冷却系统图

1—风扇；2—转子绕组；3—转子铁轭；4—定子铁芯；5—定子绕组端部；6—冷却器

2. 试验方法

试验时，发电机保持转速在 n_n，采用 DFA 型积分式风速计测量发电机每个冷却器出风量相加即得发电机的总风量，注意每个冷却器的风速测三次以上，以尽量减少人为误差。用相同的方法可以测量出发电机上下端进风的风速，进而得到上下端的风量。采用埋设的速度测针及微压计测出测针埋设处的动压，通过计算就得到该处的风速。采用埋设的静压测针，可

测量出发电机上中下各部的风压。

3. 结果分析

对应于发电机的容量，发电机的冷却总风量必须达到一定的数值才能保证发电机定、转子各部分的冷却，使其各部分的温度不超过规定限值。通过测量发电机的总风量，可以看出实际运行中的发电机总风量是否达到设计值或规定值，其冷却系统是否需改造以增加总风量。通过测量其上下风道的进风量，可以判断电机的风量分配是否均匀。发电机上中下的风压测量值可以反映测量埋设处的风阻情况。特别是上下风压，它的测针是埋设在端部绕组与机壳之间，该处风阻大，表明端部绕组的冷却风量可能不够。发电机风沟风速的测量结果可以表明风沟的通风情况，也可间接反映出风量上下分布的情况。以上测量结果可以整体上反映电机冷却系统的性能，可以为冷却系统的改造提供一定的依据。

三、综合分析

下面根据温升试验结果绘制的基本温升曲线、运行限额图以及测量的损耗数据等，对电机的特点和冷却系统作简要分析，供运行和检修时参考。

（一）间接冷却的发电机

对于间接冷却的发电机，冷却系统运行正常时，一般有下列特点。

（1）冷却器进出水温差2～3K；

（2）冷却介质进出口温差20～30K；

（3）冷却介质入口温度和冷却器进水温差6～7K。

对于发电机的出力受到某部温升限制者，可参照气量（或水量）温升法等测得的损耗值，分析受限制的原因，采取相应的处理措施或作出一些温度限额的规定。

通过温升试验，当发现有下述情况者，可作如下分析。

（1）冷却介质进、出口的温差不大，但是发电机定子、转子绕组等的温度却较高。这表明可能是冷、热风路有短路或者冷、热风道间隔热不良，冷却效果不好所造成的。

（2）冷却介质进、出口的温差较大，但是发电机各部的温度却较高。这可能是通风道（沟）堵塞，风阻增加，造成冷却风量不足或者是设计的冷却风量本身不够所造成的。此外，当电机经过一些结构改造，若造成损耗增加，而冷却系统并未经相应改善时，也会发生这种情况。

（3）冷却器进、出水的温差小，但是发电机各部的温度却较高，冷却介质入口温度和冷却器进水温度温差大。这表明可能是冷却器积污、冷却效率降低所造成的。

（4）冷却器进、出水温差大，但是发电机的温度却较高，冷却介质入口温度和冷却器进水温度的温差亦大。这表明：冷却器的通水管道有堵塞；水门开度不够，造成流量不足或者冷却器的设计容量不足所造成的。

（二）直接冷却的发电机

对于大型直接冷却的发电机，进行温升试验时，除测量上述一般常规部分的温度外，还应测量定子绕组端部结构件（如压指、压圈等）和边段铁芯的漏磁和温度，进行综合分析判断。

（1）对于“水水氢”和“水水空”冷电机，进行温升试验时，以定、转子绕组的进、出水温升，不超过其容许的规定温升为准。若个别线圈（定子）的温升值有异常时，则表明该线圈的铜导体通水孔堵塞或温度计指示不准，应查明原因进行处理。

（2）对于“水氢氢”冷电机，测量定子绕组温升的方法，与“水水氢”和“水水空”发电机的相同。而转子绕组的平均温升一般较低，但考虑到温度的不均匀系数约 1.3（甚至更大），局部可能温度较高。所以，这种发电机的控制温升，不应超过制造厂家的规定值。

直接冷却发电机的定子铁芯温度，亦用埋入式检温计测量。控制温度亦按厂家规定，或按定子铁芯片间绝缘漆的允许温度为限度。

第三十章

发电机定子铁芯和定子绕组焊接头试验

发电机定子铁芯是由硅钢片叠合组装而成的。由于制造和检修可能存在的质量不良，或在运行中，由于热和机械力的作用，可引起片间绝缘损坏，造成短路，在短路区域形成局部过热，威胁机组的安全运行。所以发电机在交接时或运行中，对铁芯绝缘有怀疑时，或铁芯全部与局部修理后，需进行定子铁芯的铁损试验，以测定铁芯单位质量的损耗，测量铁轭和齿的温度，检查各部温升是否超过规定值，从而综合判断铁芯片间的绝缘是否良好。

第一节　发电机定子铁芯损耗试验

一、试验方法

（一）试验接线

定子铁损试验接线如图 30-1 所示。图 30-1（a）为一般常用接线布置方式，由于励磁线圈 W_r 和测量线圈 W_m 集中布置，对大型发电机因其漏磁对试验结果影响较大，所以一

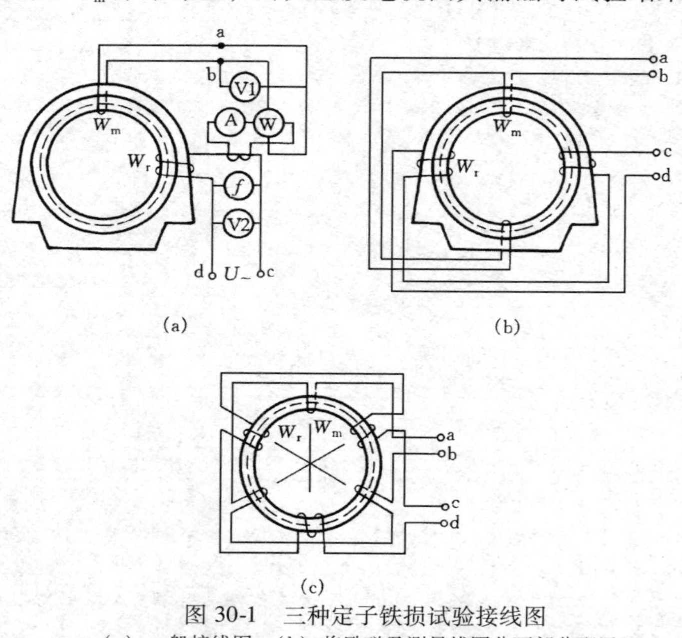

图 30-1　三种定子铁损试验接线图

（a）一般接线图；（b）将励磁及测量线圈分两部分配置；

（c）将励磁及测量线圈分三部分配置

ab—测量线圈端；cd—励磁线圈端

般多用于小型电机的试验；图30-1（b）较前者磁通均匀，但线圈绕制较麻烦；图30-1（c）用于铁芯直径较大的水轮发电机，可降低由于磁密不均匀所引起的误差，但做法更费工时。

图30-1中，测量线圈 W_m 应布置于磁通均匀或接近均匀的区域。如果定子铁芯为分裂（瓣）式的，励磁线圈 W_r 应布置于分裂面上。

将发电机转子抽出后，定子绕组应三相短路接地。如定子绕组有尚未消除的接地点时，则绕组只需短路，不可再接地，以免多点接地使铁芯烧坏。

（二）试验前的有关计算

计算采用的定子铁芯各部尺寸，如图30-2所示。

1. 定子铁芯轭部截面 S 的计算

$$S = Lh \tag{30-1}$$

$$L = K(L_1 - nb) \tag{30-2}$$

$$h = \frac{D_1 - D_2}{2} - h_c \tag{30-3}$$

式中　L——定子铁芯有效长度（m）；

h——定子铁芯轭部高度（m）；

K——定子铁芯填充系数，硅钢片片间用漆绝缘的取0.93～0.95，用纸绝缘的取0.9；

L_1——定子铁芯总长（m）；

n——定子铁芯通风沟数；

b——定子铁芯通风沟宽（m）；

D_1——定子铁芯外径（m）；

D_2——定子铁芯内径（m）；

h_c——定子铁芯齿高（m）。

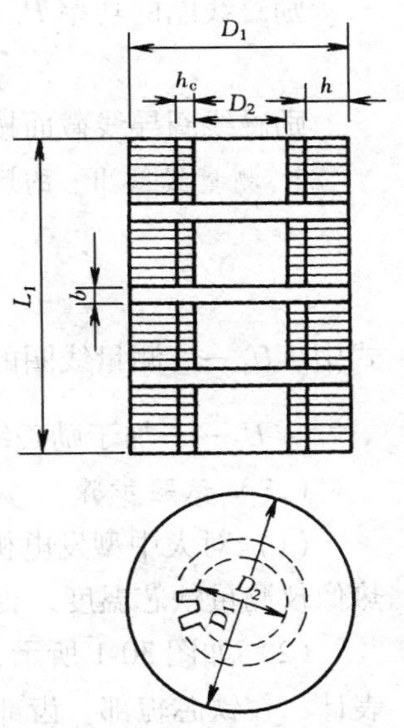

图30-2　定子铁芯各部尺寸示意图

2. 励磁线圈 W_r 匝数 N_r 的计算

$$N_r = \frac{U_2}{4.44fSB} \tag{30-4}$$

式中　U_2——励磁线圈电源电压（V）；

f——试验电源频率（Hz）；

B——试验时铁芯轭部磁通密度（T）；

S——定子铁芯轭部截面（m）。

试验要求铁芯轭部磁通密度为1T，故试验电源频率为50Hz时，励磁线圈 W_r 的匝数 N_r 应为

$$N_r = \frac{U_2}{4.44fSB} = \frac{45U_2 \times 10^{-4}}{S} \tag{30-5}$$

当励磁线圈匝数较多时，考虑线圈本身的电压降落，为保持1T的磁密，N_r 应比计算值减少1～2匝。

3. 励磁线圈的电流 I（A）及功率 P_r 的计算

$$I=\frac{\pi D_{av}H_0}{N_r} \tag{30-6}$$

$$D_{av}=D_1-h \tag{30-7}$$

式中 D_{av}——定子铁轭的平均直径（m）；

H_0——单位长度安匝数，磁密在1T时，取（2.15～2.3）$\times10^2$安匝/m。

励磁线圈的功率 P_r（kVA）为

$$P_r=IU_2\times10^{-3} \tag{30-8}$$

励磁线圈导线截面按每平方毫米（铜芯）不大于3A的电流密度选择。

4. 测量线圈 W_m 的匝数 N_m 的计算

$$N_m=\frac{U_1}{U_2}N_r \tag{30-9}$$

式中 U_1——测量线圈的电压（V），应使其在电压表量程的$\frac{1}{3}\sim\frac{3}{4}$范围内；

U_2——加于励磁线圈的电压（V）。

（三）试验步骤

（1）对大中型发电机，尤其是大直径和铁芯段很长的发电机，铁损试验应使用红外热像仪测量铁芯温度，否则很难测准实际的试验温度。

（2）如图30-1所示，缠绕励磁线圈和测量线圈后，在a、b及c、d间接入各种测量表计；在铁芯轭部、齿部放置适当数量的酒精温度计，以记录初始温度，并将红外热像仪定标。

（3）磁密为1T下的持续试验时间为90min，磁密为1.4T以下的持续试验时间为45min。

（4）对大直径水轮发电机，要注意校正圆周磁密分布不均匀的影响。

（四）注意事项

（1）励磁线圈应用绝缘导线绕制，导线与定子铁芯、定子绕组及机壳凸棱处应垫具有足够强度的绝缘材料（如绝缘纸板）。

（2）试验过程中如发现有局部过热点，但温差又不显著，可将磁通密度提高到1.4T，也即适当提高试验电压。这样，既能缩短试验时间，又能找出缺陷部位。

（3）试验中检查定子膛内各部温度时，应穿绝缘鞋，不得用双手同时直接触摸铁芯，以防触电。膛内不得存放金属物件。

（4）对小、中型电机测量可用酒精温度计或半导体点温计，严禁用水银温度计。放置温度计时，应使其测温端处于最低位置并紧贴被测点，测点处应用石棉绒或石棉泥保温。

测量过程中用定子铁芯各点埋入的电阻温度计监视温度。

（5）试验中若发现铁芯（包括埋入电阻元件的测量值）任何一处温度超过规定值（一般为105℃），或个别地方发热厉害，甚至冒烟或发红时，应立即停止试验。

二、试验结果的整理分析

（一）磁通密度折算到1T时的铁损

（1）试验时磁通密度的实际值 B'（T）

$$B' = \frac{45U_1}{N_m S} \tag{30-10}$$

式中 U_1——测量线圈感应的电压值（V）；

N_m——测量线圈匝数（匝）。

（2）定子铁芯轭部单位铁损 ΔP_{Fe}（W/kg）

$$\Delta P_{Fe} = \frac{P_{Fe}}{G}\left(\frac{1}{B'}\right)^2 \tag{30-11}$$

$$G = \pi D_{av} S \times 7.8 \times 10^3 = 24.5 D_{av} S \times 10^3$$

式中 P_{Fe}——功率表PW的读数，即实测总铁损（W）；

G——铁轭质量（kg），其中 7.8×10^3 为铁芯密度（kg/m^3）。

（3）最高齿温差 Δt_1（℃）

$$\Delta t_1 = (t_1 - t_2)\left(\frac{1}{B'}\right)^2 \tag{30-12}$$

式中 t_1——最高齿温（℃）；

t_2——最低齿温（℃）。

（4）铁芯最高温升 Δt_2（℃）

$$\Delta t_2 = (t_3 - t_0)\left(\frac{1}{B'}\right)^2 \tag{30-13}$$

式中 t_3——最高铁芯温度（或齿温）（℃）；

t_0——铁芯初温（K）。

（二）试验结果分析

试验结果中若有下列情形之一者，即认为铁芯不合格，应查明原因加以消除。

（1）单位铁损 ΔP_{Fe} 在1T下大于1.3倍参考值（单位损耗参考值见表30-1所示）者，在1.4T下自行规定。

表30-1 硅钢片的单位损耗

硅钢片品种	代　号	厚　度（mm）	单位损耗（W/kg）	
			1T下	1.5T下
热轧硅钢片	D21	0.50	2.50	6.10
	D22	0.50	2.20	5.30
	D23	0.50	2.10	5.10
	D32	0.50	1.80	4.00
	D32	0.35	1.40	3.20
	D41	0.50	1.60	3.60
	D42	0.50	1.35	3.15
	D43	0.50	1.20	2.90
	D42	0.35	1.15	2.80
	D43	0.35	1.05	2.50

续表

硅钢片品种		代　　号	厚　　度（mm）	单位损耗（W/kg）	
				1T 下	1.5T 下
冷轧硅钢片	无取向	W21	0.50	2.30	5.30
		W22	0.50	2.00	4.70
		W32	0.50	1.60	3.60
		W33	0.50	1.40	3.30
		W32	0.35	1.25	3.10
		W33	0.35	1.05	2.70
	单取向	Q3	0.35	0.70	1.60
		Q4	0.35	0.60	1.40
		Q5	0.35	0.55	1.20
		Q6	0.35	0.44	1.10

（2）铁芯齿部相互间的最大温差 Δt_1，超过 15K 者。

（3）铁芯最高温升 Δt_2 超过 25K 者。

（4）对运行年久的电机自行规定。

第二节　发电机定子绕组焊接头的检查试验

焊接头的焊接质量检查、测试方法，有直流电阻法、涡流探测法、电流发热红外热像仪检测法及金属超声探伤检测法等。

一般常用测量发电机定子绕组各部分的直流电阻（包括线棒铜导体电阻、焊接头及引出连线电阻）法来检查焊接头（或称焊头）的焊接质量。在相同温度下，导线及引出线电阻基本不变（导线断股情况较少，一般不予考虑），而接头焊接质量的好坏与变化，能从焊头电阻的大小及变化上反应出来，所以整个绕组直流电阻的变化，基本上是反应焊接头的质量及其变化。

焊接头由于制造、安装、检修、改进等质量不良及非正常运行（如长期过负荷、出口短路等）的各种有害因素影响，有可能在运行中使焊缝的接触电阻增大，其结果使接头发热增加，电阻再增大，如此恶性循环，到一定程度，引起焊头局部过热，严重时使绝缘烧坏，乃至接头开裂。因此必须进行检查试验，以发现缺陷并及时处理，保证机组安全运行。

一、测量绕组（包括接头）的直流电阻

发电机具有下列情况之一者，应测量定子绕组的直流电阻，如发电机大修、定子绕组接头进行重焊，以及定子绕组发生过出口短路等之后。对定子绕组直流电阻存在疑问而又未查明原因、处于监视运行的发电机，应每年至少测量一次定子绕组绝缘电阻。

当发电机各相的首尾端头分别引出时，应分相测量其直流电阻，如绕组为双星形接线者，应分别测量各相每个分支的直流电阻。

（一）测量方法

1. 电流、电压表法

电流、电压表法测定子绕组直流电阻原理接线如图 30-3 所示。图中，S1 为电流回路开关，S2 为电压回路开关，R 为滑线电阻，Q 为定子绕组。测量电流不得超过定子额定电流的 20%，测量用表计应不低于 0.5 级。

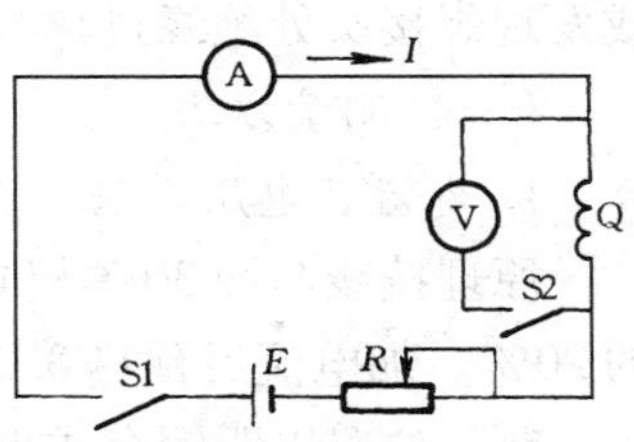

图 30-3 电流、电压表法测定子绕组直流电阻原理接线

由于电压表的内阻比定子绕组的电阻大得多，因此，电压表的分流可忽略不计，则被测绕组电阻为

$$R_X = \frac{U}{I} \tag{30-14}$$

式中 R_X——被测绕组 Q 的电阻（Ω）；

U——直流试验电压（V）；

I——流过被测绕组的电流（A）。

2. 直流电桥法

用双臂电桥（如 QJ19、QJ44 型电桥），按使用说明书接线及操作。

无论用哪种方法测量电阻，都需准确测量当时绕组的温度，温度相差 1℃ 的误差会带来直流电阻约 0.4% 的误差，容易造成误判断。所以测直流电阻时，发电机应处于冷状态，即绕组表面温度与周围空气温度之差不应超过 ±3℃。一般用 6 支以上校准的温度计，分别置于槽楔上、通风孔、绕组端部和靠近绕组的其他地方，取这些温度的平均值作为绕组的温度。

（二）测量结果的分析

（1）各相（或各分支）的直流电阻值，在校正了由于引线长度不同而引起的误差后，相互间的差别与初次（出厂或交接时）测量值比较，相差不得大于最小值的 1.5%（水轮发电机为 1%）

即

$$\delta\% = \frac{R_{max} - R_{min}}{R_{min}} \times 100 \tag{30-15}$$

式中 R_{max}——最大（相的）直流电阻（Ω）；

R_{min}——最小（相的）直流电阻（Ω）。

（2）各相直流电阻与出厂或交接时的测量值应换算至同一温度下进行比较，电阻与温度的换算关系见第十章中式（10-15）。

绕组电阻应进行相间和同相历次试验的综合比较，分析各相电阻值的变化情况，作出正确的结论。

由于焊接质量不良（或变坏），一般不致立即酿成接头开焊事故，但在预防性试验中能检查出来。正常焊头的电阻一般为 20～100μΩ，若有一个质量不良的焊头，则在相电阻（大中型发电机一般为数千至一万多 μΩ）为 5000μΩ 的绕组中，能使直流电阻增加 0.4%～2%。因此，当原因不明的不平衡程度达 1% 时，即应引起注意。

二、焊接头焊接质量检测

根据所测的绕组直流电阻值，当怀疑焊头有问题时，需进一步检测，以找出（一般用分段比较法）有缺陷的焊头；发电机在检修、改进时曾对定子绕组接头做过焊接处理或发现焊接头处绝缘过热时，也应测量焊接头电阻和其他的必要检测。

（一）测量方法

1. 电流、电压表法

原理接线与图 30-3 相同，所加电流由毫伏表的量程决定，但不得超过定子额定电流的 20%。加电流后预热 0.5 ~1h，再进行测量。测量结果的判断，主要是相互比较。

测量位置以距铜套或焊口两边缘各 2cm 左右为宜。若离铜套或焊口边缘太远，则线棒导线电阻的影响会增加；太近，则因电流分布不均匀，使测量结果的分散性增大。

如焊头绝缘已剥开，每个接头最好能沿不同部位多测几点（如图 30-4 所示的 AA′、BB′、CC′），然后取其平均值；也可按线棒的导线逐股进行测量。良好焊头的电阻值在各部位测量的数值相近，不良焊头在某些点上测得的值比其他点的大得多，这是因为焊头各部分的焊接质量、焊料充满程度不一致，使焊头各部分电阻变化不均匀所致。

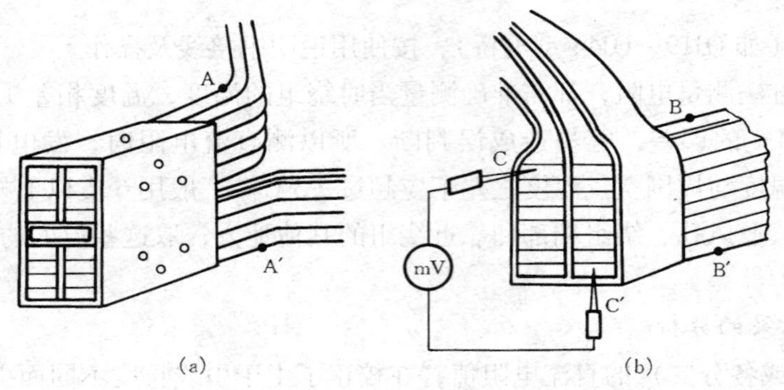

图 30-4　测焊头电阻测点位置示意图

如焊头绝缘未剥开，则可用钻孔刺针测压降的办法测量。各个焊头的测点及位置应一致，测完必须对绝缘作妥善处理。

2. 用涡流探测仪检测

70 年代试制成功的不需刺破绝缘即可寻找整块并头套的焊接头缺陷的涡流探测仪，其使用效果较好。现将原理简介如下。

涡流探测仪是根据整块导体在交变磁场中感应产生涡流的原理制成的。如图 30-5 所示，在开口铁芯（探头）的励磁线圈中通以交流电流 $\dot{I}_0$，即

$$\dot{I}_0 = \dot{I}_R + j\,\dot{I}_L$$

式中　$\dot{I}_L$——励磁电流的电感分量；

$\dot{I}_R$——励磁电流的电阻分量（主要由铁芯本身的损耗所引起）。

当开口铁芯未放入焊接头时，由于 $\dot{I}_R < \dot{I}_L$，故 $\dot{I}_0$ 与电源电压 $\dot{U}_0$ 间的夹角 δ 接近 90°。如将焊头插入探头（铁芯开口处）中，则主磁通 $\dot{\Phi}$ 将穿过焊头，因此在焊头上感应涡流，此涡流产生的磁通和主磁通方向相反，引起线圈中电流 $\dot{I}_0$ 的有功分量 $\dot{I}_R$ 增加

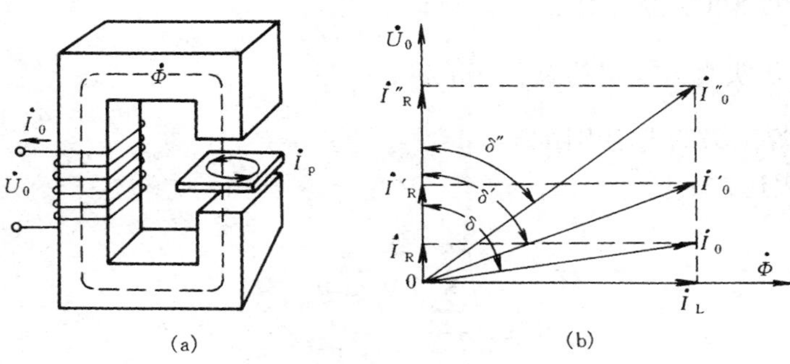

图 30-5　涡流探测仪原理示意图

(a) 探测原理；(b) 相量图

(因涡流损耗是有功损耗)，当 $\dot{I}_0$ 增大至 $\dot{I}'_0$ 时，则 δ 角减小至 δ'。若焊头焊接质量不良，电阻值大，感应的涡流较小，$\dot{I}'_0$ 较 $\dot{I}_0$ 增加不多，δ' 较 δ 减小不多；若焊头焊接良好，其电阻值小，$\dot{I}''_0$ 较 $\dot{I}_0$ 增加较大，δ'' 比 δ 减小较多，因此可根据 $\dot{I}_0$ 及 δ 变化的程度来判断焊头的质量。

3. 测量结果的分析

(1) 焊头电阻合格值的确定。以多台同型机组的同型焊头直流电阻的平均值为合格的标准值。

焊头段的直流电阻值，若不大于相同长度的同型线棒的直流电阻值，则认为是合格的。

为便于观察焊头电阻的分布情况，在测量多个焊头时，需作出电阻分布图，如图 30-6 所示，横坐标表示焊头电阻 R 的范围，纵坐标表示出现该电阻值的焊头个数 n。焊接良好的焊头，电阻值低且分布集中。若电阻值大，分散性也大，则说明焊接质量不良。

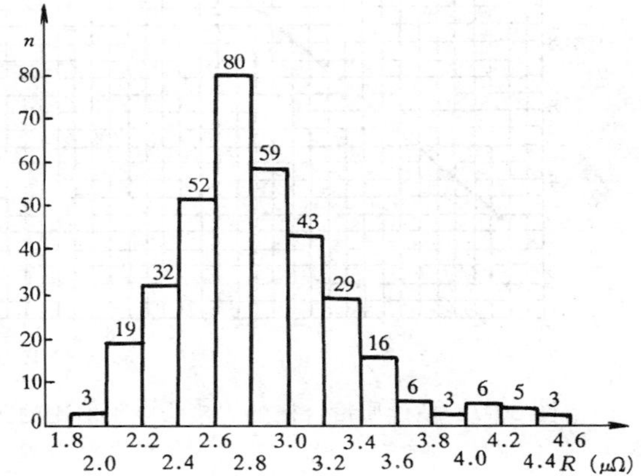

图 30-6　一台水轮发电机下部焊头电阻分布图

(2) 确定平均电阻值 R_{av} 与标准差 S。由于焊头的焊料及焊接工艺等的影响，加上测试误差，可能使同一台机上合格的焊头电阻值也呈现一定的分散性。根据对较多机组测试结果的统计分析，引出平均电阻 R_{av} 与标准差 S 两个参数来表示焊头质量。R_{av} 的表达式为

$$R_{av} = \frac{R_1 + R_2 + \cdots + R_n}{n} = \frac{\sum_{1}^{n} R_i}{n} \qquad (30\text{-}16)$$

式中　n——焊头数量；

R_i——每个焊头的直流电阻值（μΩ）；

$\sum_1^n R_i$—— n 个焊头直流电阻的总和（μΩ）；

R_{av}——n 个焊接头的平均电阻值。

标准差 S 的表达式为

$$S = \sqrt{\frac{\sum_1^n (R_i - R_{av})^2}{n-1}} \tag{30-17}$$

S 表示焊头电阻值的分布情况。若同一台发电机的 R_{av} 及 S 值大，则表示焊接质量差。

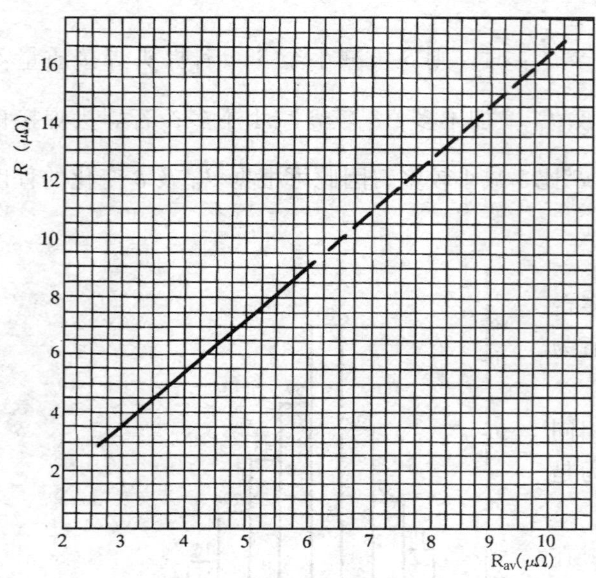

图 30-7　估计质量合格的焊接头电阻值用的曲线

（3）用数理统计曲线估计焊接头电阻。对不同的发电机，单从 R_{av} 及 S 的大小来判断焊接质量是不够合理的。根据对一些发电机的抽样实测，对于用并头套连接的篮形和渐开线形绕组的焊接头，可采用数理统计方法推导出"估计质量合格的焊接头电阻值用的曲线"来判断焊头的质量。如图 30-7 所示，在应用此曲线时，焊头电阻值的测量位置，在离铜套两端边缘 1～2cm 的线棒上。横坐标 R_{av} 表示抽样（随意选焊头总数的 5%，但不得少于 5 个）测得的平均阻值，纵坐标 R 表示质量合格的焊头电阻值。如抽样所测的 R_{av} 为 4.57μΩ，由曲线查得 R 为 6.3μΩ，即对于这台发电机焊头在 6.3μΩ 及以下者是合格的。

三、散发试验

在下述情况下做绕组焊头散发试验：绕组接头有较多数量重焊、补焊者；新机在出厂前未做过本试验，在交接时应补做。散发试验前后应测绕组直流电阻。

"散发"试验是在不通风（或基本不通风）的情况下，在定子绕组中通入较大的电流（1～1.5I_n），使焊头迅速发热，用红外热像仪测量其温升和通有相同电流的接头向的温差，直接检查焊头质量，找出存在缺陷的接头。本试验也称发热试验。

（一）试验方法

1. 静态法

（1）直流电源法。以备用励磁机、直流电焊机等作电源，通入三相串联的定子绕组进行试验。试验时最好把转子抽出，避免转子磁化。如不抽出，试验完毕应对转子进行消磁。

（2）三相交流电源法。将转子抽出，定子通入三相电流。电源可用一台容量、电压（按发电机漏抗计算）均合适的变压器供给，也可用一台备用状态且容量合适的发电机（或临时安排与系统解列），通过备用母线或临时连线向被试机供电。

（3）单相交流电源法。定子绕组接成零序，通入适于该机零序阻抗的单相电压，单相电压值按下式计算

$$U_1 = (1.0 \sim 1.5) \times 3I_n X_0 \quad (30\text{-}18)$$

$$U_2 = (1.0 \sim 1.5) \times \frac{1}{3} I_n X_0 \quad (30\text{-}19)$$

上两式中　I_n——发电机额定电流（A）；

X_0——发电机零序电抗（Ω）；

U_1、U_2——通入定子绕组的电压（V）。

其中，式（30-18）用于定子三相绕组串联；式（30-29）用于三相绕组并联。

本试验最好抽出转子，若不抽出，应将转子绕组短路接地，并监视转子铁芯表面温度。

2. 动态法（低速三相短路法）

该方法主要用于小、中型机组。试验中，将定子绕组出口三相短路，在低速下运行，用短路电流进行试验。对两极汽轮发电机，一般以 1200±100r/min 的转速为宜，但要避开临界转速。励磁最好选备用励磁机，也可用本机同轴励磁机，但应避免过负荷。磁极绕组的电流如不足时，可采用他励（视该机具体条件定）。

试前应将发电机端盖吊开，风扇取下，或将风扇采取堵塞措施。对转子滑环碳刷架附设在端盖上的机组，此时应制作临时刷架，并固定牢靠。

当焊头温度达 85℃时，应立即关闭主汽门，励磁电流不变，由于短路电流的作用，可使转子迅速停止，以利读数。

（二）注意事项

（1）装设温度计。无论用静态法或动态法，试验前都须在定子绕组的各焊头处装设温度计（酒精温度计、热电偶、热电阻等均可）；槽部温度用机组原埋设的测温元件监视测端部导线的温度，需另装热电偶或电阻测温元件测量。

温度计及测温元件应紧贴焊头（绝缘已剥开者）或焊头绝缘表面（未剥绝缘者），外面用油泥或石棉泥粘盖，然后用白布带包扎牢固。温度计的装设，应便于读数。

也可用红外热成像仪测量接头温度。

（2）试验电流和试验持续时间。试验电流宜分阶段上升，对大中型发电机按 $0.5I_n$ 持续 10min，$0.75I_n$ 持续 20min，$1.0I_n$ 持续至任何一点温度升到允许值（一般在 40～60min）。6000kW 以下的小机组，可一次升至额定值，根据温度情况，也可不超过 $1.5I_n$。对导线电流密度较大的机组，试验时要注意监视端部焊头的最高温度，必要时将试验电流降至 $0.8I_n$。

用交流试验时，定子绕组系处于高电压，特别是在焊头剥开绝缘的情况下，必须做好相应的安全措施。

（3）温度限制。散发试验是在散热极坏的条件下进行的，不同于正常运行，故不能以正常运行的容许温度为限额。试验时限制定子检温计所指示的任一点温度不超过80℃，其他任何温度（包括焊头温度）不高于85℃。

有条件时（如用静态法）应录取温升曲线，时间间隔视温度上升速度而定，故一人所记录温度计不宜太多，每次读数应按固定的顺序进行。

（三）对焊头质量的判断

本试验所测接头温升分散性较大，不剥绝缘时分散性更大，所以根据温升来判断焊头质量尚缺乏有效的标准，只能互相比较，加以判断。

（1）以测得的同型焊头温升的平均值为基础，若焊头温升不超过7℃（剥绝缘者）及10~15℃（未剥绝缘者）为良好。超过此值的，应结合其他检查进一步测试，确定是否处理。

试验过程中发现有温度特低的焊头，应及时查明原因（一般多系温度计装设不良），加以消除，以免影响分析判断。

（2）若接头焊接质量好，各焊头的温升相近，且分布范围窄，在分布范围内温度是连续的。焊接质量差的焊头，其温升离连续分布温升的范围较远。

第三十一章

励磁系统一次回路试验

第一节 励磁系统

发电机励磁方式有自并励系统、他励式静止半导体励磁、旋转励磁系统三种。目前，大中型容量的发电机励磁系统已用交流励磁机取代了直流励磁机，近年基本采用自并励静止励磁系统。

自并励静止励磁系统是从发电机机端电压源取得功率并使用静止可控硅整流装置的励磁系统。该系统由励磁变压器、励磁调节装置、功率整流装置、灭磁装置、起励装置、励磁操作设备等组成。励磁变压器试验见变压器试验部分。其余一次回路试验属常规绝缘试验，参见本书有关章节，这里不再叙述。

他励式静止半导体励磁原理接线如图 31-1（a）所示。图中发电机 G、交流励磁机 GE1 与交流副励磁机 GE2 同轴，由汽轮机驱动。发电机转子绕组 ZQ 的励磁，由交流励磁机经硅半导体 V 整流后供给。交流励磁机的转子绕组 ZQ1 的励磁，由副励磁机经可控硅整流器 U1 整流后供给。副励磁机励磁绕组 LQ 的励磁，由其本身的端电压经可控硅整流器整流后供给。励磁机的自动调节，由自动励磁调节器 AE 产生的脉冲电压控制 U1 来实现。为了保持副励磁机机端电压的恒定，用自动恒压元件 N 产生的脉冲电压控制 U2，使副励磁机的励磁绕组保持恒定的励磁电流，以达到恒压的目的。

旋转半导体励磁原理接线如图 31-1(b)所示。图中主励磁机为一旋转电枢式交流发电机,它和主发电机联成同轴。半导体整流装置亦安装在主发电机转子上,联通主励磁机电枢绕组和主发电机转子的励磁绕组,不需要电刷和滑环装置了。主励磁机的励磁电流可由主发电机输出端取得,也可通过同轴交流副励磁机供给。旋转半导体励磁亦称为无刷励磁。

一般交流励磁机实际上就是三相 100Hz 的同步发电机。副励磁机为 400 ~ 500Hz 的三相交流感应子发电机，或永磁式发电机，所以它们的试验方法和同步发电机类似。所不同的是：它们的频率较高，用途特殊，所以这里重点介绍与同步发电机不同的地方。至于自动调压和自动恒压装置不属本书范畴，可参考专门资料进行调试。

第二节 他励式静止半导体励磁系统一次回路试验

一、绝缘试验

1. 绝缘电阻测量

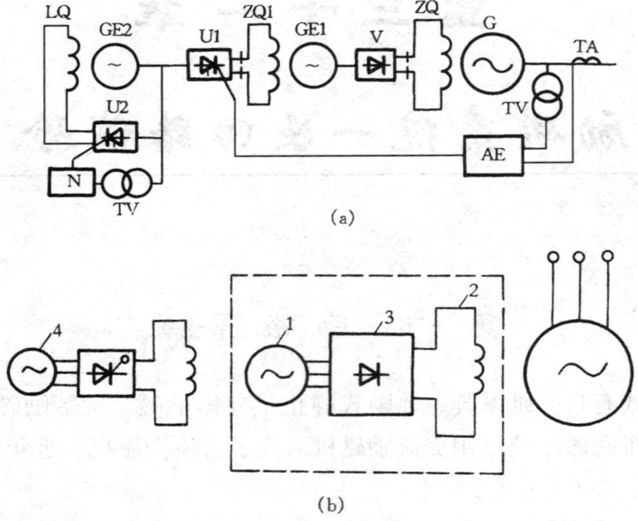

图 31-1 他励半导体励磁和旋转半导体励磁原理接线

(a) 他励半导体励磁；(b) 旋转半导体励磁

1—旋转电枢式主励磁机；2—主发电机转子励磁绕组；

3—装在转轴上的半导体整流装置；4—副励磁机

目前我国采用的交流励磁机电枢绕组的电压等级为1000V左右，交流副励磁机的电枢绕组为500V以下，并可根据各自的输出容量和电压等级来决定特定温度下的绝缘电阻值（参考第二十七章中有关部分）。例如东方电机厂生产的交流励磁机，其容量为1140kVA、电压为410V、频率为100Hz，当75℃时的绝缘电阻值应为

$$R_{i75}=\frac{U_n}{1000+\frac{S}{100}}=\frac{410}{1000+\frac{1140}{100}}=0.41\ (\text{M}\Omega)$$

为了便于计算，取 $R_{i75}\approx 0.5\text{M}\Omega$

在低于75℃任一温度时的绝缘电阻值可参考式（27-7）进行换算，例如25℃时的绝缘电阻为

$$R_{i25}=R_{i75}\times\left(2^{\frac{75-i}{10}}\right)=0.5\times\left(2^{\frac{75-25}{10}}\right)$$

$$=0.5\times 2^5=16\ (\text{M}\Omega)$$

1000V以下的交流励磁机电枢绕组使用1000V兆欧表测量；1000V及以上者使用2500V兆欧表测量。

交流励磁机的转子绕组、副励磁机的电枢绕组及励磁绕组（永磁式没有励磁绕组），其电压较低，一般绝缘电阻值在温度为75℃及以下时，不低于0.5MΩ即可。

2. 交流耐压试验

对于100～500Hz交流发电机的交流耐压试验，考虑到目前所用的他励半导体励磁交流电机是小容量的，由于试验电压的频率影响，被试电机绝缘上的电压分布不会太大，所

以试验电压仍采用50Hz。其出厂试验标准如下：

交流励磁机电枢绕组：主发电机额定励磁电压为350V及以下者为10倍额定励磁电压，最低1500V；主发电机额定励磁电压超过350V者为2倍额定励磁电压加2800V。

交流励磁机励磁绕组：10倍交流励磁机的额定励磁电压，最低1500V。

交接时交流耐压按出厂试验电压的75%进行，副励磁机的交流耐压试验可用1000V兆欧表测绝缘电阻代替。

二、强励倍数和励磁电压上升速度的测量

为了提高发电机并联运行的稳定性，当故障引起发电机母线电压下降低于额定值的10%～15%以下时，要求励磁系统在最短时间内，使其输出励磁电压上升到最大值，这不仅可提高保护动作的准确性（发电机短路电流增大）、加速故障消除后系统电压的恢复，更重要的是提高系统的稳定度。强励的能力一般要求强励倍数要大，电压上升速度要快。强励试验最好在发电机正常额定负载运行状态下进行，试验前应估算强励时可能使发电机母线电压的增大值及系统的影响。

1. 试验方法

以他励式静止半导体励磁系统为例，其强励倍数及电压上升速度试验接线如图31-2所示，试验时使自动调节器AE的量测单元的输入电压突然下降，下降值不低于其额定值

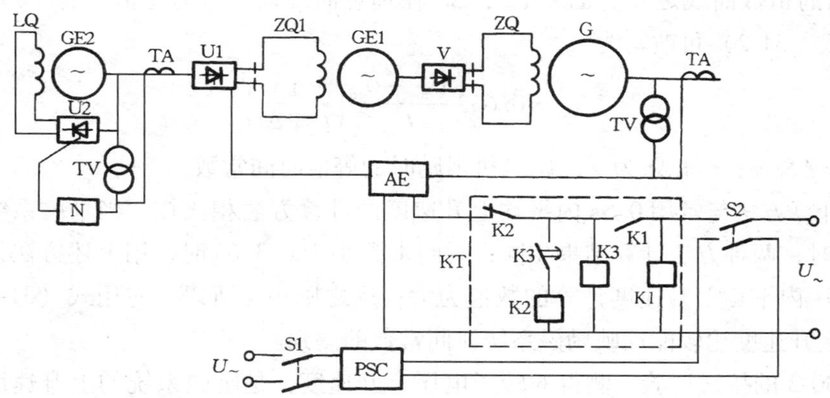

图31-2　强励倍数及电压上升速度试验接线

的20%（可在量测回路内串入电阻或改变参考电压），进行强励。强励时间不宜过长，以免发电机转子绕组ZQ过热，一般可用时间继电器控制在2～3s内。图中虚线方框为时间继电器KT。试验时合上S1、S2，记录仪PSC启动，时间继电器KT常开触点K1闭合，调节器强励动作，同时用数字式记录仪或瞬态记录仪分别录取发电机转子电流和电压，以及交流励磁机的励磁电流和电压。继电器经2～3s后，延时触点K3闭合使常闭触点K2打开，调节器复位停止强励，与此同时拉开S1、S2，断脱时间继电器和示波器的电源，试验即告结束。将录得的示波图经加工放大，得到如图31-3所示强励时转子电压上升曲线。

2. 强励倍数及电压上升速度的计算

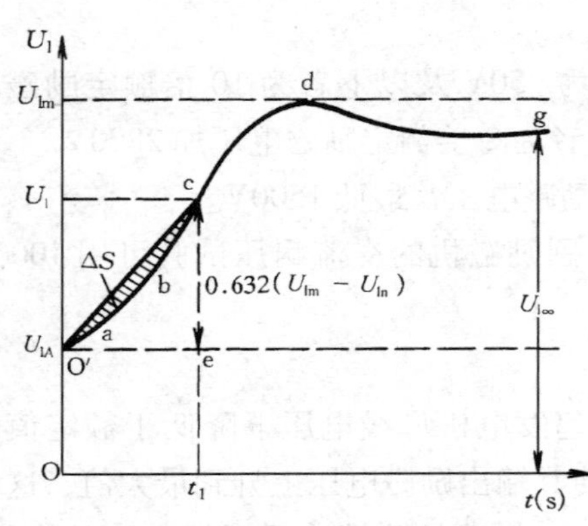

图 31-3　强励时转子电压上升曲线

图 31-3 中，O′bcdg 为实测的强励电压上升速度曲线，O′cdg 为理想的强励电压上升曲线。

（一）强励倍数

强励倍数 K_U 是指强励时的最大稳定电压 $U_{r\infty}$ 和额定励磁电压 U_{rn} 之比。即

$$K_U = \frac{U_{r\infty}}{U_{rn}} \tag{31-1}$$

大型发电机它励半导体励磁系统的 K_U 值一般为 2 倍，应不低于 1.8 倍。

（二）电压上升速度

根据有关科研部门的建议，采用下式进行转子电压平均上升速度倍数 v_{av}（倍/s）的计算

$$v_{av} = 0.632\frac{U_{rm}-U_{rn}}{U_{rn}}\cdot\frac{1}{t_1} \tag{31-2}$$

式中　U_{rm}——强励时的最大励磁电压。

如图 31-3 所示，如果转子电压上升偏离指数曲线较大，即实际转子电压上升曲线 O′abc 与理想的指数曲线之差为面积 ΔS，ΔS 在理想曲线以下时为正值。若 $2\Delta S/\overline{O'e}\cdot\overline{ce}>20\%$，则式（31-2）可改写为

$$v_{av} = 0.632\frac{U_{lm}-U_{rn}}{U_{rn}}\left(\frac{1}{t_1\pm\Delta t}\right) \tag{31-3}$$

式中，$\Delta t=\Delta S/\overline{ce}$；$t_1\pm\Delta t$ 为交流励磁机强励时的等值时间常数。

上述计算方法与常用 0.5s 内平均上升速度的计算方法相比较：当励磁系统时间常数为 0.316s 时，两种方法计算结果相同；时间常数小于 0.316s 时，用上述方法计算得到的 v_{av} 值较 0.5s 内平均上升速度计算的数值为大；反之则小。所以，应用式（31-3）来计算电压平均上升速度比较能反映励磁系统时间常数的差别。

照图 30-2 的接线试验，测得的转子电压上升速度，是励磁系统的上升速度，它包括调节器等的影响时间，更符合实际运行情况。

3. 励磁系统电压响应比

励磁系统电压响应比是指在发电机额定负载运行状态下，当发电机端电压突然变化时，所引起的励磁系统电压—时间响应曲线，在最初 0.5s 时间内所确定的电压上升率或下降率与励磁系统额定电压之比。

对于大型汽轮发电机组励磁系统，电压响应比多规定在 2.0 左右。

三、负荷试验

制造厂在出厂试验时，对副励磁机、交流励磁机应单独进行负荷试验。但更有意义的是在运行中对整组励磁系统进行负荷试验。这样不仅是对整个励磁系统，包括可控硅整流元件、励磁开关等发热的考验，而且比较经济方便。

试验时，调节发电机的无功和有功功率，尽量使发电机达到容许的低功率因数运行，

使转子电流达到交流励磁机整流后的额定或接近额定电流，保持恒定稳态运行。需进行以下测量：

测量励磁系统各重要元件的电量，包括：发电机转子电流、电压；交流励磁机的电枢交流电流、电压、功率、功率因数，励磁绕组的电流等；副励磁机的电枢电流、电压、功率因数、功率等。

测量各主要元件的温度，包括：发电机转子绕组平均温度；交流励磁机的励磁绕组平均温度、定子铁芯温度、励磁绕组的平均温度；副励磁机电枢绕组温度、定子铁芯温度。试验过程中，应用酒精温度计监视各半导体可控或不可控整流元件的温度。如果交流励磁机或副励磁机本身没有埋入式温度元件，需用热电偶或热敏电阻等临时测温元件埋设适当部位进行测量。

所用表计必须满足电机的频率（100～500Hz）要求。如果没有适当的功率因数表，可采用计算法求得功率因数。

有关具体的试验方法，可参考第二十九章发电机的温升试验。

第三节　直流励磁机试验

一、直流励磁机的检查试验

（一）气隙检测

测量磁极与电枢铁芯气隙的目的，是使直流励磁机形成均匀的磁场，保证它能正常工作。如果气隙不均匀，将会引起整流的混乱、电枢绕组发热和电能损耗增加。测量气隙的方法是当电枢静止时，在电枢上找一基准点，然后转动电枢，转动到每隔90°的四个不同位置，以基准点分别在电机两端用塞尺片对每个磁极的中心线测量空气隙。按照规定各点气隙与平均值的差别不应超过下列数值：3mm以下的气隙为平均值的±10%；3mm及以上的气隙为平均值的±5%。

（二）磁极极性及绕组连接的检测

各磁极绕组极性的检查，主要是判断各磁极绕组的绕制、装配和相互连接的正确性。测试前应熟悉励磁机各绕组端子的标号，检查各绕组连接是否牢固可靠，螺丝是否松动，标号是否和图纸相符。表31-1列出了中国和前苏联的励磁机端子标号，以供参考。

表31-1　励磁机各绕组的标号

绕组名称	中国		前苏联	
	始端	末端	始端	末端
电枢绕组	S1	S2	Я1	Я2
换向极绕组	H1	H2	Д1	Д2
串激绕组	C1	C2	C1	C2
并激绕组	F1	F2	Ш1	Ш2
他激绕组	W1	W2		
补偿绕组	B1	B2	K1	K2
均压绕组	P1	P2	У1	У2
特殊用途绕组	T1、T2	T3、T4	O1	O2

1. 检测磁极极性

（1）磁针法。当磁极有剩磁存在时，可以先用磁针判断各主磁极绕组的磁性。将磁针移近各主磁极的极掌下部，根据磁针的指向判断磁极的极性。相邻两主磁极的极性应该相反。

当在磁极线圈内通以电流（用6～12V干电池即可）时，若通入电流的方向与电机端子标号一致，且绕组的绕向及接线均正确，则磁场应加强；若方向相反，则磁针将向相反方向旋转半转。若电枢在膛内，磁针无法接近极掌表面检查磁极的极性时，则可使磁针接近磁极固定螺丝头，当磁极绕组未通电流时，该处极性应与磁极相同，当磁极绕组通电流时，则该处的极性与磁极的极性相反。

（2）试验线圈法。若电机剩磁较弱，用磁针判断不明显时，可在磁极表面上放一只试验线圈。该线圈用细绝缘导线平绕于纸板上，试验线圈的大小和匝数根据气隙大小而定，一般线圈大小与极掌气隙表面大小差不多，匝数3～5匝即可。试验时线圈两端接于磁电式磁通表（也可接于万用表的毫伏档或毫安档），在磁极绕组内通以电流，然后迅速将电流切断或迅速将线圈从磁极面上移出。此时，可根据仪表指针偏转方向，依“右手定则”确定磁极极性。

2. 各个绕组之间极性及接线检测

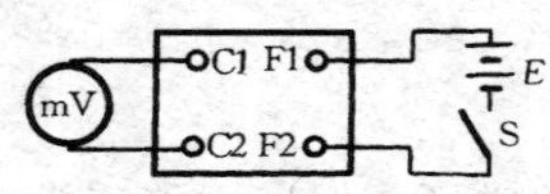

图 31-4　检测串并激绕组端子接线的极性
E—干电池；S—开关

（1）用感应法检测串、并激绕组的极性接线。在直流励磁机的出线板标号F1、F2的并激绕组接入4～6V的直流电源，串激绕组（C1、C2）接入毫伏表。如图31-4所示，合上开关S，接通电源，根据毫伏表的偏转确定串激绕组对并激绕组的极性，若毫伏表指针往正方向偏转时，则串激绕组与并激绕组是同极性。电源必须接到并激绕组F1、F2上，因为并激绕组的匝数多、感应电势高，串激绕组的匝数少、感应电势低，若电源接到串激绕组C1、C2上，毫伏表接到F1、F2上，由于感应电势过高，可能损坏毫伏表。

（2）用感应法检测电枢绕组与换向绕组的连接。用直流感应法检查电枢绕组与换向极绕组的连接是否正确，如图31-5所示。将3V直流电源接入换向极绕组（H1、H2）上，在电枢绕组（S1、S2）上并接一毫伏表。试验时，合上开关S，若毫伏表往正方向偏转，则电枢绕组S2与换向极绕组H1为同极性。接线时应注意，在同一电刷上所接的仪表和电池的两根连线应分别接在该电刷上，接触要良好。

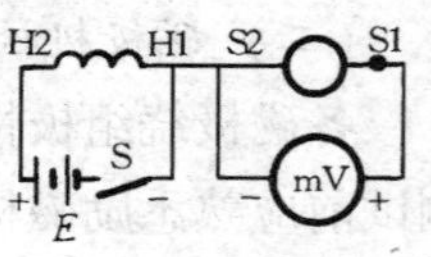

图 31-5　检测电枢绕组与换向绕组极性的接线

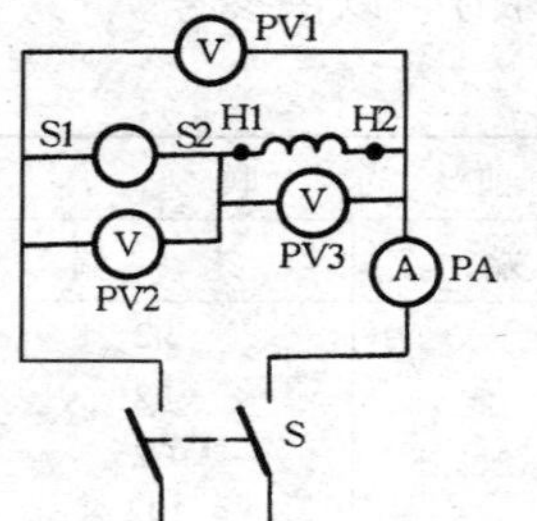

图 31-6　检测电枢绕组与换向绕组和串激绕组极性的接线

（3）用交流阻抗法检测电枢绕组、换向绕组与串激绕组。用交流阻抗法检查电枢绕组与换向绕组和串激绕组连接是否正确的接线，如图31-6所示。将12V交流电通入电枢绕组和换向绕组回路，电流表PA测量回路的总电流，电压表PV1～PV3分别测量总电压、电枢绕组电压和换向绕组电压。算出总阻抗 Z 及电枢

绕组阻抗 Z_1 和换向绕组阻抗 Z_2。若 $Z_H < Z_1 + Z_2$，则接线正确；若 $Z > Z_1 + Z_2$，则接线不正确。因为当交流电通入电枢绕组和换向极绕组回路后，如果它们的极性连接正确，两个绕组感应的磁场方向相反，所产生的磁通量被抵消一部分，故其交流阻抗就小；如果它们的极性接反，所产生的磁通量大，故交流阻抗也就大。

同样，此方法可用来检查电枢绕组与串激绕组的极性。检查时，将电刷向任意方向移动 1/2 极距。

当电刷顺电枢旋转方向移动 1/2 极距时(设 Z'为电枢绕组阻抗 Z_1 与串激绕组阻抗 Z_3 的总阻抗)，对和复激为 $Z' = Z_1 - Z_3$；对差复激为 $Z' = Z_1 + Z_3$。

当电枢逆旋转方向移动 1/2 极距时，对和复激为 $Z' = Z_1 + Z_3$；对差复激为 $Z' = Z_1 - Z_3$。

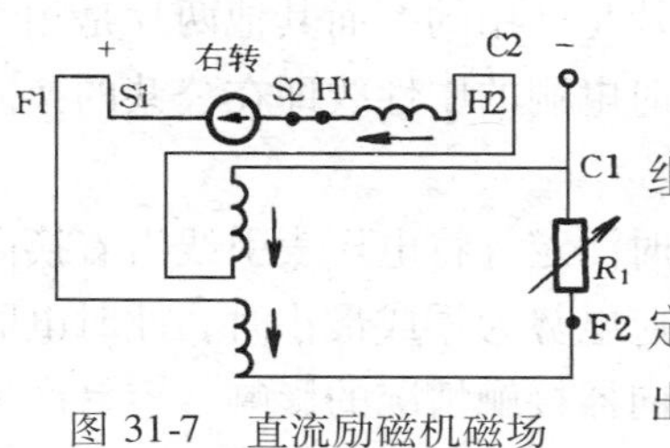

图 31-7 直流励磁机磁场绕组的接线

3. 确定励磁机磁场绕组的接线方式

由上述绕组极性的检查便可以确定直流励磁机磁场绕组的接线，如图 31-7 所示。

如果励磁机有剩磁，则用手将励磁机转子依厂家所规定的旋转方向转动，同时在换向极引出线端 H2 及电枢引出线端 S1 上接一电压表，由电压表指示的正负即可确定励磁机电压的正负。

若经检查确定 H1 为负，S1 为正，并在串激绕组两端 C1 和 C2 上并联一电池，设 C2 和电池的负极相接，继续转动励磁机，此时若电压表的读数增加，即表示由于串激绕组有电流通过，该电流所产生的磁通与剩磁通是同向的，因此 C2 可接到负极上。

若测得 C1 和 F1 是同极性，则并激绕组两端 F1 接到正极上，F2 接到负极上。

由上述检查结果，可将 H2 与 C2 相连，F1 与 S1 相连，F2 经磁场电阻 R1 后与 C1 相连。

（三）电刷中性线位置的测定

电刷的中性线位置，是指励磁机励磁电流和转速稳定在空载运转情况下，在换向器上量得最大感应电势时电刷的位置。

为了改善换向状况，励磁机设置了换向磁极。电刷应严格地处于几何中性线位置（即磁极中心线上），以免严重影响换向效果（尤其是对线负荷较大的励磁机）。计算表明，电刷的位置即使偏离 2 ~3 片换向片，除了换向情况不良，火花严重外，在运行中还有可能出现励磁机反极性的现象。所以在安装或大修中移动过电刷架位置后，都应将电刷准确地调整到几何中性线位置。

1. 直流感应法

直流感应法的试验接线如图 31-8 所示，用直流感应法测量电刷中性线位置时，电枢静止，以开关 S1 交替地接通和断开电机的励磁电流（通入励磁回路电流为额定励磁电流的 5% ~10%），用电压表（毫伏表）在换向器的不同位置上测量电枢绕组的感应电势，电压表的正负极用 S2 变换。当电压表接在电

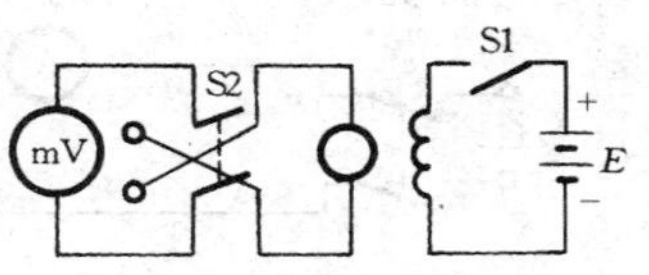

图 31-8 用直流感应法测定电刷中性线位置接线

刷中性线上测量时，电压表的指针静止不动，否则，当励磁电流接通时，电压表的指针将向一侧偏转，而在励磁电流断开时，则向另一侧偏转。

用直流感应法测量中性线位置有以下两种方法。

（1）电刷从换向器上提起时测量。对电枢转动方便的励磁机，可按下述方法进行测量。将电刷从换向器上提起，逐步转动电枢，每次转一个很小的角度，在每一不同位置上测量对应的两片换向片的感应电势，若每极换向片数为整数时，应在相互间距离等于一极距的两片换向片上测量感应电势，直到感应电势为零，此时这两片换向片的位置即为电刷的中性位置。若每极换向片数不为整数时，应测量两次读数，一次在相互间距离略大于每极换向片数整数的两片换向片上进行测量，而另一次则在相互间距离略小于每极换向片数整数的两片换向片上进行测量；在两组换向片中其中有一片是共用的，而其他两片是相邻的，取其两次测量的平均值，直到平均值等于零为止，此时电刷的中性线即在公共的换向片与其他两相邻换向片中间的云母片上。

对于大型电机，电枢转动比较困难，可以在电枢静止时测定。将电压表引线沿着换向器圆周移动，多次在不同的换向片上测量感应电势，当感应电势为零或最小时，此时电刷所在位置即是电刷的中性线位置。这个方法受到电刷与换向器接触情况的影响，容易产生误差。

（2）电刷放在换向器上进行测量。这种测量方法是将电压表接在相邻两组电刷上，当电枢静止时，逐步移动电刷架的位置，在各个不同位置上测量电枢绕组的感应电势，当感应电势为零时，电刷所在的位置即是电刷的中性线。

2. 交流感应法

进行交流感应法试验时，将 110～220V 交流电源直接加到主激磁绕组上，用电子管电压表接在碳刷上测量感应电势，调整电刷位置，使感应电势最小时为止。该方法不必交替切断或接通电源，就可以稳定地读取感应电势值。优点是电源容易得到，读数稳定，分析判断比较方便，易于掌握。

二、绕组直流电阻及交流阻抗的测量

各绕组直流电阻和交流阻抗的测量，是为了检查各绕组的焊接情况、绕组本身有无匝间短路或断线，所以在交接和大修后均应进行这项试验。

（一）励磁绕组直流电阻的测量

主激磁绕组、附加激磁绕组的直流电阻数值较大，可用单臂电桥测量。串激绕组、换向绕组及补偿绕组的直流电阻值一般较小，应用双臂电桥测量。励磁机的所有绕组既可用直流电桥测量，也可用电流电压表法测量，它们的具体测量方法和注意事项可参照第十章变压器绕组直流电阻的测量进行。

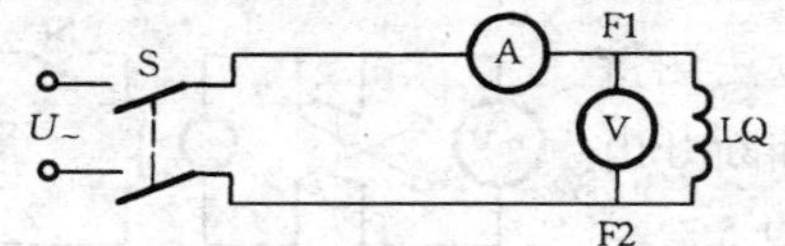

图 31-9　测量励磁机励磁绕组的交流阻抗接线

（二）励磁绕组交流阻抗测量

交流阻抗测量的接线如图 31-9 所示。图中，通入励磁绕组 LQ 中的电流，不能超过该绕组额定电流的 20%。当电压稳定时，读取电流表和电压表的数值，利用欧姆定律可以方便地求出该绕组的交流阻抗。当发生匝间短路时，其交流阻抗的数值将明显地小于正常时的交流阻抗值。

由于阻抗的数值与所施电压有关，所以每次测量时应施加相等的电压。

（三）换向器片间直流电阻及交流阻抗的测量

1. 直流电流、电压表法测量换向片电阻

试验时应将全部电刷自换向器上提起，采用直流电流表和毫伏表测量，试验接线如图 31-10 所示。图中，电流回路和电压测量回路，由两对焊有探针的导线来接通，施加于被试绕组的电流应不大于电枢额定电流的 5% ~ 10%，一般为 5 ~ 10A 即可。

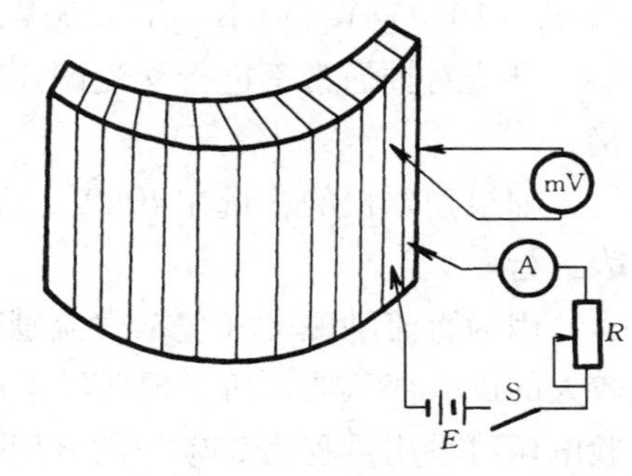

图 31-10 换向器片间直流电阻的测量

试验时应特别注意，电枢绕组是一个具有较大电感的线圈，应先合上开关 S 接通电流回路，待电流稳定后，再接毫伏表，在断开电流回路时必须先断开毫伏表。

各片间电阻的差别 ΔR 应不大于最小值的 10%（均压线引起有规律的变化除外），其差别可按下式计算，即

$$\Delta R = \frac{\text{最大电阻值} - \text{最小电阻值}}{\text{最小电阻值}} \times 100\%$$

当电阻的差别不合标准时，应检查绕组与换向片焊接处是否良好，两换向片间有无金属性短路。有均压线的电枢片间电阻，不要求差别小于 10%，只要求电阻有规律性的变化。

2. 交流电流、电压表法测量换向片阻抗

测量换向片间阻抗的接线与图 31-10 相似，只是将电源 E 换成交流，现场测试多用自耦调压器来调节，以获得适当的电流，所用表计也要换成交流电流、电压表。

测试换向片间的交流阻抗，是判断均压线圈是否断线和焊接不良的有效方法。因均压线圈是一个闭合的导体，对称地布置在电枢槽中，测量时，电枢绕组通以交流电流产生的交变磁通，使均压线圈产生电流，它所感生的磁通抵消了电枢绕组原来磁通的一部分，故使电枢绕组的阻抗减小。若均压线圈断线或焊接不良，则交流阻抗将明显增大。测量时所通电流可取 2 ~ 5A，并保持稳定不变。

三、直流励磁机的绝缘试验

直流励磁机的绝缘试验方法和注意事项，可参照第五章和第二十七章的有关项目进行。

（一）测量绝缘电阻

一般励磁机容量不大，不要求测量吸收比，只测量绝缘电阻值。励磁机励磁绕组对外壳、电枢绕组对轴和绑线的绝缘电阻，一般在 5 ~ 75℃ 范围内应不低于 0.5MΩ，可用 1000V 或 2500V 兆欧表测量。

（二）绕组的交流耐压试验

绕组的交流耐压试验，包括励磁绕组、换向绕组、电枢绕组。励磁绕组和换向绕组的对

外壳试验电压，以及电枢绕组对轴试验电压应符合 DL/T 596 的规定，即交接时为0.75×（$2U_{rn}+1000$）V，但不小于1200V，大修时为1000V，U_{rn}为励磁机的额定电压。

绑线对轴通常不进行交流耐压试验，这是因为它的绝缘较厚，且在运行中无电的连接。

如果励磁机的容量在40kW 以下时，电枢绕组对轴的交流耐压试验，可用2500V 兆欧表进行。

因为直流励磁机（包括交流励磁机）绕组的交流耐压试验的电压不高，不宜用变比较大的试验变压器，所以现场经常选用厂用3300V/100V 电压互感器代替试验变压器。试验电压可采用量程为2500V 的万用表直接测量。

（三）感应耐压试验

感应耐压试验可结合励磁机开路特性试验一起进行。试验时，励磁机输出端开路，逐渐调节励磁电阻，使励磁机空载端电压达到1.3 倍额定电压时，维持5min 应无异常现象。如果能在励磁机负荷试验后接近工作温度时进行此项试验，那么就更符合实际。

有些励磁机的强行励磁电压已超过1.3 倍额定电压时，则电枢绕组的感应试验电压应以强励时所建立的极限电压为准，而维持时间为1min。

试验时，励磁机可以采用增加励磁电流和提高转速的方法来提高电压，但转速不能超过1.15 倍额定转速。

四、直流励磁机的特性试验

直流励磁机的特性试验包括空载和负载特性。它是发电机励磁系统稳定及自动励磁调节装置计算的主要依据，所以在交接、更换电枢、改动气隙或更换磁场绕组时，均应测录这两种特性。

（一）空载特性试验

1. 试验方法

将励磁机电枢开路，以额定转速稳定运转，检查换向电刷必须在中性线位置。试验接线如图 31-11 所示，测取励磁机开路端电压和励磁电流的关系曲线。

试验前应将灭磁开关 QA 或转子回路刀闸断开，断开灭磁开关时，励磁机励磁回路的灭磁电阻 R 被串入，此时应将其短接（图 31-11 中的虚线）。磁场回路原有变阻器细调电压有困难时，也可以另串一个容量适当的滑线变阻器。励磁回路电压表的量程应不小于发电机转子额定电压的两倍。因为在作空载特性试验时，励磁机的峰值电压最大约为转子电压的两倍，考虑到强励的要求，电流表的量程，应不小于发电机转子额定电压除以主励磁绕组的电阻所得电流值的两倍。对于励磁电流较大的励磁机应接入分流器进行测量。

试验时，应逐步增加励磁机的励磁电流，测取空载特性的上升曲线，然后逐步减少励磁电流，测取空载特性的下降曲线，励磁机的空载特性应取这两条曲线的平均值，如图 31-12 中的虚线所示。

2. 注意事项

（1）测取空载特性的上升曲线时，电枢电压应达到1.3 倍额定电压，总共需测取9～

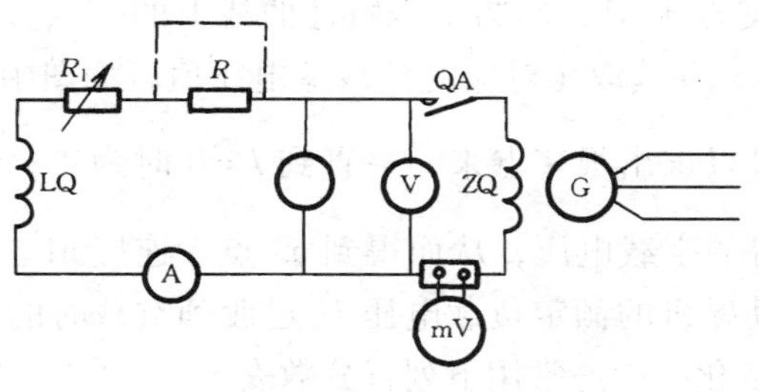

图 31-11　直流励磁机空载特性试验接线
LQ—励磁绕组；ZQ—发电机转子绕组；
R_1—磁场励磁电阻；R—磁场灭磁电阻

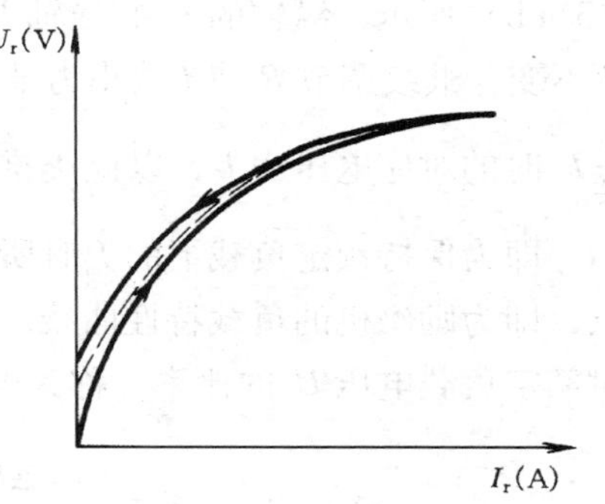

图 31-12　直流励磁机的空载特性曲线

11 点，其中在电枢电压为额定值左右时多测取几点。若励磁机磁路比较饱和，电枢电压不能达到上述数值时，应尽可能调节到最大电压。但应注意励磁电流应不大于 1.5～2.5 倍额定值，以免励磁绕组过度发热。

（2）励磁电流在调节过程中只容许向一个方向调节，以免由于磁滞作用，使测量产生误差。在调节励磁电阻 R_1 时，应缓慢、平稳，以免调过要求的数值。有必要反向调节时，应先将励磁电流降到零值，然后再增加到所需要数值。

（3）试验时，若磁极剩磁不足以建立电枢电压时，应用外施电源恢复剩磁，剩磁感应电压应达到电枢电压额定值的 2%～5%。

（4）作出的空载特性曲线与制造厂数据或以前的试验数据比较，应在测量的误差范围以内，否则可能是励磁机的间隙有变化，或磁场绕组中有匝间短路，或碳刷位置有变化，应进一步配合其他试验找出原因。

（二）负载特性试验

负载特性试验接线如图 31-13（a）所示。试验时，使励磁机保持额定转速运转，合上刀闸 S，调节励磁电流 I_1 和负载电阻 R，使负载端电压 $U=U_n$，负载电流 $I=I_n$，如图

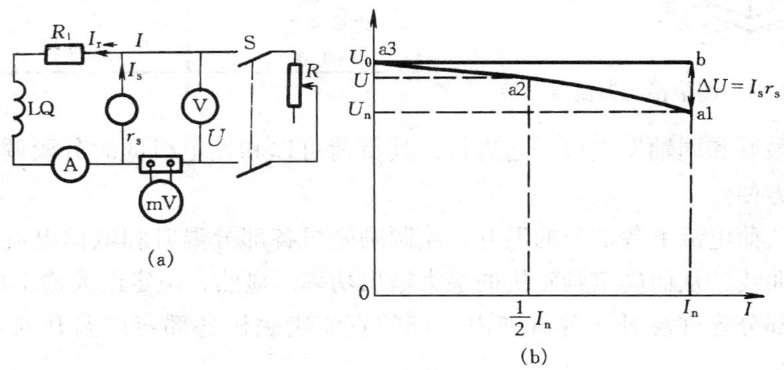

图 31-13　负载特性试验
（a）负载特性试验接线；（b）负载特性曲线
I_r—磁场励磁电流；I_s—电枢电流；I—输出电流；
R—负载电阻；S—开关；r_s—电枢电阻

31-13（b）所示，纵轴的 U_n 和横轴 I_n 相交点于 a1，即为负载特性曲线上的一点。然后保持 I_1 不变，继续调节 R 使 I 减小为某一值，并读取相对应的负载端电压值，如图中取 I 值为 $\frac{1}{2}I_n$ 时的对应电压为 U，以此类推，可以求出很多点来，一直到 $I=0$ 时为止，最后的 $U=U_0$ 即为保持额定负载下的 I_n 时所测得的空载电压，从而得到 a3 点。连接 a1、a2、a3 诸点，即为励磁机的负载特性曲线。从励磁机的额定负载电压 U_n 过渡到空载时的电压升高对额定负载电压 U_n 的比率，称为电压变化率，通常用下列百分数表示

$$\Delta U=\frac{U_0-U_n}{U_n}\times 100\% \tag{31-4}$$

一般并联自励直流励磁机的电压变化率约为 25% ~30%，他励机约为 5% ~10%。

五、励磁机的温升试验

励磁机的温升试验比同步发电机简单，因为它没有功率因数调整和复杂的运行方式的要求，其试验方法可参考第二十九章发电机的温升试验。

一般励磁机本身没有埋入式测温元件，试验前需临时埋设。如磁极、铁轭可埋设热电偶或半导体热敏元件进行测量。励磁绕组可用电阻外推法求取平均温升，其具体试验方法可参考第十二章变压器的温升试验。电枢绕组的温升测量比较困难，多采用涂敷变色漆示温。测量换向器的温度，可装置一个辅助碳刷如图 31-14 所示，将热敏元件埋设在离换向器表面 4 ~5mm 处碳刷的中心，测温元件的引线要注意不能触及导电物体。

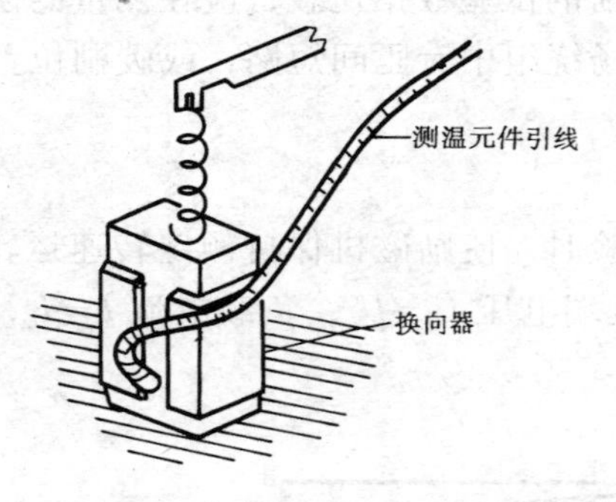

图 31-14　测量换向器温度

表 31-2　励磁机各部的允许温升

类　别	最高允许温升（K）	
	电　阻　法	温度计法
他励或并励绕组	80	
串励绕组	90	90
电枢绕组	80	70
换向绕组	90	90
补偿绕组	80	80
电枢铁芯	—	80
换向器	—	80

试验时，最好和同轴发电机一起进行，其负荷可以和发电机同时分段调整进行试验，这样既经济又方便。

根据不同负荷电流下各部分的温升，绘制励磁机各部分温升和电枢电流平方［$\Delta\theta=f(I^2)$］的关系曲线，从而确定励磁机的最大输出功率。显然，决定最大输出功率的主要因素是励磁机各部分容许温升。现将国内生产的直流励磁机各部容许温升列入表 31-2 中，供试验时参考。

六、电压上升速度和强行励磁倍数的测量

（一）直流励磁机电压上升速度的测量

1. 试验方法

直流励磁机电压上升速度测量试验接线如图 31-15 所示，励磁机在额定转速下空载运

转，调节励磁电阻 R_1，使电枢空载电压等于励磁机在额定运行时发电机转子滑环电压。然后合上 S1 及 S2，使示波器起动，接着时间继电器常开触点 K1 闭合，使磁场电阻短路开关 C 自动闭合，电枢电压迅速上升，经过一定时间（继电器整定为 2 ~3s）后，继电器的常闭触点 K2 断开，示波器振子 2 记录了电枢电压上升过程，如图 31-15 所示。

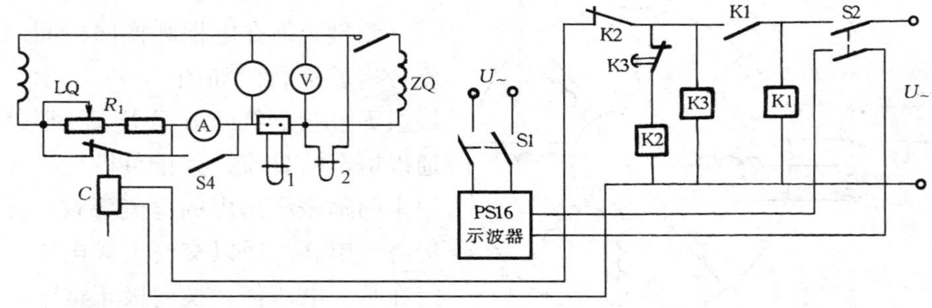

图 31-15 直流励磁机电压上升速度测量接线

2. 试验计算分析

图 31-16 中 U_{rm} 为最大励磁电压，abe 为实测电压上升曲线，曲线上的 e 点为 0.5s 时，实测的电压为 $U_{r0.5}$，为了求得特定时间 0.5s 内的电压平均上升速度，曲线需要修正。修正的方法是在时间 $t=0.5$s 处作垂直于横坐标的直线 dg，并引直线 ad，使三角形 adf 的面积等于曲线图形 $abcef$ 的面积，则 0.5s 内励磁机电压的平均上升速度的倍数 v_{av}（倍/s）为

$$v_{av}=\frac{U'_{r0.5}-U_{rn}}{U_{rn}\times 0.5} \qquad (31\text{-}5)$$

式中 $U'_{r0.5}$——修正后 0.5s 时的上升电压；

U_{rn}——额定励磁电压。

一般励磁机在空载时，测得的 0.5s 时电压平均上升速度倍数，应为两倍或两倍以上。

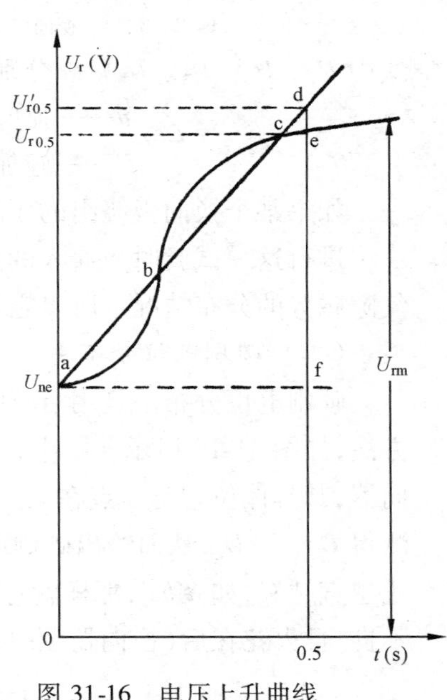

图 31-16 电压上升曲线

从实用观点出发，直流励磁机的电压上升速度试验，应在实际额定负载下进行，其计算采用式（31-3）较合理。

（二）强行励磁倍数的测量

强励倍数测量仍采用图 31-15 的接线，试验时发电机在额定负载的情况下运行，自动调节励磁装置停用，其操作与空载电压平均上升速度试验相同。示波器振子 1 及 2 分别录取发电机转子电流和电压由额定值上升到稳定的电流及电压，根据式（31-1）求得电压强励倍数，一般直流励磁机的强励倍数比他励静止半导体高些，这是因为回路内元件较少、影响因素不大的缘故。

七、换向极的检查试验

换向极补偿得过强或过弱都会引起碳刷发生火花，但发生火花的原因往往是多种因素综合作用的结果。因此在调整试验换向极之前，应逐一排除其他可能使碳刷发生火花的原因，下面介绍几种检查试验方法。

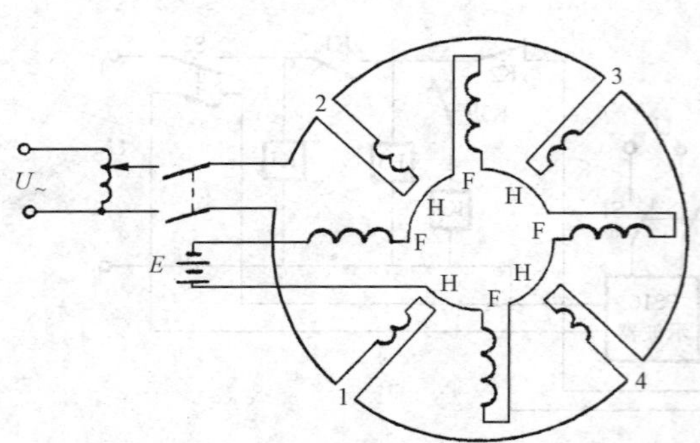

图 31-17　换向极绕组压降测量接线

F—励磁绕组（主励极）；H—换向绕组；

1、2、3、4—换向极编号

（一）换向极绕组压降法

测量必须在电枢和换向极间的间隙调整合格后进行。如图 31-17 所示，将励磁绕组 F 和换向绕组 H 分开，励磁绕组串联通以恒定的直流，其正负极性必须注意和原来的励磁绕组内的电流一致。再将换向极绕组串联，通以交流工频电压，使其稳定在某一电压值，换向极正常时，测得的各换向绕组的压降近似相同，即

$$U_1 \approx U_2 \approx U_3 \approx U_4 \approx \frac{U}{n}$$

式中 U_1、U_2、U_3、U_4——分别为每个换向绕组的电压降；

n——换向极数；

U——施加换向绕组的总电压。

如果某个换向极绕组的压降大，说明换向过强，反之过弱。

进行这一试验时，通入的交流或直流均不得使绕组过热。因为这个方法无法模拟饱和气隙磁势的分布情况，所以它只能作为粗略检查试验，而不能作为最后判据。

（二）碳刷电位分布法

碳刷电位分布法是用沿碳刷宽度的压降分布与碳刷宽度的关系曲线来判断整流状况的方法，如图 31-18 所示。图中，沿碳刷宽度 B 等距离选择 a、b、c 三点，将电压表一端接触换向器，其具体位置与 b 点在同一垂线上并保持不变，将电压表的另一端分别接触 a、b、c 点，测得 U_a、U_b、U_c，从而绘出碳刷压降与其宽度关系曲线，如图 31-18(b) 所示。要求所绘的曲线越直越好，如 $a'bc'$，那样就意味着无火花整流状态。如果像 abc，那样则说明换向极调整不良，且火花在后（换向器顺时针旋转），是过补的特征；反之，为欠补的特征。因为碳刷电

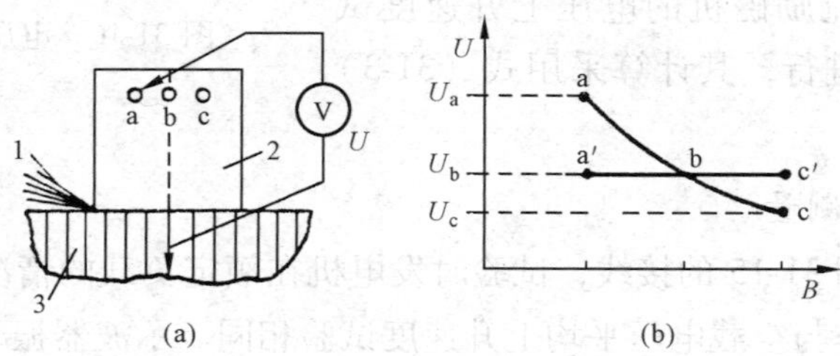

图 31-18　碳刷压降分布测量

(a)用电压表测量碳刷与换向器之间的电压分布；(b)压降 U 与碳刷宽度 B 的关系曲线

1—火花；2—电刷（或碳刷）；3—换向器

位分布的绝对值决定于碳刷的牌号及其换向状态，而与换向极换向的磁场不成线性关系，所以该方法不能表示调整换向极的必要数值，也不能全面地判断换向状态。

（三）无火花换向区域法

试验时，励磁机在额定转速下运转，换向绕组 H 设有一个外施电源，最好是直流发电机。励磁机的无火花换向区域试验接线如图 31-19 所示。图中 PV1、PV2 分别为测量电枢、换向极绕组电压的电压表；PV3、PV4 分别为测量电枢电流 ΔI 及换向极外加电流 I 的毫伏表；LQ1、LQ2 分别为被试机的主励和他励绕组；LQ′为电源机的励磁绕组；R_{11}、R_{12}为被试机的主励和他励的励磁电阻；R'_1 为电源机的励磁电阻。试验可在短路和负载下进行，一般从空载开始，励磁开关 S1 在断开位置，调节励磁使电枢电压 $U_1 = U_n$，电枢电流 $I = 0$；将变换极性开关 S2 合至（+）向位置，逐渐增加通入换向绕组 H 中的电流 ΔI，直到被试机碳刷下产生火花为止；然后将 S2 倒至（-）向，同样使其产生火花为止。同时，记录 $+\Delta I$ 与 $-\Delta I$ 值，并绘在图 31-20（a）上，即 1、2 两点。在空载时 $+\Delta I$ 应近似等于 $-\Delta I$，如相差太大，说明试验条件不正常，如碳刷偏离几何中性线位置等，应查明原因予以调整。

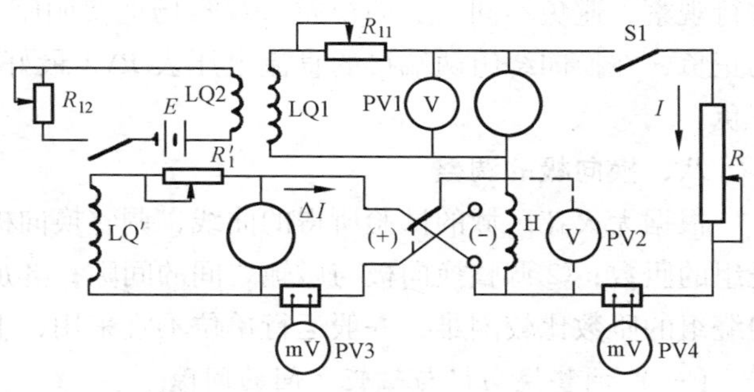

图 31-19 无火花换向区域试验接线

接着，合上 S1（励磁机的电压维持额定值），调节外接负载 R，使电枢电流分别为额定电流的 1/4、1/2、3/4、4/4、5/4，重复上述的试验步骤，分别求出相对应的 $\pm\Delta I$，绘制出图 31-20（a）。图中 1～12 诸点间的虚线表示试验的顺序，这样调节比较方便。将求

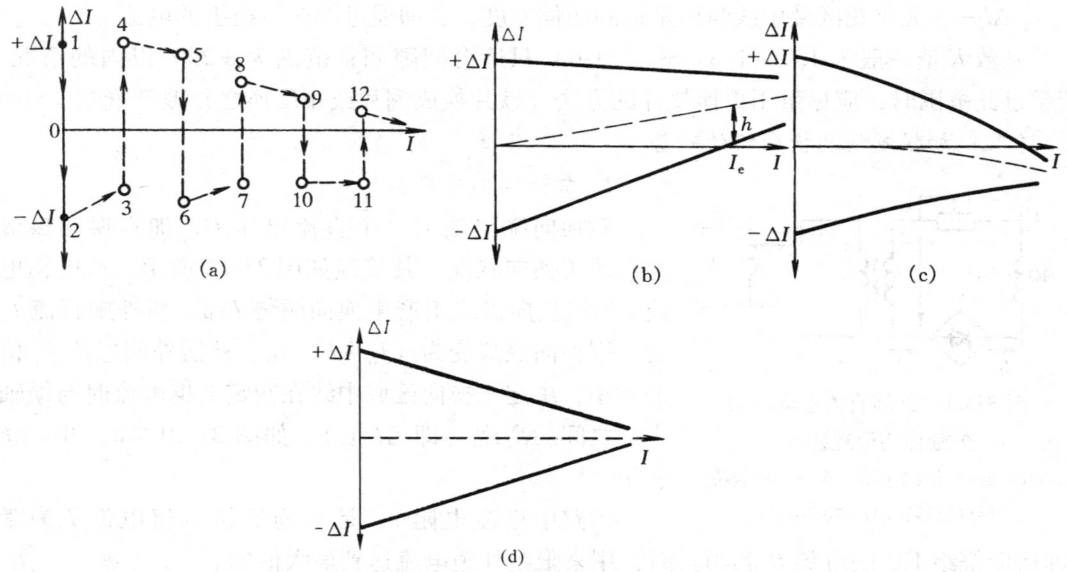

图 31-20 换向极电流 $\pm\Delta I$ 与电枢电流 I 的关系曲线

（a）曲线的绘制；（b）换向极磁势不足；（c）换向极磁势太强；（d）换向极磁势正常

得的各点连接成包络线，如图 31-20（b）、(c)、(d) 所示。

进行无火花区域试验时，要特别注意观察碳刷起始火花，必须指定一个专人自始至终进行观察，避免不同人员的视差。观察场地要阴暗，才容易分辨火花。为了明显判断 ΔI 的正负，在换向绕组两端接的直流电压表 PV2 最好是双向电压表，以便区别表计指示的正负。

八、换向极的调整

根据无火花区域的试验所得的曲线，调整换向极的磁势。调整的方法有：①改变换向绕组的匝数；②调整换向极与磁轭之间的间隙；③加强或削弱换向极的励磁电流。改变换向绕组的匝数比较困难，一般运行单位不宜采用，下面仅介绍后面两种。

（一）调整换向极与磁轭之间的间隙

设原来换向极与电枢之间的间隙为 δ，现适合于良好换向的间隙 δ'可由下式求得，即

$$\delta' = \frac{\delta}{1 + \dfrac{\Delta I}{I} \cdot \dfrac{K}{K-1}} \tag{31-6}$$

$$K = 2a \times 2p \frac{N_H}{N_S}$$

式中 K——系数；

a——电枢绕组并联支路数；

p——主极对数；

N_H——一个换向绕组匝数；

W_S——电枢绕组总匝数；

I——试验时调整所依据的电枢电流（一般 $I = I_n$）；

ΔI——无火花区域中线与横坐标间的偏差度，也即通过换向极绕组的电流。

系数 K 值一般为 1.2～1.3。式（31-6）只适合间隙调整范围为 ±20% 以内的情况，若超过此范围时，应尽量用更换垫片的方法（铁片换成铜片或相反换之）改变气隙。

（二）加强或削弱换向极的磁势

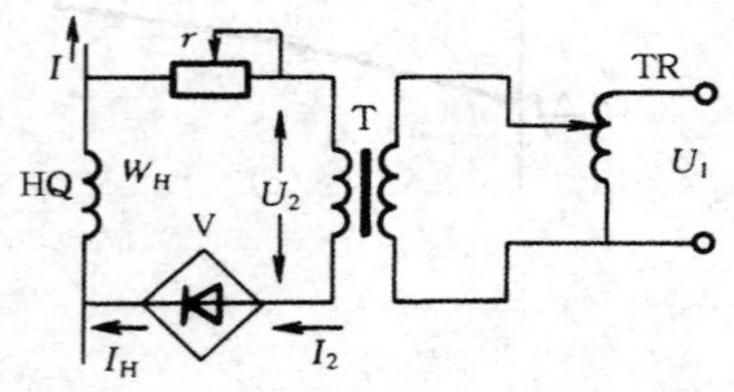

图 31-21 外施直流电流补偿欠励作用原理接线

TR—自耦调压变压器；V—二极管桥形整流器；HQ—换向绕组

1. 加强换向极磁势

对换向绕组施加一个直流电压 U，加强换向极磁势，改善换向状况，其接线如图 31-21 所示。原电枢电流 I 通过换向极绕组产生换向磁势 IN_H，当外施直流 I_H 时，则换向磁势变为（$I_H + I$）N_H。补偿外施电流 I_H 值的大小，决定于换向区域中线在额定电枢电流时与横轴坐标之间的高度（即 ΔI 值），如图 31-20（b）中的 h 所示。

回路中稳流电阻 r，是当励磁机电枢电流 I 为零（即换向绕组 HQ 的电势 $IR_H = 0$）时，用来限制外施电流达到最大值的。

隔离变压器 T 的作用，是使补偿电流不受交流系统接地的影响，并能保证励磁回路

的可靠性。

外施直流补偿的有关参数计算与调试方式如下。

（1）所需隔离变压器容量。当采用单相桥式整流式，隔离变压器二次侧电压的有效值为

$$U_2 = 1.11[(I + I_H)R_H + I_H r] + 2\Delta U \tag{31-7}$$

式中 ΔU——二极管桥形整流器正向压降，一般小于1V，可忽略不计。

隔离变压器的二次电流有效值

$$I_2 = 1.11 I_H \tag{31-8}$$

隔离变压器的容量

$$P = U_2 I_2 = 1.23 I_H[(I + I_H)R_H + I_H r] \tag{31-9}$$

（2）稳流电阻 r 的计算。当电枢电流为零时，外施直流电流达到最大值，但根据无火花区试验，决定外施最大电流为

$$I_m = \frac{220}{1.11K(R + R_H)} \tag{31-10}$$

式中 K——隔离变压器的变比，电源电压为220V时，$K = \frac{220}{U_2}$；

R——整流器内阻、变压器内阻和稳压电阻之和。

由式（31-10）得

$$R = \frac{U_2}{1.11 I_m} - R_H \tag{31-11}$$

设变压器与整流器内阻之和为 R_1，则稳流电阻为

$$r = R - R_1 \tag{31-12}$$

整流二极管的选择，要求容许负载电流大于 I_m，反向电压应大于$\sqrt{2}(I + I_m)R_H$，要注意这只限于桥式整流。

（3）补偿换向磁势调试。在计算上述参数后，将回路连接完整，并用自耦调压器进行调试，且应在励磁机空载、半载、满载下试验，观察碳刷冒火达到“暗火”为止。同时记录外施补偿的电流、电压及稳流电阻值等，从而检验上述参数的正确性，最终应以试验所得的参数为准。

2. 削弱换向极磁势

经无火花区试验，如确定换向磁势过强，据一些电厂的经验，可用并联分流电阻法削弱换向磁势，这比较容易实现。具体作法是在换向极绕组上并联分流电阻 r_{di}，使原换向极绕组内的电流分流一部分，从而削弱换向磁势。其接线如图31-22所示。根据无火花换向特性曲线，如图31-20（b）所示，在额定电枢电流 I_n 时，无火花换向区中线与横坐标之间的高度为应分流的电流，相当于 ΔI。一般可用并联电压相等的简单原理，求得分流电阻 r_{di}值，即

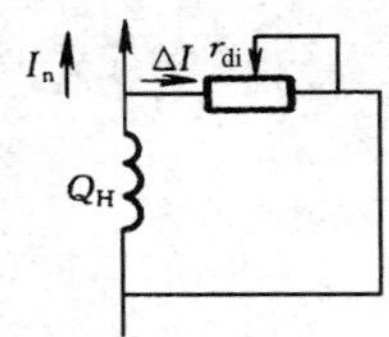

图31-22 并联电阻分流接线

$$r_{di} \cdot \Delta I = (I_n - \Delta I) R_H$$

所以
$$r_{di}=\frac{(I_n-\Delta I)}{\Delta I}R_H \tag{31-13}$$

式中　R_H——换向绕组在工作温度下的直流电阻。

分流电阻选好后，应考虑适当的余度，可用半调电阻进行调整，以碳刷冒火达到“暗火”为止，试验的工况和外施电流法相同。要注意当电枢电流发生突变时（如强励动作时），碳刷仍可能产生火花，这是因为瞬变时换向绕组内的电感作用，使分流过多或过少的缘故。根据运行经验其火花应不大于2级，而且这种情况很少发生。

第三十二章

发电机的进相运行、异步运行和负序温升试验

第一节 发电机进相运行试验

一、试验目的

在电力系统中，当夜间或节假日负荷处于低谷时，需要的无功容量大为减少。过剩的无功功率会使系统的电压增高，甚至超过容许的规定值。同时，随着电力系统的发展，高压输电线路和电缆的长度增加，系统无功（容性）相应增大，这个问题愈益突出。

因此，当系统负荷处于低谷时，需要补偿过剩的无功功率，以维持系统电压在容许的变化范围，确保电能质量，这是具有现实意义的。

为了补偿过剩的无功功率，一般采用并联电抗器、同步调相机和转移发电机作进相运行等措施。而将发电机转移至进相运行，就是适应这一要求的措施之一。它既不需要增设附属设备，又不额外消耗能量，是较适宜、经济、调整系统无功功率和降压节能的方法。但由于发电机进相运行时，对其静态稳定和端部发热等有不良影响，所以需要进行发电机的进相运行试验，以确定发电机的进相能力。

二、进相运行的基本概念和限制因素

（一）基本概念

发电机经常的运行工况是迟相运行，此时定子电流滞后于端电压，发电机处于过励磁状态。进相运行是相对于发电机迟相运行而言的，此时定子电流超前于端电压，发电机处于欠励磁运行状态。

发电机迟相运行时，供给系统有功功率和感性无功功率，其有功功率和无功功率表的指示均为正值；而进相运行时供给系统有功功率和容性无功功率，其有功功率表指示为正值，而无功功率表指示为负值。换句话说，发电机从系统吸收过剩的无功功率，以对转子起助磁作用。发电机进相运行时各电气参数是对称的，并且发电机仍保持同步转速，因而是属于发电机正常运行方式中功率因数变动时的一种运行工况，只是拓宽了发电机通常的运行范围。在允许的进相运行限额范围内，只要电网需要，是可以长期运行的。

应指出，同步发电机在低有功情况下可以无励磁运行，此时发电机能保持同步运行，并吸收电网无功功率，但其定子电压要下降。发电机低有功无励磁是依靠反应转矩维持同步运行的，其电磁功率包括两部分，即基本电磁功率和附加电磁功率，基本电磁功率是由励磁电流决定的，附加电磁功率是由转子凸极效应确定的。当运行中失去励磁时，仅有附加电磁功率，其最大值为

$$P_{2m} = \frac{U_s^2}{2}\left(\frac{1}{X_q} - \frac{1}{X_d}\right)$$

对于凸极发电机，$X_d > X_q$，故 $P_{2m} > 0$。当有功功率很小时，该电磁功率足以克服制动转矩的作用而驱动发电机与电网保持同步。实践证明，凸极发电机在无励磁运行时的电磁反应功率可达到20%左右，亦即发电机带20% P_n 有功无励磁运行时不失步。此时转子绕组无直流电流又保持同步状态，故不在转子绕组及各部件感应电流，不存在转子发热的问题。

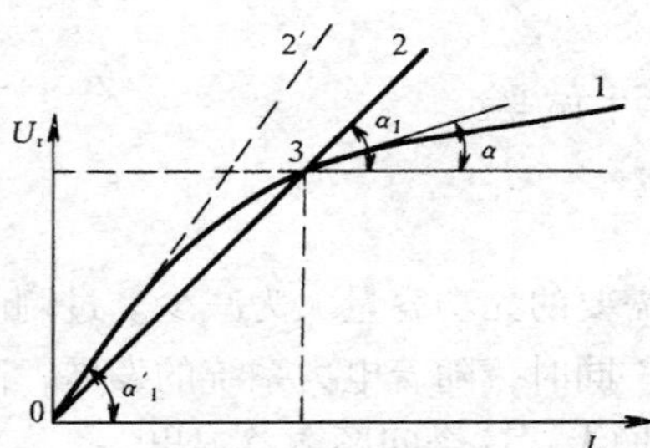

图 32-1　并激直流发电机的负载和磁场电阻特性曲线

1—负载特性曲线 $U_r = f(I_r)$；

2—磁场电阻特性曲线 $U_r = f(I_r R_\Sigma)$，R_Σ 为磁场回路总电阻

（二）限制因素

1. 受励磁机低负荷不稳定限制

对于以并激直流机作发电机的励磁机者，在低负荷下要稳定地调节电压，可能会有些困难。这一点与励磁机的负载特性有关。此时，要使励磁机的负载特性在磁场变阻器 R_1（图 32-3）的每一个调节位置，励磁机均应有确定的励磁电压值。并激直流发电机的负载和磁场电阻特性曲线如图 32-1 所示。图中，仅在负载特性曲线 1 和磁场电阻特性曲线 2 有明显的交点 3 时，并激直流励磁机的电压才可能稳定。从图 32-1 看出，当发电机进相运行时，随着转子电流 I_r 减小，其进相深度增加，如表 32-2 所示。而相应的磁场电阻 R_1 则逐步增加，即 α_1 角增大，当达到 α'_1 时，其负载特性曲线 1 与磁场电阻特性曲线 2′便没有明显的交点。此时，励磁机电压没有稳定的工作点，使发电机的进相深度受到了限制。

在实践中，得出了励磁机电压调节稳定的判据。即要在两特性曲线的交点（如图 32-1 中 3 点），其磁场电阻特性斜角的正切值 $\text{tg}\alpha_1$ 与负载特性切线斜角的正切值 $\text{tg}\alpha$ 之比大于 1.15 时，则该点的励磁电压可以认为是稳定的，即

$$K = \frac{\text{tg}\alpha_1}{\text{tg}\alpha} \geqslant 1.15 \qquad (32\text{-}1)$$

式中　K——并激励磁机低负荷稳定系数；

$\text{tg}\alpha_1$——在两特性曲线的交点 3，磁场电阻特性与横轴夹角的正切值；

$\text{tg}\alpha$——过交点 3 作负载特性的切线与横轴夹角的正切值。

当 $K < 1.15$ 时，励磁机输出电压就会出现不稳定现象，简便的解决办法是在励磁机磁场变阻器的两端并接非线性电阻（如白灯泡等），以改变磁场电阻特性，使其满足 K 值的要求，可以提高其运行的稳定性。

对于他励的交流励磁机和自并励静止励磁系统的励磁方式，则取决励磁调节器稳定运行区域的下限值，并受到低励限制的整定值的局限。

2. 发电机的静稳定和动稳定限制

（1）发电机的静稳定限制。以汽轮发电机为例，并假定 $X_d = X_q$ 时，其电磁功率与功

角的关系通常以式（32-2）表示，即

$$P_e = \frac{E_q U_s}{X_d}\sin\delta \tag{32-2}$$

式中　P_e——发电机的电磁功率；

E_q——发电机的电势；

U_s——发电机的端电压；

X_d——发电机的直轴同步电抗；

δ——功率角。

由式(32-2)可知,功角特性为正弦曲线,当 $\delta = 90°$时,对应的电磁功率最大值为 $P_{e \cdot max} = \frac{E_q U_s}{x_d}$,即为静稳定的功率极限值。通常发电机迟相(过励磁)运行时,其功角 δ 较小,输出的额定有功远低于极限值 $P_{e \cdot max}$。因此,发电机的静稳定储备大,稳定度高。

当发电机由迟相进入进相时，随着励磁电流的减少，E_q 和 U_s 值下降致使功率极限相应减小。在保持输出有功不变的条件下，功角必增加，力图与输出功率保持平衡，导致发电机的静稳定储备减小，稳定度降低。当励磁电流减少到某一值时，发电机就会失去静态稳定，若不跳开断路器时将转入异步运行。因此，静稳定是限制发电机进相运行的因素之一。为了获得一定的静稳定，一般需事先计算，经实际试验来确定发电机的进相稳定极限，按作出的 P-Q 曲线运行。

（2）发电机的暂态和动态稳定限制。发电机在运行中除有功负荷缓慢或微小变化外，突变也会时有发生，这会对运行发电机产生大的扰动，如切除大容量负荷、运行中发电机或线路设备突然跳闸以及发生永久性短路故障、自动重合闸等，此时发电机能保持同步运行就属于暂态和动态稳定的问题。而发电机进相运行时暂态和动态稳定性均要降低，使发电机暂态和动态稳定成了限制发电机进相运行的因素。一般在试验前需进行计算。

（3）定子端部发热的限制。发电机的端部漏磁，是由定子绕组端部漏磁与转子绕组端部漏磁组成的合成磁场。其端部漏磁力图经磁阻最小的磁路形成闭路。因此，在定子边段铁芯压指、压圈、转子护环等部件中，会通过相当大的漏磁。该漏磁在空间与转子同步旋转但对定子有相对运动，因此在上列部件中要感应涡流和磁滞损耗，引起发热，甚至超过容许的温度限制，是限制发电机进相运行的因素。经推导，定子端部合成漏磁通的表达式如下

$$\Phi_e^2 = \left[(1-\lambda)^2 S_G^2 + \lambda^2 \frac{1}{X_d^2}\right] - \frac{2\lambda}{X_d}(1-\lambda)\ S_G \sin\varphi \tag{32-3}$$

式中　Φ_e——定子端部合成漏磁；

λ——定、转子端部漏磁通所遇磁阻之比，一般选取 $\lambda = 0.3 \sim 0.5$；

S_G——视在功率；

X_d——直轴同步电抗；

φ——功率因数角。

由式（32-3）可知，当 $\varphi > 0$ 即迟相运行时，φ_e 为两项之差；当 $\varphi < 0$ 即进相运行时，

Φ_e为两项之和。这表明，发电机迟相运行时，其定子电枢反应磁场对转子去磁，而在进相运行时，定子电枢反应磁场对转子助磁，导致定子端部漏磁场增加，从而使电机端部合成轴向磁密增高。并且，损耗值与轴向磁密的平方成正比。

发电机进相运行时，边段铁芯和端部金属结构件的温度高低，与电机的端部结构、结构件材料的性质（磁性与非磁性）以及冷却情况等因素有关。根据发电机进相运行试验研究的结果，边段铁芯的最高温度，通常出现在 1～4 段的齿部或槽底；而沿定子膛周围边段铁芯各齿的温升分布，和沿铁芯径向的温升分布均具有不均匀的特性，在双层绕组的相带范围内，高温处一般出现在异相绕组搭接处的齿部或压指上，端部结构件的最高温度一般出现在压指或压圈上。在进行进相运行试验埋设测温（或测磁）元件时，应考虑到埋设在上述高温等处。

发电机进相运行时，边段铁芯和端部结构件等的温度限制可参照表 32-1 的规定。

表 32-1　　发电机端部结构件、边段铁芯及转子表面容许温度

部　位	容　许　温　度
定子边段铁芯及压指	1. 有制造厂预埋测温元件者，以制造厂规定为准； 2. 后埋热电偶测温元件者，最高点温度容许 130℃； 3. 有些发电机使用的绝缘漆容许温度低于 130℃者，以该绝缘漆的容许温度为准
电屏蔽	以不危及绝缘及结构件为准
磁屏蔽	以制造厂规定温度为准
压　圈	200℃
转子表面温度	130℃（暂定）

经过试验研究，发电机进相运行时，定子端部边段铁芯和金属结构件温度上升速率快，温升时间常数小，稳定时间较短，一般约需 10～20min。

此外，有时还会受到厂用电电压过低及定子过电流等的限制。

三、进相运行的试验方法

（一）准备工作

发电机的进相运行试验，需做以下准备工作。

1. 埋设测温和测磁元件

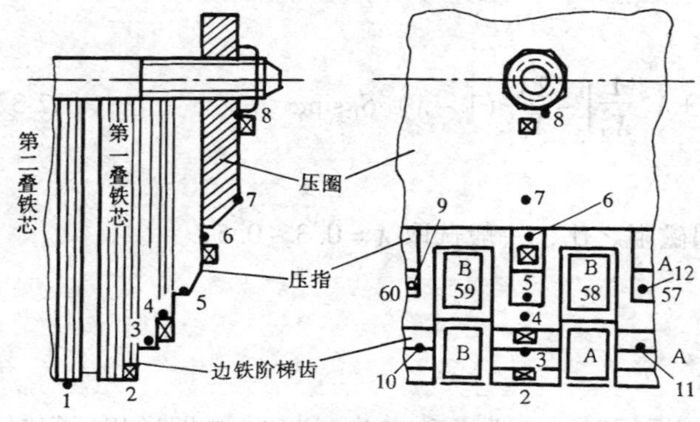

图 32-2　热电偶和测磁线圈埋设位置示意图

试验前，要在定子边段铁芯和端部结构件（如阶梯齿、压指、压圈等）上埋设测温和测磁元件（如热电偶、测磁线圈）。现以在 TS425/125-12 型发电机定子端部，埋设测温和测磁元件为例进行介绍。热电偶和测磁线圈埋设位置示意图如图 32-2 所示。图中，57～60 为定子铁芯槽号，A、B 为同槽上、下层线棒的相别，圆黑点为热电偶测温元件，带叉的小正方形为测磁线圈。

埋设在铁芯上的元件（如热电偶等）的测温头，要埋设在铁芯硅钢片间，埋深约为5~10mm，用粘结剂粘牢。然后，在埋设处采取保温措施（如用保温材料填塞），防止气流吹拂影响测量结果。其引线可沿端部定子铁芯风沟或压指与压圈间的风沟引出，并在电机端部结构件上紧固，合成一束，然后外包绝缘引出机壳外。试验时用电位差计（或毫伏表）测量其热电势，并从电势与毫伏的关系曲线上查出温度。

对于氢冷发电机，因存在密封问题，可借用原测温元件端子板剩余端子和温度较低的测温元件端子引出机外，对热电偶测温元件应注意温度补偿，可将热电偶冷端温度选在机内。

紧靠埋设测温元件（如热电偶）处或附近，用粘结剂粘贴上测磁线圈。线圈的两端用绝缘屏蔽线焊接引出机外。应说明，测磁线圈宜小，其框架可作成长、宽、高分别为10mm×5mm×4mm的矩形，也可作成其他形式。在框架的窄面四周开设小槽，用直径为0.02~0.03mm的高强度漆包线，在槽中绕200~400匝，并在10mm×5mm的平面上钻两个小孔，嵌入直径为1mm的铜线，以便焊接固定线圈的引线（也可采用其他的方式固定）。

线圈作好后，要在标准螺旋管中进行校验。并作出每只线圈的感应电势（mV）与磁通密度（T）的关系曲线，即 $U=f(B)$ 曲线，供测量时查对磁通密度的数值。或求出线圈感应电势每一 mV 所对应的磁通密度（T）的数值，也可供测量时，由测出的线圈感应电势毫伏数，求取磁通密度的数值。

2. 试验需接入的表计

发电机作进相运行试验的接线，如图32-3所示。由图可见，需要接入下列表计。

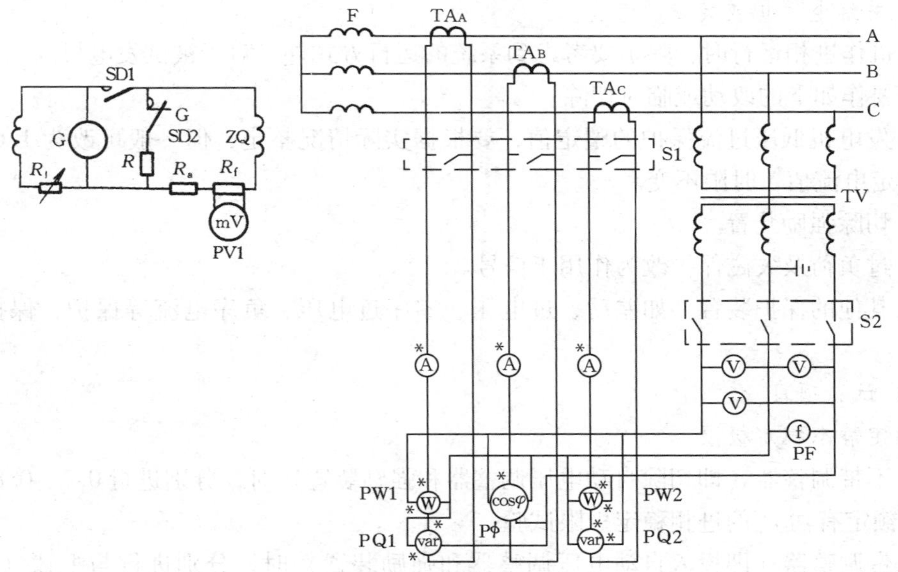

图32-3　发电机作进相运行试验的接线

R_1—磁场变阻器；G—励磁机；ZQ—发电机转子绕组；LQ—励磁机励磁绕组；TV—电压互感器；TA—电流互感器；SD—灭磁开关；R—灭磁电阻；PQ1、PQ2—无功功率表；PW1、PW2—有功功率表

（1）定子回路接入的表计。

1）单相可切换方向的无功功率表 PQ1 和 PQ2（或三相的一只），也可用有功表测试三相无功。

2）单相有功功率表 PW1 和 PW2（或三相的一只）。

3）电压表 PV 和电流表 PA 各三只。

4）三相双向功率因数表 Pφ 一只，频率表 PF 一只。

5）接入记录仪等，以录取定子电压 u_s、电流 i_s、有功 P_s和无功功率 Q_s、转子电流 i_r以及端部漏磁通的波形等。

此外，还需接入测量功角的装置。若被试发电机带有永磁同轴交流发电机者，可以将它的电势当作发电机的电势，与发电机的端电压进行相位比较，用相位电压表即可测量功角。对发电机不带永磁同轴交流发电机者，可在转子端部 d 轴方向，沿轴向涂一条白漆，其他地方漆上无光黑漆。在光照下，利用白漆和黑漆反射光的强度不同，用光电管接收。在白漆区域下，光电管导通，黑漆区域光电管截止，此信号便可确定转子磁极轴线位置，此信号与发电机定子电压比较，定子电压过零点与此脉冲信号之间的相角便为功角。

（2）转子回路接入的表计。

1）标准分流器 R_f和毫伏表 PV1。

2）在磁场回路串接一只滑线电阻 R_a，供微调转子电流和录波用。

此外，尚需准备测量滑环电压的铜丝布刷一副，发电机房到主控制室的通信设备等。同时为了使测量准确，定、转子回路接入的表计准确度，不得低于 0.5 级。

3. 有关继电保护或装置的考虑

发电机作进相运行时，除了要考虑到系统的运行方式外，对于被试发电机的继电保护装置，需要作如下的改动或临时切除。

（1）发电机低压过流保护的整定值，要根据实际情况整定，但一般可改为 1.6～1.8 倍定子额定电流值，时限不变。

（2）切除强励装置。

（3）过负荷及失磁保护改为作用于信号。

（4）其他的保护装置，如差动、过电压、零序过电压、负序电流等保护，保持原状态。

（二）试验项目

1. 确定静态稳定极限

（1）不带调整器（即切除自动电压调整器和强励装置）时，分别进行 0.7、0.8、0.9 和 1.0 倍额定有功 P_n的进相稳定极限试验。

（2）带调整器（即投入自动电压调整器和强励装置）时，分别进行与上述（1）项相同有功功率的进相稳定极限试验。

2. 测量定子边段铁芯和结构件的温度和漏磁

（1）在 0.7P_n下，无功调至迟相、0、10（进相）Mvar 等，直至静态稳定极限，测量端部的温升及漏磁。

（2）在 $0.8P_n$、$0.9P_n$、$1.0P_n$下，分别进行与2（1）项相同的试验。

（三）试验操作步骤和测量参数

在作发电机的进相运行试验时，可以将确定静态稳定极限、测量端部温度、漏磁等参数结合在一起一次进行。

1. 不带自动励磁调节器试验操作步骤和测量参数

（1）将发电机与系统并列运行，有功功率调至 $0.7P_n$，并将功率因数调至额定值，冷却介质温度调至额定值 θ_n，保持稳定运行。

（2）待运行约20min后，测量定子、转子回路各电量参数、功角、端部边段铁芯和结构件的温度以及漏磁数值和波形。

（3）各种参数测量完后，由运行人员操作增大磁场变阻器电阻 R_1，逐渐减小转子电流 I_r，使无功为0时，亦运行约20min后测量与第（2）项相同的参数值。

（4）当无功为0时，将参数测量完后，再减小转子电流，使发电机转入进相运行，当无功分别达到 -10，-20，-30Mvar……等时，在每种无功下，亦运行约20min后，测量与第（2）项相同的参数。

（5）需要说明，在进行第（4）项试验时，在每种无功下，要监视电机边段铁芯和端部结构件的最高温度，不能超过表32-1规定的容许限额值。当其温度超过时，应立即增加转子电流，降低进相深度使温度下降至容许值。一般将达到容许温度下的功率因数，称为该机在这种有功功率下的进相深度限额值。

（6）若电机的端部温度尚未达到容许值时，再继续减小转子电流，增加电机的进相深度，照第（4）项的作法，一直作到电机失去同步为止。当电机失步后应立即增加转子电流，使电机恢复同步。若增加转子电流后电机还不能恢复同步时，要同时减少电机的有功功率，使其恢复同步。

（7）在接近失步的无功下，测量完各种参数并起动记录仪录取各电量的基准波，然后使电机失步及恢复同步，并用记录仪录取其失步与恢复同步的电量变化过程。

（8）重复做电机失步与恢复同步的试验2～3次。失步前瞬间所测量的定、转子各电量和功角等的平均值，即是电机在 $0.7P_n$下进相运行的静态稳定极限值。测量的端部温度也是在 $0.7P_n$下进相状态（静稳定极限）的最高温度值。

（9）在 $0.7P_n$下的进相试验，已测得所需的全部参数后，即完成 $0.7P_n$这一种有功功率下的试验。然后再按照作 $0.7P_n$进相试验的操作步骤和测量要求，将有功功率分别调至 $0.8P_n$、$0.9P_n$和 $1.0P_n$，使 $\cos\varphi$ 等于额定值和 $\theta=\theta_n$，重复第（2）～（8）项试验。

2. 不带自动励磁调节器试验操作步骤

在各种有功功率下，带自动励磁调节器作进相运行试验的操作步骤，与不带自动励磁调节器的一样。此时，在每一种有功功率的不同无功下，不需要停留约20min。因为此时不需要再测量温度和漏磁，仅测量静态稳定极限值。

四、进相运行限额图及其调压效果

根据所作的发电机进相运行试验的结果，可得出其进相深度首先受到限制的因素，是励磁机低负荷不稳定、静态稳定极限还是端部温度的限制。然后根据受限制的因素，作出电机进相运行的限额图。

（一）隐极发电机运行限额图

非饱和的汽轮发电机在 $X_d = X_q$时的功率图，可由电压关系式 $\dot{E} = \dot{U}_n + j\dot{I}_n X$ 作出的电动势图中，各边分别乘定子额定电压 U_n再除以纵轴同步电抗 X_d而得出。也即将电动势图转换成了功率图，如图 32-4（a）所示。如果取 $I_n U_n$为视在功率的单位值，则沿纵、横坐标的投影分别为有功 P_1和无功 Q_1 的标么值。

因为在非饱和电机中，转子电流 I_r和相应的发电机电势 E 之间实际上呈线性关系，若将视在功率的比例尺取定子额定电流 I_n为单位值，则在实际作功率图时利用非饱和电机中的转子电流图是很方便的。

当用电流表示时，BO 代表发电机空载额定电压时的励磁电流，OA 代表短路额定电流时的励磁电流，AB 代表额定励磁电流；在图 32-4（b）上，OA 代表视在功率，其标么值为 1，根据比例关系，可计算出 BO、AB 的标么值。

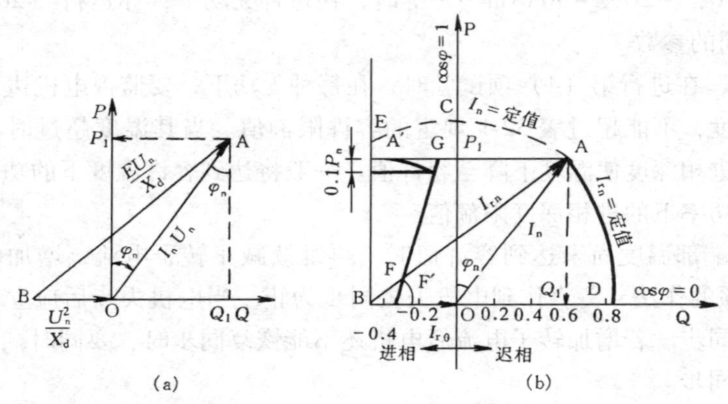

图 32-4　非饱和的汽轮发电机的运行限额图

（a）电动势图转换成功率图；（b）功率图

AA′—汽轮机功率限制线；FG—静稳定限制线；FF′—低励磁电流限制线

通常以不超过定子、转子绕组、边段铁芯、端部压圈、压指等部件的温度限额为限，由试验确定的定子额定电流 I_{rn}为半径、以 O 作圆心作图和以转子额定电流 I_{rn}为半径，以 B 作圆心（BO 的距离由电机的短路比确定），分别作出定子和转子额定电流圆，如图 32-4（b）所示。两圆相交得 A 点，并设转子电流圆与横坐标相交于 D 点，定子电流圆与由 O 点所作的垂线相交于 C 点，再由 B 点作垂直于横轴的垂线，与定子电流圆相交于 E 点，这样便获得 BODACEB 闭合区域，此区域即为限制汽轮发电机运行工况的功率图。图 32-4（b）中 I_{r0}为额定电压时的空载励磁电流，$\delta = 90°$的 BE 直线为静态不稳定限制线。

图 32-4（b）中，A 点表征发电机的额定工况运行点，即，电机在额定的定子、转子电流和额定功率因数（如 $\cos\varphi_n = 0.8$）下运行。此时，发电机的定子电流滞后于定子电压，功率因数 $\cos\varphi$ 定为正值，发电机在向系统输出一定有功功率 P_1的同时，还要向系统输出一定的无功功率 Q_1。其比例大小决定于功率因数 $\cos\varphi_n$ 的值。发电机在这种方式下运行，此时，转子电流处于过励磁状态，通常称这种方式为迟相运行（或称过励磁运行）。

如果将发电机的有功 P 保持恒定，逐渐减小转子电流，使其无功 Q 降低至零值，即 $\cos\varphi=1$。此时，电机处于正常励磁状态。若将继续减小转子电流时，则定子电流便超前于定子电压。此时，发电机在向系统输出一定有功功率的同时，还要由系统吸收一定的无功功率，以对转子起助磁作用，发电机此时处于进相运行（或称欠励磁运行）状态。

（二）凸极发电机运行限额图

1. 静态稳定极限

下面以 TS425/125-12 型水轮发电机的具体参数和试验结果，说明确定静态稳定极限的作图方法和步骤。

（1）TS425/125-12 型发电机的主要参数：

额定视在功率	$S_n=47100\text{kVA}$；	转子额定电压	$U_{rn}=115\text{V}$；
额定有功功率	$P_n=40000\text{kW}$；	转子额定电流	$I_{rn}=1333\text{A}$；
定子额定电压	$U_n=13800\text{V}$；	额定功率因数	$\cos\varphi_n=0.85$；
定子额定电流	$I_n=1970\text{A}$；	短路比	$K=0.888$；

纵轴同步电抗（标么值）$X_{d*}=1.126$；横轴同步电抗（标么值）$X_{q*}=0.735$。

空载额定定子电压 U_n 下的转子电流为 $I_{r0}=650\text{A}$；在额定定子电流下，三相稳定短路的转子电流为 $I_{rh}=755\text{A}$。

（2）将转子电流折算到定子绕组功率标么值。将转子电流折算到定子额定电流 I_n 的目的，是为了利用转子电流圆代替功率图，且将三相稳定短路时的转子电流 I_n 代替定子额定电流 I_n，并作视在功率 S_n 的尺度 1，即

$$\frac{I_{r0}}{I_n}=\frac{650}{1970}=0.33；\frac{I_{rn}}{I_n}=\frac{1333}{1970}=0.6766；\frac{I_{rk}}{I_n}=\frac{755}{1970}=0.383$$

在横轴上（图 32-5）取 44.4mm 作短路比 $K=0.888$，并以此长度作 0.33 的基准值。相应的 I_{rn}的长度为$\frac{0.6766}{0.33}\times 44.4=91.0$（mm）；而 I_{rk}（I_n）的长度为$\frac{0.383}{0.33}\times 44.4=51.5$（mm），以此值作 I_n，并代替视在功率 S_n 的比例尺度 1。

（3）绘出以转子电流圆表征的功率图。凸极发电机以转子电流圆表征的双轴功率圆图，可按下列步骤作出。

1）如图 32-5 所示，在横轴上作出磁阻圆，其半径为

$$\left(\frac{1}{X_q}-\frac{1}{X_d}\right)/2=\left(\frac{1}{0.735}-\frac{1}{1.126}\right)\div 2=0.236$$

圆心 O′距短路比（B 点）的距离为 $0.236\times 51.5=12.1$（mm）。

2）分别以定子电流 I_n 和转子电流 I_{rn}的长度为半径、O 和 B′为圆心画出定子和转子电流圆，两圆相交得额定工况运行点 A，联接 AB′两点，即得双轴功率圆图。图中$\frac{EU_s}{X_d}\sin\delta$为励磁功率；$P_{rm}$为磁阻功率，其值等于$\frac{U_s^2}{2}\left(\frac{1}{X_q}-\frac{1}{X_d}\right)\sin 2\delta$；AG 为有功功率限制线；$FF'$为低励磁 0.15G′A（$0.15I_n$）限制线。

3）A 点在纵、横轴上的投影，分别代表有功和无功功率的标么值，将其乘以视在功

率 S_n，即得相应的功率值，此图即为该发电机在迟相和进相运行的功率图。

（4）静态稳定极限。根据该发电机进相运行试验所测量的数据，在图 32-5 上绘出了在稳定运行情况下，不同进相深度时，有功功率 P 和无功功率 Q 的对应值；以及在不稳定情况下，有功和无功的对应值，并将各点（即 a、a_1、a_2、a_3）和 B′点相连接，即得不稳定的限制曲线 1。曲线 2 是静态稳定的限制曲线（其中 Gb'段是定子电流限制线），即在该曲线的右边电机能稳定运行，在左边则不能稳定运行。它是按静态稳定极限的 $0.1P_n$ 限制作出的，其作法如下。

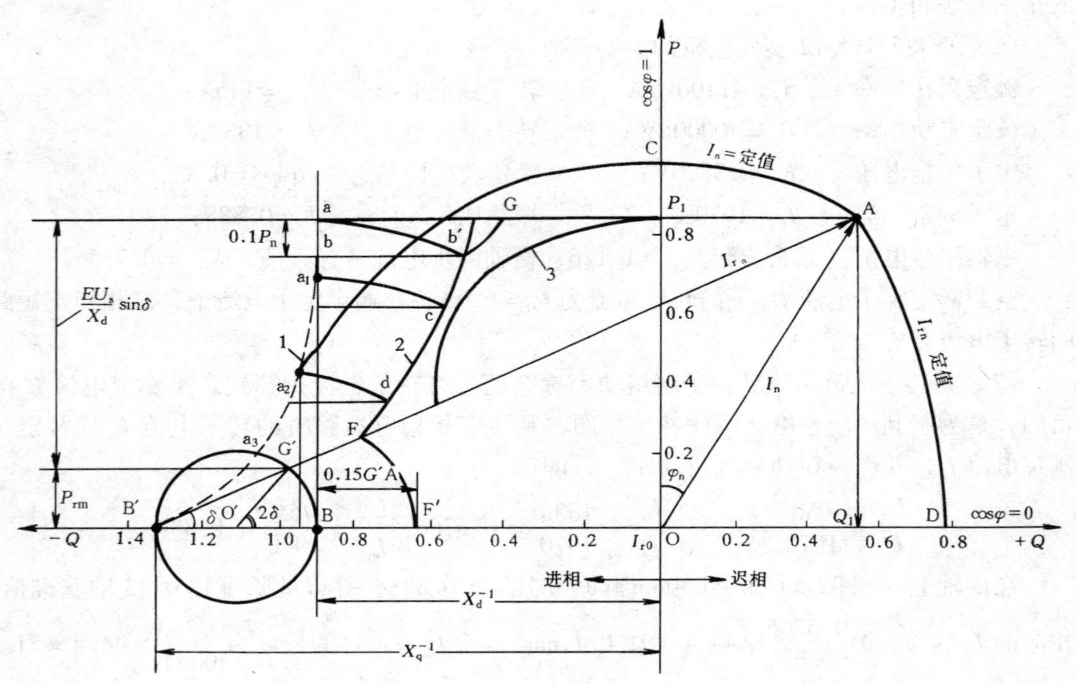

图 32-5　TS425/125-12 型发电机迟相和进相运行的功率图

1—不稳定限制曲线；2—考虑 10% 余度时的静态稳定限制曲线；

3—发热限制曲线

如在有功 P_1 为 40MW 下，当进相功率因数为 0.8 时，电机不能稳定运行。此时，以该点 a 的横坐标（$0.905S_n=42626$kvar）B 为圆心，Ba 为半径画弧，然后在纵坐标上取 $0.1P_n$ 点 b，由 b 点作横轴的平行线，与弧相交得 b′点。以同样的作法，可求出 c 和 d 两点。将 b′、c 和 d 三点连成一条曲线，即得出按有功 $0.1P_n$ 限制的静态稳定限制曲线 2。由此可见，电机在曲线 2 的右边范围内，可以稳定运行。如果保持有功不变，若进相深度再增加，则电机就可能失去同步，不能稳定运行。要使电机能稳定运行，那么，随着进相深度增加，则电机的有功功率必须沿曲线 2 减小。所以，曲线 2 是稳定运行的限制线。

图中曲线 3 是由试验结果，按压指和边段铁芯的容许温度限额所绘出的限制曲线。

2. 端部温度

TS425/125-12 型发电机在输出 40MW 有功进相运行时，电机边段铁芯和端部结构件的实测温度，如表 32-2 所示。按表 32-2 中数据绘出的曲线如图 32-6 所示。

从图 32-6（a）看出，当进相功率因数为 0.9 时，边段铁芯 3 点和 4 点以及压指头 5 点的温度，已分别超过其容许温度 105℃和 130℃，限制了该机的进相运行深度。因此，通常由试验结果绘出电机进相运行时，其端部温度 θ（或漏磁密度 B）与进相功率因数 $\cos\varphi$ 的关系曲线，如图 32-7 所示。图中曲线 1 及 1′、2 及 2′、3 及 3′分别是功率为 20、32MW 和 40MW 时，边段铁芯的 B、θ 和 $\cos\varphi$ 的关系曲线；4 及 5 是功率为 32MW 和 40MW 时，压指头的 θ 与 $\cos\varphi$ 的关系曲线。

由图 32-7 可见，当发电机转入进相状态时，随着进相深度增加边段铁芯和压指头的温度升高，并超过了容许值 105℃和 130℃。因此，从该图上可以求出发电机在不同的有功功率下，进相运行时按端部温度限制的进相功率因数值。如在额定有功 40MW 下进相运行时，该机首先受到压指温度过高的限制，其进相深度仅能到 $\cos\varphi = 0.97$（进相），即

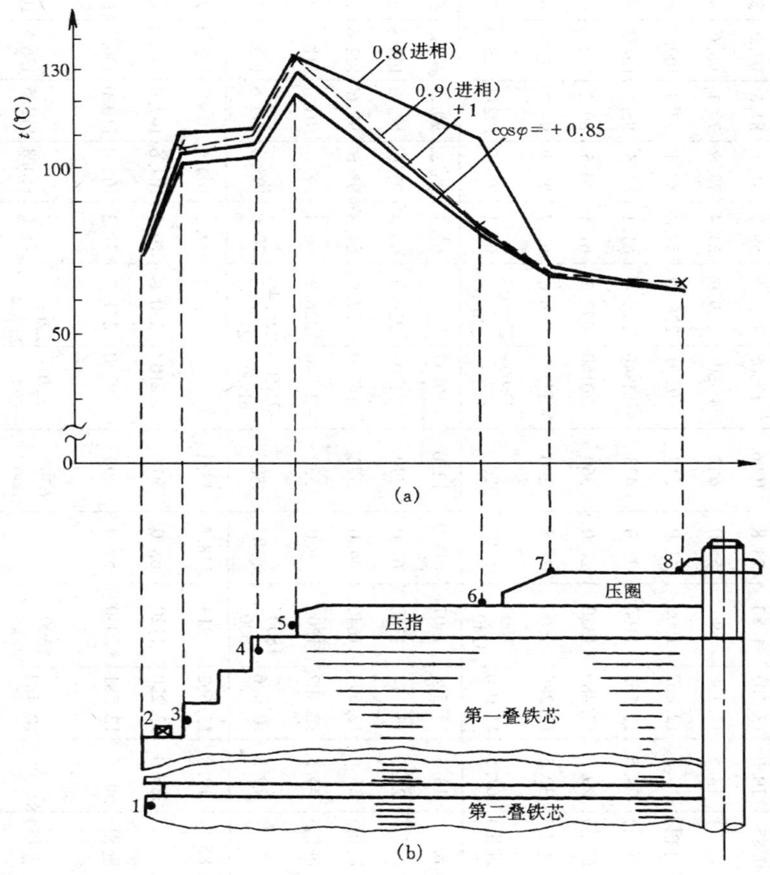

图 32-6　端部测量温度和相应的测点布置

（a）随功率因数不同端部的温度变化；

（b）与图（a）相对应的温度测点位置

表 32-2　　TS425/125-12 型水轮发电机进相运行试验的结果

有功功率（MW）	功率因数（$\cos\varphi$）	功角（°）	定子电压（kV）	定子电流（A）	转子电压（V）	转子电流（A）	无功功率（kvar）	系统电压（kV）	温度（℃）											漏磁通密度（$\times10^{-4}$T）
									1	3	4	5	6	7	8	9	10	11	12	
	0.85	10.0	13.703	1080	74.8	1006	+13508		59.7	81.3	81.8	97.2	59.0	52.5	50.5	80	79.1	74.0	70.0	
	1	14.5	13.138	896	55.0	682	+560	229.9	61.4	78.8	79.1	96.0	63.6	57.6	57.6	79.7	76.4	77.2	83.7	2512
	0.9（进相）	19.5	12.862	1000	41.0	519	−9170	228.8	59.4	80.4	83.4	100.2	63.8	57.6	56.6	78.8	75.4	78.2	88.2	2512
20（$0.5P_n$）	0.8（进相）	24.5	12.562	1160	33.0	433	−14840	228.4	61.1	82.5	85.6	104.5	66.2	57.9	57.7	80.3	75.8	81.5	93.5	2581
	0.7（进相）	29.5	12.489	1320	27.0	360	−20160	227.3	61.1	90.5	89.2	110.5	67.8	59.1	57.7	83.5	78.8	87.4	104.3	2650
	0.6（进相）	39.5	12.286	1600	21.5	290	−27370	226.6	62.7	96.3	99.2	123.0	69.7	61.7	58.7	87.5	83.5	98.0	112.3	2926
	0.5（进相）	67.5	11.040	2000 3240*	16.0*	220*	−33600～ −54600*	221.0～ 220.6*	66.1	100.5	102.3	126.3	71.3	62.6	59.4	89.3	87.1	104.3	114.3	3588
	0.85	13.5	13.524	1607	101.0	1230	+19837		62.7	88.2	90.5	97.2	59.0	53.0	50.5	88.8	83.4	80.2	96.0	
	1	22.0	13.114	1360	61.0	790	+140	229.0	60.4	97.6	86.8	108.8	69.2	59.6	58.0	85.1		83.0	94.3	2594
32（$0.8P_n$）	0.9（进相）	35.0	12.599	1640	44.0	572	−16730	227.9	64.8	98.6	97.6	122.6	73.3	62.0	59.2	87.6		95.8	107.3	2732
	0.8（进相）	44.5	12.402	1800	39.0	520	−21840	226.8	66.4	100.1	103.6	131.6	75.9	64.2	60.0	95.9		101.6	115.9	2953
	0.7（进相）	79.5	10.626	1800～ 4000*	36.0*	480*	−22750～ −61950*	226.4～ 217.8*	70.6	105.4	106.6	133.2	78.0	68.6	62.6	109.4	94.4	110.6	120.6	3726
	0.85	17.5	13.662	1913	118.5	1331			74.2	100.6	103.5	122.0	78.8	67.5	65.8	100.4	91.4	98.4	112.7	
	1	25.0	13.220	1720	68.0	918	+210	230.8	70.9	104.6	107.0	129.0	80.0	66.7	64.6	101.8		106.8	113.0	2663
40（P_n）	0.9（进相）	40.5	12.581	2040	52.0	690	−19720	221.7	71.2	106.0	110.0	136.3	81.4	68.7	65.2	106.0	91.3	108.0	122.0	2926
	0.8（进相）	84.5**	10.488	1600～ 4000**		630～ 1000**	−2300～ −62930**	226.2～ 217.4**	71.6	110.8	112.5	136.8	109.3	69.8	65.2	103.5	98.5	109.3	116.4	4140

*　为不稳定值。

**　为失步值。

仅能在 $\cos\varphi=1$ 下运行。若将有功降至 32MW，则可容许进相到 $\cos\varphi=0.83$。

3. 确定进相运行限额图

综合 TS425/125-12 型发电机进相运行试验的结果，得出该机的进相运行深度，首先受到了压指（磁性材料）和边段铁芯阶梯齿发热的限制。从图 32-7 明显看出，其发热限制的曲线 3 在静态稳定限制曲线 2 的右边。所以该机的进相运行限额由曲线 3 确定。有功为 $0.68S_n$（32MW）下，其进相运行的功率因数为 $\cos\varphi=0.83$ 时，则压指和边段铁芯的温度分别为 130℃ 和 100℃［见图 32-7（b）］，已达到和接近相应的容许温度 130 和105℃。此时，吸收系统的无功功率 Q_2 为 $0.46S_n$（21.7MW）。但在相同的有功 $0.68S_n$ 下，其静态稳定运行点的功率因数可达到 $\cos\varphi=0.788$（进相）。因为首先受到了压指发热的温度限制，所以不能再增加进相深度到 $\cos\varphi=0.788$（进相）。

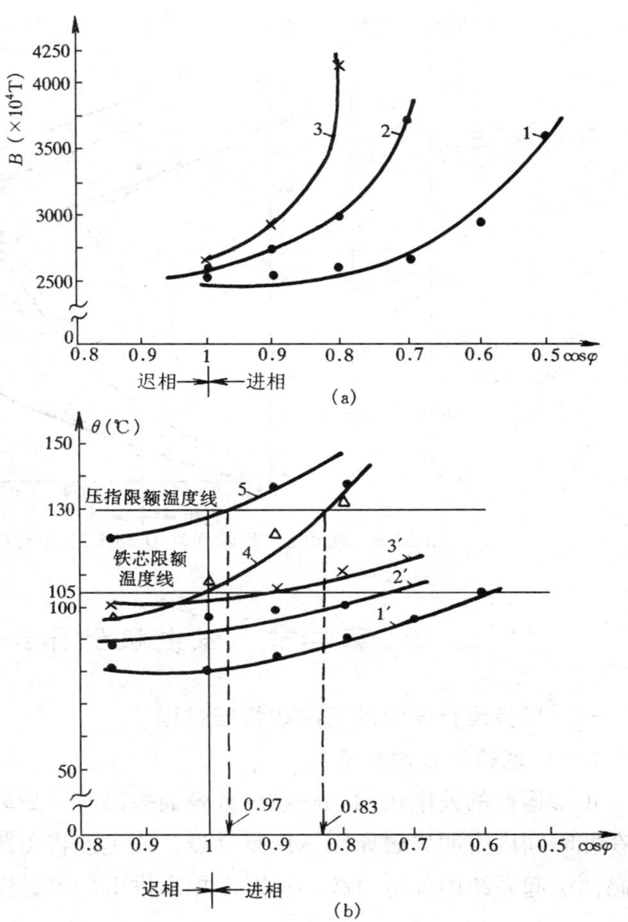

图 32-7　电机端部漏磁密度 B 和温度 θ 与 $\cos\varphi$ 的关系曲线

（a）$B=f(\cos\varphi)$；（b）$\theta=f(\cos\varphi)$

综上所述，表明图 32-5 中曲线 3 是 TS425/125-12 型发电机的进相运行限制线，该曲线右边所表示的 $\cos\varphi=0.5$（进相）～1 的范围，即为该机在不同的有功下，相应的进相功率因数和吸收无功功率值的进相运行限额图。

4. 进相运行的调压效果

由表 32-2 汇总表的数据，绘出了 TS425/125-12 型发电机进相运行时，其功角 δ、吸收的无功功率 Q 和系统电压 U 随功率因数 $\cos\varphi$ 变化的关系曲线，如图 32-8 所示。图中实线是输出功率为 20MW 时的测量值，虚线为 32MW 时的测量值。

由图 32-8 可见，随着发电机进相运行的深度增加，即功率因数 $\cos\varphi$ 的进相增加，电机的功角 δ 逐渐增大，吸收系统的无功功率 Q 增多，系统电压 U 相应地下降，从而获得了调整系统电压，保证电能质量的目的。同时还可看出，吸收系统的无功功率 Q 越多，系统电压 U 下降的梯度越大，调压效果越明显。

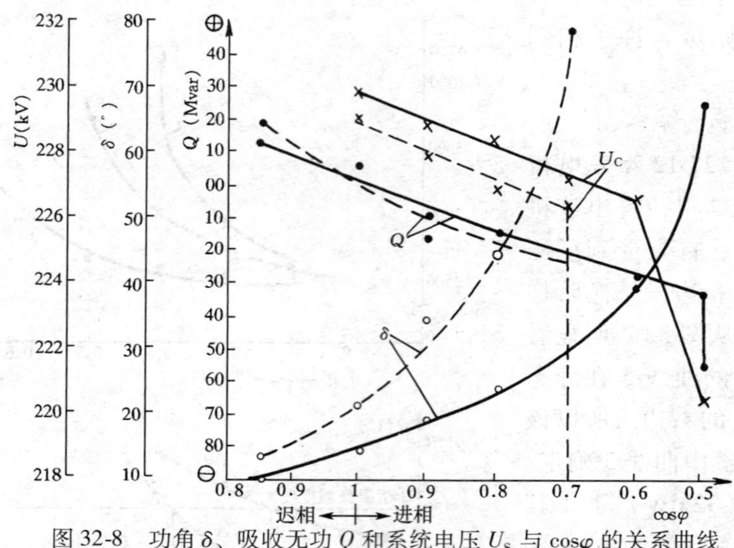

图 32-8　功角 δ、吸收无功 Q 和系统电压 U_S 与 $\cos\varphi$ 的关系曲线

第二节　发电机的异步运行试验

一、异步运行试验的目的和物理过程

（一）试验的目的和意义

正常运行的发电机因励磁系统故障而失磁时，如果仍能带一定负荷短时异步运行，即可在此时间内查明失磁原因，恢复励磁，或迅速将负荷转移到其他机组上去，并可避免因失磁而引起系统的停电事故，这对于提高供电的可靠性和避免停机造成的损失是有重要意义的。

无励磁异步运行试验的主要目的是确定发电机因失磁而转入异步运行后，由于受定子端部结构件和边段铁芯的局部高温和转子中由滑频电流引起的附加损耗的限制，确定电机容许带多少有功负荷和自系统吸取的无功功率。

（二）异步运行的物理过程

1. 异步运行中有功功率的产生

当发电机失去励磁后，转子电流所产生的磁通将按指数规律衰减至零，发电机的同步转矩也随着减少到零（如不计剩磁的影响），同时发电机从系统吸取的无功功率则逐渐增加。当励磁电流减小到某一值，发电机的同步转矩小于原动机的旋转转矩时，转子便加速，使功角 δ 上升，$\frac{d\delta}{dt}=-s\neq0$。有转差 s 存在就有异步转矩产生，因此失磁机组在励磁电流衰减的过程中，同步转矩和异步转矩同时存在，当励磁电流完全消失后，仅有异步转矩存在。异步转矩随着转速的上升而增加，当转速上升到异步转矩与原动机的转矩 M_m 相平衡时才处于稳定。由于此时转子的转速大于同步转速，异步转矩仍是一个制动转矩，所以发电机仍然向系统供给有功负荷。

在转速增加的同时，原动机的调速系统开始作用，使原动机的功率随之减小。因此发电机失磁后，其有功输出也会减小，如图32-9所示。

在新的平衡状态下，发电机的负荷值和转差率与原动机的调速特性和发电机的异步转矩特性有关。如果最大的异步转矩出现在小转差率下，并相对额定转矩有很高的倍数，则发电机几乎能保持全负荷在小转差率下运行。如果最大的异步转矩在大转差率下才能出现，并且其值比电机的额定转矩小得多，则发电机仅能在大转差率下带不大的负荷，甚至不能带负荷运行。

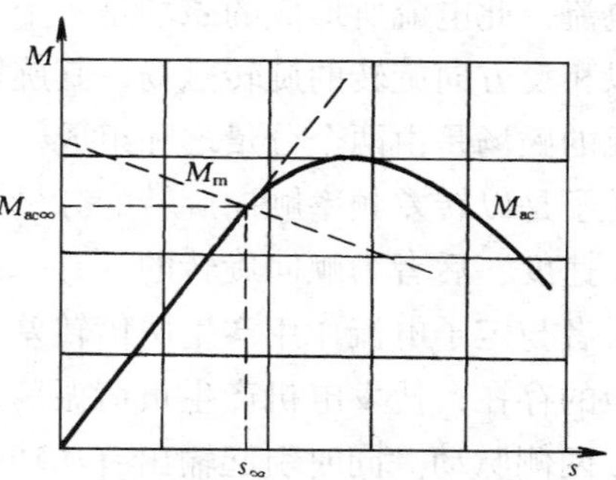

图32-9 转矩 M 与转差 s 的关系曲线

M_m—原动机的转矩；

$M_{ac\infty}$—稳定状态下的异步转矩；

M_{ac}—发电机的异步转矩；

s_∞—稳定状态下的转差

通过试验证明，隐极转子汽轮发电机在很小的转差（$|s|<1\%$）时，即具有很大的异步转矩。因此，发电机失磁后，带一定的有功负荷是完全可能的，一旦恢复励磁，发电机又重新拉入同步。水轮发电机为凸极转子，异步转矩较小，一般异步运行的意义不大。

2. 异步转矩的分析

根据同步发电机的基本电磁转矩公式，推得同步机的稳定异步转矩公式为

$$
\begin{aligned}
M_{ac\infty} = \frac{U^2}{2}\Bigg\{ & \left(\frac{1}{X_q}-\frac{1}{X_d}\right)\sin 2(\delta_0 - st) - \left(\frac{1}{X'_d}-\frac{1}{X_d}\right)\frac{sT'_d}{1+(sT'_d)^2} \\
& \left[1+\sqrt{1+(sT'_d)^2}\sin\left(2\delta_0 - 2st - \mathrm{tg}^{-1}\frac{1}{sT'_d}\right)\right] - \left(\frac{1}{X''_d}-\frac{1}{X'_d}\right)\frac{sT''_d}{1+(sT''_d)^2} \\
& \left[1+\sqrt{1+(sT''_d)^2}\sin\left(2\delta_0 - 2st - \mathrm{tg}^{-1}\frac{1}{sT''_d}\right)\right] - \left(\frac{1}{X''_q}-\frac{1}{X_q}\right)\frac{sT''_q}{1+(sT''_q)^2} \\
& \left[1-\sqrt{1+(sT''_q)^2}\sin\left(2\delta_0 - 2st - \mathrm{tg}^{-1}\frac{1}{sT''_q}\right)\right]\Bigg\}
\end{aligned}
\quad (32\text{-}4)
$$

式中 δ_0——$t=0$ 时横轴 q 与系统电压 U 之间的夹角；

s——稳定异步运行的转差率；

X_d、X'_d、X''_d——发电机的直轴同步电抗、瞬态和超瞬态电抗；

X_q、X''_q——发电机的横轴同步电抗和超瞬态电抗；

T'_d、T''_d——发电机定子绕组直轴瞬态和超瞬态时间常数；

T''_q——发电机横轴超瞬态时间常数。

式（32-4）中第一项为同步机的反应转矩，但在异步运行时功角 δ 随时间而变，因此它是以两倍转差频率交变的交变转矩。其他三项仅在 $s\neq0$ 时才产生，所以称为异步转矩。各项都由恒定分量和两倍转差频率的交变分量两部分组成。因为在异步运行时，三相定子电流所产生的同步旋转磁场与转子结构件和绕组有相对运动，便在其中感应出转差频率的

电流，此电流所形成的磁场是一个以转差频率脉动的磁场。这个脉动磁场可以分解成两个以相反方向旋转的旋转磁场，其旋转频率各为其脉振频率。这样，转子转差频率电流所形成的磁场是由两个分量之和组成，其一，对转子是以转差频率反向旋转的分量；其二，对转子是以转差频率顺向旋转的分量。这两个分量在空间的旋转速度，前者为反向旋转的同步速度，后者为顺向旋转的（$1-2s$）同步速度。前者与定子电流作用产生的是恒定转矩，后者与定子电流作用产生两倍转差率的是交变转矩。在稳定异步运行时，所有这些交变转矩的存在，使发电机产生负荷振荡，造成发电机和原动机间的功率交换，发电机的转差在s_∞两侧脉动。同时引起输出有功功率和定子电流的周期性摆动。异步运行时起主要作用的异步转矩的平均值，即为异步转矩中的恒定分量，通常称该转矩为平均异步转矩，其值为

$$M_{acav}=-\frac{U^2}{2}\left[\left(\frac{1}{X'_d}-\frac{1}{X_d}\right)\frac{sT'_d}{1+(sT'_d)^2}+\left(\frac{1}{X''_d}-\frac{1}{X'_d}\right)\frac{sT''_d}{1+(sT''_d)^2}+\left(\frac{1}{X''_q}-\frac{1}{X_q}\right)\frac{sT''_q}{1+(sT''_q)^2}\right] \tag{32-5}$$

从式（32-5）可见，当转子的转速大于同步速度（$s<0$）则转矩为正值，它是一个制动转矩，使电机向系统供给电能。此时，同步发电机变成了异步发电机。

异步转矩的数值除与电机的端电压和转差有关外，还与电机的型式、结构（参数）有关。汽轮发电机的X''_d和X''_q值很小，但$\left(\frac{1}{X'_d}-\frac{1}{X_d}\right)$、$\left(\frac{1}{X''_d}-\frac{1}{X'_d}\right)$和$\left(\frac{1}{X''_q}-\frac{1}{X_q}\right)$的值却很大，异步转矩也大；反之，无阻尼绕组的水轮发电机，$X''_d=X'_d$，$X''_q=X_q$，平均异步转矩的三项中只剩下了第一项，其值显然很小。有阻尼的水轮发电机则介于两者之间。

除此以外，异步运行时励磁绕组的状态对异步转矩也有影响。如式（32-5）所示，当励磁绕组开路时，式中的第二项不再存在。同时第一项中由于T'_d的减小而使异步转矩减小。当励磁绕组闭合（直接经励磁机电枢或经灭磁电阻闭合）时，在励磁绕组里将感应有转差频率的电流，异步转矩则由三个分量组成，这样在相同的有功负荷下，转差要比励磁绕组开路时小些。图32-10为24MW汽轮发电机额定电压下转矩与转差的关系。从图32-10也看出，在小转差下三种转矩的陡度不一样，但无论励磁绕组的状况如何，异步运行时同步机的特性与异步机是相似的，所以异步运行时的一切电气量均可按异步机来确定。

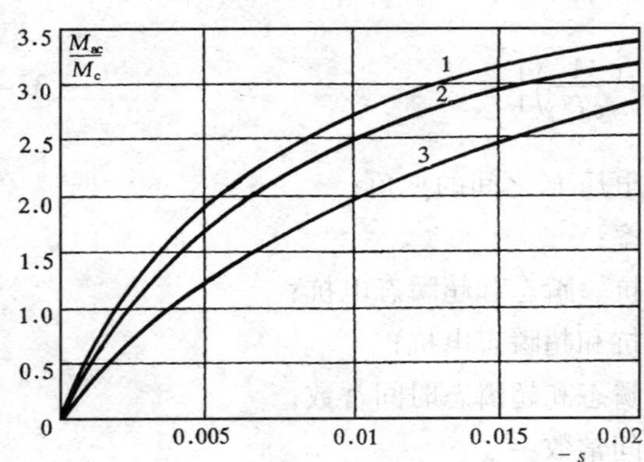

图32-10　24MW汽轮发电机额定电压下转矩和转差的关系

1—转子绕组短路；2—转子绕组经灭磁电阻短路；3—转子绕组开路

发电机无励磁异步运行时，转子回路的滑频电流，将在定子绕组中感应出（1—2s）f频率的电流（f为系统频率），使定子回路中出现电流波动现象。

3. 异步运行时无功负荷的确定

同步发电机在正常运行时，一般是向系统输出感性无功功率，而在异步运行时，便从系统吸收无功功率。当系统的无功容量不足时，将导致系统电压下降，引起系统的负荷不稳定或电压崩溃，甚至造成系统的稳定破坏。所以在很多情况下，除了决定发电机异步运行时能带的有功负荷外，还要确定发电机从系统吸取的无功功率。即

$$
\begin{aligned}
Q = & \frac{EU}{X_d}\cos(\delta_0 - st) - \frac{U^2}{2}\Bigg\{\left(\frac{1}{X_d}+\frac{1}{X_q}\right) - \left(\frac{1}{X_q}-\frac{1}{X_d}\right)\cos 2(\delta_0 - st) \\
& + \left(\frac{1}{X'_d}-\frac{1}{X_d}\right)\left[\frac{(sT'_d)^2}{1+(sT'_d)^2} + \frac{sT'_d}{\sqrt{1+(sT'_d)^2}}\cos\left(2\delta_0 - 2st - \mathrm{tg}^{-1}\frac{1}{sT'_d}\right)\right] \\
& + \left(\frac{1}{X''_d}-\frac{1}{X'_d}\right)\left[\frac{s^2T''^2_d}{1+s^2T''^2_d} + \frac{sT''_d}{\sqrt{1+s^2T''^2_d}}\cos\left(2\delta_0 - 2st - \mathrm{tg}^{-1}\frac{1}{sT''_d}\right)\right] \\
& + \left(\frac{1}{X''_q}-\frac{1}{X_q}\right)\left[\frac{s^2T''^2_q}{1+s^2T''^2_q} - \frac{sT''_q}{\sqrt{1+s^2T''^2_q}}\cos\left(2\delta_0 - 2st - \mathrm{tg}^{-1}\frac{1}{sT''_q}\right)\right]\Bigg\}
\end{aligned}
\tag{32-6}
$$

式（32-6）中，$\frac{EU}{X_d}\cos(\delta_0 - st)$ 是因励磁从系统吸取的无功，其幅值与转差无关，在异步运行时以转差频率交变；$-\frac{U^2}{2}\left(\frac{1}{X_d}+\frac{1}{X'_q}\right)$系在同步转速时从系统吸取的磁化无功；$\frac{U^2}{2}\left(\frac{1}{X_q}-\frac{1}{X'_d}\right)\cos 2(\delta_0 - st)$ 系由转子不对称引起的无功，在异步运行时以两倍转差频率交变；其余各项皆为异步运行时吸取的无功功率。如不计交变分量，其平均无功功率为

$$
\begin{aligned}
Q_{av} = & -\frac{U^2}{2}\Bigg[\left(\frac{1}{X_d}+\frac{1}{X_q}\right) + \left(\frac{1}{X'_d}-\frac{1}{X_d}\right)\frac{s^2(T'_d)^2}{1+s^2(T'_d)^2} \\
& + \left(\frac{1}{X''_d}-\frac{1}{X'_d}\right)\frac{s^2(T''_d)^2}{1+s^2(T''_d)^2} + \left(\frac{1}{X''_q}-\frac{1}{X_q}\right)\frac{s^2(T''_q)^2}{1+s^2(T''_q)^2}\Bigg]
\end{aligned}
\tag{32-7}
$$

在任何转差 s 下，发电机均从系统吸取无功功率。其值与 s 有关，即与失磁前发电机所带的有功负荷有关。当转差较大时，$sT \gg 1$，无功功率的平均值近似地决定于超瞬态电抗。即

$$Q_{av} \approx -\frac{U^2}{2}\left(\frac{1}{X''_d}+\frac{1}{X''_q}\right) \tag{32-8}$$

X''_d 与 X''_q 的值都很小，故 Q_{av} 必然很大。因此当发电机异步运行时，使系统承受着大量的无功功率，同时又由于无功功率交变分量的存在，会引起系统的电压波动。

4. 定子电流计算值

发电机失磁进入稳态异步运行时，定子电流可以近似地由式（32-9）计算

$$I = \frac{U_s}{X_d(s)}\sqrt{\frac{1+(sT'_{do})^2}{1+(sT'_d)^2}} \tag{32-9}$$

式中 I_s——失磁异步运行时的定子电流；

U_s——定子电压；

T'_{do}——定子绕组开路时转子纵轴暂态时间常数；

T'_d——定子绕组闭路时转子纵轴暂态时间常数；

s——异步运行滑差。

在同步转速（$s=0$）时，定子电流是由同步电抗 X_d 决定的。在小滑差范围内，当 s 增大时，X_d（s）减小（基本上由 X'_d 确定），故引起定子电流急剧增加。因此，此时如果发电机仍输出额定有功功率异步运行，定子电流将超过其额定值。

5. 转子损耗的确定

同步发电机在无励磁异步运行下的转子损耗，包括定子旋转磁场在转子本体、护环及阻尼绕组（有阻尼绕组的电机）中感应的涡流损耗。当励磁绕组闭路时，还包括励磁绕组中的损耗。通常规定转子中的损耗 ΔP_2 不应大于发电机在额定工况下运行的励磁损耗。异步运行时的转子损耗也可按异步机的公式进行计算。根据试验的经验可按下式计算

$$\left.\begin{array}{ll}\text{转子损耗} & \Delta P_2 \approx sP_1 \\ \text{对氢内冷发电机} & \Delta P_2 \leqslant P_{rn} \\ \text{对双内冷发电机} & \Delta P_2 \leqslant 0.5P_{rn}\end{array}\right\} \tag{32-10}$$

式中 s——异步运行时的转差率（%）；

P_1——发电机的输出功率（kW）；

P_{rn}——额定励磁损耗（kW）。

6. 转子电压的确定

当励磁绕组开路时，由于转子与定子磁场的相对运动，在励磁绕组中感应出转差频率的电压，其值可按下式计算

$$U_r = K'E'\frac{N_2}{N_1}\frac{K_2}{K_1}\cdot s \tag{32-11}$$

式中 K'——考虑阻尼回路的系数，此系数与转差有关，当 s 很小时，$K'=1$；当 $s=1$ 时，$K'=0.5\sim0.1$；

E'——旋转磁场在定子绕组中所感应的相电势；

N_2——励磁绕组的匝数；

N_1——定子每相绕组的串联匝数；

K_2、K_1——转子和定子绕组的绕组系数。

因为当转差增加时，系数 K' 减小，使励磁绕组开路的端电压并不完全与转差成正比。一般汽轮发电机异步运行时的转差小，励磁绕组的感应电压与正常励磁电压属于同一等级，并不会因电压太高而危及转子绕组的绝缘。

二、异步运行的试验

（一）试验目的和要求

1. 试验目的

通过对发电机的失磁异步运行试验，可获得失磁后该机能输出多少有功功率及其持续

运行的时间，并取得定子端部铁芯和金属结构件的温度数值。为被试型号的发电机失磁后，采用异步运行的技术提供依据。

2. 准备工作

通过对发电机的失磁异步运行试验，同时也对系统保护、汽机、锅炉以及厂用电系统作了综合性考验，从而判断该机所处的系统，是否有足够的无功功率储备；保护装置减负荷的能力是否满足汽机、锅炉的适应性，以及厂用电系统的可靠性要求等。然后进行综合分析判断，得出发电机失磁后能否允许异步运行，以及允许异步运行的能力和持续时间。由此作好失磁异步运行的技术措施，为提高系统供电的可靠性作技术准备。

但是，应强调的是作发电机失磁异步运行试验前，必须和调度等有关部门研究，拟定测试技术方案，安排系统和电厂的运行方式，以及试验时所需的有功和无功功率的备用容量，作好电压下降时的应急措施。

（二）试验方法和要求

1. 转子绕组接线方式

一般发电机在运行中，可能会出现三种失磁故障，即发电机转子绕组开路、转子绕组经励磁机电枢短路和经灭磁电阻短路。为了模拟这三种运行状态，励磁回路采用图 32-11 的接线进行试验。

（1）当发电机的转子绕组开路进行试验时，灭磁开关 SD 及 S2 均在断开位置，此时在 a、b 两点监视转子绕组内的转差频率电压。

（2）转子绕组经电枢短路进行试验时，灭磁开关 SD 在合闸状态，S1、S2 均在断开状态。此时，从分流器 R_f 上接毫伏表，监视转子转差频率的电流。

（3）转子绕组经灭磁电阻短路时，S2 在合闸状态，灭磁开关 SD 在断开位置，形成转子绕组经灭磁电阻 R 短路。也是从分流器 R_f 上接毫伏表，监视转子绕组内转差频率的电流。

这三种状态试验时，除了使用专用的测量表计进行测量外，也可用控制屏上的表计记录。

试验前，将并列在系统的汽轮发电机的负荷，及所有的电量进行记录。然后，按三种失磁状态进行操作，分别试验。用各种表计和录波器记录发电机由同步转入异步，再给以励磁拉入同步的全过程。

试验时，励磁机调节电阻 R_1 的位置保持不变，并使发电机的有功负荷，在异步运行的全过程中维持不变。

测量转差是用转子滑环上的电压表、或转子回路分流器 R_f 上的毫伏表、或定子回路电流表指针的全摆动次数计算。定子回路表计的摆动次数为转子回路表计摆动次数的两倍。转差的计算可按式（32-12）或式（32-13）进行，即

$$s(\%) = \frac{n_2 \times 100}{tf} = \frac{2n_2}{t} \tag{32-12}$$

或

$$s(\%) = \frac{n_1 \times 100}{2tf} = \frac{n_1}{t} \tag{32-13}$$

上两式中　f——系统频率（Hz）；

n_2、n_1——转子和定子回路表计指针在时间 t 内的全摆动次数；

t——读取 n_2 或 n_1 所经历的时间（s）。

异步运行时，转子绕组开路状态滑环上的电压，较其他两种状态时的电压高。但一般低于或接近转子的额定电压。

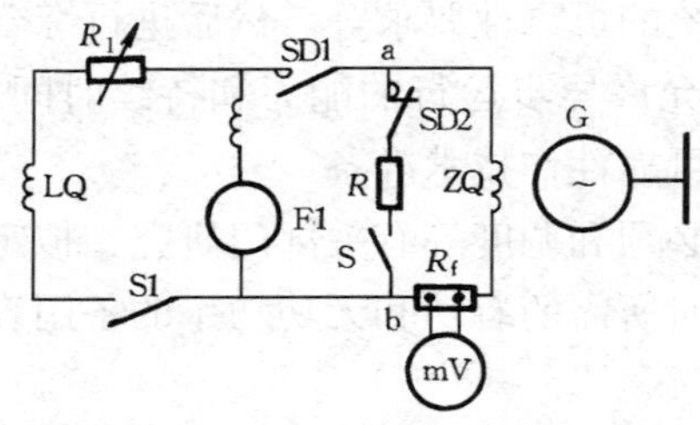

图 32-11　无励磁异步运行试验时励磁回路的接线

R_f—分流器；S1、S2—开关；SD1、SD2—灭磁开关；LQ—励磁绕组；R—灭磁电阻；ZQ—转子绕组；R_1—磁场电阻；F1—励磁机

2. 试验的准备、方法和要点

（1）装设测温和测磁元件。为了在试验时测量和监视定子端部铁芯及金属结构件的温度，试验前需在端部铁芯、压指、压圈、屏蔽环等处装设测温元件（热电偶或热敏电阻等，若制造厂已装设者可不另装设）和测量漏磁通的元件。

试验前，除在定子端部装设测量元件外，还需在护环搭接面附近、转子大小齿上、月牙槽内、挠性槽端头等处，埋设测温元件或涂敷示温漆，以测定失磁异步运行时转子表面的温度。

（2）检查失磁保护和调速系统的性能。试验前，应检查失磁保护和汽机调速系统的减负荷能力，必要时预先要进行联动试验，以掌握其性能，对于取自发电机端头的厂用电源，应供电可靠，若可靠性较差，须事先切至备用厂用电源。

（3）试验方法和要点。试验时，在确定的转子绕组接线方式下，发电机的有功功率由低到高分段递增。为了缩短试验时间，作失磁异步运行前，宜先将被试发电机带额定有功功率运行几个小时，然后降至30%～40%额定有功功率，开始作第1点的失磁异步运行试验。以下每点递增10%的额定有功功率，每点负荷失磁异步运行的时间约15～30min。按此将有功功率顺次递增，直到出现下列情况之一者，则终止再增加有功功率的试验。

1）定子电流达到了1.1倍额定值，或定子电压低到了0.9倍额定值；

2）定子端部温度达到了表32-1中的规定值；

3）转子中的总损耗达到了额定励磁损耗 ΔP_{rn}（水内冷转子为$\frac{1}{2}\Delta P_{rn}$）；

4）转子表面任一部件的温度达到了130℃；

5）出现了其它的异常情况。

此时，该点的有功功率和持续运行的时间，即为被试发电机失磁稳态异步运行的极限值（第5种异常情况除外）。

试验时，可用数字表计和记录型表计测录各电气参数，用记录仪录取每一点有功功率试验时的失磁、稳态异步运行和再同步的过程，用功角仪测量其功角的变化。在稳态异步运行过程中，用自动记录仪或其它表计，记录各测点的温度、磁密和定子、转子的电气量。有条件者，可记录调速汽门的开度和机组的振动数值。

需指出，若发电机在额定有功功率下失磁时，应迅速采用自动减负荷装置或人为手动调节，将有功功率降至40% ~50% P_n 范围内。根据国内外的经验，失磁后减负荷的速度，可采用下列数值：

100MW 级的发电机，在 15s 以内，将额定有功功率减至 50% P_n；

200MW 级的发电机，在 15s 以内，将额定有功功率减至 60% P_n，再经 5 ~10s 又将有功功率减至 50% 或 40% P_n；

300MW 级的发电机，在 25s 以内，将额定有功功率减至 60% P_n，再经 10 ~15s，又将有功功率减至 40% P_n。

三、小结

多年来，在我国电力系统内，进行了大量的汽轮发电机无励磁异步运行试验工作，积累了一定的运行经验，某些汽轮发电机异步运行试验的结果见表 32-2。实践证明，包括 60、50、100、200MW 的机组，在小转差下都能带适当的有功负荷，有的已经列入现场运行规程。所有隐极转子的汽轮发电机都可以无励磁异步运行，其最高允许负荷必须由试验决定，其限额条件主要取决于

1）发电机各部的温升不能超过前述的限制条件中的规定；

2）机组各部的振动幅值不能超过容许值；

3）系统电压的降低不能超过系统规定的容许范围；

表 32-3　　某些汽轮发电机异步运行试验的结果

机组型号	转子绕组的状态	异步有功（MW）	异步无功（Mvar）	定子电压（kV）	定子压降（%）	定子电流（A）	转子电压（V）	转子电流（A）	转差（%）	转子损耗（kW）
TQC-5674/2	经励磁机电枢短路	0.66 ~0.42	0.73 ~1.14	5.826 ~5.790	3.0	543 ~503	+10.0 ~ −10.0			
		4.93 ~4.20	8.52 ~7.52	5.868 ~5.610	4.5	1450 ~690	+10.0 ~ +5.0		0.0614	3.03
		8.27 ~6.48	13.85 ~11.20	5.820 ~5.490	5.6	1990 ~925	+10.0 ~ +3.0		0.1165	9.35
	经灭磁电阻短路	1.020 ~0.84	1.73 ~1.46	5.835 ~5.778	3.2	1105 ~970	+23.0 ~ +10.0		0.05925	5.65
		4.68 ~4.20	8.16 ~7.25	5.790 ~5.710	4.2	1040 ~860	+89.0 ~ −89.0		0.1425	6.69
		7.80 ~7.50	13.5 ~12.9	5.700 ~5.580	5.8	1590 ~1190	+140.0 ~ −140.0		0.267	20.80
	开路	0.96 ~0.54	1.66 ~0.97	5.826 ~5.760	3.4	7425 ~644	+32.0 ~ +20.0		0.0715	6.86
		5.1 ~4.93	8.75 ~8.5	5.75 ~5.70	4.5	1169 ~990	+160.0 ~ −160.0		0.2182	11.10
		7.8 ~7.50	13.5 ~13.1	5.70 ~5.64	5.5	1510 ~1270	+262.0 ~ −262.0		0.358	27.90
TQC-12-2	经励磁机电枢短路	6.25	6.24 ~14.00	6.09 ~6.19	3.20	912 ~1550	9.0	−100 ~ +100	0.084	5.25
		9.25	7.02 ~18.74	6.00 ~6.17	3.20	1150 ~2050	9.0	−215 ~ +215	0.144	13.30
		12.25	7.02 ~22.10	5.82 ~6.06	6.00	1500 ~2400	10.0	−270 ~ +270	0.208	25.50
	经灭磁电阻短路	6.00	8.32 ~11.96	5.89 ~5.95	2.80	972 ~1270	34.0	0	0.137	8.22
		8.80	10.00 ~15.20	6.07 ~6.15	4.35	1150 ~1640	50.0	0	0.239	21.10
		11.90	10.66 ~18.07	5.88 ~6.00	5.30	1250 ~2650	72.0	0	0.360	42.80
	开路	3.50	7.54 ~9.10	5.91	2.15	790 ~715	27.0	0	0.083	2.90
		6.20	9.50 ~11.80	6.00	2.50	1120 ~1263	57.0	0	0.192	11.90
		9.00	5.59 ~7.28	6.03	3.20	1300 ~1633	87.0	0	0.280	25.20

续表 32-3

机组型号	转子绕组的状态	异步有功(MW)	异步无功(Mvar)	定子电压(kV)	定子压降(%)	定子电流(A)	转子电压(V)	转子电流(A)	转差(%)	转子损耗(kW)
TQSS-50-2	经励磁机电枢短路	20.00	53.70			3328				64.40
	经灭磁电阻短路	24.50	53.00			3300				121.50
	开路	21.00	54.40			3400				143.00
QFSS-200-2	经励磁机电枢短路	42.00~72.00	81.20~128.00	10.38~12.43	9.50	4680~7560	0~7.5	400	0.15	72.00
	经灭磁电阻短路	48.60~52.20	90.70~127.40	11.43~12.30		4920~6234	40.0~140.0	150	0.40	210.00
	开路	42.70	120.00	13.00		5360	54.5		0.30	127.00

4)对于水轮发电机,由于小转差下所带的有功负荷很小,异步运行的实际意义不大,如转子有阻尼条,还有可能烧断阻尼条,是比较危险的。

第三节　汽轮发电机的负序温升试验

发电机带不平衡负荷或发生不对称故障时,定子负序电流产生的负序旋转磁场会在转子部件和励磁绕组回路中感应出两倍工频的涡流。由于该涡流沿着转子表层的极面、槽楔、齿部、护环嵌装面、护环、阻尼绕组(具有阻尼绕组时)以及励磁绕组流过,所以在这些部件中将产生附加损耗引起发热。当负序电流较大时,会使转子本体与护环嵌装面(或槽楔与齿部的接触面)或在转子磁极面挠性槽(设有挠性槽时)的两侧等处过热甚至烧伤。发电机带不平衡负荷时,在转子本体表面,感应的100Hz的涡流值较大时,会烧损转子的部件,威胁发电机的安全运行。还可能引起电机的附加振动,对通信线路引起高频干扰。因此,需通过试验确定电机带不平衡负荷的能力。

一、汽轮发电机不平衡负荷的限制因素及承受负序电流的能力

(一)限制因素

汽轮发电机带不平衡负荷运行时,会给电机和系统带来危害。但是,限制其带不平衡负荷的主要因素,是转子部件由附加损耗引起的局部高温,这对电机的危害最大。因为在高温下可能产生两种恶果,一是烧损部件;二是使部件过热,其机械强度降低。当温度超过部件的最高容许温度时,其机械强度急剧下降,且在离心力的作用下,会导致事故,所以转子各部件的最高容许温度值有一定的规定。根据国内对发电机转子部件机械特性试验研究的结果,结合我国的具体情况,推荐发电机带不平衡负荷运行及遭受突然不对称故障时,转子各部件所容许的温度限额值如表32-4所示。各部件的温度限额主要决定于所用材料的高温

机械特性。

在进行发电机的负序温升试验时，可按照表列的温度限额，确定电机转子部件承受负序电流的能力。对于国外进口的电机，需进行此项试验时，亦可参考表 32-4。

表 32-4　　转子各部件所容许的长期和瞬时温度限额值

材　料	长期容许温度（℃）	瞬时容许温度（℃）	部　位	材　料	长期容许温度（℃）	瞬时容许温度（℃）	部　位
转子钢	130	450	本体（包括大小齿）	铝青铜	130	250	槽楔
护环钢	130	420		紫　铜	130	220	槽内阻尼条
硬　铝	115	200	槽楔	紫　铜	130	300	阻尼端环

（二）承受负序电流能力

表征发电机承受负序电流能力的指标，分为稳态的和暂态的两种。因为目前转子部件的温度尚无监测方法，所以，通常是将电机进行负序温升试验，测量出转子部件的温度，并由温度限额确定其承受负序电流的能力。

稳态负序电流能力，通常是用负序电流 I_2 与额定电流比值的百分数来表征；而暂态负序电流能力，通常是用负序电流标么值的平方与其持续时间（s）的乘积这一表达式（通称判据）来表征，即

$$I_{2*}^2 t = K \tag{32-14}$$

式中　I_{2*}——负序电流的标么值；

t——负序电流持续的时间（s）；

K——表征转子承受暂态负序电流能力的常数。

发电机承受负序电流的能力，是以转子部件的最高温度不超过其容许值为基准而定出的限额，其稳态负序电流不应超过根据试验确定的负序电流 I_2 的标么值 I_{2*}。暂态负序电流要根据试验确定的 K 值和整定负序继电保护的要求来定。

二、测温元件的埋设部位及埋设方法

（一）测温元件的埋设部位

汽轮发电机在不平衡负荷下运行时，由负序电流形成的旋转磁场，在转子部件上感应的 100Hz 涡流，沿转子轴向流过。100Hz 涡流流经转子表层的路径示意图见图 32-12。在转子两端约占本体全长 10% ~20% 的区段，电流方向由轴向转为切向，即电流由此拐弯，形成闭合回路，如图 32-12 所示。

从图 32-12 可见，转子本体表层所感应的 100Hz 涡流，其由轴向转为切向的路径可分为：①经极面形成闭路；②由槽楔和小齿→护环嵌装面→护环→嵌装面→槽楔和小齿形成闭路（护环与转子本体直接接触时）；③由槽楔和小齿至阻尼绕组形成闭路（有阻尼绕组时）；④对于护环下设有绝缘垫，又无阻尼绕组的转子，则经端部槽楔小齿形成闭路。此外还有在励磁绕组中感应的 100Hz 涡流，则经本身形成闭路。

根据汽轮发电机在不平衡负荷下进行负序温升试验研究的结果表明，由 100Hz 涡流在转子部件，引起局部高温的部位，一般是沿转子轴向出现在转子两端（约占转子本体全长

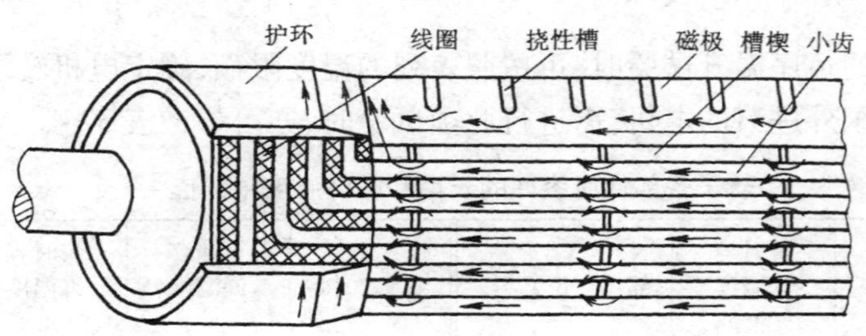

图 32-12　100Hz 涡流流经转子表层的路径示意图

10% ~20% 的区段)。

当转子大齿上铣有挠性槽时,局部过热处(或点)一般出现在转子挠性槽的两侧,如图 32-13(a)虚线所示。对于护环与转子本体直接接触的转子,其局部过热处(或点)一般出现在嵌装面、或第一、二段槽楔端头与齿的接触面上,如图 32-13(b)虚线所示。

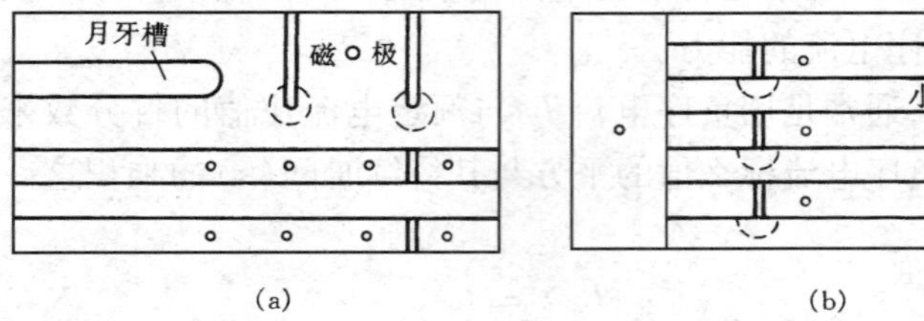

图 32-13　发电机转子的局部过热处

测温元件应埋设在上述高温区。

试验前,一般要采用静测法预测最高温度部位。即转子不转动,并将励磁绕组短路,对定子绕组施加三相 50Hz 或 100Hz$0.01U_n \sim 0.05U_n$ 的电压,使转子部件感应涡流发热。然后,用半导体点温计,或用可移式测温元件(热电偶或热敏电阻),找出转子表面的最高温度点,并在测量时要定期盘动转子。需说明,用这种办法测出的最高温度点,与转子同步旋转时,由负序电流在转子部件上感应 100Hz 的涡流引起的最高温度点不一定相同,但是,可以结合分析为预埋测温元件提供参考。

(二)测温元件埋设方法

负序温升试验的主要目的,是测量出转子部件上最热点的温度,以此确定电机承受负序电流的能力。目前测量转子温度的方法有以下几种,试验时可根据实际情况选用。

1. 变色漆测温法

用变色漆测温法,是将各种不同温度等级的不可逆变色漆,预先作好变色漆的温度与颜色示样,以备确定转子部件的温度时作为比较标准。然后,将其涂于预计转子在 100Hz 涡流发热下可能出现的局部高温处(或点),进行温升试验。这种测温结果比较粗略,误差较大。试验完毕,需要停机并抽出转子,才能读取温度。现在使用的变色漆型号较多,如 72-01 号,其示温范围为 100 ~270℃;72-03 号,其示温范围为 270 ~300℃;另外,还有各种温度等级的示温笔等。

2. 辅助滑环测温法

辅助滑环测温法，是在发电机的转子轴上选适当的部位，套装与轴绝缘的辅助滑环。装设滑环数的多少，由测温点数和轴上可用轴向长度而定。如果轴上没有可装滑环的部位，可以临时将同轴励磁机吊开，用对轮联接的办法将辅助滑环装在轴端。

测温元件可采用热电偶或热敏电阻。事先校验所采用的测温元件，作出温度特性曲线并编号。然后，将已校验的测温元件，用粘接剂粘贴在转子可能出现的局部过热处（或点），元件的引线，应采用 ϕ0.15mm 左右的双玻璃丝包线，并将其沿转子本体及轴表面牢固地粘贴。在粘贴测温元件处，应先将表面处理干净，然后再粘贴元件。粘贴引线的部位，也要将其表面处理干净。为了减小磁场干扰对测量结果的影响，各测温元件的两根引线要纽绕在一起。元件间的引线要平行粘贴，结成一束。引线到轴表面后，从轴上的径向孔穿至轴的中心孔，再引至辅助滑环并连接、编号。此外，也可以不在轴上钻孔（若中心孔不宜引线更应如此），而把引线一直沿表面粘贴至辅助滑环上。在辅助滑环上配置合适的低电阻碳刷和刷架，供测量时使用。这种测温方法的优点，是测量的温度误差小，试验时能连续监视被测点的温度，试验完后，不需要抽转子。其缺点是在转子轴上要套装或加装辅助滑环，转轴上有时需钻孔。测温元件的粘贴工艺要求高，容易损坏。

此外，目前国内尚在研究其他的测温方法，如无线电遥测法、红外线测温法等。

三、稳态负序温升试验

（一）近似试验法的基本概念

确定电机稳态负序能力最真实最准确的方法，应该是使发电机在额定工况下运行，待各部分的温度稳定后，定子上施加持续的负序电流，测量转子表面各部件和线圈的温升，由部件温升的容许值求得稳态负序电流能力。但是，这种方法实际上难以做到，只能探求近似的试验方法。近似试验方法的基本想法是作几次间接试验，使其所得损耗值的代数和，逼近真实情况下的损耗值。同时假设转子部件的总温升也是各次试验温升的代数和。然后由此温升求得稳态负序电流能力。

发电机在额定工况运行时的总损耗 P_Σ，叫做正序损耗。它包括机械损耗 P_m、定子铁芯损耗 P_{Fe}、短路损耗 P_k（包括附加损耗 P_a）和励磁损耗 P_{rn}，即

$$P_\Sigma = P_m + P_{Fe} + P_k + P_{rn} \tag{32-15}$$

当发电机同时又带有负序电流时，总损耗为

$$P_{\Sigma2} = P_m + P_{Fe} + P_k + P_{rn} + P_2 \tag{32-16}$$

式中　P_2——负序损耗。

以上各项损耗均转化为热量。如以 $\Delta\theta_m$、$\Delta\theta_{Fe}$、$\Delta\theta_K$、$\Delta\theta_{rn}$和 $\Delta\theta_2$ 分别代表各项损耗在转子部件上引起的温升，按温升代数相加的假设，转子部件上的总温升为

$$\theta_\Sigma = \Delta\theta_m + \Delta\theta_{Fe} + \Delta\theta_K + \Delta\theta_{rn} + \Delta\theta_2 \tag{32-17}$$

从近似试验的基本想法出发，按不同的试验条件，宜分别采用以下试验方法。

（二）发电机不具备并网条件时的试验方法

例如在制造厂进行负序能力试验时，发电机不具备并网带负荷的条件，因而无法测得正序损耗所产生的温升。在这种条件下，一般可用空载试验和三相稳定短路试验代替正序试

验。因此，全部试验项目包括下列几项。

1. 发电机空转温升试验

(1)试验目的。求取发电机由于机械损耗 P_m，在转子部件上各测点引起的温升 $\Delta\theta_m$。

(2)试验要求。转子保持额定转速，即 $n=n_n$，冷却介质进口温度 θ_0 维持额定值。每隔 20min 测量一次转子部件上各测点、转子绕组和冷却介质的温度，直至热稳定为止。

2. 发电机空载温升试验

(1)试验目的。求取发电机在额定电压 U_n 下，由于铁芯损耗 P_{Fe} 在转子部件上各测点引起的温升 $\Delta\theta_{Fe}$。

(2)试验要求。转子保持额定转速，即 $n=n_n$，冷却介质进口温度 θ_0 维持额定值。定子电压可分为 $0.4U_n$、$0.6U_n$、$0.8U_n$ 和 $1.0U_n$ 四种，分别进行试验。在每种试验电压下，每隔 20min 测量一次定子电压、转子电流、转子部件上各测点以及转子绕组和冷却介质的进口温度，直至热稳定为止。

3. 发电机三相稳定短路温升试验

(1)试验目的。求取发电机在额定定子电流 I_n 下，由于定子、转子铜损耗 $P_{sc}+P_{rc}$ 及附加损耗 P_a 在转子部件上各测点引起的温升 $\Delta\theta_K$。

(2)试验要求。转子保持额定转速，即 $n=n_n$，冷却介质的进口温度 θ_0 维持额定值。定子电流可分为 $0.5I_n$、$0.75I_n$ 及 $1.0I_n$ 三点分别进行试验。在每种试验电流下，每隔 20min 测量一次定子、转子电流，转子部件上各测点，以及转子绕组和冷却介质的温度，直至热稳定为止。

4. 发电机出口两相稳定短路温升试验

(1)试验目的。求取由于负序电流 I_2 在转子部件上，感应 100Hz 涡流所产生的附加损耗在各测点引起的附加温升 $\Delta\theta_2$。

(2)试验接线。两相稳定短路温升试验的接线，如图 32-14 实线所示。将发电机任意两相(如 B、C)短路，一相(A)开路。需说明，图中 SD1 和 SD2 分别为灭磁开关的常开和常闭触头。先合上开关 S1，当励磁开关合上时，SD2 断开，而 SD1 则合上；反之，当励磁开关断开时，则 SD2 合上，SD1 断开，两者是联动的。

(3)试验方法。将转子保持额定转速，即 $n=n_n$。此时，合上开关 S1 和励磁开关 SD1 后，调整磁场变阻器增加转子电流，使定子负序电流分别达到试验所需的电流数值。然后逐项进行试验。

两相短路试验的负序电流标么值(I_{2*})应从小到大，逐步增加，开始第一点可选 0.04，第二点选为 0.06，第三点要根据第二点试验而定，依次类推作 3～4 点。试验时，须注意监视转子各部件热点温度，以使其不超过规定的容许值。两相短路的负序电流按下式计算，I_2 的标么值为

$$I_{2*}=\frac{I_{k2}}{\sqrt{3}I_n}$$

两相稳定短路电流 I_{k2} 为
$$I_{k2}=\sqrt{3}I_nI_{2*} \tag{32-18}$$

式中 I_n——定子额定电流(A)。

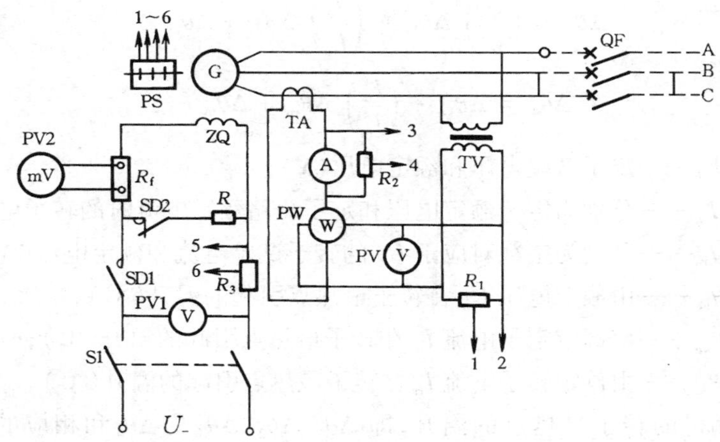

图 32-14　两相稳定短路负序温升试验的接线

PV1—直流电压表；PV—交流电压表；$R_1\sim R_3$—附加电阻；

R_f—分流器；PV2—直流毫伏表；PS—示波器；QF—油断路器；

R—灭磁电阻；PW—功率表

将每点负序电流相应的两相短路电流 I_{k2} 调整好后，每隔 20min 测量一次定子两相短路电流、开路相的电压 U_s、转子电流 I_r 和转子上各测点及转子绕组和冷却介质的温度，直至热稳定为止。

若有条件，也可以采用对定子三相绕组施加反相序电源，由此电源产生负序电流进行试验。

(4) 试验时的限额条件。试验时的限额条件有下列几点：

1) 受转子部件容许温度限额值的限制。这是因为发电机的转子本体是由多种金属材料装配而成的。由于材料不同，100Hz 的涡流在各部件中引起的温升也不同。试验时，为了防止由于各部件的温度过高，而引起机械强度降低发生故障。所以，试验时转子各部件的最高容许温度限额，不能超过表 32-4 的规定。

2) 发电机三相电流不平衡，其最大一相的定子电流不应超过额定值。

3) 发电机各轴承的振动不应超过容许范围，一般不超过 0.05mm。

5. 确定稳态负序电流容许值

由发电机空转、额定电压 U_n 下空载、非额定电压 U_T 下空载和三相稳定短路试验的结果，可以求出容许的稳态负序电流 I_2 的标么值，其算法如下。

由上述四项试验，设分别在空转热稳定时测得转子最热点的温升为 $\Delta\theta_1=\Delta\theta_m$；在空载额定电压 U_n 时测得转子最热点的温升为 $\Delta\theta_2$；在空载试验电压 U_T 时测得转子最热点的温升为 $\Delta\theta_3$；在短路额定定子电流 I_n 时测得转子最热点的温升为 $\Delta\theta_4$。

现列出温升 $\Delta\theta_2\sim\Delta\theta_4$ 的等式如下

$$\Delta\theta_2 = \Delta\theta_{Fe} + \left(\frac{I_{r0}}{I_{rn}}\right)^2\Delta\theta_{rn} + \Delta\theta_m \tag{32-19}$$

$$\Delta\theta_3 = \left(\frac{U_s}{U_n}\right)^2 \Delta\theta_{Fe} + \left(\frac{I_r}{I_{rn}}\right)^2 \Delta\theta_{rn} + \Delta\theta_m \tag{32-20}$$

$$\Delta\theta_4 = \Delta\theta_{kn} + \left(\frac{I_{rk}}{I_{rn}}\right)^2 \Delta\theta_{rn} + \Delta\theta_m \tag{32-21}$$

上三式中　U_s、U_n——定子试验电压和额定电压(V)；

I_{r0}、I_{rk}——分别为定子额定电压和定子短路额定电流时的转子电流(A)；

I_r、I_{rn}——分别为空载对应于 U_T 的转子试验电流和额定电流(A)；

$\Delta\theta_{Fe}$——由额定电压 U_n 在转子最热点引起的温升(℃)；

$\Delta\theta_{kn}$——由额定定子电流 I_n 在转子最热点引起的温升(℃)；

$\Delta\theta_{rn}$——由额定转子电流 I_{rn}在转子最热点引起的温升(℃)。

将每项试验测得的转子最热点的温升，即 $\Delta\theta_1$、$\Delta\theta_2$、$\Delta\theta_3$ 及 $\Delta\theta_4$ 和相应的电量代入式(32-19)~(32-21)，联立求解，即可得到 $\Delta\theta_{Fe}$、$\Delta\theta_{kn}$ 和 $\Delta\theta_{rn}$之值。

再根据两相短路温升试验时测量的转子最热点的温升 $\Delta\theta_{k2}$，即可写出式(32-22)，即

$$\Delta\theta_{k2} = \left(\frac{I_1}{I_n}\right)^2 \Delta\theta_{kn} + \left(\frac{I_2}{I_n}\right)^2 \Delta\theta_{2n} + \left(\frac{I_{r2}}{I_{rn}}\right)^2 \Delta\theta_{rn} + \left(\frac{U_T}{U_n}\right)^2 \Delta\theta_{Fe} + \Delta\theta_m \tag{32-22}$$

式中　I_1、I_2——分别为两相短路时的正序和负序电流(A)；

I_{r2}——两相短路时的转子电流(A)。

因为在两相稳定短路的负序温升试验中，其正序和负序电流相等，所以它和三相稳定短路有正序电流时，外加负序温升试验，基本上是等效的，所以式(32-22)亦可改写成式(32-23)，即

$$\Delta\theta_{12} = \left(\frac{I_1}{I_n}\right)^2 \Delta\theta_{kn} + \left(\frac{I_2}{I_n}\right)^2 \Delta\theta_{2n} + \left(\frac{I_{r2}}{I_{rn}}\right)^2 \Delta\theta_{rn} + \left(\frac{U_T}{U_n}\right)^2 \Delta\theta_{Fe} + \Delta\theta_m \tag{32-23}$$

式中　$\Delta\theta_{12}$——发电机在有正序和负序电流运行下，转子部件最热点的容许温升，取表 32-4 规定的限额值；

$\Delta\theta_{2n}$——发电机的负序电流等于额定电流时转子部件最热点的温升，由式(32-22)求出。

从式(32-23)解得

$$\frac{I_2}{I_n} = \sqrt{\frac{\Delta\theta_{12} - \left(\frac{U_T}{U_n}\right)^2 \Delta\theta_{Fe} - \Delta\theta_m - \left(\frac{I_1}{I_n}\right)^2 \Delta\theta_{kn} - \left(\frac{I_{r2}}{I_{rn}}\right)^2 \Delta\theta_{rn}}{\Delta\theta_{2e}}}$$

式中　U_T/U_n——定子电压的标么值 U_*；

I_2/I_n——负序电流标么值 I_{2*}；

I_1/I_n——正序电流标么值 I_{1*}；

I_{r2}/I_{rn}——对应于 I_1、I_2 两相短路试验的励磁电流标么值 I_{r*}。

所以

$$I_{2*} = \sqrt{\frac{\Delta\theta_{12} - U_*^2 \Delta\theta_{Fe} - \Delta\theta_m - I_{1*}^2 \Delta\theta_{kn} - I_{r*}^2 \Delta\theta_{rn}}{\Delta\theta_{2n}}} \tag{32-24}$$

式(32-24)中 I_{2*} 即为所求的发电机容许的稳态负序电流标么值。

(三)发电机具备并网条件时的试验方法

在发电厂已投入运行的电机，如具备并网直接带负荷的条件，则正序损耗温升可直接在额定工况下测得，负序损耗温升可外加负序电流或由两相短路试验测得。在这种条件下，求发电机的稳态负序能力时应按下述方法进行。

1. 试验项目

(1)发电机空转温升试验。发电机空转温升试验的目的和要求与本节发电机不具备并网条件时的试验方法中1项相同。

(2)发电机出口两相稳定短路温升试验。

发电机出口两相稳定短路温升试验的目的、接线、方法和试验时的限额条件，与本节发电机不具备并网条件时的试验方法中4项相同。

(3)额定工况下的温升试验

1)试验目的。求取发电机在额定工况运行时，由总损耗 P_Σ 在转子部件上各测点引起的温升。

2)试验要求。这项试验是在发电机并网并在额定工况运行时进行的，与发电机正常温升试验的要求、接线和方法基本相同，但此时必须测量转子部件上各测点的温升，并一直测到热稳定时为止。

也可以将定子电流分为0.5、0.75和1.0倍额定电流，分别进行试验。在每一种定子电流下，将功率因数和冷却介质的温度均调为额定值后进行正序温升试验，测量出转子部件上各测点的温升。

2. 确定稳态负序电流容许值

(1)计算法。综上所述，在进行1项发电机的空转温升试验时，其损耗只有机械损耗 P_m，它在转子部件上各测点引起的温升为 $\Delta\theta_m$。

在进行2项两相稳定短路温升试验时，其损耗 P_{k2} 中，除了机械损耗 P_m 和负序损耗 P_2 之外，尚有正序电流 I_1(数值与 I_2 相等)所产生的损耗 P_1 和转子电流损耗 P_{r2}。即

$$P_{k2} = P_m + P_2 + P_1 + P_{r2} \tag{32-25}$$

但是相对于电机的总损耗($P_\Sigma + P_2$)而言，P_1 和 P_{r2} 数值很小，对转子部件上各测点的温升影响甚微，可略去不计。所以可认为 $P_{k2} \approx P_m + P_2$。由 P_2 在转子部件上各测点引起的温升为 $\Delta\theta_2$。

在进行3项额定电流、电压的满负荷温升试验时，其总损耗为 P_Σ，它在转子部件上各测点引起的温升为 $\Delta\theta_r$。

将上列1～3项正序与负序试验损耗之和减去空转试验损耗，恰好与真实情况下的损耗值相等，即

$$\begin{aligned} P_{\Sigma 2} &= P_\Sigma + (P_m + P_2) - P_m \\ &= P_m + P_{Fe} + P_k + P_{rn} + P_m + P_2 - P_m \\ &= P_m + P_{Fe} + P_k + P_{rn} + P_2 \end{aligned} \tag{32-26}$$

其结果与式(32-16)一样。

对应于上列三项试验温升的代数和 $\Delta\theta$ 为

$$\Delta\theta = \Delta\theta_r + \Delta\theta_2 + \Delta\theta_m \tag{32-27}$$

将转子部件各测点所得的 $\Delta\theta$ 值,分别与该部件长期容许的温升限值(见表 32-4)相比较,就可求得稳态负序电流能力。

(2)作图法。

1)绘出 $\Delta\theta_2$ 与负序电流的关系曲线。根据两相稳定短路温升试验的结果,由转子部件最热点的温升减去机械损耗温升 $\Delta\theta_m$ 后,绘出 $\Delta\theta_2 = f\left(\frac{I_2}{I_n}\right)$的关系曲线,如图 32-15 所示。

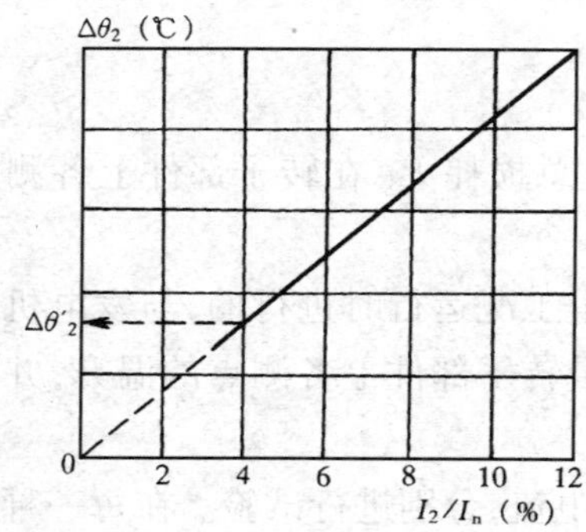

图 32-15 两相短路时转子最热点温升 $\Delta\theta_2 = f\left(\frac{I_2}{I_n}\right)$的关系曲线

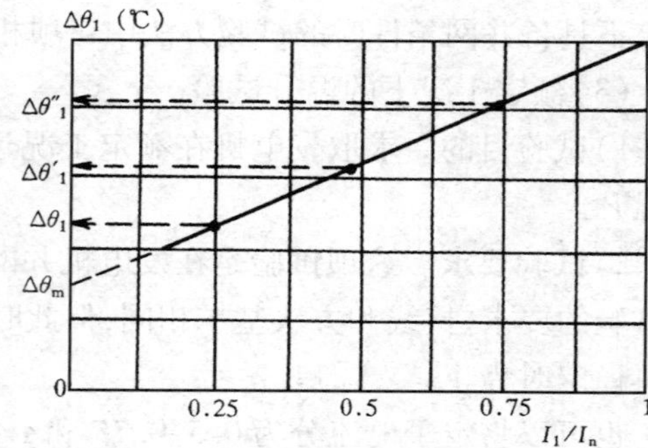

图 32-16 转子最热点温升 $\Delta\theta_1 = f\left(\frac{I_1}{I_n}\right)$的关系曲线

2)绘出 $\Delta\theta_1$ 与正序电流的关系曲线。根据第 3 项定子电流在 0.5、0.75 和 1.0 倍额定值下的正序温升试验结果,绘出转子部件最热点温升 $\Delta\theta_1 = f\left(\frac{I_1}{I_n}\right)$的关系曲线,如图 32-16 所示。

3)绘出 $\Delta\theta_2$ 与正序电流的关系曲线。通过图 32-15 和 32-16 两组曲线,可以求出负序电流不同时,转子部件最热点的温升 $\Delta\theta_2$ 与正序电流$\frac{I_1}{I_n}$的关系曲线,如图 32-17 所示,其作法如下,即

a)从图 32-16 上,查出由于机械损耗在转子部件最热点引起的温升 $\Delta\theta_m$ 的数值,绘在图 32-17 的温升坐标轴上,得 $\Delta\theta_m$ 点。

b)从图 32-15 上取 $I_2 = \frac{I_2}{I_n} = 4\%$ 时,对应的温升数值 $\Delta\theta'_2$,加上从图 32-16 上查得$\frac{I_1}{I_n} = I_{1*} = 0.25$ 时的温升 $\Delta\theta_1$,减去机械损耗温升,即 $\Delta\theta_1 - \Delta\theta_m$ 后,作出图 32-17 上的 a 点,并在该图上取 I_{1*} 为 0.25 的点,由 a 和 0.25 两点分别作垂线,二垂线相交于点 a′。

c)以 a 点的温升数值,加上从图 32-16 上,查出另一点 $I_{1*} = 0.5$ 时的温升 $\Delta\theta'_1$,同理将 $\Delta\theta'_1 - \Delta\theta_m$ 后,在图 32-17 上找出温升为 $0a + \Delta\theta'_1 - \Delta\theta_m$ 的点 b,又在横轴上找出 $I_{1*} = 0.5$ 的点,由 b 和 0.5 两点分别作垂线,二垂线相交于点 b′。

d)再以 a 点的温升加上从图 32-16 上查出 $I_{1*}=0.75$ 时的温升 $\Delta\theta''_1$，又将 $\Delta\theta''_1-\Delta\theta_m$ 后，在图 32-17 上找出温升为 $0a+\Delta\theta''_1-\Delta\theta_m$ 的点 c，在横轴上又找出 $I_{1*}=0.75$ 的点，由 c 和 0.75 两点分别作垂线相交于点 c′，将 $\Delta\theta_m$、a′、b′和 c′点连成曲线，即得 $I_2=4\%$ 时，$\Delta\theta_2=f(I_{1*})$ 的曲线 1。以同样的作图步骤，可分别作出 $I_2=6\%$，$I_2=8\%$……值的曲线族 2、3……等。

e)从图 32-17 的温升 $\Delta\theta_2$ 坐标上，找出转子部件最热点温升的容许值 $\Delta\theta'_2$，由 $\Delta\theta'_2$ 点作横轴的平行线，分别与 $I_2=4\%$、$I_2=6\%$、$I_2=8\%$ 的曲线相交于点 d、e 和 f 三点。该三点表示当正序电流的标么值 I_{1*} 不同时，容许的负序电流 I_2 的百分值。将 d、e 和 f 点所对应的 $I_2(\%)$ 和 $\frac{I_1}{I_n}$ 的值作成图 32-18 的形式，该曲线即表示发电机容许的负序电流限额值与不同正序电流的关系。

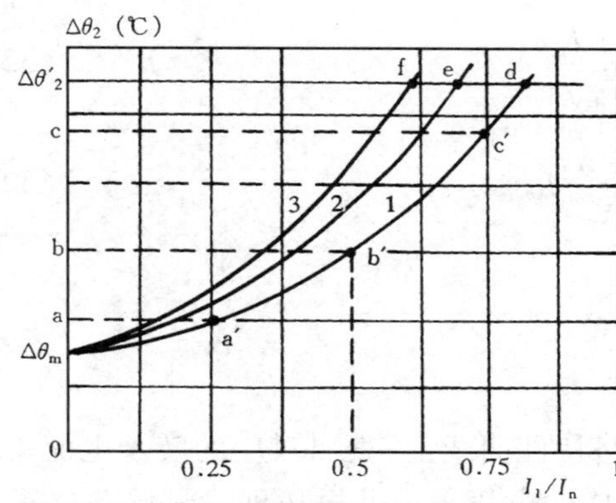

图 32-17　不同负序电流时转子最热点的温升 $\Delta\theta_2=f\left(\frac{I_1}{I_n}\right)$ 的关系曲线

1—$I_2=4\%$；2—$I_2=6\%$；3—$I_2=8\%$

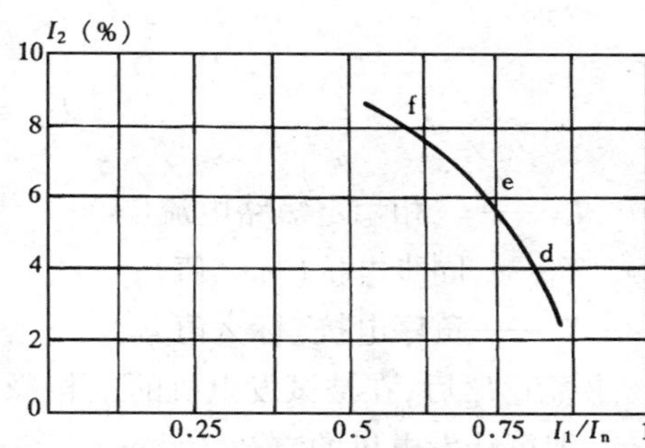

图 32-18　容许的负序电流限额值($I_2\%$)与不同正序电流(I_1/I_n)的关系曲线

需指出，发电机具备并网条件时的试验方法，还可以采用两相运行法求其稳态负序能力。现介绍如下。

两相运行法是将发电机断开一相后并入电网，带不同的有功功率，作两相运行的负序温升试验。在每种负序电流下，测量转子部件上各测点的温升，一直到热稳定为止。同时，在每种负序电流下，要监视转子部件最热点的温升，不能超过其容许值。试验完后，作出转子部件最热点的温升与负序电流的关系曲线。由部件的容许温度值表 32-4 直接求得被试电机的稳态负序电流容许值。

这种试验方法必须考虑系统的运行方式，有关的保护措施及对有线通讯的干扰等。

四、暂态负序温升试验

暂态负序电流试验时，首先要确定转子部件最热点温度的试验方法，如埋设测温元件等与稳态负序电流试验相同。试验时，转子各部件的极限温度如表 32-4 中所示。

(一)暂态负序温升试验的方法

1. 发电机两相突然短路

(1)两相短路电流数值的选择。设发电机的暂态负序电流能力为 $I_2^2t=K$ 的数值,应配合负序保护和断路器动作的时间,计算出负序电流的标幺值$\left(\text{即 } I_{2*}=\sqrt{\frac{K}{t}}\right)$。为了安全起见,第一次所加暂态负序电流标幺值,略比容许的稳态负序电流大些。根据第一次试验得到转子部件最热点温升的余量,再估算决定第二点负序电流 I_{2*} 的试验值。

例如:设 $I_2^2*t=K=10$,在绝热过程中时间 t 应不大于60s,此时暂态负序电流的标幺值为

$$I_{2*}=\sqrt{\frac{K}{t}}=\sqrt{\frac{10}{60}}=0.41$$

暂态负序电流的标幺值决定后,可算出两相稳定短路的负序电流值,用式(32-18)计算出两相稳定短路电流值。然后按式(32-28)和式(32-29)计算出三相稳定短路电流,即

$$I_1=I_2=\frac{I_{k2}}{\sqrt{3}} \tag{32-28}$$

$$I_{k3}=\frac{X_d+X_2}{\sqrt{3}X_d}I_{k2} \tag{32-29}$$

式中 I_{k3}——三相稳定短路电流(A);

X_d——同步电抗(标幺值);

X_2——负序电抗(标幺值)。

计算出 I_{k3} 后,在被试发电机的三相稳定短路特性曲线上,查出对应的转子电流 I_r。由电流 I_r 即可从发电机的空载特性曲线上查得对应的电压 U_{s0},此电压即为试验前定子的空载电压。电压 U_{s0} 是使两相短路电流为 I_{k2} 时,所需要的定子空载电压或相应的转子电流值 I_r。

(2)试验接线与测量参数。试验接线如图32-14所示(接入虚线部分,拆除实线部分的短路线)。测量参数为:

1)定子暂态负序电流 I_2 的数值和变化过程。

2)定子开路相(如A)与短路相(如C)间的电压数值和变化过程。

3)转子电流、电压的变化过程。

4)转子最热点的温度变化过程,即通称的温度与时间的特性曲线。

5)转子绕组的平均温度。

6)发电机冷却介质的温度 θ_0。

(3)试验操作步骤

1)选择适当容量的断路器QF,并在其出线侧接两相短路线,如图32-14中B、C两相所示。

2)按试验接线接入测量设备、仪表及录取电参数和温度参数的录波装置。

3)启动发电机,且使其维持额定转速空转,并调整冷却介质的温度 θ_0 为额定值,同时记录转子最热点的初始温度和其他测点的温度值。

4）先合上断路器QF，再合上开关S1和励磁开关。

5）迅速调节发电机的转子电流 I_r，使定子电流达到预定值。此时，将调整磁场变阻器的位置作好标记，然后立即断开断路器QF，测量发电机的空载电压，使其达到上述估算的 U_{s0} 值（或先合上S1和励磁开关，QF处于断开位置，调整磁场变阻器，使发电机的空载电压达到预定值 U_{s0} 后，亦将磁场变阻器的位置作好标记）。然后，将磁场变阻器调整到最大位置。

6）维持发电机空转，使转子最热点的温度冷却到接近初始温度后，合上S1和励磁开关，调整磁场变阻器至预定位置。

7）起动记录电量参数和转子温度的录波器和仪表（电量只录取两相短路电流的瞬变过程）后，立即合上断路器QF。录取转子最热点温度与时间的特性曲线，并监视其最热点的温度不超过限额值（当转子最热点温度已达到限额温度或控制温度时，应立即断开励磁开关，让发电机继续空转冷却）。

8）约经60s后，断开励磁开关，继续录取转子最热点温度与时间的特性曲线，当该特性曲线出现下降后，停止录波。此时，记录发电机各测点的温度。

如果试加暂态负序电流 I_2 后，在绝热时间60s内，转子最热点的温度还低于容许值较多时，可适当增大 I_2 的数值，重复上述试验，直至接近容许温度为止。

2. 两相短路突加励磁法

如果采用两相突然短路的方法，作暂态负序温升试验有困难时，可以采用发电机两相稳定短路，转子突加励磁法进行。其作法基本上与两相突然短路法相同，仅在操作步骤上略有差别。其步骤如下。

1）合上S1、励磁开关和断路器QF。

2）调整磁场变阻器，迅速增加励磁电流 I_r，使定子电流 I_{k2} 达到预定值。

3）立即断开励磁开关，而磁场变阻器的位置保持不变。

4）使发电机空转，以便使转子最热点的温度冷却到接近初始温度。当冷却到接近初始温度后进行5）项试验。

5）起动记录电量参数、转子温度的记录仪和仪表，迅速合上励磁开关，录取转子最热点温度与时间的特性曲线，并同时监视转子最热点的温度不超过限额值。

6）取不同的 I_2 值，重复上列1）～5）项试验，应在60s内达到转子部件材料所容许的暂态温度，否则应继续加大 I_2 值进行试验。

该方法的优点是定子绕组受到的电流冲击比突然短路法小，并且可以不要断路器QF。其缺点是当转子突加励磁后，转子电流上升有一定时延，所以最热点的温度上升要慢一些，因此用这种方法所测得的 $I_2^2t=K$ 的数值偏大。

（二）确定电机暂态负序电流能力值

下面以两相突然短路法为例，说明确定电机暂态负序电流能力 $I_2^2t=K$ 值的作法：

1）绘出在预定的各种负序电流 I_2 下，定子突然两相短路时，转子部件最热点温度与时间的特性曲线，如图32-19所示。

2）如以转子某部件材料的瞬时容许温度（见表32-4）θ_1 为限额，由纵坐标的 θ_1 点，作平行于横轴的平行线，分别与负序电流标么值 I_{2*} 为 0.6、0.5 和 0.4 温秒特性曲线的绝热线（直线部分延长线），相交于 1、2 和 3 点，由这 3 点分别作横轴的垂线，与横轴相交获得 t_1、t_2 和 t_3。则该机的暂态负序电流能力按下列公式计算，即

$$K_1 = I_{2*}^2 t_1; K_2 = I'^2_{2*} t_2; K_3 = I''^2_{2*} t_3 \cdots$$

取各次的算术平均值，即

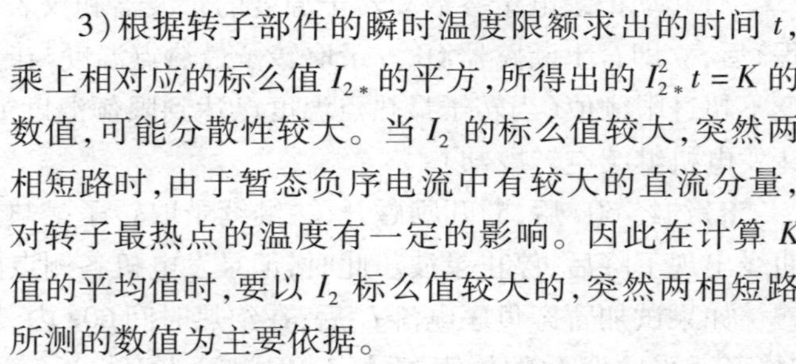

$$K_{av} = \frac{1}{n}\sum_{1}^{n} K_i \qquad (32\text{-}30)$$

K_i 为各次时间所得值。

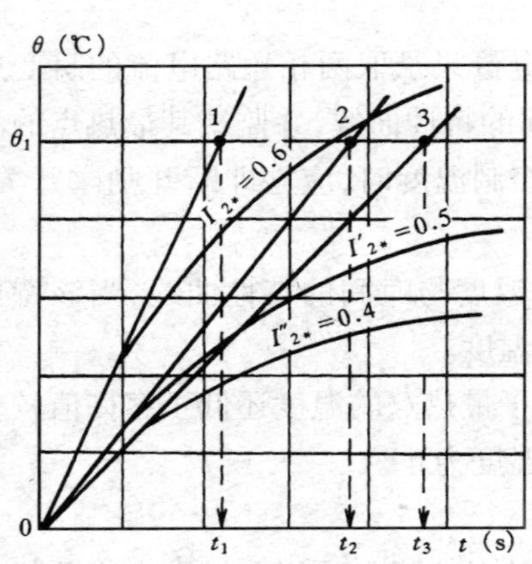

图 32-19　转子部件最热点的温秒特性曲线示意图

3）根据转子部件的瞬时温度限额求出的时间 t，乘上相对应的标么值 I_{2*} 的平方，所得出的 $I_{2*}^2 t = K$ 的数值，可能分散性较大。当 I_2 的标么值较大，突然两相短路时，由于暂态负序电流中有较大的直流分量，对转子最热点的温度有一定的影响。因此在计算 K 值的平均值时，要以 I_2 标么值较大的，突然两相短路所测的数值为主要依据。

需要指出，一般计算转子绝热过程的时间，世界各国取为 5 ~ 120s，根据我国目前的试验结果，推荐值为 60s。所以在进行暂态负序温升试验时，若在 60s 内转子部件最热点的温度，未达到瞬时最高容许值时，可适当加大 I_2 的值再进行试验。

（三）用突然两相短路法进行负序温升试验的安全注意事项

1）在进行突然两相短路的试验中，要监视转子最热点的温度，不能超过转子部件的容限温度；每次试验的持续时间，不要超过 60s；

2）突然两相短路瞬间，定子开路相的过电压倍数不能超过 $1.5U_n$，对于绝缘老旧的电机，不应超过现有的绝缘水平；

3）确定突然两相短路时的 I_2 初始标么值，不要过大。因为在突然两相短路瞬间，暂态电流较大，定子绕组要受到较大的电动力冲击。可能会损伤定子绕组端部，所以，I_2 的试验数值应根据现场机组情况，会同有关方面共同商定。

需说明，水轮发电机承受负序电流能力的试验，可参照这里所述的方法进行。但在进行水轮发电机的负序温升试验时，机组振动将是一个重要的限制因素，应严密监视其振动情况。

第三十三章

发电机的参数试验

第一节　试验的目的和基本参数

测量发电机的基本参数，是为电力系统的安全、稳定和经济运行提供可靠的数据。因此，对电力系统的合理调度、发电机特殊运行方式以及对发电机进行设计等，均需进行理论计算并通过试验来测取发电机的参数。

发电机的主要基本参数如下：

纵轴同步电抗 X_d；　　零序电抗 X_0；

横轴同步电抗 X_q；　　定子漏电抗 X_s；

纵轴瞬态电抗 X'_d；　　定子绕组直流分量衰减时间常数 T_a；

横轴瞬态电抗 X'_q；　　定子绕组纵轴瞬态时间常数 T'_d；

纵轴超瞬态电抗 X''_d；　　定子绕组纵轴超瞬态时间常数 T''_d；

横轴超瞬态电抗 X''_q；　　定子绕组开路纵轴瞬态时间常数 T'_{d0}；

负序电抗 X_2；　　机械时间常数 H 等。

发电机的电抗参数，通常用标么值表示，时间常数的单位为 s。

在标么制中，以额定电压 U_n(V)、额定视在容量 S_n(VA)为基值。此时基值电流为

$$I_n = \frac{S_n}{\sqrt{3}U_n} \tag{33-1}$$

式中　I_n——定子额定电流(A)；

S_n——额定容量(VA)；

U_n——额定电压(V)。

基值阻抗 Z_n(Ω)为

$$Z_n = \frac{U_n^2}{S_n} \tag{33-2}$$

下面分别介绍各参数的测量方法和计算公式，并用有名制给出，其与基值量之比为该量的标么值。发电机的有关参数见附录 I。

第二节　同步电抗 X_d 和 X_q

一、基本概念

同步发电机在稳定同步转速运行时，正序电流产生的电枢反应磁通(ϕ_{ad}、ϕ_{aq})与定子绕

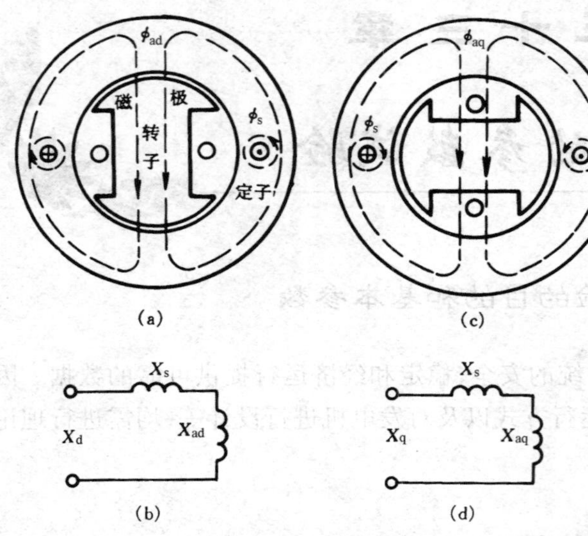

图 33-1　同步电抗的磁通分布及其电抗等值电路

(a)、(c)磁通分布示意图;(b)、(d)电抗等值电路

组漏磁通(ϕ_s)所确定的定子绕组的电抗,称为同步电抗。同步电抗的磁通分布及电抗等值电路如图 33-1 所示。

电枢反应磁通经气隙、转子本体与转子绕组匝链,漏磁通仅与定子绕组本身匝链。当电枢反应磁通与电机磁极轴线的位置相重合时[图 33-1(a)],稳态磁链所确定的电抗称为纵轴同步电抗 X_d[图 33-1(b)];而电枢反应磁通与电机磁极轴线相垂直时[图 33-1(c)],稳态磁链所确定的电抗,称为横轴同步电抗[图 33-1(d)]。

工程应用上,设定子绕组的漏电抗与转子位置无关,已能满足实际的要求。因此,设纵轴和横轴时的漏电抗相等,则同步电抗等于电枢反应电抗(X_{ad}、X_{aq})与定子漏电抗(X_s)之和。即

$$X_d = X_{ad} + X_s \tag{33-3}$$

$$X_q = X_{aq} + X_s \tag{33-4}$$

式中　X_{ad}——定子绕组纵轴电枢反应电抗;

X_{aq}——定子绕组横轴电枢反应电抗;

X_s——定子绕组漏电抗。

对于凸极发电机,$X_{ad} > X_{aq}$,所以 $X_d > X_q$。对于隐极发电机,$X_{ad} \approx X_{aq}$,所以 $X_d \approx X_q$。

严格说来,在隐极发电机中,由于转子上有磁极(大齿)存在,致使 X_d 略大于 X_q,但是相差不大,所以通常认为两者相等。

磁路饱和,尤其是电机主磁路饱和,对同步电抗的影响较大。但是,漏磁路饱和对漏电抗有影响,对同步电抗数值的影响并不大。因此,当磁路饱和时,仅考虑其对电枢反应电抗的影响。

对于凸极发电机,磁路饱和主要影响 X_d,而对 X_q 的影响则较小。

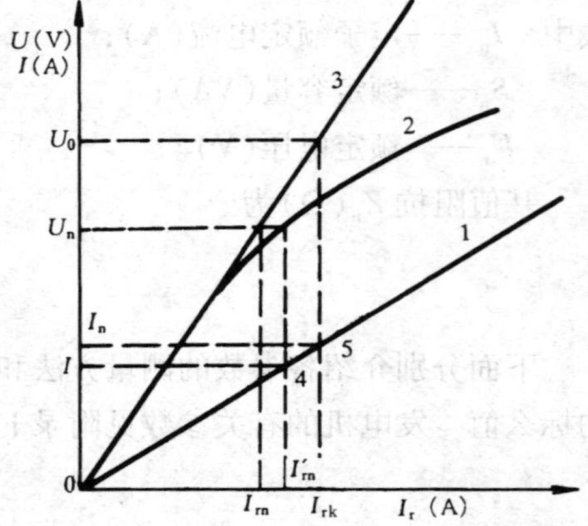

图 33-2　由空载特性和短路特性曲线求 X_{du}

二、测量同步电抗的方法

(一)空载、短路特性曲线法

1. 求取方法

根据发电机的空载特性曲线和三相稳定短路特性曲线,可以求得纵轴同步电抗的非饱和值 X_{du},如图 33-2 所示。

在定子三相稳定短路特性曲线 1 上，确定定子电流为额定值 I_n 时的励磁电流 I_{rk}，由 I_{rk} 在空载特性曲线 2 直线部分的延长线 3 上，确定空载电压 U_0，则

$$X_{du} = \frac{U_0}{\sqrt{3}I_n} \tag{33-5}$$

式中 X_{du}——纵轴同步电抗的非饱和值(Ω)；

U_0——由 I_{lk} 在空载特性曲线直线部分延长线 3 上确定的空载电压(V)；

I_n——定子绕组的额定电流(A)。

在空载特性曲线直线部分的延长线上，求出额定电压 U_n 下的励磁电流 I_{rn}，则 X_{du} 的标么值为

$$X_{du*} = \frac{I_{rk}}{I_{rn}} \tag{33-6}$$

式中 X_{du*}——纵轴同步电抗非饱和值的标么值；

I_{rk}——由定子额定电流 I_n 从短路特性上确定的励磁电流(A)；

I_{rn}——由定子额定电压 U_n 从空载特性曲线直线部分确定的励磁电流(A)。

与短路特性曲线有密切联系的是短路比 K。短路比是在额定电压 U_n 下，从空载特性曲线上查得的励磁电流 I'_{rn}，由 I'_{rn} 从三相稳定短路特性曲线上求出的静子电流 I 的标么值，即 $K = \frac{I}{I_n} = \frac{04}{05} = \frac{I'_{rn}}{I_{rk}}$。当磁路在额定电压 U_n 下，尚未饱和时，则 $I'_{rn} = I_{rn}$。所以当磁路未饱和时，短路比的数值等于纵轴非饱和同步电抗标么值的倒数。即

$$K = \frac{1}{X_{du*}} = \frac{I_{rn}}{I_{rk}} \tag{33-7}$$

因此，知道短路比 K，就能求得纵轴同步电抗非饱和值的标么值 X_{du*}。

短路比在一定型式的电机范围内，标志着电机的静态稳定和电压变化率的水平。一般说来，短路比越大，X_d 越小，静态稳定极限就越高，电压变化率也越小。

2. 注意事项

(1)测量空载特性曲线应在额定转速下进行。测量发电机的空载特性曲线时，应在额定转速 n_n 下进行。否则，发电机的空载电压应按式(33-8)校正。即

$$U = \frac{n_n}{n_s}U_s\ (\mathrm{V}) \tag{33-8}$$

式中 U——校正到额定转速的定子电压(V)；

n_n——电机的额定转速(r/min)；

n_s——试验时的实际转速(r/min)；

U_s——试验时的实测电压(V)。

(2)受剩磁影响的空载特性曲线应进行校正。发电机空载运行时，由于转子磁极的剩磁，在定子绕组上感应的电压称为残压。若此电压较高时，会使空载特性曲线不通过方格坐标的零点，而与纵坐标轴相交。此时，应将空载特性曲线进行校正，如图 33-3 所示。即将空载特性曲线 1 的直线部分延长与横坐标轴相交，交点 K 的横坐标绝对值，即为校正量 ΔI_r。在所有试验测得的励磁电流数值上加上 ΔI_r，即得通过坐标原点 0 的校正曲线 2。

(3)在$\frac{1}{3}$以上额定转速测取的短路特性曲线可不进行校正。因为发电机的短路电势和短路电抗均与转速成正比，所以当发电机转子的转速为额定转速的$\frac{1}{3}$以上时，发电机的短路电流即与转速无关，故此时测取的短路特性曲线，不需要按转速进行校正。

(二)用反向励磁法求取横轴同步电抗 X_q

将发电机并入系统空载运行，逐渐减少励磁电流 I_r 到零值。然后，改变励磁电流的极

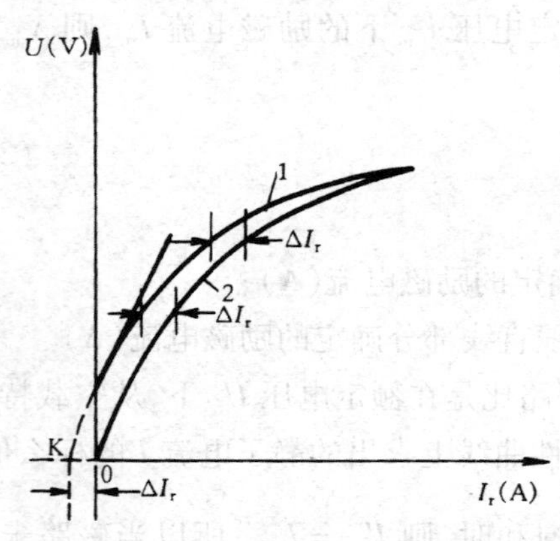

图 33-3　校正励磁电流的作图法

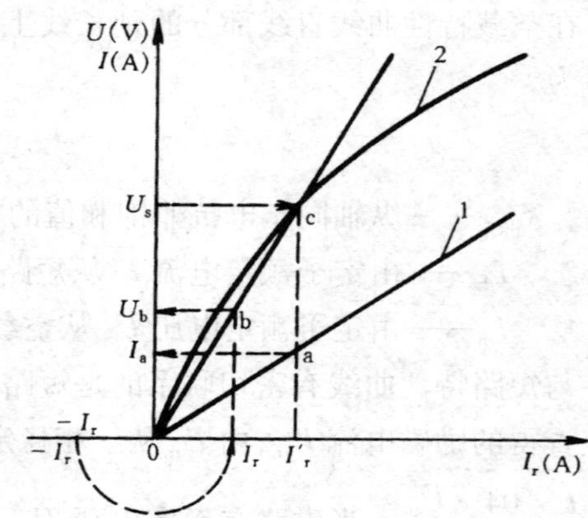

图 33-4　用作图法确定 U_b

性，再缓慢地增加励磁电流($-I_r$)，直到发电机与系统失步(电机转速及定子电流突然增加)为止。此时，测量失步前瞬间的定子电压 U_s、励磁电流($-I_r$)和失步时的定子电流 I_b，或用记录仪录取电压 u_s 和电流 i_s 的波形，然后由式(33-9)或(33-10)计算出 X_q 的值。即

$$X_q = X_d \frac{U_s}{U_s + U_b} \tag{33-9}$$

或

$$X_q = \frac{U_s}{\sqrt{3}I_b} \tag{33-10}$$

上二式中　X_d——如图 33-4 所示，从同一空载饱和特性曲线 2 上，由电机失步前的定子电压曲线 U_s 的 c 点作纵轴的平行线，与短路特性曲线 1 交于 a 点，由 a 点作横轴的平行线，与纵轴相交得 I_a，便可求得同步电抗 $X_d = \frac{U_s}{\sqrt{3}I_a}(\Omega)$；

U_s——失步前瞬间测量的定子电压(V)；

I_b——失步时定子电流的最大值(A)；

U_b——电机失步时励磁电流 I_r 所对应的空载电压(V)。

U_b 由图 33-4 确定。即将 U_s 平移与空载特性曲线 2 相交得 c 点，将 c 与 0 点连成直线 0c，再将测得的 $-I_r$ 以逆时针方向转 180°，在横轴上得 I_r，由 I_r 点作垂线与 0c 线相交得 b 点，将 b 点再平移至纵轴上求得的电压，即为 U_b。

对于凸极电机，尤其是某些水轮发电机，X_q 值小于 1，作此试验时定子电流将要过载。所以当电机失步后，为避免定子电流过载，应当尽快地将电机自系统切除；或立即改变励磁电流的极性并增加其数值，使电机恢复同步。

（三）用低电压低转差法测量纵、横轴同步电抗 X_d 和 X_q

1. 测量原理

当发电机以接近额定转速旋转，并且转子绕组开路时，定子绕组中正序电流的电抗，将随着电枢反应磁场和转子磁极的相对位置而变化。当电枢反应磁场轴线与转子磁极轴线相重合时为 X_d，互相垂直时为 X_q。其试验接线如图 33-5 所示。

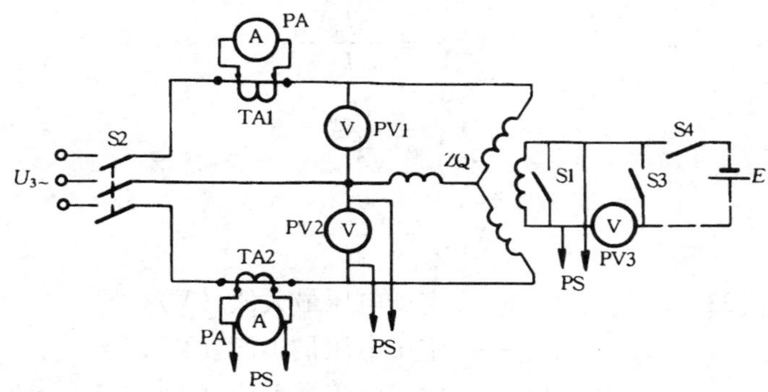

图 33-5　用小转差法测量 X_d、X_q 的试验接线

2. 试验方法、步骤和计算

（1）试验方法和步骤。

1）将转子绕组 ZQ 用开关 S1 短路（直接短路或通过电阻短路）。

2）起动发电机转子，使其接近额定转速，也即使 $n \approx n_n$。转差率 $s = \frac{n_n - n}{n_n} \times 100(\%) \approx 0$，实际上使转速 n 与额定转速 n_n 相差 5～10r/min，已符合运行中发电机转速的变化范围。

3）合上电源 $U_{3\sim}$ 的开关 S2，对定子绕组加入额定频率、三相稳定平衡的低压电源（约 0.02～0.15U_n），对于3kV及以上电压等级的发电机，一般可采用380V的电源，该电源的选择是使电机不致牵入同步，并使其相序与转子运行时旋转的方向相同。

4）调节转子的转速，使转差率小于 1% 时，断开转子绕组的短路开关 S1，合上电压表开关 S3。

5）待转速稳定后，用记录仪 PS 录取定子电压、电流和转子电压的波形，如图 33-6 所示。同时记录转子的转速，并用电压表 PV 和电流表 PA，测量当转子绕组感应电压 u_r 为零时定子试验电压 u_s 的最大值 U_{max} 和相应的定子试验电流 i_s 的最小值 I_{min}；当转子绕组感应电压为最大值时的定子电压最小值 U_{min} 和相应的定子电流最大值 I_{max}。

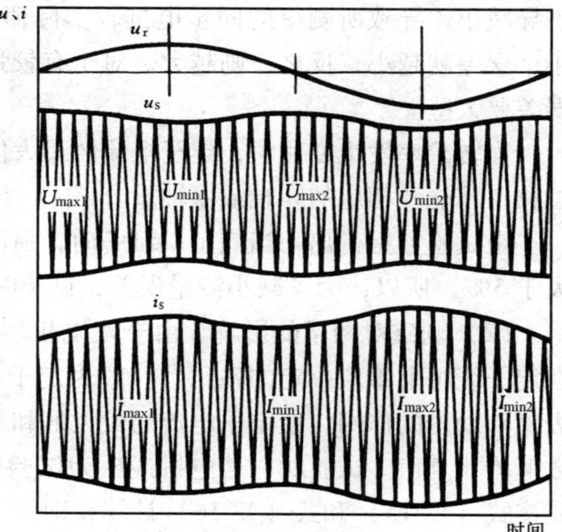

图 33-6　用小转差法录取的定子电压 u_s、电流 i_s 和转子电压 u_r 的波形

6）测量完后，合上转子绕组短路开关 S1，断开开关 S3 和定子回路的电源开关 S2。

（2）数值计算。由测量数据按式（33-11）~式（33-14）计算出同步电抗的非饱和值 X_{du} 和 X_{qu} 的有名值和标么值。即

$$X_{du}=\frac{U_{max}}{\sqrt{3}I_{min}} \tag{33-11}$$

其标么值为

$$X_{du*}=\frac{\sqrt{3}I_nX_{du}}{U_n} \tag{33-12}$$

$$X_{qu}=\frac{U_{min}}{\sqrt{3}I_{max}} \tag{33-13}$$

其标么值为

$$X_{qu*}=\frac{\sqrt{3}I_nX_{qu}}{U_n} \tag{33-14}$$

式（33-11）~式（33-14）中 U_{max}——定子电压最大值（V）；
U_{min}——定子电压最小值（V）；
I_{max}——定子电流最大值（A）；
I_{min}——定子电流最小值（A）；
U_n——定子额定电压（V）；
I_n——定子额定电流（A）。

计算实例见附录 I 第（二）项。

在所录取的波形中，如果 I_{min} 与 U_{max}，I_{max} 与 U_{min} 在时间上不同时出现时，则上式（33-11）和（33-13）中的 U_{max}（U_{min}），可采用与 I_{min}（I_{max}）相对应的电压值代替。

3. 影响因素和消除措施

（1）转差率对测量的影响。用小转差法测量 X_d 和 X_q 时，因为转子的转速是 $n\approx n_n$，有一定的转差率，所以，在转子的阻尼回路中，感应有转差频率的低频电流，使主磁路的磁导减小，导致所测得的同步电抗较实际值偏小。其误差大小与转差率有关，转差率越小，误差就越小，反之，则越大。对于有较强阻尼的发电机转子，在相同的转差率下，其误差要大些。

当转差率发生变化时，定子电流的最大值与最小值，相对于转差率为零时，有一定的位移，不能和相应的 d 轴或 q 轴重合。

由试验数据得出，当满足 $s\leqslant1\%$ 时，所测得 X_d 值的误差不大于 10%，X_q 值的误差不大于 5%。所以，为了减小测量误差，试验时要尽量使 $s\approx0$。

（2）剩磁对测量的影响。由于发电机转子有一定的剩磁，进行小转差法试验时，会在定子绕组上感应一定的残压。一般为定子 U_n 的 0.05% ~5%。剩磁对各磁极交替产生去磁和助磁的作用，使定子电流的最大值和最小值，出现大小不一的两个数值，而且两个数值均非真值。试验时，若电机残压为试验电源电压的 10% ~30% 时，测量的同步电抗应按式（33-15）和式（33-16）计算，即

$$X_d=\frac{U_{max1}+U_{max2}}{\sqrt{3}(I_{min1}+I_{min2})} \tag{33-15}$$

$$X_q = \frac{U_{min1} + U_{min2}}{2\sqrt{3}\sqrt{I_{max \cdot av}^2 - \left(\frac{U'}{\sqrt{3}X_d}\right)^2}} \tag{33-16}$$

其中

$$I_{max \cdot av} = \frac{I_{amx1} + I_{max2}}{2} \tag{33-17}$$

式中　U'——线间残压（V）；

$I_{max \cdot av}$——定子电流相邻两个最大值的平均值（A）；

I_{min1}、I_{min2}——定子电流相邻两个的最小值（A）；

U_{max1}、U_{max2}——定子线电压相邻两个的最大值（V）；

U_{min1}、U_{min2}——定子线电压相邻两个的最小值（V）。

为了消除残压对测量结果的影响，试验前应将发电机的剩磁尽量减小，使残压降到最低。

在实践中常采用的降低残压的方法，如图 33-5 虚线所示。即用容量为 80～120Ah、电压为 6～12V 的蓄电池 E，经开关 S4 与转子绕组 ZQ 励磁电压的极性相反连接，将 S1、S2、S3 开关全断开，使发电机空转，合上蓄电池的开关 S4，由定子电压表 PV1、PV2 观察定子残压，若逐渐降低，则表明 E 去磁的方向正确。反之，则应将电池的极性反接后再试。试验证明，将残压降至 5～8V 即可，欲使残压降到零值是比较困难的。残压降至满足试验要求后，断开开关 S4。

4. 安全注意事项

（1）转差率要小。测量时应尽量使转子的转差率小，以减少试验误差。其转速用转速表测量或利用转子绕组两端并接的交流电压表，以指针摆动的次数求取转差率［见第 32 章，式（32-12）］。

（2）防止转子绕组过电压。当电源接入、切断、或转差率突然增大时，若转子绕组处于开路状态，会在其两端产生较高的电压，可能损坏转子绕组的绝缘和接入的表计。尤其在凸极发电机上进行这种试验时，更要注意。

（3）要注意开关的开断次序。开关 S1 仅在外加电源投入，并测量转差率 s 小于 1% 时，方可断开，然后才能合上开关 S3；而在断电源时，则要先合上 S1，断开 S3，然后再断开电源开关 S2。

（四）运行电压下的无励磁异步运行测定法

该方法首先将被测发电机转变成反应式同步发电机，然后试探该反应式同步发电机的静态稳定极限功率。用稍大于该极限功率的原动机功率使被试发电机与电力系统失步，并建立转差率极小的稳态异步运行方式，通过测量该方式下的电压电流即可测得这一工况下的发电机同步电抗值。

1. 试验步骤

现以汽轮发电机为例对该方法的试验步骤说明如下。

（1）在发电机并网状态下逐渐将有功无功减至接近于零，然后拉开自动灭磁开关 QA1，使发电机转入反应式同步发电机空载运行状态。

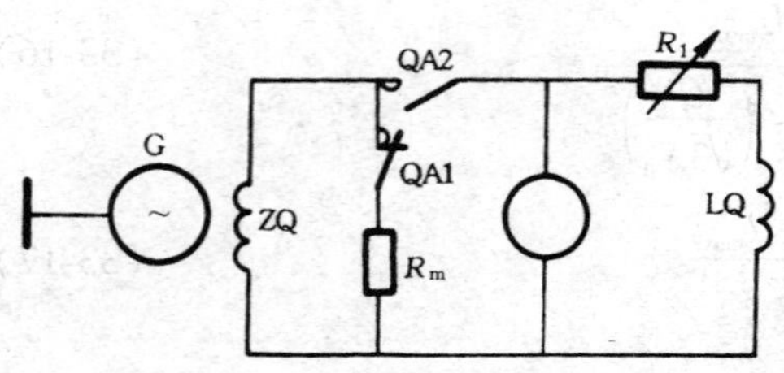

图 33-7　运行电压下无励磁异步运行测定法试验原理接线图

（2）拉开自动灭磁开关以后，励磁绕组经灭磁电阻 R_m 闭路。然后按以下办法将励磁绕组开路：

1）对于采用常值电阻灭磁的电机可在转子灭磁开关辅助触头的动静触头间插入击穿电压在 1kV 以内的绝缘垫片。

2）对于采用 DM1、DM2 型带短弧栅灭磁的发电机，可在自同期并车电阻回路的接触器动静触头间用上述方法 1）处理。

3）对于采用非线性电阻灭磁的发电机，因在较低电压下电阻阻值很大，相当于转子开路，故不必采取上述措施。

按上述方法实现转子开路，不必改变转子回路接线方式，因而十分简便。

（3）在发电厂控制室通过调节被试发电机伺服电动机，逐步开大原动机调速汽门，使发电机有功负荷稍大于静态反应功率最大值，直至开始失步。因失步时转差率极小，不易察觉，要高度注意表计的微小变化。

（4）用记录仪录取定子电压、电流及转子电压波形或用仪表测量定子电压、电流的最大值和最小值。有条件时可录取功角变化曲线。

根据定子电流及电压的最大值和最小值，按下式计算同步电抗的标么值

$$X_d = \frac{U_{max*}}{I_{min*}} \quad X_q = \frac{U_{min*}}{I_{max*}} \tag{33-18}$$

根据式（32-12），可以计算平均转差率。

根据功角曲线，可以计算出各转子位置下的瞬时转差率 $s_{(\delta_i)}$

$$s_{(\delta_i)} = \frac{1}{18000}\frac{d\delta_i}{dt} \approx \frac{1}{18000}\frac{\Delta\delta_i}{\Delta t_i} \tag{33-19}$$

式中　δ_i、t_i——转子在不同位置时的功角（°）和时间（s）。

（5）试毕，将有功减小至使发电机恢复同步。合上灭磁开关，根据电网需要调整有功无功出力，发电机即恢复正常运行（如在灭磁开关辅助触头间插入纸片或其他绝缘薄片者，在合灭磁开关前应取出）。

以上汽轮发电机的同步电抗的测试方法和步骤同样适用于水轮发电机和同步调相机，但同步调相机必须与原动机相连接。对于水轮发电机，则需注意其定子是否过负荷，对于过负荷的机组，应采用录波方法以缩短测试时间。

在多台机上的试验均表明，发电机直接在运行电压下测试而并没有被拉入同步，即使被拉入同步也很容易通过原动机调节而恢复小转差率的异步运行。而转差率的数值可达到万分之一以下。在运行电压下测试比在低电压下测试的转差率之所以大大减小是由于前者的反应转距比后者要大得多的缘故。

静态反应转矩 M_{zm} 与外施电压 U 的平方成正比，即

$$M_{zm} = \frac{U^2}{2}\left(\frac{1}{X_q} - \frac{1}{X_d}\right)\sin2\delta \tag{33-20}$$

2. 测试结果及其分析

采用该方法对 T_2-6-2、TQC6075/2、TQSS-25-2、QFQ-50-2、TQN-100-2 型等汽轮发电机以及 TS-425/79-32 型水轮发电机进行了参数测试。现从以下几个方面对测试结果进行分析。

（1）该方法与低压低转差法测量准确度比较。表 33-1 列出了在 TQSS-25-2 型发电机上用前文所述的低电压低转差法和运行电压下的无励磁异步运行法进行测试的结果。结果表明，低电压前一种方法是不准确的，而后一种方法则与实际情况较为接近。因为用空载短路特性测得该机 X_d 的非饱和值为 2.255，而前一种方法测出的非饱和值却为 1.78，用后一种方法实测结果为 2.07，该值较非饱和值为小，正好反映了试验工况下饱和的影响。

表 33-1　TQSS-25-2 型发电机用两种方法的测试结果

试验方法	测试手段	s（%）	U_{max*}	I_{min*}	U_{min*}	I_{max*}	X_d	X_q
低电压低转差法试验	表计	0.125	0.0533	0.0299	0.0521	0.0385	1.78	1.35
	录波	0.125	0.0530	0.0308	0.0521	0.0355	1.72	1.47
运行电压下无励磁异步运行试验	表计	0.008	0.857	0.414	0.843	0.507	2.07	1.66
	录波	0.008	0.852	0.309	0.840	0.514	2.04	1.63

表 33-2　运行电压下无励磁异步运行测定部分电机同步电抗结果汇总表

机　型	测量手段	s（%）	U_{max*}	I_{min*}	U_{min*}	I_{max*}	X_d	X_q	X_q/X_d	附　注
QFQ-50-2	录波	0.0033	0.952	0.555	0.936	0.675	1.715	1.386	0.81	转子开路
TQN-100-2	录波	0.016	0.941	0.544	0.905	0.673	1.680	1.340	0.80	转子开路
TQC6075/2	表计	0.0080	0.857	0.414	0.843	0.507	2.070	1.662	0.80	转子开路
TQSS-25-2	表计	0.0080	0.852	0.417	0.840	0.514	2.043	1.334	0.80	转子开路
	表计	0.0078	0.863	0.443	0.854	0.527	1.948	1.621	0.83	转子开路
T_2-6-2	表计	0.0068	0.945	0.672	0.941	0.799	1.406	1.176	0.82	转子经灭磁电阻闭路
	表计	0.0090	0.935	0.658	0.929	0.801	1.421	1.161	0.82	转子开路
	录波	0.0068	0.973	0.683	0.942	0.809	1.424	1.164	0.82	转子经灭磁电阻闭路
	录波	0.0090	0.942	0.659	0.936	0.800	1.429	1.170	0.82	转子开路
TS-425/79-32	录波	0.032	0.975	1.164	0.956	1.498	0.837	0.638	0.76	转子经灭磁电阻闭路
	录波	0.036	0.975	1.162	0.964	1.506	0.839	0.640	0.76	转子开路

表 32-2 列出了用运行电压下无励磁异步运行测定部分发电机同步电抗的测试结果。从表 33-1 中表计读数和录波两组结果的比较可以看出，由于该方法其平均转差率 s 比低电压低转差法大为减小（从 0.125% 减小到 0.008%），表计读数误差显著减小，因而用表计和录波两种手段得到的结果基本上一致。可以认为用该方法测试时表计读数已足够准

确，这是低电压低转差法所不能比拟的。

还要指出，采用运行电压下无励磁异步运行法测试时残压的影响可以忽略。由 X_q 的残压修正公式（33-16）可知，当残压为 0 时相当于不必修正的情况。用该方法测试时外施电压接近额定电压，残压相对值很小（在 TS-425/79-32 机上实测标么值为 0.012，在 TQSS-25-2机上实测标么值为 0.0056），实际上可以忽略。而采用低电压低转差法测试时，录波图中的电流电压波形中出现明显的两个不同的最大值和两个不同的最小值，因而必须按残压修正公式（33-16）计及残压影响。

（2）纵横轴同步电抗测量值的分析。用该方法对汽轮发电机的实测数据表明，所测隐极发电机的 $X_q/X_d=0.80\sim0.83$，这说明隐极机尽管气隙对称，但电磁关系并不对称，存在着不可忽略的凸极效应。这一结论与电机转子的实际结构（纵轴分布着大齿，横轴分布着小齿）是相符合的。同时与日本关西电力公司、东芝公司和三菱公司在 IEEE 所公布的测量结果 $X_q/X_d=0.84\sim0.85$ 也是接近的。但是在目前的电机专著和电力系统专著所列出的参数表中仍然对汽轮发电机普遍使用 $X_d=X_q$ 的数据。

隐极机 $X_d=X_q$（或 $X_d\approx X_q$）的说法是不严格的，也是不符合实际情况的。例如在电力系统中曾多次发生过隐极式调相机的无励磁运行，如果按照 $X_d=X_q$ 的数据进行这种运行方式的分析，必然得出失磁后会转变为异步运行的结论，并进而得出不容许调相机失磁运行的结论。但是试验证明由于凸极效应的存在，无励磁运行的调相机保持了同步运行，并通过试验测出了维持同步的反应转矩值。此外，隐极机 $X_d=X_q$ 的数据在分析同步发电机自励磁问题时也会得出不正确的自励磁边界条件，在进行暂态稳定计算时将引起摇摆角计算的误差。

（3）d 轴—q 轴—d 轴滑极过程的分析。按该方法测试时，发电机是在并网条件下其外施电压接近额定电压的情况下进行的。前面分析已经指出，与低电压低转差法相比较，此时的反应转矩值有几十倍的增加，因而反应转矩对转子滑极过程表现出明显的影响。

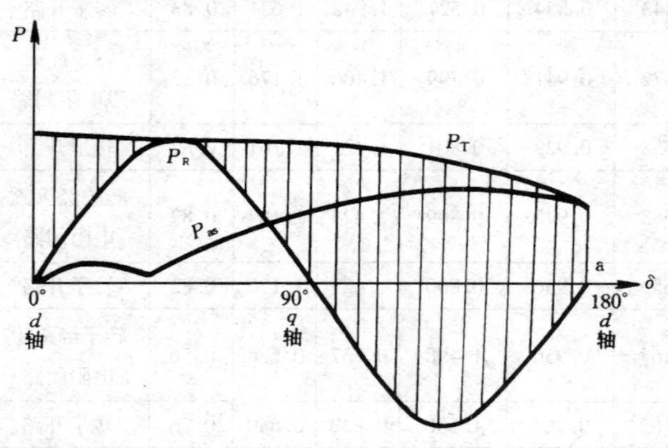

图 33-8　转子滑极时的功率特性

转子滑极的动态过程可以通过求解转子运动方程而得到。图 33-8 表示出转子滑极过程中作用在转子上各种转矩（功率）的特性，它可以用来对滑极过程作定性的解释。图中 P_T 是原动机功率，P_{as} 是平均异步功率，P_R 是发电机的静态反应功率，它迭加在异步功率之上并且随 δ 而周期性的变化。由图可见，转子在不同位置时接受到不同的过剩转矩的作用，当由 d 轴向 q 轴滑极时，作用在转子上的过剩转矩其值较小，而由 q 轴向 d 轴滑极时，则其值较大。转子滑极的加速度与过剩转矩成正比，因此从 d 轴向 q 轴的滑极过程较慢，由 q 轴到 d 轴的滑极过程较快。在滑极过程中转差率的变化与上述规律相似，前者较小而后者较大。在滑极过程的每一时刻均将满

足以下几种转矩的相对平衡状态

$$P_T - P_R - P_{as} = 0 \tag{33-21}$$

考察实际过程时，由于 P_{as}随 s 的增大而增大，P_T 在原动机调速器的调整下将随 s 的增大而减小，因此图 33-8 中 P_T 将按下降趋势而 P_{as}按上升的趋势而变化，并与 P_R 相交点达到平衡（$P_T = P_{as}$），但这种平衡是相对的，由于 P_R 的交变特性，将引起 P_T 及 P_{as}围绕某个平均值而波动。

为了对转子不同位置上的滑极速度进行定量的描述，在 QFQ-50-2 及 TQN-100-2 型汽轮发电机上进行了功角测量，并根据功角曲线进行了平均转差率和瞬时转差率的分析计算，得出了表 33-3。

表 33-3　QFQ-50-2 型汽轮发电机在不同功角位置和瞬时转差的关系

δ(°)	0~10	10~20	20~30	30~40	40~50	50~60	60~70
s(%)	7.61×10^{-4}	4.15×10^{-4}	1.68×10^{-3}	1.85×10^{-2}	9.26×10^{-3}	4.27×10^{-3}	7.93×10^{-3}
δ(°)	70~80	80~90	90~100	100~110	110~120	120~130	130~140
s(%)	6.95×10^{-3}	7.94×10^{-3}	2.32×10^{-2}	3.47×10^{-2}	3.47×10^{-2}	6.94×10^{-2}	6.94×10^{-2}
δ(°)	140~150	140~150	160~170	170~180	180~190	190~200	200~210
s(%)	6.94×10^{-2}	6.94×10^{-2}	6.17×10^{-2}	6.94×10^{-2}	6.94×10^{-2}	6.94×10^{-2}	3.47×10^{-2}
δ(°)	210~220	220~230	230~240	240~250	250~260	260~270	
s(%)	3.47×10^{-2}	2.78×10^{-2}	2.78×10^{-2}	2.41×10^{-2}	9.92×10^{-3}	6.94×10^{-3}	

对于表 33-3 可作如下的说明：

1）平均转差率 s 可根据录波图定子电流摆动一周的时间（$T = 300''$）计算得出，即

$$s(\%) = \frac{1}{300}\% = 0.003\%$$

该转差率是运行电压下无励磁异步运行法用于现场测试中得到的最小的平均转差率数值，它远小于标准中 1% 的指标。

2）瞬时转差的变化规律与理论分析结果相符合，即从 d 轴离开时，转差率很小，从 d 轴滑向 q 轴时转差率缓慢增加，而从 q 轴离开时转差率急剧增加，当到达 d 轴时转差率又开始减小。

3）滑过 q 轴位置附近时，转差率达最大值（$s_{max} = 0.0694\%$），因此按该方法测试时，其最大瞬时转差率仍然远小于标准中 1%（平均转差率）的指标。

（4）转差对同步电抗测量值的影响。异步运行时的转差会引起转子涡流，因而可能使同步电抗测量产生误差。转差率不同，涡流影响的程度不同。但是当转差小到某种程度时，可以认为所测电抗值已近似等于真实的同步电抗值。

表 33-4 列出了在两台机组上所得到的转差为 0 与转差为最大值时所测 X_d 的对比数据。这些数据表明，对于所测机组，当瞬时转差接近最大值时所测得的 X_d 值与同步情况下所测得的 X_d 值是近乎相等的（小数点第三位才出现差别）。因此采用该方法测试时，只要控制平均转差率在万分之几的数量级时，可以测得准确的 X_d 值。

表 33-4 转差为零与转差接近最大值时 X_d 的对照表

X_d \ 机型	QFQ-50-2	TS425/79-32
转差为 0 时的 X_d 值（灭磁开关拉开，失步前）	1.717 ($s\approx0$)	0.839 ($s=0$)
转差最大时的 X_d 值（对应滑极过程中 I_{min} 值）	1.715 ($s=0.05\%$)	0.836 ($s\approx1.1\%$)

关于 X_q 的测量准确度可作如下分析。根据表33-3，转子滑极过程中其转差率是不稳定的，当 δ 为 0°～20°时其瞬时转差率为 $10^{-4}\%$ 数量级，δ 为 20°～90°时在 $10^{-3}\%$ 数量级内增大，到达 90°附近时逐渐增加到 $10^{-2}\%$ 数量级，由于滑过 q 轴其瞬时转差率增大，因此用本方法所测 X_q 的准确度将比 X_d 的准确度稍有降低。

顺便指出，X_q 的测量准确度低于 X_d 的准确度是基于该方法而言的。如果将该方法与低电压低转差法相比，则 X_q 的测量准确度有了根本性的改善。因为用该方法在 q 轴位置附近的瞬时转差率是 $10^{-2}\%$ 数量级，而低电压低转差法其平均转差也只能达到 1% 的数量级。因此很显然，用低电压低转差法实际上更难将 X_q 测准。

迄今为止，还没有一个试验方法能将滑过 q 轴时的转差率降低到滑过 d 轴时的水平，因而也无法将 X_q 的测量精度提高到 X_d 的水平。基于该方法已能控制 q 轴附近的瞬时转差率在 $10^{-2}\%$ 数量级（测试时如能进一步降低将更理想），因此从工程的观点看，已可将该方法所测 X_q 用于实际计算。

关于转差对同步电抗测量值的影响，还在 TS-425/79-32 型机上作了不同平均转差下的 X_d、X_q 测试，结果列于表 33-5。

表 33-5 TS425/79-32 水轮发电机在不同的平均转差下的 X_d、X_q 对比表

s (%)	U_{max*}	I_{min*}	U_{min*}	I_{max*}	X_d (s)	X_q (s)	测量手段
0.020	0.969	1.158	0.846	1.485	0.84	0.64	录波
0.032	0.975	1.158	0.956	1.485	0.84	0.64	
0.036	0.975	1.168	0.962	1.505	0.84	0.64	
0.060	0.969	1.148	0.954	1.485	0.84	0.64	
0.069	0.983	1.168	0.964	1.495	0.84	0.64	
0.22	0.948	1.188	0.930	1.544	0.80	0.60	
0.25	0.943	1.188	0.922	1.535	0.79	0.60	
0.50	0.943	1.267	0.922	1.604	0.75	0.58	

在表 33-5 中，当 s 在 0.02%～0.069% 范围内变化时，对测试结果看不出影响。当 s 提高到 0.50% 时，X_d（s）下降 10.7%，X_q（s）下降 9.38%。这一现象表明，随着转差的增大，参数频率特性向下弯曲，这也是符合一般规律的。

（5）不同饱和程度对同步电抗测量值的影响。为了分析饱和对参数的影响，在发电机端电压（或电流）变化时对同步电抗值进行了测量。但由于在无励磁工况下被试机组端电压（或电流）的变化必须靠其他机组及电网的调整来实现，其变化幅度受到电网运行条件的限制，因此不可能在很广的范围内变化。

可以根据式（33-22）同步电抗与气隙合成磁势的关系来分析饱和的影响，即

$$X_d(\text{或}X_q) = f(\sqrt{(I_f - I_d)^2 + I_q^2}) \tag{33-22}$$

在无励磁方式下，$I_f=0$，上述关系即变为 X_d（或 X_q）$=f(I_s)$。

表 33-6 列出了在 TS-425/79-32 型水轮发电机上实测的定子电流（电压）变化时的同步电抗值。由于水轮发电机短路比一般大于 1，测试时定子电流已超过额定值，因此气隙合成磁势已达到饱和程度。由表中数据可知，当定子电流增加约 10% 时，所测同步电抗值减小 1% ~2%。

表 33-6　TS-425/79-32 型水轮发电机在不同饱和程度下的同步电抗测量结果

U_{max*}/U_{min*}	0.984/0.966	0.970/0.946	0.921/0.905	0.897/0.848
s (%)	0.069	0.037	0.045	0.036
I_{max*}/I_{min*}	1.49/1.17	1.49/1.15	1.40/1.09	1.38/1.04
X_d	0.84	0.84	0.85	0.86
X_q	0.64	0.64	0.65	0.65

由于汽轮发电机短路比通常小于 1，用该方法对汽轮发电机进行参数测量时，定子电流达不到额定值，此时所测参数只能反映该试验工况下饱和的影响。

第三节　定子绕组的漏电抗 X_s

一、基本概念

当发电机定子绕组中有三相电流流过时，它所产生的磁通大部分经气隙，进入转子本体与转子绕组相匝链。另有一部分磁通只与定子绕组匝链，而不进入转子本体。这部分磁通即称为漏磁通 Φ_s。如图 33-9 所示（图中表示一槽同相线圈的电流 I_s 和电流方向⊕），由此磁通所确定的电抗叫做定子绕组的漏电抗 X_s。

定子绕组的漏磁通 ϕ_s，包括定子绕组的端部漏磁通 ϕ_{s1} 和槽部漏磁通。即垂直于槽壁横截面，通过本槽槽部的漏磁通 ϕ_{s2} 和经过齿顶闭合和定、转子之间气隙闭合的漏磁通 ϕ_{s3}。

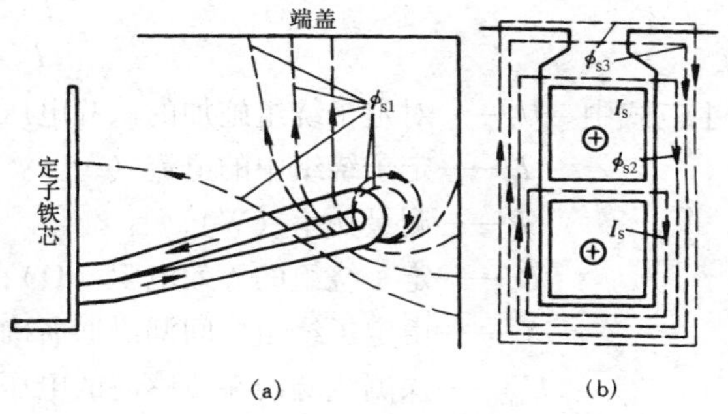

图 33-9　定子绕组端部和槽部的漏磁通示意图
（a）端部；（b）槽部

端部漏磁通的多少，与定子绕组的型式（节距、连接方式）、转子护环、中心环和风扇是否为磁性钢、转子绕组端部相对定子绕组端部轴向的伸出长度和电机的运行方式等有关。

电机在运行中，定子绕组漏抗的数值，决定于漏磁通磁路的饱和程度，随着饱和程度增大，定子漏抗的数值减小。对于带有封闭式和半封闭式槽形的电机，饱和程度的影响更显著。

定子绕组漏抗的大小，对电机运行有较大的影响。它影响到电机的端电压随负载发生变化；影响到转子励磁电流的大小；影响到电机电磁暂态过程及稳定短路时定子电流的大小。现将其测量方法分述如下。

二、测量定子绕组漏电抗 X_s 的方法

（一）取出转子测量漏电抗 X_s

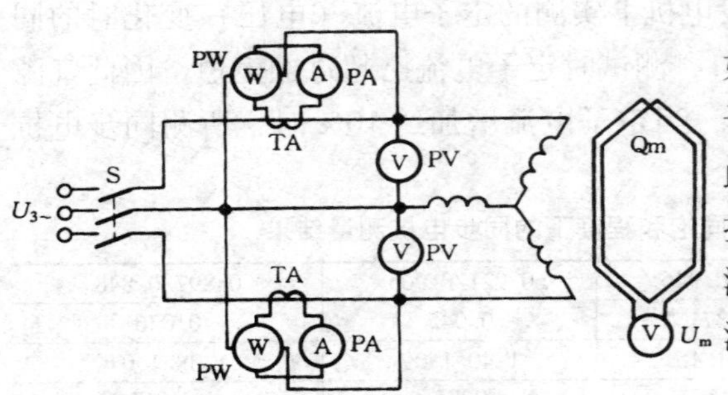

图 33-10 取出转子测量漏电抗的试验接线
TA—电流互感器；PW—功率表；
PV—电压表；PA—电流表

取出发电机转子测量漏电抗的试验接线如图 33-10 所示。图中，由电源开关 S 对定子绕组加上额定频率的三相对称电压 $U_{3\sim}$，此时在定子绕组中，由电流产生的总磁通包括：绕组端部的漏磁通；定子槽部、齿部的漏磁通；经空间气隙和定子绕组极间闭合的漏磁通。

上述总的漏磁通，减去经空间气隙和定子绕组极间闭合的漏磁通后，剩余的漏磁通所确定的电抗，即为定子绕组的漏抗 X_s。为此，需在定子膛内放置一个探测线圈 Q_m，其两端感应电压值的大小，与经空间气隙和定子绕组极间闭合的漏磁通多少有关。

按图 33-10 接线进行试验时，先调整外加电压，使定子绕组的电流值约为额定电流的 20% 时，测量定子绕组的电压 U_s、电流 I_s 及功率 P 以及探测线圈 Q_m 的电压 U_m。然后，按下列公式计算出漏电抗 X_s。即

$$Z = \frac{U_s}{\sqrt{3}I_s} \quad R_s = \frac{P}{3I_s^2} \quad X = \sqrt{Z^2 - R_s^2} \tag{33-23}$$

而漏电抗为

$$X_s = X - X_a \tag{33-24}$$

$$X_a = \frac{U_m}{I_s} \cdot \frac{N_1 K_{N1}}{N_m} \tag{33-25}$$

上三式中 U_s——对定子绕组施加的试验电压（V）；
I_s——定子绕组中的电流（A）；
P——测量功率（W）；
R_s——定子绕组的等效电阻（Ω）；
X_a——由定子绕组极间漏磁通所确定的电抗（Ω）；
U_m——探测线圈两端所感应的电压（V）；
N_1——定子绕组每相的串联匝数；
N_m——探测线圈的匝数；
K_{N1}——定子绕组系数，$K_{N1} = K_p K_y$（K_p 为分布系数，K_y 为短距系数）。

分布系数

$$K_p = \frac{\sin q \dfrac{\alpha}{2}}{q \sin \dfrac{\alpha}{2}} \tag{33-26}$$

短距系数

$$K_y = \cos \frac{\beta}{2}$$

矩距角度

$$\beta = \frac{\tau - y}{\tau}\pi = \left(1 - \frac{y}{\tau}\right)\pi$$

式中　q——每极每相槽数，$q=\frac{Z_1}{2mP}$；

α——相邻两槽的角差，$\alpha=\frac{2\pi P}{Z_1}$；

τ——极距，$\tau=\frac{Z_1}{2P}$；

y——定子绕组节距；

Z_1——定子槽数；

m——定子相数；

P——磁极对数。

计算实例见附录I第（六）项。

探测线圈的制作示意图如图33-11所示，其有效边的长度l等于定子铁芯全长。两有效边相距的宽度为定子绕组的极距τ。有效边是固定在定子槽楔上，其两头沿定子铁芯两端的垂直平面，用拉线1、1固定在定子膛中心轴线上，以避免定子绕组端部漏磁的影响。探测线圈的两端2接至电压表。为了便于固定探测线圈，其有效边可绕在木架上。在制作时应考虑两点：①探测线圈能紧贴定子槽楔表面，以便能测量出经极间闭合的所有漏磁通的感应电压；②探测线圈的导线截面宜大些，一般可用16号的绝缘导线绕制。对大型电机可绕10匝以下，小型电机可稍多些。探测线圈的电压应用高内阻的电压表测量。

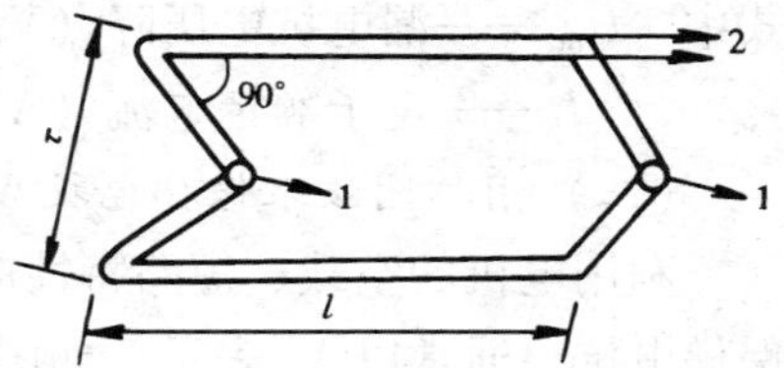

图33-11　制作探测线圈示意图
1—拉线；2—探测线圈的两端

如果定子每极每相的分数槽数为q，则探测线圈有效边相距的宽度，应等于包括在极距中的最多的整数槽数N，此时X_a（Ω）为

$$X_a=\frac{U_m}{I_s}\cdot\frac{N_1K_{N1}}{N_m\sin\left(\frac{N}{3q}\cdot\frac{\pi}{2}\right)} \tag{33-27}$$

X_a也可用式（33-28）计算求得，即

$$X_a=\frac{15}{P}N_1^2K_{N1}^2fl\times10^{-6} \tag{33-28}$$

上两式中　f——电源频率（Hz）；

l——包括通风沟部分的定子铁芯总长度（m）。

计算实例见附录I第（六）项。

（二）用空载、短路特性曲线作图法求漏电抗X_s

图33-12为用作图法求漏电抗X_s。可先测量出发电机的空载特性曲线2和三相稳定短路曲线1，当短路电流为定子电流的额定值I_n时，电枢反应所需的励磁电流I_{ar}（A）为

$$I_{ar}=2.12I_n\frac{N_1K_{N1}a_2}{N_2K_{N2}a_1} \tag{33-29}$$

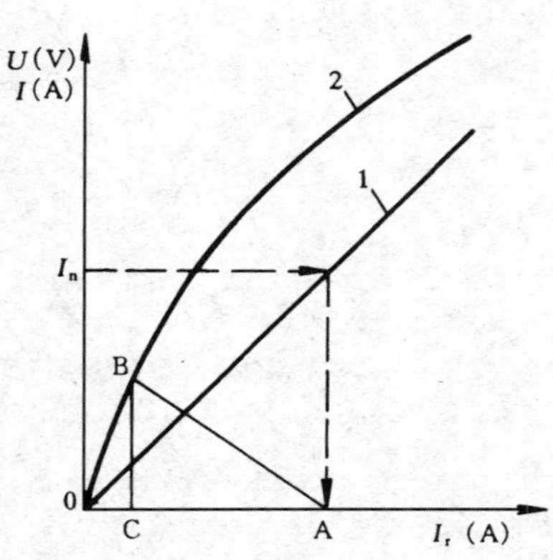

图 33-12　用作图法求漏电抗 X_s

1—空载特性曲线；2—三相稳定短路曲线

式中　I_n——定子额定电流（A）；

N_1——定子绕组 W1 每相的匝数；

N_2——转子绕组 W2 的总匝数；

K_{N1}、K_{N2}——定子、转子绕组的绕组系数；

a_1、a_2——定子、转子绕组的并联支路数。

然后，由图 33-12，在对应于短路电流为额定值 I_n 时，由短路特性曲线 1 上，查得励磁电流为 0A，然后在横轴上取 AC 等于 I_{ar}，求得 C 点，由 C 点作垂线，与空载特性曲线 2 相交于 B 点，BC 所代表的电压，即为漏电抗电压降 U_{BC}，所以发电机的定子漏电抗 X_s（Ω）为

$$X_s = \frac{U_{BC}}{\sqrt{3}I_n} \tag{33-30}$$

式中　U_{BC}——漏电抗电压降（V）；

I_n——定子额定电流（A）。

（三）用作图法求保梯电抗 X_P

利用电机的空载、短路特性曲线和零功率因数负载曲线，用作图法求得的漏抗就叫做保梯电抗，通常以 X_P 表示，如图 33-13 所示，其作法如下。先绘出发电机的空载、短路特性曲线和零功率因数负载曲线，然后在零功率因数负载特性曲线 3 上确定点 A，其纵坐标为额定电压 U_n，横坐标为功率因数等于零，定子电流为额定值 I_n 时所测得的励磁电流 0B。

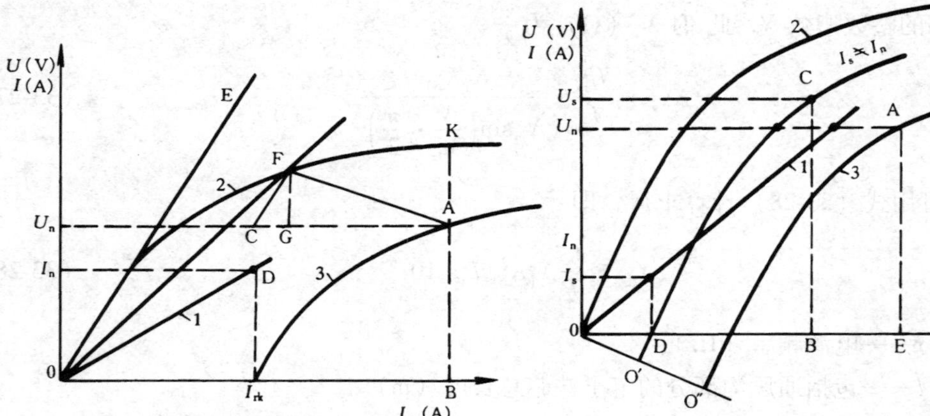

图 33-13　用作图法求保梯电抗 X_P

1—短路特性曲线；2—空载特性曲线；
3—零功率因数负载曲线

图 33-14　用作图法求取零功率因数的负载特性曲线

1—短路特性曲线；2—空载特性曲线；
3—负载特性曲线

由 A 点在平行于横坐标的线上取 AC，并使 AC 等于从短路特性曲线 1 上，由额定定子电流 I_n 所确定的励磁电流 I_{rk}。然后，由 C 点作一直线，使其平行于空载特性曲线直线部分的延长线 0E，与空载特性曲线相交于 F 点，作 FG 垂直于 AC，则 FG 的长度，即为

定子电流为额定值 I_n 时，I_n 在保梯电抗 X_P 上的压降 U_P。然后，按式（33-31）即可计算出保梯电抗 X_P（Ω），即

$$X_P = \frac{U_P}{\sqrt{3}I_n} \tag{33-31}$$

式中 U_P——保梯电抗电压降（V）；

I_n——定子额定电流（A）。

应指出，用这种作图法求得的保梯电抗 X_P 与定子绕组的漏电抗 X_s，在数值上是有差异的，因为 X_P 计入了负载下转子绕组增加的漏磁及转子磁路饱和的等值电抗。由于在负载下，为了克服电枢反应磁势，以维持气隙磁通不变，势必增加转子磁势，转子磁势增加将引起转子绕组的漏磁增加。同时，转子本体因转子电流增大，就趋向饱和而减少了整个磁路的磁导。为满足转子绕组附加漏磁和转子磁路磁导减小所需的磁势，转子磁势必须再增加。这可以认为气隙电势不变，而是定子绕组漏抗电势稍有增加，则可使电机保持同一的端电压。所以 $X_P > X_s$。

当励磁电流不断增加时，相当于气隙漏磁通（即确定漏电抗 X_s 的磁通）的定子漏电抗压降 U_s 增长率愈来愈小，直至励磁电流很大时，压降 U_s 基本趋于恒定。因而可以认为随着励磁电流的不断增加，X_P 逐渐减小。在用上述保梯尔法确定负载时的励磁电流下，可以认为 X_P 与 X_s 接近相等。但是，因为在隐极电机中磁极间的漏磁通 较小，而在凸极电机中磁极间的漏磁通较大。所以它们的保梯电抗为

对于隐极电机 $$X_P \approx X_s \tag{33-32}$$

对于凸极电机 $$X_P \approx X_s + X_a \tag{33-33}$$

在实践中，零功率因数负载特性曲线可用下述方法求取。即使电机在纯感性负载下运行（$\cos\varphi \approx 0$）时，读取定子电压、电流为额定值时的励磁电流值，确定点 A，如图33-14所示；再通过作图就可获得完整的负载特性曲线。作图步骤如下。

（1）作出电机的短路特性曲线 1 和空载特性曲线 2。

（2）由实测的定子电压 U_s 和励磁电流 0B 确定点 C；再由实测的定子电流 I_s，从短路特性曲线 1 上求出对应的励磁电流 0D。

（3）将空载特性曲线向下平行右移，使其通过 C、D 两点，将该曲线的原点 0 移至 O′点。

（4）连接 0、O′两点，并延长 0O′，按式（33-34）确定 O″点，即

$$\frac{0O''}{0O'} = \frac{I_n}{I_s} \tag{33-34}$$

式中 I_n——定子额定电流（A）；

I_s——试验时的定子电流（A）。

（5）再将空载特性曲线平行右移，使其原点 0 与 O″点相重合，则此曲线 3 即为 $\cos\varphi = 0$，定子电压、电流为额定值时的负载特性曲线。

（6）由定子额定电压 U_n，从曲线 3 上确定点 A，即可求得最大的转子励磁电流 0E。然后，再按图 33-13 的作图法求取 X_P。

上述额定定子电压和电流的测量条件，要同时满足是比较困难的。因此，可以在定子电压接近额定值，变化范围为额定电压的 ±15%，定子电流大于 $0.5I_n$ 时（如图中 I_s 值），即可进行测量。然后按上述方法，将它校正到额定定子电压和电流下的零功率因数负载特性曲线。

第四节　零序电抗 X_0

一、基本概念

当发电机定子绕组中三相电流数值相等、相位一致时的电流，称为零序电流。定子绕组对零序电流所呈现出的电抗，称为零序电抗 X_0。其值决定于零序电流的漏磁通。因为电机的定子绕组三相通入零序电流时，其数值相等，相位相同，只能产生漏磁通和三次谐波气隙磁通。但三次谐波气隙磁通的数值不大，其对应的电抗可不考虑，而只决定于漏磁通相对应的漏电抗。

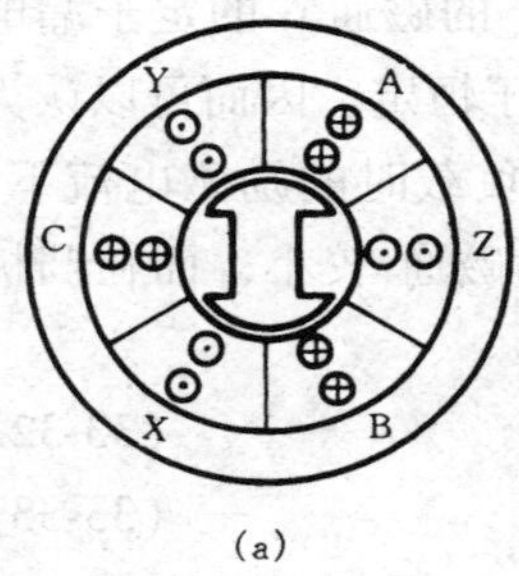

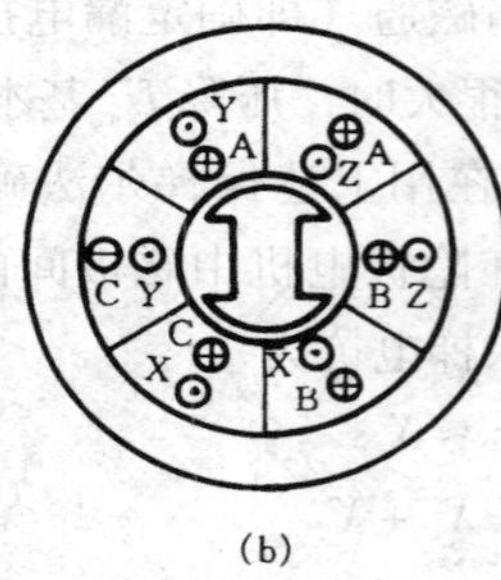

图 33-15　零序电流及其漏磁通的分布
（a）单层或双层整距绕组；
（b）节距为 $2\tau/3$ 的双层绕组

零序电流所产生的漏磁通，和正序电流所产生的漏磁通，在不同的绕组结构中是不一样的。零序电流及漏磁通的分布见图 33-15。图中，⊕、⊙为零序电流方向，根据电流与磁通的关系，即可确定漏磁通的方向。如在单层或双层整距绕组中［见图 33-15（a）］。线槽中导线电流的方向一致，零序电流的漏电抗与正序电流的漏电抗相等。但在节距为 $2\tau/3$ 的双层绕组里［见图 33-15（b）］，当电流为正序系统时，其零序电抗 X_0 由式（33-35）确定，即

$$X_0 = \omega(L_L + M) \tag{33-35}$$

式中　ω——电源角频率，$\omega = 2\pi f$；

L_L——线圈漏磁通自感系数；

M——线圈漏磁通互感系数。

当电流为零序系统时，其零序电抗由式（33-36）确定，即

$$X_0 = \omega(L_L - 2M) \tag{33-36}$$

从式（33-35）和式（33-36）可明显看出，由零序电流产生的零序电抗极小。所以零序电抗一般小于漏电抗 X_s 值，即 $X_0 < X_s$。

所以零序电抗的大小与绕组的节距、定子、转子间气隙的大小、转子有无阻尼绕组等有关，而基本上与主磁路的饱和程度无关。下面分别叙述其测量方法。

二、测量零序电抗 X_0 的方法

（一）串、并联测量法

定子绕组三相串、并联测量零序电抗的接线，如图 33-16 所示。图 33-16（a）为串联

测量法接线，将转子绕组 ZQ 短路，定子绕组三相首尾串联，并使电机转子以额定转速旋转。合上开关 S1，对定子绕组通入额定频率的单相电源 $U_{\sim}$，并调节电压，使定子电流约为 $0.25I_n$ 值。此时测量电压、电流和功率（用低功率因数功率表）值。其零序电抗由式（33-37）计算，即

$$X_0 = \sqrt{\left(\frac{U_s}{3I_s}\right)^2 - \left(\frac{P}{3I_s^2}\right)^2} \qquad (33\text{-}37)$$

式中　U_s——定子电压（V）；

I_s——定子电流（A）；

P——测量的功率（W）。

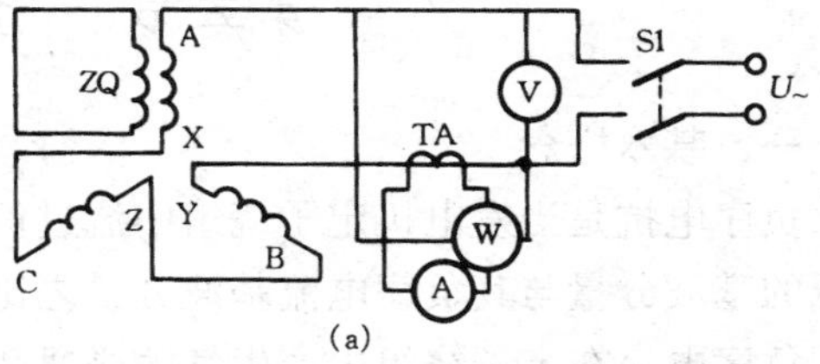

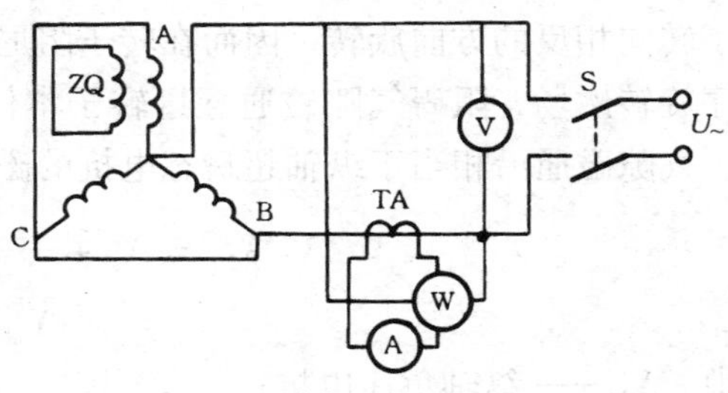

图 33-16　定子绕组三相串、并联测量 X_0 的试验接线

（a）三相串联；（b）三相并联

也可以将定子绕组三相并联进行测量，如图 33-16（b）所示。但此法的缺点是三相定子绕组中的电流可能不平衡，会给测量 X_0 值带来一些误差。试验时，测量通过三相绕组的总电流 I、电压 U 和功率 P，则 X_0 按式（33-38）计算，即

$$X_0 = 3\sqrt{\left(\frac{U}{I}\right)^2 - \left(\frac{P}{I^2}\right)^2} \qquad (33\text{-}38)$$

因功率 P 较小，一般可忽略不计，所以

$$X_0 \approx 3\frac{U}{I}(\Omega)$$

实例计算见附录 I 第（五）项。

若受设备条件限制，电机转子不能在转动下进行测量时，也可在静止状态测量。但此时应改变转子的位置，每次转动相等的角度，测量出多种位置的 X_0 值，取各次测量的平均值，作为被试电机的零序电抗值。

（二）两相对中性点短路测量法

两相对中性点短路测量 X_0 的试验接线，如图 33-17 所示。将定子绕组任意两相（如 B、C）对中性点 O 短路，使发电机保持额定转速，调节转子电流，使通过中性点电流互感器 TA 的电流约为 $0.25I_n$，测量开路相（A）到中性点 N 间的电压 U_0、短路相线端与中性点连线中所通过的电流 I_0 以及相应的功率 P_0。其零序电抗 X_0 按式（33-39）计算，即

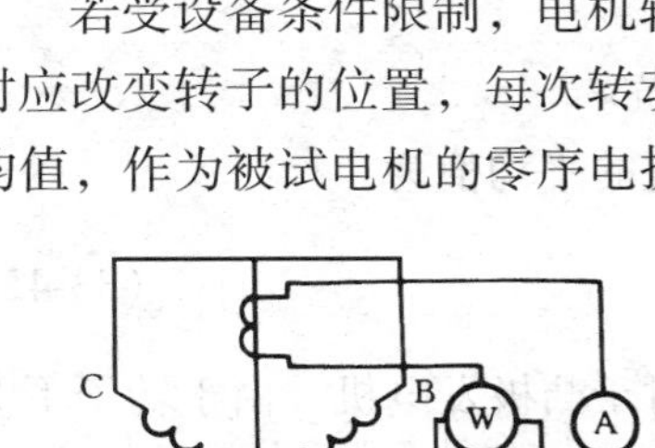

图 33-17　两相对中性点短路测量 X_0 的试验接线

$$X_0 = \sqrt{\left(\frac{U_0}{I_0}\right)^2 - \left(\frac{P_0}{I_0^2}\right)^2} \qquad (33\text{-}39)$$

式中　U_0——开路相对中性点间的电压（V）；

I_0——短路相线端与中性点连线所通过的电流（A）；

P_0——对应于 U_0 和 I_0 的功率（W）。

此时，因为电机是处于不对称状态运行，为了避免因负序磁场在转子部件感应涡流，引起阻尼部件局部过热而损伤，所以，试验时应尽量缩短测量数据的时间。

第五节　负序电抗 X_2

一、基本概念

负序电抗是当发电机定子绕组中流过负序电流时所遇到的一种电抗。其数值等于负序电压的基波分量与其负序电流基波分量之比。

负序电流在定子绕组中产生气隙磁通和漏磁通。气隙磁通的基波分量，以同步速度与转子转向相反的方向旋转，因而在转子阻尼部件和绕组中感应出两倍频率的涡流。并产生负序旋转磁场，阻碍气隙磁通穿过转子本体。当负序旋转磁场的轴线与转子纵轴相重合时，气隙磁通沿相当于纵轴超瞬态电抗的磁路而闭合，其相对应的电抗为 X''_d，即

$$X_{2d} = X_s + \frac{1}{\frac{1}{X_{ad}} + \frac{1}{X_r} + \frac{1}{X_{dd}}} = X''_d \tag{33-40}$$

式中　X_{2d}——纵轴负序电抗；

X_r——折算到定子绕组的转子励磁绕组漏电抗；

X_{dd}——折算到定子绕组的转子纵轴阻尼回路的漏电抗。

当负序旋转磁场的轴线与转子横轴相重合时，气隙磁通沿相当于横轴超瞬态电抗的磁路而闭合，相对应的电抗为 X''_q，即

$$X_{2q} = X_s + \frac{1}{\frac{1}{X_{aq}} + \frac{1}{X_{qd}}} = X''_q \tag{33-41}$$

式中　X_{qd}——折算到定子绕组的转子横轴阻尼回路的漏电抗。

所以，当电机中的负序电流是纯正弦波时，其负序电抗的平均值为

$$X_2 = \frac{X_{2d} + X_{2q}}{2} = \frac{X''_d + X''_q}{2} \tag{33-42}$$

对于隐极发电机，负序电抗与电机的运行方式无关。对于凸极发电机，由于转子不对称，负序磁场将会导致出现奇数高次谐波电流，它们将对磁通和电压等波形有所影响。所以对于凸极发电机，其负序电抗的数值，与该机的不对称短路状态等有关。也即对于不同的不对称短路，同步电机端电压的负序电压基波分量，和它所引起的负序电流基波分量之比，所决定的负序电抗，在各种不对称短路时，有不同的数值，其计算方法也不同。现介绍如下。

电机端单相对中性点短路时

$$X_2 = \sqrt{\left(X''_q + \frac{X_0}{2}\right)\left(X''_d + \frac{X_0}{2}\right)} - \frac{X_0}{2} \tag{33-43}$$

电机端两相短路时

$$X_2 = \sqrt{X''_d X''_q} \tag{33-44}$$

电机两相接地对中性点短路时

$$X_2 = \sqrt{X''_{\mathrm{d}}X''_{\mathrm{q}}}\left(\frac{2X_0}{\sqrt{(2X_0 + X''_{\mathrm{d}})(2X_0 + X''_{\mathrm{q}}) - \sqrt{X''_{\mathrm{d}}X''_{\mathrm{q}}}}}\right) \tag{33-45}$$

当接入定子绕组的电压是三相对称的负序电压时，则测量的负序电抗应符合式（33-46）的计算值，即

$$X_2 = \frac{2X''_{\mathrm{d}}X''_{\mathrm{q}}}{X''_{\mathrm{d}} + X''_{\mathrm{q}}} \tag{33-46}$$

如果已知电机的 X''_{d}、X''_{q} 和 X_0 时，则 X_2 可用式（33-43）~（33-46）计算，其结果已能满足工程上的要求。如需试验求取时，可应用以下方法。

二、测量负序电抗 X_2 的方法

（一）两相稳定短路测量法

两相稳定短路测量 X_2 的试验接线如图 33-18 所示。图中，将电机定子绕组两相（如 B、C 相）稳定短路，并调整转子在额定转速下运转，然后调节励磁电流，使定子电流为 $0.15I_{\mathrm{n}}$ 左右。此时，测量两相短路的电流 I_{BC}、短路相 C 与开路相 A 之间的线电压 U_{AC}，以及与电流、电压相对应的功率 P，则负序电抗 X_2（Ω）可由式（33-47）计算，即

$$X_2 = \frac{U_{\mathrm{AC}}}{\sqrt{3}I_{\mathrm{BC}}} \tag{33-47}$$

当考虑电阻时则

$$X_2 = \frac{P}{\sqrt{3}I_{\mathrm{BC}}^2} \tag{33-48}$$

以上两式中 U_{AC}——短路相与开路相之间的线电压（V）；

I_{BC}——B、C 两相短路的电流（A）；

P——测量功率（W）。

需说明，进行两相短路试验时，因为电机也是处于不对称状态运行，定子中产生的负序磁场，将在转子部件上感应两倍基波频率的涡流，会使转子阻尼部件过热，所以测量时应尽量缩短测量时间。

（二）负序旋转磁场测量法

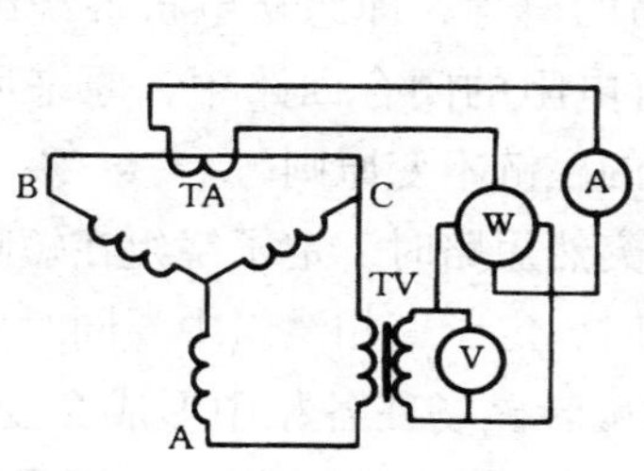

图 33-18 两相稳定短路法测量 X_2 的试验接线

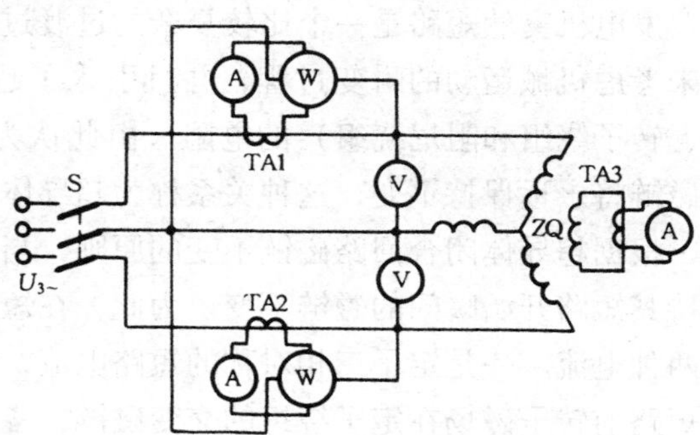

图 33-19 负序旋转磁场法测量 X_2 的试验接线

用负序旋转磁场法测量 X_2 的试验接线如图 33-19 所示。图中，将电机转子绕组 ZQ 经电流互感器 TA3 短路，并调整转子在额定转速下运转，定子绕组经开关 S 接入额定频率、对称的负相序低压电源 $U_{3\sim}$，其磁场的旋转方向与转子的旋转方向相反，并调节外施电压，使定子电流为 $0.15I_n$ 左右。此时，测量线电压 U、线电流 I 和输入功率 P，则负序电抗 X_2（Ω）按式（33-49）和（33-50）计算，即

$$X_2 = \frac{U_{av}}{\sqrt{3}I_{av}} \tag{33-49}$$

当考虑定子绕组的电阻时

$$X_2 = \sqrt{\left(\frac{U_{av}}{\sqrt{3}I_{av}}\right)^2 - \left(\frac{P}{3I_{av}^2}\right)^2} \tag{33-50}$$

上两式中　U_{av}——定子三相或两相线电压的平均值（V）；

I_{av}——定子三相或两相线电流的平均值（A）；

P——输入的三相总功率（W）。

实例计算见附录 I 第（四）项。

试验时应维持电机的转速为额定值，检查电源相序确为负相序。当被试电机的剩磁电压，超过试验电压的 30% 时，在试验前，应将电机去磁，降低残压（其方法见测量同步电抗 X_d 和 X_q 部分）。通入的定子电流，应小于 $0.25I_n$。这是因为，进行这种试验时，转子阻尼部件会由于因附加损耗而引起局部过热，所以试验电流不能太大，同时要尽量缩短测量时间。

第六节　超瞬态电抗 X''_d 和瞬态电抗 X'_d

一、基本概念

发电机在突然短路瞬间，短路电流的起始值在转子回路（不计其数量多少）均系超导体回路的条件下所决定的定子电抗，叫做超瞬态电抗。

从短路电流中减掉超瞬态分量周期分量的起始值所决定的定子电抗，叫做瞬态电抗。

发电机突然短路是一个比较复杂的过渡过程。在这里分析时仅考虑了电磁瞬变过程，而未考虑机械运动的瞬变过程，并且引入了超导体回路的概念，即忽略电机各绕组（定子、转子绕组和阻尼绕组）的电阻。由此认为，在没有电阻的闭合回路中，原来所具有的磁链将永远保持不变，这种关系称为超导体闭合回路的磁链不变原则。

根据超导体闭合回路磁链不变的原则，当电机三相突然短路时，定子绕组在短路后要维持其短路开始瞬间的磁链不变。为此，在短路刚开始时，定子三相绕组中要同时出现以下两种电流。一是定子三相对称的短路电流，它产生的旋转磁场在各相中形成交变磁链，与短路前转子磁场在定子绕组的交变磁链，各相中正好大小相等、方向相反，其叠加值在每相中均为零。二是为了维持短路瞬间各相的磁链不变，定子各相中还需有一个直流电流，它产生一个恒定的磁场，并对各相产生一个恒定的磁链，这磁链与短路电流产生的交

变磁链的叠加值为零。这样才能维持每相的原磁链不变。

短路瞬间定子各相的电流由周期性交流分量和非周期直流分量所组成。

短路前后瞬间电机的磁通分布示意图如图 33-20 所示。图中，定子电流的交流分量产

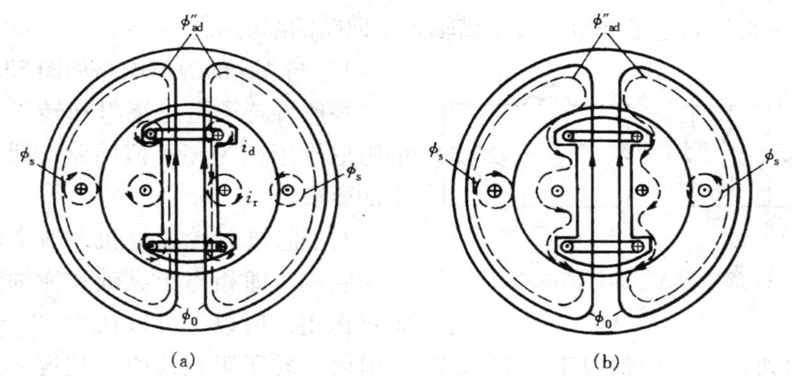

图 33-20 短路前后瞬间电机的磁通分布示意图

（a）短路前瞬间电机的磁通分布图；（b）短路后瞬间电机的磁通分布图

ϕ_s—主磁通；ϕ''_{ad}—电枢反应磁通；i_r—励磁绕组感应电流；i_d—阻尼绕组感应电流

生两部分磁通，即由定子经气隙到转子的磁通 ϕ''_{ad}和定子漏磁通 ϕ_s、ϕ''_{ad}力图链入转子绕组，但因转子各绕组为超导体闭合回路，为保持其原磁链值不变，故在转子的励磁绕组和阻尼绕组回路中将感应电流 i_r 和 i_d，产生反磁通，以抵销 ϕ''_{ad}。因此，ϕ''_{ad}被排挤在外，它只能通过转子励磁绕组和阻尼绕组的漏磁路闭合。这样，转子绕组中的磁链仍为原磁链，所以，此时 ϕ''_{ad}必须克服纵轴电枢反应磁阻 R_{ad}、转子励磁绕组和阻尼绕组漏磁路的磁阻 R_r 和 R_{dd}。总磁阻为

$$R''_{ad} = R_{ad} + R_r + R_{dd} \tag{33-51}$$

式中 R_{ad}——转子纵轴电枢反应磁阻；

R_r——转子励磁绕组漏磁路的磁阻；

R_{dd}——转子纵轴阻尼绕组漏磁路的磁阻。

用电抗表示则为

$$X''_{ad} = \frac{1}{\dfrac{1}{X_{ad}} + \dfrac{1}{X_r} + \dfrac{1}{X_{dd}}} \tag{33-52}$$

式中 X_r——折算到定子绕组的转子励磁绕组漏电抗；

X_{dd}——折算到定子绕组的转子纵轴阻尼回路的漏电抗。

即突然短路时，在转子所有绕组均为超导体回路的条件下，纵轴电枢反应超瞬态电抗 X''_{ad}与定子漏抗 X_s 共同决定的电抗，称为纵轴超瞬态电抗 X''_d，即

$$X''_d = X_s + X''_{ad} = X_s + \frac{1}{\dfrac{1}{X_{ad}} + \dfrac{1}{X_r} + \dfrac{1}{X_{dd}}} \tag{33-53}$$

横轴超瞬态电抗 X''_q 为

$$X''_q = X_s + X''_{aq} = X_s + \frac{1}{\frac{1}{X_{aq}} + \frac{1}{X_{qd}}} \tag{33-54}$$

式中　X''_{aq}——横轴电枢反应的超瞬态电抗；

X_{qd}——折算到定子绕组的转子横轴阻尼回路的漏电抗。

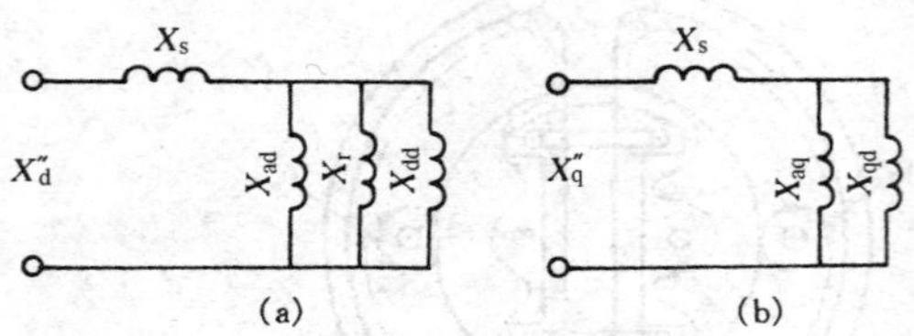

图 33-21　X''_d 和 X''_q 的等值电路

（a）X''_d；（b）X''_q

X''_d 与 X''_q 的等值电路如图 33-21 所示。

一般将转子阻尼绕组和转子实芯体所起的阻尼作用归为一等值回路，即可满足工程上的要求。

对于隐极汽轮发电机，通常转子为整块锻钢制成。即相当于纵轴和横轴都有很强的阻尼作用，所以，可以认为 $X''_d \approx X''_q$。对于凸极同步发电机，在一般情况下，$X''_d < X''_q$，但由于转子阻尼绕组的情况不同，也有的 $X''_d > X''_q$。

如果同步电机没有阻尼绕组，或阻尼绕组中的感应电流已经衰减，则相应的电抗称为纵轴和横轴瞬态电抗。即

$$X'_d = X_s + \frac{1}{\frac{1}{X_{ad}} + \frac{1}{X_r}} = X_s + X'_{ad} \tag{33-55}$$

$$X'_q = X_s + X_{aq} \tag{33-56}$$

瞬态电抗的磁通分布示意图如图 33-22 所示，其等值电路如图 22-23 所示。

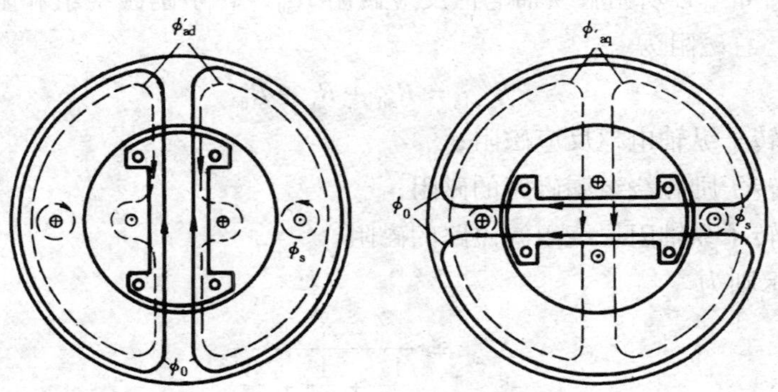

图 33-22　瞬态瞬间的磁通分布示意图

上述分析是按在突然短路时，假定电机各绕组为超导体回路考虑的。但实际上由于绕组中存在着电阻，电阻要消耗能量，使磁能逐渐减少，磁能所对应的维持磁链的电流也逐渐衰减，如图 33-24 所示。因为短路发生在该相电势为零时，因此在短路开始瞬间，电流达到最大值 I_{mK}。短路电流的直流分量 I_{ma}，在短路瞬间其幅值与周期分量 I'_{mc} 大小相等，方向相反。图 33-24 中各包络线与纵坐标的交点是 $t=0$ 时各分量的最大值。从图 33-24 看出，因实际回路不是超导体（$R\neq0$），电阻 R 要消耗能量，所以电流均随时间衰减（磁链

则随着变化），并很快达到稳定值。

超瞬态和瞬态电抗的数值，受电机定、转子漏磁通磁路的饱和程度影响很大。饱和程度增大，数值减小。一般饱和值和非饱和值之比为

$$\frac{X''_{\rm ds}}{X''_{\rm du}} = 0.65 \sim 1$$

$$\frac{X'_{\rm ds}}{X'_{\rm du}} \approx 0.88 \qquad (33\text{-}57)$$

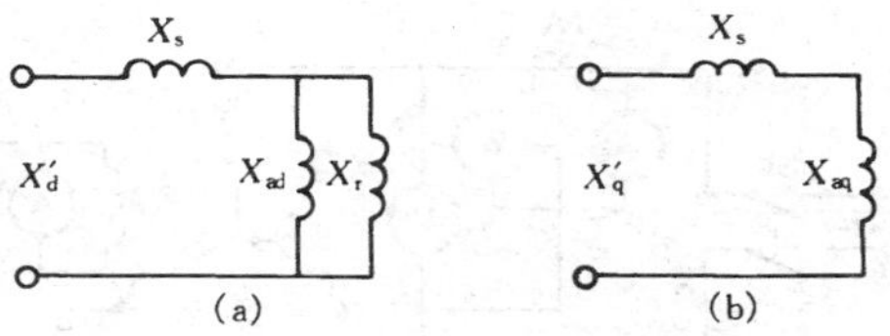

图 33-23　$X'_{\rm d}$ 和 $X'_{\rm q}$ 的等值电路

(a) $X'_{\rm d}$；(b) $X'_{\rm q}$

式中　$X''_{\rm ds}$、$X''_{\rm du}$——纵轴超瞬态电抗的饱和值和非饱和值；

$X'_{\rm ds}$、$X'_{\rm du}$——纵轴瞬态电抗的饱和值和非饱和值。

有关电机超瞬态和瞬态电抗饱和值和非饱和值，见附录 J。

二、测量超瞬态电抗 $X''_{\rm d}$（$X''_{\rm q}$）和瞬态电抗 $X'_{\rm d}$（$X'_{\rm q}$）的方法

为了测得超瞬态电抗值，可采用静测法和动测法，后者还可以同时测得瞬态电抗。现介绍如下。

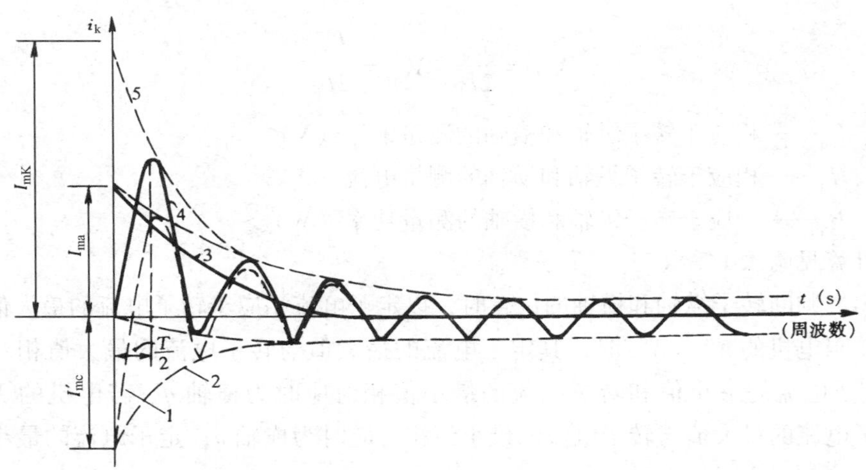

图 33-24　$\psi_0 = \psi_{\rm m}$、$R \neq 0$ 时突然短路的电流曲线

1—短路电流 $i_{\rm k}$ 的周期分量；2—曲线 1 的包络线；3—短路电流 $i_{\rm k}$ 的直流分量；4—1 和 3 叠加的合成曲线；5—曲线 4 的包络线

（一）静测法

当电机定子绕组突然短路时，其定子中短路电流周期分量的电枢反应磁通与转子同步，且力图穿入转子回路，其磁路的状况，与发电机转子处于静止状态，对定子绕组通电时类似。因此，超瞬态电抗可以在转子不动的情况下，由定子绕组通电来测取。

1. 特定转子位置测量法

特定转子位置测量法的试验接线如图 33-25 所示。测量时，先合上转子绕组 ZQ 的开关 S2，然后将定子绕组任意两相（如 A、B），合上开关 S1，接入单相低压交流电源 $U_{\sim}$，并调整定子电流为额定电流的 5% ~25%，此时，打开开关 S2，缓慢转动转子一周。在一

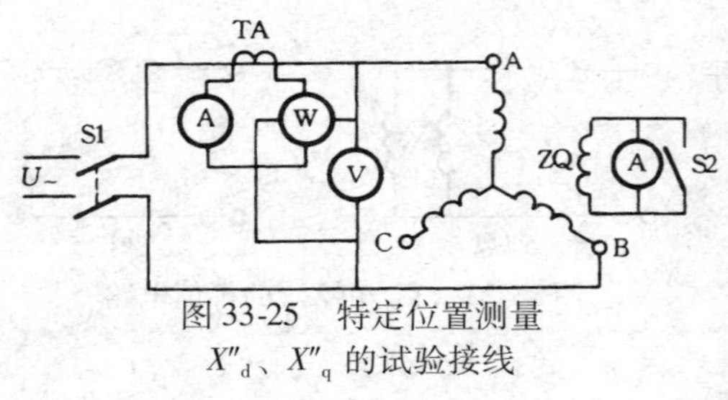

图 33-25　特定位置测量 X''_{d}、X''_{q} 的试验接线

般的情况下，当转子电流表指示值为最大时，相应于定子磁场轴线与转子纵轴相重合，此时，读取外施电压 U_{d}、电流 I_{d} 和功率 P_{d}。当转子电流表指示值为最小时，相应于定子磁场轴线与转子横轴相重合，此时，又读取外施电压 U_{q}、电流 I_{q} 和功率 P_{q}。然后，按式（33-58）和式（33-59）计算出 X''_{d}（Ω）和 X''_{q}（Ω），即

$$X''_{\mathrm{d}}=\sqrt{\left(\frac{U_{\mathrm{d}}}{2I_{\mathrm{d}}}\right)^2-\left(\frac{P_{\mathrm{d}}}{2I_{\mathrm{d}}^2}\right)^2} \tag{33-58}$$

$$X''_{\mathrm{q}}=\sqrt{\left(\frac{U_{\mathrm{q}}}{2I_{\mathrm{q}}}\right)^2-\left(\frac{P_{\mathrm{q}}}{2I_{\mathrm{q}}^2}\right)^2} \tag{33-59}$$

P_{d} 及 P_{q} 较小，一般可忽略不计，所以

$$X''_{\mathrm{d}}=\frac{U_{\mathrm{d}}}{2I_{\mathrm{d}}}\quad X''_{\mathrm{q}}=\frac{U_{\mathrm{q}}}{2I_{\mathrm{q}}}$$

式中　U_{d}、U_{q}——相应于转子纵轴和横轴的测量电压（V）；

I_{d}、I_{q}——相应于转子纵轴和横轴的测量电流（A）；

P_{d}、P_{q}——相应于转子纵轴和横轴的测量功率（W）。

实例计算见附录 I 第（三）项。

应指出，判断转子纵轴和横轴的位置时，以定子电流相应于转子电流的最大值和最小值来确定。当电机的 $X''_{\mathrm{d}}<X''_{\mathrm{q}}$ 时，其定子电流的最大值与转子电流的最大值相对应时为纵轴 d；定子电流的最小值和转子电流的最小值相对应时为横轴 q。若电机的 $X''_{\mathrm{d}}>X''_{\mathrm{q}}$ 时，则定子电流的最大值与转子电流的最小值相对应时为横轴 q；定子电流的最小值与转子电流最大值相对应时为纵轴 d。

2. 静态两相轮换测量法

试验中若转动发电机的转子有困难时，可以采用改变定子磁场的方法测量。它是使转子保持任一确定的位置，仍采用图 33-25 的接线，将单相交流电压，依次轮换加到定子绕组两相上，即 U_{AB}、U_{AC}、U_{BC}。每次均调节定子电流为额定值的 5% ~25% 的同一电流值时，分别测量定子电压、电流、功率并监视转子电流。然后按下列公式计算 X''_{d} 和 X''_{q}。

如果电压接入定子 AB 相时，测得 U_{AB}、I_{AB}、P_{AB}，则 AB 相电抗为

$$X_{\mathrm{AB}}=\sqrt{\left(\frac{U_{\mathrm{AB}}}{2I_{\mathrm{AB}}}\right)^2-\left(\frac{P_{\mathrm{AB}}}{2I_{\mathrm{AB}}^2}\right)^2} \tag{33-60}$$

依次将电压接入 BC 相和 CA 相，求出 X_{BC} 和 X_{CA}，则

$$X_{\mathrm{av}}=\frac{1}{3}(X_{\mathrm{AB}}+X_{\mathrm{BC}}+X_{\mathrm{CA}}) \tag{33-61}$$

上二式中 U_{AB}——定子 AB 相加入的电压（V）；

I_{AB}——测得定子 AB 相的电流（A）；

P_{AB}——测得定子 AB 相的功率（W）；

X_{AB}、X_{BC}、X_{CA}——三次轮换测得的相电抗（Ω）；

X_{av}——三次测量的相电抗的平均值（Ω）。

三相轮换测量时，超瞬态电抗对应于 d 和 q 轴的变化量 ΔX 为

$$\Delta X = \frac{2}{3}\sqrt{X_{AB}(X_{AB} - X_{BC}) + X_{BC}(X_{BC} - X_{CA}) + X_{CA}(X_{CA} - X_{AB})} \tag{33-62}$$

则

$$X''_{d} = X''_{av} \mp \Delta X \tag{33-63}$$

$$X''_{q} = X''_{av} \mp \Delta X \tag{33-64}$$

需说明，求 X''_{d}、X''_{q}时，ΔX 的正负号由下列关系确定。

求 X''_{d} 时：若测得的三个转子电流中的最大值与测得的相电抗最大值相对应时，取“+”号，即 $X''_{d} = X_{av} + \Delta X$；如果测得的三个转子电流中的最大值与测得的相电抗最小值相对应时，则取“-”号，即 $X''_{d} = X''_{av} - \Delta X$。

求 X''_{q} 时：若测得的三个转子电流中的最小值与测得的相电抗最大值相对应时，取“+”号，即 $X''_{q} = X_{av} + \Delta X$；若测得的三个转子电流中的最小值与测得的相电抗最小值相对应时，则取“-”号，即 $X''_{q} = X_{av} - \Delta X$。

测量 X''_{d}和 X''_{q}时，静测法易实施，也能满足准确度的要求。但是，因为一般施加的电压、电流较低，所产生的磁通远小于额定电压、电流下的磁通，因此测得的电抗值为非饱和值。

（二）动测法

1. 用三相突然短路法测量 X''_{d}和 X'_{d}

将发电机保持额定转速，定子绕组在一定的电压下空载运行，即可进行三相突然短路试验。但在一般情况下，若只需电机的 X''_{d}、X'_{d}的非饱和值时，可在定子电压为 $0.25U_{n}$ 下进行。如果需要测得其饱和值时，则要求定子电压应为 $1.05U_{n}$。这种比额定电压高的突然短路试验，可结合考核电机机械强度的（短路冲击电流）型式试验来进行，其试验原理接线如图 33-26 所示。

（1）试验准备及要求。

1）将被试电机由同轴励磁机 G 励磁，但励磁机的励磁必须采用他励。如果用独立的他励直流励磁机供给励磁时，则励磁机的额定电流值，必须大于被试电机空载电压为额定值时转子电流的两倍，并且其电枢电阻不得大于被试电机同轴励磁机的电枢电阻。拖动励磁机的异步电动机的容量要大，应保证在进行突然短路试验时，转速无显著下降。

2）采取技术措施，使在短路试验中，电机的励磁回路不得跳闸。

3）调整好断路器 QF，并要求三相能同时合闸。

4）录取短路电流宜采用无感分流器 R_{f}，其额定电流应大于电机定子电流的额定值。若无 R_{f} 时，也可采用一次侧为一匝的电流互感器（但此时短路电流中的直流分量将被畸

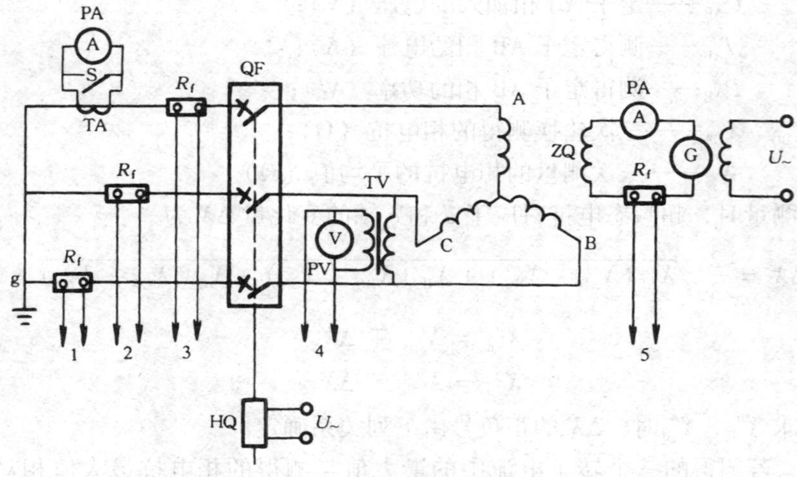

图 33-26　三相突然短路试验的原理接线

S—开关；ZQ—转子绕组；HQ—合闸线圈；QF—断路器

变）代替。电流互感器的选择必须使突然短路电流的最大值在其伏安特性的直线部分。

5）突然短路电流的最大值 I_{max}（A）可按式（33-65）估算，即

$$I_{max} = \frac{2\sqrt{2}U_*}{X''_{d*}}I_n \tag{33-65}$$

式中 U_*——突然短路前定子空载电压的标么值；

X''_{d*}——纵轴超瞬态电抗的标么值；

I_n——定子额定电流（A）。

6）为确保人身和仪表的安全，应将无感分流器（或电流互感器）接在断路器 QF 和接地点 g 之间，短路点必须可靠接地，短路连线应尽量短。定、转子回路的所有连线必须可靠、接触良好。

7）记录仪应预先进行试验调整。

（2）试验步骤。

1）将发电机调整到额定转速，调节励磁电流，使定子电压为 $0.25U_n$ 左右，空载运行。

2）测量定子电压和转子电流，将电流表短路开关 S 合上。

3）启动记录仪（1～5 接记录仪），录取短路前的定子电压、转子电流的波形以后，随即将断路器 QF 合上，并同时录取突然短路过程中，各参数变化的波形。如能将记录仪的自动拍照机构，和断路器 QF 的辅助接点联动，使录波时间超前于短路前瞬间更好。连续录波的时间，不应小于短路电流纵轴瞬态时间常数 $T'_d + 0.2s$，直至短路电流的波形稳定后，再断开开关 S，同时读取各仪表的指示值。试验完毕，将转子电流减到零后，跳开断路器 QF。

（3）数据加工。

1）将所录取的波形放大，并绘出定子三相电流波形的各个峰值与时间的关系曲线。

2）将各个峰值用平滑曲线连接起来，得出每相电流波形的上、下两条包络线，如图 33-27 所示。

3）按时间间隔，取每个瞬间上、下包络线的纵坐标。两者代数和的一半，便是该瞬间电流的直流分量；两者代数差的一半，便是该瞬间电流的周期分量。

4）求出三相短路电流周期分量各瞬间的算术平均值，即为突然短路时定子电流周期分量的变化曲线，将其绘在半对数坐标纸上。

如图 33-28 所示，由定子电流周期分量的变化曲线减去稳定短路电流值后，即得定子电流瞬态分量（$\Delta I'$）和超瞬态分量（$\Delta I''$）的电流曲线。将（$\Delta I'+\Delta I''$）电流曲线延长与纵轴坐标相交，其交点即为 $t=0$ 时的值（$\Delta I'_0+\Delta I''_0$）。（$\Delta I'+\Delta I''$）曲线的下半部分，大多数可能为一直线，也可能组成一条连续曲线。

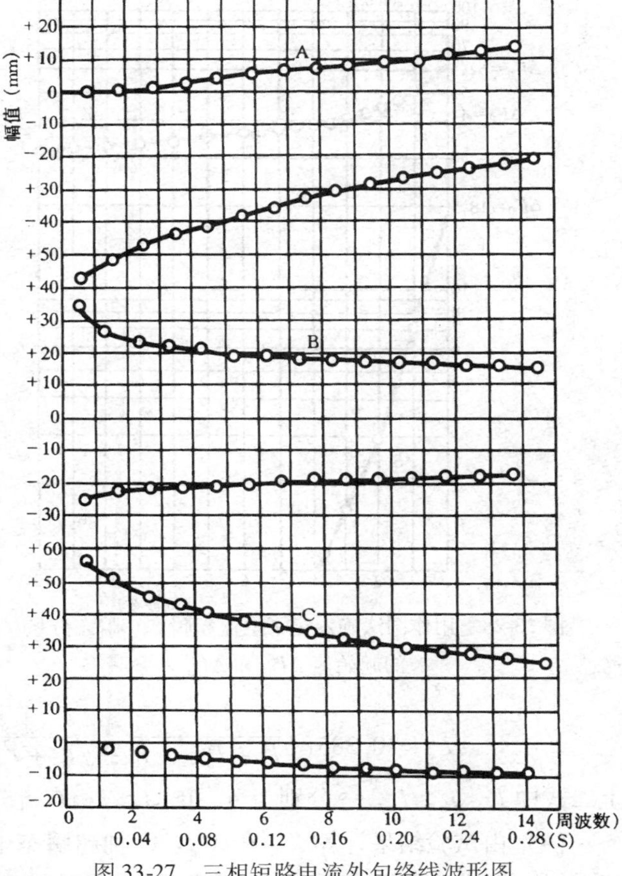

图 33-27 三相短路电流外包络线波形图

当（$\Delta I'+\Delta I''$）曲线的下半部分为一直线时，如图 33-28 所示，将该直线延伸到纵坐标轴上相交，其交点即为瞬态分量的起始值 $\Delta I'_0$（44），由（$\Delta I'+\Delta I''$）曲线与纵坐标的交点值（62.5），减去 $\Delta I'_0$ 值（44）后，即得超瞬态分量的起始值 $\Delta I''_0$（18.5）。

当（$\Delta I'+\Delta I''$）曲线的下半部分为一曲线时，如图 33-29 所示，则在该曲线上取 A、B 两点，A 点所对应的时间 t_1，一般可取 0.2s，其对应的电流为 i_A。B 点所对应的电流 $i_B=0.368i_A$，相应的时间为 t_2。通过 A、B 两点连成一直线，此直线即为 $\Delta I'$ 的等值线。将其延伸到纵坐标轴上得一交点，此交点即为瞬态分量的起始值 $\Delta I'_0$。

在半对数坐标纸上，曲线（$\Delta I'+\Delta I''$）的纵坐标各点与相应的 $\Delta I'$ 值直线之间的差值，即为超瞬态分量 $\Delta I''$ 的变化曲线。将其绘在半对数坐标纸上（如图 33-28 所示），并延伸到纵坐标轴上相交，其交点即为超瞬态分量的起始值 $\Delta I''_0$。

5）同理，将各相电流直流分量与时间的关系绘在半对数坐标纸上，连接各点便成一曲线，并将这些曲线各自延伸到纵坐标轴上，便得到各相电流直流分量的初始值。

6）三相电流直流分量的最大可能值，可用作图法求得，如图 33-30 所示。选一原点 O 作为各相直流分量初始值的起点，并绘成互差 60°夹角的三个相量 $\dot{I}_a$、$\dot{I}_b$ 和 $\dot{I}_c$。其

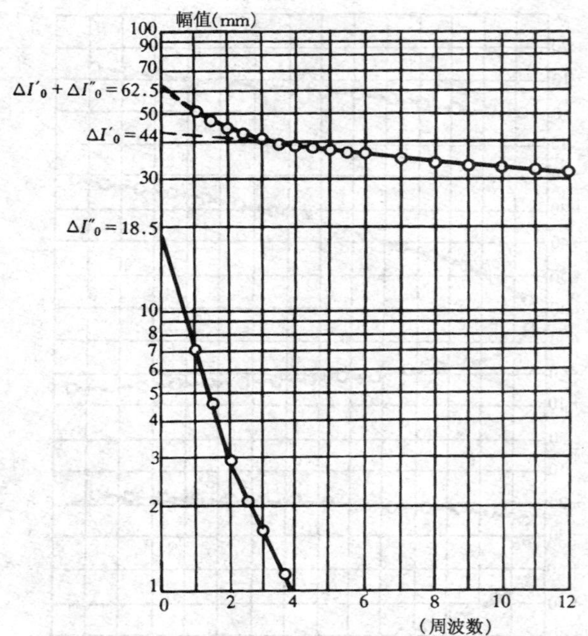

图 33-28　用作图法确定定子电流超瞬态、瞬态分量的起始值 $\Delta I''_0$ 和 $\Delta I'_0$

初始值最大者居中。从三个相量的末端作各自的垂线，从原点 O，向三垂线所组成的三角形 abc 的中心 O'引一相量，该相量即为短路电流直流分量的最大值。其数值上也等于周期性分量幅值的初始值。

直流分量的最大可能值也可用式（33-66）计算确定，即

$$\left.\begin{aligned} I_{a\cdot\max} &= \frac{2}{\sqrt{3}}\sqrt{I_a^2+I_b^2+I_aI_b} \\ I_{b\cdot\max} &= \frac{2}{\sqrt{3}}\sqrt{I_b^2+I_c^2+I_bI_c} \\ I_{c\cdot\max} &= \frac{2}{\sqrt{3}}\sqrt{I_a^2+I_c^2+I_aI_c} \end{aligned}\right\} \tag{33-66}$$

而三相直流分量的平均值，可用式（33-67）计算，即

$$I_{av} = 0.385\left(\sqrt{I_a^2+I_b^2+I_aI_b}+\sqrt{I_b^2+I_c^2+I_bI_c}+\sqrt{I_a^2+I_c^2+I_aI_c}\right) \tag{33-67}$$

上二式中 I_a、I_b、I_c——分别为 A、B、C 三相直流分量幅值的初始代数值。

（4）由试验结果计算 X''_d 和 X'_d。纵轴超瞬态电抗 X''_d，是短路前瞬间电机的空载电压 U_0，与用作图法（图 33-28）求得的短路电流周期性分量初始值之比，即

$$X''_d = \frac{U_0}{\sqrt{3}(I_\infty + \Delta I'_0 + \Delta I''_0)} \tag{33-68}$$

纵轴瞬态电抗 X'_d，是短路前瞬间电机的空载电压 U_0 与减去超瞬态分量 $\Delta I''_0$ 后，短路电流周期性分量初始值之比，即

$$X'_d = \frac{U_0}{\sqrt{3}(I_\infty + \Delta I'_0)} \tag{33-69}$$

上二式中　U_0——短路前电机的空载电压（V）；

I_∞——短路稳定后的定子电流（A）；

$\Delta I'_0$——短路瞬间定子电流瞬态分量的初始值（A）；

$\Delta I''_0$——短路瞬间定子电流超瞬态分量的初始值（A）。

2. 用电压恢复法测量 X''_d 和 X'_d

电压恢复法的试验接线，仍采用图 33-26 接线（可不用无感分流器 R_f）。将发电机定子绕组三相对称稳定短路，合上断路器 QF，打开开关 S 后，将被试电机调整到额定转速。此时，调整转子电流，使电机运行于空载曲线的直线部分，即定子电压约为 $0.7U_n$ 时的数值。待运行稳定，读取 A 相的电流值后，将断路器 QF 断开，同时用录波器录取任意两相

（如 B、C 相）的线电压波形，并由电压表 PV 测量其稳定电压值 U_{∞}。这种方法测取的 X''_{d} 和 X'_{d} 值，对应于电机的非饱和状态。

（1）试验要求。

1）对励磁回路的要求与三相突然短路测量法相同。

2）调整断路器 QF 使三相能同时跳闸，将稳定短路的三相同时切除。

3）记录仪录波的速度分两种：①在录取超瞬态分量时，采用 7～10cm/s，②在录取瞬态分量时，用 2cm/s 试验时可用两台记录仪，按上列两种录波速度同时进行。若仅有一台记录仪时，同项试验需进行两次，并按上述两种录波速度，分别录取波形。

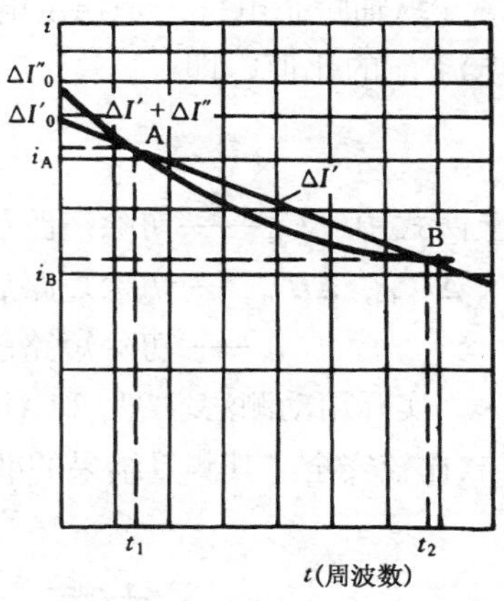

图 33-29　用特殊作图法确定 $\Delta I''_{0}$ 和 $\Delta I'_{0}$ 的值

（2）数据加工。

1）将录波图放大，把定子恢复电压曲线的各个峰值与时间的关系，绘在方格坐标纸上，得到恢复电压的上、下包络线。

2）将稳定电压 U_{∞} 与恢复电压 U 包络线所确定的电压差值（$U_{\infty}-U$），与时间的关系绘在半对数坐标纸上，如图 33-31 所示。此曲线所代表的电压，即为超瞬态电压分量 $\Delta U''$ 与瞬态电压分量 $\Delta U'$ 之和。

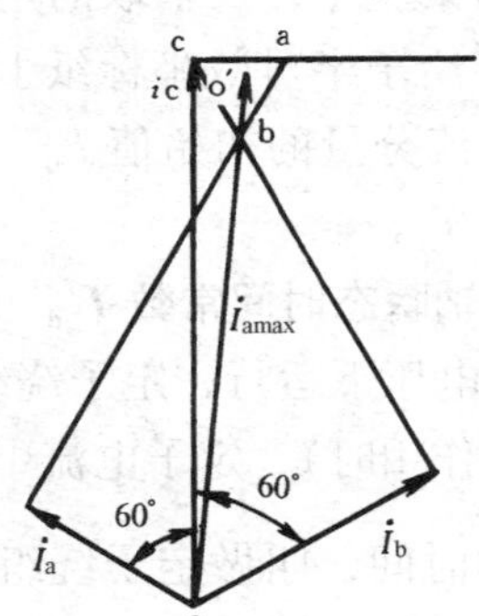

图 33-30　用作图法求直流分量的最大值

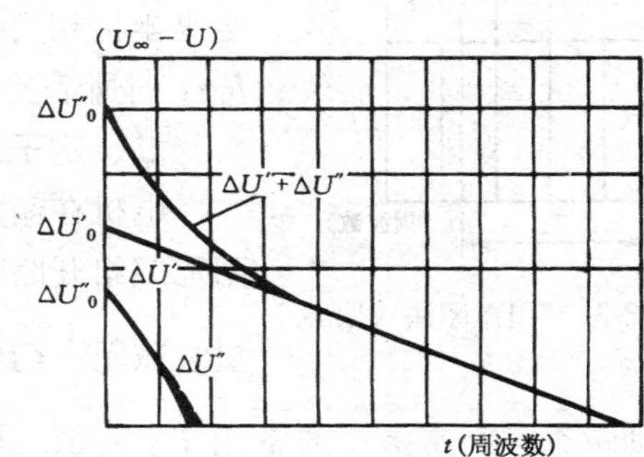

图 33-31　用作图法确定 $\Delta U''_{0}$ 和 $\Delta U'_{0}$ 的值

3）将该曲线的直线部分延伸到纵坐标轴上相交，交点即为瞬态电压分量的初始值 $\Delta U'_{0}$。

4）$(\Delta U'+\Delta U'')$ 曲线与相应的 $\Delta U'$ 曲线上各值之差，即为所对应的超瞬态电压分量 $\Delta U''$ 曲线。将其绘于同一坐标纸上，并延伸与纵坐标相交，即得超瞬态电压分量的初始值 $\Delta U''_{0}$。

（3）由试验结果计算 X''_{d} 和 X'_{d}。纵轴超瞬态电抗，是稳定电压 U_{∞} 减去瞬态和超瞬态电压分量（$\Delta U'_{0}+\Delta U''_{0}$）后，对切除短路前瞬间定子电流 I_{0} 的比值，即

$$X''_{d}=\frac{U_{\infty}-(\Delta U'_{0}+\Delta U''_{0})}{\sqrt{3}I_{0}} \tag{33-70}$$

纵轴瞬态电抗，是稳定电压 U_∞ 减去瞬态电压分量 $\Delta U'_0$ 后，对切除短路前瞬间定子电流 I_0 的比值，即

$$X'_d = \frac{U_\infty - \Delta U'_0}{\sqrt{3}I_0} \tag{33-71}$$

上两式中　U_∞——切除短路后恢复电压的稳定值（V）；

$\Delta U'_0$、$\Delta U''_0$——切除短路后恢复电压的瞬态和超瞬态分量的初始值（V）；

I_0——切除短路前瞬间定子三相短路的稳定电流（A）。

实际用动测法求 X''_d 和 X'_d 时，一般采用电压恢复法，因为这种方法电机不会受到电流冲击，比较安全。其测量结果的准确度，在很大程度上决定于三相断路器 QF 跳闸的同时性。

第七节　时间常数 T_a、T'_d、T''_d、T'_{d0} 和 H

一、定子电流直流分量衰减的时间常数 T_a

电机在额定转速和一定电压下运行，定子绕组突然短路时，短路电流中直流分量衰减至$\frac{1}{e}$（$e=2.718$）初始值时所需要的时间，称为定子电流直流分量衰减的时间常数，通常用 T_a 表示。如图 33-32 所示为用作图法求取 T_a。

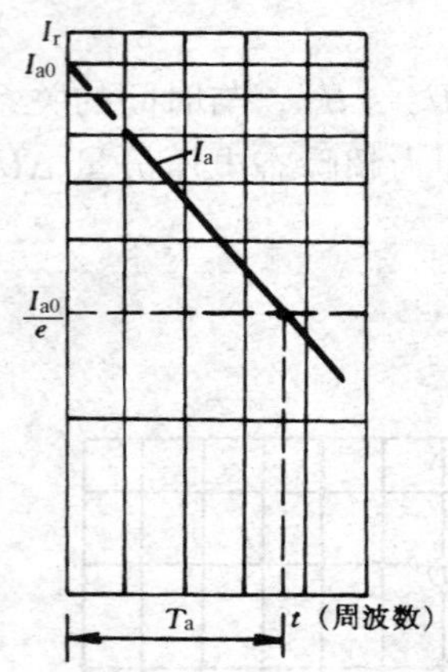

图 33-32　用作图法求取 T_a

将从上述三相突然短路试验中，所求取的定子绕组各相直相分量的算术平均值 I_a，绘于半对数坐标纸上，将其延长与纵坐标相交于一点，得直流分量的初始值 I_{a0}，当其衰减至 I_{a0}/e 时所需要的时间，即为 T_a。

二、定子绕组短路时纵轴瞬态时间常数 T'_d

电机在额定转速和一定电压下运行，定子绕组突然短路，阻尼绕组开路时（或无阻尼作用时），定子电流中纵轴瞬态分量衰减至$\frac{1}{e}$初始值所需要的时间，叫做定子绕组突然短路时的纵轴瞬态时间常数，通常用 T'_d 表示。如图 33-33 所示为用作图法求取 T'_d。

将上述三相突然短路试验中，所求取的定子电流周期分量的瞬态分量 $\Delta I'$，绘于半对数坐标纸上，并将其延长与纵坐标相交于一点，得瞬态分量的初始值 $\Delta I'_0$，当其衰减至$\frac{1}{e}\Delta I'_0$ 时所需要的时间，即为 T'_d。

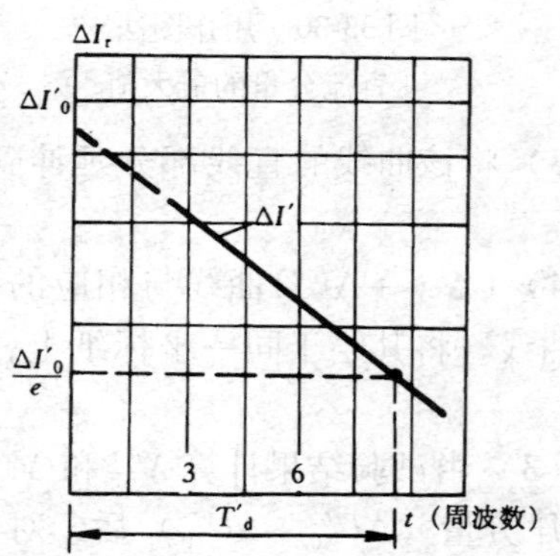

图 33-33　用作图法求取 T'_d

三、定子绕组短路时纵轴超瞬态时间常数 T''_d

电机在额定转速和电压下运行，转子阻尼绕组（或阻尼回路）和励磁绕组闭路，当定子绕组发生突

然短路时，在阻尼作用下，定子电流中超瞬态分量迅速衰减，当其衰减至$\frac{1}{e}$初始值时所需要的时间，叫做定子绕组短路时的纵轴超瞬态时间常数，通常用T''_d表示，如图33-34所示为用作图法求取T''_d。

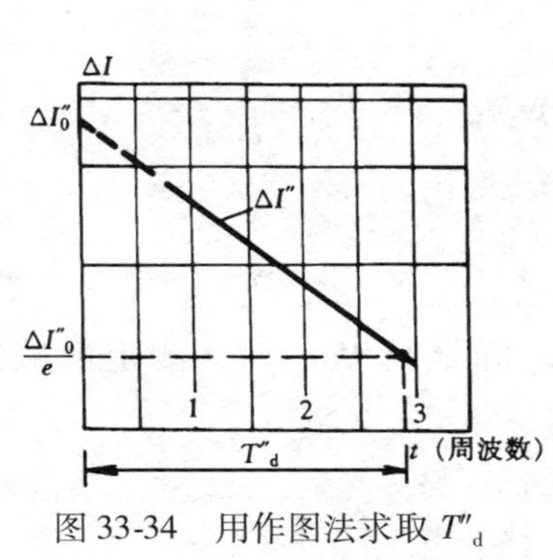

图33-34　用作图法求取T''_d

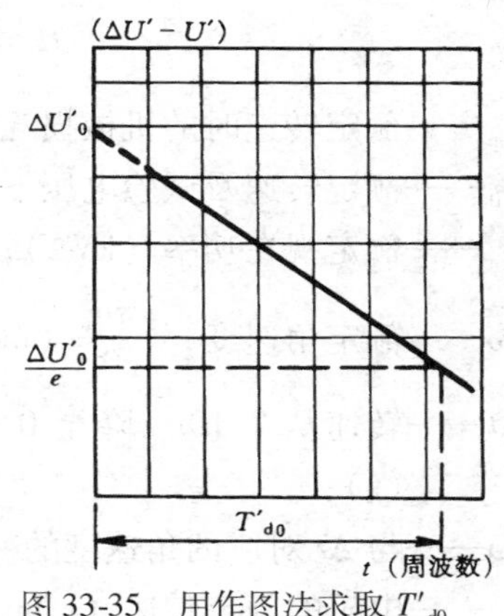

图33-35　用作图法求取T'_{d0}

将上述三相突然短路试验时，所求取的定子电流中周期性分量的超瞬态分量$\Delta I''$，绘于半对数坐标纸上，并将其延长与纵坐标相交于一点，得超瞬态分量的初始值$\Delta I''_0$，当其衰减至$\frac{1}{e}\Delta I''_0$时所需要的时间，即为T''_d。

四、定子绕组开路时纵轴瞬态时间常数T'_{d0}

电机在额定转速下运行，当运行条件发生突然变化时，由于纵轴磁通所产生的开路定子电压中瞬态分量，衰减至$\frac{1}{e}$初始值时所需要的时间，叫做定子绕组开路时的纵轴瞬态时间常数，通常用T'_{d0}表示。

电机在额定转速下运行，定子在额定电压下，将励磁绕组突然短路时进行测量。必要时励磁绕组的电流必须在0.02s内切断。

为了限制直流电源的短路电流，在试验大容量的电机时，应串入限流电阻。

用记录仪录取定子绕组的电压、励磁电流及滑环电压。

求出从录波图得到的瞬态电压$\Delta U'$与电机剩磁电压U'之间的差值与时间的关系，绘于半对数坐标纸上。将其关系曲线延长与纵坐标相交于一点，得瞬态分量的初始值$\Delta U'_0$。当其衰减至$\frac{1}{e}\Delta U'_0$时所需要的时间，即为T'_{d0}，如图33-35所示。

五、机械时间常数H

当电机在额定转速下运行，转子所储有的动能与额定视在功率之比，叫做机械时间常数。

由空载减速试验测量H值时，是在被试电机转轴无附加轮状质量的情况下进行的。电机由另一电源励磁，在试验过程中需保持励磁不变。

将被试电机用提高电源频率的办法，或由原动机驱动使其过速，然后切断电源进行试验。

此试验是当电机转速下降（如从 $1.10n_n$ 降至 $0.9n_n$ 或从 $1.05n_n$ 降至 $0.95n_n$，n_n 为额定转速）时，测定减速时间。然后，由试验结果按式（33-72）计算出 H（s）值，即

$$H = \frac{\omega}{2} \cdot \frac{\Delta t}{\Delta \omega} \cdot \frac{P_m + P_0}{S_n} \tag{33-72}$$

式中 P_m——额定转速时的机械损耗（kW）；

P_0——额定转速及试验电压下的空载铁损（kW）；

S_n——额定视在功率（kVA）；

ω——额定角速度，$\frac{2\pi n_n}{60}$（rad/s）；

Δt——转速从 $1.10n_n$ 降至 $0.9n_n$ 或从 $1.05n_n$ 降至 $0.95n_n$ 时，测定的减速时间（s）；

$\Delta\omega$——与 Δt 对应的角速度的变化量；

n_n——电机的额定转速（r/min）。

大型汽轮发电机的 H 数值，见附录 J 的表 J-4。

第三十四章

异步电动机试验

异步电动机不但是发、供电系统中必不可少的设备，而且大量用于工农业生产等各部门。它比同步电动机结构简单，成本低廉，运行可靠，维护方便，因而应用普遍，占总动力负载的80%以上。它主要的缺点是功率因数低，调速特性差，启动电流大，且要从电网吸收无功功率，同时不能理想地调节速度以适应各种不同的需要。

使用较多的异步电动机是鼠笼式和线绕式。前者不能调速，起动电流大（一般为5～6倍额定电流），但结构较简单。后者可在一定范围内调速，起动电流较小（一般为3～4倍额定电流），但需外加转子启动电阻，操作维护不如前者简便。对于要求调速而且启动负载大的设备多选用绕线式异步电动机。对无调速要求的设备多用鼠笼式电动机，当启动负载较大时还可用深槽鼠笼式和双鼠笼式电动机。

异步电动机定子绕组一般用A级和B级绝缘，其绕组一般是三角形和星形连接。引出线端头一般有六个和三个两种。

电动机的绝缘预防性试验包括测量绝缘电阻，直流泄漏和耐压试验，交流耐压试验。试验方法已在第二十七章中详细介绍。具体要求和接线与发电机绝缘试验相同。

对于电动机，应定期测量其定子直流电阻；绕线式的还要测量各相转子绕组和起动装置的电阻。其测量方法和三角形与星形的电阻换算及温度换算公式见第十章“变压器绕组直流电阻测量”。

第一节　定子绕组的极性检查试验

一、试验目的

电动机定子三相绕组按一定规律分布在定子铁芯圆周上，每相绕组均有头尾两端。若将绕组的头尾接错，则通入平衡三相电流时，不但不能产生旋转磁场，甚至还会损坏电机。为了确定每相绕组头尾的正确连接，必须进行极性检查试验。

二、试验方法

（一）直流感应法

在电动机定子的一相绕组中通以脉冲电流时，另外两相绕组由于互感作用产生相应的感应电势，根据脉冲电流和感应电势的方向，便可确定三相绕组的头尾，即相应的极性，试验接线如图34-1所示。

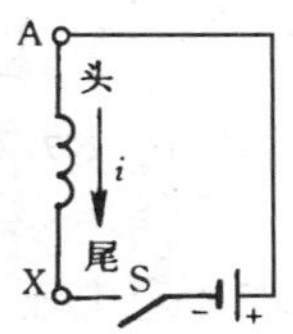

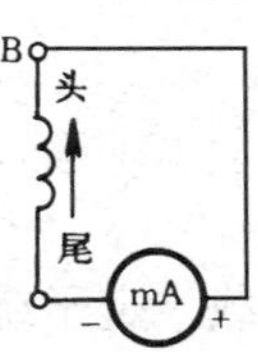

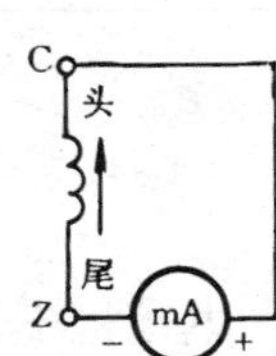

图34-1　直流感应法测极性

当合上开关 S 时，脉冲电流将通过绕组 AX，并在 BY 和 CZ 绕组中感应出电势，使直流毫安表（或毫伏表）偏转。若仪表指针向正方向偏转则接仪表“+”端与接电池“+”极的绕组端头为同极性；若仪表指针反向偏转，则接仪表“-”端与接电池“+”极的绕组端头为同极性。应该指出，在开关打开时，仪表指示方向与上述情况相反。

（二）交流电压法

1. 绕组头尾无标号

如图 34-2 所示，将任意两相绕组串联后接至交流 220V 电源上，第三相接电压表或灯泡。电压表指示较大（几十伏到 100 多 V）或灯亮，说明第Ⅰ、Ⅱ两相是头尾相接［见图 34-2（a）］；如果加上电压后，电压表指示很低（1V 或几伏）或灯不亮，说明第Ⅰ、Ⅱ两相是同极性相接［见图 34-2（b）］。用同样的方法可以决定第Ⅲ相的极性。测量时应注意以下两点：

（1）绕线式电机转子绕组开路时，感应电压可达 200V 左右，应适当选择表计；

（2）20kW 以上的鼠笼式电机或转子短路的绕线式电机，感应电压虽然仅几十伏，但一次电流可达几十安，应适当选择电源或调压器。

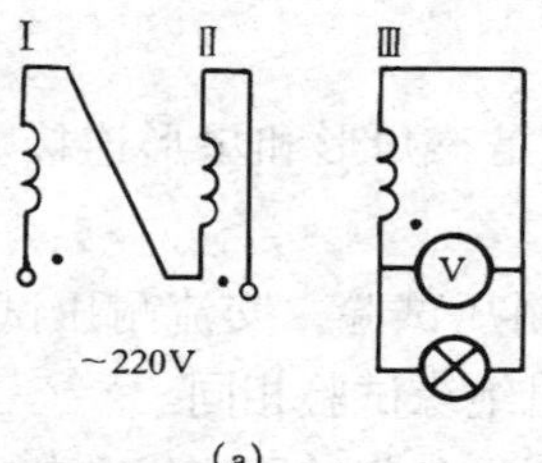

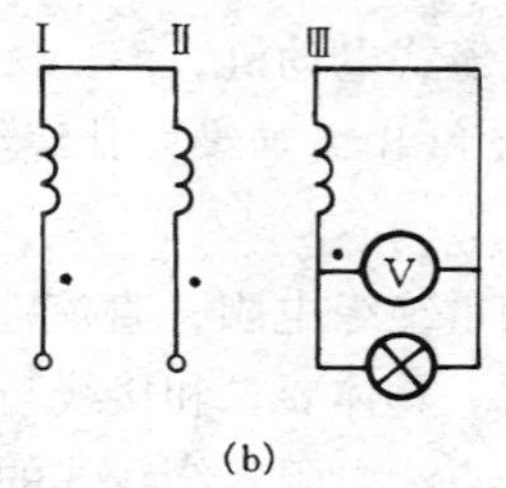

图 34-2　外加交流电压、测量极性（之一）

（a）Ⅰ、Ⅱ两相头尾相接；（b）Ⅰ、Ⅱ两相同极性相接

图 34-3　外加交流电压测量极性（之二）

2. 绕组头尾有标号

如果绕组头尾已有标号，可按图 34-3 的接线检查标号是否正确。测量时，先将三相尾端连在一起，然后在任一相上加交流电压 $U_{\sim}$（例如 A 相），再分别测量三个线间电压 U_{AB}、U_{BC}和 U_{CA}，若 X、Y、Z 确系同极性，则 A 相加压时所测的结果应符合表 34-1 的规律。

表 34-1　　A 相加压测得线间电压（倍数）

电机型式	外加交流电压	U_{AB}	U_{CA}	U_{BC}
鼠笼式	U	$1.0U$	$1.0U$	0
绕线式	U	$1.5U$	$1.5U$	0

第二节　电动机空载试验

电动机不带负载，定子绕组上加额定电压测量空载电流和空载损耗，它包括空载电流在定子绕组中产生的铜损、铁损和机械损耗，这就是电动机的空载试验。该试验应在交接和大修时进行。试验的目的主要是检查电机的内部接线和匝数是否正确，铁芯质量和定子转子间的气隙大小，机械安装是否良好等。

一、试验前对被试电动机的要求

（1）电动机定子、转子绕组接线正确，绝缘电阻合格；

（2）电气回路连接正确、牢固，一次回路电气设备耐压试验合格；

（3）电动机转子旋转灵活，无碰击现象。绕线式电动机炭刷要紧贴于滑环上，启动变阻器的把手置于起动位置。定子各部件完好无损。

二、试验接线和方法

（1）电动机空载试验接线如图 33-4 所示。功率表 PW1 接入电压 U_{AB}和电流 I_A 回路；功率表 PW2 接入电压 U_{CB}和电流 I_C 回路。

（2）将电流互感器二次侧短路（合上短路开关 S2），再合上电源开关 S1，使电动机在额定电压下起动。

（3）电动机转速正常后，拉开互感器二次侧短路开关 S2，读取线电压、各相电流和功率数值。图 34-4 中两功率表数值的代数和即为空载损耗。

（4）如需录取空载特性曲线，应使用可调电压的电源供电，使定子绕组上的电压从（1.1～1.3）U_n 数值开始逐渐下降，测量不同电压下的空载电流和空载输入功率，直至尽可能低的数值，其间测取 7～9 点读数。

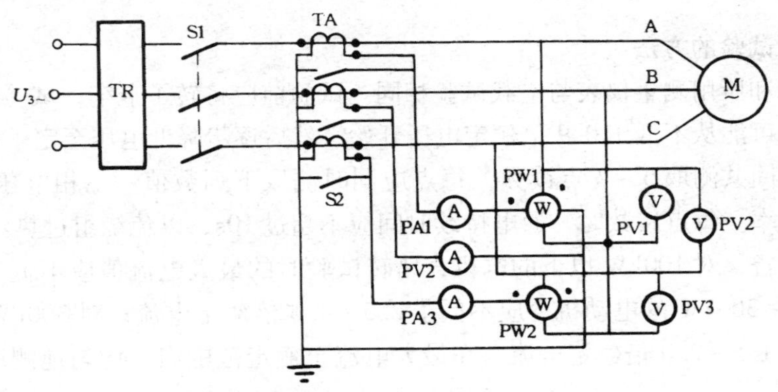

图 34-4　电动机空载试验接线图

PA1～PA3—测量 I_A、I_B、I_C 的电流表；PV1～PV3—测量 U_{AB}、U_{CA}、U_{BC}的电压表；PW1、PW2—功率表；S1—三相开关；M—被试电动机；S2—电流互感器开关

三、注意事项

（一）试验前进行短时空转检查

如电动机起动时声音不正常或不转动，应立即切断电源检查。电动机旋转方向应正确，如果反转，应停机调换任意两相线端，再重新起动。在整个起动和试验过程中都要注意观查电流、电压及机械部分，若有异常应立即停机。试验测量开始前应运转 0.5h 至 1h。

（二）试验电压有偏差时应进行换算

试验电压应为额定值，如有些偏差，可按下式换算为额定电压下的数值

$$I_{0n} = \frac{U_n}{U_0} \cdot I_0 \tag{34-1}$$

$$P_{0n} = \left(\frac{U_n}{U_0}\right)^2 \cdot P_0 \tag{34-2}$$

式中 U_n、I_{0n}、P_{0n}——额定电压、额定空载电流和空载输入功率；

U_0、I_0、P_0——测得的空载电压、电流和功率。

空载功率因数可按下式求得

$$\cos\varphi_0 = \frac{P_0}{\sqrt{3}U_0 I_0} \tag{34-3}$$

（三）三相电源力求对称

为了使试验结果准确，应力求电源电压对称稳定，以免造成较大的误差。

第三节 电动机短路试验

短路试验又叫做堵转试验，试验时将转子卡住（绕线式的还应将转子绕组在集电环上短路）。定子绕组通电，测量堵转时的电流 I_K 输入功率 P_K 和转矩 T_K 随电压变动的曲线。

一、三相试验的方法

试验接线和所用测量仪表与空载试验相同。试验前应将转子卡牢，试验时，施于定子绕组的电压尽可能从不低于0.9倍额定电压开始，然后逐步降低电压至定子电流接近额定电流为止。其间共测取5~7点读数，每点应同时测取下列数值：三相电压，三相电流，转矩或输入功率。每点读数时，通电持续时间应不超过10s，以免绕组过热。

如限于设备，对100kW以下的电机，堵转试验时的最大电流值应不低于4.5倍额定电流；对100~300kW的电动机，应不低于2.5~4.0倍额定电流；对300kW以上的电动机，应不低于1.5~2.0倍额定电流。在最大电流至额定范围内，均匀地测取不少于4点读数。

对100kW以上的电动机，如限于设备不能实测转矩时，允许用下式计算转矩，此时应在每点读数后，在两个出线端测量定子绕组的电阻

$$T_K = 9.55 \times (P_K - P_{KC} - P_{KS}) / n_S \tag{34-4}$$

式中 P_K——堵转时的输入功率（W）；

P_{KC}——堵转时的定子绕组 I^2R 的损耗（W）；

n_S——同步转速（r/min）；

P_{KS}——堵转时的杂散损耗（包括铁耗）（W）。

对中型低压电机，取 $P_{KS}=0.05P_K$，对大中型高压电机，取 $P_{KS}=0.10P_K$。

若堵转试验时的最大电压在0.9~1.1倍额定电压内，堵转电流和堵转转矩可由堵转特性曲线查取；若堵转试验时最大电压低于0.9倍额定电压时，应作 $\lg I_K = f(\lg U_K)$ 曲

线，从最大电流点延长曲线，并查取堵转电流 I_{KN}，此时堵转转矩 T_{Kn}（N·m）按下式求取

$$T_{Kn} = T_K(I_{Kn}/I_K)^2 \tag{34-5}$$

式中 T_{Kn}——额定电压下的堵转转矩（N·m）；

I_{Kn}——额定电压下的堵转电流（N·m）；

T_K——在最大试验电流时测得或算得的转矩（N·m）。

对750W及以下电动机，若试验电压在0.9～1.1倍额定电压范围内，则堵转电流 I_{Kn} 和堵转转矩 T_{Kn} 按下式求取

$$I_{Kn} = I_K(U_n/U_K) \tag{34-6}$$

$$I_{Kn} = T_K(U_n/U_K)^2 \tag{34-7}$$

二、单相试验的方法

由于异步电动机以异步运转，短路阻抗实际上没有直轴与横轴的区别。因此，感应电动机的短路试验可以用单相法进行。这时无须采取卡住转子的措施，试验过程大为简化，故现场广泛应用，其结果与三相试验相同。

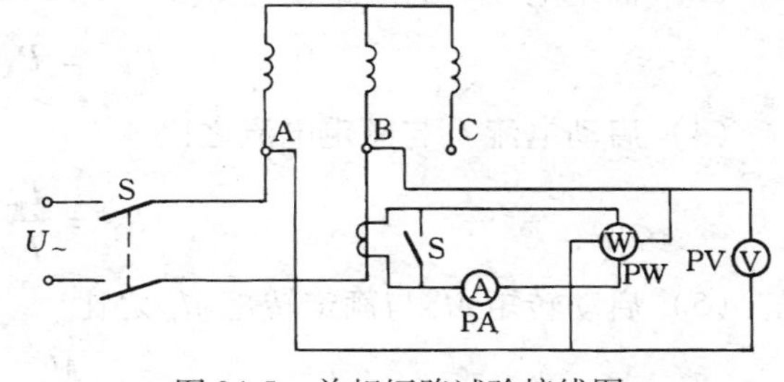

图 34-5 单相短路试验接线图

单相短路试验接线按图 34-5 进行。图中 S1 为电源开关，S2 为电流互感器短路开关。试验要做三次，依次轮换在各相定子回路中接入电流表 PA、电压表 PV 及功率表 PW。

当电动机定子绕组为Y形连接时，轮换三次测得的电量数据若相等或接近，表明该电动机绕组对称，接线正确；若两次相等而一次不等，则表明绕组接线不正确或鼠笼条断裂。绕组连接正确后仍有读数不等的现象，说明转子回路中有较严重的不对称情况，如笼条断裂，绕线式转子绕组有断线或部分匝间短路等。

三、试验结果的计算

定子绕组为Y形连接时，单相和三相短路试验结果的计算可按表 34-2 和下列各式进行。

表 34-2 单相与三相短路试验计算公式

方法	电流平均值 I_{Kav} (A)	电压平均值 U_{Kav} (V)	功 率 P_K (W)	短路电阻 R_K (Ω)	短路阻抗 Z_K (Ω)	短路电抗 X_K (Ω)
单相法	$\frac{I_{AB}+I_{BC}+I_{CA}}{3}$	$\frac{U_{AB}+U_{BC}+U_{CA}}{3}$	$\frac{P_{AB}+P_{BC}+P_{CA}}{3}$	$\frac{P_K}{2\ (I_K)^2}$	$\frac{U_K}{2I_K}$	$\sqrt{Z_K^2-R_K^2}$
三相法	$\frac{I_{AB}+I_{BC}+I_{CA}}{3}$	$\frac{U_{AB}+U_{BC}+U_{CA}}{3}$	$P_{AB}\pm P_{CB}$	$\frac{P_K}{3\ (I_K)^2}$	$\frac{U_K}{\sqrt{3}I_K}$	$\sqrt{Z_K^2-R_K^2}$

（1）转子等效电阻 R_{re}

$$R_{re} = R_{K75} - 1.05R_{s75} \tag{34-8}$$

式中 R_{K75}——换算到75℃时的短路电阻；

R_{s75}——定子绕组75℃时的每相直流电阻值。

（2）额定电压下的短路电流 I_{Kn}

$$I_{Kn} = \frac{2}{\sqrt{3}} \cdot \frac{U_n}{U_K} \cdot I_{Kav}K_e \tag{34-9}$$

式中 U_n——额定线电压（V）；

U_K——短路试验电压（V）；

K_e——铁齿饱和系数，取1.3～1.5；

I_{Kav}——在 U_K 下的短路电流平均值（A）。

（3）额定电压下的短路损耗 P_{Kn}

$$P_{Kn} = P_K\left(\frac{I_{Kn}}{I_K}\right)^2 \tag{34-10}$$

（4）启动电流 I_{st} 与额定电流之比

$$K_1 = \frac{I_{st}}{I_n} = \frac{I_K}{I_n} \tag{34-11}$$

（5）启动转矩 M_{st} 与额定转矩 M_n 之比

$$K_2 = \frac{M_{st}}{M_n} = \frac{3P_2I_K^2}{P_n} \tag{34-12}$$

式中 P_2——转子轴功率。

（6）最大转矩 M_{max} 与额定转矩 M_n 之比

$$K_3 = \frac{M_{max}}{M_n} = \frac{U_n^2}{2P_n(KP_{s75} + \sqrt{(KR_{s75})^2 + X_K^2}} \approx \frac{U_n^2}{2P_nKR_{s75} + X_K} \tag{34-13}$$

式中 P_{s75}——75℃定子功率；

R_{s75}——75℃时定子绕组每相直流电阻。

（7）临界转差 s_{cr}

$$s_{cr} = \frac{CR_{re}}{\sqrt{(CR_{s75})^2 + X_K^2}} \tag{34-14}$$

式（34-13）～式（34-14）中 K——集肤效应作用系数，取1.05；

C——系数，$C = 1 + \frac{I_{0n}}{I_{Kn}}$，其中 I_{0n} 和 I_{Kn} 分别为额定电压下的空载和短路电流。

第四节　电动机定子绕组匝间绝缘试验

高压电动机因匝间短路而烧毁，不仅运行中的电机常发生，新投入的电机也有发生的，所以，进行匝间绝缘试验很有必要，尤其是更换绕组的电机更有必要。

匝间短路的原因主要是制造质量不良、机械损伤、绝缘老化、绕组松动、振动使绝缘磨损或运行条件脏污等，通常用以下方法进行检测。

一、冲击电桥法

冲击电桥法接线图如图34-6所示。将星形接线的被试绕组中心点引出，然后在任两相间接入接地的可变电阻 R_1 及 R_2 构成电桥回路，在AB间接检流计P或100μA的电流表。绕组的中性点接至0.5～0.7μF的电容器 C 的一极上，C 的另一极接往直流电源的输出端。给上电源后，电容器 C 充电到一定程度将引起球隙F放电，形成振荡。

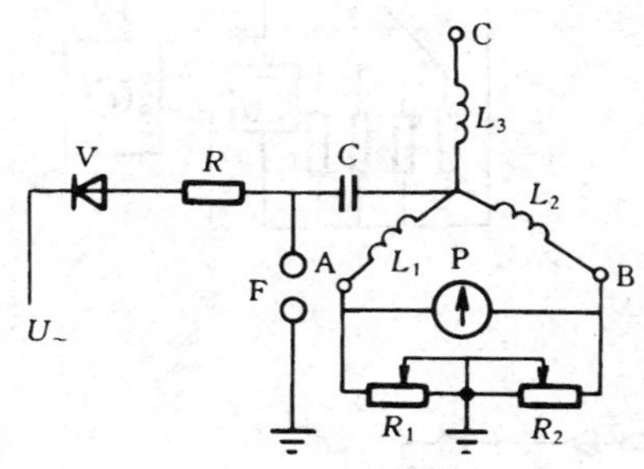

图34-6　冲击电桥法接线图

L_1、L_2—被试相A、B的电感；

L_3—非被试相 C 的电感

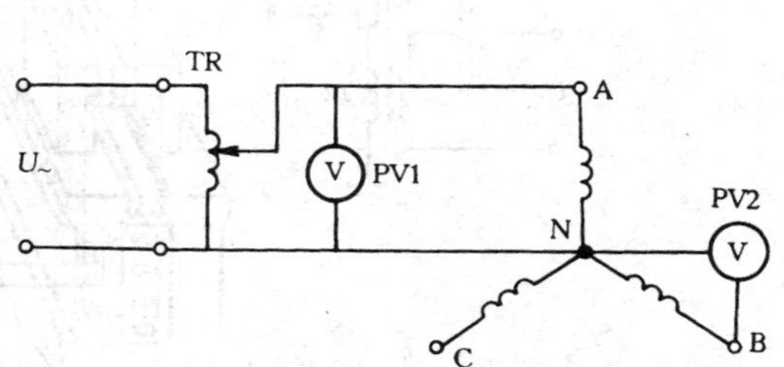

图34-7　感应法接线图

TR—单相调压器；PV1—电源侧电压表；PV2—测量感应电压的电压表

若电动机绕组中的电感 L_1、L_2 相等（即 $L_1=L_2$），R_1 与 R_2 相等，桥路A与B之间将没有电位差。如被试两相中有匝间短路，则 $L_1\neq L_2$，电桥平衡被破坏，检流计P可反应出来。试验应采用灵敏度足够高的检流计。由于放电间隙的能量损耗，使振荡急剧衰减，并使加在绕组上的电压只有第一周波。故在绕组上电压的分布是不均匀的，首端较高，尾端较低。通常对额定电压 U_n 为3kV的电机加压为5kV；6kV的加压为10kV。

冲击电桥法是检测电动机匝间绝缘的较简单方法，也便于现场使用。应用这一方法，可查出电机匝间绝缘破坏或很脆弱的缺陷，以免造成匝间短路烧毁电动机。

二、感应法

感应法基于变压器电磁感应的原理，即在一相绕组中通入一定值的交流电压，观察各绕组感应电压的大小，判断是否有短路。测出电压越小说明短路越严重。如发现零电压，说明出线短路或绕组连接有错误（一相内的组与组间方向接反）。试验接线如图34-7所示。

测量时轮换地从AN、BN和CN加压，分别测量未加压相绕组的感应电势。匝间绝缘完好的电动机，无论从哪相通电，感应电压是基本一致的。略有差异的原因是各相磁路不完全一样，这与有短路时大不相同。

三、感应冲击法

（一）原理和接线

感应冲击法是将电动机转子抽出，用两个Π形铁芯放在被试的线槽上，在一个铁芯M1的线圈中通入冲击电流，通过磁通交链，在被试槽线圈中感应出电压；用另一个铁芯M2来探测故障。感应冲击法的优点是被试线槽中匝间感应冲击电压较高，而且全部绕组的匝间绝缘都均匀地受到试验，并能在判别故障的同时确定故障线槽的位置。缺点是要抽出转子，逐槽检查，费时间且不能适用于有并联回路的电机。

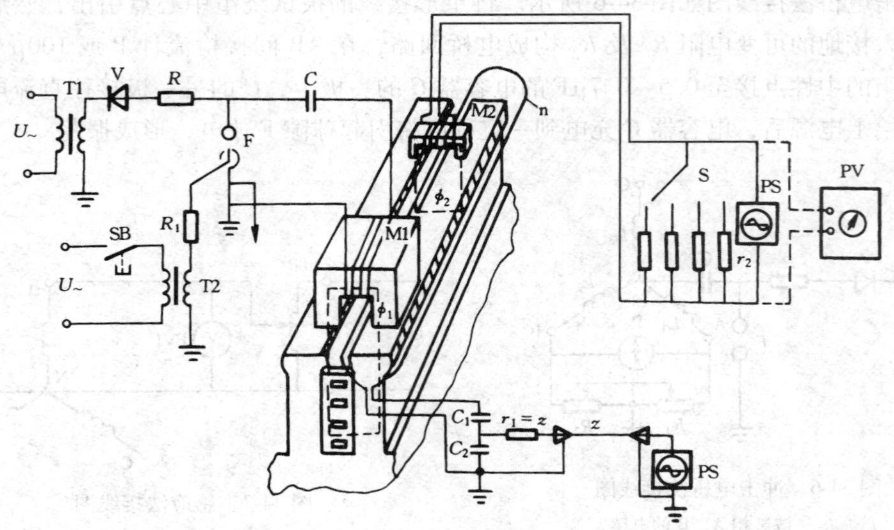

图 34-8　感应冲击法试验接线

T1—试验变压器；R—保护电阻；R_1—引燃电阻；C_1、C_2—分压器；C—冲击电容器；T2—引燃变压器；PV—峰值电压表；PS—示波器

感应冲击法试验接线如图 34-8 所示。交流电源经整流后向电容器 C 充电，充好后按下触发按钮 SB，引燃变压器 T2 的高压侧带电，使下球极引燃针端部在球极圆孔中放电，致使主球隙 F 击穿。冲击电容器 C 经球隙向励磁铁芯线圈 M1 放电，冲击放电电流在铁芯中产生磁通 ϕ_1，使被试线槽内线圈的每匝导线上都感应出一定的冲击电压，匝间绝缘均匀地受到试验。如匝间绝缘损坏处击穿，该线圈中就有电流，产生磁通 ϕ_2，使故障探测铁芯 M2 的线圈中感应出电压，这个电压 u 值用高压峰值电压表或一次扫描示波器显示出来。根据指示值或波形变化即能判断有无匝间故障，波形图如图 34-9 所示。由图可见，良好线圈匝间的感应电势波形随时间分布均匀，且幅值较低；匝间击穿者电势波形幅值急增，且随时间衰减。

励磁铁芯尺寸可根据电动机的槽齿尺寸设计。如图 34-10 所示的铁芯系由 0.35mm 厚

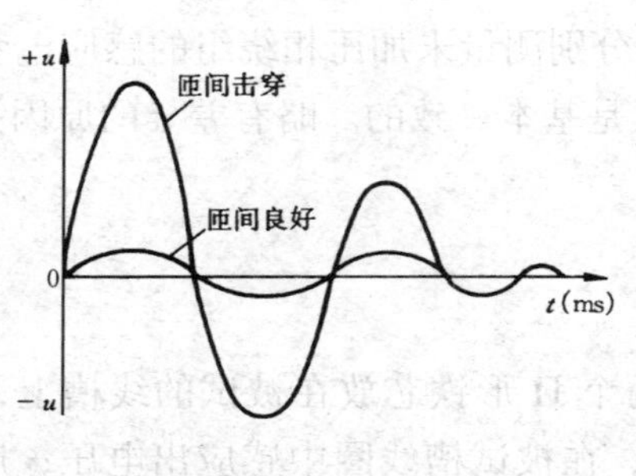

图 34-9　探测铁芯的感应电压波形

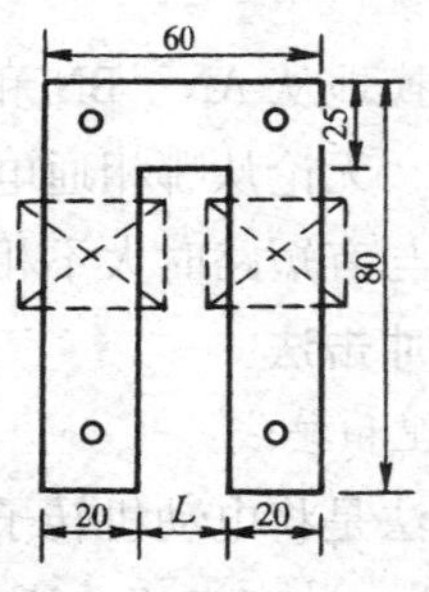

图 34-10　励磁铁芯的结构

的硅钢片制成，装配厚度为400mm，两柱间的宽度 L 等于被试电动机的槽宽，硅钢片间的绝缘需加强。励磁线圈共4匝，每柱上绕2匝相串联。线圈和引线应有足够的绝缘强度，能长期耐受25kV冲击电压。故障探测铁芯可比励磁铁芯略小，线圈用直径为0.19mm的漆包线绕100匝后用屏蔽线引出。流过励磁铁芯线圈的冲击放电电流 i 的波形如图34-11（a）所示。当充电电压为25kV时，电流幅值约为4000A。被试线槽中线圈的匝间感应电压 u 的波形如图34-11（b）所示。匝间感应耐压的幅值与设备参数有关，通过改变励磁线圈的匝数可使电压得到调节，一般为2～2.5kV。设备参数主要由试验确定。

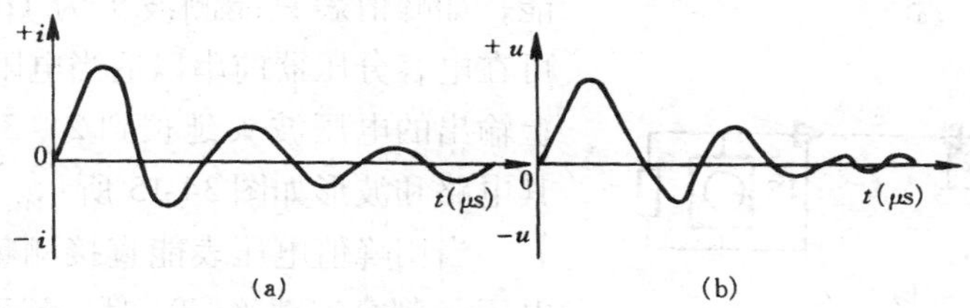

图 34-11　励磁线圈电流和定子匝间感应电压的波形

（a）励磁线圈电流波形；（b）匝间感应电压波形

图34-12所示为引燃球极的结构。图34-13所示为测量用电容分压器的原理接线。图34-13中，C_1 可用高压瓷质电容串联，C_2 可用云母电容。被测信号用高频同轴电缆引到测量仪表，电阻 r_1 应等于电缆波阻抗 z，以免波反射。r_2 为分压器低压臂并联电阻。

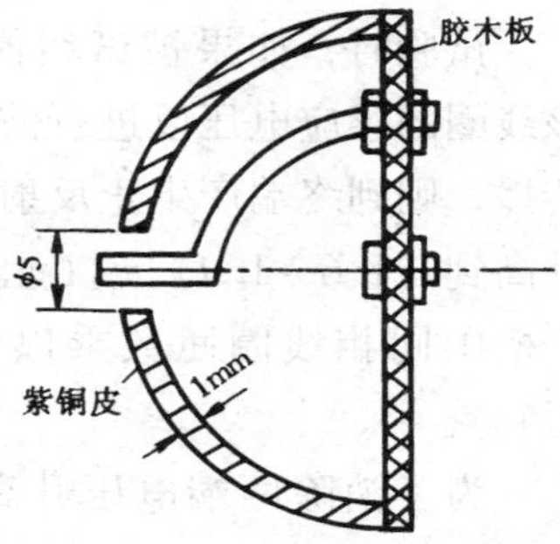

（二）试验程序

（1）按感应冲击法试验接线图34-8接线；

（2）将试验用铁芯置于被试定子的线槽上，调整球隙距离，使在所需的充电电压下不会自行放电。

（3）接通电源升压后（充电时间约10～30s），用峰值电压表或示波器经电容分压器测量匝间电压。

（4）在达到所需的匝间电压后，把峰值电压表接到故障探测铁芯上，调整电阻 r_2，使峰值电压表在匝间无故障时约指示10格左右（满刻度100格），再把附加线圈短路，核对峰值电压表的读数是否剧烈增大。

图 34-12　引燃球隙的结构

（5）逐槽进行试验，每线圈试验三次。由于每个线圈有两个边，故只要按照线圈接线图对1/2的槽进行试验即可。

（三）试验有关的几个问题

1. 匝间感应电压的测定

直接测量被试线槽中的线匝感应电压的方法，是将被试线圈端部绝缘刺穿，用示波器或峰值电压表测量相邻两匝间的感应电压。但这不适于运行中的电机，对运行中的电机采用附加线圈 n 的办法为宜。即用一匝绝缘导线放在被试线槽中的楔条上，它的另一边从隔壁线槽引出，如图34-8所示。这个附加线圈的感应电压能代表被试线圈中的匝间感应电

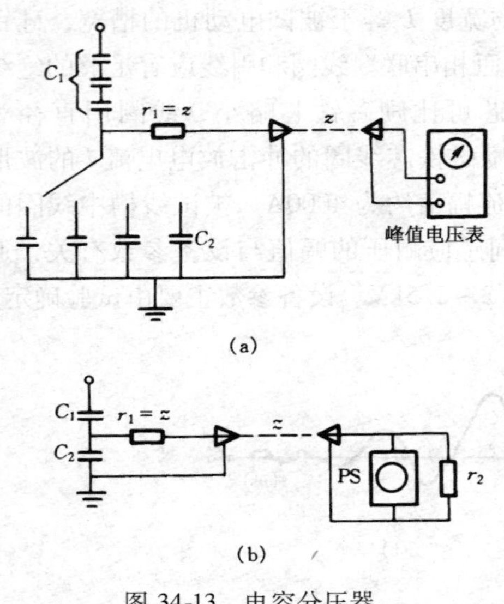

图 34-13　电容分压器

压。试验证明，用附加线圈测量匝间电压，其幅值和直接测量时相同，但波形略有不同，如图 34-14（b）所示。图中，附加线圈测得的波头陡（约 0.5μs），这是因为不与其他线圈相连，两端对地杂散电容小的缘故。

用阴极示波器测量波头陡的附加线圈电压较容易。但用峰值表测量就要考虑到峰值表的性能，如峰值表只能测波头为 1μs 以上的冲击波，可在电容分压器前串以适当电阻 R_2，使分压器 C_2 上输出的电压波头延长到 2～3μs，而幅值不变，其电路和波形如图 34-15 所示。

当用峰值电压表能直接测量被试线圈的匝间电压（刺穿端部绝缘）时，就不必在分压器上串联电阻。

电容充电电压和匝间感应电压的关系基本上是直线关系。如需要较高的匝间试验电压，可用两个冲击回路和两个励磁铁芯（M11 及 M12），用一对球隙控制，接线如图 34-16 所示。此时应注意，两个铁芯的匝间感应电压极性必须一致。

2. 线圈出现端电压升高

试验时，如果被试线圈两端开路，该线圈的感应电压以进行波形式向两端传播，则到终端产生正反射使终端电压升高到（1.6～1.9）u_r（元件电压 u_r 等于槽中同相线圈匝数乘以每匝感应电压）。

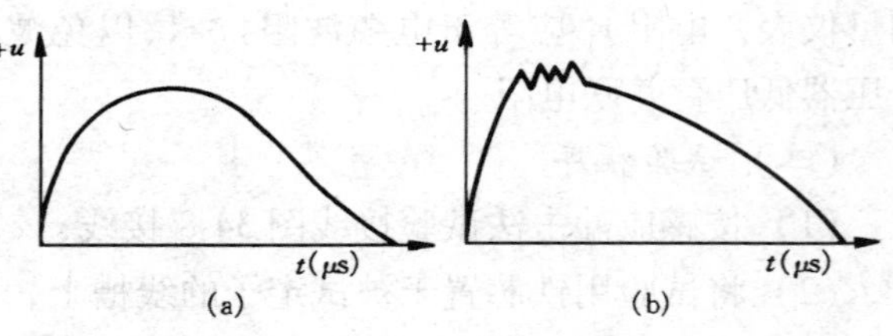

图 34-14　感应电压波形图

（a）槽中被试线圈电压波形；（b）附加线圈电压波形

为了消除两端电压升高的现象，以免匝间试验影响主绝缘，可在各相线圈的两端用电阻短路，该阻值应接近绕组的波阻抗。为了方便，通常是在试验时将三相绕组的六个线端都经电阻 R（400～1500Ω）接地，如图 34-17 所示，图中 M1、M2 见图 34-8。

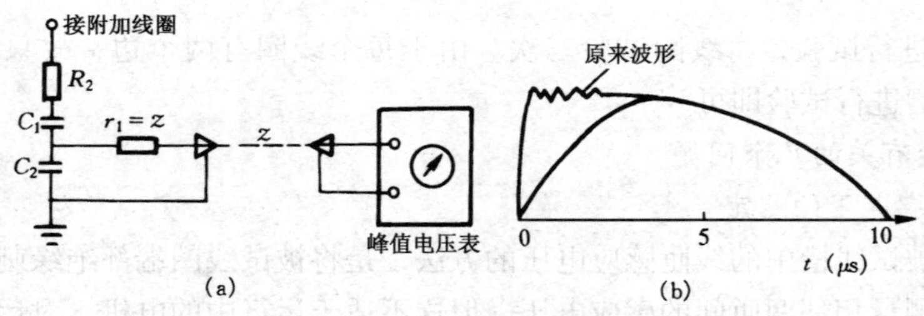

图 34-15　接入电阻 R_2 时的电路和电压波形

（a）电路；（b）波形

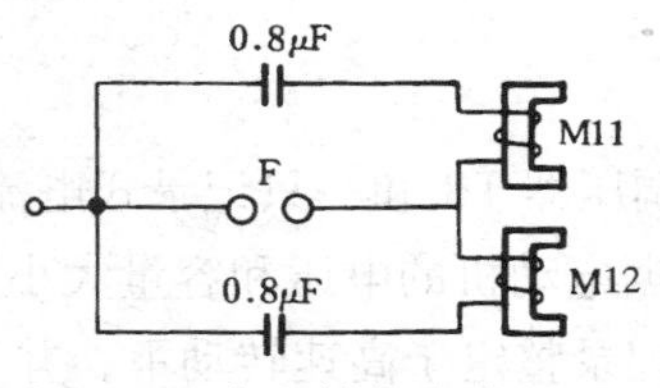

图 34-16　产生较高试验电压的回路连接

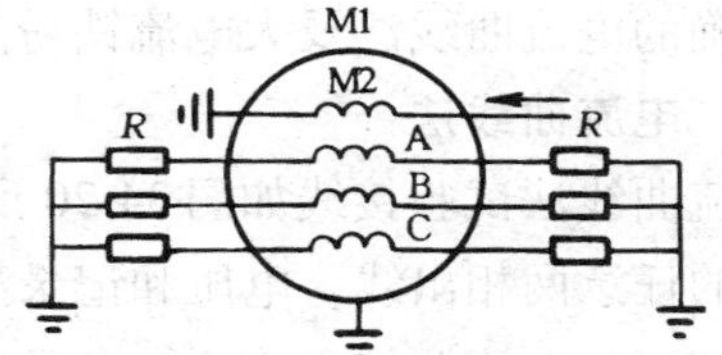

图 34-17　试验时电机线圈的连接

旋转电机绕组间的电容耦合较小，抽出转子后，绕组间的电磁耦合也很小。所以，非被试的两相绕组两端对地感应电压也很小。试验证明，在邻近的槽（即使是同相的）上测得的匝间电压也较小，远处元件的匝间电压就更小了。这样，仅被试槽中的线圈匝间绝缘受到试验，并不影响其他线圈。

四、直接冲击法

这一方法主要适用于单个线圈的试验。因为运行中的电机，不能对每个线圈元件进行试验，只能把试验电压加在被试相整个绕组的出线端。而冲击电压沿整个绕组分布不均，大部分电压加在开始的第二、三个线圈上，不能使中部和尾部线圈受到试验。直接冲击法试验适用于更换线圈的时候，其试验接线如图 34-18。冲击加压电路基本原理与感应冲击法是相同的，不再详述。所加电压由线棒匝数和电压等级确定，从试验变压器的一次侧电压表读取试验电压数值。试验进行三次，每隔 5s 一次。

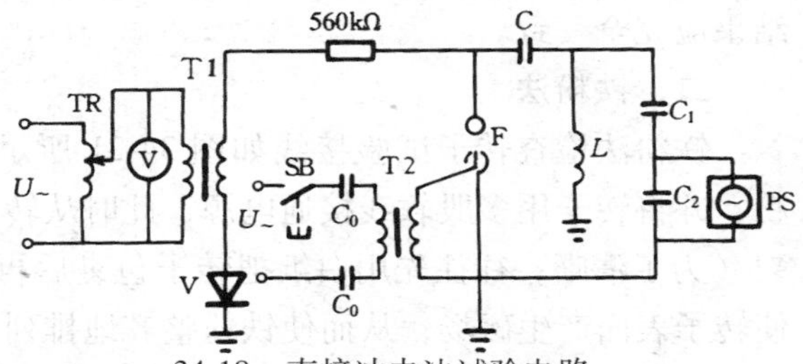

34-18　直接冲击法试验电路

C—10kV，0.33μF 电容器；C_0—600V，2μF 电容器；C_1—20kV，50pF 电容器；C_2—400V，0.2μF 电容器

良好绕组和有匝间短路绕组电压 u 的波形如图 34-19 所示。由图可见，良好绕组 u 的波形随时间衰减较慢，匝间存在短路的绕组 u 的波形随时间衰减较快。

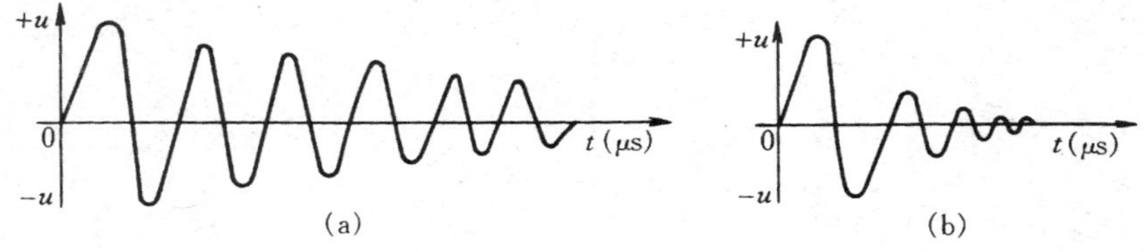

图 34-19　线圈的电压波形图

（a）良好线圈；（b）匝间短路线圈

第五节　鼠笼式电动机转子铜（铝）条故障检查

当鼠笼电动机的转子笼条断裂时，运行中往往出现转矩减小、振动大、起动噪音大等现象，这时应立即停机检查。因为笼条是隐蔽的，很难找出故障所在的位置。

检查笼条断裂的方法很多，但其中有些较麻烦，有时准确度也不高。现介绍比较方便、准确的电流曲线法及大电流铁粉法。

一、电流曲线法

电流曲线法试验接线如图34-20所示。将一个调压器TR和一只记录式电流表PS接在电动机的任意两相出线。电压和记录型电流表，根据电动机的电压和容量大小进行选择。

先把试验电流调到3~4A，将记录型电流表的记录整定于高速转动下，并用手将电动机的转子缓慢地转动一整周。如果转子上的笼条没有断裂，记录纸上的曲线将是一条直线。若笼条有一根或数根断裂时，则电流曲线与断裂笼条相应地发生了瞬时波动，电流值增大。

为了证实方法的准确性，在试验过程中，用手将转子缓慢地转动两个整周，两次试验结果应完全一致。

二、铁粉法

铁粉法检查转子试验接线如图34-21所示。用铁粉法检查的原理是在转子上撒上铁粉，并将转子用多股软线接通电源，此时从转子上铁粉的分布情况，便可看出笼条是否断裂（为了清晰，往往先用白纸把转子包裹后再撒铁粉）。检查时逐渐通过升流器T升流，使转子表面产生磁场，从而使铁粉整齐地排列在相应的笼条表面上，电流可升至铁粉排列清晰为止。如铜条断了，铁粉就撒不上去或铁粉排列纹乱。因而很容易将故障找出。除了通交流大电流外，也可以通直流大电流，情况是类似的。

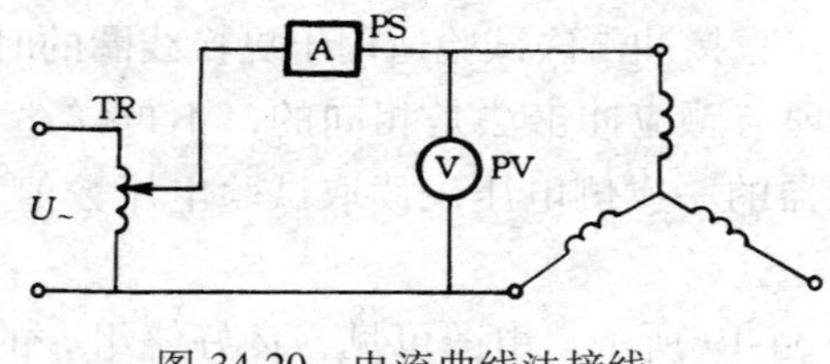

图34-20　电流曲线法接线

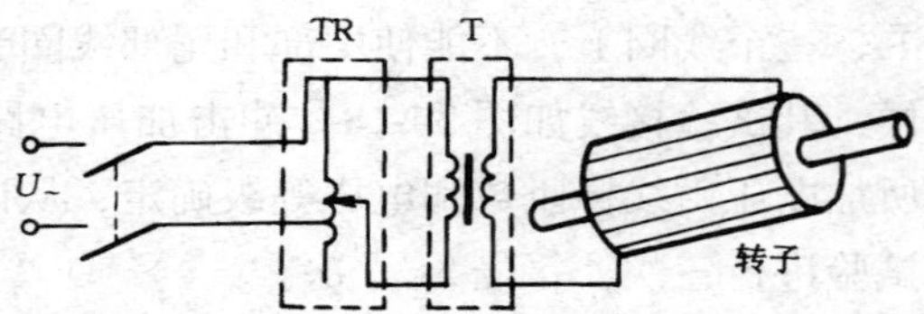

图34-21　铁粉法检查转子接线及铁粉分布示意

TR—自耦调压器；T—升流器，次级电流300~500A

附　录

附录A　常用高压二极管

表 A-1　　常用高压二极管技术数据

型　　号	额定反向峰值工作电压 U_R (kV)	额定整流电流 I_F (A)	正向压降 (kV)	反向漏电流 (μA)	最高测试电压 (kV)
2DL-50/0.15	50	0.15	≤60	≤5	≥1.5U_R
2DL-75/0.15	75	0.15	≤120	≤10	≥1.5U_R
2DL-100/0.015	100	0.015	≤120	≤20	≥1.5U_R
2DL-150/0.015	150	0.015	≤160	≤30	≥1.5U_R
2DL-200/0.015	200	0.015	≤220	≤30	≥1.5U_R
2CL-40/0.05	40	0.05			≥1.5U_R
2CL-50/0.05	50	0.05			≥1.5U_R
2CL-75/0.05	75	0.05			≥1.5U_R
2CL-100/0.05	100	0.05			≥1.5U_R

附录B　运行设备介质损耗因数 tgδ 的温度换算系数

表 B-1　　运行设备的 tgδ 的温度换算系数

试验温度 (℃)	绝缘油	油浸式电压互感器及电力变压器	套管		
			电容型	混合物充填型	充油型
1	1.54	1.60	1.21	1.25	1.17
2	1.52	1.58	1.20	1.24	1.16
3	1.50	1.56	1.19	1.22	1.15
4	1.48	1.55	1.17	1.21	1.15
5	1.46	1.52	1.16	1.20	1.14
6	1.45	1.50	1.15	1.19	1.13
7	1.44	1.48	1.14	1.17	1.12
8	1.43	1.45	1.13	1.16	1.11
9	1.41	1.43	1.11	1.15	1.11
10	1.38	1.40	1.10	1.14	1.10
11	1.35	1.37	1.09	1.12	1.09
12	1.31	1.34	1.08	1.11	1.08
13	1.27	1.31	1.07	1.10	1.07

续表 B-1

试验温度（℃）	绝缘油	油浸式电压互感器及电力变压器	套管		
			电容型	混合物充填型	充油型
14	1.24	1.28	1.06	1.08	1.06
15	1.20	1.24	1.05	1.07	1.05
16	1.16	1.20	1.04	1.06	1.04
17	1.12	1.16	1.03	1.04	1.03
18	1.08	1.11	1.02	1.03	1.02
19	1.04	1.05	1.01	1.01	1.01
20	1.00	1.00	1.00	1.06	1.00
21	0.96	0.97	0.99	0.98	0.99
22	0.91	0.94	0.98	0.97	0.97
23	0.87	0.91	0.96	0.95	0.96
24	0.83	0.89	0.95	0.93	0.94
25	0.79	0.87	0.94	0.92	0.93
26	0.76	0.84	0.93	0.90	0.91
27	0.73	0.81	0.92	0.89	0.90
28	0.70	0.79	0.91	0.87	0.88
29	0.67	0.76	0.90	0.86	0.87
30	0.63	0.74	0.88	0.84	0.86
31	0.60	0.72	0.87	0.83	0.84
32	0.58	0.69	0.86	0.81	0.83
33	0.56	0.67	0.85	0.79	0.81
34	0.53	0.65	0.83	0.77	0.80
35	0.51	0.63	0.82	0.76	0.78
36	0.49	0.61	0.81	0.74	0.77
37	0.47	0.59	0.79	0.72	0.75
38	0.45	0.57	0.78	0.70	0.74
39	0.44	0.55	0.76	0.68	0.72
40	0.42	0.53	0.75	0.67	0.70
41	0.40	0.51	0.73	0.65	0.68
42	0.38	0.49	0.72	0.63	0.67
43	0.37	0.47	0.70	0.61	0.65
44	0.36	0.45	0.69	0.60	0.63
45	0.34	0.44	0.67	0.58	0.62
46	0.33	0.43	0.66	0.56	0.61
47	0.31	0.41	0.64	0.55	0.60
48	0.30	0.40	0.63	0.53	0.58
49	0.29	0.38	0.61	0.52	0.57
50	0.28	0.37	0.60	0.50	0.56
52	0.26	0.36	0.57	0.47	0.53
54	0.23	0.32	0.54	0.44	0.51
56	0.21	0.30	0.51	0.41	0.49
58	0.19	0.28	0.48	0.38	0.46
60	0.17	0.26	0.45	0.36	0.44
62	0.16	0.25	0.44	0.33	0.42
64	0.15	0.23	0.39	0.31	0.40
66	0.14	0.22	0.37	0.28	0.39
68	0.13	0.20	0.35	0.26	0.37
70	0.12	0.19	0.32	0.23	0.36
72	0.12	0.18	0.30	0.21	0.34
74	0.11	0.17	0.28	0.19	0.33
76	0.10	0.16	0.27	0.17	0.31
78	0.09	0.15	0.26	0.16	0.30
80	0.09	0.14	0.25	0.15	0.29

注 $\mathrm{tg}\delta_{20℃}=K\mathrm{tg}\delta$。

式中，$\mathrm{tg}\delta_{20℃}$、$\mathrm{tg}\delta$ 分别为20℃的 $\mathrm{tg}\delta$ 和不同测量温度下的 $\mathrm{tg}\delta$ 的实测值。

附录C　一球接地时，球隙的工频交流、负极性直流、负极性冲击放电电压

表 C-1　　一球接地时球隙的工频交流、负极性直流和负极性冲击放电电压（kV，最大值）

球距 S (cm)	球径 D (cm)											
	2	5	6.25	10	12.5	15	25	50	75	100	150	200
0.05	2.4											
0.1	4.4											
0.15	6.3											
0.2	8.2	8										
0.3	11.5											
0.4	14.8	14.3	14.2									
0.5	18			16.9	16.7	16.5						
0.6	21	20.4	20.2									
0.7	23.9											
0.8	26.6	26.3	26.2									
0.9	29											
1.0	31.2	32	31.9	31.6	31.5	31.3	31					
1.2	(35.1)	37.6	37.5									
1.4	(38.5)	43	43									
1.5	(40)			45.6	45.6	45.5	45					
1.6	(41.4)	48.1	48.4									
1.8	(44)	53	53.6									
2.0	(46.2)	57.4	58.2	59.1	59.2	59.2	59	58	58			
2.2		61.5	63.1									
2.4		65.3	67.4									
2.5		67.2	69.6	72	72	72.6	72			71		
3.0		(75.4)	79.1	84.1	85.2	85.5	86					
3.5		(82.4)	(87.5)	95.2	97.2	98.1						
4.0		(88.4)	(94.8)	105	109	110	112	112	112			
4.5		(93.5)	(101)	115	119	122						
5.0		(98)	(107)	123	129	132	137			137	137	137
5.5			(112)	(131)	138	143						
6.0			(116)	(138)	146	152	161	164	164			
6.5				(144)	(154)	161						
7.0				(150)	(162)	169	184					
7.5				(155)	(168)	177						
8.0				(160)	(174)	(185)	205	214	215			
9.0				(169)	(186)	198)	225					
10.0				(177)	(196)	(209)	243	262	265	266	267	265
11.0					(204)	(219)	260					
12					(212)	(229)	275	308	313			
13						(238)	(289)					

续表 C-1

球距 S (cm)	球径 D (cm)											
	2	5	6.25	10	12.5	15	25	50	75	100	150	200
14						(245)	(302)	352	360			
15						(252)	(314)			387	388	389
16							(325)	392	406			
18							(345)	428	450			
20							(363)	461	492	503	508	510
22							(378)	491	532			
24							(391)	520	570			
25							(396)			611	626	630
26								(545)	606			
28								(570)	640			
30								(591)	670	709	739	745
32								(611)	702			
34								(630)	731			
35										797	846	858
36								(647)	756			
38								(663)	783			
40								(679)	(806)	876	947	965
45								(710)	(858)	949	1040	1075
50								(738)	(904)	1010	1130	1180
55									(945)	(1070)	1210	
60									(981)	(1120)	1280	1360
65									(1012)	(1170)	1350	
70									(1040)	(1210)	1420	1530
75									(1060)	(1240)	1470	
80										(1280)	(1530)	1680
90										(1330)	(1630)	1810
100										(1370)	(1710)	1930
110											(1790)	(2030)
120											(1850)	(2120)
130											(1900)	(2200)
140											(1950)	(2280)
150											(1980)	(2350)
160												(2410)
180												(2500)
200												(2580)

注 1. 表中冲击放电电压值系大气压力为101.3kPa，周围气温为20℃时的数据。

2. 如电压以有效值表示，应将表中数值除以$\sqrt{2}$。

3. 括号内数字准确度较低。

附录D　常用电力变压器技术数据

表 D-1　　　　S9 系列 10kV 双绕组无励磁调压变压器技术数据

容量(kVA)	电压组合及分接范围(kV) 高压	低压	连接组标号	空载损耗(kW)	负载损耗(kW)	空载电流(%)	阻抗电压(%)	质量(t) 器身重	油重	总重	外形尺寸(长×宽×高,mm)	中心距(mm)
30	电压:6;6.3;10;10.5;11 分接范围:±5%或±2×2.5%	0.4	Y,yn0	0.13	0.60	21	4.0	0.21	0.091	0.35	1020×500×1120	400
50			Y,yn0(或)D,yn11(或)Y,zn11	0.17	0.87	2		0.26	0.115	0.470	1300×690×1140	
80				0.25	1.25	1.8		0.34	0.145	0.60	1205×705×1320	550
100				0.29	1.50	1.6		0.43	0.17	0.735	1210×820×1345	
125				0.34	1.80	1.5		0.44	0.175	0.79	1310×910×1370	
160				0.40	2.20	1.4		0.53	0.195	0.92	1300×1020×1400	
200				0.48	2.60	1.3		0.56	0.21	0.975	1380×1020×1430	
250				0.56	3.05	1.2		0.675	0.241	1.15	1425×1045×1475	660
315				0.67	3.65	1.1		0.785	0.28	1.34	1535×1240×1510	
400				0.80	4.30	1		0.945	0.31	1.545	1530×1225×1580	
500				0.96	5.10	1		1.085	0.345	1.78	1760×1360×1615	
630				1.20/1.24	6.20/7.3	0.9	4.5	1.42	0.515	2.425	1810×1240×1880	820
800				1.40/1.26	7.50/8.9	0.8		1.63	0.59	2.79	2060×1360×1920	
1000				1.70/1.48	10.30/10.4	0.7		1.86	0.736	3.39	2120×1560×2030	
1250				1.95/1.75	12.8/12.4	0.6		2.35	0.92	4.23	2270×1690×2320	
1600				2.40/2.12	14.50/14.8	0.6		2.73	1.05	4.87	2310×1710×2460	
2000	10;10.5 11 ±5%或±2×2.5%	3.15;6.3	Y,d11	2.52	17.8	0.6	5.5	2.95	1.165	5.325	2410×1860×2340	1070
2500				2.97	20.7	0.6		3.55	1.35	6.46	2600×1930×2460	
3150				3.995	24.3	0.6		4.305	1.63	7.805	2870×3100×2550	
4000				4.72	28.34	0.6		5.165	1.79	9.115	2960×2940×2620	
5000				5.13	33.0			6.05	2.48	11.06	3500×3200×2875	
6300				6.12	36.9			7.35	2.64	14.045	3800×3200×3320	
8000												

表 D-2　　　　SZ9 系列 10kV 双绕组有载调压变压器技术数据

容量(kVA)	电压组合及分接范围(kV) 高压	低压	连接组标号	空载损耗(kW)	负载损耗(kW)	空载电流(%)	阻抗电压(%)	质量(t) 器身重	油重	总重	外形尺寸(长×宽×高,mm)	中心距(mm)
250	电压:6;6.3 10;10.5;11 分接范围:±4×2.5%	0.4	Y,yn0(或)D,yn11	0.51	3.69	1.2	4.0	0.64	0.34	1.35	1670×950×1580	550
315				0.67	3.65	1.1		0.765	0.35	1.455	1750×970×1630	660
400				0.73	5.40	1		0.93	0.395	1.765	1855×1170×1750	
500				0.87	6.43	1		1.085	0.41	1.97	1900×1270×1770	
630				1.10	6.6	0.9	4.5	1.485	0.705	2.975	2365×1540×1920	820
800				1.35	9.36	0.8		1.75	0.795	3.345	2425×1555×2250	
1000				1.59	10.98	0.7		1	0.868	3.678	2460×2010×2130	
1250				2.1	12.6	0.6		2.255	1.055	4.43	2515×1780×350	
1600				2.39	15.57	0.6		3.175	1.524	6.070	2800×2010×2710	
2000				2.85	18.50			3.34	1.75	6.35	3050×2240×2930	

表 D-3　　**S9 系列 35kV 双绕组无励磁调压变压器技术数据**

容量(kVA)	电压组合及分接范围(kV)		连接组标号	空载损耗(kW)	负载损耗(kW)	空载电流(%)	阻抗电压(%)	质量(t)			外形尺寸(长×宽×高,mm)	中心距(mm)
	高压	低压						器身重	油重	总重		
30												
50				0.21	1.22			0.26	0.244	0.765	1100×820×1500	550
80												
100				0.30	2.03			0.39	0.38	1.1	1205×1035×1895	
125				0.34	2.39			0.51	0.41	1.28	1300×1080×1900	
160		0.4	Y,yn0	0.37	2.83			0.63	0.44	1.42	1350×1230×1910	660
200				0.44	3.33			0.74	0.46	1.58	1400×1140×1930	
250				0.51	3.96			0.855	0.52	1.84	1780×1200×1970	
315	电压：35；38.5 分接范围：±5% 或 ±2×2.5%			0.60	4.77		6.5	0.965	0.54	2.01	1820×1280×2010	
400				0.73	5.76			1.15	0.6	2.32	1850×1450×2070	
500				0.86	6.93			1.34	0.65	2.7	1900×1550×2140	
630				1.04	8.28			1.635	1.03	3.55	2300×1500×2320	820
800		0.4；3.15；6.3；10.5		1.23	9.90			1.94	1.16	4.01	2410×1550×2410	
1000			Y,yn0 Y,d11	1.44	12.15	0.7		2.13	1.195	4.32	2455×1620×2460	
1250				1.76	14.65			2.76	1.39	5.3	2640×1800×2490	
1600				2.10	17.55			3.15	1.53	5.95	2640×1850×2510	
2000				2.70	17.8			3.54	1.65	6.5	2700×1900×560	
2500				3.20	20.7	0.9		4.085	1.735	7.3	2860×2100×2610	
3150		3.15；6.3；10.5	Y,d11	3.80	24.3			4.72	2.15	9.2	3160×2500×2720	1070
4000				4.50	28.8		7.0	5.68	2.67	10.6	3250×2820×2800	
5000				5.4	33	0.9		6.8	2.875	12.945	3400×3210×3070	
6300				6.55	36.9	0.6		8.185	3.15	14.465	3350×3370×3200	
8000			YN,d11									
												1475

表 D-4　　**SZ9 系列 35kV 双绕组有载调压变压器技术数据**

容量(kVA)	电压组合及分接范围		连接组标号	空载损耗(kW)	负载损耗(kW)	空载电流(%)	阻抗电压(%)	质量(t)			外形尺寸(长×宽×高,mm)	中心距(mm)
	高压(kV)	低压(kV)						器身重	油重	总重		
2000		0.4	Y,yn0	2.88	18.72		6.5	3.62	2.140	7.18	2780×2160×2745	
2500				3.40	21.73			4.06	2.405	8.35	3310×2150×2800	
3150				4.04	26.00			4.84	2.67	10.11	3425×2565×2860	1070
4000	电压：3.5；38.5 分接范围：±3×2.5%		Y,d11	4.84	30.82	1.2	7.0	5.615	2.94	11	3500×2650×2515	
5000				5.80	36.00			6.9	3.27	13.524	4000×3210×3070	
6300		6.3；6.6；10.5；11		7.00	38.70			8.285	3.544	15.044	4000×3370×3200	
8000				9.80	42.75		7.5	9.48	4.13	16.57	3770×2920×2920	1475
10000				11.50	50.55							
12500			YN,d11	13.60	59.80							
16000							8.0					

表 D-5 110kV SF9 系列双绕组无励磁调压变压器

型号规格（MVA/kV）	电压组合（kV）		连接组标号	空载损耗（kW）	负载损耗（kW）	阻抗电压（%）	声级（dB）	
	高压	低压					油浸自冷式（ONAN）或强油水冷式（OFWF）	油浸风冷式（ONAF）或强油风冷式（OFAF）
6.3/110	110 或 121 ±2×2.5%	35 或 38.5	YN,d11	10	40	10.5	60	65
8.0/110				12	48		60	65
10/110				14	56		60	65
12.5/110				16	67		60	65
16/110				20	82		60	65
20/110				23	99		60	65
25/110				27	116		60	65
31.5/110				32	140		60	65
40/110				39	165		60	65
50/110				46	204		60	65
63/110				55	246		60	65

表 D-6 110kV SFZ 系列双绕组有载调压变压器

型号规格（MVA/kV）	电压组合（kV）		连接组标号	空载损耗（kW）	负载损耗（kW）	阻抗电压（%）	声级（dB）	
	高压	低压					油浸自冷式（ONAN）或强油水冷式（OFWF）	油浸风冷式（ONAF）或强油风冷式（OFAF）
6.3/110	110 ±8×1.25%	6.3；6.6；10.5；11	YN,d11	10	37	10.5	60	65
8.0/110				13	45		60	65
10/110				15	53		60	65
12.5/110				17	63		60	65
16/110				20	78		60	65
20/110				23	94		60	65
25/110				26	110		60	65
31.5/110				30	134		60	65
40/110				36	157		60	65
50/110				43	195		60	65
63/110				54	234		60	65

表 D-7 110kV SFSZ 系列三绕组有载调压变压器

型号规格（MVA/kV）	电压组合（kV）			连接组标号	空载损耗（kW）	负载损耗（kW）	阻抗电压（%）	声级（dB）	
	高压	中压	低压					油浸自冷式（ONAN）或强油水冷式（OFWF）	油浸风冷式（ONAF）或强油风冷式（OFAF）
6.3/110	110 ±8×1.25%	38.5 ±2×2.5%	6.3；6.6；10.5；11	YN,yn0,d11	13	48	降压变 高-中：10.5 高-低：17～18 中-低：6.5	60	65
8.0/110					15	57		60	65
10/110					17	67		60	65
12.5/110					20	78		60	65
16/110					24	96		60	65
20/110					26	112		60	65
25/110					30	133		60	65
31.5/110					37	158		60	65
40/110		38.5 ±5%			40	189		60	65
50/110					50	225		60	65
63/110					60	270		60	68

表 D-8　220kV 双绕组无励磁调压变压器

型号规格 (MVA/kV)	电压组合(kV) 高压	电压组合(kV) 低压	连接组标号	空载损耗 (kW)	负载损耗 (kW)	阻抗电压 (%)	声级 (dB)
SF9-31.5/220	220 或 242 ±2 ×2.5%	6.3；＊6.6；10.5；＊11	YN，d11	35	135	12 ~ 14	65
SF9-40/220				41	158		65
SF9-50/220				48	189		65
SFP9-63/220				58	221		65
SFP9-90/220		10.5；13.8；＊11		76	288		65
SFP9-120/220				94	347		65
SFP9-150/220		＊11；13.8；15.75		112	405		65
SFP9-180/220				128	459		65
SFP9-240/220				160	567		70
SFP9-300/220		15.75；18		190	675		70
SFP9-360/220				218	774		70

表 D-9　220kV 双绕组有载调压变压器

型号规格 (MVA/kV)	电压组合(kV) 高压	电压组合(kV) 低压	连接组标号	空载损耗 (kW)	负载损耗 (kW)	阻抗电压 (%)	声级 (dB)
SFZ9-31.5/220	220 ± 8 ×1.25%	6.3；6.6；10.5；11；35；38.5	YN，d11	38	135	12 ~ 14	65
SFZ9-40/220				46	158		65
SFZ9-50/220				54	189		65
SFPZ9-63/220				63	221		65
SFPZ9-90/220				81	288		65
SFPZ9-120/220		10.5；11；35；38.5		99	347		65
SFPZ9-150/220				117	405		65
SFPZ9-180/220				135	468		65

表 D-10　220kV 三绕组有载调压变压器

型号规格 (MVA/kV)	电压组合(kV) 高压	电压组合(kV) 中压	电压组合(kV) 低压	连接组标号	空载损耗 (kW)	负载损耗 (kW)	阻抗电压 (%)	声级 (dB)
SFSZ9-31.5/220	220 ± 8 × 1.25%	69；121	6.3；6.6；10.5；11；35；38.5	YN，yn0，d11	44	162	高-中：12 ~ 14 高-低：22 ~ 24 中-低：7 ~ 9	65
SFSZ9-40/220					52	189		65
SFSZ9-50/220					61	225		65
SFPSZ9-63/220					71	261		65
SFPSZ9-90/220			10.5；11 35 38.5		93	351		65
SFPSZ9-120/220					115	432		65
SFPSZ9-150/220					136	513		65
SFPSZ9-180/220					156	630		70

表 D-11　　**330kV 双绕组无励磁调压变压器**

额定容量（MVA）	电压组合（kV）		连接组标号	空载损耗（kW）	负载损耗（kW）	阻抗电压（%）
	高压	低压				
90	363； 363±2×2.5% 345	10.5； 13.8； 15.75； 18.00	YN，d11	72	272	14～15
120				90	338	
150				106	400	
180				122	459	
240				152	272	

表 D-12　　**330kV 三绕组无励磁调压变压器**

额定容量（MVA）	电压组合（kV）			连接组标号	空载损耗（kW）	负载损耗（kW）	阻抗电压（%）	容量分配（MVA）
	高压	中压	低压					
90	330±2 ×2.5%	121	10.5 13.8	YN，yn0， d11	82	333	高-中 24-26 高-低 14-15 中-低	100/100/100
120					102	414		
150					120	490		
180					138	562		

表 D-13　　**500kV 单相自耦三绕组有载调压变压器**

额定容量（MVA）	电压组合（kV）			连接组标号	阻抗电压（%）	空载损耗（kW）	负载损耗（kW）	空载电流（%）	容量分配（MVA）
	高压	中压	低压						
120	$500/\sqrt{3}$； $525/\sqrt{3}$； $550/\sqrt{3}$	$230/\sqrt{3}$ $242/\sqrt{3}$ （±8× 1.25%）	15.75 35 36 63 66	Ia0，I0	高-中： 12；高-低： 34-38； 中-低： 20-22	50	200	0.2	120/120/40
167						60	240	0.2	167/167/60
250						65	340	0.1	250/250/80
333						80	430	0.1	333/333/100
120	$500/\sqrt{3}$； $525/\sqrt{3}$； $550/\sqrt{3}$	$230/\sqrt{3}$ $242/\sqrt{3}$ （±8× 1.25%）	15.75 35 36 63 66	Ia0，I0	高-中： 12； 高-低： 42-46； 中-低： 28-30	50	210	0.2	120/120/40
167						60	250	0.2	167/167/60
250						65	350	0.1	250/250/80
333						80	470	0.1	333/333/100

表 D-14　　**500kV 三相双绕组变压器**

额定容量（MVA）	电压组合（kV）		连接组标号	空载损耗（kW）	负载损耗（kW）	空载电流（%）	阻抗电压（%）
	高压	低压					
240	525；550	13.8；15.75	YN，d11	100	705	0.25	14
300		13.8；15.75；18		125	830	0.25	14
360		15.75；18；20		150	950	0.20	14
420		15.75；18；20		160	1010	0.20	16
480		15.75；18；20		180	1120	0.20	16
600		15.75；18；20；24		210	1410	0.15	16
720		18；20；24		260	1620	0.15	16
840		20；24		300	1740	0.10	16

附录E 断路器的技术数据

表 E-1 油断路器技术数据

型号	额定电压(kV)	额定电流(A)	额定断流容量(MVA)	动作时间(s)					横梁(或提升杆)移动速度(m/s)				导电回路电阻(μΩ)					备注
				固有分闸	合闸	自动重合	自动重合闸无电流间隙	自动重合闸一次循环	刚分	分闸最大	刚合	合闸最大	每相导电回路电阻	不包括套管	每个灭弧室电阻	横梁及动触头电阻	灭弧触头电阻	
SN1-10	10	600	200	0.1	0.23				1.75～2.0	2.7～3.3		2.6～3.0	95					
SN2-10	10	600 1000	350	0.1	0.23				1.75～2.0	2.7～3.3		2.6～3.0	95 75					回路电阻 600A 的不大于 95μΩ；1000A 的不大于 75μΩ
SN3-10	10	2000 3000	500	0.14	0.5				1.8～2.3	2.8～3.3	1.6±0.3	1.8±0.3	26 16				260	回路电阻 2000A 的不大于 26μΩ；3000A 的不大于 16μΩ
SN4-10	10	4000 5000	1500	0.15	0.65				1.55～1.75	1.9～2.3	2.0～2.4	2.0～2.55	50～60				150	
SN4-10G	10	5000 6000	1800	0.15	0.65				1.7～2.0	2.0～2.5	2.1～2.5	2.2～2.6	20				300	
SN4-20	20	5000 6000	2500	0.15	0.65				1.55～1.75	1.9～2.3	2.0～2.4	2.0～2.55	50～60				150	
SN4-20G	20	6000 8000	3000	0.15	0.65				1.7～2.0	2.2～2.6	2.0～2.4	2.0～2.55	20				300	
SN5-10	10	600	200	0.1	0.23				1.7～2.0	2.7～3.3			100					
SN6-10	10	600 1000	350	0.1	0.23				1.7～2.0	2.7～3.3			80					

续表 E-1

型　号	额定电压(kV)	额定电流(A)	额定断流容量(MVA)	动作时间(s)					横梁(或提升杆)移动速度(m/s)				导电回路电阻(μΩ)					备　注
				固有分闸	合闸	自动重合	自动重合闸无电流间隙	自动重合闸一次循环	刚分	分闸最大	刚合	合闸最大	每相导电回路电阻	不包括套管	每个灭弧室电阻	横梁及动触头电阻	灭弧触头电阻	
SN8-10	10	600 1000	200 350	0.1	配 CD2 ≯2.5; 配 CT7 ≯1.5		0.5						100					
SN10-10	10	600 1000	350 500	0.05	0.2		0.5						120					配 CD13 型操作机构时
SW1-35	35	600	400	0.08	0.23				1.95	2.66	1.96	2.52						
SW1-110	110	600	2500	0.06	0.3				4.3	5.0	1.35	1.7	700					
SW2-35/35C	35	1000 1500	1500	0.06	0.4		0.58						140					SW2-35 型为固定式 SW2-35C 型为手车式
SW2-60	60	1000	2500	0.08	0.5		0.67	0.8	$4.5^{+0.5}_{-1.0}$	$7.8^{+0.8}_{-0.3}$	2.0±0.5	3.0±0.5	150					配 CD5-370G11X 型操作机构
				0.04	0.3			0.5	4.5±0.5	8.2±0.7	4.5±0.5	6.5±0.6						配 CQ-210X 型操作机构
SW3-35	35	600	400	0.06	0.12	0.35	0.5			6.4±0.4		$6.4^{+0.4}_{-1.9}$	550					
	35	1000	1000 1500	0.06	0.16	0.4				6.5±0.6		$6.5^{+0.6}_{-2.5}$	200					
SW3-110	110	1000	3000	0.07	0.4		0.5		5.2～5.8	6.2～7.6	≮2.8		160					导电回路电阻为有油时的值
SW3-110G	110	1200	3000	0.07	0.4		0.5		$\frac{4.8\sim5.6}{4.7\sim5.5}$	$\frac{\nless 6.7}{\nless 5.9}$	$\frac{\nless 3}{\nless 2.9}$		180					分子为无油时速度;分母为有油时速度

续表 E-1

型号	额定电压(kV)	额定电流(A)	额定断流容量(MVA)	动作时间(s)					横梁(或提升杆)移动速度(m/s)				导电回路电阻(μΩ)					备注
				固有分闸	合闸	自动重合	自动重合闸无电流间隙	自动重合闸一次循环	刚分	分闸最大	刚合	合闸最大	每相导电回路电阻	不包括套管	每个灭弧室电阻	横梁及动触头电阻	灭弧触头电阻	
SW4-35	35	1200	1000	0.08	0.35		0.5		4.2±0.3	5.6±0.4	$3.7^{+0.3}_{-0.4}$	3.9±0.4						
SW4-110	110	1000	3500	0.06	0.25	0.4	0.3		3.5±0.5	5±0.8	3.3±0.5	3.5±0.5	300					
SW4-220	220	1000	7000	0.05	0.25	0.4	0.3		3.5±0.5	5±0.8	5±0.8	5.5±0.8	600					
SW6-110	110 110	1200 1200	3000 4000 3000 4000	0.04 0.04	0.2 0.2		0.3 0.3		$\frac{5.5}{5.4}\pm0.5$ $\frac{5.6}{5.5}\pm0.6$	$\frac{8.5}{8}\pm1.5$ $\frac{8.5}{8}\pm1.5$	$\frac{3.5}{3.4}\pm0.5$ $\frac{4.6}{4.2}\pm0.6$		180 180					西安高压开关厂产品 沈阳高压开关厂产品
SW6-220	220 220	1200 1200	8000 8000	0.04 0.04	0.2 0.2		0.3 0.3		$\frac{5.5}{5.4}\pm0.5$ $\frac{5.6}{5.5}\pm0.6$	$\frac{8.5}{8}\pm1.5$ $\frac{8.5}{8}\pm1.5$	$\frac{3.5}{3.4}\pm0.5$ $\frac{4.6}{4.2}\pm0.6$		400 450					西安高压开关厂产品 沈阳高压开关厂产品
SW7-110	110	1200	3000	0.04	0.2		0.5		9~ 10.5	15.5±1	7±1							
SW7-220	220	1500	6000	0.04	0.15		0.3		9~ 10.5	15.5±1	7±1							
DN1-10	10 10 10	200 400 600	100 100 100	0.1 0.1 0.1	0.23 0.23 0.23		1.0 1.0 1.0			2.6±0.4 2.6±0.4 2.6±0.4			300~ 350 180 100~ 150					配CS2操作机构时 配CS1操作机构时 配CS1操作机构时
DW1-35	35	600	400	0.06					1.0~ 1.3	2.3~ 2.9		1.7	550					
DW1-35D	35	600	400	0.06	0.27				1.0~ 1.3	2.3~ 2.9		1.7	550					
DW1-60	60	600	500	0.10	2.7		0.6~ 0.8		1.4~ 1.8	3.0~ 3.8	2.0~ 2.6	2.1~ 2.7	500					

续表 E-1

型　号	额定电压(kV)	额定电流(A)	额定断流容量(MVA)	动作时间(s)					横梁(或提升杆)移动速度(m/s)				导电回路电阻(μΩ)					备　注
				固有分闸	合闸	自动重合	自动重合闸无电流间隙	自动重合闸一次循环	刚分	分闸最大	刚合	合闸最大	每相导电回路电阻	不包括套管	每个灭弧室电阻	横梁及动触头电阻	灭弧触头电阻	
DW1-60G	60	600/1200	1000	0.12	0.7		0.6~0.8		1.4~1.8	3.0~3.8	2.0~2.6	2.1~2.7	200					
DW2-35	35	600/1000	750	0.05	0.43			0.5~0.6	1.5~1.9	3.0~3.8	2.0~2.6	2.4~3.0	250					
	35	1000	1000	0.05	0.43			0.5~0.6	1.7~2.3	2.9~3.7	1.7~2.5	2.1~2.9	250					
	35	1000/1500	1500	0.05	0.43			0.5~0.6	1.7~2.3	2.9~3.7	1.8~2.6	2.1~2.9	250					
DW2-110	110	600/1000	2500	0.06	0.80					2.5	2.7	3.1	800					
DW2-220	220	600	5000	0.05	0.8			0.7~0.9		4.5±0.4		5.4±0.4	1520	920	420	50		
DW3-110	110	600	2500	0.05	0.6			0.7~0.8	1.5±0.2	3.7±0.4	2.2±0.3	3.6±0.4	1100~1300	700	290	80		
DW3-110G/110GF	110	600	3500	0.05	0.6			0.7~0.8	1.5±0.2	3.7±0.4	2.2±0.3	3.6±0.4	1600~1800	1200	540	80		
DW3-220	220	600	5000	0.04~0.05	0.7~0.8			0.7~0.9	1.5±0.2	4.5±0.4	3.3±0.3	5.0±0.4	1200	600	260	50		配 CD7-520X 操作机构时；配 CQ3-520X 操作机构时
				0.05	0.5			0.6~0.8	1.5±0.2	4.5±0.4	3.0±0.3	5.4±0.4						
DW6-35	35	400	400	0.1	0.27								450					配 CD2、CT4-G 操作机构时
DW8-35	35	600、800、1000	1000	0.07	0.3		0.5		≮2.4	≮2.7	2.6±0.3	2.7±0.3	250					

注　动作时间栏中，自动重合闸无电流间隙时间应不小于表中数值，其余项目应不大于表中数值。

表 E-2　　部分引进油断路器技术数据

型号	额定电压(kV)	额定电流(A)	额定断流容量(MVA)	动作时间(s) 合闸 固有	合闸 全合	分闸 固有	分闸 全分	重合闸 全时间	重合闸 无电流	运动速度(m/s) 合闸 最大	合闸 刚合	分闸 最大	分闸 刚分	全回路电阻(μΩ)	配装操作机构	备注
OTKAF-120	120	600	1500	0.77	0.8	0.1	0.17	1.5		1～2		3.5～4		2000	电动机式	匈牙利出少油式
HPGE11～15E	110	1250	3500	0.22～0.24		0.04～0.046			0.3	13	6.5	8.0	6.5		BR9弹簧机构	
OSM14	110	1200	3500	0.15～0.18		0.04～0.05				12	6.7	9.8	7.0		液压弹簧机构	
MTM	100 123	1250	4000	0.17		0.042				6.4	6.4	4.7	4.4		EPM型	
MULB	110 150 170	1600	4000 5000	0.13		0.05			0.3	9.9	6.2	10	6.8		FHB	
OR2M	154	2000	8000	0.11		0.037			0.3	8.5	8	14	12.5		OPE-2B	
OR2R	220	2000	10000	0.13～0.15		0.056～0.064			0.3	8.1	7.5	9	18		液压式	法国出少油式
VMNT-220	220	1000	5000	0.26～0.28		0.06～0.08	0.18～0.20		0.25		10.5*		12*	120～150	气动式	捷克出少油式
MKⅡ-274	220	600	2500	0.7～0.8		0.04～0.05		1.9		2		4.6	3.1	800	电磁式	前苏联出多油式

* 表示该数据为平均速度。

表 E-3 空气断路器技术数据

型式	额定电压(kV)	额定电流(A)	额定断流容量(MVA)	动作时间(s)				外部隔离刀的移动速度(m/s)			导电回路电阻(μΩ)			额定工作气压(×10^5Pa)	备注
				固有跳闸	全跳开	合闸	自动重合闸无电流间隙	分闸最大	刚合	合闸最大	每相导电回路	每个灭弧室	外部隔离刀		
BBH-35	35	600/1000	1000	0.07		0.3	0.45				100～125			20	
BBH-110	1100	600/ 800/ 12000	2500 4000 4000	0.05		0.3	0.8～1.0	18.5±2	9.5～12	19±1.5	250	100～125	130～150	20	
BBH-154	154	750/800	$\frac{3000}{4000}$			0.3	0.8～1.0	18.5±2	8～8.5	19±1.5	250	100～120	130～150	20	
BBH-220	220	1000/2000	5000/ 7000/ 10000	0.06		0.45		$\frac{13～17}{15～20}$	$\frac{7～10}{8～10}$	$\frac{18～23}{18～23}$	400	250	150	20	分子为额定电流为 1000A 数据；分母为 2000A 数据
KW1-110	110	800/2000	4000	0.06		0.3		18.5±2	9.5～12	19±1.5	150	50		20	
KW1-220	220	1000	5000	0.06		0.4+ 0.05		20～24	7～10	18～20	400	250		20	
KW2-110	110	1500/2000	4000	0.06		0.15	0.25				80			20	
KW2-220	220	1500/2000	8000	0.06		0.15	0.25				170			20	

续表 E-3

型式	额定电压(kV)	额定电流(A)	额定断流容量(MVA)	动作时间(s)				外部隔离刀的移动速度(m/s)			导电回路电阻($\mu\Omega$)			额定工作气压($\times10^5$Pa)	备注
				固有跳闸	全跳开	合闸	自动重合闸无电流间隙	分闸最大	刚合	合闸最大	每相导电回路	每个灭弧室	外部隔离刀		
KW3-110	110	1200	4000	0.05		0.2	0.25				45			25	
KW3-220	220	1500	8000	0.05	0.07	0.2	0.25				110	48		25	
KW4-110 110A	110	1500	5000	0.04	0.06	0.15	0.25 (可调)				60			20	A型不带并联电阻及辅助触头
KW4-220 220A	220	1500	10000	0.04	0.06	0.15	0.25 (可调)				130			20	A型不带并联电阻及辅助触头
KW4-330	330	1500	15000	0.04	0.06	0.15	0.25 (可调)				200			20	
KW5-220	220	1000	8000	0.04	0.06	0.15	0.25				312	147		25	
KW5-330	330	1000	12000	0.04	0.06	0.15	0.22～0.25				471	147		25	
KW6-35	35	2000	1200	0.035		0.06	0.25							20	
KN3-35	35	400	400	0.05	0.07	0.15					200	130		10	

注　在动作栏中，除了自动重合闸无电流间隙栏的动作时间应不小于表中数值外，其余动作时间均不大于表中数值。

附录F　避雷器的电气特性

一、磁吹阀式避雷器的电气特性

表 F-1　　保护旋转电机用 FCD 型磁吹阀式避雷器电气特性

额定电压（kV，有效值）	灭弧电压（kV，有效值）	工频放电电压（干燥和淋雨状态）（kV，有效值）		冲击放电电压（kV，峰值）预放电时间为 1.5～20μs 及波形 1.5/40μs	冲击电流残压（kV，峰值）波形为 8/20μs 不大于		备　注
		不小于	不大于	不大于	3kA	5kA	
	2.3	4.5	5.7	6	6	6.4	电机中性点保护用
3.15	3.8	7.5	9.5	9.5	9.5	10	
	4.6	9	11.4	12	12	12.8	电机中性点保护用
6.3	7.6	15	18	19	19	20	
10.5	12.7	25	30	31	31	33	
13.8	16.7	33	39	40	40	43	
15.75	19	37	44	45	45	49	

表 F-2　　电站用 FCZ 型磁吹阀式避雷器电气特性

额定电压①（kV，有效值）	灭弧电压（kV，有效值）	工频放电电压（干燥和淋雨状态）（kV，有效值）		冲击放电电压（kV，峰值）		冲击电流时残压（kV，峰值）波形为 8/20μs		备　注
				预放电时间为 1.5～20μs 及 1.5/40μs	预放电时间为 100～1000μs	不大于		
		不小于	不大于	不大于		5kA	10kA	
35	41	70	85	112		108	122	
	51	87	98	134		134③		110kV 变压器中性点保护用
60①	69	117	133	178		178	205	
110④	100	170	195	260	285②	260	285	
110①	126	255	290	345		332	365	
154①	177	330	377	500		466	512	
220④	200	340	390	520	570②	520	570	
330④	290	510	580	780	820	740	820	

①为不推荐使用的电压等级。

②为参考值。

③1.5kA 冲击电流下的残压值。

④表示中性点直接接地系统电压值。

二、金属氧化物避雷器

表 F-3　　金属氧化物避雷器的电气特性

型　号	避雷器额定电压（kV，有效值）	系统额定电压（kV，有效值）	避雷器持续运行电压（kV，有效值）	直流 1mA 参考电压（kV，不小于）	残压不大于（kV，峰值）			2ms 方波冲击电流（A）不小于	4/10ms 冲击电流（kV）不小于	高度（mm）
					操作波	雷电波	陡波			
YH1.5W-0.5/2.6	0.5	0.38	0.42	1.2	—	2.6	—	100	10	95
YH5WS-7.6/30	10	6	8	15.0	25.6	30.0	34.6	100	65	350
Y5WS-17/50	17	10	13.6	25.0	42.5	50.0	57.5	100	65	350
Y5WZ-17/45	17	10	13.6	24.0	38.3	45.0	51.8	400	65	300
Y5WR-17/46	17	10	13.6	24.0	35.0	46.0	—	400	65	300
YH5WS-17/50	17	10	13.6	25.0	42.5	50.0	57.5	100	65	300
YH2.5W-13.5/31	13.5	10	10.5	18.6	25.0	31.0	34.7	200	65	—
Y5W-51/134	51	35	40.8	73.0	114.0	134.0	154.0	400	65	840
Y5WT-42/120	42	27.5	34.0	65	98	120	138	400	65	850
YH5W-51/134	51	35	40.8	73.0	114.0	134.0	154.0	400	65	1360
YH5W-100/260	100	110	78	145	221	260	299	800	65	220
Y10W-100/260	100	110	78	145	221	260	291	800	100	840
YH10W-100/260	100	110	78	145	221	260	291	800	100	1310
YH1.5W-60/144	60	110	48	85	135	144	—	800	10	2515
YH1.5W-72/186	72	110	58	103	174	186	—	800	10	1310
YH1.5W-144/320	144	220	116	205	299	320	—	800	10	1310
YH10W-200/520	200	220	156	290	441	520	582	800	65	2515

附录G　系统电容电流估算

一、架空线路

架空线路电容电流可按下式估算

$$I_C = (2.7 \sim 3.3) U_n L \cdot 10^{-3} (A)$$

式中　U_n——线路额定线电压(kV)；

L——线路长度(km)。

系数2.7适用于无避雷线的线路,3.3适用于有避雷线的线路。

由于变电所和用户电力设备存在着对地电容,将使架空线路电容电流有所增加,一般增值可用表G-1的数值估算。

二、电缆线路

电缆线路电容电流可按表G-2进行估算。

表G-1　架空线路电容电流增值

额定电压(kV)	6	10	35	60
电容电流增值(%)	18	16	13	12

表G-2　电缆线路电容电流平均值

额定电压(kV)	6	10	35
电缆截面(mm^2)	电容电流平均值(A/km)		
10	0.33	0.46	
16	0.37	0.52	
25	0.46	0.62	
35	0.52	0.69	
50	0.59	0.77	
70	0.71	0.9	3.7
95	0.82	1.0	4.1
120	0.89	1.1	4.4
150	1.1	1.3	4.8
185	1.2	1.4	5.2
240	1.3	1.6	
300	1.5	1.8	

附录H　电气绝缘工具试验

一、试验前的检查

试验前应检查工具的完整性和表面状况。被试品表面不应有裂缝、飞弧痕迹、烧焦、穿孔、熔结和老化等缺陷,发现不合要求者,应进行处理或提出停止使用的意见。

二、试验方法

电气绝缘工具试验主要是做交流耐压试验,带电工具还要做操作波冲击试验。耐压前后都应测量绝缘电阻。由橡胶类材料制造的绝缘工具(如胶鞋、胶靴、胶手套),在耐压试验时,应在接地端串入毫安表读取电流。验电类的工具,还应测量发光电压。测量时可采用变比较小试验变压器缓慢升压,并重复三次,以获得较准确数值。

加压用电极应按被试品的不同形状分别选用。胶鞋、胶靴、胶手套等绝缘工具,一般用自来水作电极(被试品内部充水并浸入水中,高压引线引到内部水中,外部水槽经毫安表接地。被试品上部边缘距内外水面2~4cm,不可沾湿)。绝缘胶垫、毯类,可用金属板作电极,应保证对使用部分都进行耐压,被试品的边缘处应留有距离以免沿面放电。绝缘棒、绝缘杆和绝缘绳等,可用裸金属线缠紧作电极。

被试品以不击穿(包括表面气隙不击穿闪络和内部不击穿)、不损坏、不局部过热为合格。

三、试验标准

试验标准见表 H-1 和表 H-2。

表 H-1　　常用电气绝缘工具试验标准

序号	名称	电压等级（kV）	周期（年）	交流电压（kV）	时间（min）	泄漏电流（mA）	备注
1	绝缘板	6～10	1 次	30	5		
		35		80			
2	绝缘罩	35	1 次	80	5		
3	绝缘夹钳	35 以下	1 次	3 倍线电压	5		
		110		260			
		220		400			
4	验电笔	6～10	2 次	40	5		
		20～35		105			
5	绝缘手套	高压	2 次	8	1	≤9	
		低压		2.5		≤2.5	
6	核相器	6	2 次	6		1.7～2.4	
		10		10		1.4～1.7	
7	橡胶绝缘靴	高压	2 次	15	2	≤7.5	

表 H-2　　带电作业工具耐压试验标准

额定电压（kV）	试验长度（m）	1min 工频耐压（kV）		5min 工频耐压（kV）		K_1
		型式试验	预防性试验	型式试验	预防性试验	
10	0.4	100	45			
35	0.6	150	95			4.0
110	1.0	250	220			3.0
220	1.8	450	440			3.0
330	2.8			420	380	2.0
500	3.7			640	580	2.0

四、机械强度试验

(1)静荷重试验:2.5 倍允许工作负荷下持续 5min,工具无变形及损伤为合格。

(2)动荷重试验:2.5 倍允许工作负荷下实际操作 3 次,工具灵活、轻便、无卡住现象为合格。

附录Ⅰ　发电机参数测量实例

（一）某发电机的额定值

额定容量：5620kVA；额定电流：618A；额定电压：5250V；额定转速：1000r/min；功率因数：0.8；额定频率：50Hz。

（二）测量发电机的同步电抗

（1）测量接线见图33-5，测量结果如表Ⅰ-1所示。

表Ⅰ-1　　测量结果（一）

测量次数	U_{max}(V)	U_{min}(V)	I_{max}(A)	I_{min}(A)
1	381.0	378.0	48.0	38.0
2	378.0	376.0	49.8	36.0
3	376.0	375.0	50.0	34.0
平均	378.3	376.3	49.27	36.0

（2）计算结果

$$X_{du}=\frac{U_{max}}{\sqrt{3}I_{min}}=\frac{378.3}{\sqrt{3}\times 36}=6.1(\Omega)$$

$$X_{du*}=\frac{\sqrt{3}I_nX_d}{U_n}=\frac{\sqrt{3}\times 618\times 6.1}{5250}=1.24$$

$$X_{qu}=\frac{U_{min}}{\sqrt{3}I_{max}}=\frac{376.3}{\sqrt{3}\times 49.27}=4.4(\Omega)$$

$$X_{qu*}=\frac{\sqrt{3}I_nX_q}{U_n}=\frac{\sqrt{3}\times 618\times 4.4}{5250}=0.879$$

表Ⅰ-2　　测量结果（二）

U_{max}(V) (U_q)	U_{min}(V) (U_d)	I_{max}(A) (I_d)	I_{max}(A) (I_q)
316	301.5	126	72.15

（三）测量发电机的X''_d和X''_q

（1）测量接线见图33-25，采用特定转子位置测量法，测量结果如表Ⅰ-2所示。

（2）计算结果：

$$X''_d=\frac{U_{min}}{2I_{max}}=\frac{301.5}{2\times 126}=1.196(\Omega)$$

$$X''_{d*}=\frac{\sqrt{3}I_nX''_d}{U_n}=\frac{\sqrt{3}\times 618\times 1.196}{5250}=0.244$$

$$X''_q=\frac{U_{max}}{2I_{min}}=\frac{316}{2\times 72.15}=2.19(\Omega)$$

$$X''_{q*}=\frac{\sqrt{3}I_nX''_q}{U_n}=\frac{\sqrt{3}\times 618\times 2.19}{5250}=0.446$$

（四）测量发电机的负序电抗

（1）测量接线见图33-19，采用负序旋转磁场法测量，测量结果如表Ⅰ-3所示。

表 I-3　　测 量 结 果(三)

电压(V)		电流(A)		平均电流(A)	平均电压(V)
1	2	1	2		
372	368	175.2	174.6	174.9	370.0

(2)计算结果为

$$X_2=\frac{U_{av}}{\sqrt{3}I_{av}}=\frac{370}{\sqrt{3}\times 174.9}=1.221(\Omega)$$

$$X_{2*}=\frac{\sqrt{3}\times I_nX_2}{U_n}=\frac{\sqrt{3}\times 618\times 1.221}{5250}=0.249$$

(五)测量发电机的零序电抗

(1)测量接线见图 33-16(b),采用并联测量法,测量结果如表 I-4 所示。

表 I-4　　测量结果(四)

电压(V)			电流(A)		
1	2	平均	1	2	平均
17.5	20.8	19.2	96.0	102.6	99.3

(2)计算结果为

$$X_0=3\frac{U_{av}}{I_{av}}=3\times\frac{19.2}{99.3}=0.58(\Omega)$$

$$X_{0*}=\frac{\sqrt{3}I_nX_0}{U_n}=\frac{\sqrt{3}\times 618\times 0.58}{5250}=0.1183$$

(六)测量定子漏抗

(1)测量接线见图 33-10,抽出转子,定子膛内附设的探测线圈 Q_m 为 13 匝,测量结果如表 I-5 所示。

表 I-5　　测 量 结 果(五)

I_A(A)	I_C(A)	U_{BC}(V)	U_{AB}(V)	U_m(V)
193.2	193.2	394.0	394.0	34.0

(2)计算结果为

用计算法求取 X_s

由式(33-28)知　$$X_a=\frac{15}{P}N_1^2K_{N_1}^2fl\times 10^{-8}$$

其中　$$P=3;N_1=50;f=50;l=126$$

$$K_{N_1}=K_p\cdot K_y=\frac{\sin q\dfrac{\alpha}{2}}{q\sin\dfrac{\alpha}{2}}\times\cos\frac{\beta}{2}=\frac{\sin 5\times\dfrac{12°}{2}}{5\times\sin\dfrac{12°}{2}}\times\cos\frac{36°}{2}$$

$$=\frac{\sin 30°}{5\times\sin 6°}\times\cos 18°=\frac{0.5}{5\times 0.10^2}\times 0.95=0.931$$

将各值代入式(33-28),得

$$X_a = \frac{15}{3} \times 50^2 \times 0.931^2 \times 50 \times 126 \times 10^{-8} = 0.683(\Omega)$$

且

$$X = \frac{U}{\sqrt{3}I} = \frac{394}{\sqrt{3} \times 193.2} = 1.177(\Omega)$$

所以

$$X_s = X - X_a = 1.177 - 0.683 = 0.494(\Omega)$$

$$X_{s*} = \frac{\sqrt{3}I_n X_s}{5250} = \frac{\sqrt{3} \times 618 \times 0.494}{5250} = 0.100$$

由附设线圈测量电压 U_m 计算 X_a 求取 X_s。

由式(33-25)得

$$X_a = \frac{U_m}{I_s} \cdot \frac{P_1 K_{W_1}}{P_m} = \frac{34}{193.2} \times \frac{50 \times 0.931}{13} = 0.630(\Omega)$$

$$X_s = X - X_a = 1.177 - 0.63 = 0.547(\Omega)$$

$$X_{s*} = \frac{\sqrt{3}I_n X_s}{U_n} = \frac{\sqrt{3} \times 618 \times 0.57}{5250} = 0.111$$

所以两种方法计算求取的结果基本一致。

附录J　同步发电机参数(参考值)

表 J-1　　隐极和凸极同步发电机的参数比较

参　数	隐极发电机	凸极同步发电机	
		有阻尼绕组	无阻尼绕组
X_d^*(标幺值)	1.6/0.9~2.0	1.2/0.7~1.6	1.2/0.9~1.0
X_q	1.35/0.75~1.90	0.75/0.45~1.0	0.75/0.45~1.0
X'_d	0.24/0.14~0.34	0.37/0.20~0.50	0.35/0.20~0.45
X''_d	0.15/0.10~0.24	0.22/0.13~0.30	0.30/0.18~0.40
$X_0=0.1\sim0.7$	X''_d(0.01~0.08)	0.02~0.20	0.04~0.25
X''_q	(1.0~1.4)X''_d	(1~1.1)X''_d	≈2.3X''_d
X_2	1.22X''_d	1.05X''_d	(1.4~1.6)X''_d
T_{d0}(s)	5.5/3.0~12.0	5.6/2.0~9.0	5.6/2.0~9.0
T'_d(s)	0.7/0.4~1.6	1.3/0.8~2.5	1.3/0.8~2.5
T''_d(s)	0.06/0.03~0.18	0.03/0.01~0.08	
T_a(s)	0.32/0.02~0.50	0.15/0.03~0.35	0.03/0.10~0.50
H	6/2~7.6	4/0.5~8.0	4/1~8

表 J-2 同步发电机的电抗参数设计值(标么值,%)

型号 \ 参数	X_s	X''_d	X_p	X_{ad}	X_d	X'_d	X_2	X_0
TQ-25-2	10.1	12.6	12.6	184.0	194.1	19.7	15.4	7.84
TQQ-50-2	10.97	13.47	13.47	172.26	183.23	20.0	16.44	5.56
TQN-50-2	18.55	21.1	21.1	204.5	221.0	34.0	25.7	10.4
TQN-100-2	15.8	18.3	18.3	162.5	180.6	28.6	22.3	9.2
TBC-30	12.7	15.24	15.24	240.0	252.2	25.7	18.6	7.2
TB_2-30-2	12.7	15.2	15.2	242.0	254.7	25.7	18.5	6.68
TB_2-60-2	13.1	13.65	13.65	206.5	219.7	24.2	19.1	6.7
TB_2-100-2	11.33	13.8	13.8	169.0	180.3	20.3	16.8	8.2
QFQS-200	12.06	14.56	14.56	182.0	194.06	24.56	17.78	7.72
TQC-6	9.06	11.56	11.56	200	209.0	18.2	14.1	7.02
TQC-25-2	14	16.5	16.5	218	232	24	20.2	7.95
TQC-12-2	9.7	12.2	12.2	216	225.7	18.7	14.8	6.4
QF-12-2	10.28	12.78	12.78	187.2	197.48	21.2	15.6	7.12
QF-25-2	9.65	12.15	12.15	181.0	190.65	19.35	14.9	6.4
QF-6-2	11.73	14.23	14.23	177.5	189.23	23.33	17.37	7.535
TSS854/90-40	14.73	22.7			80.7	28.0		9.31
QFS-50-2	11.6	14.1			173.6	21.6	17.2	6.52
QFSS-200-2		14.23			190.33	22.2		
QFSS-200-2		16.8*			196.0*	27.2*		
QFQS-200-2		14.42			170.8	23.32	15.6	8.258
QFQS-200-2		16.74*			184.5*		22.0*	18.64*
QFSN-300-2-20B		15.584			185.477	25.68	17.183	7.326
QFSN-600-2-22C		18.26			189.29	24.21	20.45	8.81

* 试验值。

表 J-3 同步发电机的时间常数设计值 (s)

型号 \ 参数	T_{do}	T'_{d3}	T'_{d2}	T'_{d1}	T''_d	T_{a3}	T_{a1}
TQ-25-2	10.25	1.04	1.72	2.02	0.13	0.216	0.171
TQQ-50-2	11.64	1.27	2.125	2.385	0.1585	0.266	0.208
TQN-50-2	4.85	0.75	1.16	1.31	0.0925	0.369	0.290
TQN-100-2	6.2	0.983	1.56	1.76	0.1228	0.483	0.389
TQS-30	10.1	1.02	1.65	1.86	0.128	0.213	0.169
TB_2-30-2	10.0	1.02	1.65	1.64	0.127	0.197	0.166
TB_2-60-2	12.28	1.32	2.21	2.59	0.165	0.258	0.202
TB_2-100-2	13.0	1.46	2.44	2.88	0.182	0.386	0.32
QFQS-200	7.68	0.97	1.54	1.76	0.121	0.263	0.214
TQC-6	7.0	0.61	1.015	1.195	0.0673	0.0767	0.0638
TQC-25-2	11.1	1.15	1.95	2.21	0.414	0.251	0.20
TQC-12-2	9.4	0.78	1.31	1.52	0.0915	0.13	0.106
QF-12-2	9.4	0.928	1.505	1.72	0.116	0.163	0.13
QF-25-2	9.15	1.172	1.92	2.22	0.1465	0.237	0.192
QF-6-2	11.55	0.965	1.542	1.765	0.1206	0.2985	0.2425
QFS-50-2	1.84	0.787	1.28	1.45	0.0984	0.235	0.183
QFSS-200-2		0.53*			0.01*	0.36*	
QFQS-200-2	1.30	0.178					

* 试验值。

表 J-4　　大型汽轮发电机实测的参数值

参数	2 极 机					4 极 机	
	150MW 214MVA $\cos\varphi=0.7$	300MW 400MVA $\cos\varphi=0.75$	600MW 780MVA $\cos\varphi=0.78$	970MW 1141MVA $\cos\varphi=0.85$	1300MW 1630MVA $\cos\varphi=0.8$	600MW 750MVA $\cos\varphi=0.8$	1300MW 1630MVA $\cos\varphi=0.8$
X''_d	$\frac{0.183}{0.2}$	$\frac{0.2211}{0.2435}$	$\frac{0.2258}{0.2502}$	$\frac{0.23}{0.26}$	$\frac{0.276}{0.319}$	$\frac{0.25}{0.28}$	$\frac{0.287}{0.298}$
X'_d	$\frac{0.229}{0.263}$	$\frac{0.28}{0.321}$	$\frac{0.287}{0.33}$	$\frac{0.31}{0.34}$	$\frac{0.395}{0.454}$	$\frac{0.41}{0.45}$	$\frac{0.437}{0.488}$
X_d	2.169	2.909	2.507	2.3	3.153	2.40	2.16
X''_q	$\frac{0.1855}{0.224}$	$\frac{0.2236}{0.2707}$	$\frac{0.2277}{0.2881}$	$\frac{0.25}{0.28}$	$\frac{0.277}{0.375}$	$\underline{0.30}$	$\frac{0.286}{0.305}$
X_q	2.068	2.756	2.402	2.2	3.083	2.15	2.00
T''_{d0}	0.0244	0.0299	0.0247	0.039	0.0597	0.065	0.0752
T'_{d0}	6.806	10.854	7.315	7.0	6.828	7.8	8.05
T''_d	0.017	0.0207	0.0169	0.03	0.0363	0.04	0.046
T'_d	0.825	1.197	0.962	1.0	0.984	1.3	1.75
T''_{q0}	0.337	0.4536	0.2537	2.0	0.581	0.2	0.3387
T''_q	0.0302	0.0368	0.241	0.25	0.0477	0.08	0.0469
T_e	0.4348	0.3987	0.3969	0.35	0.315	0.3	0.2622
H	1.45	1.0	0.74	0.56	0.55	0.84	0.74

注　表中分数表示的数值，分子为饱和值，分母为非饱和值。

表 J-5　　水轮发电机实测的参数值

参　数	10 极 118MVA $\cos\varphi=0.7$ 实芯磁极带阻尼绕组	10 极 290MVA $\cos\varphi=0.775$ 叠片组成的磁极，带阻尼绕组	16 极 265MVA $\cos\varphi=0.9$ 叠片组成的磁极，带阻尼绕组	18 极 230MVA $\cos\varphi=0.85$ 实芯磁极带阻尼绕组	56 极 480MVA $\cos\varphi=0.85$ 叠片组成的磁极，带阻尼绕组	4 极 94MVA $\cos\varphi=0.8$ 实芯磁极带阻尼绕组
X''_d	$\frac{0.13}{0.205}$	$\frac{0.17}{0.23}$	$\frac{0.17}{0.20}$	$\frac{0.19}{0.21}$	$\frac{0.145}{0.165}$	$\frac{0.106}{0.125}$
X'_d	$\frac{0.19}{0.295}$	$\frac{0.31}{0.34}$	$\frac{0.3}{0.33}$	$\frac{0.30}{0.324}$	$\frac{0.243}{0.270}$	$\frac{0.21}{0.23}$
X_d	1.266	$\frac{1.11}{1.22}$	$\frac{0.91}{1.0}$	1.59	$\frac{1.1}{1.2}$	$\frac{1.15}{1.4}$
X''_q	$\frac{0.13}{0.205}$	0.305	$\frac{0.18}{0.21}$	0.206	0.175	$\frac{0.093}{0.11}$
X_q	0.83	0.97	$\frac{0.68}{0.75}$	1.08	0.73	$\frac{0.74}{0.9}$
T''_{d0}	0.046	1.18	0.2	0.077	0.053	0.56
T'_{d0}	$\frac{13.0}{10.9}$	14.1	13.0	11.1	9.8	4.0
T''_d	0.032	0.08	0.12	0.051	0.032	0.38
T'_d	$\frac{2.32}{1.6}$	4.0	4.3	2.20	2.2	5.7
X''_{q0}	0.015	0.16	0.5	0.31	0.082	2.2
T''_q	0.013	0.05	0.14	0.06	0.027	0.31
T_a	$\frac{0.5}{0.32}$	0.246	0.35	0.315	0.22	0.55
H	2.69	3.00	3.56	3.31	3.28	4.0

注　表中分数表示的数值，分子为饱和值，分母为非饱和值。

附录K 电气设备预防性试验仪器、设备配置及选型

为了认真执行颁布的DL/T596《电气设备预防性试验规程》，提高和完善试验技术和试验水平，加强绝缘监督手段，本附表对发、供电单位的电气设备绝缘预防性试验所需仪器、设备的品种、规格和数量等作出相应的说明，以利各单位在购置及补充试验设备时参考。

表 K-1 电气设备预防性试验仪器、设备配置及选型

试验设备、仪器、仪表名称	技术规格	说明	推荐厂家及销售单位
兆欧表	1. 用于测量一般设备的绝缘电阻： 额定电压 量程 500V 0～500MΩ 1000V 0～10000MΩ 2. 用于吸收比或极化指数的测量： 额定电压 量程 2500V 0～100000MΩ 5000V 0～100000MΩ 3. 水内冷式发电机测量专用表： 额定电压 量程 2500V 0～100000MΩ 5000V 0～100000MΩ	手摇式或整流型数字式表 整流型 数字式表计 整流型	武汉康达电气有限公司 德欣机电技术北京公司
补偿电抗器	1. 用于110～220kV电容式电压互感器 2. 110kV及以下GIS 3. 110kV以下交联电缆及变压器交流耐压 额定电压(kV)30 25 20 额定电流(mA)225 250 300	积木式串并联组合	宁夏立方电气有限公司
变频谐振试验装置	用于10～600MW发电机 耐压试验： 容量25～2100kvar 电压18～500kV	电抗器、配置容量及输出电压据规格不同选样	南京苏特电气有限公司 025 58741481 58746220
直流电压发生器及其测量系统	1. 用于水内冷式发电机试验： 额定电压 0～60kV 输出电流 5mA 2. 用于10kV及以下电力电缆试验： 额定电压 0～60kV 输出电流 5mA 3. 用于35kV电缆和氧化锌避雷器试验： 额定电压 0～200kV 输出电流 5mA	1. 测量系统应满足GB311—83的要求； 2. 便携式直流电压发生器应满足ZBF24003—90的要求； 3. 110～220kV等级电缆试验可委托电力试研院做 一般现场采用硅整流方式，滤波电容用0.1μF	ZBS系列60～800kV 苏州工业园区华电科技有限公司 13906200233
工频试验变压器及测量系统	额定电压 额定容量 50kV 5kVA 100kV 10kVA 150kV 15kVA	参考JB3570—84测量系统应满足GB311—83	四川泸州高压电子设备厂； 江苏江都高压试验设备制造厂
大容量工频试验变压器	额定电压 额定容量 35kV 70kVA 50kV 100～200kVA	按发电机型式及容量确定所购装置的容量。测量系统应满足GB311—83	四川泸州测试电力设备厂 13320788336

续表 K-1

试验设备、仪器、仪表名称	技　术　规　格	说　明	推荐厂家及销售单位
高压电桥	1. 对于1～2kV试验电压(反接线)电容量范围:10～20000pF,准确度±2%;tgδ范围:0.1%～2%,绝对误差0.1%～0.2%。 2. 对于2～10kV试验电压(反接线)电容量范围:50pF～0.8μF;准确度±3%。 3. 对于2～5kV试验电压(正接线) 电容量范围:100pF～0.8μF,准确度±0.1%; tgδ范围:0.1%～10%,准确度1.5%±1×10^{-4}	QS32、RCDIA型自动数字电桥 对油介损测量,参照GB5854测90℃下的介损	四川电力试验研究院 济南泛华电子工程有限公司
恒流源快速微欧测量仪	测量范围:1×10^{-6}～22Ω; 准确度:0.2级 4.5万kVA以下可用1A恒流电源,4.5万～18万kVA可用5～10A恒流源,18万～26万kVA可用10～20A恒流源	用于变压器直流电阻测量	保定金达电气有限公司 0312 3335412
	1×10^{-6}～2000Ω,充电电流1A	用于互感器,发电机等设备测量及用于4万kVA以下变压器	
双臂电桥 单臂电桥	测量范围:1×10^{-6}～22Ω; 测量范围:22～10^6Ω; 准确度:0.2级		
导体回路接触电阻测试仪	直流输出电流:≥100A; 最小分辨率:1×10^{-6}Ω; 相对误差:±1.5%	能直读电阻值,主要用于高压开关触头接触电阻测量	保定金达电气有限公司 上海沪西电器厂
断路器动作特性测量仪	能测量固有分(合)闸时间、同期、刚分(合)速度及最大分(合)速度		四川电力试验研究院
变压比测量仪	1. 变压比自动测量仪 测量范围:1～1000; 准确度:0.2级 2. 平衡式变压比测量仪 测量范围:1～100; 准确度:0.2级	任选	保定金达电气有限公司
全自动绝缘油试验器	容量:1.5～2kVA; 试验电压:60、80、100kV		四川泸州测试电力设备厂 13320788336
三倍频电压发生器	电压范围:0～240V; 容量:5kVA	用于电磁型的电压互感器试验	
升流器	范围:0～2500A或0～1000A	用于电流互感器变比,或校核电流互感器的伏安特性用	
电流互感器	变比:50/5,100/5,500/5,1000/5,2500/5 准确度:0.2级		
工频试验变压器	电压范围:0～2000V 输出电流:20A	400V以下低压设备耐压	

续表 K-1

试验设备、仪器、仪表名称	技术规格	说明	推荐厂家及销售单位
交直流分压器	电压:100,200kV 与峰值表配用 准确度:0.5 级	1. 代替静电电压表; 2. 进行耐压试验必须用峰值表读数	北京电表厂 FJ57—Ⅱ型 50 ~ 200kV
电缆故障探测仪(包括定点仪及电缆路径仪)	1. 0~10kV 高阻滑线电阻电缆故障探测仪,最大误差: ±2%; 2. 电缆故障闪络测量仪,测量误差:2 ~ 5m 3. 声测定点仪,最大误差: ±10m; 4. 电缆路径仪,测量误差: ±1m	大型电厂必配,供电局自行确定任选	西安四方机电有限责任公司 029 6526345
变压器绝缘状态在线监测仪	自动检测变压器故障放电信号,能识别 5000pC 以上的内部放电及外部干扰,记录各相内部放电水平及波形		四川电力试验研究院 028 87082150 87082448
发电机绝缘状态在线监测仪	分析检测,分辨各相局部放电水平、脉冲个数及放电能量,能识别各种干扰。能自动启动、记录及打印		
绝缘参数带电检测仪	通过在设备上安装传感器用 TIR 便携式检测仪,定期对运行设备测定泄漏电流、介损、氧化锌避雷器阻性电流,现场介损检测灵敏度为 0.01%		
绝缘参数在线检测仪	可测两同相设备的相对值或用 TV 电压作基准的绝对值。全站仪用一根电话线接入计算机网络,自动测定 $\tg\delta$、I_R 等绝缘参数		
接地电阻测试仪	输出电流 1A 基波滤波衰减应为 52dB,使基波的干扰电流不超过 50mA,仪器的测量准确度为 ±5%	使用数字式仪器,应保证输出电流,测量变电所用。对大型变电所,为消除零序电流和电流电压线间耦合电压影响,宜采用功率表倒相法测量	武康达电气有限公司 西安四方机电有限责任公司
	一般的接地电阻测量仪 准确度: ±5%	线路杆塔或独立避雷针等接地装置	较大系统委托试验院进行测量
氧化锌避雷器阻性电流测量仪	准确度: ±5%	有氧化锌避雷器时配置	
局部放电测量仪	1. 脉冲电量测量仪 频率范围:10 ~ 300kHz 对于油浸变压器灵敏度不超过 10pC 对于互感器,CVT 灵敏度不超过 1pC 2. 带电少油式电器故障寻检仪,适合于 TA,TV 普检	地区供电局及大型电厂设备	
发电机端部绝缘表面电位移探测仪	参照电位外移法技术要求	大型电厂配置	
示波器	DC—20MHz 双踪 8 通道 DC—150kHz	观测波形	

续表 K-1

试验设备、仪器、仪表名称		技术规格	说明	推荐厂家及销售单位
常用仪表	自耦接触调压器	输出电压:0～250V; 容　量:0.5、1、3、5、10、20kVA		
	交直流电流表	测量范围:0～5A～10A; 准确度:0.5 级		
	交直流电压表	测量范围:0～150V～300V～600V 准确度:0.5 级		
	分流器	1. 150A,75mV; 2. 2000A,75mV; 3. 准确度:0.2 级	电厂配置	
	直流毫伏表	测量范围:0～75mV; 准确度:0.5 级		
	数字万用表	测直流电压、直流电流、交流电压、交流电流和电阻		
	指针式万用表	测直流电压、直流电流、交流电压、交流电流和电阻 准确度:1.5 级		
	功率表	测量范围:0～2.5A～5A 0～75V～150V～300V 准确度:0.5 级		
	低功率因数功率表	测量范围:0～2.5A～5A,0～75V～150V～300V; cosφ:0.1～0.2 准确度:0.5 级	变压器、发电机类空载损耗测量	上海电表厂
	蓄电池测试仪	测比重 测电压		上海电表厂
	频率计	测量范围:10～500Hz; 输入电压范围:300mV～300V; 准确度:0.5 级		上海电表厂
	相位表	测量范围:0～360°; 分辨率:1°; 准确度:0.5 级		上海电表厂
	交流峰值电压表	测量范围:0～20V～200V～400V; 准确度:0.5 级		
	交流平均值电压表	测量范围:0～20V～200V～400V; 准确度:0.5 级		
	数字电容电感测试表	准确度:0.5 级		
	高斯计	准确度:0.5 级	电厂配置	
	点温计	准确度:1%		
	三相相序表	电压范围:50～500V		
	核相序杆	10,35,110kV		
	等值盐密测试仪	参照电瓷外绝缘污秽分级标准的有关规定		
	水的导电电阻率测定仪	参照电瓷外绝缘污秽分级标准的有关规定		
	零值绝缘子检测装置	便携式数量测试杆 测量范围:0～100kV,0～200kV		
	移相器	单相额定电压 250V; 三相额定电压 450V; 移相范围:0～360°		

续表 K-1

试验设备、仪器、仪表名称	技术规格	说明	推荐厂家及销售单位
噪音测试仪	测量范围:25~140dB; 准确度:3类	参考GB3785—85	
谐波分析仪	相对误差:2%; 应具有如下功能: (1)频幅特性曲线; (2)频相特性曲线; (3)绘制各次谐波的波形及总的波形畸变的含量	有条件可购置	

参 考 文 献

1 崔驭强,胡瑞莲．高压西林电桥．北京:机械工业出版社,1978.

2 电力部科学技术委员会．用气相色谱法检测充油电气设备内部故障的试验导则．北京:电力工业出版社,1980.

3 沈阳变压器厂．变压器试验．北京:机械工业出版社,1987.

4 武汉水利电力学院．过电压及其保护．北京:水利电力出版社,1977.

5 曾永林．接地技术．水利电力出版社,1978.

6 [苏]林多尔夫等著．直接冷却汽轮发电机的运行．王绍禹,李德基译．北京:电力工业出版社,1980.

7 哈尔滨大电机研究所．大电机技术．1982(5)

8 王耀臣．同步电机基本参数理论及其测定方法．北京:科学出版社,1965.

9 东北电业管理局．电力工程电工手册．北京:水利电力出版社,1992.

10 能源部基本建设司．火电厂电气设备起动调试．北京:水利电力出版社,1992.

11 清华大学,西安交通大学．高电压绝缘．北京:电力工业出版社,1980.

12 雷国富．高压电气设备绝缘诊断技术．北京:水利电力出版社,1994.

13 姜建国译．电机的状态监测．北京:水利电力出版社,1992.

14 严璋编．电气绝缘在线检测技术．北京:水利电力出版社．1995.

15 王绍禹,周德贵．大型发电机绝缘的运行特性与试验．北京:水利电力出版社．1996.

16 江建明．发电机定子绕组接地故障诊断,四川电力技术．1998(2)

17 周德贵,巩北宁．同步发电机运行技术与实践．北京:中国电力出版社．1996.

18 陈化钢．电气设备预防性试验方法．北京:水利水电出版社．1999

19 孙树敏,孟瑜,王文琦.发电机定子绕组端部振动特性测试系统的研究.华东电力,1998